référence **Géopolitique**
collection dirigée par Aymeric Chauprade

Le bouddhisme mondialisé

Une perspective sociologique sur la globalisation du religieux

Raphaël Liogier
Maître de conférences des Universités
à l'IEP d'Aix-en-Provence

ellipses

dans la même collection

- **Le bouddhisme mondialisé. Une perspective sociologique sur la globalisation du religieux** par Raphaël Liogier
- **Pour l'Empire du monde. Les Américains aux frontières de la Russie et de la Chine** par Pierre Biarnès
- **Les grands Empires. Histoire et géopolitique** par Philippe Richardot
- **Géopolitique des Caucases** par François Thual
- **Géopolitique des religions. Le dieu fragmenté** par François Thual
- **Géopolitique du Christianisme** par Blandine Chélini-Pont et Raphaël Liogier
- **Guerre de religions dans les Balkans ?** par Thierry Mudry
- **Guerre et économie** sous la direction de Jean-François Daguzan et Pascal Lorot
- **Guerre secrète contre Al-Qaeda** par le Centre français de recherche sur le renseignement (CF2R) et sous la direction d'Éric Denécé
- **La menace chimique et biologique** par Claude Meyer et Dominique Leglu
- **Opium, pétrole et islamisme. La Triade du crime en Afghanistan** par François Lafargue

Les articles de revues, photos et documentations internes présents dans cet ouvrage sont reproduits avec l'aimable autorisation de l'Institut *Karma Ling* (*Dharma*), du Bureau du Tibet, de la Soka Gakkai France et de Philippe Ronce.

ISBN 2-7298-1402-7

www.editions-ellipses.fr

À Marwan, toujours vivant.

Sommaire

Préface
LES NOUVELLES ÉCHELLES DU CHAMP RELIGIEUX

À la suite de l'effondrement des blocs américain et soviétique certains spécialistes prophétisèrent un affrontement entre des civilisations foncièrement incompatibles. D'autres parlèrent de la fin de l'histoire par manque d'antagonisme idéologique majeur, la planète devenant une sorte d'espace unifié vivant au rythme de la petite chronique du capitalisme global. Le retour ou du moins la persistance des nationalismes[1], l'expansion de l'impérialisme américain, ou au contraire l'effondrement de la puissance américaine[2] par manque d'adversaire digne de provoquer une émulation, la fin de l'histoire[3], le choc des civilisations[4], toutes les hypothèses à base d'analyses parfois teintées de millénarisme ont été entendues et discutées.

Le religieux fut lui aussi l'objet des analyses les plus contradictoires : processus irréversible de sécularisation ou au contraire désécularisation[5] ? Retour du religieux, ou au religieux, plutôt au spirituel rétorquent certains. Ces perspectives annonçant l'effondrement des anciens ressorts sociaux, culturels, politiques pour peu qu'elles puissent paraître convaincantes, ne paraissent pas correspondre entièrement à ce que nous avons dû progressivement nous résoudre à constater à travers le développement d'une idéologie et de réseaux bouddhistes transcendant les frontières nationales et traversant les distances culturelles entre Orient et Occident.

---

1. A. Dieckhoff, *La nation dans tous ses États. Les identités nationales en mouvement,* Paris, Flammarion, 2000.
2. E. Todd, *Après l'Empire. Essai sur la décomposition du système américain,* Paris, Gallimard, 2003.
3. F. Fukuyama, *La fin de l'histoire et le dernier homme,* Paris, Flammarion, 1993.
4. S. Huntington, *Le choc des civilisations*, Paris, Odile Jacob, 1997.
5. P.L. Berger (éd.), *The Desecularisation of the World. Resurgent Religion and World Politics,* Washington, Ethics and Policy Center, 1999.

La « dénationalisation » des croyances et des institutions religieuses

D'autre part, la mouvance bouddhiste occidentalisée, expression typique d'une soi-disant post-modernité spirituelle dépolitisée, nous a révélé, contre toute attente, des investissements politiques originaux, à la fois du point de vue théorique de l'idéologie et du point de vue pratique de l'action et même de l'activisme. De surcroît – et en désaccord avec les discours les plus répandus qui ne font que transposer les représentations des sympathisants bouddhistes eux-mêmes – nous n'avons pu nous résoudre à qualifier ce culte de simple sagesse, de philosophie ou même de voie spirituelle distincte de ce que l'on appelle une religion, sauf à donner une définition si restrictive de la religion qu'elle ne peut de toute façon coïncider qu'avec les monothéismes. Même si les pratiquants occidentaux et proches du bouddhisme se réclament souvent d'une telle spiritualité areligieuse, il nous est apparu que cette revendication révélait surtout une volonté de distinguer leurs pratiques et leurs croyances de l'acception péjorative attachée au mot « religion », ce terme renvoyant à une certaine histoire occidentale perçue négativement.

Une autre des caractéristiques de la spiritualité post-moderne tiendrait à sa débureaucratisation. Or, le bouddhisme fournit en nombre de ces variantes occidentalisées, un contre-exemple de cette caractéristique postulée. Le bouddhisme tibétain est organisé en réseaux de bureaux et centres urbains qui fonctionnent comme les relais de grands monastères ou de centres campagnards, renforcés par des associations humanitaires, par des revues et magazines organiques, et par des associations et fédérations chargées de coordonner ces ensembles. Nous verrons que ces réseaux configurent un tissu transnational, se nourrissant en amont de la demande religieuse occidentale contemporaine et constituant en aval une sorte de Tibet déterritorialisé et mondialisé, fictivement présent à travers les grands centres répandus en particulier en Europe et en Amérique du Nord. La « cause tibétaine » cristallise cet ensemble institutionnel mondialisé autour de la personnalité spirituelle et politique du Dalaï-Lama et aboutit à la diffusion d'une utopie de « démocratie globale », de « citoyenneté universelle », de « conscience planétaire », dont les bouddhistes occidentaux seraient les précurseurs, avant-garde éclairée d'un monde sans frontière. Le problème du Tibet se confond avec celui d'une humanité sortant poussivement de la mauvaise modernité violente et égoïste des États-Nations vers une modernité pacifique et universelle. Une modernité bouddhiste ! Les autres variantes bouddhistes, même si elles n'ont pas bénéficié[1] des mêmes conditions historieques que les écoles tibétaines, ne sont pas en reste. La Soka Gakkai Internationale est parfaitement

1. Nous ne prétendons pas que le Tibet ne soit pas dans une situation dramatique, mais que du point de vue restrictif de la diffusion du bouddhisme en Occident, cette situation est éminemment favorable.

bureaucratisée, de l'échelle mondiale jusqu'au niveau local, et diffuse elle aussi une culture socio-politique à base de citoyenneté mondiale qui s'est d'ailleurs manifestée par la publication d'une Charte de la SGI figurant, par utopie anticipatrice, une Constitution planétaire.

Si nous nous fiions uniquement à ce que nous avons observé, nous serions obligés de constater qu'il n'y a ni sécularisation au sens strict, ni démodernisation[1] au sens d'une dérationalisation, décomposition, atomisation, des modes d'expression socioreligieux. Il s'agirait plutôt d'un changement d'échelle dans la rationalité, d'une diversification institutionnelle à travers les associations et les ONG, parallèles à une concentration de ces organisations dans des réseaux ayant une cohérence planétaire. Il nous semble d'ailleurs que de nombreux nouveaux cultes, correspondant à ce type supposé du spirituel non religieux, entrent dans la recomposition du champ religieux en dehors des frontières idéologiques et institutionnelles classiques de l'État-Nation. Il n'est pas question, néanmoins, de prétendre que le religieux ne s'exprimait pas naguère déjà au-delà des frontières nationales, mais que, même dans le cas de la traditionnelle politique internationale du Vatican, il s'agissait de négocier avec les États et dans les États des positions ecclésiastiques, des libertés de manœuvre, des traités. Cette situation n'est d'ailleurs pas totalement abolie, les associations religieuses cherchent toujours à négocier avec les États, dans la mesure de ce que ces derniers peuvent encore offrir de privilèges et de facilités de toutes sortes, dans la mesure de ce qu'ils gardent de capacité à contraindre et à contrôler. En revanche, la cohérence idéologique et organisationnelle des mouvements religieux, en particulier du bouddhisme – mais il semble que ce soit vrai pour de nombreux autres Nouveaux Mouvements Religieux tels que la Scientologie, les Bahaï ou les Néo-évangéliques, ou même de l'Église catholique et des autres tendances du christianisme contemporain[2] – ne nous paraît pas compréhensible dans le cadre restreint de l'État-Nation.

Cette dénationalisation idéologique et institutionnelle peut, au premier abord, donner à penser qu'il y aurait purement et simplement dérégulation tous azimuts, alors qu'il nous paraît plus pertinent d'évoquer un désinvestissement religieux du cadre national, parallèle à un réinvestissement au niveau transnational, avec ce que ce changement d'échelle implique de recomposition idéologique (discours humanistes et/ou écologiques adaptés aux réalités mondiales), et institutionnelles (organisations, telles que les ONG, adaptées à la réalité mondiale).

1. Le concept est de A. Tourraine, *Pourrons-nous vivre ensemble ? Égaux et différents*, Paris, Fayard, 1997, p. 39-93.
2. B. Chélini-Pont, R. Liogier (éd.), *Géopolitique du christianisme*, Paris, Ellipses, 2003.

Multiplication des institutions et de leurs filiales mais unification des croyances

Il faut sans doute ici distinguer la croyance de l'institution. En effet, la multiplication kaléidoscopique des institutions « spirituelles » en tous genres, n'emporte pas forcément une dissémination de la croyance elle-même. La modernité se caractérise par une situation structurelle de concurrence des institutions religieuses, les appartenances confessionnelles des citoyens n'étant plus déterminées *a priori* par leur naissance mais par l'expression supposée de leur volonté.

Cette situation structurelle de concurrence peut donner le sentiment d'une dissémination. Or, nous avons effectivement constaté, concernant le bouddhisme, l'existence d'une multiplicité d'organisations parfois directement concurrentes, mais néanmoins une unification des croyances en un tout cohérent qui pouvait se retrouver quels que soient les groupes visés. Les différences que nous avons observées tiennent moins à la structure de la croyance, qu'à la multiplicité des types d'organisations eux-mêmes, à la diversité des origines culturelles de ces dernières – issues de tels fonds traditionnels asiatiques plutôt que de tels autres, Grand Véhicule ici, *Theravâda* là –, ainsi qu'aux modes de socialisation distincts existant à l'intérieur des différentes organisations, allant de la psychothérapie de groupe jusqu'à la méditation purement individuelle. Il semble que les organisations se spécialisent sur des types de socialisation passant par des pratiques différenciées (plutôt méditation, enseignement oral, récitation de mantras ou psychothérapie, etc.) se déployant sur des fonds culturels multiples – dont les différences s'apparentent plus à des contrastes esthétiques qu'à des oppositions identitaires : sobriété en noir et blanc du zen d'origine japonaise ; grenat, rouge, jaune, et trompettes tibétaines ; ou encore costume cravate à la Soka Gakkai. Cette diversification de la pratique et de l'esthétique de l'offre religieuse est adaptée à des clients sociologiquement, et même socio-économiquement, différenciés, alors qu'en définitive les croyances fondamentales qui sont intériorisées restent les mêmes dans tous les cas.

Nous ne nions pas les processus de recomposition des croyances en situation de modernité et de post-modernité[1], repérés et analysés par d'importants sociologues contemporains tels que Danielle Hervieux-Léger[2], mais sommes plus circonspects à admettre leur atomisation. Les réinvestissements sémantiques, complémentarités, glissements notionnels, juxta-

1. « Postmoderne » au sens défini par R. Inglehart, autrement dit croisant les valeurs dites « post-matérialistes » (R. Inglehart, « Globalization and Postmodern Values », in *The Washington Quarterly*, 23:1, hiver 2000), que nous préférons qualifier, ainsi que nous nous en expliquerons, de valeurs « individuo-globalistes » (R. Liogier, « La religion déniée : la conversion au bouddhisme comme mode religieux d'assimilation de la culture montante des sociétés "post-industrielles" », in *Diaspora, Histoire et Sociétés*, novembre 2003).
2. D. Hervieu-Léger, *Le pèlerin et le converti. La religion en mouvement*, Paris, Flammarion, 1999.

position et subordination de significations évoquées par Micheline Milot[1], et que nous avons effectivement repérées dans le cadre du processus d'occidentalisation du bouddhisme, ne sont pas ici anarchiquement disséminés mais se développent selon une logique propre à constituer une véritable orthodoxie. Celle-ci s'élabore en phase avec les thématiques de la modernité ou plutôt de la post-modernité : expression de soi, conscience environnementale, confiance inter-personnelle, croyance dans le *karma*, etc.

Prenons la notion de *karma* pour illustrer l'hypothèse que nous assistons moins à une dissémination généralisée des croyances qu'à une réorganisation de celles-ci autour d'un champ d'orthodoxie post-moderne. Il n'est tout d'abord pas contestable que la croyance dans le *karma* a tendance à traverser des couches de population non bouddhistes, du moins dans son interprétation générale de causalité à la fois matérielle et spirituelle. D'après une étude publiée en 1994, 24 % des Français croiraient en la transmigration[2]. Mais les sondages en la matière sont à prendre avec des pincettes car le contexte de formulation de la question fait varier de façon très conséquente la réponse éventuelle : à la question « selon vous, qu'y a-t-il après la mort ? » seulement 6 % des Français répondaient « la réincarnation dans un autre être vivant », selon un sondage réalisé par l'institut CSA en mars 2003[3]. Cette contradiction entre les deux sondages ne tient pas essentiellement, à notre avis, à une évolution qui aurait pu avoir lieu depuis 15 ans sur cette croyance mais plutôt au contexte des deux études.

Le premier sondage concerne les valeurs en général, et les Français n'hésitent pas dès lors à se prononcer sur des valeurs croyantes qui ne les situent pas dans le schème d'une tradition religieuse particulière. La deuxième étude porte en revanche exclusivement sur la religion, et la réponse apportée apparaît dès lors comme une déclaration, même implicite, d'appartenance ou du moins de proximité d'une tradition religieuse non chrétienne. Dans le même sondage, 33 % des personnes déclarent croire qu'« il y a quelque chose après la mort », sans pour autant se prononcer sur la nature de cette chose, par pudeur ou conformisme, peut-être pour ne pas se distinguer de leur tradition familiale.

Émergence, assimilation et diffusion d'une orthodoxie « post-moderne » au travers et au-delà du bouddhisme

Notre hypothèse est que dans le contexte d'une enquête entièrement consacrée aux valeurs en général, non focalisée sur les croyances religieuses, cette pudeur et cette conformité s'amenuisent, incitant une grande proportion de ces convaincus d'une survivance *post-mortem* non spécifiée à se prononcer alors pour « quelque chose comme » la transmigration, ce

1. M. Milot, « Typologie de l'organisation des systèmes de croyances », in Lemieux, Milot, *Les croyances des Québécois. Esquisses pour une approche empirique,* Université de Laval, 1992.
2. H. Riffaut (dir.), *Les valeurs des Français,* Paris, PUF, 1994.
3. « Les Français et leurs croyances », sondage exclusif *CSA/La Vie/Le Monde*, mars 2003.

qui ramène le chiffre à celui de l'enquête de 1994, à savoir aux alentours de 24 %. Il faut d'autre part souligner que la notion même de *karma* s'est progressivement modernisée, sortant de la simple croyance en la réincarnation, pour se corréler avec le paradigme post-moderne de l'individualisation, du choix personnel de « son » style de vie et de « sa voie », etc.

Le *karma* devient une interprétation individualisante et rationalisée du destin. Or, dans le sondage CSA de 2003, 33 % des personnes interrogées estiment que leur vie est sous l'influence de leur volonté personnelle, et seulement 5 % sous l'influence d'un Dieu personnel et 2 % sous l'influence de forces supérieures à l'homme. C'est ainsi que la notion de *karma* devient une évidence impensée des croyances individualistes post-modernes, allant de sa version la plus légère de simple causalité physico-spirituelle à la croyance plus lourde en la transmigration. C'est dans ce sens que nous parlons du « karma » comme faisant partie d'un champ orthodoxique autour duquel se redéfinissent les croyances à l'intérieur des Nouveaux Mouvements Religieux mais aussi, bien qu'avec moins d'évidence, à l'intérieur des religions occidentales traditionnelles.

Le « karma » constitue une contrainte cognitive qui nous semble s'imposer à des degrés variables dans l'ensemble du champ religieux. C'est à partir de ces éléments constitutifs d'une orthodoxie post-moderne que semblent se comprendre les glissements notionnels à l'intérieur des religions traditionnelles occidentales elles-mêmes. Les glissements, juxtapositions, importations de signifiants, nous paraissent ainsi s'ordonner autour d'un ensemble de points cohérents qui dépassent les dénominations religieuses proprement dites, qu'elles soient nouvelles comme la Scientologie et la Soka Gakkai, ou traditionnelles comme le christianisme.

Depuis trois ou quatre ans, à la suite d'études menées sur d'autres Nouveaux Mouvements Religieux, entre autres la Scientologie ou certaines organisations néo-hindouistes telles que la Sri Ram Chandra Mission en France et les groupes néo-évangéliques implanté dans la région Provence-Alpe-Côte-d'Azur, nous avons pu constater empiriquement que cette orthodoxie dépassait le cadre du bouddhisme occidentalisé, se retrouvant dans d'autres mouvances religieuses contemporaines. Ce qui donne à penser qu'il y aurait constitution d'un champ d'orthodoxie en situation de post-modernité, ou plutôt dans les différents contextes socioculturels de la post-modernité. Dans le contexte européen, en particulier, les religiosités « post-modernes » se présentent volontiers comme des non-religions, religiosité laïque avec le cas extrême de la Soka Gakkai qui revendique cette qualification[1], s'inscrivant dans le champ d'une post-modernité dévalorisant le terme même de religion, opposant le progrès humaniste à la tradition religieuse. Dans le contexte américain, au contraire, les religiosités « post-modernes » survalorisent volontiers leur caractère religieux, au point parfois de se présenter en Église de la Science (scientologie), correspondant

1. R. Liogier, « Un Nouveau Mouvement Religieux face à la modernité politique : la Soka Gakkaï », in *Rives nord-méditerranéennes*, UMR TELEME, n° 10, 2002.

ainsi adéquatement à l'image d'une modernité qui se reconnaît comme un produit de la religion[1].

Au-delà de ces différences contextuelles dans les détails desquels nous ne pouvons entrer dans cette courte préface, émergent des points de croyances communs qui s'établissent, pour ainsi dire, en dialogue avec la modernité. S'élabore ainsi dialectiquement un bouddhisme modernissime, plus moderne que la modernité elle-même, à travers des « livres dialogues » entre les scientifiques occidentaux et le Dalaï-Lama, entre Daisaku Ikeda, président de la SGI et des « humanistes » occidentaux. De ces entretiens ressortent des points de convergences « universels », « démocratiques », « spirituels », des « évidences » sur la souffrance, sur la mort, sur la bioéthique, sur le sens de la vie, sur le « karma », sur l'au-delà, sur l'unité ou du moins la complémentarité entre le corps et l'esprit, qui se retrouvent non seulement dans un grand nombre de NMR mais qui traversent aussi les franges les plus modernisées des monothéismes[2]. On pourrait ainsi parler de courants orthodoxiques qui sont plus attachés à des spécificités contextuelles modernes, que ce soit le contexte général, ainsi que nous l'avons évoqué, de l'Amérique ou de l'Europe avec leurs histoires religieuses et leur processus de sécularisation différenciés, ou le contexte social spécifique de l'individu qui s'intègre à tel groupe plutôt qu'à tel autre.

Bouddhismes et positions sociales

Nous avons en effet remarqué que même à l'intérieur de la mouvance bouddhiste il était possible de distinguer, contre toute attente, une religiosité de catégories de populations socio-économiquement bien intégrées distincte d'une religiosité de catégories de population moins bien intégrées socio-économiquement. Le zen serait dans ce sens le type de la religiosité pour bouddhistes urbains, bien intégrés, alors que la Soka Gakkai serait plus apte à recevoir des populations péri-urbaines, mal intégrées. La Soka Gakkai est d'ailleurs, à notre connaissance, le seul groupe bouddhiste occidentalisé à comprendre dans ses rangs un nombre important de Français d'origine maghrébine, pratiquement absents dans le zen ou même dans le bouddhisme tibétain. Retenons, dans l'immédiat, que cette différence n'est pas idéologique, ne tenant pas à proprement parler au contenu orthodoxique lui-même – ce sont les même valeurs et croyances générales qui sont prônées et diffusées – mais plutôt aux modes d'assimilations de cette orthodoxie.

Dans le cas du zen par exemple, l'assimilation s'opère plus par la rationalisation de la pratique et de la croyance : recherche et suivi d'une voie ascétique, au sens de Weber, c'est-à-dire d'un comportement rationnel en vue d'une fin, nommée « réalisation », « libération », « éveil ». Dans ces

1. R. Bellah, *The Broken Covenant. American Civil Religion in the Time of Trial*, New York, Seabury Press, 1975.
2. R. Liogier, « Le Christianisme face au schizohumanisme », in *Géopolitique du christianisme*, *op. cit.*

groupes la communalisation, l'assimilation à la communauté, n'est pas prioritaire, passant au second plan par rapport à la recherche systématique, individuelle et rationalisée de la « libération ». À la limite, le pratiquant peut, après être arrivé sur le lieu de pratique, s'être tourné vers le mur, avoir médité pendant une heure, s'en retourner chez lui sans avoir échangé un mot avec qui que ce soit. À l'extérieur du groupe, à travers par exemple ses lectures, le pratiquant zen recherchera des confirmations rationnelles de sa croyance. L'orthodoxie se constitue ainsi à travers ce que nous avons appelé une *orthorationalité*, une rationalité droite, qui est à la fois recherche de raisons rationnelles aux pratiques et croyances bouddhistes, mais aussi, en sens inverse, production d'un jugement sur la Raison moderne dans son ensemble à partir de ces mêmes croyances au préalable rationalisées. C'est ainsi que l'*orthorationalité* devient une instance critique des « aberrations scientifiques » de la modernité, se proposant de distinguer la bonne science de la mauvaise, le bon système social du mauvais système. La constitution d'un « bouddhisme engagé » dans la cité, critique de la « société de consommation » s'appuie directement sur cette *orthorationalité*.

Dans le cas de la Soka Gakkai, la communalisation est, à l'inverse, prioritaire : intégration à une communauté, échanges d'expériences, réunions régulières proches de la psychothérapie de groupe, séances de récitation collective de mantras. Les pratiques et les croyances sont davantage justifiées par l'émotion que par la rationalisation. Ce qui n'empêche pas la diffusion d'idées humanistes et universalistes dans les revues et ouvrages de l'organisation. Il faut distinguer ici le mode d'assimilation des croyances, qui varie d'une mouvance bouddhiste à l'autre, et leur mode de diffusion et leur contenu idéologique, à travers les revues, ouvrages, conférences, qui varient assez peu dans l'ensemble des groupes. Ces modes d'assimilation différenciés de la croyance sont intéressants à envisager parce qu'ils permettent de remarquer que les groupes tels que la Soka Gakkai qui réservent une plus grande place à l'émotion communautaire[1], au sentiment comme critère de la vérité religieuse, accueillent des populations en moyenne moins bien intégrées socio-économiquement. Cette hypothèse, que nous détaillerons dans le cours de cet ouvrage, semble d'ailleurs être confortée en dehors de la sphère bouddhiste, puisque les mouvements à plus forte rationalisation de la pratique et de la croyance tels que la Scientologie accueillent eux aussi des populations plutôt socio-économiquement aisées alors que d'autres mouvements à plus forte émotionalisation accueillent une plus grande proportion de population moins favorisées socio-économiquement, c'est le cas par exemple des groupes chrétiens charismatiques[2].

---

1. Il y a là un mode plus émotionnel d'assimilation des mêmes valeurs, qui sélectionne les bonnes et les mauvaises émotions, c'est pourquoi nous employons dans d'autres travaux le concept d'« ortho-émotionalité » (R. Liogier, « La religion déniée », *op. cit.*).
2. Nous nous appuyons essentiellement sur deux études que nous avons coordonnées pendant un an avec des étudiants de troisième cycle à l'IEP d'Aix-en-Provence, l'une portant sur les groupes néo-évangéliques dans la région PACA et l'autre sur la Scientologie en France. En dehors de l'étude

Le bouddhisme au cœur de l'orthodoxie « post-matérialiste » : les valeurs « post-industrielles » montantes deviennent des articles de foi

Cette recomposition des croyances est en quelque sorte catalysée par une recomposition plus large des valeurs dans les sociétés dites post-industrielles qui se résume aux valeurs dites post-matérialistes repérées par Ronald Inglehart. Ces valeurs se traduisent, ainsi que ce dernier le constate dans ses dernières études, non pas par un déclin de la religion mais par une réorientation spirituelle[1]. L'expression « post-matérialisme » ne nous semble cependant pas rendre compte clairement de la nature des valeurs ainsi évoquées, mais semble enregistrer simplement un système de valeurs qui se donnent comme post-matérialistes, système qui tend effectivement à réguler les sociétés post-industrielles. Les acteurs post-matérialistes, en l'occurrence, disent dénigrer le matériel au profit du développement intérieur, délaisser la croissance industrielle au profit de l'harmonie avec la nature. Les visées exhibées par les acteurs centrées sur « l'équilibre entre le corps et l'esprit », « l'expression personnelle », le « développement intérieur », constituent une contrainte théorique, une orthodoxie à laquelle ils se soumettent plus ou moins consciemment, mais qui ne nous éclaire pas sur leurs visées pratiques. Les valeurs dites post-matérialistes marquent effectivement un changement de paradigme, une nouvelle formulation des préoccupations métaphysiques en phase avec l'évolution scientifique, économique et sociale post-industrielle. Cette mutation des valeurs théoriques n'emporte pas, néanmoins, la dissolution des préoccupations matérielles.

De la même façon, à la fin de l'Empire romain, les chrétiens apparaissaient eux aussi comme post-matérialistes, critiquant le matérialisme de la religion romaine, sa morale impériale, ses rites païens trop attachés aux valeurs terrestres. En déduit-on pour autant que le christianisme était moins matérialiste que la religion romaine ? Certes il l'était d'un point de vue idéologique, en valeurs théoriques. Mais en valeurs pratiques, nous avions seulement affaire à un changement de paradigme qui a permis la légitimation d'une nouvelle situation matérielle, d'un nouveau système politique et économique : la féodalité. Ce qui ne veut pas dire que le seigneur prétendant assumer par devoir chrétien, dans ce nouveau système, sa domination sur les serfs n'est pas sincère, de même que le serf acceptant sa situation de dominé par soumission chrétienne. Des valeurs théoriquement « immatérielles » justifient des rapport sociaux bien matériels.

Comme pour le christianisme médiéval, le post-matérialisme semble renvoyer à un vrai changement dans la légitimité des rapports matériels ayant cours dans les sociétés post-industrielles qui se traduit sur le plan

qualitative, les données quantitatives de ces enquêtes reposent sur les mêmes questionnaires (133 questionnaires retournés et traités pour les scientologues et 105 pour les néo-évangéliques), ceci dans une perspective comparative.

1. R. Inglehart, « Globalization and Postmodern Values », in *The Washington Quaterly,* hiver 2000.

religieux par une recomposition des croyances. Un pratiquant zen parisien, occidental, ayant réussi sa vie professionnelle, assumera sa position existentielle et sociale à travers le schème des valeurs post-matérialistes en oeuvrant pour l'écologie, pour la cause tibétaine, pour sa paix intérieure personnelle et la paix du monde. De même le pratiquant de la Soka Gakkai supportera ses frustrations sociales et économiques à travers le même schème post-matérialiste, se convaincant que ce qui compte au fond c'est l'harmonie du corps et de l'esprit, le développement intérieur qui amène forcément la réussite extérieure.

Les mêmes valeurs permettent ainsi de justifier des positions sociales différentes. Nous pourrions dire non pas que ces valeurs sont à proprement parler post-matérialistes mais qu'elles sont en tout cas les mieux adaptées à l'évolution idéologique de la modernité ainsi qu'à l'évolution économique du capitalisme. Évolution qui n'est cependant pas univoque. À côté d'une tendance « post-matérialiste » plus *individualiste-libérale*, dont l'épicentre actuel se trouve en Amérique du Nord, se développe une tendance *solidariste-universaliste* dont l'épicentre se trouve en Europe. Ces polarités idéologiques correspondent non pas à une sortie du monde matérialiste, mais à un certain rapport au développement actuel du capitalisme, c'est-à-dire à une certaine manière de gérer et d'orienter la globalisation du capitalisme. Les mouvements religieux participent à la socialisation des acteurs de cette globalisation, quelle que soit leur position, plus ou moins avantageuse, plus ou moins dominante ou dominée. Les groupes religieux permettent d'intérioriser sous forme de croyance religieuse les valeurs théoriques qui légitiment le fonctionnement pratique du système : expression de soi, conscience planétaire, équilibre entre le corps et l'esprit, santé holistique, autant d'expressions entendues dans un sens « individualiste-libéral » en contexte américain ou « solidariste-universaliste » en contexte européen. Ces contextes sont deux « matrices civilisationnelles[1] » dépendantes de traditions religieuses nationales distinctes en Europe – légèrement distinctes d'ailleurs aussi à l'intérieur même de l'Europe – et en Amérique du Nord, traditions qui ont été déterminantes dans les caractéristiques des processus de sécularisation.

Ces deux polarités ne font que traduire les valeurs particulières légitimant un mode de régulation et de gestion du capitalisme dans sa phase globale, qui prend en compte des conditions socio-historiques différentes. La troisième polarité semble être, bien que nous ne l'ayons pas encore cernée clairement, proche de ce que l'on nomme le néo-traditionalisme. Sa caractéristique est d'être réactive à la modernité, théoriquement contre le

1. Ces contextes modernes, produits par des modes de sécularisation particuliers – qui sont d'ailleurs aussi variables à l'intérieur de l'Europe – sont directement issus de fonds religieux, luthériens, calvinistes, catholiques, ou autres, « invisibles » (T. Luckmann, *The Invisible Religion*, New York, Macmillan, 1967) mais néanmoins déterminants malgré la perte de crédibilité générale de ces traditions croyantes. Il y a là un véritable «[...] encodage religieux de la culture au-delà même de la sécularisation » (D. Hervieu-Léger, « Pour une sociologie des "modernités religieuses multiples" : une autre approche de la "religion invisible" des sociétés européennes », in *Social compass*, vol. 50, n° 3, septembre 2003, p.294).

post-matérialisme dans sa version *individualiste-libérale* comme dans sa version *solidariste-universaliste*, et appelant à un retour nostalgique à une tradition perdue. Cette dernière tendance, bien que présente dans toutes les dénominations religieuses, nous paraît avoir son épicentre dans le Tiers-monde, en particulier le Tiers-monde musulman, pour des raisons socio-historiques (anciens États colonisés ou du moins dominés par l'Europe moderne) et socio-économiques (partie du monde majoritairement exclue de la prospérité moderne européenne comme américaine). L'Amérique, l'Europe et le Tiers-Monde ne seraient donc pas dans notre hypothèse de simples territoires physiques mais plutôt des structures idéelles, institutions imaginaires de la société, pour reprendre les termes de Cornélius Castoriadis[1], qui ne s'affrontent pas, au sens d'Huntington, mais se concurrencent à l'échelle planétaire. Les religions qui se configurent à l'intérieur de ces imaginaires permettent de distiller les valeurs en croyances religieuses. Ces polarités ne sont pas essentiellement attachées à une dénomination confessionnelle. De même que le christianisme peut être traversé par la tendance néo-traditionaliste, l'islam peut aussi être traversé par des tendances « post-matérialistes » telles qu'en témoigne par exemple le succès phénoménal des discours du télécoraniste égyptien Amr Khaled qui en appelle à une « piété pour soi », à la pratique religieuse « pour se faire du bien », à « l'équilibre entre le corps et l'esprit », et enfin à « la construction de l'intériorité [qui] est plus importante que la jurisprudence fondée sur les apparences[2] ».

Le bouddhisme occidentalisé est plutôt représentatif de la tendance *solidariste-universaliste* – universalisme social, conscience écologique, etc. –, c'est d'ailleurs sans doute une des raisons pour lesquelles il réussit aussi bien en Europe, du moins sur le plan institutionnel. À l'inverse de la Scientologie qui est plutôt représentative de la tendance *individualiste-libérale* – réussite spirituelle croisant la prospérité matérielle, universalisme économique, etc. C'est peut-être là aussi un élément à prendre en compte dans la compréhension de l'échec de ce dernier mouvement à se normaliser en contexte européen.

Parmi les nombreuses mouvances bouddhistes que nous avons repérées, l'orientation dominante, et qui est en outre la seule à se développer à la fois en Occident et en Asie, est en tout cas celle qui traduit en points de croyance les valeurs *solidaristes-universalistes*, que l'on retrouve aussi bien dans les discours du bouddhisme tibétain, du zen, de la Soka Gakkai, avec cependant des modalités d'assimilation distinctes ainsi que nous l'avons évoqué. Cet ouvrage portera donc essentiellement sur la polarité *solidariste-universaliste* dominante dans le bouddhisme occidentalisé.

---

1. C. Castoriadis, *L'institution imaginaire de la société,* Paris, Seuil, 1975.
2. Cité par P. Haenni, « Amr Khaled, le télécoraniste », in *Le Monde des religions,* septembre-octobre 2003, n° 1, p. 46-47.

La polarité *solidariste-universaliste* dans le champ religieux mondial en recomposition

Le *solidarisme-universaliste* n'est cependant pas une spécificité du bouddhisme occidentalisé. Il est une des composantes du champ religieux mondial en formation auxquels participent aussi les monothéismes. Ce champ est dégagé, au moins en partie, des contraintes institutionnelles et idéologiques stato-nationales. Au siècle dernier, le champ religieux, c'est-à-dire l'espace stratégique dans lequel se confrontent les acteurs du monde religieux, était l'État-Nation. L'Église catholique romaine domina ce champ pendant des siècles. La sécularisation de la société, et en France la laïcisation de l'État, n'ont fait qu'ébranler sa puissance en rendant possible une concurrence officielle mais cependant limitée : en France jusqu'à la fin du siècle dernier, date à laquelle une association bouddhiste put obtenir ce statut, aucune organisation religieuse en dehors de l'Église catholique n'avait bénéficié du statut de congrégation, qu'elle soit protestante, juive, ou musulmane. Aujourd'hui l'offre nationale de privilèges et de partage de pouvoir s'est réduite au profit d'autres structures telles que l'Union européenne mais surtout au profit d'un espace institutionnel mondial en plein développement. Le grand bouleversement ne réside pas dans la disparition de l'État, mais en ceci que celui-ci ne constitue plus l'espace pertinent à l'intérieur duquel se comprennent les idéologies et les réseaux religieux. L'État n'est plus qu'un acteur parmi d'autres dans un jeu qui le dépasse. Un jeu dont les règles s'élaborent à une échelle transnationale.

Le mot de champ nous semble particulièrement approprié car le *solidarisme-universaliste* doit plutôt être considéré comme une force, au sens magnétique du terme, se confrontant à d'autres forces, que comme un ensemble de valeurs logiquement cohérentes. Ces forces traversent l'État-Nation, qui tente en retour de les réorienter, de les contrôler, en fonction de ses propres polarités dominantes liées à son histoire culturelle, religieuse, sociale et politique. L'État français est ainsi très clairement dominé idéologiquement par la polarité *solidariste-universaliste*, alors que l'État américain est encore dominé par la polarité *individualiste-libérale*. Mais les choses peuvent être plus complexes, comme par exemple au Royaume-Uni, partagé entre ces deux polarités. Les mouvements religieux plus axés sur la polarité américaine *individualiste-libérale*, tels que la Scientologie ou les groupes néo-évangéliques – dont certains sont d'ailleurs rangés dans les différents rapports parlementaires français dans la catégorie des sectes – auront plus de difficultés à se normaliser en contexte européen et singulièrement français.

Bouddhisme / islam : l'inversion des représentations

Il semble que les difficultés d'intégration de l'islam dans nos sociétés occidentales, en Amérique comme en Europe, peuvent aussi être rattachées à l'image répandue d'une religiosité qui serait aux antipodes des valeurs théoriques reconnues dans les sociétés post-industrielles. Dans ce sens, l'islam représente à peu près l'inverse du bouddhisme occidentalisé. L'État français cherche à réguler, c'est-à-dire à endiguer un islam perçu comme dangereux, potentiellement incompatible avec la « démocratie[1] », ou plutôt avec les valeurs individualiste ou universaliste ayant cours dans nos sociétés. Cela se manifeste dans la création d'un Conseil Français du Culte Musulman ou encore dans la peur du « foulard ». Le foulard renvoie à la frayeur d'un néo-traditionalisme qui serait essentiellement rétif aux influences modernes, par conséquent incompatible avec les valeurs modernes, alors même que les jeunes filles qui revendiquent le port du voile sont parfois parmi les plus modernistes, trouvant dans un islam rigoureux mais modernisé une manière de s'autonomiser face au traditionalisme culturel de leur famille, trouvant aussi dans le foulard un moyen de revendiquer une identité particulière sans pour autant remettre en cause la laïcité. Il est certain qu'un jeune chrétien venant à l'école avec une énorme croix en bois ne provoque pas les mêmes réticences, de même que le fait de porter un tee-shirt avec un immense *taï-ji* imprimé, symbole taoïste du yin et du yang, très à la mode et réinterprété comme un emblème post-matérialiste. Ce symbole taoïste tout comme l'image du Bouddha, ne sont plus à proprement parler orientaux, mais foncièrement occidentalisés, cristallisant les signifiants post-matérialistes du développement personnel, de l'écologie, de l'harmonie entre le corps et l'esprit, de la « tolérance » démocratique.

Cette inversion des représentations de l'islam et du bouddhisme se manifeste très concrètement. En quelques années, en effet, le bouddhisme a réussi en Occident, en France notamment, à obtenir des reconnaissances symboliques et institutionnelles (octroi du statut de congrégation calqué sur le modèle catholique, obtention d'un temps d'antenne dans le cadre des émissions religieuses, etc.) plus rapidement que toutes les autres religions, alors qu'à l'inverse l'islam peine encore à les acquérir. Tout, dans nos représentations, les oppose :

- L'image type du bouddhiste français est celle d'un Européen, diplômé du supérieur, socialement bien intégré, certes un peu « original », alors que le stéréotype du musulman demeure celui d'un Maghrébin en difficulté socio-économique, souvent agressif. Le premier au pire étonne, le second effraye.
- Le bouddhisme ne bouleverse pas nos normes, contrairement à un islam qui revendiquerait l'alimentation halal, le foulard dans les espaces publics, des jours fériés propres. Les revendications musulmanes mettraient la laïcité à l'épreuve, à l'inverse de celles des bouddhistes.

1. R. Liogier, « L'islam dans l'axe du mal », in *Revue des Deux Mondes,* avril 2003.

- Le bouddhisme conforte l'Occident dans sa vocation de guide démocratique en lui permettant de s'investir dans des « causes » comme celle du Tibet, alors que la figure de l'islam renvoie aux culpabilités européennes, héritées de la colonisation, face au Tiers-monde.
- Le bouddhisme est une religion minoritaire mais non de minorité : ce sont les classes moyennes urbaines qui se convertissent, non les Beurs des quartiers défavorisés.

Bref, le bouddhisme est l'altérité rassurante et indolore qui permet de prétendre que l'on accepte des différences qui ne sont qu'apparentes et qui ne mettent pas en péril la culture dominante. Le bouddhisme, c'est le Même que l'on fait passer pour l'Autre, alors que l'islam, c'est réellement l'Autre (ethniquement et socialement) que l'on pousse à devenir le Même.

Ce type de phénomène n'est pas compréhensible si l'on se refuse à pratiquer une sociologie des religions comprenant l'étude des civilisations, suivant les vœux émis par Jean-Paul Willaime[1]. Les traditions religieuses européennes n'ont pas disparu, dissoutes dans l'entonnoir de la sécularisation, mais elles se manifestent à travers des voies différenciées de sécularisations. La laïcité qui a cours dans l'hexagone n'est pas dénuée d'un certain « univers mental » issu de la tradition religieuse française qui s'est sédimentée au cours des siècles et « [...] à travers lequel des individus et des collectivités expriment et vivent une certaine conception de l'homme et du monde dans une société donnée[2] ». Cette « conception » se heurte ainsi à d'autres « univers mentaux », par exemple celui de l'islam, dont les différences sont parfois difficiles à tolérer, même si cette intolérance n'est pas officiellement avouable. En revanche, le bouddhisme occidentalisé est, pour ainsi dire, partie intégrante de l'« univers mental » européen, sans doute même un des plus fins produits de ses plus récentes évolutions post-industrielles.

Nous tenons à signaler que les textes que nous avons utilisés pour l'analyse de contenu des discours, sont traités en langue française. Il nous importe avant tout de décrypter ce qui est compris ici, en Occident, en dehors de la cohérence traditionnelle. Nous n'avons tenu compte, sciemment, que de la traduction en langue occidentale, langue au sens strictement linguistique comme au sens plus large de culture. Autrement dit, nous étudions le bouddhisme occidentalisé, par conséquent ce qui peut s'entendre et se lire en langue occidentale des discours du Dalaï-Lama, de Thich Nhat Hanh ou d'autres leaders bouddhistes. De même, nous n'étudierons pas les pratiques et les dogmes dans leur authenticité bouddhiste supposée, puisqu'une de nos hypothèses est bien que le bouddhisme occidentalisé est aujourd'hui englobé par la modernité, et participe à produire, diffuser et intérioriser, sous forme de croyances religieuses, les valeurs montantes des sociétés dites post-industrielles.

---

1. J.P. Willaime, *Sociologie des religions*, Paris, PUF, 1995, p. 124.
2. J.P. Willaime, *op. cit.*

Remarques préliminaires

Nous écrirons le plus souvent « le » bouddhisme plutôt que « les » bouddhismes tout au long de cet ouvrage. Il est vrai que cette singularité nominale recouvre une multitude de réalités doctrinales, institutionnelles et culturelles. Mais, d'une part, lorsque nous écrirons en termes généraux sur le bouddhisme, il est évident que nous nous référerons à un fond unitaire qui tient au moins dans le fait que les objets visés se définissent tous comme faisant partie de la réalité « bouddhisme » ; d'autre part, notre projet n'est pas de traiter à part les bouddhismes multiples issus de traditions disparates mais d'analyser le processus moderne de leur occidentalisation. Ce processus est à l'origine de la mondialisation du bouddhisme, à l'origine de la constitution progressive d'une religiosité moderne et aujourd'hui « postmoderne[1] », non plus asiatique, ni même proprement européenne ou américaine, mais mondiale avec bien sûr cependant ses courants variés.

Nous n'entendons pas « moderne » en tant que désignation d'une période succédant au Moyen Âge et allant grossièrement jusqu'à la Révolution française. Nous entendons ce mot dans l'acception d'abord étymologique de ce qui est récent, mais surtout de ce qui se conçoit soi-même comme nouveau, novateur, et s'autorise dès lors à juger et à jauger l'autre personne, civilisation, ou même toute entité (l'autre période historique, l'autre ethnie, l'autre croyance, l'autre coutume) comme ancienne, révolue, primitive, irrationnelle ou sauvage, à l'aune d'une représentation du monde qui se déclare « nouvellement rationnelle » sur le plan épistémologique mais aussi sur le plan de l'espace public, de l'intérêt général, de la raison sociale. La modernité c'est aussi la représentation d'un Sujet théoriquement libre de se déterminer quant à son intérêt particulier, à ses croyances privées, à ses options politiques, à ses choix économiques et à ses goûts culturels. Par suite, dans cette acception, le procès général de *modernisation* emporte celui de *sécularisation* de la pensée et de la société, ainsi que ses conséquences socio-religieuses. La principale de ces conséquences tient sociologiquement à la diversité, dans une même

1. « Post-moderne » au sens strictement sociologique (R. Inglehart, *op. cit.*).

société, des appartenances cultuelles ; juridiquement à la liberté individuelle théorique des choix religieux ; politiquement à la neutralité théorique de l'État face à cette situation de concurrence religieuse. Le pouvoir politique n'impose théoriquement plus, en situation de modernité, une religion particulière au peuple. La modernisation d'une religion en particulier signifie, dans ce sens, la prise en compte dans ses discours, ses institutions et ses pratiques, de cette situation intellectuelle et sociale de concurrence afin de s'y intégrer le plus adéquatement possible.

D'autre part, nous n'entendons pas le mot « Occident » – qui emporte le processus de ce que nous appelons « occidentalisation » – en tant que premier terme de la distinction historique entre l'Empire romain d'Occident et celui d'Orient, et ne pouvons accréditer entièrement non plus une définition de l'Occident en tant qu'héritage de la rencontre entre les mondes biblique et hellénique[1]. Nous prendrons le terme dans son acception beaucoup plus récente, pour ne pas dire moderne, qui se réfère à ce complexe culturel technologique, industriel et démocratiste, d'abord localisé en Europe, exporté en Amérique du Nord où il s'y est transformé et standardisé, puis exporté sur l'ensemble de la planète. Bien entendu, ce complexe « occidental » moderne est le fruit d'une histoire qui nous ramène aux héritages plus lointains et plus profonds énoncés plus haut, mais qui ne sont pas déterminants pour notre propos. Ce que nous appelons « processus d'occidentalisation » se rapporte ainsi à la transformation d'un fond cultuel et culturel asiatique traditionnel, en l'occurrence le bouddhisme, en réaction – qu'il s'agisse de réactions positives d'adaptations ou négatives de replis identitaires – à ce même complexe culturel occidental. Que l'on réagisse pour ou contre une situation, dans les deux cas on se définit par rapport à elle comme un adolescent qui calque son identité en négatif ou en positif face à un père qu'il calque ou qu'il contredit. En l'occurrence le père que l'on calque et/ou contredit, c'est l'Occident moderne.

Nous observons, par exemple, des relectures occidentalisées de concepts tels que celui d'*avirodha* (non-interruption de la volonté populaire) comme principe démocratique ; concernant des écoles spécifiques, certains discours informels des autorités bouddhistes tibétaines seront à la fois critiques des « aberrations » modernes tout en se présentant comme porteurs d'une modernité plus « authentique », proposant de redéfinir la place de la religion comme instance productrice d'une éthique scientifique et sociale, qui s'appliquerait aux individus comme aux États, dont le bouddhisme serait le précurseur et le fer de lance[2]. Ce discours apparaît dans la plupart des thèses bouddhistes modernistes, avec les concepts de

1. L'Empire romain d'Orient est d'ailleurs lui aussi imprégné de cette rencontre entre le monde biblique et le monde grec.
2. Cette double visée ressort particulièrement dans une des plus récentes publications de textes écrits par le Dalaï-Lama : *Sagesse ancienne, monde moderne* (Dalaï-Lama, Paris, Fayard, 1999). L'ensemble du livre revêt une teneur politique sans précédent parmi les textes du Dalaï-Lama jusque-là publiés dans des éditions populaires.

démocratie et de « droits de l'homme » réappropriés comme des idées bouddhistes. Ainsi, la Soka Gakkai Internationale a-t-elle formalisé une « Charte de la SGI » sur la tolérance, le dialogue, la transparence, la paix mondiale, la nécessité pour chacun de devenir un « citoyen du monde », le « respect de l'environnement[1] », qui ressemble fort à une remise à jour mondialiste des différentes déclarations sur les droits de l'homme issues des États, des associations régionales d'États ou de l'ONU elle-même. Il y a bien là transformation d'un fond cultuel en réaction à la pénétration du complexe culturel occidental moderne.

Une de nos hypothèses fondamentales est que ce processus contemporain a, entre autres conséquences, celle de constituer un discours et des ensembles de pratiques de plus en plus unifiées, quitte à nier ou même à renier les caractères divers, souvent contradictoires d'un territoire à l'autre, d'une période historique à l'autre, des formes traditionnelles bouddhistes. Jamais sans doute ces réalités n'ont été aussi unifiées[2], sous la pression non seulement d'une clientèle occidentale mais de surcroît des détenteurs, clercs, lamas, moines, des lignées traditionnelles asiatiques. Ce qui n'exclut pas, bien entendu, que nous analysions un bouddhisme spécifique dans son rapport à l'occidentalisation ; mais dans ce cas, aucune confusion ne sera possible puisque nous nous réfèrerons nominalement à sa tradition spécifique : *Mahâyâna* et *Theravâda*[3] ou, encore plus spécifique, nichérisme et lamaïsme[4] ou, même encore plus spécifique, *Nichiren Shoshu* et *guelug-pa*[5]. La démarche phénoménologique que nous avons adoptée exige que nous prenions par principe au sérieux les représentations des clercs et celles de leurs clients, afin d'en analyser les conséquences repérables et de les replacer le plus intégralement possible dans leurs contextes socioculturels. Que les modalités de leurs pratiques soient diversifiées, que leurs traditions soient multiples, que leurs doctrines soient parfois opposées, n'empêche pas les bouddhistes occidentalisés[6], qui tendent à devenir majoritaires sur la surface du globe, de se déclarer héritiers d'une même tradition, d'une même histoire, d'une même conception du monde au-delà des différentiations pratiques, rituelles et culturelles. Les différenciations pratiques elles-mêmes ne renvoient plus, nous semble-t-il, à des distinctions fondamentales mais plutôt à des choix

---

1. Cette charte de la Soka Gakkai Internationale a récemment été publiée dans la revue organique, *Troisième Civilisation* (janvier 2000, n° 461).
2. Sauf sans doute du vivant même du Bouddha.
3. Les tenants du *Theravâda* (École des Anciens) sont considérés comme les membres du *Hînayâna* (Petit Véhicule) par ceux qui se représentent comme les tenants du *Mahâyâna* (Grand Véhicule). La distinction *Theravâda-Mahâyâna* (ou *Hînayâna-Mahâyâna*) est en partie liée à une confusion entre bouddhisme ancien, *Theravâda* et *Hînayâna*, trois notions qui ne sont en réalité pas équivalentes.
4. Le nichérisme, nom du moine médiéval Nichiren, est un mouvement bouddhiste japonais issu du *Mahâyâna* et le lamaïsme est le nom générique que l'on donne au bouddhisme tibétain en raison de la fonction fondamentale et originale du guide de méditation appelé lama, issu lui aussi du *Mahâyâna*.
5. La *Nichiren Shoshu* est une organisation monacale particulière issue du nichérisme, au même titre que l'École *guelug-pa* est issue du lamaïsme.
6. Qui ne sont pas, du moins actuellement, occidentaux dans leur majorité mais asiatiques.

esthétiques : tel adepte choisira le zen parce que la sobriété des décors correspond plus à son caractère alors qu'un autre préférera le bouddhisme tibétain pour l'atmosphère himalayenne et chatoyante. Dans les deux cas, les deux adeptes demanderont à s'initier à la méditation, le *zazen* du zen étant équivalant pour eux au *mahamudra* ou au *dzogchen* des écoles tibétaines, seuls changent quelques détails esthétiques. Il faut préciser que les clercs jouent le jeu de cette acculturation unifiante, même s'ils peuvent à certaines occasions prétendre vouloir faire machine arrière.

Notre deuxième hypothèse de base, qui découle de la première, est que l'élément générateur et dynamique de ce processus d'occidentalisation est son système de représentations sociopolitique, seul niveau – à l'exclusion de tout autre : pratiques concrètes très diverses, rites multiples, langues, fonds culturels tous très nombreux, parcours extrêmement diversifiés des convertis ou des proches du bouddhisme – qui confère une homogénéité à un ensemble de phénomènes apparemment hétérogènes, chaotiques, morcelés ; phénomènes dont l'émergence et le développement semblèrent s'apparenter aux mêmes logiques sociales, du moins dans le premier temps d'implantation en Occident, que celles de la « nébuleuse mystique-ésotérique[1] », dans le droit fil de « l'atomisation du croire[2] » et de la « gadgétisation personnalisée du sens[3] ». Or, de ce système de représentation homogène, émerge un bouddhisme concret « transversal[4] »

1. Autrement dit la logique émotionnelle opposée à la logique rationnelle selon l'interprétation de Françoise Champion (Champion, Cohen, « Recompositions, décompositions. Le renouveau charismatique et la nébuleuse mystique-ésotérique depuis les années soixante-dix », in *Le Débat,* mai-août 1993, n° 75).
2. Cette atomisation est analysée comme un des symptômes caractéristiques de la « modernité » par la plupart des sociologues du religieux contemporains français, renvoyant ce phénomène « d'éclatement du croire » à celui de la « dérégulation institutionnelle » (D. Hervieu-Léger, *Le pèlerin et le converti, la religion en mouvement,* Paris, Flammarion, 1999, p. 53), à la suite des sociologues américains qui inaugurèrent de telles analyses il y a déjà plusieurs dizaines d'années, comme Bellah, Glock, Hammond, ou même Barker, (R. Bellah, *Beyond Belief : Essays on Religion in a Post-Traditionnal World,* Berkeley, California University Press, 1984 ; « New Religious Consciousness and the Crisis of Modernity », in C.Y. Glock, R. Bellah, *The New Religious Consciousness,* Berkeley, California University Press, 1976 ; E. Berker, *New Religious Movements : A perspective for Understanding Society,* New York, Eldwin Mellen Press, 1982). Sur la crise du rapport entre religion et espace public aux États-Unis, autrement dit sur la spécificité de la situation américaine concernant le rapport entre atomisation du croire et dérégulation institutionnelle, on consultera en particulier *The Broken Covenant, American Civil Religion in Time of Trial* (R. Bellah, New York, Seabury Press, 1979) et *Religion and Personal Autonomy ? The Third Disestablishment in America* (P. Hammond, South Carolina Press of Columbia University, 1998).
3. Cette expression de Gilles Lipovetsky rend compte de la *markétisation* contemporaine du religieux. Les cultes se choisiraient « à la carte », la spiritualité se serait « mise à l'âge kaléidoscopique du supermarché et du libre-service ». Dans ce marché cultuel bigarré, le bouddhisme participerait à la « désubstantialisation narcissique », au « besoin de se retrouver soi-même ou de s'annihiler en tant que sujet », à « l'exaltation des rapports interpersonnels ou de la méditation personnelle ». Dans la mesure où il est l'exemple type du néo-mysticisme, il « participe de la gadgétisation personnalisée du sens et de la vérité [...] » (G. Lipovetsky, *L'ère du vide, Essai sur l'individualisme contemporain,* Paris, Gallimard, 1983, p. 170). Nous ne partageons pas, pour notre part, cette analyse, puisque nous ne plaçons pas strictement le bouddhisme dans la catégorie « néo-mysticisme », qui correspond à peu de chose près à la catégorie de « nébuleuse mystique-ésotérique » énoncée par F. Champion.
4. Cette expression de « bouddhisme transversal », que nous reprenons, est employée par Éric Rommeluère, responsable d'associations bouddhistes et journaliste, dans un article de fond sur le

qui se veut engagé dans la cité – *engaged buddhism*[1] – à travers un intense activisme social tout en proposant un modèle théorique de société alternative ; ce qui est en contradiction avec l'habitus mystique-ésotérique en principe intimiste et apolitique. Nous voudrions repérer, qualifier et analyser l'émergence et le développement de ce système de représentation ainsi que le bouddhisme socialement actif qui, *a priori,* en découle. C'est d'ailleurs cette hypothèse de base – seule la dimension sociopolitique peut rendre compte d'une cohérence d'ensemble du processus de l'occidentalisation du bouddhisme – qui confère à notre travail sa pertinence en sciences sociales.

L'Occident (disons plutôt l'Europe et l'Amérique du Nord), et plus particulièrement la France, en tant que théâtre du processus d'occidentalisation, seront les terrains de prédilection de nos recherches, sans toutefois exclure les détours asiatiques pertinents, car, comme nous le verrons, le terme d'« occidentalisation » ne signifie pas pour autant que ce processus se soit déroulé et se déroule encore entièrement, ni même essentiellement, en terre occidentale.

On comprendra dès lors l'urgence, en guise de prolégomènes, qu'il y a à dissiper les images héritées du XIXe siècle, si largement répandues encore aujourd'hui, du bouddhisme comme apolitique, asocial, réfractaire par principe à toute activité sociale ainsi qu'à tout engagement idéologique. Il faut distinguer les prétentions des acteurs à récuser tout engagement idéologique et la réalité de leur engagement. Il faudrait plutôt s'interroger sur les intérêts qui poussent ces individus à une telle dénégation. Cette interrogation nous a permis de constater que cette dénégation apparente de tout engagement idéologique était intimement constitutive, d'une manière inattendue, d'un engagement idéologique original : l'*individuo-globalisme.*

---

bouddhisme engagé, pour désigner le dépassement des appartenances d'école dans le cadre de certaines organisations bouddhistes modernes (É. Rommeluère, « Le Bouddhisme Engagé », in *Alternatives non violentes*, été 1999, n° 111).

1. Nous faisons ressortir l'expression en anglais, car ce mouvement est d'abord anglo-saxon, et n'émerge que récemment, au moins formellement, dans le bouddhisme français. Cf. notre chapitre « Les trois phases de politisation dans le processus d'occidentalisation du bouddhisme en France », le premier paragraphe intitulé « Le retard de politisation du bouddhisme en France ».

PREMIÈRE PARTIE

PROLÉGOMÈNES : BOUDDHISME ET SCIENCES SOCIALES

I. BOUDDHISME ET SOCIÉTÉ

A/ Préjugés wébériens sur le bouddhisme comme mysticisme contemplatif

Schopenhauer admirait dans le message bouddhiste le concept central de *nirvana*, porte du néant, dissolution ultime du Vouloir-Vivre, qui est, en outre, la fin de sa propre philosophie[1]. Bergson, quant à lui, voyait le bouddhisme comme la transposition religieuse des souffrances continuelles d'un peuple indien défavorisé par les conditions géophysiques et climatiques, sans cesse en proie aux famines[2] : une religion de la souffrance érigée par des hommes obnubilés par la souffrance. Nous savons aujourd'hui que ces perceptions du bouddhisme étaient établies sur des préjugés européocentristes. Les chrétiens érudits – certains jésuites orientalistes en particulier, tels que Louis de Lavallée-Poussin – et les philosophes rationalistes percevaient dans le bouddhisme un culte du néant, qui n'était que la métaphore de leur crainte de l'avènement d'un monde païen pour les uns, ou au contraire de leur espoir de l'avènement d'un monde débarrassé de l'emprise de la transcendance[3] pour les autres ; perspective qui semblait plausible à la fin de ce siècle positiviste et nihiliste.

---

1. Même si Schopenhauer ne mésinterprète pas le sens du karma, comme la plupart de ses contemporains, en l'assimilant à une réincarnation pure et simple, il extrapole en revanche en interprétant le sens du nirvana comme une extinction pure et simple (même si l'étymologie semble lui donner raison), affirmant que l'homme de bien « [...] veut une mort réelle et non seulement apparente ; [...] L'existence que nous connaissons il la quitte sans peine ; ce qui la remplace est néant à nos yeux, parce que justement notre existence, comparée à celle-là n'est qu'un néant. La foi bouddhiste nomme cette existence nirvana, c'est-à-dire extinction » (*Le monde comme volonté et comme représentation,* Paris, PUF, 1966, p. 1258-1259). Nous savons que l'extinction visée par le bouddhisme n'est que l'extinction des lumières qui projettent les illusions, et non une annihilation complète, autrement dit psychique aussi bien qu'organique.
2. Bergson place le bouddhisme dans la catégorie « religion dynamique » en tant que mysticisme, mais mysticisme incomplet, bâtard, qui « [...] n'a pas cru à l'efficacité de l'action humaine. [...] Que faire lorsque des famines inévitables condamnent des millions de malheureux à mourir de faim ? » La réponse de Bergson est : rien ; voilà pourquoi, d'après lui, c'est le sentiment d'impuissance face à la nature qui a « [...] empêché l'Inde d'aller jusqu'au bout de son mysticisme, puisque le mysticisme complet est action » (H. Bergson, *Œuvre,* Paris, PUF, 1959, *Les deux sources de la morale et de la religion,* p. 1167).
3. R.P. Droit, *Le culte du néant. Les philosophes et le Bouddha*, Paris, Seuil, 1997.

Comme la plupart des intellectuels européens de la fin du XIXe et du début du XXe siècle qui se sont intéressés à la question, qu'ils soient philosophes[1] ou sociologues du religieux, Max Weber distinguait nettement un bouddhisme dévoyé, superstitieux, empreint d'invocations et de rituels structurant la piété populaire, et un bouddhisme « originel », contenant le « véritable » message du prince Siddhârtha devenu le sage et omniscient Bouddha, qui se caractérise, d'après ce sociologue, par la mise hors circuit des intérêts de la vie quotidienne et par la fuite absolue hors du monde. Le bouddhisme primitif serait le type pur du « mysticisme contemplatif » dans lequel le pratiquant n'est pas un instrument du divin comme dans le calvinisme, mais un « vase d'élection », un être qui n'accepte de s'accomplir qu'en se laissant absorber par l'absolu : « C'est pourquoi le bouddhisme primitif recommandait l'inaction comme condition préalable visant à maintenir l'état de grâce, et en tout cas enjoignait d'éviter toute activité de type rationnel [*Zweckhandeln*] (« agir en vue d'une fin ») [...][2] ». Partant, l'idéal type du bouddhiste s'opposerait à celui de l'ascète qui, lui, ne s'épanouit que dans l'action. L'ascète est avant tout l'homme d'une profession (*Beruf*), il ne se pose pas la question métaphysique du sens du monde, car la réponse lui est donnée immédiatement par les résultats concrets, économiques, de son activité, qui sont comme les signes de la présence divine. Le succès professionnel est la preuve sensible de la bénédiction divine. Le bouddhisme produirait, au dire de Weber, un *ethos* qui ne peut se traduire par une stratégie de « [...] transformation rationnelle de l'ordre terrestre au moyen d'une conduite méthodique orientée vers le succès extérieur[3] ». Ainsi, non seulement l'idéal type bouddhiste serait antiéconomique – toute activité économique serait en soi une perturbation qui obstrue la voie qu'il s'est choisie – mais il n'aurait, de surcroît, aucune intention de changer ce monde social, monde qu'il considère pourtant comme imparfait, souillé ; contrairement à l'ascète intramondain, qui vise à la transformation de cette société imparfaite. L'ascète s'astreint à la transmutation du réel, il est industrieux. Le bouddhiste ne chercherait qu'à se transmuter lui-même à l'exclusion de toute extériorité, naturelle ou sociale. Le bouddhisme serait fondamentalement antiéconomique et antipolitique.

Cette assertion est en contradiction totale avec les développements actuels du bouddhisme occidentalisé[4], c'est-à-dire avec sa version la plus largement répandue, y compris en Asie, et avec celle qui se développe le

1. William James dans son célèbre cours délivré à Édimbourg sur « les variétés de l'expérience religieuse » ne parlait du bouddhisme que comme une voie mystique, un chemin de détachement du monde (W. James, *The Varieties of Religious Experience,* New York, Penguin Books, 1958, p. 308).
2. M. Weber, *Économie et société,* t. 2 : *L'organisation et les puissances de la société dans leur rapport avec l'économie,* Paris, Plon, 1995, p. 313.
3. *Op. cit.*, p. 318.
4. Nous verrons plus loin que le bouddhisme occidentalisé ne se limite pas géographiquement à une pénétration occidentale, mais pénètre aussi l'Asie qui est d'ailleurs avec les États-Unis et l'Europe, aussi paradoxal que cela puisse paraître, la terre d'élection de l'occidentalisation du bouddhisme.

plus dans toute une série de variations qui ont cependant en commun de produire un discours à portée pratico-sociale. L'idéologie de la Soka Gakkai, l'organisation bouddhiste qui se veut la plus moderniste[1], est ostensiblement ascétique intramondaine, avec des slogans qui engagent à « relever l'insolent défi » pour lequel « les armes doivent être forgées dans l'effort, le courage et la volonté ». Ce bouddhisme se présente très clairement comme un ascétisme, tourné vers un succès conjointement matériel et moral : la réussite extérieure, professionnelle par exemple, témoigne de la réussite intérieure : « vivre son bouddhisme, c'est savoir ce que l'on veut et se donner les moyens de l'obtenir[2] ». Mais, même dans les versions bouddhistes les plus enclines à la démarche monacale, la vie quotidienne n'est jamais méprisée, reléguée au second plan, contrairement à l'affirmation de Max Weber.

B/ Bouddhisme et légalité rationnelle

L'ascète intramondain est le type du rationaliste qui systématise sa conduite de vie en vue de la réalisation d'une fin. Il refuse toute forme d'épanchement irrationnel, et le succès économique devient la preuve tangible, éminemment rationnelle, de l'efficacité de son éthique qui requiert la maîtrise méthodique des moindres actes quotidiens. Sur le plan politique, la domination en tant que puissance personnelle fondée sur une légitimité traditionnelle ou charismatique par trop arbitraire et émotionnelle, est remplacée par la domination d'un ordre rationnel symbolisé par la Loi qui manifeste les desseins divins.

À première vue, cette représentation rationnelle du monde n'est pas en contradiction avec le bouddhisme. Le concept le plus central du bouddhisme est celui de *dharma* (loi universelle), dont découle le principe du *karma* (causalité englobante à laquelle aucune entité ordinaire n'échappe) qui régit la dynamique du monde : progrès ou régression des hommes, des groupes, des sociétés. L'efficacité existentielle et transexistentielle de toutes les actions des vivants relève de ce principe intangible, en conséquence de quoi, une vie bouddhiquement cohérente devrait être conduite systématiquement en vertu de cette rationalité causale. Un régime politique bouddhiquement cohérent devrait régler son fonctionnement rationnellement. Il ne serait légitime que dans la seule mesure où la légalité de l'État pourrait être représentée comme une transposition du *dharma*, loi absolue et universelle.

Cette interprétation est non seulement possible – même si elle n'est pas la seule – mais elle est globalement reprise par le bouddhisme moderniste ;

1. La pratique s'effectue en habits de ville occidentaux, sans vêtements asiatiques traditionnels. Les pratiquants s'assoient généralement sur une chaise ou sont même confortablement enfoncés dans un fauteuil lors des *zadankaï* (réunions hebdomadaires).
2. *Nichiren Shoshu Française,* septembre 1984 (Prospectus de présentation), p. 12.

par exemple dans le discours du Dalaï-Lama, qui, lorsqu'un journaliste lui demande ce qu'il pense du peuple chinois « oppresseur » du peuple tibétain, fait intervenir la notion de « karma collectif », soulignant que les Tibétains sont en train de payer un tribu karmique, ce qui explique et légitime, d'après lui, sa stratégie personnelle non violente afin de ne pas relancer un nouveau cycle karmique négatif qui retomberait tôt ou tard sur la nation tibétaine. Que ce type de déclaration soit sincère ou non importe peu, il importe en revanche de reconnaître une réinterprétation du bouddhisme aux fins de justifier une stratégie actuelle. La rationalité de l'attitude bouddhiste (rapport de cause à effet) est mise en exergue, au détriment de tout ce qui pourrait passer pour superstitieux dans un esprit occidental moderne. Les tenants du *Theravâda* réinterprèteront aussi le message de Siddhârtha[1] dans un sens rationnel, y compris sur le plan social, par exemple en valorisant sa cohérence quasi scientifique, confinant à une anticipation de l'esprit républicain et laïque, particulièrement à travers ses conseils aux gouvernants[2].

C/ Libération et égalisation par le travail

Selon Weber, la contemplation est la « recherche d'un repos en Dieu[3] » et détermine un comportement d'inaction volontaire. Cette recherche d'indolence caractériserait au plus haut point le bouddhisme : fuite devant les responsabilités financières, matérielles, sociales, civiques, laborieuses. « Pour arriver à ses fins, la contemplation requiert toujours la mise hors circuit des intérêts de la vie quotidienne [...]. La conséquence logique peut être la fuite absolue hors du monde propre au bouddhisme primitif et, dans une certaine mesure, à toutes les formes asiatiques et proches-orientales de la rédemption[4] ». Et il ne s'agirait pas, Weber est très péremptoire sur ce point, d'un « refus du monde » mais bien d'une « fuite hors du monde[5] ». La « vie quotidienne » serait donc le point de fuite nodal du bouddhisme. Un simple coup d'œil sur certains textes du canon *pâli*, c'est-à-dire les textes de référence parmi les plus originels de la tradition bouddhiste, suffit à contredire les analyses de Weber. Les *Sermons du Bouddha* sont truffés de conseils pour la vie quotidienne, qui n'engagent pas à la fuir, mais plutôt à la gérer le plus rationnellement et le plus pacifiquement possible. Ils exposent, par exemple, des modes de conciliation, de règlements des

1. Siddhârtha est le prénom qui fut, selon la légende, conféré à sa naissance à celui qui deviendra plus tard le Bouddha.
2. Les textes des « Dix devoirs du Prince » (en *pâli* : *Dasa raja dhamma*) constitue une partie des *Jataka* (partie du canon *pâli* qui concerne particulièrement les biographies légendaires et multiexistentielles du Bouddha).
3. M. Weber, *op. cit.*, p. 311.
4. *Ibid.*
5. *Ibid.*

conflits, des attitudes pacifiques, en mettant toujours l'accent sur le résultat concret actuel positif produit par un tel comportement[1].

La référence à Dieu, qui ponctue les travaux de Weber n'est pas pertinente en contexte bouddhiste, et d'autre part, même si l'on choisit un point de référence compatible, par exemple le concept d'Absolu, de transcendance au sens de vérité transcendant la réalité mondaine, il n'est pas correct d'affirmer que l'*ethos* du bouddhiste idéaltypique consiste en un système de convictions et d'attitudes conduisant à une fuite de la vie quotidienne. Dans l'optique wébérienne, cette fuite conduit à une déresponsabilisation devant les objectifs économiques d'abord et politiques ensuite. Dans les textes les plus anciens du bouddhisme, on trouve des références explicites qui conseillent aux laïques d'adopter un certain comportement économique consistant à encourager la production de richesse – si, bien sûr, elle résulte d'« actions justes » (pas de meurtre, de mensonges, etc.) –, la consommation et le don[2]. On trouve aussi de nombreux conseils à l'usage des gouvernants, et à l'usage des classes dominantes telles que la caste des brahmanes, aux fins de constituer une société plus juste au sens bouddhiste.

Le contact avec le monde serait refusé comme une souillure. Dans le zen, qui est une des versions bouddhistes les plus contemplatives, existe pourtant un véritable culte de la vie quotidienne, et au-delà, du labeur quotidien. Le Professeur Suzuki nous apprend que cette spécificité tient au fait que, d'une part il y eut toujours des bouddhistes qui considéraient qu'il est déshonorant de vivre du labeur d'autrui à travers l'aumône, et que, d'autre part, cette primauté de l'activité laborieuse a été favorisée par l'esprit industrieux des Chinois, puisque le zen (*Ch'an* en Chinois) se développa d'abord dans l'Empire du Milieu. Les plus grands maîtres zen s'adonnaient au travail manuel : du jardinage jusqu'au nettoyage, en passant par la cuisine. Ainsi Paï-Tchang, célèbre moine chinois, institua le travail comme activité essentielle de la vie monacale, moyen selon lui, de dépasser les clivages entre Petit et Grand Véhicules, afin de restituer l'esprit de fraternité de la *sangha* (communauté) originelle. De là à prétendre que le zen inventa alors la libération par le travail, il n'y a qu'un pas. Bien que ce serait jouer sur les mots et induire en erreur le lecteur moderne de soutenir une telle thèse, il faut retenir néanmoins que cette primauté du travail avait – outre sa fonction spirituelle qui tient à l'idée que seul l'instant présent est salvateur et qu'il faut par conséquent consacrer son entière conscience aux actes les plus banals en apparence pour saisir la vérité indicible de l'univers – une fonction de socialisation ou du moins de communalisation.

---

1. Cf. les sermons du Bouddha intitulés « *Sangama-sutta :* La guerre et la paix », « *Pabbatupama-sutta* : Les guerres pendant les avalanches », in Mohan Wijayaratna, *Sermons du Bouddha,* p. 41-52.
2. « *Aputtaka-sutta, Mallika-sutta* (la richesse chez l'avare) », in Môhan Wijayaratna, *Sermons du Bouddha*, p. 79-94.

Les tâches *a priori* les plus ingrates pourront être effectuées par le supérieur du monastère ou par le novice indistinctement, afin d'instaurer une égalité de fait entre les moines en qui repose, quelle que soit leur naissance ou leur situation financière, la même nature de Bouddha : « Aucun travail n'est considéré par les moines comme au-dessous de leur dignité, et un sentiment parfait de fraternité et de démocratie règne parmi eux[1] ». Dès lors, le bouddhisme zen, pour être contemplatif, n'en est pas pour autant détaché du monde, puisque le travail est l'une des modalités fondamentales de la mise en œuvre de la contemplation. La profondeur de la contemplation n'est pas mesurée par la longueur du silence ou la perfection de l'immobilité – qui ne sont, en tout état de cause, que des moyens de récupération en vue de l'activité et non la preuve de la contemplation elle-même – mais par les résultats acquis effectivement dans la réalité concrète : « La conviction doit s'acquérir par l'expérience et non par l'abstraction, ce qui signifie que la conviction n'a pas de bases réellement solides si elle ne peut être confirmée par l'efficacité des actions de la vie[2] ».

Cette primeur de l'action, et plus particulièrement de l'action quotidienne et laborieuse, permet non seulement d'infirmer la thèse wébérienne, mais surtout d'interpréter le bouddhisme en tant que producteur d'un *ethos* économique. Les outils wébériens peuvent alors être utilisés contre les affirmations même de leur auteur. Les interactions entre l'histoire des bouddhismes et l'histoire des régimes politiques asiatiques sont multiples. Elles constituent un terrain fertile à des réinterprétations modernes, de la part des intellectuels critiques ou organiques, dans un sens néo-wébérien ou marxiste, ou les deux à la fois. Les régimes asiatiques modernes ont souvent cherché, en effet, à se légitimer en se plaçant dans la continuité d'une « tradition révolutionnaire bouddhiste », c'est le cas des régimes socialistes ; et, dans le sens d'une « tradition nationale bouddhiste », c'est le cas des États capitalistes asiatiques, qu'ils soient plutôt libéraux comme le Japon ou plutôt autoritaires comme le Sri Lanka.

---

1. D.T. Suzuki, *Essais sur le bouddhisme zen,* Paris, Albin Michel, 1972, t. I, p. 373.
2. *Op. cit.*, p.375-376.

D/ Analyse néo-wébérienne et néo-marxienne : le bouddhisme comme « ascétisme intramondain communiste » original[1]

Ces expressions politiques, réelles ou mythiques, du bouddhisme, nourriront les réflexions et extrapolations de nombreux chercheurs occidentaux[2], y compris d'économistes de tendance marxiste[3] qui n'hésiteront pas à « déceler » dans le bouddhisme le complément spirituel du collectivisme, autrement dit la discipline spirituelle qui pourrait permettre la mise en place effective d'un tel régime, irréalisable sans un certain travail mental. Après la thèse du « communisme dans un seul pays » qui justifie la dictature du prolétariat comme étape transitoire vers une société « vraiment » communiste, on aurait la thèse justifiant l'échec du communisme, nullement en vertu de causes conjoncturelles mais plutôt pour des raisons spirituelles. Le bouddhisme représenterait une « économie de l'esprit » qui rendrait possible une nouvelle économie matérielle collectiviste, sans pour autant brider et décourager l'initiative individuelle. L'opinion dominante dans les milieux asiatiques de l'INEB[4] est d'ailleurs que le bouddhisme permettrait l'émergence d'une troisième voie politique et sociale, ni collectiviste ni capitaliste.

Cette implication entre l'économie matérielle et l'économie de l'esprit, n'est pas nouvelle. Max Weber formalisa cette relation dans *L'éthique protestante et l'esprit du capitalisme*[5], étude dans laquelle il repère une étroite corrélation entre l'essor du capitalisme américain et la foi calviniste dans la grâce divine. En élargissant l'analyse de Weber, on pourrait même émettre l'hypothèse que le succès du capitalisme libéral dans le monde occidental est lié à une certaine évolution d'un *ethos* chrétien permettant

1. En consultant l'article de G. Schroeter, « Dialogue, Debate, or Dissent ? The Difficulties of Assessing Max Weber's Relation to Marx » (in Antonio, Glassman, *A Weber-Marx Dialogue*, Topeka, University of Kansas Press, 1985), on constatera que l'incompatibilité apparemment insurmontable entre le matérialisme historique et la sociologie compréhensive de l'acteur, résulte pour une bonne part de divers malentendus et confusions issus, à la fois, de l'évolution des régimes politiques inspirés par la pensée de Marx vers des positions idéologiques cherchant à cautionner le totalitarisme, et à la fois, de l'évolution de la sociologie wébérienne vers des positions idéologiques cherchant à cautionner par exemple un individualisme radical. Alors que la pensée de Weber doit beaucoup plus à celle de Marx que ce que pourrait nous faire croire une vision des deux œuvres brouillée par des développements qui leur sont étrangers dans le temps et dans l'esprit. En effet, Weber s'est directement intéressé au matérialisme historique, y compris aux conceptions socialistes elles-mêmes, dont il tira par exemple la matière d'une conférence qu'il donna en 1918 (C. Colliot-Thélène, « Max Weber et l'héritage de la conception matérialiste de l'histoire », in *Philosophie*, n° 31, été 1991).
2. H. Dumoulin, *The Cultural, Political and Religious Significance of Buddhism in the Modern World*, Londres, Collier Mac Millan, 1976.
3. S.C. Kolm, *L'homme pluridimensionnel – Bouddhisme, marxisme, psychanalyse pour une économie de l'esprit*, Paris, Albin Michel, 1986.
4. L'INEB (*International Network of Engaged Buddhists* : Réseau international des bouddhistes engagés) est l'organisation la plus représentative du bouddhisme occidentalisé asiatique, qui tend à exporter ses concepts vers les pays occidentaux, particulièrement aux USA mais aussi en France depuis ces dernières années.
5. M. Weber, Paris, Plon, 1964.

l'essor généralisé de l'ascétisme intramondain. À côté de l'autonomisation du Sujet (qui a pour corollaire politique l'institutionnalisation de la démocratie), à côté du développement de la rationalité (qui a pour corollaire politique la légitimité rationnelle légale), et à côté de l'effondrement apparent de la transcendance (qui a pour corollaire sociopolitique la sécularisation de la société et la laïcisation de l'État), la modernité aurait pour critère l'ascétisme intramondain : une conception du monde doublée d'une relation au monde qui supposent que toute réussite mondaine relative (matérielle, professionnelle, financière) est la manifestation d'une vérité spirituelle absolue (le doigt de Dieu, la grâce ou le *karma*, la causalité mystique et universelle). Ce qui serait en contradiction avec la proposition simplifiante selon laquelle le religieux n'a plus de valeur dans la modernité, mais qui confirme et étaye en revanche, dans un sens économique, la thèse selon laquelle il ne fait que se privatiser.

Sans accréditer une analyse aussi globalisante, nous ne pouvons nier que les comportements économiques sont conditionnés en partie par les conceptions du salut. Les économistes n'ont d'ailleurs pas réussi *in fine* à déterminer les causes matérielles fondamentales des variations économétriques, par exemple en cas de croissance subite[1], au point de supposer le plus sérieusement du monde que les aléas de la croissance-décroissance française dans les années soixante / soixante-dix par exemple, pourraient tenir à la transformation du catholicisme[2].

Ces types de problèmes ont conduit l'économiste Serge-Christophe Kolm à s'interroger sur la prospérité subite de certains pays asiatiques, non pas au point de vue purement objectif, car les conditions matérielles n'étaient pas particulièrement favorables à la croissance économique, notamment dans le cas du Japon qui ne dispose pour ainsi dire pas de matières premières, mais au point de vue d'un certain *ethos* religieux, et plus précisément bouddhiste. L'économiste tente de démonter pièce à pièce le mythe simpliste du féodalisme entreprenarial japonais, dévoilant la constitution d'un *ethos* bouddhique favorisant l'esprit d'entreprise et reprenant au passage pour son compte – consciemment ou inconsciemment – certains des thèmes majeurs du bouddhisme institutionnel réactionnaire[3] : particulièrement l'interprétation de la doctrine du non-soi en tant que dénégation de la valeur individuelle au profit du Tout. À la différence cependant que chez Kolm le Tout n'est pas la Nation symbolisée par l'empereur, mais l'unité de production.

Même si le bouddhisme est en apparence en contradiction avec la réussite matérielle – contradiction dans les termes entre la non-violence et l'agressivité commerciale, entre la doctrine du non-soi et l'affirmation de la

1. E. Denison, *Why Growth Rates*, Washington, The Brookings Institution, 1967.
2. Carré, Dubois, Malinvaud, *La croissance française,* Paris, Seuil, 1972.
3. Nous avons désigné cette orientation bouddhiste moderne sous le terme de *nationaliste-moraliste* (cf. notre paragraphe intitulé : « Les orientations bouddhistes actuelles appréhensibles sociologiquement »).

volonté, la dissolution des désirs et la recherche du gain –, Kolm souligne que c'est aussi le protestant frugal, austère, tourné vers Dieu pour le salut de son âme, qui est le père du capitalisme moderne. Il rappelle aussi que les grands monastères européens (Citeaux, Cluny) aux règles strictes, dont les moines s'adonnaient à la récitation inlassable de prières, ont, malgré une apparence de mysticisme extramondain, défriché notre continent et « sont les vrais créateurs de l'Europe économique ». De même, le bouddhisme serait en apparence antiéconomique et antipolitique – au même titre que la doctrine chrétienne – bien que ce fut en son nom, et malgré son éthique de la non-violence, qu'une multitude d'empires asiatiques s'imposèrent.

Aujourd'hui, non seulement la plupart des pays asiatiques en expansion sont touchés par le bouddhisme, mais de surcroît à l'intérieur d'un même pays, en l'occurrence le Japon, différentes sectes ont participé à l'élaboration théorique d'un bouddhisme économique[1]. Lors de la révolution Meiji, l'engagement dans les affaires devient non seulement compatible avec le bouddhisme mais devient souhaitable et source de mérites karmiques. Ce qui accrédite la thèse selon laquelle il y aurait toujours eu au cours de l'histoire, et dans les différents contextes culturels, un bouddhisme karmique légèrement distinct d'un bouddhisme nirvanique. Le premier, populaire, piétiste, se fonde sur la rétribution des mérites, tourné vers la réussite intramondaine comme témoignage de mérites extramondains. Le deuxième poursuit l'extinction définitive des désirs et des souffrances en *nirvana*, et est par conséquent orienté vers le mysticisme pur. Cette classification simpliste n'est compréhensible qu'en contexte *Theravâda* avec la nette dichotomie entre les laïques en recherche de mérites et les religieux tendus vers la libération extramondaine. Même dans ce cas, celui du bouddhisme ancien, le problème se complexifia dès les premiers siècles dans la mesure où la source principale de mérites karmiques s'assimilait aux dons faits aux religieux afin de favoriser leur accession rapide au *nirvana* en leur fournissant des conditions matérielles optimales. Se constitua alors une relation économique entre le monastère et les fidèles laïques dont il ne nous appartient pas ici de discuter.

Quoi qu'il en soit, cette distinction entre un bouddhisme laïque-karmique-ascétique intramondain et un bouddhisme monacal-nirvanique-mystique extramondain ne peut plus du tout s'appliquer au *Mahâyâna* (Grand Véhicule), avec la figure centrale du *bodhisattva*, être social par excellence qui remplace celle de l'*arhat*[2], le saint solitaire ou communautaire. La perméabilité entre les conditions laïque et religieuse

1. E.K. Reischauer, « Catechism of the Shin Sect », *Transaction of the Asiatic Society of Japan*, vol. 38, 1912.
2. *L'arhat* est le personnage central du bouddhisme ancien, le but à atteindre pour tout bouddhiste. *L'arhat* est en général un religieux qui a atteint le nirvana en cette vie, et a ainsi brisé le cycle des renaissances. Bien qu'il y ait quelques cas rarissimes d'*arhat* laïques, ceux-ci devaient dans les semaines suivant l'atteinte du nirvana soit se faire moines, soit entrer dans le *parinirvana* (c'est-à-dire quitter leur enveloppe charnelle, en clair mourir).

s'accentue. Le concept d'Éveil (*bodhi*)[1] se substitue, ou du moins prend une place primordiale jusque-là occupée par le concept de *nirvana*.

La *bodhi* se réfère à la poursuite prioritaire de l'Éveil universel, alors que le *nirvana* poursuit en priorité la libération individuelle. La dimension sociopolitique s'accroît considérablement, du moins théoriquement. L'ascétisme intramondain prend en tout cas nettement le pas sur le mysticisme extramondain. La dimension économique n'est évidemment que la dimension minimale de cette priorité générale donnée à l'activité dans le monde, qui peut aller jusqu'à la constitution d'un système d'action politique. Ainsi, le Dalaï-Lama actuel, le plus représentatif des chefs mahâyânistes charismatiques, déclara le 8 décembre 1999 devant le IIIe Parlement des Religions du Monde réuni au Cap en Afrique du Sud que « Le changement n'arrive que par l'action, pas par la méditation et la prière[2] ». Cette phrase, prononcée devant un parterre de 300 chefs religieux suivis de 7 000 délégués venus des quatre coins du globe, fut reprise dans les différentes revues et magazines bouddhistes du monde entier, acquérant le statut d'une règle de comportement ou même d'un mot d'ordre ; surtout si nous tenons compte du contexte dans lequel elle fut prononcée : volonté du chef tibétain de transformer le Parlement des Religions du Monde, qui a été conçu à l'origine comme un forum du dialogue interreligieux, en assemblée à vocation politique – même si le mot « politique », quelque peu péjoratif n'est pas prononcé – et non plus essentiellement religieuse. Il insista dans son discours de clôture sur la nécessité d'envoyer des représentants « Là où il y a des conflits, notamment d'ordre religieux[3] » afin d'apporter une contribution à la résolution de la violence. La vraie question ne devrait plus être d'après lui « comment pourrais-je servir ma religion[4] ? », ce qui est une question proprement et intrinsèquement religieuse, mais « que puis-je faire pour contribuer à la paix[5] ». Le message est clair : le sens primordial du religieux ne peut être mystique extramondain, tourné vers l'au-delà, mais ascétique intramondain, tourné vers l'en deçà. Le religieux n'est pas indépendant du politique, les deux dimensions sont interdépendantes.

Pour en revenir à l'aspect économique, la réussite matérielle – en termes bouddhistes –, comme dans le cas bien connu de l'éthique calviniste, témoigne de mérites religieux. L'*ethos* économique du Japon d'après la Seconde Guerre mondiale serait fondé sur cette interprétation bouddhiste du succès économique[6]. Le fameux consensus d'entreprise, attribué à un paternalisme féodal, serait ainsi plus clairement compréhensible comme un

1. La *bodhi* désigne l'aspiration à libérer tous les êtres ou l'état lui-même de libération effective de tous les êtres, qui est la raison d'exister du bodhisattva, celui-ci pouvant être aussi bien un laïque qu'un religieux.
2. « La compassion en action », *La Lettre du Tibet,* n° 52, janvier 2000.
3. *Op. cit.*
4. *Op. cit.*
5. *Op. cit.*
6. Richard, Tanner, Pascale, *Zen and the Art of Management,* New York, Simon & Schuster, 1979.

modèle de quasi-*sangha* (quasi-communauté bouddhique)[1]. Le mode de prise de décision à l'unanimité, qui semble impossible à mettre en œuvre dans un esprit occidental, fonctionne parfaitement dans la mesure où « la *sangha* forme une "équipe" au sens technique de la théorie économique (les membres ont le même objectif, mais leurs connaissances peuvent différer)[2] ». Chacun se situe à un stade du processus de décision en rapport direct avec sa connaissance spécifique, et ne tente pas en général de bloquer une décision qui outrepasse son savoir. L'ouvrier a intériorisé le concept de non-soi (*anatmya* : rien n'existe par soi et en soi) au point de considérer son savoir comme partie inséparable d'un tout qui est l'entreprise[3]. Son savoir, par conséquent, ne lui appartient pas, ne constitue en rien son identité, mais seulement un apport technique transitoire qui doit servir au fonctionnement optimal de l'ensemble. On remarquera que d'un point de vue spécifiquement social, le rapport hiérarchique ne peut alors se résumer au paternalisme féodal décrit par nombre d'observateurs occidentaux.

L'efficacité de la production industrielle nippone peut être aussi rattachée à la valorisation bouddhiste des moyens concrets de production au détriment de buts abstraits. Le travail actuel est survalorisé par rapport à une fin lointaine encore inaccessible[4]. Cette finalisation des moyens serait source de concentration mentale et de perfectionnisme dans l'action à tous les stades du processus de production. Nous approchons, avec des modalités différentes, de l'analyse wébérienne qui démontra que le décollage économique américain fut rendu possible par la perception protestante de la réussite financière comme une fin en soi, et non comme une étape vers une autre finalité. N'oublions pas que de nombreuses retranscriptions des discours du Bouddha dans le canon *pâli*, c'est-à-dire dans le corpus le plus ancien, traitent directement de problèmes économiques[5] : conseils sur la méthode pour gagner de l'argent, sur la façon de le dépenser ou de l'économiser. La réussite financière est considérée comme un grand bien dans nombre de ses sermons[6].

---

1. S.C. Kolm, *Sortir de la crise,* Paris, Hachette, 1984, p. 530.
2. *Op. cit,* p. 531.
3. Ce type d'idéologie s'apparente à celle qui justifie bouddhiquement le nationalisme nippon. À la seule différence que l'Entreprise se substitue à la Nation, au moins dans un premier temps, car l'intérêt de l'Entreprise sera lui-même englobé dans celui plus primordial de la Nation, ce qui nous ramène du niveau économique au niveau purement politique.
4. « [...] l'idée bouddhique générale que l'important, c'est d'aller, que le but est dans le chemin, la fin dans le moyen, avec son application classique d'attention aiguë à l'action immédiate (c'est le *mushotoku* japonais, l'"esprit de non-profit"), peut se manifester, dans une société industrielle, par une plus grande valorisation du moyen économique pour lui-même au détriment de la référence exclusive à sa fin économique, donc de l'épargne et de l'investissement qu'elle crée en eux-mêmes et non seulement comme moyen de consommation future. Pour la même raison, le processus de production tendra à être plus intéressant en lui-même [...] » (*op. cit.*, p. 524).
5. *Anguttara-nikâya*, IV, 211, et *Dîgha-nikâya*, III, 180.
6. Il s'agit en particulier de conseils et sermons concernant la réussite matérielle, et plus particulièrement économique, prononcés à l'intention du célèbre dévot Anâthapindika (*Anguttara-nikâya*, I, 261 ; II, 45-48 et 64-66 ; III, 204 et 206).

Enfin, d'une manière plus générale, le progrès en tant que changement des conditions d'existence, valorisation du progrès spirituel qui est au centre de la voie bouddhiste, implique un travail quotidien, un effort sans faille, une concentration sans cesse accrue pour espérer accumuler de nouveaux mérites. La notion moderne de progrès serait donc facilement transposable en termes bouddhistes, par rapport à la nécessité d'évolution progressive sur le chemin de la libération.

Il faut cependant relativiser ces analyses néo-wébériennes : en Asie contemporaine, la montée de l'idéologie dite « asiatiste », elle aussi fondée en partie sur le bouddhisme, remet au contraire en cause les modèles qui ont permis la croissance économique sous le prétexte qu'ils auraient favorisé la lente dissolution de la culture asiatique (dont le bouddhisme !) et imposé des modes de vie et de pensée occidentaux. Les déboires financiers actuels de l'Asie sont compris comme les premières conséquences matérielles de cette acculturation. Ces idéologies asiatistes sont néo-traditionalistes, conservatrices, et servent à la légitimation de régimes dictatoriaux ou à leur mise en place[1], ainsi qu'à la remise en cause des conceptions occidentales (y compris les conceptions libérales) dans des pays asiatiques démocratiques et industrialisés tels que le Japon[2].

E/ La transplantation comme inversion des représentations

L'interprétation démocratiste et socialiste d'un Suzuki, qui semble naturellement couler de source, fait ainsi preuve d'une vision idéale confinant parfois à l'extrapolation d'un universitaire qui ramène le bouddhisme à une grille de lecture moderne ; d'autant plus que cette interprétation fut contredite par nombre de clercs bouddhistes asiatiques, y compris dans les milieux du zen, qui voyaient dans le socialisme le résultat d'une méconnaissance de la nature de la réalité relative (*yûkei*) et de la réalité ultime (*mukei*). Dans le monde relatif, les différences corporelles, sociales, financières, sexuelles sont nécessaires même si dans l'absolu elles n'existent pas. Ne considérant que l'égalisation économique, aboutissement ultime de leur pensée, les marxistes n'auraient pas réussi à comprendre la profonde équivalence entre le multiple et l'un, et l'unité ontologique entre la diversité et l'égalité. Cette opinion gagnera du terrain dans le Japon du début du XXe siècle, au point de devenir la position du bouddhisme institutionnel, qui se raffina au cours de la Seconde Guerre mondiale d'une obligation de fidélité absolue à l'empereur comme conséquence de la doctrine du non-soi (*anatmya*) : l'être n'existe pas en soi, sa seule réalité est

1. B. Cassen, « Du bon usage des valeurs asiatiques », *Le Monde diplomatique,* avril 1995.
2. I. Reader, « Back to the Future : Images of Nostalgia and Renewal in a Japanese Religious Context », in *Japanese Journal of Religious Studies,* Tokyo, décembre 1987.

relationnelle[1], en l'occurrence sa relation de fidélité à l'empereur représentant de la nation, qui elle-même représente le Tout, la nature ultime de la réalité. Le maître zen Reihô Matsunaga écrira en 1945 un hymne aux kamikazes qui chante l'esprit guerrier fondé sur l'abandon du soi individuel[2].

À la même époque, José Toda, le président de la *Soka Kyoiku Gakkai*, dénonçait au contraire le militarisme nippon et l'esprit samouraï comme les résistances d'un féodalisme opposé au bouddhisme « profond » représentant la première doctrine humaniste de l'histoire. Ces deux tendances opposées[3] existent toujours au sein du Japon contemporain, et se sont même développées depuis les années soixante : d'une part un bouddhisme héritier du bouddhisme institutionnel d'avant-guerre, qui en appelle à l'ordre moral, au retour à des valeurs traditionnelles menacées par l'incursion occidentale[4], et d'autre part un bouddhisme modernisé, qui attribue au contraire les problèmes sociaux à une incapacité nippone à se débarrasser des scories de la tradition « samouraï[5] ».

Il est remarquable que la perception du zen, à travers les pratiquants et les médias français, soit celle d'une voie spirituelle universaliste, tolérante et démocratique, particulièrement dans sa version *Sôtô*, qui est pourtant au Japon celle qui a fait l'objet d'une réinterprétation nationaliste et antioccidentale. Alors que la Soka Gakkai, qui est une organisation activement pacifiste et qui est devenu objectivement antinationaliste, est représentée dans notre pays comme une organisation « sectaire » nationaliste nippone. Ce qui justifie en partie la classification de son émanation française, la SGF (Soka Gakkai Française), dans la catégorie infamante de sectes dangereuses pour l'ordre public.

Nous ne prétendons pas, du moins d'emblée, à partir de ce constat d'inversion des représentations, que la Soka Gakkai soit essentiellement antinationaliste ou nationaliste, que le zen *Sôtô* soit fondamentalement tolérant ou intolérant, puisqu'il s'agit dans tous les cas de points de vue qui dépendent de situations socioculturelles particulières. En revanche, nous n'hésitons pas à affirmer qu'il n'est pas concevable d'analyser sociologiquement la présence bouddhiste en Occident – et de surcroît le processus d'occidentalisation lui-même avec la signification sociale qui lui est intrinsèque – sans tenir compte au plus près de ces effets de distances

1. Ce qui est cohérent par rapport à la doctrine de la production interdépendante : aucun être ni aucune action n'est autonome, mais se produit en interaction. La fidélité à l'empereur et au Japon est l'existence même de l'être, sa relation au Tout.
2. B. Victoria, *Zen at War*, New York, Weatherhill, 1997.
3. Il y a aussi une troisième tendance : un bouddhisme de conformation au milieu, politiquement neutre dans le sens où il ne produit pas de discours à portée pratico-sociale.
4. I. Reader, « Back to the Future : Images of Nostalgia and Renewal in a Japanese Religious Context », in *Japanese Journal of Religious Studies*, vol. 14, n° 4, décembre 1987.
5. Sur le développement de ce bouddhisme moderniste dans les années soixante : K. Murata, *Japan's New Buddhism : An Objective Account of Soka Gakkai*, New York/Tokyo, Walker/Weatherhill, 1969. Et sur la phase d'institutionnalisation politique du mouvement : S. Murakami, *Japanese Religion in the Modern Century*, Tokyo, University of Tokyo Press, 1980.

culturelles. Ce qui suppose une analyse de la situation du bouddhisme en Asie, du moins dans ses versions transplantées dans nos régions. Cette première exigence fait défaut aux dossiers journalistiques en général, et n'est pas suffisamment respectée à notre avis par les études sociologiques réalisées sur l'objet bouddhisme en Occident. Il nous semble que c'est l'une des causes de nombre de confusions entretenues principalement dans le grand public, et dont les pouvoirs publics eux-mêmes se font l'écho officiel dans le cadre des différents listages des sectes dangereuses par exemple. Il convient ainsi, à titre de condition préalable méthodologique, de prendre une distance qui nécessite un regard critique vis-à-vis de l'actualité religieuse, sachant que cette actualité ne surgit pas de nulle part, mais fait l'objet d'un traitement orchestré par les organisations religieuses les mieux implantées sur notre territoire, à savoir, en première ligne, les réseaux catholiques[1], et dans le cas particulier du bouddhisme, les organisations membres de l'UBF (l'Union des Bouddhistes de France) qui disposent ou bénéficient d'intermédiaires dans les médias. Le regard croisé entre les perceptions asiatique et occidentale est dans cette optique une première manière de recul critique sur la situation française en particulier.

Les interprétations marxo-wébériennes (primauté du groupe doublée d'un comportement optimisateur), sont évidemment tendancieuses, révélant les *a priori* et les objectifs idéologiques d'esprits occidentaux et modernes, plus que la réalité bouddhiste. Cette vision d'un collectivisme qui s'accommoderait du capitalisme grâce à l'intériorisation de la notion de non-soi, au-delà de la séduction qu'elle peut exercer sur certains intellectuels contemporains, a le mérite de dresser une perspective en totale contradiction avec l'image, elle aussi abusive, d'un bouddhisme essentiellement passif, mystique, asocial et apolitique. Le travailleur serait motivé dans son activité, non pour renforcer un Moi dont il nie l'existence profonde, mais pour s'identifier au groupe d'abord, puis à la société globale, et enfin au Tout. Nous aurions affaire à ce que nous pourrions appeler un *ethos* de la dissolution, à une recherche d'extase communautaire par le labeur, qui peut, en outre, se traduire aussi par un nationalisme exacerbé et un dévouement militaire aveugle. Cette analyse est en tout cas en phase avec un certain comportement japonais pendant la Seconde Guerre mondiale.

Nous pouvons très vite passer d'un *ethos* économique à un *ethos* politique, d'une perspective pacifiste-socialiste à une perspective socialiste-nationaliste ou capitaliste-nationaliste. Presque toutes les combinaisons sont possibles. Il faut au moins accepter, une fois pour toutes, que le bouddhisme n'est pas une exception mystique dans un monde de religions sociopolitiques. Qu'il y ait des constantes, des éléments constitutifs d'une

1. Le seul magazine français, qui était disponible en kiosque et était entièrement consacré à l'actualité religieuse (*L'Actualité des Religions*) était d'ailleurs un organe catholique (il faisait partie du *Groupe des publications de la Vie Catholique*). À la suite de transaction financière entre le groupe *La Vie* et *Le Monde*, *L'Actualité des Religions* vient de disparaître. Nous avons désormais *Le Monde des Religions* intégré au *Monde*.

doxa originale, que les formes de participation sociopolitiques soient elles-mêmes spécifiques, sont un autre problème que l'on ne peut aborder que lorsque l'on s'est au préalable débarrassé de cet *a priori*.

F/ Mythe et réalité du démocratisme bouddhique

Dans la plupart des pays d'Asie aujourd'hui subsiste une tendance institutionnelle conservatrice, le plus souvent nationaliste, que ce soit en contexte socialiste ou capitaliste, et une tendance critique qui s'appuie sur les thèmes de libération intérieure, personnelle, d'égalité des êtres, tendance critique qui a d'importantes répercussions sociales. Ces bouddhismes critiques sont d'ailleurs combattus avec virulence par les régimes autoritaires d'Extrême-Orient, qui tentent en général dans un premier temps de les intégrer à la tendance institutionnelle, et qui dans un second temps, en cas d'échec de cette tentative, entament une campagne de répression directe. Ces formes bouddhistes critiques ont toujours été des ferments d'instabilité dans l'histoire asiatique, et particulièrement dans l'histoire de la Chine, jusqu'à l'époque actuelle. Le discours subversif du XIVe Dalaï-Lama est ainsi rejeté par le gouvernement chinois, qui tente de ramener le bouddhisme tibétain dans le giron du régime en nommant les *tülkou*[1] les plus importants. Il est remarquable de constater qu'un régime officiellement non religieux, ou même antireligieux, s'occupe de nommer des *tülkou*. Le fait même de participer – ou du moins de tenter de participer – à ces nominations démontre l'incapacité du régime à passer outre les croyances régionales. Le régime ne peut légitimer son autorité sans se réapproprier le fond *cultuel-culturel* tibétain.

Le Dalaï-Lama a ainsi désigné le deuxième dignitaire lamaïste, le XIe Panchen lama, de son côté, alors que les autorités de Pékin ont désigné un autre enfant resté en Chine. Le XVIIe Karmapa lama, chef de la puissante lignée des *Karma Kagyü*[2], troisième personnage du lamaïsme, a été en revanche reconnu à la fois par le Dalaï-Lama et le gouvernement chinois. Le jeune garçon a été formé par le régime à travers une éducation très stricte. Cette entreprise a paru aboutir dans un premier temps, puisque le jeune garçon récitait complaisamment, il y a peu, des poésies de Mao, assistait aux cérémonies officielles du régime, etc. Sa fuite très récente est un échec

1. Ce terme signifie prosaïquement : un être ayant atteint un haut niveau spirituel, dont l'incarnation est reconnue sur terre, ce qui lui permet à la fois de poursuivre son chemin et d'aider son prochain, par la transmission de mérites et l'enseignement, dans des conditions optimales. Le système des *tülkou* est un des développements ultimes du concept de bodhisattva, être qui refuse de disparaître en nirvana, afin de sauver les êtres encore souffrants, leur faisant profiter de l'énergie de sa réalisation. Mais cette pratique de reconnaissance systématique, qui fut en fait un moyen de désignation des principales autorités détentrices du pouvoir politique et religieux, ne fut appliquée qu'au Tibet et qu'à partir du XIIIe siècle. Remarquons que le mot *tülkou* revêt aussi une signification originelle plus générale : corps d'émanation d'un Bouddha.
2. Cette école s'est très bien développée en Occident, particulièrement en Europe et aux USA. En France, elle dispose d'un grand centre en Dordogne, à St-Léon-sur-Vézère, qui reçoit régulièrement plusieurs milliers de visiteurs et de participants à des enseignements.

cuisant pour le régime. L'adolescent a dû affronter des conditions climatiques qui interdisent normalement une telle traversée des hauts plateaux tibétains : son périple « héroïque », avec tous les risques qu'il comportait, en est d'autant plus susceptible de constituer un événement mythique renforçant la lutte contre « l'oppresseur » chinois. Parti le 31 décembre 1999 du monastère dans lequel les autorités chinoises l'avaient réintégré après sa phase d'éducation politique, il atteindra en moins de 6 jours, le 5 janvier 2000, Dharamsala, le siège indien du gouvernement tibétain en exil[1].

Le geste est symbolique à divers égards, renforçant considérablement la légitimité du Dalaï-Lama, mais surtout remettant en cause l'ensemble de la politique chinoise au Tibet, plus exactement la capacité du régime à intégrer le lamaïsme au bouddhisme institutionnel. En poussant le raisonnement plus loin, il est clair que c'est la volonté chinoise d'intégration de ses multiples minorités nationales qui est prise en défaut, ainsi que la volonté d'intégration des tendances bouddhistes « subversives ». Le cas du mouvement *Fa Lun Gong*, qui se fonde sur le plan pratique sur les exercices prophylactiques traditionnels appelés *qi gong*[2] et sur le plan spirituel sur des concepts bouddhistes[3], vient confirmer ce constat. Il a subi, durant l'année 1999, une vague de répressions sans précédent depuis les événements de la place Tienanmen. Le mouvement fut toléré ces dix dernières années par le gouvernement chinois, dans la perspective de son intégration au bouddhisme institutionnel. Mais, depuis quelques mois, les autorités ne contrôlent plus la situation, et passent par conséquent à une activité de nettoyage pur et simple : les interpellations et arrestations de responsables se multiplient[4], l'appartenance au mouvement et la qualité de fonctionnaire sont devenues incompatibles. Ces deux exemples, celui du lamaïsme et celui de *Fa Lung Gong* en Chine, donnent la mesure des difficultés encore actuelles à contrôler l'aspect subversif que représente le bouddhisme pour des régimes autoritaires asiatiques.

En dépit du développement, tout au long de l'histoire asiatique, de bouddhismes institutionnels, conservateurs, et de bouddhismes populaires, superstitieux et piétistes, on ne peut remettre en cause le potentiel déstabilisateur contenu à la fois dans le message bouddhiste et dans l'existence d'une *sangha*. Même si ce potentiel ne s'est que très rarement actualisé, c'est sur celui-ci que se fondent les mythes modernes d'un

---

1. F. Hauter, « L'affront à Pékin du Bouddha vivant », *Le Figaro,* 9 janvier 2000.
2. Ce type d'exercices a d'ailleurs un énorme succès en Occident depuis les années quatre-vingt. Diverses associations et fédérations existent en Europe, mais aussi en France. Une importante littérature, dont quelques grands succès, concerne cette « science » de longue vie et sa « philosophie ».
3. Le lien entre la secte et le bouddhisme est explicite (Ch'en Xing-Qiao Fuo-Giao, *Le Qi Gong bouddhiste et le Falun Gong,* Pékin, Maison d'Édition des Cultures Religieuses, 1998). Cette filiation est affirmée par le fondateur lui-même (Li Honzhi, *China Falun Gong,* Hongkong, Fa Lun Fo Fa Publishing CY, 1998).
4. F. Bobin, « Pékin condamne quatre responsables de la secte Fa Lung Gong à de lourdes peines », *Le Monde,* 28 décembre 1999.

bouddhisme individualiste ou socialiste, ou même libertaire. N'oublions pas que l'égalitarisme bouddhique eut, par exemple, outre l'institution effective de lieux d'égalité statutaire monacaux, une influence notable dans la démocratisation de la langue chinoise sous les Tang[1], ainsi que dans la mise en place des réformes sociales sous les Song, avec entre autres la figure emblématique de Wang Anshi (1021-1086) considéré encore aujourd'hui comme un précurseur médiéval du maoïsme[2]. Même si ce mouvement réformiste s'opposa à un parti conservateur très puissant, il réussit à bouleverser le système administratif chinois dans presque tous les domaines, militaires, fiscaux, organisations locales, vers plus de transparence, mais surtout, il entraîna la mise en place d'institutions sociales (par exemple : secours populaire géré par l'État), « [...] dont le principe était hérité de l'église bouddhique : hôpitaux, hospices, nurseries, dispensaires, cimetières gratuits pour les indigents, etc.[3] » On ne peut, en sus, remettre en cause la puissance révolutionnaire que représenta en Inde le bouddhisme au point d'entrer en conflit avec le système des castes. Conflit qui dura de façon plus ou moins larvée pendant plusieurs siècles jusqu'à la victoire de l'hindouisme brahmanique qui aboutit, par étape, à l'expulsion quasi complète du bouddhisme de la péninsule indienne.

Même si ces effets de démocratisation ne sont pas fondamentaux dans l'histoire réelle du bouddhisme, ils ont permis la construction d'un mythe moderne du bouddhisme démocratique, à partir, d'abord, d'une lecture marxiste sans doute facilitée par le concept égalitariste de *sangha* (communauté) : communauté d'abord monacale qui s'élargira d'ailleurs progressivement aux pratiquants laïques dans le Grand Véhicule, et qu'il suffira d'élargir encore pour inaugurer le concept moderne de « *sangha* universelle » s'appliquant à une refondation globale de la société[4]. Ce que des moines intellectuels asiatiques firent, au point de forger des expressions telles que celle de « socialisme dharmique » (le *dharma* étant la loi bouddhique)[5]. Mais le concept de *sangha* n'est pas le seul élément fondateur du progressisme bouddhique. Les bouddhistes, particulièrement dans le processus même de l'occidentalisation, se réfèrent au roi Açoka,

1. Le chinois vulgaire qui n'était essentiellement qu'une langue parlée distincte de la langue écrite, seule accessible aux lettrés, commença à s'écrire plus largement sous la dynastie des Tang (618-907), et « Il semble qu'à l'origine de ce mouvement il faille reconnaître l'action du bouddhisme, religion égalitaire qui s'adressait à tous sans distinctions sociales, et dont l'emprise était très forte sous les Tang. » (P. Demiéville, Y. Hervouet, « Chine, L'Empire du Milieu, Littérature », *Encyclopaedia Universalis*, Corpus, t. V, p. 556).
2. J.T.S. Liu, *Reform in Sung China. Wang An-Shuh and its New Politics,* Cambridge, Harvard University Press, 1959.
3. J. Chesnaux, « Chine, L'Empire du Milieu, Littérature », *Encyclopaedia Universalis,* Corpus, t. V, p. 795.
4. Nous nous situons bien entendu sur le plan de la représentation, et n'accordons pas de valeur réelle à la distinction entre bouddhisme du Petit et du Grand Véhicule. Dans le Petit Véhicule aussi, le concept de *sangha* s'élargira dans certaines circonstances. Les caractéristiques qui distinguent aujourd'hui encore le Petit et le Grand Véhicule nous semblent superficielles et relever d'une problématique de l'identité plus que d'une distinction doctrinale fondamentale. Le *Theravâda* (École des Anciens) s'est construit en interaction avec le *Mahâyâna* (Grand Véhicule), et inversement.
5. Buddhadasa Bikkhu, *Bouddhisme et socialismes,* Paris, Deux Océans, 1987.

prince philosophe, qui aurait été un précurseur de l'humanisme, gouvernant moderne avant la lettre, fondateur d'une forme de laïcité. L'idéal d'Açoka fournit un repère antique à la constitution actuelle du mythe du bouddhisme progressiste. Le régime de l'antique prince aurait été la seule institutionnalisation cohérente du « bouddhisme profond[1] », c'est-à-dire du bouddhisme non « perverti », non « défiguré », par les cultures et superstitions locales.

G/ L'occidentalisation asiatique du Theravâda : l'exemple du Sri Lanka

Au Sri Lanka, un des bastions principaux du bouddhisme *Theravâda*, les moines ont presque toujours joué un rôle politique. Sous « l'ordre ancien », en partie pendant la domination britannique, en tout état de cause avant l'indépendance nationale obtenue en 1948, le moine jouait un rôle politique en fonction de sa proximité personnelle avec le prince du fait de ses liens familiaux. Depuis l'indépendance, le rôle de la *sangha* fut réinterprété comme communauté-guide du bien-être social de la nation[2]. Apparut alors le type du « moine politisé », qui s'engage en vertu de sa responsabilité sociale confinant à une mission politique.

Même si cette nouvelle attitude se heurta à de nombreuses résistances laïques, par exemple lors des élections législatives de 1977 dans lesquelles un moine perdit son dépôt de garantie à cause d'un échec trop cuisant qui le plaçait en dessous du nombre minimal de suffrages, une personnalité religieuse d'une haute stature intellectuelle telle que le Vénérable Walpola Rahula participa à ces redéfinitions ambiguës du statut de moine-civique : naviguant entre les idées marxistes et libérales occidentales et l'attachement à l'ancien nationalisme, tout en affirmant la vocation universaliste de la *sangha*, ce qui en toute logique ressemblerait plus, *a priori*, à un discours émanant d'un clerc du Grand Véhicule. Ce moine cinghalais, qui est aussi un docteur de renom, se prêta – ajoutant même sa pierre – à la reconstruction d'une histoire de l'engagement bouddhiste au cours des âges, rappelant le rôle du roi Açoka[3], figure haute en couleur transformée en idéal du prince bouddhiste engagé dans la transformation du monde, antique précurseur de la modernité sociale. Il se plaira aussi à rappeler, et à réinterpréter dans un sens moderne, les « Dix Devoirs du

1. Cette expression de « bouddhisme profond » est employée par certains penseurs bouddhistes modernistes pour désigner une soi-disant unité originelle, une essence bouddhiste qui se distinguerait des différentiations culturelles, multiples et parfois « défigurantes » (S.C. Kolm, *Le bonheur-liberté. Bouddhisme profond et modernité*, Paris, PUF, 1982).
2. M. Carrithers, « Le bouddhisme au Sri Lanka », in Bechert, Gombrich, *Le Monde du bouddhisme*, Paris, Bordas, 1984.
3. W. Rahula, *L'enseignement du Bouddha d'après les textes les plus anciens*, Paris, Seuil, 1961, p. 120.

Roi » énoncés par le Bouddha[1]. Certains orientalistes français de renom rejoignent les positions de ce bouddhisme originel-moderniste, qui serait politiquement pertinent pour notre époque, ainsi que le laisse suggérer Paul Demiéville, professeur au Collège de France et Directeur des Études Bouddhiques à l'École Pratique des Hautes Études, dans sa préface de l'un des ouvrages traduits en français du révérend Rahula[2]. Cet ouvrage a été – est toujours – un grand succès de librairie dans notre pays. Sensé présenter une vue d'ensemble du bouddhisme le plus originel, il insiste sur des notions « éminemment » modernes. Les titres des paragraphes du premier chapitre sont évocateurs de cette volonté de présenter une religion traditionnelle comme « précurseur » des valeurs humanistes : « L'homme est suprême[3] », « Responsabilité[4] », « Doute[5] », « Liberté de pensée[6] », « Tolérance[7] ». Enfin la dernière partie, qui traite de « La morale bouddhiste et la société[8] », insiste sur la valorisation des laïques (« La vie laïque tenue en haute estime[9] »), l'universalité du message (« bouddhisme pour tous[10] »), l'implication moderniste du bouddhisme dans les problèmes de société (« Problèmes sociaux et économiques[11] », « Pauvreté : cause de crimes[12] »), sur le fait que le concept de progrès fut déjà pensé par le bouddhisme (« Progrès matériel et spirituel[13] »). L'ouvrage se termine par une série de textes « originels » théoriquement représentatifs du bouddhisme le plus pur. Ces textes sont à l'évidence sélectionnés pour valoriser l'aspect universaliste, humaniste et quasi démocratique du message bouddhique (« L'amour universel, *Metta-sutta*[14] », « Qui est paria ? *Vasala-sutta*[15] »). Il est remarquable de constater que cette interprétation moderniste et occidentalisée du message bouddhiste est le fait d'un moine cinghalais qui a essentiellement exercé son magistère en Asie et non en

1. *Op. cit.*, p. 118.
2. Ce livre se présente comme une transcription des principes du bouddhisme originel, de sa version la plus ancienne et par conséquent la plus pure, mais malgré cela, laisse suggérer une certaine antique modernité du message du Bouddha. Paul Demiéville semble pourtant regretter que cette modernité ne soit pas plus mise en évidence. Il termine sa préface en ces termes : « Il [le révérend Rahula] s'adresse à l'homme moderne, mais se garde d'insister sur les rapprochements à peine suggérés çà et là, qui pourraient être faits avec certains courants de monde contemporain – socialisme, athéisme, existentialisme, psychanalyse. Au lecteur de juger de l'actualité, des possibilités d'adaptation d'une doctrine qui, dans ce livre de bonne foi, lui est présentée en sa primeur féconde. » (Paul Demiéville, « Préface », in Walpola Rahula, *op. cit.*, p. 8.)
3. *Op. cit.*, p. 17.
4. *Op. cit.*, p. 18.
5. *Op. cit.*, p. 19.
6. *Op. cit.*, p. 21.
7. *Op. cit.*, p. 21.
8. *Op. cit.*, p. 105.
9. *Op. cit.*, p. 110.
10. *Op. cit.*, p. 106.
11. *Op. cit.*, p. 114.
12. *Op. cit.*, p. 114.
13. *Op. cit.*, p. 115.
14. *Op. cit.*, p. 125.
15. *Op. cit.*, p. 148.

Occident[1]. C'est une des multiples illustrations d'une occidentalisation du bouddhisme qui s'opère en Asie, à la faveur de circonstances historiques (en général une réaction identitaire contre la colonisation qui se traduit paradoxalement par une acculturation volontaire) et qui est ensuite exportée en Occident, présentée par les clercs asiatiques eux-mêmes comme l'expression du bouddhisme le plus traditionnel et le plus pur.

H/ Laïcisation[2] effective et idéologique

Un des éléments fondamentaux du processus d'occidentalisation du bouddhisme est d'ailleurs, au-delà de l'élargissement sans précédent de la *sangha* (communauté monacale) aux laïques (aux non-moines), la dissolution progressive de la qualité même de moine telle qu'elle a été conçue et vécue en Asie jusqu'à l'époque moderne. Le bouddhisme asiatique traditionnel est avant tout, quelles que soient les écoles, un bouddhisme de moines, alors que le bouddhisme occidentalisé, quelles que soient les écoles, est avant tout un bouddhisme de laïques : un ancien moine-lama[3] tel que Dagpo Rinpotché a rendu ses vœux lors de son arrivée en France, ne pouvant assumer le respect des principes qui régissent l'existence du moine et en même temps s'intégrer à la société moderne.

En ce qui concerne la Soka Gakkai, le problème ne se pose même pas, l'occidentalisation ayant été entièrement effectuée en Asie : le culte est exporté en Occident à travers une organisation qui se définira d'emblée comme laïque et qui est constituée de membres exclusivement laïques. Cette laïcisation n'est pas le fait d'un bouddhisme particulier, Grand ou Petit Véhicule, mais traverse l'ensemble des tendances, y compris le *Theravâda* qui est supposé être l'école la plus ancienne, dernière représentante

1. Ce paragraphe ne traite pas exhaustivement la question du bouddhisme au Sri Lanka, mais seulement son rapport à l'occidentalisation thématique. Il y aurait beaucoup à dire sur le nationalisme bouddhique sri-lankais antichrétien et antimusulman qui a donné lieu à des actions d'une extrême violence.
2. Les orientalistes ont pris l'habitude de traduire par « laïcs » le terme qui désigne, dans les textes canoniques, les bouddhistes qui ne sont pas moines. Il s'agit pour nous de constater que cette situation, minoritaire dans le bouddhisme asiatique, devient majoritaire dans le bouddhisme moderne occidentalisé, eu égard aux conditions spécifiques de nos sociétés sécularisées. D'autre part, le discours du bouddhisme moderne lui-même s'adresse aujourd'hui presque essentiellement à des non-moines (à des laïques), ce qui n'est pas le cas dans la tradition asiatique. Le lecteur comprendra dès lors que nous n'entendons pas laïque au sens du droit public qui se rapporte à la séparation entre la sphère religieuse et la sphère étatique. Il est évident que l'emploi du terme de « sécularisation » aurait été plus approprié *stricto sensu* : distinction entre le monde monacal, donc régulier, et le monde séculier se rapportant à la vie normale dans le siècle, une vie de père de famille ou de « maître de maison », pour reprendre l'expression bouddhiste originelle qui fut traduite par « laïque ». Nous avons néanmoins préféré reprendre cette traduction, même si elle peut prêter à une certaine confusion, dans la mesure où elle a déjà été adoptée de longue date par la plupart des spécialistes du bouddhisme.
3. Moine dans le sens où il a pris les vœux réguliers qui font de lui un moine, et lama dans le sens où il possède une connaissance technique qui l'autorise à enseigner le bouddhisme. Les deux titres, bien que souvent confondus, ne sont pas équivalents dans le bouddhisme tibétain (cf. Étienne, Liogier, *Être bouddhiste en France aujourd'hui,* Paris, Hachette, 1997, réed. Poche/Pluriel, 2003).

théorique du Petit Véhicule, c'est-à-dire d'un bouddhisme dans lequel le moine, centre et fondement de la vie religieuse, ne devrait survivre que grâce à l'aumône des fidèles, vivant lui-même retiré du monde dans l'unique but d'atteindre le *nirvana*. Cette image n'est plus le reflet fidèle – s'il l'a jamais été – de la réalité bouddhiste *Theravâda*. L'occidentalisation donne une plus grande importance aux laïques comme masse active, récepteurs idéologiques, tout en conférant aux moines une fonction de diffuseurs idéologiques, spécialement dans le cas du *Theravâda* : l'exemple du poids idéologique fondamental des docteurs bouddhistes thaïlandais est caractéristique. Dans le cas du *Mahâyâna*, le moine ne garde même plus cette fonction quasi exclusive de diffuseur idéologique mais entre en concurrence directe – s'il n'est pas même dépassé, spécialement en terre occidentale – avec la masse des intellectuels laïques.

Cette laïcisation effective, dans la morphologie même du bouddhisme, est parallèle à la laïcisation du discours – ou plus exactement dans ce cas à une sécularisation du discours[1] – que ce soit dans le sens d'une proclamation de l'autonomie de l'individu, réappropriation intellectuelle de l'individualisme moderne, ou dans le sens de l'égalitarisme social, réappropriation intellectuelle des principes marxistes ou pour le moins humanistes. Nous n'entendons pas réappropriation en tant que stratégie consciente de manipulation des concepts occidentaux de la part des clercs asiatiques afin de les transformer en slogans porteurs. Il est très difficile de repérer ce que Pierre Bourdieu nomme une « stratégie de la stratégie ». En effet, l'occidentalisation du bouddhisme n'est pas un processus univoque et entièrement conscient, particulièrement en ce qui concerne le bouddhisme tibétain.

I/ Y a-t-il une propagande concertée ayant pour point d'origine les clercs bouddhistes ?

À l'instar du sociologue Lionel Obadia, qui affirme que « le contexte social et politique de l'implantation du bouddhisme en France déterminait, en partie, l'usage social de cette religion[2] », nous ne saurions nier l'existence d'une stratégie de mobilisation des masses occidentales sensibles au bouddhisme dans le cadre de groupes de pression pour la défense de la « cause tibétaine » par exemple. Il est de même assez clair que cette stratégie n'est pas le fait exclusif du bouddhisme tibétain, mais que le bouddhisme des immigrés asiatiques en général est l'objet d'une

1. Ce discours d'autonomisation de l'individu face à l'autorité, que ce soit celle d'une instance religieuse telle que Dieu, ou institutionnelle telle que l'État, est effectivement en phase avec ce que les sociologues des religions appellent la sécularisation de la société, qui a pu se traduire par des institutionnalisations spécifiques, telles que la République française qui se déclare « laïque ».
2. L. Obadia, *Bouddhisme et Occident. La diffusion du bouddhisme tibétain en France,* Paris, L'Harmattan, 1999, p. 238. On consultera aussi son article « Bouddhisme et diaspora : rôles et effets du bouddhisme dans l'exil tibétain, in *Approches Asie,* novembre 1997, n° 15.

reconstruction identitaire qui est parfois, comme nous le verrons, en contradiction avec le bouddhisme traditionnel tel qu'il est vécu en terre asiatique, et peut ainsi se traduire par une forme d'acculturation volontaire. La pagode devient dans certains cas un lieu de résistance contre l'« oppresseur » communiste ; dans d'autres cas de plus en plus fréquents, si elle est désertée par sa clientèle asiatique, elle s'adapte alors à la demande occidentale en éliminant les pratiques les plus « superstitieuses » et les plus « folkloriques » qui sont pourtant les plus typiquement asiatiques. L'occidentalisation permet de rentabiliser la pagode et de sauver la situation matérielle du bonze. Dans le cas du bouddhisme tibétain, l'occidentalisation est l'unique chance d'existence et de développement, non seulement du culte, mais de la culture tibétaine.

Ce processus d'occidentalisation est-il, par conséquent, concerté comme semble le penser Lionel Obadia, présentant un bouddhisme tibétain faisant « feu de tout bois », séduisant sa clientèle potentielle française en utilisant les médias les plus sophistiqués, se servant du vedettariat et de l'intelligentsia comme relais d'opinion manipulée, entretenant les fantasmes sur la réincarnation, les prouesses psychocorporelles, la scientificité des vérités bouddhistes pour en faire des thèmes de propagande ? Les choses nous paraissent plus complexes, car il ressort de nos propres enquêtes que les clercs tibétains ne maîtrisent pas l'occidentalisation de leur bouddhisme et que, de surcroît, ils ont en général[1] tentés de la freiner. Le discours du Dalaï-Lama dans les années quatre-vingt était très net à cet égard : la cause tibétaine et le bouddhisme sont deux choses différentes, l'une ne doit pas empiéter sur l'autre. Dans un premier temps, ce mot d'ordre a été suivi : lorsque nous demandions, en 1986, à des enseignants-lamas français ce qu'ils pensaient de la cause tibétaine, ils étaient pour la plupart extrêmement circonspects, prétextant la distinction entre leur enseignement spirituel et la politique. Ce mot d'ordre fonctionnait d'ailleurs si bien que nous avons obtenu plus de réponses d'adeptes du zen se déclarant impliqués, ou du moins touchés par la cause tibétaine en tant que bouddhistes, que de bouddhistes tibétains d'origine française[2]. Mais à partir des années quatre-vingt-dix, en raison de l'aggravation de la situation tibétaine et/ou du mécontentement croissant à l'égard de la méthode non violente du chef tibétain en exil, le discours des clercs a évolué au point de faire de la cause tibétaine une cause bouddhiste à part entière. Il faut donc souligner cette hésitation originelle à mobiliser en faveur de la cause tibétaine les masses occidentales attirées par le bouddhisme.

La même hésitation est assez nette quant à la réappropriation bouddhiste des « vérités » scientifiques : en général ce sont des scientifiques

1. Bien entendu certains clercs tibétains ont, au contraire, tenté et réussi à accélérer l'occidentalisation de leur bouddhisme. Mais ce sont des clercs peu impliqués dans la cause tibétaine, par exemple les groupes influencés par l'enseignement de Shögyam Trungpa.
2. Cf. Étienne, Liogier, *op. cit.*, p. 245.

occidentaux qui expliquent aux clercs tibétains à quel point telle découverte en physique quantique est en adéquation avec telle ou telle « vérité » bouddhiste. Les clercs se laissent bien évidemment guidés par ce jeu dialectique qui légitime leur discours et confère à leur enseignement une valeur moderne, finissant par reprendre ces mêmes arguments pour leur propre compte. Mais, d'une part, l'initiative de cette légitimation n'appartient que résiduellement à des clercs asiatiques, qui ne font, dans la plupart des cas, que suivre le cours d'un processus qui est déjà enclenché lorsqu'ils interviennent[1]. Ce qui explique les réticences du Dalaï-Lama lui-même au sujet des conversions d'Occidentaux : il y a risque (ce qui d'ailleurs est en train de se vérifier) que les laïques occidentaux reconstruisent un néo-bouddhisme propre à engloutir la tradition tibétaine, et que les enseignants tibétains eux-mêmes se prêtent à cette opération pour des raisons d'intérêts personnels ; intérêts personnels qui se payeraient de la dissolution progressive de la culture tibétaine traditionnelle, exactement ce que le gouvernement en exil cherche à éviter à l'intérieur du Tibet.

Nous ne pouvons nier qu'il existe une propagande tibétaine qui utilise les réseaux bouddhistes, nous ne pouvons non plus nier l'existence de stratégies de propagation à travers les relais médiatiques du star-system et de l'intelligentsia. En revanche, nous avons pu constater tout au long de notre étude que cette propagande n'était pas concertée et, de surcroît, qu'elle n'était ni dirigée ni contrôlée par les autorités tibétaines en exil. C'est, en quelque sorte, une propagande qui est initiée à l'extérieur des milieux tibétains mais qui sollicite leur collaboration pour construire un discours particulier. Il y a donc stratégie, certes, mais pas stratégie de la stratégie. Il y a propagande, certes, mais ses émetteurs et ses objectifs ne sont pas maîtrisés par les autorités tibétaines. Nous ne pouvons contester que le bouddhisme tibétain est constitué de façon bureaucratique et même aristocratique, ce qui est opposé à la représentation démocratique et décentralisée qu'en ont la majorité de ses adeptes occidentaux. Nous ne pouvons nier non plus qu'il propose une éthique extrêmement contraignante qui diverge de la représentation de permissivité si répandue parmi nos concitoyens. Il est vrai que sur ces points les clercs restent vagues, entretenant une confusion assimilable à une forme de propagande, qui est cependant frileuse, qui n'a pas de ligne fixe et qui, surtout, est dépendante au plus haut degré des sauts d'humeurs, des changements de perspective des clients qu'elle est supposée manipuler.

Ceci nous amène à considérer une autre des hypothèses fondamentales (la troisième plus exactement) de notre travail : le processus d'occidentalisation résulte d'interactions complexes entre les clercs

1. L'ouvrage le plus caractéristique du processus d'occidentalisation par la « scientifisation » du bouddhisme tibétain non maîtrisée par les clercs tibétains, dont les scientifiques occidentaux ont l'initiative, est ce livre de dialogue entre le Dalaï-Lama et des chercheurs reconnus : *Passerelles. Entretiens avec le Dalaï-Lama sur les sciences de l'esprit* (Paris, Albin Michel, 1995).

asiatiques et les laïques occidentaux, qui ne sont maîtrisées ni par les uns ni par les autres, mais qui constituent progressivement une idéologie originale dont la diffusion s'opère en proportion de l'acculturation des bouddhismes traditionnels. Autrement dit, aussi bien en Asie qu'en Occident, les traditions bouddhiques sont en train de se dissoudre dans un bouddhisme occidentalisé qui, dans l'immédiat, n'est repérable qu'à travers l'émergence d'une cohérence idéologique d'ensemble. Ce processus a commencé au XIXe siècle. Ce sont d'abord des philosophes nihilistes et des missionnaires chrétiens qui ont interprété le bouddhisme en fonction de leurs catégories européennes, puis des moines asiatiques qui, à la suite de la colonisation, interprétèrent le bouddhisme en doctrine révolutionnaire quasi marxiste. Dans les années quatre-vingt en France, les observateurs[1] interprétèrent le bouddhisme comme une variation de l'individualisme *New Age*, une sorte de narcissisme mystique apolitique, à l'opposé complet de conceptions socialistes pourtant parfois prônées en Asie ou aux États-Unis. Nous décrirons plus minutieusement dans notre problématisation ces différentes étapes. Retenons du moins, qu'à chaque étape, des perspectives occidentales sont exprimées en termes bouddhistes, par les initiatives conjointes – même si leurs intérêts et leurs objectifs peuvent être divergents – de clercs asiatiques et de laïques occidentaux.

J/ Synthèse du chapitre

Le bouddhisme garde encore dans certains milieux une image de culte asocial, incompatible avec la civilisation, de mysticisme pur. Il faudra attendre les années soixante-dix pour que ces préjugés soient battus en brèche par des chercheurs britanniques qui s'intéressaient aux développements sociaux asiatiques en interaction avec le bouddhisme[2], ainsi que par des chercheurs américains qui s'attachaient à l'étude du développement d'une contre-culture qui émergea à la fin des années cinquante et se développa dans les années soixante / soixante-dix, largement tributaire de conceptions bouddhistes[3].

Nous avons rédigé cette introduction pour servir de prolégomènes : ensemble des conditions intellectuelles requises pour aborder le phénomène de l'occidentalisation du bouddhisme, qui permettent de prendre conscience des *a priori* qui sont autant d'entraves à une étude scientifique de ce phénomène, en particulier à une investigation en science

1. Pour la plupart des journalistes, puisque à l'époque le bouddhisme occidental ne faisait l'objet d'aucune étude scientifique.
2. M.E. Spiro, *Buddhism and Society : a Great Tradition and its Burmese Vicissitudes*, Londres, Allen & Unwin, 1970.
3. Le plus connu et le plus ancien des intellectuels porteurs de cette idéologie bouddhiste libertaire est sans nul doute l'écrivain Gary Snyder, qui commença dès la fin des années cinquante à développer ses thèses critiques de la société capitaliste américaine (G. Snyder, « Buddhism and the coming revolution », *Earth House Hold,* New York, New Directions, 1957).

sociale. Nous pouvons résumer ces prolégomènes en cinq propositions fondamentales :

1) La distinction entre un bouddhisme culturel folklorique, superstitieux, ritualiste, dévoyé, et un bouddhisme profond[1], ancien[2], originel[3], philosophique[4], n'est pas recevable : les variations ne sont pas nettes, et en tout cas pas bipolaires. Il y a une continuité entre l'aspect populaire et l'aspect savant : les contresens sur les différentes doctrines – ou plutôt sur les différents points de vue, car les bouddhistes n'acceptent pas l'idée d'une doctrine mais seulement de points de vue relatifs – attribuées au Bouddha peuvent aussi bien se déceler dans le bouddhisme populaire que dans le bouddhisme savant. Les *a priori* sur les qualifications généralisantes, en particulier de mysticisme contemplatif unilatéral, ont fortement contribué à ralentir la recherche en science sociale sur le bouddhisme. À l'intérieur même des différentes écoles, la représentation des variations philosophiques et institutionnelles a souvent été, et est encore, l'instrument d'une volonté d'appropriation : par exemple, les bouddhistes tibétains considèrent les différences entre *Hînayâna*, *Mahâyâna* et *Vajrayâna*, comme trois moments, trois étapes initiatiques dans le progrès intérieur de chaque pratiquant, qui sont transposables en étapes du progrès spirituel dans l'histoire même du bouddhisme. Le bouddhisme tibétain, se représentant lui-même comme l'ultime étape de ce processus, se place en situation de contenir les autres étapes, ce qui lui procure une vocation « naturelle » à superviser l'ensemble des écoles.

2) Le bouddhisme, qui n'est pas, comme nous venons de le souligner, essentiellement un mysticisme absolu, extramondain, comme le croyait Max Weber, peut aussi être analysé comme ascétisme intramondain, dans un sens individualiste ou socialiste, à tous les moments de son développement, avec des effets économiques et politiques remarquables, qu'ils résultent ou non d'une stratégie consciente.

3) La modernité du bouddhisme, déclarée par une majorité d'Occidentaux, qu'ils soient convertis ou NPB[5], n'est pas une réalité historique mais une reconstruction contemporaine, puisque le bouddhisme a pu aussi bien servir à une époque récente à la construction d'une idéologie antimoderne. Cependant, il existe un potentiel bouddhiste – même s'il n'a que très récemment été pleinement actualisé – aisément réinterprétable en termes modernes : le concept égalitariste de *sangha*, la relativisation de la croyance par rapport à l'expérience personnelle, le concept de progrès intérieur transposable en terme de progrès social, sont autant de points de vue facilement transformables en points d'idéologie moderne.

1. Dans l'acception de S.C. Kolm : le bouddhisme profond n'est pas superstitieux mais intrinsèquement rationnel.
2. Dans l'acception *Theravâda* : le bouddhisme ancien recouvre les « seuls » « vrais » enseignements du Bouddha historique, qui est le « seul » « vrai » Bouddha.
3. Dans l'acception de M. Weber : le bouddhisme originel est un mysticisme pur, par conséquent complètement hors du monde.
4. Dans l'acception de la plupart des philosophes européens du XIXe siècle : le bouddhisme philosophique est l'enseignement authentique du Bouddha qui prône l'anéantissement de la vie, ou tout au moins du Vouloir-Vivre.
5. NPB ou Nouveaux Proches du Bouddhisme : catégorie forgée dans le cadre de notre ouvrage *Être Bouddhiste en France aujourd'hui* (cf. Étienne, Liogier, *op. cit.*).

4) La modernité bouddhiste aujourd'hui proclamée – même si elle n'est pas conforme au bouddhisme traditionnel (ce qui va de soi) – tend à prendre le pas sur les autres interprétations possibles, et est identifiable au travers d'un discours à portée pratico-sociale – autrement dit, au travers d'une idéologie qui se développe conjointement en Asie et en Occident. Cette intégration, qui peut parfois prendre des allures de réappropriation culturelle, voire de propagande, n'est pas maîtrisée par les clercs religieux, particulièrement par les clercs asiatiques. Nous avons devant nous plusieurs modalités d'occidentalisation : occidentalisation en Asie, en Occident même, occidentalisation en contexte *Theravâda*, en contexte *Mahâyâna*, plutôt socialiste, plutôt individualiste ou, paradoxalement, antioccidentale et asiatiste[1]. D'autre part, nos enquêtes montrent que le bouddhisme occidentalisé n'est pas réductible à une réaction au christianisme – comme il est souvent affirmé dans les médias – mais se situe à la fois dans la continuité de certaines idéologies occidentales et en réaction contre ces mêmes idéologies qui peuvent être sur un autre plan inspiratrices. Le rapport ambigu au marxisme est typique de cette complexité du processus de construction d'un bouddhisme moderne.

5) Il n'est pas concevable d'analyser le processus d'occidentalisation du bouddhisme, sans tenir compte de ce discours spécifique et transversal à portée pratico-sociale que nous venons d'évoquer au précédent paragraphe, ainsi que des conditions de sa genèse, déterminées par un jeu de va-et-vient entre les réalités socioculturelles asiatiques et occidentales. Lorsqu'ils abordent le bouddhisme, la plupart des Occidentaux n'ont pas conscience de l'origine des concepts auxquels ils ont accès, ce qui a pour conséquence de produire des phénomènes d'inversion des représentations, tels que nous l'avons souligné dans le cas de la Soka Gakkai, représentée comme nationaliste, presque fasciste en France, mais représentée comme pacifiste et gauchiste au Japon, et du zen *Sôtô*, considéré comme permissif, amoral en France, alors que certaines de ses plus célèbres autorités japonaises se font les chantres d'un réarmement moral nationaliste. Nous voyons, par ces quelques exemples, qu'il y a grand danger à analyser intrinsèquement le phénomène social du succès occidental du bouddhisme comme un phénomène purement occidental qui relèverait exclusivement de la sociologie franco-française par exemple. Il faut considérer, à titre de préalable nécessaire, le phénomène de la transplantation elle-même, qui suppose une mise en perspective minimale avec les modes de production et de diffusion culturels et cultuels asiatiques.

Ces points de précautions étant énoncés, et en gardant bien entendu à l'esprit la nécessité de prendre en compte ce va-et-vient constant entre des réalités géoculturelles éloignées, il paraît indispensable de situer le bouddhisme en tant qu'objet d'une problématisation qui relève pleinement des sciences sociales.

---

1. Dans ce dernier cas, nous entendons occidentalisation dans le même sens que le radicalisme musulman, par exemple, est interprétable comme un effet de l'occidentalisation. C'est une réaction antimoderne et antioccidentale, qui engendre une idéologie de retour à la tradition. Ces phénomènes ne doivent pas être qualifiés de traditionalisme mais de néo-traditionalisme, dans la mesure où ils relèvent d'une reconstruction moderne d'une tradition supposée. Ils sont, par conséquent, incompréhensibles en dehors d'un rapport à la modernité occidentale.

II. BOUDDHISME ET IDÉOLOGIE

A/ Bouddhisme et concept de religion

1° Suspension méthodologique de toute définition culturelle du concept de religion

L'étude du bouddhisme engage à une redéfinition du concept de religion, tout au moins de l'aspect sociologique de ce dernier[1]. Cette redéfinition est un préalable nécessaire à l'appréhension de son incursion dans le paysage occidental et français. Le bouddhisme est-il une religion, une spiritualité, une sagesse, une psychothérapie, une simple hygiène de vie, une philosophie, etc. ? Cette question ne nous semble pas en soi pertinente, car les catégories ainsi exprimées, produites par notre culture, ne constituent pas des types purs. L'illusion serait de les représenter comme des types universels, références obligées à partir desquelles il est possible de dire par exemple que tel mouvement spirituel est une religion ou ne l'est pas.

Il nous est apparu que le lexique – les termes de religion, de spiritualité, de sagesse – servirait dans ces conditions à exclure une réalité donnée sous prétexte qu'elle ne correspond pas à la définition que nous nous en serions donnée au préalable. Ainsi est-il à la fois moins arbitraire et scientifiquement plus productif de mettre nos définitions à l'épreuve d'une réalité inhabituelle pour nous – à savoir le bouddhisme – plutôt que de prétendre qu'elle n'est pas « ceci ou cela ». Ce qui conduit à rechercher un élargissement du concept de religion afin d'y faire entrer une réalité jusque-là inhabituelle, en l'occurrence le bouddhisme. Mais cet élargissement ne doit pas en outre permettre la confusion avec d'autres réalités non religieuses. Cette attitude suppose par conséquent de se départir de l'habitude intellectuelle d'appréhender la « religion » comme une essence

1. La définition étymologique pose d'autres problèmes ; en effet les spécialistes ne parviennent pas à s'accorder sur l'étymologie du mot « religion » : relier, relire, parcourir, rassembler, etc. L'acception trouvée chez Lucrèce dans son *De natura Rerum* semble la plus convaincante, et exprime le sentiment de crainte à l'égard de la divinité qui motive l'établissement de doctrines et de rituels. La religion concerne le surnaturel, mais chez Lucrèce cette acception est péjorative, se confondant avec la superstition, ce qui la rend sociologiquement impropre.

immuable, afin de la considérer – quelles que soient par ailleurs nos convictions personnelles, car il s'agit de suspendre méthodologiquement nos convictions – comme un phénomène socioculturel fluctuant et multiple. La définition que nous obtiendrons ainsi ne sera pas elle-même universelle et éternelle, mais seulement opérationnelle eu égard à l'objet que nous abordons. Pour nous amener à un élargissement du concept, cette démarche n'aboutira pas pour autant à moins de précision ; bien au contraire, elle amènera à affiner les critères de ce que l'on peut, en l'état actuel de la recherche, appeler une religion.

2° Immanence et transcendance

Le bouddhisme n'exclut pas la foi, mais n'est pas absolument fondé sur elle. Si le critère fondamental de la religion est la foi, et particulièrement la foi en une extériorité transcendante, dès lors le bouddhisme n'est pas une religion, mais une sagesse, une façon de vivre comparable à l'épicurisme : se mettre le plus sûrement possible en protection contre la souffrance. Si la sagesse pratique, l'épreuve personnelle de la souffrance et de son extinction, est le critère de ce en quoi l'on peut croire, la souffrance et son extinction ne sont pas l'objet de la croyance elle-même. Même si le bouddhisme est soupçonneux à l'égard de la transcendance, il ne l'exclut pas *a priori* : c'est un polythéisme des valeurs, qui n'accepte rien comme devant être cru sans l'épreuve individuelle et pratique de l'intérêt d'une croyance quelle qu'elle soit. Cela signifie simplement qu'il ne faut pas croire ce qui fait souffrir ; au plan social, il ne faut pas accepter une situation de domination souffrante justifiée par la croyance en un ordre transcendant. Bien entendu, nous nous plaçons ici au niveau théorique et non pas au niveau des superstitions populaires qui n'ont cessé de se développer au nom du bouddhisme, tout en étant évidemment en contradiction avec les fondements théoriques que nous sommes en train de décrire.

Ainsi, le *nirvana* bouddhiste a une nature immanente, dans la mesure où il ne peut pas être prêché comme un lieu extérieur, lointain, qui doit être gagné par la soumission à un ordre transcendant. Cependant, le *nirvana* a une nature transcendante dans la mesure où il est extérieur à l'espace-temps, non pas en termes de lieu, de situation, mais en terme d'essence. Le *nirvana* se laisse en quelque sorte pressentir, mais il ne s'éprouve pas complètement parce qu'il n'est pas un phénomène, et par conséquent ne relève pas du champ de nos perceptions. À proprement parler, le *nirvana* est un *mystère*, même si certaines écoles bouddhistes ont prôné l'équivalence du *samsara*, le monde de l'illusion, et du *nirvana*, le monde vrai. En effet, le mot *nirvana* lui-même ne définit pas un état, qui est intrinsèquement mystérieux, mais un acte, sans doute le dernier acte avant d'atteindre un état qui, lui, est indicible : souffler la flamme (étymologie du mot *nirvana*), éteindre le projecteur de l'illusion. Dès lors, le *nirvana* est effectivement, dans le *samsara*, en tant que potentiel sans cesse actualisable, la limite encore dicible de l'indicible qui transcende toute catégorie.

Le bouddhisme ne rejette pas la transcendance mais la relativise, neutralise « théoriquement » son pouvoir aliénant. La transcendance reste mystère, les vérités terrestres doivent être éprouvées pour acquérir leur statut de vérité, ce qui n'exclut pas qu'elles puissent conduire à une intuition transcendante, à un dépassement de la condition terrestre spatio-temporelle. Le bouddhisme n'est pas une simple hygiène de vie, une simple sagesse pratique, mais déploie une dimension spirituelle au sens large : dépassement de la simple condition matérielle, spatio-temporelle, physique, pour l'accession à une condition transcendante.

3° Vers une définition ouverte et opérationnelle du religieux

Si le critère fondamental d'une pratique proprement religieuse inclut la tenue nécessaire de cérémonies rituelles, alors là encore le bouddhisme n'est pas une religion. Les rituels n'ont pas d'importance en eux-mêmes, mais sont relatifs aux résultats que l'homme peut en tirer. Ils sont en quelque sorte thérapeutiques et, par conséquent, point indispensables à la pratique ; un homme qui ne ressent plus sa migraine peut arrêter de prendre de l'aspirine : on peut être bouddhiste sans aucune pratique rituelle. Moyens relatifs d'apaisement, ils peuvent toujours être abandonnés au cours de l'évolution spirituelle. Le temps rituel n'est pas un temps sacré, séparé du temps profane. L'attention est portée sur le temps quotidien comme occasion par excellence de la pratique spirituelle.

Si le critère fondamental de la religion est le sacré, un espace sacré, des rituels sacrés, des prières sacrées, des dogmes sacrés, alors le bouddhisme n'est pas une religion. Encore faut-il s'entendre sur la définition du mot sacré : ce qui est séparé du quotidien, de la routine, ce qui est intouchable, la transposition du « Tout social » pour reprendre la pensée de Durkheim[1], l'immuabilité abstraite de la collectivité, la Société, et donc aussi l'État comme un tout immuable qui garantit sa propre continuité (la fameuse « continuité de l'État » chère au droit public). Or, rien n'est absolument sacré dans le bouddhisme, c'est-à-dire, sur le plan institutionnel, qu'aucune organisation et aucun représentant d'une organisation ne détiennent absolument le monopole de la gestion des biens du salut.

Le salut est quotidien[2]. Si le sacré est ce qui dans la religion symbolise la possibilité du salut, alors le quotidien en bouddhisme est le sacré par excellence. Le *nirvana* exprime le salut, mais un salut qui ne se laisse garantir par aucun monopole « administratif ».

---

1. É. Durkheim, *Les formes élémentaires de la vie religieuse*, Paris, PUF, 1960.
2. Cette importance de la quotidienneté comme chemin privilégié du salut ressort particulièrement bien à travers notre enquête sociologique sur la pratique bouddhiste en France (Étienne, Liogier, *op. cit.*).

Le critère du sacré est à la fois trop flou sociologiquement, et trop déterminé par la phraséologie religieuse elle-même. Il s'agit d'un terme religieux en lui-même, véhiculé par les clercs, dont il est en conséquence délicat de faire un usage sociologique, en tout cas en tant que catégorie générale. En revanche, rechercher des catégories religieusement neutres afin de qualifier les phénomènes religieux nous semble plus satisfaisant.

William James distingue, par exemple, deux éléments essentiels constitutifs des phénomènes religieux : le pôle institutionnel (*institutional religion*) et le pôle personnel (*personal religion*). Le premier regarde l'organisation ecclésiastique, monacale, les rapports avec les fidèles laïques, les dispositions cérémonielles et rituelles, ainsi que la dogmatique officielle. Dans ce sens la religion est un art externe (*external art*) qui consiste à gagner les faveurs du divin, à légitimer des situations et des actions. Le pôle personnel est au contraire un art interne (*internal art*) et regarde les dispositions intérieures de l'homme à « avoir la foi », la conscience-inconscience de ses limites physiques et psychiques, ses frayeurs et joies les plus profondes administrées spirituellement. Ce pôle relève de l'expérience individuelle. Même si cette dernière est orientée par des cultures religieuses externes, des doctrines spécifiques, des rituels variés, ceux-ci passent aussitôt au second plan dans la perspective du pôle personnel, car alors l'individu reste irréductiblement livré à lui-même dans le travail nécessairement intérieur de gestion de ses peurs et de ses espoirs fondamentaux. Il ne peut traiter cette affaire (*transact the business*) – qui est la plus intime qui soit, en deçà de toute publicité possible – que par et avec lui-même, plongé dans la plus abyssale solitude[1]. Ce sont les significations, les origines et les modalités variées de cette « expérience religieuse » que James tente d'analyser, à l'exclusion des cultures religieuses extérieures. Il ne réussit cependant pas à isoler l'expérience intérieure des environnements institutionnels et doctrinaux.

Sa tentative a au moins le mérite de fournir une définition bipolaire des phénomènes religieux, nullement cependant en tant que définition de deux parties essentiellement distinctes, comme son programme le laissait supposer[2], mais en tant que repérage de deux aspects inséparables d'un même phénomène. Les phénomènes religieux se définissent dès lors comme un champ d'activité pratique et imaginaire déployé par une tension vers l'intérieur (aspect personnel, psychique) et vers l'extérieur (aspect social, institutionnel). L'impossibilité d'isoler les deux pôles revient à les représenter comme une continuité, un tissu complexe tendu aux deux extrémités, ce que les physiciens nomment aujourd'hui un continuum. Les deux aspects se déterminent en partie l'un l'autre, mais en partie

1. W. James, *The Varieties of Religious Experience,* New York, Penguin Books, 1958.
2. James se proposait, au début de son ouvrage, (*op. cit.*) de ne s'attacher qu'aux expériences religieuses, le moins possible aux systèmes doctrinaux, et pas du tout aux institutions : « *[...] I propose to ignore the institutional branch entirely, to say nothing of the ecclesiastical organization, to consider as little as possible the systematic theology and the ideas about the gods themselves, and to confine myself as far as I can to personal religion pure and simple.* » (*op. cit.*, p. 41)

seulement, car il ne s'agit pas de tomber dans un déterminisme simple et unilatéral, du type : l'expérience de la prière, dont le contenu valorise la soumission absolue à Dieu, laisse supposer des institutions religieuses autoritaires et rigides, alors que la valorisation de la méditation, sans contenu précis, laisse supposer des normes religieuses plus souples et plus permissives. La complexité est dans la nature même de tout continuum : tout au plus pouvons-nous admettre que la manière d'entrevoir et de valoriser l'expérience religieuse du Sujet est relative à certaines formes d'objectivations sociales.

L'historien des religions, Mircea Éliade, remarque lui aussi que les phénomènes religieux se caractérisent par ces deux pôles, sans chercher à les isoler mais en les appréhendant toujours globalement[1]. Ainsi définit-il le phénomène religieux par une expérience personnelle (pôle intime, mystique) complétée d'une réalité transpersonnelle (pôle communautaire, social). Dans ce cas, le bouddhisme est sans contexte une religion.

La définition d'Éliade, comme celle de James, nous semble cependant trop large ; nous la compléterons donc d'un troisième critère de nature dogmatique : la croyance en une conception de la réalité qui inclut la possibilité du salut. Ce qui ne veut pas dire que la présence d'un phénomène religieux suppose d'emblée l'acceptation d'une doctrine totale qui donne de l'extérieur des réponses univoques à toutes les questions, mais qu'il suppose en revanche l'acceptation de la croyance de base que la réalité brute, telle que vécue actuellement, avec ses difficultés, ses limites, peut être dépassée d'une façon ou d'une autre. Il suffit d'avoir une croyance minimale, croire que la souffrance peut être définitivement supprimée, pour que cette croyance soit une conception de la réalité qui inclut la possibilité du salut.

Cette définition a l'avantage de ne pas se confondre avec une définition de l'art en tant qu'activité : l'art de gouverner, de peindre, de conduire, etc., qui se caractérise effectivement par une expérience individuelle (la pratique elle-même) et une réalité transpersonnelle (l'œuvre d'art elle-même ou les règles de l'art partagées par une communauté d'artistes), mais non par la croyance en un salut définitif. Cette définition a aussi l'avantage d'éviter les amalgames entre religieux / rituels sacrés ou religieux / foi soumise, ou encore entre religieux / divinité unique, etc., qui excluraient certaines tendances bouddhistes du champ religieux.

Cet élargissement du champ religieux permet d'y intégrer le bouddhisme, sans en exclure les monothéismes, particulièrement les religions du Livre, qui sont, elles, fondées sur une révélation divine. À la fois précise et inclusive, cette définition permet en outre de repenser le monothéisme – par le jeu d'une mise en perspective – comme catégorie religieuse parmi d'autres et non plus comme catégorie fondatrice du religieux.

1. M. Éliade, *La nostalgie des origines,* Paris, Gallimard, 1982, p. 25.

B/ Sciences sociales, champ religieux et bouddhisme

Le religieux fut un domaine privilégié de la fondation et des premiers développements des sciences sociales, que ce soit en anthropologie et en ethnologie, on pense évidemment au *Rameau d'Or* de Frazer, mais aussi à la plupart des grandes œuvres anthropologiques jusqu'à Lévi-Strauss. Les grands fondateurs de la sociologie ont tous été, peut-être avant tout, des sociologues du religieux, tel que Durkheim avec ses *Formes élémentaires de la vie religieuse* ou Weber avec son *Éthique protestante et l'esprit du capitalisme* mais aussi avec le plus long chapitre de son immense ouvrage posthume *Économie et Société*. Nombre de sociologues contemporains, à l'instar de Pierre Bourdieu[1], ont cependant cherché à mettre en question la place de la sociologie religieuse dans l'édifice des sciences sociales actuelles. La sociologie religieuse, ou plutôt la soiologie des religions, leur paraissait être plus le terrain d'expression des croyances particulières des sociologues que l'étude scientifique d'un champ social clairement déterminé. Ce risque d'empathie n'est pourtant pas propre au domaine religieux. Les sociologues du politique peuvent toujours glisser eux aussi vers une politique de sociologue. De même pour les sociologues de l'art qui peuvent, à travers leur discours scientifique, promouvoir leur propre goût.

Il n'empêche que la place de la religion dans la constitution du lien social, bien que démentie par une certaine sociologie de la sécularisation, est aujourd'hui remise à l'honneur. On parlera même d'une « désécularisation » du monde pour reprendre l'expression de Peter Berger[2] ou de retour au religieux, non seulement à partir du développement de formes néo-traditionalistes tel que l'intégrisme catholique, le néo-fondamentalisme protestant, l'ultra-orthodoxie judaïque, l'islamisme radical mais aussi à partir du développement de nouveaux cultes ou Nouveaux Mouvements Religieux adaptés à l'imaginaire de la modernité. Qui plus est, les idéologies rationnelles du XXe siècle elles-mêmes, telle que le marxisme, seront réinterprétées *a posteriori* comme des manifestations religieuses. C'est ainsi que Raymond Aron les désignera sous l'expression de religions séculières.

À l'heure où ces religions séculières, ou si l'on veut les grandes idéologies, n'imposent plus leur hégémonie, au moment où leur crédibilité s'effrite, se recomposent de nouvelles manières de croire nommément religieuses qui, en mettant à l'épreuve la sociologie religieuse, lui permette

1. Cette ambition de séculariser la sociologie est justifiée en raison du risque que court le spécialiste en science sociale des religions de « produire une sorte de science édifiante, vouée à servir de fondement à une religiosité savante, permettant de cumuler les profits de la lucidité scientifique et les profits de la fidélité religieuse » (P. Bourdieu, « Sociologues de la croyance et croyances de sociologues », in *Choses dites*, Paris, Minuit, 1987, p. 110). Mais Bourdieu ne remet pas en cause pour autant la possibilité d'une sociologie du religieux contemporaine s'exerçant dans une société sécularisée.
2. P. Berger (dir.), *The Desecularisation of the World*, Washington, Ethics and Public Policy Center, 1999.

de se constituer comme sociologie rigoureusement scientifique et surtout déconfessionalisée. Même s'il est vrai que la sociologie religieuse s'est constituée au sein de milieux eux-mêmes religieux, en particulier catholiques et protestants, un gros effort de déconfessionalisation a été opéré depuis les années cinquante, époque qui correspond à la création en 1954 en France du Groupe de Sociologie des Religions (GSR), et qui s'est traduit par un renouvellement méthodologique (plus grande unité et cohérence obtenue par la comparaison des recherches à l'échelle internationale), par la diversification des objets (études des religiosités marginales), la constitution de réseaux scientifiques de réflexion (Comité de recherche 22 de l'*International Sociological Association*) et de diffusion de la connaissance (*Archives de Sciences Sociales des Religions, Social Compass*, etc.). Pour Jean-Paul Willaime cette période marque la transition d'une sociologie religieuse à une sociologie des religions[1], c'est-à-dire d'une sociologie encore emprunte de ses origines confessionnelles, chrétiennes en particulier, à une science déconfessionnalisée.

Ce renouvellement d'intérêt pour l'objet religieux n'a pas touché que la sociologie mais s'est aussi diffusé à d'autres sciences sociales comme la science politique. Au XIXe siècle, les sciences politiques se heurtaient à l'obstacle de leur propre hégémonie. L'étendue considérable de leur domaine et la multitude de leurs objets, ainsi que le souligne Pierre Favre dans son article sur « L'histoire de la science politique[2] », les firent distinguer par Ampère dans sa classification des sciences comme la 8e sur les 128 qu'il énuméra. C'est sans doute la raison pour laquelle les chercheurs ne parlaient pas encore de science politique au singulier, mais *des* sciences politiques au pluriel. La singularisation de la science politique répondait à la nécessité d'unité qui impliquait un rétrécissement qui profita alors de fait au droit public. Cet effort de réduction se traduisit ainsi par la quasi-intégration de la Science politique dans le giron des disciplines juridiques, comme une sorte d'annexe, domaine étroitement logé entre la sociologie électorale et le droit constitutionnel.

Un point en tout cas devenait certain : le politologue devra se garder de construire de grands systèmes explicatifs, de grandes doctrines aux prétentions globales et prescriptives. Il se confinera à sa spécialité et travaillera avec des outils déjà expérimentés par ses collègues pour tenter de conquérir quelques arpents dans la compréhension des phénomènes politiques. Il ne suffit pourtant pas de constituer une méthode *in abstracto*, encore faut-il lui appliquer un objet politique qui permette de justifier son emploi *in concreto*. Autrement dit, la science politique devait s'éprouver avec ses méthodes spécifiques dans un domaine qui, pour concerner le politique, ne concernerait pas pour autant au premier chef la sociologie

1. J.P. Willaime, « De la sociologie religieuse à la sociologie des religions », in *Sociologie des religions*, Paris, PUF, 1995, p. 37-57.
2. P. Favre, « Histoire de la science politique », in *Traité de science politique* (sous la direction de Madeleine Grawitz et Jean Leca), Paris, PUF, 1985, p. 29.

électorale ou même les institutions publiques ; sans bien sûr qu'elle ne s'interdît ni négligeât, par ailleurs, d'étudier ces deux domaines fondamentaux qui la constituent de droit.

Le champ religieux fournira le terrain privilégié d'investigations à cette science en passe de conquérir en France son indépendance, ou pour le moins son autonomie. C'est à ce stade qu'elle expérimentera ses méthodes sur des problématiques religieuses. La sphère religieuse est un réservoir d'organisations non publiques[1], ou au moins non directement publiques, au sens du droit public[2], productrices d'idéologies, de stratégies et de socialisations politiques. Les problèmes religieux se distinguent assez nettement des problèmes constitutionnels et électoraux. Cependant, ils produisent des idéologies, des stratégies politiques et se constituent en réseaux de socialisation. Les groupes religieux produisent des modes de socialisation politique spécifiques, ce qui a permis d'ailleurs de mettre en évidence, dès les années soixante-dix, le rapport entre le degré d'intériorisation de systèmes symboliques religieux[3], en l'occurrence celui du catholicisme[4], et des attitudes, représentations et comportements politiques, même si ce rapport se révéla à la longue plus complexe, ambivalent et ambigu, que ce qui avait été perçu dans les années soixante-dix, y compris en ce qui concerne le catholicisme ; en effet, la relation entre une forte intériorisation du système symbolique catholique et l'appartenance à droite sur l'échiquier politique, affirmée par Michelat et Simon, et réaffirmée par de nombreuses recherches, telles que celles de Bréchon et Denni[5], a été depuis, sinon totalement réfutée, du moins sérieusement remise en cause[6].

On ne peut, néanmoins, remettre en cause le rapport entre l'intériorisation de valeurs religieuses et l'intériorisation de valeurs sociopolitiques, et d'une façon plus générale entre l'intégration religieuse des parents et, non seulement leurs propres choix politiques, mais aussi ceux de leurs enfants, en relation avec la plus ou moins bonne transmission d'une génération sur l'autre des systèmes de valeurs, d'attitudes et de

1. C'est le cas en général aujourd'hui, mais cela ne l'a pas toujours été : l'Église catholique fut pendant longtemps en France nationalisée par l'État, gallicanisée. Le cas particulier de l'Alsace-Lorraine, dans lequel les prêtres ont un statut assimilé à celui de fonctionnaire, est une survivance de cette tradition.
2. Prosaïquement le sens de « publique » équivaut à « qui a pignon sur rue », ce qui est le cas des organisations religieuses. En revanche, au sens du droit public, l'adjectif « publique » signifie « qui fait partie de la sphère ou du domaine public de l'État ». Les organisations religieuses ne sont pas, ou ne sont plus, en général, dans ce dernier sens, des « institutions publiques ».
3. J.M. Donegani, « Itinéraire politique et cheminement religieux », *Revue Française de Science Politique,* n° 4-5, vol. 29, 1979.
4. G. Michelat, M. Simon, *Classe, religion et comportement politique*, Paris, Presses de la FNSP/Éditions sociales, 1977.
5. P. Bréchon, B. Denni, *Attitudes religieuses et politiques des catholiques pratiquants,* Grenoble, Banque de données sociopolitiques, IEP de Grenoble, 1982.
6. J.M. Donegani, *La liberté de choisir. Pluralisme religieux et pluralisme politique dans le catholicisme français contemporain*, Paris, Presses de la FNSP, 1993.

comportements religieux[1]. Au-delà de la tendance générale au conformisme politique attachée au respect d'une « tradition religieuse », cette constatation s'explique aussi par les instances et les relais de socialisation particulièrement efficaces dont bénéficie le champ religieux[2] ; or, les religions majoritaires ne sont pas les seules à bénéficier de tels réseaux. Les associations bouddhistes implantées en Occident, et en France en particulier, ont leurs propres relais assurant le passage d'une culture religieuse à une culture politique : rapports directs, par exemple, entre les clients bouddhistes occidentaux et les associations d'aide au peuple tibétain fortement connotées politiquement.

En dehors même de l'étude de la religion dominante en France (le catholicisme), la présence islamique, en raison des flots migratoires liés à la colonisation-décolonisation, tout comme la présence d'une forte communauté juive organisée, fourniront des objets opportuns au développement de la science politique[3]. La République laïque se trouve face à une situation délicate : gérer l'altérité religieuse sur son propre sol. La traditionnelle correspondance entre Français et catholique fut certes jadis remise en cause par le mouvement protestant. Mais il s'agissait encore d'un conflit *intrachrétien* : l'*autre* était encore un voisin cultuel. L'immigration arabo-musulmane repose le problème en termes plus fondamentaux. Il ne s'agit plus d'une branche chrétienne, mais d'un culte dont les convergences avec le monde chrétien sont plus lointaines, moins évidentes et donc plus floues, plus délicates à administrer. De surcroît, l'altérité s'y manifeste en de multiples modalités : culturelles, raciales, nationales mais aussi en termes de stratification sociale.

La recherche sociologique ne pouvait qu'élargir ses investigations sur la socialisation par le biais d'études sur le phénomène arabo-musulman en France (rapports entre appartenance sociale, religieuse, ethnoculturelle, et appartenance politique, particulièrement complexes), tout en revêtant une importance considérable pour des pouvoirs publics mis en échec dans leurs stratégies d'intégration de ces minorités[4]. La main-d'œuvre immigrée sur le territoire de la République appartient en général aux catégories sociales inférieures en termes de qualification, de rémunération et de niveau culturel ; ce qui ne manqua pas de produire des liens signifiants, dont l'exploitabilité fit le pain blanc de la science politique, du type : musulman – arabe – ouvrier – peu qualifié – intégriste – délinquant, etc.[5]

---

1. A. Percheron, « Religion, acculturation and political socialization », in *West European Politics*, n° 15, vol. 15, 1982.
2. L. Réginensi, *La socialisation politique par la catéchèse,* Thèse de doctorat en science politique de l'IEP d'Aix-en-Provence, 1998 (en cours de publication aux éditions de l'Harmattan).
3. Certains chercheurs, tels que Rémy Leveau et Dominique Schnappers, étudièrent comparativement les musulmans et les juifs en France (numéro spécial de la revue *Les Temps modernes,* 1984).
4. Même si cet intérêt, affirmé par les gouvernements successifs, envers les recherches politologiques sur l'intégration des minorités arabo-musulmanes, ne s'est pas traduit par la mise en place d'une politique publique tenant concrètement compte de ces mêmes recherches.
5. On pourra consulter toute une série d'ouvrages afin de réaliser la distance entre les fantasmes et la réalité, par exemple *La France et l'Islam* (B. Étienne, Paris, Hachette, 1989), sur le cas de la France,

L'actualité algérienne a eu des retombées récentes sur ces chaînons signifiants en y confirmant à l'excès les termes de « terroriste », « intégriste », « poseur de bombes ». Face à l'émergence et à la confirmation de cette altérité cultuelle et culturelle, l'État affirme théoriquement sa neutralité confessionnelle fondée sur l'article 10 de la Déclaration Universelle des Droits de l'Homme, « Nul ne doit être inquiété pour ses opinions, même religieuses, pourvu que leur manifestation ne trouble pas l'ordre public institué par la loi », et sur l'article 2 de la Constitution de 1958, « La République assure la liberté de conscience et garantit le libre exercice des cultes ».

Dans la pratique, un grand nombre d'établissements privés restent financés en partie par des fonds publics : le catholicisme continue à bénéficier, dans les faits, d'un traitement spécifique. Les revendications cultuelles minoritaires se sont organisées à partir de cette réalité juridique et institutionnelle ambiguë. Une partie fondamentale du travail de l'Observatoire du Religieux d'Aix-en-Provence a d'ailleurs consisté, et consiste encore, à analyser cette confrontation entre une société officiellement laïque au plan institutionnel, officiellement catholique au plan sociologique, la société française, et entre la réalité des multiples orientations religieuses, certaines préexistantes et d'autres émergentes, qui la traversent. La méthode revient à isoler une orientation cultuelle (judaïsme, catholicisme, bouddhisme, orthodoxie, protestantisme, islam, etc.), puis, à partir d'enquêtes de terrains, à la replacer dans le contexte de la société globale et de son rapport aux autres orientations religieuses, afin de mettre concrètement en exergue sa position dans le champ religieux français contemporain[1]. Il convenait, pour mener à bien cette entreprise, de se départir des *a priori* concernant par exemple la position sociologiquement prédominante du catholicisme ou le caractère « dangereux » de certaines sectes, ou églises de volontaires selon la définition plus neutre de Max Weber[2].

La Force du préjugé. Essai sur le racisme et ses doubles (P.A. Taguieff, Paris, La Découverte, 1988), sur les bonnes raisons de nos préjugés en général, et enfin sur la construction du fantasme de l'Arabe forcément intégriste et par conséquent satanique, *La peur et la séduction : l'autre dans l'imaginaire occidental et arabo-musulman* (B. Dupret, Bruxelles, Sabir, 1992), et le chapitre intitulé « Les Arabes, des "fellaghas" aux "intégristes" » de *L'islamisme en face* (François Burgat, Paris, La Découverte, 1996).

1. C'est dans cet esprit que furent réalisés la plupart des travaux de l'Observatoire, dont les plus importants ont été publiés dans le cadre d'une collection particulière : M. Bitton, L. Panafit, *Être juif en France aujourd'hui,* Paris, Hachette, 1997 ; S. Sahakian-Marcellin, F. Frégosi, *Être catholique en France aujourd'hui,* Paris, Hachette, 1997 ; J. Césari, *Être musulman en France aujourd'hui,* Paris, Hachette, 1997 ; A.H. Kaltenbach, *Être protestant en France aujourd'hui,* Paris, Hachette, 1998 ; J.C. Roberti, *Être orthodoxe en France aujourd'hui,* Paris, Hachette, 1998 ; et bien sûr notre ouvrage sur le bouddhisme (Étienne, Liogier, *op. cit.*).
2. Il nous a, à cet égard, été reproché dans le cadre de notre étude sociologique de terrain sur le bouddhisme (Étienne, Liogier, *op. cit.*) de ne pas tenir compte de la classification de la Soka Gakkai dans la catégorie des sectes dangereuses par les divers rapports parlementaires. Mais notre méthode exigeait de ne tenir compte sous aucun prétexte des représentations *a priori* sur les objets que nous nous proposions d'étudier. C'est par ce biais que nous avons pu constater, *a posteriori,* que cette classification était en l'occurrence injustifiée. Ce qui nous a d'ailleurs conduit, par la suite,

Toutes les sectes devaient d'être *a priori*[1] considérées comme des églises, afin de permettre la comparaison sur tous les plans possibles, celui des institutions (structures associatives), des rituels, des systèmes éthiques, des habitudes quotidiennes, mensuelles, annuelles, etc. Cette méthode d'appréhension de la diversité religieuse nous a permis de dresser un tableau à peu près exhaustif des appartenances cultuelles contemporaines : croyances, attitudes profanes (rapport à la société globale), attitudes sacrées (rituels, rites de passages), institutions, représentations de Soi-même et de l'Autre. Ce type de recherche de terrain – poursuivie avec une méthode, sinon avec un esprit interactioniste, que l'équipe de l'Observatoire préfère appeler anthropologie participative – a conduit à révéler d'une part le contraste entre l'unité officielle de la laïcité républicaine et la profusion des appartenances religieuses, et à révéler d'autre part des rapports de domination spécifiques aux champs religieux contemporains.

C'est, en tout cas, dans ce contexte légal et social que le bouddhisme pénétra l'espace cultuel et culturel français, bénéficiant de flux migratoires liés à la décolonisation indochinoise d'abord, et ensuite à l'exil tibétain, particulièrement celui des clercs bouddhistes tibétains. Ce culte n'a aucune filiation officielle avec le catholicisme. Son altérité est en ce sens plus radicale que celle de l'islam, du judaïsme et bien sûr du protestantisme. Pourtant, bien que son apparition résulte de facteurs exogènes[2], le bouddhisme se nourrit sur notre territoire de citoyens français de souche, dont une majorité de catholiques[3], ce qui le distingue du phénomène musulman. L'exogénéité des facteurs de son émergence doit être distinguée très nettement de l'endogénéité des facteurs de son développement occidental. Le développement d'un bouddhisme occidental en France – la présente étude tente de montrer que s'est progressivement constitué un bouddhisme occidental avec ses propres thèmes et ses propres logiques[4] – bat en brèche plus franchement que jamais l'ancienne assimilation entre Français et catholique. La question de la gestion neutre par la République laïque d'une situation non seulement multiculturelle, mais aussi multicultuelle, se pose plus fondamentalement.

Le passage de ce que l'on peut appeler une laïcité fermée telle qu'elle avait pu s'exprimer dans les années trente, proscrivant par exemple les émissions religieuses des programmes radiophoniques publics, ainsi que le

---

dans le cadre du présent ouvrage (cf. notre partie consacrée à la Soka Gakkai) à faire la généalogie de cette représentation négative.

1. Jusqu'à preuve du contraire : tant que la dangerosité effective – juridiquement on parlerait de rupture avec l'ordre public – d'un mouvement n'est pas démontré, il ne devrait pas être considéré comme une secte, du moins dans l'accepton française et péjorative du mot.
2. Dans le cas du bouddhisme tibétain par exemple, il s'agit de l'exode massif de clercs bouddhistes en direction de l'Occident.
3. F. Lenoir, *Le bouddhisme en France,* Paris, Fayard, 1999, p. 129-143.
4. L'hypothèse d'un bouddhisme spécifiquement français nous semble difficile à admettre en l'état actuel de son développement. Nous ne pouvons nous accorder, en l'occurrence, aux analyses de F. Lenoir (*op. cit.*, p. 361).

remarque René Rémond[1], à une laïcité ouverte, facilitant l'expression médiatique et institutionnelle de tous les cultes reconnus, pour être depuis longtemps amorcé ne semble pas être pleinement réalisé ; particulièrement parce que l'expression de « cultes reconnus » est suffisamment floue pour que les conséquences les plus arbitraires en soient tirées, permettant d'exclure ou d'admettre tel ou tel culte sans se référer strictement à des critères objectifs. L'expression positive de « cultes reconnus » renvoie ainsi négativement à l'expression infamante de « sectes dangereuses ».

C/ Le bouddhisme comme idéologie

1° La logique des idées n'est jamais neutre

Le terme d'idéologie nous ramène au troisième critère de notre définition des phénomènes religieux : la croyance en une conception globale de la réalité qui inclut la possibilité du salut. Destut de Tracy prend l'idéologie comme la science qui étudie les *idées,* leurs rapports logiques, leurs caractères, leurs rapports signes-signifiants, et plus spécialement leurs origines. Cette définition est inadéquate pour notre propos parce qu'elle se rapporte à l'idéologie comme science en elle-même, et dès lors comme méthode scientifique, alors que nous entendons l'idéologie comme objet constitué.

L'idéologie comme objet déjà constitué, et non comme étude des *idées,* peut avoir deux acceptions fondamentales. La plus large, et en outre la moins commune, est l'idéologie en tant que simple logique des idées (idéo-logique)[2]. Mais même cette définition théoriquement neutre revêt généralement un caractère social très prononcé ; il ne s'agit pas de la logique des idées concernant la vitesse de rotation de la lune par rapport à la terre, à moins que l'intérêt que les hommes accordent à ce problème en apparence purement théorique ait une origine sociale, ou que cette vitesse elle-même, réelle ou fantasmagorique, soit prise en compte dans ses conséquences sociales. Le sens même laudatif de l'idéologie se rapporte à une attitude vis-à-vis de la réalité sociopolitique. Dans le cas contraire, nous ne parlons pas généralement d'idéologie mais de théorie s'il s'agit d'une spéculation dite scientifique, de doctrine s'il s'agit d'une spéculation dite juridique, ou de dogmatique s'il s'agit d'une spéculation dite religieuse. La notion d'idéologie se réfère à une interprétation de ce qui est et/ou de ce qui devrait être, dans un rapport sociopolitique.

Le matérialisme historique fera glisser la définition vers un sens péjoratif d'idée fausse, de justification d'intérêt, et plus largement de fausse conscience[3]. L'idéologie n'est pas une description neutre de ce qui est ou de

1. R. Rémond, *Religion et société en Europe,* Paris, Seuil, 1998, p. 256.
2. G. Balandier, *Anthropologie politique,* Paris, PUF, 1967.
3. On trouvera un acompte détaillé de ce glissement dans K. Papaioannou, *De Marx et du marxisme* (Paris, Gallimard, 1983) au chapitre « Idéologie, praxis, aliénation ».

ce qui pourrait être, ce n'est même pas une simple erreur d'interprétation. L'idéologie se conçoit elle-même comme indépendante de la réalité matérielle dont elle est en réalité l'émanation, elle se conçoit comme produit de la pensée, logique en elle-même et pour elle-même, alors qu'elle n'est pas régie par ses propres lois : l'idéologie n'est donc pas telle qu'elle se conçoit, elle a faussement conscience d'elle-même[1]. Il n'y a pas d'idées indépendamment de la réalité économique, car ce sont les hommes qui produisent les représentations constitutives des systèmes intellectuels, moraux et politiques auxquels ils obéissent ; non des hommes abstraits, parfaits, impartiaux, mais « [...] les hommes réels, agissants, tels qu'ils sont conditionnés par un développement déterminé de leurs forces productives [...][2] ». La religion serait la modalité idéologique la plus englobante et la plus pernicieuse qui soit[3]. Marx reproche – en prenant à partie Feuerbach à travers ses *Thèses sur Feuerbach* – aux philosophes d'avoir toujours refusé de percevoir la nature fondamentalement idéologique de la religion, et d'affirmer sans preuves concrètes l'essence religieuse irréductible de l'homme, comme si l'on ne pouvait se passer de cette dimension. Afin de prouver le contraire, il entreprend de réduire la religion à sa détermination socio-économique[4]. Cette analyse a indéniablement permis de décomposer les mécanismes d'aliénations religieuses, de désacraliser l'objet religieux ; le privant de son filtrage mystificateur pour restituer sa dimension sociale, sa position objective dans les rapports de force réels.

Selon cette acception, la logique, même secrète, de tout ensemble doctrinal tiendrait en réalité à sa détermination sociale, et à sa fonction pratico-sociale ainsi que ne cessa de le répéter Althusser[5]. L'idéologie n'a pas pour visée la connaissance, la recherche de ce qui est, comme dans la science, mais est toujours une interprétation non neutre de la réalité sociopolitique. Il y a, en outre, des idéologies scientifiques comme l'ont montré Thomas Khun et Karl Popper[6] ou plus récemment Jurgen Habermas[7], ou d'une autre façon Michel Foucault[8] : la science elle-même

1. Selon Marx et Engels, l'idéologie est une sorte d'inversion abstraite de la réalité concrète, mais le processus abstracteur est lui-même concrètement déterminé, produit de l'histoire des rapports de force concrets : « Et si, dans toute idéologie, les hommes et leurs rapports nous apparaissent placés la tête en bas comme dans une *camera obscura*, ce phénomène découle de leur processus de vie historique, absolument comme le renversement des objets sur la rétine découle de son processus de vie directement physique » (Marx, Engels, *L'idéologie allemande,* Paris, Éditions sociales, 1982, p. 78).
2. *Op. cit.*, p. 77.
3. Sur le rapport ambigu de Marx avec le concept de « religion », et ses analyses moins originales, plus répandues qu'il n'y paraît sur le phénomène religieux, on pourra consulter : J. Carlebach, « Marx et la critique de la religion », in *Philosophie,* Minuit, n° 31, été 1991.
4. Ce programme est annoncé par la déclaration contenue dans la septième thèse de Marx sur Feuerbach : « Feuerbach résout l'essence religieuse en l'essence humaine. Mais l'essence humaine n'est pas une abstraction inhérente à l'individu singulier. Dans sa réalité, c'est l'ensemble des rapports sociaux. » (Marx, *op. cit.*, p. 52)
5. L. Althusser, *Pour Marx,* Paris, Maspero, 1966.
6. T. Khun, *La structure des révolutions scientifiques,* Paris, Flammarion, 1983, et K. Popper, *La logique des découvertes scientifiques*, Paris, Payot, 1973.
7. J. Habermas, *La technique et la science comme idéologie,* Paris, Gallimard, 1973.
8. M. Foucault, *Les mots et les choses,* Paris, Gallimard, 1966.

n'est pas neutre, parce que même la neutralité est l'expression d'une idéologie, d'une interprétation tendancieuse de la réalité. Il y a une idéologie de la neutralité.

L'épistémologie contemporaine se propose ainsi d'étudier la science comme objet idéologique. Toute réalité repérable socialement peut se traduire en terme idéologique : il n'y a pas de faits purs, faits scientifiques ou faits sociaux, car tout fait doit être construit pour être perçu. Tout fait est dès lors une *re-présentation*. Il n'y a pas d'image en soi, car il faut toujours une certaine intensité lumineuse et un certain angle d'observation, sans parler du support de projection et des jeux d'ombre, permettant de percevoir un objet quel qu'il soit. Kant déjà, précurseur de la critique systématique des productions intellectuelles quelles que soient leurs origines et leurs fonctions officielles, ne remarquait-il pas que « [...] rien dans la connaissance *a priori* ne peut être attribué aux objets, que ce que le sujet pensant tire de lui-même[1]. », suivi de façon encore plus radicale par les maîtres de la philosophie dite analytique, qui ont cherché à réduire non seulement les questionnements religieux, métaphysiques, ontologiques, mais aussi toutes tentatives de descriptions complètes de la réalité à des jeux de langage qui ne rendent compte, selon eux, que de la forme du langage lui-même et non de la réalité prétendument décrite. Ainsi, lorsque l'on décrit ce que nous appelons la réalité, « on croit suivre sans cesse le cours de la nature, alors qu'on ne fait que longer la forme au travers de laquelle nous la contemplons[2] ».

2° Fonction pratico-sociale de l'idéologie et bouddhisme

Le terrain religieux a été le lieu privilégié de la reconnaissance de l'objet « idéologie », sans doute parce que la partie interprétative, impure, « schizoïde » pourrait dire Mannheim, y semble prédominante. Pourtant le bouddhisme s'inscrit en faux pour ce qui est de la prédominance de la partie interprétative : l'interprétation, l'explication y sont secondaires par rapport au traitement pratique de la douleur sous ses multiples manifestations, physiques et morales. La dimension théorétique dépend entièrement de son efficacité empirique. Il est, par conséquent, délicat d'étudier d'emblée la croyance bouddhiste en mystification volontaire ou en erreur due à la situation de classe ou même en rêverie stérile. Nous ne prétendons pas que ce culte soit non idéologique au sens de Mannheim, mais qu'une telle définition de l'idéologie ne permet pas *a priori* de l'aborder. Mannheim considère l'idéologie à plusieurs niveaux – structurel,

1. E. Kant, *Œuvres philosophiques,* t. 1, *Critique de la Raison pure,* Paris, Gallimard, 1980, p. 743. Ce principe épistémologique est le cœur de l'idéalisme transcendantal, qui opère, au dire même de son auteur, une véritable révolution copernicienne intellectuelle. Ce n'est pas le sujet qui est dans le monde des phénomènes, mais le monde des phénomènes qui est dans le sujet. L'ensemble de la préface de la deuxième édition (1787) de la *Critique de la Raison pure* est littéralement hanté par cette révolution copernicienne.
2. L. Wittgenstein, *Investigations philosophiques,* Paris, Gallimard, 1961, p. 165.

polémique, psychologique[1] – sans toutefois que la notion soit purifiée de son caractère péjoratif.

Le bouddhisme ne se présente pas non plus à l'origine[2] comme utopie[3] car il se refuse à « rêver l'impossible », se défend de projeter un « devenir meilleur », d'envisager une situation matérielle « autre » : la voie bouddhiste se donne comme une invitation à considérer la réalité le plus directement possible, par la seule médiation de la souffrance.

Si l'idéologie est mystification, idée fausse, façon de masquer la réalité matérielle, alors le bouddhisme ne peut pas être abordé comme tel, du moins dans un premier temps. Il ne peut se présenter d'emblée comme théorie apaisante, calmant psychique de la souffrance inhérente à notre situation charnelle de mortel, ou calmant de la frustration inhérente à notre situation sociale de dominé face à l'intérêt de ceux qui nous dominent (fonction superstructurelle de l'idéologie). Le bouddhisme se veut, en principe, une non-doctrine. Pour s'assurer qu'en son nom il ne sera point déterminé de vérité absolue susceptible de s'imposer, il s'affirme lui-même originellement comme théoriquement partiel. Aucun détour doctrinal n'est envisagé, aucune métaphysique ne vient abstraitement au secours des souffrances concrètes. La souffrance est désignée directement comme telle, et chacun à son niveau est appelé à en faire la généalogie au sens de Nietzsche : découvrir sa cause réelle et non pas abstraite. Nous n'en concluons pas que le bouddhisme ne peut pas développer d'idéologie au sens de mystification de la réalité sociopolitique[4], mais qu'il ne peut être abordé primairement sous cet aspect en raison de sa *doxa* en principe antimystificatrice. Il convient de bien saisir ses logiques et ses objectifs originaux avant de les mettre à l'épreuve des contextes sociaux qui n'ont pas manqué, effectivement, de transformer le bouddhisme en superstructure aliénante.

Pour Althusser, la fonction pratico-sociale l'emporte sur la fonction théorique (la fonction gnoséologique, le connaître)[5]. Appliquer cette caractérisation au bouddhisme est déjà plus praticable, même si, à l'inverse, le connaître (connaissance, sagesse pratique, épreuve) l'emporte sur le social : le yoga est une « science » qui doit permettre la mise à l'épreuve pratique de la conscience, alors que la dialectique est une science qui doit

1. K. Mannheim, *Idéologie et Utopie,* Paris, Rivière, 1966.
2. Ce qui ne veut pas dire que le bouddhisme ne peut pas motiver la formation d'utopies, ou du moins s'inscrire dans des courants utopiques, comme c'est en effet le cas à notre époque. Nous entendons seulement que sa *doxa* n'est pas en elle-même utopique.
3. Nous ne pouvons entrer dans le détail de la distinction posée par Mannheim entre l'idéologie et l'utopie. Signalons seulement que l'originalité de son analyse tient dans la prise en compte d'une dimension socio-temporelle qui, pour avoir été évoquée par Marx, par exemple à propos de la Révolution française, n'avait pas été approfondie. Pour Mannheim, l'idéologie se caractérise par son temps de retard, comme la trace idéelle formalisée d'une réalité révolue matériellement, alors que l'utopie se caractérise par son temps d'avance, comme l'anticipation formalisée d'une réalité actuellement impossible.
4. C'est d'ailleurs le cas dans beaucoup de pays d'Asie comme au Sri Lanka pour le *Theravâda*, ou en Corée du Sud pour le *Mahâyâna*.
5. L. Althusser, *op. cit.*

permettre la mise à l'épreuve théorique de la conscience. Dans le Grand Véhicule, le rapport à autrui est valorisé, est même prioritaire par rapport à la réalisation personnelle, ce qui laisse supposer une priorité pratico-sociale. Dans tous les cas, la fonction théorique se ramène forcément au pratique, mise à l'épreuve concrète et individuelle. Le domaine sociopolitique n'est jamais compris comme système abstrait mais comme ensemble de rapports pratiques. Le bouddhisme n'est ni une religion dans l'acception monothéiste occidentale, ni une science théorique ou expérimentale dans l'acception occidentale, car la connaissance est première dans l'ordre des conditions préalables pour l'Éveil, mais non pas première comme finalité de l'Éveil : la connaissance est sa condition nécessaire mais non pas suffisante puisque l'Éveil (la bouddhéité), une fois atteint, transcende le savoir, dissolvant sa nécessité antérieure.

L'idéologie en tant qu'arme de combat, pensée engagée, ne peut s'appliquer au bouddhisme en principe, eu égard par exemple au concept central d'*ahimsa*[1] : non-obstruction dans le devenir des êtres, autrement traduit par non-violence. Nous ne prétendons pas, encore une fois, que ce concept ne puisse devenir le prétexte d'une pensée sociale engagée violente et révolutionnaire (idéologie de combat) comme c'est d'ailleurs le cas pour le concept d'*ahimsa*[2], mais que le bouddhisme ne peut pas être abordé *a priori* comme une idéologie de combat, via sa *doxa* non combative. S'il y a engagement, à l'échelle bouddhiste, ce n'est jamais primairement et explicitement un engagement à combattre, à imposer sa croyance, mais à éprouver l'intérêt concret de cette croyance dans le projet de dissolution de la souffrance individuelle et collective. Nous prenons à dessein, pour ainsi dire au pied de la lettre, le plus naïvement possible, les propositions bouddhistes, sans chercher à les disqualifier *a priori* ; sachant néanmoins que, dans la pratique, elles peuvent se présenter en arme de combat, superstructure justificatrice de situations socio-économiques inégalitaires, telles que c'est encore le cas dans certains pays d'Asie méridionale.

Ces définitions de l'idéologie sont ainsi en partie impropres à aborder systématiquement notre objet, mais restent pertinentes *a posteriori* pour qualifier des effets sociaux et politiques qui en sont dérivés plus ou moins directement.

1. Concept qui n'est d'ailleurs pas spécifique au bouddhisme mais qui concerne à des degrés divers bien d'autres religions de l'Inde, telles que le jaïnisme et même l'hindouisme. On pourra consulter l'étude classique de Louis Dumont sur la société indienne de castes (*Homo hierachicus, le système des castes et ses implications,* Paris, Gallimard, 1966, p. 187) ainsi que notre article « La non-violence bouddhiste : de la simple hygiène spirituelle au projet de société » (*Alternatives non violentes*, n° 111, été 1999).
2. Cf. K. Jones, *The social Face of Buddhism, An Approach to Political and Social Activism*, London, Wisdom Publications, 1989.

3° Marxisme, idéologie et bouddhisme

Nous voulons mettre en parallèle le marxisme et le bouddhisme, car tous deux, au moins à l'origine[1], se font les dénonciateurs d'une certaine forme d'idéologie, ce que Marx appelle la « superstructure », masque théorique d'une réalité concrète inégalitaire, et ce que le Bouddha appelle les *dristi,* points de vue constitutifs d'illusion doctrinale (*darsana*). Cependant, le marxisme tout comme le bouddhisme sont devenus, par la force des choses, une « idéologie » pour le premier et une « illusion doctrinale » pour le second. Il y a eu dérivation, comme dirait Pareto[2], élaboration d'un support rationnel permettant de justifier des opinions et des choix qui ne le sont pas forcément.

Le marxisme en tant que méthode d'analyse, sert à découvrir les idéologies en tant que telles, à les distinguer du rapport matériel et à décomposer les éléments constitutifs de stratégies réelles. De même, le bouddhisme, en tant que méthode de diagnostic spirituel, sert à découvrir les illusions doctrinales, à mettre en évidence leur fonction réelle de négation abstraite des limitations, des imperfections dont souffre la condition humaine.

Pourtant, selon Raymond Aron, cette méthode d'analyse, apparemment sans faille sous un angle, peut être regardée sous un autre angle comme idéologique[3]. Sa prétention scientifique serait son alibi propre pour masquer les éléments constitutifs de ses stratégies. Marx, le dénonciateur de l'aliénation religieuse, devient lui-même un puissant prophète à travers des successeurs inspirés et dispensateurs de vérités indiscutables. Le marxisme[4] de méthode se distille en opium, suivant la définition même de son fondateur. Le message est ainsi trahi au même titre que celui du Bouddha le sera, par une multitude de glossateurs qui prennent appui sur le patrimoine intellectuel ou spirituel du fondateur pour se construire un trône moral ou politique, au détriment même des analyses et des sermons originels : « Marx appelait religion l'opium du peuple. Qu'elle le veuille ou non, l'Église consolide l'injustice établie. Elle aide les hommes à supporter et à oublier leurs maux, au lieu de les guérir. Obsédé par le souci de l'au-delà, le croyant est indifférent à l'organisation de la Cité. L'idéologie marxiste, dès qu'un État l'a érigée en orthodoxie, tombe sous (le) coup de la

---

1. Cette similitude, au moins dans le projet, entre marxisme et bouddhisme, fut soulignée à maintes reprises par des bouddhologues mais aussi par des philosophes politiques tels qu'Eric Fromm : « *The same principle change that characterises the methods of the Buddha also underlies Marx's idea of salvation* » (E. Fromm, *To have or to be ?,* Londres, Abacus, 1976, p. 165).
2. V. Pareto, *Traité de sociologie générale,* Genève, Droz, 1968.
3. R. Aron, *L'opium des intellectuels,* Paris, Calmann-Lévy, 1955.
4. Nous entendons marxisme en tant que doctrine se rapportant en général à l'enseignement de Marx. Nous ne faisons pas la distinction, pourtant judicieuse, que donne Boudon entre « marxien » pour ce qui regarde la doctrine et la méthode de Marx et « marxiste » pour ce qui regarde les opinions et institutionnalisations dérivées de la doctrine de Marx. Nous prenons le marxisme comme un tout pour plus de facilité, car les remarques de Boudon, si nous en tenions compte, ne changeraient rien au fond de notre propos. Évidemment lorsque Raymond Aron parle d'« opium des intellectuels », il fait référence au marxisme et non à l'analyse marxienne elle-même.

même critique : elle aussi enseigne aux masses l'obéissance et confirme l'autorité des gouvernements[1] ». Ce n'est pourtant en rien dévaloriser le marxisme, contrairement à ce que semble avoir cru Aron, que de dénoncer des dérivations politiques objectivement détournées de l'esprit de Marx lui-même.

Le marxisme, dénonciateur de la religion, méthode susceptible *in fine* de guérir l'homme, se transforme en nouvel opium. Le bouddhisme, en principe non idéologique, méthode de guérison, est aussi susceptible de se transformer en opium. Mais de même que le marxisme ne peut être abordé originellement comme mystification idéologique justement parce qu'il se veut méthode de démystification, le bouddhisme ne peut être abordé comme façon de soigner et d'entretenir la fausse conscience, justement parce qu'il se veut méthode pour la dissoudre. Le bouddhisme, érigé en orthodoxie, peut devenir une idéologie confirmative de l'autorité absolue d'un monarque[2] mais, même dans ce cas, la légitimation devra forcément s'opérer de façon indirecte, parce que la logique bouddhiste n'a pas en première instance le « souci de l'au-delà ». L'absolu n'est jamais, en principe, l'objet d'une négociation mondaine. Seul le niveau de l'utilité, eu égard à l'extinction de la souffrance concrète, constitue une justification de l'action en général et de l'action sociale en particulier.

Le bouddhisme a une propension naturelle à mettre en cause les situations établies dans la mesure où elles « causent » une douleur personnelle ou collective. En tant qu'institution (*sangha*) et que doctrine (*darsana*), il ne subsiste que pour permettre sa propre dissolution. Le bouddhisme peut ainsi, théoriquement, à tout moment se transformer en son propre contre-pouvoir.

Nous venons de constater que les méthodes dénonciatrices des mystifications peuvent aisément devenir le prétexte à l'érection de nouvelles mystifications. Pour éviter ce travers mystificateur, il convient de ne pas se représenter soi-même en détenteur d'une méthode unilatérale de repérage des « idéologies », au sens de mystification. Nous risquerions, si nous ne respections pas cette exigence, sous couvert d'investigation scientifique, d'appréhender l'idéologie de façon polémique, égocentrée, c'est-à-dire « idéologique » : les différences remarquables entre un corpus de concepts « exotiques » et nos catégories habituelles rendraient toute neutralité impossible.

Certaines définitions données par Aron sont un premier pas vers cette sortie de l'esprit de dénonciation de la « pensée de l'autre[3] » comme idéologique. Cette dernière n'est plus chez lui forcément l'expression d'une fausse conscience, tout en restant une interprétation du monde historico-

1. *Op. cit.*, p. 300.
2. Exemple du roi gréco-bouddhique Açoka.
3. Même s'il ne se prive pas, par ailleurs, de faire preuve d'esprit polémique dans la dénonciation de « l'idéologie marxiste » à travers ce qu'il a appelé, non sans sarcasme, aussi bien « l'opium des intellectuels » que « la religion séculière ».

politique. Louis Dumont, quant à lui, dédramatise encore l'acception du mot, qui devient un simple « ensemble social de représentations[1] ».

4° Éviter toute idéologie de l'idéologie

Les définitions larges permettent d'éviter des syllogismes du type : une idéologie est une interprétation erronée du monde, le bouddhisme est une idéologie, le bouddhisme est donc une interprétation erronée du monde. Elles permettent d'éviter la prémisse abusive : une idéologie est une interprétation erronée du monde, même si cette dernière proposition peut se révéler ultérieurement confirmée par le résultat de la recherche. Il faut éviter toute doctrine préétablie sur ce que doit être une idéologie : éviter toute idéologie de l'idéologie.

La prétention moderne à envisager les systèmes de pensée et de croyance comme des idéologies, au sens de conception erronée de la réalité implique que le chercheur moderne se représente lui-même comme exempt d'une telle conception. « Sa » science se donne comme supérieure, parce qu'en adéquation au réel, par conséquent *criterium* par excellence de la distinction entre le vrai et le faux, entre ce que l'on peut croire et ce que l'on ne peut pas croire. Ce qui conduit à un évolutionnisme anthropologique qui confère au scientifique moderne, et occidental, un statut de juge suprême des productions culturelles : telle croyance, telle pratique a-t-elle « raison », a-t-elle plus ou moins raison qu'une autre ?

Les laboratoires de sciences humaines ont longtemps été des tribunaux siégeant en permanence pour instruire des procès culturels, consultant exclusivement, afin de formuler leurs attendus et de prendre leurs arrêts, les lois fondamentales de la rationalité moderne occidentale. *Le Rameau d'Or* de Frazer est le type même de ce jugement sûr de son bon droit universel, à l'égard des croyances et rites dits primitifs. Les « sauvages » sont situés sur une échelle de l'intelligence qui atteint son apogée avec l'homme occidental du XIXe siècle. L'idéologie de Frazer consiste à se représenter lui-même, en tant qu'anthropologue moderne, comme parfaitement rationnel et neutre, dénué d'idéologie, de toute croyance erronée. Dans ses *Remarques sur le Rameau d'Or de Frazer*, Wittgenstein raille cette prétention rationnelle et soutient que l'homme est un animal cérémoniel, et qu'il n'y a pas, en conséquence, de différence fondamentale entre les mythes « primitifs » et les extrapolations philosophiques modernes qui cherchent tous deux à faire échapper l'homme à l'ordre terrestre. Le langage philosophique lui-même serait en quelque sorte une ritualisation linguistique des angoisses humaines fondamentales. Il n'y a pas non plus, selon lui, de différence essentielle entre la magie et la science,

1. L. Dumont, *Essais sur l'individualisme, Une perspective anthropologique sur l'idéologie moderne*, Paris, Seuil, 1983, p. 304.

si ce n'est « dans le fait qu'il y a dans la science un progrès, et pas dans la magie[1]. »

Le concept de progrès lui-même a été remis en cause à plusieurs reprises. Heidegger montre bien que la seule chose qui distingue l'image du monde (*Weltbild*) dans la modernité, c'est justement de représenter, de distinguer, et de juger d'autres images du monde[2]. À l'époque médiévale, il n'y a pas une image du monde appréhendée comme telle, disons réfléchie, mais le monde est directement vécu à travers l'image d'un Dieu créateur du ciel et de la terre. Partant, le concept même de progrès, qui sert à valoriser – surtout à dévaloriser – les temps et les lieux non modernes, se présente comme la croyance centrale de notre époque, qui va de soi, non réfléchie, et qui constitue en cela une image du monde dont on ne peut sortir au même titre que l'on ne pouvait sortir du rapport créateur-créature au Moyen Âge. La critique structuraliste du fanatisme positiviste, dont dérive une vision européocentrée de la culture, ne démentira pas ces analyses.

C'est bien à l'idée exclusive de « progrès » que s'attaque Lévi-Strauss[3], montrant que ce concept implique des choix, des priorités – par exemple le choix du développement technologique en Occident – qui peuvent différer d'une civilisation à une autre, ce qui donne l'apparence à l'une d'être plus avancée, eu égard aux priorités qu'elle a choisies, par rapport à une autre. Par exemple, pour Lévi-Strauss, l'Occident est en avance du point de vue technologique, parce que la technologie est une des priorités de notre civilisation, alors que les civilisations asiatiques ont accordé une primauté au rapport physico-psychique, accomplissant ainsi dans ce domaine des progrès inégalés[4].

Les progrès relatifs des différentes civilisations, loin de nous fournir une grille d'évolution objective, nous fournissent tout au plus des informations sur la hiérarchie des valeurs de ces civilisations. Cette vision, qui peut paraître quelque peu simpliste, a cependant le mérite de désobjectiver le concept de progrès, lui redonnant une dimension subjective, ou plutôt *idéologique* au sens structural du terme, fournissant ainsi une base à l'étude des productions humaines sur un pied d'égalité méthodologique, dénuée de tout *a priori* plus ou moins « primitiviste ». L'idéologie ne peut se comprendre de l'extérieur. D'un point de vue purement intellectuel, elle doit se vivre à l'intérieur, sans préconception, pour être appréhendée en son

1. L. Wittgenstein, *Remarques sur le Rameau d'Or de Frazer*, Genève, L'Âge d'Homme, 1982, p. 27.
2. « Le Monde en tant qu'image conçue ne devient pas, de médiéval, moderne ; mais que le Monde comme tel devienne image conçue, voilà qui caractérise et distingue le règne des Temps Modernes » (M. Heidegger, *Chemins qui ne mènent nulle part*, Paris, Gallimard, 1962, p. 118).
3. Cette critique du concept de progrès est omniprésente dans l'œuvre de Lévi-Strauss, mais apparaît plus clairement dans le texte d'une brochure commandée par l'Unesco contre le racisme, qui donna lieu à une célèbre publication (C. Lévi-Strauss, *Race et Histoire*, Paris, Denoël, 1961).
4. « L'Occident, maître des machines, témoigne de connaissances très élémentaires sur l'utilisation et les ressources de cette suprême machine qu'est le corps humain. Dans ce domaine au contraire, comme dans celui, connexe, des rapports entre le physique et le moral, l'Orient et l'Extrême-Orient possèdent sur lui une avance de plusieurs millénaires ; ils ont produit ces vastes sommes théoriques et pratiques que sont le yoga de l'Inde, les techniques du souffle chinoises ou la gymnastique viscérale des anciens Maoris. » (Lévi-Strauss, *op. cit.*, p. 47)

entier ; d'où la pertinence de l'anthropologie participative et de l'interactionnisme méthodologique. Heidegger invite au même effort de suspension de nos *a priori*, y compris de nos *a priori* rationnels, lorsqu'il précise qu'il faut laisser la langue dire ce qu'elle veut dire avec ses propres mots, avant de dire quoi que ce soit sur ce qu'elle ne dit pas explicitement, sa morphologie, sa syntaxe, son sens caché, sa signification psychanalytique. Nous n'entendons pas, par conséquent, ranger le bouddhisme dans des cases conceptuelles préétablies ou sur une échelle d'évolution historique des religions.

Il ne s'agit cependant pas de se contenter d'une simple description de la logique des idées, idéo-logique, mais d'étudier « neutralement » l'idéologie, sans risquer de fausser la recherche pour cause de prémisse abusive. Envisager « neutralement » ne signifie pas écarter le politico-social, mais ne considérer *a priori* aucune causalité sociopolitique univoque, justement afin de laisser des hypothèses sociopolitiques multiples apparaître *a posteriori* dans le cours progressif de la recherche.

L'idéologie est avant tout un discours exprimé par des paroles et des textes. Nous sommes renvoyés à son aspect linguistique. Raymond Boudon donne d'ailleurs une définition logico-linguistique de son noyau, qui nous semble à la fois exhaustive, neutre et opératoire : « Quelle que soit la définition qu'on adopte de la notion d'idéologie, un point est clair : les idéologies sont des doctrines plus ou moins cohérentes combinant à des doses variables des propositions prescriptives et des propositions descriptives. La composante élémentaire de l'idéologie, c'est donc la *proposition* au sens logique du terme[1] ».

Mais l'idéologie est-elle forcément un ensemble total, une conception globale, englobant hiérarchiquement les opinions individuelles et les significations collectives ? En un mot, les idéologies sont-elles encore, dans nos sociétés « postmodernes », des balises générales de croyance et d'action ?

5° Idéologie, métarécits, bouddhisme

L'incrédulité à l'égard des métarécits est le phénomène central de ce que Jean-François Lyotard désigne sous l'expression de « condition postmoderne ». La légitimité des actions et des institutions n'est plus fournie par un récit assurant une distinction omniprésente et omnipuissante entre le bien et le mal, car « la nostalgie du récit perdu est elle-même perdue pour la plupart des gens[2] ». On assiste à la dissémination des jeux de langage, qui ouvre un champ presque illimité aux tentatives d'autolégitimation des différents domaines du savoir, des différentes pratiques sociales, des différents groupes sociaux.

---

1. R. Boudon, *L'idéologie, ou l'origine des idées reçues*, Paris, Fayard, 1986, p. 86.
2. J.F. Lyotard, *La condition postmoderne*, Paris, Minuit, 1979, p. 68.

Les discours sur la performativité tentent de remplacer les métadiscours traditionnels déligitimés. Mais, *in fine*, se construisent des réseaux, des flux de légitimation qui se ramifient par les jeux infinis des interactions communicationnelles. La recomposition du religieux en groupes disséminés et le phénomène dit de la « religion à la carte » participent de ces nouveaux réseaux de légitimation.

La prétention formellement adogmatique du bouddhisme, plus spécialement dans ses versions occidentalisées, le rend particulièrement adapté à la situation de déligitimation des métarécits d'une part, et au discours sur la performativité d'autre part. En sus, tout en révoquant la possibilité des métarécits, le bouddhisme en reconstruit un qui ne se dit pas formellement comme tel, et qui en cela se pose en adéquation avec la « condition postmoderne » : le discours sur le *nirvana*, libération ultime, ou sur la *bodhi*, l'illumination transcendante (métarécit), se structure en discours sur le *karma*, activité de libération concrète de la souffrance (*dukkha*). Le discours est donc à la fois métaphysique tout en se récusant comme tel, surmontant le paradoxe d'une postmodernité économiquement fonctionnaliste, utilitariste, matérialiste, tout en étant en quête – souvent « inavouable » – de métarécits alternatifs et compatibles avec la rationalité.

C'est pourquoi l'orthodoxie bouddhiste moderne se présente comme une *orthorationalité*, une rationalité droite et pacifique, débarrassée des scories aliénants de la modernité prédatrice. D'où, sans doute, le succès des thèmes bouddhistes dans les milieux de la recherche scientifique de pointe. Le discours quasi scientifique, immanent (efficacité, performativité), s'appuie sur une méthode représentée comme rationnelle pour dissoudre la souffrance ; celle-ci n'étant pas une réalité indépendante, mais résultant de l'interdépendance universelle des phénomènes. Le mal – ce qui fait mal – résulte par conséquent d'un rapport inadéquat à l'environnement matériel, vivant et bien entendu humain. Le rapport adéquat – comportement et intention non violents envers autrui – se caractérise alors par le dialogue au plan de la morale sociale, l'idéologie des droits de l'homme au plan de la morale juridique, et la démocratie au plan de la morale politique.

À travers le bouddhisme moderne occidentalisé, le « dialogue », les « droits de l'homme » et la « démocratie », deviennent des valeurs morales au sens religieux du terme, tout en s'insinuant dans le débat public dans la continuité de la sécularisation des idées éthiques, politiques et sociales. De modalités bien définies et de principes officiellement sécularisés, ceux-ci se meuvent en projets plus indéfinis, tensions idéelles religieusement fondées, comme si le dialogue restait toujours à parfaire, les droits de l'homme à ériger et la démocratie à construire sur le plan sociopolitique, au même titre que le chemin de l'illumination ne semble jamais encore parcouru jusqu'au bout sur le plan individuel. Nous retournons alors sur le plan du devoir-être : la démocratie comme aspiration morale jamais réalisée en sa totalité, de même que les droits de l'homme.

Il faut, dès lors, tenter de comprendre en quoi il pourrait y avoir passage d'une modernité à une « postmodernité » sociale et politique, et quelle peut être *a priori* la place du phénomène de l'occidentalisation du bouddhisme dans ce « passage ».

D/ Bouddhisme et redéfinition du politique

1° Bouddhisme et infrapouvoir

L'effritement des métarécits, ou du moins l'affaiblissement de leur crédibilité, et par conséquent de leur puissance structurante socioculturellement et légitimante politiquement, induit une remise en cause des conceptions classiques du pouvoir en général, et en particulier de l'État et de la démocratie. Cette nouvelle réalité sociopolitique en formation donne lieu à des descriptions politiques dont nous tenterons de déterminer les compatibilités avec l'imaginaire bouddhiste occidentalisé.

Cornélius Castoriadis distingue *institution seconde* et *institution première.* Cette dernière est « le pouvoir fondamental dans une société, le pouvoir premier dont tous les autres dépendent, ce que nous avons appelé plus haut l'infrapouvoir, c'est le *pouvoir instituant.* Si l'on cesse d'être fasciné par les « Constitutions », celui-ci n'est ni localisable, ni formalisable, car il relève de l'imaginaire instituant. La langue, la « famille », les mœurs, les « idées », une foule innombrable d'autres choses et leur évolution, échappent pour l'essentiel à la législation[1] ». La parole légitime est en amont de la violence légitime. La signification préside à la force physique. Le niveau légal, qui régule l'utilisation du monopole de la violence légitime, n'est donc pas le niveau fondamental du politique mais seulement son institution seconde, pour ainsi dire stabilisée, mais en tout cas jamais définitive. L'État est par excellence une institution seconde, séparée de la collectivité, instituée pour opérer et maintenir cette séparation. Par définition, l'institution première est au contraire non localisée, non séparée, mais résulte d'un conglomérat imaginaire. Les idéologies qui croisent leurs significations dans l'espace public produisent donc en permanence les sources originelles du pouvoir qui se cristalliseront ensuite en institution étatique par exemple.

Nous nous proposons de montrer que le phénomène du bouddhisme occidentalisé construit des significations diffuses, critiques, non séparées de la collectivité, et peut, par conséquent, être considéré comme une institution première concurrentielle. Instance de l'imaginaire instituant social, il travaille en profondeur la société instituée : « ... sous l'imaginaire social établi, coule toujours l'imaginaire radical[2] ». Celui-ci se nourrit en permanence des facteurs qui perpétuent la société instituée, comme l'État,

1. C. Castoriadis, *Le monde morcelé : Les carrefours du labyrinthe III*, Paris, Seuil, 1990, p. 134.
2. C. Castoriadis, *op. cit.*, p. 121.

ou au contraire menace sa stabilité et son autoperpétuation. La catholicité et « son magma de significations » sont par exemple, selon Castoriadis, une des sources infrapolitiques principales qui permettent la perpétuation de la société française instituée. Bertrand Badie et Pierre Birnbaum ont montré que la laïcité, corollaire de l'État de droit bureaucratique, est rendue possible par la scission éminemment catholique entre la sphère du temporel et celle du spirituel[1]. Le rapport catholicisme-protestantisme a été déterminant dans l'établissement des régimes politiques européens : monarchie constitutionnelle, république, principauté, parlementarisme, présidentialisme, dans leurs différentes hybridations. Rien d'étonnant à cela quand on sait que « l'orientation et la différenciation des types de citoyenneté et des modes de gouvernement occidentaux procèdent d'une stratégie esquissée par l'Église dès le XIIe siècle[2] ». L'irruption d'une bouddhéité occidentale stable pose dès lors un problème infrapolitique au premier chef, qui se traduit secondairement comme facteur menaçant la légitimité de la société instituée.

Le politique n'est pas uniquement le politique en tant que ce qui a trait directement à l'État, ou la politique en tant que ce qui a trait directement aux luttes à court terme pour obtenir ou garder le contrôle sur ce dernier. C'est l'ensemble des rapports d'influence interindividuelle, « micropolitique » dirait Michel Foucault, qui se solidifient en couches institutionnelles de plus en plus larges, jusqu'à l'État lui-même, et plus récemment dans des organisations continentales, intercontinentales et internationales. Mais l'État n'est ni le commencement ni la fin du politique. Les rapports de pouvoir dans la vie du couple sont politiques, l'intimité est politique comme s'est attaché à le démontrer Foucault dans son *Histoire de la sexualité*[3]. L'État n'est pas non plus la fin du politique mais seulement une forme historiquement déterminée de cristallisation politique, l'État-Nation[4], au même titre que la Cité grecque, que l'Empire romain, ou que le système clanique. L'État est d'ailleurs aujourd'hui tiraillé dans le sens centrifuge par des instances internationales, à l'échelle continentale et même intercontinentale, qui font pression sur lui et se substituent à lui en certaines matières[5], et dans le sens centripète par des prétentions

1. Badie, Birnbaum, *Sociologie de l'État,* Paris, Grasset, 1979.
2. G. Hermet, « L'individu-citoyen dans le christianisme occidental », in Birnbaum, Leca, *Sur l'individualisme*, Paris, PFDSP, p. 148.
3. M. Foucault, *Histoire de la sexualité,* 3 vol., Paris, Gallimard, 1976.
4. L. Dumont, *Essai sur l'individualisme moderne,* chap. « La catégorie politique de l'État », Paris, Gallimard, 1966.
5. Cf. l'exemple extrême du droit d'ingérence qui démontre que les États ne sont plus les unités fondamentales des rapports politiques contrairement aux apparences entretenues par les discours des hommes politiques, qui pourraient être rebaptisés en l'occurrence hommes étatiques. Cet effondrement du politique-étatique-national explique en partie le développement du pouvoir médiatique et la constitution, à travers les sondages, du concept d'opinion publique. Alain Touraine analyse l'autonomie accrue de l'opinion publique comme un symptôme de la crise de représentativité des autorités politiques traditionnelles, c'est-à-dire des acteurs qui visent à accéder ou à se maintenir dans une fonction politique de l'institution étatique. Le déficit de l'action politique étatique produit une inflation galopante de la communication politique. Le pouvoir des hommes politiques glisse progressivement vers les acteurs de la communication de masse, qui eux-mêmes

régionalistes et encore plus fondamentalement individualistes qui se structurent dans un tissu associatif de plus en plus complexe et disséminé. Nous sommes en droit d'émettre l'hypothèse que le politique est en passe de se cristalliser en une nouvelle forme historiquement déterminée, puisque individualisme et internationalisme (ou plutôt transnationalisme) sont les maîtres mots d'un nouveau déploiement idéologique à base de responsabilité humaine et individuelle pour l'avenir de la terre et du vivant dans son ensemble[1].

C'est dans ce contexte que se développent de nouvelles utopies au sens de Mannheim[2] : attitudes de groupes qui imaginent l'impossible dans la perspective de réalisations possibles ; ainsi, à titre d'exemple représentatif de quasi-bouddhismes politiques, parmi une floraison contemporaine particulièrement riche, l'utopie d'« écosociété » de Joël de Rosnay. Selon ce dernier ce nouveau modèle pourrait succéder à l'économie de survie des sociétés primitives et à l'économie de croissance des sociétés industrielles. L'écosociété serait fondée sur l'équilibre, sur une nouvelle façon d'envisager le rapport à l'urbanité, à l'environnement naturel. Dans la société industrielle, il fallait accroître les richesses pour les rendre disponibles aux masses ; dans l'économie d'équilibre, il faut trouver un équilibre d'ensemble pour empêcher la destruction des potentiels planétaires. Ceci présuppose un nouveau rapport à la politique, d'une part une individualisation de la responsabilité qui renvoie d'autre part à une mondialisation des conséquences.

Chacun doit se sentir responsable, et le monde entier doit avoir une action coordonnée, une approche globale. Doit-on accepter l'analyse de Jacques Derrida, qui n'hésite pas à affirmer que « Les concepts fondamentaux qui nous permettent souvent d'isoler ou de *prétendre* isoler le *politique*, pour nous limiter à cette circonscription, restent religieux ou en tout cas théologico-politiques[3] » ? Il est frappant de remarquer à quel point les éléments idéologiques de la constitution de ces utopies *solidaristes-universalistes*, rêvant une alternative mondialiste qui ne tomberait ni dans l'internationalisme fonctionnaliste (entreprises commerciales multinationales) ni dans le nationalisme ethnique (et) ou protectionniste, s'apparentent aux discours bouddhistes occidentalisés. Ce qui semblerait

---

se légitiment par le truchement d'une opinion publique traduite en termes par exemple d'audimat, qu'ils participent pourtant à constituer. Pierre Livet souligne ainsi que la communication politique médiatisée produit en fait l'Autrui vers lequel les actes de langage sont dirigés (on consultera le n° 4 d'*Hermès* : *cognition, communication, politique* intitulé « Le nouvel espace public », Paris, CNRS, 1989, particulièrement les articles « La communication politique : construction d'un modèle » de Dominique Wolton, « Communication politique et crise de la représentativité » d'Alain Touraine, et enfin « Médias et limitation de la communication » de Pierre Livet). Le développement exubérant de la communication politique et d'une zone brumeuse (cf. l'article de Pierre Livet sur les multiples distinctions entre « opinion commune, opinion collective, opinion publique ») et omniprésente de l'opinion publique caractérise la dissolution de la représentativité des autorités politiques classiques.

1. M. Serres, *Le contrat naturel*, Paris, Flammarion, 1990.
2. K. Mannheim, *Idéologie et utopie*, *op. cit.*
3. J. Derrida, « Foi et savoir », in Derrida, Vattimo, *La religion*, Paris, Seuil, p. 38.

confirmer l'intuition derridienne d'une contiguïté, ou même d'une continuité irréductible, entre les dimensions religieuse et politique, y compris dans les contextes prétendument sécularisés et laïcisés. Les sociologues confirment d'ailleurs empiriquement cette intuition philosophique, Danièle Hervieu-Léger soulignant même l'aspect religieux du processus de la sécularisation[1].

2° La tension utopique individuo-globaliste et l'orthorationalité

a) L'individuo-globalisme

Ce type d'utopie cosmopolitique du bouddhisme occidentalisé, à base de contrat naturel, d'écologisme universaliste, induisant l'émergence d'une conscience et d'une éthique sociales planétaires, est indissociable d'une certaine évolution de la modernité rationnelle, laïque et universaliste, qui est elle-même indissociable d'une évolution théologico-politique, ou plutôt en termes sociologiques, d'une transformation du croire. Plus simplement, la légitimité institutionnelle, et particulièrement politique, est en partie déterminée par la structure religieuse d'une société. Il est alors moins surprenant d'observer la résonance positive dans le public occidental de la proposition du Dalaï-Lama de faire du Tibet un territoire internationalisé et démilitarisé, une sorte de « réserve écologique planétaire ». Lire ces propositions « théologico-politiques » à l'aune de la crise de l'État-Nation confirmée par le développement des utopies *solidaristes-universalistes*, devient extrêmement fécond. Que ce soit le zen, le bouddhisme tibétain, ou la Soka Gakkai, qui sont les trois organisations bouddhistes les plus répandues chez les Occidentaux, le discours est mondialiste et prône le développement d'une conscience planétaire, la mondialisation du pouvoir politique, la mise en place de stratégies sociale et culturelle à l'échelle planétaire. Dans le même temps, la souveraineté individuelle est chantée dans les différentes tonalités de la prière à l'aphorisme de sagesse. Ce paradoxe signifiant caractérise à la fois un mouvement de pensée occidental, dont le modèle utopique de Joël de Rosnay est une expression possible, et compose les deux thèmes cruciaux du discours bouddhiste en Occident. Ainsi fournit-il la condition grammaticale préalable à l'entendement d'un langage bouddhiste en Occident.

Le bouddhisme, dans ses diverses modalités, pourra dialoguer avec cet environnement intellectuel occidental : les discours bouddhistes pourront se comprendre sous le rapport apparemment contradictoire entre mondialisme et individualisme[2]. Ils prétendront *pacifier* les contraires. Ainsi

1. « L'ambiguïté des sociétés occidentales à l'égard de la religion tient à ce que le mouvement d'émancipation par rapport à l'univers du religieux traditionnel qui les a constituées comme des sociétés "séculières", a son origine, pour une part seulement mais pour une part importante, dans le terreau religieux juif et chrétien de leurs cultures » (Danièle Hervieu-Léger, *Le pèlerin et le converti. La religion en mouvement,* Paris, Flammarion, 1999, p. 36).
2. Il ne s'agit bien sûr pas de l'individualisme en tant que doctrine du libéralisme ou du néo-libéralisme, mais en tant que résultante du processus contemporain d'inviduation.

se constitue une dialectique : un discours qui se propose de surmonter l'opposition apparente entre le développement de l'individualité et celui de la conscience mondiale[1]. Nous la qualifierons d'*individuo-globalisme*. Le choix de *globalisme* plutôt qu'*internationalisme* répond au souci d'éluder toute acception nationale, toute allusion aux États-Nations y compris dans leurs relations extérieures[2]. Nous aurions pu employer l'expression *individuo-mondialisme*, c'est d'ailleurs ce que nous fîmes dans une première approche. Nous avons finalement opté pour *individuo-globalisme*, car il ne s'agit pas d'une perspective sur n'importe quel monde : il y a un monde intérieur, un monde des animaux, un monde de la presse, un monde mondain, le petit monde des commerçants et le grand monde des stars, le monde physique et le monde psychique, etc. Les mondes en tant qu'ensembles physiques, sociaux, géographiques ne sont pas visés par notre concept. La tension réside dans une perspective croisée, ou plutôt une dialectique faite d'allers-retours, entre la préoccupation de la personnalité, de son épanouissement au sens le plus limitatif possible, excluant la famille, l'entreprise, etc., et la préoccupation du monde au sens le plus global possible, dépassant l'État-Nation, les continents, et tous les ensembles intermédiaires.

L'individuel comme le global ne sont pas des réalités tangibles mais des perspectives non limitées à un espace ou à un environnement particulier. L'important consiste à percevoir le monde – quel qu'il soit ! – à travers « mon » développement personnel, ou de regarder le monde à travers « notre » devenir global. L'*individuo-globalisme* exprime cette tension particulière, dynamique incessante, qui fait varier les perspectives entre ces deux pôles au point d'en faire une grille de lecture de la réalité sociale. Même si les deux pôles on l'air incompatibles, ils constituent dans le mouvement de l'un à l'autre une harmonique unifiée comme deux notes dissemblables répétées tellement rapidement qu'elles forment une continuité. La cohérence de l'*individuo-globalisme* n'est donc pas strictement logique mais pour ainsi dire rythmique. C'est la raison pour laquelle, ainsi que nous le verrons lorsque nous traiterons des orientations contemporaines du bouddhisme, cette rythmique peut, à travers une simple différence d'accentuation, soit composer un humanisme modéré, si ce qui est perçu comme global est l'humanité et si ce qui est perçu comme

1. Voie du Milieu ou *Madhyamika vriti* est un des noms du bouddhisme. Cette antique appellation sera très utile à l'occidentalisation du bouddhisme pour l'interpréter comme un chemin *équivoque* entre le monde et l'individu.
2. Un sondage effectué pour le compte du *Nouvel Observateur* montre que, parmi les 10 valeurs qui comptent le plus, aucune mention n'est faite de la patrie, de la Nation ou de l'État ; par contre, parmi les 10 valeurs qui ne sont plus fondamentales, non seulement il est fait mention de « l'attachement à la patrie », mais encore cette dernière arrive en tête. L'étude tient aussi compte du différentiel entre les générations pour établir une tendance à la hausse de certaines valeurs et à la baisse de certaines autres : or, toutes les valeurs qui sont en hausse concernent « la tolérance », « le respect de l'environnement », « la solidarité avec les autres peuples », autant d'aspirations qui transcendent l'intérêt purement national ; et comme par un jeu de miroirs, les deux valeurs qui sont le plus en baisse sont respectivement « l'attachement à la patrie » et « le civisme » (sondage CSA paru dans *Le Nouvel Observateur* du 26 novembre 1992, avec les commentaires de G. Lipovetsky).

individuel est la personne humaine, soit composer un vitalisme radical si ce qui est perçu comme global est l'ensemble du vivant et si ce qui est perçu comme individuel s'élargit à toute entité vivante.

On peut facilement, par une simple variation, passer de l'écologie humaniste, qui considère la nature comme un environnement, à l'écologie profonde qui considère la nature comme un ensemble dont l'homme n'est qu'un élément ni plus ni moins important que les autres. Cette deuxième perspective du *vitalisme radical* peut elle-même dériver vers la remise en cause de tout ce qui n'est pas « naturel » : la technologie, l'urbanité, l'industrie, et le progrès en général. Bref, on passe de la culture bio et de l'antipollution à la nostalgie d'un monde artisanal et non pollué par la modernité, pourquoi pas féodal si c'est plus « naturel ». Ce qui explique que la tension existante entre le *vitalisme radical*, produit le plus extrême d'une modernité utopique, et le néo-traditionalisme peut aboutir à la promotion du nationalisme – en Asie en particulier – et du retour à un ordre moral naturel, non pollué par la modernité que ce soit en Asie ou en Occident[1]. Nous sortons alors d'un bouddhisme mondialisé pour revenir à un retranchement derrière, par exemple, l'asiatisme : promotion d'une identité asiatique exclusive incompatible avec la modernité occidentale. L'*individuo-globalisme* peut ainsi se dissoudre lui-même dans ses perspectives les plus extrêmes. Les exemples de Buddhadasa et Sulak en Thaïlande, ainsi que celui de Thich Nhat Hanh en Asie comme en Occident sont à cet égard frappant comme nous le verrons. Ces leaders d'opinions peuvent prôner les idées les plus progressistes jusqu'au point extrême où ils passent d'une critique du capitalisme à une remise en cause de la modernité dans son ensemble. Il serait à cet égard très fructueux de comparer ce phénomène avec la genèse de l'islamisme radical. Nous isolerions certaines similitudes quand aux rapports ambiguës, ou du moins dialectiques, à la modernité. L'*individuo-globalisme* n'est donc pas un ensemble de concepts figés mais une perspective en constante évolution, tout simplement parce l'instabilité lui est constitutive.

Le *global*, tout en comprenant plus particulièrement la *terre* au sens d'écosystème quasi autonome, se rapporte à toute réalité globale, matérielle ou symbolique, et regroupe ainsi l'*humanité* en tant que société des humains qui peuplent la terre, sans en exclure *a priori* le *monde vivant* des animaux et végétaux, et le *monde* des matières dites inanimées, qui à son tour embrasse les matières stellaires *ad infinitum :* galaxie, cosmos, univers. Enfin, l'univers perçu non seulement comme système matériel mais comme berceau de toutes formes de vie, non exclusivement humaine, se rapporte directement à l'individu en tant que tout agrégat capable de se concevoir et de s'exprimer individuellement, dont l'homme est pour lui-même jusque-là le plus remarquable type.

---

1. Cf. p. 111 notre schéma « Les orientations spécifiques du bouddhisme mondialisé » dans lequel apparaissent les deux points de tension principaux de l'*individuo-globalisme*.

La diversité « infinie » des formes de vie universelle possibles corrobore parfaitement la cosmogonie bouddhiste, qui ne prévoit pas de commencement définitif ni de fin ultime du monde mais d'infinies variations de ses modalités spatiales, temporelles et des formes d'existence, avec cependant la constante de l'opposition ontologique entre l'inertie de la souffrance et l'aspiration à s'en libérer. Cette cosmogonie se solidarise elle-même de la science cosmologique occidentale pour gagner en rationalité et donc, sur le terrain moderne, en légitimité. Cette cosmogonie se traduit aussi en termes écologiste, pacifiste, socialiste, libéraliste, exprimant des sens politiques modernes occidentaux dans l'intérêt de l'assimilation de sa propre grammaire. Cette récupération thématique n'est donc pas passive mais productrice de sens non contrôlé par les réseaux d'origine des thèmes occidentaux ainsi manipulés. Les discours bouddhistes construisent de nouveaux réseaux qui exploitent transversalement le contenu sémantique de thèmes qui jusque-là s'opposaient ou au moins se distinguaient très nettement. Ainsi, par exemple, socialisme et libéralisme ne s'opposent plus mais se *complémentent*: les ramifications sémantiques des deux termes bifurquent dans les discours bouddhistes à la fois sous le rapport général d'une cosmogonie *mondialiste* légitimée dans le champ scientifique occidental[1], et sous le rapport particulier d'une ontologie *individualiste* relative à la libération concrète de toute souffrance légitimée dans les champs éthique et juridique occidentaux[2].

Le discours politique bouddhiste est donc cohérent dans un ensemble cosmologique et ontologique, qui est lui-même légitimé occidentalement dans l'ensemble des représentations scientifiques et cosmologiques d'une part, et sur le plan des représentations juridiques et éthiques d'autre part. De nombreux intellectuels qui se déclarent bouddhistes, y compris des universitaires de renom, le plus souvent de gauche, nostalgiques de l'Internationale Socialiste et revenus de leur appartenance communiste, participent à l'élaboration et à la diffusion de cette idéologie *individuo-globaliste*. L'exemple d'Edgar Morin est caractéristique : ancien communiste repenti depuis son « erreur » de jeunesse[3], qui dit se sentir bouddhiste en raison de l'immanence rationnelle, quasi spinoziste, d'une religion qui rejoint sa propre idée de « résistance à la cruauté[4] », et qui emprunte les chemins systémiques, et non systématiques, de la complexité organique de l'univers, de la non-dissociation entre l'observateur et l'observation, de la non-dissociation entre les races, les cultures, entre la

---

1. De nombreux scientifiques utilisent les thématiques bouddhistes pour traduire leur protestation contre une certaine utilisation abusive de la technologie (contre la bombe atomique, contre la pollution, etc.). D'autres entreprennent des interprétations de résultats scientifiques en termes de vérités bouddhistes (cf. les personnalités de la fameuse *Gnose de Princeton*).
2. Utilisation par exemple du concept déjà institué de *Droit de l'homme*, en en faisant varier le sens vers celui de *Droit des êtres vivants.*
3. E. Morin, *Autocritique,* Paris, Point, 1959.
4. D. Cuypers, « Edgar Morin. Le rationaliste mystique », in *Actualité des Religions,* n° 11, décembre 1999, p. 26.

terre et les êtres vivants. Ce qui conduit sur le plan éthique et politique à une prise de conscience planétaire, et même à l'idée d'une citoyenneté planétaire[1].

Ainsi se constitue un premier cercle, bouclé en amont et en aval, du discours actuel à la cosmogonie bouddhiste légitimée dans la représentation occidentale, et d'un discours occidental traduit en termes bouddhistes eux-mêmes cohérents dans la représentation occidentale, et un deuxième cercle de l'ontologie bouddhiste justifiant un discours politique traduit par des terminologies occidentales, légitimé en termes éthiques et juridiques. Les deux cercles convergent pour former des figures d'expression cohérentes dans les différentes dimensions des divers systèmes de représentations occidentaux : scientifiques, cosmologiques, éthiques et juridiques.

b) L'orthorationalité

L'*individuo-globalisme* constitue à la fois l'orthodoxie (la doctrine droite) et l'orthopraxie (la pratique droite) du bouddhisme mondialisé. L'individu bouddhiste occidentalisé intériorise un système de croyance unifié autour des thématiques majeures de la conscience et de la responsabilité globale, impliquant une citoyenneté planétaire, alors qu'il s'adonne à des pratiques individuelles qui sont sur le fond les mêmes du zen au théravada en passant par le bouddhisme tibétain. Dans son esprit, qu'il fasse *zazen*, pratique *vipassana* ou le *dzogchen*, revient toujours à méditer. Les distinctions traditionnelles ne sont que des variations de style. Ce qui est bon pour la paix intérieure est bon pour la paix du monde et la pacification des peuples. Ce bouddhiste moderne idéaltypique peut facilement changer de pratique, pratiquer l'une alternativement avec l'autre, en dehors de toute cohérence traditionnelle. Alors que ces trois pratiques (*zazen*, *vipassana* et *dzogchen*), issues du zen, du Theravâda et du bouddhisme tibétain ne recouvrent traditionnellement ni la même méthodologie ni le même sens, elles sont ramenées chez le bouddhiste occidentalisé à de simples distinctions esthétiques, de simples manières différentes de faire la même chose.

Cette acculturation unifiante des bouddhismes à travers à la fois une dogmatique mondialiste et des pratiques individuelles transversales s'élabore par un dialogue avec la modernité, par contradiction, critique, commentaire, réappropriation, sélection de certaines des propositions rationnelles modernes et exclusion des autres[2]. Il y aura une bonne science, bouddhiste, pacifique et ouverte, débouchant sur des considérations écologique et holistique, et une mauvaise science, non bouddhiste, belliqueuse et froide, débouchant sur une technologie destructrice, comme il y aura une modernité politique négative débouchant sur le totalitarisme et

1. E. Morin, *Terre-Patrie,* Paris, Seuil, 1993.
2. Nous verrons dans notre dernière partie que nombre d'ouvrages bouddhistes occidentaux, en particulier ceux du Dalaï-Lama, se présentent comme des livres dialogues avec des personalités par exemple du monde scientifique.

une modernité positive débouchant sur la démocratie. Le bouddha devient, dans l'esprit des bouddhistes contemporains, un précurseur de tout ce que la modernité a de positif, de tout ce qu'elle peut offrir de pacifique, ouvert et démocratique.

L'*orthodoxie-orthopraxie* bouddhiste est devenue dans la plupart des cas une *orthorationalité* : une rationalité droite. Le bouddhisme légitime, dans le contexte de sa globalisation actuelle, est celui qui fait allégeance dans ses discours et ses pratiques à cette *orthorationalité* ; celui qui prône le pacifisme, la démocratie globale, l'écologie, l'avènement d'un monde sans frontière, celui qui propose des pratiques supra-traditionnelles, c'est-à-dire des pratiques telles que la méditation transcendant les spécificités traditionnelles.

D'un autre côté, ce bouddhisme *orthorationnel* se confère le droit de distinguer, en dehors du monde proprement bouddhiste, la bonne rationalité, pacifique, intelligente et spirituelle de la mauvaise rationalité, aveugle, violente et matérialiste. Alors même qu'il s'est construit en ingérant la rationalité occidentale, en dialoguant avec elle, le bouddhisme déniera cette influence et se présentera comme la source première et indépendante d'une rationalité antérieure, plus ancienne, plus juste et par conséquent incriticable. Plus qu'une postmodernité, le bouddhisme se présente en précurseur d'une méta-modernité, d'une modernité surplombante de toute éternité, au-delà de toutes les folies matérialistes et des dérives totalitaires historiques.

Le bouddhisme occidentalisé se construit donc dans une première phase à travers des dialogues, ou jeux dialectiques, avec la rationalité moderne, et finit par oublier cette première phase, comme s'il avait toujours été moderne depuis l'origine, afin de se poser, dans une deuxième phase, comme instance morale sacralisant ce qui dans la modernité est « bon » et condamnant ce qui en elle est « mauvais ». On peut parler à ce stade d'un forme d'inquisition orthorationnelle : ce qui se détourne de cette orthodoxie-orthorationnelle sera considéré, à l'intérieur du monde bouddhiste, comme *non-réellement-bouddhiste* parce que trop archaïque, superstitieux, ou indigne du bouddhisme. Ce qui explique que le Dalaï-Lama critique le féodalisme des monastères tibétains. Il entend réformer ce système indigne de l'esprit bouddhiste véritable qui est fondamentalement démocratique. Et à l'extérieur du bouddhisme, dans les sphères scientifiques, sociales et politiques, ce qui se détourne de cet esprit bouddhiste sera considéré comme hérétique ou si l'on veut hétéro-rationnel, rationnel pour de mauvaises raisons, autrement dit moralement irrationnel. Par exemple, la guerre moderne de haute technologie est tactiquement rationnelle mais bouddhiquement irrationnelle, parce qu'elle est rationnelle pour de mauvaises raisons.

Cette *orthorationalité* est à la fois orthodoxie et orthopraxie parce qu'elle se traduit certes par des orientations théoriques allant de la valorisation bouddhéisée des concepts de la physique quantique, de la biologie moléculaire, de l'homéopathie, ou des droits de l'homme, en passant par ceux de l'écologie, mais elle se traduit aussi par des pratiques proprement religieuses considérées elles aussi rationnellement dont la méditation est la plus commune, s'imposant à la fois en méthode quasi scientifique de relaxation, voie de connaissance intérieure et enfin recherche de libération transcendante. Mais la méditation n'a pas l'exclusivité de l'orthopraxie, d'abord parce que certains groupes à l'instar de la Soka Gakkai ne la pratiquent pas, du moins pas dans le style dépouillé et acculturé du bouddhisme transversal (tibétain, zen, théravada), ensuite parce que nous assistons aujourd'hui à une revalorisation de la pratique de l'éthique bouddhique. Cependant, même dans le cas de l'éthique, nous pourrons avoir un continuum allant de l'éthique comme hygiène de vie quasi scientifique, méthode rationnelle de bien-être, à l'éthique comme voie de salut transcendant, en passant par l'éthique comme application de principes humanistes ou vitalistes universels (comportement éthique justifié pour le bien de l'humanité ou de la vie prise comme un tout), l'ensemble formant un tout indissociable dans lequel on a du mal à distinguer ce qui relève de la démarche proprement hygiéniste, de la démarche proprement soteriologique et de la démarche proprement universaliste.

La pratique éthique, lorsqu'elle se développe dans le bouddhisme occidentalisé, est, elle aussi, aussitôt *orthorationnalisée*. Dans certains cas – en particulier dans le contexte des deux premiers tiers du XXe siècle dans lequel la religion s'opposait dans l'imaginaire commun à la rationalité, et la foi à la science[1] – les bouddhismes en phases d'occidentalisation pouvaient même se présenter comme des non-religions[2], refusant tout caractère religieux afin de mieux fonder leur pertinence rationnelle. C'est ainsi qu'il est encore courant de rencontrer nombre de bouddhistes qui disent ne pas pratiquer une religion, tant ce mot revêt pour eux une connotation péjorative. Depuis les années quatre-vingt-dix l'imaginaire du mot religion a perdu de ses caractéristiques négatives pour apparaître plus noblement non plus attaché à l'inquisition, à la guerre, à l'obscurantisme et à la contrainte morale rigide et injustifiée, mais à la paix, au dialogue interreligieux, à la quête de sens spirituel dans une société écrasée par le matérialisme. Les bouddhistes occidentalisés revendiquent dès lors aujourd'hui plus volontiers la nature religieuse de leur croyance et de leur pratique, particulièrement les clercs qui ont bien perçu les enjeux sociaux positifs impliqués par la reconnaissance comme une religion parmi d'autre. À l'instar du bouddhisme, mais peut-être avec moins de ressources théoriques et pratiques, les religions monothéistes et à leur tête le catholicisme romain surtout depuis Vatican II, cherchant à être reconnues

1. B. Russel, *Science et religion*, Paris, Gallimard, 1971.
2. C'est le cas de la Soka Gakkai qui se présente encore comme une non-religion, un groupe laïc proche de l'esprit des Lumières et des principes de la Révolution française, malgré des pratiques fondamentalement religieuses faites de prières et de rites pieux (R. Liogier, « Un nouveau mouvement religieux face à la modernité politique : la Soka Gakkai », in *Religion, secte et pouvoir, Rives nord-méditerranéennes,* 2e série, 10, 2002).

dans la modernité, ont adopté progressivement une posture elle aussi orthorationnelle[1].

3° Relativisation de la Vérité religieuse et effritement de la légitimation métaphysique de l'État

Le christianisme a été l'un des soutiens de l'État-Nation : la Nation étant le corollaire institutionnel de la réalité intouchable et spirituelle du divin. À la suite du christianisme, la laïcité a consacré une sorte de sacralité étatico-nationale. La mystique républicaine se substitua à celle du divin. Il faut cependant être prudent ainsi que le remarque Jean Baubérot, car l'idéologie de la laïcisation peut revêtir une multitude de réalités institutionnelles. Dans les faits, le processus de laïcisation, bien qu'amorcé en Europe depuis le début du siècle, est multiforme. On observera la mise en place de formes inachevées de laïcisation en fonction de substrats européens historico-culturels dissemblables : ethno-religion, religion civile, pluralisme, laïcité[2].

Le bouddhisme apparaît non pas comme une simple mode postmoderne[3], mais à la fois comme un émetteur et un récepteur de valeurs contradictoires avec le monothéisme absolu au sens large, c'est-à-dire avec le monothéisme des valeurs qui justifie politiquement l'État-Nation comme réalité sacrée, séparée, abstraite, seule source de la loi, garantie unique des libertés. L'éclatement de l'État-Nation a donc bien une signification religieuse qui est à mettre en parallèle avec l'éclatement de la religiosité monothéiste traditionnellement attachée à celui-ci ; non pas dissolution du monothéisme, mais éclatement, relativisation de sa Vérité, et par là même relativisation de la Vérité en général[4], que ce soit celle de l'État, de la majorité des votants, des croyants, ou celle de la communauté scientifique. L'État se refond, se relativise, se met en relation avec d'autres réalités, se décentralise, s'internationalise, s'individualise, tout comme le christianisme se décentralise, réhabilite le corps, l'aspect « anarchiste[5] » de l'Évangile, tout en accentuant l'aspect spirituel au détriment du temporel avec le renouveau des vocations monacales. Il n'est donc pas étonnant de constater les relations de plus en plus fréquentes entre chrétiens et bouddhistes[6] sur les bases de cette redéfinition des priorités religieuses de l'Église.

---

1. R. Liogier, « Devenir de la légitimité chrétienne : le christianisme face au schizo-humanisme », in Chélini-Pont, Liogier, *Géopolitique du christianisme*, Paris, Ellipses, 2003, p. 171-189.
2. J. Baubérot (éd.), *Religions et laïcité dans l'Europe des Douze,* Paris, Syros, 1994 ; et « Laïcité et sécularisation dans la crise de la modernité en Europe » in *Religion et Société,* Cahiers Français, La Documentation Française, n° 273, octobre-décembre 1995.
3. Comme ce que prétend G. Lipovetsky, *L'ère du vide*, Paris, Gallimard, 1986.
4. Éclatement aussi de la vérité scientifique ainsi que le montrent les développements de l'épistémologie, particulièrement depuis Karl Popper. Henri Atlan a largement montré les exercices forcenés d'une science en mal de métathéorie dans l'incapacité de fonder une éthique, et livrée aux rêves d'unité mystique les plus fantaisistes (A. Atlan, *À tort et à raison : Intercritique de la science et du mythe,* Paris, Seuil, 1986).
5. Nous entendons étymologiquement le mot « anarchiste » : qui ne commande rien absolument.
6. Sur le plan simplement éditorial, de nombreuses personnalités chrétiennes s'expriment en faveur du bouddhisme ; l'exemple du théologien Eugen Dreuwerman est l'un des plus frappants, qui en

L'enjeu politique du développement de la spiritualité bouddhiste en Occident est donc de taille : il peut être corrélé avec une redéfinition du politique dans ses perspectives républicaines et nationales à l'aune de l'*individuo-globalisme*. L'hypothèse de travail que le bouddhisme occidentalisé réfléchit religieusement la déconstruction du politique étatico-national éclaire le phénomène « bouddhisme en Occident », c'est-à-dire fournit une grille de lecture cohérente des termes de son discours relatif à des problématiques occidentales. Miroir plus ou moins fidèle, déformant, amplificateur ou peut-être amenuisant d'un mouvement de contestation occidental contre les classes dirigeantes nationales et leurs stratégies administratives et comptables, contre les frontières étatiques et les grandes répartitions géopolitiques. C'est en tout cas ce qui ressort d'une première mise en parallèle entre les discours bouddhistes occidentalisés largement diffusés aujourd'hui dans des revues confessionnelles comme *Dharma*, dans des magazines d'étude du phénomène religieux comme l'*ARN*, ou dans des magazines de grande diffusion[1] comme l'*Express*, le *Nouvel Observateur*, le *Figaro*, ou encore dans des ouvrages dont le succès atteste une intériorisation croissante de ces thématiques[2]. Le passage récent dans la grande diffusion et surtout la tribune récemment acquise dans les médias de grande actualité marquent un tournant[3].

---

appelle à une bouddhéisation du christianisme. Le Pape lui-même devra revenir sur d'anciennes déclarations trop négatives à l'égard du bouddhisme. Il existe de part et d'autre une multitude d'ouvrages de grande diffusion qui confrontent le bouddhisme et le christianisme (par exemple : Thich Nhat Hanh, *Bouddha vivant, Christ vivant,* Paris, Jean-Claude Lattès, 1996 ; ou encore du Dalaï-Lama, *Le Dalaï-Lama parle de Jésus,* Bruxelles, Prebols, 1997). Il y a aussi de nombreuses rencontres entre chrétiens et bouddhistes à travers des débats, des conférences, des colloques, des pratiques communes qui ont commencé il y a à peu près une quinzaine d'années (cf. par exemple : Actes du Colloque de Karma Ling, *Méditation chrétienne, Méditation bouddhiste,* Chartreuse de St-Hugon, Édition Prajna, Pentecôte 1983 et Actes du Colloque de Karma Ling, *Paroles et silence,* Chartreuse de St-Hugon, Éditions Prajna, Pentecôte 1984).

1. De multiples études ont été consacrées récemment au rapport média-bouddhisme, parmi lesquelles, par exemple, un mémoire consacré à la représentation du bouddhisme à travers la presse effectuée dans le cadre de l'Observatoire du Religieux (C. Spire, *La représentation du bouddhisme en France aujourd'hui à partir de l'analyse d'articles de la presse française,* Aix-en-Provence, IEP, 2000).
2. Différents ouvrages du moine vietnamien, réfugié politique en France depuis 1972, devenu depuis une véritable vedette du monde bouddhiste occidental grâce au succès des séminaires qu'il anime chaque année en Dordogne au village des Pruniers et grâce à la publication de livres grand public dont par exemple : *La Vision profonde,* Albin Michel, 1995 ; *Le cœur de la Compréhension,* Village des Pruniers, 1995 ; *La respiration essentielle,* Albin Michel, 1996 ; *Sur les traces de Siddhârta,* Jean-Claude Lattès, 1996. Le succès de la plupart des ouvrages du Dalaï-Lama est encore plus frappant, particulièrement ceux qui font intervenir des personnalités occidentales (exemple : Le Dalaï-Lama et Jean-Claude Carrière, *La force du bouddhisme,* Paris, Laffont, 1994).
3. Il serait impossible de donner une liste exhaustive des magazines de grande diffusion qui ont consacré des reportages ou même leur dossier principal au bouddhisme occidental. Prenons quelques exemples dans des magazines et journaux aussi différents que *Télérama,* n° 2376, 26 juillet 1995, « Les oubliés du Toit du Monde » ; *Le Monde,* 25 octobre 1993, « La longue persévérance du Dalaï-Lama » ; *L'Express,* n° 2364, octobre 1996, « France : La vague bouddhiste » ; *Témoignage Chrétien,* 4 décembre 1993, « Le bouddhisme en France : Les routes de la Voie » ; *Notre Histoire,* n° 136, septembre 1996, « Bouddhistes en France » ; *Le Figaro Magazine,* 29 octobre 1993, n° 15300, « Les Français du Dalaï-Lama ».

Les logiques bouddhistes participent aujourd'hui à l'élaboration d'un discours écrit et oral critique du monothéisme des valeurs à portée pratico-sociale. Les intellectuels organiques, comme dirait Gramsci, configurent leur langage à base de thèmes ou de corrélats de thèmes bouddhistes[1]. Ce discours est d'ailleurs comparable à certains éléments clés du nihilisme européen le plus « traditionnel », par exemple celui qui constitue le cœur idéologique du parti politique russe dont Tourgueniev fait part à travers son roman *Père et fils*[2] *:* remise en question à la fois naturaliste et individualiste de l'organisation sociale. À ceci près que cette dernière version nihiliste est fondamentalement « pessimiste » et a-hiérarchique (ou anarchiste), alors que la version bouddhiste néo-nihiliste est « optimiste » et ne remet pas absolument en cause toute hiérarchie, toute organisation universelle et sociale. Il ne s'agit pas d'un nihilisme passif ainsi que le définissait Nietzsche, mais plutôt d'un nihilisme actif, et par conséquent créateur de valeurs[3]. Nous sommes dès lors bien loin des premières interprétations schopenhauériennes d'un bouddhisme qui ne ferait qu'accréditer les penchants nihilistes pessimistes de la pensée du XIXe siècle européen[4].

Cette constatation de départ nous autorise à considérer sérieusement l'hypothèse d'une fonction bouddhiste dans la constitution et/ou la diffusion de l'idéologie critique de la chose publique dans sa version étatique et nationale. Il faudra ultérieurement étudier les modalités de cette fonction : simple courroie de transmission, traduction passive, ou activité créatrice de sens non contrôlé par les réseaux qui lui fournissent des grilles de lectures occidentales.

---

1. Qu'il suffise de rappeler que la première page d'un des derniers livres de la « vedette philosophique », Luc Ferry, *L'Homme Dieu* (Paris, Seuil, 1996), concerne le bouddhisme ; que le fameux *Petit traité des grandes vertus* (Paris, PUF) du non moins populaire André Comte-Sponville fait la part belle à la sagesse de Siddhârtha ; que l'ultra libéral et médiatique Jean-François Revel ne se contente pas d'exhiber ses affinités et réticences avec son moine bouddhiste de fils (Mathieu Ricard, Jean-François Revel, *Le Moine et le Philosophe,* Paris, Nil, 1997), mais s'inspire d'un conte allégorique bouddhiste célèbre pour intituler ses mémoires (Jean-François Revel, *Le voleur dans la maison vide,* Paris, Plon, 1997).
2. Ainsi s'écrie l'antihéros de Tourgueniev, Bazarov, fervent nihiliste : « Les principes, ça n'existe pas : tu ne t'en étais pas aperçu jusqu'à maintenant ! Ce qui existe, ce sont les sensations. » (Tourgueniev, *Pères et fils,* Paris, Gallimard, 1982, p. 657-658)
3. Le nom « Soka Gakkai » signifie d'ailleurs à peu près : *Société pour la création de valeurs.*
4. Pour se convaincre de l'utilisation du bouddhisme au XIXe siècle pour traduire une nausée intellectuelle purement européenne, qui fut comme le contre-courant d'un positivisme scientifique trop enthousiaste, il suffira de se rapporter aux recherches de Roger-Pol Droit qui sont essentiellement consacrées aux différents aspects de ce problème. Un de ses derniers ouvrages, *Le culte du néant : Les philosophes et le Bouddha*, élucide la question des enjeux intellectuels révélés par les interprétations occidentales du bouddhisme au XIXe siècle. Certains s'épouvantent devant ce néant abyssal qui dissout toutes les hiérarchies et toutes les valeurs, cette affreuse machine à dissoudre toutes les lumières théologiques ou scientifiques. D'autres se pâment d'un plaisir pervers.

III. LE BOUDDHISME OCCIDENTALISÉ : UN OBJET D'ÉTUDE COMPLEXE

A/ Les trois phases de l'étude

Il n'y avait pas d'ouvrages de référence qui traitent du bouddhisme ou des bouddhismes en France, et extrêmement peu sur le bouddhisme dans l'Occident actuel, avant la publication des premiers résultats de notre étude sociologique et anthropologique[1]. Cependant, un certain nombre de monographies étaient déjà disponibles et concernaient des groupements religieux particuliers, mais ne traitant souvent qu'un seul aspect spécifique, la musique par exemple, de la vie culturelle d'un groupe. D'autres indices sont fournis par de petites recherches effectuées dans le cadre d'institutions catholiques[2].

Notre présent travail s'inscrit ainsi dans la continuité d'une recherche de longue haleine qui a d'abord consisté en une étude de terrain sur le phénomène bouddhiste en France, laquelle a débuté il y a une quinzaine d'années dans le cadre de l'Observatoire du Religieux d'Aix-en-Provence et qui a depuis donné lieu à plusieurs publications quant à ses aspects les plus descriptifs. Ce livre se présente, sur un certain plan, comme l'aboutissement à la fois empirique et théorique de cette entreprise.

Les données d'enquêtes empiriques françaises utilisées seront globalement celles de notre étude de base déjà en partie publiée[3], mais exploitées cette fois plus profondément et théoriquement. Mais surtout nous tiendrons compte – c'est ce qui fait la nouveauté de ce travail – du phénomène de transplantation lui-même quant à ses conditions et conséquences sociopolitiques. Nous évoquerons dès lors l'histoire des contextes culturels dans lesquels ont émergé et se sont développés les bouddhismes modernisés avant de « conquérir » l'Occident. C'est-à-dire

---

1. Étienne, Liogier, *Être bouddhiste en France aujourd'hui,* Paris, Hachette, 1997.
2. On consultera par exemple un des premiers articles parus sur le phénomène de la présence bouddhiste en France dans la très catholique et érudite revue *Études,* tout simplement intitulé « Présence bouddhiste en France » (in *Études,* 370/2, février 1988, p. 235).
3. Étienne, Liogier, *op. cit.*

que nous ne traiterons pas l'objet comme un objet purement occidental et dont le développement résulterait uniquement d'une problématique sociologique interne aux situations occidentales. Enfin, nous tiendrons compte des perspectives idéologiques déduites des discours des clercs bouddhistes occidentalisés les plus représentatifs.

Pour récapituler, notre matériau se répartit en trois sources essentielles qui seront corrélées :

1) Notre enquête de terrain sur les pratiquants et sympathisants bouddhistes occidentalisés, à travers les témoignages et les pratiques concrètes.
2) Des éléments d'histoire socioculturelles des bouddhismes, lorsqu'ils permettent de mieux comprendre le développement des formes bouddhistes occidentalisées.
3) Les discours actuels des clercs bouddhistes occidentalisés les plus représentatifs, à travers leurs ouvrages ou leurs enseignements, dans leur résonance sociales.

Bien entendu, nous mettons le plus souvent possible notre travail à l'épreuve des études réalisées par d'autres chercheurs – essentiellement des sociologues – concernant de près ou de loin notre objet.

Notre recherche ne se fonde pas, à titre principal, sur des entretiens directifs avec des bouddhistes ou des non-bouddhistes. Il nous est apparu que ce type de recherche convenait encore mal, à l'heure actuelle, à l'étude sociologique du bouddhisme, par le fait même qu'il n'y a pas de critère déterminant pour définir un individu bouddhiste. L'atomisation du croire généralisée dans nos sociétés, dont découle une instabilité d'appartenance, est particulièrement prégnante en ce qui concerne le phénomène du bouddhisme occidentalisé, ce qui aurait rendu risquée une telle démarche. Le fait même de se dire non-bouddhiste peut être une manière de se signifier comme un « vrai » bouddhiste : quelqu'un qui prétend « se connaître lui-même » et qui n'a pas besoin de références extérieures[1]. Cette recherche du « vrai » – au sens de « non pollué » par les effluves « nauséabondes », matérielles et morales, qui « infestent » la société industrielle – revient à ce que nos contemporains comprennent par « quête de l'authenticité[2] », qui est d'ailleurs devenue pour le moins un phénomène de mode. Cette quête s'exprime *grosso modo* par une recherche de la nourriture « vraie » (autrement dit « bio »), de relations familiales et amicales « authentiques » (autrement dit sincères, non fonctionnelles, non utilitaires), de lieux de vie « en harmonie » avec la nature. Remarquons, au passage, que parler de « relations politiques authentiques » n'est pas envisageable en général dans le cadre de la logique de cette quête

1. Un pratiquant zen interrogé, lors d'un stage de méditation (*sesshin*), nous a déclaré ne pas être bouddhiste, avec aux lèvres un léger sourire. Renseignement pris, cette personne était une des plus assidues du groupe.
2. Nous sommes ici en parfait accord avec le sociologue Pierre Le Quéau qui remarque qu'« Une notion revient souvent dans les propos des néo-bouddhistes, mais plus largement, c'est devenu un lieu commun de la pensée ordinaire contemporaine : l'authentique. » (P. Le Quéau, *La tentation bouddhiste,* Paris, Desclée de Brouwer, 1998, p. 71)

« d'authenticité », tout simplement parce que la dimension politique est en elle-même assimilée à la corruption, au fallacieux, par conséquent à l'inauthentique par excellence. Cette dévalorisation de la politique revêt en soi une dimension protestataire politiquement pertinente que nous devrons prendre en compte.

1° Enquête de terrain sur les pratiquants et sympathisants bouddhistes

Cette enquête a été effectuée selon la méthode de l'anthropologie participative qui a supposé une assiduité hebdomadaire dans la participation aux séances de pratiques d'une demi-douzaine de groupes bouddhistes sur plusieurs années, en l'occurrence entre quatre et huit ans suivant les groupes, ainsi que la participation à une cinquantaine de stages ou enseignements divers ayant un caractère exceptionnel et drainant pour l'occasion un grand nombre de pratiquants. Nous nous sommes astreint à noter régulièrement, environ une fois tous les quinze jours, les dialogues les plus caractéristiques entre les pratiquants, les réactions à certains types de questions, etc. Nous avons, d'autre part, réalisé un sondage concernant l'évolution de la politisation des groupes bouddhistes pendant ces dix dernières années, sur un échantillon de cent personnes répartis entre les quatre principales tendances implantées en France.

Les entretiens sont informels et continus. Ainsi, l'interrogé n'est-il pas interrompu dans la constitution de son discours ; il n'a pas à répondre de son propre discours – ce qui le placerait face à l'altérité de l'interrogé – mais il progresse sans cesse dans ses explications et les explicitations de ses explications. Ainsi, il ne peut changer de direction en fonction des interventions extérieures qui pourraient l'inciter à des prises de positions dictées par exemple par la honte, la méfiance ou même le désir de séduire. Par ailleurs, les entretiens seront réalisés dans le cadre d'une stratégie plus large d'observation participante qui a nécessité non seulement une habitude personnelle des pratiques mais aussi une connaissance préalable des doctrines mises en jeu, et enfin la fréquentation familière des lieux de pratique. Par cette observation continuelle, nous avons repéré et tenté de désamorcer les stratégies personnelles et atypiques de contrôle conscient ou de distorsion inconsciente de sens, possiblement produites par les acteurs lors de nos prises de contacts. Cette partie de notre travail a été réalisée presque exclusivement sur terrain français, pour des raisons évidentes de proximité ainsi que pour l'intérêt que revêt, pour un chercheur intéressé par le phénomène de l'Occident bouddhiste, la spécificité française.

Nous avons cependant effectué de brefs séjours, quelques semaines, dans différents centres britanniques, en particulier au monastère de *Samye Ling*, qui est la plus ancienne implantation monacale du bouddhiste tibétain en Europe ainsi qu'aux États-Unis dans différents centres californiens. Ces derniers séjours ont été tout au plus l'occasion d'une mise à l'épreuve des données recueillies en France. Ce dernier pays fait figure d'un carrefour européen institutionnel[1] du bouddhisme. En effet, l'immigration des pays du Sud-Est asiatique en France a permis la constitution de lieux de cultes plus nombreux que dans les autres pays européens. La France est aussi historiquement une terre d'accueil sur laquelle s'est implantée une importante communauté tibétaine de moines en exil. Ces bouddhismes sont fortement marqués politiquement : la religion est une façon d'exprimer une protestation contre les totalitarismes communistes du Sud-Est asiatique pour les uns et contre l'impérialisme chinois pour les autres. Le bouddhisme en France pouvait donc se développer dans des conditions privilégiées, y compris pour les Français de souche, puisqu'ils pouvaient disposer de lieux de cultes asiatiques dans lesquels la doctrine, le *dharma*, était enseignée. Bien entendu, cette disponibilité asiatique en France ne constitue pas une raison déterminante de l'expansion du bouddhisme chez les Occidentaux, mais seulement une condition favorable qui permet de considérer ce pays comme une sorte de laboratoire européen de l'occidentalisation du bouddhisme. De plus, le bouddhisme zen de l'école *Sôtô*, presque exclusivement constitué de pratiquants occidentaux, bénéficie d'un tissu de lieux de pratiques décentralisés qui quadrillent notre pays.

Nous ne pouvons éviter de remarquer en sus que les arts martiaux d'origine asiatique sont en France très développés, plus fortement que dans la plupart des autres pays européens. Leur origine bouddhiste, depuis leur implantation en Occident, est souvent valorisée, lorsque l'accent n'est pas mis exclusivement sur la compétition[2]. Les magazines d'arts martiaux largement distribués cultivent des thématiques proches des concepts bouddhistes occidentalisés[3]. Il est de bon ton dans les milieux des « pratiquants » de disciplines martiales asiatiques de se référer à Bodhidharma, célèbre moine fondateur spirituel du monastère de Shaolin où seraient nés les arts martiaux chinois qui se sont ensuite répandus dans l'ensemble de la Chine sous le nom générique de *Kung-fu Wu-Shu*, et dans l'ensemble de l'Asie sous le nom par exemple de *Karaté-Do* au Japon, ou de *Viet-Vô-Dao* ou *Vo-Vietnam* au Viêt-nam, de *Taekwondo* en Corée, etc. Ce moine était surtout le fondateur supposé, et en tout cas le premier patriarche reconnu, de l'école bouddhiste *Ch'an*, école résultant d'une orientation qui aurait déjà germé en Inde sous le nom de *dhyana* (ce qui signifie à peu près « méditation » en sanscrit). Mais, en réalité, l'originalité fondamentale de cette école n'apparaîtra qu'avec son insertion dans la culture chinoise, et se développera par la suite en Corée, puis au Japon où

1. Il y a beaucoup plus de bouddhistes au Royaume-Uni, mais la France avec un nombre inférieur, est malgré tout le lieu où se concentrent le plus grand nombre d'institutions bouddhistes à portée européenne.
2. La valorisation de la compétition au détriment de l'aspect bouddhiste traditionnel concerne surtout la pratique du judo, moins le *karaté-do*, et encore moins l'*aïki-do*, puisque la compétition n'est en général pas pratiquée dans cette discipline.
3. On pourra consulter à cet égard les nombreux dossiers de magazines tels que *Karaté-Bushido, Arts martiaux magazine, Ceinture noire*, consacrés à un retour aux « origines spirituelles » de l'art martial.

elle prit l'appellation de zen. Cette parenté entre le zen et les arts martiaux s'est perpétuée dans la représentation occidentale. La littérature bouddhique française valorise toujours cette parenté[1]. Le passage par la pratique des arts martiaux est d'ailleurs l'un des « parcours spirituels » typique conduisant à l'adhésion au bouddhisme ainsi que le révèle notre enquête de terrain.

Enfin, il nous faut évoquer la spécificité du rapport entre la sphère religieuse et la sphère publique dans un pays issu d'une tradition de catholicisme centralisé et dévoué à l'État, ce que l'on appelle encore le gallicanisme, à laquelle a succédé une laïcité elle-même centralisée et intransigeante. Cette spécificité se ressent dans une certaine manière de gérer la diversité religieuse sur le territoire de la République, qui a des conséquences directes sur le traitement du bouddhisme implanté ici. Les différences de traitements juridiques et médiatiques par exemple, en fonction des formes de bouddhismes implantés sur notre territoire, témoignent de la singularité de la « laïcité à la française ».

Enfin, le choix des groupes s'est effectué en fonction de leur représentativité occidentale, et bien entendu spécifiquement française : nous avons donc étudié la Soka Gakkai, le bouddhisme tibétain, le zen et le *Theravâda* dans leurs variations les plus remarquables sur notre territoire. Certains résultats sociologiques de cette enquête sont parus dans différentes revues et ouvrages[2].

2° Éléments d'histoire sociopolitiques des bouddhismes

Nous avons pu déterminer – dans le cadre de notre étude de terrain ainsi qu'au travers de nos premiers défrichages des doctrines sociopolitiques formalisées et de nos premiers repérages des complexes d'opinions intériorisées qui traversent les ouvrages des clercs célèbres et les discours des enseignants ou « maîtres » moins célèbres – trois temps essentiels qui se chevauchent dans la constitution de l'imaginaire sociopolitique bouddhiste occidentalisé. Nous avons dès lors entrepris de décomposer ces trois temps, qui apparaissent intrinsèquement imbriqués dans les « opinions » et les prises de positions bouddhistes.

Le premier temps concerne l'histoire antique et médiévale du bouddhisme, du VIe siècle avant notre ère jusqu'au XIVe siècle de notre ère. Cette période est celle dans laquelle l'histoire mythique côtoie le plus volontiers l'histoire réelle. On rencontre d'abord les sermons et conseils politiques du Bouddha, mais surtout, au centre de cette phase, une place

1. On ne compte plus en France les livres qui traitent du « Zen et de l'art du tir à l'arc », du « Zen et de l'art de la guerre », du « Zen et du karaté », ou des « contes zen des arts martiaux », etc. Il suffit de consulter le catalogue de la collection *Spiritualité vivante* chez Albin Michel pour se rendre compte de l'étendue du phénomène.

2. R. Liogier, « Un nouveau mouvement religieux face à la modernité : la Soka Gakkai », in *Religion, secte et pouvoir, Rives nord-méditerranéennes,* 10, 2002 ; « Le bouddhisme occidentalisé, laboratoire privilégié des processus contemporains de légitimation », in *Le bouddhisme des Français : approche sociologique. Les cahiers du CEIFR*, Paris, EHESS, 2002.

toute particulière est accordée au roi Açoka (250 av. J.-C.), dont l'image millénaire sera modernisée en fonction des diverses options politiques de chacun, précurseur tour à tour du « pluralisme religieux », du « concept de droit d'homme », d'un « État-providence », d'une « antique laïcité », fondateur du « socialisme dharmique autoritaire », modèle « encore actuel » de « l'esprit démocratique ».

Mais les différentes branches bouddhistes ont aussi des mythologies propres : ainsi en est-il du bouddhisme tibétain avec les événements fondateurs de la dynastie karmique des Dalaï-Lamas, ou de la Soka Gakkai avec l'héroïsme antiétatique[1] du moine Nichiren, fondateur de l'école qui porte son nom, ou encore du zen avec la compassion socialement révolutionnaire de certains maîtres *Ch'an*.

Le deuxième temps concerne celui d'une histoire générale plus réaliste, que l'on peut faire remonter au Moyen Âge : par exemple les rapports tour à tour de conflits, d'alliances et de mutuelles colonisations qui ponctuent l'histoire du Tibet, de la Mongolie et de la Chine, dont le bouddhisme est un des vecteurs fondamentaux. Il est nécessaire, sans entrer dans les détails historiographiques, de se faire une idée de ces relations tripartites complexes et déterminantes dans la compréhension actuelle des rapports entre le Tibet et la Chine, rapports qui sont eux-mêmes déterminants dans la compréhension des origines et des enjeux de la pénétration occidentale du bouddhisme tibétain. Cet exemple est particulièrement parlant pour le lecteur occidental eu égard à l'actualité des rapports tumultueux entre le gouvernement tibétain en exil et le gouvernement chinois ; mais ce type de regard historique peut être tout aussi pertinent en ce qui concerne le zen au Japon, en Corée, au Viêt-nam ou évidemment en Chine, mais sans doute un peu moins pertinent concernant la Soka Gakkai où l'on saute, en quelque sorte, du mythe fondateur nichériste à l'histoire contemporaine du mouvement.

Le troisième temps crucial, que nous venons incidemment d'évoquer, est l'histoire récente des bouddhismes. C'est-à-dire celle dans laquelle le bouddhisme entre en contact direct avec l'Occident, d'abord par le biais d'une certaine résistance aux entreprises prosélytes de l'Église romaine, puis par le biais de la colonisation par les États occidentaux de terres asiatiques. Il y eut, plus récemment encore, l'impact du marxisme et les interprétations marxo-bouddhistes, l'impact du capitalisme de masse et les interprétations bouddhico-capitalistes, l'impact des idéologies fascistes dans les années trente et quarante, et les interprétations bouddhico-nationalistes ou bouddhico-antinationalistes qui en furent issues. Cette histoire contemporaine touche profondément les bouddhismes

1. Antiétatique, certes, puisque Nichiren s'opposait au pouvoir en place, mais nationaliste, et violemment patriote et moralisateur. Ce dernier aspect ternit l'image universaliste que les bouddhistes modernistes que sont les dirigeants actuels de la Soka Gakkai tentent de donner de Nichiren. Les dirigeants actuels essayent d'éluder ce problème, ou tout bonnement de l'effacer, en faisant entendre que les textes qui font appel à cet aspect de la personnalité du célèbre moine sont apocryphes.

occidentalisés, que ce soit le bouddhisme tibétain, particulièrement depuis la maoïsation de la Chine, que ce soit le zen au Japon, en Corée et au Viêt-nam – dans des variations idéologiques parfois parfaitement antinomiques les unes par rapport aux autres, et en tout cas fort éloignées des représentations communes occidentales de ce qu'est le zen –, ou que ce soit la Soka Gakkai, organisation qui est le produit direct du traumatisme produit par la défaite japonaise lors de la Seconde Guerre mondiale.

De façon plus ou moins indirecte, les bouddhismes occidentalisés se sont construits à l'aune des ententes et des chocs politiques, parfois violents, entre les civilisations asiatiques et occidentales durant le XXe siècle. Le processus d'occidentalisation s'imbrique dans cette histoire, et joue en permanence de l'interface Asie-Occident, dont découlent des représentations contradictoires, entre celles qui circulent en Asie et celles qui circulent par exemple en Europe, entre des *habitus* bouddhistes supposés très distincts d'*habitus* réels asiatiques, entre des formes modernistes mais aussi antimodernistes.

3° Discours actuels des clercs bouddhistes occidentalisés

Cette dernière source de l'analyse est à la fois dans la continuité du troisième temps, comme un quatrième temps qui serait celui de l'actualité, et dans la continuité de notre recherche de terrain, comme l'autre face du phénomène bouddhiste occidentalisé non plus perçu à travers les trajectoires des Occidentaux proches du (ou convertis au) bouddhisme mais à travers la production et la diffusion d'une pensée à teneur pratico-sociale. Le petit nombre des études sociologiques et anthropologiques sur les bouddhismes implantés dans les sociétés occidentales portent sur les trajectoires, les conversions, les appartenances socioculturelles, les représentations des pratiquants et sympathisants bouddhistes, et nullement sur les discours des clercs bouddhistes. Nous entendons dès lors examiner ces discours des maîtres, lamas, et autres autorités les plus représentatives du bouddhisme occidentalisé, à travers leurs prises de positions intervenues lors d'enseignements publics, de conférences, ou au travers d'ouvrages, d'interviews, ou encore dans les colonnes des revues organiques.

B/ Postulat méthodologique général

Nous avons voulu partir, d'une manière plus générale, du postulat wébérien de la rationalité relative des acteurs sociaux, même si nous n'entreprenons pas à proprement parler une sociologie compréhensive de l'acteur bouddhiste. Il s'agit d'admettre que les acteurs ont toujours de « bonnes » raisons pour croire dans un système de valeurs. Ceci est particulièrement pertinent pour des acteurs professionnels, ceux que vise une grande partie de nos investigations, autrement dit les clercs, faisant autorité et luttant afin de conserver celle-ci au sein de leur communauté particulière (*Gemeinschaft*), visant en même temps à conquérir ou à affermir une autorité au sein même de la société globale (*Gesellschaft*). Ne discutant pas la nature ou la pertinence de ces « raisons », nous nous contenterons de les accepter comme existantes en principe. Nous suspendrons dans un premier temps, comme les phénoménologues nous l'ont appris, tout jugement sur l'origine et le contexte de ces raisons. Il s'agira de mettre en lumière les stratégies bouddhistes, d'analyser leur cohérence interne dans le cadre de leur propre tradition et dans celui du processus de leur occidentalisation, mais il ne s'agira pas de repérer – tout au moins systématiquement – les stratégies des stratégies.

À plus forte raison, puisque notre travail ne complète pas une pluralité de recherches antérieures sur cet objet, nous avons envisagé la logique du sens des textes qui circulent dans les milieux bouddhistes en nous abstenant de toute préconception [revues et ouvrages bouddhistes, de personnalités charismatiques] : nous contentant de repérer les concepts clés et les liens logiques qu'ils entretiennent entre eux. Il nous sera ainsi possible de rapporter ces logiques grammaticales à des pratiques communautaires bouddhistes telles que nous avons pu les appréhender dans le cadre de notre immersion dans les milieux des convertis et des NPB, et de tracer un parcours schématique allant de leurs origines réelles et idéelles jusqu'à leur insertion dans le contexte social et intellectuel occidental.

Le fait de supposer de « bonnes raisons[1] » aux choix individuels, qu'ils soient matériels ou conceptuels, et *a fortiori* à ceux des clercs, implique que nous n'imposions pas *a priori* nos catégories d'explications sociologiques.

Nous dégagerons les inférences constitutives d'un système de valeurs, en le supposant cohérent. Ce qui nous amènera à intégrer ces logiques dans une cohérence occidentale, et en particulier, au plan social, cela reviendra à poser la question : en quoi les propositions bouddhistes occidentalisées sont des interprétations sociales du monde ? En quoi ce système se présente comme une alternative aux autres systèmes de valeurs modernes ? Cette mise à l'épreuve nous a conduit, par exemple, à constater que les propositions bouddhistes, *a priori* tolérantes, ne combattent pas ouvertement des propositions concurrentes, en apparence opposées ou analogues, mais les absorbent par « esprit de compassion ».

Le matériau textuel brut ne sera pas analysé systématiquement d'un point de vue linguistique. L'analyse quantitative, ou analyse de contenu textuel, ne sera pas employée à titre principal mais doit être considéré

1. Nous n'entendons pas « bonnes raisons » au sens strict, mais comme expression d'une rationalité qui englobe les rationalités utilitaire, téléologique, « wébérienne », affective, jusqu'au cinquième cercle des actions parfaitement irrationnelles (non compris), tel qu'il apparaît dans le schéma de Raymond Boudon (*L'idéologie ou l'origine des idées reçues,* Paris, Fayard, 1986, p. 294). Selon ce dernier, par exemple, « un non-physicien a de bonnes raisons de croire à la vérité de la théorie de la relativité » (*op. cit.*, p. 294) ; même s'il ne peut personnellement s'en faire la démonstration physico-mathématique.

comme un simple appoint. Dans son *Tractatus logico-philosophicus*, Wittgenstein tente de prouver que l'ontologie n'est que le négatif de la grammaire, qu'il n'y a pas de problèmes philosophiques qui ne soient réductibles à des problèmes linguistiques. Certains passages laissent même suggérer que les lois que le sens commun prend pour certaines, par exemple la loi causale, ne reposent que sur une nécessité du langage[1].

Mais la grammaire ne peut se réduire elle-même à la quantification des mots et de leur position relative dans une proposition, ce qui est la base de l'analyse de contenu textuelle. La grammaire présuppose une mise en ordre de codes signifiants, un assemblage de syntagmes qui ne peuvent être analysés exhaustivement par des classements quantitatifs. La qualité des liens logiques qui emplit, à proprement parler, les mots et les phrases de sens, est un tout indivisible, qui doit par conséquent être suivi en premier lieu comme un tout, non divisé en unités inertes. Nous suivrons sur ce point le scepticisme des premiers chercheurs de lexicographie politique de l'École Normale Supérieure de Saint-Cloud : éviter toute interprétation hâtive des observations statistiques, et ne point se fier à une statistique du « lexique ». Le texte est la réalité première qui ne peut absolument pas se réduire à un échantillon représentatif d'un lexique virtuel constitué par son vocabulaire[2]. C'est la raison pour laquelle nous emploierons cette technique, non pas *a priori*, mais dans le cours de notre travail, afin de déterminer les perspectives thématiques de l'analyse de ce que nous appelons le bouddhisme transversal.

Nous ne prétendons pas, bien entendu, que les techniques d'analyse quantitative du langage ne montrent ni ne démontrent rien, mais qu'elles montrent et démontrent un certain type de réalité qui ne saurait révéler la totalité du sens. Ce type de réalité est borné par la visée même du chercheur. Dans notre cas précisément, nous ne pouvons pas savoir ce que nous voulons chercher, aucune étude ne nous ayant précédé dans le traitement de notre objet. Par conséquent, il serait pour le moins hasardeux de constituer des catégories thématiques afin d'opérer un classement lexical conformément aux méthodes de l'analyse de contenu. Les catégories choisies ne pourraient que résulter d'une intuition pour le moins arbitraire, tandis que, dans notre cas, nous ne ferons que compléter notre étude, l'affinant en la recoupant avec d'autres données obtenues par cette nouvelle méthode. Il s'agira de s'approcher d'une description plus précise de notre objet par des approximations chaque fois plus fines.

Les bouddhismes surtout appréhendés dans le cadre de notre étude sont ceux qui sont au cœur du processus d'occidentalisation, le bouddhisme

1. La proposition 6.37 du *Tractatus* est à cet égard particulièrement « parlante » : « La nécessité selon laquelle une chose devrait se produire, parce qu'une autre s'est produite, n'existe pas. Il n'y a qu'une nécessité *logique* », (L. Wittgenstein, *Tractatus logico-philosophicus*, Paris, Gallimard, 1961, p. 102).
2. La méthodologie du laboratoire de lexicologie politique de l'ENS de Saint-Cloud a été appliquée dans certaines études dont une des plus convaincantes s'intitule *Des ouvriers et des mots* (Paris, Presse de la FNSP, 1979).

tibétain, le zen, la Soka Gakkai, et dans une moindre mesure le *Theravâda*[1]. La Soka Gakkai est un cas particulier dans la mesure où son projet sociopolitique et ses stratégies institutionnelles sont unifiés et explicites. Ce n'est pas le cas des bouddhismes tibétain et zen, dont les thématiques politiques sont plus indirectes, spécialement en France[2], mais de plus en plus visibilisées depuis la deuxième moitié des années quatre-vingt-dix. Les personnalités les plus représentatives de ces trois bouddhismes sont aussi celles dont le discours est ostensiblement politisé. Il s'agit bien évidemment du Dalaï-Lama pour l'école tibétaine, chef du gouvernement tibétain en exil qui est devenu dans le même temps la plus puissante autorité reconnue du bouddhisme occidentalisé, de Daisaku Ikeda pour la Soka Gakkai qui n'est autre que son président en exercice, parfois controversé dans sa manière centralisée de diriger son organisation, mais en tout cas efficace dans la réalisation de ses objectifs, et enfin de Thich Nhat Hanh, moine zen vietnamien, activiste et pacifiste reconnu en Amérique du Nord mais résident en France où il acquiert depuis une dizaine d'années une notoriété grandissante.

Nous étudierons deux textes, l'un du Dalaï-Lama et l'autre de Thich Nhat Hanh avec la méthode d'analyse de contenu assistée par ordinateur, en nous aidant du logiciel Sato 360. Les textes ont été choisis pour leur teneur politique. Cette méthode, n'étant utilisée que sur un corpus restreint, ne sera prise en compte qu'à titre subsidiaire. C'est-à-dire qu'elle ne fournira pas de réponses aux problématiques mais permettra de relativiser l'étude générale. Elle n'aura qu'une fonction seconde, qui ne sera en outre opérationnelle que parce que nous aurons fait l'effort préalable, à titre principal, de construire une phénoménologie de l'occidentalisation du bouddhisme à travers laquelle un certain nombre de thèmes récurrents pourront être dégagés pour élaborer les catégories de l'analyse de contenu.

C/ Éclaircissement sur la pertinence d'une sociologie phénoménologique

Dans la méthode phénoménologique, il faut s'astreindre à suivre la logique du sens des propositions énoncées dans les textes étudiés, et à mettre en évidence, dans une dernière étape, les concepts qui sont manipulés et agencés dans un système cohérent. La complexité essentielle du réel empêche de concevoir une stricte séparation entre connaissance scientifique, purement objectivée, et connaissance profane, partialement subjective, des phénomènes sociaux ; mais il n'est pas possible non plus de

1. Cette dernière forme prend cependant actuellement une importance grandissante dans ce processus, à travers la constitution d'un bouddhisme sans étiquette d'école, un bouddhisme transversal.
2. Cf. p. 431 notre paragraphe intitulé « Le retard de politisation du bouddhisme en France ».

nier une distinction entre ces deux modes épistémiques[1] dont dépend l'existence même des sciences humaines en général et des sciences sociales en particulier. Il conviendra donc de suivre les contours des significations, sans catégories préparées, en suspendant tout jugement *a priori* sur l'objet. Ce qui ne nous empêchera pas de rapporter ces systèmes signifiants à des logiques occidentales, qu'il s'agisse d'un jeu d'infirmation critique ou d'affirmation consentante. Nous décortiquerons ainsi plus nettement le processus même d'occidentalisation, ayant isolé les schèmes logiques bouddhistes des thèmes occidentaux, afin d'analyser les modalités de leur amalgame.

Même si les sciences sociales n'ont pas été l'une des priorités explicites dans laquelle s'est exercée la pensée de Husserl, bon nombre de ses successeurs tentèrent de construire une phénoménologie sociale, ou mieux une sociologie phénoménologique[2], dans le sens de phénoménologie comme méthode d'appréhension de la réalité sociale. En général, cette sociologie phénoménologique s'inscrit dans le droit fil d'une sociologie compréhensive de l'acteur telle que l'initia Weber.

Un de ses précurseurs, Alfred Shütz, tente d'ailleurs de tirer de la phénoménologie husserlienne et de la sociologie wébérienne une méthode applicable aux sciences humaines[3]. Sa thèse des « perspectives réciproques » tient compte d'une organisation tridimensionnelle de l'espace social (espace immédiat, restituable et atteignable), qui sera dépassée par l'idée « d'interchangeabilité des points de vue » et de « congruence des systèmes de points de vue ». Il ne s'agit pas de restructurer un texte, une pratique, une expérience, mais de situer chacun dans son vécu subjectif. La dynamique de l'expression est l'intentionnalité, tension quotidiennement signifiante qu'il convient de décrire sans formes conceptuelles préalablement dimensionnées à cet effet. La réduction phénoménologique husserlienne peut ainsi devenir, à l'instar de ce qu'en fit Max Scheler, une technique épistémologique[4] qui permet de décrire la structure intentionnelle du monde social. Mais dans ce cas, le social, avant d'apparaître à proprement parler en tant qu'objet social, commence par n'être qu'une situation vivante, à la fois point de vue unique et variation d'une singularité pour laquelle autrui est toujours une autre singularité, ainsi que le rappelle Merleau-Ponty[5].

Imposer une grille d'analyse à une pratique ou à un discours revient à imposer une perspective, comme étant la seule possible, comme si l'on voulait réduire la réalité d'une maison à sa façade, en vertu de l'affirmation arbitraire que ce point de vue contient l'ensemble de la maison. Nous refuserions de marcher autour de la bâtisse en respectant sa configuration

1. B. Bonfils, « Connaissance scientifique et connaissance profane. De la générativité paradigmatique de l'opinion », in *Revue Française de Science Politique*, vol. 40, n° 3, juin 1990.
2. A. Schütz, *Éléments de sociologie phénoménologique*, Paris, L'Harmattan, 1998, p. 89.
3. *On Phenomenology and Social Relations, op. cit.*, Chicago, Chicago University Press, 1970.
4. M. Scheller, *Nature et formes de la sympathie*, Paris, Payot, 1928.
5. M. Merleau-Ponty, « Le philosophe et la sociologie », in *Cahiers Internationaux de Sociologie*, vol. X, 1951.

et sa position, sous prétexte d'objectivité, et par là n'aurions qu'une vue arrêtée sur notre point de vue. Pour avoir refusé d'embrasser la « subjectivité de l'objet », nous n'aurions face à nous qu'un objet de notre propre subjectivité, notre point de vue particulier érigé en « rigueur scientifique ». L'effort phénoménologique est avant tout un effort de variation des perspectives sur l'objet, qui suppose une entière disponibilité d'esprit et la suspension méthodologique de toute idée préalable de l'objet en tant que simple objet « parmi d'autres ». Par exemple, le point de vue unique d'une pratique ou d'un discours doit être pris au sérieux, comme première perspective sur cette pratique et ce discours, et base inévitable de variations consécutives. Ainsi pourrons-nous appréhender un objet à la fois dans sa spécificité et dans sa relation de continuité avec les autres objets, objet lui-même produit et producteur des jeux infinis de relations et variations qui constituent en permanence la réalité sociale.

Une grille de lecture construite à l'usage des productions religieuses traditionnellement occidentales serait d'autant plus inappropriée qu'elle s'appliquerait à une forme étrangère à celles-ci sous nombre de rapports, telle que l'est assurément le bouddhisme. La démarche phénoménologique fournit, en revanche, les garanties de neutralité requises lorsque l'on choisit d'étudier une réalité sociale scientifiquement encore « exotique » dans le champ religieux occidental.

D/ Les orientations bouddhistes actuelles appréhensibles sociologiquement[1]

Nous avons repéré à l'échelle planétaire cinq tendances bouddhistes principales : les tendances *piétiste-culturaliste*, *nationaliste-moraliste*, *élitiste-culturaliste*, *intimiste-individualiste* et enfin *solidariste-universaliste*. Les deux premières se manifestent presque exclusivement en Asie, l'une est dans la continuité de la tradition bouddhique asiatique et l'autre est une reconstruction moderne et occidentalisée du bouddhisme. Les deux suivantes se manifestent exclusivement en Occident, l'une est réactionnaire et minoritaire, et l'autre est progressiste et s'inscrit dans la même logique sociologique que les mouvements *New Age* contemporains. Enfin la dernière est la seule qui se manifeste à la fois en Asie et en Occident, avec une certaine unité idéologique, d'action et institutionnelle. Ces tendances, ou orientations, doivent être considérées comme des idéauxtypes au sens défini par Max Weber, c'est-à-dire non pas des concepts génériques qui englobent une certaine réalité sociale mais comme des images caricaturales d'une réalité fondamentalement complexe. Nous pourrions aussi bien parler de courants multiples se mêlant et constituant ainsi des combinaisons, indescriptibles dans le détail tout d'abord parce qu'elles

1. Cf. p. 109 notre tableau récapitulatif des « Orientations bouddhistes contemporaines » à la fin de ce paragraphe.

évoluent sans cesse chez le même individu. Les forces, courants, ou orientations, dont nous allons dès lors parler ne sont que des types purs qui ne se retrouvent jamais tel quel dans la société mais qui nous permettent de faire un tour que nous croyons exhaustif des dominantes repérables chez la plupart des fidèles ou sympathisants du bouddhisme de par le monde[1].

La tendance que nous appelons *piétiste-culturaliste* correspond aux bouddhismes asiatiques traditionnels mêlés de croyances et de folklores locaux. C'est un bouddhisme de conformité sociale qui se transmet de génération en génération, au même titre que l'appartenance catholique en Espagne, en Italie ou en France. Elle a été la tendance dominante dans l'histoire asiatique, mais est en perte de vitesse, devenant de plus en plus résiduelle, au profit des tendances modernistes. Les deux autres tendances – qu'elles soient explicitement antimodernes ou pro-modernes – peuvent être qualifiées de modernistes occidentalisées, dans la mesure où elles résultent, *nolens volens*, des contacts avec des éléments culturels occidentaux modernes.

L'orientation *nationaliste-moraliste* est antimoderne, ou du moins antioccidentale, valorise l'identité asiatique et en appelle à un retour à une morale non corrompue. Ce bouddhisme peut être en rupture avec les institutions en place, une force minoritaire critique vis-à-vis de la politique du gouvernement en place. C'est le cas, par exemple, au Japon avec certaines sectes *Sôtô* qui remettent en cause l'occidentalisation économique et culturelle comme source de tous les maux dont souffre la nation, dans la continuité d'une idéologie militariste zen particulièrement vivace pendant la Seconde Guerre mondiale[2]. Cette orientation peut s'imposer aussi comme culte institutionnel, soutien d'un régime lui-même nationaliste et autoritaire, comme c'est le cas en Thaïlande, mais aussi, bien que la situation soit plus complexe du fait de la diversité même du paysage religieux partagé entre confucianisme, taoïsme et bouddhisme, en Chine populaire[3]. Dans ces derniers pays, le clergé bouddhiste officiel participe à la légitimation du régime en se présentant comme une microcommunauté calquée sur le modèle du socialisme d'État, avec la tenue d'un congrès national des bouddhistes aux allures de comité central du Parti communiste, comme c'est le cas en Chine populaire[4].

L'orientation *nationaliste-moraliste* sera dite institutionnelle lorsqu'elle fonctionne comme un appareil de légitimation du régime en place, comme

1. Pour un approndissement de cette question des idéauxtypes bouddhistes (R. Liogier, « Orientations idéaltypiques bouddhistes en contexte social occidental et évolutions normatives internes », in R. Liogier, *Droits et Bouddhismes,* Strasbourg, Presses Universitaires de Strasbourg, 2003).
2. B. Victoria, *Zen at War, op. cit.*
3. A. Sponberg, « The Study of Buddhism in China : Some Observations on the Chinese Buddhist Association and its Seminary », in *Journal of Chinese Religions,* Boulder, automne 1984, n° 12.
4. La structure qui joue ce rôle en Chine est l'ABC, Association des Bouddhistes Chinois, créée en 1954, qui a pour mission officielle d'unifier les différentes sectes bouddhistes dans le respect des principes du socialisme d'État, de permettre l'application de la politique religieuse dont les grandes lignes sont définies par le Bureau des Affaires religieuses, et enfin de présenter un modèle « irréprochable » de bouddhisme « révolutionnaire ».

en Chine, et critique (ou marginale) lorsqu'elle s'attaque à la « corruption des mœurs » du régime en place comme au Japon. Par ailleurs, cette orientation pourra soit s'accorder au marxisme, comme une interprétation asiatiste du socialisme d'État, mélange de culte de la nation immémoriale et d'apologie de l'égalité sociale, soit prôner au contraire une idéologie anticommunisme, antianarchiste[1], qui a pu aller jusqu'à l'antisémitisme, comme dans le cas du zen[2]. Que ce *nationalisme-moraliste* soit de tendance socialiste totalitaire ou antisocialiste fasciste, il est à noter qu'il s'appuie, non sans paradoxe, sur des doctrines ostensiblement occidentales (collectiviste, fasciste ou même nazie), pour attaquer « l'influence pernicieuse » de l'Occident et retourner à la « vraie tradition » asiatique.

Il existe en outre une tendance réactionnaire bouddhiste exclusivement occidentale, que nous avons appelée la tendance *élitiste-culturaliste*. Elle découle du nietzschéisme de droite, pour qui le bouddhisme est une religion panthéiste, comprenons antimonothéiste, sensée permettre un retour aux valeurs indo-européennes antérieures au christianisme[3]. Cette tendance en appelle au retour à l'ordre chevaleresque, et perçoit par exemple dans le zen une philosophie élitiste qui encense les principes virils et guerriers. On observe un intérêt particulier pour les doctrines secrètes, tantriques, et donc pour le *Vajrayâna* dont les multiples divinités courroucées et d'apparence belliqueuse nourrissent le sentiment guerrier et polythéiste, et dont les initiations rituelles renforcent l'idée d'un élitisme sacré. Dans sa version la plus modérée, cette tendance se nourrira de la mystique guénonienne, à base d'hermétisme, de croyance en une « tradition immémoriale », en un « ordre sacré intangible » et mystérieux[4] opposé à la dégénérescence démocratique.

Soulignons que certains bouddhistes que nous avons interrogés ont ouvertement déclaré avoir été de fervents lecteurs de René Guénon, ou

1. Dès 1911, Toyota Dokutan, le chef de l'une des plus importantes branches du Zen *Rinzaï*, le *Myôshinji*, condamnait publiquement à la fois le socialisme et l'anarchisme comme ayant succombé à l'idée diabolique d'égalité.
2. Le maître zen, Yasutani Hakuun, prit à plusieurs reprises des positions virulamment antisémites, affirmant que les idées d'égalité et de liberté sont des produits démoniaques de l'esprit juif.
3. Cet élément vient à l'appui de nos remarques sur le vote majoritairement à gauche des chrétiens-bouddhistes, alors que le peu de bouddhistes de droite ne semblent pas pour la plupart se retrouver dans les valeurs chrétiennes et encore moins catholiques. Sur ce point notre travail est en contradiction avec celui de F. Lenoir (cf. notre paragraphe : « La culture politique catholique et la culture politique bouddhiste en France : essai de comparaison »).
4. On consultera à cet égard l'ouvrage de R. Guénon, *Aperçu sur l'initiation* (Paris, Éditions traditionnelles, 1983) qui fait l'apologie de la hiérarchie initiatique et de l'ordre spirituel face au chaos profane. On consultera encore *Autorité spirituelle et pouvoir temporel* (Paris, Trédaniel, 1984) particulièrement dans son chapitre sur « La loi immuable » où l'auteur affirme clairement que la démocratie n'est pas souhaitable et que « [...] l'histoire montre clairement que la méconnaissance de cet ordre [l'ordre spirituel qui doit s'imposer au temporel] hiérarchique entraîne partout et toujours les mêmes conséquences : déséquilibre social, confusion des fonctions, domination d'éléments de plus en plus inférieurs, et aussi dégénérescence intellectuelle, oubli des principes transcendants d'abord, puis, de chute en chute, on en arrive jusqu'à la négation de toute véritable connaissance » (*ibid.*, p. 111). On retrouvera les mêmes thèmes de la dégénérescence moderne et du retour à un ordre sacré dans *La métaphysique orientale*, dans *Orient et Occident*, autant d'ouvrages publiés chez le même éditeur.

même avoir découvert la spiritualité asiatique à travers ses ouvrages. Interrogés sur les positions sociopolitiques qui ressortent de ses ouvrages, ils ont cependant toujours affirmé ne pas suivre ses thèses dans ce sens, ne leur accordant qu'une valeur symbolique et ésotérique. Il n'empêche que cette idée d'un ordre cosmique universel qui s'impose à la société, compris comme le *dharma* (la loi bouddhiste universelle), sur une hiérarchisation des êtres, des hommes et des sociétés en fonction de leurs mérites spirituels (c'est-à-dire en fonction de leur *karma*), transparaît dans certains discours, y compris dans ceux des clercs bouddhistes tibétains charismatiques les plus représentatifs[1]. Ces éléments imbriqués dans les discours sont cependant très loin de constituer l'interprétation généralement admise.

Dans sa version la plus extrémiste, cette tendance se nourrira d'un fond idéologique connexe de – ou même commun à – celui de la nouvelle droite païenne annonçant la décadence inéluctable du monde moderne plongé dans le *kali yuga*, l'ère de la dissolution morale et matérielle de la civilisation. L'intellectuel fasciste Julius Evola inspire encore aujourd'hui un courant – il est vrai très minoritaire parmi les bouddhistes occidentaux et inexistant chez les pratiquants visibles[2] – aristocratique[3], opposé à la « décadence » généralisée de la culture et de la politique modernes, proposant un ordre aristocratique fondé sur une spiritualité purifiée dont le bouddhisme pourrait être une des composantes[4]. L'idée du rapport avec la nature, du retour à un « environnement sain », le rejet du libéralisme économique, ne sont pas des sentiments qui impliquent forcément des aspirations démocratiques. Le romantisme écologique et anticapitaliste peut tourner à l'aspiration au retour à une « nature non corrompue ». Luc Ferry[5] a d'ailleurs évoqué le fait que les thèmes de la *deep ecology* (l'écologie radicale contemporaine qui plaide pour le « tout naturel ») sont les mêmes que ceux qui furent exploités par l'écologie nazie qui en appelait

1. Ainsi certaines phrases prononcées par Dagpo Rinpotché lors d'enseignements publics ne peuvent plus porter à confusion : le karma est une force distinguant les êtres relativement aux autres. Cependant ces thèses énoncées dans la fièvre d'une conférence publique n'ont pas été publiées à notre connaissance, ce qui dénote bien le sentiment d'avoir évoqué des idées qui posent problème. De son côté, le Dalaï-Lama parlera de karma collectif, du destin tragique du peuple tibétain en raison sans doute de violences perpétrées par lui dans le passé.
2. Qui d'ailleurs, pour la plupart, ne fréquentent pas les centres mais sont des bouddhistes intellectuels.
3. Cf. J. Evola, *Chevaucher le Tigre* (Paris, Trédaniel, 1982), ou encore du même auteur, *La doctrine de l'Éveil. Essai sur l'ascèse bouddhique* (Paris, Arché-Milan, 1976).
4. Romualdi, le plus fidèle disciple d'Evola, évoquant l'œuvre de son maître, n'hésita pas à rappeler que ce dernier, même s'il se veut proche du bouddhisme, dénonce « ce mysticisme crépusculaire avec lequel l'humanité de médiocres se drogue en attendant la fin. Les hippies qui, entre deux cigarettes de marijuana, parlent de Zen, appartiennent au même monde que celui de la Rome de la décadence où de luxurieuses matrones, entre deux orgies, flirtaient avec les cultes orientaux et le christianisme » (A. Romualdi, *Julius Evola. L'homme et l'œuvre,* Paris, Trédaniel, 1985, p. 141). Romualdi décrit son maître tel « Lawrence d'Arabie, Jünger, Codreanu, von Salomon, Hitler, Mussolini, Balbo, Muti : des hommes appartenant à un monde qui n'était plus celui des assemblées et des parlements, mais celui des soldats et des sections d'assaut » (*ibid.*, p. 83). Remarquons au passage que Romualdi et Evola sont publiés dans la même maison d'édition, Trédaniel, qui semble être quelque peu spécialisée dans ce que l'on pourrait appeler « le mysticisme réactionnaire ».
5. L. Ferry, *Le nouvel ordre écologique,* Paris, Grasset, 1992, p. 147-148.

à un retour à « l'homme naturel ». Nous nous sommes quelque peu attardé sur cette orientation car nous n'en approfondirons pas plus avant l'analyse au cours de notre travail. Même si celle-ci reste extrêmement minoritaire, elle n'en est pas pour autant totalement inexistante.

La deuxième orientation spécifiquement occidentale peut être qualifiée d'*intimiste-individualiste* ; elle est partie prenante de la nébuleuse mystique-ésotérique, c'est-à-dire du mouvement *New Age*. Cette tendance fut très largement dominante en France jusqu'à la fin des années quatre-vingt-dix. Nous l'avons rangée dans la catégorie progressiste car elle en appelle à une liberté de mœurs accrue, à l'épanouissement personnel, à l'apologie du sentiment individuel au détriment d'un ordre imposé. Elle s'apparente à ce que Lipovetsky appelle le « narcissisme éclaté[1] ».

La dernière orientation, *solidariste-universaliste*, est la seule qui se manifeste à la fois en Asie et en Occident. En Asie, elle est la tendance bouddhiste occidentalisée dominante, et en Occident elle est la tendance moderniste émergente qui se développe le plus depuis les années quatre-vingt-dix. Elle représente l'objet principal de notre étude, dans la mesure où il s'agit de la seule tendance présente en Asie qui s'exporte en Europe et en Amérique du Nord. Son idéologie universaliste prend le contre-pied de l'asiatisme. Teintée de marxisme, elle reste critique vis-à-vis des socialismes d'État ; teintée d'idéal démocratiste[2], elle reste critique vis-à-vis des régimes « capitalistes inhumains ». Cette orientation intègre les différentes écoles bouddhistes, ainsi que leurs dirigeants, dans un esprit d'engagement social présenté comme conforme à la compassion « véritable » prônée par le Bouddha. Les thématiques sont ouvertement mondialistes proposant une éthique transnationale[3], ce qui conduit concrètement à la construction de réseaux de diffusion internationaux. Les différentes organisations, dont nous aurons l'occasion de reparler, font un usage intense de l'internet, non seulement aux fins d'informer de la tenue de colloques et de divers autres événements, mais aussi pour diffuser des journaux électroniques consultables instantanément sur l'ensemble de la planète[4].

Il y a donc cinq orientations bouddhistes qui se côtoient aujourd'hui dans le monde, et qui, sans se substituer entièrement à la vieille distinction traditionnelle entre Grand et Petit Véhicules, donnent une image plus réaliste des écoles bouddhistes. L'orientation *piétiste-culturaliste*, résistance du passé traditionnel, s'étiole ou ne se maintient qu'avec la persistance de superstitions populaires, mais est, en tout état de cause, limitée à l'Asie[5]. La

1. G. Lipovetsky, *L'empire de l'éphémère,* Paris, Gallimard, 1987.
2. B.P. Kirthisinghe, « Buddhism : A Democratic and Scientific Way of Life », in *World Fellowship of Buddhists Review,* vol. 7, n° 2 et 3, 1971.
3. S.B. King, « A Buddhist Perspective on a Global Ethic and Human Rights », in Acte du colloque « The United Nations and the World Religions : Prospects for a Global Ethic », Columbia University, 7 octobre 1994.
4. Par exemple le *Journal of Buddhist Ethics* dont l'adresse e-mail est : http://www.jbe.la.psu.edu.
5. Elle avait réussi à pénétrer les pays occidentaux via les exodes cambodgien et vietnamien. Les pagodes asiatiques en France, par exemple, ont cependant tendance à se vider de leurs fidèles

deuxième orientation, *nationaliste-moraliste*, se développe encore aujourd'hui, et a même connu un certain renouveau depuis la crise financière asiatique, mais elle est, elle aussi, exclusivement limitée géographiquement à l'Extrême-Orient. Lorsqu'une école proche de cette orientation en Asie pénètre l'Europe ou les États-Unis, elle se recompose en dehors de ses thématiques asiatiques afin de se rendre compatible avec le consensus idéologique libéral, comme cela a été le cas pour le zen nationaliste en Asie et intimiste en France.

Ce paradoxe apparent est explicable par le fait que le solidarisme se divise en deux sous-orientations, l'une plus modérée que nous appelons la voie humaniste dont le plus célèbre représentant est le Dalaï-Lama et l'autre radicale que nous appelons la voie vitaliste dont le plus célèbre représentétant est Thich Nhat Hanh. La voie *humaniste modérée* valorise l'ONU, la promotion d'un ordre mondial solidariste impliquant une « démocratie globale », elle engage au développement des Droits de l'Homme et de l'action humanitaire. La norme environnementale y figure en socle théorique permettant de justifier un dépassement des frontières nationales vers une société universelle. La plupart des mouvements bouddhistes dominés par cette orientation mettent en place des institutions humanitaires ayant le statut d'ONG, si possible reconnues par le Haut Comité aux Réfugiés, ce qui est le cas par exemple de la Soka Gakkai Internationale. Le commun dénominateur de cette orientation est de cultiver la mystique d'une citoyenneté déterritorialisée. Cette orientation humaniste modérée du *solidarisme-universaliste* a indéniablement le plus fort impact à l'échelle planétaire et en particulier en Occident. C'est elle que nous étudierons plus en détail, en particulier dans notre dernière partie sur la construction d'une citoyenneté planétaire.

Ce paradoxe apparent est explicable par le fait que le solidarisme se divise en deux sous-orientations, l'une plus modérée que nous appelons la voie humaniste dont le plus célèbre représentant est le Dalaï-Lama et l'autre radicale que nous appelons la voie vitaliste dont le plus célèbre représentant est Thich Nhat Hanh. La voie *humaniste modérée* valorise l'ONU, la promotion d'un ordre mondial solidariste impliquant une « démocratie globale », elle engage au développement des Droits de l'Homme et de l'action humanitaire. La norme environnementale y figure en socle théorique permettant de justifier un dépassement des frontières nationales vers une société universelle. La plupart des mouvements bouddhistes dominés par cette orientation mettent en place des institutions humanitaires ayant le statut d'ONG, si possible reconnues par le Haut Comité aux Réfugiés, ce qui est le cas par exemple de la Soka Gakkai Internationale. Le commun dénominateur de cette orientation est de cultiver la mystique d'une citoyenneté déterritorialisée. Cette orientation humaniste modérée du *solidarisme-universaliste* a indéniablement le plus fort impact à

asiatiques, et n'ont d'autre choix que celui de reconstruire un bouddhisme moderniste afin d'attirer une clientèle qui permette la survie du centre.

l'échelle planétaire et en particulier en Occident. C'est elle que nous étudierons plus en détail, en particulier dans notre dernière partie sur la construction d'une citoyenneté planétaire.

La voie *vitaliste radicale* fait un usage extrémiste de la thématique environnementale, au point que l'on ne puisse plus parler d'environnement, c'est-à-dire d'espaces naturels qui environnent l'humanité. La « nature » n'est plus un simple environnement mais l'ensemble, comprenant l'homme, des formes vivantes. Chaque partie du vivant dispose dès lors d'un statut comparable à celui de l'homme. Nous sommes très clairement dans l'optique de la *deep ecology* qui peut aller jusqu'à conférer des droits propres aux minéraux ainsi que l'envisage Thich Nhat Hanh. Sur le plan social une telle radicalité donne lieu à des positions remettant en cause tous azimuts le système capitaliste, tous les aspects de la société de consommation et même le progrès technologique. C'est sous ce rapport que le *solidarisme-universaliste* dans sa version de *vitalisme radical* peut confiner au néo-traditionalisme, en appelant à un retour d'une tradition millénaire et de ces valeurs indépassables. Le cas de la Thaïlande avec Sulak est à cet égard caractéristique : la remise en cause de l'influence économique occidentale et de la société de consommation qui lui est attachée aboutit à la promotion du mythe d'une Thaïlande bouddhiste traditionnelle non corrompue par la modernité[1].

Le processus d'occidentalisation, tel qu'il est vécu en Amérique du Nord et en Europe, s'inscrit dans la continuité de l'orientation *solidariste-universaliste*, avec bien sûr des variations plus politisées ou plus intimistes sur lesquelles nous aurons l'occasion de revenir. Mais cette orientation elle-même ne peut être absolument dissociée des deux autres, y compris dans son développement occidental. Celle-ci a fait seule l'objet d'une étude de terrain ; nous pouvons, par conséquent, décrire au plus près son émergence et son développement, mais nous nous efforcerons de la replacer, à chaque moment de nos analyses, dans le contexte de sa transplantation qui induit la prise en compte des autres orientations.

1. R. Liogier, « Orientations idéaltypiques bouddhistes en contexte social occidental et évolutions normatives internes », in R. Liogier (dir.), *Droit et Bouddhisme, op. cit.*

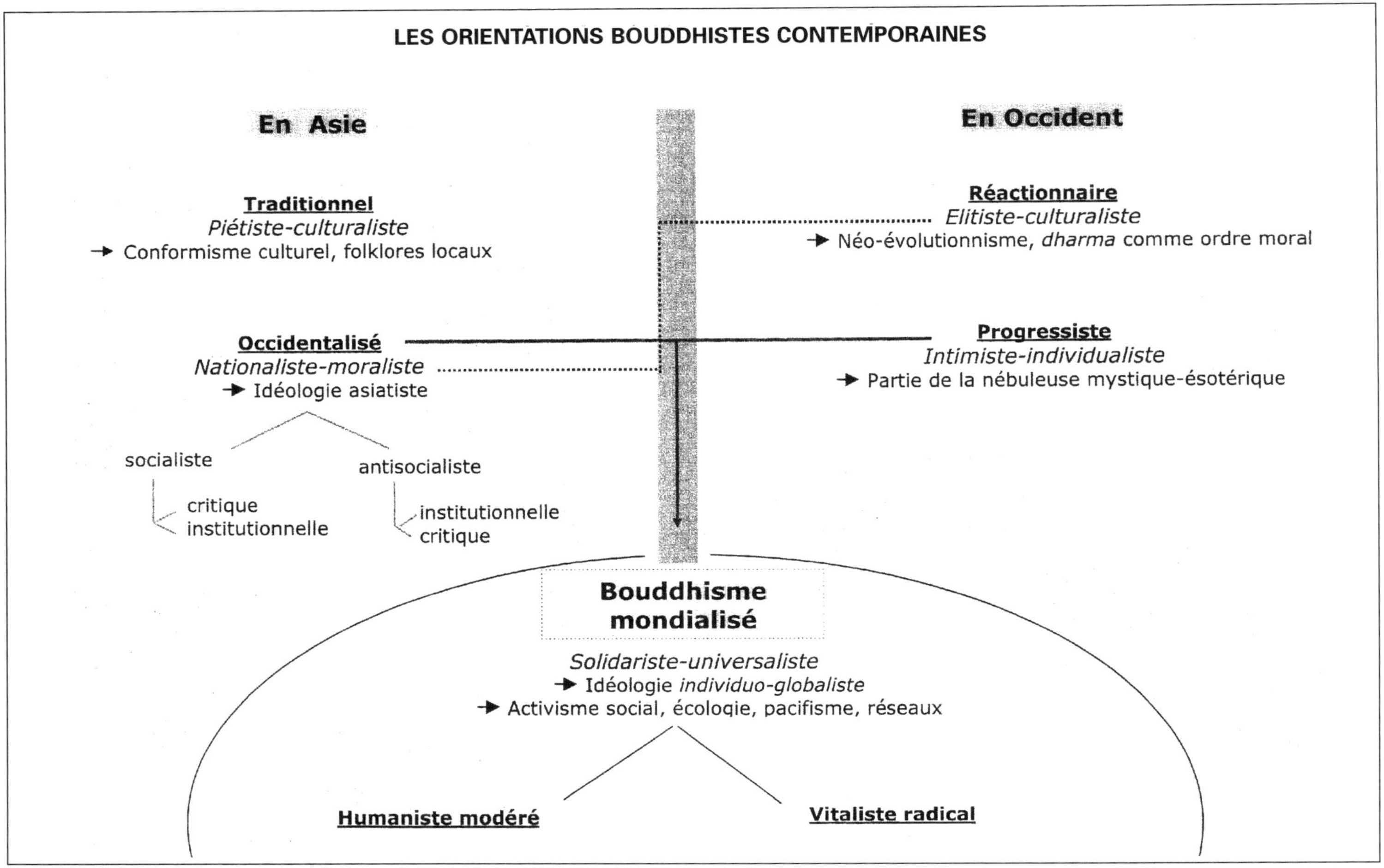
LES ORIENTATIONS BOUDDHISTES CONTEMPORAINES
En Asie
En Occident
Traditionnel
Piétiste-culturaliste
→ Conformisme culturel, folklores locaux
Réactionnaire
Elitiste-culturaliste
→ Néo-évolutionnisme, dharma comme ordre moral
Occidentalisé
Nationaliste-moraliste
→ Idéologie asiatiste
Progressiste
Intimiste-individualiste
→ Partie de la nébuleuse mystique-ésotérique
socialiste
critique
institutionnelle
antisocialiste
institutionnelle
critique
Bouddhisme mondialisé
Solidariste-universaliste
→ Idéologie individuo-globaliste
→ Activisme social, écologie, pacifisme, réseaux
Humaniste modéré
Vitaliste radical

LES ORIENTATIONS SPÉCIFIQUES DU BOUDDHISME MONDIALISÉ

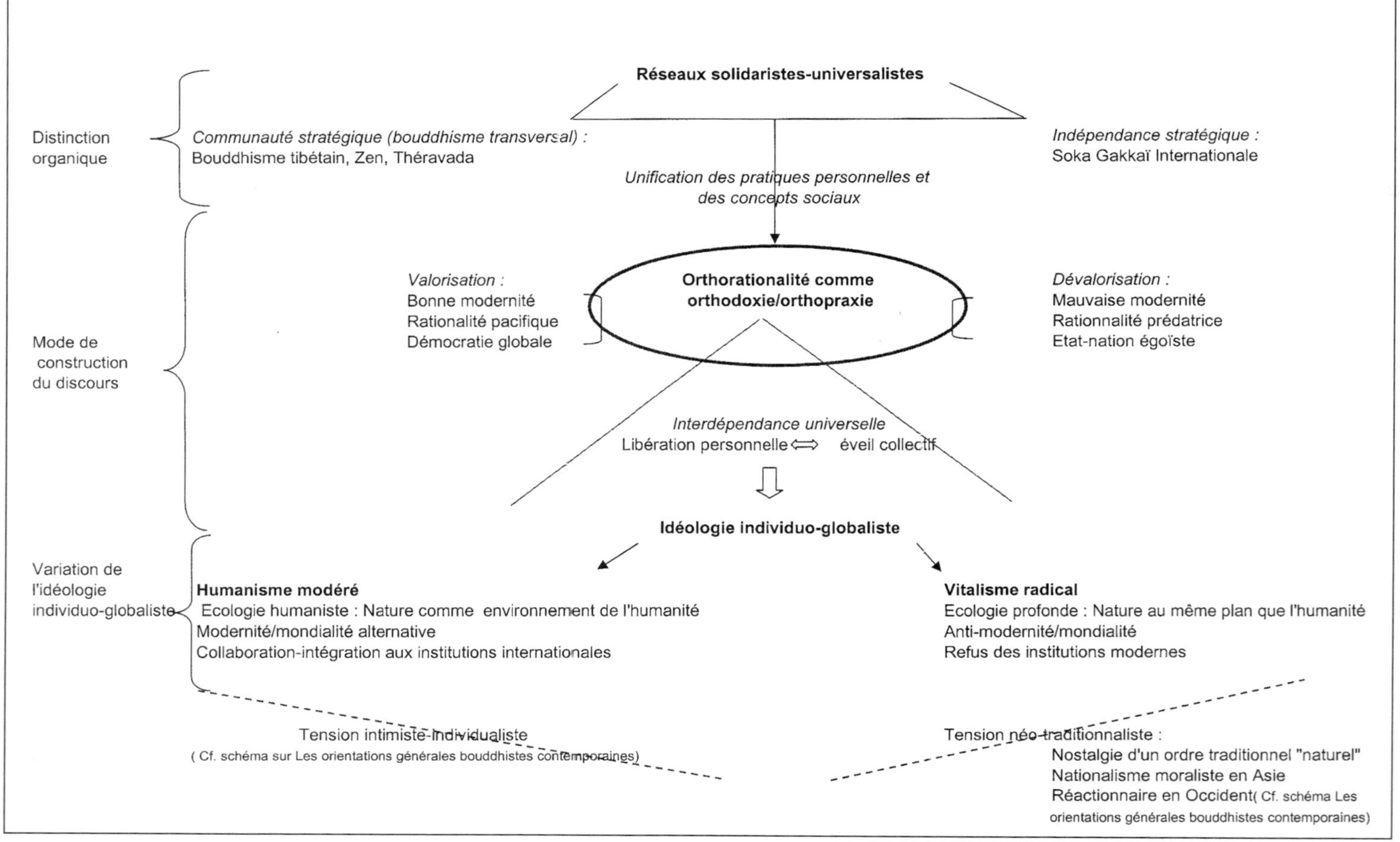

E/ Les deux vecteurs de l'occidentalisation en Occident

L'angle qui permet, à première vue, de repérer le processus d'occidentalisation du bouddhisme en Occident, détermine deux vecteurs essentiels, deux forces combinées. Le premier vecteur, le plus visible, tient dans les communautés installées en Occident qui pratiquent le prosélytisme, comprennent des adhérents et suscitent des amitiés[1]. Un second vecteur tient dans la confrontation entre les intellectuels modernes et le bouddhisme. Ce dernier vecteur peut sembler mineur, mais il est en réalité capital pour ce qui est de la préformation des conditions de possibilité grammaticales au développement de syntagmes bouddhistes occidentalement signifiants, et donc pour la constitution d'une pensée occidentale bouddhiste, qu'elle émane d'intellectuels occidentaux ou de clercs asiatiques. En outre, elle représente la première confrontation admise entre le bouddhisme et l'Occident[2]. Cette première rencontre officielle a conditionné des interprétations du bouddhisme qui ont évolué vers des modes de pensée cohérents qui, sans être explicitement aujourd'hui rattachés à leur origine bouddhiste, circulent dans les milieux intellectuels et délimitent un champ de critique politique[3].

Ces deux vecteurs ne sont plus aujourd'hui séparables. En effet, le bouddhisme importé par les moines réfugiés, et adopté par des sympathisants français, a subi des transformations induites par le bouddhisme intellectuel déjà présent sur notre territoire, et par celui qui s'est constitué en Asie par le truchement du contact colonisateur occidental. À cet égard, beaucoup de Français ont adopté le bouddhisme parce qu'il correspondait à une idée qu'ils s'en faisaient, idée fortement influencée par le bouddhisme des intellectuels. Les clercs asiatiques installés en France ont donc su modifier leur bouddhisme pour l'adapter à cette demande. D'autres indices portent à considérer l'importance fondamentale de cette imbrication entre les vecteurs intellectuel et populaire : nous avons pu remarquer qu'une des trajectoires typiques du bouddhiste occidental comprenait l'appartenance à divers mouvements protestataires tributaires en France de la « pensée 68[4] », alors même qu'aux USA le parcours équivalent comprend un haut degré d'amitié avec le mouvement de la *beat generation*. Ces proches du bouddhisme se sont socialisés, devenant de respectables

1. Un nombre important de personnes se refusent à adhérer à une école tout en se déclarant proches du bouddhisme, nous les avons appelés les NPB (Nouveaux Proches du Bouddhisme).
2. Le bouddhisme a commencé par être reçu intellectuellement en Europe par les intellectuels, souvent des théologiens occidentaux, par des lettrés, des philosophes, et même des scientifiques.
3. À titre d'exemple, il nous suffit de prendre quelques concepts comme celui de déconstruction, de postmodernité, etc., et de faire leur généalogie, de la définition de Derrida en passant par celle d'Heidegger, qui s'inspire de Nietzsche, qui s'inspire de Schopenhauer, qui s'inspire du bouddhisme *Theravâda*. Nous ne prenons pas ceci comme une preuve irréfutable mais comme un faisceau d'indices identifiables.
4. Sur ce concept de « pensée 68 », voir L. Ferry, A. Renaut, *La pensée 68. Essai sur l'antihumanisme contemporain* (Paris, Gallimard, 1985).

citoyens, gonflant les rangs de la classe dite moyenne. Le bouddhisme est en effet une religion de classe moyenne, touchant peu – ou moins – les exclus et les marginaux[1]. Même si l'on observe une plus forte proportion de célibataires, de divorcés et de concubins que dans la population globale (43 % chez les bouddhistes interrogés[2], certains sociologues trouvent même une proportion encore plus caractéristique de 53 %[3], contre 31 % dans la moyenne nationale[4]), on doit être prudent en ajoutant qu'il y a aussi une surreprésentation des personnes ayant poursuivi des études supérieures[5]. Nous ne pouvons donc analyser systématiquement le phénomène bouddhiste comme une instance de socialisation des marges, bien qu'il séduise une population qui possède un profil particulier.

Nous ne pouvons éviter de constater des continuités thématiques entre le mouvement politique critique de notre époque[6] et le nihilisme des penseurs du siècle dernier. Or, Roger-Pol Droit a su montrer que « c'est souvent en traitant du bouddhisme que les philosophes du siècle dernier ont affiné leur analyse du nihilisme[7] », même si la pensée d'un Hegel ou d'un Freud n'a pas été influencée sur le fond à leur époque par un quelconque bouddhisme, bien qu'ils aient eu tous deux vent de l'existence de cette religion. Dans sa philosophie de la religion, Hegel a d'ailleurs intégré le bouddhisme qu'il a classé en bonne place, peut-on dire, au-dessus de la religion naturelle[8]. Les mouvements quasi révolutionnaires qui se sont développés dans les pays occidentaux à partir des années cinquante en Amérique du Nord et dans les années soixante en Europe, atteignant leur acmé dans les années soixante-dix, sont en phase avec une critique intellectuelle radicale du mode de vie, du fonctionnement de l'économie et des institutions occidentales comme trop « impersonnels », et par conséquent contraires à l'expression de la « créativité » humaine.

Il serait difficile de nier l'influence des penseurs nihilistes du XIXe siècle, dont certains sont empreints de bouddhisme, précurseurs de la pensée critique dont seront imprégnés les étudiants révolutionnaires des années soixante-dix. Il n'est donc pas étonnant de retrouver le bouddhisme, déjà présent à des degrés variables dans la genèse du nihilisme, en fin de

1. À part à la Soka Gakkai, qui accueille, contrairement aux autres écoles occidentalisées, une proportion notable de Maghrébins.
2. Statistiques personnelles.
3. F. Lenoir, *op. cit.*, p. 120.
4. INSEE, Tableau de l'économie française, 1998-1999.
5. Notre enquête rejoint tout à fait celle de F. Lenoir sur ce point (*op. cit.*, p. 121).
6. Par exemple les thèmes de la critique de la « société de consommation » – ou même de production telle que certains préfèrent la nommer – et les positions des clercs bouddhistes occidentalisés : contre le règne du quantitatif, de la société de masse, de la communication impersonnelle, contre le nucléaire, pour l'écologie, pour le pacifisme, etc. Nous pensons particulièrement aux thématiques de l'École dite de Francfort. Signalons à cet égard qu'Eric Fromm s'inspire ouvertement dans certains de ses ouvrages de points de vue bouddhistes (E. Fromm, *The Sane Society*, Londres, Routledge, 1991 ; *To have or to be*, *op. cit.*).
7. R.-P. Droit, in *Le Magazine Littéraire*, n° 279, juillet 1990, p. 45.
8. Mais bien sûr en dessous du christianisme.

parcours mêlé à cette « pensée 68 » elle-même, et aidant les anciens « révolutionnaires » à reconstituer des valeurs.

Religion d'adoption récente en Europe et en Amérique du Nord, le bouddhisme s'occidentalisa en Asie avant de se transplanter à l'Ouest, cette phase fut même la condition préalable nécessaire d'une telle transplantation. Nous ne pouvons envisager les enjeux et les modalités réelles de l'occidentalisation du bouddhisme telle qu'elle se déroule aujourd'hui en Occident, en méconnaissant ce processus asiatique, d'autant plus que cette perspective – qui est à notre avis indispensable à la compréhension du phénomène social du bouddhisme en Occident – n'a encore été envisagée à notre connaissance par aucun auteur. C'est sans doute une des raisons – avec le préjugé de mysticisme extramondain – qui a participé à rendre imperceptible la pertinence politique pourtant cruciale de cette transplantation.

DEUXIEME PARTIE

L'OCCIDENTALISATION DU BOUDDHISME EN ASIE

DÉTOUR ASIATIQUE POUR COMPRENDRE LE BOUDDHISME EN OCCIDENT

A/ Nature politique du processus asiatique d'occidentalisation du bouddhisme

Nous devons garder en permanence à l'esprit que le bouddhisme tel qu'il est représenté en Occident est une religion asiatique[1]. D'une part, cela revêt une importance capitale quant aux motivations de l'adhésion des Occidentaux ainsi que nous le verrons en détail dans notre partie consacrée à la culture politique bouddhiste. Retenons dans l'immédiat qu'adhérer au bouddhisme correspond à une sorte d'émigration culturelle qui se rapporte à une remise en cause de certaines composantes identitaires occidentales parmi lesquelles les modes traditionnels de penser et d'agir politiques.

D'autre part, le bouddhisme n'était plus une religion asiatique majoritaire dans la plupart des pays d'Asie au début du XIXe siècle. C'est sous la pression occidentale, pression qui est à la fois négative et positive, que le bouddhisme a regagné du terrain en Asie au point de redevenir de nos jours la religion asiatique la plus répandue. Nous entendons que cette

1. Nous disons bien « représenté » comme asiatique, car le bouddhisme n'est pas historiquement une religion essentiellement asiatique, au moins pas dans l'acception de la géographie moderne, puisqu'il s'est constitué sous de multiples influences, perses en particulier, et que ses premiers développements hors de l'Inde se firent au Sud-Est bien sûr, mais surtout à l'Ouest dans ce que l'on appelle les royaumes gréco-bouddhistes, avant de parvenir quelques siècles plus tard en Chine et encore bien plus tard au Tibet. On consultera sur ce bouddhisme antique occidental l'ouvrage de référence de Mario Bussagli : *L'Art du Gandhara* (Paris, Librairie Générale Française, 1989). Nous avons nous-même, dans d'autres travaux, tenté de mettre en évidence l'apparition et le développement du bouddhisme antique en relation avec les cultures perse et hellénistique (« La non-violence bouddhiste : de la simple hygiène spirituelle au projet de société », in *Alternatives Non Violentes*, n° 111, été 1999), ainsi que les hypothétiques relations entre ce gréco-bouddhisme et l'émergence d'un certain type du sage errant, individualiste dans le monde, pour reprendre l'expression de Louis Dumont, à l'instar de ce que fut Jésus, ou même Pyrrhon, le père du scepticisme, personnages qui évoluèrent dans des sociétés imprégnées de culture orientale, telles que la Galilée pour Jésus, région qui fit partie d'un Empire Séleucide qui s'étendait des frontières de l'Inde à celles de la Judée (*Jésus, Bouddha d'Occident,* Paris, Calmann-Lévy, 1999).

pression a été négative lorsque le bouddhisme s'est reconstruit en réaction contre l'incursion occidentale, et entendons que cette pression a été positive lorsqu'il s'est reconstruit en phase avec l'imaginaire bouddhique occidental. Ces deux modalités de la réémergence du bouddhisme en Asie furent en constantes interactions, au point que l'on ne puisse pas les isoler : le bouddhisme se reconstruisit contre la présence culturelle occidentale, chrétienne par exemple, tout en calquant cette reconstruction sur les critères de la fascination des Occidentaux pour certaines croyances et pratiques dites bouddhistes, telles que la méditation.

Les motivations de cette reconstruction sont donc politiques au premier chef. Les idéologies qui en résultèrent servirent les stratégies nationalistes, socialistes, démocratiques, suivant les cas, et dans tous les cas furent au cœur des luttes anticoloniales. Or, c'est ce même bouddhisme occidentalisé, édifié contre le colonisation culturelle et politique occidentale, qui a été exporté en Amérique dans les années cinquante puis dans les années soixante-dix en Europe. Aux États-Unis il apparut d'emblée lié à la contre-culture qui mettait en cause la quiète prospérité démocratique et capitaliste américaine. En Europe, et plus spécialement en France, il apparut lié dans un premier temps au Nouvel Âge intimiste et asocial, pour laisser se développer aujourd'hui ses tendances les plus politisées.

B/ Continuité entre l'occidentalisation en Asie et en Occident

L'occidentalisation en Occident est dans la continuité de l'occidentalisation en Asie, et cultive, par le biais de l'idéologie humanitariste reliée à des causes asiatiques, une certaine culpabilité des Occidentaux face à leur histoire coloniale. L'engagement bouddhiste n'est pas seulement une adhésion à des valeurs non occidentales, mais à des causes politiques qui symbolisent la remise en questions d'une certaine histoire occidentale dont les grandes nations industrielles de l'Ouest sont les héritières. Les causes humanitaires asiatiques contemporaines sont l'occasion de manifester l'aspect « universellement libérateur » du bouddhisme. Pas un numéro du magazine *Samsara*, la revue destinée aux bouddhistes français qui est la mieux diffusée, ne paraît sans consacrer au moins trois pages complètes à des événements politiques asiatiques et faire appel à la « conscience bouddhiste universelle » des pratiquants français, afin de faire pression sur le gouvernement de leur pays, ou pour envoyer des dons, etc. On trouvera, à titre de simple illustration, dans le même numéro un article qui en appelle à l'aide financière des pratiquants afin d'aider les réfugiés tibétains à reconstruire des monastères sur leur terre d'asile, particulièrement afin de conférer une éducation tibétaine à des « [...] enfants qui sont le symbole de tout un peuple qui résiste depuis 1950 aux ravages de l'invasion chinoise et au génocide culturel et ethnique [...][1] ».

Une page plus loin, on trouvera un texte qui signale que l'association *Lions des Neiges* demande que les bouddhistes se mobilisent pour envoyer à l'ambassade de Chine des paquets cadeaux vides avec une carte sur laquelle sera inscrit : « Air de liberté – Pour le XIe Panchen Lama – Au bon soin de son Excellence l'Ambassadeur Monsieur Wu Jianmin[2] ». Le fait que ce XIe Panchen Lama, second dignitaire tibétain, reconnu par le Dalaï-Lama et non par Pékin qui a désigné un autre enfant, soit l'objet d'un conflit central entre Pékin et le Dalaï-Lama, connote politiquement ce texte. Dans la même page, on sortira de la cause tibétaine pour passer à la cause vietnamienne avec un article reprenant les termes du Comité Vietnam pour la Défense des Droits de l'Homme (CVDDH), qui dénonce l'emprisonnement de religieux, l'intolérance croissante des autorités vietnamiennes à l'égard de l'Église Bouddhique Unifiée du Viêt-nam (EBUF) – organisation dont Thich Nhat Hanh est un des principaux leaders et pour laquelle, bien que résident en France, il reste encore une autorité morale importante –, dont plusieurs membres ont été mis hors-la-loi depuis 1981. Le CVDDH entend défendre ces « bonzes dissidents », et entend continuer ses accusations contre « le gouvernement vietnamien d'avoir intensifié la répression contre les communautés religieuses indépendantes[3] ».

Le comité rappelle en outre qu'il a déjà rendu un rapport à la Commission des Droits de l'Homme de l'ONU, demandant « la libération immédiate et inconditionnelle » de tous ses prisonniers. Face à cet article, on trouvera un encadré de l'Association *Sonam Ling* pour aider les enfants réfugiés tibétains[4], et encore à côté, l'annonce d'un « Festival de Films bouddhistes [...] dédié aux enfants tibétains en exil[5] », ayant pour thème la libération du Tibet de l'emprise chinoise. Remarquons que ce festival est co-organisé par une association bouddhiste, l'Association *Buddhica*, et par l'université de Paris VIII, donc par un organisme public français. Cette implication de l'administration française n'aurait pas été imaginable il y a de cela 10 ans, mais depuis, le bouddhisme s'est socialement normalisé. Normalisation qui a interagi sur la prise en compte officielle du problème sino-tibétain. Finissons par la page suivante, dans laquelle on trouvera un « Appel urgent au Premier Ministre », qui se présente dans la continuité d'une multitude d'opérations de pression politique à toutes les échelles, que ce soit nationales ou internationales, en utilisant les ressources d'internet[6]. L'appel aux pratiquants français est extrêmement direct : « Vous souhaitez faire quelque chose pour le Tibet ? C'est très simple ! Comme pour

1. « Le monastère de Chokling a besoin de nous », in *Samsara*, n° 17, 15 mai-15 juillet 2000, p. 4.
2. « Envoyez un cadeau pour le 11e anniversaire du Panchen Lama », *op. cit.*, p. 6.
3. « Défense des droits de l'homme au Viêt-nam », *op. cit.*, p. 6.
4. « Aider les enfants réfugiés tibétains », *op. cit.*, p. 7.
5. « Festival de Films Bouddhistes », *op. cit.*, p. 7.
6. Un formulaire est prêt à être rempli à destination de l'ONU, pour inciter ses représentants à faire pression sur la Chine, dans le site Tibet info (www.tibet-info.net).

l'opération "Banque Mondiale" l'été dernier où vous aviez été des centaines à envoyer un message à son Président, James Wolfensohn, pour demander la révision du projet d'aide à un transfert de population de Chine vers une région tibétaine, nous vous proposons aujourd'hui d'écrire à Monsieur Lionel Jospin pour lui demander d'intervenir lors de la 56e session de l'ONU qui se déroule actuellement à Genève[1] ». Dans la même page on trouve encore une demande de dons pour aider six lycéens français « à réaliser leur voyage humanitaire » en Inde afin d'aider à la mise en place d'une école pour les jeunes Tibétains[2], ainsi que l'« Appel du Comité de Soutien au Peuple Tibétain en faveur de Ngawang Sangdrol », nonne bouddhiste emprisonnée par les autorités chinoises au Tibet. Le combat bouddhiste pour libérer un « prisonnier d'opinion » sera mis en parallèle avec l'aspect féministe de cette cause, « symbole de la lutte non violente et du combat des femmes pour la liberté et la justice[3] ». Cet appel est fait en commun avec le député du Cher, Yann Galut, qui a obtenu le soutien de plus de cent de ses collègues parlementaires.

On ne peut nier que l'adhésion au bouddhisme est en phase avec une sensibilisation à des thématiques politiques déterminées, qui induisent en Occident, en cas d'intériorisation réussie, un *habitus* politique spécifique, ainsi que nous pourrons le constater dans notre partie consacrée à la culture politique. D'autant plus que la place de ces rubriques ne cesse de croître dans l'ensemble des magazines bouddhistes. Nous remarquerons ensuite qu'il y transparaît une volonté évidente de bouddhéiser des causes et des associations qui ont des objectifs essentiellement politiques. Nous remarquerons aussi qu'il y a incorporation bouddhiste de thèmes liés aux « mouvements sociaux » occidentaux, par exemple le féminisme, en tentant de réinvestir leur charge émotive dans une cause bouddhico-asiatique. Cette série de remarques n'ont été présentées qu'aux fins de démontrer l'imbrication entre l'adhésion bouddhiste des Français et le développement d'une culture politique qui se construit circulairement par un aller-retour idéologique Occident-Asie, Asie-Occident.

C'est pour ces raisons que nous devons faire nous-même cet aller-retour, afin de prendre conscience de la teneur fondamentalement politique du processus d'occidentalisation tel qu'il s'est réalisé en Asie, et ainsi de mieux évaluer, dans l'étendue de ses causes et conséquences actuelles, la cohérence du processus d'occidentalisation tel qu'il se déroule encore en Occident.

Nous avons sélectionné un nombre restreint de pays qui ont été les théâtres privilégiés de l'occidentalisation du bouddhisme, qui sont encore aujourd'hui les points d'encrage à la fois, d'un réseau institutionnel transnational qui s'étend jusqu'en Europe et aux USA, et de la production idéologique qui est diffusée dans les milieux bouddhistes européens et

1. *Op. cit.*, p. 8.
2. « Aidez six lycéens à réaliser leur voyage humanitaire », *op. cit.*, p. 8.
3. *Op. cit.*, p. 8.

américains. Il s'agit de l'Inde, du Sri Lanka, de la Birmanie, de la Thaïlande, du Viêt-nam, du Japon et du Tibet. Cela ne signifie pas que les mêmes processus ne se sont pas déroulés au Laos, au Cambodge, au Népal, en Corée, au Bhoutan, en Mongolie, ou même en Malaisie et en Indonésie, mais que les pays sélectionnés l'ont été car à travers eux a émergé l'idéologie *individuo-globaliste* que nous cherchons à isoler, ensuite parce que leur exemple fait école dans le reste de l'Asie, et enfin parce que les leaders qui sont nés en leur sein sont aujourd'hui les leaders mondiaux du bouddhisme *solidariste-universaliste.*

Les contextes idéologiques différenciés de ce processus d'occidentalisation sont déterminants. Les deux catégories de contextes politico-économiques qu'il nous paraît pertinent de relever sont : les régimes de tendance, ou du moins à prétention, capitaliste, et ceux de tendance, ou du moins à prétention, socialiste. Nous disons de « tendance » car ces classifications ne sont pas absolues. Particulièrement dans les cas du Sri Lanka et de la Birmanie, mais aussi du Viêt-Nam. En toute hypothèse, la nature formellement capitaliste du système a des conséquences sur la nature du processus d'occidentalisation ainsi que nous l'avons déjà fait remarquer dans notre récapitulatif des différentes orientations bouddhistes en Asie. Par exemple, dans un État où l'idéologie capitaliste domine, le bouddhisme critique remettra en cause plus abondamment la « société de consommation », le « matérialisme financier » ; dans un État où l'idéologie socialiste est dominante, le régime pourra tenter d'instrumentaliser le bouddhisme en faisant une interprétation socialisante de ses thèmes centraux. Les différentes combinaisons possibles dépendent ainsi en partie de la forme du régime, mais surtout de l'idéologie dominante, dans laquelle elles se développent.

I. L'OCCIDENTALISATION DU BOUDDHISME EN ASIE EN CONTEXTE IDÉOLOGIQUE CAPITALISTE

A/ La réapparition moderne du bouddhisme en Inde : la « cause » des parias comme catalyseur d'une idéologie révolutionnaire universaliste

1° L'Antiquité politique du bouddhisme en Inde

a) La naissance et la vie du Bouddha représentées comme rupture avec le système des castes

Le Bouddha naquit entre le Ve et le VIe siècle avant notre ère[1], à Lumbini, et fut élevé dans la cité de Kapilavastu sur le territoire de l'actuel Népal, qui dépendait culturellement de l'Inde. Il s'agissait d'une province éloignée, une zone périphérique, ce que l'on pourrait appeler une marche, dans laquelle le rigorisme du système des castes était quelque peu assoupli. Il est même possible que le prince Siddhârtha[2] ne fût pas de descendance aryenne – peut-être fut-il scythe – bien que faisant partie de la haute caste des *Ksatriyas*. Un certain nombre de remarques s'imposent d'emblée. Le non-aryen est habituellement un paria[3], un hors caste. Il existait en Inde – il existe toujours pour une bonne part – une quasi-équivalence entre l'origine raciale et la position hiérarchique dans le système des castes.

Le fait que le fondateur d'un mouvement religieux ne soit pas brahmane, membre de la plus haute caste des prêtres, mais un membre de la caste de la noblesse guerrière, les *Ksatriyas*, est déjà un élément culturellement anormal. Le fait que ses origines ethniques soient douteuses, et surtout

1. Les spécialistes sont très partagés sur la datation de la naissance du Bouddha. Il n'est pas possible en l'état actuel de la recherche de donner un chiffre exact.
2. Nom de naissance du Bouddha qui signifie littéralement « celui qui accomplit ». C'est son nom officiel en tant que dignitaire, que l'on fait par conséquent précéder en général de son titre de prince.
3. Le mot « paria » signifie « non-aryen » en Tamoul.

valorisées comme telles par certains hagiographes et doxographes, relève du défi à l'ordre établi. Il est aussi dit que ses premiers disciples furent des brahmanes qu'il convertit à ses vues égalitaristes lors d'un sermon célèbre qui se tint dans le Parc aux Gazelles près de Bénarès. Ces éléments, même s'ils ne sont pas absolument prouvés historiquement, participent de l'édification d'une idéologie cohérente qui confère au Bouddha la place d'un grand réformateur social. La légende veut que le royaume des *Shakya*, la famille à laquelle appartenait le Bouddha – d'où un de ses noms les plus connus, Shakyamuni, le sage des *Shakya* –, ait été dirigé dans un esprit républicain de concertation populaire qui contraste avec le hiérarchisme de l'Inde traditionnelle. La réalité, là encore, a été fortement enjolivée, tout d'abord parce que le prince Siddhârtha fut le fils d'un petit hobereau de province et non celui d'un roi puissant tel que les chroniques édifiantes le présentent. Les *Shakya* constituaient un clan vassal du roi Pasenadi qui régnait sur le Kosala. L'importance politique de cette tribu est donc sans commune mesure avec le royaume-républicain vaste et puissant qui est décrit par nombres de sectateurs anciens et modernes. L'accent est mis aussi sur le contexte matriarcal dans lequel aurait baigné le Bouddha dans son enfance et son adolescence, afin de souligner le message égalitariste, y compris entre les sexes, dont il aurait été un précurseur. Si, théoriquement, le bouddhisme ne distingue pas entre homme et femme, il est de fait que le Bouddha lui-même hésita à accepter sa mère adoptive comme membre de la *sangha* (la communauté bouddhique), en raison même de son sexe. Par ailleurs, même si le Bouddha finit par se résoudre à accepter des femmes dans sa communauté, la différence entre les règles s'appliquant à celles-ci et celles s'appliquant aux hommes est très marquée, non seulement sur le plan qualitatif mais aussi sur le plan quantitatif : par exemple, non seulement le degré de gravité des fautes est en général plus faible s'il s'agit d'un moine mais, de surcroît, leur nombre global est lui aussi sensiblement différent (227 pour les moines et 310 pour les moniales). Le féminisme bouddhique actuellement exhibé n'est pas une réalité traditionnelle ; disons qu'elle est au mieux une possibilité théorique qui fut plus ou moins exploitée au cours de l'histoire dans les multiples contextes sociopolitiques dans lesquels le bouddhisme s'intégra.

b) Émergence des trois tendances bouddhistes traditionnelles

Il est vrai que trois siècles plus tard, le grand roi Açoka, monarque converti au bouddhisme qui a inspiré l'ensemble la pensée politique bouddhiste, tenta d'incarner le type du prince éclairé par le *dharma*. Petit-fils de Chandragupta, le fondateur de la dynastie des Maurya, qui aurait rencontré Alexandre, Açoka réussit à unifier l'Inde en un immense empire. Il tenta d'appliquer politiquement le bouddhisme en développant une « société dharmique[1] », autrement dit tolérante sur le plan cultuel et racial,

1. Nous reviendrons de façon plus approfondie sur ce point dans notre chapitre sur « Le mythe politique de la République dharmique, démocratique et universelle ».

solidaire sur le plan social et pacifique sur le plan international. Il présida le grand Concile de Pataliputra, à la suite duquel il dépêcha des missionnaires au Gandhara, en Birmanie, au Sri Lanka, au Cachemire, mais aussi en Asie centrale et sur les terres hellénistiques de l'Asie mineure. Au premier siècle de notre ère, le bouddhisme gagna, à partir du Cachemire et de la Perse, le nord de l'Extrême-Orient, en particulier la Chine, en empruntant la route de la soie. À cette même période germa un nouveau courant, le *Mahâyâna* ou Grand Véhicule, qui mettait l'accent sur le *bodhisattva*, personnage de compassion qui partage ses mérites avec les êtres et les peuples, au détriment de l'*arhat*, moine solitaire ou communautaire qui poursuit la simple et unique réalisation du *nirvana*. L'Inde du Nord fut dominée par cette nouvelle tendance, tandis que l'ancienne voie qui s'était déjà répandue au sud de l'Inde, au Sri Lanka ainsi qu'en Asie du Sud-Est prospéra sur ces dernières terres. Le roi Kanishka, qui régna au Nord de l'Inde entre le IIIe et le IVe siècle, qui se voulait à la fois successeur spirituel d'Açoka et l'équivalent asiatique d'un empereur romain[1], tenta, semble-t-il avec un succès mitigé, de réaffirmer la complémentarité entre bouddhisme et politique, s'accordant avec l'orientation sociale et non plus monacale qui découle des conceptions du Grand Véhicule[2].

Le *Mahâyâna* est aussi appelé bouddhisme du Nord, alors que l'on donnera plus tard au bouddhisme dit du Sud le nom de *Theravâda* ou École des Anciens. Enfin un troisième courant germa à la fin du IVe siècle de notre ère, le *Vajrayâna*, ou *Tantrayana*, qui est une synthèse du bouddhisme et de l'hindouisme ésotérique dans lequel se trouvent des initiations secrètes, des techniques impliquant l'activité sexuelle, sensées provoquer l'illumination à court terme au bénéfice de l'adepte prêt à s'adonner à ces pratiques spéciales.

Il ne faut cependant pas, à l'instar des classifications journalistiques actuelles, prendre le *Vajrayâna* pour une tendance à part entière. Il s'agit seulement d'une évolution ésotérique du *Mahâyâna*, qui s'est particulièrement développée au Tibet, et qui reste une partie intégrante de cette dernière école[3]. Les clercs bouddhistes tibétains forts de cette spécificité de leur Grand Véhicule, préfèrent interpréter le *Vajrayâna* en tant que dernier moment historique de l'évolution bouddhiste, qui symboliserait individsduellement la dernière phase nécessaire avant l'Éveil. Dans cette optique les bouddhistes tibétains prétendent que les trois tendances actuelles, *Theravâda* (qu'ils préfèrent nommer *Hînayâna*, Petit Véhicule, afin de marquer sa nature incomplète, simple étape, et non école à part entière), *Mahâyâna*, *Vajrayâna*, ne sont pas en soi des écoles complètes mais les étapes nécessaires d'un développement qui aboutit au *Vajrayâna* dont elles sont les dépositaires, ce qui leur confère une vocation de guide universel du

1. Il se faisait d'ailleurs appeler *Kaïsara*.
2. Ce point est développé dans notre panorama doxémique.
3. Il existe cependant d'autres variantes tantriques indépendantes de l'école tibétaine, comme le Shingon au Japon.

bouddhisme mondial toutes tendances confondues. Cette position idéologique permet de conférer au Dalaï-Lama le statut de chef de l'ensemble des courants bouddhistes, et peut très bien se comparer dans sa structure et sa finalité à la position du mouvement nichériste qui se présente comme la seule école capable de sauver l'humanité de la décadence matérielle, spirituelle, politique et sociale.

En réalité, la plupart des écoles, malgré des prétentions explicitement tolérantes, ne manquent pas de mettre en exergue leur caractère unique et indispensable, tout en respectant en général l'impératif bouddhiste de tolérance, ce qui implique que cette stratégie exclusiviste reste toujours indirecte : les tenants du *Theravâda* se donnent comme la seule école originelle, ceux du bouddhisme tibétain comme la finalité du bouddhisme, son dernier moment et par là sa conclusion, et les nichéristes, particulièrement à la Soka Gakkai, se donnent comme le seul mouvement « vraiment » adapté à la modernité. Nous verrons que par delà ces prétentions se dessinent à notre époque les contours d'un bouddhisme transversal non déterminé essentiellement par une école ou par une autre. Un dignitaire du *Theravâda* thaï moderne, tel que Buddhadasa Bhikkhu, père du concept de « socialisme dhammique », n'hésitera pas à traduire des textes du *Mahâyâna*, par exemple à s'inspirer de *Koan* zen, ce qui aurait été absolument impossible au début du siècle. Mais revenons – après cette parenthèse sur les querelles de légitimité qui opposèrent dès leur émergence les principaux courants – au développement historique indien du bouddhisme.

Les trois grandes tendances bouddhistes sont donc constituées au moment où s'ouvre un nouvel âge d'or pour cette religion, à partir du VIIIe siècle de notre ère qui se poursuivra jusqu'au XIIe siècle, avant de subir les invasions musulmanes qui finiront par écraser au XVe siècle le dernier bastion bouddhiste indien du Cachemire. La dynastie indienne des *Pâla*, qui dominera le Nord-Est du pays, protégea le bouddhisme, et fut à l'origine de ce nouveau développement et de la fondation de la célèbre université bouddhique de Nâlandâ dont le prestige s'étendit dans l'ensemble de l'Asie et qui sert encore aujourd'hui de modèle quasi mythique pour l'établissement d'universités bouddhiques modernes. L'accent mis sur l'éducation pour tous est une originalité bouddhique dans une société dominée par l'enseignement de caste. C'est une façon d'affirmer l'importance de la connaissance acquise pour l'obtention d'un statut au détriment du statut déterminé par la naissance. Plusieurs autres universités bouddhiques – nous en connaissons cinq –, furent financées par l'État, sans pour autant atteindre le prestige de Nâlandâ, où étaient enseignées, outre les différentes pensées bouddhistes, qu'elles soient du Nord ou du Sud, la médecine, l'astrologie, la mathématique, la logique. Ce modèle médiéval de révolution spirituelle et sociale par l'éducation des masses est sous-jacent à l'existence contemporaine de l'université Soka au Japon ou du *Naropa Institute* à Boulder (Colorado) aux USA.

DIFFUSION ET RÉPARTITION DES BOUDDHISMES TRADITIONNELS EN ASIE

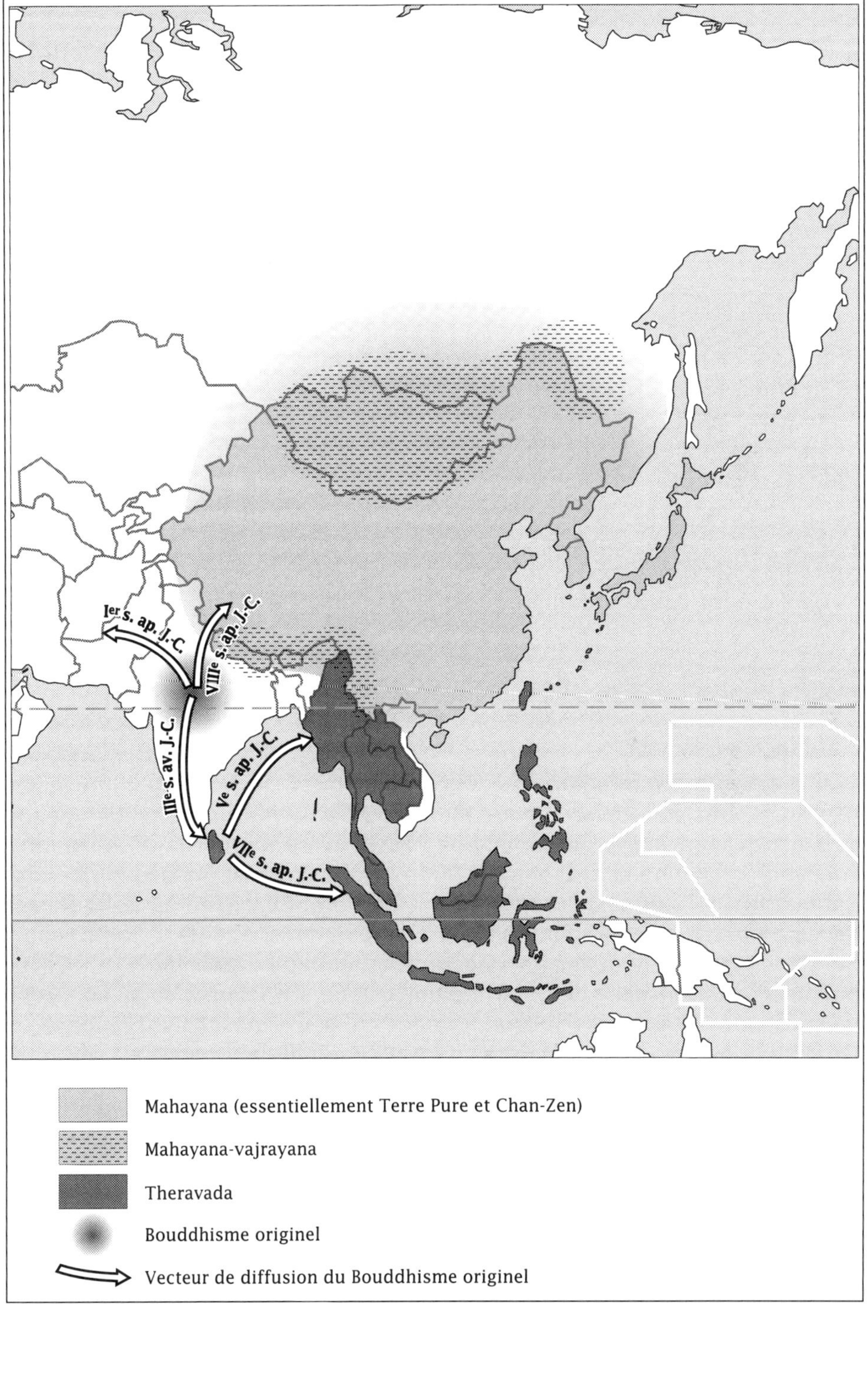

Cette tradition s'est brutalement interrompue à la fin du XIIe siècle en raison du déferlement des armées musulmanes sur le Nord de la péninsule indienne. En 1198, l'université de Nâlandâ fut rasée. À cette date clé commence le lent reflux du bouddhisme hors de l'Inde jusqu'à sa disparition quasi complète au XVe siècle. L'influence bouddhiste ne cessa pas cependant d'être ressentie dans divers mouvements politico-religieux, par exemple à travers le refus du système des castes qui caractérise le shivaïsme.

De plus, l'hindouisme traditionnel fut régénéré par des systèmes de pensée fortement inspirés de bouddhisme, à l'instar de l'*Advaita Vedanta* issu de l'enseignement de Sankarâchârya (788-820) au IXe siècle. C'est d'ailleurs sur la base de ces systèmes de pensée marginaux que l'hindouisme put avoir un certain succès en Occident dans les années soixante-dix et nullement à travers l'hindouisme brahmanique traditionnel[1]. Lorsqu'un écrivain occidental tel que Romain Rolland[2] déclare s'intéresser à la tradition hindouiste, c'est toujours à un hindouisme sociologiquement marginal et philosophiquement universaliste, qui remet en fait en cause les bases sociopolitiques du brahmanisme ; il en est de même de Jean Herbert, fondateur de la célèbre collection « Spiritualité vivante » chez Albin Michel, qui donne une description « libertaire » de ce qu'il nomme « l'hindouisme vivant[3] », le faisant apparaître comme un « bouddhisme déguisé », pour reprendre l'expression employée par les hindouistes traditionalistes, farouchement antibouddhistes, pour désigner le système de l'*Advaita Vedanta.*

2° De la modernisation intellectuelle du bouddhisme à la stratégie politique

a) De Tagore à Gandhi

Il a fallu attendre la fin du XIXe siècle pour assister en Inde à une résurgence du bouddhisme sous l'impulsion d'intellectuels occidentaux et indiens, qui ont, en ce qui concerne ces derniers, bénéficié d'une double éducation, indienne et britannique, à l'instar du poète et philosophe bengali Rabindranath Tagore. Celui-ci introduit de nombreux thèmes bouddhistes dans son œuvre tant dramatique que poétique, ainsi que dans ses discours politiques qui en appellent à une remise en cause radicale de l'idée de nation au profit de celle de fraternité universelle. Il déclarera ainsi, en 1918 à la sortie de la Grande Guerre, que « [...] ceux qui croient encore en l'humanité de l'homme doivent espérer qu'une telle puissance ne sera plus

1. Même actuellement les revues, destinées à des Occidentaux, qui traitent du yoga et des divers aspects de la pensée hindouiste, mettent exclusivement l'accent sur ces systèmes marginaux au regard de l'orthodoxie hindouiste, et qui sont en fait fortement inspirés du bouddhisme. On consultera par exemple la revue *Info Yoga* qui traite de l'hindouisme en mettant presque toujours l'accent sur l'*Advaita Vedanta*, ou qui traite même directement du bouddhisme (cf. L. Lardière, « Bernard Rérolle : un passionné de bouddhisme », in *Info Yoga*, n° 28, mai-juin-juillet-août 2000).
2. R. Rolland, *La vie de Vivekânanda et l'évangile universel*, Paris, Stock, 1966.
3. J. Herbert, *Spiritualité hindoue,* Paris, Albin Michel, 1972.

détenue par la nation[1] ». Le Mahatma Gandhi fut plus franchement anticolonialiste que Tagore, et exploita largement des principes bouddhistes dans le sens de la désobéissance civile. Il fit une synthèse entre les éléments marginaux de l'hindouisme, tel que l'*Advaita Vedanta*, le bouddhisme et les philosophies occidentales de la désobéissance civile, en particulier celle de Henry-David Thoreau[2]. Il employait des notions, telles que l'idée de *dharma* (loi universelle) propres au bouddhisme, prétendant construire une religion rationnelle visant à la réhabilitation des intouchables et à la liberté des peuples à disposer d'eux-mêmes, tout en s'abstenant de faire officiellement référence au bouddhisme, tentant toujours de réinterpréter l'hindouisme dominant dans un sens égalitariste[3]. Sa stratégie de *satyagraha*, technique de résistance passive à l'administration britannique, a objectivement réussi, alors que sa stratégie de transformation du système des castes par une réinterprétation de l'hindouisme a en revanche échoué.

b) Ambedkar : de la lutte contre le système des castes à la révolution dhammique mondiale

C'est à partir du Sri Lanka que le renouveau bouddhiste va passer d'une dimension purement intellectuelle relevant de la stratégie politique par le haut à une dimension populaire. La *Maha Bodhi Society*, dont nous reparlerons à propos du Sri Lanka, qui permit la réédition de nombreux textes bouddhistes, travailla à la conversion de populations hindouistes des castes les plus défavorisées. Le premier gouvernement de l'Inde indépendante était imprégné de ces idées réformatrices. Le Pandit Nehru lui-même fut qualifié de « bouddhiste intellectuel », mais c'est surtout son ministre de la justice, Bhimrao Ramji Ambedkar, qui entreprit de lutter contre la discrimination de caste, contre le pouvoir politique des brahmanes et la domination masculine, et trouva dans le bouddhisme le fond rationnel et égalitariste le plus adéquat pour soutenir son entreprise[4]. Il entreprit de convertir massivement les membres des castes inférieures et les hors-castes à cette religion, afin de les délivrer de leur « servitude volontaire ». Il réussit à convertir près de 5 millions de personnes, en majorité des intouchables, surtout dans l'État du Maharastra, à l'ouest de l'Inde, où ils représentent presque 8 % de la population. Mais son action ne s'arrête pas là ; il créa la *Fédération des Castes Enregistrées*[5] en 1936, et veilla à travers

1. L. Palley, « The cult of Nationalism : Rabindranath Tagore talks to Lincoln audience », in *New York Globe*, 15 novembre 1918.
2. Gandhi a déclaré à plusieurs reprises son admiration pour l'œuvre de Thoreau, en particulier pour ces principes de désobéissance civile (H.D. Thoreau, *Walden and Civil Disobedience*, New York, Penguin Books, 1986).
3. M.K. Gandhi, *Tous les hommes sont frères*, Paris, Unesco, 1969 (recueil de textes de Gandhi traitant de féminisme, de relations internationales, du rapport entre fin et moyens en politique, de religion et d'éthique).
4. T. Fitzgerald, « Politics and Ambedkar Buddhism in Maharashtra », in Harris, *Buddhism and Politics in Twentieth-Century Asia*, Londres, Pinter, 1999, p. 79.
5. Depuis 1935 les intouchables sont appelés « castes enregistrées ».

cette organisation à faire protéger par l'État les droits de ces catégories de la population traditionnellement mises à l'écart de la vie sociale.

Ce succès relatif fut rendu possible par la personnalité charismatique d'Ambedkar, qui sut rassembler les foules autour de slogans forts et qui sut aussi utiliser la ferveur populaire, le sens du rituel collectif, par exemple en se convertissant lui-même officiellement au bouddhisme en 1956 en même temps qu'un demi-million de membres de la *Fédération des Castes Enregistrées* dans une gigantesque cérémonie de consécration. Le mouvement est aujourd'hui comme hier dirigé par des responsables laïques qui mettent l'accent sur un bouddhisme flambeau d'une société nouvelle idéale. Dans cette logique, le *bodhisattva* moderne doit être un travailleur social, un homme politique, ou un prédicateur du changement social. Ambedkar créa un tissu d'institutions d'inspiration bouddhiste, afin d'agir sur le terrain social (*Bahishkrit Hitakarini Sabha* : association pour le bien-être des exclus, fondée en 1924), sur la scène politique (*Independent Labour Party*, fondé en 1936), sur le plan de la démocratisation de l'éducation (*People's Education Society*, fondée en 1984).

Il joua un rôle important au côté de Gandhi en tant que représentant des classes dépréciées de la société indienne. Son analyse de la crise indienne était cependant diamétralement opposée à celle de Gandhi. Même s'il soutenait le mouvement indépendantiste, il déclara, à chaque fois que l'occasion lui en a été donnée, que ce ne sont pas les Britanniques qui handicapent le développement de l'Inde moderne, mais le système des castes lui-même. Alors que Gandhi attribuait les problèmes de la société indienne presque exclusivement à la présence de colons. Ambedkar s'est à cet égard heurté aux vues de certains leaders du Parti du Congrès (*Congress Party*), lorsqu'il dirigea des sit-in pour réclamer l'égal accès aux services publics, envers et contre les positions de la plupart des leaders hindous. En 1927, à la suite de l'échec de ses négociations, soutenues par de massives démonstrations populaires, pour obtenir l'accès égal aux réserves d'eau dans la région de Chowdar, Ambedkar n'hésita pas à déclarer que l'hindouisme lui-même était devenu l'objet de son combat, et comme première mesure symbolique brûla, devant plus de 15 000 personnes, un exemplaire du *Manusmriti*, un des livres sur lesquels se fondent les distinctions de caste.

Ses positions ne cesseront de se radicaliser tout au long de sa carrière politique. Sa conversion officielle au bouddhisme peut être considérée comme une étape de cette radicalisation. En 1935, lors d'une conférence à Yeola, il annonça publiquement qu'en raison de l'intransigeance et de l'intolérance de l'hindouisme et de l'échec d'une décennie de lutte non-violente, il abandonnait définitivement cette religion, et demanda en même temps aux 10 000 intouchables présents de considérer leur identité religieuse non comme une nécessité du destin mais comme un choix personnel : « Si vous voulez vous respecter vous-même, changez de religion. Si vous voulez créer une société de solidarité, changez de religion.

Si vous voulez le pouvoir, changez de religion. Si vous voulez l'égalité, changez de religion. Si vous voulez l'indépendance, changez de religion. Si vous voulez faire du monde dans lequel vous vivez un monde heureux, changez de religion[1]. »

Ambedkar finit par interpréter les textes bouddhistes dans le sens de ses positions politiques, dans lesquelles on reconnaît les germes thématiques du bouddhisme engagé actuel, en particulier la dévalorisation du concept de nation. La célèbre intervention du Bouddha historique[2] afin d'éviter une lutte entre deux clans rivaux, les *Shakya* et les *Koliya*, signifie d'après Ambedkar que « Le conflit entre les nations est occasionnel. Mais le conflit entre les classes est constant et perpétuel. Là réside la racine de tout le malheur et de toute la souffrance du monde[3] ». Cette œuvre d'herméneutique politique inspirera nombre de leaders bouddhistes en Asie comme en Occident. Il faut souligner qu'Ambedkar dispose d'une double culture. Membre de la classe des intouchables, il obtint un diplôme d'avocat de la prestigieuse London School of Economics de Londres ainsi qu'un doctorat de l'université de Columbia aux USA à New York. De ce dernier séjour universitaire il n'obtint pas seulement un diplôme mais fut en outre fortement impressionné par le mouvement américain pour l'égalité des droits entre les citoyens quelles que soient leurs origines raciales et religieuses, dont les principaux leaders étaient Martin Luther King et Malcom X. Il pris conscience de l'importance de la dimension religieuse en politique et de la force sociale d'une « théologie libératrice », et que le mélange de la politique et de la spiritualité est le cocktail le plus explosif qui soit, et peut-être le seul qui puisse faire imploser la société de caste. Ambedkar se comporte, selon le sociologue Christopher Queen[4], dans la logique de l'exercice de « l'impératif d'hérésie », dans l'acception de Peter Berger[5], c'est-à-dire qu'il exerça un droit, ou même un devoir, qu'il se reconnaissait à lui-même, de sélectionner et de modifier une tradition religieuse afin de la faire correspondre à un intérêt communautaire ou social actuel.

À la suite d'Ambedkar, une multitude d'organisations se développeront en Inde, avec cependant moins d'impact en terme de nombre de conversions. Mais le phénomène majeur de ces dernières années tient dans le pont entre les organisations bouddhistes occidentales et asiatiques, et en

1. D. Keer, *Dr. Ambedkar : Life and Mission,* Bombay, Popular Prakashan, 1971, p. 255 (traduction personnelle).
2. Nous précisions « Bouddha historique », car dans le Grand Véhicule ce dernier, qui est un personnage déterminé historiquement, n'est qu'un parmi la multitude de Bouddha qui existèrent avant lui et qui existeront après lui.
3. B.R. Ambedkar, *The Buddha and His Dhamma,* Bombay, Diddharth Publications, 1984, p. 45.
4. C.S. Queen, « Dr. Ambedkar and the Hermeneutics of Buddhist Liberation », in Queen, King, *Engaged Buddhism, Buddhist Liberation Movements in Asia,* New York, State University New York Press, 1996, p. 65.
5. P. Berger, *The Heretical Imperative : Contemporary Possibilities of Religious Affirmation,* Garden City, Anchor Press Double Day, 1979.

particulier entre l'Inde et le Royaume-Uni[1]. C'est ainsi qu'un Britannique, Dennis Lingwood, qui devint le Vénérable Sangharakshita, fonda le *Western Buddhist Order* (WBO) qui établit une branche en Inde, le *Trailokya Bauddha Mahasangha* (TBM), lequel comprend deux institutions, la *Trailokya Bauddha Mahasangha Sahayaka Gana* (TBMSG)[2] et le *Bahujan Hitay* fondés en 1979 ; ces derniers s'occupent plus particulièrement d'œuvres sociales de solidarité qui est en grande partie financée par les fonds britanniques récoltés par la branche caritative du WBO : *Aid for India*.

Ces dernières institutions, qui ont fait la jonction organique avec les institutions créées par Ambedkar, constituent actuellement un tissu associatif qui transcende volontairement les frontières indiennes et la distinction plus générale entre l'Orient et l'Occident. Elles se proposent de construire un pont entre les cultures avec l'objectif avoué de porter au-delà de l'Inde le projet du « bodhisattva Ambedkar », autrement dit de financer la « révolution dhammique[3] » mondiale. Signalons l'emploi du mot « dhammique » au lieu de « dharmique » : le *dharma* est le mot sanscrit désignant la loi bouddhiste universelle, *dhamma* est l'équivalent en *pâli*. Le *pâli* était le parlé populaire à l'époque du Bouddha, que celui-ci prit le parti d'utiliser pour véhiculer sa pensée envers et contre la tradition qui veut que le sanskrit soit le seul langage qui puisse transmettre des significations sacrées. Le Bouddha voulait être compris par l'ensemble de la population, or le sanscrit n'est le plus souvent transmis qu'à une élite, les brahmanes et les *ksatriya*. Même si le sanscrit est le langage privilégié du Grand Véhicule, école la plus présente en Inde, Ambedkar choisit la langue *pâli* pour exprimer son concept central de « révolution dhammique ». Ce choix n'est pas aléatoire mais marque linguistiquement son opposition au système hiérarchique des castes et sa volonté de démocratisation intégrale.

Le projet de « révolution dhammique », qui s'appuie sur une nébuleuse institutionnelle et doctrinale hybride qui combine le néo-bouddhisme d'un homme d'État indien avec celui d'un moine britannique, a eu en Inde un retentissement favorable dans les populations des ex-intouchables. Le succès en Occident de cette version de la révolution dhammique est cependant moins marqué dans le contexte de la supériorité médiatique du Dalaï-Lama et de la meilleure implantation des communautés zen, et *Theravâda* thaïs dans le cas du Royaume-Uni. Il ne faut pas néanmoins négliger la force idéologiquement inspiratrice de ce néo-bouddhisme transnational, y compris dans le discours du chef tibétain lui-même.

---

1. Cf. le tableau en fin de paragraphe, intitulé : « Organisations fondées par Ambedkar et Sangharakshita : l'exemple d'un tissu institutionnel et idéologique bouddhiste transcontinental Orient-Occident ».
2. Ce qui signifie « L'Association des Amis de l'Ordre Bouddhiste des Trois Domaines ».
3. A. Sponberg, « TBMSG : A Dhamma Revolution in Contemporary India », in Queen, King, *Engaged Buddhism, Buddhist Liberation Movements in Asia*, New York, State University New York Press, 1996, p. 73.

ORGANISATIONS FONDÉES PAR AMBEDKAR ET SANGHARAKSHITA : L'EXEMPLE D'UN TISSU INSTITUTIONNEL ET IDÉOLOGIQUE BOUDDHISTE TRANSCONTINENTAL ORIENT-OCCIDENT

B. R. Ambedkar (1891-1956),
connu plus intimement sous le nom de Babasaheb

- **Bahishkrit Hitakarini Sabba** (Organisation pour le Bien-être des Exclus, en anglais Organization for the Welfare of the Excluded), 1924
- **Parti Travailliste Indépendant**, 1936 (Independant Labour Party) → **Programme de Fédération des Castes**, 1942 (Scheduled Caste Federation) → **Parti républicain**, 1957 (Republican Party)
- **Société d'Education du Peuple**, 1945 : Collège Siddharth à Bombay, 1956, Collège Milind à Aurangabad, 1950
(People's Education Society)
- **Bharatiya Bauddha Mahasabha** (Société Bouddhiste d'Inde), 1955
(Buddhist Society of India)

Vénérable Sangharakshita (1926-),
né à Dennis Lingwood à Londres

- **Trailokya Bauddha Mahasangha** (TBM)
Branche indienne de l'ordre bouddhiste fondé par Sangharakshita
  - **Trailokya Bauddha Mahasangha Sahayaka Gana (TBMSG) :**
  Branche indienne de la section du travail dharmique ; 1979
  - **Bahujan Hitay** (« pour le bien-être du peuple »)
  Branche indienne de la section du travail social
- **Ordre Occidental Bouddhiste**
(Western Buddhist Order : WBO)
Branche occidentale de l'ordre bouddhiste fondé par Sangharakshita
  - **Les Amis de l'Ordre Bouddhiste Occidental**
  (Friends of the Western Buddhist Order : FWBO)
  Branche occidentale de la section du travail dharmique, 1968
  - **Aide au Profit de l'Inde**, 1980 & **Société Karuna**, 1987
  (Aid for India) (Karuna Trust)
  Société charitable et fondation de soutien du travail social et des projets de travail dharmique en Inde et en Occident

Informations tirées de A. Sponberg, (« TBMSG : A Dhamma Revolution in contemporary India », in Queen, King, op. cit, p.99.), avec quelques modifications par nos soins.

B/ L'occidentalisation du bouddhisme sri-lankais comme invention du bouddhisme moderniste

1° La politisation historique de la sangha

a) Vers la distinction entre le bouddhisme des villes et le bouddhisme des forêts

Le Sri Lanka fut une des premières terres asiatiques à être ensemencée par le bouddhisme en dehors de l'Inde. Ce fut, selon la légende, le fils du roi Açoka lui-même, Mahinda, qui aurait transmis la bonne nouvelle de l'Éveil à la suite du concile de Pataliputra vers 250 av J.-C., alors que la propre sœur du prince, la nonne Sanghamittâ, y aurait planté une bouture de l'arbre de la *bodhi* et introduit des reliques dans le premier Stupa[1] de l'île[2]. Dès le IIIe siècle avant notre ère, l'État avait deux éléments centraux, la monarchie et la *sangha* qui était particulièrement bien implantée. Cette dernière était non seulement influente dans le processus de décision politique mais aussi dans le processus de désignation des souverains.

Alors que le bouddhisme périclitait en Inde, le Sri Lanka se donnait la vocation de perpétuer ce patrimoine religieux. Au XIIe siècle, des docteurs sri-lankais, préoccupés par la perpétuation de la doctrine originelle qui semblait être mise en péril par les nouvelles écoles du Grand Véhicule, décidèrent de rassembler et de codifier l'enseignement sous l'appellation de *Theravâda* (École des Anciens). Cette volonté de protéger le patrimoine originel n'a pas enraillé le développement du *Mahâyâna* dans le pays, du moins jusqu'au XIIIe siècle. Les souverains seront à partir du Xe siècle considérés comme des *bodhisattvas*, ce qui laisse supposer une forte pénétration du Grand Véhicule. La *sangha* joua un rôle non seulement à l'échelon national, mais surtout à l'échelon de la vie sociale, économique et politique locale[3]. Il était tout à fait reconnu que les moines pouvaient posséder des terres, même si cela est en contradiction avec le concept du *bhikkhu* (moine mendiant) tel que l'a défini le Bouddha, ne devant rien posséder et ne devant vivre que de l'aumône et des dons des fidèles laïques. Ce paradoxe a d'ailleurs creusé un fossé entre une *sangha* majoritaire de moines propriétaires terriens, impliqués dans la vie politique, sociale et économique locale, bénéficiant de privilèges matériels et symboliques de premier plan, et entre une *sangha* minoritaire de moines mendiants vivant dans les forêts, en petite communauté ou même en ermitage, et réfractaires à toute implication mondaine. Nous avons là l'origine de la distinction qui se développera dans tous les pays de tradition

1. Un *Stupa* est un monument caractéristique de l'architecture bouddhique que l'on retrouve aussi bien dans le *Theravâda* que dans le *Mahâyâna*. Il est imprégné de l'esprit des bouddhas et diffuse leur énergie spirituelle dans l'espace.
2. Le jour anniversaire de l'arrivée des précieuses reliques est encore aujourd'hui l'occasion d'une fête nationale.
3. Pour plus de détails on consultera K.M. De Silva, *A History of Sri Lanka,* Berkeley, University of California Press, 1981, et R. Knox, *Relation de l'île de Ceylan,* Paris, Maspero, 1983.

Theravâda (Thaïlande, Laos, Birmanie, etc.) entre un bouddhisme urbain conservateur, piétiste et engagé dans la cité et un bouddhisme des forêts, contemplatif, apolitique et extramondain. Cette distinction tend cependant à se dissoudre sous l'effet de l'occidentalisation, puisque le bouddhisme des forêts, essentiellement axé sur la pratique de *vipassana* (méditation), développe en même temps une action et une idéologie engagée dans la cité. Ce placement politique n'est pas conservateur mais critique, ni nationaliste mais transnational[1], ce qui le distingue du « bouddhisme des villes ».

Jusqu'en 1949, Bodh Gaya, le lieu de l'antique illumination du Bouddha, était la propriété exclusive d'un prêtre brahmaniste. Il est pleinement redevenu aujourd'hui un sanctuaire du bouddhisme qui abrite ses différentes tendances asiatiques : un monastère birman côtoie un temple chinois, un temple japonais, un important monastère tibétain, ainsi qu'un refuge cinghalais. Cette réappropriation est le fruit de la redécouverte moderne du bouddhisme par les populations asiatiques sous l'impulsion occidentale. Il faut, en effet, garder à l'esprit que ce sont les Occidentaux qui ont réveillé la ferveur bouddhiste en Asie même. En Inde, l'hindouisme et ses multiples variétés (vishnouisme, shivaïsme, sikhisme, jaïnisme, etc.) ont depuis des siècles supplanté le bouddhisme. Mais les formes traditionnelles religieuses asiatiques qui ont supplanté le bouddhisme de l'Inde au Japon, en passant par la Chine, le Viêt-nam, la Thaïlande, se sont révélées inaptes à résister à la pénétration culturelle occidentale, à défendre les identités traditionnelles asiatiques, mais aussi inaptes à s'adapter aux nouvelles conditions intellectuelles, sociales et politiques imposées par la culture occidentale.

b) L'incursion occidentale et le problème tamoul

Le Sri Lanka fut le lieu stratégique de cette résurgence récente du bouddhisme en Asie. Les États occidentaux débarqués avec leur civilisation technologiquement supérieure, avec leurs concepts politiques modernes d'une part, et leur religion prosélyte d'autre part (le christianisme), ont provoqué dans un premier temps[2] un repli passif des communautés bouddhistes cinghalaises vers l'intérieur des terres. Mais ce repli avait commencé avant les incursions occidentales. L'économie essentiellement hydraulique de l'île s'affaiblit à partie du XIe siècle, laissant le champ libre à des invasions en provenance du continent indien qui provoquèrent l'abandon des zones traditionnellement urbanisées du Nord vers le Sud-ouest du pays. L'île, économiquement et politiquement affaiblie, devint une plate-forme commerciale sur laquelle furent installés des comptoirs

1. Certains moines d'origine occidentale convertis au bouddhisme de la forêt, tout en valorisant la méditation pure, développent un discours politisé. On trouvera un tel discours par exemple dans un prospectus qui est théoriquement la transcription d'un enseignement spirituel (A. Sumedho, « Ère nucléaire et responsabilité individuelle », in Chah, Sumedho, Tiradhamma, *La méditation selon des moines de forêts*, Éditions Dhammapala, 1991) : Sumedho est un Américain converti au bouddhisme de la forêt.
2. K. Malalagoda, *Buddhism in Sinhalese Society, 1750-1900 : A Study of Religious Revival and Change*, Berkeley, University of California Press, 1976.

portugais au XVIe siècle puis hollandais au XVIIe siècle, alors que subsistait un royaume indépendant recroquevillé au centre du pays.

C'est à cette période que la *sangha* repliée dans ce petit royaume fut au cœur de la lente germination d'une idéologie nationaliste, antioccidentale d'une part mais aussi antihindouiste d'autre part. Lorsque les Britanniques débarquent en 1796, ce processus est déjà enclenché et ne fera que se développer jusqu'à l'indépendance du pays à laquelle la communauté bouddhiste a été directement partie prenante. Mais l'indépendance n'a résolu qu'une partie du problème. En effet, les populations tamoules qui résident au nord de l'île, de confession hindouiste et vivant selon le système des castes, sont les héritières des premiers conquérants venus de l'Inde, encore ressentis comme des agresseurs par les Sri-Lankais, conquérants qui sont à l'origine du repli des « indigènes » ainsi que des communautés bouddhistes. Il n'y a donc rien d'étonnant à ce que la *sangha* ait été partie prenante dans les conflits qui ont ressurgi au nord du pays dans les années soixante-dix entre les Tamouls et les « indigènes », avec parfois des discours et des actions extrémistes contre les « envahisseurs hindouistes[1] ». Aujourd'hui, la situation reste tendue mais beaucoup plus complexe, car à côté d'un bouddhisme institutionnel nationaliste et antitamoul se développe une tendance moderniste libérale à la recherche d'un compromis avec les minorités ethnique, culturelle et cultuelle.

c) Réaction bouddhiste au prosélytisme chrétien et à la rationalité occidentale

La domination britannique imposée en 1815 bouleversa les structures de la société cinghalaise, en particulier en raison d'un prosélytisme chrétien particulièrement agressif. La fin du XIXe siècle connaît un engouement nouveau pour le bouddhisme qui s'inscrit dans la lutte contre cette pénétration chrétienne. Les moines bouddhistes commencent à sortir de la réclusion qu'ils s'étaient imposée, et publient à partir de 1965 des pamphlets, affrontant même les missionnaires chrétiens dans des débats publics. Cette ferveur bouddhiste est soutenue par les milieux occidentaux progressistes et mystiques, en particulier par deux personnages clés, le journaliste et militaire américain, le colonel H.S. Olcott, et la célèbre médium russe H.P. Blavatsky. Ils créent en 1880, à New York, la *Société Théosophique* qui va avoir un succès grandissant en Amérique du Nord et en Europe pendant la première moitié du XXe siècle. L'influence de cette organisation sur le développement du bouddhisme en Asie, bien que fondamentale, n'est pas en général soulignée. C'est pourtant sous son impulsion que la bourgeoisie urbaine et les intellectuels indiens et cinghalais prirent conscience des possibilités révolutionnaires d'un patrimoine bouddhiste jusque-là négligé.

L'occidentalisation s'opère en tant que processus de résistance à la colonisation et en même temps parce que le bouddhisme était valorisé par

1. Cet aspect a été particulièrement bien analysé par Alain Lamballe (*Le problème tamoul à Sri Lanka*, Paris, L'Harmattan, 1985).

les Occidentaux eux-mêmes. Nous assistons au paradoxe d'une identité qui s'acculture afin de résister à la pression d'une culture exogène. C'est ainsi qu'apparurent des associations bouddhistes de laïques, ce qui était parfaitement nouveau en Asie. La bourgeoisie cinghalaise, qui avait bénéficié d'une éducation britannique, mit alors en exergue l'aspect humain et humaniste du Bouddha en relation avec l'aspect rationnel d'un bouddhisme critique de la « foi aveugle », des superstitions et du ritualisme.

Il y a déjà à cette époque une volonté de jouer sur la crise politico-religieuse occidentale qui oppose la modernité libérale démocratique à la tradition chrétienne monarchique. Les bouddhistes asiatiques tentent de prouver l'avance de leur propre tradition religieuse, pour ainsi dire moderne avant la lettre, précurseur de « l'esprit démocratique », rappelant que le Bouddha avait remis en cause le système des castes et par là le principe de toute hiérarchie fondée sur la naissance. L'Éveillé serait dés lors une sorte de héros précurseur à la fois du libéralisme économique, puisqu'il en appelle à la poursuite de mérites en cette vie, à l'effort actuel comme déterminant le statut actuel, et à la fois de l'égalité en droit puisque aucune différence ne peut être définie par la naissance. C'est ce qui a fait écrire à quelques bouddhologues que cet accent, mis sur la responsabilité individuelle des laïcs dans la visée du salut, débouchait sur un « bouddhisme protestant[1] ». Dans cette logique, de nouvelles formes d'organisations fleurirent comme par exemple les *Young Men's Buddhist Association* calqués sur le modèle des célèbres YMCA américains (*Young Men's Christian Associations*) ou encore le *Buddhist Defense Commity* qui devint une instance critique du gouvernement colonial et favorisa l'établissement de structures d'enseignement capables de rivaliser avec les écoles britanniques[2]. Ce mouvement de protestation se répandit à travers la promotion de la culture vernaculaire ; ainsi, le romancier Piyadasa Sirisena (1875-1946) mit en cause directement la politique culturelle coloniale et, tout en reprenant les techniques narratives occidentales, s'appliqua à exacerber l'honneur et l'orgueil nationaux. Mais, malgré les efforts répétés de Dharmapala[3], malgré son idéologie de la terre promise, du peuple élu et de la conscience nationale bouddhiste, à la fin du XIXe siècle la jonction complète entre les dimensions politique et religieuse n'était pas pleinement réalisée, car « [...] il manquait au mouvement bouddhiste un appareil institutionnel qui aurait pu être converti en organisation politique[4] ».

1. H. Bechert, R. Gombrich, *The World of Buddhism : Buddhist Monks and Nuns in Society and Culture*, Londres, Thames and Hudson, 1984.
2. C.R. De Silva, « Éducation », in K.M. De Silva, *Sri Lanka : A Survey,* Honolulu, University of Hawaii Press, 1977.
3. Nous analyserons plus en détail, dans le paragraphe suivant, l'idéologie de ce personnage central du bouddhisme cinghalais moderne.
4. K.M. De Silva, *Sri Lanka : A Survey, op. cit.*, p. 75.

2° Émergence d'un bouddhisme occidentalisé nationaliste

a) Les tamouls hindouistes et les Occidentaux chrétiens représentés comme des envahisseurs : construction bouddhiste moderne d'une identité sri-lankaise exclusive

Le poids des Occidentaux dans la réorientation moderniste du bouddhisme s'est accentué avec la création par Olcott de la *Buddhist Theosophical Society* qui se constituait essentiellement de laïques, au contraire de la *sangha* traditionnelle ne comprenant que des moines, qui joua un rôle social par la mise en place de programmes d'alphabétisation. C'est alors qu'apparaît un personnage clé, Don David Hewavitarne, qui se conféra à lui-même en 1881 le titre d'Anagarika Dharmapala (Sans domicile, Protecteur de la Loi universelle), créant ainsi un statut hybride qui emprunte certaines caractéristiques au moine et certaines autres au laïque. Inspiré à la fois du bouddhisme charismatique de Gunananda, moine célèbre pour avoir « vaincu » des chrétiens lors d'un débat public en 1873, et du bouddhisme social d'Olcott, il est le père de l'activisme bouddhiste cinghalais. Il fonda en 1891 la *Maha Bodhi Society,* sorte de coordination internationale bouddhique ayant pour objet officiel de reconquérir les lieux saints du bouddhisme en Inde, mais qui était en réalité porteuse d'une stratégie indépendantiste soutenue par une idéologie nationaliste sri-lankaise. C'est néanmoins grâce aux interventions répétées de la *Maha Bodhi Society,* ayant son siège à Ceylan[1], que fut reconquis le lieu hautement symbolique de Bodh Gaya au nord de l'Inde. Il est intéressant de remarquer que cette organisation est apparue en réaction contre l'occidentalisation de la culture asiatique et à la fois sur le modèle de certains modes de pensée et d'organisations de cette même culture occidentale. Le fait qu'Anagarika soit considéré comme un *bodhisattva* démontre encore une fois que le bouddhisme moderniste, qui va s'imposer progressivement au XXe siècle et qui se caractérise entre autre par la dissolution des distinctions traditionnelles entre *Mahâyâna* et *Theravâda,* était déjà en train de s'ébaucher.

Darmapala demanda ouvertement aux bouddhistes de devenir des agitateurs sociaux afin de combattre la corruption dont seraient cause à la fois les envahisseurs occidentaux et les envahisseurs hindouistes, autrement dit les Britanniques et les Tamouls. Il déplorera que les « vieilles traditions soient effacées par l'introduction des abominations occidentales[2] ». Il présente le peuple sri-lankais comme le sauveur du message du *Thatagata*[3], et l'île elle-même comme la terre promise du bouddhisme. La religion devient

1. Ceylan est le nom que prit l'île pendant la période coloniale. Depuis 1972, elle a retrouvé son nom précolonial de Sri Lanka. Ainsi, emploierons-nous en général le terme Sri Lanka, sauf lorsque nous nous référerons à la période coloniale britannique elle-même.
2. A. Guruge, *Anagarika Dharmapala : Return to Righteousness,* Colombo, Department of Cultural Affairs, 1999, p. 106 (trad. personnelle).
3. Nom qui signifie littéralement « ainsité » ou « l'état de celui qui est ainsi », et qui est une autre appellation pour désigner le Bouddha.

la source unique de l'identité sri-lankaise. Il développe les thèmes idéologiques de l'enracinement et de la nécessité pour les bouddhistes de se soulever « pour la préservation de notre nation, de notre littérature, de notre terre, et la plus glorieuse religion qui est la nôtre à la source de laquelle nos ancêtres s'abreuvèrent profondément pendant soixante-dix générations[1] ». Cette idéologie se fonde sur une interprétation du *Mahavamsa*, une chronique du Ve siècle qui raconte la bénédiction apportée par le Bouddha à l'île[2]. Cette redécouverte textuelle est sensée apporter la preuve que les Sri-Lankais, tout comme leurs envahisseurs, sont des aryens, et que le Sri Lanka est la terre promise du bouddhisme, par conséquent l'ethnie cinghalaise forme une sorte de peuple élu[3]. Dans les deux premières décennies du XXe siècle, l'activisme social s'était effacé au profit d'un bouddhisme qui servait essentiellement de fond idéologique pour la définition de l'identité cinghalaise « authentique ». La lutte s'accentua lorsque l'administration britannique, sous la pression d'une situation de guerre civile latente, partagea une partie du pouvoir avec les représentants des multiples composantes ethno-culturelles cinghalaises, à savoir les cinghalais « indigènes » majoritaires, les Tamouls, les Musulmans essentiellement[4].

Les conflits interculturels furent exacerbés par ce relâchement du pouvoir britannique et un grand nombre d'organisations et groupes de pressions furent fondés dans le but de promouvoir un bouddhisme cinghalais[5]. L'un d'entre eux, constitué de laïques cinghalais, joua un rôle politique de premier plan, le *All Ceylon Buddhist Congress (ACBC)*, dont l'objectif était de « promouvoir, nourrir et protéger l'intérêt du bouddhisme et des bouddhistes, et de garantir les droits et privilèges des bouddhistes[6] ». Des hommes politiques influents étaient membres de cette organisation qui finit par ressembler à un véritable parti. Elle fut d'ailleurs co-fondée en 1919 par un politicien célèbre, Sir D. Baron Jayatilake, qui affirmait que la « glorieuse » population bouddhiste cinghalaise était trahie par l'administration britannique au profit des Tamouls hindouistes, constatant qu'il « n'y a aucune organisation autre que l'ACBC pour veiller sur les intérêts [des bouddhistes cinghalais] à moins que le gouvernement démocratiquement élu prenne cette responsabilité[7] ». Pendant les élections

---

1. G. Bond, *The Buddhist Revival of Sri Lanka : Religious Tradition, Reinterpretation and Response*, Colombia, University of South Carolina Press, 1988, p. 55.
2. A. Guruge, *op. cit.*, p. 677.
3. Cette idéologie, qui émergea et se développa durant les deux dernières décennies du XIXe siècle, peut être considérée comme une forme de fondamentalisme qui fonde l'identité nationale sur le seul critère religieux (Bartholomeusz, Tessa, C.R. De Silva, *Buddhist Fundamentalism and Minority Identities in Sri Lanka,* New York, State University of New York Press, 1998).
4. K.M. De Silva, « Religion », in *Sri Lanka : A Survey, op. cit.*, p. 76.
5. Par exemple des associations de nonnes (Bartholomeusz, « Sri Lankan Women and the Buddhist Revival », in *Iris*, 12/1, automne-hiver 1991, et *Women under the Bo Tree : Buddhist Nuns in Sri Lanka,* Cambridge, Cambridge University Press, 1994).
6. S.J. Tambiah, *Buddhism Betrayed : Religion, Politics and Violence in Sri Lanka,* Chicago, University of Chicago Press, 1992, p. 13.
7. All Ceylan Buddhist Congress, *Diamond Jubilee Celebrations (1919-1979)*, Colombo, Metro Printers, 1980, p. 13.

de 1924, à l'occasion desquelles des candidats chrétiens s'opposaient à des bouddhistes, l'ACBC fit retentir un slogan bouddhico-nationaliste résumé dans le cri « Le bouddhisme est en danger[1] ».

Dans les années qui suivirent l'étiquette bouddhiste devint une garantie d'intégrité politique, symbole du patriotisme. C'est dans ce contexte que se constitua une rhétorique bouddhiste, relayée par les fidèles laïques et les moines, qui a fortement influencé l'évolution politique post-coloniale. Un groupe de moines de l'université de Vidyalankara, soutenus par des politiciens influents, développèrent la doctrine selon laquelle le moine se doit de s'engager dans les affaires de la cité[2], car il est le garant du bien-être du peuple ; parmi ces moines figure Walpola Rahula dont nous avons déjà évoqué les conceptions dans nos prolégomènes.

En 1948, l'indépendance donna lieu à une mise à l'écart progressive des thématiques bouddhistes des discours politiques, ce qui provoqua de fortes réactions des organisations bouddhistes qui prétendaient être à l'origine du processus de décolonisation. La réaction la plus caractéristique fut la publication en 1956 d'une sorte de traité contre le gouvernement intitulé *The Betrayal of Buddhism* (La trahison du bouddhisme), qui affirme un lien indéfectible entre le bouddhisme, l'État, et le peuple cinghalais. À la suite de ce texte, 590 personnalités laïques et moines mélangés lancèrent un véritable défi au gouvernement à travers une série de recommandations condensées dans le *Buddha Sasana Report* sensé refonder la politique du pays, proposant entre autre d'établir une sorte de Conseil d'État bouddhiste. Une multitude de mouvements et partis politiques fleurirent avec pour objectif de sauver les principes bouddhistes du dépérissement, par exemple le *Eksath Bhikkhu Peramuna* (EBP) promoteur d'un nationalisme bouddhiste exacerbé centré sur l'intérêt de l'ethnie cinghalaise.

b) L'impossible neutralité de l'État face au conflit ethno-religieux

Depuis 1948 trois constitutions se sont succédées. Cette instabilité constitutionnelle provient de la difficulté à mêler une prétention à la neutralité religieuse de l'État et l'implication politique indéniable du bouddhisme sur le pays. La première constitution, la *Soulbury Constitution*, reconnaît la liberté d'exercer un culte quel qu'il soit[3], tout en excluant tout privilège dévolu à un culte particulier. Elle fut réalisée par le premier Premier ministre du gouvernement indépendant en collaboration avec un constitutionnaliste britannique, Sir Ivor Jennings[4]. Il s'agissait de protéger les minorités religieuses et ethniques dans un État démocratique et

1. K.M. De Silva, « Religion and the State », in De Silva, *Sri Lanka : Problems of Governance*, Kandy, ICES, 1993, p. 306.
2. U. Phadnis, *Religion and Politics in Sri Lanka*, New Delhi, Manohar Press, 1976, p. 164.
3. Cette liberté de culte est affirmée en particulier dans la section 29 de la constitution de 1948 (« Ceylan : Text of the Constitution », in Asian-African Legal Consultative Commitee, *Constitutions of Asian Countries*, Bombay, Tripathi Private, 1968, p. 88).
4. A. Wilson, « Politics and Political Development since 1948 », in De Silva, *Sri Lanka : A Survey*, *op. cit.*, p. 289.

théoriquement laïque. Mais les tensions socioculturelles qui suivirent l'indépendance n'ont pas permis à ce modèle de démocratie à l'occidentale de résister. En 1972, Sirima Bandaranaike donna au pays une nouvelle constitution qui infléchit profondément la nature laïque du régime. Le bouddhisme se voit attribuer la place d'honneur parmi la multitude des religions implantées dans le pays, ainsi que le cinghalais qui devient la langue officielle alors qu'elle n'est l'apanage que d'un seul groupe ethnique, il est vrai majoritaire. La troisième constitution de 1978 confirme cette ambiguïté qui se manifeste singulièrement dans son article 9, lequel reconnaît la liberté de conscience pour tous les citoyens tout en évoquant des mesures de protections spéciales destinées au culte bouddhiste. Le Sri Lanka dès lors n'est « ni un État théocratique ni un État laïque[1] ». Cette fusion très particulière, entre des institutions démocratiques et libérales à l'occidentale et le bouddhisme comme religion prioritaire, a pu être péjorativement qualifiée de « dharmacratie[2] ». Dans les faits, cette ambiguïté juridique profite à la majorité cinghalaise au détriment des autres minorités, en particulier les Tamouls[3].

3° Vers le développement d'un bouddhisme universaliste et égalitariste

a) Engagement social bouddhiste et tentative de conciliation des parties opposées

Cependant, une nouvelle tendance – alternative entre l'autonomisme hindouiste tamoul[4] et le nationalisme bouddhiste cinghalais – commence à s'affirmer à la fin des années cinquante. A.T. Ariyaratne, inspiré par les idées de non-violence de Gandhi, ébaucha une réinterprétation de la religion non plus comme fondement d'une identité spécifique, nationale ou autre, mais comme source de principes susceptibles d'aider « les hommes de toute condition et de toute origine » à relever les défis politiques, sociaux, économiques et culturels qui s'imposent à lui dans la modernité. Il y a un certain retour à une interprétation plus spiritualiste telle qu'elle existe au sein de la *Buddhist Theosophical Society*[5], mais surtout l'accent est mis sur l'action socioculturelle, sur la révolution décentralisée par l'action sociale dans les campagnes au détriment d'une action centralisée. À cet

1. G. Sarvapalli, « Crisis of Secularism in South Asia », in *Pravada,* vol. 2, n° 7, 1993.
2. P. Schalk, « Articles 9 and 18 of the Constitution as Obstacles to Peace », in *Lanka,* 5, 1990, p. 280.
3. L'impossibilité pour les Tamouls d'obtenir la reconnaissance de droits civils égalitaires ainsi que la politique répressive du gouvernement à leur égard poussent aujourd'hui de plus en plus ces populations, au-delà de leur revendication d'autonomie, à refluer dans le sud de l'Inde, ce qui provoque de graves problèmes humanitaires et des tensions diplomatiques entre les deux États.
4. Les Tamouls, immigrés du sud de l'Inde et de confession hindouiste, revendiquent plus ou moins directement depuis l'indépendance du Sri Lanka, la reconnaissance de l'autonomie des zones dans lesquelles ils sont majoritaires. Ce qui est combattu farouchement par les bouddhistes-nationalistes qui en appellent à l'intégrité et l'unité de la patrie et de la religion.
5. Bien que la *Buddhist Theosophical Society* fasse partie de la coalition politique des bouddhistes nationalistes du Front National dont l'objectif est de défendre les privilèges de la majorité cinghalaise (K.M. De Silva, « The fight for peace », in *India Today,* 31 août 1985), elle fut à l'origine beaucoup plus spiritualiste dans la ligne de la Société Théosophique.

effet, Ariyaratne crée en 1958 le mouvement *Sarvodaya Shramadana* (Offrir l'énergie nécessaire à l'Éveil de tous). Le mouvement prétend avoir permis une « renaissance » des économies rurales, avec des actions concertées dans plus de 4 000 villages. Les moines et les fidèles laïques ont en effet tenté de coordonner des projets de coopératives agricoles, la construction de bâtiments communaux et de centres commerciaux dans un esprit d'autogestion. La valorisation des femmes fut un autre des objectifs du mouvement, mais surtout la « coopération constructive » entre les communautés cinghalaise et tamoule.

b) Passage à un activisme social critique et à une idéologie humanitariste soutenus par des organisations internationales

La priorité est la libération des individus comme condition préalable à la libération sociale : l'idéologie se détourne de la nation au profit de la personne. Les individus de toutes conditions sociales et de toutes provenances ethniques sont encouragés à changer leur environnement naturel, économique et politique par une activité commune concertée. Sarvodaya parle de double illumination, celle de l'individu et celle de la société. Il révoque les modèles de développement américain, soviétique, japonais pour une voie purement sri-lankaise afin de construire une civilisation à part entière. L'influence maoïste du mouvement nous semble assez évidente, bien qu'elle n'ait pas été à notre connaissance évoquée par d'autres auteurs. En effet, le développement industriel, et en cela l'ouvrier, en tant que potentiel de libération politique, est minimisé au profit de l'image romantique du village idéal et du paysan communautaire, cœur battant de toute révolution possible[1]. Ce ruralisme romantique se rattache aussi à une défiance pour les partis politiques et au rêve d'un gouvernement populaire qui opérerait sans médiation partisane. Cette société révolutionnaire « devrait être libre de toute emprise des partis politiques et basée sur le seul pouvoir du peuple[2] ». Cette idéologie ne peut cependant se détacher du néo-traditionalisme, idéalisant les rois-bouddhistes du passé[3] comme ayant été les égaux des hommes du commun, travaillant de concert avec les paysans « les genoux enfoncés dans la boue de la rizière[4] ».

Cette obsession de « l'histoire unique du peuple sri-lankais » et de « l'ordre ancien » accompagné de la glorification d'un village idéal fait du *Sarvodaya Shramadana Movement*, une organisation à l'intersection entre le bouddhisme nationaliste cinghalais et le bouddhisme moderniste

1. Dans les conceptions marxistes classiques, seule la classe ouvrière, donc urbaine, possède le potentiel révolutionnaire, c'est par elle seule que la révolution peut advenir. Mao a, au contraire, conféré à la classe paysanne cette potentialité fondamentale. Le paysan est l'âme du communisme chinois, son fer de lance et sa raison d'être.
2. A.T. Ariyaratne, « Sarvodaya, Non-Partisan But Committed », in *Dana*, vol. 14, n° 9-12, septembre-décembre, 1988, p. 2.
3. S. Kemper, *The Presence of the Past : Chronicles, Politics and Culture in Sinhala life*, Ithaca, Cornell University Press, 1991.
4. A.T. Ariyaratne, *Collected Works*, vol. 1, Moratuwa, Sarvodaya Research Institute, 1978, p. 53.

universaliste. Depuis 1972, date à laquelle Ariyaratne décida de se consacrer exclusivement à son mouvement, il a reçu une multitude d'aides extérieures, par exemple de l'organisation hollandaise NOVIB, et de l'organisation allemande la *Friedrich Naumann Stiftung* (FNS). De surcroît, une série de prix asiatiques et occidentaux importants furent directement décernés à Ariyaratne pour son œuvre de pacification et de développement social, lui conférant une reconnaissance internationale. Ainsi lui furent décernés en 1969, en provenance des Philippines, le *Ramon Magsaysay Award for Community Leadership*, en 1982, en provenance de Belgique, le *King Baudoin Award for International Developement,* en 1991, en provenance du Japon, le *Niwano Peace Prize*. La réalité institutionnelle du mouvement a évolué entre-temps d'un réseau de volontaires offrant leur service au développement de villages ruraux à une ONG porteuse d'un projet développementaliste et d'un idéal bouddhiste. En 1983, lors de l'insurrection tamoule, *Sarvodaya* organisa des conférences pour la paix entre les ethnies, des marches multiethniques. Ariyaratne fit une « Déclaration populaire pour la paix et l'harmonie nationale ». Dans cet esprit, il n'hésita pas en 1994 à prendre l'initiative de rencontrer les leaders des groupes d'insurgés tamouls en vue de négociations, ce qui témoigne de sa stature nationale de premier plan.

Dans une première phase, le mouvement *Sarvodaya*, très proche du pouvoir, fournissait des thèmes programmatiques aux gouvernements UNP[1] de Jayawardene et Premadasa. Ariyaratne soutenait fermement le gouvernement, qui lui empruntait ses idées de développement rural. Mais les mesures de répression extrêmement violentes à l'encontre des minorités ethniques et religieuses prises par ces gouvernements constitua un motif de rupture de plus en plus visible, jusqu'au moment ou le leader de *Sarvodaya* se décida à prendre des positions publiques contre la répression et à dénoncer ouvertement la violence gouvernementale. En 1989, à peine élu à la présidence, Premadasa lancera en guise de représailles à peine voilées des attaques contre le mouvement et son leader charismatique. En 1990, une commission fut mise en place pour enquêter sur le fonctionnement et les sources de financement des organisations non gouvernementales. Cette commission était en fait un moyen détourné d'attaquer le mouvement Sarvodaya, qui est la plus importante ONG du pays : les sources étrangères, qui représentent la quasi-totalité du financement, furent mises en causes ainsi que leur utilisation. Cette campagne porta ses fruits, jusqu'à influencer certains donateurs, qui réduisirent leurs apports au mouvement, tels que le NOVIB hollandais en 1993[2]. Il fut reproché à Ariyaratne de sortir de la vocation développementaliste originaire au profit d'une croisade idéologique. La baisse du financement extérieur ainsi que la campagne gouvernementale

1. Parti conservateur cinghalais.
2. NOVIB réduisit son apport financier de plus de 42 %.

ont fini par mettre en péril la survie du mouvement, ce qui n'a pas empêché son fondateur de maintenir sa ligne « philosophique ».

Le Sri Lanka est le pays dans lequel se manifestent le plus visiblement les trois orientations bouddhistes existantes aujourd'hui dans leurs interactions politiques complexes[1]. Le gouvernement, conscient du problème tamoul insoluble par la répression, tente des ouvertures vers les minorités non bouddhistes pour maintenir la paix civile, ce qui provoqua en janvier 1997 la démission de plusieurs moines bouddhistes du *Supreme Advisory Council*. D'un autre côté, un personnage comme Ariyaratne s'oriente sur la voie d'un bouddhisme engagé qui se veut universaliste, applicable à l'ensemble de l'humanité, orientation clairement illustrée par la déclaration qu'il fit en 1992 lorsque lui fut remis le *Niwano Peace Prize* : « Le temps est maintenant venu où la science et la technologie d'un côté et la sagesse spirituelle d'un autre doivent être synthétisées sur une échelle globale afin de construire une plus noble, plus juste et plus pacifique communauté globale[2] ». Ce qui n'empêcha pas la commission qui réunit en 1998 de nombreux représentants bouddhistes de s'opposer catégoriquement à l'idée même d'une région autonome tamoule sur une partie de l'île[3].

Les paradoxes, ambiguïtés dans les orientations, à la fois traditionaliste et moderniste, nationaliste et universaliste, socialiste et capitaliste, le fossé existant parfois entre la pratique et l'idéologie, les interactions multiples entre les apports financiers, matériels, doctrinaux occidentaux et les interprétations bouddhistes locales, font du Sri Lanka un laboratoire asiatique privilégié des processus d'occidentalisation du bouddhisme dans leur dimension éminemment politique.

C/ La Thaïlande au cœur du réseau idéologique et institutionnel du bouddhisme critique du capitalisme financier et de la « société de consommation »

1° L'occidentalisation productrice d'un bouddhisme nationaliste-moraliste

a) La sangha collaboratrice du pouvoir : bouddhisme, monarchie et modernisation de l'État

La Thaïlande est le dernier État asiatique, avec le Bhoutan, dans lequel le bouddhisme est religion d'État avec à sa tête un roi. Dans d'autres pays d'Asie, tels que le Sri Lanka, même avec les ambiguïtés que nous venons d'analyser, le bouddhisme reste religion officielle mais sans être lié à

1. Il s'agit des trois orientations que nous avons définies dans notre problématisation : l'orientation *piétiste-culturaliste*, l'orientation *solidariste-universaliste* et l'orientation *nationaliste-moraliste*.
2. A.T. Ariyaratne, « Niwano Peace Prize acceptance speech : A People's Agenda for Global Awakening », Publication du Niwano Peace Prize Foundation, 1992.
3. *L'Actualité Religieuse*, n° 169, septembre 1998, p. 11.

l'autorité sacrée d'un monarque. Le régime politique thaïlandais repose symboliquement sur trois piliers : la nation, le bouddhisme et le roi ; ces trois éléments fondamentaux étant interdépendants. Comme les autres pays d'Asie, ce dernier n'échappe pas néanmoins à la proposition que nous avons déjà mise en exergue : le bouddhisme a réémergé en Asie au contact des Occidentaux. Cette règle est cependant ici moins pertinente, ou du moins, moins évidente à déceler, principalement pour deux raisons : en premier lieu parce que les souverains au pouvoir pendant le XIXe siècle réalisèrent très vite la supériorité technologique et économique occidentale et réussirent à éviter la colonisation par de subtiles manœuvres diplomatiques mêlées à une volonté réelle de mettre le pays à l'heure de la modernité occidentale, du moins sur le plan économique.

En deuxième lieu, il y a en Thaïlande, malgré une forte résurgence du bouddhisme au XIXe et plus encore au XXe siècle, une continuité traditionnelle de la relation qui unit la nation et le bouddhisme depuis le IIIe siècle avant notre ère, époque à laquelle les missionnaires d'Açoka pénétrèrent dans le pays, fondant au passage un premier temple à Kelasa aux alentours de Thaton. À cette première incursion succéda une nouvelle vague qui introduisit le *Mahâyâna* au VIIe siècle en provenance de l'université bouddhiste indienne de Nâlandâ. De cette période jusqu'au XIIe siècle, le Grand Véhicule dominait le paysage religieux, d'autant que des mouvements de populations entre la Chine – pays par excellence du Grand Véhicule – et la Thaïlande, renforcèrent cette emprise. Mais, au XIe siècle, le prestige du bouddhisme sri-lankais, modèle d'organisation et de doctrine pour une bonne partie de l'Asie méridionale, concurrence les autres écoles thaïlandaises. Le *Theravâda* finit en deux siècles par supplanter les autres sectes, avec en apothéose sa promulgation comme religion d'État au XIIIe siècle par le roi Rama Khamheng, autrement connu sous l'appellation de Rama le puissant[1].

En 1851, le prince Mogkut accède au trône sous le nom de Rama IV (1851-1868), monarque d'un empire qui s'étend jusqu'aux rives du Mékong, mais d'un empire qui ressemble fort à un colosse aux pieds d'argile devant la montée des puissances européennes. Cet ancien moine[2] réalisa l'archaïsme technique et scientifique siamois[3], et en appela à la compétence d'experts étrangers afin d'instruire ses collaborateurs en même temps qu'il s'efforça d'entretenir des rapports diplomatiques et économiques avec la plupart des États occidentaux. Cette volonté de modernisation se traduira aussi par une réforme de la *sangha*, en particulier en combattant l'indolence des moines et les superstitions au profit d'un bouddhisme purifié, plus structuré, fortement influencé par la rationalité moderne, mais aussi associé

1. Il fut aussi l'inventeur supposé de l'écriture siamoise.
2. Il fut moine pendant plus d'une vingtaine d'années avant d'accéder au pouvoir, et fut même à l'origine de la congrégation bouddhiste des *Thammayut*.
3. Nous employons indistinctement le mot Siam ou Thaïlande ; il faut cependant préciser que le Siam devint officiellement la Thaïlande en 1939.

plus que par le passé à l'action politique. Plus qu'une résurgence intellectuelle, on doit plutôt parler au XIXe siècle d'une transformation structurelle.

La réorganisation centralisée du bouddhisme est devenue un enjeu de la modernisation de l'État sur le modèle des nations européennes modernes. Puisqu'en Thaïlande la légitimité politique ne se conçoit pas sans arrière-plan religieux, le roi prit alors le parti de moderniser la communauté bouddhique elle-même sur le modèle de l'État-Nation rationnel[1]. En conséquence de quoi la royauté, fondée sur l'autorité absolue politique et religieuse du monarque, a été considérablement démystifiée par l'organisation de la *sangha* comme une administration nationale bureaucratique transversale liant le plan politique et le plan religieux. Le *Sangha Administration Act* de 1941 n'est, à cet égard, que l'aboutissement de cette idée de restructuration de la communauté bouddhiste comme un État-Nation moderne, avec un pouvoir exécutif pourvu d'un cabinet ministériel, un pouvoir législatif pourvu d'un parlement et un pouvoir judiciaire pourvu d'une Cour Suprême et d'une hiérarchie de tribunaux ; les trois pouvoirs, exécutif, législatif et judiciaire étant séparés, dans le respect supposé des principes républicains modernes occidentaux[2].

C'est dans ce contexte de compromis diplomatique à l'extérieur et de modernisation politico-religieuse à l'intérieur, que son fils, le prince Chulalongkorn accède au pouvoir sous le nom de Rama V (1868-1910). Le Siam fait preuve d'une telle complaisance – en reconnaissant le protectorat anglais sur des territoires sous son contrôle et en abandonnant son contrôle sur le Cambodge qui était sous protectorat français, tout en sachant jouer des rivalités franco-anglaises – qu'il échappe à la colonisation. La modernesation n'est cependant pas allée assez vite pour empêcher un coup d'État contre le souverain Rama VII le 24 juin 1932, qui se traduisit par la transirmation de la monarchie absolue en monarchie constitutionnelle. Depuis, le pays vit dans l'instabilité politique et même constitutionnelle, dominé par des factions militaires. Le développement économique et industriel a été erratique de par cet état de crise permanente, et la *sangha* joue un rôle fondamental tantôt proche du pouvoir qui requiert sa collaboration dans le cadre de projets de développement communautaire, tantôt en rupture avec le pouvoir à travers des revendications de démocratisation.

---

1. J.W. Siffin, *The Thai Bureaucracy. Insitutional Change Development*, Honolulu, East-West Center Press, 1966, p. 25.
2. Cf. le tableau en fin de paragraphe, intitulé : Organisation de la Sangha à partir du Sangha Administration Act de 1941, calquée sur la structure d'un État-Nation moderne.

ORGANISATION DE LA SANGHA À PARTIR DU « SANGHA ADMINISTRATION ACT » DE 1941, CALQUÉE SUR LA STRUCTURE D'UN ÉTAT-NATION MODERNE

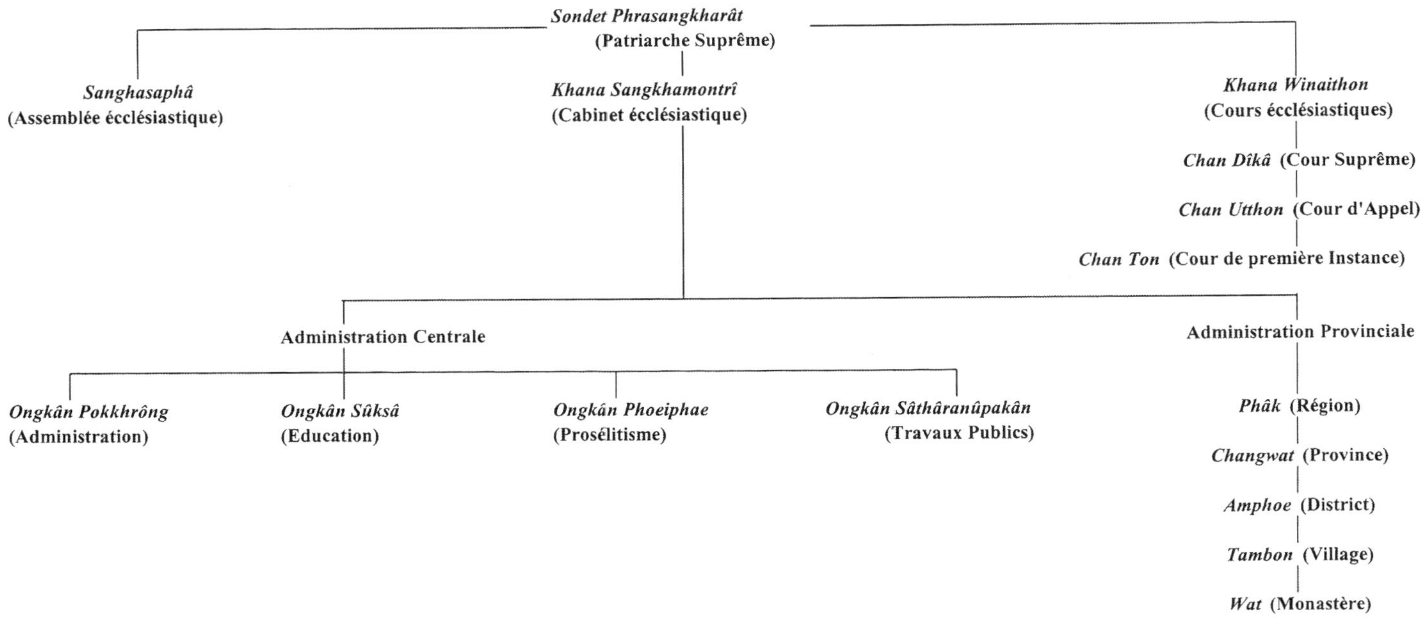

Informations tirées de Y. Ishii, *Sangha, State and Society : Thai Buddhism in History* (Honolulu, University of Hawai Press, 1986, p.105), et traduites par nos soins.

b) Le contrôle administratif centralisé de la sangha sur le modèle de l'État-Nation moderne

Le moine, qui jouit d'un prestige populaire incontournable, peut plus facilement se faire obéir dans les campagnes qu'un simple fonctionnaire, et le roi, même s'il ne dispose plus du pouvoir effectif, garde toujours un grand prestige en tant qu'incarnation du *Cakravartin*, ou souverain universsel, successeur spirituel d'Açoka, spécialement lorsqu'il est en même temps moine, ce qui est souvent le cas. Nous sommes encore une fois confronté à un bouddhisme populaire piétiste, mais qui n'est pas dans ce cas essentiellement distinct d'un bouddhisme rationnel. Il y a continuité entre les deux aspects. Le piétisme est volontairement cultivé par l'intelligentsia bouddhiste aux fins d'assurer une plus grande efficacité du bouddhisme moderniste dans ses entreprises de développement social. En effet, l'exemple des moines participant au travail des champs ou à tout autre entreprise sociale ou économique, ou encore sanitaire[1], impose l'idée que ces travaux sont sources de mérites. Les sources de mérites sont ainsi considérablement élargies, alors qu'elles se limitaient traditionnellement aux offrandes à la pagode. Elles s'étendent maintenant à des travaux d'intérêt collectif.

L'attrait pour les idées marxistes s'est fait ressentir chez certains moines et a été vivement combattu par les institutions bouddhistes proches du pouvoir. À cet égard, il semble évident que le gouvernement instrumentalise la *sangha* dans ses stratégies anticommunistes. Les militaires au pouvoir ne cherchèrent pas à éradiquer la *sangha* mais plutôt à la contrôler. L'exemple de F.M. Sarit, qui devint premier ministre en 1957 à la suite d'un coup d'État militaire[2], est caractéristique. Au-delà de sa stratégie d'expansion économique il s'efforça, aussitôt au pouvoir, de centraliser l'organisation de la *sangha*[3]. À la mort du patriarche suprême en 1958, il prit une part active aux luttes complexes entre factions pour le contrôle de la communauté religieuse, et finit par exiger la dissolution du Conseil de la *sangha*, en particulier pour l'élimination en son sein de Phra Phimolathan, un moine activiste dont les prises de position étaient considérées comme un danger pour la sûreté de l'État. Le nouveau Conseil prit la décision d'exclure de la *sangha* les moines qui, à la suite de Phimolathan, seraient opposés à la politique gouvernementale. Ce dernier fut d'ailleurs non seulement expulsé du Conseil en 1960, mais fut aussi expulsé de la *sangha* en 1963, ce qui correspond à une véritable excommunication pour raison politique. Après avoir écarté les personnalités religieuses pro-démocratiques, Sarit eut les

1. Le moine Phra Chamroon est ainsi connu pour avoir organisé à l'intérieur même de son monastère des cures de désintoxication pour les héroïnomanes, à base de médecine holistique et de reconditionnement moral.
2. Coup d'État qui ne fit pas de morts, qui ressemble plus à une transition logique soutenue par l'armée.
3. Y. Ishii, *Sangha, State and Society : Thaï Buddhism in History*, Honolulu, University of Hawaii Press, 1986, p. 115.

mains libres pour faire promulguer une nouvelle Charte[1] régissant les rapports entre la *sangha* et le pouvoir politique.

Cette nouvelle « constitution religieuse » ne tient plus compte du principe de séparation des pouvoirs énoncé dans la précédente Charte de 1941. Il existe désormais un Conseil des Anciens (*Mahatherasamakom*) qui est organiquement lié essentiellement au Ministère de l'Éducation et subsidiairement aux autres ministères et départements. Il y a une double structure du niveau national jusqu'au niveau communal, en passant par les régions, les provinces, les districts, qui lie les autorités de la *sangha* et celles qui émanent du gouvernement. En réalité, ce parallélisme hiérarchique entre les ordres religieux et politique est destiné à l'instrumentalisation de la puissance religieuse, dans un pays où l'autorité du bouddhisme ne peut en aucun cas être dissoute. La nouvelle Charte a pour but de faire de la *sangha* « un instrument de la promotion des politiques gouvernementales[2] ». À la suite de l'affaire Phimolathan, les autorités durcirent leurs positions afin que le prestige populaire dont jouit le bouddhisme ne puisse se convertir en contre-pouvoir dépendant de postures idéologiques critiques prises par des dignitaires bouddhistes.

La réforme structurelle de la *sangha*, dès lors liée organiquement au gouvernement[3], permit la mise en place d'entreprises sociales dirigées par l'État et exécutées par les moines comme s'ils étaient de véritables fonctionnaires, tout en gardant le prestige attaché à leur condition monastique, particulièrement dans les campagnes. C'est ainsi que furent mis en place deux programmes. Tout d'abord un projet de développement supervisé par le Ministère de l'Éducation comprenant la formation de moines et leur envoi consécutif dans les campagnes pour inculquer aux villageois la valeur « inestimable » du labeur. Ce programme était surtout destiné à quadriller le Nord du pays considéré comme perméable au communisme. Ces moines, idéologues officiels du régime, furent nommés les *thammathut* (les messagers du *dhamma*). Une des principales universités destinées à la formation de ces messagers était dirigée par Phra Kitthiwuttho qui est connu pour ses positions droitistes extrêmement marquées. Il voulut convaincre ces populations que la « *sangha* approuve et soutient les efforts de développement économiques entrepris par le gouvernement[4] ». La méthode est simple : former des milliers de nouveaux moines en quelques années qui seront tous acquis à la cause anticommuniste du régime. Le titre du discours d'une extrême violence tenu à l'université de Cittaphawon que prononça Kitthiwuttho ne saurait nous tromper sur ses intentions : « Tuer des communistes ne cause aucun démérite ».

1. Il s'agit du *Sangha Administration Act* (Charte d'Administration de la Sangha) de 1962.
2. S. Somboon, *Buddhism and Politics in Thaïland : A Study of Socio-Political Change and Political Activism of the Thaï Sangha*, Singapore, Institute of Southeast Asian Studies, 1982, p. 123.
3. Cf. le schéma en fin de paragraphe, intitulé : Structure administrative de la Sangha et sa relation avec le gouvernement.
4. C.F. Keyes, « Buddhism and National Integration in Thaïland », in *Journal of Asian Studies*, mai 1971, p. 561.

Le second programme important a été chapoté par le département des affaires sociales sur l'initiative du chef de sa division consacrée à l'Aide sociale des groupes ethno-culturels minoritaires, Pradit Disawat. Cette fois, les moines formés à cet effet seront appelés des *thammacarik* (les voyageurs du *dhamma*). Il s'agissait en réalité d'intégrer des peuplades montagnardes du Nord dans l'État-Nation thaïlandais en se servant du bouddhisme. L'opération consistait clairement à intégrer par la bouddhéisation. Sous les règnes de Rama IV et V, la *sangha* fut déjà largement utilisée pour unifier la nation, pour conférer une cohésion identitaire et géographique à un ensemble de réalités sociales disparates, mais avec le gouvernement de Sarit, la *sangha* devient un vulgaire instrument aux services de programmes politiques diversifiés. Les moines vont en fait appliquer la politique gouvernementale comme des fonctionnaires formés à cet effet[1].

Cette implication de la *sangha* dans les programmes gouvernementaux n'a pas réussi néanmoins à la vider de toute force critique. On pourrait même émettre sérieusement l'hypothèse que le fait que la Thaïlande soit au cœur d'un réseau bouddhiste engagé moderniste universaliste influent jusqu'en Europe et aux USA, n'est pas sans rapport avec cette pression gouvernementale. En effet, l'encouragement de l'État à destination des moines pour qu'ils s'engagent dans la vie sociale, qu'ils se sentent responsables des problèmes sanitaires et sociaux, pauvreté, sida, drogue, prostitution, etc., a effectivement porté ses fruits, mais pas dans l'unique sens escompté. La conscience sociale et politique du moine s'est effectivement développée de façon générale, y compris contre l'anticommunisme radical du gouvernement.

2° La multiplicité des orientations occidentalisées de la sangha thaïlandaise

a) Les différentes sectes

La *sangha* thaïlandaise n'est pas monolithique même si, d'un point de vue purement institutionnel, depuis 1932 les rapports entre elle et l'État étant régis par une charte[2], le pouvoir politique à cherché à l'unifier et à centraliser sa hiérarchie. Il existe un patriarche et une série d'hiérarques. Deux tendances s'affrontent dans l'obtention des fonctions religieuses officielles : la secte dite de la majorité, ou grande secte, qui est la plus ancienne, et la secte dite de la stricte observance qui entend rétablir un bouddhisme plus rigoureux, purifié. Cette dernière secte est aussi appelée « secte royale » parce qu'elle se compose essentiellement de personnes de haut rang proches de la famille royale. Dans les faits, lorsque le souverain en a la possibilité, il cherche à favoriser la nomination d'un membre de cette tendance, ce qui engendre des tensions.

---

1. C.F. Keyes, « Buddhist Politics and their Revolutionary Origins in Thaïland », in *International Political Science Review,* 10, 1, février 1989.
2. Deux chartes se sont d'ailleurs succédées depuis 1932 pour régir ces rapports entre le religieux et le politique. L'une est plus démocratique, elle retire un certain pouvoir au roi dans la nomination des dignitaires bouddhistes, et l'autre confère une place prépondérante au gouvernement.

STRUCTURE ADMINISTRATIVE DE LA SANGHA ET SA RELATION AVEC LE GOUVERNEMENT

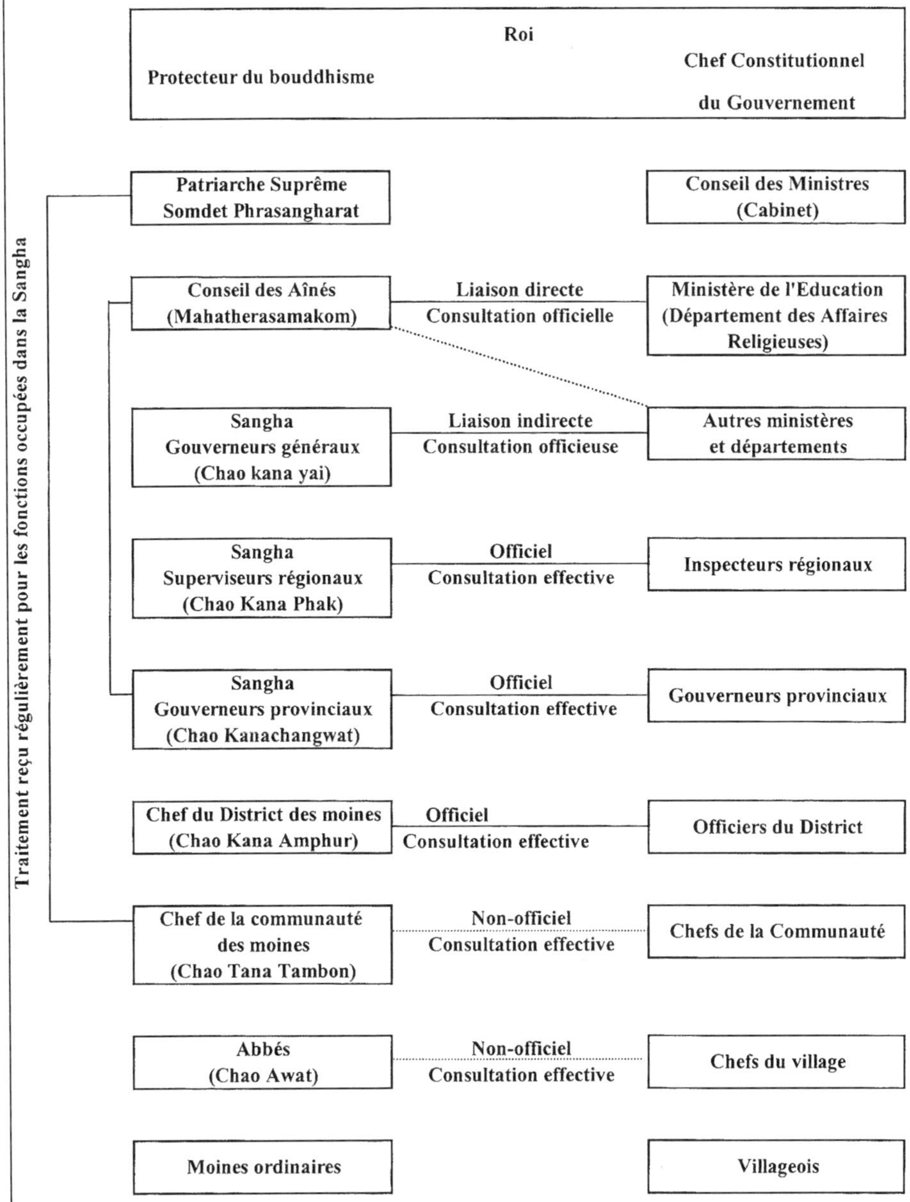

Informations tirées de S. Samboon, *Buddhism and Politics in Thailand : a Study of Socio-Political Change and Political Activism of the Thai Sangha*, (Singapore, Institute of Southeast Asian Studies, 1982, p. 50), et traduites par nos soins.

À cette réalité institutionnelle nationale se superpose une réalité associative beaucoup plus diversifiée sur le plan des organisations et des doctrines. Louis Gabaude repère trois orientations bouddhiques thaïlandaises qui se combattent dans l'espace public : l'intégrisme nationaliste, l'intégrisme ascétique, et enfin le modernisme[1]. La tendance moderniste est très nettement la tendance active, positivement productrice de valeurs, puisque les deux autres tendances se définissent par rapport à elle. Les tendances intégristes se construisent en réaction à la voie moderniste : en réaction plutôt favorable mais critique concernant l'intégrisme ascétique, en réaction franchement défavorable concernant l'intégrisme nationaliste. La Thaïlande, qui est pourtant un des pays du Sud-Est asiatique le plus officiellement traditionaliste sur le plan institutionnel, est aussi le pays dans lequel le bouddhisme moderniste est le plus actif, du moins dans la production et la diffusion idéologiques.

L'intégrisme nationaliste reproche au bouddhisme moderniste de vouloir détruire le bouddhisme traditionnel et à travers lui la nation thaï. Sur un plan pratique, le bouddhisme moderniste remet en cause le sens littéral des renaissances successives d'un corps dans un autre après la mort physique. Cette continuité karmique fera l'objet d'une interprétation symbolique compatible avec la rationalité moderne, mais qui, de fait détruit la morale sociale du bouddhisme traditionnel fondée sur la crainte populaire d'une dégradation existentielle *post-mortem* en cas de non-respect des préceptes. De surcroît, les dons et offrandes diverses destinés à la subsistance du monastère perdent de leur importance puisqu'ils étaient traditionnellement motivés par la négociation, en quelque sorte, d'une vie future par la preuve matérielle de la dévotion.

En outre, le bouddhisme nationaliste – qui est la version institutionnellement reconnue – soutient systématiquement les positions gouvernementales, farouchement anticommunistes : lors du conflit vietnamien, la Thaïlande a soutenu la politique américaine. Nombre de bouddhistes modernistes, avec à leur tête Buddhadasa, dénoncèrent au contraire l'emprise américaine au Viêt-nam ainsi que la haine anticommuniste. Buddhadasa a d'ailleurs lui-même en contre-coup été dénoncé comme le saboteur et même le fossoyeur des intérêts de la nation thaï, un ennemi de l'intérieur. La tendance intégriste ascétique épouse certaines positions modernistes proches de celles de Buddhadasa contre le traditionalisme institutionnel, en particulier celles qui mettent en cause les aspects magiques, superstitieux, l'astrologie, les bénédictions d'entreprises commerciales, qui sont exploités par les moines et supérieurs des pagodes. Mais les tenants de cette tendance critiquent aussi Buddhadasa, et avec lui le bouddhisme moderniste, qu'ils jugent trop permissif dans ses positions morales, par exemple en ne demandant pas l'imposition du végétarisme. L'intégrisme ascétique en appelle à la purification morale d'une société

1. L. Gabaude, « Le bouddhisme en Thaïlande et au Laos », in *Le fait religieux dans l'enseignement : le bouddhisme,* La Boulaye, Publié par le Centre Bouddhique *Vajrayâna*, 1995, p. 55-56.

gangrenée par la corruption, la prostitution, la drogue, etc. Dans ce sens, il peut, même s'il s'en défend, se confondre avec certaines franges de l'intégrisme nationaliste institutionnel.

b) Le bouddhisme en guerre contre la corruption de la société

L'organisation appelée Santi Asok, créée en 1970, est certainement le mouvement de protestation bouddhiste intégriste ascétique le plus radical de Thaïlande. Celui-ci a été fondé par un ancien homme de spectacle, qui a eu, à l'âge de 36 ans, une sorte de révélation mystique qui l'a aussitôt conduit a démissionner et à abandonner ses biens pour mener une vie de moine sous le nom de Phra Bodhiraksa, mais il entra très vite en conflit avec ses supérieurs, en particulier en raison d'un centre qu'il créa près de Nakorn Pathom et qu'il appela La Terre d'Açoka (*Dan Asok*). La référence à l'empereur Açoka est évidente mais n'est pas interprétée dans le sens du bouddhisme engagé moderniste qui lui confère une image de prince philosophe père ancestral d'un État-providence démocratique et tolérant. Pour Bodhiraksa, Açoka est plutôt le symbole d'un retour à un bouddhisme purifié, fer de lance d'une lutte contre la corruption de la société thaï et de la *sangha* nationale en particulier. Le Conseil Suprême de la *sangha* ordonna la fermeture de *Dan Asok*, sans pour autant obtenir la soumission du moine réfractaire, bien au contraire. Bodhiraksa prit de plus en plus ses distances avec les institutions religieuses, et finit par s'exclure lui-même de la *sangha* officielle[1], tout en continuant à fonder de nouveaux centres *Asok*[2], qualifiés centres du *Peuple d'Açoka*. La progression du mouvement va alors se précipiter en terme de nombre de sympathisants[3] mais aussi en terme d'influence politique. L'élection d'un proche du mouvement, le Major Général Chamlong Srimuang, comme gouverneur de la capitale, Bangkok, et par la suite comme parlementaire sous les couleurs d'un parti favorable au mouvement, la Force du Dhamma (*Phalang Dhamma*), va donner un poids politique indéniable à Bodhiraksa. Chamlong va s'investir dans le mouvement en prenant la tête de la Fondation de l'Armée du *Dhamma* (*Kongtap Tham Munniti*) alors que Bodhiraksa, fort de cet appui, va accentuer ses critiques à l'encontre du gouvernement, de la *sangha* et de la société thaïlandaise, et se permettra, au nom de son niveau spirituel « exceptionnel », de relire les anciens textes à sa manière et d'ordonner personnellement des moines sans l'assentiment de la hiérarchie religieuse officielle.

En 1988, les autorités religieuses, exaspérées par son attitude, l'enjoignent solennellement de se soumettre à la législation religieuse et de s'intégrer au système en vigueur. En dépit de cet appel qui ressemble à une demande de compromis, à une proposition de réintégration de l'ensemble

1. D.K. Swearer, « Fundamentalist Movements in Theravada Buddhism », in Marty, Appleby, *Fundamentalism Observed,* Chicago, University of Chicago Press, 1991, p. 670.
2. *Sri Asok* à Sisaket, *Sali Asok* à Nakorn Sawan, un nouveau centre à Nakorn Pathom, *Pathom Asok,* et enfin un centre à Bangkok même, *Santi Asok.*
3. Aux alentours de 100 000 personnes au milieu des années quatre-vingt.

de son mouvement à la *sangha* officielle, Bodhiraksa refuse et continue ses virulentes critiques. Deux mois plus tard, en novembre, le Conseil Suprême de la *sangha* évoque la possibilité de défroquer le moine contestataire. Le gouvernement tente de tempérer le conflit afin d'éviter une ébullition populaire qui pourrait profiter au parti *Phalang Dhamma.* Mais la rupture est inévitable, et au printemps de l'année qui suit, un décret gouvernemental lui retire sa qualité de moine. Le mouvement continue aujourd'hui à exister – sans toutefois prospérer comme dans les années quatre-vingt – à travers des fermes communautaires.

3° Buddhadasa, précurseur d'un nouvel idéalisme politique critique du collectivisme et du capitalisme

a) Du projet de socialisme bouddhiste pour la Thaïlande à un socialisme bouddhiste qui « peut aider le monde »

Le mouvement qui est le plus original et qui a eu l'influence la plus profonde non seulement sur le bouddhisme thaï mais aussi sur le bouddhisme mondial, particulièrement concernant l'engagement social et la philosophie politique, s'enracine dans l'enseignement du moine Buddhadasa. Celui-ci a en premier lieu critiqué les structures de la *sangha* nationale, au point d'émettre de sérieuses réserves sur les programmes de développement sociaux relayés par des moines, et a en même temps critiqué le bouddhisme superstitieux, jusqu'à remettre en cause le sens populaire de la croyance en la renaissance des individus dans un nouveau corps consécutivement à la mort physique.

Il prendra à plusieurs reprises des positions politiques, par exemple contre les bombardements américains au Viêt-nam, qui sont aux antipodes de la ligne gouvernementale. Une de ses premières innovations est d'avoir remis en cause la distinction millénaire héritée du *Theravâda* sri-lankais, entre des moines de forêt (*arannavasin*), se consacrant à la méditation, au développement spirituel en vue d'atteindre le *nirvana* en dehors de tout contexte social, et des moines de ville (*gamavasin*) spécialistes en rituels, cérémonies et autres pratiques dévotionnelles populaires, impliqués dans la vie de la cité. Lui-même moine de forêt, il suit de stricts préceptes, médite tous les jours, ne mange qu'une seule fois par jour, se retire parfois dans la solitude, tout en étudiant les textes, en enseignant les doctrines, en rédigeant des livres, des articles, donnant des conférences et prenant des positions politiques controversées.

Cette dissolution de l'ancienne distinction du *Theravâda* entre un bouddhisme extramondain individualiste et contemplatif des forêts, et un bouddhisme intramondain piétiste et inféodé au pouvoir en place est une grande innovation du bouddhisme thaï contemporain, qui est un des éléments fondamentaux du bouddhisme occidentalisé tel qu'il se développe en Europe et en Amérique. Le bouddhisme le plus contemplatif devient le plus rationnel sur le plan de la doctrine et le plus moderniste sur le plan politique et social. Cette évolution ébauchée par Buddhadasa se développera au-delà sans doute de ce qu'il aurait voulu[1], par l'intermédiaire d'Occidentaux attirés par le bouddhisme des forêts. L'exemple d'Ajhan Sumedho est à cet égard tout à fait révélateur. Cet Américain vint en 1967, au moment où d'autres de ses concitoyens se rendaient dans des ashrams indiens ou prenaient la route de Katmandou, à la rencontre d'un maître de méditation célèbre, le vénérable Ajhan Chah, dignitaire de l'ordre des moines de forêt. Il resta près de 10 années avec ce maître, et fonda sur le sol thaïlandais, fait sans précédent, un monastère international de la forêt (*Wat Pah Nanachat*), destiné à répondre à la demande croissante de la clientèle occidentale désirant s'initier à la méditation *vipassana*[2]. Ce monastère formera de nombreux moines occidentaux qui retourneront ensuite en Occident pour constituer des groupes spirituels, à commencer par Ajhan Sumedho lui-même qui retourna en Europe pour fonder un monastère en Angleterre, lequel aura un succès grandissant, rayonnant sur l'Europe bouddhiste avec des groupes importants en France, en Belgique, ou en Suisse où un premier monastère fut établi dès 1988. Le monastère central anglais bénéficie aujourd'hui de constructions très récentes et très spacieuses.

La dissolution de la frontière entre la pratique méditative propre à la tradition des forêts et l'implication politique et sociale a été complètement consommée par l'intervention de ces acteurs occidentaux. Ceux-ci ont en quelque sorte accéléré un processus d'occidentalisation qui avait été initié par les Asiatiques eux-mêmes tels que Buddhadasa. Ajhan Sumedho n'hésitera pas à discourir publiquement sur les inconvénients de l'individualisme moderne, sur la folie du libéralisme débridé, sur l'ineptie des distinctions politiques entre droite et gauche, sur la nécessité de la protection de l'environnement à l'échelle planétaire. « Aujourd'hui on nous pousse à prendre position sur tout, et notre esprit a facilement tendance à s'en tenir à une opinion fixe, que ce soit une opinion politique ou une croyance religieuse, à défendre une opinion sur le problème concernant la nation, soi-même, les classes sociales, les races, le sexe... [...] Nous pouvons nous impliquer de manière tellement fanatique dans une simple opinion politique que nous sommes prêts à faire sauter la planète entière plutôt que de renier notre point de vue. [...][3] »

Après cet exposé sur l'absurdité des catégories intellectuelles qui constituent le fond des débats politiques classiques, Sumedho laisse supposer que lorsque l'on creuse chacune de ses opinions au-delà de l'aspect conventionnel, « nous ne savons plus si nous sommes tout à fait à droite ou tout à fait à gauche, nous ne savons plus pour quel côté nous

1. Comme nous le verrons plus loin, Buddhadasa reste traditionaliste et conservateur sur nombre de points, y compris sur des points tenant à l'engagement social et à la philosophie politique.
2. La méditation *Vipassana* est l'ensemble des techniques d'introspection mises en œuvre grâce à des exercices physico-psychiques, qui se pratiquent dans le *Theravâda*.
3. A. Sumedho, « Ère nucléaire et responsabilité individuelle », in Chah, Sumedho, Tiradhammo, *La méditation selon la tradition des moines de la forêt,* Kandersteg, Éditions Dhammapala, 1991, p. 13.

devrions réellement prendre parti, alors nous hésitons entre les deux[1] ». Ce discours exploite la difficulté actuelle des partis politiques à se distinguer clairement en fonction d'une position droite-gauche. Il s'agit de montrer l'absurdité du débat politique tout en ne révoquant pas la politique en elle-même, ce qui suppose une troisième voie, ni à droite ni à gauche, au-delà du « libéralisme égoïste » et du « collectivisme despotique ». Car ce n'est pas la politique qui est un mal en soi, puisqu'elle permet de se décentrer de son ego, mais le fait que « la politique a dégénéré en prise de pouvoir, rapport de force, intimidation, et condamnation[2] ». Cette phrase laisse supposer que le bouddhisme est le fond spirituel qui pourrait régénérer la politique ; elle entre tout à fait dans la logique des discours actuels du bouddhisme occidentalisé tel qu'il est diffusé en Europe et en Amérique par des leaders charismatiques tels que le Dalaï-Lama et Thich Nhat Hanh. Ce placement politique est beaucoup plus subtil que celui du FWBO (*Friends of The Western Buddhist Order*) bien implanté au Royaume-Uni, proche des réseaux indiens initiés par Ambedkar, qui est radicalement libertaire, s'attaquant aux « oppressions » à la fois de la société de consommation et des « archaïsmes moraux » bourgeois tels que l'institution de la famille mononucléaire.

Nous avons pu par cet exemple constater qu'un mouvement asiatique d'occidentalisation du bouddhisme a pu, par un phénomène d'amplification, s'étendre en Europe et en Amérique. Il ne sera pas inutile d'examiner les éléments principaux de l'herméneutique de Buddhadasa qui fait partie des briques constitutives doctrinales de l'idéologie bouddhiste occidentale contemporaine. C'est au début des années quarante que Buddhadasa se fit remarquer pour ses idées politiques. Il intervint dans le cadre de l'Association *Bouddha-Dhamma* avec des conférences aux titres évocateurs : « Bouddha-Dhamma et l'esprit de la démocratie », ou « Bouddha-Dhamma et la paix[3] ». À mesure que son discours devenait plus ostensiblement politique évoquant les moyens d'obtenir une « paix mondiale » ou une démocratie authentique, Buddhadasa prétendit ne faire nullement de la politique mais au contraire ne parler que de spiritualité et de morale. Pour lui, le Bouddha est « naturellement démocrate » parce que la démocratie n'est pas une construction institutionnelle mais un état naturel et universel qui peut être mis en péril par la politique : « Le bouddhisme a déjà le caractère de la démocratie comprise au sens moral. Il n'y a pas à craindre que nous soyons dans la confusion des genres, c'est-à-dire que nous fassions de la politique avec le bouddhisme[4] ».

La redéfinition des mots hors de leur sens usuel est l'une des spécificités les plus marquantes de son discours. Ainsi, non seulement la démocratie

1. *Ibid.*, p. 14.
2. *Ibid.*, p. 20.
3. Collection of Buddha-Dhamma Lectures (Chumnum Pathakatha Chut Buddha-Dhamma), Chaiya, Dhammadana Foundation, 1987.
4. *Ibid.*, p. 253.

devient un problème moral et non plus essentiellement politique[1], mais de surcroît il peut y avoir moralement démocratie dans un régime politiquement dictatorial. Il semble que Buddhadasa prenne le mot démocratie au sens de République dans la philosophie politique classique, un idéal moral tel que l'on peut le trouver chez Platon avec une apologie de l'élite vertueuse, une aristocratie de la vertu et non de la naissance, qui gouverne dans l'intérêt général : « La solution du problème social se trouve dans une vie socialement morale[2] ». Or, il est indéniable que cette signification est aussi celle qu'elle prend dans le grand public occidental[3]. L'organisation elle-même importe moins que « l'esprit démocratique ». Alors qu'il niait dans un premier temps la nature politique de sa démarche, il finit par définir la politique elle-même comme un enjeu moral et non comme un problème de pouvoir[4]. Ce qui nous ramène évidemment encore plus franchement à l'idéal platonicien.

Buddhadasa se plaît à jouer du sens des mots comme des provocations destinées au pouvoir en place. Ainsi, dans les années soixante-dix, il donna une série de conférences intitulées « Le socialisme selon les principes de la religion », « Une démocratie de type socialiste », « Le type de socialisme qui peut aider le monde[5] ». Ces conférences furent tenues au moment où les USA étaient encore militairement impliqués au Viêt-nam et disposaient de bases sur le territoire thaïlandais. Il y avait d'ailleurs à l'époque une présence remarquée de GIs à Bangkok, la capitale, où eurent lieu les conférences. La démarche de Buddhadasa venait en soutien au mouvement populaire, sous l'impulsion de milieux étudiants, qui demandaient au gouvernement le retrait américain. À cette époque, le moindre indice pouvait faire passer une personne pour un communiste et entraîner son incarcération immédiate. Buddhadasa choisit ce moment pour ajouter à son concept de « démocratie » celui de « socialisme », qui déboucha sur ce qu'il appela le « socialisme dhammique ». Il semble que son évolution intellectuelle ait été motivée par la situation sociopolitique de la Thaïlande, bien que par la suite, sur la base de ces termes de démocratie, de socialisme, et de leur redéfinition, il élabora une philosophie politique

1. Ce qui est tout à fait dans la ligne des discours actuels qui ont cours dans les débats médiatiques. La démocratie devient effectivement plus une valeur morale, une éthique, qu'un régime politique clairement défini.
2. Buddhadasa, « Le socialisme démocratique », in *Bouddhisme et Socialismes,* Paris, Les Deux Océans, 1987, p. 65.
3. Ceci est particulièrement pertinent dans le cas de la France où la République est représentée comme un concept clé pour définir l'État-Nation moderne. En revanche le terme démocratie représente plus une valeur universelle, du moins transnationale.
4. « Le mot "religion" (*Sâsâna*) et le mot politique ont une relation essentielle. Religion signifie le degré le plus parfait de la morale. Puisqu'un système politique doit essentiellement être un système moral (*Sîladhamma*), la politique et la religion ont un point commun » (Buddhadasa, « Le socialisme dhammique autoritaire », in *Bouddhisme et Socialismes, op. cit.*, p. 73).
5. De façon assez surprenante, une de ses interventions sur le « socialisme » a été effectuée devant des jeunes stagiaires à la demande du Ministère de la Justice en septembre 1974, ce qui démontre, s'il en était besoin, l'influence incontournable de Buddhadasa, y compris sur les élites politiques malgré ses critiques et ses provocations. Provocations et critiques qui restent toujours à mots couverts, pour ainsi dire en jeux de mots, à la différence de celles de Bodhiraksa.

indépendante de ces mêmes conditions. L'idée d'un « socialisme qui peut aider le monde » laisse déjà pressentir d'une part la nature spécifique d'un socialisme bouddhiste, et d'autre part la nature universalisable, au-delà de la Thaïlande et même du contexte asiatique, de sa critique politique et sociale.

b) L'influence de Buddhadasa en Asie et dans le monde

En Thaïlande même, la pensée de Buddhadasa a encore une emprise considérable sur les moines et les laïques, à travers des disciples qui tentent d'enseigner ses idées, de les communiquer à toutes les classes de la population : Phra Payom par exemple est très populaire dans les milieux ouvriers et chez les jeunes des quartiers défavorisés. Des intellectuels tel que Runjuan Indarakamhaeng, ancien universitaire, servent de relais de diffusion de sa pensée. De nombreuses organisations laïques s'inspirent aussi de son enseignement, telles que *Les Enseignants du Club Thaïlandais de Moralité*, dont l'action s'étend sur les milieux scolaires, *La Mission de la Sublime Vie*, qui est une société d'édition, et enfin bien sûr la *Fondation Buddhadasa*. Son autorité dans les hautes sphères du pouvoir, bien qu'il soit l'objet de controverses, est certaine, et cela dès le début de sa carrière d'homme public. H.E. Pridi Panomyong, leader de la révolution de 1932 et un des hommes d'État les plus respectés du pays, assista en 1947 à la conférence de Buddhadasa sur « Le Bouddha-Dhamma et l'esprit de la démocratie », à la suite de laquelle il invita l'orateur pour des entretiens privés. Nombre de disciples de Buddhadasa sont des magistrats, des médecins, des enseignants influents, qui le plus souvent ont été sensibles à l'aspect moralisateur de son message.

Mais Buddhadasa a eu aussi, et surtout, une forte audience auprès des groupes progressistes. Il est vrai qu'il n'a pas hésité à affirmer ses positions égalitaristes sur les statuts respectifs des hommes et des femmes, dans un pays où la lignée des nonnes s'est éteinte depuis plus d'un millénaire et demie, en raison de la croyance, traditionnelle dans le *Theravâda*, que seul l'homme peut se libérer définitivement[1]. Une femme ne pouvant se libérer dans cette vie, doit ou mourir pour renaître en tant que mâle, ou occuper une place sociale et spirituelle secondaire. Cette logique a servi à minimiser le problème de la prostitution comme étant un phénomène inhérent à la condition spirituelle inférieure du sexe féminin. Runjuan Indarakamhaeng, une femme haut fonctionnaire qui fut disciple de Buddhadasa, qui réside à *Suan Mokkh*[2], devint professeur à l'université Ramkamhaeng de Bangkok et une des seules enseignantes du *dhamma* et de la méditation à être presque unanimement respectée dans le pays. Il y a de manière sporadique des femmes qui se sont faites nonnes telles que Voramai Kabilsingh qui réside au temple *Wat Songdharmakalyani*.

---

1. C'est-à-dire rompre la chaîne des naissances et des morts, et atteindre ainsi au nirvana.
2. *Suan Mokkh* est le nom du monastère dans lequel résidait Buddhadasa.

Mais d'une façon générale, même si les mentalités évoluent, la population laïque, spécialement rurale, a beaucoup de mal à accepter l'établissement d'une *sangha* de femmes. Lorsqu'elle veut obtenir l'ordination, une femme thaïlandaise ira la chercher chez des moniales coréennes, vietnamiennes, chinoises ; c'est d'ailleurs ce que fit Kabilsingh. Elles deviennent ainsi nonnes ordonnées par une lignée *Mahâyâna* (Grand Véhicule), alors qu'elles vont résider et pratiquer en Thaïlande en contexte *Theravâda*[1]. Reste le problème de reconnaissance par les autorités religieuses *Theravâda* de la validité de cette procédure transversale. Buddhadasa fut un des précurseurs de cette transversalité dont profitent aujourd'hui les femmes thaïlandaises, et qui est un des éléments fondamentaux de l'occidentalisation du bouddhisme. Il se lia avec des dignitaires de lignées du Grand Véhicule en provenance de l'Inde, du Japon, du Népal mais aussi de l'Occident, en les considérant comme des bouddhistes à part entière. Il rencontra d'ailleurs le Dalaï-Lama à plusieurs reprises, une première fois à Bangkok en 1967 et une autre fois en 1972 lorsqu'il l'accueillit à *Suan Mokkh*. En outre, il n'a pas hésité à traduire et à commenter des textes du corpus du *Mahâyâna*, et à en tirer des enseignements lors de ses conférences.

Même s'il a pu perturber les franges progressistes par ses idées de socialisme dhammique dictatorial, il fut la seule figure publique à soutenir leur action pendant les décennies 60-70 où les réseaux médiatiques, radios, télévisions, journaux, étaient entièrement contrôlés par l'État. Les mouvements d'étudiants bouddhistes qui furent les plus actifs durant ces périodes se sont grandement inspirés de ses idées.

Le communautarisme villageois, le développement social et sanitaire dans les campagnes, et surtout l'éducation populaire était jusque dans les années quatre-vingt les points d'encrage privilégiés du bouddhisme progressiste critique. Depuis une vingtaine d'années, l'Environnement est devenu un nouvel enjeu de l'engagement bouddhiste progressiste. L'abbé du monastère *Wat Bodharama*, Phra Khru Man Nathipitak, s'opposa en 1987 à la déforestation d'une partie de la région de Nan. Devant la fin de non-recevoir des autorités, il fit appel au soutien de plusieurs ONG, mais surtout prit l'initiative sans précédent d'ordonner des arbres[2]. Cette mesure pour le moins originale réussit à stopper les opérations en cours. Cette idée fit depuis son chemin, et fut suivie par d'autres moines, par exemple par Phra Prachak Kuttajitto dans le Nord-est du pays. Des pressions avaient déjà été faites auprès du *Royal Forestry Department* au tout début des années quatre-vingt – sous la férule d'Ajan Pongsak Techathamano qui sensibilisa des communautés villageoises à la protection de leur environnement en

1. N.J. Barnes, « Buddhist Women and Nuns'Order in Asia », in Queen, King, *Engaged Buddhism. Buddhist Liberation Movements in Asia,* New York, State University of New York Press, 1996, p. 259-294.
2. U. Pibop, « Buddhist Natural Conservation in Thaïland » in *Seeds of Peace,* 11, 1, janvier-avril 1995, p. 40.

dehors de toutes préoccupations commerciales – pour déclarer la vallée de Mae Soy, Réserve Bouddhique.

Cette option environnementaliste place le bouddhisme progressiste thaïlandais en première ligne des thématiques bouddhistes engagées les plus porteuses en Occident. Le discours du Dalaï-Lama est lui aussi, peut-être même plus encore, centré sur le rapport à l'environnement naturel comme base d'une nouvelle gestion de l'environnement social et international, critiquant virulemment « ce manque de respect [qui] s'étend même aux hommes à venir sur la terre, aux futures générations qui hériteront d'une planète largement dégradée si la paix mondiale ne devient pas une réalité et si la destruction de l'environnement naturel se poursuit à la vitesse actuelle[1] ». Le chef tibétain confond volontairement la « paix mondiale », donc internationale, avec la pacification plus générale du rapport à l'environnement, de même que Thich Nhat Hanh, dont l'intitulé même de l'organisation qu'il fonda, l'Ordre de l'Interêtre, est une façon de donner la priorité à l'interdépendance pacifique universelle, le terme universel étant compris au sens large et écologique.

4° Sulak et l'International Network of Engaged Buddhists (INEB)

a) À la fois réformateur social et collaborateur du pouvoir

Sulak Sivaraksa, la plus importante figure contemporaine du bouddhisme engagé thaïlandais particulièrement depuis la disparition de Buddhadasa, est l'héritier direct de cette « tradition progressiste » : engagement social et éducatif décentralisé, philosophie critique du capitalisme libéral et du collectivisme despotique, écologisme activiste et idéologique, dépassement du *Theravâda*, pan-asiatisme, et finalité politique universelle, autrement dit mondiale. À ceci prêt que Sulak est un laïque et non un moine, un homme de terrain et d'institution. Il va accentuer la politisation des thématiques religieuses, le caractère socialement engagé du bouddhisme, et renforcer sa puissance institutionnelle par la création de nombreuses organisations elles-mêmes parties d'un tissu interbouddhique, interreligieux, pan-asiatique et enfin international. Il est le troisième grand leader mondial asiatique du bouddhisme engagé, avec le Dalaï-Lama et Thich Nhat Hanh[2], à bénéficier d'une tribune occidentale et à participer ainsi au développement d'une culture politique bouddhiste occidentale.

1. Dalaï-Lama, « Une approche éthique de la protection de l'environnement », in *Une politique de la bonté*, Vernègues, Claire Lumière, 1993, p. 140.
2. Sulak est en outre le seul des trois à être un laïque et à faire originellement partie de la tradition *Theravâda* et non *Mahâyâna*. Nous n'avons pas compté le président mondial de la SGI (Soka Gakkai Internationale), qui est évidemment un des principaux leaders du bouddhisme engagé au sens large, qui est asiatique (japonais), laïque, et qui dispose d'une importante tribune en Occident, participant lui aussi à ce titre au développement d'une culture politique bouddhiste occidentale. La raison de notre omission volontaire ne tient pas dans les allégations sur le caractère éventuellement « sectaire » du mouvement mais sur le simple fait que Daisaku Ikeda se comporte comme un leader autonome et que son organisation à sa suite n'est pas intégrée au tissu institutionnel du bouddhisme engagé mondial. Thich Nhat Hanh et le Dalaï-Lama sont par exemple membres de

Il est né dans une famille qui était ouverte sur la culture occidentale du fait même de la profession de son père, employé dans une entreprise d'import-export travaillant avec l'Europe et l'Amérique du Nord. Cette ouverture à l'Ouest s'affirmera par les études universitaires qu'il effectua au Royaume-Uni où il obtint son diplôme de droit. À la fin de ce séjour académique britannique, il rentra en Thaïlande où il s'imposa comme un des plus brillants intellectuels et éditeurs du pays. Âgé d'à peine trente ans, il était devenu un personnage public, rédacteur en chef et fondateur de la *Revue de Science Sociale* (*Sangkhomsat Parithat*), principale tribune des idées antimilitaristes et critiques du gouvernement, sans qu'il soit inquiété par les autorités qui ne voyaient en lui que le représentant d'un groupuscule d'intellectuels occidentalisés sans ascendant sur le peuple. Il faut dire que le prince Wan Waithayakorn le protégea en soutenant certaines de ses positions. Parallèlement à sa carrière d'écrivain et d'éditeur, il entama une carrière académique dans plusieurs universités de Bangkok, en particulier à l'université de Thammasat, célèbre pour avoir été le théâtre d'événements insurrectionnels auxquels les idées de Sulak ne sont pas étrangères.

Son activisme se déploya dans les campus par l'installation de groupes de discussion sur les problèmes de société, dont la *Réunion du Café* (*Safe Kafe*). Durant ces années, il élargit encore considérablement le panel de ses activités, tenant de plus en plus de conférences sur la paix, les droits de l'homme, l'égalité sociale, le dialogue interreligieux. Il était rédacteur en chef honoraire de *Visak Puja,* la publication de l'Association Bouddhiste de Thaïlande, il fut le premier président du *South East Asian Study Group on Cultural Relations for the Future* (le Groupe d'Étude du Sud-Est asiatique sur les Relations Culturelles du Futur), ce qui témoigne de sa volonté d'intégration asiatique, et de dépassement des frontières nationales en général. Il est respecté par les autorités morales et politiques du pays qui, par la voix du président de l'Association des Bouddhistes de Thaïlande[1] et celle du gouverneur de la Banque de Thaïlande, le contactèrent pour mettre en place la *Komol Keemthong Foundation,* sensée continuer à plus grande échelle l'œuvre de Komol, un universitaire célèbre qui démissionna de la faculté pour devenir instituteur de village et promouvoir le sens de l'identité siamoise auprès des jeunes au-delà des voies opposées du développementalisme forcé du gouvernement et des velléités communistes. Après l'assassinat de Komol par un communiste, l'idée germa de faire une fondation.

Que le gouvernement se soit préoccupé de perpétuer l'œuvre de Komol semble étrange au premier abord, au moins autant d'ailleurs que le fait de faire appel à Sulak à cet effet. Il faut se replacer dans le contexte d'un

l'INEB. La Soka Gakkai est un mouvement qui ne joue pas le jeu de la transversalité bouddhique, qui tient à garder sa spécificité à l'intérieur même du bouddhisme, et qui plus est du bouddhisme engagé. C'est la raison pour laquelle, lorsque nous parlerons de « bouddhisme engagé », nous entendrons cette expression au sens strict de ce bouddhisme engagé qui joue le jeu de la transversalité doctrinale, traditionnelle et institutionnelle.

1. Qui était à l'époque le Professeur Sanya Dhammasakti, qui fut aussi Premier ministre.

processus de démocratisation – réel ou supposé, il est difficile d'en juger – qui arrive en tout cas à un moment où le régime est en crise de popularité. Komol, critique du gouvernement comme du marxisme, sera assassiné par un communiste. Cet événement sert à promouvoir l'image démocratique que veut se donner le régime qui contraste avec la violence des méthodes communistes. Faire appel à Sulak comporte l'avantage de promouvoir encore l'idée d'une démocratie ouverte à la critique, tout en contrôlant un activiste qui pourrait se révéler dangereux. La suite des événements démontre que cette stratégie ne fonctionnera pas, d'abord parce que Sulak restera incontrôlable et de surcroît parce qu'il utilisera pleinement la marge de manœuvre qui lui sera laissée à l'université pour transmettre ses conceptions aux étudiants.

Son souci de dialogue interreligieux, doublé de ses préoccupations humanitaristes, s'exprima par la fondation en 1976 du Groupe de Coordination pour la Religion et la Société (GCRS), réunissant à la fois des bouddhistes et des chrétiens pour réfléchir et agir dans les domaines humanitaires, publiant une revue qui deviendra avec les années la plus large tribune thaïlandaise concernant les thématiques des Droits de l'Homme. La revue élargit ses thématiques à l'égalité citoyenne, l'égalité des sexes, la non-violence, ainsi que son champ géographique, dénonçant régulièrement la transgression des droits de l'homme dans d'autres pays d'Asie.

b) Le révolutionnaire qui en appelle à un changement politique global fondé sur une perspective bouddhiste

Cet activisme euphorique atteint son acmé pendant la période allant de 1973 à 1976, qui marque la tentative de démocratisation, après le soulèvement étudiant de 1973 auquel participèrent nombre de membres des groupes de discussions instaurés par Sulak sur les campus. Tout au long de cette période, Sulak est un sorte d'intellectuel multicarte, éditeur, écrivain, enseignant, fondateur et président d'une multitude d'associations. Il crée pour presque chaque association nouvelle, un journal ou une revue, organe de diffusion idéologique. Il semble que le gouvernement ait tenté, pendant cette période, faute de pouvoir éliminer sa voix critique, d'en faire une sorte de caution du régime, la preuve vivante que l'opposition idéologique était tolérée.

Cet essai de démocratisation ne sera pas durable. Le pouvoir sera dépassé par la tournure quasi révolutionnaire que prendra la contestation, particulièrement sur les campus universitaires. En 1976, alors que Sulak est aux USA en tant que représentant du Sud-Est asiatique lors de la célébration du bicentenaire des États-Unis, une manifestation sur le campus de l'université de Thammasat – institution dans laquelle il professe – tourne à une insurrection qui est brutalement réprimée par les autorités. À la suite de cet événement, une vague de persécutions s'abattra sur le pays, qui signa brutalement l'arrêt du processus de démocratisation. Sulak prit alors la décision de ne pas rentrer dans un pays sous le contrôle d'autorités qui risquent de l'arrêter ou même de mettre son existence en danger. Il restera près d'un an et demie en Occident, tenant des conférences en Europe, au Canada, aux USA, enseignant à l'université de Berkeley à San Francisco (*University of California at Berkeley*), à l'université de Cornell (*Cornell University*) et à l'université de Toronto.

Cet événement marque surtout un changement dans son action et dans son idéologie. Il ne sera plus l'intellectuel critique caution du régime, réformateur, et d'une certaine façon, indirectement, collaborateur. Son activisme se radicalisera et se mondialisera. Il visera un véritable changement politique et social global fondé sur une conception bouddhiste du monde. Enfin, il prendra conscience, au-delà de la critique acerbe du capitalisme mondial d'origine occidentale, de la nécessité de mêler l'Occident à son combat par le bas, par l'opinion publique. Les vecteurs privilégiés de cette stratégie sont évidemment les multitudes d'Occidentaux touchés par la pensée et la pratique bouddhistes qui se constituent en puissantes associations, aux USA en particulier, mais aussi plus récemment en Europe.

Il ne s'agit pas véritablement d'un changement de perspective mais bien d'une radicalisation de ses vues et actions, s'alignant sur l'exemple des leaders du bouddhisme engagé, et spécialement sur le créateur de cette expression, Thich Nhat Hanh. Sur le modèle de ce dernier, il optera pour une pratique modernisée de la méditation, purifiée des ritualisations excessives, et pour une symbiose entre la culture spirituelle et l'activisme social, en s'inspirant de l'ouvrage fondateur du moine vietnamien *Le miracle de la pleine conscience*[1], qui porte un sous-titre évocateur, *Manuel pour jeunes activistes*. Que ce dernier appartienne à la tradition du zen n'entre pas en considération, ce qui démontre que Sulak est favorable à une modernisation globale du bouddhisme au-delà des distinctions sectaires. Au-delà même du bouddhisme, il exprima son admiration pour Thomas Merton[2], le moine trappiste qui sut marier mysticisme et activisme politique.

Les organisations qu'il va créer et sponsoriser à partir de 1977 témoignent de cette radicalisation de l'engagement social et politique, ainsi que de sa volonté d'internationalisation. Il fait partie du conseil international de la Fondation Gandhi pour la Paix[3] qui a son siège à New Delhi en Inde, de la Brigade Internationale de la Paix[4] qui a son siège à Philadelphie en Pennsylvanie (USA), ainsi que de la Société Bouddhiste pour la Paix[5], qui a son siège à Berkeley en Californie (USA), qui est l'organisation principale du

1. Cet ouvrage a été traduit et n'est disponible que depuis 1994 en France, ce qui manifeste le retard de développement du bouddhisme engagé dans notre pays (Thich Nhat Hanh, *Le Miracle de la Pleine Conscience*, Paris, L'Espace bleu, 1994).
2. Qui fut d'ailleurs lié à Thich Nhat Hanh dans le combat qu'il partageait contre la guerre du Viêt-nam.
3. *Gandhi Peace Foundation* (GPF).
4. *Peace Brigade International* (BPF).
5. *Buddhist Peace Fellowship* (BPF).

« bouddhisme engagé » en Occident, l'équivalent de celle dont Sulak fut à l'origine en Asie : le Réseau International des Bouddhistes Engagés (INEB : *International Network of Engaged Buddhists*) dont les thèmes discutés lors de ses premières assises en 1989 recouvrent la plupart de ceux qui constituent actuellement le fond idéologique du bouddhisme occidentalisé : Droits de l'Homme, économie alternative, féminisme, écologie globale, paix internationale, non-violence individuelle, sociale et politique, solidarité familiale et universelle. Thématiques qui résultent d'une longue maturation idéologique qui commença à être formalisée lors du Forum Culturel Asiatique sur le Développement (ACFOD : *Asian Cultural Forum on Development*) – dont Sulak fut membre à partir de 1977, avant d'en devenir le coordinateur – et dans la publication attachée au forum (*Asian Action*) dont il est devenu l'éditeur.

L'autorité de Sulak au sein de l'ACFOD se renforcera au cours des années. En 1983, l'organisation formula son projet global dans des termes très proches de la vision de société idéale déjà développée par lui. D'après Donald Swearer, spécialiste des rapports entre politique et religion en contexte thaïlandais, cette formulation est en fait la version sulakienne de la philosophie de Buddhadasa Bhikkhu, autrement dit, son interprétation du « socialisme dhammique[1] ». Nous pouvons avoir une vision synoptique de ce projet, ou plutôt de cet idéal, de transformation politique globale[2] à travers un tableau qui met face à face le système dominant actuel et le système préconisé par l'ACFOD[3].

5° Vers un réseau idéologique et institutionnel bouddhiste engagé mondialisé

a) Construction d'un bouddhisme politique universalisable

Il y a une continuité entre les thèmes qui émergent lors du forum ACFOD de 1983, la philosophie politique de Buddhadasa Bhikkhu, celle de Sulak et enfin le discours actuel du bouddhisme engagé occidentalisé.

Cette insistance sulakienne sur l'engagement politique est énoncée non pas comme une radicale nouveauté mais comme une interprétation profonde du bouddhisme[4], un retour à l'esprit originel du Bouddha. L'organisation monastique instituée par le Bouddha, la *sangha*, est le

1. D.K. Swearer, « Sulak Sivaraksa's Buddhist Vision for Renewing Society », in Queen, King, *Engaged Buddhism. Buddhist Liberation Movement in Asia, op. cit.*, note 17, p. 228.
2. Certains auteurs, tel que Herbert Phillips, ne considèrent pas le projet de Sulak comme un projet de nature politique mais plutôt de nature micro-sociale, il s'agirait de réformisme social plus que de révolution politique. Il semble que les objectifs formulés en 1983 par l'ACFOD démontrent le contraire : les conceptions de Sulak, si elles avaient pu dans leurs premières ébauches être considérées en partie comme apolitiques, se sont considérablement politisées au cours des années. Swearer insiste d'ailleurs sur le fait que la doctrine qui est produite et diffusée par les ONG fondées et dirigées par Sulak est une idéologie idéaliste d'une puissance politique indéniable.
3. Les principes de l'ACFOD seront analysés dans la partie « L'étendue pratico-sociale actuelle de l'idéologie politique *individuo-globaliste* », p. 332.
4. Ce qui nous ramène à l'idée de Kolm d'un « bouddhisme profond » distinct d'un bouddhisme culturel. L'occidentalisation aurait permis au bouddhisme de renouer avec son origine « moderne » (S.-C. Kolm, *Le Bonheur Liberté. Bouddhisme profond et modernité, op. cit.*).

modèle d'une organisation sociale dans laquelle s'épanouit la démocratie participative et règne l'égalité matérielle. Le prince bouddhiste idéal sera exalté, et recherché dans l'histoire du peuple thaï, ainsi l'image du roi médiéval Ramkhamhaeng sera convoquée en tant que type accompli du prince altruiste et juste, à côté du roi Mongkut[1] qui sut au début du XXe siècle ouvrir son pays et sa religion aux influences modernes occidentales. Pour Sulak, la réforme du système légal et judiciaire thaï sous l'influence occidentale moderne, au-delà du fait qu'elle rendit le régime thaïlandais structurellement compatible avec les régimes occidentaux, eut surtout pour effet de réactualiser les principes de la loi bouddhique universelle, le *dhamma*.

Sulak distingue dès lors les bouddhismes du Bouddhisme[2]. Avec un grand B, il s'agit du Bouddhisme comme nom propre, une forme religieuse propre à un peuple particulier avec ses rituels, ses superstitions, et éventuellement sa subordination au pouvoir en place, son conservatisme et sa violence sociale, son nationalisme. Ce bouddhisme acculturé est celui de l'identité et non celui de l'esprit du Bouddha Sâkyamuni. Le bouddhisme avec un petit b, est au contraire le bouddhisme comme nom commun, celui qui est commun à tous les êtres, celui qui poursuit essentiellement la libération personnelle et sociale. Ce bouddhisme universel, détaché de toute culture particulière, est le seul qui soit applicable à la résolution des problèmes individuels comme politiques contemporains.

Sulak reconstruit le bouddhisme par ses interprétations des événements et des concepts traditionnels[3]. Il y a un glissement général vers la politisation et la modernisation que l'on observe dans l'interprétation des concepts bouddhistes et des événements qui ponctuent la vie du Bouddha, de Buddhadasa à Sulak. Par exemple, le non-ego (*anatta*) qui engage à s'oublier soi-même au profit d'autrui, deviendra l'altruisme chez Buddhadasa, qui deviendra la non-exploitation chez Sulak. Ce dernier verra dans la charité (*dana*) un entraînement à la non-exploitation, dans la morale (*sila*) le fait de s'abstenir d'agir comme un exploiteur, et dans la culture de l'esprit, ou contemplation, le moyen de réaliser si nous nous trouvons ou non en situation d'exploiteur. Cette dernière interprétation confirme notre définition du bouddhisme comme ascétisme intramondain, activité rationnelle visant la transformation du monde, ainsi que notre description de la méditation bouddhique elle-même comme un mode d'action et nullement comme procédure de retrait du monde[4].

---

1. Qui est aussi appelé plus traditionnellement, Rama IV.
2. S. Sulak, *Seeds of Peace*, Berkeley, Parallax Press, 1992.
3. S. Sulak, *A socially Engaged Buddhism,* Bangkok, Thaï Inter-Religious Commission for Development, 1988, p. 185.
4. Cf. nos Prolégomènes, spécialement les paragraphes suivants : « Préjugés wébériens sur le bouddhisme représenté comme le type pur du mysticisme contemplatif », « Bouddhisme et légalité rationnelle », « Libération et égalisation par le travail », et enfin « Analyse néo-wébérienne et néo-marxienne : le bouddhisme comme "ascétisme intramondain communiste" original ».

b) La radicalisation et la mondialisation de l'activisme politique bouddhiste

Au-delà de la radicalisation idéologique qui suit les répressions étudiantes de 1976 et le court exil occidental de Sulak, on peut observer une radicalisation de son activisme politique à travers la prolifération des associations créées, des tribunes ouvertes (journaux, revues). Il crée, en 1978, la Commission Interreligieuse pour le Développement (TICD : *Inter-Religious Commission for Development*) qui agit comme un pont entre le monde rural et le monde urbain, entre les différentes cultures en présence sur le sol thaïlandais, et finança des initiatives de développement social et d'éducation politique populaire. La publication attachée à cette organisation, *Les graines de la paix* (*Seeds of Peace*), deviendra la tribune anglophone privilégiée des idées sulakiennes sur la paix, la justice sociale, l'économie bouddhique, l'égalité des sexes et l'écologie. Une autre revue, en thaï celle-là, est aussi publiée par l'organisation : *Withi* (*La Voie*). Nous ne pouvons citer ici la multitude des organisations, associations, fondations, journaux, revues créés, soutenus et financés par Sulak[1]. Une des associations récemment créées et la plus représentative d'entre elles est sans nul doute le *Santi Pracha Institute* fondé en 1988, qui a pour objectif de promouvoir la paix, la démocratie participative et la justice sociale. L'organisation a mis en place une série de programmes d'éducation politique, envoyant des équipes dans des villages, formant des travailleurs sociaux. L'institut s'est fixé aussi comme mission d'informer les médias sur le contenu d'une politique bouddhique alternative, sur les modèles bouddhistes modernes de paix et de justice sociale, et d'intégrer dans cette perspective différents pays d'Asie, tels que les peuples cambodgien, vietnamien, laotien, etc.

La radicalisation de ses positions idéologiques et de son activisme a entraîné son arrestation en 1984 ; relâché après quatre mois d'incarcération, il sera à nouveau menacé en 1991 par le gouvernement militaire. Il sera néanmoins gracié en 1995, sans doute grâce à la stature internationale qu'il a acquise, en particulier grâce à l'INEB dont il fut le fondateur avec le bouddhiste japonais Teruo Maruyama, ancien membre du Parti Communiste Japonais et activiste contre les « dérives » capitalistiques de l'industrialisation japonaise. L'INEB, de par son origine transnationale (thaïlandaise et japonaise), trans-obédientielle (*Theravâda* pour Sulak, nichérisme donc Grand Véhicule pour Maruyama), de par ses racines marxo-bouddhistes, de par ses positions aux avant-postes du bouddhisme engagé (féminisme, *solidarisme-mondialiste*, économie alternative, paix active, droits de l'homme, écologie sociale et naturelle, démocratie participative), confère à Sulak une des premières places parmi les leaders mondiaux de l'activisme bouddhique. Il fut d'ailleurs proposé pour le Prix Nobel de la Paix en janvier 1994 par l'AFSC (*American Friends Service*

1. On trouvera une liste presque complète de celle-ci dans l'article de D.K. Swearer, « Sulak Sivaraksa's Buddhist Vision for Renewing Society », in Queen, King, *Engaged Buddhism. Buddhist Liberation Movements in Asia,* New York, State University of New York, 1996, p. 195-235.

Committe) et, bien qu'il ne lui fut pas décerné, il reçut en compensation en 1995 sur l'initiative du gouvernement suédois le *Right Livelihood Award*[1].

Sulak est aujourd'hui un personnage bien connu des milieux bouddhistes engagés occidentaux. Son mouvement international, l'INEB, dispose de correspondants dans la plupart des pays d'Asie, d'Europe occidentale et d'Amérique du Nord. Ses correspondants appartiennent indistinctement au Grand Véhicule ou au *Theravâda*. En France par exemple, il s'agit de Jean-Paul Ribes, président du Comité de Soutien au Peuple Tibétain, preuve que le bouddhisme engagé est la formule la plus aboutie du processus d'occidentalisation, lequel constitue un tout qui ne tient plus compte non seulement des distinctions religieuses traditionnelles mais qui ne tient plus compte non plus des différences géopolitiques actuelles. Les causes asiatiques rassemblent les bouddhistes occidentaux – quel que soit leur choix pratique : zen, bouddhisme tibétain, *Theravâda*, etc. – autour d'un engagement général pour la « libération des êtres et des peuples ». Il est vrai que la cause tibétaine avec le leadership du Dalaï-Lama est au cœur d'un engagement qui n'en est pas moins général. Le leader tibétain a, par exemple, assisté le 6 juin 2000 à Modène en Italie à un concert de charité de l'association *Pavarotti and Friends* dont les recettes récoltées iront à la fois aux enfants tibétains et cambodgiens. La déclaration que fit le Dalaï-Lama à cette occasion est caractéristique des modalités de la politisation du bouddhisme en Occident.

Les causes asiatiques font office de motif d'indignation et de la nécessité de s'engager pour la « réalisation » d'un monde meilleur. On part d'une *cause* déterminée pour aboutir à une *conséquence* globale, planétaire. Aider les enfants cambodgiens et tibétains, c'est s'impliquer dans la transformation de l'ordre planétaire, ainsi que le déclara le Dalaï-Lama : « Les enfants sont les hommes du futur, ceux qui décideront de la face du monde, qui devront changer radicalement les choses[2] ».

Cette structure idéologique se retrouve presque partout. Ainsi le site internet français *Bouddhisme et Droits de l'Homme*, a pour sous-titre « Tibet libre et Birmanie ». La première phrase mêle la cause tibétaine et le nom d'Aung San Suu Kyi, comme s'il s'agissait du même problème de fond : « Cette page est consacrée aux sites dédiés à la cause tibétaine, à Aung San Suu Kyi, mais aussi se nourrira au fil du temps de tous les sites en faveur des droits de l'Homme et qui posent le problème du bouddhisme et des droits de l'Homme et de l'oppression que les bouddhistes ont à subir du fait de leur religion[3]. » La logique de ce discours peut se décliner en ces termes : les dictatures et les colonisateurs de tout poil s'en prennent au bouddhisme parce qu'il représente la plus grande force contre l'oppression sous toutes ses formes. Seul le bouddhisme – autrement dit les lobbies de

1. S. Sulak, « Acceptance speech for the Right Livelihood Award », in *Seeds of Peace*, 12 janvier-février 1995.
2. Dépêche de l'AFP du 6 juin 2000 (N000606).
3. http://.multimania.com/bouddhisme/tibet.htm

bouddhistes engagés – peut donc aider à libérer les peuples et les hommes. Les « droits de l'homme » deviennent une cause commune (pour toutes les traditions bouddhistes) et « universelle » du bouddhisme.

D/ L'oscillation du bouddhisme moderne japonais entre les pôles nationaliste-moraliste et solidariste-universaliste en réaction à la Révolution Meiji et à la Seconde Guerre mondiale

1° Le lien traditionnel entre le pouvoir et le bouddhisme

a) Bouddhismes populaires et bouddhismes aristocratiques

Venu de Corée au VIe siècle de notre ère, le bouddhisme du Grand Véhicule cohabita pacifiquement avec les cultes animistes locaux, qu'il participa même à fondre en un ensemble cohérent qui prendra l'appellation de shintoïsme. Le bouddhisme devint très vite la religion qu'adopta la cour impériale. Le VIIIe siècle est l'époque des grandes constructions de temples, dont un des plus imposants fut élevé dans la capitale Nara avec une statue du Bouddha Vairocana de seize mètres de hauteur. Le bouddhisme tantrique[1] pénétra au Japon en 816, et pris le nom d'école *Shingon*. Il y avait déjà à ce moment un bouddhisme plus populaire, piétiste, qui se caractérisait par la dévotion à Avalokitésvara, le *bodhisattva* de la compassion (Kannon en japonais) et à Amithâba (Amida en japonais), le Bouddha qui offre un paradis, terre de pur repos à ceux qui croient en lui. À ce courant dévotionnel amidiste se superpose le courant *Tendaï*, qui est déjà une synthèse nipponc de différentes écoles du Grand Véhicule, et le Shingon, plus ésotérique et élitiste particulièrement apprécié par les nobles. Des scissions eurent lieu à l'intérieur du courant amidiste, dont une des plus marquantes est celle dont eut l'initiative un disciple de Honen[2], Shinraï qui fonda la Véritable École de la Terre Pure (*Jôdo Shin Shu*), qui avait pour spécificité de ne pas avoir de *sangha* monastique, considérée comme superfétatoire.

Mais c'est entre le XIe et le XIIIe siècle que vont se profiler les grandes orientations du bouddhisme japonais, qui sont encore en partie d'actualité. Le zen[3] s'était infiltré dans l'archipel nippon depuis le Xe siècle, mais sa première introduction officielle comme un courant à part entière date de 1192 sous l'impulsion de Eisai, initié à l'école *Rinzaï*[4]. Cette nouvelle école ne s'imposa pas facilement ; les clercs du *Tendaï* percevaient cette incursion

1. Autrement dit le bouddhisme *Vajrayana*.
2. Honen est un religieux qui introduisit l'École de la Terre Pure (*Jôdô Shu*), autrement nommée amidisme en raison du culte rendu à Amithâba, au Japon au XIIe siècle.
3. Il s'agissait à l'époque du Chan chinois avant que cette appellation soit niponisée.
4. *Lin-Chi* en chinois : les deux piliers de sa pratique sont la méditation bien entendu, mais aussi la résolution des *Koan*, sortes d'énigmes spirituelles.

étrangère comme une menace à l'encontre de leur propre tradition, et ils réussirent, grâce à leur position dominante dans la société japonaise, à faire interdire le zen. Si à ce moment-là Ensai n'avait pas réussi à obtenir le soutien de la noblesse guerrière, la caste des Samouraïs, l'avenir du zen aurait été sérieusement mis en péril.

À la suite de ces événements tumultueux, non seulement le zen *Rinzaï* continua à être protégé par l'armée, mais les Samouraïs s'inspirèrent de ses principes dans l'élaboration de leur propre code d'honneur[1]. C'est ainsi que le zen fut longtemps attaché à l'élite guerrière[2] et fut considéré comme le fond spirituel de la pratique des arts martiaux[3], tout en gardant de fortes relations, parfois houleuses, avec le pouvoir. En 1244, l'école zen qui est aujourd'hui la plus répandue, le *Sôtô*[4], arriva au Japon, sous la férule de Dogen, héros spirituel qui deviendra un personnage quasi mythique, rejetant la vie mondaine pour se consacrer à *zazen*[5] et à l'enseignement. Il laissera un ouvrage, le *Shobo Genzo,* devenu depuis un livre sacré pour des millions de coreligionnaires.

b) La réaction nichériste nationaliste contre le zen étranger

Ces incursions, nous l'avons vu, ont entraîné de vives réactions négatives de la part des mouvements bouddhistes déjà implantés, en particulier de celui qui était dominant en ce début de millénaire, le *Tendaï*. Même si ces apports extérieurs finirent par être assimilés par la culture japonaise et acceptés par les autres écoles bouddhistes, certaines franges extrémistes leur restaient farouchement opposées. C'est dans ce contexte qu'il faut comprendre la naissance du mouvement nichériste qui a marqué l'histoire religieuse et politique du Japon jusqu'à nos jours, puisque le *Komeito* – issu de la Soka Gakkai, organisation elle-même issue de la *Nichiren Shoshu,* elle-même issue de la *Nichiren Shu* – est un des partis actuellement au pouvoir[6]. Cette école est née d'une mouvement de contestation à l'intérieur du *Tendaï,* contre les écoles bouddhistes « étrangères ». Le moine activiste Nichiren fut à l'origine d'une scission à la suite de laquelle il fonda la

1. Il suffit de consulter le code de conduite de la noblesse guerrière écrit au XVIIIe siècle, qui est empreint de la « sagesse » du Zen (I. Yamamoto, *Hagakure,* Paris, Trédaniel, 1999) ou de parcourir le célèbre roman d'aventure sur la vie du Samouraï mythique Miyamoto Musashi qui vécut au XVIIe siècle, pour se convaincre de la contiguïté entre cette école bouddhiste et la vie de la noblesse guerrière, contiguïté manifestée en l'occurrence par l'omniprésence, tout au long du livre, de Takuan, moine zen aussi célèbre au Japon que Musashi lui-même (E. Yoshikawa, *La pierre et le sabre,* 2 tomes, ainsi que *La parfaite lumière,* Paris, Balland, 1983).
2. Le Chan fut d'ailleurs attaché aux pratiques guerrières en Chine même. L'origine des arts martiaux est souvent attribuée aux moines Chan du monastère de Shaolin, fondé par Bodhidharma qui est d'ailleurs le premier patriarche de la lignée du Chan.
3. C'est la raison pour laquelle les arts martiaux japonais ne sont pas de simples exercices physiques mais des *do,* des voies spirituelles.
4. En chinois *Tsao-Tong.*
5. *Zazen* est la pratique de la méditation assise pendant laquelle l'attention ne se fixe sur aucun objet.
6. Nous renvoyons le lecteur, pour y voir plus clair dans ces organisations, à notre partie consacrée à la Soka Gakkai.

Nouvelle École du Lotus[1], qui deviendra la *Nichiren Shu*. Sa vision d'un Japon régénéré, purifié des apports extérieurs, ainsi que la violence de ses déclarations contre les autres sectes bouddhistes – qu'il tenta d'ailleurs de faire interdire à plusieurs reprises – font de lui un héros bouddhiste paradoxal : faisant preuve d'un certain universalisme sous certains aspects et d'un nationaliste virulent sous d'autres. Ce sont ces deux mouvements, le zen et le nichérisme, qui seront profondément occidentalisés avant d'être massivement exportés vers l'Occident où ils exercent aujourd'hui une forte influence.

En tout état de cause, le bouddhisme fut pendant au moins trois siècles le principal ciment de la cohésion sociale japonaise. Tout au long des 250 ans pendant lesquels dura le Shogounat des Tokugawa, le bouddhisme était instrumentalisé par le pouvoir, au point que les moines agissaient comme des fonctionnaires et que les temples s'apparentaient parfois à des préfectures. Cette organisation féodale fondée sur un rapport privilégié entre la noblesse et la *sangha* ne résista pas, au milieu du XIXe siècle, à la pression d'une Amérique capitaliste en pleine expansion[2]. Le gouvernement américain n'obtenant pas gain de cause dans ses multiples demandes d'ouverture du marché japonais, envoya l'amiral Perry qui sut en 1853, grâce à ses canonnières, briser l'isolationnisme nippon en même temps qu'il porta un coup, qui se révèlera lourd de conséquences, à l'orgueil national. Cet événement entraîna une remise en cause radicale du système féodal qui se manifesta dans ce qui sera appelé l'ère Meiji, entamée en 1868, et qui se fondait sur un nationalisme renforcé par une organisation centralisée s'appuyant sur le shintoïsme[3]. Le bouddhisme, assimilé à une société décadente responsable de la faiblesse économique et militaire du Japon, fut écarté du pouvoir.

2° Le bouddhisme et l'État Shinto

a) Le bouddhisme écarté pour cause d'archaïsme féodal

Ce que l'on appellera l'État Shinto, fondé sur la dévotion aveugle à l'empereur, se mettra rapidement en place engageant une modernisation forcenée du pays au prix d'une oppression politique sans cesse accrue et de la persécution des autres religions traditionnelles. La restauration de l'autorité impériale amena avec elle un mouvement antibouddhiste, le *Haibutsu Kishaku*[4]. La Constitution Impériale de 1889, sous couvert de

1. Cette appellation provient de la vénération au texte classique du Sutra du Lotus qui est au cœur de cette école.
2. M. Jansen, G. Rozman, *Japan in Transition, from Tokugawa to Meiji,* Princeton, Princeton University Press, 1986.
3. H. Hardacre, *Shinto and the State, 1868-1968,* Princeton, Princeton University Press, 1991.
4. Littéralement : Mouvement pour l'abolition du bouddhisme. À la suite de la décision de 1868 de séparer le shintoïsme du bouddhisme, des temples de cette dernière religion furent détruits un peu partout dans le pays. Sur plus d'un millier de temples bouddhistes seulement une dizaine continuèrent à exister.

protéger la liberté de culte[1], incitait les Japonais à suivre la voie du Shinto et à faire allégeance à l'Empereur qui est son autorité suprême sur terre, descendant personnel de la Déesse du Soleil, Amaterasu Omikami. Plusieurs lois infamantes furent promulguées au début du XXe siècle, allant à l'encontre de la libre expression, et furent largement utilisées à l'encontre des bouddhistes, par exemple la Loi pour la Préservation de la Paix (*Chian Iji-ho*). En 1910, le Japon annexa la Corée et la Mandchourie, terres sur lesquelles l'administration nippone tenta d'imposer l'idéologie politico-religieuse du culte de l'empereur, fils d'Amaterasu Omikami. En 1939 fut votée la Loi sur les Organisations Religieuses (*Shukyo Dantai-ho*), afin de contrôler les nouveaux mouvements religieux, dont la majorité issus de racines bouddhistes, qui commençaient à fleurir çà et là du fait d'une crise économique grandissante et d'une instabilité sociale de plus en plus préoccupante.

Il est indéniable, malgré cette suspicion impériale à l'encontre du bouddhisme, que la grande majorité des sectes jouèrent le jeu de l'impérialisme, et envoyèrent des moines sur le continent, en Mandchourie et en Corée, soutenant la notion de *Hakko Ichiu* (littéralement : « une seule famille dans les huit directions ») qui a pour base la proposition suivante : la race japonaise, avec à son sommet l'empereur fils de la Déesse du Soleil, a une vocation naturelle à diriger la grande famille asiatique en instituant la « Grande Sphère de co-prospérité de l'Est Asiatique ».

Comme dans nombre d'autres pays d'Asie, le Sri Lanka par exemple ainsi que nous l'avons constaté, le prosélytisme chrétien a eu des effets majeurs sur la réorganisation des structures bouddhistes. Les nouveaux mouvements bouddhistes furent influencés en particulier par l'utilitarisme et l'implication sociale des groupes protestants[2], et insistèrent dès lors eux-mêmes sur le service social propre à répondre aux nécessités de la modernisation. Toutes les sectes bouddhistes ne collaboraient pas systématiquement à la politique impérialiste. Le mouvement de contestation moderniste et progressiste, qui prendra son essor après la Seconde Guerre mondiale, s'ébauchait déjà. L'Association des Bouddhistes Puristes (*Bukkyo Seito Doshikai*), dont la fondation remonte à 1899, exprima son désaccord avec les positions complaisantes de la majorité des associations bouddhistes et chercha « [...] à propager et à organiser le Nouveau Bouddhisme comme une alternative radicale au bouddhisme traditionnel[3] ».

1. Son article 28 spécifie en effet que les gens sont libres de choisir leur religion, tout en ajoutant que cela ne doit en rien troubler l'ordre et la paix, et d'autre part que cela ne doit pas les empêcher de remplir leurs devoirs envers la société. Or, leur premier devoir est l'obéissance et la révérence à l'empereur, dont l'on doit accepter la nature divine, ce qui suppose l'adhésion au shintoïsme.
2. N.R. Thelle, *Buddhism and Christianity in Japan. From conflict to Dialogue 1854-1899*, Honolulu, University of Hawaii Press, 1987.
3. *Ibid.*, p. 209.

b) Le renouveau bouddhiste contre l'injustice sociale

La situation de crise économique chronique que connaît le Japon dans les premières décennies du XXe siècle engendre de nombreuses grèves, et parfois même des soulèvements populaires comme en 1918 en raison d'une nouvelle hausse du prix du riz. Le Japon s'est en effet engouffré dans le marché chinois pendant la Première Guerre mondiale, alors que les puissances occidentales étaient occupées par la Grande Guerre. Mais les dynasties industrielles et financières nippones qui imposaient leur monopole, les *zaibatsu*, permirent certes une hausse de la richesse globale du Japon, mais causèrent parallèlement une augmentation de l'inflation, et surtout creusèrent l'écart entre les riches et les pauvres. C'est alors que le sentiment d'injustice sociale et d'exclusion d'une partie de la population nippone exclue de la prospérité coloniale, fut exploitée par le Parti Socialiste Libéral[1], qui représentait la principale force officielle critique de la politique impériale. Il comprenait dans ses rangs un grand nombre de bouddhistes progressistes. Ces derniers soutenaient ardemment les réformes sociales préconisées par ce parti, c'est la raison pour laquelle lorsque l'administration impériale ordonna la persécution des principaux activistes et idéologues du mouvement socialiste, nombre de moines bouddhistes furent exécutés en vertu de la *Chian Iji-ho* (Loi pour la Préservation de la Paix).

Comme en Thaïlande, au Sri Lanka, au Viêt-nam, en Birmanie et en Inde, le processus d'occidentalisation se traduit par un activisme social et par la prétention d'un retour au bouddhisme originel, qui est en fait une modernisation qui implique l'élimination des éléments trop attachés à la culture spécifiquement asiatique. Ainsi, l'École Philosophique de Kyoto participa à cette reconstruction avec la collaboration active d'intellectuels tels que Daisetsu Suzuki, qui fut un des premiers intellectuels bouddhistes japonais à exercer une forte influence en Occident. Il fut d'ailleurs invité à collaborer à la maison d'édition américaine, *Open Court Publising Company,* tâche qu'il accepta de remplir pendant onze ans. En 1925, il publia aux États-Unis de nombreux ouvrages sur le zen et fut par la suite enseignant à *Columbia University.* Ses disciples fondèrent de nombreux groupes zen aux USA, aussi bien sur la côte Ouest que sur la côte Est. L'un d'entre eux est d'ailleurs à l'origine de la *Buddhist Society of America* fondée en 1930. Rappelons que l'influence de cet universitaire, spécialiste et pratiquant du zen, est encore vivace en Occident. Son ouvrage principal[2] est toujours un des textes les plus lus par les bouddhistes occidentaux en général et français en particulier. Sa réinterprétation moderniste du zen, comme une philosophie démocratiste et égalitariste[3], transparaissant nettement dans cet ouvrage, est, comme nous venons de le voir,

1. Fondé en 1901.
2. D.T. Suzuki, *Essais sur le bouddhisme Zen,* 3 tomes, *op. cit.*
3. Nous renvoyons sur ce point le lecteur à nos prolégomènes dans lesquels cet aspect égalitariste et démocratiste de la pensée de Suzuki est évoqué plus en détail.

déterminée par des conditions et des objectifs politiques qui président au processus d'occidentalisation du bouddhisme en Asie[1].

Ceci témoigne, pour le moins, de la nécessité de l'analyse – que nous sommes en train d'entreprendre – de la transplantation Asie-Occident afin de comprendre dans toute leur ampleur la nature et les enjeux politiques de l'adhésion des citoyens occidentaux aux organisations et/ou aux pratiques bouddhistes.

3° Le bouddhisme nationaliste-moraliste japonais jusqu'au second conflit mondial

a) Le nichérisme nationaliste pro-impérial de Tanaka

À côté de cette interprétation universaliste, encore minoritaire dans le bouddhisme japonais pendant les années trente, se développera à l'intérieur du nichérisme à la fois des courants ultra-nationalistes et d'autres courants plus universalistes[2]. Ils ont cependant pour point commun de relativiser la position de l'empereur, qui ne peut en aucun cas être considéré comme plus sacré que le *Sutra* du Lotus. Nichiren, dans son Traité pour l'Établissement du Vrai Dharma et l'Assurance de la Paix Nationale[3], affirme que la stabilité politique et la paix civile dépendent de la piété du peuple et du gouvernement envers la « Vraie Loi Bouddhiste », autrement dit envers le *Sutra* du Lotus. Ce principe subira de nombreuses interprétations et distorsions au cours des siècles.

Chicagu Tanaka, qui représente la frange la plus extrême du nichérisme nationaliste pro-impérial du début du XXe siècle, élabora une doctrine impérialo-nichériste qui tentera de concilier l'autorité suprême et indiscutable de l'empereur avec la révérence due au *Sutra* du Lotus. Tanaka minimisa au maximum la thématique égalitariste ainsi que les critiques virulentes lancées au XIIIe siècle à l'encontre de l'Établissement. Il justifia cependant cette interprétation en reprenant et radicalisant l'idée traditionnelle dans le nichérisme qu'une situation de crise, de « dégénérescence », mérite un traitement de crise, qui s'incarne dans ce que l'on pourrait appeler un « bouddhisme de crise ». Tanaka laissera entendre que la période pendant laquelle il vit, à l'intérieur de l'ère de *mappo*, est sans doute elle-même celle dans laquelle la société est le plus en péril. L'idée classique nichériste que l'époque corrompue de *mappo* dans laquelle nous vivons suppose l'abandon des formes bouddhistes autres que la piété à l'endroit du *Sutra* du Lotus, sera infléchie vers l'idée que l'établissement de la paix implique, dans la situation de péril national

1. Même si dans le cas de Suzuki, comme nous le verrons plus loin, il y a une ambiguïté dans la définition de son orientation, parfois *nationaliste-moraliste* et parfois *solidariste-universaliste.*
2. La Soka Gakkai est l'organisation la plus caractéristique de ce courant universaliste, dans certaines limites : son discours est parfois paradoxal. Nous renvoyons le lecteur à notre partie spécifiquement consacrée à ce mouvement.
3. En japonais : *Rissho Ankokuron.*

extrême, l'unité absolue entre le *Sutra* du Lotus et l'empereur. D'après lui, la Constitution Impériale incarne cet idéal d'unité entre la Loi bouddhiste ultime et l'autorité politique absolue. Il fut à l'origine de plusieurs organisations qui avaient pour objet de défendre ce principe, entre autres l'Association pour l'Établissement du Vrai Dharma et l'Assurance de la Paix Nationale[1], qui reprend les termes même de l'ouvrage de Nichiren, la Société du Pilier de la Nation[2], et enfin fonda un parti politique, qui se présentait comme la branche politique de la SPN, la Société pour l'Application de la Constitution[3], qui séduisit des politiciens d'extrême-droite[4] ainsi que des franges bouddhistes conservatrices[5].

b) Du zen nationaliste de Yasutani à celui de K.G. Dürckeim, père d'un important réseau de centres zen dans le monde occidental

Le zen et l'Axe Berlin-Tokyo

Mais il ne faudrait pas conclure pour autant que le nichérisme est un bouddhisme extrémiste et intolérant au milieu de courants universalistes et tolérants. Il y a plutôt des courants que nous avons appelés jusque-là *nationalistes-moralistes* mêlés à des courants *solidaristes-universalistes,* tous deux produits de l'occidentalisation du bouddhisme, qui traversent les différentes écoles que ce soit le nichérisme ou le zen. La frontière entre ces deux orientations est parfois extrêmement ténue. Par exemple Shaku Soen, le maître D.T. Suzuky, faisait de la guerre une pratique zen, alors même qu'il fut un des premiers maîtres bouddhistes à se rendre aux USA pour y enseigner. Il est le père du concept de « *bodhisattva*-soldat ». Il n'y a pas d'ailleurs dans l'œuvre même de Suzuki de démenti explicite de cette attitude, si ce n'est par son interprétation démocratiste du zen[6]. Le maître zen *Sôtô*, Hakuun Yasutani, semble avoir été – à la suite d'Harada son propre maître qui enseignait dès 1915 le « zen de la Guerre » – un des plus virulents nationalistes et anticommunistes de l'histoire du zen moderne. D'après Brian Victoria, Yasutani devint l'ami de K.G. Dürckeim qui était

1. En japonais : *Rissho Ankokukai.* Cette organisation prit ce nom en 1885 ; jusque-là, elle portait l'appellation de *Rengekaï.*
2. En japonais : *Kokuchukai.*
3. En japonais : *Rikken Yoseikai.*
4. Il fut d'ailleurs impliqué dans des actions violentes, y compris des assassinats politiques commandités par des groupes d'extrême-droite.
5. Tanaka fut lui-même candidat au Parlement avec pour programme central la conversion totale de la nation au nichérisme. Dans sa perspective, cette conversion n'était encore qu'une étape vers la conversion mondiale et la domination du monde par son seul chef légitime, l'empereur qui est l'incarnation du *Cakravartin*, de la tradition bouddhique, le Souverain universel et incontesté.
6. Nous ne pouvons cependant entièrement suivre Brian Victoria (*Zen at War, op. cit.*) qui fustige tous azimuts la pensée de Suzuki comme le produit de l'idéologie impériale zen. Les passages sur l'art de la guerre et le Zen que l'on trouve chez Suzuki sont une interprétation sur le combat comme pratique du *non-ego*, l'oubli du soi-individuel, qui n'ont pas grand-chose à voir avec l'idéologie impériale de l'État Shinto. C'est d'ailleurs cette unité entre le Zen et la noblesse guerrière que tenta de briser l'idéologie impériale. Qu'il y ait eu des glissements d'interprétation est indéniable, qu'il y ait eu nombre de moines zen pour collaborer et même encenser la guerre et le totalitarisme nationaliste nippon est aussi indéniable, mais il ne faudrait pas pour autant entrer dans des amalgames contestables.

attaché culturel du gouvernement nazi au Japon pendant la Seconde Guerre mondiale. Ce dernier aurait été impressionné par la pensée de Yasutani et ne pouvait, par conséquent, toujours d'après Victoria, ignorer les opinions militaristes et antisémites de ce maître zen.

Or, il se trouve que ce même Dürckeim, ancien membre du parti nazi[1], est un des principaux propagateurs du zen en Europe. Il existe d'ailleurs toujours aujourd'hui de nombreux *Centres Dürckeim*, où se pratique un zen occidentalisé mêlé de « psychanalyse transpersonnelle » et d'exercices de développement personnel pétris de notions proches de celles qui ont cours dans les milieux de la nébuleuse mystique-ésotérique. Ce qui prouve que la frontière entre les différentes orientations bouddhistes en Occident est elle aussi ténue : nous avons ici un exemple de la difficulté à qualifier un mouvement définitivement dans une catégorie, dans l'orientation que nous avons appelée réactionnaire *élitiste-culturaliste* ou l'orientation progressiste *intimiste-individualiste*. La pensée de Graf Dürckeim exerce encore une influence considérable dans les milieux bouddhistes et mystique-ésotériques dans l'ensemble de Europe, ne serait-ce que par un tissu associatif étendu[2].

Un pont entre le bouddhisme* nationaliste-moraliste *asiatique et le bouddhisme réactionnaire* élitiste-culturaliste *en Occident ?

Précisons que lorsque Yasutani eut à s'adresser à un public d'Occidentaux intéressés par le zen, le discours militariste, antisémite et impérialiste disparut au profit d'un spiritualisme irréprochable. On ne peut exclure le fait que Graf Dürckeim n'ait fait que suivre l'attitude de son maître zen.

Bien que nous n'ayons pas effectué de recherche dans ce sens, il est probable que des rapprochements pourraient être effectués entre l'orientation *nationaliste-moraliste* en Asie et l'orientation *élitiste-culturaliste* en Occident, peut-être même qu'une étude approfondie révèlerait des ponts institutionnels et des généalogies conceptuelles. C'est en tout cas ce que peut laisser penser le rapport personnel et intellectuel entre Yasutani et Dürckeim. Il y a, en effet, une contiguïté, sinon une continuité évidente, entre l'interprétation virile, hiérarchiste, racialiste et militariste du zen par le moine japonais nationaliste et la violente critique de notre « société décadente » qui est opérée par des intellectuels fascistes et nietzschéens d'extrême-droite qui assument une posture bouddhiste, tels que l'Italien Julius Evola, proche des milieux fasciste et nazi, qui appelait de ses vœux la victoire d'un « type humain aristocratique », combattant à la fois le marxisme, l'existentialisme, la drogue, le jazz[3]. D'après Evola, cette

---

1. C'est du moins ce qu'affirme Brian Victoria (« Zen Master Dôgen Goes to War : Yasutani Hakkuun's Militarist and Anti-semitic Transformation of Dôgen's Life and Thought », texte inédit, p. 23).
2. « Karlfried Graf Dürckeim : Textes et témoignages inédits », in *Question de*, n° 81, 1990.
3. Cet appel à la lutte contre ces « fléaux » de la dégénérescence culturelle, sociale et intellectuelle moderne est lancé en particulier dans son ouvrage *Chevaucher le Tigre* (Paris, Tédraniel, 1982), qui se rapporte aussi d'ailleurs à la philosophie du Zen. Notons que ledit ouvrage est traduit de l'italien

victoire ne pourra être remportée que par une « libération intérieure » équivalente au *satori* du zen. Rappelons qu'il consacra un livre entier à ce sujet[1].

Il n'existe pas aujourd'hui à notre connaissance de réseaux institutionnalisés permettant de confirmer cette hypothèse de la jonction entre ces deux orientations, mais il est vrai que de telles positions ne pourraient être revendiquées publiquement sans entraîner de massives réactions de réprobation. Si une telle liaison existe, elle doit être sous-jacente, non manifestée publiquement mais présente allusivement, ce qui rend extrêmement délicat d'entreprendre une telle recherche. Notre présent travail est consacré principalement à analyser l'émergence et le développement de la version progressiste du bouddhisme occidentalisé. Cette dernière version est la seule à disposer aujourd'hui d'une visibilité institutionnelle mondiale et d'une idéologie politique assez unifiée pour s'exprimer à travers des discours publics et un activisme social explicite.

4° Seno Giro : un nichériste précurseur du bouddhisme progressiste et égalitariste japonais

a) La nouvelle ligue bouddhiste de la jeunesse

En Asie, en tout cas, et singulièrement au Japon, les deux orientations, *nationaliste-moraliste* et *solidariste-universaliste*, furent mêlées de façon inextricable à l'intérieur d'une même école, parfois à l'intérieur d'une même organisation, et parfois même encore à l'intérieur du discours d'un même locuteur. Le message nichériste, à côté des positions extrêmes de Tanaka, donna lieu à des interprétations égalitaristes et transnationales. À la suite de l'implication accrue de l'armée impériale en Chine dans les années trente, un nichériste laïc du nom de Seno Giro créa la Nouvelle Ligue Bouddhiste de la Jeunesse[2]. Cette organisation devait donner une impulsion à l'action sociale fondée sur une interprétation bouddhiste de la solidarité, de l'égalité et de la compassion. Il critiquait le matérialisme dominant économiquement et le nationalisme dominant politiquement au profit d'une interprétation humaniste et égalitariste du message de Nichiren. Il fut en particulier opposé à la colonisation de la Mandchourie, tenta de diffuser des idées pacifistes, et incita ses disciples à une sorte de désobéissance civile puisqu'il leur conseillait de refuser de se laisser enrôler dans l'armée.

Même s'il fut farouchement antinazi et antifasciste, il ne se résolut pas à remettre directement en cause l'autorité de l'empereur, se contentant de prôner la réforme sociale et le changement de politique, non pas le

par Isabelle Robinet, spécialiste internationalement reconnue du taoïsme, et professeur à l'université de Provence. Peut-être existe-t-il un réseau officieux d'orientalistes défenseurs d'un bouddhisme *élitiste-culturaliste* : l'étude mériterait, en tout cas, d'être menée.

1. J. Evola, *La doctrine de l'Éveil. Essai sur l'ascèse bouddhique*, Paris, Adyar, 1956.
2. En japonais : *Shinko Bukkyo Seinen Domei*.

changement politique. Son principal ouvrage publié en 1932[1], énonce les six principes qui motivent l'existence de son organisation, et qui représente une étonnante préfiguration formelle des principes du bouddhisme progressiste occidentalisé actuel, tel qu'on peut le trouver dans les textes du Dalaï-Lama, de Thich Nhat Hanh ou de Sulak.

b) Les principes précurseurs égalitaristes et universalistes bouddhiques de Seno Giro

Il représente une des premières expressions doctrinales du processus d'occidentalisation qui aboutira à la forme progressiste *solidariste-universaliste* et à l'idéologie *individuo-globaliste*. Ces principes sont les suivants :

1) Le bouddhisme n'accepte pas l'existence d'un être permanent. L'ego, factice par principe, doit être maîtrisé pour permettre à chacun d'œuvrer pour une société solidaire idéale dans laquelle il n'y aurait pas de disproportion entre des capitalistes propriétaires et des travailleurs démunis. L'influence marxiste sur ce premier principe est évidente. La marxisation du bouddhisme à partir du concept d'impermanence de l'ego est toutefois assez originale.
2) Il n'y a pas d'être qui transcende la mort. Ce deuxième principe va de soi, du moins logiquement, car il est déjà impliqué dans la proposition qu'il n'existe pas d'être permanent. En revanche, énoncer ouvertement cette conséquence logique a des conséquences politiques et sociales qu'il était audacieux d'exprimer dans le contexte de la dévotion à l'empereur éternel.
3) Le bouddhisme authentique ne prêche pas le développement spirituel *post-mortem* au détriment de l'existence actuelle, contrairement aux promesses abstraites de salut qu'ont proposé les chefs bouddhistes dans le passé. Des deux principes précédents, découle cette troisième proposition. Encore une fois, c'est l'audace de Seno Giro qui dépasse ici la logique, puisqu'il ose tirer les conséquences politiques directes du concept bouddhique de non-être (*anatmya*) que l'on peut synthétiser ainsi : le bien-être économique et la liberté civile actuels ne peuvent pas faire l'objet d'une négociation spirituelle *post-mortem* bouddhiquement légitime. Il y a ici, de surcroît, une remise en cause de plusieurs millénaires de ritualisme piétisme bouddhique, à l'intérieur même d'un mouvement, le nichérisme, qui est essentiellement piétiste[2].
4) Ce quatrième point reprend une idée centrale du bouddhisme progressiste occidentalisé, à savoir l'interprétation de la *sangha* comme un lieu d'égalité statutaire et de partage égalitaire de la propriété. Cette *sangha* fraternelle et égalitaire doit servir de modèle à l'établissement d'une société meilleure. Il faut préciser que Seno Giro entretint des liens étroits avec l'organisation politique Société Horizontale (*Suiheisha*) créée en 1992 pour lutter contre la discrimination que subissent les *burakurnin* dans la société nippone. Les *burakurnin* sont les descendants des personnes traditionnellement désignées pour tuer les animaux, tanner leur cuir, etc., autant de tâches

1. Il s'agit du *Shakai Henkaku Tojo no Shinko Bukkyo* (le Nouveau Bouddhisme sur la Voie de la Réforme Sociale). Nous n'avons pas eu directement accès au texte complet et nous nous sommes donc reporté aux extraits fournis par Hiroko Kawanami (*Japanese Nationalism and the Universal Dharma, op. cit.*, p. 122).
2. Nous renvoyons le lecteur à ce sujet, à notre partie consacrée à la Soka Gakkai.

réprouvées par la morale bouddhiste classique. Ils sont ainsi sacrifiés par la société pour faire ces tâches dégradantes, dont cette même société profitera. Précisons que le problème du racisme intérieur à l'encontre des *burakurnin*, véritables parias de la société japonaise, n'est toujours pas réglé[1].

5) L'énonciation du cinquième point est encore plus audacieux, puisqu'il remet explicitement en cause le nationalisme, comme une vue étriquée et illusoire. L'enseignement du Bouddha vise à la libération de l'humanité dans son entièreté et son universalité et non à la domination d'un peuple ou d'une nation. Seno Giro ne se contente pas dans ce point de critiquer le nationalisme, ; il critique la forme spécifiquement capitalistique qu'il a prise lors de l'ère Meiji, qui est le fondement même de l'État Shinto. Une politique fondée sur la promotion de l'État-Nation ne peut être profitable au peuple, et l'expansion économique générée par la concentration inégalitaire du capital est préjudiciable au bien-être universel. Seno Giro parle déjà, dans la continuité de cette idée, de paix mondiale et de désarmement, thèmes qui deviendront centraux dans le nichérisme progressiste, en particulier dans la Soka Gakkai.

6) Dans ce dernier principe, l'organisation se déclare non sectaire et affirme sa volonté de réunir toutes les tendances bouddhistes, en respectant leur spécificité, autrement dit sans obligation d'adorer le *Sutra* du Lotus ou les écrits de Nichiren, mais en acceptant seulement de respecter les Trois Joyaux[2], éléments de base de toutes les écoles bouddhistes. Cette volonté de revenir à un bouddhisme originel, doublée d'une interprétation moderniste de cette « authenticité originelle », est caractéristique de l'occidentalisation. Sur ce plan, le nichérisme de Seno Giro est plus progressiste et tolérant que celui de la Soka Gakkai qui rejette encore les autres écoles bouddhistes comme inadaptées à l'époque dégénérée actuelle de *mappo*[3].

Il manque à ces six points le concept d'environnement intérieur et extérieur, de l'écologie globale en générale déduite du principe de non-violence (*ahimsa*) pour constituer une énonciation complète de l'idéologie *individuo-globaliste* bouddhiste contemporaine. La forte influence marxiste doublée d'un extrême rejet du capitalisme trahit aussi l'ancienneté de ce texte. Aujourd'hui, le bouddhisme progressiste occidentalisé tente de définir une troisième voie, une « voie du milieu » entre des extrêmes idéologiques, que ce soit le capitalisme ou le collectivisme exacerbé. Il est vrai que les idéaux communistes – à tort ou à raison, peu importe pour notre propos – ont été entre-temps passablement discrédités eu égard aux échecs avérés de leurs concrétisations.

---

1. Le romancier japonais contemporain Kenji Nakagami, qui obtint l'équivalent du Prix Goncourt au Japon, le Prix Akutagawa, pour son premier roman, est lui-même un *burakurnin*. Il s'emploie à dénoncer, dans son œuvre romanesque et dans ses autres interventions publiques, l'emprise encore actuelle de « l'idéologie impériale japonaise xénophobe et inégalitariste ».
2. Les trois joyaux sont le *Bouddha* (l'Éveillé), la *Sangha* (la Communauté) et le *Dharma* (la Loi Universelle : causalité et impermanence).
3. Bien que sa position sur ce point se soit considérablement assouplie. L'heure est à la rénovation, à la *perestroïka* nous confiait récemment un cadre dirigeant de l'organisation. La Soka Gakkai tente de réinterpréter aujourd'hui les textes les plus violents de Nichiren dans le sens de la tolérance, ou même, lorsque l'exercice intellectuel est trop périlleux, de dévaloriser certains de ses propos trop extrémistes.

Cette idéologie progressiste (universaliste et égalitariste), doublée des relations entretenues par Seno avec les milieux libertaires et socialistes, suffit à inquiéter l'administration impériale qui l'obligea à dissoudre son organisation et à s'abstenir d'exprimer ses idées. Cofondateur de l'Alliance Bouddhiste Socialiste, qui fut renommée en 1949 la Société de l'Alliance Bouddhiste, Seno continua à tenter de mobiliser et d'unifier les différentes tendances bouddhistes contre à la fois l'« oppression politique dictatoriale » et l'« oppression économique matérialiste ». Il obtint le soutien ponctuel de certains responsables religieux de premier plan, appartenant surtout à l'école *Jodo Shinshu Honganji*, lorsqu'il fonda une nouvelle organisation aux prétentions unificatrices : l'Alliance Nationale Bouddhiste Libérale. Seno est avant tout un activiste et un idéologue contestataire bouddhiste, qui ne réussit pas à tirer politiquement partie du jeu démocratique : les négociations qu'il mena avec le Parti Socialiste n'aboutirent à aucune stratégie. Déçu par le milieu politicien socialiste, il rejoindra en 1959 les rangs du Parti Communiste.

5° Le Reiyukaï : un nouveau bouddhisme de classe moyenne

Les nouveaux mouvements religieux qui émergeront pendant l'ère Meiji, plus particulièrement pendant les années trente, sont, à quelques exceptions près, issus du nichérisme : *Rissho Koseikai, Soka Gakkai, Nempo Shinkyo*[1], *Shinnyoen, Bussho Gonenkai Kyodan, Kodo Kyodan Gedatsukai*[2]. Ils sont issus d'une protestation laïque, parfois tacite, contre l'inégalité économique qui existe dans l'État Shinto entre l'élite minoritaire et le gros de la population. La nature non monacale de ces organisations révèle une profonde transformation du bouddhisme japonais en procès d'occidentalisation. La Société des Amis des Esprits (*Reiyukaï*), fondée en 1930 par Kotani Kimi et Kubo Kakutaro, est le cas typique d'un mouvement bouddhiste qui émerge à la faveur de circonstances socio-économiques difficiles pour un nombre croissant de foyers japonais. Il prône le culte des ancêtres, la solidarité familiale pour résoudre les problèmes économiques personnels, et révoque la position traditionnelle centrale du bonze ainsi que le ritualisme.

Diverses querelles idéologiques et matérielles, dont certaines se réglèrent en justice au sujet de corruptions financières, entraînèrent assez vite une multitude de scissions. De l'une d'elles naquit la *Rissho Koseikai* (Société pour l'Établissement du Vrai Dharma et l'Harmonie entre les Croyants qui Cherchent la Perfection) en 1938. Cette organisation, qui reprenait une grande partie des orientations du *Reiyukaï* (culte des ancêtres, divinisation, rejet du ritualisme, priorité des laïques sur les moines), grandit très rapidement grâce à l'adhésion des classes moyennes, si bien que dans les années cinquante, elle disposait d'un journal, d'un cimetière, d'un hôpital ainsi que de plusieurs écoles.

1. Cette école est plus proche de l'ancien *Tendaï* que du nichérisme.
2. Ce nouveau mouvement religieux est proche du tantrisme.

À partir des années soixante, l'idéologie, en même temps que le tissu institutionnel de l'organisation, prit une nouvelle envergure. Les thèmes intimistes passèrent au second plan par rapport aux thèmes politiques mondialistes, universalistes et pacifistes, alors que dans le même temps, en 1963, l'organisation s'intégra à la Délégation Pacifique des Dirigeants Religieux contre l'Armement Atomique. L'activité à l'étranger et en particulier en Occident, par exemple par l'envoi de représentants au Vatican qui rencontrèrent le Pape Paul VI afin de discuter des rapports entre bouddhisme et christianisme ainsi que de la paix dans le monde. Mais le point culminant de cette activité internationale est la création en 1978 de la Fondation *Niwano*[1] pour la Paix (NPF : *Niwano Peace Foundation*). Comme pour la Soka Gakkai, ainsi que nous le constaterons dans la partie qui lui est consacrée, la *Rissho Koseikai* prendra appui sur la communauté japonaise émigrée à l'étranger, spécialement aux USA, pour étendre son influence et son tissu associatif. La Fondation Niwano pour la Paix donne régulièrement un Prix à une personnalité choisie pour son implication dans la cause de la « paix mondiale », qui fut d'ailleurs décerné à Sulak pour son engagement socio-bouddhique. Ce qui montre à quel point le processus d'occidentalisation a engendré un bouddhisme engagé transnational institutionnellement pourvu d'un fond d'idéologie politique de plus en plus unitaire au-delà des distinctions traditionnelles.

6° La Soka Gakkai : un mouvement nichériste antimilitariste et universaliste

a) Une société bouddhiste laïque occidentalisée en phase de politisation

La Soka Gakkai (Société pour la création de Valeurs) est aussi une association de laïques révérant le *Sutra* du Lotus. À la différence de la *Rissho Koseikai*, elle sera, dès sa création[2], tournée vers l'antimilitarisme et une interprétation universaliste du message de Nichiren ; en revanche, elle ne sera pas, bien qu'association laïque, opposée au service des moines. Elle se présentait, en effet, comme la branche laïque de la *Nichiren Shoshu*, une secte religieuse nichériste importante[3]. Pendant la Seconde Guerre mondiale, ses représentants n'hésitèrent pas à proclamer la supériorité de l'autorité du *Sutra* du Lotus sur celle de l'empereur, et que ce dernier ne peut acquérir une authentique légitimité que s'il adhère lui-même personnellement à la *Nichiren Shoshu*. Ce type de déclaration provoquera de vives réactions de l'administration, dont, entre autres, l'arrestation de certains dirigeants du mouvement, tels que Makigushi en 1943 sous le couvert de la stricte application de la Loi de Préservation de la Paix. En 1946, Josei Toda, son principal disciple, reconstitua l'organisation en lui

1. Du nom de Niwano Nikkyo, co-fondateur de la *Rissho Koseikai* avec Naganuma Myoko.
2. Créée en 1930 par Makiguchi Tsunesaburo, l'organisation s'appelait à l'origine la *Soka Kyoiku Gakkai* (Société pour la création de Valeurs dans l'Éducation).
3. La *Nichiren Shoshu* est encore, même aujourd'hui, séparée de la Soka Gakkai, une secte religieuse moderne organisée rationnellement et dont le réseau s'étend jusque dans les pays occidentaux (cf. notre « Organigramme de la Nichiren Shoshu et de ses filiales », en fin de paragraphe).

donnant son nom définitif et en élargissant ses objectifs et ses modes d'action.

L'éducation qui était jusque-là le vecteur d'action privilégié du mouvement, ne devint qu'un secteur d'activité parmi un ensemble de projets culturels et sociaux. L'activité prosélyte devint plus agressive suivant le principe de *shakubuku* : méthode de conversion répondant à l'urgence de la période décadente de *mappo*. Le thème de la réussite matérielle possible pour tout un chacun, parallèle à la critique de l'archaïsme aristocratique japonais, ainsi que celui de la promotion d'une autre culture japonaise, qui, celle-là, n'aurait pas perdu la guerre, permit au mouvement de répondre au sentiment de nausée et d'humiliation éprouvé par nombre de citoyens.

Dans les années cinquante, au plus fort de la guerre de Corée, les responsables du mouvement exprimèrent publiquement leurs préoccupations, en particulier leur crainte de l'utilisation de l'arme atomique. Une ligne politique originale et radicale commença alors à se dessiner qui acceptait difficilement les compromis idéologique et politicien. C'est ainsi que, contrairement à la plupart des autres nouveaux mouvements religieux progressistes qui restèrent inféodés aux partis déjà existants dans l'expression de leurs critiques et de leurs aspirations politiques, la Soka Gakkai garda jalousement son indépendance. Dès 1955, des candidats indépendants gagnèrent 53 sièges aux élections locales, ce qui peut être considéré comme le début d'une montée en puissance politique, puisque trois ans plus tard six membres du mouvement furent cette fois élus au Parlement. À la suite de quoi, l'organisation s'impliqua plus frontalement encore dans la vie politique nationale comme une force critique insaisissable[1], ni à droite de l'échiquier politique, ni véritablement à gauche bien qu'ayant plus d'affinités avec cette orientation.

b) Politisation accrue et objectif mondial en général et occidental en particulier[2]

Le troisième président de la Soka Gakkai, Daisaku Ikeda, va dès sa nomination en 1960 faire franchir à l'organisation un nouveau pallier : politisation accrue, mondialisation des objectifs et des institutions, renforcement de l'autonomie de la Soka Gakkai par rapport à la *Nichiren Shoshu*. Ce qui se traduira concrètement par la création d'un mouvement politique indépendant, le *Komei Seiji Renmei* (la Ligue des Politiciens Probes) qui deviendra un parti politique à part entière, le *Komeito* (Parti pour un Gouvernement Probe), et par la création en 1975 de la SGI (Soka Gakkai Internationale), laquelle aura pour mission de « coopérer » avec les organisations internationales aux fins de promouvoir la « paix mondiale » et pour objectif de répandre le bouddhisme à travers le monde et en particulier en Occident, à travers le prosélytisme mais aussi à travers

1. En 1960 par exemple, elle prit la tête de la contestation contre le renouvellement du Traité de Sécurité liant les USA et le Japon.
2. Nous renvoyons le lecteur pour une analyse plus détaillée à notre chapitre « La Soka Gakkai : genèse, stratégie et modalités de la "Révolution Humaine" ».

l'organisation de manifestations culturelles. Cette mainmise directe d'une organisation religieuse[1] sur un parti politique de premier plan sera critiquée dès les années soixante-dix et entraîna la séparation, au moins officielle, des deux institutions (la Soka Gakkai et le *Komeito*).

La force grandissante, ainsi que l'autonomie accrue, de la Soka Gakkai, faisant ombrage à la *Nichiren Shoshu*, les deux organisations entrèrent en conflit[2] avec comme enjeu le contrôle des millions d'adhérents du mouvement. Le conflit, au-delà de la concurrence pour le leadership, comportait un enjeu idéologique : le conservatisme de la *Nichiren Shoshu* opposé au progressisme de plus en plus marqué de la Soka Gakkai sous l'impulsion de son président Daisaku Ikeda. Cette partie de bras de fer se solda par la scission en 1990 entre les deux organisations. Ikeda a en fait « gagné la partie », puisque, excommunié de la *Nichiren Shoshu*, il réussit à maintenir la cohésion de son organisation et même à la renforcer en ajoutant à son attirail idéologique une virulente critique de la corruption des moines : les moines, en cette période de *mappo*, de danger mondial pour la civilisation humaine, ont trahi leur sacerdoce. Terminons ce point en signalant que le *Komeito* est aujourd'hui un parti de gouvernement, qui a donc bien évolué depuis l'époque où ses positions radicales lui interdisaient tout compromis et par conséquent toute alliance politicienne. De la même façon, la Soka Gakkai Internationale, affirmant dans les années soixante-dix que le nichérisme était la seule voie bouddhiste possible pour la sauvegarde de la paix et la promotion d'une société mondiale idéale, a évolué sur des positions plus tolérantes, plus ouvertes aux autres écoles bouddhistes, depuis la fin des années quatre-vingt-dix, sans doute en raison d'une certaine exclusion des autres branches bouddhistes à son égard. Nous n'en dirons pas plus long sur ce sujet que nous approfondirons dans notre partie consacrée à ce mouvement, spécialement au rapport entre son occidentalisation asiatique – processus que nous venons d'évoquer – et son insertion idéologique et institutionnelle en Occident.

7° Du nationalisme-moraliste au solidarisme-universaliste

a) Le premier moteur de l'occidentalisation du bouddhisme

Il nous paraît clair que le coup porté au bouddhisme par l'institutionnalisation de l'État Shinto, loin de l'anéantir, suscita un renouveau structurel et doctrinal, à l'instar de ce qui se produisit dans les autres pays asiatiques que nous avons étudiés, mais dans des conditions historiques bien sûr différentes. Il est presque surprenant de constater que le même schéma se reproduise malgré des conditions sociopolitiques et géopolitiques parfois très dissemblables.

1. Bien qu'officiellement laïque, ce paradoxe sera analysé dans notre partie consacrée spécifiquement à cette organisation.
2. D.A. Metraux, « The Dispute between the Soka Gakkai and the Nichiren Shoshu Priesthood. A lay Revolution against a Conservative Clergy », in *Japanese Journal of Religious Studies,* n° 19, 1992.

ORGANIGRAMME INTÉGRÉ DE LA NICHIREN SHOSHU ET DE SES FILIALES

1)Nichiren Shoshu (organisation synthétique qui dirige tous les temples de l'école)
2) Grand temple Taiseki-ji (temple principal de l'école)
3)Hokkeko.

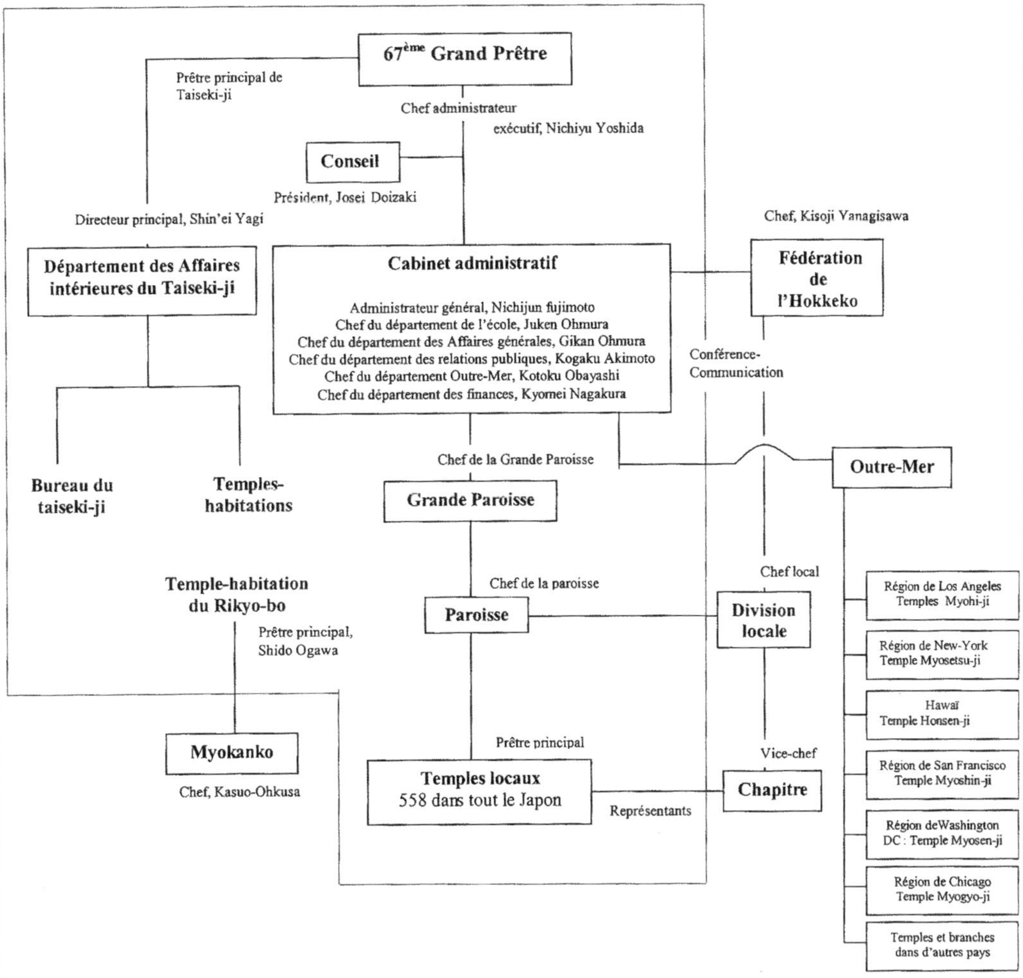

La pression intérieure de l'idéologie impériale Shinto et extérieure de la rationalité occidentale ainsi que du prosélytisme chrétien, furent à l'origine de la modernisation d'un bouddhisme pris en tenailles entre l'obligation nationaliste de fidélité à l'empereur et la rénovation universaliste et rationaliste nécessaire pour résister à l'incursion des idées occidentales. D'un côté le *dharma*, la loi bouddhiste est universelle, illimitée, et de l'autre le nationalisme officiel exige de considérer l'empereur comme un souverain digne de vénération, le *Cakravartin*. Cette tension est, d'après Hiroko Kawanami[1], le moteur de la transformation du bouddhisme à partir du XIXe siècle jusqu'à nos jours. Nous pensons, pour notre part, que la défaite japonaise à la fin du second conflit mondial fut beaucoup plus déterminante dans la constitution des lignes directrices du bouddhisme japonais actuel. Il nous semble que l'occidentalisation du bouddhisme a été ainsi accélérée : nous nous en expliquerons plus en détail dans notre partie consacrée à la Soka Gakkai.

Il est certain, en tout cas, que cette tension a été le premier moteur de l'occidentalisation du bouddhisme qui commença pendant l'ère Meiji. De nombreux moines japonais se mirent en contact avec d'autres bouddhistes asiatiques. Des maisons d'édition, des écoles virent le jour afin de commenter rationnellement les textes bouddhiques. Certains religieux firent même le voyage jusqu'en Europe pour se familiariser avec la « civilisation occidentale ». On retrouve au Japon le même schéma que dans la plupart des autres pays asiatiques déjà évoqués : le bouddhisme s'occidentalise en Asie même, et pour des raisons éminemment politiques. Le cas nippon se distingue cependant dans le fait qu'il ne s'agit pas seulement de résister à l'incursion occidentale du christianisme et du rationalisme, mais aussi à l'oppression de l'État Shinto passablement antibouddhiste[2].

b) Bouddhisme japonais et citoyenneté mondiale

Après la cuisante et traumatisante défaite de la Seconde Guerre mondiale, et l'humiliante occupation américaine[3], la nouvelle Constitution imposée par l'étranger en 1947 stipula en son article 20 que la liberté religieuse était un droit fondamental dont bénéficiaient tous les citoyens[4]. La première humiliation, celle de 1853, avait éloigné le bouddhisme du pouvoir, devenant le bouc émissaire coupable des archaïsmes japonais. En 1946, ce sont l'État Shinto et sa révolution Meiji qui sont mis en cause. De nouveaux groupes bouddhistes, issus de la rénovation qui a commencé en

1. H. Kawanami, « Japanese Nationalism and the Universal Dharma » in Harris, *Buddhism and Politics in Twentieth-Century Asia, op. cit.*, p. 105-126.
2. Même si ce même État Shinto instrumentalisera le bouddhisme dans le cadre de la politique de guerre pendant le conflit qui l'opposera aux USA. Les soldats bouddhistes étaient ainsi conditionnés par les clercs, parfois de célèbres maîtres zen, à considérer qu'il leur fallait sacrifier leur Moi personnel et factice à la Nation éternelle.
3. W.P. Woodard, *The Allied Occupation of Japan, 1945-1952, and Japanese Religions*, Leiden, Brill, 1972.
4. La chute de l'État Shinto fut définitivement consommée avec la promulgation de la Directive Shinto de 1945 qui interdit tout aide de l'État au shintoïsme.

1853, vont ainsi émerger en exploitant le vide laissé par un État Shinto institutionnellement et idéologiquement laminé. Parmi eux, nous citerons les plus importants : la Soka Gakkai, le *Rissho Koseikai* et le *Reiyukai*[1]. Ce sera au tour du shintoisme de devenir le bouc émissaire de la grande défaite, d'être accusé d'avoir perpétué une idéologie archaïque absolutiste à l'intérieur, sous couvert de modernisation matérielle, extérieure. Cette idée de corruption intérieure masquée par un progrès apparent extérieur fut aussi exploitée dans d'autres contextes ; elle est une des bases doxémiques de l'ensemble du bouddhisme occidentalisé, et est encore de nos jours appliquée d'ailleurs à la critique de la « société matérialiste » occidentale.

Depuis les années soixante, et après une longue maturation, la forme *solidariste-universaliste* domine le paysage bouddhiste japonais. Une association de bouddhistes progressistes destinée à promouvoir la paix intérieure et internationale, le *Bukkyosha Heiwa Kyogikai* (le Conseil Bouddhiste pour la Paix) a joué un rôle unificateur des différentes écoles autour de thématiques communes qui se sont cristallisées sur des événements politiques internationaux. C'est à partir de ces événements – qui préfigurent le concept de « causes supranationales », telles que les causes tibétaine, vietnamienne, écologique, etc. – qu'une cohésion bouddhique transversale s'est particulièrement affirmée. Ainsi le Conseil Bouddhiste pour la Paix a fait front commun contre le renouvellement du Traité de Sécurité entre les États-Unis et le Japon, ou encore contre la guerre du Viêt-nam en faisant la jonction avec les franges pacifistes bouddhistes vietnamiennes. De nombreux leaders bouddhistes, qui jusque-là avaient appartenu aux franges *nationalistes-moralistes*, ont commencé à adopter les nouvelles idées de non-violence et se mobilisèrent contre l'arme nucléaire, participant à des manifestations de protestation contre les États-Unis. La Quatrième Conférence Asiatique pour la Paix se déroula d'ailleurs à Tokyo en 1976 et prit une résolution[2] demandant l'arrêt immédiat des essais nucléaires dans le monde ainsi que l'abolition de l'armement nucléaire.

Les mêmes tendances contradictoires persistent toujours au Japon : le bouddhisme ritualiste (*piétiste-culturaliste*) / la tendance occidentalisée *nationaliste-moraliste*, qui a même connu un certain renouveau après le crack boursier qui a mis en péril l'économie japonaise à la fin des années quatre-vingt-dix, justifiant une remise en cause du système capitaliste mondial dominé par « l'Amérique matérialiste ». Cependant, la tendance *solidariste-universaliste* est, comme ailleurs en Asie, celle qui a pris le dessus, pour des raisons qui tiennent à la pénétration culturelle occidentale au Japon (et à l'intériorisation des concepts humanitaristes qui en résultent), et aussi parce que les écoles bouddhistes n'ont plus pour seule

1. Cette dernière secte est d'ailleurs présente en Occident, y compris en France, même si son importance est bien moindre que celle de la Soka Gakkai, du Zen *Sôtô* ou du Zen *Rinzaï* (L. Hourmant, « Le Reiyuakai japonais en France : entre religion et mouvement de transformation personnelle », in *Régulations religieuses du corps et de la nature*, Actes du colloque du SISR, Québec, 26-30 juin 1995).
2. Qui est devenue célèbre sous le nom de « l'appel de Tokyo ».

visée la conversion des citoyens japonais mais celle des citoyens du monde – qui sont en priorité des citoyens occidentaux qui ont sur le bouddhisme des *a priori* libertaires, humanitaristes, écologistes qu'il convient de conforter et parfois même d'amplifier afin de les convaincre de la valeur à la fois supérieure et universelle du bouddhisme. Ce qui ne veut pas dire que ce discours universaliste et égalitariste ne soit pas sincère, ni que la tradition bouddhiste ne permette de telles interprétations. Mais il est clair que les enjeux politiques sous-jacents à l'idéologie bouddhiste la plus développée au monde, c'est-à-dire l'idéologie que nous avons appelée *individuo-mondialiste*, ne se situe plus comme par le passé à l'échelle nationale, ou même régionale, mais à l'échelle mondiale. Ces nouveaux bouddhistes sans patrie autre que l'humanité, sans objectif politique autre que la révolution planétaire, se disent d'ailleurs, chacun dans leur langage, « résolus à lever haut la bannière de la citoyenneté mondiale[1] ».

1. Extrait du « Préambule de la Charte de la Soka Gakkai Internationale » (*Troisième Civilisation : Journal pour la paix, la culture et l'éducation*, n° 96, janvier 1996, p. 7).

II. L'OCCIDENTALISATION DU BOUDDHISME EN ASIE EN CONTEXTE IDÉOLOGIQUE SOCIALISTE

A/ L'activisme bouddhique des moines birmans contre la junte militaire[1]

1° Décolonisation et instrumentalisation du bouddhisme

a) Le bouddhisme progressiste indépendantiste

Ce sont encore les missionnaires d'Açoka qui sont à l'origine de la première pénétration bouddhiste en Birmanie. À cette époque, le IIIe siècle avant notre ère, le pays était peuplé par les Môn, une ethnie proche des Khmers, qui parlait un idiome proche de celui de ces derniers. Les Birmans, venus du Nord, s'implantèrent progressivement, amenant avec eux des éléments de culture tibétaine. C'est ce qui explique encore aujourd'hui l'originalité et l'hybridité de la langue et de la culture birmane. La religion n'échappe pas à cette réalité, puisque le bouddhisme *Theravâda* en provenance du Sri Lanka s'intégra avant que le *Mahâyâna* arrive à son tour, puis le *Vajrayâna*. Une tradition persistante voudrait même qu'Atisha, le grand lama tibétain, y ait séjourné au tournant du premier millénaire.

Malgré la persistance d'une culture bouddhiste tibétaine sur les hauts plateaux du Nord, le pays est aujourd'hui dominé par la tradition *Theravâda*, et ce depuis le XIe siècle lorsque Anawratâ, prince régnant, unifia le pays et imposa cette école venue du Sri Lanka. Le bouddhisme domina la culture birmane, mais comme dans la plupart des autres pays du Sud-Est asiatique, il se mêla aux superstitions locales.

Le prince Mindon, qui régna de 1853 à 1878, tenta de rénover la *sangha*, et réunit à cet effet le cinquième grand concile afin de recenser les textes traditionnels. Ce monarque eut à affronter la pression des conquérants

1. Nous emploierons le nom Birmanie bien que le pays ait été rebaptisé Myanmar par les militaires au pouvoir depuis 1988. La capitale Rangoon a, elle, été rebaptisée Yangon.

britanniques, qui réussirent d'ailleurs la première année de son règne à s'emparer de la Basse-Birmanie avant d'étendre leur empire à l'ensemble du pays en 1885. La *sangha* devint dès lors la principale force indépendantiste, sous l'impulsion intellectuelle de U Ottama, moine qui étudia en Inde et qui s'inspira dans sa stratégie de lutte contre « l'envahisseur » anglais du principe de Satyagraha, sur lequel s'appuyait Gandhi. Mais Ottama était autant activiste qu'idéologue. Il ne se contenta pas d'organiser des manifestations de protestations pour réclamer l'indépendance birmane, il interpréta le bouddhisme comme une doctrine à la fois marxiste-léniniste et nationaliste. La finalité politique du bouddhisme est, d'après lui, le socialisme : seul régime n'encourageant pas l'avidité.

Après l'indépendance, effectivement obtenue en 1948, le premier ministre U Nu s'inspira de ce socialisme bouddhique, et prit l'initiative pour les 2 500 ans de l'ère bouddhique, d'ouvrir le sixième concile en 1954. À cette occasion fut soulignée la dimension sociale du *dhamma*, éducation, égalité sociale, activité d'aide aux plus démunis. Dans le même temps se développèrent des centres de *vipassana* (méditation dans le *Theravâda*). Cette ébullition politico-spirituelle se propagea au Sri Lanka et en Thaïlande. Pendant les années cinquante, la Birmanie était devenue le pays phare d'un bouddhisme spirituellement épuré et politiquement progressiste. Sayagyi U Ba Khin[1], célèbre pour avoir été à la fois politicien et maître de méditation, incarna cette complémentarité entre les plans politique et religieux, qui ne déboucha pas sur des positions extrémistes de nationalisme intransigeant et d'exclusivisme religieux comme cela a pu être le cas au Sri Lanka.

b) La tentative d'instrumentalisation

Le coup d'État de 1962 mettra fin à cette période de relative harmonie en installant au pouvoir un gouvernement militaire fort, se targuant d'un programme marxiste, mais qui était surtout nationaliste, qui persécuta les minorités culturelles et ethniques, et tenta, en vain, d'instrumentaliser le bouddhisme afin de servir cette politique répressive. C'est pourtant contre les prévisions du gouvernement que la contestation se développa à partir de la *sangha*. Le dictateur militaire, le général Ne Win ne ménagea pourtant pas ses efforts pour obtenir les faveurs des dignitaires bouddhistes, malgré la constitution de 1974 qui stipule la stricte séparation entre la religion et l'État. Il a, par exemple, financé la construction de deux grandes pagodes. Il démissionna de la présidence en 1981 tout en restant le chef du BSPP (*Burma Socialist Programme Party*), ce qui continua à lui assurer le contrôle réel de l'État, jusqu'en 1988, date à laquelle il se retira définitivement de la scène politique.

---

1. Nous verrons dans notre « panorama matériel, institutionnel et idéologique du bouddhisme en Occident » que cet homme politique est l'inspirateur de groupes de méditation *Vipassana* qui recrutent dans les populations occidentales, en France en particulier, et que la revue organique de ces groupes diffuse les idées d'U Ba Khin, et fait l'apologie de son comportement politique non corrompu qui renvoit, *a contrario*, à la « corruption » politique et sociale du monde moderne occidental.

Cet événement donna l'espoir d'une libéralisation et même d'un retour à la démocratie, alors même que les militaires gardaient fermement les rênes du pouvoir. Cette situation contradictoire, entre les espoirs populaires et une dictature qui n'a en fait aucune intention de se relâcher, entraîna un des mouvements de protestation de masse les plus importants de l'histoire asiatique moderne, qui fut impulsé par les milieux bouddhistes. Pendant cette période insurrectionnelle, l'administration de l'État se désagrégea et fut spontanément remplacée par la population – dans les villages mais aussi dans les moyennes et grosses agglomérations – par des comités de moines.

2° La rébellion bouddhiste d'Aung Suu Kyi

a) Échec du concept de révolution pacifique

À ce moment apparaît sur la scène politique le personnage qui va devenir la clé de voûte de la contestation de la dictature jusqu'à nos jours. Aung San Suu Kyi est la fille d'un héros de l'indépendance, le général Aung San, qui, étudiant politisé, publiait déjà à la fin des années trente des pamphlets contre la présence britannique. Il fonda l'armée birmane pendant la Seconde Guerre mondiale alors que les Japonais tentaient de s'approprier le pays. Il s'imposa naturellement en interlocuteur pour les négociations de l'indépendance au sortir du conflit mondial. Mais en 1947, quelques mois après avoir obtenu l'assurance du retrait britannique, il est sauvagement assassiné alors qu'il n'est âgé que de 33 ans. Il devient alors un mythe, un héros sacrifié à la gloire de l'indépendance, véritable icône imprimée sur les billets de banque, donnant son nom à des rues. Sa fille sera élevée dans les meilleures institutions, puis en Inde, suivant sa mère nommée ambassadrice dans ce pays, et enfin poursuivra des études à Oxford. Elle y rencontrera son mari, un tibétologue fameux et poursuivra sa vie comme une simple civile se rendant régulièrement à Rangoon en visite auprès de sa famille. Or, c'est lors d'une de ces visites au chevet de sa mère convalescente, en 1988, en pleine révolte, que le destin de cette simple civile va basculer.

Le pouvoir répond extrêmement violemment à la révolte à partir du 8 août : plusieurs milliers de personnes sont tuées, dont la majorité sont des étudiants et des moines bouddhistes. Les chefs de l'insurrection, apprenant que la fille du héros mythique de l'indépendance birmane est à Rangoon, la contactent pour obtenir son soutien. Aung San Suu Kyi s'engagera immédiatement en rédigeant un texte puis en participant aux manifestations. Le 26 août, elle était déjà devenue le chef de l'insurrection après avoir fait un discours à la pagode centrale de Rangoon, le *Shwe Dagon*, et avoir fondé la Ligue Nationale pour la Démocratie (NLD : *National Ligue for Democracy*). À cette occasion, elle harangua une foule de près d'un million de personnes. Le pouvoir est dépassé par les événements, les leaders changent, et le BSPP devient le 18 septembre le Conseil pour la Restauration de la Loi de l'État et l'Ordre public, le SLORC (*State Law and Order Restauration Council*)[1]. La reprise en main par la nouvelle junte débouche immédiatement sur un nouveau massacre de civils, dont un grand nombre de moines.

Paradoxalement, le nouveau gouvernement promet une élection démocratique du Parlement, alors même que les meneurs de l'insurrection sont poursuivis et arrêtés. Aung San Suu Kyi sera arrêtée et assignée à résidence le 20 juillet 1989. Déjà, à cette époque, elle donnera à sa protestation politique une signification bouddhique. Ce mouvement était d'après elle une révolution pacifique qui était une tentative populaire pour suivre la démarche bouddhique de libération de toutes les oppressions[2].

Les élections promises auront effectivement lieu dans la transparence, alors même que la fille du héros était emprisonnée et que son parti reçut le soutien massif de la *sangha*. En mai 1990, son parti, le NLD, gagna de façon écrasante les élections, emportant 392 sièges sur 485 au Parlement[3]. L'enthousiasme général retomba dès que les militaires, surpris et désarçonnés par ce résultat, qu'ils n'avaient à l'évidence pas prévu, resserrèrent leur étau. Les trois années qui suivirent sont marquées par les arrestations, disparitions de membres de la communauté monastique, par des campagnes de propagande sensées mettre en exergue le lien entre les activistes et les ennemis de l'extérieur tels que les communistes[4] ou les Américains. Le 8 août 1990, l'armée attaqua une assemblée de 7 000 moines réunis à Mandalay pour l'anniversaire des manifestations pour la démocratisation[5]. La *sangha* prit des mesures de représailles immédiates contre les militaires en refusant leurs offrandes ainsi que celles des membres de leur famille. Cette utilisation du « pouvoir de retourner le bol à aumône » (*patta ni kauz za na kan*) eut un énorme retentissement. Cela signifiait que les militaires ne pouvaient plus gagner de mérites par des actions louables, l'action louable par excellence étant l'offrande à la *sangha*. Leur *karma* s'en trouvait bloqué. La *sangha* ne fut cependant pas monolithique, et d'autres moines rendirent grâce à la piété des soldats bouddhistes de « l'armée vénérée » (*Tatmadaw*)[6]. Le gouvernement fit finalement plier la *sangha* en obligeant le patriarche suprême (*Mingon Sayadaw*) à revenir sur cette mesure. Mais cette situation de crise grave, qui dura deux mois, démontra l'énorme puissance de la communauté bouddhique et sa capacité à mettre en péril le fonctionnement des institutions politiques.

1. En birman : *Naing Gan Daw Nyein Wut Pyi Pya Aye.*
2. J. Silverstein, « The Idea of Freedom in Burma and the Political Thought of Daw Aung San Suu Kyi », in *Pacific Affairs,* 1996, 69, 2.
3. La désignation officielle du Parlement est le *Pyithu Hluttaw.*
4. Ces allégations, même si elles ne relèvent que de la propagande propre aux États totalitaires, sont assez étranges concernant les « communistes », puisque la République Populaire de Chine est un des soutiens les plus fermes du régime.
5. B. Matthews, « The Legacy of Tradition and Authority : Buddhism and Nation in Myanmar » in Harris, *Buddhism and Politics in Twentieth-Century Asia, op. cit.*, p. 39.
6. M. Maung, *Totalitarianism in Burma : Prospects for Economix Development*, New York, Paragon, 1992, p. 184.

Ce dernier bras de fer bouleversa la vie sociale et politique nationale. Entre 5 000 et 10 000 moines s'exilèrent au nord du pays aux abords de la frontière thaïlandaise, entretenant des liens avec les ethnies minoritaires birmanes qui cohabitent sur le territoire thaïlandais. Ces réseaux d'exil se constituèrent en organisations telles que l'Association des Jeunes Moines Birmans (ABYMU : *All Burma Young Monks Association*) dont l'objectif avoué est de renverser le SLORC. La lutte contre la dictature est considérée par les membres de cette association, menée par le moine charismatique U Khemasara, comme un « devoir bouddhiste historique[1] ». Cette association religieuse fait partie, en outre, de l'Alliance Démocratique de Birmanie (DAB : *Democratic Alliance of Burma*). Il existe un tissu complexe d'organisations qui sont dominées par l'influence des moines engagés même si le rapport à la religion n'est pas toujours explicite, tel que c'est le cas pour le Front Démocratique des Étudiants Birmans (ABSDF : *All Burma Students Democratic Front*).

La nouvelle junte militaire installée en 1988 changea le nom de Birmanie par Myanmar, sous le prétexte d'intégration des minorités ethniques et culturelles, autrement dit non birmanes, dans la même nation. Les bouddhistes insurgés furent accusés de racisme et de xénophobie antimissilemane. Le gouvernement tenta ainsi de détourner une lutte qui est en réalité exclusivement dirigée contre lui. Dans le même temps, il a accru son contrôle sur la *sangha* officielle avec un Conseil du *Nikaya* (ANC : *All Nikaya Council*)[2] comprenant 47 abbés qui chapeautent le Comité Central de la *sangha* de l'État (SCCS : *State Central Committee of the Sangha*), lequel comprend 300 représentants des 14 régions du pays, avec la Cour du *Vinaya* (en Birman : *Baho Wininto*) comprenant 200 moines. Par ailleurs, le gouvernement garde une mainmise très serrée sur les universités bouddhiques du pays.

b) Intégration de la lutte dans la catégorie « cause bouddhique » mondiale

En décembre 1996, de nouvelles manifestations étudiantes, soutenues par de nombreux moines, ne réussirent pas à remettre en cause cette stratégie gouvernementale. La junte tente depuis la fin de ces manifestations de minimiser la réalité de la contestation, en fixant des objectifs de développement économiques et sociaux ambitieux. Le SLORC, appellation trop militaire, a été ainsi remplacé en 1997 par une appellation plus générale, le Conseil d'État pour la Paix et le Développement (SPDC : *State Peace and Developpment Council*), ce qui n'a pas empêché dans la réalité un quadrillage militaire et un contrôle resserré de la *sangha*.

Cependant, le bouddhisme reste au cœur des forces d'opposition à la dictature, particulièrement depuis qu'Aung San Suu Kyi s'y est associée et est devenue le leader de la contestation demandant la démocratisation du pays, attirant une majorité de jeunes religieux. Elle a su moderniser son

1. *Seeds of Peace,* vol. 8, n° 2, août 1992.
2. En birman : *Gaing Paung Sone.*

bouddhisme puisant dans l'occidentalisation de ses concepts centraux, afin d'en tirer des interprétations démocratistes. À cet égard, faute d'étendre son influence, son emprisonnement, de 1988 à 1995, lui a plutôt conféré la stature d'un martyre bouddhiste, une sorte de *bodhisattva* œuvrant pour la liberté du peuple. C'est d'ailleurs pendant sa réclusion qu'elle sut concrètement se rapprocher des milieux du bouddhisme engagé progressiste thaïlandais et idéologiquement rattacher son action au grand mouvement de l'activisme bouddhique, faisant du retour à la démocratie une cause comparable à celle de l'indépendance du Tibet. Elle acquit ainsi une tribune internationale, alors que son cousin, Sein Win, dirige un gouvernement provisoire en exil. Dans son premier livre, écrit pendant ses premières années d'incarcération à résidence, elle situe elle-même son combat dans la perspective de son devoir de compassion et de libération bouddhiste[1]. Elle obtient le Prix Nobel de la Paix en 1991, l'année même de la publication de cet ouvrage. Les autorités se rendront progressivement compte que le maintien de son emprisonnement renforce sa puissance, et la libéreront officiellement en 1995, avec cependant de nouvelles mesures extrêmement cruelles à son égard. En effet, tout visa sera refusé à son mari à partir de 1996, alors qu'il est atteint d'un cancer incurable.

c) Rapprochement du bouddhisme engagé mondial

La nouvelle stratégie consiste à pousser l'activiste, devenue trop célèbre et par conséquent trop encombrante, à sortir du pays pour ne plus lui ouvrir par la suite les frontières. Jusqu'à présent, Aung San Suu Kyi n'a pas cédé, malgré la maladie de son mari, qui est d'ailleurs décédé en 1999. Elle a au contraire accentué sa lutte, cherchant à médiatiser son action par tous les moyens. Par exemple, en 1998 lors du dixième anniversaire du mouvement insurrectionnel, elle s'enfuit de Rangoon pour rejoindre les membres de son parti cachés dans la campagne ; lorsque l'armée interrompit sa course sur un pont, elle décida de ne pas reculer et resta dans son automobile pendant 13 jours avant qu'elle soit ramenée de force à son domicile. L'événement fut parfaitement bien médiatisé permettant de ne pas laisser inaperçu cet anniversaire que le régime voulait éluder. Sa lutte s'est aussi accentuée sur le plan idéologique, rappelant l'exemple de Martin Luther King, de Gandhi et du Dalaï-Lama, avec en plus la dimension féministe que représente la situation d'une femme activiste non violente contre un ordre militaire patriarcal et violent. Elle renforça encore – à sa sortie de réclusion dans un dialogue constitutif d'un ouvrage, *La voix du défi*[2] –, sa prétention à pratiquer un bouddhisme politiquement engagé.

Son discours se rapproche d'ailleurs de celui du Dalaï-Lama ou de Thich Nhat Hanh, en appelant à une révolution mentale, condition d'une révolution institutionnelle. Elle s'inscrit dans la ligne progressiste du bouddhisme asiatique occidentalisé qui a évolué d'une position marxiste vers des

1. S.K. Aung San, *Se libérer de la peur,* Paris, Éditions des Femmes, 1991.
2. S.K. Aung San, *La voie du défi,* Paris, Stock, 1996.

positions moins systématiques et plus démocratistes. En Birmanie même, il faut citer le théoricien marxiste Thakin Soe – qui vécut pendant l'entre-deux-guerres et interpréta la théorie de la causalité karmique bouddhique, *paticcasamuppada,* comme une expression du matérialisme dialectique[1] –, théoricien qui fut responsable de la pénétration du marxisme-léninisme dans la phraséologie bouddhique anticolonialiste. Certains idéologues allaient jusqu'à chanter les louanges d'un stalinisme birman dans la continuité de la tradition bouddhique révolutionnaire[2].

À ce discours bouddhiste occidentalisé marxiste répondait à l'époque une suspicion des Britanniques à l'égard du bouddhisme, influencés par l'opinion générale des intellectuels européens tels que Weber[3] qui voyait une incompatibilité totale entre les valeurs bouddhistes et l'économie capitaliste. La Birmanie était donc au cœur du processus de l'occidentalisation du bouddhisme par les intellectuels asiatiques eux-mêmes qui l'interprétaient en doctrine révolutionnaire justifiant la lutte contre l'impérialisme britannique alors que les Britanniques de leur côté participèrent à la construction moderne, tout aussi peu traditionnelle, d'un mythe du bouddhisme socialement passif, antiéconomique et antisocial.

Héritière de cette histoire moderne d'un bouddhisme révolutionnaire, Aung San Suu Kyi a su réorienter son idéologie et son activisme en fonction des nouvelles réalités idéologiques et géopolitiques planétaires, en particulier la dénonciation des régimes marxistes en tant que régimes totalitaires et la critique concomitante du capitalisme consumériste inhumain. La cause birmane devient dès lors aujourd'hui une des sources, à la suite du Tibet et du Viêt-nam, qui permettent un réinvestissement de la charge politique du bouddhisme occidentalisé par le biais humanitaire, qui conduisent en outre à fonder une critique plus globale des systèmes politiques en vigueur – quel que soit le bloc idéologique auquel ils appartiennent –, qu'ils soient asiatiques ou occidentaux. En France, cette fonction est assurée par divers relais institutionnels dont le principal est l'association Info-Birmanie qui publie un bulletin trimestriel sur l'action du « *bodhisattva* de Birmanie », sa « lutte non violente », son « humanisme bouddhique », et qui organise chaque premier lundi du mois des séances de lecture de ses textes devant l'ambassade parisienne du Myanmar.

1. R.H. Taylor, *The State in Burma,* Honolulu, University of Hawaii Press, 1987, p. 238.
2. E. Sarkisyanz, *Buddhist Backgrounds of the Burmese Revolution,* La Hague, Martinus Nijoff, 1965, p. 174.
3. T. Ling, *Buddhism, Imperialism and War,* Londres, Allen et Unwin, 1979, p. 111.

B/ La guerre du Viêt-Nam comme événement fondateur du bouddhisme engagé mondialisé

1° Bouddhisme dans l'empire français

a) Le prosélytisme catholique réveille le bouddhisme vietnamien

Le Viêt-nam est le seul pays du Sud de l'Asie à être de tradition essentiellement *Mahâyâna*, alors que les autres pays environnants sont tous de tradition *Theravâda*. Cette singularité s'explique par la bipartition du pays en un territoire nordique sous influence linguistique et culturelle de la Chine, territoire annexé par l'Empire du Milieu depuis le IIe siècle avant notre ère jusqu'au premier millénaire, et une moitié Sud indianisée. Le bouddhisme ancien et le Grand Véhicule pénétrèrent à peu près simultanément au Viêt-nam au IIIe siècle, mais dans différentes parties du territoire. On retrouve ainsi jusqu'à nos jours un mélange de confucianisme, de bouddhisme ancien, d'animismes locaux, et bien sûr le Grand Véhicule majoritaire à travers ses différentes versions qui ont transité par la Chine, particulièrement le bouddhisme *Thien*[1] élitiste et les écoles piétistes de la Terre Pure plus populaires. Au XIIe siècle, le *Mahâyâna* devint donc la religion officielle, position qui fut encore renforcée par une nouvelle invasion chinoise au XVe siècle. Au XVIe siècle, comme dans le cas du Sri Lanka, l'incursion culturelle et cultuelle de l'Occident fera ressurgir un bouddhisme qui s'était quelque peu dissous dans les superstitions locales au point de perdre sa spécificité. Le prosélytisme catholique parfois agressif réveilla ainsi la *sangha*, qui se représentait comme la manifestation immémoriale de l'identité du peuple vietnamien. La colonisation française à partir de 1893 exacerba et accéléra la politisation du bouddhisme, dont les concepts nouvellement occidentalisés devenaient des mots d'ordre contre l'impérialisme français.

b) L'influence française dans la construction d'un « bouddhisme cartésien »

Même si le prosélytisme catholique fut très fortement ressenti dès le début de la période coloniale et eut d'ailleurs des conséquences jusque dans les années soixante, le gouvernement français ne combattit pas le bouddhisme, mais impulsa son renouveau rationnel. En 1930 fut d'ailleurs crée avec sa bénédiction l'Association d'Étude Bouddhiste du Sud sous l'initiative de Khanh Hoa, qui avait déjà créé en 1923 l'Association de l'Alliance pour les Six Harmonies (*Hoi Luc Hoa Lien Hiep*). Enfin, en 1932 naquit l'Association Centrale Vietnamienne d'Études Bouddhistes. La passive collaboration de la *sangha* est critiquée par certains jeunes religieux, mais aussi par des laïques, à l'instar de Phan Khoi, un journaliste célèbre qui déplore le manque d'engagement social de la communauté bouddhiste.

1. Le *Thien* n'est autre que la traduction vietnamienne du mot chinois *Chan*, qui fut plus tard traduit en japonais par le mot *Zen*.

Certains magazines bouddhiques servent à diffuser ces nouvelles idées, tel que le magazine *Vien Am* influencé par Huynh Thuc Khang, qui en appelle à une prise de conscience de la crise que traverse le Viêt-nam, et qui voit dans la *sangha* la seule force capable de « soigner » le pays. En 1934, le magazine met en exergue les 4 raisons qui justifient cette entreprise bouddhiste : premièrement, les valeurs confucéennes traditionnelles qui déterminaient l'ancienne structure de la société sont en crise, et probablement en phase de disparition ; de plus, le bouddhisme peut fournir en revanche les fondations d'une identité vietnamienne adaptée à la modernisation de la société ; troisièmement, en effet le bouddhisme est non seulement compatible avec la science moderne mais il peut lui fixer des limites morales ; quatrièmement, pour pouvoir jouer ce rôle, le bouddhisme doit se séparer des rituels compliqués, des superstitions locales, afin de servir les générations futures qui auront ainsi une approche rationnelle de la connaissance[1].

Cette acculturation volontaire se représente elle-même comme une tentative de préserver l'identité vietnamienne face à l'incursion occidentale. Il faut dire que, dès les années trente, le bouddhisme sera attaqué par des intellectuels vietnamiens anticolonialistes qui l'accusaient d'entretenir l'inertie du peuple face aux envahisseurs français par les croyances dans les amulettes qui apportent la fortune, par l'espoir de la Terre Pure[2], paradis d'Amitabha que chacun rejoindra à son décès s'il est suffisamment pieux, etc. Cette critique vient surtout des milieux marxistes pour lesquels le bouddhisme est une idéologie religieuse qui empêche les masses populaires d'acquérir une conscience politique[3]. Par ailleurs, le bouddhisme des années trente est aussi critiqué parce qu'il serait imprégné de culture française. D'un côté, les bouddhistes modernistes et anticolonialistes s'occidentalisent, et même francisent leur bouddhisme, mais pour en faire un outil efficace contre la colonisation, une arme dont la rationalité ne pourra être remise en cause par les Français les plus cartésiens. D'un autre côté, cette reconstruction identitaire, qui tente de faire oublier qu'elle est aussi une acculturation, se trouve critiquée comme une allégeance indirecte à la puissance française, une sorte d'hommage à la civilisation des colons.

1. Ces quatre « raisons » sont tirées de Nguyen Lang (*Viet Nam Phat Giao Su Luan* : Essais sur l'histoire du bouddhisme vietnamien, Hanoi, Van Hoc, 1994), cité par Thien Do (« The Quest for Enlightenment and Cultural Identity : Buddhism in Contemporary Vietnam », in Harris, *Buddhism and Politics in Twentieth-Century Asia, op. cit.*, p. 264).
2. Ce type de bouddhisme piétiste, autrement dénommé amidisme (croyance dans le paradis d'Amitabha), est surtout très bien implanté dans les couches populaires peu éduquées. Le Zen, plus rationnel, est plutôt l'apanage des intellectuels. C'est la raison pour laquelle la rénovation moderniste se fera au détriment de l'amidisme en faveur du Thien (Zen).
3. S. Mc Hale, « Imagining Human Liberation : Vietnamese Marxists Confront Buddhism », acte de *The Nordic Institute of Asian Studies Conference on Vietnam,* Copenhague, 19-21 août 1993.

2° Développement d'un activisme bouddhiste indépendantiste

a) Le bouddhisme et l'armée de libération populaire

À partir de la fin des années trente, de plus en plus d'organes de presse issus des diverses associations bouddhistes du pays vont prendre des positions politiques tranchées. Le magazine *Phap Am* (L'Écho du Dharma) engage ses lecteurs à commencer une révolution sociale par le bouddhisme. Cette tendance se radicalisera au point qu'au sortir de la Seconde Guerre mondiale la plupart des associations bouddhistes vietnamiennes soutenaient la révolution communiste. *Duoc Tuê*, l'organe de presse de l'Association Bouddhiste du Nord, publia le 15 août 1945 un appel à rejoindre l'Armée de Libération du Viêt-nam, dépendante du Viêt-minh. Des mouvements spontanés de jeunes moines et laïques bouddhistes s'organisèrent, tenant des meetings, faisant des manifestations en faveur de la « libération du peuple par le peuple ». Mais cet enthousiasme essuya de nombreuses déconvenues de la part de ces jeunes bouddhistes-marxistes, qui n'étaient pas considérés comme de « vrais révolutionnaires » dans les rangs de l'armée de libération[1]. En outre, les autorités françaises participaient à nourrir ces conflits latents entre les activistes bouddhistes et les indépendantistes communistes du Viêt-minh[2].

b) Création d'une structure progressiste bouddhiste distincte du Viêt-minh

Les groupes bouddhistes activistes commencèrent alors à s'organiser de façon autonome. Ainsi furent crées, en 1946, un nouveau monastère à Tra Vinh, deux autres à Cholon et à Hanoi en 1949, et enfin en 1953 le Temple de *Ung Quang* à Saigon qui deviendra l'Institut Bouddhiste *An Quang*, le plus réputé des centres d'études bouddhistes sud-vietnamiens en même temps qu'un des cœurs de l'activisme bouddhique. Ce centre fut fondé par Thich Tri Huu, mais aussi par Thich Nhat Hanh, moine devenu depuis célèbre dans le monde entier et dont les conceptions de l'engagement bouddhique global, spirituel et politique, se sont propagées aussi bien en Asie qu'en Occident. Le plus remarquable bouleversement vient de la création à Hanoi en 1949 de l'Église Bouddhiste Unifiée, qui rassemble les différentes tendances du *Mahâyâna* (zen et amidisme) et du *Theravâda*. Son objectif est de réformer la *sangha* « trop archaïque », de promouvoir le rôle des laïques, d'éduquer les jeunes. On voit poindre en germes les deux axes moteurs de l'occidentalisation du bouddhisme : la dissolution des distinctions traditionnelles d'écoles (en particulier dépassement de la séparation entre Grand et Petit Véhicules) et la valorisation des laïques[3].

Malgré cette distanciation croissante des activistes bouddhistes vis-à-vis du Viêt-minh, l'empereur Bao Daï inféodé au pouvoir français et gouvernant

1. Lang Nguyen, *op. cit.*
2. D.G. Marr, « Church and State in Vietnam », in *Indochina Issues*, n° 74, avril 1987.
3. Ces processus asiatiques auront des conséquences en Occident même, puisque c'est ce bouddhisme, qui aura été ainsi reconstruit, qui se répandra chez les citoyens américains, anglais, français, allemands, etc.

théoriquement le Sud du pays, promulgua un décret qui provoqua de vives réactions antifrançaises et antigouvernementales dans les milieux bouddhistes. Ce décret n° 10 donne une place privilégiée aux missions catholiques et protestantes, alors que les autres organisations religieuses doivent se soumettre à l'arbitraire d'une autorisation gouvernementale – qui peut être d'ailleurs refusée sans explications – pour se constituer en association[1]. Après la défaite de Dien Bien Phu face à l'armée de libération communiste du Viêt-minh dirigé par Ho Chin Minh, la France cherche à négocier son retrait, qui sera officiellement réglé par la Convention de Genève, la même année en 1954. Le pays sera, à partir de cette date, séparé en deux parties, Nord et Sud, pendant vingt et un ans. Le Sud Viêt-nam sera dirigé à partir de 1955 par le président Diem avec le soutien américain qui maintiendra le décret n° 10 et accentuera même la discrimination à l'égard des bouddhistes.

3° Les deux Viêt-Nam et l'activisme bouddhique

a) L'antibouddhisme du président catholique Diem exacerbe l'activisme bouddhique

Lui-même catholique, Ngo Dinh Diem, a un frère qui est l'archevêque de la ville impériale de Hué. Cette situation reflète la réalité d'un pays qui est sous la domination d'une élite catholique, engendrée par la politique française coloniale. Le régime est farouchement anticommuniste et antibouddhique : en 1957 la commémoration de l'anniversaire du Bouddha, le Vesak, est rayée de la liste des fêtes officielles, ce qui provoque une réaction de la *sangha*. Désormais chaque commémoration bouddhique aura une connotation politique ainsi que le caractère d'une défiance gouvernementale. Alors que certains moines rêvent d'une société vietnamienne neutre face aux oppositions idéologiques et stratégiques qui sont exacerbées pendant la guerre froide, tels que Thich Tri Quang qui exprima publiquement ses vues en 1956, ou encore Thich Thien Minh, qui reprit l'idée déjà exprimée pendant la période coloniale que le bouddhisme pouvait fournir une identité spécifique compatible avec la modernité au Viêt-nam, de surcroît en lui conférant une position de leader d'une nouvelle voie[2].

Dans la réalité, l'intransigeance du gouvernement catholique soutenu par la puissance américaine provoque des réactions de plus en plus radicales des milieux bouddhiques. Dans les années soixante, période de suspicion, l'administration Diem entretient l'idée que la *sangha* est infiltrée par les communistes du Nord afin de renverser le régime du Sud. Le communisme militant des moines, qui n'était que globalement un mythe et une réalité seulement pour certaines franges, va se généraliser sous la pression même du gouvernement Diem.

---

1. Ceci est stipulé dans l'article 7 de ce fameux décret n° 10.
2. J. Schecter, *The New Face of Buddha*, Tokyo, Weatherhill, 1967.

Nous avons là un exemple historique d'une politique contre-productive, qui va provoquer et accélérer un processus qu'elle cherchait à empêcher. Cette attitude bienveillante vis-à-vis de la communauté catholique largement minoritaire dont le gouvernement Diem veut faire l'assise de son régime, permet à l'opposition bouddhique et communiste de faire communier son mécontentement avec la xénophobie et le nationalisme latent de la majorité de Vietnamiens élevés dans un mélange de tradition bouddhique, animiste et confucianiste.

En 1963, la tension entre le gouvernement et les milieux bouddhistes arrive à son comble. En mai, le vénérable Thich Tri Quang, en dépit de l'interdiction officielle, appelle les bouddhistes à déployer des drapeaux religieux lors de la procession organisée pour fêter le 2527e anniversaire de la naissance de l'Éveillé. Le gouvernement réagit alors très violemment, ce qui provoque en retour des manifestations dans tout le pays. Il y a alors un déploiement et une généralisation de la protestation auxquels les dirigeants de la *sangha* comme ceux de l'État ne s'attendaient pas.

En juillet, le vénérable Thich Quang Duc se donne rituellement la mort en place publique en s'immolant par le feu. Cet événement va cristalliser l'attention nationale et internationale. Le mot de « lutte » (*dau tranh*) est utilisé officiellement par les dignitaires bouddhistes pour la première fois. Un Comité interobédiance pour la Défense du bouddhisme (*Uy Ban Lien Phai Bao Ve Phat Giao*) est formée. La *sangha* est grisée par son propre pouvoir de mobilisation, les événements se précipitent, et ce qui n'était qu'un mouvement de défense du bouddhisme[1], qui avait glissé ces dernières années vers un mouvement de libéralisation politique, se concentre en quelques mois et presque spontanément en un gigantesque mouvement visant au renversement pur et simple du gouvernement. Cette situation de plus en plus critique entraînera, dès novembre de la même année, la chute du président Diem avec la complicité de son propre état-major des forces armées et avec le soutien américain.

b) Ambiguïté et contradiction de l'activisme bouddhique dans la guerre du Viêt-nam

Malgré les concessions faites par la junte militaire qui a pris le pouvoir, la *sangha*, ayant pris conscience de son pouvoir de mobilisation sur des millions de personnes, continue à entretenir l'agitation dans les grandes agglomérations, particulièrement à Saigon et à Hué. Trois tendances apparaissent alors dans la *sangha*. D'une part une tendance minoritaire représentée par l'obédience *Vinh Nghiem* qui est prête à faire des concessions au régime, ayant pour priorité la lutte contre le bloc

1. La déclaration en 5 points du Comité est d'ailleurs encore très modérée : 1) Le bouddhisme vietnamien ne cherche pas à renverser le gouvernement, 2) Il n'a pas d'ennemis, ne lutte pas contre le catholicisme mais contre la politique religieuse arbitraire du gouvernement, 3) La lutte bouddhiste est fondée sur la justice sociale, 4) La lutte bouddhiste est non violente, 5) Les bouddhistes vietnamiens ne se laisseront pas, dans le cadre de leur combat, manipuler par des personnes ou des groupes.

communiste. Les moines qui composent cette obédience sont pour la plupart des réfugiés du Nord Viêt-nam. Ils se détacheront de l'Église Bouddhiste Unifiée et fonderont en 1966 la Pagode Nationale (*Quoc Tu*).

D'autre part, les obédiences An Quang et Tu Dam radicaliseront au contraire leur position, appelant à la lutte contre la présence américaine, à la grève générale au milieu de la guerre entre les troupes de Saigon et les troupes dissidentes qui s'affronteront avec une rare violence en 1966 à Danang. Une dizaine de moines s'immolent à nouveau par le feu la même année en signe de protestation contre le régime dominé par la puissance américaine. Mais après l'offensive communiste du Têt en 1968 et les massacres qui se déroulèrent à Hué, l'Église Bouddhique Unifiée se montre plus modérée dans sa critique, condamnant le capitalisme certes, mais aussi le communisme.

L'idée se renforce que le bouddhisme peut fournir une « troisième force[1] », peut permettre une conversion idéologique (*hoa giai*) vers une voie qui puisse concilier les contraires apparents. Cette approche ne fera cependant pas l'unanimité, et après les Accords de Paris de janvier 1973, la critique intransigeante du gouvernement nourrie d'idéologie communiste reprend le dessus particulièrement à partir de la pagode An Quang. Cette intransigeance conduira d'ailleurs à la quasi-exclusion du « livret de famille du temple » d'un de ses fondateurs, le vénérable Thich Nhat Hanh[2], en raison de sa tolérance, particulièrement vis-à-vis des catholiques, et de sa collaboration au régime sud-vietnamien.

Ce dernier n'hésita pas à démarcher les « bonnes consciences » occidentales pour demander l'arrêt des hostilités, en particulier des bombardements américains au napalm. Il se lia avec le trappiste Thomas Merton qui fit la préface d'un de ses ouvrages[3], avec le pasteur Luther King et enfin rencontra le Pape Paul VI en 1966 à Rome afin de parler de tolérance religieuse et de paix. En réalité ce moine bouddhiste, loin de collaborer, était déjà dans les années soixante un farouche défenseur du retrait américain du Viêt-nam, mais ses actions sociales concrètes étaient cependant critiquées par les bouddhistes radicaux proches du Front de Libération, pour la raison que ces initiatives de solidarité, rendant plus tolérable la situation, servaient le gouvernement et apaisaient la colère antiaméricaine. Sa création de l'École de la Jeunesse pour le Service Social au début des années soixante-dix s'appuie sur une interprétation sociale, mondaine, du rôle du *bodhisattva* et du non-soi (*anatmya*) comme oubli de soi au profit du service social. Pour les intellectuels communistes tel que Tran Van Giau, les entreprises sociales du moine étaient vouées à servir la politique de « l'étranger ». La démarche de Thich Nhat Hanh est en fait dans la

1. Thien Do, « The Quest for Enlightenement and Cultural Identity : Buddhism in Contemporary Vietnam », in *Buddhism and Politics, op. cit.*, p. 274.
2. Chan Khong, *Learning True Love. How I learned and Practiced Social Change in Vietnam*, Berkeley, Parallax Press, 1993, p. 29.
3. Thich Nhat Hanh, *Vietnam, Lotus in the Sea of Fire*, Londres, SCM Press, 1967.

continuité de cette troisième voie, critique tout en refusant de prendre position pour un camp ou pour l'autre, en vertu du principe bouddhiste du non-dualisme.

c) La déception des bouddhistes marxistes face au régime communiste comme confirmation de la nécessité d'un engagement social non dualiste

Après la prise de Saigon par les communistes en 1975, les bouddhistes radicaux vont rapidement déchanter. Le pouvoir craint la puissance du bouddhisme, son emprise sur la population qu'il cherche à réduire par tous les moyens. Les relations vont immédiatement se détériorer au point que dès mai 1975 le vénérable Thich Huyen Quang, abbé de la pagode An Quang, centre bouddhiste qui avait milité contre la présence et l'influence américaine, déclarait que « les buts du Front National de Libération et ceux du bouddhisme ne coïncident pas toujours[1] ». Le gouvernement ferme les institutions sociales bouddhiques, orphelinats, dispensaires, écoles, et impose un stricte contrôle à toutes les actions sociales chapotées par la *sangha*. En 1978, les accusations du pouvoir à l'encontre de la *sangha* deviennent plus virulentes encore et une série de procès jugent des moines pour haute trahison et remise en cause de la sécurité et de l'unité nationale. Les attaques sont dirigées en priorité contre les alliés de naguère, la pagode An Quang, pour avoir « abusé de leur organisation religieuse pour mener des activités contre la révolution[2] ». Il s'ensuivra une multitude d'arrestations, de disparitions, d'incarcérations de moines, de nonnes et de laïques bouddhistes[3] considérés comme des opposants. Nombre de religieux « subversifs » furent incarcérés dans des camps de rééducation politique[4].

L'Église Bouddhique Unifiée, qui a été le ferment de la lutte contre le régime de Diem et plus généralement contre la présence idéologique et matérielle américaine au Viêt-nam, avec en son cœur la pagode An Quang, sera mise sous haute surveillance, mais nombre de bonzes seront persécutés. Enfin en 1981, ne parvenant pas à éliminer la contestation, le gouvernement décide de créer de toutes pièces une organisation bouddhiste officielle qui sera entièrement sous sa domination, l'Église Bouddhique du Viêt-nam, dirigée par un bureau de 48 moines présidé par un patriarche et un bureau exécutif de 50 moines avec à sa tête un secrétaire général. L'Église Unifiée du Viêt-nam devient dès lors globalement une organisation subversive. Cette distinction, classique dans l'Asie contemporaine, entre un bouddhisme conformiste et un bouddhisme contestataire, entretient la vitalité idéologique du bouddhisme occidental par l'investissement affectif

1. Les paroles du vénérable Thich Huyen Quang sont rapportées par Nguyen The Anh dans son article « L'engagement politique du bouddhisme au Sud Vietnam dans les années soixante », in Vandermeersch, *Bouddhisme et politique en Asie Orientale,* n° 603, mars 1989, p. 48.
2. *Ibid.*
3. Des procès ont eu lieu en 1978, 1982, 1984, 1988. Lors des procès de 1988, deux moines ont été condamnés à mort, deux autres à la réclusion à perpétuité et les autres à de lourdes peines de prisons (information tirée de la publication bouddhiste de Ho-Chi-Minh-Ville *Giac-Ngo,* 15 octobre).
4. K. Boyle, J. Sheen, *Freedom of Religion and Belief : A World Report,* Londres, Routledge, 1997, p. 252.

que représente la persécution des moines qui sacrifient leur vie pour le bonheur du peuple vietnamien mais aussi de tous les êtres, donc aussi les citoyens occidentaux oppressés par le capitalisme consumériste.

Thich Nhat Hanh fut le catalyseur, à partir de son rôle de leader bouddhiste vietnamien jusqu'à son rôle de leader du bouddhisme engagé mondial[1], de cette idéologie critique du capitalisme consumériste qui se nourrit en Asie de la lutte contre le totalitarisme communiste. L'expression de bouddhisme engagé recouvre très exactement cette « troisième voie », qui émergea au Viêt-nam contre la présence américaine, puis se développa aux USA contre la guerre du Viêt-nam, et qui s'épanouit enfin dans un mouvement d'alternative politique transnationale, à la fois occidentale et asiatique, fondée sur une interprétation moderniste du bouddhisme.

Le cas du Viêt-nam est caractéristique de l'importance du contexte politique asiatique dans le processus d'occidentalisation du bouddhisme ; la « cause asiatique » est le terme d'une dialectique dont l'autre terme est à rechercher dans l'autocritique de la société occidentale par les Occidentaux proches ou convertis au bouddhisme. Entre les deux termes se trouve un leader charismatique tel que Thich Nhat Hanh, à la fois maître de méditation pour des milliers d'Européens et d'Américains et conférencier itinérant sur l'engagement social et humanitaire, impliqué dans la cause asiatique mais résidant en Europe.

4° Le bouddhisme engagé de Thich Nhat Hanh : émergence et développement d'un leadership national

a) Naissance du bouddhisme engagé

Le premier à avoir employé l'expression de « bouddhisme engagé » est le vénérable Thich Nhat Hanh. Il naquit en 1926 au sud du Viêt-nam[2], et devint moine à 17 ans au monastère de *Tu Hieu* dans lequel il rencontra son maître Thich Chan That de l'école *Lam te*[3]. Il recevra l'ordination complète en 1949. Dès cette époque, il se fait remarquer par ses positions modernistes, par exemple lorsqu'il propose de mettre plus l'accent sur l'enseignement de la philosophie, de la réflexion critique, de la littérature générale et des langues étrangères dans le cadre de la formation religieuse[4]. Après un refus catégorique de sa hiérarchie d'admettre ses propositions modernistes, il décida alors de quitter l'Institut *Bao Quoc* dans lequel il avait été formé, et se rendit à Saigon tentant de subvenir à ses besoins matériels en écrivant

1. Le même processus, avec certaines spécificités ainsi que nous le verrons, se retrouve dans le leadership du Dalaï-Lama dans le bouddhisme tibétain au Tibet, puis du bouddhisme dans le monde à partir de la « cause tibétaine » comme catalyseur particulièrement efficace en Occident.
2. Son nom de naissance est Nguyen Xuan Bao.
3. *Lam te* signifie *Lin chi* en chinois et *Rinzaï* en japonais. Il s'agit d'une des deux branches les plus répandues du bouddhisme zen qui privilégie à la fois la méditation assise (*zazen*) et la résolution personnelle de *Koan* (énigmes spirituelles).
4. « The Third Way : Thich Nhat Hanh and Cao Ngocc Phuong », in Hope, Young, *The Struggle for Humanity : Agents of Non-violent Change in a Violent World*, Maryknoll, Orbis Books, 1977.

des romans et de calmer sa soif de connaissance en étudiant à l'université de Saigon. Son destin va se précipiter lorsqu'il devient en 1950 le cofondateur de l'Institut Bouddhiste de An Quang qui va devenir, comme nous l'avons vu, le centre de la lutte contre la présence américaine au Viêt-nam. En 1956, il fonde une communauté monastique près de Dalat, enseigne dans un lycée, et écrit dans l'organe de presse de l'Association des Bouddhistes du Viêt-nam[1], *Le bouddhisme vietnamien*[2] dans les colonnes duquel il développe ses idées d'implication sociale de la voie bouddhiste.

À partir de 1954, après le départ des Français, lorsque Diem prend le pouvoir avec le soutien américain, il protestera contre cette emprise étrangère sur le destin du peuple vietnamien, tout en créant des associations pour promouvoir l'action sociale concrète, telles que l'Union des Étudiants Bouddhistes qu'il crée en 1959. En 1961, il fera un voyage d'études aux USA, à Princeton plus exactement, où il s'inscrira en *Religious Studies*. L'orientation d'enseignant bouddhiste préoccupé de développement social qui avait été la sienne jusque-là va alors basculer dans celle d'activiste, conférencier protestataire, réformateur social et critique politique. Le cours qu'il donnera sur le bouddhisme à l'université de Columbia en 1963 sera pour lui l'occasion d'évoquer devant la jeunesse américaine « l'ineptie » de la guerre du Viêt-nam et de critiquer la présence matérielle et idéologique américaine dans ce conflit. Ses vues pacifistes s'intégreront à la mouvance libertaire et antimilitariste qui se développait déjà aux USA. Il participera d'ailleurs à la bouddhéisation de la *beat generation* libertaire fournissant une base spirituelle à la critique de la société bourgeoise américaine. Un écrivain anarchiste tel que Jack Kerouac sera par exemple profondément marqué par le bouddhisme. Par ailleurs, les idées de Thich Nhat Hanh étaient proches de celles de Robert Aitken, un Américain qui fut interné au Japon pendant la Seconde Guerre mondiale et qui s'initia au bouddhisme zen. À son retour, il devint un activiste antinucléaire puis s'opposa lui aussi à la guerre du Viêt-nam au nom de principes dharmiques[3].

Pendant cette période d'activisme international Thich Nhat Hanh développe des positions qui le portent à se lier avec des chrétiens, tels que le moine trappiste Thomas Merton ou le pasteur Luther King. Ces rencontres feront de lui un partisan du dialogue interreligieux, ce qui le distingue des milieux bouddhistes radicaux vietnamiens exaspérés par le catholicisme intransigeant et intolérant du gouvernement Diem. En liaison avec les réseaux bouddhistes engagés américains et avec les personnalités qui sont touchées par son message, il obtient l'envoi d'une commission d'enquête de l'ONU au Viêt-nam à propos de la persécution des bouddhistes par le gouvernement. Il est déjà, par la maturation même de ses idées, au confluent des mouvements sociaux asiatiques et occidentaux.

1. En vietnamien : *Tong Hoi Phat Giao Viet Nam*.
2. En vietnamien : *Phat Giao Viet Nam*.
3. Le poète bouddhiste engagé et héros de la *beat generation*, Gary Snyder, était un ami d'Aitken.

Après la chute du gouvernement Diem, il est invité à retourner au Viêtnam par un des principaux meneurs du bouddhisme activiste Tri Guang. Durant cette nouvelle période de son existence, il fondera l'Institut des Hautes Études Bouddhiques, avec la sœur Chan Khong[1], qui deviendra l'université Van Hanh, qui ne sera pas un simple établissement d'enseignement mais l'atelier de divers projets de développement social de grande envergure. Un village pilote de « développement global » sera ainsi crée à Cao Kinh. Il lancera une campagne de formation de travailleurs sociaux avec le projet de les envoyer dans les campagnes. L'École de la Jeunesse pour le Service Social, une des associations dont il est le fondateur, mettra en pratique et diffusera sa conception du bouddhisme engagé. À côté de cet activisme, il augmente le rythme des ses publications, dont de multiples pamphlets pacifistes, et en général critiques du gouvernement. Il ne fera cependant jamais les louanges du marxisme, dénoncera le régime du Sud mais aussi celui du Nord, au nom de son principe de non-dualisme qui lui fait refuser toute position tranchée ; ce qui n'est pas le cas de nombre des bouddhistes radicaux de l'Église Bouddhique Unifiée qui voyaient dans le communisme une philosophie et un système politique complémentaire du bouddhisme. Il est pourtant éditeur de *Sound of Rising Tide*, la revue officielle de l'EBU.

b) Le développement du bouddhisme engagé : fondation de l'ordre de l'Interêtre

La démarche originale de Thich Nhat Hanh reste encore ébauchée. Le bouddhisme engagé n'est encore qu'une idée qui se manifeste dans des écrits dispersés, à travers des organisations disparates. L'acte fondateur du bouddhisme engagé, en tant qu'organisation bien définie avec des objectifs déterminés et une idéologie aboutie, est la fondation en 1965 de l'Ordre de l'Interêtre (*Tiep Hien*). L'ordre sera désormais – est encore – le support institutionnel et idéologique de ses actions dans l'espace public, aussi bien en Asie qu'en Occident, Europe comprise. Cette association est l'aboutissement d'un long processus d'occidentalisation intellectuelle et institutionnelle. Tous les éléments de ce que nous appelons le bouddhisme occidentalisé sont déjà présents. En effet, même si l'ordre se présente comme une branche nouvelle de l'école *Lam te*, elle se distingue sur la plupart des points de cette tradition. Tout d'abord, elle n'est pas exclusivement réservée aux moines, les laïques peuvent y appartenir ; ensuite elle est indistinctement ouverte aux femmes et aux hommes, ce qui est exceptionnel dans l'école *Lam te*. Valorisation des laïques et féminisme sont deux des éléments centraux du bouddhisme occidental actuel.

L'engagement social est au cœur du projet spirituel. La pratique de la méditation est indissociable de l'activisme social, son complément naturel. Le sens de la libération bouddhique est global et non pas personnel. « Interêtre » signifie que l'universalisme doit s'étendre à l'ensemble des

1. Celle-ci restera son plus proche disciple et vit aujourd'hui en France dans la communauté qu'il a fondée.

entités vivantes et non seulement au règne humain. L'univers dans son ensemble est perçu comme un gigantesque organisme souffrant de déséquilibres, qui sont autant de conflits intérieurs qu'il convient de pacifier par une pratique appropriée personnelle et collective : passage de l'écologisme naturaliste à l'écologisme politique. Dans l'Ordre de l'Interêtre, les éléments culturels asiatiques disparaissent ; aux USA, les prières en langues vernaculaires asiatiques sont remplacées par des prières en anglais qui se réfèrent à des éléments de la culture occidentale moderne. La ritualisation asiatique est réduite au minimum. Même la position *zazen* n'est plus obligatoire, et les accoutrements rituels ne sont plus exigés, seul compte le confort du vêtement.

c) La charte de l'ordre

La charte de l'Ordre se divise en principes de base[1] qui servent d'épine dorsale à l'éthique des membres qu'ils soient bonzes ou laïques.

1) Le détachement de toute opinion absolue, de tout point de vue érigé en dogme. Ce principe fut appliqué par Thich Nhat Hanh lorsqu'il refusa de prendre position pour le camp nord-vietnamien au détriment du gouvernement du Sud. La doctrine bouddhiste elle-même ne doit pas être érigée en dogme.
2) La pratique se passe de détour rituel, des obligations de la piété, mais vise à changer directement la perception des choses et du monde.
3) Le respect des principes de base du bouddhisme doit être corrélé avec l'engagement d'aider positivement le peuple. Les bouddhistes ne doivent pas hésiter à trouver de nouvelles voies d'entraides, de nouvelles formes de solidarités.
4) L'emploi des moyens habiles, au sens large. Les moyens habiles sont traditionnellement toutes les pratiques relatives, physiologiques, prosternations, visualisations, etc. qui permettent d'obtenir un progrès spirituel. C'est ainsi que dans l'Ordre de l'Interêtre, les moyens habiles sont élargis à tout ce qui peut permettre un progrès spirituel, que ce soit au plan individuel la pratique du yoga, des arts martiaux, du tennis, de la musique, et au plan social que ce soit la mise en place d'un système de redistribution plus équitable, une réglementation internationale qui interdit la prolifération des armes nucléaires, etc. Toute mesure, même si elle ne règle pas le fond du problème, qui permet d'apaiser sur le plan individuel et de pacifier sur le plan collectif, doit être employée.

5° Vers le bouddhisme engagé mondialisé

a) Thich Nhat Hanh fait de la guerre du Viêt-nam une cause humanitaire bouddhiste et un enjeu libertaire qui mobilisent des groupes de pressions occidentaux

Aussitôt après la création de son Ordre et dans la logique des principes du bouddhisme engagé qui en constituent le cœur, Thich Nhat Hanh se lance dans une campagne internationale contre la guerre du Viêt-nam d'une

1. Thich Nhat Hanh, *Commentaries on the Tiep Hien Precepts,* Berkeley, Parallax Press, 1987.

envergure dépassant toutes celles qu'il avait pu mener jusque-là. Durant l'année 1966, il se rendra dans 19 pays pour y tenir des meetings, rencontrer des responsables politiques, des membres de l'intelligentsia, des personnalités influentes de toutes sortes. C'est surtout aux USA que sa campagne portera ses fruits. Martin Luther King, après de longues discussions avec le leader bouddhiste, acceptera de tenir une conférence de presse commune dans laquelle il place sur le même pied le mouvement pacifiste bouddhiste et le mouvement américain pour l'égalité des droits civils. Thich Nhat Hanh rencontrera plusieurs sénateurs, sera reçu par le secrétaire d'État américain à la Défense, Robert Mc Namara. Il sera invité à des émissions de télévision diffusées sur des chaînes nationales et tiendra plusieurs meetings dont un des plus importants aura lieu à Town Hall à New York.

Cette écoute américaine va provoquer une réaction en chaîne qui lui permettra d'être reçu dans la foulée par les Parlements canadien, suédois, et même à la Chambre des Communes britannique[1]. Les bonnes relations qu'il entretient avec les milieux catholiques lui permettent d'influencer le Vatican, afin que les positions habituellement pro-américaines des catholiques vietnamiens ne soient pas approuvées par la hiérarchie religieuse romaine. Il alla jusqu'à proposer au gouvernement américain un plan de paix en 5 points[2] demandant instamment aux Américains de :

1) déclarer leur intention de respecter le droit des Vietnamiens à choisir eux-mêmes un gouvernement ;
2) cesser tous les bombardements ;
3) déclarer un cessez-le-feu unilatéral ;
4) fixer une date précise pour le retrait total des troupes américaines tout en commençant l'évacuation dès maintenant ;
5) et enfin aider matériellement à la reconstruction du pays, sans aucune contrepartie politique.

L'énorme impact de la campagne internationale de Thich Nhat Hanh a eu pour conséquence négative de lui interdire le voyage de retour sous peine de risquer sa vie. Commença alors son existence d'exil, en tant que porte-parole du mouvement bouddhiste vietnamien. Il enseignera l'histoire du bouddhisme à la Sorbonne, installera une antenne parisienne de l'Église Bouddhiste Unifiée qui se transformera en 1969 en Délégation des Bouddhistes Vietnamiens pour la Paix. Lors de l'attaque généralisée de Saigon en janvier 1968 par le Front de Libération Nationale, en pleine fête religieuse du Têt, commanditée par l'État nord-vietnamien, les étudiants de l'École de la Jeunesse pour le Service Social avec à leur tête la sœur Chan

1. L'ensemble du voyage avec les réflexions qui ont traversé le moine en raison des interrogations du public occidental ont donné lieu à la publication d'un ouvrage de Thich Nhat Hanh qui est devenu depuis un succès de vente mondial, traduit en 8 langues. Ce livre est devenu une sorte de référence de l'engagement bouddhique social moderne (Thich Nhat Hanh, *Vietnam, Lotus in a Sea of Fire,* New York, Hill and Wang, 1967).
2. B. Wirmark, *The Buddhists in Vietnam. An Alternative View of the War,* Brussels, War Resisters'International, 1974, p. 32.

Kong, disciple de Thich Nhat Hanh, mettront en place un service d'aide aux familles touchées par les bombardements et ouvriront le campus universitaire aux réfugiés. Pourtant quelques mois plus tard, elle aussi devra s'exiler. Elle rejoindra alors son maître, et ensemble ils s'installeront en France. Pendant les négociations de paix, ils organiseront une conférence à Fontainebleau pour faire entendre leur voix. Mais après les accords de paix, bien qu'observant une trêve dans ses critiques aux fins de permettre « l'unité nécessaire à la reconstruction du pays », Thich Nhat Hanh ne pourra obtenir de visa de retour. En 1975, les communistes du Nord prennent le pouvoir sur l'ensemble du pays et interrompent les actions de développement social qui avaient vu le jour sur l'initiative de l'université *Van Hanh*, et qui n'avaient pas été jusque-là stoppées. De nouveau, des moines se suicident publiquement pour protester contre la restriction des libertés civiles, en particulier de la liberté de culte ; en novembre de la même année, douze d'entre eux trouvent la mort de cette façon.

b) L'exil et la consolidation d'une tribune occidentale

Obligé de vivre en exil, Thich Nhat Hanh va réduire l'intensité de ses actions en direction du Viêt-nam. La plupart des organisations qu'il a mises en place ont été démantelées. Il va retourner à une vie plus contemplative tout en désenclavant du Viêt-nam les objectifs de son « bouddhisme engagé ». Il restera toujours attentif aux problèmes spécifiques de sa « patrie », par exemple lorsque de 1976 à 1977 – alors qu'il est directeur de la Conférence Mondiale pour la Religion et la Paix – il tentera d'alerter l'opinion internationale sur le cas alarmant des *boat people*, et entreprendra de repêcher ceux qui se noyaient dans le Golfe du Siam. Il se heurta alors à la désapprobation des gouvernements de Singapour et de Thaïlande.

À partir de 1980, Thich Nhat Hanh recherche une propriété pour pouvoir y installer un centre ; il hésite entre plusieurs régions françaises, et optera pour le Sud-Ouest près de Bergerac. Il recevra sur place des réfugiés asiateques ainsi que quelques moines et moniales. En 1987, les réfugiés accueillis sur place vont se disperser vers des lieux ayant de meilleures perspectives économiques pour eux. Le lieu devient alors une communauté résidentielle d'une cinquantaine de moines et le centre névralgique du réseau de Bouddhistes engagés dirigé par Thich Nhat Hanh sur l'ensemble de la planète. L'activiste bouddhiste vietnamienne, sœur Chan Hong, est sa plus proche collaboratrice. Elle fut un des premiers membres de l'Ordre de l'Interêtre en 1966, emprisonnée à Hué et à Saigon pour avoir été trouvée en possession d'un ouvrage de Thich Nhat Hanh considéré comme de la propagande communiste, puis vice-présidente en 1968 du Comité National d'Aide au Victimes de la Guerre de l'Église Bouddhique Unifiée. C'est une des femmes les plus actives du bouddhisme engagé en Occident, et peut-être son seul leader féminin reconnu mondialement. Sa photographie figure parmi celles des criminels de guerre au musée de la guerre d'Ho-Chi-Minh-Ville.

L'évolution du bouddhisme vietnamien au cours du XIXe et du XXe siècle est caractéristique du processus d'occidentalisation asiatique dans toutes ses étapes : occidentalisation volontaire du bouddhisme par des Asiatiques, afin de résister à la puissance culturelle et matérielle des pays colonisateurs, tels que la France ; développement d'un activisme plus marqué avec la présence américaine, et en parallèle tentation d'adopter les idées révolutionnaires marxistes. Puis, déception face à la perversion concrète des principes marxistes, et apparition d'une solution intermédiaire, une « voie du milieu » dont le mouvement de Thich Nhat Hanh est le porteur le plus représentatif, avec le principe de l'« activisme non dualiste », activisme néanmoins dogmatique, contrairement à ses prétentions, ainsi que nous le verrons. C'est le résultat de cette maturation qui sera exporté en Occident par la médiation de l'Ordre de l'Interêtre, et qui continuera son occidentalisation en s'adaptant à la réalité sociale et intellectuelle occidentale, et au nouveau rapport entretenu avec l'Asie à partir d'une implantation occidentale. Ce nouveau rapport suppose non seulement une transformation plus radicale de la pratique et de la doctrine (rationalisation, universalisation et déritualisation), mais aussi le passage d'un activisme *asiatique-interne* insurrectionnel à un activisme *occidental-international* humanitaire.

C/ L'émergence de la « cause tibétaine » comme fondement du leadership du Dalaï-Lama sur le bouddhisme progressiste transnational

1° Le problème de Taiwan et du Tibet, et le bouddhisme

a) Problèmes de droit international

Cette partie pose des problèmes qui nous paraissent insolubles en l'état actuel. Le Tibet fait-il partie de la Chine ? Le problème juridique n'est pas simple et est intimement lié aux relations spirituelles et politiques que n'ont cessé d'entretenir l'Empire chinois, l'Empire tibétain et l'Empire mongol. Cette relation triangulaire millénaire est déterminante pour comprendre à la fois les revendications actuelles du gouvernement tibétain en exil et les prétentions de la République Populaire de Chine. Taiwan fait-t-il partie de la Chine ? Le problème est moins complexe, mais tout aussi insoluble nous semble-t-il. La situation est inversée par rapport à celle du Tibet. Dans ce dernier cas, nous avons affaire à un groupe majoritaire d'autochtones qui se déclarent occupés si ce n'est, dans un certain discours, colonisés, par la voix de leur représentant religieux qui est aussi leur représentant politique, et qui tente de maintenir formellement un gouvernement en exil alors que le gouvernement effectif est assuré par Pékin à travers la Région Autonome du Tibet. Dans le cas de Taiwan, nous avons affaire à un territoire, une île, dont la souveraineté est revendiquée par la Chine continentale

(La République Populaire de Chine), alors que le pouvoir effectif est assuré par un gouvernement insulaire.

La situation est aussi inversée économiquement, ce qui a la propriété de provoquer deux variantes du discours « libérateur » de la République Populaire de Chine : à l'égard de Taiwan, c'est la rhétorique du retour à la mère patrie qui prime avec comme objectif l'appropriation d'une économie industrielle florissante ; à l'égard du Tibet, c'est la rhétorique de la libération d'un peuple oppressé par un régime féodal et une économie arriérée. Dans les deux cas, nous sommes dans une situation de confusion au regard du droit international. Nombre d'États reçoivent le Dalaï-Lama comme s'il s'agissait d'un chef d'État, critiquent les exactions chinoises en matière de droits de l'homme, toutefois sans trop d'insistance afin de ne pas choquer le gouvernement de Pékin et de ne pas se fermer le gigantesque marché chinois. Concernant Taiwan, d'abord la communauté internationale ne reconnut pendant plusieurs années que cet État comme étant la « vraie » Chine, puis les choses se sont inversées, cependant pas entièrement, car la puissance industrielle considérable de l'île lui ouvre de nombreuses portes à l'Ouest comme à l'Est.

Nous n'avons pas voulu donner le sentiment ici que nous tranchions ce problème fort complexe dans un sens ou dans un autre. C'est pourquoi nous avons donné ce triple titre à cette partie. Dans la plupart des magazines bouddhistes, le Tibet est traité comme un État à part de la Chine illégalement occupé[1], ce qui démontre que l'idéologie diffusée par le gouvernement tibétain en exil est parfaitement intériorisée par les bouddhistes occidentaux. Les magazines de la grande presse ont eux aussi aujourd'hui pris l'habitude de traiter le Tibet comme un État[2], ce qui démontre cette fois que l'intériorisation du discours du Dalaï-Lama dépasse maintenant largement les franges bouddhistes, ou proches du bouddhisme, des populations occidentales. Il nous a semblé en tout cas évident que les conceptions universalistes et démocratistes du chef tibétain en exil ne sont pas indépendantes d'une part de sa stratégie vis-à-vis de la Chine et d'autre part de sa relation à des clients occidentaux du bouddhisme qui forment un groupe de pression important capable d'infléchir les politiques occidentales à l'égard de la « cause » tibétaine.

b) Taiwan, refuge des bouddhistes persécutés pendant la Révolution culturelle

L'île de Taiwan est devenue, depuis la Révolution culturelle, le refuge d'une tradition bouddhiste chinoise en voie de disparition sur le continent, même s'il existe un certain regain depuis les années quatre-vingt qui

1. Par exemple dans *Samsara*, le magazine bouddhiste français qui fait le plus gros tirage, un dossier consacré aux différents pays d'origine du bouddhisme parlait du Tibet comme un État à part entière distinct de l'État chinois, alors que tous les autres pays traités étaient effectivement des États unanimement reconnus comme tels par la communauté internationale (K. Lanier, « La répartition géographique du bouddhisme », in *Samsara*, hors-série, mai 2000, p. 85).
2. C. Spire, *La représentation du bouddhisme en France aujourd'hui à partir de l'analyse d'articles de la presse française*, Aix-en-Provence, IEP, 1999.

correspond à un assouplissement de la politique religieuse chinoise : le quatrième congrès de l'Association des Bouddhistes Chinois, qui s'est tenu à Pékin en décembre 1980, s'est caractérisé en effet par la réorganisation des associations bouddhistes qui avaient été démantelées lors de la Révolution culturelle[1]. Entre-temps, les temples et monastères des différentes écoles chinoises furent construits un peu partout à Taiwan. Le maître Hsing Yun, de l'école *Lin Chi*[2], est le fondateur d'une série de centres, constitués en un réseau dont le cœur est à Taiwan, mais qui s'est étendu en Occident, par exemple en France à Vitry-sur-Seine.

Alors même que nous ne connaissons aucun centre Chan (le zen japonais) important sur le continent, il existe un monastère d'une centaine de moines à Taipei qui est intégré *au Cultural and Educational Foundation of Dharma Drum Mountain*, qui regroupe des centres locaux, une université bouddhique[3], et une antenne occidentale new-yorkaise[4]. Le fondateur de ce réseau, Sheng Yen, est né en Chine continentale en 1930 et a fui le régime communiste en 1949. Il vécut au Japon pendant 6 ans. Nous avons affaire à un bouddhisme à la fois transnational et politiquement marqué de par la personnalité même de son leader. Nous n'étudierons cependant pas par le menu le bouddhisme taiwanais, bien que s'y creusent les stigmates du bouddhisme engagé producteur de l'idéologie *individuo-globaliste*, que nous nous sommes proposé d'analyser en général dans le présent ouvrage, parce qu'il ne nous semble pas que ce pays soit un lieu stratégique de l'élaboration et de la diffusion de ceux-ci. En revanche, le Tibet est sans doute un de ces lieux stratégiques, ou même l'objet réflexif stratégique par excellence, à travers la notion de cause tibétaine, de l'élaboration et de la diffusion d'un bouddhisme transversal *solidariste-universaliste* en Occident. Nous nous attacherons dès lors plus particulièrement, dans ce chapitre, à sa maturation historique et à son émergence moderne.

2° Le bouddhisme dans la révolution maoïste

a) La rénovation du bouddhisme dans la Chine communiste naissante

Le bouddhisme pénétra la Chine bien avant le Tibet, près de sept siècles plus tôt, vers 50 avant notre ère. Il sut se marier à la morale sociale confucéenne et à la philosophie libertaire taoïste. Cette très grande malléabilité lui permit de devenir un culte populaire. Les deux courants mahâyâniste et hînayâniste[5] se mêlèrent harmonieusement, bien que le Grand Véhicule ait fini par prendre le dessus, aux alentours du IIIe siècle lorsque les grands textes du canon sanskrit[6] commencèrent à être traduits en chinois.

1. Y.H. Yan, « The religious situation and the studies of Buddhism and Taoism in China : an incomplete and unbalanced picture », in *Journal of Chinese Religions,* n° 12, automne 1984, p. 37.
2. Équivalent du Zen *Rinzai* japonais.
3. Il s'agit du *Chung-Hwa Institute of Buddhist Studies.*
4. Il s'agit du *Chan Meditation Center-Institute of Chung-Hwa Buddhist Culture.*
5. Il y eut, en effet, une implantation importante de sectes *Sarvastivadin*, appartenant au *Hînayâna.*
6. Le sanskrit est la langue du *Mahâyâna* alors que les textes *Hînayâna* sont en *pâli.*

L'arrivée du sage indien légendaire Bodhidharma en Chine, fondateur du Chan, est le véritable acte de naissance d'un bouddhisme spécifiquement chinois. En dehors du Chan, de nombreuses sectes se développèrent comme le *Tiantai* (Terrasse céleste), qui deviendra le *Tendai* au Japon. Des monastères se construisirent dans tout l'empire. Certains souverains, à la fin du premier millénaire, adoptèrent cette religion, sans toutefois jamais abandonner complètement la tradition confucéo-taoïste. Ce qui n'empêcha pas les groupes confucianistes de ressentir cette force bouddhiste comme une menace. De nombreuses persécutions s'en suivirent, de façon cyclique : tantôt le pouvoir protégeait les monastères, tantôt il les saccageait. Il n'empêche que le bouddhisme eut suffisamment d'influence pour permettre le développement de service sociaux populaires et d'une certaine démocratisation de la langue chinoise, ainsi que nous en avons déjà fait part dans nos prolégomènes. Mais une campagne répressive extrêmement violente au IXe siècle réussit à diminuer à long terme la force politique et l'influence intellectuelle du bouddhisme en Chine, qui resta malgré tout à la fois une religion populaire à travers ses formes piétistes comme l'amidisme, le *Jingtu* (Terre pure), et une religion de l'élite intellectuelle à travers le Chan en particulier.

b) Émergence d'une voie bouddhiste nationaliste-moraliste socialiste

Nous pouvons, jusqu'à l'accession des communistes au gouvernement en 1949, retrouver le même schéma que nous avons déjà décrit ailleurs en Asie : occidentalisation en réaction à l'incursion de la culture rationnelle occidentale ainsi qu'à l'incursion d'un christianisme prosélyte. C'est en effet, paradoxalement, la poussée d'un christianisme agressif et bien organisé qui a donné une dynamique au bouddhisme. La dévastation de nombreux monastères entre 1850 et 1864, lors de la rébellion pseudo-chrétienne des *Tai-ping*, eut pour conséquence un certain renouveau du dynamisme bouddhique. Sous la République, à partir donc de 1912, le bouddhisme suscita une effervescence intellectuelle contre le « conformisme archaïque » confucéen, qui entraîna la constitution d'associations d'éducation et d'aide sociale populaires, en concurrence de l'activité déployée par les organisations chrétiennes.

En 1949, cet enthousiasme rénovateur fut stoppé net par la révolution communiste antireligieuse, qui interprétait toute piété comme une aliénation des masses. Les terres des monastères furent confisquées quand les temples ne furent pas ou détruits ou transformés en maisons du peuple. Dans le même temps s'élaborera une doctrine bouddhico-communiste interprétant la voie du *bodhisattva* comme une attitude de soumission au régime collectiviste, d'oubli du Soi personnel égoïste au profit des desseins universels du socialisme chinois. Il y avait en germe, à cette époque, l'élaboration de ce que nous avons appelé, dans notre classification des orientations bouddhistes occidentalisées en Asie, une voie *nationaliste-*

moraliste collectiviste institutionnelle[1]. Cette voie doctrinale, qui permettait encore au bouddhisme de se frayer un chemin dans la société « populaire », fut brutalement interrompue pendant la Révolution culturelle.

Après cette période de terreur, la politique chinoise s'infléchit à nouveau vers l'instrumentalisation du bouddhisme plus que vers sa destruction. Dès 1977, une cinquantaine de monastères purent rouvrir, même si ce n'était le plus souvent pas pour l'exercice d'activités religieuses mais comme monuments touristiques, mémoires de l'ancienne Chine. En 1980, lors du Congrès de l'Association des Bouddhistes Chinois, l'ordination des moines fut à nouveau autorisée après 23 ans d'interdiction. En dix ans, le nombre de moines est passé de zéro, chiffre officiel pendant la période où la procédure d'ordination était formellement interdite, à plus de 30 000 en 1990[2].

3° La politique d'instrumentalisation du bouddhisme

a) Instrumentalisation interne et internationale

Ce renouveau bouddhiste se traduit par la fondation d'académies à l'intérieur même des temples[3], dans lesquels les étudiants peuvent suivre un cursus en études bouddhistes comprenant des enseignements sur le bouddhisme tibétain et japonais[4]. Cette nouvelle politique s'est aussi traduite par une décentralisation des institutions bouddhistes qui leur a conféré une meilleure autonomie[5]. Les concepts de l'École de la Terre Pure (amidisme), partie du Grand Véhicule – en particulier les principes éthiques (les Dix Bonnes Conduites, les Quatre Vertus, les Cinq Commandements et les Six Moyens de Salut), qui se traduisent par des principes de respect de la vie, de compassion, de responsabilité afin de rejoindre la Terre Pure du *bodhisattva* Avalokitésvara – seront réorientés vers la « construction » d'une Terre Pure ici-bas, qui correspond à l'établissement d'une société socialiste parfaite, qui passe par « l'embellissement du pays » et la défense de la mère patrie. La vertu de compassion sera interprétée comme la nécessité d'une stricte égalité économique et de la disparition des classes sociales : « La compassion prônée par le bouddhisme est destinée au grand nombre ; anéantir, dans l'intérêt et pour le bonheur de tous, le mal infligé aux masses par un petit nombre, voilà le sens véritable de la compassion et de la miséricorde du Bouddha[6] ».

---

1. Cf. notre tableau des « Orientations Bouddhistes contemporaines ».
2. Ce qui est encore extrêmement faible comparativement au chiffre de 740 000 moines vivant en Chine dans les années trente.
3. Par exemple, au temple de Fa-yuan près de Pékin, qui fut le premier temple-institut crée en 1981.
4. Y.H. Yan, « The Religious Situation and the Studies of Buddhism and Taoism in China : an Incomplete and Unbalanced Picture », in *Journal of Chinese Religion, op. cit.*, p. 64.
5. *Op. cit.*, p. 65.
6. Z. Luo (dir.) (*Questions religieuses à l'époque du socialisme chinois,* Shanghai, Académie des sciences sociales, 1987), cité par Vandermeersch (« Bouddhisme et politique en Asie Orientale », in *Problèmes politiques et sociaux*, n° 603, mars 1989, p. 31).

Le bouddhisme va être instrumentalisé, non seulement à l'intérieur de la Chine populaire[1], mais dans le cadre de sa politique internationale asiatique en subventionnant le tissage de liens avec les communautés bouddhistes de Singapour, de Thaïlande, du Sri Lanka, d'Indonésie, de Malaisie, et des États-Unis. Il s'agit surtout de mobiliser la diaspora dhinoise présente dans ces différents pays – diaspora qui est souvent réfractaire au régime de Pékin tout en éprouvant un sentiment de nostalgie nationaliste – autour d'un bouddhisme au service de la politique de Pékin. L'exemple le plus pertinent de cette stratégie s'est traduit par les liens particuliers cultivés par Pékin avec la communauté bouddhiste de Hong Kong avant la réunification : pèlerinage autorisé vers la Chine populaire, visites des familles, en 1986 participation de la République populaire à la construction du « Grand Bouddha du Temple du Ciel[2] », grâce à une association de bienfaisance administrée par des Bonzes-socialistes, le « Comité de bienfaisance pour la construction du Grand Bouddha du Temple du Ciel de Hong Kong[3] ». Bien entendu, cette attitude n'est pas innocente mais répond à une crise du régime qui cherche de nouvelles voies pour maintenir sa légitimité et soutenir sa prétention de leadership en Asie.

Les dirigeants chinois ont pris conscience du fond théorique bouddhiste exploitable par l'idéologie marxiste, en même temps que la force de cohésion sociale qu'une religion pouvait apporter, à la fois dans le petit peuple et dans les milieux étudiants. D'où une double direction de l'instrumentalisation : par le service social collectiviste dans les campagnes et par l'enseignement de la morale bouddhique dans les villes. Cette soudaine réactivation du bouddhisme servit aussi, à notre avis, à une lutte de palais qui opposait les partisans de la « Bande des Quatre[4] ». En effet, à la mort de Mao, une lutte de pouvoir s'engagea entre les ténors de la Révolution culturelle, parmi les plus virulents partisans du communisme radical, farouchement antireligieux, et une frange plus modérée, avec à sa tête Deng Xiaoping. Après l'élimination physique de la Bande des Quatre, il fallait affermir le pouvoir en prenant des positions concrètement opposées à la voie radicale de la Révolution culturelle pour obtenir le soutien des masses rurales qui restent attachées à la « tradition », au détriment des élites communistes fanatiques encore extrêmement dynamiques. Le renouveau bouddhiste joua, il nous semble, le rôle de catalyseur de cette lutte de palais.

b) Échec de la politique d'instrumentalisation : le cas de Falun Gong

Mais cette politique d'institutionnalisation et d'instrumentalisation du bouddhisme a, depuis, montré ses limites. En premier lieu parce qu'elle a

1. Il s'agit en Chine même de mettre en pratique « la politique du parti et du gouvernement dans les régions peuplées de minorités, qui a encouragé les bouddhistes qui y vivent à participer activement aux tâches d'édification culturelle du socialisme, tout en renforçant l'union entre les populations minoritaires » (*ibid.*, p. 35).
2. *Ibid.*
3. *Ibid.*
4. La Bande des Quatre se constitue de la propre épouse de Mao, Jiang Qing, ainsi que de trois des dirigeants de la Révolution culturelle.

conduit à la formation d'associations qui se sont révélées « subversives ». L'exemple de Falung Gong est caractéristique. Ce groupe religieux est un mouvement inspiré conceptuellement du bouddhisme et dont les adeptes pratiquent les techniques du Qi Gong[1]. Au début de son développement, les autorités tentèrent d'institutionnaliser le mouvement, en permettant la formation de cellules locales, en facilitant les réunions des adeptes. Puis la situation s'est compliquée lorsque le nombre de membres commença à croître en particulier chez les hauts fonctionnaires. En attendant, Falung Gong avait acquis une stature internationale facilitée par la stratégie chinoise d'instrumentalisation extérieure du bouddhisme. Les autorités ont alors tenté d'endiguer le phénomène, mais ne firent que provoquer des manifestations pour plus de liberté. À ce point, il y eut changement de cap de la part de l'administration, devant l'échec de la stratégie qui consistait à faire de Falung Gong une branche du bouddhisme institutionnel. Il s'agit dès lors d'éliminer la protestation.

Li Hongzhi, le chef charismatique de l'organisation, vit aujourd'hui aux USA et s'appuie sur la théorie juridique des droits de l'homme pour réclamer la liberté de culte. Depuis janvier 1999, la situation est devenue explosive, car le maître en exil continue à diriger son mouvement de l'extérieur, narguant les autorités, fort de ses 80 millions d'adeptes chinois et de sa tribune humanitaire mondiale[2]. Ainsi s'est-il exprimé en France même à Issy-les-Moulineaux, à l'automne 1999, devant un parterre composé pour moitié d'Occidentaux de souche et pour l'autre moitié d'Asiatiques, au cours d'un discours à la fois mystique et politique : mêlant l'idée de santé « universelle » à une critique du totalitarisme chinois. Le gouvernement chinois de son côté a réactivé la rhétorique de la lutte contre les superstitions féodales aliénatrices. Il y a aujourd'hui un certain retour en arrière de la politique de libéralisation religieuse chinoise. Le gouvernement est en train de réaliser que la construction d'un bouddhisme *nationaliste-moraliste* institutionnel ouvre automatiquement un champ de manœuvre à l'émergence d'un bouddhisme critique.

4° La relation triangulaire historique politico-spirituelle entre la Chine, le Tibet et la Mongolie

a) Le concept politico-spirituel de religieux-protecteur

Mais le plus cuisant échec de la stratégie d'institutionnalisation du bouddhisme postérieure à la Révolution culturelle, concerne la question tibétaine. Il importe, pour bien comprendre le croisement entre la politique chinoise au Tibet et l'activisme du Dalaï-Lama actuel, de faire un retour en

1. Ensemble d'exercices physico-psychiques sensés apporter santé mentale et physique, issus du taoïsme.
2. La dépêche de l'AFP du 21 juillet 1999, intitulée « La secte Falungong, l'une des principales sectes mystiques chinoises », témoigne bien de cette implication entre le « pouvoir humanitaire » et le discours mystique.

arrière. Les arguments invoqués par les parties en présence sont indétachables de l'histoire même du bouddhisme au Tibet. Soulignons d'emblée que les formes que prend l'occidentalisation du bouddhisme tibétain, qui regroupe aujourd'hui des millions de sympathisants européens et américains, ne sont pas isolables des intérêts du gouvernement tibétain en exil. Ce léger détour historique sera donc aussi profitable pour saisir la réalité d'enjeux idéologiques en apparence exclusivement « philosophiques », alors qu'ils répondent à une logique politique.

Les liens entre la Chine et le Tibet remontent au VIIe siècle de notre ère au moment où Songtsen Gampo, 33e successeur de sa dynastie régnant sur la vallée de Yarloung, décide d'épouser une princesse chinoise. Le bouddhisme pénètre le Tibet un siècle plus tard sous le règne du roi Trisong Detsen qui invite deux moines indiens. Ceux-ci seront à l'origine du premier monastère tibétain de *Samye-Ling*[1]. Le pays connaîtra ensuite une longue période de déclin, pendant laquelle s'affrontèrent les bouddhistes et les tenants de la religion chamanique des Bon. Le XIe siècle est le siècle d'or du Tibet avec les maîtres légendaires venus de l'Inde, Atisha, Marpa et Milarepa. Gompopa, disciple de Milarepa, fonde l'école des *Kagyu-pa*[2], dont la généalogie se poursuit jusqu'à aujourd'hui. Chogyum Trungpa, un des *tülkou*[3] de cette lignée, a été une des personnalités les plus influentes dans la diffusion du bouddhisme en Occident dans les années soixante-dix, adaptant le bouddhisme à la rationalité et aux concepts philosophiques et sociaux occidentaux, particulièrement aux fins de critiquer le matérialisme de la « société de consommation[4] ».

Les Mongols envahissent le Tibet en 1239 et deviennent les troisièmes protagonistes de la relation politico-religieuse triangulaire qui va se nouer pendant des siècles entre la Mongolie, le Tibet et la Chine. Moins d'un siècle plus tard, Tsong-Khapa[5] se fait l'artisan d'une grande réforme afin de redonner au pays sa splendeur passée, autrement dit celle du XIe siècle, et de restaurer un bouddhisme respectueux des principes originels, autrement dit revenir au strict célibat, à une éthique rigoureuse, et à l'enseignement de la logique au détriment de la pratique de la magie[6]. Ce dernier fonde les *guelug-pa*, ou bonnets jaunes, sectes qui vont dominer la vie politique du

1. Cf. Robinson, Richard, Johnson, Willard (*The Buddhist Religion. A historical Introduction,* Belmont, Wadsworth Publishing Company, 1982) ainsi que Snellgrove, Richardson (*A Cultural History of Tibet,* Londres, Weindenfel & Nicholson, 1968).
2. F. Midal, *La pratique de l'éveil de Tilopa à Trungpa. L'école Kagyü du bouddhisme tibétain*, Paris, Seuil, 1997.
3. Un *tülkou* est l'incarnation d'un personnage important.
4. C. Trungpa, *Pratique de la voie tibétaine. Au-delà du matérialisme spirituel*, Paris, Seuil, 1976.
5. Il s'agit d'un nom d'emprunt, en réalité le grand réformateur se nommait Lobsang Dragpa.
6. Cette critique était surtout dirigée à l'encontre des *Nygma-pa*, la secte des Anciens, ou bonnets rouges, très proche des Bon, la religion chamanique qui dominait le Tibet avant l'arrivée du bouddhisme.

Tibet et dont les Dalaï-Lamas, incarnations successives de Tsong-khapa[1], sont les chefs suprêmes.

Au XVIe siècle, le troisième successeur du réformateur, Seunam Gyamtso, nouera des relations personnelles avec Altan Khan, l'empereur mongol de la dynastie des Yuan, lointain successeur de Kubalaï Khan, fondateur d'une dynastie chinoise. Le monarque mongol se convertit alors au bouddhisme et décide de faire du simple supérieur du monastère de Drégpou, l'Océan de Sagesse, en mongol, Dalaï-Lama. Ce terme a d'emblée une connotation politique puisqu'il réfère au nom de Gengis[2] Khan, le fondateur de l'empire mongol. En échange de cet honneur reçu, le Dalaï-Lama nouvellement promu reconnaîtra Altan Khan comme incarnation du grand Kubalaï Khan. Le titre, cependant, n'emporte pas encore la réalité du pouvoir.

b) Le statut politico-spirituel de Dalaï-Lama

Il faudra attendre une personnalité forte comme le Ve Dalaï-Lama[3], Ngawan Lobsang Gyamtso (1671-1682), pour donner à ce titre toute sa teneur politique. Ce dernier réussit à obtenir le soutien militaire de l'empereur mongol Gushri Khan, dans le cadre des querelles qui l'opposent aux autres sectes tibétaines. Fort de ce soutien de l'armée, le Dalaï-Lama fait imposer sa suprématie symbolique et sa souveraineté politique sur le Tibet. Se noue alors une relation religieux-bienfaiteur dans la continuité de celle qui existait déjà de maître (enseignant)–disciple (protecteur). Cette relation n'est réductible à aucune catégorie politique moderne, du type protectorat. Ce régime est extrêmement souple et tient grâce aux relations personnelles entretenues entre les deux hommes, qui déclarent posséder la même souveraineté mais dans des domaines différents. Le Dalaï-Lama organise les institutions religieuses, assure la continuité de l'enseignement spirituel, le Khan assure la sécurité physique du pays en échange d'un enseignement spirituel.

Cette relation se démultiplia à tous les niveaux. C'est ainsi que les abbés de monastères cherchaient la protection de seigneurs mongols qui désiraient un enseignement spirituel. Entendons bien que la sécurité est assurée par les Mongols sur l'ensemble du Tibet, mais de la même manière l'autorité spirituelle des Dalaï-Lamas s'étend sur l'ensemble de l'empire mongol. Au XVIIe siècle, les Mandchoues prennent le pouvoir dans l'Empire du Milieu et installent la dynastie des Qing. Le Grand V^e est invité à Pékin et sera reçu avec faste en 1652. En fait, l'empereur Qing veut se proposer comme protecteur personnel du Dalaï-Lama. Cette volonté n'est pas dénuée de calcul politique, puisque le bouddhisme tibétain jouit à l'époque d'un énorme prestige dans la presque totalité de l'Asie continentale, mais surtout

1. Tsong-Khapa est lui-même représenté comme l'incarnation d'Avalokitésvara, Seigneur qui regarde vers le bas, autrement dit le bodhisattva de la suprême compassion.
2. Gengis se réfère à *tengis* le terme turc pour dire « océan » (J.P. Roux, « Et les Mongols inventent le Dalaï-Lama », in *Historia,* n° 640, avril 2000).
3. Autrement nommé Grand V^e.

sur les territoires des steppes du Nord où vivent des peuplades nomades et guerrières difficilement contrôlables. Par le renouvellement de la relation religieux-protecteur, l'empereur compte ainsi s'assurer une tranquillité sur ses frontières du Nord, tandis que le Dalaï-Lama renforce encore la puissance du bouddhisme tibétain dans un empire chinois qui lui est entièrement ouvert.

Malgré quelques accrochages, cette relation se maintiendra jusqu'à la chute de la dynastie Manchoue au début du XXe siècle. Ce contrat politico-spirituel original réussit à maintenir une paix internationale relative pendant trois siècles, entre des peuples traditionnellement en conflit, les Chinois, les Tibétains et les Mongols. Nous pouvons parler de solution religieuse transnationale à une situation conflictuelle internationale, ce qui est plutôt surprenant au regard de l'histoire des civilisations pour lesquelles le domaine religieux est en général, à l'inverse, l'occasion de légitimer des conflits.

5° *La construction de la cause tibétaine et la modernisation politique du bouddhisme tibétain occidentalisé*

a) La « libération » communiste du Tibet et l'incapacité chinoise à éradiquer ou instrumentaliser le bouddhisme

Au XIXe siècle, le Tibet sera pris en étau entre l'empire britannique et la Chine[1], et le XIIIe Dalaï-Lama connaîtra par deux fois l'exil. Ce contact avec le monde occidental l'incite à moderniser son pays, c'est ainsi qu'il réussit, grâce à une armée modernisée, à repousser l'attaque chinoise de 1918, à la suite de quoi il déclarera publiquement l'indépendance du Tibet[2], qui sera effectivement maintenue jusqu'au déferlement des armées de Mao en 1949[3]. Dans la confusion, le gouvernement tibétain fait appel à une intervention internationale qui ne viendra pas. En 1951, alors que les militaires chinois occupent le pays, un « accord de libération en 17 points » est imposé au gouvernement local, qui, sous l'apparence de préserver le statut du Dalaï-Lama, ainsi que l'autonomie du Tibet, stipule son intégration pure et simple en tant que composante de la République populaire de Chine. Commence alors un jeu diplomatique auquel le Dalaï-Lama se prête, se rendant à Pékin et y rencontrant Zhou Enlaï et Mao. Les Chinois prétendent à la fois se situer dans la continuité du rapport historique religieux-protecteur, tout en promouvant des idées athéistes, que le Dalaï-Lama ne rejette pas *a priori*. Il éprouve même, selon ses propres déclarations, une certaine attirance pour les idées marxistes et l'aspect bouddhiste qu'elles peuvent revêtir ainsi qu'en témoigne son concept de « communisme intérieur ». Cette situation que l'on pourrait qualifier de coexistence subie durera jusqu'en 1959, date à laquelle la répression

1. T.W.D. Shakabpa, *Tibet, a Political History*, New Haven, Yale University Press, 1967.
2. H.E. Richardson, *Tibet and its History*, Berkeley, Shambala, 1984.
3. M.C. Goldstein, *A History of Modern Tibet, 1913-1951, the Demise of the Lamaist State*, Berkeley, University of California Press, 1989.

violente contre le mouvement de protestation tibétain à l'encontre de la présence chinoise, entraîne la fuite du Dalaï-Lama et l'installation d'un gouvernement tibétain en exil à Dharamsala en Inde.

Depuis lors, le Tibet a vécu tantôt des périodes de calme relatif pendant lesquelles Pékin a tenté d'instrumentaliser le bouddhisme contre le pouvoir religieux du Dalaï-Lama, par exemple en nommant un autre Panchen Lama[1] à la place de celui qui avait été choisi par le chef tibétain en exil, tantôt des périodes de violence et de répression exacerbées entraînant des réactions de protestations et une résistance accrue du peuple tibétain[2]. Voilà pourquoi la fuite du Karmapa[3] vers Dharmasala représente un échec cuisant, qui signe l'incapacité de Pékin à instrumentaliser le bouddhisme tibétain contre le Dalaï-Lama. En effet, le garçon de 8 ans, sélectionné comme réincarnation du XVIIe Karmapa, chef suprême de la branche des *Kagyu-pa* localisée au centre du Tibet, avait été accepté par l'autorité chinoise[4].

En théorie, l'article 36 de la Constitution chinoise de 1982 garantit le droit à la pratique « d'activités religieuses normales[5] », mais il n'existe aucun moyen de coercition prévu par les textes pour faire respecter ce principe. En revanche, le contrôle des activités religieuses est centralisé par le Département des Affaires Religieuses et par le Front Uni du Département du Travail du Parti Communiste Chinois. Le gouvernement chinois, devant l'impossibilité d'éradiquer le sentiment religieux du Tibet, a une politique d'instrumentalisation, dont les multiples échecs sont attribués par le gouvernement lui-même à l'activité « subversive » du Dalaï-Lama[6].

Une partie de la stratégie consiste aujourd'hui à délégitimer sa position comme leader bouddhiste, et en particulier comme leader du bouddhisme tibétain, en se fondant sur un commentaire bouddhiste et non pas politique de la situation. À cet égard, le « Troisième Forum National sur le Travail au Tibet », qui s'est tenu en juillet 1994, marque un tournant, puisque le mouvement indépendantiste sera alors clairement identifié comme lié au bouddhisme tibétain. À partir de ce moment, les photos du Dalaï-Lama seront interdites en public, que ce soit à la vente ou à l'exposition. Le discours du communiste qui était farouchement antireligieux pendant la Révolution Culturelle a évolué vers un discours qui met en parallèle les buts socialiste et bouddhiste, tout en affirmant que le Dalaï-Lama ne respecte

1. Deuxième dignitaire du bouddhisme tibétain dans la hiérarchie spirituelle.
2. R. Barnett, S. Akiner, *Resistance and Reform in Tibet*, Londres, Hurst, 1994.
3. Le *Karmapa* est le troisième personnage religieux du Tibet, qui eut aussi dans l'histoire du pays une grande force politique. Voilà pourquoi le gouvernement chinois avait misé sur une éducation politique appropriée et systématique pour en faire une arme contre l'influence du Dalaï-Lama. Cette stratégie « éducative » a aujourd'hui échoué après la fuite du Karmapa vers l'Inde où il est allé rejoindre le Dalaï-Lama (cf. J.P. Ribes, *Karmapa,* Paris, Fayard, 2000).
4. R.D. Schwartz, *Circle of Protest : Political Ritual in the Tibetan Uprising,* New York, Columbia University Press, 1994, p. 211.
5. *The Constitution of the People's Republic of China,* Pékin, Foreign Language Press, 1983, p. 32.
6. M.C. Goldstein, *The Snow Lion and the Dragon. China, Tibet, and the Dalaï-Lama*, Berkeley, University of California Press, 1997.

plus, non pas la ligne du parti, mais la ligne du « bouddhisme authentique », ce qui devient équivalent. Les dirigeants communistes appellent de leurs vœux un bouddhisme authentique sans la présence corruptrice du Dalaï-Lama : « Le but de la religion est de délivrer toutes les créatures vivantes de façon pacifique. À l'heure actuelle le Dalaï-Lama et ses acolytes » ont violé cette doctrine religieuse et ont même répandu des rumeurs pour tromper et inciter les personnes à se combattre mutuellement, comment peut-il être considéré comme un leader spirituel[1] ? »

Cette nouvelle orientation tend à représenter le Dalaï-Lama non comme un religieux mais comme un fin politique avide de pouvoir qui « vend » le Tibet aux puissances étrangères, autrement dit occidentales, pour son intérêt personnel. Ce discours se superpose au discours plus classique mettant en cause l'archaïsme tibétain – en le distinguant cependant du problème religieux proprement dit – dont le Dalaï-Lama voudrait « profiter » pour oppresser le peuple en théocrate.

b) La lutte contre le gouvernement de Pékin au fondement de la modernisation démocratiste du bouddhisme tibétain

La rhétorique d'une société obscurantiste, inégalitaire et arriérée sur le plan économique aussi bien que politique, est au cœur du discours souverainiste chinois à l'égard du Tibet, avec en surcroît l'idée, sujette à caution ainsi que nous venons de le voir, que pendant les trois derniers siècles ce pays faisait partie intégrante de l'Empire du Milieu[2]. C'est la raison pour laquelle le discours démocratiste en général du Dalaï-Lama ne peut être entièrement détaché de la « cause » tibétaine qu'il entend par ailleurs défendre. En effet, son bouddhisme démocratiste est, d'après nous, une façon de répondre à la rhétorique chinoise qui confine le Tibet à une Théocratie arriérée et inégalitaire. Se faisant le champion de la démocratie pour l'ensemble de l'humanité, et faisant savoir incidemment que son retour au pouvoir engagerait l'abolition de la théocratie dont il est le bénéficiaire, il renvoie aux Chinois l'image d'un dirigeant moderne, tout le contraire du hiérarque médiéval, qui voudrait rénover son pays.

La construction d'un bouddhisme socialement progressiste et adogmatique au détriment du système théocratique court-circuite cet argumentaire chinois. Le Dalaï-Lama promet régulièrement que lorsqu'il retournera au pouvoir au Tibet, il réformera de fond en comble la société ainsi que le régime politique tibétain dans le sens d'une démocratisation. Une Constitution démocratique provisoire a d'ailleurs été rédigée sous son

1. *Tibet Information Network and Human Rights Watch : Cutting Off the Serpent's Head : Tightening Control in Tibet, 1994-1995*, New York, Human Rights Watch, p. 33.
2. Cette question n'est pas départagée par les juristes, mais disons que l'emprise occidentale a réussi à donner le dessus à la position de l'Indépendance du Tibet. Ainsi, le spécialiste de Droit International, Michael Van Waltvan Praag, prendra une position indépendantiste lorsqu'il sera interrogé par la Commission des Affaires Étrangères du Parlement allemand à Bonn le 19 juin 1995, reprenant l'argumentation du contrat religieux-protecteur comme ne retirant pas la souveraineté au Tibet.

égide par le gouvernement tibétain en exil[1]. Ce message fut entendu et suivi à l'intérieur du Tibet par un groupe de moines de Drepung qui réclamèrent l'indépendance du Tibet, en revendiquant une libération unilatérale, à la fois de l'impérialisme chinois et du féodalisme tibétain. Les moines de Drepung utilisaient ainsi les concepts marxistes dans le cadre de leurs revendications en direction de la Chine, tout en situant leur lutte comme combat pour les Droits de l'Homme.

La maturation des idées marxistes et humanitaristes produit ainsi un discours bouddhiste progressiste, qui est à la base du développement actuel de l'idéologie bouddhiste occidentalisée. Les moines rédigèrent et publièrent un manifeste pour l'indépendance en 1988, intitulée La Signification de la Précieuse Constitution Démocratique du Tibet, pour expliciter ces idées, qui stipule qu'« Ayant éradiqué totalement les pratiques de la vieille société avec toutes ses imperfections, le futur du Tibet ne ressemblera pas à notre condition passée et ne rétablira pas le servage, ne maintiendra pas le vieux système de la succession des seigneurs féodaux et des propriétés monacales[2] ». Le chef de cette rébellion, Ngawang Phulchung, fut arrêté avec les principaux meneurs pour « propagande contre-révolutionnaire ».

Le fait que les Chinois ne moderniseraient pas le Tibet mais le détruiraient par un développement industriel inapproprié entre alors en jeu pour démontrer que seule une modernisation écologiquement régulée est profitable. Ce dernier argument a l'avantage de mobiliser des populations occidentales de sensibilité écologique qui sont en général les clients potentiels privilégiés d'une adhésion au bouddhisme. La demande se situe sur la base de l'idée du contrat politico-spirituel religieux-protecteur (*Choe-Yoen*). Pékin fait mine de répondre favorablement tout en excluant le premier terme du contrat, la liberté et la souveraineté religieuse.

Nous comprenons mieux, dès lors, la stratégie occidentale du Dalaï-Lama par le haut vis-à-vis des gouvernements occidentaux, et par le bas à travers les enseignements bouddhistes en Occident. Comprenant l'impossibilité d'agir par la seule persuasion ou par la force contre Pékin, il agit par l'intermédiaire de la pression occidentale mobilisée grâce au succès du bouddhisme dans les pays riches industriels. Il a réussi, par le haut, à mobiliser l'attention de la communauté internationale. Il réussira à obtenir la reconnaissance internationale des massacres perpétrés en Chine à l'encontre des centaines de milliers de moines. En 1989, il obtiendra le Prix Nobel de la Paix. L'ONU a pris plusieurs résolutions affirmant le Droit à l'Autodétermination du Peuple Tibétain, en août 1992, la sous-commission des minorités à Genève à fait une demande d'enquête au Secrétaire Général pour « non respect des droits de l'homme ». En 1993 le Parlement européen a dénoncé les « abus » commis par la Chine en adoptant deux résolutions

1. *The Constitution of Tibet*, New Delhi, Office of His Holiness the Dalaï-Lama, 1963.
2. Ce manifeste imprimé et distribué sous le manteau entre 1988 et 1999, a été traduit en anglais par R.D. Schwartz (*Circle of Protest : Political Ritual in the Tibetan Uprising, op. cit.*, p. 232).

des 24 juin et 16 septembre, qui demandent la nomination d'observateurs internationaux au Tibet.

c) La double stratégie du Dalaï-Lama : par le haut des institutions occidentales et internationales, et par le bas des sympathisants occidentaux bouddhistes

Le cœur du problème est : comment cristalliser l'opinion de bouddhistes – qui cherchent à se libérer de l'abrutissement de la vie moderne par la méditation[1] – sur la « cause tibétaine » ? Le Dalaï-Lama a réussi à faire du Tibet une cause spirituelle, en faisant passer en apparence au second plan les enjeux politiques. Le concept d'environnement est, à notre sens, la clé de cette stratégie, c'est d'ailleurs ce que nous développerons dans notre partie consacrée au bouddhisme progressiste transversal. Le Tibet doit devenir une réserve écologique de l'humanité, un sanctuaire de démocratie et d'écologie globale qui profitera à l'ensemble du monde. Aider le Tibet, c'est donc directement aider à l'Éveil de l'Humanité. Le chef tibétain affirmera utiliser les fonds du Prix Nobel de la Paix à une Fondation Tibétaine pour la Responsabilité Universelle[2], afin « d'aider en tout lieu, se consacrant particulièrement au soutien des méthodes non violentes, à l'amélioration de la communication entre les religions et la science, à la garantie des droits de l'homme et des libertés démocratiques, à la conservation et à la préservation de notre Mère la Terre[3] ». L'environnement permet de faire la jonction invisible entre l'enseignement spirituel dont il est le légitime dépositaire, la rationalité moderne et la spécificité de la « cause tibétaine[4] ».

Ces catégories sont d'ailleurs très bien intériorisées par les bouddhistes occidentaux ainsi que nous le verrons. Ce faisant, le Dalaï-Lama se présente tacitement en *Cakravartin*, prince universel bouddhiste, redéfini comme rationnel, non violent, et démocrate. Il arrive à contrôler le mouvement de résistance intérieure au Tibet, à superviser une stratégie de sensibilisation occidentale par l'intermédiaire de ses enseignements réguliers, comme celui qu'il a effectué en septembre 2000 près de Montpellier, d'une association pour la défense des Droits de l'Homme au Tibet et pour la propagation de l'enseignement bouddhiste en Occident.

On peut d'ailleurs lire clairement sur le prospectus de présentation de l'événement, que ladite organisation, l'Association Golfe du Lion, « travaille en étroite collaboration avec la Fédération des Bouddhismes Tibétains (FBT), le Bureau du Tibet [qui est l'antenne nationale du gouvernement

1. Le discours du Dalaï-Lama est triple, parfois dans le même texte, d'une part critique de la modernité « aliénante », d'autre part saluant les progrès de la science occidentale, de la démocratie, comme si le bouddhisme avait une propension naturelle à y adhérer, et enfin discours intimiste sur la méditation, le bonheur individuel. On lira à titre d'exemple le texte « Aux bouddhistes occidentaux » (Dalaï-Lama, in *Une politique de la bonté,* Vernègues, Claire Lumière, p. 105-122).
2. Observons les termes : le problème est « tibétain », donc local, mais la responsabilité est universelle, donc mondiale.
3. Communiqué du Dalaï-Lama sur « l'utilisation de l'argent du Prix Nobel » prononcé à Oslo le 10 décembre 1989 (The Office of His Holiness The Dalaï-Lama, 1990).
4. Dalaï-Lama, *Humanity and Ecology,* Dharamsala, The Office of His Holiness the Dalaï-Lama, 1988.

tibétain en exil] et les autorités régionales, et avec leur soutien[1] ». Nous avons là une parfaite illustration de la stratégie du Dalaï-Lama qui touche à la fois par le bas les populations bouddhistes et par le haut les autorités administratives des régions occidentales dans lesquelles il se rend pour enseigner. La présentation du prospectus est d'ailleurs révélatrice de cette volonté : quatre volets sont présentés l'un sur « Le Chemin de l'Éveil », l'autre sur « La transmission de pouvoir de Padmasambhava » (enseignement spirituel : stratégie par le bas), le troisième sur « Sa Sainteté le Dalaï-lama » (son parcours politique, rhétorique des Droits de l'Homme, Prix Nobel de la Paix), et le dernier résumant le tout sur l'« Association Golfe du Lion » (synthèse de la stratégie par le haut et par le bas : objectif à la fois spirituel et humanitaire).

d) Le Dalaï-Lama, leader mondial du bouddhisme progressiste occidentalisé transversal et autorité morale en Occident

Le chef tibétain réussit ainsi à rencontrer les représentants des administrations locales et des gouvernements nationaux occidentaux qui sont pris en étau entre les nécessités de la *real politik* qui leur commande de ne pas se heurter à la Chine populaire et les nécessités électorales qui leur commandent de porter attention à un personnage qui s'impose aujourd'hui comme une autorité morale pour des millions de sympathisants et comme un maître spirituel pour des centaines de milliers de citoyens nationaux[2].

Cette légitimité du Dalaï-Lama se construit par un dialogue, une dialectique plutôt, avec les intellectuels, les stars du show-business, les chercheurs, qui, en l'interrogeant sur tout, construisent réflexivement un bouddhisme tibétain postmoderne, c'est-à-dire au-delà de l'aliénation et des ignominies modernes, et plus que moderne quant aux concepts positifs d'écologie, de systémique, de démocratie participative, de solidarité, et paradoxalement, de laïcité. Sur ce dernier point, nous revenons au mythe d'Açoka, souverain démocrate et laïque en esprit, en pratique, bien que formellement autocrate : de même le Dalaï-Lama sera formellement théocrate, mais souverain démocrate et laïque en pratique.

Cette stratégie se double de la construction d'un leadership interreligieux, avec un « dialogue » avec le judaïsme[3] et le christianisme[1] en

1. Prospectus de présentation, Sa Sainteté le Dalaï-Lama, dans le sud de la France du 20 au 24 septembre 2000, Association Golfe du Lion, 2000.
2. L'exemple de la France est caractéristique ; reçu à l'Assemblée nationale par un groupe de députés, le gouvernement ne le recevra pas officiellement comme un chef d'État. Cette relation à l'Assemblée nationale remonte en 1990, date à laquelle fut crée un « groupe d'étude sur la question tibétaine » composé de 112 parlementaires français. Même sur le plan de l'exécutif français, il a déjà été reçu officiellement par Bernard Kouchner, Edwige Avice, Jack Lank entre autres, qui agissaient en tant que ministres.
3. R. Kamenetz, *Le Juif dans le lotus. Des rabbins chez les lamas,* Paris, Calmann-Lévy, 1994. L'auteur du livre met en scène des discussions entre le Dalaï-Lama et des rabbins, qui compareront aussi la situation d'Israël et celle du peuple palestinien au cas tibétain (p. 120), qui compareront le concept hébreu d'*aliya* (la « montée »), le retour en Israël, à l'idée d'un retour tibétain au Tibet (p. 119) ; parfois même des comparaisons seront faites quant au génocide juif et aux massacres systématiques des Tibétains (1 207 387 morts estimés).

particulier. Le Dalaï-Lama s'impose ainsi comme une autorité morale concurrente de celle du Pape[2]. À l'intérieur même du bouddhisme tibétain, qui catalyse l'attention sur la cause tibétaine, il s'impose comme le leader de l'engagement progressiste pour une « humanité nouvelle ». Le Dalaï-Lama est d'ailleurs membre de l'organisation dirigée par Sulak, l'INEB (*International Network of Engaged Buddhists*), à l'instar de Thich Nhat Hanh. Il est le leader qui a le mieux réussi à lier la pratique spirituelle à un projet politique, en actualisant pleinement le jeu dialectique qui va de l'enseignement spirituel par le bas à la mobilisation humanitaire par le haut. Il est aussi celui qui a le mieux réussi à construire un bouddhisme scientifique, moderniste, dans le cadre de dialogues avec les autorités scientifiques occidentales les plus éminentes, tout en affirmant la nature spirituellement traditionnelle de son bouddhisme. Son rapport au marxisme peut aussi, dans cette perspective, être perçu comme une réponse à l'accusation du gouvernement de Pékin qui affirme qu'il a trahi sa religion. Il ne se placera pas en opposition au communisme, et déclarera même à plusieurs reprises que « La poursuite du communisme a été une des plus grandes expérimentations humaines de tous les temps, et je ne nie pas que j'ai été moi-même très impressionné au début par cette idéologie. Le problème apparut lorsque j'ai découvert que, malgré la prétention communiste à servir "le peuple", il est clair que ce terme "le peuple" ne signifie pas tout le monde, seulement pour la minorité de ceux qui affirment représenter "l'opinion du peuple"[3] ». Le chef tibétain accuse ainsi le communisme institutionnel d'avoir trahi le communisme intellectuel. Dans cette perspective, il a ainsi rencontré à plusieurs reprises des dissidents chinois, soutenant par exemple l'Association pour la Démocratie en Chine[4].

L'ensemble de cet activisme est directement revendiqué par le chef tibétain comme le résultat de sa perspective bouddhiste sur le monde. Le bouddhisme tibétain est donc au cœur du processus d'occidentalisation du bouddhisme en Asie et de son exportation en Occident. Plus qu'une relation d'exportation à une voie, disons que le bouddhisme tibétain joue d'un mouvement d'allers-retours Orient-Occident – dont ses propres déplacements à travers le monde témoignent – à la fois au plan géopolitique (stratégie humanitaire et diplomatique) et au plan de la construction d'un bouddhisme scientifique, démocratique, universaliste par un va-et-vient conceptuel du lama asiatique avec des autorités scientifiques et morales occidentales.

1. Dalaï-Lama, *Le Dalaï-Lama parle de Jésus,* Bruxelles, Prebols, 1997. La préface de cet ouvrage a été réalisée par Jean-Paul Ribes qui est un des activistes défenseurs de la « cause tibétaine » les plus actifs en Europe, fondateur du Comité de Soutien au Peuple Tibétain (CSPT), ce qui démontre le lien entre l'intérêt spirituel et la pression politique.
2. Le souverain Pontife a d'ailleurs ressenti cette concurrence puisqu'il a tenté à plusieurs reprises de montrer l'inadaptation du bouddhisme à la société occidentale, propos ambigus sur lesquels il a dû revenir en les édulcorant, ce qui est la preuve de l'impact des idées bouddhistes en Occident.
3. Dalaï-Lama, *Freedom in Exile,* New York, Harper Collins, 1990, p. 228.
4. « Le Dalaï-Lama rencontre 600 dissidents chinois », in *Actualités tibétaines,* vol. 4, n° 3, automne 1993, p. 18.

LE BOUDDHISME EN ASIE AUJOURD'HUI

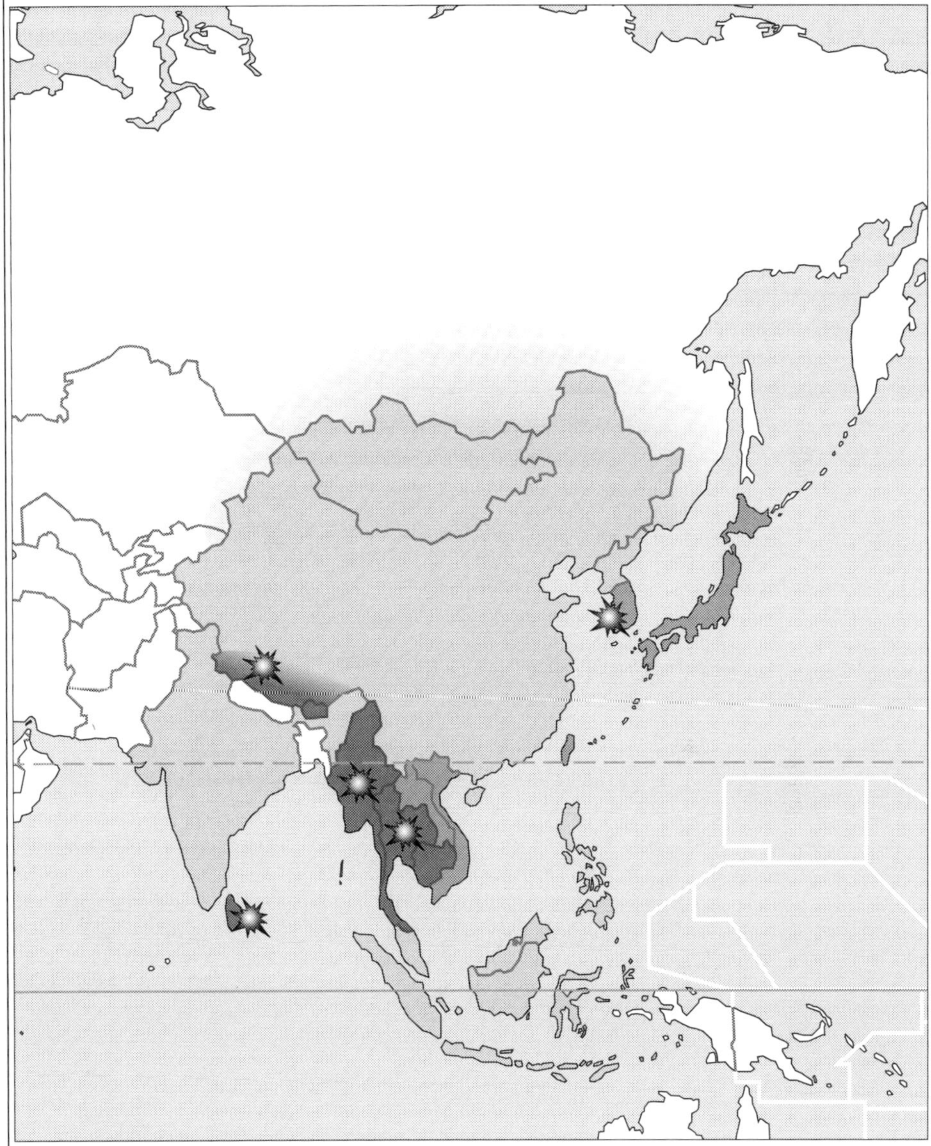

- Bouddhisme minoritaire
- Bouddhisme majoritaire
- Bouddhisme religion officielle
- Conflits culturels, sociaux et (ou) politiques, liés au Bouddhisme

CONCLUSION SYNTHÉTIQUE SUR L'OCCIDENTALISATION DU BOUDDHISME EN ASIE

Nous espérons avoir montré que le processus asiatique d'occidentalisation est une variable fondamentale de la constitution du bouddhisme disponible aujourd'hui en Occident, en particulier dans sa version politisée la plus répandue, que nous avons dénommée *solidariste-universaliste.* Nous avons pu constater que cette version en particulier s'était constituée en plusieurs étapes que l'on peut résumer par :

1) Contact entre la culture asiatique et le monde occidental : essentiellement christianisme et rationalité.
2) Parallèlement, fascination « philosophique » occidentale pour le bouddhisme « rationnel ».
3) Construction d'un bouddhisme moderniste en réaction aux humiliations de la colonisation politique, culturelle et économique, en suivant le modèle de la représentation occidentale d'un bouddhisme rationnel. Cette reconstruction s'opère sous le prétexte d'un retour à la source originelle en dehors des « scories » culturelles piétistes asiatiques.
4) Politisation de ce bouddhisme moderniste suivant différentes voies, en différentes phases qui sont au nombre de deux : le *nationalisme-moraliste* et le *solidarisme-universaliste*.
5) Le bouddhisme *solidariste-universaliste* passe à l'étape de l'exportation en Occident tout en gardant la référence asiatique des « causes » humanitaires et démocratiques, qui permettent de faire pression sur les États occidentaux pour trois séries de raison :

   a. par la culpabilisation liée à l'histoire coloniale ;

   b. par l'utilisation des concepts juridiques et politiques des sociétés libérales (démocratie, droit de l'homme, etc.) ;

   c. par la mobilisation des proches du bouddhisme en Occident. Bien entendu, ces trois séries sont imbriquées : par exemple, c'est parce que les citoyens-électeurs proches du bouddhisme sont mobilisés pour la « libération » du Tibet que les dirigeants français sont sensibles aux arguments humanitaires et juridiques du Dalaï-Lama, la même logique pouvant être décrite aux USA avec Thich Nhat Hanh concernant la « cause » vietnamienne.

Le panorama matériel, institutionnel et idéologique du bouddhisme en Occident va maintenant nous permettre de rechercher une continuité entre les réseaux occidentaux et ceux dont nous avons étudié la formation en Asie, particulièrement les réseaux que nous avons appelés *solidaristes-universalistes*. Nous commencerons ce panorama par l'analyse de la présence matérielle et institutionnelle du bouddhisme en Occident, à la suite de quoi nous analyserons l'idéologie *individuo-globaliste* principalement diffusée à travers ses réseaux institutionnels. Nous serons dès lors à même, dans le cours de cette nouvelle phase de notre étude, en raison de notre connaissance du processus préalable d'occidentalisation du bouddhisme en Asie, de repérer les synergies organiques et idéologiques existantes.

TROISIEME PARTIE

PANORAMA DU BOUDDHISME *SOLIDARISTE-UNIVERSALISTE* EN OCCIDENT

La structure même de la présence matérielle et institutionnelle du bouddhisme est une première schématisation de son idéologie politique : les choix des lieux de culte, de méditation, en ville ou à la campagne, dans certaines communes plutôt que d'autres, ne sont pas neutres, ainsi que nous le constaterons. Il y a une idéologie de l'implantation géographique. Des concordances idéologiques se dessinent aussi à travers la forme du tissu associatif : plus ou moins hiérarchisé, centralisé, relié avec d'autres organisations, humanitaires par exemple. Un autre plan tient dans la diffusion doctrinale elle-même : quels sont les éléments doctrinaux qui sont portés par ce tissu institutionnel ? Ce panorama compte faire le point sur la présence matérielle et institutionnelle tout d'abord, et sur la présence idéelle du bouddhisme occidental ensuite. Aucune étude n'a, jusque-là, dressé un tableau, même vague, des institutions bouddhistes occidentales, de leurs filiales, des liens organiques qu'elles entretiennent les unes avec les autres en Occident, et de ceux qu'elles entretiennent avec le monde asiatique, qui sont le support institutionnel de l'idéologie *individuo-globaliste* que nous cherchons à analyser. Par ailleurs, aucune étude, à notre connaissance, ne s'est intéressée systématiquement au phénomène, pourtant actuel, de la construction doctrinale d'un bouddhisme politique moderne occidentalisé, dont les réseaux précédemment évoqués sont les supports de diffusion.

Nous avons pu constater, dans notre partie sur le processus d'occidentalisation en Asie, que des liens institutionnels s'étaient noués vers l'Occident à partir de l'Asie, et que ceux-ci concernaient généralement[1] le bouddhisme *solidariste-universaliste*. Il convient ici de faire le point du côté occidental. D'une part, nous ne nous interdirons pas, même si nous n'avons pas choisi d'approfondir ces orientations, d'évoquer incidemment les deux autres orientations qui coexistent en Occident, c'est-à-dire l'orientation réactionnaire *élitiste-culturaliste* et progressiste *intimiste-individualiste*. D'autre part, à côté d'un panorama très succinct et général de la présence bouddhiste en Occident, à l'aide d'études déjà réalisées en particulier aux États-Unis ou au Royaume-Uni, nous nous attacherons plus spécifiquement à la situation française que nous avons directement étudiée par des recherches de terrain : consultations systématiques de l'ensemble des revues et magazines bouddhistes disponibles dans notre pays, visites dans une soixantaine de centres avec examen de la documentation disponible sur place.

---

1. Du moins officiellement, car un certain nombre de points, que nous avons évoqués dans notre chapitre sur l'occidentalisation du bouddhisme japonais, nous permettent de penser qu'il pourrait exister une continuité doctrinale et institutionnelle officieuse entre l'orientation *élitiste-culturaliste* en Occident et l'orientation *nationaliste-moraliste* en Asie. Nous reviendrons quelque peu sur ce point.

I. PANORAMA MATÉRIEL ET INSTITUTIONNEL

A/ Repères quantitatifs de la présence bouddhiste en Occident

1° Repères quantitatifs de la présence bouddhiste en Amérique du Nord et en Europe

a) En Amérique du Nord

Il est très délicat de quantifier la présence bouddhiste en Occident, en raison principalement de la nouveauté du phénomène, du moins en tant que phénomène de masse, mais aussi parce que nombre de pratiquants bouddhistes n'adhèrent pas formellement à des groupes tout en suivant des enseignements, tout en adoptant des représentations bouddhistes du monde[1]. La Soka Gakkai, qui est la plus grosse organisation bouddhiste implantée dans les pays occidentaux, est aussi la plus centralisée et dispose de chiffres sur le nombre de ses propres adhérents. En 1970, la *Nichiren Shoshu Soka Gakkai Academy*[2] regroupait, d'après ses propres estimations, 200 000 membres en Amérique du Nord, comprenant les USA et le Canada. En 1977, elle déclarait 237 000 membres[3]. De l'application systématique du principe de *kosen-rufu* – principe selon lequel répandre le nichérisme et une nécessité éthique – sur le territoire américain depuis 1960, a résulté qu'aujourd'hui 95 % des membres de l'organisation sont des citoyens américains et canadiens d'origine occidentale et non des Japonais immigrés.

1. Ce phénomène correspond à une évolution plus générale du religieux contemporain entre d'un côté une religiosité sociale, identitaire (l'appartenance sans la croyance), et d'un autre côté une religiosité du croire (la croyance sans l'appartenance) ; le dernier type s'adapte tout à fait au cas du bouddhisme en Occident. Ce phénomène de la croyance sans l'appartenance a été décrit par Grace Davie (*La Religion des Britanniques, de 1945 à nos jours,* Genève, Labor et Fides, 1996).
2. Il s'agit du nom de l'organisme chapeautant l'ensemble de l'Amérique du Nord.
3. « La Nichiren Shoshu Soka Gakkai Academy », in *Profil de la Nichiren Shoshu Française, Nichiren Shoshu* Française, 1977.

Cette pénétration a été aussi rendue possible grâce à l'impact médiatique de l'adhésion de vedettes telles que Patrick Duffy, acteur jouant dans la série télévisée *Dallas*, ou telles que la chanteuse Tina Turner. Aujourd'hui, les membres américains de la Soka Gakkai auraient dépassé le nombre de 300 000. En 1979, un sociologue américain donnait des estimations du nombre global de bouddhistes américains[1], toutes tendances confondues, bien en dessous du million, alors que l'*American Buddhist Congress*, une association fédérale regroupant 45 organisations bouddhistes, créée en 1987, évaluait ce nombre entre 3 et 5 millions. En fait, la seule estimation fiable est celle du nombre des associations implantées sur le territoire américain, soit 46 centres principaux et 174 centres secondaires ou indépendants, d'après l'Annuaire International Bouddhiste (*International Buddhist Directory*)[2]. Mais ces chiffres méritent aussi d'être pris avec précaution puisque, par exemple, en 1984 l'Annuaire donnait 117 centres et monastères tibétains aux USA, alors qu'en 1998 – sachant que le nombre d'adeptes américains du bouddhisme tibétain a considérablement augmenté pendant les 14 années qui se sont écoulées entre les deux estimations – d'autres observateurs répertoriaient en tout et pour tout 93 centres tibétains aux USA[3].

b) En Europe

En Europe occidentale, l'Union des Bouddhistes d'Europe annonçait en 1987 plus d'un million de bouddhistes en Europe, en comprenant les Asiatiques de souche, selon la répartition suivante : 15 000 personnes en Italie, 6 000 en Autriche, 70 000 en Allemagne, 200 000 en France[4], et enfin 500 000 au Royaume-Uni. Le seul nombre de bouddhistes britanniques dépasserait celui de l'ensemble de l'Europe de l'Ouest continentale. Ce chiffre est très certainement surestimé ainsi que le signale Peter Harvey, bouddhologue britannique, qui propose une fourchette de 10 000 à 100 000 bouddhistes de souche occidentale au Royaume-Uni[5].

Nous constatons que ces estimations sont, dans l'ensemble, assez fantaisistes, ou du moins ne résultent pas d'une étude systématique. Elles démontrent cependant que le nombre des bouddhistes occidentaux est en augmentation constante. C'est sans doute un des seuls points sur lequel elles ne se contredisent pas entre elles.

1. C.S. Prebish, *American Buddhism*, Belmont, Wadsworth, 1979.
2. *The International Buddhist Directory*, Londres, Wisdom Publications, 1984. On consultera aussi le travail de K. O'Neil (*The American Buddhist Directory*, New York, Crises Research, 1985).
3. P. Cornu, *Guide du bouddhisme tibétain*, Paris, Librairie Générale Française, 1998.
4. Alors que l'Union des Bouddhistes de France donne de son côté un chiffre de 300 000 personnes à peu près à la même époque.
5. P. Harvey, *Le Bouddhisme. Enseignement, histoire, pratiques*, Paris, Seuil, 1993, p. 366.

2° Repères quantitatifs de la présence bouddhiste en France

a) La situation avant les années quatre-vingt

Jusque dans les années quatre-vingt, la présence bouddhiste en France n'apparaît dans aucun sondage d'opinion, ni même dans aucune des statistiques externes ou internes aux groupes. Il faut dire que l'implantation n'en était qu'à ses balbutiements. La *Nichiren Shoshu Française*[1] est fondée en 1966. En 1967 arrive à Paris Taïsen Deshimaru, qui attendra d'ailleurs 1970 pour créer un premier support associatif – qui ne sera que transitoire – à son enseignement du zen, même s'il réussit dès 1969 à faire publier un livre sur sa conception du bouddhisme[2] qui témoigne d'un intérêt naissant dans le public. Dagpo Rinpotché, aujourd'hui l'une des principales figures du bouddhisme tibétain en France, arrive à Paris en 1960, mais la diffusion du bouddhisme ne figurera pas à cette époque au rang de ses priorités puisqu'il enseignera la langue et la culture tibétaines à l'Institut National des Langues et Civilisations Orientales (INALCO), nullement en tant que lama mais en tant qu'universitaire de renom.

En consultant la source qui nous est apparue la plus fiable et la plus exhaustive concernant les statistiques disponibles sur les pratiques, les croyances et les appartenances religieuses des Français dans la période qui suit la Seconde Guerre mondiale jusqu'à la fin des années soixante-dix, c'est-à-dire le panorama dressé par Jacques Sutter[3], nous avons constaté que la mention même des mots Bouddha, bouddhisme, etc. ne figure nulle part dans les questions et les réponses des centaines de sondages répertoriés, ni même dans les commentaires les concernant. C'est dire que, si nous nous en tenons aux sondages connus, le phénomène est socialement nul jusqu'au début des années quatre-vingt. Si nous regardons cependant plus attentivement ces sondages, certains indices permettent de repérer des tendances favorables à l'émergence du bouddhisme dans le paysage socio-religieux, compte tenu, évidemment, de ce que nous savons aujourd'hui de ses caractéristiques sociologiques.

On peut se demander si le phénomène était alors totalement inexistant ou s'il était seulement rendu invisible en raison des perspectives choisies par les sondeurs eux-mêmes. Par exemple, à la question « Est-ce que vous considérez Jésus-Christ comme le plus grand guide spirituel de l'humanité ou comme l'un des plus grands ? », 65 % des personnes interrogées s'abstiendront de répondre[4]. La question est évidemment tendancieuse, ce qui est corroboré par le taux élevé d'abstentions qui, en revanche, laisse

1. Qui deviendra plus tard la Soka Gakkai Française (SGF), en raison d'un conflit avec la *Nichiren Shoshu* qui aboutira à la scission des deux organisations, alors que jusque-là la Soka Gakkai était la continuité laïque de l'organisation religieuse *Nichiren Shoshu* (cf. p. 265 pour une chronologie circonstanciée des événements qui ont conduit à cette scission).
2. T. Deshimaru, *Vrai Zen*, Paris, Seghers, 1969.
3. J. Sutter, *La vie religieuse des Français à travers les sondages d'opinion, 1944-1976*, Paris, CNRS, 1984.
4. *Ibid.*, p. 616.

entrevoir une multiplicité d'opinions non réductibles au quasi-monopole officiel du catholicisme. Dans le chapitre de l'étude consacrée aux identités religieuses[1], les seules réponses possibles pour permettre aux sondés de se définir sont : catholique, musulman, juif, orthodoxe, protestant, non-appartenance aux religions mentionnées. La catégorie de « non-appartenance » oscille entre 1 et 2 % des réponses, ce qui est, dans certains cas, supérieur aux réponses figurant dans la catégorie « juif » et dans celle de « musulman », et pouvait représenter à l'époque entre 400 000 et 1 million de Français. Pourtant, cette catégorie n'est jamais identifiée positivement, mais seulement négativement, résiduellement. Les courants religieux ne relevant pas des religions bibliques ne sont pas traités. La seule mention indirecte de ce que les sociologues appellent aujourd'hui des « Nouveaux Mouvements Religieux » (NMR), ne concerne que *Moon* – qui est encore un courant biblique –, l'astrologie et la cartomancie. Encore faut-il préciser que le sondage qui intègre ces mentions, et qui date de 1976, est parmi les plus tardifs de l'étude.

Enfin, notre attention a été attirée par un sondage concernant les croyances scientifiques en général et médicales en particulier[2]. Si elles se trouvaient menacées personnellement par une maladie incurable, 49 % des personnes interrogées ont déclaré qu'elles n'hésiteraient pas à se tourner vers un guérisseur ; ce qui révèle une extrême friabilité de la confiance populaire dans la rationalité officielle. Cette friabilité de la confiance dans la rationalité est confirmée par le fait que 43 % des personnes interrogées se représentent l'astrologue comme un savant à part entière. Deux remarques s'imposent à nos yeux : premièrement le bouddhisme se présente et se définit comme une thérapeutique globale, à travers l'image centrale du Bouddha-médecin. Le Bouddha est supposé présenter un diagnostic individuel et collectif, puis proposer une voie de guérison. Deuxièmement, et plus généralement, le processus d'occidentalisation du bouddhisme se caractérise par une réappropriation de la rationalité, qui se manifeste par exemple par la mise en parallèle des découvertes scientifiques les plus récentes et des concepts bouddhistes. Ces derniers sondages sur la science permettent de situer l'émergence d'un bouddhisme attirant plusieurs milliers de Français de souche dès le début des années quatre-vingt, dans la continuité de la situation socio-religieuse antérieure, et de révoquer ainsi la thèse d'une apparition subite et aléatoire du phénomène.

b) La situation des années quatre-vingt jusqu'aux années quatre-vingt-dix

Des statistiques de 1987 estimaient à 0,1 % la proportion de la population française qui serait bouddhiste, ce qui équivaut à un nombre à peine supérieur à 50 000 personnes[3]. Mais il semble d'une part que ces chiffres soient très en dessous de la réalité, et d'autre part que le bouddhisme soit

1. *Ibid.*, p. 623-649.
2. *Ibid.*, p. 800.
3. Chiffres tirés de *L'état des religions dans le monde*, Paris, Cerf, 1987, p. 348.

dans une période de transition qui permet de présager une augmentation très rapide de ses fidèles. En effet, selon l'Union des Bouddhistes de France, il y aurait, à la même période, au moins 300 000 bouddhistes sur le territoire français[1] ; et selon d'autres sources, dont les estimations sont difficilement vérifiables, leur nombre s'élèverait jusqu'à 500 000 personnes (correspondant alors à presque 1 % de la totalité de la population française).

Il faut souligner que depuis les statistiques de *L'état des religions dans le monde* de 1987, le nombre des bouddhistes en France a déjà augmenté. Entre 1986 et 1995, soit en 10 ans environ, il semble, selon nos propres estimations, que la fréquentation des lieux de culte bouddhiste ait augmenté d'à peu près 20 %. Nous avons fait cette constatation en particulier pour les établissements du bouddhisme tibétain. La plus spectaculaire progression en termes de nombre d'adhérents concerne la Soka Gakkai[2]. Cette dernière organisation annonçait 6000 adhérents en 1980, alors qu'elle en annonce près de 11 000 en 1999, soit une progression en 20 ans qui va pratiquement du simple au double. Cette augmentation est particulièrement sensible dans la population féminine : le nombre de femmes est deux fois plus important que celui des hommes.

Il y a eu par contre une certaine stabilisation de la fréquentation des dojos zen. Mais cette stabilisation ne concerne que les dojos de l'AZI, qui est effectivement une association déliquescente, alors même qu'une multitude de groupes zen se reforment un peu partout, dont on ne peut évaluer le nombre des participants. En toute hypothèse, il y a une augmentation sensible du nombre de pratiquants français fréquentant les lieux bouddhistes.

En tenant compte des chiffres de l'immigration du Sud-Est asiatique et de la fréquentation assez importante des pagodes par ces immigrés, il y aurait donc déjà, en 1990, à peu près 150 000 bouddhistes d'origine asiatique ; les chiffres de l'UBF se rapprochent de cette constatation puisque, d'après cette dernière organisation, il y aurait une part à peu près équivalente de bouddhistes de souche asiatique, aux environs de 150 000 personnes, et de bouddhistes de souche française, à peu près 150 000 personnes aussi. Soulignons également que les estimations les plus élevées (environ un demi-million de bouddhistes sur le territoire français) tiennent sans doute compte de l'augmentation récente du nombre de bouddhistes de souche française, alors que, *via* le caractère historiquement limité de l'immigration asiatique, le nombre de bouddhistes de souche asiatique a tendance à se stabiliser. La pagode, lieu du souvenir et de résistance, est désertée par les jeunes générations asiatiques. L'augmentation de l'exogamie accentue la désaffection de la pagode comme lieu de cérémonie, pour la célébration des mariages par exemple. Les Asiatiques sont en général bien intégrés à la

---

1. Ce qui représente six fois le nombre estimé par *L'État des religions dans le monde, op. cit.*
2. Et ceci, malgré la pression des médias et des pouvoirs publics, contre ce mouvement déclaré « secte dangereuse » par les rapports successifs Vivien et Guyard.

société française[1]. L'importance de l'exogamie dans la communauté asiatique ne permet pas un repérage systématique des nouvelles générations de bouddhistes. De plus, même les nouvelles générations qui restent dans la communauté sont parfois moins réceptives à la « promotion » religieuse de leur origine. La courbe d'évolution démographique positive de la communauté asiatique en France ne suffit pas à augmenter le nombre des bouddhistes de souche asiatique, mais seulement à stabiliser ce nombre aux alentours de 150 000 personnes. En revanche, le nombre global des bouddhistes en France augmente du fait de la proportion d'individus de souche française.

La pagode, lieu du souvenir, ne faisant plus recette, les clercs bouddhistes immigrés du Sud-Est asiatique ouvrent leurs temples à la population occidentale. Ce moyen de survie pour le bouddhisme du Sud-Est asiatique se solde par une mise en accord avec la demande occidentale : l'accent est mis, par exemple, sur la méditation plus que sur la prière. Dans le même temps, le bouddhisme du Sud-Est asiatique garde sa fonction identitaire, non plus comme instance du souvenir, mais comme instance de valorisation culturelle par rapport aux Occidentaux fascinés par la religiosité extrême-orientale. À l'origine de l'implantation bouddhiste en France, il y a l'arrivée massive des immigrés asiatiques, en commençant par les Vietnamiens durant la Première Guerre mondiale[2], venus d'Indochine pour combattre aux côtés des soldats français. En 1975, une nouvelle vague d'immigration, venue du Cambodge et du Viêt-nam pour échapper à la dictature des Khmers rouges, installe un bouddhisme anticommuniste sur le territoire français[3]. Enfin, il y a une vingtaine d'années, en 1981, deux mille Cinghalais arrivent en France. Mais il y a aussi le retour d'Asie, à partir des années 1960, de Français fortement influencés par le bouddhisme : ce deuxième phénomène, au début insignifiant, se consolidera après l'arrivée de maîtres bouddhistes asiatiques invités par ces mêmes Français.

C'est le début de la vague mystique et extrême-orientaliste caractérisée par le succès des sectes « yoguiques », dont beaucoup colportent des concepts bouddhistes comme la Méditation Transcendantale. C'est aussi le début du « hippisme », de l'écologisme, du végétarisme asiatisé. C'est l'époque à laquelle Taisen Deshimaru, le propagateur du bouddhisme zen en France, arriva à Paris[4]. De même, l'immigration des Tibétains en France,

1. L'inauguration de la nouvelle pagode vietnamienne de Marseille, en juin 1994, s'est déroulée en parfaite entente avec la ville de Marseille.
2. Ce qui explique la position privilégiée de la France qui peut être considérée comme le centre européen du bouddhisme, le pays carrefour des bouddhismes où se côtoient les écoles les plus diverses et où se réunissent, régulièrement ou ponctuellement pour des conférences ou des célébrations, de nombreux bouddhistes venus de toute l'Europe.
3. Le Prince Sianouk rattache son parti à une filiation socialo-bouddhique.
4. Maître Deshimaru arriva en France en 1967 (un an avant les émeutes estudiantines) et fonda un dojo, qui devint un temple zen à Paris en 1975.

bien que quantitativement insignifiante, est à l'origine d'une implantation massive du bouddhisme tibétain parmi les Français de souche[1].

Il est extrêmement difficile de quantifier précisément la présence bouddhiste en France, d'abord pour des raisons de définitions des critères du bouddhisme[2], et ensuite à cause de la faible structuration du bouddhisme qui provoque une discontinuité de la participation individuelle aux réunions des organisations[3], et un taux d'abandon très important sans qu'il soit quantifiable puisque noyé dans le taux d'adhésion. Ainsi les chiffres concernant la présence bouddhiste en France sont plus ou moins élevés suivant la prise en compte des participants non réguliers, des adhérents d'associations non pratiquants, où même de sympathisants d'un jour ou d'une occasion particulière. Ils se rapprochent de 300 000 pour les participants réguliers et à la limite d'une pratique régulière visible (une fois tous les ans minimum), mais ces chiffres semblent dépasser 500 000 personnes (peut-être même dépasser le million selon des sources bouddhistes) pour les participants ponctuels qui s'intéressent toute l'année au bouddhisme, pratiquent la méditation bouddhiste, ou assistent à la conférence d'un bouddhiste pour suivre son enseignement, sans s'inscrire à aucune association. Le nombre est encore plus important en comptabilisant les non-participants qui pratiquent une discipline de vie influencée par le bouddhisme à travers le végétarisme, le yoga, les arts martiaux et autres disciplines, comblant les méfaits du stress, angoisse chronique qui caractérise les sociétés industrielles contemporaines.

Enfin, le dernier repérage quantifiable est la vente, de plus en plus massive, de livres à connotation bouddhiste[4]. Nous pourrions donc élever encore le chiffre à plusieurs millions de Français, si nous devions tenir compte des personnes intellectuellement influencées par les idées bouddhistes sans pour autant pratiquer dans le cadre d'un centre ou d'une association. Elles représentent des pratiquants potentiels qui commencent déjà, à travers leurs lectures et leur discours, à généraliser la vision bouddhiste du monde et de la société.

Frédéric Lenoir constate la même difficulté à évaluer le nombre de bouddhistes pratiquants[5]. La consultation des registres des centres zen et tibétains lui permet de différencier les fichiers restreints des personnes à

1. Soulignons que le bouddhisme tibétain est marqué par la lutte politique contre l'envahisseur chinois, et d'une manière générale contre l'irrationalité de la guerre moderne et de la destruction de l'équilibre écologique : cf. la ponction chinoise sur les richesses naturelles du Tibet. Le bouddhisme tibétain, qui est sans doute le plus répandu parmi les Français, est porteur d'un message politique de remise en cause de l'État-Nation, soutenu par le discours et l'influence supranationale du Dalaï-Lama.
2. Problème souligné à propos de la diversité institutionnelle des bouddhismes en France et que nous développerons plus tard.
3. Pour la Soka Gakkai, le problème est moins direct puisque sa structuration est beaucoup plus rigoureuse.
4. Un livre du Dalaï-Lama ne se vendra pas en général aujourd'hui en dessous de 20 000 exemplaires, chiffre qui passe à plusieurs centaines de milliers d'exemplaires pour les ouvrages les plus vendus.
5. F. Lenoir, *Le bouddhisme en France,* Paris, Fayard, 1999, p. 81-91.

jour de leur cotisation qui comprennent de 11 000 à 13 000 noms, et les fichiers larges qui comprennent les personnes qui ne sont pas forcément adhérentes, dont les noms figurent sur un registre parce qu'elles ont assisté à une méditation, un enseignement, une conférence, et qui représentent de 80 000 à 100 000 noms. Outre que ces calculs sont fondés sur des extrapolations élaborées à partir des plus grands centres en projetant ce que cela pourrait donner sur les petits centres, il n'est pas possible de savoir précisément combien de personnes appartiennent en même temps à plusieurs centres. Compte tenu de ces spéculations sur les registres des centres, F. Lenoir établit trois cercles : celui des pratiquants (12 000 personnes), celui des proches (entre 100 000 et 150 000 personnes) et enfin, celui des sympathisants (2 millions de personnes).

Cette distinction entre proches et sympathisants nous semble cependant quelque peu artificielle. Il serait, à notre avis, plus réaliste de distinguer les catégories de bouddhistes entre ceux qui *adhèrent,* qui sont les moins nombreux, le noyau dur, ceux qui *pratiquent* sans adhérer à une organisation, qui sont déjà plus nombreux, et enfin ceux qui *pensent* en bouddhiste sans forcément pratiquer ni adhérer. Avec ces derniers, nous atteignons des chiffres qui peuvent même dépasser les 2 millions : selon un sondage BVA de décembre 1999, 11 % des Français se sentent proches du bouddhisme, soit près de 10 millions d'entre eux[1].

Dans ces évaluations, nous ne comptons pas la présence de plusieurs milliers de bouddhistes venus de toute l'Europe, qui séjournent en France l'espace d'un stage ou d'un séminaire pour approfondir un enseignement. En effet, prétendre que la France est le centre institutionnel et spirituel du bouddhisme européen peut être vérifié facilement. Le siège européen de la Soka Gakkai[2] est en France, de même que le siège de l'Association Zen Internationale (AZI) ; la grosse majorité des centres, temples et monastères bouddhistes tibétains d'Europe, sont implantés en France[3] : sur 139 centres bouddhistes tibétains européens, 102 sont en France[4].

Plusieurs explications peuvent être avancées sur cette augmentation du nombre de bouddhistes, en particulièrement du nombre de personnes qui *pensent* en bouddhiste. Tout d'abord, le fait que la « nébuleuse mystique-ésotérique » soit en perte de vitesse permet aux organisations bouddhistes de récupérer cette clientèle. En effet, l'analyse des parcours des pratiquants

1. Selon le sondage *Psychologie*/BVA, « Deux tiers des Français pensent que l'on peut avoir une vie spirituelle sans croire en Dieu, la moitié affirme méditer, un sur dix se dit proche du bouddhisme » (*Psychologies,* décembre 1999, n° 181, p. 66).
2. Il s'agit plus exactement du centre culturel européen de la Soka Gakkai et non pas administratif, mais qui est le point de rencontres européen de l'organisation, et en outre sa plus grosse réalisation architecturale en Europe.
3. Le monastère zen du Taillé en Ardèche reçoit des milliers de personnes venues d'Europe tout au long de l'année. Le monastère bouddhiste tibétain de *Dhaypo Kagyu Ling* en Dordogne reçoit près de 2 000 personnes chaque été, venues des quatre coins de l'Europe. Il y aurait quelque 200 monastères bouddhistes en France d'après l'Annuaire interreligieux 1990.
4. Ces chiffres ont été obtenus en corrélant le nombre de centres bouddhistes tibétains donné par P. Cornu (*Guide du bouddhisme tibétain, op. cit.*) avec nos propres sources.

montrent une forte proportion de personnes qui sont passées des groupes *New Age* avant de s'engager dans la voie bouddhiste. Une autre série d'explications, qui intéressent plus la science politique, tiennent à l'adhésion d'un nombre croissant d'anciens gauchistes-libertaires, parfois même de communistes[1], qui trouvent dans le bouddhisme une pensée non dogmatique, rationnelle tout en ouvrant un champ spirituel moins contraignant que la transcendance monothéiste dans laquelle ils furent baignés dans leur prime jeunesse, et des aspirations politiques moins abstraites que celles auxquelles ils avaient cru dans leur jeunesse d'étudiant. Ces quelques commentaires ne représentent qu'une première et très vague approximation. Nous analyserons en effet dans le détail ces différents points dans notre partie sur la culture politique bouddhiste en Occident.

B/ Étapes succinctes de l'implantation institutionnelle du bouddhisme en Occident

1° Étapes de l'implantation du bouddhisme en Amérique du Nord

Ce sont les immigrants japonais à Hawaï qui ont fait connaître, les premiers, le bouddhisme aux Américains en 1889, lorsque Soryu Kagahi y installa le premier temple *Jodo-shin*. Dix années plus tard, un autre Japonais, Sokei Sonada, fonda à San Francisco la *North American Buddhist Mission*, qui devint quarante ans plus tard une fédération, la *Buddhist Churches of America*. La volonté d'occidentaliser le bouddhisme est évidente dans l'appellation même d'Églises (*Churches*). Suivirent la création de *Young Men Buddhist Association* sur le modèle des YMCA (*Young Men Christian Associations*). Un tissu d'associations diverses complétait ce tableau, dont des écoles, des associations de rencontres féminines. Les organisations bouddhistes s'impliquèrent, dès l'origine de leur implantation, dans l'action sociale et éducative, ce qui entraîna une reconnaissance rapide de la part des autorités américaines de cette réalité sociologique. C'est ainsi que, dès 1987, le secrétariat d'État à la Défense mit en place des services d'aumôniers militaires bouddhistes. Mais ces associations concernaient surtout les personnes de souche asiatique, et plus spécialement japonaise. La fondation en 1930 de la *Buddhist Society of America* marque un incontestable tournant car pour la première fois des Occidentaux vont adhérer à cette association zen, qui deviendra d'ailleurs le FZIA (*First Zen Institute of America*).

Le zen continuera à se développer sous l'impulsion de la *beat generation*, avec des personnalités telles que Jack Kerouac, Gary Snyder pour ne citer que les plus célèbres, qui donneront dans les années soixante au

1. Tel qu'E. Morin, ainsi que nous le verrons dans notre partie sur la culture politique bouddhiste en Occident.

bouddhisme cette connotation libertaire, pacifiste et antibourgeoise. En 1967 fut fondé le *Zen Center of San Francisco*, puis suivirent une série de centres et associations diverses, à la fois *Sôtô* et *Rinzaï*. Robert Aitken, qui est un des leaders mondiaux du bouddhisme engagé antimilitariste, écologiste, prônant la désobéissance civile[1], fonda son association la *Diamond Sangha* en 1959, car il éprouvait le besoin de se distinguer du bouddhisme traditionnel trop inféodé aux pouvoirs nationaux[2].

La Soka Gakkai dispose bien sûr d'un réseau associatif bien développé à partir de sa première implantation en 1960 de la *Nichiren Shoshu Soka Gakkai Academy,* n'hésitant pas, déjà à l'époque, à proclamer dans ses prospectus que « Dans l'univers essentiellement matérialiste que l'Amérique s'est construit, et où, comme ailleurs, la technologie avancée et les progrès de la science sont loin d'être des gages de bonheur et de paix, la *Nichiren Shoshu Soka Gakkai Academy* s'est donnée pour objectif de créer une nouvelle civilisation où les hommes seraient éveillés à la valeur de la vie, une civilisation où le spiritualisme et le matérialisme, rompant avec l'antagonisme dont on les a toujours dotés, se fondraient en un tout harmonieux[3] ». En 1971, Chögyam Trungpa fonde un centre *Kagyu-pa* à Boulder dans le Colorado, qui deviendra le siège d'une multitude d'organisations caritatives, éducatives, sociales, telles que le *Naropa Institute* créé en 1974, première université bouddhiste installée aux USA, qui participe activement à la promotion de l'engagement bouddhiste pacifiste et écologiste. Cette mouvance se développera particulièrement bien au Canada dans la région d'Halifax, qui est la ville nord-américaine où l'on recense le plus grand nombre de personnes d'origine occidentale se déclarant bouddhistes.

Un maître chinois, Hsuan Kong, répondant à une invitation, donna des enseignements en Californie, et créa, à la demande de ses disciples, la SABA (*Sino-American Buddhist Association*) qui, trois ans plus tard, comprenait plus de 70 % de membres d'origine occidentale. Cette association est, elle aussi, au cœur d'une série d'autres organisations sociales qui se créèrent à la fin des années soixante-dix, dont la deuxième université bouddhiste américaine, la *Dharma Realm University*. Ce mouvement est surtout célèbre dans les milieux du bouddhisme engagé américain parce que deux bonzes américains qui en étaient membres décidèrent, au sortir de la guerre du Viêt-Nam en 1973, de traverser les États-Unis à pied, soit 1700 km, faisant trois pas pour une prosternation. Ce long périple était destiné à promouvoir la paix mondiale.

1. Il lança à plusieurs reprises des appels à ses concitoyens pour qu'ils refusent de payer l'impôt.
2. B. Victoria, *Zen Master Dôgen Goes to War : Yasutani Hakkun's and Anti-semitic Transformation of Dôgen's Life and Thought, op. cit.*
3. Ce texte est extrait d'un des premiers prospectus de la *Nichiren Shoshu* Française (*Profil de la Nichiren Shoshu Française, ibid.)* qui présente, dans une de ses colonnes, la branche américaine.

2° Étapes de l'implantation du bouddhisme en Europe

a) En Europe en général

La France peut être considérée comme le centre névralgique européen, moins du bouddhisme en général que du bouddhisme dit du Grand Véhicule (entre 60 % et 65 % des centres bouddhistes tibétains européens sont implantés en France). Le Royaume-Uni ainsi que l'Allemagne, au contraire, ont une tradition d'implantation du bouddhisme *Theravâda* (École des Anciens ou Petit Véhicule, école dite du Sud). En Allemagne, la tradition *Theravâda* sera dominante dès le début du siècle. Deux orientalistes fondèrent d'ailleurs en 1921 la Communauté Bouddhiste d'Allemagne qui allait devenir en 1935 la Communauté du Bouddhisme Ancien, en référence à la tendance *Theravâda*. Il y a donc eu, dans ces pays, une continuité entre les études orientalistes essentiellement basées sur le bouddhisme *Theravâda* ou Petit Véhicule, menées au début du siècle, et par la suite, dans les années soixante, l'émergence d'un bouddhisme populaire de même orientation. Ce qui n'est pas le cas en France.

Mais il est certain que l'Angleterre est le pays européen dans lequel le bouddhisme s'est le plus développé dans toutes ses orientations. Dès 1907, une *Buddhist Society* fut créée en Grande Bretagne avec à sa tête l'orientaliste Rys Davids, et s'attela à recevoir des moines bouddhistes de la tradition *Theravâda* venue de Birmanie, et à publier une revue *Buddhism in England*. Cette société considérait que le bouddhisme du Sud, ancien, moins tinté des influences culturelles asiatiques diverses, était plus facilement « modernisable ». Le développement de la société fut interrompu par la Première Guerre mondiale, et ne réussit pas à surmonter par la suite cette interruption, au point de se dissoudre en 1924. Ce bouddhisme continue à rester très superficiellement présent en Grande-Bretagne *via* la Société Théosophique, mais sans prendre d'essor populaire. C'est dans les années soixante, après l'installation à Londres d'abord d'un moine cinghalais, puis d'un Thaïlandais, tous deux issus de la tradition *Theravâda*, que le bouddhisme commence à se développer dans la population, et à prendre à partir des années soixante-dix son véritable essor.

Une communauté de bouddhistes d'Ambedkar, constituée d'Indiens hors castes, s'est installée autour de Birmingham et comprenait près de 6 000 personnes en 1988. Ce phénomène constitue une jonction notable avec les organisations indiennes du renouveau bouddhiste contre le système des castes, pour une révolution égalitariste, qui élargissent leur combat à l'Occident contre le « système des classes » du monde matérialiste capitaliste, dans le cadre du projet de « révolution dhammique mondiale » dont nous avons suivi l'élaboration dans notre chapitre sur la résurgence moderne du bouddhisme en Inde. Ajahn Sumedho[1], Anglais devenu moine bouddhiste, qui a fondé en Thaïlande le Monastère International de Forêts,

1. Disciple de Ajhan Chaa, maître thaï célèbre de la tradition *Theravâda* des moines de la forêt.

est revenu s'installer en Angleterre pour y soutenir la *sangha* britannique *Theravâda*, et un tissu d'associations qui n'a cessé d'augmenter jusqu'à nos jours : l'*English Sangha Trust*, le *Hampstead Buddhist Vihara*, l'*Amaravati Buddhist Center*, entre autres. Rappelons que ce moine développe des idées antinucléaires et critiques de la société occidentale matérialiste, dans ses enseignements distribués au public qui y assiste[1]. Nous voyons que, de l'Inde à la Thaïlande, les organisations bouddhistes asiatiques ont essaimé en Occident sans perdre leur teneur politique, tout au plus en l'adaptant au public occidental, en s'insérant dans des catégories déjà existantes. Une autre association du *Theravâda* s'implantera en 1979, axée sur l'enseignement du *vipassana*, l'*International Meditation Center* dans le Wiltshire, qui est une branche occidentale de l'*International Meditation Center* de Rangoon en Birmanie. Cet enseignement se situe dans la filiation de l'homme politique birman Sayagyi U Ba Khhin dont nous avons déjà parlé à propos de l'occidentalisation en Birmanie, et dont les critiques de la corruption qui en appellent à une nouvelle éthique politique sont développées régulièrement dans la revue interne de l'organisation : *Vipassana Newsletter*.

Les bouddhistes tibétains ne sont pas absents non plus du Royaume-Uni puisque Chögyam Trungpa y installa un petit centre, la *Johnson House*, qui devint le premier monastère tibétain d'Europe, *Samye Ling*, implanté au sud de l'Écosse. Nous y avons séjourné pendant une semaine en 1996 et avons pu constater, dans une série d'entretiens avec les résidents et non-résidents, que les idées de l'engagement bouddhiste dans la société y étaient fortement encrées. Une association, par exemple, s'occupait de la réinsertion des personnes dépendantes de drogues chimiques, particulièrement des jeunes gens de milieux défavorisés. Il y avait d'ailleurs sur place un groupe de ces « jeunes » qui vivait au monastère depuis plusieurs mois. Cette prise en charge d'éléments « rejetés » par la société globale est parallèle à un discours critique du « capitalisme matérialiste ». La Soka Gakkai est, elle aussi, très bien représentée puisque l'organisation s'implanta en 1984[2]. Signalons que ses adresses sont dans le *Buddhist Directory*, témoignant du fait que cette organisation est, au Royaume-Uni, considérée comme une école bouddhiste « normale ». Signalons aussi l'arrivée, dans la deuxième moitié des années soixante-dix, de moines membres d'une autre branche nichériste, le *Nipponzan Myonzan Myohoji*. Ceux-ci ont engagé de multiples actions ayant des connotations politiques : participations à des manifestations antinucléaires ou pro-désarmements. Cette association internationale, qui avait déjà érigé des *Stupa de la Paix* à Nagasaki, Hiroshima, en Inde et au Sri Lanka, commença en 1980 à bâtir ses monuments de promotion de la paix en Occident[3]. Ils se sont montrés très

---

1. A. Sumedho, « Ère nucléaire et responsabilité individuelle », in Chah, Sumedho, Tiradhammo, *La méditation selon la tradition des moines de forêts*, Kandersteg, Éditions Dhammapala, 1991.
2. Elle se dénommait encore *Nichiren Shoshu* Britannique à cette époque.
3. Il en existe aujourd'hui à Londres, à Vienne, à Boston, entre autres. Un projet est en cours pour en construire un face au siège de l'ONU à New York.

actifs dans les médias, participant à de nombreux débats télévisés tant en Asie qu'en Europe sur le problème de la prolifération mondiale de l'armement nucléaire. Enfin, il existe une importante implantation au Royaume-Uni du WBO (*Western Buddhist Order*), qui est un mouvement trans-bouddhique très politisé dont nous reparlerons à propos de la prolifération actuelle des organisations trans-bouddhiques et transnationales en Occident.

Le bouddhisme, avant la révolution communiste, était pratiqué en Europe de l'Est. Bien avant le XVIIIe siècle, le bouddhisme tibétain *guelug-pa* qui avait pénétré la Mongolie extérieure, sous influence russe, pénétra la Sibérie, en particulier dans les régions de Kalmoukie et de Bouriatie. L'importance du phénomène donna lieu à une reconnaissance nationale de l'administration impériale russe : le clergé bouddhiste obtint un statut légal en 1741. Le développement du bouddhisme tibétain en Russie atteint son apogée lorsque à la fin du XIXe siècle, un célèbre lama bouriate *guelug-pa* proche du XIIIe Dalaï-Lama entreprit la construction d'un centre dans la capitale de l'empire, Saint-Pétersbourg. Après la période de répression particulièrement vive sous la dictature stalinienne, les autorités, devenues plus souples, ont progressivement toléré l'expression religieuse. Durant les années quatre-vingt, on observe une véritable résurgence du bouddhisme *guelug-pa* bouriate.

À titre d'exemple, le temple créé par le lama bouriate Khampo Agvan Dorjief à Saint-Pétersbourg fut dissout durant la période communiste alors que son lama-abbé fut arrêté et interné. Le temple servit alors tour à tour de station de radio, d'institut zoologique, de centre sportif, avant de redevenir en 1989 un lieu consacré à la communauté bouddhiste de Leningrad et reconnu par les pouvoirs publics. Ajoutons que cette résurgence est orchestrée de l'extérieur par le gouvernement tibétain en exil, qui veille à ce que des lamas visitent régulièrement les différents centres, aux fins d'enseigner et de donner une dynamique prosélyte. La revue bouddhiste russophone et anglophone, *Narthang*, est d'ailleurs éditée en collaboration étroite avec le département des relations internationales du gouvernement tibétain en exil. Il n'y a pas à douter que cette collaboration s'inscrit dans une stratégie politique, qui peut être comprise comme la construction d'un groupe de pression russe capable à moyen ou long terme de peser dans les rapports de force qui opposent le Dalaï-Lama et la République populaire de Chine.

b) En France en particulier

Les études orientalistes du début du siècle ont été basées, en France, sur le bouddhisme ancien dans le cadre de l'École Française d'Extrême-Orient : deux pays, le Cambodge et le Laos, de tradition *Theravâda*, furent mis à l'honneur des études bouddhiques par Suzanne Karpelès, qui fut secrétaire de EFEO et qui fit pression sur les autorités coloniales pour créer l'Institut Bouddhique de Phnom Penh et celui de Vientiane. Elle dirigea la publication en *pâli*, langue du bouddhisme ancien, des textes fondamentaux de cette école. Par contre, la popularisation du bouddhisme ne s'est pas faite par cette voie. La première grande vulgarisatrice du bouddhisme en France fut Alexandra David-Néel, aventurière et écrivain, qui passa la moitié de son existence à parcourir et à décrire le Tibet et sa religion, sanctuaire du Grand Véhicule. C'est donc tout naturellement que les Français furent plus sensibles à la cause tibétaine et plus prompts à recevoir les moines en exil pour s'initier à des rites qui les avaient déjà fait rêver à travers la littérature de voyages bouddhico-tibétaine qui n'a cessé de se développer après le succès prodigieux des livres d'Alexandra David-Néel[1].

Il se trouve que la plus forte immigration asiatique en direction de la France vient d'un des seuls pays du Sud-Est asiatique à être essentiellement de tradition *Mahâyâna*, le Viêt-nam, dans trois vagues d'immigration : avant la guerre de 14-18, mais surtout en 1954 et en 1975, après la signature des Accords de Paris et la réunification vietnamienne consécutive à la prise de Saigon au Sud-Viêt-nam, par les communistes du Nord[2]. Le moine activiste vietnamien Thich Nhat Hanh, anticolonialiste, non communiste mais contre l'intervention américaine, s'installe en France en 1968 pour y fonder le Village des Pruniers près de Bordeaux. Son influence s'étendra plus largement dans les pays anglo-saxons qu'en France. Néanmoins, tous ces éléments, liés à des migrations ponctuelles et à des conditions intellectuelles, ont fait de la France une terre du *Mahâyâna* plus que du Petit Véhicule. Or, c'est le Grand Véhicule qui a fini par tenir le leadership du bouddhisme occidental, *via* l'influence du Dalaï-Lama en raison de la mobilisation en faveur de la cause tibétaine, qui lui a fourni une tribune internationale. La France, de pays à la traîne de la Grande-Bretagne, est devenue ces 30 dernières années, avec cette dernière, un centre névralgique du bouddhisme européen occidentalisé.

Depuis la fuite massive des grands lamas de leur pays d'origine dans les années soixante, certains d'entre eux furent accueillis en France par quelques disciples et mécènes. Quatre branches sont principalement représentées en France : *guelug-pa, kagyu-pa, nyingma-pa, shakya-pa*. Le *guelug-pa* est l'école du Dalaï-Lama. C'est aussi la première à avoir fait parler d'elle dans l'hexagone, en 1960, avec l'arrivée de Dagpo Rinpotché, qui sera à l'origine d'un enseignement des langues orientales et de diverses

1. On retiendra une série de romans qui savent jouer de la fascination occidentale pour les mystères exotiques, dont les titres sont d'ailleurs révélateurs : *La Puissance du néant,* Paris, Plon, 1954 ; *Le Lama aux cinq sagesses,* Paris, Plon, 1929 ; *Magie d'amour et Magie noire ou le Tibet inconnu,* Paris, Plon, 1938 ; ainsi qu'une série d'essais à mi-chemin entre l'ésotérisme, la philosophie et l'enquête anthropologique, qui ont eu un impact durable, restant jusqu'aux années quatre-vingt des livres phares du *New Age* français : *Le bouddhisme du Bouddha,* Paris, Plon, 1911 ; *Mystiques et magiciens du Tibet,* Paris, Plon, 1929 ; *Le sortilège du mystère,* Paris, Plon, 1972 ; *Immortalité et réincarnation,* Paris, Plon, 1961 ; et enfin une série d'ouvrages présentés comme autobiographiques arrangés par le talent d'Alexandra David-Néel en véritables contes dans lesquels règne une atmosphère fantastique captivante : *Sous une nuée d'orages,* Paris, Plon, 1940 ; *Voyage d'une Parisienne à Lhassa,* Paris, Plon, 1927 ; *L'Inde où j'ai vécu,* Paris, Plon, 1951.
2. La France a accueilli à cette période, et jusqu'en 1985, à peu près 100 000 réfugiés du Sud-Est asiatique, en grande majorité des Vietnamiens.

initiatives pour promouvoir le bouddhisme tibétain en Europe. Le Dalaï-Lama enseigna plusieurs fois dans le cadre du centre *Vajra Yogini*, et en Dordogne. Cette branche bénéficie du prestige grandissant du Dalaï-Lama, particulièrement depuis que le prix Nobel de la paix lui a été décerné.

L'école *Kagyu-pa* semble la plus dynamique, en raison sans doute de l'influence de Kalou Rinpotché, considéré par tous les bouddhistes tibétains, toutes branches confondues, comme un grand saint. Arrivé sur notre territoire en 1971, il fondera un très grand nombre de centres, dans le Dauphiné, en Provence, en Bourgogne, en Normandie. Plus tard, d'autres centres en Dordogne d'abord, puis en Bretagne vinrent compléter ce tableau. Le 22 août 1987, il inaugura le Temple des Mille Bouddha à Toulon-sur-Anoux en Bourgogne, en compagnie de représentants catholiques, protestants et juifs, et avec une couverture médiatique sans précédente. Mais surtout Kalou Rinpotché dirigea de très nombreux enseignements, organisa des retraites, forma des lamas, et aussi adapta le bouddhisme à la vie occidentale[1]. Il créa par exemple un yoga pour les profanes, alors que cette discipline est normalement l'apanage des seuls lamas. Le centre le plus actif de la tradition *Kagyu*, à laquelle appartient Kalou Rinpotché, est sans conteste l'Institut *Karma Ling*, qui a eu une politique d'occidentalisation très affirmée dès le début des années quatre-vingt, en organisant entre autres de nombreux colloques interreligieux, interculturels, sur le bouddhisme et la science, le bouddhisme et la rationalité occidentale, etc.[2] L'école *Nyingma-pa* est aussi représentée depuis 1979 en France, où un centre de retraite fut inauguré à Chanteloupe en Dordogne. Auparavant, dès 1972, Dudjom Rinpotché, le chef de l'école, avait planté la graine par son enseignement sous l'invitation de Bernard Benson, un milliardaire américain. En 1974, l'école *shakya-pa* allait aussi être représentée. Un premier centre fut fondé à Strasbourg. Puis, en 1978, un deuxième centre est inauguré par le chef de l'école, Shakya Trizin, à côté d'Évreux. Voilà pour les principales branches tibétaines représentées en France. Le zen fut bien évidemment représenté par Taisen Deshimaru, fondateur de l'AZI, organisation sur laquelle nous reviendrons, par Thich Nhat Hanh, qui développa un bouddhisme moderniste socialement engagé, et qui fonda l'Ordre de l'Interêtre, sur lequel nous reviendrons aussi plus en détail.

---

1. Les premiers enseignements destinés à préparer des Français à la retraite de 3 ans et 3 mois, étape indispensable pour l'obtention de la qualité de lama, furent donnés par Lama Denis Teundroup, disciple de Kalou Rinpotché, en 1983 à *Karma Ling* (D. Teundroup, *La retraite de trois ans,* Arvillard, Éditions Prajna, 1984).
2. En 1983 eut lieu un premier colloque chrétiens-bouddhistes (« Acte du Colloque : Méditation chrétienne et méditation bouddhiste », Arvillard, Prajna, 1983), puis un deuxième en 1984 (« Acte du Colloque : Deuxième rencontre bouddhistes-chrétiens », Arvillard, Prajna, 1984). En 1983 s'est tenu un colloque sur les rapports entre le bouddhisme et la psychologie moderne, qui présageait déjà les discours bouddhistes modernistes qui interprètent la rationalité moderne comme une valeur bouddhiste (« Acte du Colloque : Bouddhisme et Psychologie Moderne », Arvillard, Éditions Prajna, 1983). À noter aussi un colloque entre francs-maçons et bouddhistes, réunissant 270 participants, avec notamment la présence de Michel Barat, Grand Maître sortant de la Grande Loge de France (A. Lorand, « Franc-maçonnerie et bouddhisme », in *Dharma*, n° 19, janvier-mai 1994, p. 92-93).

Il reste les Laotiens, Cambodgiens et quelques autres qui gardent une identité *Theravâda*, École des Anciens, école que certains tenants du Grand Véhicule nomme à tort *Hînayâna*, Petit Véhicule[1]. Mais l'événement institutionnel le plus marquant est la création, le 28 juin 1986, d'une fédération de toutes les tendances bouddhistes – à l'exception de la Soka Gakkai qui en est encore exclue –, l'UBF (Union des Bouddhistes de France). Son but avoué dès sa fondation était d'obtenir une représentativité auprès des pouvoirs publics. Cette fédération entendait exister par des prises de position dans divers domaines (problèmes culturels, sociaux, etc.) mais surtout concernant les problèmes bioéthiques. Des commissions furent ainsi constituées pour rendre des rapports sur ces différents sujets. La publication des ses positions fut assurée dès 1986 par la revue *Les cahiers du Bouddhisme*, à travers des chroniques régulières, qui, à la suite de la dissolution de cet organe de presse, paraîtront dans la revue *Dharma* éditée par l'Institut *Karma Ling* fondé par le Vénérable Kalou Rinpotché et dirigé par Lama Deny Teundroup, qui est aujourd'hui un des principaux chefs de file de l'UBF[2].

Cette stratégie de représentation auprès des pouvoirs publics va très vite porter ses fruits, puisque dès 1988 le ministère des Affaires Sociales et de l'Emploi a attribué un siège d'administrateur du Culte bouddhiste au Conseil d'Administration de la Caisse Mutuelle d'Assurance-maladie des Cultes (la CAMAC), ainsi qu'un siège d'administrateur titulaire du Culte bouddhiste à la Caisse d'Assurance-Vieillesse des Cultes (CAMAVIC). Suivra la nomination d'aumôniers des prisons bouddhistes. Le président de l'UBF, Jacques Martin, annoncera fièrement dans sa chronique mensuelle, que l'Union des Bouddhistes de France était maintenant officiellement « Le représentant du bouddhisme vis-à-vis des autorités compétentes, au même titre que la Conférence épiscopale, le Consistoire israélite, la Fédération protestante de France et l'Institut musulman de la Mosquée de Paris[3] ». Toujours en 1988, le monastère de *Karme Dharma Chakra* en Dordogne, installé en France depuis 1974, sera reconnu comme bénéficiant des mêmes droits que les monastères catholiques, obtenant le statut de Congrégation[4], alors que jusqu'à ce moment, seules 119 associations avaient obtenu ce statut avantageux, qui étaient toutes catholiques.

1. Outre le fait que cette appellation de Petit Véhicule est péjorative, elle était destinée à des écoles qui n'existent plus aujourd'hui. Ensuite, l'école actuellement connue sous le nom de *Theravâda* est une résultante moderne qui n'est ni assimilable au *Hînayâna*, ni *a fortiori* assimilable au Bouddhisme Ancien, puiqu'il s'agit d'un bouddhisme contemporain qui a suivi sa propre évolution au même titre que le *Mahayana*.
2. Les chroniques de l'UBF sont devenues une véritable tribune pour les comptes rendus des commissions et sous-commissions de cette organisation. La commission la plus active étant « Bouddhisme et modernité » et sa sous-commission « Éthique », qui publiera ainsi les résultats de ses travaux sur la mère de substitution, la stérilisation forcée, sur le refus par la mère de l'avortement d'un fœtus à risques, sur les droits élémentaires de la personne, etc. (*Dharma,* n° 19, janvier-mai 1994, p. 90-91).
3. J. Martin, « Les chroniques de l'UBF », in *Dharma*, n° 1, bulletin-programme 1988, p. 54.
4. Cf. *J.O.* du 10 janvier 1988.

L'autre objectif de l'UBF en dehors de la représentativité officielle était l'intégration, non plus seulement juridique, mais culturelle des traditions bouddhiques. Les 29 et 31 juillet 1988, dans la foulée de ce mouvement, se mit en place à l'Institut *Karma Ling* la première Rencontre Internationale Francophone de Traducteurs. Il fut décidé de la composition de collèges de traducteurs qui se rencontreront régulièrement. Dans le même temps toujours en 1988, les 7, 8 et 9 octobre, se tint à l'Unesco un congrès international intitulé *Le bouddhisme dans la culture occidentale de nos jours* avec la présence d'une délégation sri-lankaise.

De nos jours, l'UBF bénéficie d'un temps télévisuel sur la chaîne publique France 2 tous les dimanches matins. Depuis le milieu des années quatre-vingt-dix, des tensions à l'intérieur de l'organisation, ainsi qu'une faible représentation des groupes émergeants à l'intérieur de l'UBF, en particulier des groupes proches du bouddhisme engagé, engendrent une crise de représentativité. D'autres organismes sont venus concurrencer l'UBF, tels que l'UBP, l'Université Bouddhiste de Paris, qui deviendra l'UBE (Université Bouddhique Européenne) parrainée par l'UNESCO, dont les dirigeants entendent promouvoir une voie bouddhiste en dehors des fantasmes occidentaux, critique vis-à-vis de la ligne intimiste de l'UBF.

C/ Diversité et unité institutionnelle actuelle du bouddhisme en Occident

Nous avons sélectionné les deux lieux stratégiques de l'implantation institutionnelle et idéologique du bouddhisme en Occident, même s'ils ne sont pas exclusifs[1] : l'Amérique du Nord et l'Europe.

1° En Amérique de Nord

Le tissu associatif bouddhiste américain est extrêmement dense et complexe. Nous nous contenterons donc, afin de rester concentré sur notre objet, de relever les institutions qui peuvent être utiles à notre propos. Il y a des associations bouddhistes *Theravâda*, particulièrement *vipassana*, mais seulement dans quelques monastères et centres qui ne sont pas en général reliés en réseau. Les trois types de bouddhismes reliés en réseau en Occident sont les écoles zen, tibétaine et la Soka Gakkai, ce qui leur permet de bénéficier de petits groupes locaux, même parfois de quartier, qui dépendent de centres régionaux, eux-mêmes dépendant d'une maison mère nationale et parfois internationale. Nous ne pourrons pas ici dresser un tableau exhaustif des associations bouddhistes américaines[2] ; nous ne

1. La Soka Gakkai est assez bien implantée en Amérique du Sud par exemple, où elle compte plus de 300 000 adhérents.
2. Ce qui prendrait la place d'un livre entier.

feront qu'évoquer celles qui nous paraissent être le support institutionnel de l'idéologie *individuo-globaliste*.

a) Le zen et la libération globale individuelle et sociale

Il existe aux USA une multitude d'associations zen indépendantes, qui, en général, entretiennent des relations avec les réseaux plus importants. L'exemple typique de ce type de centre est le *Hartford Street Zen Center*, fondé au début des années quatre-vingt par un homosexuel, ancien drogué atteint du sida, Tom Dorsey[1], qui était un disciple de Richard Baker, un des leaders du bouddhisme engagé américain[2]. À ce centre fut ajouté un hospice bouddhiste pour les malades atteints du sida, le *Maitri Aids Hospice*. Après le décès de Dorsey en 1990, les deux institutions parallèles continuèrent à fonctionner sous la direction de Philip Whalen, qui fait partie de la génération des *beat poets*, écrivains bouddhistes libertaires qui militèrent contre le matérialisme de la « société de consommation ». Le combat contre la « ségrégation » des homosexuels fait partie du discours zen engagé contemporain, pour l'égalité des sexes.

Ce combat pour une société « écologique » et « égalitaire » socialement, économiquement et sexuellement, est très proche des thèmes durs de l'*éco-féminisme*. Le centre accueille d'ailleurs deux fois par mois un groupe de l'Ordre de l'Interêtre de Thich Nhat Hanh. Le réseau de l'Ordre de l'Interêtre dispose d'une dizaine de centres affiliés ainsi qu'une centaine de groupes aux USA qui sont très actifs, dont le cœur est la *Community of Mindful Living* à Berkeley[3]. Nous nous sommes rendu en 1992 dans cette communauté : la plupart des participants à la retraite nous ont déclaré que l'engagement pour une « société éveillée » de Thich Nhat Hanh était déterminant dans leur choix de pratiquer dans cette organisation. Contrairement aux bouddhistes français qui sont parfois réticents à parler de politique, les personnes qui assistaient aux différents enseignements n'ont pas hésité à déclarer leurs idées antinucléaires, pacifistes. Plus généralement, et bien que nous n'ayons pas enquêté systématiquement à cet égard, nous n'avons pas rencontré un seul méditant qui se soit déclaré favorable au Parti Républicain. Sur 22 personnes que nous avons eu l'occasion d'interroger sur ce sujet, 8 se sont déclarées favorables au Parti Démocrate, le reste refusant de prendre parti dans une alternative qui ne tient pas compte de leurs « aspirations politiques profondes ». Cette communauté est aussi le siège de la maison d'édition Parallax, qui publie et diffuse les textes des leaders du bouddhisme engagé, et qui dispose d'un site Internet presque entièrement consacré à ces thématiques[4]. Elle publie aussi le magazine de l'Ordre de l'Interêtre, *The Minfullness Bell*, qui est

1. Ce principe d'un Zen qui s'occupe de la rue, de la place publique, des « inégalités », apparaît dans la biographie de Tom Dorsey (D. Schneider, *Street Zen*, Boston, Shambhala Publications, 1994).
2. R. Baker, « Building Sangha », in *Engaged Buddhists Reader*, Berkeley, Parallax, p. 191-193.
3. L'association a été fondée en 1983.
4. www.parallax.org.

essentiellement axé sur les thématiques du bouddhisme engagé : activisme social, écologie, changement social, pacifisme[1].

Le *Providence Zen Center-Diamond Hill Monastery* est le cœur d'un réseau d'une douzaine de centres[2], situé à Rhode Island. Son fondateur est un Coréen, Seung Sahn, qui créa sa propre école[3]. À Rhode Island se trouve aussi le siège d'un maison d'édition, *Primary Point Press*, qui publie ses enseignements à travers des livres et des vidéos. Avant la Seconde Guerre mondiale, Seung Sahn était engagé dans l'action politique, mais après ce conflit il se tourna vers le zen. Nous avons encore affaire à un zen de tendance pacifiste.

L'école *Sambo Kyodan*[4] est une des plus répandues dans l'ensemble du monde occidental, et bien sûr aussi aux USA. Une majorité des centres affiliés sont œcuméniques, chrétiens et bouddhistes. Ce style a été crée en 1954 par Hakuun Yasutani, le moine japonais qui fut un nationaliste extrémiste pendant la Seconde Guerre mondiale, mais qui changea à l'évidence de discours après la défaite japonaise, lorsqu'il se rendit aux USA pour y enseigner le zen. Il prêcha pour un zen moderniste et ouvert aux autres cultures[5]. Cette école a gardé l'aspect social selon lequel une libération totale implique aussi une révolution sociale. Bien évidemment, le discours n'est plus celui d'une régénération racialiste et nationaliste, d'une attaque contre la corruption des mœurs, pour un militarisme aristocratique, mais pour un changement qui implique un nouveau rapport – plus « harmonieux » – à l'environnement naturel et social. Le *Maria-Kannon Zen Center*[6] à Dallas est révélateur de cet esprit. Les groupes se réunissent souvent ou à la *Grace United Methodist Church* ou au *Catholic Renewal Center*. Le directeur du centre, Ruben Habito, a écrit un ouvrage dans lequel il expose sa conception de la libération totale, personnelle mais aussi sociale[7].

La *Diamond Sangha* a été créée en 1959 par Robert Aitken, leader de premier plan du bouddhisme engagé américain, fondateur du *Buddhist Peace Fellowship*, organisation dont nous reparlerons. Au début, elle était conçue comme une branche de l'école *Sambo Kyodan*, mais elle s'en détacha à la suite de divers différends. Une dizaine de centres affiliés existent aux USA, le cœur du réseau se trouvant à Hawaï[8]. Ses positions

1. À titre d'exemple, le numéro de l'été 1992 était axé sur l'écologie (« Taking Care of the Environment », in *The Mindfulness Bell*, n° 7, été 1992).
2. Aussi bien représenté sur la côte Est que la côte Ouest (New York, Chicago, New Haven, Las Vegas, etc.).
3. La *Kwan Um School of Zen*.
4. Littéralement : « La société des trois trésors ».
5. Ce discours a fonctionné puisque plus de la moitié des centres *Sambo Kyodan* sont des centres œcuméniques. Par exemple en France, la Maison de Tobie à Choisy-le-Roi, dirigée par le Père Benoît Michel Billot.
6. La double référence à *Kanon* (*Avalokitésvara*), bodhisattva de la compassion, et à Marie, est évidemment dans l'esprit œcuménique de l'école.
7. R. Habito, *Total Liberation. Zen Spirituality and the Social Dimension*, Berkeley, Orbis Books, 1992.
8. Le *Paolo Zen Center* d'Honolulu.

pacifistes, sur la désobéissance civile, l'ont rendu célèbre. Aitken a rejeté le bouddhisme militariste nationaliste de son propre maître Yasutani, en affirmant que cet aspect n'était pas fondamental, qu'il s'agissait là de « la partie sombre du zen japonais[1] ». Aitken recherche une complémentarité entre « La révolution sociale [qui] est la miséricorde de l'Occident, [et] l'Éveil personnel de la vacuité [qui] est la miséricorde de l'Orient. Nous avons besoin des deux[2] ».

La *White Plum Sangha* se réfère à la communauté zen fondée par Taiza Maezumi[3] qui est une des plus importantes des USA. On compte, rien qu'aux États-Unis, plus d'une vingtaine de centres principaux. Citons parmi eux le *Zen Mountain Center*[4] en Californie, dans lequel, outre la pratique du zen, sont proposés des cours sur la culture amérindienne et des séminaires de prise de conscience écologique. Mais il faut surtout citer la *Zen Community of New York*[5], puisqu'elle est dirigée par Bernard Glassman, fondateur du *Zen Peacemaker Order*[6], dans un esprit multiconfessionnel[7] et engagé dans la cité. Il a fait de l'engagement contre les inégalités sociales une façon de « vivre le zen ». Il a créé un tissu associatif recouvrant une boulangerie en 1981[8], une auberge pour les SDF de New York en 1987[9]. Il dirige régulièrement en Europe des sessions de méditation à Auschwitz, au camp de la mort. Il a inventé le concept de « retraite de rue », pendant laquelle les retraitants vivent dans la rue avec les sans-abri dans le total dénuement, dorment dans la rue, sans cartes de crédit, mangent à la soupe populaire. Les pratiquants font vœu de travail social. L'idéologie du mouvement est critique du libéralisme économique et des inégalités de la « société bourgeoise ».

b) L'État tibétain déterritorialisé universel

Les associations zen sont reliées mais nullement centralisées. Pour le bouddhisme tibétain, les liaisons sont beaucoup plus centralisées, puisque, *in fine*, toutes les écoles, toutes tendances confondues, reconnaissent l'autorité suprême du Dalaï-Lama. La cause tibétaine est fédératrice des centres bouddhistes, qui ne sont pas de simples lieux de méditation mais des antennes administrativement déconcentrées – au mieux décentralisées – du gouvernement tibétain en exil. Lorsque le Dalaï-Lama fait un voyage aux USA, ou d'ailleurs dans n'importe quel pays occidental, il passera par certains temples, monastères, centres, et ces mêmes centres participeront à l'organisation de son voyage, y compris concernant ses

1. Cité par Josh Baran, *Zen Holy War*, texte disponible sur Internet : www.darzen.com/zenholy.htm
2. R. Aitken cité par Éric Rommeluère (« Le bouddhisme engagé », in *Alternatives non violentes*, n° 111, été 1999, p. 28).
3. Décédé en 1995. Il avait lui aussi été l'élève de Yasutani.
4. Nom japonais du centre : *Yokoji*.
5. Nom japonais du centre : *Zenshinji*.
6. Nous en reparlerons à propos des organisations bouddhistes transnationales engagées.
7. Des services religieux juif et chrétien sont offerts dans le temple zen.
8. La *Greystone Bakery*.
9. La *Greystone Family Inn*.

visites officielles auprès de personnalités du gouvernement. Les organes de presse des associations bouddhistes assureront la promotion du voyage, mêlant la description des visites politiques et des conférences « spirituelles » ; par ailleurs, ils assurent continuellement la promotion de ses idées sur la paix dans le monde, sur la cause tibétaine, mêlant la pratique spirituelle, les événements religieux, aux événement politiques comme s'il existait entre les deux une causalité invisible mais inévitable.

L'exemple le plus explicite de cette déconcentration administrative du gouvernement en exil, à travers des institutions religieuses implantées en Occident, se manifeste singulièrement à travers le *Namgyal Monastery*, implanté dans la banlieue de New York, qui est aussi une université proposant des enseignements liés à la culture tibétaine, l'*Institute of Tibetan Buddhist Studies*. Le Dalaï-Lama est le fondateur de ce gros centre, mais il est aussi officiellement son directeur spirituel. Il s'agit de la filiale américaine du monastère tibétain de *Namgyal* rétabli en 1992 à Dharamsala en Inde. Il est à la fois un monastère pour les nonnes et moines asiatiques ou occidentaux, une université pour les laïques, et un centre de recherches, de traductions, associé à *Cornell University*. Le corps enseignant se compose de Tibétains érudits formés à l'étude traditionnelle et ayant subi en général un cursus universitaire occidental, mais aussi d'universitaire orientalistes occidentaux, dont certaines personnalités très connues en Amérique telles que Robert Thurman, qui fut cité parmi les personnalités de l'année 1999 par *Times Magazine*. Thurman[1] est le champion d'une interprétation moderniste du bouddhisme, en science, en philosophie, mais aussi en politique, entre autres pour son interprétation républicaine et laïque du régime politique mis en place par l'antique prince bouddhiste Açoka[2]. Le programme du centre, la composition des enseignements sont entièrement sous le contrôle du Dalaï-Lama.

Les monastères, centres, temples-relais du « Tibet Libre » à travers le monde sont en quelque sorte des préfectures qui administrent un « territoire médiatique », suivant plusieurs angles : l'enseignement bouddhiste de masse, l'aide humanitaire soutenue par l'idéologie de la « cause tibétaine » et des associations humanitaires, qui mobilisent l'intelligentsia locale. Cette intelligentsia représente en quelque sorte les intellectuels organiques de cet État abstrait. Les centres bouddhistes-préfectures organisent les visites officielles du Dalaï-Lama et de ses ministres (qui sont aussi des ministres du culte), leurs rencontres avec les personnalités politiques et les concitoyens de son État abstrait que sont devenues les populations occidentales. Il s'agit là d'une situation politique originale dans laquelle les chefs d'État reçoivent une personnalité, le Dalaï-

1. Robert Thurman, moine bouddhiste et universitaire, est aussi le père de l'actrice Umma Thurman. Le prénom de sa fille Umma est tibétain ainsi que celui de ses autres enfants. N'oublions pas que le mode d'action du gouvernement en exil est avant tout l'idéologie et les relais occidentaux qui lui confèrent une diffusion importante.
2. Nous avons évoqué ce point dans notre chapitre consacré spécifiquement à l'idéologie.

Lama, comme un chef d'État, alors que, dans une certaine mesure, une partie de la population américaine, par exemple, constitue justement les citoyens du Tibet abstrait. Ce Tibet abstrait est d'ailleurs construit comme un territoire mondial, omniprésent, à partir d'une cause écologique et démocratique au sens large, qui concerne par conséquent l'humanité dans son ensemble[1].

Nous présentons maintenant un exemple caractéristique de centres non plus déconcentrés mais décentralisés, dans le sens où ils ne sont pas directement dépendants de l'administration du « Bureau de Sa Sainteté le Dalaï-lama » à Dharamsala. Le *Boulder Shambhala Center* dans le Colorado entre parfaitement dans cette catégorie. Crée par Chögyam Trungpa en 1973, sous l'appellation *Karma Dzong*, il prendra son appellation actuelle en 1991. Le *training shambhala* proposé dans ces centres est une voie entièrement sécularisée, dénuée de connotations religieuses, un programme de développement personnel, communautaire et social permettant dc vaincre le « matérialisme spirituel ». Le cœur de ce réseau *Shambhala*[2] se situe aujourd'hui à Halifax en Nova Scotia[3]. Il existe, rien qu'en Amérique du Nord, une vingtaine de centres principaux. Le *Boulder Shambhala Center* est associé au *Naropa Institute*, université fondée par Trungpa en 1974, aujourd'hui dirigée par l'américain John Whitehouse Cobb. L'institution est accréditée par la *North Central Association of Colleges and Schools*, ce qui lui confère le droit de décerner des diplômes officiels : B.A.[4], Master, Ph.D. Les disciplines enseignées sont ciblées sur l'environnement, l'anthropologie interculturelle (études amérindiennes), la psychologie (occidentale et tibétaine), la gérontologie (accompagnement des mourants), le bouddhisme engagé (principes de l'engagement social, philosophie politique). Le corps enseignant est très disparate, cela peut aller de lamas tibétains érudits, à des Indiens Yaqui, des environnementalistes renommés, à des universitaires reconnus ou à des juristes, en passant par un activiste thaïlandais bouddhiste tel que Sulak Sivaraksa.

La plupart des autres organisations bouddhistes tibétaines ne sont pas décentralisées par rapport à l'administration du gouvernement en exil, mais elles ne sont pas non plus aussi attachées à lui tel que l'est le *Namgyal Monastery* de New York. Elles disposent en général d'une maison d'édition, d'une revue, d'une ou plusieurs associations humanitaires pour drainer des dons en direction du gouvernement en exil, et servent de relais, si cela leur est demandé, à l'organisation logistique d'un voyage du Dalaï-Lama ou d'un autre dignitaire désigné par lui. Le *Nyingmapa Institute* à Berkeley correspond à ce type de centre. Créé en 1973 par Tarthang Tülkou

1. La constitution du Tibet libre est d'ailleurs révélatrice de cette existence d'un Tibet délocalisé, dont la géographie abstraite s'étend à l'ensemble de l'humanité.
2. Dans la mythologie du bouddhisme tibétain, *Shambhala* est un territoire qui existerait mais dont le chemin est secret ; un royaume parfait qui ne peut pas être atteint par un voyage seulement physique.
3. Au Canada.
4. *Bachelor of Art* : équivalant de la licence.

Rinpotché, le centre propose une approche globale de la culture tibétaine, dans ses aspects religieux, artistiques, littéraires. Bien entendu, il est possible de pratiquer la méditation et de suivre des enseignements spirituels, puisqu'il propose même des chambres et des cabines pour les retraites. Il dispose de la maison d'édition *Dharma Publishing* et de la revue *Crystal Mirror*, qui traite de la culture tibétaine tout comme de spiritualité. Il existe, à côté de cette structure, des organisations humanitaires pour la défense du Tibet libre : le *Tibetan Aid Project* ainsi qu'une fondation, la *Tibetan Nyingma Relief Foundation*[1].

Le *Karma Triyana Dharmachakra*, fondé en 1978 à Woodstock dans la campagne new-yorkaise, est le siège pour l'Amérique du Nord de l'école *Karma Kagyu*. Le centre de pratique spirituelle est attaché, dans les mêmes locaux, à une institution d'enseignement destinée à promouvoir la culture tibétaine dirigée par un universitaire occidental, le *Karma Kagyu Institute*. Il y a aussi une revue, *Densal*, qui est un organe d'information interne destiné à l'ensemble des centres reliés au KTD (*Karma Triyana Dharmachakra*), que l'on appelle les KTC (*Karma Thegsum Choling*) : 17 centres principaux qui quadrillent le pays.

Nous avons à peu près la même structure sur l'ensemble du territoire américain, et d'ailleurs sur l'ensemble de la planète dans les régions d'implantation du bouddhisme tibétain : un centre religieux névralgique, des centres filiales, un institut d'enseignement et de perpétuation culturelle, des fondations humanitaires, des revues, des maisons d'édition. Les programmes humanitaires peuvent être conçus comme des politiques publiques de l'État tibétain déterritorialisé, financée par l'impôt versé par les citoyens du Tibet déterritorialisé, c'est-à-dire les citoyens du monde qui ont « pris conscience » que la cause tibétaine était une cause écologique et humaniste universelle. Ajoutons que cette citoyenneté tibétaine universelle conférée aux Occidentaux se matérialise concrètement dans la reconnaissance d'incarnations de dignitaires bouddhistes tibétains dans la population européenne et américaine. Par exemple Catherine Burroughs, une américaine née en 1949 à Brooklyn, devint Jetsuma Ahkon Lhamo, incarnation d'un important lama bouddhiste tibétain. Elle entreprit une prière ininterrompue pour la paix mondiale, c'est-à-dire, en s'exprimant selon nos analyses, pour la paix civile de l'État tibétain universalisé.

La Soka Gakkai est l'organisation la mieux intégrée qui soit implantée en Occident. Son tissu administratif est extrêmement serré et centralisé. Comme pour le bouddhisme tibétain, il y a une volonté évidente de créer un État sans territoire, dont chaque habitant de la terre est un citoyen potentiel. Cette construction est beaucoup plus fragile que celle du bouddhisme tibétain, car elle ne dispose pas d'une cause asiatique fédératrice, surtout cristallisatrice, des consciences humanitaires occidentales. La stratégie par le bas, par la communalisation des populations occidentales dans des

1. Tarthang Tülkou Rinpotché soutient activement (financièrement) la reconstruction du monastère de *Tarthang* au Tibet. Il a aussi fondé en 1988 le *Nyingmapa Institute* du Népal.

groupes et par l'intériorisation de valeurs mondialistes, fonctionne très bien mais elle n'est pas relayée, comme avec le Dalaï-Lama, par les gouvernements, les médias, les intellectuels régionaux européens et américains principalement, comme c'est le cas pour le bouddhisme tibétain.

C'est pourtant, ainsi que nous le verrons dans notre partie consacrée spécifiquement à cette organisation, dans cet esprit que Daisaku Ikeda administre le mouvement : une organisation mondiale, une ONG puissante, des centres culturels qui sont comme des ambassades, des organisations régionales, des districts (ainsi de suite jusqu'au groupe d'une dizaine de personnes), des manifestations culturelles. Les propres voyages du leader sont planifiés pour rencontrer des hommes politiques, et des écrivains importants. Une politique d'action humanitaire est en place à l'échelle planétaire, une idéologie cohérente sur l'environnement, base nécessaire à l'élaboration d'une citoyenneté mondiale, que l'on pourrait qualifier de « naturelle », est aussi produite et largement diffusée. Mais certains blocages dans la machine, peut-être des erreurs d'aiguillages, empêchent cette stratégie par le haut d'aboutir : les médias occidentaux ne jouent pas pleinement le jeu, ni les gouvernements occidentaux, ni les intellectuels[1], contrairement au bouddhisme tibétain pour lequel il y a une complémentarité parfaite entre la communalisation des individus par le bas (adhésion spirituelle) et la politisation par l'humanitaire (adhésion à la cause tibétaine et mobilisation des réseaux médiatiques et gouvernementaux).

Nous n'entrerons pas dans le détail de l'organisation de la Soka Gakkai pour l'Amérique du Nord, car cela ferait double emploi avec les descriptions que nous donnerons de ses institutions françaises, l'organisation du mouvement étant uniforme sur l'ensemble de la planète.

2° En Europe en général

a) Les principaux réseaux europeens et leurs filiales

Comme nous l'avons déjà souligné, le Royaume-Uni est la région d'Europe où le bouddhisme est le plus développé et le plus dynamique, particulièrement en ce qui concerne le *vipassana*[2]. Mais comme partout ailleurs, en Amérique et en Europe, cette dernière école ne donne pas lieu à un tissu institutionnel développé et intégré, mais seulement à l'implantation de quelques grands centres soutenus chacun par une association qui dispose éventuellement d'une revue interne.

Le bouddhisme *Theravâda* le plus représenté et le plus intégré institutionnellement vient de Thaïlande, entretient toujours d'ailleurs des liens avec ce pays, et dispose en Grande-Bretagne de plusieurs centres et monastères, dans le Northumberland depuis 1981 et dans le Devon depuis

1. En France, l'organisation est même devenue la cible des médias depuis que le rapport parlementaire Vivien l'a inclus dans le listing infamant des « sectes ».
2. Rappelons que le *Vipassana* est la partie méditative du *Theravâda*, pratique qui est particulièrement appréciée des Occidentaux au détriment du ritualisme et des pratiques propitiatoires.

1984, et enfin fut construit en 1985 l'*Amaravati Buddhist Center* à Hempstead. Cette organisation a essaimé en Suisse, en Nouvelle-Zélande, en Australie, en Afrique du Sud, et aux USA[1]. Elle est en relation avec le Monastère International de Forêts (*Wat Pah Nanachat*). Ces groupes sont associés à plusieurs petites maisons d'édition en anglais (*Amaravati Publications*) et en français (Éditions Dhammapala), puisqu'il existe des groupes suisses. D'autres organisations sont issues de cette *sangha*, par exemple le *Samatha Trust* dirigé par des laïques, à la différence de la première dirigée par un moine. Un monastère lié à l'*Amaravati Buddhist Center* a été ouvert en Italie, pays peu réceptif pourtant au bouddhisme du Sud, en 1991 sous la direction d'un moine formé en Angleterre. Il est inutile de rappeler le contenu politique qui peut être trouvé dans certaines publications du groupe, nous avons déjà évoqué en effet ce point.

Le zen n'est pas très bien représenté au Royaume-Uni. La plus grosse association est certainement l'*International Zen Association United Kingdom*, qui est le relais britannique de l'Association Zen Internationale. Elle regroupe une dizaine de dojos sur l'ensemble du pays. Une branche du *Shasta Abbey* fut fondée en Angleterre sous le nom de *Throssel Hole Priory* ; dans cet institut de formation spirituelle, quel que soit leur sexe les bonzes sont tous moines et non pas nonnes, par signe d'égalité. L'Ordre de l'Interêtre est représenté par la *Community of Interbeing* dans le West Yorkshire à laquelle sont affiliés deux autres centres. En Suisse, le zen est très dynamique : citons en particulier, dans le canton de Zoug, le *Zentrum für Spiritualität und Soziales Bewusstsein* (Centre pour la Spiritualité et la Conscience Sociale), qui est issu de l'école *Sambô Kyôdan*. Il fut fondé par le père Enomiya-Lassale, jésuite formé au zen dont les disciples fonderont de nombreux centres œcuméniques, comme celui-ci, dans plusieurs pays européens, en particulier en Allemagne, pays où le zen chrétien est le plus vivace[2].

Le bouddhisme tibétain peut être classifié de la même manière qu'aux USA : centres-préfectures (déconcentration de l'administration du gouvernement tibétain en exil), centres décentralisés (correspondant à un mouvement récent qui suit un maître particulier et qui a érigé son propre réseau), et enfin entre les deux des organisations sous l'autorité du Dalaï-Lama mais qui disposent d'une certaine autonomie. L'exemple caractéristique du premier type est le *Klösterliches Tibet-Institut* (Institut Monastique Tibétain) installé en Suisse à 35 kilomètres de Zurich. Ce monastère a été créé à la suite de l'initiative de deux hommes d'affaires, Jacques et Henri Khun, qui décidèrent d'accueillir, avec l'assentiment de la Croix-Rouge, des réfugiés tibétains dans une de leurs propriétés. C'est alors que germa l'idée, à la suite d'un dialogue entre les Tibétains et les Occidentaux intéressés par le bouddhisme, de fonder un monastère.

---

1. Il faut préciser que le supérieur du monastère principal, Ajhan Sumedho, est américain.
2. Nous avons compté onze centres œcuméniques chrétiens-bouddhistes en Allemagne. Ce mouvement est aussi très vivace aux Pays-Bas.

Le propre frère du Dalaï-Lama participa à ces discussions. Le temple fut inauguré en présence des deux tuteurs du Dalaï-Lama[1]. Dès l'été 1985, le chef du gouvernement tibétain en exil vint conférer sur place l'initiation au *Kalachakra*, événement qui rassembla près de 8 000 personnes. Les bâtiments abritent aujourd'hui, outre le monastère lui-même, le bureau du délégué du Dalaï-Lama pour l'Europe, ainsi que la fondation *Stiftung* qui a pour objet de s'occuper matériellement des réfugiés tibétains, d'assurer l'enseignement de la culture tibétaine, l'organisation et la coordination de conférences, colloques, séminaires divers, et la publication de la revue *Opuscula Tibetana.* Nous sommes dans le cas d'un centre bouddhiste complètement intégré à l'administration tibétaine en exil, tout en se présentant comme une communauté bouddhiste ouverte aux Occidentaux, sans doute même en priorité ouverte à ces derniers. Le bouddhisme est instrumentalisé par le gouvernement du Dalaï-Lama, comme une modalité de sensibilisation à son action politique.

La *Communita Dzogchen Merigar* fondée par Namkhaï Norbu Rinpotché en Toscane est un exemple de structure intermédiaire entre le centre déconcentré de l'administration du Dalaï-Lama et le centre décentralisé autonome. Elle est le cœur de la *Dzongchen Community Cultural Association* née en Italie dans les années soixante-dix, qui comprend aujourd'hui quatre centres principaux dans le monde, un en Italie, un en Argentine, un aux USA et un en Australie. Chacun de ces centres comprend trois sections à l'intérieur de chacune desquelles des organes élus chaque année gèrent et coordonnent de façon très rationnelle lesdits centres : la première assure la gestion financière et administrative, la seconde la communication, et la troisième organise les activités d'enseignement et de publication. Les pratiques spécifiques sont entièrement codifiées par Namkhai Norbu Rinpotché. Comme tous les grands centres, il se double d'une organisation pour la promotion de la culture tibétaine, l'*Instituto Shang Shung,* institut soutenu par le Dalaï-Lama, qui est particulièrement actif dans l'organisation de conférences, expositions, séminaires mis en place avec la collaboration des autorités nationales italiennes, telles que le ministère des Affaires Étrangères, et des institutions internationales telles que l'UNICEF ou l'UNESCO. Il existe aussi deux publications régulières, l'une est éditée en anglais *The Mirror,* destinée à l'ensemble de la communauté *Dzongchen,* et l'autre en italien est plutôt, comme son nom l'indique, un bulletin interne destiné à la communauté italienne, *il Bolletino.* Enfin, le centre abrite aussi depuis 1988 le siège de l'AISA (*Association for International Solidarity in Asia*), une organisation contrôlée par Namkhaï Norbu Rinpotché et le Dalaï-Lama, qui a pour but d'aider les peuples dont la survie culturelle et ethnique est menacée, notamment dans la région tibétaine. Le but annoncé par l'AISA en dit long sur la vocation que se reconnaît le bouddhisme tibétain à « sauver » les peuples et les ethnies, au

1. Il s'agit de Kyabjé Yongdzin Ling Rinpotché et de Yongdzin Trijang Rinpotché.

même titre qu'il « libère » les individus. L'AISA participa par exemple au financement d'une communauté villageoise autogérée de réfugiés tibétains.

La cause tibétaine est transformée en cause universelle, par le truchement d'une interprétation écologique du concept bouddhiste d'interdépendance des phénomènes. Le Dalaï-Lama devient le souverain universel des peuples opprimés et la conscience morale des citoyens planétaires, dont les monastères et centres implantés en Occident en particulier sont les relais administratifs, les programmes humanitaires jouant le rôle de politique publique principale de ce gouvernement déterritorialisé.

b) Le WBO : organisation d'un bouddhisme communiste antimatérialiste

Il existe aussi des associations qui n'ont pas d'attache traditionnelle spécifique, qui se déclarent d'emblée modernistes, telles que les deux institutions couplées, l'une communautaire, le WBO (*Western Buddhist Order*) et son équivalent laïque le FWBO (*Friends of the Western Buddhist Order*). Le FWBO a été crée en 1968 et implanté en Angleterre par Dennis Lingwood, qui deviendra le Vénérable Sangharakshita. Il collaborera pendant une dizaine d'années à l'action d'Ambedkar, ministre de la justice du Pandit Nehru, qui fut comme nous l'avons vu le grand promoteur d'un bouddhisme révolutionnaire contre le système des castes, en particulier contre l'exclusion des parias. Le WBO s'agrégea à l'ensemble des institutions indiennes fondées par Ambedkar, pour conférer à son action et à ses principes une étendu mondiale[1]. C'est ainsi que le WBO a un pendant indien, le *Trailokya Bauddha Mahasangha*. Le WBO comprend quant à lui une organisation laïque purement occidentale, le FWBO, qui est la branche occidentale du « travail dhammique », autrement dit qui œuvre pour que la Loi bouddhique Universelle soit appliquée. Il comprend aussi une branche occidentale destinée au travail social, aux activités de solidarité, le *Karuna Trust*, et enfin une branche occidentale destinée à financer des projets de développement en Inde, *Aid for India*. Ce tissu institutionnel n'a pas qu'un objectif humanitaire mais a aussi pour but la transformation complète de la société, aussi bien occidentale qu'asiatique.

Il existe plusieurs types de groupes à l'intérieur de cette organisation qui sont sensés représenter les embryons de cette société nouvelle. Il y a, comme dans les autres écoles, des lieux de pratique de la méditation où se suivent des enseignements, en général dans les grandes agglomérations. Il existe ensuite des sortes de coopératives dans lesquelles les membres vivent de leur travail en respectant les principes éthiques bouddhistes. Enfin, il y a des communautés de vie, sortes de microsociétés communistes, dans lesquelles l'argent appartient au groupe. Le tissu institutionnel de cette « nouvelle société » s'est élargi à partir du Royaume-Uni aux États-Unis, à

1. L'ensemble de ce système d'organisations Asie-Occident est résumé dans le schéma qui figure dans notre chapitre sur l'occidentalisation du bouddhisme en Inde, que nous avons intitulé « Organisations fondées par Ambedkar et Sangharakshita : l'exemple d'un tissu institutionnel et idéologique bouddhiste transcontinental Orient-Occident ».

l'Europe continentale, à l'Inde bien sûr, à l'Australie et à la Nouvelle-Zélande principalement.

Ce mouvement milite pour un bouddhisme modernisé dénué de signes exotiques. Ses positions quelque peu extrémistes l'ont isolé des autres associations bouddhistes. Par exemple, le mouvement est farouchement antichrétien et toute forme de foi monothéiste y est considérée comme fasciste et nuisible à la civilisation. Il rejette le libéralisme économique considéré comme une des formes les plus élaborées de l'aliénation de l'individu. Il récuse l'institution de la famille nucléaire fondée sur les autorités morales et effectives des parents. La « nouvelle société », qui doit être le résultat de cette « révolution dhammique », prend corps à travers les communautés autosuffisantes que tente de mettre en place l'organisation, fondées économiquement sur les coopératives Vie Droite, un groupe de maçonnerie pour les constructions, un réseau de restauration végétarien et de boutiques diététiques. L'aspect culturel est assuré par un Centre Artistique et une maison d'édition pourvue d'une imprimerie. Ces critiques du matérialisme libéral, de la « société de consommation », de la morale bourgeoise, de la famille nucléaire, du christianisme et du monothéisme en général, portées à l'extrême et mêlées à une apologie d'un homme nouveau, supérieur, à base d'interprétations néo-nietzschéennes, peuvent parfois faire penser aux conceptions réactionnaires du bouddhisme *élitiste-culturaliste*. Dans ce cas néanmoins, il semble que nous soyons plutôt en présence d'une forme d'anarchisme communautaire particulièrement radical nullement *élitiste-culturaliste*, du moins pas dans l'acception racialiste et fasciste que nous avons attachée à cette orientation.

Nous ne traiterons pas de la Soka Gakkai, bien qu'elle soit bien implantée au Royaume-Uni ou en Allemagne par exemple, puisque, comme nous l'avons déjà souligné, son organisation ne diffère pas d'un pays à un autre. En outre, la France est le cœur de son réseau européen. Il sera ainsi plus productif de choisir d'étudier directement l'organisation française de ce mouvement

D/ Diversité culturelle et institutionnelle des bouddhismes en France

1° Diversité ethnique et culturelle

Les bouddhismes se manifestent sous différentes formes dans la société française contemporaine. Le bouddhisme pratiqué par les Asiatiques vivant en France et celui des Français ne correspondent pas aux mêmes aspirations culturelles[1]. Les mouvements migratoires font se côtoyer différents

1. Même si des interactions sont possibles comme dans le cas du bouddhisme tibétain, et même si elles sont de plus en plus fréquentes, elles rendent impossible l'étude d'un « bouddhisme ethnique ».

Asiatiques, et parfois des regroupements s'opèrent entre des communautés. Il n'est pas rare que des moines cinghalais ou thaïs partagent la même communauté que des Laotiens ou des Khmers. Ces regroupements peuvent être très cohérents en raison d'une connivence culturelle entre deux ethnies différentes : un Cinghalais pourra en effet facilement fréquenter une pagode laotienne dans la mesure où celle-ci dépend de la tradition *Theravâda*[1]. Des regroupements beaucoup plus artificiels existaient à Vincennes, qui était l'unique lieu de culte possible dans la région parisienne pour les Asiatiques bouddhistes[2]. Mais tous ces Asiatiques immigrés ne sont pas bouddhistes : les Hmougs ou les Khmous laotiens sont animistes et il existe même plus de 800 immigrés cambodgiens présents sur le territoire français qui sont musulmans (il s'agit des Chams).

La colonisation occidentale en Asie complexifie encore les phénomènes de confusion (telle que réfugiés-bouddhistes, bouddhistes-anticommunistes, Asiatiques en France-anticommunistes) entre la pagode comme lieu de reproduction identitaire d'une minorité, et paradoxalement comme lieu d'occidentalisation privilégié. L'intérêt des Occidentaux pour le bouddhisme fait parfois de la pagode un lieu de rencontre où l'altérité de l'« Autre », bien que respectée, engendre des effets de modernisation chez les Asiatiques, qui tendent à universaliser leur bouddhisme, à le rendre compatible avec les valeurs françaises, et parfois à le rendre pertinent pour résoudre les crises de la société française.

Cette transformation relative d'un bouddhisme « de là-bas implanté ici », en un bouddhisme « d'ici », se présente comme une sorte d'acculturation volontaire : volonté de réussir dans le monde capitaliste, de prouver sa valeur par sa capacité à s'intégrer au système tout en gardant son identité, de s'intégrer pour valoriser son identité, et aussi abandon relatif de certaines pratiques dévotionnelles et magiques (certaines pratiques caractéristiques d'une région particulière d'Asie : abandon de l'appel à des divinités pour résoudre des problèmes mineurs, et abandon d'autres rites liés à des superstitions régionales) au profit d'un bouddhisme « purifié » et « originel », dont la rigueur rationnelle semble démontrer la supériorité traditionnelle extrême-orientale sur la civilisation moderne : thème de l'origine extrême-orientale et bouddhiste de l'épistémologie et de la science occidentale[3] mais en même temps critique foncière des développements de

---

1. En effet, la plupart des bouddhistes cinghalais et laotiens dépendent de la tradition du *Theravâda*, parfois appelé improprement *Hînayâna* qui signifie Petit Véhicule ; il faut savoir d'une part que le nom « Petit Véhicule » a été donné, non sans un certain humour bouddhique, par les tenants de la tradition postérieure dite du « Grand Véhicule », *Mahâyâna* (aucun dévot de la tradition du bouddhisme ancien n'accepte cette appellation quelque peu péjorative), et d'autre part que toutes les écoles dites du « bouddhisme ancien », le *Theravâda*, « la voie des Anciens », sont les seules à subsister de nos jours dans leur bastion indien de Ceylan et en Asie du Sud-Est en Birmanie, en Thaïlande, au Cambodge et au Laos.
2. Il y a eu par la suite diversification des lieux de culte à Vincennes même et constructions de temples dans de nombreux endroits.
3. L. Gabaude, « Bouddhisme et mondes modernes », in *Service national de la pastorale des migrants*, 1989 ; et S.C. Kolm, *Le bonheur-liberté, bouddhisme profond et modernité*, Paris, PUF, 1987 ; et F. Capra, *Le Tao de la physique*, Paris, Sand, 1985 (le chapitre sur le bouddhisme).

l'impersonnalité des idéologies occidentales et des orientations politiques, économiques et sociales qui en découlent. Au couple antagoniste capitalisme-communisme, fortement remis en cause, se substitue volontiers le couple socialisme-libéralisme bouddhique[1].

La pagode est aussi un lieu de lutte idéologique et matérielle contre l'oppresseur qui a sévi « là-bas ». La plupart des pagodes khmères sont marquées politiquement par le souvenir des camps de réfugiés et la lutte anticommuniste : pagode de Créteil, *Vatt Khemaraman*, où le Vénérable Boncy a même été investi du titre de « Sandech Sang » par le Prince Sihanouk : les représentants de la pagode demandaient le retour au pouvoir du prince et soutenaient ses actions politiques. Pour une même ethnie, le centre de culte pourra avoir un noyau de pratiquants socialement distincts à cause de la nature de leur rattachement à la société française. Par exemple, la pagode vietnamienne de Villebon-sur-Yvette (pagode *Truc Law*), très bien développée, est soutenue par un noyau de Vietnamiens du premier exil de 1954 qui sont assez bien intégrés à la société française et ont un niveau social élevé, à la différence des réfugiés de l'exil de 1975 qui ont encore de grosses difficultés matérielles et d'intégration. Ces deux couches se superposent alors pour former une communauté organisée à partir des Vietnamiens les mieux intégrés. La situation se complique encore lorsque la pagode prend son origine dans un passé plus lointain qui fait directement partie de l'histoire coloniale française. Ainsi la pagode bouddhique Hong-Hien à Fréjus qui a été construite en 1917 par des Vietnamiens venus combattre avec les soldats français pendant la Première Guerre mondiale, reste encore un « lieu de culte à la mémoire de nombreux autres tombés au champ d'honneur[2] ».

Mais le bouddhisme se développe surtout dans notre pays grâce à des groupes de Français de plus en plus nombreux à fréquenter des dojos zen, des temples tibétains, des cercles de discussion de la Soka Gakkai et aussi des pagodes (la fréquentation par des Français d'origine des pagodes très « asiatisées » est cependant assez rare malgré l'effort d'ouverture très important de la part des Asiatiques). Le bouddhisme des Français, adopté individuellement par choix personnel, se différencie nettement du bouddhisme traditionnel pratiqué par les immigrés asiatiques par fidélité culturelle. Les uns se marginalisent et les autres se conforment à leur milieu relationnel, les uns veulent desserrer les liens avec leurs traditions, les autres veulent la préserver, mais les uns et les autres se retrouvent dans

1. Cf. Buddhadasa Bhikku, *Bouddhisme et Socialismes*, Paris, Les Deux Océans, 1987. Buddhadasa Bikkhu est un moine sino-thaï fondateur d'une théorie herméneutique rationalisatrice de la mythologie bouddhique en appliquant la distinction traditionnelle entre langage « conventionnel » (mythologies, légendes, etc.) et langage « ultime » (la réalité en soi, derrière les symboles) ; il analysa la notion de Triple Monde présente dans le canon bouddhique comme la désignation symbolique du monde mental.
2. « Pagode Bouddhique Hong-Hiem : pagode de la fière race lac-Hong », superposition entre l'ancienne pagode symbole du « refuge spirituel aux enfants du Viêt-nam éloignés de leur terre natale » pendant la Première Guerre mondiale, et l'agrandissement effectué en 1972.

leur condition minoritaire à l'intérieur de la société française. Et cette condition se fonde dans une partie commune sur les enseignements de Gautama, le Bouddha historique : même si dans les années cinquante, il y avait des bouddhismes différents quant à leur origine et à leur discours, les différents messages et institutions tendent à s'unifier sous l'effet d'interactions socioculturelles avec le milieu français.

Cette tendance profite largement au bouddhisme tibétain : la chronique de l'Union des Bouddhistes Français paraît dans la revue du bouddhisme tibétain *Dharma* ; dans cette même revue paraissent des articles de moines ou de pratiquants du zen, ainsi que des articles de clercs du bouddhisme du Sud-Est asiatique ; et la revue *Sangha* [mot sanskrit qui signifie communauté], qui se prétendait la revue des bouddhismes, dénotait un arrière-plan très marqué en faveur du bouddhisme tibétain. Le repérage du bouddhisme en France est parfois difficile parce que les critères d'appartenance religieuse sont trop imprécis pour apparaître ; il est possible d'être bouddhiste sans croire à l'existence historique du Bouddha, et il serait même possible d'être bouddhiste tout en étant musulman si le contraire n'était pas impossible[1]. Certains Chinois pratiquent un bouddhisme familial teinté d'un confucianisme, qui ressemble plus à un culte traditionnel des ancêtres divinisés qu'à la mise en pratique des principes éthiques de l'Octuple Sentier prônés par le Bouddha. Certains hôtels familiaux parisiens ont du succès parmi les membres de la diaspora chinoise, au point qu'apparaisse un embryon de communauté religieuse. Mais pour la plupart, les Chinois en France sont confucéens ou ne pratiquent aucune religion particulière tout en gardant une mentalité taoïste pour quelques aspects, et bouddhiste pour d'autres[2].

Les Chinois plus impliqués dans le bouddhisme ont pris l'habitude de fréquenter les pagodes vietnamiennes, tout simplement parce qu'elles sont de tradition *Mahâyâna* comme la plupart des bouddhismes chinois. Il existe aussi quelques bouddhistes coréens en France qui fréquentent les centres zen pour pratiquer la méditation. Mais la majorité des Coréens en France sont des étudiants occidentalisés peu réceptifs aux idées bouddhistes (ils choisissent de faire leurs études en France pour rompre avec les aspects de leur tradition d'origine et pour mieux intégrer la culture occidentale).

Les bouddhistes japonais qui vivent en France se fréquentent pour pratiquer la méditation *zazen* mais évitent les dojos zen où ils paraissent se sentir mal à l'aise parmi les Français. Certains Japonais sont à l'origine, comme le Maître Deshimaru, de la création de multiples centres bouddhistes zen. Les Japonais sont aussi présents à la tête des regroupements nationaux, filiales de la Soka Gakkai Internationale (SGI) – par exemple en France, la Soka Gakkai Française (SGF). Le président actuel Ikeda fut le

1. Cf. S. Moscovici, *La machine à faire des dieux*, Paris, Fayard, 1988, p. 393.
2. Cf. « La diaspora chinoise en France » (in *Bulletin mensuel du SSAE*, Service d'Aide aux Migrants, juin 1988, n° 150).

grand rénovateur et propagateur de cette association de laïques de soutien à la secte du moine nationaliste japonais et bouddhiste Nichiren.

En France, la Soka Gakkai était dirigée par un Japonais, Eiichi Yamazaki, depuis son installation en France. Eijji Yamazaki ne dirige plus le mouvement pour des raisons de santé, bien qu'encore président en titre. Le nouvel homme fort de la SGF est Yoshio Chiba, qui exerce la profession de pâtissier à Paris. L'activité de cette organisation a une résonance ouvertement politique ; l'expression de « révolution humaine » sert de leitmotiv pour l'action des pratiquants dans le monde (la quasi-totalité des pratiquants de la Soka Gakkai sur notre territoire sont des Français de souche à l'exception de quelques dirigeants). D'autres Japonais ont fondé des associations laïques sous-tendues par une idéologie bouddhique : le Vénérable Matsuya a créé par exemple à Paris un Mouvement pour la Paix et la Non-Violence.

Cependant, le bouddhisme se reproduit aujourd'hui sans l'intervention nécessaire de clercs asiatiques. Plus particulièrement, les bouddhismes tibétain et zen en France deviennent des bouddhismes de Français plutôt que des bouddhismes de quelques maîtres spirituels installés en France. Des lamas sont maintenant formés en France dans des structures monastiques, depuis que des retraites traditionnellement requises de 3 ans 3 mois et 3 jours sont organisées régulièrement. En revanche, la Soka Gakkai, bien qu'en apparence moderniste et plus occidentalisée, reste sous le contrôle réel de dirigeants japonais qui semblent tenir à ne pas laisser échapper leur emprise. Bien que, d'après les divers contacts et les informations récentes que nous avons pu obtenir, Yoshio Chiba a entamé une politique d'ouverture, sorte de perestroïka bouddhiste afin de rendre l'organisation plus transparente et plus démocratique. Ce qui passe forcément par une remise en cause de certains textes durs, prônant un nationalisme intransigeant, de Nichiren, et ce qui exige de l'organisation mondiale elle-même dirigée par Daisaku Ikeda qu'elle accepte cette ligne, ce qui est loin d'être acquis. L'immigration des Tibétains en France est quantitativement insignifiante, mais qualitativement elle a produit une implantation massive du bouddhisme et de la culture tibétaine. Les Tibétains et les quelques Bhoutanais qui ont émigré en France sont des lamas souvent importants, détenteurs de lignées traditionnelles du bouddhisme *Vajrayâna*. À cette diversité ethnique et culturelle se superpose une diversité institutionnelle aussi complexe, par le jeu des structures plus ou moins formelles qui encadrent les bouddhistes.

2° Un groupe centralisé et hiérarchisé : la Soka Gakkai

La SGF (Soka Gakkai Française, ex-*Nishiren Shoshu* Française)[1] est très bien structurée sur le plan de son organisation interne, mais aussi sur le plan de l'insertion de l'organisation française dans le système international

1. La Soka Gakkai a officiellement rompu ses liens avec la *Nichiren Shoshu* qui est une organisation proprement religieuse : la revue organique de la SGF, *Troisième Civilisation* a d'ailleurs fait une campagne d'information sur « la corruption » des moines de la *Nichiren Shoshu* par rapport au « véritable » bouddhisme de Nichiren. Voir la chronologie en fin de paragraphe.

de la SGI (Soka Gakkai Internationale). La SGF est l'équivalent au plan national de la SGI, c'est-à-dire une organisation de laïques qui a pour but de répandre l'idéologie du moine Nichiren dans la communauté séculière. La SGF n'est qu'une filiale de la SGI dont elle dépend hiérarchiquement ; le Président Yamazaki, qui dirige la Soka Gakkai Française, est placé sous l'autorité directe du Président Ikeda qui dirige l'ensemble « multinational ». La direction réelle du mouvement français est assumée par Yoshio Chiba. Les directives de la « maison mère » sont appliquées en France, tout comme les prises de position officielles du Président Ikeda servent de jalons éthiques aux pratiquants français. Mais la Soka Gakkai dispose d'une coordination européenne qui est implantée à Trets aux pieds de la Sainte-Victoire[1]. Ce centre n'est pas à proprement parler la direction effective du mouvement en Europe, mais plutôt un temple et un centre culturel.

L'organisation interne de la SGF est aussi très rigoureuse. Chaque sympathisant se trouve encadré dans un système qui implique la participation à différentes réunions et permet de solidifier les groupes de discussion, les *zadankaï* constituées au plus d'une quinzaine de personnes, généralement 4 ou 5. Sont discutés à ce moment-là les problèmes personnels, professionnels, sentimentaux. Ces *zadankai* servent de base à la constitution des « chapitres ». Au-delà, « les chapitres » sont chapeautés par les « districts » qui dépendent des différents centres, dominés par l'administration nationale qui se trouve à Sceaux. Le nombre des centres régionaux évolue régulièrement. Au-delà d'un certain chiffre, il y a création immédiate d'un nouveau centre pour chapeauter une région plus restreinte. La Soka Gakkai Française est fortement structurée verticalement, mais aussi horizontalement. Il existe différents départements ayant des objectifs prioritaires, qui sont investis de missions dans l'intérêt de l'organisation, qui est idéalement l'intérêt de l'humanité donc de la société française.

Avant 1988, il y avait quatre départements, celui des hommes, des femmes, des jeunes gens et des jeunes filles. Aujourd'hui, un cinquième département, celui des étudiants, a été créé ; il revêt une importance capitale pour la Soka Gakkai : les étudiants « doivent s'impliquer » plus avant dans le développement social et politique du bouddhisme. L'organisation valorise toujours le pouvoir social de ses membres : il était normal que les étudiants soient à leur tour valorisés (l'éducation bouddhique est aussi une des missions « prioritaires » de la Soka Gakkai). Les bureaux de la direction administrative disposent d'un service de statistiques, de communication, de gestion très moderne. L'ensemble est dirigé comme une entreprise intégrée à l'ensemble mondial.

---

1. À propos de la superposition entre la structure européenne et la structure française, J. Martin, qui est président de l'UBF (Union des Bouddhistes de France), avait émis de vives critiques sur leurs confusions financières ; il a écrit plusieurs lettres très suggestives à cet égard à la *Nichiren Shoshu* Francaise. Ses critiques ont d'ailleurs servi à étoffer le rapport Vivien sur les sectes en France, qui classe en outre la Soka Gakkai parmi les organisations les plus dangereuses, sans que la démonstration de cette dangerosité ait pu être, à notre avis, concluante.

Les membres sont régulièrement invités à participer à l'organisation et à l'animation des groupes : politique de responsabilisation. Le système de décision est fondé sur l'autoresponsabilisation. À titre d'exemple, les contributions annuelles sont le produit « des volontés individuelles de participer à la révolution humaine » ainsi que nous le confia une adhérente, et non d'une contrainte, d'une règle précise fixant le montant à payer. En théorie, un membre ne doit pas payer s'il estime que sa contribution n'est pas nécessaire, mais en réalité cet accent mis sur le sens des responsabilités se transforme vite en sentiment de culpabilité par rapport au groupe pour celui qui ne paie pas. L'organisation dispose de l'organe de presse *Troisième Civilisation*, qui développe les objectifs humanitaires de l'organisation, ses projets culturels, les voyages du président mondial à travers le monde pour promouvoir la « paix mondiale » auprès des organisations internationales, auprès des chefs d'État. Il faut préciser que la SGI (Soka Gakkai Internationale) est une ONG qui fait partie depuis 1981 du HCR (Haut Commissariat aux Réfugiés) et de l'UNESCO. L'organisation a des positions antinucléaires, pacifistes très claires et est en outre à l'origine du *Komeito*, parti politique actuellement au pouvoir au Japon, ainsi que nous l'avons vu dans notre partie sur l'occidentalisation du bouddhisme en Asie. Son modernisme l'incite à rejeter les signes distinctifs asiatiques, comme l'assise à genou ou en lotus au profit de la position occidentale, ou le kimono au profit du costume-cravate. À la SGI sont agrégées une multitude d'organisations, culturelles, universitaires telles que l'Université Soka, caritatives, etc., que nous évoquerons dans notre partie consacrée plus spécifiquement à ce mouvement et à sa politique.

Les activités extérieures, hormis la pratique quotidienne des adhérents, sont réparties en trois rubriques qui reviennent comme un leitmotiv dans tous les prospectus officiels : la paix, la culture, l'éducation. Daisaku Ikeda se comporte esthétiquement comme un chef d'État, ainsi que nous pouvons le constater sur les photos officielles de ses rencontres avec des personnalités politiques du monde entier, omniprésentes dans les pages de *Troisième Civilisation* et à l'intérieur de ses ouvrages.

Le mouvement se présente comme un État universel, à l'instar de l'État tibétain mais avec cependant un moindre succès, avec ses politiques publiques, ses discours en direction des citoyens du monde. Les adhérents nomment le président « maître de la paix mondiale pour notre temps ». L'organisation est engagée dans la cité par l'activisme et la diffusion idéologique, et éventuellement par la formation d'un groupe de pression, ou par un parti politique comme ce fut le cas au Japon. Rien ne dit que la Soka Gakkai ne finira pas par implanter des partis, ou du moins des mouvements explicitement politiques en Occident[1]. Pour l'instant, la limite qui empêche cette institutionnalisation partisane ne tient pas dans un manque de détermination mais dans la faiblesse relative du nombre

1. La stratégie mondaine et mondialiste s'appuie sur le principe suivant : *Buppo soku seko* (« La loi bouddhique équivaut à la loi mondaine »).

d'adhérents, du moins pour constituer un mouvement politique, et dans la suspicion avec laquelle l'organisation est regardée. En 1986 – ne comprenant alors qu'entre 5 000 et 6 000 personnes –, la Soka Gakkai avait fixé son objectif à 10 000 membres pour le bicentenaire de la Révolution française[1] ; il avait été dit que ce chiffre de 10 000 constituait une masse critique capable de faire basculer le *karma* collectif de la France.

Grâce aux rapports internes annuels de l'organisation, nous pouvons connaître la composition sociologique de ses membres[2]. Il y a beaucoup plus de femmes que d'hommes, plus du double, surtout des jeunes entre 25-35 ans, et beaucoup plus de populations d'origine étrangère (Maghrébins, Antillais, Africains), ce qui est très inhabituel dans le bouddhisme français. On trouve surtout des membres des classes moyennes éduquées, avec des catégories inhabituelles dans le bouddhisme occidental, de petits patrons, techniciens, secrétaires, etc. Les dirigeants nationaux[3] de l'organisation sont presque tous japonais. Il semble, par ailleurs, que la Soka Gakkai elle-même ne comprenne qu'une vingtaine de membres, qui sont tous japonais, contrairement à ce qui est affirmé dans l'expression « les adhérents », les « membres », etc. En effet, l'association Soka Gakkai France possède beaucoup de biens immobiliers, terrains, bâtiments, qu'il serait difficile de contrôler avec des milliers de membres. Ces milliers de pratiquants adhéreraient donc bien à une association, mais il s'agirait d'une association parallèle sensée éditer la revue *Troisième Civilisation*, et promouvoir les objectifs de la Soka Gakkai, l'APCA (Association pour la Paix, la Culture et l'Éducation)[4].

Il faut préciser que la Soka Gakkai, groupe naguère lié à la *Nichiren Shoshu*[5], n'est pas la seule émanation nichériste présente en Europe et en particulier en France. Il existe des petits groupes épars de nichéristes, soit qu'ils appartiennent à la mouvance *Nichiren Shu* (littéralement, école de Nichiren, dans laquelle Nichiren Daïshonin, n'est qu'un Bouddha parmi d'autres), soit qu'ils appartiennent à la mouvance *Nichiren Shoshu* (littéralement, école orthodoxe de Nichiren, dans laquelle Nichiren Daïshonin est le Bouddha fondamental)[6].

---

1. Qui est par ailleurs une fête importante pour l'organisation, beaucoup plus que celle de la naissance du Bouddha, puisque la Soka Gakkai se dit politiquement moderniste, et révère les moments « sacrés » de l'avènement d'un monde plus « démocratique » et plus « juste ». Les choses sont présentées cependant pour que ces étapes soient perçues comme des jalons vers la révolution planétaire, qui sera permise par la Soka Gakkai.
2. *Ibid.*
3. Il y a maintenant des Occidentaux à la direction des centres régionaux.
4. La phrase est au conditionnel car nous avons très récemment obtenu cette information surprenante que nous n'avons pas eu l'occasion de vérifier absolument. Certains indices confirment cette hypothèse, entre autres des réponses données par les « adhérents » que nous avons interrogés aussitôt après avoir été en possession de cette information.
5. Cf. la chronologie suivante.
6. Ces groupes disposent d'organes de presse ou de maisons d'édition à diffusion réduites. Les nichéristes du « Temple bouddhique de la Nichiren Shoshu » implanté au Vésinet, disposent par exemple de la *Revue du bouddhisme de l'école Fuji* et de la petite maison d'édition Trois Volets Publications.

Chronologie des problèmes entre la Nichiren Shoshu et la Soka Gakkai

(N.B. : Document émanant de la Soka Gakkai qui présente par conséquent une interprétation des événements tendant à délégitimer la *Nichiren Shoshu*)

Chronologie des événements de 1989 à 1999

1989

25.02 La Nichiren Shoshu réclame à la Soka Gakkai une forte augmentation du montant pour Tozan.

17.07 Nikken visite le temple zen (Shiroyama-ji) à Fukushima. Il fait construire dans le cimetière de ce temple un tombeau pour ses ancêtres et dirige une cérémonie à leur mémoire.

1990

13.03 Lors d'une réunion de liaison avec la Soka Gakkai, la Nichiren Shoshu instaure, sans aucune forme de dialogue possible, une forte augmentation des montants relatifs à la Remise de *Gohonzon* et à l'épitaphe.

16.07 Nikken et son groupe élaborent un plan, en vue d'expulser le président honoraire de la Soka Gakkai, M. Ikeda.

17.07 Lors de la réunion de liaison Nichiren Shoshu / Soka Gakkai, les dépenses excessifs et les désordres des moines sont à l'ordre du jour.

18.07 Dans la salle d'études du Temple Principal, Nikken intitule son plan, le plan C.

21.07 M. Ikeda rencontre le grand patriarche Nikken, lors d'une audience. Ce dernier s'emporte contre le Président de la Soka Gakkai, M. Akiya, en se référant à son attitude à la réunion du 17.07 et lui dit : « vous avez commis l'offense de l'arrogance ». Puis il annonce au président Ikeda qu'il va demander sa mise en accusation devant le conseil de discipline.

22.07 La famille de Nikken, celle d'Abe Nobuaki et Hayase Yoshitomo, soit 10 personnes, s'adonnent à tous les plaisirs et font des dépenses excessives à la station thermale d'Izu Nagaoka.

29.08 Lors de la réunion générale des professeurs d'étude, la Nichiren Shoshu instaure des mesures disciplinaires et d'abstinence.

30.08 Abe Nobuaki et M. Ishii se livrent à des excès répréhensibles à la station thermale d'Izu Nagaoka, violant ainsi le nouveau règlement, qu'ils ont eux-mêmes instauré.

02.09 Fête culturelle pour le 700e anniversaire de la fondation du temple au Taiseki-Ji.

12-13.10 Célébration commémorative du 700e anniversaire de la fondation du temple au Taiseki-Ji. Le président du comité pour cette célébration est le président Ikeda.

16.11 Le président honoraire de la Soka Gakkai, M. Ikeda prononce un discours, à l'occasion de la 35e réunion des responsables de centre de la Soka Gakkai.

13.12 Lors de la réunion mensuelle des représentants de la Soka Gakkai et de la Nichiren Shoshu, M. Fujimoto, sur ordre de Nikken, essaie de remettre directement au président Ikeda un questionnaire sur son discours du 16.11. M. Ikeda propose alors un dialogue, en conséquence de quoi, le questionnaire lui est retiré.

16.12 La Nichiren Shoshu refuse le dialogue et fait parvenir le questionnaire au bureau de la Soka Gakkai.

23.12 Une lettre est adressée à la Nichiren Shoshu par la Soka Gakkai, pour rechercher une solution à travers le dialogue.

25.12 Nikken complote une opération mass media au temple principal avec Dan Isao et Takahashi Sumitomo.

27.12 La Nichiren Shoshu provoque une réunion extraordinaire et change unilatéralement son règlement intérieur. Le président Daisaku Ikeda est destitué de sa fonction de Sokôto (représentant de tous les laïcs).

1991

01.01 La Soka Gakkai souligne l'existence. d'erreurs dans la transcription de la cassette du discours du 16.11, référencée dans le questionnaire.

02.01 Nikken refuse la rencontre demandée par le président et le directeur général de la Soka Gakkai.

06.01 Nikken remet en question la signification du Sho-Hondo en tant que réalisation de la 3e Grande Loi Esotérique.

12.01 La Nichiren Shoshu reconnaît l'existence d'erreurs dans la transcription de la cassette du Discours du 16 Novembre et retire ses questions. La destitution de Daisaku Ikeda de sa fonction de Sokâto n'a alors plus raison d'être.

05.03 La Nichiren Shoshu exclue toute organisation laïque, d'où naissance de l'organisation « Danto ».

12.03 Le projet de construction d'une résidence pour Nikken, dans le quartier Yagumo Meguro-Ku (Tokyo) et estimée à 2 milliards yen (100 millions francs) est dévoilé.

16.03 La Nichiren Shoshu exige des laïcs une lettre de recommandation d'un temple pour pouvoir participer au Tozan.

30.03 La Soka Gakkai réitère sa demande, quant aux propos tenus par Nikken sur le Sho-Hondo. Nikken ne peut donner aucune réponse.

01.07 La Nichiren Shoshu décide que la Soka Gakkai, malgré 40 ans de bon fonctionnement, mette fin à l'organisation des Tozan. La lettre de recommandation exigée sous le prétexte d'un changement de l'organisation des Tozan n'est qu'une ruse pour développer le système « Danto ».

21.07 Nikken annonce officiellement, lors d'une réunion générale des professeurs d'étude, 3 orientations :
- changement du règlement intérieur de la Nichiren Shoshu
- propagation dans les pays d'outre mer
- participation au Tozan avec une lettre de recommandation

29.08 Nikken profère des menaces contre la Soka Gakkai.

27.09 L'affaire du tombeau, construit par Nikken dans un cimetière zen est dévoiléé.

07.11 La Nichiren Shoshu fait parvenir une lettre à la Soka Gakkai exigeant sa dissolution.

28.11 La Nichiren Shoshu excommunie la Soka Gakkai et lui fait connaître sa décision par courrier.

27.12 La Soka Gakkai envoie à Nikken une pétition signée par 16 250 000 personnes, demandant la démission du grand patriarche.

1992

02.02 Le moine Kudo Genei quitte la Nichiren Shoshu avec 7 autres moines. D'autres départs se succèdent.

30.03 Rencontre de Nikken avec le « groupe des jeunes moines pour la réforme religieuse ». Ce dernier critique le Grand Patriarche et quitte la Nichiren Shoshu.

14.06 Fondation de « la Ligue pour la sauvegarde de la Nichiren Shoshu ».

17.06 Le journal Soka Shinpo publie l'affaire de Seattle.

11.08 La Nichiren Shoshu prend des mesures pour excommunier le président Ikeda en tant que pratiquant laïc.

28.08 Lors d'une réunion générale, Nikken réfute l'affaire Seattle, en niant être sorti de l'hôtel.

04.11 Le journal Soka Shinpo produit une photo de Nikken, en compagnie d'une geisha, dans un restaurant très luxueux à Akasaka, quartier de Tokyo et l'accuse de corruption.

1993

27.04 M. Yamasaki-Masatomo, maître chanteur notoire, sort de prison, sous libération conditionnelle. À partir de l'automne 1993, il devient un proche de Nikken et membre du Hokkeko, à Rikyo bô.

01.05 La Nichiren Shoshu porte plainte auprès du Tribunal de Grande Instance de Tokyo, pour la publication de la photo de Nikken avec une geisha.

02.10 La Soka Gakkai remet des *Gohonzon*, transcrits par Nichikan, en tant que seule organisation laïque en accord avec les moines.

23.11 La Corée annule l'autorisation d'implantation d'établissements religieux, en raison de l'affaire du temple.

04.12 Lors d'une cérémonie pour l'inauguration d'un temple en Espagne, Nikken s'endort pendant Gongyo. Evénement mémorable pour la Nichiren Shoshu.

25.12 La Nichiren Shoshu porte plainte pour diffamation, auprès du Tribunal de Grande Instance de Tokyo, à propos de l'affaire Seattle publiée par le Soka Shinpo.

1994

01.01 Les notes de Kawabe, relatant tous les détails du plan C sont dévoilées.

03.02 Le projet d'une résidence luxueuse de 10 milliards de yen (50 millions de francs) dans le quartier Setagaya à Tokyo est dévoilé.

28.04 Commémoration, sous une pluie diluvienne, d'une stèle « Nouvelle 60 000 », en l'honneur du séminaire des 60 000.

01.06 Le traitement scandaleux des cendres des défunts au Taiseki-ji est dévoilé.

08.07 Le Tribunal de Grande Instance de Pussan condamne le moine Mori à payer une amende pour l'affaire d'un temple en Corée.

24.07 Le séminaire des 60 000 a lieu au Taiseki-ji avec un nombre de participants très inférieur et sous une chaleur accablante.

21.08 Lors de la réunion générale avec les responsables des paroisses, Nikken dit : « si l'affaire Seattle était fondée, je démissionnerais ».

07.11 Les membres du Hokkeko organisent une conférence de presse pour la fondation d'une association des victimes de la Soka Gakkai.

1995

20.01 La Corée sanctionne les moines Ishibashi Chôdo et Tajima Kannô d'une amende pour Propagation illégale et les expulse.

24.02 La police coréenne fait une perquisition au bureau de la Nichiren Shoshu en Corée.

04.05 Un grand temple annexe, le Hoda Myo-hon-ji quitte la Nichiren Shoshu.

03.06 La Nichiren Shoshu débute le Tozan pendant les cours d'été. Objectif : 50 000 participants. Résultats médiocres.

06.06 Des responsables du Temple Ikegami Hon-mon-ji (temple principal de la secte Minobu) se rendent au Taiseki-ji. Ce fait prouve que la Nichiren Shoshu tient la relation étroite avec la secte Minobu.

23.08 La Nichiren Shoshu annonce, sans raison valable, la démolition du Dai Kyaku-den.

29.08 Le moine Mori est sanctionné pour avoir violé le règlement japonais concernant les devises étrangères, lors de l'affaire du temple en Corée.

29.09 Au Tribunal de Grande Instance, Nikken reconnaît, à propos de l'affaire Seattle, avoir bu de l'alcool avant de sortir de l'hôtel.

2-9.10 Mme Clow se présente à deux reprises au Tribunal pour l'affaire Seattle et témoigne de façon très précise.

17.11 La Nichiren Shoshu se réconcilie de manière humiliante avec le magazine *Flash Flash*, qui avait publié des photos dans l'affaire Seattle. Effectivement ceci est un échec comme une perte d'un procès.

1996

07.02 Lors de l'interrogatoire â propos de l'affaire Seattle, la Nichiren Shoshu ne réussit pas à se justifier, par rapport au témoignage de Mme Clow.

18.09 M. Sprinkle, un ancien policier témoigne au Tribunal, au sujet de l'affaire Seattle.

18.10 La santé de Nikken se détériore. Absence du grand patriarche pendant 26 jours consécutifs, lors de Ushitora-gongyo.

30.10 Contre-interrogatoire de la Nichiren Shoshu, suite au témoignage de M. Sprinkle, établissant la vérité sur cette affaire.

1997

Mi-mars La femme de Nikken, Masako Abe, sa fille Yuriko et sa petite-fille partent secrètement en Australie, ce qui sème le trouble au sein de la Nichiren Shoshu.

18.04 Sept moines professeurs sans poste du temple Taiseki-ji se rendent au temple Nishiyama Honmon-ji et participent à une cérémonie religieuse.

18.06 Le projet de construction d'une résidence luxueuse dans le quartier Shibuya (Tokyo) est dévoilé.

17.09 Une trentaine de moines de la secte Minobu se rend au Taiseki-ji, sous une pluie torrentielle.

29.09 Nikken est convoqué au Tribunal pour l'affaire Seattle. La Nichiren Shoshu instaure un nouvel article, dans son règlement intérieur, permettant de radier tout membre qui ne « croit pas ».

06.10 Nikken licencie brutalement son avocat, Maître Osanai.

30.11 La Nichiren Shoshu excommunie tous les membres de la Soka Gakkai.

22.12 Nikken se présente au Tribunal pour l'affaire Seattle. Du début à la fin, ce ne sont que mensonges, basés sur son carnet de notes, qu'il prétend avoir écrit à l'époque.

1998

19.01 Le moine Ikeda Takudo (de « la ligue pour la réforme de la Nichiren Shoshu ») gagne son procès contre Nikken, le Tribunal de Grande Instance de Otsu condamnant ce dernier à lui payer des dommages et intérêts.

02.02 Au Tribunal, contre-interrogatoire à propos de l'affaire Seattle, qui met à jour tous les mensonges de Nikken.

21.02 Suspension des visites de Nikken au Ghana.

26.03 Échec total de Tozan, prévoyant 100 000 participants. Construction d'une nouvelle salle de Pratique Shinkyatu, sans toilettes.

05.04 Nikken transfère secrètement le *Dai-Gohonzon* du Sho-Hondo au, Hô-an-den.

14.05 Le tribunal brésilien prend des mesures provisoires contre l'occupation illégale du temple Ichijyo.

19.05 Deuxième contre-interrogatoire de Nikken, mettant en évidence ses mensonges.

26.05 Le moine Goto Nobukazu, premier disciple de Nikken est arrêté pour le viol d'une collégienne.

05.06 Nouvelle arrestation du moine Goto pour viol.

23.06 Nikken accélère le processus démoniaque de démolition du Sho-Hondo.

Juillet Nikken fait détruire un bâtiment annexe, situé dans le quartier Shibuya, d'un coût de 5 millions de francs et le fera reconstruire un an après.

12.07 Le Ministère des Affaires Religieuses en Argentine radie la Nichiren Shoshu des associations religieuses.

28.09 Hospitalisation de Nikken pendant un mois et grands bouleversements au sein de la Nichiren Shoshu.

13.11 Nikken ordonne le rassemblement de tous les dons, par l'intermédiaire de la revue Kunyu.

Mi-décembre Le moine Yagi, un proche de Nikken, tombe malade et est hospitalisé pendant un mois. Il n'apparaît plus dans les activités officielles.

1999

25.01 M. Fujimoto Nichijun et Abe Nobuaki de temples annexes sont victimes d'accusation, lors d'une réunion moines / laïcs.

20.02 La Nichiren Shoshu annonce le projet d'un grand rassemblement de participants sur 3 ans et de dons de 50 milliards de yen (250 millions de francs) chaque année.

19.04 Le moine Kasamatsu Kaido du Temple Ho-on-ji de la Préfecture de Chiba quitte la Nichiren Shoshu.

3° Les immigrés du Sud-asiatique à l'origine des pagodes françaises : anticommunisme et acculturation

Les immigrés du Sud-Est asiatique ont tenté, à leur arrivée en France, de maintenir l'institution de la pagode comme lieu stratégique de reproduction identitaire de la communauté. En réalité, ces immigrés vont se retrouver dans un milieu hostile à cette structuration ; la communauté va donc adapter l'organisation en milieu français. Au Laos, la pagode est un centre économique (vente de produits divers, etc.), culturel (salle des fêtes, éducation) et politique (réunion des dirigeants du village pour prendre les décisions, pour élire les chefs de village)[1]. En France, après une première installation en 1976-1977, dans un deux-pièces du quartier de la Goutte d'Or à Paris, les bouddhistes laotiens ont réussi à entretenir une vraie pagode soutenue par des associations d'entraide laïque.

Par la suite, d'autres lieux se constituèrent avec quelques religieux professionnels aidés par des associations de laïques pour entretenir la pagode, pour habiller les moines, les nourrir, comme la pagode de Gonnesse acquise en 1981 et soutenue financièrement par le « Comité de soutien bouddhiste ». Parfois même les autorités communales ou départementales aideront à la recherche d'un local comme dans le cas de la Pagode *Laos* de Rennes. Tout comme les pagodes laotiennes, les lieux de culte khmer ne se sont pas implantés sans difficulté ; les Khmers ressentent particulièrement leur condition minoritaire par rapport à la situation de connivence qui existait dans leur pays entre le pouvoir en place et l'institution bouddhiste. Surtout lorsqu'il s'agit d'une pagode de l'école *Tannayut* historiquement très proche de la famille royale du Cambodge, comme la pagode de Champs-sur-Marne, *Vatt-Bodhivensa*, qui dépend de cette école, le supérieur de cette pagode en France étant le vénérable Sarsatr qui était déjà bonze à Phnon Penh à la pagode *Onalon*.

Ces pagodes ont une fonction essentielle d'alphabétisation des jeunes générations et de perpétuation de la langue khmère. Les structures sont plus ou moins formelles : il peut s'agir d'un soutien de la pagode par une association, parfois il y a seulement des dons directs financiers et en nature (entretien de la pagode par des membres de la communauté), parfois encore quelques religieux organisent des stages ouverts d'initiation à la méditation bouddhique. Il existe souvent des liens entre différentes pagodes, en particulier à cause des choix politiques des associations diverses qui les soutiennent : la pagode de Créteil (*Vatt Khemaraman*) est liée aux pagodes de Roubaix, Toulouse et Besançon. Les pagodes vietnamiennes répondent à la nécessité de reproduction culturelle (calendrier religieux, fêtes vietnamiennes, mariages), mais elles sont mieux intégrées à la société française, plus riches et plus puissantes, et elles ne

1. Cf. G. Condamines, « Aspects du bouddhisme laotien », in *Bulletin des amis du Laos*, 1986, et *Migrations et Pastorales*, mars-avril 1988 et juin 1990, n° 198 et 215 (« Bouddhistes en France », et « Bouddhistes : exil et traditions »).

revêtent pas chez les Vietnamiens bouddhistes une position aussi vitale. En effet, l'organisation monacale n'est pas la seule organisation purement bouddhique possible, et la condition de moine n'est pas la seule possibilité d'atteindre l'Éveil, c'est-à-dire de réaliser en quelque sorte l'objet du bouddhisme. Ce phénomène est issu du fait que la grosse majorité des bouddhistes vietnamiens dépend de la tradition du *Mahâyâna* qui accepte la possibilité de l'« Éveil » laïque. Les pagodes vietnamiennes sont donc davantage tournées vers l'extérieur, vers la vie laïque : une moindre ritualisation, et des bonzes qui prennent plus facilement la parole dans les conférences publiques. Autre idée essentielle du bouddhisme *Mahâyâna* : ne pas chercher l'éveil individuellement, mais partager les mérites acquis avec les autres membres de la société.

Les organisations bouddhiques des immigrés du Sud-Est asiatique sont en général touchées par les difficultés économiques et sociales (en particulier l'importance du chômage dans les pagodes des banlieues pauvres comme celles de Rennes). Pour dépasser ces difficultés, les communautés recherchent une connivence personnelle avec les pouvoirs publics afin d'obtenir des aides ou des facilités de réunions ; mais aujourd'hui cette recherche d'une nouvelle connivence s'étend à la société et à l'État français, avec la volonté de plus en plus ouverte de valoriser son bouddhisme comme une dignité culturelle.

À côté d'un bouddhisme asiatique du souvenir se développent des pagodes ouvertes à la méditation *vipassana*, l'équivalent, dans le bouddhisme du Sud généralement de tradition *Theravâda*, du *Mahamudra* tibétain ou du *zazen* pour le zen, c'est-à-dire de la méditation. Cette pratique déritualisée est au cœur de l'occidentalisation du bouddhisme, d'un côté une politisation *solidariste-universaliste*, sur le plan de l'activité et des idées sociopolitiques, et de l'autre côté, sur le plan de la pratique personnelle, développement de la pure introspection déritualisée, dénuée du piétisme asiatique. Même s'ils sont beaucoup plus développés au Royaume-Uni, les centres *vipassana* commencent à se répandre. L'association *Dhamma Mahli*[1], implantée dans notre pays depuis 1988, a un rôle de coordination européen, et publie le bulletin *Nouvelles de Vipassana.* L'accent est mis, à côté de la méditation pure, sur la transformation du monde par l'action sociale. Des projets sont mis en place à l'échelle planétaire et sont relayés par des antennes locales, telles que le Centre *Vipassana* Europe en France, ou le *Vipassana Trust* au Royaume-Uni. Par exemple, le *World Vipassana Video Project* consistait à informer le public sur les bienfaits de la pratique sur les enfants ou sur les détenus de prisons.

La revue rappelle régulièrement les événements de la vie du fondateur birman du mouvement, Sayagyi U Ba Khin, qui fut un célèbre homme politique. Ces valeurs d'intégrité sont sans cesse rappelées par le chef actuel de l'organisation, S.N. Goenka (« U Ba Khin ne pouvait concevoir de

1. Aussi connue sous l'appellation de *Centre Vipassana France.*

détourner des fonds à son propre avantage[1] »), assénées comme en arrière-plan d'une critique de la société moderne matérialiste et corrompue.

4° Rationalisation des réseaux bouddhistes tibétains en France

a) Aménagement du territoire bouddhiste comme critique de l'urbanité

Depuis quelques années, les bouddhistes tibétains français se sont organisés de manière rationnelle.

Sans être aussi centralisées que la Soka Gakkai Française, ces organisations de bouddhistes ont mis au point des structures capables de répondre à une demande religieuse qui augmente d'année en année. Pour ce faire, un monastère et des centres ont été construits dans la plupart des régions de France, des fermes furent aménagées pour la spécificité du culte, et par la suite complétées de nouveaux bâtiments : les bouddhistes tibétains aiment à construire. Ils tiennent cependant à se décentrer des grandes agglomérations, ce bouddhisme se voulant non urbain : relation avec une contestation, assez générale chez les bouddhistes, de la « société de consommation » et de la concentration urbaine « inhumaine » qui en résulte.

Il existe plusieurs types de structures. D'abord des centres qui font office de points névralgiques de diffusion du *dharma* (la loi bouddhique), de lieux de méditation, de sièges administratifs, de lieux de stage et de retraite, mais aussi de lieux privilégiés de perpétuation de la culture tibétaine à travers l'enseignement de la langue tibétaine. Ce sont les points névralgiques du bouddhisme tibétain en France, au cœur desquels se trouve un lama qui exprime son charisme dans les conférences régulières, en dirigeant des méditations, ou en écrivant des articles dans les revues de l'organisation. Un tissu d'associations diverses assure le fonctionnement matériel du centre névralgique : de l'institution de la maison d'édition jusqu'aux services de gestion interne parfois très modernes, en passant par l'organisation d'activités diverses (stages, voyages, formations, retraites de 3 ans, collectes de fonds). Par exemple, le centre savoyard de *Karma Ling* dispose des Éditions Prajna qui assure des publications périodiques comme la revue *Dharma*, ou même d'ouvrages de fond sur le bouddhisme. Cette revue fut pendant plus de 10 ans la vitrine du bouddhisme français. Elle se partageait entre une partie consacrée à la pratique et l'autre aux conceptions du Dalaï-Lama, sur l'écologie, sur l'aide humanitaire, sur la société, etc. Elle jouait aussi le rôle d'organe de presse retraçant les visites du chef tibétain, ses rencontres avec les autorités politiques. Enfin elle accordait aussi une page au responsable du Bureau du Tibet à Paris, représentant du gouvernement tibétain en exil. Le centre *Dhagpo Kagyu Ling* de Saint-Léon-sur-Vésière dispose des Éditions Dzambala qui publient la revue trimestrielle *Tendrel*. L'association culturelle DKL (*Dhagpo Kagyu*

1. S.N. Goenka, « Souvenir de Sayagyi », in *Vipassana Newsletter* (version française de la revue), juin 1996.

Ling nommé DKL par ses membres) organise les activités internes et s'occupe de l'organisation administrative, et une société de commercialisation assure la vente des produits du monastère.

À côté de ces monastères polyvalents du bouddhisme tibétain, il existe des centres-filiales (qui assurent souvent la liaison avec la demande du bouddhisme tibétain qui est surtout urbaine : les centres-filiales sont donc installés dans des villes), influencés spirituellement par le lama charismatique d'un centre névralgique : ces centres-filiales assurent la distribution des revues, l'organisation dans les villes, communiquent les calendriers des grandes manifestations : ce sont des sortes d'agences reliées à la maison mère située à la campagne. Par exemple, DKL est le centre névralgique d'une série de centres-filiales urbains, les KTT (*Karma Teksoun Tchenling* nommé KTT par ses membres) de Agen, Bordeaux, Pau et Clermont-Ferrand.

De même l'Institut *Karma Ling* dispose de sa série de *Dharma Ling*. Il a d'ailleurs été décidé en 1989, lors de la réunion annuelle des KTT, de faire un journal spécial d'actualités des KTT (en plus de la revue générale de DKL, *Tendrel*) qui ne concernerait que la « partie publique », car parallèlement une feuille d'informations et d'idées concernant la vie administrative des KTT circulera entre DKL, l'organisation mère, et les responsables des KTT, afin de disposer d'un instrument de communication « non publique », un « forum[1] ».

Il y a aussi des centres de moindre importance par rapport aux points névralgiques. Bien que disposant d'une certaine autonomie, ils restent toujours liés aux grands centres français. Ils ne sont pas des filiales, comme les KTT et les *Dharma Ling*, mais, ne serait-ce que pour la distribution de revues, ils entretiennent des relations avec des points névralgiques. Ils assurent aussi la liaison avec ces points en fournissant une clientèle urbaine aux monastères, comme par exemple le centre parisien *Thar deu Ling*[2]. Ce centre, bien que sympathisant de l'école *guelug-pa*, revendique seulement le caractère bouddhiste de l'enseignement teinté de la spécificité tibétaine, (retraites en dehors de Paris, enseignement de la langue tibétaine) mais ne se rattache directement a aucun centre névralgique français.

En marge de cette classification, certains centres sont distinguables au moins du point de vue de leur autonomie mais plus encore par leur syncrétisme religieux et culturel. La plupart limitent ce syncrétisme aux différentes tendances du bouddhisme (tibétain, zen, *Theravâda*, et surtout les différentes branches moins connues du *Mahâyâna*) à l'instar du Centre d'Études Bouddhiques de Grenoble mis en place par Jean-Pierre Schnetzler, un des pionniers du bouddhisme en France. L'idée suivante est alors exprimée : qu'importe de pratiquer la méditation tibétaine ou la méditation zen, seul « l'état d'esprit » bouddhiste compte.

1. *Tendrel*, revue trimestrielle d'information du bouddhisme tibétain, novembre 1989, n° 20, p. 62.
2. *Thar Deu ling*, littéralement « Le continent du désir et de la libération ».

Précisons que le syncrétisme entre les différentes écoles tibétaines au sein d'un même centre français tend à se développer, et que parallèlement les centres qui se situaient déjà à la périphérie d'une orthodoxie tibétaine spécifique, ou à l'intersection de plusieurs d'entre elles, élargissent maintenant leur champ d'interaction aux différents bouddhismes non tibétains.

Il arrive cependant que le syncrétisme dépasse les frontières même du bouddhisme, qui ne sert plus dans ce cas que de base spirituelle au développement d'activités parfois complètement étrangères à l'enseignement originel. Le centre marseillais de la rue Paradis, *Kagyu Chenpen Kachab*, pratique cette politique à l'extrême : le bouddhisme y rencontre la philosophie taoïste à travers conférences, cours de diététiques, de *Taijiquan* et de *Qigong*, mais rencontre aussi bien le christianisme avec des conférences sur les « Pères du Désert », ou « l'alchimie chrétienne », jusqu'au déroulement dans ces mêmes murs de réunions « secrètes » de néo-templiers. Mais ne nous trompons pas, il s'agit toujours d'un christianisme spécifique, « peu catholique » et toujours orienté vers le mystique, *via* le renouveau chrétien contemporain qui, sans être similaire, découle du même attrait moderne pour la « religion originelle » dégagée du carcan de ses institutions. D'ailleurs, si une conférence concerne l'islam, il s'agira presque toujours du soufisme et non de la religion institutionnelle « entachée » de soumission à Allah et à ses représentants temporels. Ceci constitue déjà un indice du caractère relativiste du bouddhisme : mise en relation avec d'autres spiritualités, et d'autres institutions.

Il ne faut pas confondre les centres à tendance syncrétique et les grands centres précurseurs d'un dialogue chrétiens-bouddhistes où des points de rencontres orthodoxes sont recherchés, sans aboutir à la constitution d'une doctrine syncrétique, tels le temple bouddhique de Pleige qui entretient des relations régulières avec les moines bénédictins de l'abbaye de la Pierre-qui-Vire. Cependant, il semble se produire un glissement des bouddhismes tibétains divers vers un bouddhisme tibétain comme entité indifférenciée. Le glissement se poursuit du bouddhisme spécifiquement tibétain jusqu'à un bouddhisme indifféremment tibétain, zen, vietnamien, *Mahâyâna* ou laotien *Theravâda*. Étrangement, le glissement paraît se poursuivre encore vers un bouddhisme chrétien sans qu'il soit possible de savoir si ce sont les chrétiens qui deviennent bouddhistes ou l'inverse, avec l'image bouddhiste du Christ comme un « *Bodhisattva* terrestre ».

Nous avons préféré opter ici pour une classification entre centres névralgiques, centres-filiales, centres autonomes et centres syncrétiques, plutôt que pour celle retenue dans le *Guide du bouddhisme tibétain en France*[1] entre centres communautaires (vie communautaire, accueil permanent, lamas résidents, possibilité de résider pour les visiteurs, stages de longue durée, organisation de retraites) et centres non communautaires

1. Éditions Claire Lumière, Vernègues, 1996.

(accueil ponctuel, absence de résidents, absence de lama résident, fréquence variable des activités), car cette classification aussi est à nuancer : parfois un centre non communautaire bénéficie d'un lama résident, et parfois aussi un centre communautaire ne bénéficie pas des infrastructures pour organiser des retraites. En tous cas, l'opposition de ces deux classifications montre que les centres communautaires sont souvent des centres névralgiques et qu'ils se situent majoritairement dans les campagnes alors que les centres non communautaires, concentrés dans les villes, servent de lieu de sensibilisation au bouddhisme pour les citadins et de courroie de transmission vers les grands centres communautaires situés à la campagne.

b) Emprise locale et intégration globale des centres bouddhistes tibétains

Nous pouvons appliquer la même classification que celle que nous avons employée pour l'Amérique du Nord et l'Europe en général. Notre répartition entre centres névralgiques, centres-filiales et centres syncrétiques est une répartition interne, qui ne concerne pas le rapport de subordination des centres à l'autorité du Dalaï-Lama. L'Institut Européen du Bouddhisme Tibétain crée à Marlenheim en Alsace, près de Strasbourg, en 1978, est le type du centre déconcentré de l'autorité tibétaine en exil. Shérab Gyaltsen Amipa, son fondateur, fut personnellement envoyé par le Dalaï-Lama en Occident en 1967 pour y représenter l'école *shakya-pa*. L'association se définit d'ailleurs comme une institution de défense et de préservation de la culture tibétaine. Il entretient des relations « scientifiques » avec l'Institut d'ethnologie de l'université des Sciences humaines de Strasbourg, et organise des séminaires dans des écoles d'infirmières sur les soins palliatifs. L'Institut est aussi une association humanitaire : des expositions, ventes de charités, et autres manifestations culturelles sont organisées pour prélever des fonds qui seront envoyés en Inde pour soutenir les villages de réfugiés tibétains.

Ce temple-préfecture est aussi un centre névralgique rural qui dispose de ses filiales, qui ont cependant pour caractéristique de transcender les frontières françaises[1]. Nous l'avons choisi en effet parce qu'il illustre cette tendance actuelle des centres bouddhistes tibétains à constituer des réseaux européens et mondiaux qui ignorent les frontières nationales.

Depuis une vingtaine d'années, le bouddhisme tibétain a accéléré son processus de modernisation en contact avec la civilisation occidentale. Le principe des groupes *Shambhala* initié par Chogyam Trungpa, et qui fit école en Amérique et en Europe, avec l'accent mis sur l'adaptation à la société occidentale (disparition du ritualisme tibétain) tout en en critiquant les aspects aliénants, n'est plus unique. À côté de la communauté *Dzongchen* dont le centre mondial est en Italie, nous avons en France un développement du réseau *Rigpa* qui se situent dans le même esprit. Le

1. Shakya Kung Choling en Italie, Shakya Thegchen Ling en Hollande, Shakya Changchub Choling en Suède.

cœur européen de ce bouddhisme moderniste, le centre *Lérab Ling* (Association Rigpa Europe) est à Roqueredonde dans le Languedoc, et fut fondé en 1991 par Sogyal Rinpotché[1]. Il ne s'agit pas d'un centre-préfecture déconcentré, ni d'un centre décentralisé autonome, mais plutôt d'un centre qui n'est pas directement dépendant de l'autorité du Dalaï-Lama, sans pour autant disposer d'une autonomie complète. Si le Dalaï-Lama intervient, il aura le dernier mot, par exemple dans la nomination d'un représentant ou d'un chef de centre, mais l'autorité normale appartient à Sogyal Rinpotché.

Le *Rigpa* est une évolution du mouvement *Rimé* qui fut déjà au Tibet un mouvement réformateur vers l'ouverture et le non-sectarisme. Le centre du Languedoc est un centre névralgique rural qui regroupe des antennes urbaines régionales comme l'Institut *Karma Ling* par exemple. Mais sa caractéristique est d'avoir des filiales urbaines en France[2], tout en regroupant un centre national à Paris et les centres nationaux européens, et tout en faisant lui-même partie de l'organisation mondiale le *Rigpa Fellowship*[3]. Cette intégration institutionnelle permet la mise en place de programmes d'action sociale dans les sociétés occidentales (le mouvement est spécialisé dans l'aide aux mourants en collaboration avec les institutions sanitaires) et de programmes humanitaires d'aide aux réfugiés tibétains.

Le bouddhisme tibétain en France est au centre de la dynamique qui implique l'apparition d'un bouddhisme français. D'ailleurs, l'organisation bouddhiste tibétaine, l'Institut *Karma Ling*, participe à l'action unificatrice par le biais des liens multiples et étroits qu'elle entretient avec l'Union des Bouddhistes de France. Rappelons que la chronique de l'UBF paraissait régulièrement dans la revue *Dharma* qui est l'organe de presse de l'Institut *Karma Ling*. Il s'agissait, pour la plupart, de rapports de commissions de l'UBF sur la bioéthique, le travail social des aumôniers bouddhistes des prisons. Depuis lors les relations entre *Karma Ling* et l'UBF se sont quelque peu distendus.

c) La Fédération du Bouddhisme Tibétain (FBT) : exemple d'instrumentalisation politique du bouddhisme en Occident

Depuis le début des années quatre-vingt-dix cependant, l'influence des grands centres provinciaux, sortes de féodalités auxquelles se raccrochaient des satellites citadins, a tendance à diminuer au profit d'une centralisation plus rationnelle sous l'égide de la Fédération du Bouddhisme Tibétain (FBT). Cette fédération répond à une volonté de coordination de la double stratégie par le bas et par le haut. L'idée est née de la prise de conscience

1. Le succès récent de cette voie moderniste est lié au succès littéraire, près d'un demi-million d'exemplaires vendus, du livre de Sogyal Rinpotché, *Le Livre Tibétain de la Vie et de la Mort* (Paris, La Table Ronde, 1993) dans lequel il expose les principes de son école. À la suite de ce livre, Sogyal Rinpotché fut invité à exposer et à enseigner ses principes concernant l'accompagnement des mourants dans des hôpitaux et des hospices.
2. À Grenoble, Lyon, Marseille, Toulon, Montpellier, Nice, Toulouse.
3. Le mouvement *Rigpa* dispose d'un magazine (*View* : parution trimestrielle) distribué à tous les centres régionaux, nationaux et continentaux.

que les difficultés d'organisation, qui sont apparues à l'occasion de la visite du Dalaï-Lama en France en 1989, peuvent être palliées par une coordination entre les centres bouddhistes tibétains implantés dans ce pays. Afin qu'il n'y ait pas de conflit, lorsqu'une invitation lui parvient de groupes bouddhistes différents, le chef tibétain a proposé de préparer des invitations communes.

C'est ainsi que les représentants de certains centres accepteront le principe d'un regroupement. En 1990, les principes d'une fédération sont jetés à *Dhagpo Kagyu Ling* en présence de Kalsang Gyeltsen, représentant du Dalaï-Lama. La confusion entre l'autorité politique, en l'occurrence le représentant du gouvernement en exil, et le domaine spirituel, les clercs bouddhistes, est déjà évidente. En 1991, 26 centres acceptent de se fédérer ; après une réunion des principaux lamas installés en France qui se déroulera à Paris en janvier, un conseil d'administration et un comité d'honneur sont proposés. En août 1991, le Dalaï-Lama se rend en Dordogne. L'événement est encore géré officiellement par l'ABCD (Association Bouddhiste des Centres de Dordogne) puisque les statuts de la FBT ne seront déposés qu'en octobre. Le 1er mars 1992, les représentants de la FBT[1] nouvellement créée sont reçus à Dharamsala par le Dalaï-Lama pour organiser sa prochaine visite en France. C'est ainsi que la visite de 1993 sera préparée par la FBT en collaboration avec le Bureau du Tibet qui est la représentation politique du Dalaï-Lama en France, et avec des représentants de la communauté tibétaine en exil. Un « groupe de coordination » sera alors constitué sur l'initiative du conseil d'administration de la FBT afin de gérer le budget, les relations avec les municipalités, la logistique, la communication, l'édition, la sécurité.

Née pour des raisons en apparence tenant à la logistique, la FBT est devenue un organe à part entière de l'État tibétain déterritorialisé. L'ensemble des centres d'enseignement du bouddhisme aux Occidentaux deviennent de fait des instruments de la politique du Dalaï-Lama par l'intermédiaire de la FBT dont ils font partie. L'article III des statuts de la fédération est révélateur de cette instrumentalisation politique du bouddhisme : « En France, une Fédération des centres bouddhistes tibétains a été fondée pour coordonner d'importantes manifestations bouddhistes comme les futures visites de Sa Sainteté le Dalaï-Lama, ainsi que plus généralement et de façon permanente, promouvoir la communication entre les adhérents et coordonner leurs actions en vue de faciliter la diffusion du *Dharma* en France[2] ». Précisons que la FBT organise aussi les visites auprès des autorités politiques françaises, dont les résultats sont retranscrits dans la revue de l'Institut *Karma Ling, Dharma* : entre deux enseignements spirituels on trouvera un compte rendu de la rencontre du Dalaï-Lama avec

1. Le président (Lama Lodreu) et le secrétaire général (François Calmes), ainsi que les représentants des centres dans lesquels se rendra le chef tibétain (*Institut Vajra Yogini, Karma Migyur Ling, Karma Ling*).
2. *Dharma*, janvier-mai 1994, n° 19, p. 77.

Philippe Seguin, de sa rencontre avec le groupe d'Étude France-Tibet à l'Assemblée Nationale, avec Dominique Baudis, maire de Toulouse[1].

Il existait antérieurement des regroupements partiels[2], mais pas de coordination générale des relations entre le bouddhisme et le gouvernement en exil. Depuis, les activités de la FBT se sont développées au point d'en faire une structure à la fois d'orientation des activités spirituelles et des projets politiques. La liste des 14 dossiers officiellement traités par ses dix administrateurs témoigne de cette instrumentalisation croissante :

1) Voyages du Dalaï-Lama.
2) Situations juridiques des centres bouddhistes.
3) Coordination et échanges de données.
4) Dossiers juridique et fiscal.
5) Dossier informatique et minitel.
6) Traduction, traducteurs, lexiques.
7) Centrale d'achats.
8) Communication et diffusion.
9) Gestion et comptabilité.
10) Assurances sociales.
11) Gestions des grands événements.
12) Aides financières.
13) Regroupements des éditeurs.
14) Visas et invitations de personnalités.
15) Mise à jour du réseau des pratiquants.

Il est remarquable de constater qu'il n'y pas de différence notable, dans le ton et les thèmes évoqués, entre les magazines spécifiquement destinés à défendre la cause politique soutenue par le Dalaï-Lama, tels qu'*Actualité Tibétaine*, ou *La Lettre du Tibet*, et des magazines destinés aux bouddhistes français, par exemple *Dharma*, ou même aujourd'hui *Samsara* ou *Bouddhisme Actualité*[3], qui consacrent dans chaque numéro des dossiers ou au moins des articles au problème du « génocide » tibétain, à la « colonisation » chinoise du Tibet, etc. Dans les magazines spécialement consacrés à la défense du « Tibet libre », on retrouve les thèmes spirituels de la révolution intérieure au milieu de la description du régime « répressif » de Pékin ; à l'inverse, dans les revues spécifiquement spirituelles, on retrouve les thèmes sur la répression du « Tibet Libre » au milieu d'enseignements spirituels.

1. *Ibid.*, p. 75.
2. Par exemple l'UBAF (Union Bouddhiste des Alpes Françaises comprenant *Karma Migyur Ling* et l'Institut *Karma Ling*, et leurs filiales urbaines) et l'ABCD (Association Bouddhiste des Centres de Dordogne, sous l'égide de *Dhagpo Kagyu Ling*).
3. Pourtant ces deux derniers magazines ne sont pas des magazines spécifiquement bouddhistes tibétains, mais sont destinés à tous les bouddhistes, toutes écoles et obédiences confondues.

5° Le zen en France : de l'intimisme à l'engagement social

a) Le zen intimiste de l'AZI : un mouvement en crise

L'influence du bouddhisme zen en France est très diffuse et difficilement chiffrable. En effet, la « clientèle » des centres zen n'est pas aussi bien fidèle et fidélisée que chez les bouddhistes tibétains ou à la SGF par exemple. De la spécificité bouddhique du zen, il ne reste que la « thérapeutique de l'angoisse » qui emploie la méditation comme instrument, et le vide comme fin. Si donc il est vrai que l'idéologie assure la cohérence des représentations d'une réalité humaine et sociale telle qu'une organisation religieuse (« religieuse » au sens large), il semble logique que le bouddhisme zen ne puisse pas supporter une organisation trop centralisée ou trop fidélisante, tout simplement parce que cette organisation « aliénerait » déjà une partie de la liberté individuelle. Le bouddhisme zen, pour rester cohérent par rapport à la doctrine de la déconstruction de toute entité externe, aliénante parce qu'externe, ne peut justifier la mise en place d'une structure trop rigoureuse et trop pesante. Le zen sort de la sphère de la croyance pour entrer totalement dans celle de la pratique pour elle-même : pratique qui s'accomplit sans objet extérieur, sans finalité autre qu'elle-même. Une finalité de la pratique serait déjà une théorie, la construction mentale d'une ultériorité hypothétique, d'où l'emploi des célèbres *koan* qui manient l'absurdité aux fins de réduire toute logique à une plus grosse absurdité encore : le vide est « ici et maintenant », il existe en soi sans nécessité d'un discours pour soi. L'absolu dans le bouddhisme n'est pas un autre monde mais une autre représentation du même monde : le *nirvana* n'est qu'un point de vue sur le monde différent de celui du *samsara*. Le bouddhiste qui pratique la méditation *zazen* fixe un point en face de lui, les yeux mi-clos, pour transformer son point de vue sur le Monde. L'efficacité de la méditation zen, dans la résolution des différentes angoisses de l'individu moderne, a sans doute permis un accroissement de différentes structures très éparpillées, mais il ne semble pas y avoir en France de stratégie d'institutionnalisation, du moins dans ce zen intimiste que nous évoquons. Elle existe pourtant dans d'autres pays, même lorsqu'il s'agit du zen, à l'instar de la Belgique avec l'Union Bouddhique Zen de Belgique dont le siège se situe à Bruxelles.

Beaucoup de lieux de pratiques gymniques et autres salles de sports, de danse, d'arts martiaux offrent la possibilité de pratiquer la méditation zen à leurs membres. L'Association Zen Internationale, qui a son siège à Paris, étend son influence dans certains pays d'Europe, en particulier en Belgique, en Suisse et jusqu'au Canada, mais reste dans une sphère francophone. En réalité, la plupart des lieux de pratiques se situent en France. Il existe même des temples (le *Temple Parizan Bukkoku Zanji* près de Paris et le temple *Zendonien Tai Sei Bukkyo Dai Ichi* à Valère dans le Loir-et-Cher), mais, à part ceux-là, le zen se pratique dans des dojos (dojo : lieu de pratique de la voie en japonais), ou par l'intermédiaire de simples groupes qui entretiennent des relations avec l'AZI. Précisons cependant que le zen tient une place importante en France : ce pays a été terre d'élection du maître Taisen Deshimaru dans le cadre de sa mission de sensibilisation des Occidentaux au bouddhisme. Ce maître a eu un impact indéniable sur le développement du zen et en particulier sur celui de l'AZI (Association Zen Internationale) qui représente la continuation de son « œuvre ». Peu structurées par principe, les organisations zen disposent pourtant de certains circuits de communication, entre autres la revue de l'AZI, *Zen*. Il ne faudrait pas conclure que l'AZI est l'unique source du zen en France ; certains groupes se solidifient en associations disposant de moyens matériels par le biais des cotisations ou du mécénat. Le monastère zen du Taillé en Basse Ardèche est l'exemple typique d'une moderne et vaste installation, permise par le riche intérêt d'un Occidental pour la « philosophie » du zen. Il existe aussi des querelles de légitimité quant à la définition de l'orthodoxie déshimarienne, par exemple un disciple de Taisen Deshimaru s'est séparé de l'AZI en 1995 pour fonder l'AVZD (Association du Vrai Zen de Deshimaru).

b) Le zen engagé dans la cité : un mouvement en expansion

Il est remarquable que Taisen Deshimaru n'ait pas créé une association française, ou même européenne, mais d'emblée internationale, ce qui corrobore notre hypothèse de la tension *individuo-globaliste* des bouddhismes occidentalisés. Ceci est encore plus probant dans l'organisation zen de Thich Nhat Hanh, implantée en France, mais recevant principalement des adeptes anglo-saxons et asiatiques, ne s'embarrassant d'aucun problème de territorialité, de respect de la langue locale. Depuis 1998 seulement, des retraites francophones sont organisées au village des Pruniers près de Bordeaux, siège de l'Ordre de l'Interêtre dirigé par Thich Nhat Hanh. C'est au nom de cet Interêtre, interdépendance universelle, que l'organisation justifie son intervention active dans la lutte contre le totalitarisme, pour les droits de l'homme, dans quelque pays que ce fût, et, en particulier, bien sûr au Viêt-nam. C'est en tout cas l'organisation la mieux centralisée parmi les écoles zen. L'AZI, d'abord la plus puissante organisation zen en France, plus contemplative et apolitique, a tendance à stagner au profit de l'orientation d'un zen engagé plus proche de la voie ouverte par Thich Nhat Hanh. Certains pratiquants, plus souvent des dirigeants, revendiquent un « bouddhisme engagé », allant jusqu'à écrire des lettres ouvertes aux bouddhistes européens réclamant une plus profonde implication dans les problèmes de société. Le Village des Pruniers, inauguré en 1982, est le cœur d'un réseau qui s'étend dans presque tous les pays européens mais qui est surtout développé aux USA. Le Village soutient des entreprises onusienne, et critique ouvertement les « dérives » du gouvernement vietnamien, par exemple le fait que le Premier ministre de ce pays ait signé la Déclaration de l'ONU sur la Paix et la Non-Violence alors que la police locale a arrêté les personnes responsables de la publication de ce texte au Viêt-nam[1]. Même s'il existe un soutien ponctuel aux institutions internationales, il faut souligner que l'Ordre de l'Interêtre dirigé par Thich Nhat Hanh dans la droite ligne de son *vitalisme radical*[2], s'emploie à remettre en cause le système capitaliste libéral, la société de consommation, y compris les institutions internationales qui sont globalement des alliés objectifs du « système ». Cette attitude conduit Thich Nhat Hanh, ainsi que nous le verrons plus en détail, à reconstruire une dogmatique si radicalement antimoderne qu'elle en devient proche de position néo-traditionaliste : nostalgie d'une tradition perdue, d'un bouddhisme idyllique. Thich Nhat Hanh ne va pas jusqu'à en appeler à un retour à une monarchie traditionnelle ainsi que le fait Sulak en Thaïlande à partir de sa critique de l'envahissement du capitalisme en Asie. Le *solidarisme-universaliste* poussé à l'extrême du *vitalisme radical* peut conduire à des positions réactionnaires. Nous ne sommes pas dans l'optique *humaniste modérée* d'un Dalaï-Lama qui perçoit les institutions internationales comme un recours, même s'il en appelle à quelque réformes de ces institutions, contre la violence mondialisée.

À côté de la revue de l'organisation *The Mindfulness Bell*, existe maintenant, depuis 1998, une revue francophone *Ici et Maintenant*, qui ne se contente pas d'évoquer la situation des « droits de l'homme » au Viêt-Nam, de critiquer la « société matérialiste » dans laquelle nous vivons, mais engage aussi à un activisme politique consistant à utiliser la « tolérance bouddhique » pour ouvrir l'esprit des citoyens politiquement extrémistes en France même. Ce type de stratégie communicationnelle est par exemple recommandé pour les partisans du Front National : « Hier soir, j'ai parlé des formations politiques. Si l'on regardc profondément dans le Front National, le FN est constitué d'éléments non-FN, comme d'ailleurs le PS, l'UDF. Le problème n'est pas tant de s'opposer aux gens du FN, mais de les aider à voir les choses d'une manière plus profonde et plus correcte[3] ». Le message qui engage à « convaincre » plutôt que combattre directement est clair. Par ailleurs, il s'agit aussi ici de mettre en exergue la non-pertinence des catégories politiques actuelles, particulièrement la dichotomie Droite-Gauche, ce qui est en parfaite adéquation avec l'orientation principale de la culture politique bouddhiste en Occident ainsi que nous le verrons dans notre partie consacrée à ce sujet.

Ceci conforte l'hypothèse d'un bouddhisme originellement mêlé à la vague mystique-ésotérique, avec sa culture du retour à soi, son « narcissisme » spirituel réduisant la dimension politique à la dimension psychique, vers un bouddhisme non-*New Age*, s'impliquant civiquement, tout en

1. Dépêche se trouvant sur le site du Village des Pruniers et publiant la protestation de l'Ordre de l'Interêtre à ce sujet (www.plumvillage.org/PressRelease/Confiscation of Manifesto 2000.htm).
2. Cf. notre tableau « Orientations idéologiques du Bouddhisme mondialisé », ainsi que notre contribution « Orientations idéaltypiques bouddhistes en contexte social occidental et évolutions normatives internes », in R. Liogier (dir.), *Droit et Bouddhisme*, Strasbourg, Presses Universitaires de Strasbourg, 2003.
3. « La métamorphose du bouddhisme en Occident » (in *Ici et Maintenant*, n° 6, hiver 1999, p. 34).

révoquant les définitions « normales » de la cité et de la citoyenneté, par la construction de réseaux à la fois interindividuels, de quartiers, de villes, transnationaux, porteurs d'objectifs ouvertement sociaux – entraides et solidarité locales – et politiques : projet d'une « société éveillée », critique des régimes représentés comme totalitaires, c'est-à-dire non démocratiques, puisque les bouddhismes occidentalisés se représentent comme la spiritualité démocratique par excellence.

Soulignons aussi la prolifération de groupes zen disséminés, dont certains sont porteurs d'un message bouddhiste engagé, par exemple l'association Un Zen Occidental entend restituer le zen dans une perspective entièrement occidentale, y compris dans l'engagement social et politique : « Le bouddhisme est désormais confronté aux défis de la modernité et se doit de trouver un nouveau discours adapté à l'Occident[1] ». Le fondateur de cette école, située à Paris dans le XIVe arrondissement, Éric Rommeluère, est d'ailleurs proche du *Zen Peacemaker Order* dirigé par Bernard Glassman. Il participe, entre autres, aux retraites zen du souvenir à Auschwitz, dans le camp de la mort. Là encore il nous faut signaler à quel point nos catégories ne se retrouvent jamais à l'état pur dans la réalité sociale brute. Nous situons globalement Bernard Glassman dans la catégorie *humaniste modéré* du *solidarisme-universaliste*, ayant été à l'origine d'un mouvement bouddhiste engagé dans la cité contre la précarité sociale. Cette tendance et ce positionnement originel n'exclut pas une tension vers l'*intimisme-individualiste*, et de fait, depuis la création du *Zen Peacemaker Order*, Glassman a quelque peu délaissé ses engagements sociaux vers un zen plus intimiste mêlé à des séances proches de la psychothérapie de groupe. Il existe presque toujours une dialectique entre la rationalisation d'objectifs sociaux et la valorisation émotionnelle propre à la mouvance mystique-individualiste contemporaine. On glisse assez facilement du sentimentalisme individuel au romantisme social, et inversement. Mais il ne faut pas confondre « individuel » et individualisme, il ne s'agit jamais de promouvoir un individualisme au sens du néo-libéralisme, mais une libération au sens psychologique du terme. Cette importance de l'individualité, au sens psychologique qui, distincte de l'individualisme au sens idéologique, confirme une tendance générale des société industrielle souligné par de nombreuses études sociologique, en particulier celles qui sont issues de l'Enquête Européenne sur les Valeurs (*European Values Survey, EVS*). Loek Halman a ainsi montré que la montée de l'individualisation n'emporte pas une montée corrélative de l'individualisme[2].

1. Prospectus de l'association *Un Zen Occidental*.
2. L. Halman, « Individualism in individualized Society ? Results from the European Values Surveys », in *International Journal of Comparative Sociology*, vol. 37, n° 3-4, décembre 1996.

6° Des individus sous influence sans institutions objectivement bouddhistes

Beaucoup de bouddhistes se retrouvent sporadiquement dans des groupes peu organisés. Plus ces groupes ont une structure lâche, plus cette structure est perméable à différentes formes de pratiques qui ne sont pas spécifiquement bouddhiques ; cela peut aller jusqu'au repérage sociologique d'une nébuleuse de sympathisants bouddhiques dans des lieux de pratique du yoga ou des arts martiaux.

Françoise Champion insiste sur le caractère individualiste des mouvements mystiques contemporains[1]. Il nous semble plutôt, qu'à travers le bouddhisme, la « révolte antisociale » des années soixante-dix se rationalise comme une protestation contre « l'ingérence institutionnelle » qui « s'impose » à l'individu. Il est encore possible de différencier des groupes visiblement et volontairement bouddhistes dont l'organisation est le support d'une pratique bouddhique, et des groupes qui ne sont pas organisés par et pour une pratique bouddhique mais qui utilisent le bouddhisme « à l'occasion », par le truchement d'une pratique ou d'un point d'idéologie.

Si nous acceptons la proposition d'un certain nombre de sociologues, entre autres Eric Fromm, que la société ne peut pas « fonctionner » sans un système de partage collectif des idées et des actions qui offrent à l'individu un cadre d'orientation et un objet de dévotion[2], alors nous devons aussi accepter que l'individu moderne « sécularisé » refoule rationnellement cette tendance religieuse. Le refoulement ne fait donc pas disparaître l'imaginaire religieux mais le fait réapparaître sous d'autres noms, pourquoi pas sous le nom de la rationalité. Les clercs bouddhistes affirment d'ailleurs que leur religion est entièrement rationnelle. Parallèlement, le refus du religieux culpabilisateur va de pair avec la déligitimation plus générale du paradigme de la *vérité-exactitude* scientifique[3] et de la prétention de la rationalité à dire le destin du monde.

Au plan politique, la rationalité administrative et technocratique est attaquée dans sa prétention à dire le destin de la cité. L'idéologie devient un terme péjoratif, une façon archaïque et totalitaire de penser. Tout système de décision doit se justifier de plus en plus concrètement pour se légitimer : ainsi les hommes politiques apparaissent régulièrement à la télévision, dans les tribunes des magazines pour justifier la moindre mesure, la mettre à l'épreuve d'un référendum populaire permanent. L'explication ministérielle devant le Parlement reste secondaire face à la construction d'un système de justification sans cesse mis en question sur le devant de la

1. F. Champion, « Orientations psycho-religieuses des courants mystiques et ésotériques conterrains » (*De l'émotion en Religion*, Paris, Cerf, 1990) ; « Individualisme, protestation holiste et hétéronomie dans les mouvances mystiques et ésotériques contemporaines » (in *Social Compass*, 1991, vol. 38, n° 1).
2. E. Fromm, « Social Characters and Religions Needs », in *To Have or to Be : New Bluepaint for Mankind*, Abacus, 1976, p. 134.
3. Cf. M. Heidegger, chap. « L'Époque des conceptions du monde », in *Chemins qui ne mènent nulle part*, Paris, Gallimard, 1962.

scène publique, par rapport aux plus concrètes et singulières considérations. Une décision sur l'abaissement de l'âge de la retraite par exemple devra immédiatement être comprise dans sa nécessité concrète, c'est-à-dire eu égard aux avantages retirés par la majorité des personnes et non eu égard à une visée politique globale et donc plus abstraite. L'homme politique est de moins en moins un homme d'opinion politique et de plus en plus un médecin politique. L'économie est le vecteur privilégié de cette médecine, et les statistiques économiques permettent une prise de pouls régulière qui sert à la fois à l'établissement du diagnostic, à la mise en place d'une stratégie, mais aussi à la confirmation ou à la déconsidération d'une équipe de médecins particulière. L'imaginaire politique se structure aujourd'hui sur le modèle d'une médecine politique. De même, l'imaginaire religieux, en amont du politique, se structure sur un modèle médical, quasi psychanalytique : recherche permanente d'une médecine de l'âme, d'une médecine psychologique. Les *zadankaï*, les plus petites structures de la Soka Gakkai, fonctionnent, ainsi que nous le verrons, fonctionnent comme des séances de psychanalyse de groupe ; le zen prétend soigner les névroses par la méditation ; le bouddhisme tibétain annonce le même objectif avec, certes, un peu plus de ritualisation et de dramatisation.

La « religion à la carte », ainsi que le signale le sociologue Danielle Hervieu-Léger, offre un menu de pratiques et de croyances sur un marché spirituel, avec des propositions de solutions – plus ou moins fantaisistes – aux problèmes existentiels de nos contemporains. Lorsqu'un individu n'est pas satisfait, il s'en va et cherche un autre groupe, d'où l'extrême fluctuation des organisations et l'extrême mobilité des religionnaires. Certains groupes tentent de retenir leur clientèle par des méthodes qui sont en rupture avec l'ordre public. Ces groupes peuvent alors être qualifiés de « sectes dangereuses ». Mais, d'une part, cette problématique de la qualifiecation de secte dangereuse n'est pas nouvelle : la secte dangereuse est toujours celle qui en principe concurrence la secte dominante qui monopolise officiellement le champ religieux sur un territoire donné, par exemple le catholicisme français médiéval. D'autre part, si ce problème est aujourd'hui crucial, c'est parce qu'il est une conséquence du développement moderne de la raison subjective, du droit qui est reconnu à chacun de choisir sa spiritualité, de se déterminer existentiellement : religieusement et politiquement. Cet état de fait est un corollaire du processus de sécularisation qui fait de la foi une affaire de choix personnel non imposé de l'extérieur par une autorité quelle qu'elle soit. La multiplicité des sectes en présence sur le marché religieux ne peut être politiquement réduite, à moins de remettre en cause le processus de sécularisation lui-même – sécularisation sur laquelle les politiques prétendent pourtant se fonder pour réduire ce qu'ils représentent comme un problème –, car lorsque le politique prend de telles mesures contraignantes, il se présente lui-même comme une autorité extérieure réductrice des choix individuels possibles.

Le seul problème tient au respect de l'ordre public, qui s'applique à toutes les organisations (religieuses ou non).

Dans ce marché spirituel, le succès d'une forme de religiosité n'est pas indépendant des conditions historiques individuelles (historicité familiale par exemple) et collectives (le mouvement étudiant de 1968 par exemple). Ce pullulement religieux est donc une source d'informations fondamentales – encore assez peu exploitée – pour enrichir l'analyse politique des sociétés dans lesquelles il se manifeste. La structure de la foi bouddhique révèle la structure de la « foi politique » à l'intérieur de notre société : la structure idéelle – ce que nous sommes en état de croire – informe sur ce que nous sommes en état de croire plus spécifiquement comme faisant autorité.

Le développement du bouddhisme en Occident, et en particulier en France, semble correspondre à la mise en place d'un imaginaire qui structure le mouvement protestataire de remise en cause des « aberrations rationnelles » modernes, et à la fois de la « tradition moralisatrice judéo-chrétienne ». Il manquait un imaginaire structurant à la protestation des années soixante-dix contre la « société de consommation ». L'enjeu du bouddhisme en Occident semble participer à l'institutionnalisation imaginaire de cette vague de protestations en un tout cohérent, susceptible de mettre en péril certains paradigmes dominants de la société moderne. À ce propos, l'influence du bouddhisme dépasse largement les frontières des pagodes, monastères, temples et autres organisations ouvertement bouddhistes. En effet, le mouvement « syncrétique » que Françoise Champion appelle « mystique-ésotérique » se constitue nettement à l'avantage de la doctrine bouddhiste : les concepts bouddhistes de souffrance, de vide, de désir, participent à la régulation doctrinale de l'ensemble de la « nébuleuse ». Pour s'en rendre compte, il suffit de consulter les revues d'inspiration *New Age*. Pas un numéro ne paraît sans articles sur les relations entre l'Orient et l'Occident, entre la science et les philosophies extrême-orientales avec l'accent mis sur le bouddhisme (cf. surtout les revues suivantes qui ont une diffusion nationale et dont les noms sont évocateurs de leur contenu : *Nostra New-age, Athanor, Le Monde Inconnu, Nouvelle Acropole, Question de, Nouvelles clés, Troisième millénaire, Connaissance des religions, Vers la tradition* : autant de périodiques dont l'étude est révélatrice de l'influence omniprésente des concepts bouddhistes et de la relation qu'ils entretiennent avec une contestation générale dans les milieux *New Age* de la « société matérialiste »).

Nous devons relativiser ici la nature progressiste *solidariste-universaliste* de cette critique du matérialisme économique, technologique et politique. Cette critique, peut en effet, renvoyer à une régénération morale et à un ordre politique purifié, avec une connotation racialiste, qui entre dans notre catégorie bouddhisme réactionnaire *élitiste-culturaliste*. Par exemple, la revue *Nouvelle Acropole*, qui est l'organe de presse public de l'association Nouvelle Acropole, sous le couvert de traiter des thématiques spirituelles de retour à une tradition primordiale et qui se réfère largement au bouddhisme, est l'organe d'une association proche des milieux de la Nouvelle Droite, prônant la fondation d'une civilisation traditionnelle « authentique[1] ». De même, il est assez difficile de qualifier cet ensemble de centres de « développement personnel » inspirés du bouddhisme, par exemple ceux fondés par l'ancien membre du parti nazi K.G. Dürckeim, qui sont présents dans toute l'Europe et particulièrement en Allemagne, et qui proposent un mélange de zen et de thérapie yungienne. Le retrait intimiste et apolitique en apparence de certains centres zen nous semble, sous certains aspects, relever d'une certaine réserve stratégique dans des sociétés où les idées *élitistes-culturalistes* sont moralement mais aussi juridiquement proscrites.

En tout cas, il est indéniable que les thématiques bouddhistes pénètrent des pans entiers de la société sans bénéficier de l'appui d'organisations officiellement bouddhistes, mais simplement par l'entremise d'associations philosophiques, humanitaires, sociales diverses, y compris de clubs sportifs, particulièrement d'arts martiaux. De même, les concepts bouddhistes se normalisent à travers de multiples conférences *ad hoc* données par des universitaires, des médecins et autres scientifiques occidentaux « respectables ».

La confusion commune depuis plus de vingt ans entre bouddhisme-secte, (mais aussi entre bouddhisme-marginalité, bouddhisme-hippie et même bouddhisme-drogue), s'estompe au profit de nouvelles associations terminologiques telles que bouddhisme-écologie, bouddhisme-démilitarisation, bouddhisme-action humanitaire, bouddhisme-décentralisation, et de certaines associations de termes, en apparence opposés, telles que bouddhisme-individualisme-solidarité. Les idées bouddhiques participent à la redéfinition de concepts politiques qui avaient perdu leur cohérence. L'étiquette bouddhiste n'apparaît pratiquement pas lors de l'utilisation de ces concepts dans des débats politiques et sociaux, mais la correspondance naturelle entre ces problématiques sociales et les réponses bouddhistes ne manquent pas de se répercuter sur le développement des organisations ouvertement bouddhiques.

Il existe donc une dialectique des idées entre les centres de propagation religieuse pris comme origine, jusqu'à des groupes sociaux de plus en plus périphériques. À ce stade, les individus ne sont pas conscients de la relation idéologique entre le bouddhisme et les concepts auxquels ils ont accès ; ces mêmes concepts acquièrent alors une rationalisation sociale qui profite en retour aux organisations proprement religieuses. Ainsi se développent des compatibilités formellement paradoxales entre individualisme et socialisme, qui instaurent une remise en cause des oppositions entre droite et gauche, entre révolution et conformité, entre progressissme et traditionalisme ; plus

1. On consultera l'ouvrage du fondateur de Nouvelle Acropole France, F. Schwarz (*La Tradition et les voies de la connaissance, hier et aujourd'hui,* Paris, NADP, 1986).

loin, il s'agit d'une remise en cause de l'inertie et de l'impersonnalité administrative par laquelle se manifeste le politique moderne[1].

Ainsi l'influence du bouddhisme en France ne dépend pas forcément des institutions ouvertement bouddhistes, mais d'un climat général propice au développement d'une multitude de structures (journaux, sectes syncrétiques telles que le *Mandarom* ou l'Église de Scientologie, ouvrages sur la médecine naturelle ou la connaissance de soi qui font recettes dans des couches sociales de moins en moins marginales, intérêt croissant pour la spiritualité non monothéiste comme en témoigne le succès de la collection « Spiritualité Vivante » aux Éditions Albin Michel, qui participent à la transmission et à la normalisation des signes et des sens bouddhistes)[2].

E/ La multiplication des organisations bouddhistes transversales et transnationales

1° Intégration mondiale et transversale, et stratégie de liaison avec les institutions publiques nationales et internationales

Le phénomène récent qui nous paraît le plus remarquable est le développement des associations et fédérations inter-écoles et transnationales, porteuses de l'idéologie du bouddhisme engagé et d'une idée de « nouvelle société » mondiale.

Il y a tout d'abord des fédérations plus neutres, telles que l'Union Bouddhique d'Europe) créée en 1975, dont fait partie l'UBF (Union Bouddhiste de France). L'UBE est en relation avec l'UNESCO et cherche à nouer des liens avec les instances européennes pour faire valoir ses intérêts, mais n'a pas réussi à produire une dynamique d'intégration européenne des différentes institutions bouddhiques nationales. De multiples tentative d'intégrations ont vu le jour depuis qui n'ont pas eu un grand succès. Soulignons cependant les efforts actuels du responsable de l'Union Bouddhiste Belge, qui tentent de fédérer les associations nationale autour d'une organisation européenne.

L'Université Bouddhique Européenne[3], issue de l'Université Bouddhique de Paris, est, elle aussi, affiliée à l'UNESCO. Le choix de ses thèmes

1. Sur le thème de la relation entre bouddhisme et théorie politique et économique dans le monde moderne, voir Buddhadasa Bikkhu, *Bouddhisme et Socialismes, op. cit.* ; S.C. Kolm, *L'homme pluridimensionnel : bouddhisme, marxisme, psychanalyse pour une économie de l'esprit*, Paris, Albin Michel, 1981 ; et Dumoulin, *The Cultural, Political and Religious Significance of Buddhism in the Modern World,* Londres, Collin Macmillan, 1976.
2. J. Herbert, l'initiateur de cette collection novatrice, voulut promouvoir les relations spirituelles entre l'Orient et l'Occident. Remarquons au passage que le bouddhisme est comme l'épine dorsale intellectuelle de cette entreprise de rapprochement. Il suffit, pour s'en rendre compte, de consulter le n° 16 de *L'homme en question,* journal d'informations d'Albin Michel Spiritualités consacré au 50e anniversaire de la collection.
3. Le nom de l'association déclarée est *Association Dharma Orient-Occident, Traditions Sciences et Cultures.*

d'approche permet de percevoir une volonté de modernisation[1] du bouddhisme – le vice-président de cette institution n'est autre d'ailleurs qu'Éric Rommeluère, le fondateur de *Un Zen Occidental.* L'UBE est une instance qui est parcouru par une multitude de tendances, qui trouve leur cohérence dans le refus assez net de l'approche intimiste qui prévaut au sein de l'UBF. Une multitude d'organisations interreligieuses ont été créées sur l'initiative d'associations bouddhistes. Nous ne citerons que la plus importante, l'OTU (Organisation des Traditions Unis), qui fut mise en place sous l'impulsion de l'Institut *Karma Ling*, et qui tient des assises régulières en ces lieux. Elle est parrainée par l'ONU, le département de la Savoie, la Ville de La Rochette, la FBT, l'UNESCO, l'UBE, la Congrégation *Dachang Rimé.* C'est ainsi que la rencontre Intertraditions fut considérée comme une contribution à la Décennie Internationale pour les Populations Autochtones organisée par la commission des Droits de l'Homme de l'ONU en 1995. Promouvoir les traditions « autochtones » ou « premières », c'est, d'après les représentants bouddhistes de l'Institut *Karma Ling* « contribuer à remédier aux déséquilibres sociaux et écologiques, participer à une réflexion sur le spirituel, la quête du sens, le devenir de l'homme, du monde[2] ». Le bouddhisme se fait le champion d'une universalité décentralisée critique de la politique des nations au profit d'une politique des « autochtones » ou des « traditions ».

Le Comité International Bouddhique (CIB) a très clairement fait entendre ses positions tendant à promouvoir un bouddhisme occidental engagé dans la cité qui doit avoir un « projet de société ». Son président, Philippe Ronce, a d'ailleurs écrit une lettre à tous les centres français à ce propos[3], regrettant le peu d'implication sociale et politique des organisations bouddhistes françaises par rapport au reste des pays occidentaux. Il faut bien sûr citer à nouveau l'Ordre de l'Interêtre de Thich Nhat Hanh, qui prône un bouddhisme entièrement modernisé, engagé dans la cité à travers des idées et des actions pacifistes, écologistes, antinucléaires, etc. On peut repérer deux axes de la politisation du bouddhisme, l'axe idéologique et l'axe activiste. L'Association Internationale de la Lumière du Bouddha fondée par Hsin Yun, un moine zen de l'école chinoise *Nin Chi* (*Rinzai* en japonais), se fonda sur le concept de « compassion en action » pour créer la Fondation de la Compassion qui agit dans les pays en guerre, particulièrement en Asie. Des unités de bénévoles sont par exemple intervenues auprès de réfugiés en Thaïlande. Soulignons que cette école zen humanitariste possède plus d'une centaine de centres dans le monde, dont un en France à Vitry-sur-Seine.

1. Cette volonté de modernisation se perçoit aussi à travers l'origine des intervenants. E. Morin est intervenu à plusieurs reprises. Le chroniqueur du *Monde*, R-P. Droit, y a enseigné régulièrement.
2. Dans la même page figure une déclaration du Dalaï-Lama au Sommet de la Terre organisé à Rio par l'ONU en 1992, sur « L'urgence d'une responsabilité universelle » (*Dharma*, numéro spécial, avril 1997, p. 36.)
3. Cf. p. 289 « Bouddha, ses hommes et la rue : Le bouddhisme en France a-t-il un projet de société ? »

Les grands centres bouddhistes tibétains sont presque tous, ainsi que nous l'avons vu, affiliés à des organisations à but humanitaire qui sont indirectement, ou directement, sous l'autorité du Dalaï-Lama, comme l'AISA (*Association for International Solidarity in Asia*). Certaines de ces associations humanitaires, à côté de leur action en direction de l'Asie, ont aussi une action d'aide sociale dans les sociétés occidentales. Par exemple, au Royaume-Uni, le *Rokpa Trust*[1] qui aide les réfugiés en Asie et en particulier en Inde à travers sa filiale *Rokpa Foreign Aid*, a mis en place des programmes d'action contre « la pauvreté, la précarité et l'exclusion » à Glasgow et Londres. Ces programmes sont dans la continuité des discours des leaders bouddhistes engagés, particulièrement ici dans la continuité de ceux du Dalaï-Lama sur la « responsabilité universelle », qui sous-tend que si les États et les citoyens occidentaux agissent de façon cohérente par rapport à leurs propres valeurs démocratiques et universalistes, ils doivent aider « le bouddhisme » (c'est-à-dire le Dalaï-Lama) à « libérer le Tibet ».

Les mouvements nichéristes modernes importants ont presque tous des branches humanitaires et pacifistes. La Soka Gakkai Internationale, qui collabore au Haut Commissariat aux Réfugiés de l'ONU et à l'UNESCO, par exemple en finançant ces institutions internationales, n'est bien sûr pas en reste, et est même le précurseur du bouddhisme engagé moderne planétarisé. Cet activisme est complémentaire du projet de « troisième civilisation » mondiale, d'une société civile planétaire peuplée de « citoyens du monde ». Ainsi s'exprimait d'ailleurs le directeur général de la SGI dans les colonnes de l'organe français de l'organisation, regrettant que « depuis la Guerre Froide, nous ayons été confrontés à quantité de conflits ethniques et religieux apparemment insolubles, à l'accroissement du nombre de réfugiés et à de graves dégradations de l'environnement », et se réjouissant que « [...] l'opinion mondiale semble de plus en plus favorable à l'idée que tous les groupes humains doivent travailler ensemble, en harmonie, dans une vaste perspective planétaire [...] ». Parce que c'est là une idée de plus en plus largement admise, je suis convaincu que la SGI, dont le mouvement transcende les frontières culturelles, raciales et nationales, sera conduit à jouer un rôle de plus en plus important[2] ». L'objectif d'un gouvernement mondial dans lequel la SGI aura un rôle à jouer est à peine voilé. L'implication de l'organisation à l'ONU, depuis déjà de nombreuses années, peut être à cet égard considéré comme un pari politique sur l'avenir.

Le FWBO (*Friends of the Western Buddhist Order*), qui s'appuie comme nous l'avons vu sur le WBO (*Western Buddhist Order*), a une action humanitaire extérieure dans la ligne de celle d'Ambedkar pour la défense des hors-caste en Inde. En Occident, son activisme lié à l'aide sociale est réduit – même s'il est existant – au profit des communautés autogérées,

1. Association attachée au monastère de *Samyé Ling* en Écosse dans lequel nous nous sommes rendu à plusieurs reprises pour nos enquêtes.
2. Eiichi Wada, « Avançons avec espoir dans l'esprit de tolérance d'un citoyen du monde », in *Troisième Civilisation, op. cit.*, p. 6.

autosuffisantes et communistes qui sont les germes d'une « nouvelle société », qui est comme le miroir renversé du capitalisme individualiste. Le bouddhisme y est totalement déritualisé et occidentalisé.

En Occident, les deux centres névralgiques du bouddhisme engagé dans la « transformation de la société » sont San Francisco et New York, sans doute parce que ces deux villes sont des hauts lieux de la contre-culture *Beat*, particulièrement en ce qui concerne San Francisco. Dans cette seule ville ont trouvera des institutions bouddhistes hospitalières telles que le *Zen Hospice Project* qui comprend le *Laguna Honda Hospice and Aids Unit* ainsi que la *Guest House Residence*. Ces institutions mettent toujours l'accent sur l'accueil des catégories « exclues » ou « marginalisées » par la société, telles que les homosexuels, les drogués, les victimes du racisme, de la pauvreté, etc. Le *Maitri Aids Hospice*, toujours à San Francisco, est d'ailleurs lui aussi destiné à l'accueil des personnes malades du sida.

Lettre inédite de Philippe Ronce , ancien président du Comité Bouddhiste International, envoyée à tous les centres français et intitulée :

Bouddha, ses hommes, et la rue

Le bouddhisme en France a-t-il un projet de société ?

À l'orée de l'an 2000, la grande famille des pratiquants du bouddhisme hexagonal, caractérisée jusqu'ici par la disparité culturelle de ses courants et un farouche individualisme, est peut-être en train de vivre ses premiers pas unitaires.

Répondant à l'appel du Comité Bouddhique International, un nombre important de responsables spirituels (représentatifs d'un échantillonnage assez complet des différentes écoles du bouddhisme en France : Theravâda, Mahâyâna sud-asiatique, zen japonais et coréen, Vajrayana tibétain, etc.) se sont réunis le 17 octobre dernier à Paris, afin de jeter les bases d'un espace de dialogue et d'initiatives communes qui semble avoir déja porté ses premièrs fruits : le 28 novembre suivant, lors d'une réunion élargie, le Comité Bouddhique International a en effet défini les grandes lignes organisationnelles d'une journée nationale commune de célébration du Vesak (anniversaire de la naissance du Bouddha historique), le 22 mai 1999, à Paris.

Ce « nouveau souffle », visiblement impulsé par l'ensemble de ses guides spirituels, témoigne-t-il de la maturité de la communauté bouddhiste en France, et préfigure-t-il son « entrée dans l'action » ? Après plus d'un quart de siècle d'initiatives pionnières souvent isolées, et d'intégration patiente, le temps est-il venu pour les bouddhistes de moudre leur grain ensemble ? Il est sans doute encore trop tôt pour y répondre.

Tant par sa représentativité élargie, son esprit d'entreprise, que par les champs d'action qu'il envisage, le mouvement actuel semble indiscutablement aspirer à une véritable reconnaissance nationale.

Mais bien qu'il bénéficie actuellement d'un effet de mode, notamment en raison de son image de marque paisible et compassionnée, le bouddhisme en France (800 000 pratiquants, 2 millions de sympathisants) n'est pas nécessairement le bienvenu en tant que communauté solidaire, c'est-à-dire d'autres mots, en tant que groupe de pression potentiel. Un certain nombre de signes, dont un changement de ton récent de la presse, souvent très mal documentée, révèlent ce que son arrivée sur l'échiquier des religions dominantes peut avoir de préoccupant pour certains.

Les organisations bouddhistes qui ont jusqu'ici, et souvent avec beaucoup d'à-propos dans la prudence de leur démarche, facilité l'implantation de leurs communautés en terroir français, disposent aujourd'hui d'une précieuse opportunité de régénération : mais sont-elles prêtes à la saisir ?

Un équilibre sera-t-il trouvé entre la tentation d'orthodoxie religieuse (rappelons que le bouddhisme est en premier lieu une éthique fondamentalement non théiste) et celle d'une implication locale ?

Un grand nombre de bouddhistes, par ailleurs, se sentent interpellés par le besoin d'unifier vie quotidienne et pratique (qu'ils soient moines ou laïcs, français ou natifs des pays de tradition bouddhique).

Les bouddhistes et l'action caritative

Un des constats récurrents que j'ai effectivement été amené à faire, durant l'année que j'ai consacrée à rencontrer les dirigeants de plus de 150 communautés bouddhistes en France, est celui d'un désir profond de participation à l'éradication de toute forme de souffrance, mêlé souvent d'un sentiment d'isolement et d'inadéquation.

L'engagement des bouddhistes dans l'action caritative, principalement envers les communautés religieuses ou laïques de leurs pays d'origine, n'est pourtant pas nouveau : il faut saluer au passage les accomplissements et le dévouement désintéressé des multiples associations qui se sont au fil du temps créées à cet usage.

Ce qui est par contre moins connu, y compris des bouddhistes de France, en raison notamment du développement séparé de leurs communautés, c'est en premier lieu tout ce qui concerne les « règles du jeu » de l'action caritative en France, et d'autre part l'expérience considérable accumulée par certains d'entre eux dans ce domaine, à d'autres endroits sur la planète.

Il faut donc espérer qu'au nombre des tâches prioritaires que se définira le mouvement actuel, épaulé par ses organisations, figurera la mise en place d'une organisation humanitaire bouddhiste de stature nationale, qui en raison de son unité, de la mise en commun de ses moyens et hommes, capitalisera le savoir-faire et l'esprit spécifique de l'altruisme bouddhique, et triomphera plus aisément des obstacles institutionnels qui ont jusqu'ici jalonné la route des bonnes intentions dispersées.

Les aspects spécifiques des actions caritatives locales de petite ou grande envergure menées par certaines organisations bouddhistes de par le monde, gagneraient en effet à être mieux connus du public, et les compétences, ainsi que l'image de la communauté bouddhiste en France en bénéficieraient incontestablement. Parmi tant d'autres, le parcours de quatre « hommes du Bouddha » mérite tout particulièrement notre attention, à plusieurs titres.

Le Vénérable Thich Nhat Hahn et l'Ordre de l'Interêtre

Une des figures de proue de la compassion en action, de stature internationale, résidant sur notre sol depuis bientôt trente ans, commence seulement depuis à retenir l'intérêt des médias français : le Vénérable Thich Nhat Hahn, du Village des Pruniers, dans le Lot-et-Garonne.

Né en 1926 au centre du Vietnam, il a participé dès les années 40 à la rénovation du bouddhisme qui s'y amorçait, en mettant notamment en place un service de travailleurs sociaux bouddhistes, des opérations humanitaires et de développement ingénieuses, et surtout en multipliant les actions pour favoriser le rétablissement de la paix dans son pays en guerre. Contraint à émigrer en France en 1969, il fut, avec son alter égo **Sœur Chang Khong**, de toutes les campagnes pacifistes et humanitaires, mettant sur pied un impressionnant réseau de solidarité à l'échelon européen et défrayant la chronique, au moment du drame des *boat people*, en sillonnant lui-même la mer de Chine sur de vieux rafiots, sauvant de nombreuses vies et multipliant les démarches pour que ne sombrent pas dans l'oubli les réfugiés des camps. Aujourd'hui son influence déborde largement la diaspora sud-asiatique, et la communauté bouddhiste internationale, pour toucher de larges pans de la société occidentale, impliqués plus précisément dans l'action sociale, pacifiste, et caritative.

Roshi Bernard Tetsugen Glassman et le Peacemaker Order

La soixantaine, il est né à Brigthon Beach, dans les quartiers pauvres de Brooklyn, État de New York, son milieu familial était juif, plutôt de gauche. Il a fait des études d'ingénieur en aéronautique et a commencé la pratique zen vers la fin des années 50.

Il est aujourd'hui l'héritier spirituel du grand maître zen japonais **Taizan Maezumi Roshi**, et surtout connu pour les incroyables accomplissements de son institution de réhabilitation sociale à Yonkers, New York : le **Greyston Mandala**, ainsi que ses talents (inégalés dans le milieu bouddhiste) pour attirer le soutien de personnalités de haut niveau, sans oublier les millions de dollars des subventions publiques.

Le « cercle de vie » Greyston est un réseau de compagnies et de services sociaux qui prennent en compte, de façon concertée, le tissu de causes et effets de la pauvreté urbaine : Yonkers, 4e ville de l'État de New York, est effectivement affligée d'un des taux les plus élevés de sans-logis des USA.

Faisant ses premiers pas il y a bientôt 20 ans, le « modèle Greyston » a depuis fait ses preuves, en mettant au point une méthode efficace de développement communautaire, conçue comme une alternative globale à l'approche fragmentaire qui stigmatisait jusqu'ici l'aide sociale américaine. Le réseau rassemble effectivement de véritables entreprises, des agences sociales, des groupes interreligieux, des services publics, pour aboutir à ce que Glassman appelle « un miniconglomérat de responsabilité sociale ».

La « formule » Greyston peut être caractérisée en cinq points : une grande importance accordée à l'individu, une méthode globale de prise en compte de l'environnement communautaire, une volonté profondément enracinée de soulager la souffrance humaine, un éventail particulièrement large des ressources mises en interaction, et le charisme de son leader.

Les aspects les plus remarquables du « cercle de vie » Greyston sont :

– **La pâtisserie Greyston** : 40 employés, elle a formé plus de 200 sans-emploi depuis 1982, et ses cookies sont très appréciés des connaisseurs.

– **La Greyston Family Inn** construit des maisons, et soutient des familles sans logis. Dans les deux premiers immeubles réalisés, 27 familles initialement sans domicile ont repris une vie normale. Elles ont également reçu une formation professionnelle et une assistance en placement. Un service de garde d'enfants accueille sur place, chaque jour, plus de 50 enfants du quartier.

– **Pamsula** fournit du travail à des femmes sans emploi, en recyclant des chutes de tissu utilisées pour la confection de patchwork artisanaux.

– **Le Greyston Aids Project** offre 35 unités de logement et un centre de soins de jour aux résidents atteints du sida de Westchester County, incluant des approches alternatives de type acupuncture, yoga, phytothérapie, massages.

À porter également au crédit de Bernie Glassman, les non moins célèbres retraites de méditation dans la rue, parmi les SDF, ou sur des lieus de l'holocauste, comme à Auschwitz, (à quand une retraite des bouddhistes français à Oradour ?) qui, loin de constituer des actes symboliques spectaculaires, à la limite de la provocation, caractérisent son application radicale des principes de base de l'éthique bouddhiste, et ont largement fourni la preuve de leur pertinence logistique. Quels sont ils ?

1) avoir le courage de pénétrer sans préconceptions dans l'inconnu, si nécessaire en saturant sa rigidité d'esprit égocentrique, afin de faire l'expérience du « ne sais pas ». Ne faire qu'un avec la situation, sortir des réflexes dualistes par lesquels nous sommes agis en permanence.

2) porter témoignage de la situation avec laquelle on est entré en symbiose, c'est-à-dire reconnaître que « les autres, c'est moi ».

3) prendre soin de soi et des autres à partir de ce que la situation demande pour elle-même.

« S'il s'agit d'un affamé, bien sûr qu'on commence par le nourrir ! Ensuite on lui donne les moyens de pourvoir lui-même à ses besoins. », précise Roshi Glassman, pour lequel la pratique spirituelle est indissociable du travail social. Cette notion de travail à partir de l'expérience de la non-séparation définit précisément pour lui la différence spécifique de texture qu'il y a entre le travail social habituel et une pratique spirituelle du travail social. Et d'ajouter : « Si l'action est réellement fondée sur l'expérience de la non-séparation d'avec l'autre, non seulement cette action sera appropriée et opportune, mais elle constituera par elle-même un enseignement, car le bouddhisme n'est rien d'autre que le rapport aux choses telles qu'elles sont dans la vie de chaque jour. »

Poursuivant l'application de ces principes, il vient de créer, au sortir d'une retraite (sur les marches du Capitole), le **Peacemaker Order**, doté des mêmes caractéristiques : un petit groupe de personnes très engagées depuis belle lurette dans l'action sociale, à forte teneur interreligieuse, et doté d'une vision planétaire. La vision partagée par ces acteurs sociaux de toutes origines et confessions semble précisément être celle d'une spiritualité par-delà les religions, non distincte de l'engagement social.

Figurent dans son noyau initial des « pointures » telles que Peter Matthiessen (écrivain et fervent soutien du mouvement Indien, de l'écologie), Claude Thomas (écrivain et militant pacifiste), Joan Halifax (anthropologue médicale spécialisée dans l'assistance aux mourants et fondatrice de plusieurs centres dont celui d'Upaya, à Santa Fé), Pat O'Hara (moine zen et fondateur de nombreux centres d'assistance aux personnes atteintes du sida), Bo Lozoff (fondateur, avec sa femme Sita, de la *Human Kindness Foundation*, à Durham, Californie du Nord, spécialisée depuis plus de 25 ans dans le travail social en milieu carcéral), ou Fleet Maull, qui de l'autre côté des barreaux, fait un travail identique. Les revues spécialisées *Tricycle* et *Shambhala Sun* (uniquement anglophones) consacrent régulièrement leurs colonnes à l'un d'entre eux.

Bien d'autres les rejoignent : une trentaine de « villages », un peu partout sur la planète, communiquent et agissent déjà en concertation, regroupant plusieurs dizaines de milliers d'acteurs sociaux qui se reconnaissent dans les 4 principes adoptés par le dernier Congrès Mondial des Religions, à savoir :

1) engagement dans une culture de non-violence et de respect de la vie ;
2) solidarité et ordre économique équitable ;
3) tolérance et vie fondée sur la vérité ;
4) égalité des droits et partenariat entre les hommes et les femmes.

Un grand nombre de pratiquants (du zen notamment) sont tentés en France de prendre part à une démarche sociale comme celle de Roshi Glassman. À quand l'émergence en France des premiers « villages caritatifs intertraditions », qui pourront rassembler et promouvoir tout ce qui s'ébauche ici ou là, dans une vision transcendant l'isolement et le sectarisme ?

Le bouddhisme a-t-il un projet de société ?

Tout en élaborant leur style particulier dans l'action caritative, certaines organisations bouddhistes ont également développé des microcosmes sociaux répondant aux besoins distincts de leurs communautés laïques et monastiques, et à une vision de la société conforme à leur éthique. Il serait fort opportun de les étudier aujourd'hui : constituent-ils un modèle culturellement transposable, tout particulièrement en Occident ? En quoi l'exemplarité et les principes du bouddhisme restent-ils valides, quand le développement d'une de ces organisations atteint 1 %, statut « d'état dans l'état » ? La société occidentale

Maître Hsin Yun et l'Association Internationale de la Lumière de Bouddha

Il est né en 1927 dans la province de Jiangsu, sur la côte ouest du continent chinois. Entrant à l'âge de douze ans au monastère du mont Chixia de Nankin, il y a reçu l'ordination complète en 1941, puis été reconnu comme le 48e patriarche de la tradition Lin Chi du bouddhisme Ch'An chinois. Émigrant en 1949 à Taiwan, il y a établi en moins de 40 ans toutes les composantes d'une véritable société bouddhique, qui a depuis largement essaimé, et regroupe plus d'un million de membres de la diaspora chinoise, dans 110 centres et monastères de par le monde (dont un en région parisienne, à Vitry-sur-Seine). La vision impulsée par Maître Hsin Yun est celle d'un bouddhisme dynamique, humaniste, adapté à la société asiatique moderne, et sa coloration indiscutablement chinoise ne diminua en rien l'intérêt de ses accomplissements pour les bouddhistes occidentaux.

C'est au niveau de la « compassion en action » que l'organisation de Maître Hsin Yun a notamment développé des moyens et une méthodologie susceptibles de retenir l'attention contemporaine : La « Fondation de la Compassion » fournit en effet gratuitement, depuis déjà une vingtaine d'années, un ensemble complet de services tels qu'une clinique (où près de 33 003 personnes ont reçu des soins cette année), des unités mobiles qui interviennent principalement sur les fronts de la détresse en Asie du Sud-Est (100 000 personnes assistées dans les camps de réfugiés en Thaïlande), un système d'aide matérielle d'urgence, en cas de catastrophes (notamment après le raz-de-marée en Papouasie), mais également la protection d'espèces animales, une banque de donneurs d`organes, un orphelinat, une maison des personnes âgées, une maison de retraite pour les religieux, et même, un « cimetière des immortels » doté d'unités de soins palliatifs pour les mourants.

Il n'est pas inintéressant de rappeler, dans ce contexte, que le livre bouddhiste le plus lu en France (« Le livre de la Vie et de la Mort » de Sogyal Rinpoché, La Table Ronde, 250 000 exemplaires vendus à ce jour) a soulevé un véritable raz-de-marée de demandes d'assistance spirituelle à des personnes en fin de vie, auxquelles les organisations bouddhistes concernées, à de très rares exceptions près, ne s'étaient pas préparées à répondre. Il faut d'ailleurs se féliciter que la prudence ait majoritairement prévalu, et que l'essentiel des efforts déployés dans ce domaine ait porté sur la constitution d'équipes pionnières pluridisciplinaires, sur la mise en place progressive d'une « culture bouddhique » de l'assistance aux mourants.

Dans leurs efforts pour mettre sur pieds une organisation caritative unitaire, il va sans dire que les bouddhistes de France disposent aujourd'hui d'atouts et de compétences non négligeables, mais où en sont-ils sur le plan éducatif, culturel ?

Daiku Ikeda est né en 1928 à Tokyo, dans une famille d'exploitants d'algues marines. Il a dix-neuf ans quand il fait la rencontre de Josei Toda, dirigeant de la Soka Gakkai, dont il prendra la succession en 1960, après sa mort. Daiku Ikeda est connu pour avoir considérablement accentué le développement de son organisation, en diversifiant et intensifiant ses activités dans les domaines culturels, artistiques, éducatifs, et humanitaires.

Bénéficiant des cotisations et donations de ses millions de membres, la Soka Gakkai gère aujourd'hui un large patrimoine immobilier, soutient un parti d'opposition de centre gauche (qui est à l'origine de la première alternance démocratique du Japon depuis trente ans), et dispose d'un éventail de moyens de communication importants, dont un journal quotidien diffusé à 4 millions d'exemplaires. Son budget annuel avoisine la bagatelle de 20 milliards de francs, et à titre de comparaison avec les budgets des États du monde entier, elle en consacre 50 % à la culture, l'éducation, aux actions écologiques, et humanitaires. Elle est notamment la première organisation bouddhiste laïque enregistrée à l'ONU (depuis 1981, et comme Organisation Non Gouvernementale, notamment au Haut Commissariat aux Réfugiés, et à l'Unesco), et se montre très active, tout particulièrement dans les domaines du désarmement, des droits de l'homme, de l'écologie, alternant avec habileté actions sur le terrain et campagnes d'information à l'échelon mondial.

Le poids d'une telle organisation, et la nature de ses activités, on s'en doute, ne lui ont pas fait que des amis (à commencer au Japon). Classée en 1996, en France, comme « secte à dangerosité présumée » (suite aux travaux controversés de la Commission Guyard) – une première mondiale pour l'organisation, qui ne connaissait jusque-là que des difficultés d'implantation dans les pays sous dictature totalitaire – la Soka Gakkai semble devoir principalement sa mauvaise image de marque à trois facteurs convergents :

1) les milieux proches du lobby nucléaire, qui craindraient de voir légitimisé un groupe de pression dont l'image antinucléaire, pacifiste et écologique est établie, et seraient à l'origine de la première rumeur collant encore aux basques de l'organisation « espionnage industriel ».

2) un amalgame classique opéré par la presse à sensation, entre la réputation mafieuse de certains milieux d'affaires japonais, et les présomptions (jusqu'ici infondées) « d'entrisme de l'organisation dans les rouages des institutions françaises », qui malgré l'abondance des procès gagnés en diffamation contre les journaux concernés, n'a pas simplifié, on s'en doute, la vie des près de 10 000 membres en France de la Soka Gakkai.

3) les « milieux autorisés » du bouddhisme hexagonal qui ne lui reconnaissent pas l'appellation « bouddhiste », en raison notamment de sa rupture avec les patriarches de la Nichiren Soshu (qui constituaient jusqu'en 1990 son affiliation spirituelle), et de son profil paradoxal de multinationale humaniste à vocation résolument laïque.

Encore une fois, qu'on ne se méprenne pas sur l'intention : il ne s'agit pas de plaider ici pour la réhabilitation de ce qu'on appelle désormais les « néobouddhismes », mais de contribuer à urne connaissance plus documentée de l'engagement des bouddhistes dans l'action sociale, y compris, effectivement, celui des organisations à forte coloration laïque.

L'équilibre trouvé entre les communautés monastiques et laïques varie considérablement d'une organisation à l'autre, d'un moment de leur histoire à l'autre, et c'est ce qui fait précisément la force et la santé du bouddhisme, depuis 2 700 ans. Mais les périodes de déclin et de revers d'influence du bouddhisme ont également toujours coïncidé avec une altération très nette de cet équilibre, et il n'est pas inutile de s'en souvenir aujourd'hui.

Il paraît donc peu réaliste d'envisager aujourd'hui un développement de la communauté bouddhiste en France, en ne privilégiant que des préoccupations relatives à son orthodoxie religieuse, et de prétendre favoriser son unité, sans lui proposer des perspectives d'action unitaire.

Il faut donc espérer que dans la phase cruciale qu'ils traversent, les bouddhistes de France seront plus curieux de la diversité de leurs multiples héritages, afin de partager une vision commune, une confiance en leur capacité de mettre à contribution leurs savoir-faire, et d'engager des actions véritablement bénéfiques, susceptibles de consolider leur image publique.

Philippe Ronce, auteur du *Guide des centres bouddhiques en France*,
réalisateur d'émissions de télévision et écrivain.

2° Les institutions du bouddhisme engagé transversal et transnational : action et projet d'une révolution mondiale

L'une des deux institutions les plus dynamiques du bouddhisme engagé planifié à l'échelle planétaire est l'INEB (*International Network of Engaged Buddhists*) qui a son siège à Bangkok et regroupe 33 pays. Il a été fondé en 1989 sur l'initiative de Sulak Sivaraksa, l'activiste thaïlandais que nous avons déjà évoqué à plusieurs reprises dans notre partie sur l'occidentalisation en Asie, et de Teruo Maruyama. Maruyama est un religieux membre de la *Nichiren Shu* et ancien membre du Parti Communiste japonais. Le Dalaï-Lama ainsi que Thich Nhat Hanh sont membres du réseau. Les actions de l'organisation sont multiples : par exemple, au Japon, il a été mené une action pour que les représentants de l'État reconnaissent officiellement les exactions nippones lors des massacres de Nankin pendant la Seconde Guerre mondiale. L'INEB combat aussi la prostitution en Asie, en mettant en place des contre-réseaux pour sortir les prostituées de l'irrégularité. Il engage aussi des actions d'opposition directe aux gouvernements, par exemple par des campagnes contre la construction d'un gazoduc passant par la Thaïlande. Cet activisme se double d'une production idéologique parfois extrêmement virulente, allant jusqu'à l'affirmation que la simple participation à la « société de consommation » viole l'éthique bouddhique. Cette pensée est diffusée en Occident par l'intermédiaire des interventions régulières de Sulak qui écrit régulièrement dans *Turning Wheel*, la revue du bouddhisme engagé, organe de presse du BPF (*Buddhist Peace Fellowship*), de ses cours sur le bouddhisme engagé dans le Colorado au *Naropa Institute*, mais aussi de la publication de certains de ses textes par d'autres voies occidentales, par exemple dans le *Engaged Buddhists Reader*[1] publié par Parallax Press, la maison d'édition attachée à l'Ordre de l'Interêtre de Thich Nhat Hanh.

Le BPF est proche à la fois idéologiquement et organiquement de l'INEB ; en témoigne, comme nous venons de le voir, le fait que Sulak écrive régulièrement dans les colonnes de *Turning Wheel* (tout comme d'ailleurs le Dalaï-Lama et Thich Nhat Hanh), son organe de presse. Le BPF, dont le siège est à Berkeley, à côté de San Francisco, fut créé par Robert Aitken dont les conceptions antimilitariste, écologiste et libertaire sont très proches de celles de Sulak.

L'organisation est une des plus actives des États-Unis en matière d'écologie, de pacifisme et de défense des droits de l'homme. Elle s'impliqua dans la crise politique qui traversa le Honduras et le Nicaragua en 1987. Le BPF dispose d'une filiale qui s'occupe d'action sociale directe, le BASE (*Buddhist Alliance for Social Engagement*), qui a mis en place des programmes d'engagement social pour les étudiants qui seront formés théoriquement et pratiquement dans cette optique. Ils apprendront à travailler dans une association antinucléaire, écologiste, des hospices, à monter des campagnes de pression, selon les principes du bouddhisme engagé. *Turning Wheel* assure la diffusion idéologique et BASE développe l'activisme social. Le *Naropa Institute* de Boulder au Colorado propose dans le même esprit des *masters* dans lesquels des enseignements sont dispensés en écologie, ou sur les problèmes du nucléaire, de l'égalité des sexes, selon les principes du bouddhisme engagé.

Le *Zen Peacemaker Order*, bien qu'ayant été créé par le moine zen Bernard Glassman initiateur d'un réseau de lutte contre la précarité sociale et en particulier urbaine, semble se départir quelque peu de l'action citoyenne vers la promotion de la libération spirituelle passant par la travail groupal et personnel sur les émotions. Il n'empêche que c'est à l'initiative de ce moine que furent mis en place des services de proximité pour les SDF, afin de remplacer l'aide sociale fragmentaire de l'État fédéral

1. *Op. cit.*

américain par un système de réinsertion positif. Il s'agit de mettre en place des petites entreprises qui seront constituées et pilotées par des « exclus », telles que des pâtisseries, restaurants, auberges, mais en même temps ces entreprises devront elles-mêmes s'efforcer de fournir des services à ceux qui sont encore « exclus ». La pâtisserie *Greystone* a formé plus de 200 personnes sans emplois depuis 1982. Il y a également un service d'hôtellerie, un hospice pour les personnes atteintes du sida, et un atelier de couture *Pamsula,* pour aider les femmes sans emploi. Depuis sa création le ZPO a cependant pris ses distances par rapport au projet d'action sociale incarné par *Greystone,* glissant quelque peu du romantisme social au sentimentalisme individuel.

Il faut garder à l'esprit que nous avons là un mouvement de balancier entre l'individuel, au sens le plus narcissique du terme, et le global au sens le plus utopique du terme, qui est au cœur de la dynamique d'élaboration d'un bouddhisme occidentalisé transversal, c'est-à-dire qui transcende les différences traditionnelles d'école. Parfois la balance penche d'un côté, l'individuel, parfois elle penche de l'autre, le global, mais en tout cas ce balancement permet à des personnes uniquement intéressées au départ par la « libération spirituelle » de glisser à un autre moment avec leur groupe dans la visée politique globale, et inversement, à de personnes uniquement intéressées au départ par la visée politique globale (on retrouve cela chez les membres d'association de soutien para-bouddhique à la cause tibétaine) de glisser vers la « libération spirituelle ». Lorsque nous parlons *individuo-globalisme* nous ne nous référons pas à une idéologie froidement et statiquement cohérente, mais à la dynamique elle-même qui fait passer les aspirations de l'individuel au global et inversement. Cette dynamique permet d'ailleurs, à la jonction des deux polarités, à certains moments, de se traduire par des activités engagés dans la société telle que la mise en place au niveau local de réseaux d'insertion pour les personnes en situation de précarité ou au niveau global de programmes humanitaires.

Ces organisations se situent dans la continuité du mouvement critique *beat* des années soixante[1], tout en lui fournissant une cohérence et une cohésion idéologique et institutionnelle dont il ne disposait pas. Il ne faut pas croire que celles-ci, qui ont pour la plupart leur siège aux USA, ne reçoivent pas d'écho en Europe et en France en particulier. Jean-Paul Ribes, éditorialiste de *La Lettre du Tibet* et fondateur du CSPT (Comité de Soutien au Peuple Tibétain), est correspondant en France de l'INEB ; Éric Rommeluère, le vice-président de l'UBE, organisation implantée à Paris, est proche du ZPO. Nous voyons que les différences entre les écoles et les traditions s'estompent, les « causes » politiques se chevauchent, les frontières nationales et culturelles sont volontairement ignorées, pour générer une idéologie commune qui dispose de théoriciens, de leaders et d'organisations puissantes dans la plupart des pays occidentaux, idéologie

1. Trungpa, le lama bouddhiste fondateur du *Naropa Institute,* exerça une influence sur les *beat poets* tels que Jack Kerouac, ou Allan Ginsberg, qui passèrent d'ailleurs du temps avec ce maître tibétain.

qui correspond dans nos catégories à *l'individuo-globalisme,* et sur laquelle nous devons faire maintenant le point. Nous pouvons dans l'immédiat la résumer par cette phrase d'un de ses promoteurs français actuels, parlant du bouddhisme engagé : « Égalité des sexes, égalité raciale ou ethnique, reconnaissance des homosexuels, justice, droits des animaux sont les thèmes préférés de ce mouvement pour lequel il ne saurait y avoir de paix intérieure sans paix mondiale[1] ».

1. E. Rommeluère, *Guide du Zen,* Paris, Librairie Générale Française, 1997, p. 197.

II. L'IDÉOLOGIE INDIVIDUO-GLOBALISTE

Nous avons pu constater, en étudiant le processus d'occidentalisation du bouddhisme en Asie, et par la suite les institutions occidentales du bouddhisme et leur intégration organique et idéologique aux institutions asiatiques, combien la frontière pouvait parfois être ténue entre un bouddhisme *nationaliste-moraliste* et un bouddhisme *solidariste-universaliste*, et combien ces deux types sont parfois mêlés dans le même discours. En Asie par exemple, le *solidarisme-universaliste* peut être une façon de critiquer et de combattre le capitalisme occidental en tant que source de perversion de la tradition morale et religieuse nationale. Le *solidarisme-universaliste* est alors le paravent du *nationalisme-moraliste*.

En Occident, ce n'est pas le *solidarisme-universaliste* qui peut servir de paravent à des formes d'extrémisme droitistes, puisque la pensée réactionnaire remet en général en cause avec la même virulence le capitalisme matérialiste et le démocratisme humanitariste comme des dégénérescences modernes. En revanche, l'orientation *intimiste-individualiste* peut être un paravent efficace dans une société qui réprouve officiellement l'expression publique de l'Extrême-droite. L'*élitisme-culturaliste* bouddhiste n'est pas nationaliste, mais *civilisationniste*, pour la mise en place d'une civilisation hiérarchisée, d'une culture politico-spirituelle[1] qui différencie les hommes en fonction de leur évolution morale supposée[2]. Le modèle de cette hiérarchisation se trouverait dans une certaine tradition indo-européenne, dont le bouddhisme serait une composante fondamentale.

Ce point étant énoncé, nous pouvons maintenant nous consacrer à la description succincte du seul bouddhisme *solidariste-universaliste*, qui est à la fois asiatique et occidental, de par ses leaders, de par ses conceptions et de par ses institutions. Nous allons ainsi être à même de cerner plus

1. D'où l'appellation d'*élitisme-culturalisme* que nous avons choisie pour désigner le bouddhisme réactionnaire en Occident.
2. Ces conceptions se rapprochent de celles de Guénon. Il y a d'ailleurs de nombreux bouddhistes intellectuels amateurs de cet ésotériste.

précisément ce que nous avions appelé par une première approximation l'idéologie *individuo-globaliste*.

A/ Analyse de deux textes témoins des deux principaux leaders mondiaux du bouddhisme solidariste-universaliste : le Dalaï-Lama et Thich Nhat Hanh

1° Analyse phénoménologique des textes et recherche de leur teneur politique explicite

Les deux leaders les plus représentatifs de cette idéologie sont le Dalaï-Lama et le Vénérable Thich Nhat Hanh. Nous avons choisi deux textes pour réaliser une analyse de contenu assistée par ordinateur, l'un du chef tibétain et l'autre de l'initiateur de l'expression aujourd'hui généralisée de *bouddhisme engagé*. Les textes ont été sélectionnés pour leur pertinence politique et parce qu'ils représentent des discours typiques de ces deux leaders, publiés pour l'un dans une revue bouddhiste française et pour l'autre dans un livre de grande diffusion. Nous donnerons tout d'abord un commentaire classique synthétique de ces deux textes. Le premier est une conférence du Dalaï-Lama intitulée « La compassion en politique[1] ». Le deuxième, « L'individu, la société et la nature[2] », est extrait d'un ouvrage traitant du bouddhisme socialement engagé.

Ces deux textes sont des traductions françaises issues de l'anglais, langue qui n'est elle-même pas parfaitement maîtrisée par les deux leaders religieux, dont les langues natales sont respectivement le tibétain et le vietnamien. Nous n'avons pas cherché la version la plus « originelle » ou la plus « authentique », car ce qui nous intéresse tient moins dans ce qu'auraient pu vouloir dire ces personnages que dans ce qu'en on compris les publics occidentaux, et français en l'occurrence. L'idéologie *individuo-globaliste*, résultat du processus d'occidentalisation, s'exprime par excellence dans le langage occidental de la raison scientifique et politique moderne, même lorsqu'il s'agit de critiquer tout ou partie de cette rationalité en présentant une rationalité droite alternative (*orthorationalité*) issue du bouddhisme qui manifesterait un dépassement des idéologies occidentales. C'est donc à travers les langues occidentales, l'anglais, l'allemand et le français, supports linguistiques par excellence de la modernité, que l'individuo-globalisme se construit. Il n'y a par conséquent

1. Cf. p. 299, Dalaï-Lama, « La compassion en politique », in *Cent éléphants sur un brin d'herbe*, Paris, Seuil, 1990, p. 79-81, tiré de l'Assemblée de *World Affairs* à Los Angeles.
2. Cf. p. 301, Thich Nhat Hanh, « L'individu, la société et la nature », in *Dharma*, n° 16, janvier-mai 1993, tiré de *The Path of Compassion, Writings on socially Engaged Buddhism*, Berkeley, Parallax Press, 1988.

pas de problème de traduction, ou plutôt, c'est le résultat de la traduction, même si elle peut être parfois une trahison (*traduttore, traditore*), qui nous intéresse au premier chef.

La transposition des concepts asiatiques dans la grammaire intellectuelle occidentale passe effectivement par la traduction des mots asiatiques en mots anglais, français, allemands, etc. Nous nous appliquerons à quelques considérations herméneutiques qui nous amènerons à la suite de cette analyse de texte, à partir du deuxième chapitre de cette partie consacrée à l'*individuo-globalisme*, à comprendre certains enjeux de la traduction des concepts asiatiques traditionnels dans un langage moderne, par exemple avec la notion de *Cakravartin*, souverain cosmique, notion spirituelle que ce sont appropriés dans un sens politique nombre de souverains asiatiques inspirés par le bouddhisme. La traduction en langage occidental devient « souverain universel », « universel » ne signifiant pas souverain de l'univers mais renvoyant à l'universalité au sens de la modernité humaniste et humanitariste, et par extension à l'universalité des droits de l'homme. Que le Dalaï-Lama soit représenté en *Cakravartin* prend ainsi une signification fondamentalement moderne. Mais concernant la courte analyse comparative des deux textes choisis ici, nous ne voulons que décrire ce qui peut être compris à l'arrivée par les Occidentaux, en dehors des processus mis en jeu pour en arriver là, processus que nous examinerons plus tard. Nous voulons approcher d'amblai la cohérence interne de ce qui se donne comme déjà traduit dans notre langage occidental et singulièrement, en l'occurrence, en Français.

a) Commentaire classique synthétique du texte du Dalaï-Lama : « la compassion en politique »

Texte 1 : Discours prononcé lors de l'assemblée de World Affairs à Los Angeles, et extrait de l'ouvrage du Dalaï-Lama *Cent éléphants sur un brin d'herbe* (Paris, Seuil, 1990).

La compassion dans la politique

Ce siècle est très sophistiqué. La diversité des moyens technologiques, en réduisant les dimensions de la planète, favorise les rencontres et le dialogue entre les hommes.

Une telle facilité de contact permet de mieux appréhender nos modes de vie, nos philosophies, nos croyances respectives, et, d'une meilleure compréhension naît tout naturellement le respect mutuel. C'est d'ailleurs bien parce que le monde devient plus petit que je puis être ici, à Los Angeles, aujourd'hui.

Ainsi, en ce moment même, je ne cesse d'être conscient que nous sommes semblables et appartenons tous à la communauté humaine. Si l'on s'en tient aux apparences, on peut dire que je suis asiatique, un Tibétain venu du fin fond de l'Himalaya, issu d'une culture et d'un milieu différents.

Cependant, à y regarder de plus près, le sentiment légitime que j'ai d'être « moi » me porte vers le bonheur et refuse la souffrance. Chacun, d'où qu'il vienne, éprouve également cette sensation au « je » suis, dans laquelle nous sommes tous semblables.

Dès lors, quand j'établis des relations avec des inconnus, dans des lieux nouveaux, il n'y a dans mon esprit aucune barrière, aucun écran. Je peux communiquer avec eux comme avec de vieux amis, même si c'est notre première rencontre. Pour moi, en tant qu'êtres humains, vous êtes mes frères et mes sœurs. Il n'existe pas vraiment de différences, je peux m'exprimer sans réserve.

Dans cet état d'esprit, la relation s'établit sans la moindre difficulté, de cœur à cœur et non du bout des lèvres. Des relations fondées sur l'authenticité des sentiments et la compréhension mutuelle génèrent confiance et respect. Ainsi, nous pouvons partager les souffrances des autres, répandre l'harmonie et instaurer une famille humaine unie.

Cette attitude est très constructive. Mettre l'accent sur les différences superficielles – culturelles, idéologiques, religieuses, raciales, sociales ainsi que toutes les autres formes de discrimination étroites et rigides – expose inévitablement l'humanité à une somme de souffrances.

Il suffit d'amplifier d'infimes différences pour que le climat social s'embrase. Il en va de même dans la politique internationale : de toutes petites divergences peuvent donner lieu à des événements incontrôlables.

Ainsi en Asie, au Moyen-Orient, en Afrique ou en Amérique latine, on assiste à des conflits qui puisent parfois leur origine dans les différences religieuses, raciales ou idéologiques.

Il en est de même dans mon pays, le Tibet, du fait du comportement de notre grand voisin, la République populaire de Chine, durant la Révolution culturelle. En adoptant certaines façons de penser et de procéder, l'humanité engendre des problèmes qui viennent se surajouter à ceux qui lui sont déjà inhérents. Un exemple frappant est celui des réfugiés cambodgiens et vietnamiens mourant par milliers ; des discours politiques se tenaient à leur propos, au lieu de parer efficacement à l'urgence de la situation.

Cela est particulièrement affligeant. Ignorer des populations en détresse révèle bien que – malgré notre intelligence et notre puissance considérable lorsqu'il s'agit d'exploiter des hommes ou de détruire le monde – nous sommes réellement dépourvus de tendresse et d'amour. Nous nous devons de prendre conscience, de façon impérieuse et élémentaire, que nous sommes avant tout des êtres humains, qui ne voulons pas mourir.

Ces hommes et ces femmes sont pareils à nous : ils ne veulent pas mourir ; ils ont le droit de vivre ; ils ont besoin d'aide. Et l'aide doit venir d'abord. Ensuite, nous pourrons parler des causes, de la politique qui a conduit à cette tragédie et de tout le reste... Un proverbe indien dit : quand on reçoit une flèche empoisonnée, on commence par la retirer, on ne perd pas son temps à se demander qui l'a lancée, de quelle nature est le poison, etc. Quand on est confronté à la détresse humaine, il importe d'y répondre avec compassion plutôt que de se poser des questions sur la politique de ceux que nous secourons. Au lieu de s'interroger pour déterminer si leur pays est ami ou ennemi, il conviendrait de dire « Ce sont des êtres humains qui souffrent et ont tout comme nous droit au bonheur. »

Dans les domaines scientifiques et techniques, nous sommes assez bien pourvus ; mais il nous manque la chaleur humaine. Avoir du cœur est une nécessité. Comprendre tout simplement que l'appartenance à l'espèce humaine fait de nous tous une seule famille, justifie le bien-fondé des différents systèmes de pensée et des diverses idéologies. Cette diversité est garante de la liberté de choix autant pour l'individu que pour le groupe. Chacun peut trouver ce qui est le mieux adapté à ses dispositions, à ses goûts, à sa culture dans les conditions de vie qui lui sont propres. Le droit de choisir est inaliénable et il appartient à chacun de l'exercer dans le cadre de cette intelligence profonde de la fraternité humaine.

Au tréfonds de nous-mêmes, nous devons avoir une réelle affection les uns pour les autres, reconnaître l'évidence de notre condition commune.

Parallèlement, nous devons être ouverts à tous les modes de pensée, à toutes les idéologies, et les considérer comme autant de moyens de résoudre nos problèmes. Cependant, une région, un pays, une idéologie ne peuvent détenir la solution universelle.

Le texte comprend trois phases, ce qui est d'ailleurs assez commun dans les discours du chef tibétain en exil. La première partie est écrite sur le mode impersonnel, la deuxième partie sur le mode personnel, et la troisième sur un mode que nous pourrions appeler englobant, responsabilisant.

1) Dans un premier temps, sur le mode impersonnel, le Dalaï-Lama fait l'apologie de la modernité : « La diversité des moyens technologiques, en réduisant les dimensions de la planète, favorise les rencontres et le dialogue entre les hommes ». Il souligne l'aspect positif de la rationalité, à travers les moyens nouveaux qu'elle offre à l'humanité.

2) Dans un deuxième temps, sur le mode personnel, il se pose en victime de la Chine, et reporte la cause de cette agression à l'ensemble de l'humanité. La politique internationale de la Chine est le résultat d'un contexte global : « [...] l'humanité engendre des problèmes ».

3) Dans un troisième temps, sur le mode englobant, responsabilisant, il se déclare comme appartenant lui et son peuple, ainsi que les Occidentaux, à la même « fraternité humaine », à la même « condition commune ». Ce qui signifie que « nous » sommes tous responsables de la politique chinoise à l'égard du Tibet, d'autant plus que « nous » ne pouvons pas l'ignorer, grâce à la technologie des moyens de communication (première partie du texte). Nous sommes non seulement responsables personnellement de la situation tibétaine, mais, de surcroît, notre destin en tant qu'humain dépend du destin du Tibet.

Nous pouvons, d'emblée, observer que ce texte reflète la stratégie de déterritorialisation du Tibet, que nous avons déjà évoquée en analysant les institutions occidentales du bouddhisme tibétain comme les préfectures qui dessinent la géographie universelle d'un Tibet fictif, composé de citoyens du monde, spécialement occidentaux, et dirigé par le Dalaï-Lama.

b) Commentaire classique synthétique du texte de Thich Nhat Hanh : « L'individu, la société, la nature »

Texte 2 : Extrait de « L'individu, la société et la nature » (*Dharma*, L'environnement extérieur et intérieur, n° 16, janvier-mai 1993), tiré de l'ouvrage de Thich Nhat Hanh, *The path of Compassion, Writings on Socially Engaged Buddhism* (Berkeley, Parallax Press, 1988).

Est-il possible d'être heureux lorsque les autres souffrent ?

Nuire à d'autres êtres humains nous fait aussi du mal. Accumuler des richesses et posséder de trop grandes parts des ressources naturelles du monde prive nos semblables de chances de vivre. Participer à des systèmes sociaux opprimants et injustes approfondit l'abîme entre les riches et les pauvres, et aggrave la situation d'injustice sociale. Aussi, quand nous tolérons les abus, l'injustice et la guerre, nous sommes d'habitude complètement inconscients de la souffrance de la famille humaine. Alors que le reste de cette famille souffre et meurt de faim, jouir d'une fausse sécurité et de richesses ne peut être considéré que comme un signe de démence.

La première transformation à tenter est celle de notre état d'esprit.

Il est devenu clair que le sort de l'individu est inextricablement lié au sort de l'ensemble de la race. humaine. Il faut laisser les autres vivre si l'on veut vivre soi-même. « *Ceci est parce que cela est.* » La seule alternative à la co-existence est la co-non-existence. Une civilisation dans laquelle il nous faut tuer et exploiter autrui pour vivre n'est pas en bonne santé mentale. Pour la bonne santé mentale de la civilisation, tous les individus doivent être vraiment égaux à la naissance : même droit à l'éducation, au travail, à la nourriture, au gîte, à la citoyenneté mondiale, à la libre circulation et à l'implantation où que ce soit sur la terre. Les systèmes politiques et économiques qui refusent ces droits à quiconque font du tort à la famille humaine : l'attention à ce qui se passe pour la famille humaine est nécessaire pour réparer les dommages déjà faits.

Afin de faire la paix dans la famille humaine, nous devons œuvrer pour une co-existence harmonieuse. Quand nous continuons à nous couper du reste du monde, nous emprisonnant dans des concepts étriqués et des problèmes immédiats, nous ne sommes probablement pas en train de faire la paix, ni de survivre.

De même qu'à l'intérieur d'un individu, préserver l'harmonie dans la race humaine n'est pas facile. La gent humaine fait partie de la nature. Il nous faut acquérir une compréhension de ce qu'est la nature dans l'humanité pour amener celle-ci à l'harmonie. La cruauté et la perturbation détruisent l'harmonie de la famille humaine, et détruisent la nature. Parmi les mesures nécessaires au rétablissement d'un ordre moral, figure une législation sans violence envers nous-mêmes ni envers la nature, et qui nous aide à éviter d'être perturbateurs ou cruels.

Nous avons bâti un système incontrôlable. Ce système s'impose à nous et nous sommes devenus ses esclaves et ses victimes. La plupart d'entre nous, pour avoir une maison où vivre, une voiture à conduire, un réfrigérateur, une télévision, etc. devons engager notre temps et nos vies en échange. Nous sommes constamment sous la pression menaçante du temps.

Dans le passé, nous aurions pu accorder trois heures à une tasse de thé, prenant plaisir à la compagnie de nos amis, dans une atmosphère sereine et spirituelle ; nous savions organiser une fête pour célébrer l'épanouissement d'une orchidée dans le jardin. Mais nous ne pouvons plus nous accorder ces joies : nous disons que le temps est de l'argent. Nous avons créé une société dans laquelle le riche s'enrichit et le pauvre s'appauvrit, et dans laquelle nous sommes tellement pris par nos problèmes immédiats que nous n'accordons plus d'attention à ce qui se passe dans le reste de la famille humaine.

L'individu, de même que toute l'humanité, fait partie de la nature et devrait être capable de vivre en harmonie avec elle. Elle peut être cruelle et perturbatrice parfois, et a donc parfois besoin d'être maîtrisée. Comme pour les individus humains et pour la famille humaine, maîtriser ne signifie pas dominer ou oppresser, mais harmoniser et équilibrer. Nous devons être profondément amis avec la nature pour pouvoir maîtriser certains de ses aspects, mais cela exige qu'on la comprenne complètement. Les typhons, les tornades, les sécheresses, les inondations, les éruptions volcaniques, les proliférations d'insectes nuisibles, sont des dangers et des facteurs destructeurs de la vie : bien que faisant partie de la nature, ils en rompent l'harmonie. Il nous faut être capables de prévenir au maximum la destruction que de tels désastres naturels provoquent, et le faire d'une manière qui protège la vie et encourage l'harmonie.

L'usage excessif des pesticides qui exterminent toutes sortes d'insectes, et bouleversent l'équilibre écologique, est un exemple de notre manque de connaissance en matière de maîtrise de la nature. Un développement économique dévastateur de la nature par la pollution et l'épuisement des ressources non renouvelables rend impossible aux êtres la vie sur terre ; il peut profiter temporairement à quelques hommes, mais, en réalité, casse et détruit l'ensemble de la nature.

L'ensemble du texte de Thich Nhat Hanh est écrit dans le style englobant-responsabilisant. Le pronom « nous » est employé dès la première ligne et restera au cœur du discours. Ce texte est lui aussi construit en trois phases. Par ailleurs, alors que le Dalaï-Lama évoquait la responsabilité morale et politique de l'humanité, Thich Nhat Hanh évoque en revanche la responsabilité économique de la « famille humaine » dans toutes les phases de son discours.

1) Dans un premier temps, il fustige l'abondance économique des pays riches et de leurs habitants comme une cause directe de la souffrance des pays pauvres et de leurs habitants, qui selon le principe d'interdépendance des phénomènes, deviendra forcément la souffrance des « oppresseurs » eux-mêmes : « Accumuler des richesses et posséder de trop grandes parts des ressources naturelles du monde prive nos semblables de chance de vivre. Participer à des systèmes sociaux opprimants et injustes approfondit l'abîme entre les riches et les pauvres, et aggrave la situation d'injustice sociale ». La sécurité matérielle dont nous croyons bénéficier n'est qu'« une fausse sécurité ». L'argument de l'interdépendance permet, comme le fait le Dalaï-Lama, de soutenir non seulement que « nous » sommes responsables des conditions de vie des « autres », mais de surcroît que ces conditions de vie nous aliènent nous-mêmes. Par conséquent, si « nous » persistons dans cette voie, c'est simplement parce que nous sommes inconscients ; pour le Dalaï-Lama nous devons « prendre conscience », pour Thich Nhat Hanh, nous devons recouvrer « la santé mentale ». Ce dernier est beaucoup plus radical que le clerc bouddhiste tibétain : « Pour la bonne santé mentale de la civilisation, tous les individus doivent être vraiment égaux à la naissance : même droit à l'éducation, au travail, à la nourriture, au gîte, à la citoyenneté mondiale, à la libre circulation et à l'implantation où que ce soit sur la terre ». Nous sommes au cœur de ce que nous avons appelé l'idéologie *individuo-globaliste* : proclamation d'une citoyenneté mondiale au détriment des frontières nationales, d'une solidarité sociale universelle. Chez Thich Nhat Hanh cependant, le mondial, le collectif, le global, l'emporte sur l'individu, ce qui n'est pas le cas chez le Dalaï-Lama.

2) Dans un deuxième temps, il fustige la cruauté prédatrice et destructrice de l'attitude de « la famille humaine » à l'encontre de « la nature », en raison de notre « système incontrôlable ». Le « système » est celui du profit, dont nous sommes « esclaves et victimes ». Contrairement au Dalaï-Lama, Thich Nhat Hanh remet en cause la modernité rationnelle au profit d'une vision romantique d'une époque révolue durant laquelle l'homme était uni à la nature. Nous avons là une utopie rétrospective romantique sur une tonalité rousseauiste : « Dans un passé, nous aurions pu accorder trois heures à une tasse de thé » ou « célébrer l'épanouissement d'une orchidée dans le jardin ». Cette nostalgie est complétée d'un discours antimoderne – dans une certaine mesure antitechnologique, contrairement à celui du Dalaï-Lama, qui ne fait que regretter que nous n'utilisions pas plus efficacement les ressources du progrès –, qui nous fait passer de la tonalité romantique rousseauiste à la tonalité marxiste : « Nous avons créé une société dans laquelle le riche s'enrichit et le pauvre s'appauvrit ». Thich Nhat Hanh sort cependant de la tonalité marxiste, puisque sa remise en cause du progrès et

du matérialisme, ainsi que son idéalisme, le conduisent à espérer « les mesures nécessaires au rétablissement d'un ordre moral ».

3) Le troisième temps fait la synthèse de la pensée de Thich Nhat Hanh, et peut être résumé ainsi. Les problèmes sociaux, politiques et écologiques sont la conséquence du système économique pernicieux qui résulte de l'aveuglement de l'individu moderne, qui résulte lui-même de sa soif incontrôlée. L'ensemble de la pensée politique de Thich Nhat Hanh est rattaché à une causalité économique, alors que le Dalaï-Lama met en exergue la place centrale de « la politique internationale ». Tous deux se rejoignent cependant sur le point de l'interdépendance universelle qui suppose une citoyenneté et une responsabilité mondiale, et sur le point que les « problèmes » économiques pour Thich Nhat Hanh, et politiques pour le Dalaï-Lama, sont *in fine* la conséquence au mieux – c'est la position du clerc tibétain – d'une inconscience individuelle et collective, et au pire – c'est la position de l'initiateur du bouddhisme engagé – d'une maladie mentale de la civilisation.

Ces différences sont partiellement explicables en vertu des statuts respectifs des protagonistes. L'un se comporte en chef d'État, et s'accorde donc plus volontiers sur l'importance centrale de la politique internationale, et l'autre est un activiste social et s'accorde donc plus volontiers sur l'importance des inégalités et exclusions d'origine économique.

2° Les bases de l'analyse textuelle assistée par ordinateur

a) Construction des catégories de l'analyse de contenu

L'analyse de contenu vise à classer l'information afin de la rendre plus accessible. Ce n'est pas le contenu même qui est pris en compte, du moins dans la computation elle-même, mais l'ordonnancement extérieur du discours. Il s'agit en effet d'une analyse catégorielle qui vise à insérer un ordre dans un désordre apparent des mots du texte, à faire ressortir les règles d'associations, d'équivalences et d'exclusions. La catégorisation constitue l'opération clé de la classification du matériel textuel par rapport à une variable de dimension, visant à son organisation et à son exploitation analytique. Elle « s'opérationalise » par le codage qui consiste à sélectionner les données pour les placer sous des catégories distinctives. La visée de la démarche est double : elle permet à la fois le dépassement de l'incertitude et l'enrichissement de la lecture. Deux fonctions de l'analyse de contenu interviennent ici : l'une est purement heuristique et s'ajoute à la lecture exploratoire et l'autre est épistémologique, car elle va permettre de corroborer ou d'infirmer des propositions.

Les catégories que nous avons choisies pour classer les occurrences sont Nature, Individu, Modernité, qui sont, d'après la connaissance préalable que nous avons des discours *individuo-globalistes*, trois moments centraux des thématiques généralement abordées par ces deux leaders. À l'intérieur de la catégorie Nature, nous avons placé quatre sous-catégories : Écologie,

Corps, Éthique, Harmonie. À l'intérieur de la catégorie Individu, nous avons : Responsabilité, Souffrance, Libération, Illusion. À l'intérieur de la catégorie Modernité, nous avons : Raison, Consommation, Contrainte, Décadence. Ce qui donne 12 catégories pourvues chacune d'un code :

Nature	– Écologie (NEC)
	– Corps (NCO)
	– Éthique (NET)
	– Harmonie (NHA)
Individu	– Responsabilité (IRE)
	– Souffrance (ISO)
	– Libération (ILI)
	– Illusion (IIL)
Modernité	– Raison (MRA)
	– Consommation (MCO)
	– Contrainte (MCT)
	– Décadence (MDE)

b) Commentaires sur les fréquences lexicales

Nous avons ensuite entré chaque mot du texte, avec l'étiquette correspondant à sa catégorie et à sa sous-catégorie, dans l'ordinateur pourvu du logiciel Sato 360 d'analyse textuelle. Après une première lecture du tableau général dans lequel l'ordinateur a classé l'ensemble des occurrences les plus fréquentes, nous avons remarqué la fréquence supérieure à la moyenne – à part bien entendu les mots de coordination, du type « car », « donc », les articles du type « le », « un », etc. – des mots suivants : « nous », « humaine », « politique », « idéologie », « problème », « nature », « famille ».

Un premier examen de ces mots révèle l'importance de la responsabilité dans sa dimension individuelle et concrète (« famille », « nous »), et en même temps une dimension concrète, une tension vers la collectivité et l'abstraction (« politique », « idéologie », « humaine »). Pourtant, cette tension ne va pas de soi, elle est problématique (« problème »). Cette « politique problématique » et cette « idéologie problématique » sont placées au voisinage lexical des mots « harmonie », « équilibre », et « nature », comme si nous avions deux ordres thématiques en opposition : d'un côté celui représenté par les mots « idéologie » et « politique », et de l'autre celui représenté par les mots « harmonie », « équilibre » et « nature ». Ces deux ordres sont reliés par le mot « problème ».

Après s'être intéressé au tableau n° 1 correspondant au lexique des deux textes, il nous est apparu important d'examiner les relations qui pouvaient exister entre les mots choisis faisant partie d'une catégorie et leurs sous-catégories. Les lexèmes qui nous ont intéressé vont donc être mis en relation avec des sous-catégories et cela grâce à la fonction de co-occurrence du logiciel SATO 360 ainsi que de sa commande tamisée, qui permet la mise en exergue du co-voisinage de mots pivots avec une liste d'autres mots.

c) Commentaire sur le co-voisinage lexical

- « Nous » : ce mot apparaît au voisinage de « humaine » (6 fois dans le texte du Dalaï-Lama, et 10 fois dans celui de Thich Nhat Hanh). Mais, dans le texte bouddhiste tibétain, il est associé à l'idée de collectivité, de fraternité, de lien et d'appartenance, et de responsabilité (« communes », « conscience », « ceux », « avec », « nos », « tous », « les », « autres », « humaines », « ils »). Dans le texte de Thich Nhat Hanh, l'idée du devoir, de la culpabilité, de l'enfermement et de la responsabilité sociale semble dominer (« faut », « cruels », « emprisonnant », « sociale », « société »).
- « Humaine » : « Humaine » et « nous » sont associés 17 fois chez le Dalaï-Lama et 24 fois chez Thich Nhat Hanh. Le sens du « nous » peut être compris comme condition humaine, se rapportant à l'idée de responsabilité globale de l'humanité, non au sens d'un concept qui ne nous touche pas mais au sens d'une réalité qui « nous » concerne personnellement.
- « Politique » : Ce mot n'apparaît que dans le texte tibétain et est associé avec : « cause », « question », et « sophistiqué ». On remarque l'association avec « sophistiqué » : la sophistication comme aspect négatif de la modernité. De même apparaît le mot « cause », qui représente l'idée de logique, de rationalité. L'association avec le mot « question », corrélée à l'association avec le mot « cause », peut sans doute se rattacher à la mise en « question » de la politique et à la recherche de sa « cause » concrète.
- « Idéologie » : Le mot idéologie, qui n'apparaît que dans le texte bouddhiste tibétain, est associé à 6 mots dont 4 sont au pluriel, et un des deux restants est le mot « diversité » qui renvoie à la pluralité. L'idéologie est multiple, « religieuse », « culturelle », « superficielle ».
- « Problème » : Le mot n'apparaît que dans le texte de Thich Nhat Hanh. L'association à « immédiat », « concept » et « étriqué » renvoie à une opposition entre le concret, immédiat, vital, et l'abstrait, conceptuel, médiat. Les problèmes appartiennent à l'une ou l'autre des catégories.
- « Nature » : Dans le texte tibétain ce terme est associé 4 fois à « avec », sans autre association. La nature collabore « avec » nous ou nous collaborons « avec » elle. On songe à l'idée d'harmonie. Chez Thich Nhat Hanh, le mot est aussi associé à « avec » (2 fois), mais de surcroît à toute une série de termes négatifs (« dévastateur », « détruit », « pollution »), à un terme exprimant la volonté (« maîtrise ») et à un terme descriptif (« matière »). « Avec » traduit la collaboration. « Maîtrise » (volonté positive), opposée à « dévastateur » (et les autres termes négatifs), traduit une alternative entre la maîtrise de la nature ou sa destruction, ou encore la destruction de la nature comme conséquence de sa maîtrise.
- « Famille » : L'association la plus forte dans le texte tibétain est avec « Bien » (4 fois) et dans le texte de Thich Nhat Hanh avec « harmonie » (6 fois). Les deux discours associent « famille » et « devons » (3 fois chacun). Nous savons, pour avoir lu le texte, que le mot « famille », qui revient en effet très fréquemment, sert à construire le groupe signifiant « famille humaine ». La famille humaine a un « devoir » de promouvoir le « bien » et l'« harmonie ». Chez Thich Nhat Hanh, les associations sont cependant plus diversifiées avec « faim », « œuvrer », « attention », « paix ». Ces termes, qui n'ont pas

de point commun évident, mettent en évidence l'importance de la notion de « famille », que nous savons constituer l'expression de « famille humaine ». La « famille humaine » œuvre, a faim, est en paix ou non.

Nous avons procédé par la suite à un traitement statistique des informations fournies par Sato 360, grâce au logiciel SPSS. Ce dernier permet de mettre en évidence des pourcentages de répartition entre catégories et sous-catégories, et de calculer entre les deux textes des mesures de dissimilarité.

3° Analyse statistique des fréquences par catégories et sous-catégories

a) Variables de l'analyse

Les formes tirées des textes étudiés sont caractérisées par trois variables quantitatives : leur occurrence dans le texte 1 (celui du Dalaï-Lama), dans le texte 2 (celui de Thich Nhat Hanh), enfin dans les deux textes par la somme pondérée de manière à supprimer l'effet de taille. Le logiciel Sato nous a donné ces occurrences par leurs fréquences respectives. Ces occurrences sont classées dans les sous-catégories. On peut résumer ainsi les éléments principaux de la répartition des sous-catégories pour le texte 1[1] :

Le Dalaï-Lama accorde une place centrale à la responsabilité (39 %), suivie de loin par l'éthique (11 %). L'éthique est naturelle, globale (la sous-catégorie Éthique dépend de la catégorie Nature), alors que la responsabilité est individuelle (la sous-catégorie Responsabilité dépend de la catégorie Individu). Les sous-catégories les plus faiblement représentées sont Écologie et Corps, toutes deux appartenant à la catégorie Nature.

Pour le texte 2, on peut résumer ainsi la répartition des sous-catégories :

La souffrance individuelle (catégorie Individu avec sous-catégorie Souffrance) représente 67 % de la répartition, alors même que la sous-catégorie Corps (appartenant à la catégorie Nature) représente le plus petit pourcentage de la répartition à égalité avec une autre sous-catégorie, soit 1 %. Il faut en conclure que la souffrance qui est évoquée n'est pas physique. Il est surprenant dans une perspective bouddhiste de constater que l'autre sous-catégorie ayant le plus petit pourcentage est Illusion (comprise dans la catégorie Individu). La Responsabilité représente le pourcentage le plus élevé en dessous de Souffrance.

Il est évidemment très tentant de lier les deux sous-catégories dominantes Responsabilité et Souffrance avec leur catégorie commune Individu pour formuler une proposition signifiante du type : l'Individu est Responsable de la Souffrance. On remarque encore d'une manière générale que la répartition est beaucoup plus homogène chez le Dalaï-Lama à la fois entre catégorie et entre sous-catégorie, ce que nous interprétons comme

1. Cf. la répartition thématique par sous-catégories dans le précédent paragraphe.

une plus grande modération. Le discours de Thich Nhat Hanh revient insatiablement sur la même catégorie, et même sur la même sous-catégorie. Cette répartition lexicale semble confirmer l'extrémisme du discours tel qu'il apparaît dans le commentaire classique synthétique.

Au vu du total pondéré de la répartition des catégories dans les deux textes,nous pouvons faire plusieurs constatations : lors de notre commentaire classique synthétique, les deux discours paraissaient axés sur le collectif, le global, alors que la présente analyse de contenu révèle au contraire une disproportion de la catégorie Individu (66 % de la répartition globale par catégorie). Cette proportion confirme notre hypothèse que le bouddhisme *solidariste-universaliste* s'appuie, spécialement en Occident, sur une idéologie *individuo-globaliste*. Même si en apparence il récuse l'égoïsme individuel au profit d'une société *solidariste*, son discours confère à l'individu une place centrale.

En outre, malgré la prétention explicite à la mobilisation de la raison au détriment des affects, la sous-catégorie Raison est celle qui est la moins représentée avec 2 %. La quantification nous a permis de repérer un décalage entre le discours explicite, ses signifiants volontaires, et sa structure lexicale. Lorsque le locuteur affirme qu'il ne s'intéresse pas à l'argent, ou qu'il n'a pas peur, alors que la quantification lexicale de son discours, en dehors de ce qu'il prétend signifier, révèle une forte proportion de termes classifiables dans les catégories de « argent » et de « peur », nous avons affaire à un tel décalage, qui peut en l'occurrence traduire ce que l'on appelle prosaïquement un complexe de ce genre. Il semble que nous soyons, dans les deux discours que nous avons étudiés, face à un complexe : l'individu, dénigré officiellement, est l'objet central du discours ; la raison, qui est encensée officiellement, est quantitativement périphérique dans le discours.

Dans la répartition par sous-catégories, à l'intérieur de la catégorie Individu, le texte 2 accorde une importance écrasante à la Souffrance (84 %) et le texte 1 à la Responsabilité (71 %). Les deux sous-catégories restent déterminantes dans les deux textes mais dans un ordre d'importance inversé.

La répartition par sous-catégories, à l'intérieur de la catégorie Modernité, met en évidence le fait que même si l'importance relative accordée à la modernité varie en fonction des discours, les répartitions de ses sous-catégories sont similaires, comme le confirmera l'analyse statistique à partir des indicateurs, contrairement à la catégorie Individu.

La répartition par sous-catégorie, à l'intérieur de la catégorie Nature, révèle la place centrale dans les deux textes des sous-catégories Éthique et Harmonie, avec cependant une inversion d'ordre entre le texte 1 dans lequel l'Éthique est première et le texte 2 dans lequel l'Harmonie est première. L'Écologie garde une place centrale dans le texte 2, mais la sous-catégorie Corps reste marginale dans les deux textes.

Les trois sous-catégories dominantes à l'intérieur de chaque catégorie révèlent la trilogie Éthique, Responsabilité et Raison chez le Dalaï-Lama et la trilogie Écologie, Souffrance, Consommation chez Thich Nhat Hanh. Le premier texte se place sur un plan politique, dans l'ordre de la négociation, ce qui est cohérent par rapport à la prétention « non-violente » du Dalaï-Lama. Le second texte se place sur un plan économique, l'ordre du ventre, de l'immédiat, alors que Thich Nhat Hanh engage explicitement dans ce même texte à se détacher des intérêts immédiats. Le premier texte est effectivement plus celui d'un homme politique, d'un chef d'État, et l'autre celui d'un activiste social.

b) Mesures de dissimilarité

Les occurrences obtenues par le logiciel Sato peuvent être traitées pour obtenir des mesures de dissimilarité. Les mesures de dissimilarité sont fondées sur la statistique de *khi-deux*. La grandeur de cette mesure dépend des distributions des 2 variables dont la proximité est calculée. Les valeurs théoriques sont fournies par le modèle d'indépendance des variables. La valeur résultant de cette mesure est la racine carrée du *khi-deux*. Cette mesure va varier avec la taille de l'échantillon. Pour réduire l'effet des distributions observées sur la valeur de la mesure, on utilise le coefficient du *phi-deux*. Ce coefficient standardise la mesure de dissimilarité du *khi-deux* en la divisant par la racine carrée de la distribution cumulée, puis en mettant le résultat au carré. Le calcul est effectué par le logiciel SPSS 6.0. La comparaison des deux textes nous donne :

Coefficient de dissimilarité (*khi-deux*) = 1,2652
Coefficient de dissimilarité (*phi-deux*) = 1,5008

La comparaison des deux textes avec un texte fictif composé de la somme pondérée des textes donne les mesures suivantes (d'après la statistique du *phi-deux* pour atténuer les effets de taille) :

Total pondéré du texte 1 : coefficient de dissimilarité (*phi-deux*) = 0,5233
Total pondéré du texte 2 : coefficient de dissimilarité (*phi-deux*) = 0,5008

Nous constatons que la dissimilarité est très faible, ce qui traduit simplement le caractère composite du total général.

Nous passons maintenant aux mesures par catégories, pour lesquelles les occurrences ne sont plus celles des vocables mais celles des trois catégories dans lesquelles ils sont répartis. On utilise le coefficient de dissimilarité basé sur la statistique du *phi-deux* afin de permettre les comparaisons entre les différents niveaux de l'analyse : formes, catégories et sous-catégories. Ce qui nous donne :

Texte 1 – texte 2 :
Coefficient de dissimilarité (*phi-deux*) = 0,2727
Total pondéré – texte 1 :
Coefficient de dissimilarité (*phi-deux*) = 0,1312
Total pondéré – texte 2 :
Coefficient de dissimilarité (*phi-deux*) = 0,1452

La dissimilarité des deux textes est inférieure quand les occurrences sont réparties par catégorie ce qui traduit un parallélisme structurel des discours du Dalaï-Lama et de Thich Nhat Hanh. Les deux textes portent tous deux sur le rapport entre l'individu et son environnement politique, social, économique et naturel du point de vue bouddhiste de l'interdépendance.

Malgré des différences que nous avons déjà notées sur la définition de l'environnement visé (plutôt social et économique pour Thich Nhat Hanh, et plutôt lié à la politique internationale pour le Dalaï-Lama), les mesures de dissimilarité par catégories mettent en évidence un parallélisme structurel général des discours qui tient au rapport individu-environnement. L'analyse descriptive par les coefficients de dissimilarité montre aussi que si les deux textes accordent une priorité à la catégorie Individu devant celles de Modernité et de Nature, cette priorité est beaucoup plus marquée dans le texte de Thich Nhat Hanh que dans celui du Dalaï-Lama, alors même que le premier tient un discours explicitement anti-individualiste.

Nous passons maintenant aux mesures par sous-catégories. Les occurrences ne sont plus envisagées sur le plan des formes (mots) ou des catégories, mais sous le rapport des douze sous-catégories. Ce qui nous donne en général :

Texte 1 – texte 2
Coefficient de dissimilarité (*phi-deux*) = 0,6619
Total pondéré – texte 1
Coefficient de dissimilarité (*phi-deux*) = 0,3861
Total pondéré – texte 2
Coefficient de dissimilarité (*phi-deux*) = 0,3275

Les modalités sont plus importantes et la dissimilarité (par rapport aux occurrences des catégories) augmente avec la distinction plus fine du texte. Bien qu'encore inférieure à la dissimilarité des deux textes envisagés au niveau des vocables, l'augmentation de la dissimilarité indique que les sous-catégories sont pertinentes pour éclairer les points de divergence de ces deux discours.

Si nous ne prenons en compte que la catégorie Individu à travers les occurrences des sous-catégories, nous obtenons :

Texte 1 – texte 2
Coefficient de dissimilarité (*phi-deux*) = 0,7373
Total pondéré – texte 1
Coefficient de dissimilarité (*phi-deux*) = 0,4636
Total pondéré – texte 2
Coefficient de dissimilarité (*phi-deux*) = 0,3279

Force est de constater que la dissimilarité est plus élevée dans ce cas que lorsque l'analyse porte sur l'ensemble des sous-catégories. La partie descriptive a d'ailleurs montré que le texte de Thich Nhat Hanh est axé sur la sous-catégorie Souffrance alors que celui du Dalaï-Lama est axé sur la sous-catégorie Responsabilité.

Si nous ne prenons en compte que la catégorie Modernité à travers les occurrences des sous-catégories, nous obtenons :

Texte 1 – texte 2
Coefficient de dissimilarité (*phi-deux*) = 0,2028
Total pondéré – texte 1
Coefficient de dissimilarité (*phi-deux*) = 0,0725
Total pondéré – texte 2
Coefficient de dissimilarité (*phi-deux*) = 0,1371

Nous constatons une dissimilarité extrêmement réduite, plus réduite encore que lorsque nous envisagions les trois catégories.

Enfin, si nous ne prenons en compte que la catégorie Modernité à travers les occurrences des sous-catégories, nous obtenons :

Texte 1 – texte 2
Coefficient de dissimilarité (*phi-deux*) = 0,3017
Total pondéré – texte 1
Coefficient de dissimilarité (*phi-deux*) = 0,1050
Total pondéré – texte 2
Coefficient de dissimilarité (*phi-deux*) = 0,2077

La dissimilarité demeure réduite, et se fait essentiellement sur l'aspect éthique privilégié par le Dalaï-Lama et l'aspect écologique privilégié par Thich Nhat Hanh, ce qui confirme notre classification du premier dans une orientation humaniste et du second dans une orientation vitaliste.

Il est évident que ces analyse ne fournissent pas des informations définitives. Nous avons seulement souhaité mettre à l'épreuve d'une très courte analyse de contenu, nos recherches plus approfondies portant sur la description des réseaux organiques et des orientations idéologiques.

4° Conclusion synthétique sur les deux modes d'analyse lexicale statistique et phénoménologique

L'analyse phénoménologique des deux discours a été globalement confortée par l'analyse de contenu textuelle, dans le sens où l'aspect plus politiquement conciliant du Dalaï-Lama vis-à-vis de la modernité, du système dit dominant (importance des sous-catégories : Responsabilité, Éthique, Raison), est mis en exergue, alors que l'aspect plus directement protestataire de Thich Nhat Hanh est aussi mis en exergue (importance des sous-catégories : Souffrance, Consommation, Écologie). Pour les mêmes raisons – *Responsabilité, Éthique, Raison* d'un côté et *Souffrance, Consommation, Écologie* de l'autre – notre distinction, à l'intérieur du *solidarisme-universaliste*, entre une tendance *humaniste modérée* dont le chef tibétain est un des leader majeur et une tendance *vitaliste plus radicale* dont le fondateur de l'Ordre de l'Interêtre est un des représentants majeurs, semble se confirmer.

Ces analyses sont aussi dans la continuité des modes d'actions politiques choisies par les deux clercs. Le Dalaï-Lama cherche à faire reconnaître la « cause tibétaine » par le haut par la communauté politique internationale et à sensibiliser par le bas la communauté civile mondiale, en particulier occidentale. Ce qui explique aussi la complaisance de son discours à l'égard des réalisations technologiques de la modernité, de la grandeur de la démocratie. Cette reconnaissance de la cause tibétaine passe par l'interprétation des concepts bouddhistes, comme celui d'interdépendance des phénomènes, aux fins de faire du Tibet un territoire bouddhiste abstrait et universel, dont le Dalaï-Lama est l'administrateur-protecteur spirituel et politique. En revanche, Thich Nhat Hanh ne cherche pas à valoriser les aspects positifs de la modernité, et remet d'emblée en cause l'« oppression » qui lui est inhérente. Ceci est corroboré dans l'analyse statistique par l'importance des sous-catégories Souffrance et Consommation.

Il semble que Thich Nhat Hanh ne valorise pas les solutions par la négociation, la collaboration, contrairement à son discours explicite. Cette constatation éclaire dès lors le fait qu'il ait été favorable par exemple aux suicides par immolation par le feu de moines vietnamiens qui voulaient exprimer ainsi leur opposition à la politique du gouvernement pendant la guerre du Viêt-nam. D'une façon plus générale, cette réalité lexicale corrobore la voie de l'activisme social choisi par Thich Nhat Hanh, tout en éclairant un extrémisme non avoué explicitement.

Pour terminer, nous constatons que l'analyse statistique des catégories à révélé un phénomène qui n'apparaissait pas du tout à l'analyse phénoménologique : la surreprésentation de la catégorie Individu par rapport à Nature et Modernité. Cette constatation est riche d'enseignements pour des discours qui veulent explicitement privilégier le plan collectif, le plan social, le plan mondial eu égard à la notion d'interdépendance universelle et de dissolution compassionnelle de l'ego. Cet élément nous conforte ainsi dans le choix de l'appellation d'*individuo-globalisme* pour qualifier l'idéologie qui est au cœur du bouddhisme *solidariste-universaliste*, et illustre la prise en compte par les clercs eux-mêmes de l'évolution individuante du « croire » contemporain dans les sociétés occidentales.

Après cette double analyse, phénoménologique et lexicale, de deux textes centraux de la mouvance bouddhiste occidentalisée *solidariste-universaliste*, il nous faut rechercher quelles sont les sources bouddhistes qui permettent de telle réinterprétation moderne, avant d'approfondir la portée pratico-sociale de cette idéologie *individuo-globaliste*.

B/ Les sources de l'idéologie individuo-globaliste

1° Approche sociopolitiques des bases doctrinales bouddhistes

Actuellement, certains anthropologues comme Louis Gabaude[1] s'intéressent à la perspective politique du bouddhisme moderniste. Leurs analyses restent cependant immergées dans un contexte asiatique. Serge-Christophe Kolm, économiste qui a poursuivi de nombreuses recherches dans le domaine de la théorie monétaire et financière, et s'est ensuite attaché à mettre en valeur les « effets pervers » des économies contemporaines, fait partie des intellectuels bouddhistes occidentaux qui réinterprètent les textes bouddhiques classiques dans un sens égalitariste. Ses plus récents textes présentent le bouddhisme comme une « solution à la crise moderne », et même, comme le moyen de l'accomplissement de la modernité grâce à une économie de l'esprit complémentaire du communisme matériel[2]. Kolm est passé de la recherche en sciences humaines au bouddhisme engagé, comme d'autres sont passés de la recherche sociologique à l'engagement communiste. Il a été passablement critiqué, par des intellectuels et par des bouddhistes français, en raison de ses relations avec la Soka Gakkai. Rappelons que ce mouvement est considéré comme une secte dangereuse par les rapports Vivien et Guyard ; sa branche française, la Soka Gakkai Française, entretient des rapports conflictuels avec l'UBF.

La doctrine bouddhiste est un terrain d'étude difficile à aborder au moment actuel de la prolifération des interprétations les plus diversifiées. De nombreux textes et déclarations de vedettes du show-business, de cinéastes, d'hommes politiques, de chanteurs, s'épanchent romantiquement[3] sur la « tolérance », le « démocratisme » d'une sagesse « si moderne ». Le bouddhisme occidental moderne se construit aujourd'hui au carrefour entre cette interprétation « grand public » et l'interprétation complexe des intellectuels néo-marxistes comme Kolm, ou systémistes et libertaires comme Edgar Morin. Chacun énonce sa vérité, en fonction de son histoire personnelle, qui engage à un rejet des « idéologies » ou de la « morale judéo-chrétienne », à la recherche d'une « troisième voie » politico-spirituelle. Pour être à même de qualifier ces perspectives

---

1. L. Gabaude, « Bouddhismes et Mondes modernes « , in *Cahiers de la pastorale des migrants*, 1989, et « Rejet et accueil de l'Occident d'après les instructions de Buddhadasa Bikkhu à des moines bouddhistes missionnaires thaïs », in *Bulletin de l'École Française d'Extrême-Orient*, t. LXV. Louis Gabaude est un chercheur de terrain qui connaît bien la vie des bouddhistes thaïlandais mais aussi la doctrine bouddhiste en général ; cette double connaissance lui a permis d'étudier la rencontre entre le bouddhisme et la modernité.
2. Cf. S.C. Kolm, *Le bonheur-liberté, bouddhisme profond et modernité*, Paris, PUF, 1982, et *L'homme pluridimensionnel, bouddhisme, marxisme, psychanalyse pour une économie de l'esprit*, Paris, Albin Michel, 1986.
3. Le cinéaste J.-C. Carrière, les déclarations de la chanteuse rock Tina Turner, de la chanteuse d'opéra Julia Miguénes Johnson, ou du représentant officiel du Dalaï-Lama aux États-Unis, l'acteur Richard Gere, pour n'en citer que quelques-uns. Richard Gere a d'ailleurs soumis récemment un scribe au Dalaï-Lama pour la réalisation d'un film « hollywoodien ».

diversifiées dans leur étendue et leurs conséquences, il faut nécessairement avoir une vue préalable globale de la doctrine elle-même. Pour mesurer une distorsion ou une bonne assimilation sociale des concepts, il nous faut rechercher un étalon stable en deçà du moment et de l'espace social que nous appréhendons.

a) Mise au point textuelle

La doctrine bouddhiste recouvre une telle multitude de canons scripturaires, qu'un procès de généralisation abuserait le jugement. Il ne faut pas, en outre, perdre de vue que la théorie est inséparable de la pratique : la pratique est la destination de la doctrine. Or, la pratique bouddhiste se développe en de multiples méthodes psychiques et corporelles, en de multiples ritualisations, ou même en différentes « institutionnalisations politiques[1] ».

Les racines directrices du bouddhisme ancien tiennent dans des recueils de paroles du Bouddha historique que constituent le *Tipitaka*, en langue *pâli*, les trois corbeilles : le *Sutta-pitaka*, le *Vinaya-pitaka*, et l'*Abhidhamma-pitaka*.

Le *Sutta-pittaka* est un ensemble hétéroclite de textes, longs ou très courts, des préceptes, des notes sur la vie du Bouddha. Le *Vinaya-pitaka*, mieux organisé, constitue, comme son nom l'indique, un ensemble de règles de discipline adressés aux moines de la *sangha* (la communauté religieuse). L'*Abhidhamma-pitaka* est le plus récent des trois recueils, il serait apparu près de cent ans après l'entrée du Bouddha dans le *parinirvana*, c'est-à-dire après sa mort[2]. Ces textes tardifs représentent le développement le plus notable de la doctrine. Ils sont déjà une interprétation du bouddhisme par des docteurs autorisés. C'est dans ce dernier recueil (*Abhidhamma-pitaka*) que Nagarjuna, le plus grand dialecticien de l'histoire du bouddhisme, déploie les subtilités apodictiques de l'école *Madhyamika*, le courant matérialiste et logiciste. On rencontre un grand nombre de textes disparates, comme par exemple les *Jataka* qui racontent les vies antérieures du Bouddha. Il ne faut pas confondre l'*Abhidhamma-pitaka*, et le *Dhammapada* qui est un recueil de stances qui font partie du *Sutta-pitaka*, un des plus sûrs et plus anciens témoignages doctrinaux. Le *Dhammapada* a acquis une célébrité particulière en raison de sa facilité d'accès et de sa rigueur doctrinale : un style simple et poétique présente les principes généraux de la doctrine. Les bouddhistes

---

1. Ce terme d'« institutionnalisation politique » est employé par le chercheur de l'*École* Française d'Extrême-Orient, L. Gabaude, en particulier dans son introduction de « Bouddhismes et Mondes Modernes », *op. cit.*
2. Siddhârtha a atteint le nirvana pendant sa vie terrestre après une longue méditation sous l'arbre de la *bodhi*, mais il a ensuite choisi, non sans quelques hésitations, de prêcher la doctrine qui lui a permis d'atteindre cette illumination. Le Bouddha était donc toujours visible, illuminé certes, mais encore une réalité tangible, corporelle. À sa mort cette réalité corporelle se fond dans le nirvana, ce que l'on appelle le *parinirvana*. On désigne donc habituellement le moment de la mort du Bouddha comme le moment de son *parinirvana*.

modernistes puisent, comme nous le verrons[1], abondamment dans ces ressources scripturaires pour construire leur critique et légitimer leur activisme politique.

b) La doctrine de la double vérité et ses conséquences politiques

L'essentiel de la doctrine repose sur les enseignements des Quatre Nobles Vérités, du Noble Sentier[2], des Cinq Agrégats, du *Karma*, de la Renaissance, de la Production conditionnée, du Non-Soi (*anatta*), et de l'Établissement de l'Attention (*Samatha*). Ces huit enseignements ne sont pas indépendants, ils se contiennent mutuellement. Ils représentent des séquences de la même vérité : les Cinq Agrégats ne peuvent pas s'entendre sans le Non-Soi, de même le *Karma* ne peut pas être compris sans la Production Conditionnée ; certaines incompatibilités apparentes, particulièrement celles du *Karma* et du Non-Soi (*anatta*)[3], ne sont résolues qu'en tenant compte de ce que nous appellerons le relativisme bouddhique : le *Karma* est une vérité pratique, d'enveloppement de l'existence (*samuthi*), le Non-Soi est une vérité absolue (*paramartha*), mais qui ne peut jamais être exprimée, sinon négativement. Ces deux vérités sont en relations, elles sont relatives à un certain ordre de réalité : relatives l'une avec l'autre, leur incompatibilité apparente témoigne de leur relation profonde. Le jeu de l'existence (*samsara*) est exprimable imparfaitement – par les mots, les langues, et au plan politique par les Constitutions, les États et les nations, autant d'illusions *relativement* nécessaires – parce que la nature même de ce jeu extérieur est son imperfection. Tandis que l'essence du monde (*nirvana*) – l'intériorité immuable du jeu – est parfaitement inexprimable, parce que sa nature n'entre dans aucune catégorie et que sa finalité au plan politique ne peut s'institutionnaliser.

Nous avons ainsi une interface complexe entre un ordre relatif et un ordre absolu[4]. En vérité absolue, les êtres qui sont observables, ainsi que les régimes politiques dans lesquels nous vivons, sont des illusions. Il n'est pas inutile en revanche de les améliorer, puisque l'oppression produit une souffrance individuelle et sociale, qui pour être absolument illusoire n'en n'est pas moins *relativement* ressentie. Les vérités relatives, les formes individuelles, sociales, politiques, forcément transitoires n'en sont pas moins existantes *relativement* à ce monde relatif. Cette rhétorique est sous-jacente à tous les discours bouddhistes politisés modernistes, quelles que soient les orientations, car elle permet une multitude d'interprétations contradictoires.

1. Cf. le prochain chapitre sur « L'étendue pratico-sociale de l'idéologie politique *individuo-globaliste* ».
2. W. Rahula, *L'enseignement du Bouddha d'après les textes les plus anciens*, Paris, Seuil, 1961, p. 34.
3. *Anatta* en *pâli* pour le bouddhisme ancien, *Anatmya* en sanskrit pour le Grand Véhicule.
4. Cf. notre tableau « Interface relatif-absolu ».

INTERFACE RELATIF-ABSOLU

		MONDE	
		Relatif (*Samsara*)	Absolu (*Nirvana*)
VÉRITÉ	Relative (*Samudhi*)	Existence des êtres relatifs	Dissolution des êtres relatifs
	Absolue (*Paramartha*)	Inexistence des êtres relatifs	Réalisation de l'être absolu

Ce rapport entre vérité d'enveloppement et vérité absolue a été largement exploité par le bouddhisme moderniste *nationaliste-moraliste* afin de légitimer d'un côté l'absolue inexistence du Moi de chaque citoyen, qui doit par conséquent se dévouer, s'abandonner au service de la Nation. D'un autre côté, il a été aussi largement exploité par le bouddhisme moderniste *solidariste-universaliste* pour contrer la proposition suivante : la souffrance est une illusion en vérité absolue, par conséquent l'inégalité sociale, y compris l'oppression politique, source de souffrances, ne sont elles-mêmes qu'illusion. Les leaders *solidaristes-universalistes*, tels que le Dalaï-Lama ou Thich Nhat Hanh, tiennent alors le raisonnement suivant : puisque nous vivons dans un monde relatif, nous devons combattre cette souffrance relative par une action elle-même relative. Une action relative, c'est-à-dire mondaine, politique et sociale.

c) La notion de « Voie du milieu »

Les Quatre Vérités Saintes constituent le soubassement du bouddhisme, sa raison nécessaire et suffisante : 1re Vérité : nous souffrons ; 2e Vérité : la soif est à l'origine de cette souffrance ; 3e Vérité : c'est par la dissolution de la soif que nous éliminerons toute souffrance ; 4e Vérité : une hygiène mentale et sociale spécifique, l'Octuple Sentier (le sentier à huit branches), qui est la Voie du Milieu, permet à ce processus salvateur de se réaliser. Le premier sermon du Bouddha au parc des Gazelles exposa ses principes à ses compagnons ascètes : ni débauche et plaisir incontrôlés, ni ascétisme outrancier, mais voie médiane (*madhiamika)*, pour atteindre la libération. Ce concept de « voie médiane » ou « voie du milieu » est l'origine du concept de Troisième Civilisation, ni socialiste ni capitaliste, développé par la mouvance Soka Gakkai, ou du concept de non-dualisme développé par Thich Nhat Hanh pour justifier l'activisme social – en théorie – adogmatique.

Ce sermon est supposé mettre en marche la Roue de la Loi (*dhammacakkappavattana-sutta*). Cette Loi (*dharma*)[1] est entièrement contenue dans les Quatre Vérités Saintes (*cattari ariyasaccani*). Tout discours à prétention bouddhique doit être compatible avec ces dernières,

1. Nous employons ici la transcription sanskrite qui est la plus commune, même si elle est philologiquement moins rigoureuse, puisque nous nous référons au bouddhisme ancien.

qui ne se présentent nullement comme une révélation, une Loi donnée de l'extérieur à l'Humanité. Les bouddhistes modernistes mettent l'accent sur cet aspect pour révoquer tout légitimité politique fondée sur une transcendance extérieure. La Loi universelle découverte n'est qu'une induction au sens logique, passage des faits à la loi, en l'occurrence du fait que le Bouddha perçoit la *réalité telle quelle est* (*yatha bhutam*), et que cette perception lui révèle par expérience, intérieurement, la loi qui régit le monde. Contrairement à Moïse qui reçoit les Tables de la Loi de l'extérieur, en un lieu particulier, le Sinaï, Siddhârtha est représenté comme ayant atteint l'illumination sous l'arbre de la *bodhi,* en un lieu identifiable géographiquement. Il ne reçoit pas le *dharma* à proprement parler en ce lieu, à côté de lui, sur un rocher, ou sur une parcelle du sol. L'arbre de la *bodhi* est le symbole de son intériorité, ce n'est qu'une extériorité apparente qui renvoie symboliquement à l'intériorité du Bouddha, à l'instar de son propre corps physique qui n'est qu'une extériorité apparente renvoyant à son intériorité invisible. Il ne parle au nom de personne d'autre que lui-même, il parle au nom de son expérience personnelle de l'illumination.

Sa légitimité ne ressort pas de sa divinité, mais de son humanité, de la profondeur de son expérience humaine : il a été riche, entouré de femmes, de nourriture, s'adonnant aux plaisirs mondains, il a aussi quitté le clan des *Shakya* et abandonné délibérément sa condition de Prince. Ce refus de la caste est interprété comme un rejet de la « classe sociale » par les modernistes.

2° L'objectif traditionnel d'élimination de la souffrance interprété comme nécessité moderne de lutter contre l'« oppression » politique et économique

a) La logique immanente et thérapeutique de la loi bouddhique

Siddhârtha ne lutte pas contre l'immoralité mais contre l'ignorance, *avija,* et contre sa cause, l'aveuglement, *moha,* et dès lors contre la cause de l'aveuglement, le désir. Il lutte avec des moyens humains, à partir de sa condition charnelle ; il ne dispose pas *a priori* de moyens surnaturels, il ne transcende sa condition qu'*a posteriori*, par l'Éveil. Il n'est pas choisi des dieux de toute éternité, même si des mythologies tardives le présenteront pourvu d'attributs divins. Ce qui fait dire au moderniste Walpola Rahula que « le Bouddha fut, parmi les fondateurs de religions, le seul instructeur qui ne prétendit pas être autre chose qu'un être pur et simple. Il attribua sa réalisation [...] à la seule intelligence humaine [...]. Nous pouvons appeler le Bouddha un homme par excellence[1] ». Rahula reprend, dans la même page, une parole du Bouddha tirée des *dhammapada*[2] : « On est son propre refuge, qui d'autre pourrait être le refuge ? ». Le refuge n'est pas dans une divinité extérieure, et non plus par conséquent dans une institution quelle

1. W. Rahula, *L'enseignement du Bouddha d'après les textes les plus anciens*, chap. I, « L'attitude mentale bouddhiste », Paris, Seuil, 1961, p. 17.
2. *Ibid.*, p. 17.

qu'elle soit : l'État, comme Dieu, ne peut pas être un refuge absolu. L'État n'a jamais, en termes bouddhistes, le monopole absolument légitime de la violence, car rien n'est absolument légitime, même pas sous le prétexte abstrait de la sécurité, de la salubrité, de la tranquillité publique. N'est légitime que ce qui se conçoit relativement à la guérison, ou du moins à l'apaisement de la souffrance.

Ainsi, le message moderniste s'affirme comme immanent, et son contenu est thérapeutique, individuellement, socialement et politiquement, sans prétention métaphysique, du moins en théorie. Le bouddhisme n'exclut pas la métaphysique : les constructions métaphysiques peuvent servir à un apaisement de la souffrance morale, au sentiment d'angoisse, mais ne sont jamais justifiables comme conceptions absolues de la réalité, étalons fixes de mesure.

b) L'oppression politique et économique moderne comme cause principale de souffrance

Le bouddhisme moderniste se présente en tant que *praxis*, théorie de la pratique. Le message de Siddhârtha supposerait la réalisation optimale du bonheur soutenu par une économie au service de la libération des contraintes matérielles[1] ; même si la notion « d'humain » doit être nuancée, car les bouddhistes n'acceptent pas la prédominance de l'Homme sur la nature, ou tout au moins, même si la condition humaine est considérée plus favorable pour atteindre l'illumination – plus favorable que la condition divine elle-même –, l'homme reste une partie intégrée au vivant. Il ne prédomine pas, mais bénéficie d'une situation privilégiée pour se libérer de la souffrance. Sa « responsabilité universelle », pour rependre les termes du Dalaï-Lama, n'en est que plus profonde. Le vivant dans son ensemble souffre, et aspire à la libération : il n'y a pas, en soi, d'infériorité animale. L'homme a plus facilement conscience de la réalité de la souffrance, ce qui ne signifie pas que les autres manifestations vivantes souffrent moins.

Les êtres humains sont aussi ignorants (*avija*) et aveugles (*moha*), dominés par leur soif de pouvoir et de biens matériels que les autres vivants, certes sur une échelle de conscience distincte, qui peut néanmoins, métaphoriquement, se représenter par des degrés d'« inconscience » animale. Voilà pourquoi les bouddhistes comparent souvent les obstacles psychologiques à la libération humaine, à des états animaux[2]. La soif, deuxième Vérité Sainte, cause du mal, servira à critiquer le système capitaliste représenté comme l'institutionnalisation de la soif génératrice, dès lors, de la souffrance du peuple aliéné – contre laquelle les bouddhistes engagés répondent par l'activisme social à l'intérieur des sociétés capitalistes – et de la souffrance des peuples oppressés – contre laquelle les bouddhistes engagés répondent par l'activisme tiers-mondiste.

1. S.C. Kolm, *L'Homme pluridimensionnel, bouddhisme, marxisme, psychanalyse pour une économie de l'esprit, op. cit.*
2. C. Trungpa, *Shambhala : La voie du Guerrier*, Paris, Seuil, 1990.

Le bouddhiste engagé Sulak, éditorialiste au magazine américain *Turning Wheel*, propose une interprétation particulièrement radicale de cette « vérité » bouddhiste : « Pouvons-nous admettre que nos impôts servent à l'armement ? Devons-nous élever des animaux pour les tuer ? Concernant le deuxième précepte, ne pas voler, il faut aussi s'interroger : même si nous ne dérobons rien directement, pouvons-nous accepter de voir les pays riches exploiter les pays pauvres *via* le système bancaire international et l'ordre économique mondial ? En fait, participer à tout le système de consommation, c'est déjà risquer à chaque instant de violer les trois premiers préceptes ! Quant au quatrième, s'abstenir de paroles mensongères ou incorrectes, c'est particulièrement difficile dans un monde fondé sur la communication publicitaire et la propagande politique [...]. En fait la souffrance, qui, certes, pouvait être souvent effrayante au temps du Bouddha, était pourtant plus simple à comprendre. L'interdépendance entre les phénomènes est devenue une chose très complexe [...]. Si nous n'adaptons pas la sagesse bouddhiste à la compréhension de la réalité sociale et à la recherche d'une réponse aux questions qu'elle pose, alors le bouddhisme risque de n'être qu'une sorte d'échappatoire aux problèmes de ce monde, à l'usage des classes moyennes[1] ».

La proximité de ces thèmes avec ceux des mouvements activistes contre la globalisation fonctionnaliste est frappante. Nous pourrions nous croire en présence d'un texte d'un philosophe de l'École de Frankfort : critique très marcusienne de l'embourgeoisement unidimensionnel – qui est, en outre, une condamnation du bouddhisme occidental que nous avons appelé *intimiste-individualiste* ; critique du marketing politique, du manque de communication intersubjective, du manque de sincérité, au sens d'Habermas ; critique du système financier mondial sur le ton de la Confédération Paysanne. Ce qui n'est d'ailleurs pas très étonnant, puisque cette série de condamnations se double aussi chez Sulak d'une apologie romantique du « mode de vie naturel », nostalgie d'une sorte de paradis perdu Bio et d'une ruralité idéale : « Dans les sociétés agraires où le bouddhisme s'est développé, les choses étaient plus simples [...][2] ». Le mode d'action préconisé par Sulak pour sortir du cercle vicieux de la souffrance politico-économique est direct et radical : refus de payer l'impôt. Principe qu'il a lui-même appliqué en plusieurs circonstances et qui fut suivi par des citoyens américains proches de ses conceptions. La construction d'une origine révolutionnaire du message de Siddhârtha n'est pas l'unique apanage des activistes reconnus officiellement en tant que bouddhistes : les intellectuels occidentaux de Claude Lévi-Strauss à Eric Fromm n'hésitent pas à prescrire à notre civilisation une « conversion à une « religiosité » humaniste sans religion, sans dogmes ni institution, une « religiosité » longtemps préparée par le mouvement de religiosité moderniste, de

1. S. Sulak, « L'attention éthique », in *Alternatives Non Violentes*, n° 111, été 1999, p. 30.
2. *Ibid.*

Bouddha jusqu'à Marx[1] ». Une « religiosité » qui ressemble fort au bouddhisme occidentalisé tel qu'il est formalisé par ses leaders contemporains.

3° Principes généraux de la conduite des gouvernants

a) L'éthique politique « originelle »

Le Bouddha ne se serait pas contenté d'enseigner la non-violence (*ahimsa*) dans ses sermons, mais se serait immiscé lui-même dans les affaires politiques afin d'empêcher un conflit entre deux clans, les *Shakya* et les *Koliya*[2]. Après cet événement dramatique, il commença à s'occuper de problèmes politiques, particulièrement concernant les devoirs du monarque[3], qu'il résuma en huit attitudes bouddhistes dans la façon de gérer les affaires publiques : *dana,* charité, don ; *sila,* s'abstenir d'actes immoraux comme s'enivrer ou commettre l'adultère ; *pariccaga,* esprit de sacrifice de son intérêt particulier au profit de l'intérêt général, ce que l'on nommerait aujourd'hui, avoir le sens de l'État ; *ajjiva,* intention de sincérité, éviter toute stratégie, dans un contexte démocratique il s'agirait d'éviter le marketing politique, – Habermas qualifierait ce dernier comportement d'attitude intersubjective : considérer l'autre comme sujet actif et non comme objet réactif – ; *maddava,* tout en étant honnête et sincère, se comporter avec douceur, éviter de choquer, respecter l'autre par des manières affables en toutes circonstances ; *tapa,* garder un point de vue juste sur soi-même, ne pas sombrer dans la folie des grandeurs, et mener une vie austère, garder des proportions humaines ; *akkadha,* capacité de pardon, se garder de toute haine ; *avihimsa,* non-interruption dans le devenir, dans le flux *karmique,* qui implique la non-violence à l'égard de toutes les formes vivantes, et qui implique le devoir gouvernemental de maintien de la paix ; *khanti,* capacité à supporter l'adversité ou l'insulte, y compris l'incompréhension des adversaires, qui implique la patience et la tolérance ; et enfin *avirodha,* non-refus, mise en accord avec la volonté générale. L'idée démocratique serait formulée dans la notion d'*avirodha.* Le Bouddha aurait été un des premiers démocrates de l'histoire, puisque pour lui l'harmonie sociale, qui doit être un des objectifs prioritaires des gouvernants, vient de leur non-refus, de leur non-obstruction, à la volonté générale[4].

La démocratie bouddhique ne serait pas l'apanage d'un système démocratique particulier. L'esprit prime sur la lettre, le sens du rite – en

1. E. Fromm, *To Have or to Be : New Bluepaint for Mankind,* Abacus, 1976, p. 197.
2. Cf. sur ce point W. Rahula, *ibid.,* p. 117.
3. Les relations que le Bouddha entretint avec divers monarques de son temps sont décrites par André Bareau (« Le Bouddha et les Rois », in *Bulletin de l'École Française d'Extrême-Orient,* 80 (1), 1993).
4. Les bouddhistes se sont intéressés à la politique dès l'origine. Il y a une pensée antique bouddhiste sur l'État (B.G. Gokhale, « The Early Buddhist View of the State », in *Journal of the American Oriental Society,* n° 89, 1969), mais nous déborderions de notre objet en la décrivant par le menu. Nous ne retiendrons que les aspects qui sont à l'origine d'une reconstruction moderniste d'un bouddhisme politique.

l'occurrence du rite démocratique – prime sur le rite lui-même : « En toute chose, l'élément primordial est le mental[1] ». Un monarque peut agir de façon démocratique, de la même manière qu'un élu du peuple peut agir de façon despotique : peu importe la légitimité en amont, abstraite, même si elle apporte une garantie partielle de démocratisme. La démocratie se constitue en aval, dans le processus de décision lui-même, formellement démocratique ou non. Cette interprétation permet aux bouddhistes modernistes de critiquer les sociétés libérales industrielles comme des régimes extérieurement démocratiques mais intérieurement despotiques ; le « despotisme » étant caractérisé par le « système de l'oppression économique ». De même, sur le plan civil, une société extérieurement fondée sur l'égalité et la liberté des citoyens peut se révéler intérieurement, concrètement, aliénante et inégalitaire. Il en va de même sur le plan du système juridique, qui peut être formellement fondé sur des principes de justice qui s'appliquent concrètement de façon arbitraire[2]. L'arbitraire intérieur est bien sûr plus grave que l'arbitraire extérieur, qui se traduirait par une justice concrète. Ce schéma est abondamment exploité par les bouddhistes engagés dans la critique de l'oppression du système financier mondial, de l'aliénation de la « société de consommation », comme si la démocratie extérieure, dans la mesure où elle devient l'alibi de l'« oppression », était plus néfaste qu'un despotisme extérieur contre lequel il serait plus aisé de lutter : « Dans certains pays, l'on accorde une trop grande place à des considérations extérieures aux dépens du développement intérieur[3] ».

Ce modèle est au cœur des ambiguïtés de l'herméneutique politique de Buddhadasa Bhikkhu, inspirateur privilégié des leaders du bouddhisme engagé[4], qui, comme nous le verrons, appelle de ses vœux un « socialisme dhammique autoritaire ». La notion de démocratie intérieure fut mobilisée dans la construction du mythe de la République bouddhiste laïque et universelle. Ce jeu entre intériorité et extériorité peut être pervers et en venir à légitimer des régimes monarchiques, qui ne seraient qu'extérieurement despotiques mais foncièrement, intérieurement, démocratiques. C'est ainsi que quelqu'un comme Buddhadasa ou son disciple intellectuel Sulak, peuvent glisser d'une critique de la société de consommation, qui est apparemment et formellement démocratique, libre et équitable mais considérée comme réellement et profondément despotique, arbitraire et aliénante, vers la promotion d'un retour à une tradition monarchique asiatique utopique. Bien que ce jeu dialectique intériorité-extériorité soit au cœur du discours de légitimation moderne produit par le bouddhisme solidariste (si le Dalaï-Lama parle de

1. *Le Dhammapada*, Paris, Les Deux Océans, 1931, p. 9.
2. Cf. notre tableau en fin de paragraphe intitulé : « Représentation bouddhiste basique du monde politique, juridique et civil ».
3. Dalaï-Lama, « Discours du prix Nobel », in *Une politique de la bonté,* Vernègues, Éditions Claire Lumière, 1993, p. 15.
4. Y compris du Dalaï-Lama lui-même.

« communisme intérieur » c'est bien, implicitement, afin de signifier que le régime chinois n'est qu'un communisme extérieur, autrement dit un faux communisme, uniquement formel), il peut prendre dans le cadre des versions extrêmes du *vitalisme radical* la forme d'une dogmatique réactionnaire et moraliste. Nous entendons réactionnaire comme une façon de réagir systématique et généralisée contre la modernité, ce qui revient parfois à remettre en cause toute forme de progrès y compris certains acquis sociaux. Le *vitalisme radical* produit une nostalgie de la nature, d'un monde naturel détruit par la modernité. Cette pureté naturelle, au sens écologique du terme, peut très vite s'assimiler à la pureté naturelle d'une société ancestrale traditionnelle aujourd'hui détruite par les progrès modernes et à laquelle il faut revenir à tout prix. La nostalgie naturelle, au sens de la quête d'authenticité « bio », se transmute alors en nostalgie politique, au sens de la quête d'un ordre social purifié de toute modernité.

REPRÉSENTATION BOUDDHISTE BASIQUE DU MONDE POLITIQUE, JURIDIQUE ET CIVIL

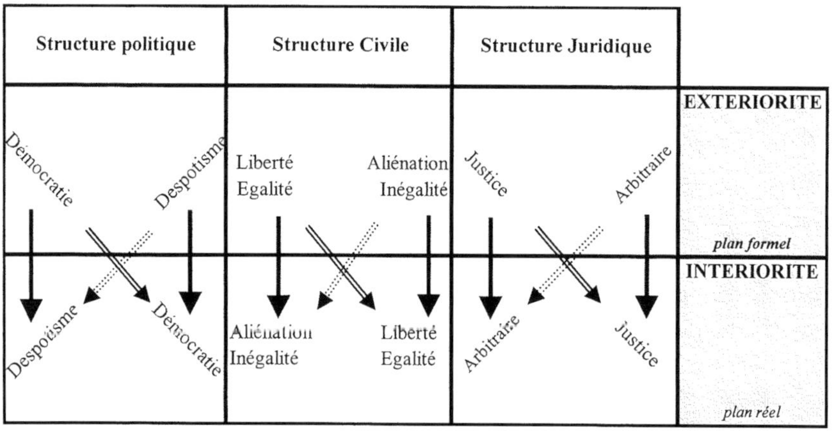

b) La politique du milieu : révocation de tout exclusivisme possible

Dans une société bouddhiste, telle qu'elle est définie par les modernistes, le paria ne peut exister. L'ancien criminel lui-même n'est pas exclu, chacun doit pouvoir gagner et regagner le statut qui correspond à son activité réelle. La communauté monastique égalitariste fondée sur le partage des biens de production et de consommation est le modèle idéal de la société *dharmique*[1] universelle. Ce n'est donc pas un socialisme pur et simple, mais une voie médiane, voie du milieu, entre les deux préceptes, à chacun selon ses besoins – afin de ne point entraver la vie des plus démunis, et d'empêcher au mieux que la brutalité de la soif et de la faim ne les torture – et à chacun selon ses mérites, afin que le bilan de leurs actions négatives et

1. Nous employons tantôt *dhammique-dhamma*, tantôt *dharmique-dharma*. La première orthographe est *pâli* (bouddhisme ancien : *Theravâda*) et la seconde est sanskrite (Grand Véhicule : *Mahâyâna*).

positives, de leur *karma*, s'inscrive sans entrave dans la réalité de leur position sociale.

L'*arya* n'est noble qu'en raison de son activité noble, nullement préétablie passivement dans une position[1]. L'*arya*, en tant que race, l'aryen, né indo-européen, n'a aucun droit *a priori* ; il n'est ni plus noble, ni plus vil que n'importe quel autre être humain. Le Bouddha, dès l'origine, aurait réfuté toute doctrine fondée sur des prémisses raciales, par exemple sur la supériorité des races et cultures indo-européennes. Ce principe de non-exclusion s'appliquerait à l'égalité sexuelle.

Cette tradition égalitariste supposée ne s'est pas répercutée concrètement dans l'espace public des sociétés asiatiques. L'égalitarisme est resté communautaire sans jamais s'inscrire dans un projet social global. Les bouddhistes modernistes insistent dès lors sur le passage de la libération intérieure à la libération sociale. Le projet social global, qui donne corps à cette libération, se réfère aux conseils du Bouddha aux gouvernants, à la philosophie politique de Nagarjuna et enfin à l'exemplarité du roi Açoka comme souverain idéal et universel, *Cakravartin*, fondateur d'un équivalent antique d'État-providence et de République laïque. Cette réinterprétation moderniste et égalitariste de la tradition permet d'évoquer un socialisme bouddhique alternatif du libéralisme économique et du collectivisme d'État, qui s'élabore à travers une grille de lecture occidentale, issue en général du marxisme[2].

c) L'exclusivisme brahmanique et la théorie du *karma*

Shakyamuni ne s'adresse pas à ses disciples en sanskrit, la langue de l'élite aryenne et surtout des brahmanes, mais en langue *pâli*, idiome populaire accessible aux masses. Pourtant, la nouvelle doctrine reprend les concepts clés de l'hindouisme brahmanique, par exemple la métensomatose[3], mais les réinterprète à travers sa grammaire propre. La doctrine du *karma* est un élément central de l'idéologie du système brahmanique des castes. Il profite de toute évidence aux castes dominantes. Un individu appartient à une caste défavorisée parce que son *karma* le destine à ce statut existentiel et social. *Karma* signifie littéralement action-réaction. Un individu est défavorisé dans cette vie en vertu de ses actions passées. Sa position actuelle est issue du capital qu'il a lui-même eu le loisir de se constituer.

Cette idéologie légitime toutes les tares physiques actuelles, comme si elles découvraient physiquement l'accumulation accablante et volontaire de

1. Môhan Wijayaratna, *Le Bouddha et ses disciples,* Paris, Cerf, 1990, p. 117.
2. L. Gabaude, *Une herméneutique bouddhique contemporaine, Buddhadasa bhikku,* Paris, École Française d'Extrême-Orient, 1988.
3. Le terme commun de métempsycose est impropre à désigner l'opération transexistentielle qui résulte de la théorie du karma. Le préfixe grec *meta* signifie le changement, la modification, la suite, métempsycose désigne étymologiquement le changement de l'âme, sa transformation, or, c'est le corps qui change en l'occurrence alors que le principe psychique garde au contraire une certaine cohésion. Il s'agit donc d'une métensomatose, un changement de corps.

mauvais mérites, et plus largement fournit la charpente idéelle de la hiérarchie des castes. Toutes les injustices apparentes et actuelles se résorbent dans une justice profonde trans-existentielle. L'appartenance à une caste ne doit plus être vécue, en termes bouddhistes, comme une entrave à la liberté individuelle, une aliénation, mais au contraire comme le résultat naturel de la liberté individuelle. L'idéologie brahmanique est analysable, selon la définition marxiste, comme construction d'un conscience erronée (fausse conscience) de la réalité objective dans l'intérêt d'une classe-caste dominante.

Le brahmanisme incite les membres des différentes castes à assurer le mieux possible leur position sociale, c'est-à-dire à se conformer le mieux possible aux règles, aux interdictions, aux restrictions, et bien sûr aux privilèges attachés à leur statut. Le jeu d'exclusion absolu entre les différentes castes empêche l'ascension sociale, contraire au principe sacré du *karma*. Un homme de peu de mérites, donc impur, ne peut fréquenter, toucher, et encore moins se marier avec une femme de plus de mérites, donc plus pure. Le système est fondé sur la frayeur permanente d'une contamination globale, à la fois physique et métaphysique.

De la théorie du *karma* découle la théorie des castes, dont découlent les règles d'exclusions qui structurent l'ensemble du système : répartition du travail, des différentes tâches, de l'artisanat jusqu'à la cuisine en passant par l'agriculture. L'ultime ressort de l'exclusion se manifeste dans la souillure corporelle supposée qui conditionne le droit ou l'interdiction de toucher physiquement autrui. Cet ultime verrouillage du système enferme jusqu'à la chair elle-même des êtres, afin de prévenir toute velléité de révolte : ceci explique que certains seront presque intouchables, et même absolument intouchables (les parias), ou bien encore que les cuisiniers seront souvent des brahmanes du fait du contact nécessaire de leurs doigts avec les aliments. Toute révolte contre le système se traduit – en théorie – par une nouvelle chute *post-mortem* dans la hiérarchie cosmique et sociale des êtres. La société brahmanique est la société la plus hiérarchisée du monde en vertu d'un système d'exclusion hiérarchique radical fondé sur la théorie du *karma* qui induit une absolue passivité de tous les membres de la collectivité face à leur situation de classe-caste.

d) La portée révolutionnaire de la conception bouddhique de la théorie du *karma*

Le message bouddhique renverse la théorie du *karma*, et instaure une communauté (*sangha*) dans laquelle le statut du moine (*bikkhu*) dépend de son action présente. Le bouddhisme opère par déconstruction : il s'agit d'accepter en apparence certains concepts clés, et de les déformer, de les mettre à la disposition d'une nouvelle idéologie. Ainsi, les bouddhistes ne nient pas l'existence du *karma* et de la métensomatose. Les hindous valorisent la vie antérieure et l'espoir d'une incarnation future au détriment de la vie présente : l'individu doit « se tenir tranquille », en quelque sorte encastré par ses déterminations antérieures et ses possibilités postexistentielles. L'accent est mis sur le conformisme et le fatalisme en face de la loi immuable du *karma*.

Au contraire, dans le bouddhisme, la théorie du *karma* recouvre à la fois l'ensemble des fixations qui empêchent le développement spirituel, et l'ensemble des potentiels actuels de l'individu pour des actions nouvelles. La causalité karmique existe pour être brisée par une action libératrice. Au lieu d'accentuer l'aspect réactif, le message bouddhique accentue l'aspect actif. Il n'y a pas de fatalité qui mérite d'être acceptée ; les déterminations apparentes, illusoires, par exemple les déterminations sociales, ne sont pas légitimes en soi, elles sont le prétexte de leur renversement : lorsque l'individu souffre, par exemple de sa position d'esclave, le seul intérêt de cette souffrance est de lui faire prendre conscience de sa situation d'aliéné pour qu'il soit à même s'en déférer. La loi du *karma* ne s'impose nullement comme une pression extérieure mais plutôt comme un processus interne, une causalité psychique, qu'il convient d'apprivoiser par l'action. Le *karma* ne se subit plus mais se construit. Le bouddhisme valorise donc la face active du *karma* : il ne faut pas accepter une situation existante, une loi, une fatalité, une institution, mais il faut agir pour changer les choses.

Dans l'hindouisme brahmanique, les conséquences des actions sont perçues du point de vue moral du pur et de l'impur, alors que dans le bouddhisme les conséquences des actions sont perçues du point de vue psychologique, non pas comme des raisons d'attendre et d'accepter mais comme des raisons de prendre conscience et d'agir. Il n'y a pas d'institution sacrée absolument (séparée absolument de la volonté humaine), mais des représentations transitoires qui justifient des états de faits (et donc aussi des États politiques), qui ne sont là que comme des raisons d'agir sur soi (prendre conscience), pour se délivrer du mal-souffrance[1]. Cet exemple de la déconstruction d'un concept hindouiste-brahmaniste[2] est caractéristique du mode de pensée moderniste, qui consiste à représenter le Bouddha comme un précurseur à la fois de la liberté de conscience et de l'égalité statutaire.

4° *Ahimsa* : non-interruption du flux karmique comme principe politique

a) La non-violence en terme bouddhique n'est pas passive

La non-violence se traduit en terme bouddhique par une activité et non par une résistance passive. Être non-violent sans tenir compte des réactions violentes résultant de cette attitude originaire n'est pas, théoriquement, une solution bouddhiste. La passivité, la non-résistance à l'occupant britannique prônée par Gandhi, motivait des violences perpétrées par des activistes

1. Le mal n'est pas un critère de jugement qui se suffit à lui-même, qui est sa propre référence, mais le critère est ce qui, proprement, fait mal, ce qui tourmente, déstabilise, tout ce qui sur terre fait souffrir les êtres vivants.
2. Nous entendons hindouisme par brahmanisme, c'est-à-dire système des castes en particulier, tant il est vrai que certaines écoles hindouistes marginales envisagent aussi cette interprétation libertaire, par exemple l'*Advaita Vedanta*.

extrémistes. Son refus de négociation entraîna de nombreux soulèvements et un effondrement économique. Si Gandhi n'avait pas conscience des conséquences de son attitude originaire ou qu'il ne les souhaitait pas, il aurait dû, du point de vu bouddhiste, plutôt que rester passif à leur égard, s'activer pour les empêcher, quand bien même servaient-elles son dessein indépendantiste. Aucun but ne justifie le sacrifice d'êtres animés. D'après les bouddhistes modernistes, Siddhârtha n'abolit pas seulement le sacrifice dans son acception sacramentelle, mais aussi le sacrifice du bien-être concret et actuel pour un idéal ultérieur et hypothétique. Aucune cause n'est assez fondamentale pour se nourrir d'un surplus de souffrance, puisque la cause fondamentale dharmique est la suppression profonde et définitive de la souffrance.

L'*ahimsa* gandhien est un exemple de non-intervention générale, de passivité stratégique à l'égard de la situation actuelle, quelles qu'en soient les conséquences, c'est une résistance-pourrissement. Même si Gandhi a donné une interprétation totalement pacifique de sa stratégie de *satyagraha*[1], il est indéniable qu'il s'est accommodé des actions violentes qui se commettaient en son nom. L'*ahimsa* bouddhique nécessite au contraire une activité volontaire pour changer les choses, mais en évitant toute violence possible, y compris en travaillant positivement à la dissoudre[2]. Un but juste peut, certes, être différent de l'élimination de la violence pure et simple, par exemple l'autonomie du Tibet, mais ne doit pas être, en théorie, en lui-même un facteur de violence, ni dans le processus de son obtention, ni une fois atteint, quels que soit les autres intérêts en jeu, par exemple la survivance de la culture et de la langue tibétaines.

Nous avons une schématisation dans laquelle l'attitude originaire non violente n'est que la raison nécessaire et nullement suffisante de la non-violence dharmique[3]. L'attentisme, qu'il entraîne ou non des violences secondaires, voulues ou indifférentes, est récusé. L'idéal dharmique est une non-violence active, de négociation – souvenons-nous de l'importance centrale de la responsabilité et de la négociation qui ressortait de l'analyse de contenu du texte du Dalaï-Lama –, qui reste responsable de toute violence qui serait une réaction à son jeu d'attitudes originaires[4].

b) La non-violence interprétée comme principe de protestation et de résistance

Le Dalaï-Lama tente d'appliquer le principe d'*ahimsa* dans sa stratégie de résistance à l'« envahisseur » chinois. Il ne reste pas passif, sans pour autant s'impliquer dans une résistance armée, qu'il ne pourrait, en toute

---

1. Gandhi, *Lettres à l'Ashram*, Paris, Albin Michel, 1971 ; et *Tous les hommes sont frères*, Paris, Gallimard, 1990.
2. Bien entendu nous nous plaçons dans ce chapitre sur le plan de l'idéologie et non de la réalité sociale. En pratique, les interprétations peuvent varier. Par exemple Thich Nhat Hanh a soutenu des actions politiques objectivement violentes, comme les suicides de moines en place publique.
3. Nous rappelons que le *dharma* est la Loi bouddhique universelle.
4. Cf. notre tableau en fin de paragraphe, intitulé : « La non-violence comme stratégie politique bouddhiste ».

hypothèse, assumer[1]. Il se veut actif sans pousser à la violence, et sans chercher, d'après lui, à porter préjudice à l'envahisseur chinois[2]. Il cherche à reconquérir son pays par le *dharma* et non par les armes, suivant le modèle d'Açoka le souverain universel. L'adresse aux pays occidentaux est un moyen de pression sur la République Populaire de Chine. Le sens de la stratégie n'est pas univoque, ne poursuit pas seulement la libération du Tibet, mais se représente comme un projet global de pacification des êtres vivants, aussi bien à l'Est qu'à l'Ouest. Cette œuvre de pacification confère en outre au Dalaï-Lama le statut de souverain universel, protecteur des citoyens du monde.

LA NON-VIOLENCE COMME STRATÉGIE POLITIQUE BOUDDHISTE

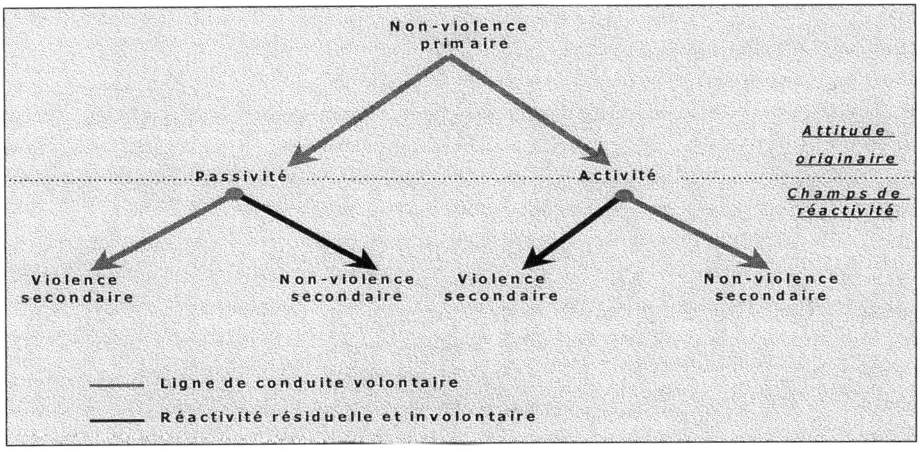

Les moyens de la stratégie sont présentés comme des réalisations bouddhistes, avec la proposition suivante : les Occidentaux aident les Tibétains parce qu'ils sont sensibilisés à leurs problèmes via leur compréhension du bouddhisme ; mais, de ce fait, ils s'aident aussi eux-mêmes par l'« opportunité » qui leur est offerte de « goûter » à cette « sagesse ». Les moyens ne sont jamais, en théorie, sacrifiés aux fins : la stratégie politique se veut antimachiavélique, à moins qu'il y ait conflit de souffrance, qu'une petite violence directe puisse directement éviter de plus importantes souffrances. Le Tibet, enjeu de la stratégie de non-violence, se délocalise comme un enjeu moral démocratique et humanitariste qui concerne les citoyens du monde, au nom de l'interdépendance des phénomènes : « Alors qu'individus et nations deviennent de plus en plus interdépendants, nous n'avons d'autres recours que de développer ce que

1. Il a d'ailleurs été dépassé par sa base à plusieurs reprises en raison de sa non-violence systématique.
2. Même s'il a pu déclarer à plusieurs reprises s'être inspiré de Gandhi (« [...] un hommage rendu à mon guide, le Mahatma Gandhi, dont l'exemple est une source d'inspiration pour tant d'hommes » : Dalaï-Lama, « Discours du Prix Nobel », *op. cit.*, p. 19).

j'appelle un sens de la responsabilité universelle. [...] Nous formons aujourd'hui une grande famille. Ce qui se produit à tel endroit de la planète nous atteint tous[1] ».

5° Le mythe politique de la République dharmique démocratique et universelle

a) Naissance du mythe moderne du *Cakravartin*, le souverain universel, démocrate et laïque

Le modèle du roi-philosophe bouddhiste se manifeste dans la figure d'Açoka, le conquérant antique appartenant à la dynastie des *Maurya*, qui érigea le plus grand empire de l'histoire de l'Inde, au IIIe siècle avant notre ère. Le mythe se construit sur l'événement « extraordinaire » de sa décision de renoncer à la conquête violente, à la guerre à l'extérieur, et à l'exercice « laïque » et démocratique du pouvoir à l'intérieur. Avant sa conversion, il se serait comporté en despote sanguinaire, conquérant insatiable, sans foi ni autre loi que celle de la force de ses armées. Après sa dernière conquête du pays de Kalinga, l'horreur de ses crimes lui serait apparue au point de provoquer sa conversion au bouddhisme suivie de la conversion de l'ensemble de sa politique.

Il fournirait un exemple historique unique du conquérant victorieux qui aurait soudainement décidé d'une orientation politique entièrement pacifique. Il aurait aboli la peine de mort et la torture, aurait pris des mesures de protection des vieillards, des déshérités, des malades, et même de l'ensemble de la faune. On lui attribue des cliniques animalières. Il aurait permis le pluralisme religieux en incitant les différents cultes à se tolérer, à ne jamais se prétendre supérieurs aux autres, qu'ils soient bouddhistes ou non bouddhistes ; son XIIe Édit témoigne de cette préoccupation pluraliste en proclamant que « toutes les religions devraient avoir pour principe commun de s'abstenir de vanter sa propre tradition en critiquant les autres : les querelles religieuses nuisent à sa propre religion et à celles des autres, tandis que le respect mutuel les fortifie[2] ». Les ascètes et moines errants de tous bords, y compris les dignitaires de l'hindouisme traditionnel, les brahmanes ou parias, auraient été protégés dans l'ensemble de l'empire. La peine judiciaire n'aurait pas été conçue comme vengeance sociale, mais d'une part comme une simple défense publique contre les criminels, et d'autre part comme un moyen de réinsertion à la communauté. La prison aurait été conçue comme un lieu d'éveil et non de châtiment. Les anciens criminels auraient bénéficié sous son règne d'aides diverses, financières et logistiques, à leur sortie de prison pour permettre leur réinsertion dans la société. Ceci, dans la logique, semble-t-il, du septième devoir d'un bon roi bouddhiste, *akkodha,* qui implique l'absence de rancune, et du neuvième de ses devoirs, *khanti,* qui implique le pardon.

---

1. Dalaï-Lama, *ibid.*, p. 13.
2. P. Harvey, *Le bouddhisme. Enseignements, histoire, pratiques*, Paris, Seuil, 1993, p. 103.

Açoka est la figure du *Cakravartin* (Souverain universel) parfaitement respectueux des dix vertus royales (*dasarajadhamma*), sans pour autant être moine (*bikkhu*) ; sa qualité non religieuse a été abondamment exploitée par les bouddhistes modernistes pour valoriser la compatibilité entre le bouddhisme et la modernité. Il est clair que nous avons affaire à une reconstruction car le dit monarque ne fut pas, à ce que nous en savons, aussi pacifique et tolérant. Il existe d'ailleurs des textes bouddhistes anciens, tels que l'*Upayakausalya Sutra*, qui justifient implicitement une doctrine de « la guerre juste[1] ». Ce souverain aurait été un champion de la solidarité, du pacifisme, inventeur antique de l'État-providence et de la laïcité. Après le Concile qu'il réunit en sa capitale de Pataliputra (l'actuelle Patna) en 250 av. J.-C., il aurait envoyé des missionnaires au quatre coins de la terre afin de conquérir le monde par le *dharma* et non par les armes. Se construit ainsi « le fantasme d'un monde régi par un roi non-violent[2] ». Au-delà de cette politique idéale, Açoka aurait été intérieurement démocrate. Le bouddhiste activiste moderniste, Anagarika Dharmapala, fondateur de la *Maha Bodhi Society*, affirmera que cet État antique fut « le plus grand empire démocratique de l'histoire[3] ».

b) Une herméneutique politique contemporaine en cinq points : les critères de la « politique de l'illumination »

Robert Thurman, tibétologue à *Columbia University* et bouddhiste engagé[4], lama et *supporter* du Dalaï-Lama, perçoit dans les Édits d'Açoka gravés sur le roc les principes opératoires de la « politique de l'illumination » (*politics of enlightenment*)[5]. Afin de démontrer sa proposition, il classe les Édits en cinq rubriques qui représentent le cœur de cette philosophie politique antiquement moderne.

1) Transcendance comme motivation des actions personnelles.
2) Non-violence.
3) Valorisation de l'éducation et du pluralisme religieux.
4) Principe de l'État-providence : expression politique de la compassion.
5) Décentralisation administrative, politique et culturelle.

Il nous faut remarquer d'amblée que ces cinq principes ressemblent fort à ceux énoncés par le Dalaï-Lama, dont Thurman est le défenseur et dans une certaine mesure le disciple.

---

1. L'orientaliste Paul Demiéville démontre que, contrairement aux idées reçues, le bouddhisme ancien fut strict quant à l'interdiction de tuer alors que dans le *Mahâyâna*, bouddhisme « compassionnel » par excellence, il existe au contraire moults « justes » exceptions à ce précepte (« Le bouddhisme et la guerre », in *Choix d'Études Bouddhiques (1929-1970)*, Leiden, Brill, 1993).
2. S. Collins, « The Lion's Roar on the Wheel-Turning King : A response to Andrew Huxley's "The Buddha and the Social Contract" », in *Journal of Indian Philosophy*, n° 24, 1996.
3. H. Bechert, « Buddhismus », *Staat und Gesellschaft in den Ländern des Theravâda Buddhismus*, vol. 1, Berlin, Metzner, 1966, p. 128.
4. Il est à la tête d'une association américaine de défense du « Tibet Libre ».
5. R.A.F. Thurman, « The politics of enlightenment », in *Lindisfarne Newsletters*, n° 8, 1986.

1) Les bien-êtres individuel et collectif dépendent d'une transformation personnelle, intérieure, et non extérieure, formelle. Thurman identifie ce principe comme la base de la « politique de l'illumination ». Nous constatons que notre tableau sur l'interface politique, juridique, civile intérieure-extérieure, s'applique parfaitement à cette interprétation des Édits sur roc VII et XIII : le premier affirme la nécessité de gouverner selon le *dharma*, de rendre la justice selon le *dharma*, promouvoir le bonheur du peuple, et protéger son intégrité, en accord avec le *dharma*.
2) Renoncement à la guerre avec les autres nations et à la violence publique avec ses sujets, qui engage à la suppression de la peine de mort, à la non-domination du peuple et de tout être vivant. L'Édit n° IV entérine ce principe, puisqu'il engage à ne point tuer, y compris des animaux.
3) Le concept de *dharma* chez Açoka peut avoir deux acceptions : l'acception profonde en fait un principe universel qui se manifeste, par conséquent, dans toutes les religions ; l'acception superficielle ne voit le *dharma* que comme une loi spécifiquement bouddhiste. Ce qui implique non seulement la tolérance religieuse mais le fait de ne pas pousser autrui à la conversion. Ce principe de non-prosélytisme est une des sources de l'attitude actuelle du Dalaï-Lama, à l'inverse de Daisaku Ikeda pour qui le prosélytisme, *kosen rufu*, est un principe éthique. Cette idée de non-prosélytisme est cependant en contradiction avec la décision impériale de l'envoi de missionnaires. Mais, selon Thurman, le prosélytisme d'Açoka n'est pas celui de sa propre religion, mais celui du *dharma* universel, traduit concrètement par le service social, la compassion en acte, et non par une doctrine liée à une culture particulière.
4) Mise en place de services publics pour le bien-être populaire : hospices, services vétérinaires, maisons de repos, refuges pour les exclus, programmes sociaux, et nomination de Commissaires dharmiques chargés de veiller au bien-être du peuple. Qui plus est, l'Édit n° II affirme que ces politiques de solidarité et de service public sociales ont fait école jusqu'en terre grecque, au royaume d'Antiochos, l'empereur séleucide, ce qui conforte son statut de *Cakravartin*, souverain universel qui conquiert le monde par le *dharma*. Ceci éclaire singulièrement les discours du Dalaï-Lama sur la non-violence, le non-prosélytisme proclamé, et en même temps la fonction d'instructeur du monde qui semble lui être dévolue.
5) La décentralisation du pouvoir : les régions se seraient administrées elles-mêmes, bénéficiant d'une autonomie de gestion.

c) La postérité du mythe moderniste d'Açoka

Selon certains bouddhistes modernistes, tels que Banerjee, Açoka est dans la continuité de « l'humanisme » qui ressort déjà du bouddhisme originel. D'après lui, le message du Bouddha est une suggestion à « transformer la royauté en une sorte d'État socialiste pourvu d'une fondation humaniste[1] ». Pour d'autres, la morale politique d'Açoka fut concrètement et historiquement un échec, mais fut à l'origine d'un puissant

1. N.J. Banerjee, *Buddhism and Marxism : a Study in Humanism*, New Delhi, Orient Longman, 1978, p. 30.

mythe politique[1], aujourd'hui réactivé par le bouddhisme engagé moderniste. Thurman ne s'arrête pas à Açoka pour construire une tradition bouddhiste démocratique. Il invoque Nagarjuna, le plus respecté des sages du *Mahâyâna* (Grand Véhicule), et son ouvrage qui retrace ses conseils à son ami le Roi Udayi. Thurman retrouve chez Nagarjuna les mêmes principes que chez Açoka, mais en plus accentués. Le texte du sage antique serait un véritable bréviaire pour l'activisme social bouddhiste[2]. Le premier principe de la nécessité de la transformation intérieure comme base de toute politique formelle, serait au fondement de son engagement. Nagarjuna condamne le châtiment capital, la torture ; promoteur de la pluralité cultuelle, il serait à ce titre un antique contempteur des « idéologies fanatiques », et l'avocat précurseur de l'État-providence.

Les interprétations modernistes de l'État idéal bouddhiste, de la République universelle, ont déjà évolué en moins d'un demi-siècle. Depuis la fin de la Guerre Froide et la remise en cause des régimes communistes, la critique radicale des idéologies, les interprétations marxistes du bouddhisme qui avaient prévalu jusque-là[3] ont été remplacées par un spiritualisme critique et solidariste, une sorte de socialisme *soft* qui s'accommode d'un capitalisme contrôlé. La vision de Thurman d'un Açoka postmoderne succède à une certaine interprétation d'Açoka, promoteur d'un communisme intégral. À l'interprétation marxiste a succédé, à l'heure de la suspicion généralisée à l'encontre des « idéologies », un non-dualisme écologiste, solidariste et démocratiste, aux accents d'égalité plus statutaire que matérielle (égalité entre hétérosexuels et homosexuels, entre hommes et femmes, entre les races) et d'harmonisation socio-économique plus que de collectivisation des moyens de production. La *Green Buddhist Declaration* (La Déclaration Bouddhiste Verte) de 1984, rédigée sur l'initiative de soixante personnalités bouddhistes, témoigne de cet esprit socialiste *soft*. Certains anciens *sutras*[4] y sont interprétés comme la négation de toute exclusion raciale, la proclamation de l'égalité des sexes dans une « co-évolution », et vers une écologie politique et sociale.

Après ce rapide descriptif de la reconstruction *solidariste-universaliste* des éléments clés de la littérature et de l'histoire du bouddhisme, nous devons analyser sa portée pratico-sociale chez les leaders du bouddhisme engagé contemporain les plus représentatifs. Nous prendrons trois des

1. A.L. Basham, « Asoka and Buddhism : a re-examination », in *Journal of the International Association of Buddhist Studies*, 5 (1), 1982,
2. R.A.F. Thurman, « Guidelines for Buddhist social activism based on Nagarjuna's *Jewel Garland of Royal Counsels* », in *Eastern Buddhist*, 16 (1), printemps 1983.
3. Le bouddhisme a été interprété comme un matérialisme dur, en rapport avec la notion de « processus » et de « flux » proche de celle d'« impermanence » ; un matérialisme qui serait politiquement et socialement marxiste et philosophiquement rationnel. Cette interprétation était en rapport avec le rejet du christianisme « irrationnel » et prosélyte par des intellectuels birmans pendant la période post-coloniale (S.J. Tambiah, « Buddhism and this wordly Activity », in *Modern Asian Studies*, 7 (1), 1973, p. 1-20).
4. Par exemple l'*agganna sutta*.

principaux leaders[1], dont l'activisme est un modèle pour les bouddhistes modernistes à la fois en Occident et en Asie, et qui développent des justifications conceptuelles de leur activisme qui fournissent les bases théoriques du bouddhisme engagé. Il s'agit tout d'abord de Buddhadasa Bhikkhu, le leader thaïlandais dont la pensée est inspiratrice pour la presque totalité des bouddhistes engagés en Occident, ensuite de Sivaraksa Sulak, activiste notoire, fondateur de l'INEB, éditorialiste à la revue américaine *Turning Wheel* et enseignant au *Naropa Institute* dans le Colorado, et enfin de Thich Nhat Hanh, initiateur de l'expression « bouddhisme engagé », pacifiste et écologiste reconnu, et fondateur de l'Ordre de l'Interêtre.

C/ L'étendue pratico-sociale actuelle de l'idéologie individuo-globaliste

1° L'herméneutique politique de Buddhadasa Bhikkhu

a) Les bases du socialisme dhammique

Buddhadasa a élaboré une philosophie politique moderniste qui est une des sources théoriques – sinon la source – fondamentales du bouddhisme engagé. Il développe des conceptions qui font un usage particulièrement subtil et critique – en particulier à l'encontre des démocraties libérales occidentales – de la distinction entre régimes intérieurement despotiques et extérieurement démocratiques et/ou socialistes, et inversement entre régimes extérieurement dictatoriaux mais intérieurement démocratiques et/ou socialistes[2].

Les bouddhistes, d'après lui, ont la mission d'illuminer le monde par le « socialisme dhammique » qui ne doit pas être confondu avec un communisme qualifié de sanguinaire : « Ils sont devenus sanguinaires et aveugles, se servent de systèmes adhammiques au nom du socialisme pour se détruire mutuellement. Le vrai socialisme doit se fonder sur le *dhamma*, sur le compromis (*pranîpranom*), la compréhension réciproque et la construction d'un système politique qui empêche la destruction mutuelle[3] ». Ce qui compte c'est la nature dhammique ou adhammique, conforme ou non conforme à la Loi bouddhique universelle. Il se trouve que « l'univers entier est un système socialiste[4] ».

L'autoritarisme communiste qui ne respecte pas les différences individuelles ne constitue pas un authentique socialisme, ce n'est qu'un « socialisme mondain », car il force la nature. Il faut se méfier des mots, des

1. À part le Dalaï-Lama (bouddhisme tibétain) et Daisaku Ikeda (Soka Gakkai), deux leaders dont la dernière partie rendra compte abondamment.
2. Cf. notre « Tableau de la représentation bouddhiste basique du monde politique, juridique et civil ».
3. Buddhadasa, *Un Socialisme pouvant être bénéfique pour le Monde,* Bangkok, Sublime Life Mission, 1976, p. 20.
4. *Ibid.*, p. 23.

conventions, des associations abusives de significations ; par exemple le service social, en tant qu'activité concrète, est « une sorte de socialisme, mais pas celui associé au communisme[1] ». De même, la démocratie libérale n'est pas « vraiment » démocratique, au sens moral : « Dans une société où les intérêts individuels sont placés au-dessus de ceux de la communauté, on ne peut aborder efficacement les problèmes sociaux car le contexte des problèmes est la façon dont la société fonctionne dans son ensemble[2] ». Buddhadasa aime, à l'instar du Dalaï-Lama ou de Thich Nhat Hanh, confondre le commun dénominateur des religions. Mais, à la différence de ces derniers, pour le moine thaï, le point commun est le socialisme : « [...] toutes les religions du monde sont socialistes, les démocraties individualistes où les hommes peuvent faire ce que bon leur semble, non[3] ». Il fait tantôt référence au Tao, au *dhamma*, à Dieu, comme des notions impliquant le socialisme[4]. Le bouddhisme reste néanmoins la religion qui exprime le plus clairement, sans ambiguïté, les valeurs socialistes. La démocratie en tant que système n'est pas forcément un système juste, « ce doit être une forme socialiste de démocratie, non une démocratie individualiste qui favorise l'égoïsme. De nombreuses formes constitutionnelles de gouvernement, comme les démocraties libérales, permettent aux individus d'accumuler de nombreux biens matériels. Une démocratie socialiste, elle, doit faire passer au premier plan les besoins de la société dans son ensemble[5] ».

Le socialisme en tant que système n'aboutit pas forcément à une société juste[6], de même qu'une démocratie en tant que système. Il faut mêler les deux termes pour qu'ils neutralisent théoriquement leurs tendances négatives. La démocratie libérale, c'est-à-dire livrée au libéralisme, n'est pas juste, de même que le socialisme communiste, c'est-à-dire livré à la destruction de l'individu, n'est pas juste. Buddhadasa cherche à montrer, dans le contexte d'une propagande anticommuniste et pro-américaine forcenée, que le socialisme en soi n'est pas synonyme de totalitarisme : « Ne craignez donc par le terme de « socialisme », ne le haïssez pas. Si cela vous aide à vous sentir mieux, vous n'avez qu'à ajouter un mot de plus et l'appeler Socialisme Dhammique[7] ». En revanche l'image idyllique des démocraties occidentales n'est pas le reflet de la réalité objective, celle-ci est beaucoup plus terne, et se caractérise par l'exclusion, l'inégalité, etc.,

1. Buddhadasa, « Le socialisme démocratique », in *Bouddhisme et Socialismes, op. cit.*, p. 49.
2. Buddhadasa, *Prachathipadai Baap Sangha-Niyama (Socialisme démocratique)*, Bangkok, Sublime Life Mission, 1976, p. 20
3. Buddhadasa, « Le socialisme démocratique », *op. cit.*, p. 49.
4. *Ibid.*, p. 44-45.
5. *Ibid.*, p. 52.
6. Ce qui ne l'empêche pas d'affirmer par ailleurs que « le socialisme est un système politique plus moral que n'importe quel autre système ». Comme pour le concept de « démocratie », le concept de « socialisme » devient une réalité morale.
7. *Ibid.*, p. 66.

c'est pourquoi seule « cette sorte de socialisme [...] peut aider l'humanité à survivre au monde moderne[1] ».

Buddhadasa va aller plus loin dans la provocation, en prônant l'établissement d'un « socialisme dhammique autoritaire », justifiant une dictature bouddhiste. Encore une fois, le moine thaï joue sur les mots, comme avec les termes de « démocratie » et de « socialisme ». La nature « autoritaire » du régime est la garantie de la liaison nécessaire entre socialisme et démocratie. La démocratie non contrôlée se dégrade en « moyen de prendre avantage sur les autres et de les détruire. [...] Les capitalistes l'emploient pour défendre leurs acquisitions, leur richesse, leur propriété, alors que le prolétariat l'utilise pour les en priver ». L'« autorité » sert donc à contrôler la démocratie pour en faire une « démocratie socialiste » : « Le socialisme (*sangham-niyama*), qui s'oppose à l'idéal de la liberté individuelle du libéralisme, est une forme de démocratie plus contrôlée [...][2] ». On retrouve les deux thèmes centraux de la philosophie politique moderne : incompatibilité ou compatibilité entre liberté et égalité. Cette problématique est retraitée par Buddhadasa à l'aune de notions bouddhistes : « La démocratie libérale défend par-dessus tout l'idéal de la liberté (*saerri*). Mais la liberté qu'elle défend est si ambiguë, qu'elle semble toujours être contrôlée par le pouvoir des passions humaines (*kilesa*)[3] ». La démocratie libérale n'a pas le pouvoir de contrôler les passions humaines qui ne manquent pas de s'exprimer au nom de ces principes. D'un autre côté, le socialisme livré à lui-même dégénère en tyrannie qui livre la population aux passions d'une classe sociale ou à l'arbitraire d'une idéologie totalitaire alors qu'« un socialisme dhammique dictatorial nous empêchera d'être victimes soit du socialisme soit des formes violentes de révolution prolétarienne[4] ». C'est ce qui permet de justifier la nécessité de la notion de *dhamma*, la loi bouddhique (à la fois principe moral et métaphysique), pour contrebalancer la « tendance destructrice » des idéologies, y compris socialistes, lorsqu'elles sont livrées à elles-mêmes.

Pour Buddhadasa, l'idéologie sans religion est destructrice : « La science politique comme philosophie politique ou idéologie pure peut conduire au massacre et à la destruction réciproque avec les bombes atomiques, mais en tant que forme de religion elle conduira à un état de paix et d'équanimité[5] ». Chez Buddhadasa, au contraire des idées communes, c'est la religion seule qui peut prémunir la politique du fanatisme idéologique. Lorsque la politique est une puissance autonome, elle instrumentalise le religieux pour ses propres fins, alors que lorsque le religieux préside au politique, les tendances fanatiques et despotiques sont contrôlées. On peut dire que pour Buddhadasa, le fanatisme, l'intégrisme, même apparemment

1. *Ibid.*
2. Buddhadassa, « Le socialisme dhammique autoritaire », in *Bouddhisme et Socialismes, op. cit.*, p. 75.
3. *Ibid.*
4. *Ibid.*, p. 93.
5. *Ibid.*, p. 74-75.

religieux, ne sont pas essentiellement une résultante religieuse, mais à l'inverse la conséquence d'une subordination du religieux à la politique, qui devient dès lors une monstrueuse machine politico-religieuse fonctionnant à l'énergie des passions humaines débridées. Le religieux apparent n'est alors que du politique déguisé en robe sacerdotale. À l'inverse, lorsque le principe religieux domine le politique, la monarchie même ne peut se dégrader en pouvoir injuste.

b) La logique politique paradoxale de la pensée de Buddhadasa

Les raisonnements de Buddhadasa portent parfois à confusion, entre un progressisme dur et un conservatisme larvé. Sa critique des démocraties libérales l'a conduit à encenser l'esclavage antique – utopie rétrospective d'une ère bouddhique aujourd'hui révolue – qui aurait été plus dhammique que les formes modernes de l'aliénation de masse : « Pendant l'ère bouddhique même, des termes tels qu'esclave, serviteur, domestique, avaient un sens socialiste. [...] À cette époque l'esclavage était socialiste et n'avait pas besoin d'être aboli, maître et esclaves travaillaient pour le bien commun. Ce qui doit être aboli, c'est le type d'esclave que l'on trouve dans un système capitaliste où un maître traite les esclaves ou les serviteurs comme des animaux[1] ».

Ces déclarations fleurent l'apologie du paternalisme, du rapport idyllique entre le « bon maître » et le « serviteur heureux ». Dans le même temps, et paradoxalement, Buddhadasa affirme que « le *varna* (la caste) déterminé par la naissance doit être aboli. Le Bouddha après tout abolit son propre *varna* en devenant moine et prescrivit l'abolition des statuts de classe héréditaires[2] ». On retrouve là un des thèmes cruciaux sans cesse répétés dans l'ensemble des discours du bouddhisme engagé occidentalisé. En revanche, il est moins commun d'entendre la proposition suivante : « [...] la classe établie sur la fonction et la responsabilité ne doit pas être abolie. C'est le résultat du *kamma*[3]. Le *kamma*, par exemple, dicte qu'un roi doit gouverner, et qu'un brahmane doit enseigner ou être magistrat, de façon à maintenir l'ordre (*dhamma*) dans le monde. [...] La classe dirigeante (*ksatriya-varna*) doit être maintenue, mais en tant que partie du système du *dasarajadhamma*, pour gouverner le monde[4] ». On est très loin du bouddhisme autogestionnaire et libertaire qui s'est développé dans la *beat generation* américaine des années soixante et en Europe à travers le *Wertern Buddhist Order* (WBO). Cette version est pourtant aujourd'hui une des sources principales du bouddhisme engagé dans le monde, y compris en Europe et en Amérique du Nord.

Le contrôle de la démocratie ou de l'idéologie socialiste par le *dhamma* nécessite une volonté politique suffisamment forte pour s'imposer face aux

1. *Ibid.*, p.87.
2. *Ibid.*, p.91.
3. Équivalent en *pâli* du karma, qui est un mot sanscrit.
4. *Ibid.*

forces destructrices des passions égoïstes qui s'expriment contre l'intérêt du tout social et naturel. Voilà pourquoi le « socialisme dhammique » est aussi une « démocratie dictatoriale » (*prajâdhipatai-phadetjakâra*). Si nous trouvons ces termes contradictoires, et surtout si nous nous effrayons du mot « dictature », c'est parce que « nous sommes infatués de libéralisme (*saerrî-niyama*)[1] ». Encore une fois, Buddhadasa redéfinit le sens des mots. La dictature comme principe d'action et d'idéal peut effectivement conduire à la tyrannie. L'acception qu'il choisit n'est pas celle-là, car pour lui la dictature s'entend comme simple méthode d'action plus expéditive, une façon de gérer concrètement les affaires courantes qui court-circuite les stratégies égoïstes et antisociales qui ne manquent jamais de s'exprimer dans les hautes sphères du pouvoir : « La forme idéale est la démocratie socialiste dhammique dans laquelle on utilise des moyens autoritaires pour accélérer la résolution des problèmes sociaux. [...] La dictature au sens de tyrannie n'a pas de place dans le socialisme dhammique. Si des méthodes dictatoriales sont compatibles avec le dhamma, elles faciliteront la solution morale rapide des problèmes sociaux et devront être utilisées à grande échelle[2] ».

Le dictateur n'est pas investi de son pouvoir en vertu d'une idéologie, la dictature n'est pas un idéal de gouvernement mais une simple méthode, ce qui signifie que le pouvoir n'est légitime qu'en tant qu'il est effectivement en accord avec l'idéal du socialisme dhammique. Or, l'idéal du socialisme dhammique est respecté tant que tous les moyens sont mis en œuvre pour éliminer les causes de souffrance sous toutes leurs formes, par exemple l'exclusion, les inégalités matérielles, etc. Dès que le souverain, ou quelque forme de gouvernement que ce soit, quel que soit son mode d'élection, n'incarne plus concrètement cette aspiration, il peut être déposé. Le gouvernement n'a aucune autre légitimité que celle qui découle de son action actuelle, y compris lorsqu'il a été élu par la majorité des votants. Tout le monde n'est pas apte à gouverner parce qu'un homme quelconque n'est pas apte à contrôler ses passions destructrices dans le cas où il serait investi du pouvoir politique. C'est pour cela que la démocratie « authentique » ne doit pas présenter la possibilité pour « n'importe qui » de gouverner : « Les gens instruits pensent que tout le monde devrait avoir le droit de gouverner, et que c'est cela le système démocratique. Mais aujourd'hui le sens du terme démocratie est très ambigu. Posons-nous la question de savoir qu'est-ce que le genre de démocratie que nous avons depuis au moins un siècle nous a apportés à nous en tant que citoyens ? Poser ce genre de question sur la démocratie mondaine peut nous rendre suspects. Pour ma part, je n'ai pas peur d'être tué parce que je refuse ce genre de démocratie. Je suis pour une démocratie socialiste bouddhique se

1. *Ibid.*, p. 76.
2. *Ibid.*, p. 77.

basant sur le *dhamma* et dirigé par un « dictateur » dont le caractère soit un exemple des dix vertus royales (*dasarâdhamma*)[1] ».

On a souvent reproché à Buddhadasa de laisser la porte ouverte au despotisme, et à l'accession au pouvoir de despote tel que Staline se présentant comme le « Petit Père des Peuples ». Il est facile de répondre à sa place sur ce point : le dictateur dhammique n'a aucun pouvoir en dehors de celui de mener une politique sociale expéditive, c'est-à-dire qu'il ne peut se réfugier dans la poursuite d'une réalisation potentielle, par exemple la mise en place d'une future et hypothétique société parfaite, pour justifier une injustice actuelle. Il ne peut temporiser, et perd toute légitimité dès qu'il s'écarte de la mise en œuvre d'une politique concrète d'élimination de la souffrance. Aucun souverain n'est sacré, intouchable, seules ses actions le sont lorsqu'elles sont dhammiques. C'est pourquoi « la révolution a sa place dans le fait de déposer un souverain qui n'incarne pas le *dasarajadhamma*, mais pas dans une philosophie politique révolutionnaire violente et sanguinaire[2] ».

Il faut ici se replacer dans le contexte Thaï pour bien comprendre le raisonnement de Buddhadasa. Depuis qu'une révolution de palais a imposé la constitutionnalisation de la monarchie et la démocratisation accrue apparente de la vie politique, le pouvoir s'est en fait trouvé aux mains de factions militaires, livré à des complots multiples, à la démagogie, tandis que la cohésion sociale se désagrégeait, minée par la drogue, la prostitution, véritables fléaux fortement soutenus par le « tourisme occidental » et les réseaux mondiaux financés par les citoyens des « démocraties libérales ». Buddhadasa attribue cette situation de « démocratie mondaine » interne, qui confine à la tyrannie, à la main mise externe du capitalisme mondial, et donc au libéralisme international. Il propose en conséquence une philosophie politique fortement encrée dans la situation sociopolitique désastreuse de la Thaïlande, mais qui se veut de surcroît une alternative au capitalisme mondial.

Enfin, il revient sur l'exemple d'Açoka, dont il interprète le règne à sa manière, à l'instar de la plupart des intellectuels bouddhistes modernes. Chez lui, Açoka incarne un dictateur dhammique, précurseur du socialisme démocratique : « Quand le roi Açoka avait donné ses ordres, un de ses fonctionnaires, le *dhammajo* ou le *dhammâmâtaya* déterminait s'ils avaient été fidèlement suivis dans toutes les provinces du royaume. S'il se trouvait quelqu'un pour avoir transgressé son ordre, une méthode « autoritaire » était employée pour le punir. La punition était socialiste dans ce sens qu'elle était utile à la société et non donnée pour des raisons personnelles et égoïstes[3] ». Açoka n'était nullement un tyran mais un « dictateur dévoué au *dhamma* ».

1. *Ibid.*, p. 90.
2. *Ibid.*
3. *Ibid.*, p. 86.

On peut reprocher à Buddhadasa son moralisme, mais il faut surtout retenir sa suspicion vis-à-vis de toute forme de systèmes, qu'ils soient démocratiques ou socialistes, et la crainte des distorsions auquel il peut donner lieu dans la pratique lorsqu'il tombe entre les mains des intérêts individuels. Cette recherche de légitimité par l'action concrète, au détriment des garanties formelles de démocratie ou de socialisme, a inspiré l'activisme bouddhique contemporain, alors que la théorie du « dictateur » est plutôt perçue comme une provocation bouddhique sensée déconcerter, afin de mettre en exergue les imperfections et même les tendances autodestructrices d'une humanité qui se donne « bonne conscience » avec de grand principes socialistes, démocratiques, universaux, alors qu'elle risque à tout moment de s'autodétruire pour les raisons les plus mesquines. Cette interprétation progressiste de la pensée de Buddhadasa prévaut sur l'interprétation réactionnaire[1], tout simplement parce qu'elle s'applique mieux à l'activisme social décentralisé doublée d'une idéologie mondialiste qui caractérise le bouddhisme engagé qui a aujourd'hui cours en Asie comme en Occident.

2° Les bases conceptuelles de l'activisme radical de Sivaraksa Sulak et de l'International Network of Engaged Buddhists

Sivaraksa Sulak est co-fondateur de l'INEB (*International Network of Engaged Buddhists*) ainsi que nous l'avons vu, et dispose en Occident d'une importante tribune à travers ses interventions dans les magazines bouddhistes, particulièrement américains. Son influence s'est de surcroît étendue à l'Europe depuis une dizaine d'années[2]. En 1983 se tint l'ACFOD (*Asian Cultural Forum On Development*) qui donna lieu à l'énonciation de principes politiques qui représentent l'exposé le plus systématique à notre connaissance de la pensée de Sulak, puisqu'en effet ce dernier fut le coordinateur du forum. Ces principes ont été reproduits dans leur intégralité par Robert Boblin[3]. Nous avons construit – à partir des 14 points énoncés par Boblin – quatre catégories, ou quatre domaines dans lesquels « doit » s'opérer la « révolution », qui mettent en évidence une cohérence idéologique d'ensemble. Nos catégories sont les suivantes : système économique et social, conscience et organisation politique, définition décentralisée de la démocratie, et enfin, conscience écologique et rapport à l'environnement.

1. Même s'il est indéniable que dans la réalité certaines propositions de Buddhadasa sont objectivement réactionnaires, par exemple lorsqu'il en appelle au retour à un ordre moral, à une purification des mœurs. Mais, ce ton réactionnaire est le plus souvent pris pour réagir à la situation thaïlandaise en particulier, « gangrenée » par une « pseudo-démocratie » aux mains des militaires. Lorsqu'il élargit son propos, son discours devient alors beaucoup plus progressiste.
2. Nous avons déjà évoqué, par exemple, le fait que Jean-Paul Ribes, président du Comité de Soutien au Peuple Tibétain, est son correspondant français.
3. R. Boblin, *Revolution from Below, Buddhist and Christian Movements for Justice in Asia*, Lanham, University Press of America, 1988.

a) Analyse de la catégorie : système économique et social

Le système actuel recherche[1] en priorité la croissance économique et la satisfaction immédiate des besoins matériels sur le plan mondial (point 1 du système dominant), ce qui se traduit sur un plan interne, en particulier pour les pays asiatiques, par une production essentiellement destinée à l'exportation (point 4 du système dominant : production orientée vers l'exportation) qui engendre une dépendance du pays (point 3 du système dominant : augmentation de la dépendance étrangère sur le plan financier, alimentaire et technologique). Ce système est un cercle vicieux, car il engendre une pénurie globale du pays tout en enrichissant les élites économiques nationales et internationales (point 2 du système dominant : les intérêts dominants sont protégés : industriels, intérêts des investisseurs locaux et internationaux, propriétaires fonciers, bureaucrates et militaires).

L'ACFOD propose de transformer ce cercle vicieux en cercle vertueux mettant l'accent sur l'humanisation de l'économie, le contrôle international de la spéculation afin de ne plus envisager le développement du seul point de vue de la croissance matérielle (point 1 du système proposé par l'ACFOD : développement humanisé des potentiels personnels). Ce qui suppose une économie interne qui soit capable de produire des biens de première nécessité pour l'ensemble de la population (point 4 du système ACFOD : production à l'usage des besoins vitaux) et permettrait au pays de ne plus avoir à compter sur l'aide internationale qui va de pair avec la spéculation internationale (point 3 du système ACFOD). Ce système court-circuiterait les stratégies financières internationales et par là celles de leurs collaborateurs internes que sont les classes dominantes locales, et permettrait par voie de conséquence de prendre en compte l'intérêt des plus démunis (point 2 du système ACFOD : servir l'intérêt populaire, particulièrement des pauvres et des défavorisés).

La finalité de l'ensemble de cette transformation économique serait d'empêcher la mainmise d'une minorité sur la presque totalité des ressources, aussi bien sur le plan local que sur le plan mondial (point 5 du système dominant : Inégalité : contrôle des ressources par un petit nombre) et de « démocratiser l'économie » (point 5 du système ACFOD : contrôle populaire des ressources : égal accès aux biens). L'abolition abstraite, juridique, des privilèges n'est pas une garantie de démocratisation, il convient d'assurer l'abolition des inégalités économiques *a priori* qui se caractérisent par un contrôle *a priori* des richesses par une minorité rentière. Il y a là une critique de la dépendance de la politique vis-à-vis de l'économie, qui produit une distorsion de la démocratie : l'action, ou part sociale, remplace le billet de vote, ou part citoyenne. C'est pourquoi cette

1. Il ne s'agit pas d'une proposition que nous accréditons. Nous ne faisons ici que suivre phénoménologiquement – autrement dit en suspendant tout jugement de valeurs sur les questions évoquées – la logique des propositions de l'ACFOD. Nous laissons l'idéologie « se dire » telle quelle, en nous contentant simplement d'isoler ses concepts clés.

révolution matérielle ne peut être envisagée sans l'émergence d'une nouvelle conscience politique.

b) Analyse de la catégorie : conscience et organisation politique

Selon l'ACFOD, le système actuel fonctionne grâce à une dichotomie très nette entre la vie politique et la vie sociale. Le peuple ne participe plus à la vie de la cité, qui est monopolisée par une classe dirigeante économiquement privilégiée. Il y a donc confiscation de la souveraineté populaire sous couvert de démocratie (point 6 du système dominant : dépolitisation, domestication, conditionnement du peuple afin de préserver le statu quo). Cet état de fait est entretenu par la résignation populaire entraînant un désintéressement pour la chose publique, qui se caractérise par une dissociation entre le pouvoir public et les intérêts des différents agents économiques. Aucune unité revendicative dans ces conditions n'est possible, chacun vise à la satisfaction de ses propres désirs immédiats, laissant le champ libre aux stratégies politiciennes (point 7 du système dominant : fragmentation du peuple). Ce désintéressement est donc la condition sur laquelle repose le système de domination (point 14 du système dominant : pouvoir, domination). Renverser ce système suppose donc avant tout une éducation politique susceptible de responsabiliser les individus, de montrer en particulier qu'une vie individuelle meilleure passe par une vie sociale meilleure, qui passe elle-même par une transformation politique (point 6 du système ACFOD : éveil à la politique : politisation / *conscientisation* du peuple à la possibilité du changement).

Cette construction d'une conscience politique permettra de lutter contre la fragmentation des intérêts qui empêche toute action politique, par la mise en place de réseaux d'intérêts communs, par le biais associatif notamment, permettant de constituer des lobbies et des instances critiques représentatives d'une portion importante de la population (point 7 du système ACFOD : organisation populaire et construction de liens / coalitions parmi les différents groupes et couches populaires). Cette nouvelle conscience se manifestant institutionnellement pourrait alors s'imposer en alternative au pouvoir en place (point 14 du système ACFOD : contre-pouvoir : libération). Cette alternative suppose un bouleversement de la définition même de la démocratie, qui doit permettre une participation réelle des citoyens à la vie de la cité, quelles que soient leurs spécificités géographiques, culturelles, sexuelles, ethniques, financières, etc.

c) Analyse de la catégorie : définition décentralisée de la démocratie

Le système dominant fonctionne, d'après l'ACFOD, par des rapports d'exclusion. La culture officielle exclut les groupes qui refusent de s'y intégrer (point 10 du système dominant : domination d'une culture officielle). D'un autre côté, un certain nombre de catégories de la population sont subordonnées à une culture centrale prioritaire. La culture urbaine domine la culture des campagnes (point 8 du système dominant : préférence urbaine). La position dominante des hommes est protégée au détriment de l'égalité entre les sexes (point 9 du système dominant : mépris, discrimination et oppression à l'égard des femmes), et d'une manière plus générale l'État fonctionne comme un rouleau compresseur qui écrase les différences en ne reconnaissant qu'une seule culture (point 13 du système dominant : suppression des droits et de ses cultures minoritaires). À l'inverse, l'ACFOD préconise de promouvoir les différentes traditions quelle que soit leur implantation géographique, leur origine ethnique, linguistique, cultuelle (point 10 du système ACFOD : traditions et cultures populaires). L'indifférence, quant à leur implantation et à leur origine, renvoie à la dénonciation de l'antagonisme entre villes et campagnes, à la domination des premières sur les secondes (point 8 du système ACFOD : élimination de la contradiction ville / campagne) ainsi qu'à l'unité de traitement des hommes et des femmes, sur le plan social, familial, civique, juridique et religieux (point 9 du système ACFOD : intégration des femmes). Au-delà de la non-discrimination, les spécificités des groupes doivent être préservées par des adaptations juridiques (point 13 du système ACFOD : respect des cultures et droits des minorités). Le système préconisé par le forum ne fonctionne plus par exclusion mais par inclusion.

Cependant, cette révolution socioculturelle n'est possible que si nous dépassons l'antagonisme plus général qui fait de l'homme un prédateur non seulement à l'intérieur de sa propre espèce, mais dans son rapport global à son propre environnement. La pacification économique, politique et sociale passe par la pacification écologique, à la fois plus profonde et plus basique.

d) Analyse de la catégorie : conscience écologique et rapport à l'environnement

Les idées qui ressortent du forum sont assez proches de celles qui ont cours dans les milieux écologistes occidentaux, en particulier l'idée du passage d'un simple contrat social à un contrat naturel comme seule garantie de l'intégrité de la planète et donc de la survie de l'espèce humaine. La perspective de l'ACFOD est cependant plus spiritualiste : l'attitude vis-à-vis de l'environnement naturel n'étant pas seulement une méthode de survie, mais témoignant d'une révolution globale du rapport à tous les environnements possibles, y compris les amis, la famille, la société, etc. À l'uniformité exclusive d'un pouvoir fort (point 11 du système dominant : autoritarisme / centralisation / militarisation) se substitue la prise en compte des environnements multiples qui se présentent à l'homme. Il s'agit de « jouer » avec les éléments naturels, sans les violenter – ce qui nous rapproche du concept de non-violence responsable du Dalaï-Lama –, dans un souci d'intégration et de préservation et non dans l'unique souci de production (point 11 du système ACFOD : harmonie avec l'environnement). Cette attitude, outre qu'elle révèle une gestion plus pacifique des relations entre l'homme et la nature, permet d'endiguer le gaspillage des richesses ainsi que la mise en péril des équilibres écologiques (point 12 du système dominant : pollution, destruction de l'environnement / gaspillage des ressources). Le profit pur n'étant pas le motif prioritaire du nouveau système d'action prôné, d'autres objectifs passent au premier plan, tels que l'économie des énergies, des biens et des services produits en vue d'une utilisation optimale (point 12 du système ACFOD : conservation des ressources).

Cette catégorie rejoint l'idée d'une remise en cause de la croissance économique comme objectif primordial de la civilisation. La boucle du système alternatif de l'ACFOD est alors logiquement bouclée puisque nous revenons à la catégorie : système économique et social.

e) Interaction entre la vision politique de sulak et l'ideologie tiers-mondiste et solidariste critique de la « globalisation » materialiste

On ne peut s'empêcher de songer, à l'analyse de ces points d'idéologie, à l'utopie de Joël de Rosnay d'une société de démocratie participative, mais surtout, ainsi que nous l'avons déjà souligné, au modèle d'économie d'équilibre opposé à celui actuel de l'économie de croissance. Chez Joël de Rosnay, la croissance pour elle-même entraîne non seulement des déséquilibres sociaux, perte de contrôle de la richesse disponible par la majorité au profit d'une minorité de capitalistes (point 5 : inégalité : contrôle des ressources par une minorité), mais de surcroît met en péril l'environnement terrestre lui-même (point 12 : pollution et destruction de l'environnement). L'économie d'équilibre correspond en revanche à une humanisation de l'économie (point 1 : développement à l'échelle humaine des personnes et de leur potentiel) et à un nouveau rapport à l'environnement social comme naturel.

Cette mise en parallèle avec le modèle de Rosnay aurait aussi bien pu être faite avec d'autres modèles tels qu'ils sont décrits par nombre de scientifiques, sociologues, politologues, qui sortent à l'évidence de leur neutralité présumée pour proposer des types de sociétés idéales.

Notre deuxième remarque concerne l'encrage marxiste de ces propositions, même s'il n'est jamais revendiqué. Les termes employés sont assez révélateurs par eux-mêmes : « domination », « culture dominante », « inégalité du contrôle des ressources », le système existant est au service « des intérêts dominants », « conscientisation / politisation du peuple pour le changement », etc. Ce néo-marxisme s'apparente sous nombre d'aspects au tiers-mondisme qui transpose la problématique de la lutte des classes du plan interne au plan international à travers la lutte entre pays riches industriels et impérialistes et pays pauvres dominés : « dépendance du capital étranger », « production orientée à l'exportation », mainmise des « investissements étrangers », etc. Cette imbrication du bouddhisme et du marxisme n'est pas nouvelle mais remonte au début du XIXe siècle. Parmi les 24 citoyens japonais arrêtés pour haute trahison durant la guerre russo-japonaise pour leur position marxiste, il y avait quatre moines bouddhistes. L'un d'entre eux, le moine zen Gudô Uchiyama, devint un théoricien et un activiste qui milita pour la collectivisation des terres, le pacifisme, le désarmement.

Cette insistance sur le désarmement est une spécificité bouddhiste qui découle du concept de non-agression, dont les bouddhistes modernistes font aujourd'hui un usage général. Dans son *Manuel pour les soldats impériaux*, le moine bouddhiste incite des soldats à la désertion, ce qui lui vaut, après plusieurs avertissements, d'être accusé de haute trahison et d'être passé par les armes avec plusieurs de ses « compagnons de voyages » bouddhistes-marxistes[1]. Bien que cette fraternité revendiquée entre marxisme et bouddhisme se soit quelque peu évanouie au profit d'une voie originale, mélange de gandhisme pacifiste (aspect spiritualiste du bouddhisme politique moderne) et d'écologisme systémique (aspect scientifique du bouddhisme politique moderne), elle persiste cependant, de façon certes indirecte, dans le discours même du Dalaï-Lama à travers un lexique se référant au socialisme, à l'égalité sociale, aux classes dominées ; en outre, elle persiste directement dans certains discours bouddhistes d'Occidentaux, tels que celui de l'économiste néo-marxiste S.C. Kolm[2].

Ajoutons que le projet de régulation des flux financiers mondiaux est dans la ligne idéologique d'une globalisation alternative non fonctionnaliste, qui est au centre des discours de la Confédération Paysanne en France, mais aussi d'une série d'économistes qui réclament entre autres la mise en place d'une taxe mondiale sur les mouvements de capitaux. Le président de la Soka Gakkai rencontra à plusieurs reprises le président du Club de Rome, qui cherche à faire admettre une régulation économique et sociale planétaire[3]. Ajoutons encore l'apport plus récent de l'écologie naturelle et sociale, avec son discours sur la responsabilité universelle, et nous avons tous les éléments du discours du Dalaï-Lama prononcé à Oslo le 10 décembre 1989, lors de la réception de son prix Nobel de la Paix[4] : responsabilité individuelle et universelle, protection de l'environnement, non-violence comme paix positive et non seulement négative, société égalitaire, démocratie participative, etc.

3° Le bouddhisme engagé de Thich Nhat Hanh : politisation moderniste des préceptes anciens

a) Les préceptes traditionnels refondus en principes d'action politique et sociale

Après la création de l'Ordre de l'Interêtre fondé sur une interprétation moderniste du bouddhisme qui induit un engagement dans la cité, Thich Nhat Hanh formula les bases éthiques de sa conception du bouddhisme

1. Ces informations sont tirées de B. Victoria, *Zen at War, op. cit.*
2. S.C. Kolm, *L'homme pluridimensionnel. Bouddhisme, marxisme, psychanalyse pour une économie de l'esprit, op. cit.*
3. Nous renvoyons le lecteur à notre partie spécialement consacrée à la Soka Gakkai.
4. Dalaï-Lama, « Discours du Prix Nobel », in *Une politique de la bonté*, Vernègues, Éditions Claires Lumière, 1993, p. 11-27.

engagé, qui sont une reformulation des préceptes du bouddhisme traditionnel, que chaque membre de son organisation est appelé à méditer et à pratiquer. Ces principes de base peuvent se décliner en quatorze préceptes pratiques[1] qui sont régulièrement médités, discutés, par les membres de l'Ordre de l'Interêtre. Ces préceptes, adaptés aux exigences de la modernité et aux aspirations à l'engagement social, se substituent, ou du moins se superposent, aux préceptes traditionnels. Nous allons tenter d'en dresser un panorama commenté.

1) Le système bouddhique lui-même n'est qu'un guide pratique et ne fournit pas une théorie intangible. Aucune doctrine ne doit se transformer en idolâtrie. La justification des idées doit être éprouvée effectivement par une réduction notable de la souffrance. Ce qui signifie qu'une idéologie ne peut contenir en elle-même, par sa cohérence interne, la raison de sa légitimité. Ainsi un gouvernement, ou tout autre forme de pouvoir, ne peut s'appuyer sur la cohérence interne d'une idéologie pour justifier des atteintes à l'intégrité des personnes.

2) Pratiquer la non-fixation sur ses propres opinions, ce qui permet d'accepter les points de vue les plus divergents. Se représenter les connaissances comme des « vérités » transitoires ; ce qui est tout à fait dans « l'air du temps », avec les développements de l'épistémologie de la relativité des vérités scientifiques. Cette perspective est présentée par Popper comme un remède contre le totalitarisme. Pour ce dernier, la scientificité d'une loi – ou sa légitimité s'il s'agit d'une loi politique – dépend de la découverte de ses limites, de sa falsifiabilité à l'épreuve des faits, qui permet la détermination d'un champ d'application relatif. Tant que la falsifiabilité n'est pas découverte, la loi peut être représentée comme irréfutable, absolue, sans limite d'application, et constitue donc un danger potentiel de totalitarisme intellectuel et/ou politique. Chez Thich Nhat Hanh, il est possible d'appliquer le même raisonnement en précisant que c'est la souffrance (*dunkha*) produite dans certaines conditions par une opinion, une loi scientifique ou politique, par une croyance quelle qu'elle soit, qui détermine sa limite.

3) Le dialogue ne doit pas servir à convaincre d'une opinion personnelle mais à détacher autrui de tout fanatisme. Aucun moyen détourné, argent, coercition, menace, propagande, ne doit être utilisé pour imposer une opinion y compris à des enfants. Ce précepte se rapproche de la notion habermasienne d'agir communicationnel. L'autre ne doit jamais être objet de manipulation mais sujet de communication. Au plan civique, ce principe est sensé s'opposer au marketing politique. Ces trois premiers principes sont assez proches de thèmes majeurs de la philosophie politique contemporaine.

4) Ne jamais sombrer dans la passivité et l'impassibilité face à la souffrance des individus et des peuples. Garder la pleine conscience de la souffrance qui existe dans le monde, si éloignée qu'elle puisse être de notre vie quotidienne. Chercher les moyens appropriés pour se mettre en contact avec cette souffrance. Ce précepte revient, au plan politique, non seulement à un droit d'ingérence mais à un devoir d'ingérence universel. Il implique que la compassion (*karuna*) ne se résume pas à une méditation sur les

1. Ces préceptes sont énumérés en détail en traduction française par Sœur Chan Kong (*La force de l'amour. Une bouddhiste dans le Vietnam en guerre,* Paris, La Table Ronde, 1995).

afflictions humaines, comme cela est le plus souvent le cas dans le bouddhisme traditionnel, mais implique un activisme individuel et collectif. Il y a aussi devoir « d'éveiller » les autres à ce type d'activisme.

5) Vivre sans ostentation ni accumulation exagérée de richesse matérielle. Éviter la recherche pour elle-même de la gloire et du profit. Partager autant que possible ses ressources avec ceux qui en ont besoin. Ce principe signifie à l'échelle mondiale que les pays riches industriels ont le devoir d'aider les pays pauvres à se développer. Il y a une condamnation évidente du système capitaliste représenté comme source de gaspillage et de répartition inégalitaire des ressources entre les êtres.
6) Contrôler ses passions, particulièrement la colère et la haine par l'observation consciente des causes du courroux et par la concentration sur la respiration.
7) Ne pas disperser son énergie en projections multiples, en fantasmes, revenir toujours à l'instant présent, au calme et à la paix intérieure.
8) Paroles et actes ne doivent pas être des instruments de conflit mais de réconciliation.
9) Dire la vérité même au détriment de son intérêt personnel. Ne pas hésiter à dénoncer des situations injustes, y compris lorsque cette prise de parole menace notre sécurité personnelle. Ce précepte est dans la continuité du 3e, concernant l'éthique de la communication. Ce devoir de vérité est proche de l'intention de sincérité nécessaire à tout dialogue authentique dont parle Habermas.
10) Ce précepte est assez ambigu. Il encourage à prendre position contre l'oppression, à s'efforcer de changer les situations injustes, y compris les régimes politiques, tout en réprouvant l'engagement dans des conflits partisans. L'engagement partisan est perçu comme un choix exclusif et par conséquent non conforme au principe de non-dualité.
11) Ne pas exercer des professions qui puissent causer des souffrances aux êtres humains en particulier, et à n'importe quel être en général. Le principe aura pour conséquence, explicitement énoncée, de ne pas investir dans les entreprises qui peuvent causer de tels dommages. Cette éthique est en phase avec la mise en place actuelle d'un marché financier avec la cote morale des entreprises : la pratique se répand, en provenance des États-Unis, de portefeuilles en actions éthiques. Dans ce cadre, les entreprises ne sont plus jugées uniquement sur leur résultat financier mais sur leur éthique sociale (taux de licenciements, qualité du travail, etc.), environnementale, etc. Ce principe, général dans le bouddhisme, de non-nuisance sera d'ailleurs complété par l'idée de protection de la nature. Thich Nhat Hanh, au nom de l'interdépendance universelle, accorde à toutes les formes, animale, végétale, minérale, un statut de sujet. Ce qui n'est pas le cas du Dalaï-Lama qui s'arrête au stade des animaux en excluant les plantes de la catégorie « être vivant ».
12) Précepte traditionnel négatif de ne pas tuer, qui sera complété de l'incitation à rechercher positivement tous les moyens possibles pour protéger la vie, non seulement individuelle mais collective en tentant d'empêcher les conflits internationaux et de maintenir la paix.
13) Le précepte traditionnel de ne pas voler devient celui de ne rien posséder de ce qui appartient à autrui. Ce qui inclut le fait de ne pas faire de profit exubérant au détriment d'une personne ou d'un groupe de personnes. Il est

en effet proscrit de s'enrichir si cela cause de la souffrance à d'autres êtres humains ou mêmes à d'autres êtres vivants. Ces préceptes, sous couvert de principes qui coulent de source, en appellent à une ligne de conduite qui a pour conséquence le boycott pur et simple de certaines activités économiques si elles sont considérées comme socialement nuisibles ou préjudiciables à la paix mondiale.

14) Chacun doit respecter son corps, et prendre ses responsabilités face à la gestion de sa sexualité. D'une part, il y a un appel à la continence, à « préserver les énergies vitales », puis à la prise de responsabilité dans la mise au monde d'un être vivant. Il semble qu'indirectement ce précepte puisse être interprété comme une condamnation de l'avortement et même des méthodes contraceptives. Il y a aussi une critique de la sexualité moderne qui néglige « l'amour profond » qui suppose l'engagement. Cette critique n'est pas nouvelle, elles fut largement développée par les philosophes de l'école de Frankfort tels qu'Horkheimer et Adorno, lorsqu'ils remettent en cause le règne de la jouissance débridée et de l'obsession quantitativiste dans la sexualité moderne[1].

Ces quatorze préceptes reprennent en fait les huit voies morales de l'Octuple Sentier traditionnel[2] : compréhension juste (*samma-ditthi*), pensée juste (*samma-sankappa*), parole juste (*samma-vaca*), action juste (*samma-Kammanta*), moyen d'existence juste (*samma-ajiva*), effort juste (*samma-vayama*), attention juste (*samma-sati*), concentration juste (*samma-samadhi*), les trois premiers concernant l'obtention de la sagesse (*panna*), les trois suivants concernant le respect de la moralité (*sila*), et enfin les derniers concernant la culture mentale, la concentration (*samadhi*). Mais ce qui n'est qu'une culture intérieure, psychique et personnelle, dans le bouddhisme ancien – à laquelle viendra s'ajouter la priorité compassionnelle dans le *Mahâyâna* (Grand Véhicule) – va devenir une culture politique dans l'Ordre de l'Interêtre. En effet, si nous acceptons la définition que Julien Freund donne de la politique – le domaine humain qui a pour objet le maintien et le développement de la concorde civile et de la paix extérieure – force est de constater que les préceptes de l'Ordre relèvent de cette catégorie.

b) La nature politique de l'éthique de l'ordre de l'Interêtre

Selon Freund il existe trois niveaux qui permettent de cerner la finalité du politique[3]. Le niveau téléologique est l'essence du politique, son but incontournable, son noyau insécable[4] : la recherche de la concorde civile et de la paix extérieure, quels que soient les moyens mis en œuvre concrètement (une politique internationale, économique, sociale

1. T. Adorno, M. Horkheimer, *La dialectique de la raison,* Paris, Gallimard, p. 92-127.
2. Nyanatiloka, *La parole du Bouddha. Schéma du Système éthico-philosophique du Bouddha suivant les citations du Canon Pâli réunies et expliquées*, Paris, Adrien Maisonneuve, 1990, p. 42-43
3. J. Freund, *Qu'est-ce que la politique ?*, Paris, Sirey, 1965, p. 38.
4. On trouvera le développement le plus exhaustif sensé justifier cette définition du politique dans l'ouvrage central de J. Freund, *L'essence du politique* (Paris, Sirey, 1981).

spécifique), la représentation de la nature de cette concorde et de cette paix (par exemple la société sans classe ou la société absolument libérale).

Les moyens mis en œuvre ne sont politiques que parce qu'ils entrent dans le projet politique essentiel : la culture devient politique dès qu'elle est instrumentalisée par le politique, il en est de même pour l'économie, la finance, dès lors qu'elles deviennent les leviers d'une politique spécifique. Cet aspect est ainsi qualifié de technologie politique. Enfin, le niveau de la représentation de la nature de la concorde et de la paix, qui se caractérise surtout par l'élaboration d'une idéologie spécifique, est qualifié de niveau eschatologique. Il est clair que le discours de Thich Nhat Hanh est ponctué par la recherche de la cohésion sociale, de la concorde, et par l'établissement et le maintien de la paix mondiale (niveau téléologique).

Remarquons qu'il s'agit d'une paix globale et non d'une paix relative à un État-Nation particulier. L'objectif est la paix globale de la société civile mondiale, ce qui fond la concorde civile et la paix internationale en un seul et même objectif puisqu'il n'y a plus de prise en compte d'un rapport extérieur-intérieur à une nation quelle qu'elle soit. Cet objectif est obtenu par un activisme qui se manifeste dans le champ social : formation de travailleurs sociaux, projet de développement social, financement de causes humanitaires, etc.(niveau technologique). Enfin, le but ultime d'une société à la fois égalitaire (ou plutôt solidaire) où règne la paix mondiale, vivant dans un rapport harmonieux, non prédateur, avec les éléments et les êtres, constitue l'idéologie spécifique du mouvement (niveau eschatologique).

Les préceptes du bouddhisme engagé fixent des finalités et induisent des moyens dans un but essentiellement politique. Reprenons les différents préceptes qui peuvent être classés en : principe d'action communicationnelle et de rapport à autrui, principe d'action économique et sociale, attitude et engagement à la concentration en tant que préparation à la réalisation des objectifs. La paix intérieure, résultat de la culture psychique, n'est pas concevable sans paix mondiale. La première n'est donc qu'une étape, une condition nécessaire mais nullement suffisante pour atteindre la seconde.

Aux éléments de l'Octuple Sentier classiques sont adjoints des clauses qui transforment la culture psychique en culture politique. Le choix d'un moyen d'existence juste dans le bouddhisme classique devient une incitation à boycotter les investissements dans certaines entreprises, qui ne sont pas conformes à l'eschatologie du mouvement, c'est-à-dire à sa conception du bonheur civil et international. Ne pas tuer devient une incitation positive à l'établissement de la paix : « Ne pas tuer n'est toutefois pas suffisant. Nous devons aussi apprendre à empêcher les autres de tuer. [...] Si pendant une guerre vous n'avez rien dit ou rien fait pour essayer de mettre fin aux tueries, vous n'avez pas pratiqué cet Entraînement[1] ». Choisir la parole juste devient positivement une incitation à dénoncer l'injustice

1. Thich Nhat Nanh, *Changer l'avenir,* Paris, Albin Michel, 2000, p. 23.

sous toutes ses formes, y compris politiques et sociales. Le choix de l'action juste devient une incitation à s'abstenir de profits « disproportionnés » et à agir contre la famine, la torture, les atteintes aux droits de l'homme dans le monde. Le principe de l'interdépendance des causes (*pratya samudpada*), au cœur même de l'Ordre de l'Interêtre comme son nom l'indique, est largement interprété, dans le sens de ce que les politologues anglo-saxons et scandinaves appellent l'écologisme profond[1], ou de ce que Michel Serres appelle le contrat naturel[2], un rapport organique à l'environnement naturel et social, qui remet en cause l'aspect « prédateur » des entreprises humaines. L'interdépendance permet aussi de plaider pour une société civile mondiale et de dévaloriser les souverainetés nationales au profit d'un devoir d'ingérence universel. Thich Nhat Hanh lui-même se reconnaît dans cette « écologie profonde », en affirmant que le *Sutra* du Diamant, un des écrits fondamentaux du *Mahâyâna* est « [...] un des nombreux écrits bouddhistes qui enseigne "l'écologie profonde"[3] ». Ce qui distingue la simple écologie hygiénique de l'écologie profonde[4] peut être résumé dans le fait que la seconde en appelle à une révolution complète du rapport de l'homme à l'environnement qui induit une transformation politique globale, alors que la première ne suppose que des aménagements périphériques. L'écologie profonde est donc indissociable d'un projet politique général.

Les Quatre Vérités Saintes du bouddhisme, qui mettent en cause la souffrance et proposent un chemin vers sa dissolution, sont interprétées en termes d'écologisme profond et de pacifisme international. Le principe traditionnel du non-dualisme est interprété comme une incitation à la non-discrimination intellectuelle et sociale, à la tolérance interconfessionnelle, interethnique, interraciale, intersexuelle, etc. Le principe d'adogmatisme (*adristi*) débouche sur une remise en cause des idéologies qu'elles soient collectivistes ou libérales.

4° Nouvelle phase de modernisation du bouddhisme engagé : radicalisation de la critique du « capitalisme matérialiste et consumériste »

a) La libération individuelle, sociale et politique par l'entraînement à la « pleine conscience »

Au début des années quatre-vingt-dix, Thich Nhat Hanh fera un nouveau pas dans l'occidentalisation en supprimant de son discours le terme de « préceptes » et en le remplaçant définitivement par celui

1. Le philosophe norvégien, Arne Naess, inaugura l'expression « écologie profonde » (A. Naess, « The Shallow and the Deep, Long-range Ecology Movement. A summary », in *Inquiry,* vol. 16, 1973 ; et « The Deep Ecological Movement : some Philosophical Aspects », in *Philosophical Inquiry,* vol. 8, 1986).
2. M. Serres, *Le contrat naturel, op. cit.*
3. Thich Nhat Hanh, *op. cit.,* p. 22.
4. Cette expression d'écologie profonde est encore peu répandue en France, c'est pourquoi l'expression anglaise de *deep ecology,* qui revêt un sens spécifique, est souvent gardée par les auteurs y compris lorsqu'ils s'expriment en français.

d'« entraînements », afin de « dépasser » l'opposition entre bien et mal, et le sentiment de culpabilité qui peut résulter du fait du non-respect d'un précepte. Les énoncés éthiques n'expriment pas d'obligation morale mais proposent des pratiques qui n'ont pas l'autorité absolue d'un devoir imposé : « Il y a peu de temps encore, je parlais de « préceptes ». Mais de nombreux amis occidentaux m'ont dit que le mot « précepte » évoquait en eux un sentiment puissant de bien et de mal ; et que s'ils ne respectaient pas les préceptes, ils en éprouvaient une grande honte[1] ». Se développera aussi dans cette logique la notion de « pleine conscience » : le fait de percevoir la réalité de son intérêt.

Les anciens préceptes deviennent des « entraînements à la pleine conscience », ce qui signifie qu'ils ne renvoient pas à un Bien ultime, abstrait, lointain et séparé de la condition actuelle, mais à la perception directe du bien-être personnel comme du bien commun. Lorsqu'une personne lèse une autre personne, ou lorsqu'un gouvernement oppresse le peuple, ou bien il se représente ses actions comme nécessaires à la réalisation d'un Bien commun supérieur, lointain, ou bien il se les représente comme favorables à son bien particulier personnel. Dans le premier cas, il est aveuglé par une idéologie qui lui masque la réalité de la souffrance qui l'entoure, dans le second cas il est aveuglé par l'illusion égoïste, croyant que détourner de l'argent ou du pouvoir à son profit pourra satisfaire la soif dont il souffre. Dans les deux cas, il est victime de la soif, du désir, qui l'aveuglent non seulement sur l'intérêt d'autrui mais de surcroît sur son propre intérêt, puisque sa vision égocentrée l'empêche de percevoir la nature fondamentalement interdépendante de toute réalité, et dès lors l'empêche de réaliser que son propre bien-être dépend du bien commun.

b) Un dogmatisme idéologique qui se légitime en se réfutant comme tel

La « pleine conscience » se pose comme le résultat libérateur d'un entraînement. Il n'est pas demandé aux êtres humains, et en particulier aux hommes politiques de se sacrifier pour le peuple, de faire leur devoir pour le bien commun, mais de s'entraîner à percevoir leur intérêt profond. Nous sommes au cœur d'une rhétorique qui permet au bouddhisme engagé de diffuser son idéologie tout en infirmant sans cesse le caractère idéologique de celle-ci, de diffuser ses principes moraux tout en infirmant sans cesse le caractère moral de ceux-ci. Par exemple, des pressions pourront être faites pour demander l'arrêt de la production d'énergie nucléaire, sous la justification que cette industrie cause de la « souffrance » à la nature, met en cause l'écosystème. Mais cet argument ne tient pas compte des effets positifs de cette production d'énergie, des gains de productivité réalisés, et ainsi de la baisse du coût de l'énergie qui permet de fournir de l'électricité à des ménages socialement défavorisés. L'idée que le « nucléaire » est sale, impur, immoral, est sous-jacente à l'ensemble du discours. Elle ne met pas

1. Thich Nhat Hanh, *op. cit.*, p. 16.

en évidence un bilan coût-avantage, mais condamne au nom d'un principe supérieur, tout en réfutant le fait d'obéir à une quelconque idéologique et à la morale qui en découle.

Cette moralisation des activités économiques, technologiques, sociales et politiques, qui se refuse fermement comme telle, ressort tout particulièrement du concept « d'entraînement à la pleine conscience », paradoxalement au moment où Thich Nhat Hanh cherche à se départir de toute morale abstraite au profit d'une appréciation empirique des réalités individuelle et sociale, dont la souffrance relative des êtres serait le critère concret. Dans le seul livre publié en français qui présente systématiquement ces entraînements à la pleine conscience[1], Thich Nhat Hanh s'exprime le plus souvent en employant répétitivement le verbe devoir : « Nous devons montrer en quoi cette propagande est trompeuse. La mise en garde que l'on trouve sur les paquets de cigarettes n'est pas suffisante. Nous devons nous exprimer, écrire des articles et faire tout notre possible pour lancer des campagnes contre le tabac et l'alcool. [...] Nous devons faire encore plus d'efforts dans cette direction[2] ». Ce « devoir être » se dénie en tant que principe moral, et convoque à cet effet la science moderne. Ainsi, l'apologie de la continence sexuelle, de l'abstention de consommer de d'alcool, des cigarettes, sera justifiée par une rhétorique à base de rationalité bouddhique et expérimentale : « Tout ce qu'une mère mange et boit, tous ses soucis et ses peurs auront un effet sur le fœtus qui est en elle. L'enfant qu'elle porte, même tout petit, a déjà tout en lui. Si la jeune mère n'est pas consciente de la nature d'interêtre, elle peut se nuire à elle-même et à son enfant en même temps. Si elle boit de l'alcool, elle détruira une partie des neurones du fœtus. Cela a été prouvé par la recherche moderne[3] ».

5° Les entraînements à la « pleine conscience » : contenu et paradoxes de l'idéologie du bouddhisme engagé

Les entraînements sont au nombre de 5[4] et chacun d'entre eux est l'occasion d'une critique sociale et de l'énonciation de « nos devoirs » :

a) Premier entraînement à la pleine conscience : l'écologie radicale

Cet entraînement est celui dont découle l'écologie profonde. Il ne s'agit pas seulement de protéger la vie des humains et des animaux mais aussi celle des plantes et des minéraux : « Chaque pratiquant bouddhiste devrait être un protecteur de l'environnement. Les minéraux ont aussi leur vie[5] ». Les minéraux ont une vie qu'il faut protéger car eux aussi « réaliseront l'Éveil parfait ». Notons que tous les bouddhistes ne sont pas d'accord avec cette proposition radicale, entre autre le Dalaï-Lama, qui affirme que la loi

1. Il s'agit de l'ouvrage *Changer l'avenir* (Thich Nhat Hanh, *op. cit.*)
2. Thich Nhat Hanh, *op. cit.*, p. 92.
3. *Ibid.*, p.90.
4. Bien entendu ces entraînements recoupent les quatorze préceptes énoncés plus haut.
5. *Ibid.*, p. 22-23.

du *karma*, qui régit le destin des êtres, ne s'applique pas aux végétaux et *a fortiori* aux minéraux. Les étapes du développement d'une plante ne dépendent pas du *karma* mais « simplement de la loi de la nature qui fait qu'elle existe de cette manière[1] ». Les végétaux et les minéraux, pour le Dalaï-Lama au contraire de ce que pense Thich Nhat Hanh, ne souffrent pas. La position écologique du Dalaï-Lama distingue donc les êtres sensibles et l'environnement naturel. Nous devons protéger l'environnement végétal et minéral parce qu'il représente le patrimoine nécessaire au développement des êtres sensibles, alors que pour Thich Nhat Hanh, les êtres végétaux et minéraux doivent aussi être protégés pour eux-mêmes.

Nous avons repéré à travers les bouddhismes occidentalisés trois niveaux d'écologie que nous avons classés dans les catégories suivantes : l'écologie humaniste, l'écologie vitaliste, et enfin l'écologie profonde. L'écologie humaniste est développée par la Soka Gakkai et son président mondial en exercice, Daisaku Ikeda avec la proposition centrale suivante : l'environnement doit être préservé et administré de manière globale non pour la sauvegarde des autres ordres en eux-mêmes mais parce que sans une nature saine l'humanité ne peut survivre ni prospérer. L'écologie vitaliste est développée par le Dalaï-Lama en particulier et plus généralement par le bouddhisme tibétain, avec la proposition centrale suivante : l'environnement doit être préservé et administré de manière globale pour permettre la sauvegarde des êtres sensibles, catégorie dont les hommes font partie. L'écologie profonde est développée par Thich Nhat Hanh, avec la proposition centrale suivante : l'humanité n'a aucune préséance sur son environnement, elle n'a pas un statut supérieur aux autres êtres. Le corps humain lui-même est entièrement constitué « [...] d'éléments non humains, comme les plantes, les minéraux, la terre, les nuages et le soleil[2] ». Il y a, dans ce dernier cas, une interprétation extrême du principe bouddhiste de l'interdépendance, qui devient la caution d'un dogmatisme politique qui n'hésite pas à reprendre les théories écologistes de James Lovelock en faisant de son hypothèse Gaya[3] un véritable dogme, ou plutôt une vérité intangible conforme à la loi bouddhique universelle, le *dharma*. Cette interprétation extrême est celle de nombreux bouddhistes politiquement engagés, tels que Allan Badiner[4] : la terre est un être vivant dont les humains ne sont qu'une des composantes. Dans tous les cas, de ces niveaux de « conscience écologique » découle un pacifisme politique radical.

1. Dalaï-Lama, H. Gardner, D. Goleman, H. Benson, R. Thurman, *Esprit Science. Dialogue Orient-Occident*, Vernègues, Claire Lumière, 1993, p. 41.
2. Thich Nhat Hanh, *op. cit.*, p. 22.
3. J. Lovelock, *La Terre est un être vivant : l'hypothèse Gaïa*, Paris, Rocher, 1986, ainsi que son essai plus récent et plus engagé qui n'est pas à notre connaissance disponible en français : *Gaïa's Defense* (Londres, Norton, 1988).
4. A.H. Badiner, « Dharma Gaïa », in *Engaged Buddhists Reader, op. cit.*, p. 135-140.

b) Deuxième entraînement à la pleine conscience : la générosité contre l'exploitation capitaliste

Cet « entraînement » fondé sur le principe traditionnel de l'action juste (*samma-kammanta*) qui engage à la bienveillance, à l'abstention du vol, devient un mot d'ordre contre « l'oppression » politique des régimes totalitaires, contre l'oppression économique des régimes capitalistes : « Conscient des souffrances provoquées par l'exploitation, l'injustice sociale, le vol, l'oppression, je suis déterminé à cultiver mon amour et à apprendre à agir pour le bien-être des personnes, des animaux, des plantes et des minéraux[1] ». Le pratiquant fait ainsi le vœu de tout mettre en œuvre pour « mettre fin à l'exploitation, à l'injustice sociale, au vol et à l'oppression[2] ». Il passe d'un engagement traditionnel à l'abstention à un engagement moderne à l'activisme social qui suppose une idéologie qui fournit des définitions de ce qui est bien et de ce qui est mal dans une organisation sociale et dans un régime politique ; la démocratie étant représentée comme le régime politique du bien, le socialisme en tant que système de redistribution étant considéré comme le régime social du bien. Cet entraînement suppose que tout bon bouddhiste doit lutter « pacifiquement » contre toute forme sociale et politique qui s'éloigne de ce modèle, que ce soit dans notre propre société ou dans des sociétés culturellement et géographiquement éloignées. Au nom du bouddhisme, le pratiquant a pour mission permanente de faire « gagner » la démocratie : « Supposons par exemple que vous vouliez aider des gens soumis à une dictature. Peut-être avez-vous essayé dans le passé d'envoyer des troupes pour renverser leur gouvernement, mais vous avez appris que cela a entraîné la mort de nombreux innocents, et quand bien même vous auriez réussi, cela n'aura pas forcément suffi à renverser le dictateur. Si vous regardez encore plus profondément [...], vous comprendrez que le meilleur moment pour aider, c'est d'agir avant que le pays ne tombe entre les mains d'un dictateur. Si vous offrez aux jeunes de ce pays la chance d'apprendre la démocratie en leur donnant des bourses pour venir étudier dans votre pays, ce sera un bon investissement pour la paix future. Si vous l'aviez fait trente ans plus tôt, ce pays serait peut-être démocratique aujourd'hui et vous n'auriez pas besoin de leur envoyer des bombes ou des troupes pour les "libérer"[3] ». Cette citation témoigne du passage d'une simple incitation à la générosité à une critique du militarisme occidental, y compris dans ses prétentions à rétablir la paix ou à ouvrir la voie de la démocratie dans les pays du Tiers-monde. Bien sûr l'allusion à l'engagement américain durant la guerre du Viêt-nam est à peine voilée, mais il y a ici en outre une opération de culpabilisation des sociétés occidentales : « si vous aviez fait ceci il y a trente ans, il ne serait pas nécessaire d'être violent aujourd'hui ». Sachant que le livre s'adresse à un public occidental, l'emploi répété du pronom

1. Thich Nhat Hanh, *op. cit.*, p. 31.
2. *Ibid.*
3. *Ibid.*, p. 32-33.

personnel « vous », associe directement le lecteur américain, allemand, français, britannique, à cette irresponsabilité belliqueuse occidentale.

Cet « entraînement à la générosité » est l'occasion d'une critique de la société moderne sur le plan interne avec la proposition suivante : le capitalisme libéral ne laisse pas de place à la solidarité. Mais il est aussi l'occasion d'une critique de la société internationale dirigée par les nations occidentalisées[1].

c) Troisième entraînement : la responsabilité sexuelle contre l'hédonisme consumériste

Cet entraînement est à rapprocher du cinquième qui concerne la restriction de la consommation. La société moderne serait malade d'un surplus de consommation débridée et d'un manque de communication. Cette idée d'un occident malade est générale dans les discours bouddhistes occidentalisés, qui présentent leur « sagesse » comme le seul remède profond possible. Thich Nhat Hanh passe d'un plaidoyer sur la responsabilité morale des amants, sur le respect du corps d'autrui et de son propre corps, pour en arriver à la justification scientifique qui porte sur la valeur sanitaire d'une sexualité contrôlée. La modernité individualiste est évidemment accusée d'accentuer cette mercatique sexuelle en permettant un développement pathologique de l'ego. Il est remarquable que les vieilles valeurs confucéennes, dont la culture vietnamienne est imprégnée, sont omniprésentes dans la description de ces entraînement zen bouddhistes, avec la révérence aux anciens, à la famille et à la société, au détriment du développement personnel. Les mots qui reviennent le plus souvent sont ceux de « famille » et de « société ». L'expression « liberté individuelle » est presque dans ce contexte une injure, une remise en cause de l'harmonie cosmico-sociale[2]. Cette emprise confucéenne se ressent beaucoup moins chez le Dalaï-Lama, Sulak, Buddhadasa et Ambedkar.

d) Quatrième entraînement : l'écoute et la parole aimante contre le marketing politique et économique

Le précepte traditionnel de la parole juste (*samma-vaca*), qui consiste essentiellement à s'abstenir de mentir, est assimilé, dans ce quatrième entraînement, à la pleine conscience, au fait de s'abstenir de paroles idéologiques, car « Quand vous croyez à quelque chose avec autant de force, vous pouvez envoyer des millions de personnes dans les chambres à gaz. Quand vous utilisez des paroles pour défendre votre idéologie, en poussant les gens à tuer afin de protéger et de promouvoir votre idéologie, vous pouvez tuer des millions d'hommes et de femmes[3] ». Cette mise en

1. Nous disons « occidentalisées », parce que nous nous référons aux nations qui ont un régime politique calqué sur les modèles occidentaux modernes et qui ont développé une économie de marché puissante.
2. « La liberté n'a rien à voir avec l'irresponsabilité car la liberté sans responsabilité est destructrice pour les autres et soi-même », Thich Nhat Hanh, *Feuilles odorantes de palmier*, *op. cit.*, p. 175.
3. Thich Nhat Hanh, *op. cit.*, p. 76.

cause des opposés comme également destructeurs est une constante du discours de Thich Nhat Hanh, des années soixante pendant la guerre du Viêt-nam[1], jusqu'à ces dernières années. Il a par exemple critiqué l'implication américaine au Koweït, et l'attitude personnelle du président Bush qui demanda à Dieu de bénir les USA dans cette entreprise et au peuple américain de prier pour les armées alliées de l'Amérique. Signalant que les sondages étaient favorables à 70 % à cette politique, Thich Nhat Hanh en conclut – s'adressant à l'assemblée majoritairement anglo-saxonne et bouddhiste présente – qu'à l'évidence, « nous ne sommes pas assez engagés dans notre effort à pratiquer la paix et à apporter la paix au cœur du peuple[2] ».

Les idéologies nationalistes ou collectivistes sont renvoyées à la catégorie de parole mensongère, alors que les sociétés libérales actuelles, dénuées de fond idéologique général, sont comparées à une « industrie du mensonge » dans laquelle les hommes « doivent mentir pour réussir leur carrière dans la politique ou dans les affaires[3] ». Le marketing politique et mis sur le même plan que le marketing économique. À l'appui de cette proposition, Thich Nhat Hanh cite le cas d'un responsable de la communication d'une importante firme qui déplorait devoir mentir sur la réalité des produits qu'il devait promouvoir. Il semble qu'une telle profession soit incompatible avec l'adhésion au bouddhisme engagé. En outre, ce jugement est en phase avec le courant dominant de la philosophie politique actuelle qui souligne l'effritement de l'égalité citoyenne au moment où le poids des plus importantes entreprises mondiales entrent de plus en plus en jeu dans les prises de décisions politiques. L'action en bourse se substituerait progressivement au bulletin de vote, ce qui mettrait en place une sorte de suffrage censitaire tacite. C'est en tout cas l'idée d'une perversion de la démocratie représentative en oligarchie économique – fondée ou non fondée, peu importe – qui inspire ce type de représentation.

6° Dernier entraînement : Pour une consommation raisonnable, synthèse de l'idéologie de Thich Nhat Hanh et de ses contradictions dogmatiques

a) La consommation adéquate : cœur de la critique écologiste et tiers-mondiste anticapitaliste

Cet entraînement est celui qui met le plus en cause le libéralisme économique et politique, ainsi que l'individualisme social. La liberté individuelle est réfutée au profit d'une autonomie contrôlée. L'individu est intégré à un tissu de relations familiales et sociales dont il n'a pas le droit de

1. « Les Américains croient trop au pouvoir de l'argent et M. Diem au pouvoir de la tyrannie », Thich Nhat Hanh, *op. cit.*, p. 153.
2. Extrait d'un enseignement donné publiquement par Thich Nhat Hanh au Village des Pruniers, le 24 février 1991.
3. *Ibid.*

briser l'harmonie. Thich Nhat Hanh s'élève contre la proposition « nous avons le droit de vivre comme nous l'entendons », même si « la loi vous soutient dans de telles déclarations. C'est une des manifestations de l'individualisme. Mais, selon l'enseignement du vide, votre corps n'est pas seulement à vous : il appartient également à vos ancêtres, à vos parents et aux générations futures ». La tradition confucéenne transparaît encore ici très fortement, avec cependant un élargissement socio-écologique : « Et il [votre corps] appartient aussi à la société et à tous les êtres vivants, qui ont tous contribué à rendre possible la présence de ce corps : les arbres, les nuages, tout ». Bien qu'il réaffirme régulièrement que l'éthique bouddhiste engagée n'impose aucune contrainte extérieure mais se présente comme un entraînement qui permet à l'adepte de prendre « pleinement conscience » de ce qu'il doit faire, en réalité un certain type de comportement est dicté à l'individu. S'il ne respecte pas cette ligne de conduite, dictée par sa responsabilité familiale et sociale, il creuse sa propre indignité.

De l'idée d'une consommation adéquate directement dirigée contre la société de consommation moderne découlent les problèmes de déséquilibre écologique et de déséquilibre entre pays riche et pays pauvre : « Si vous mangez moitié moins de viande et buvez moitié moins d'alcool, vous accomplirez déjà un miracle qui contribuera à résoudre le problème de la faim dans le monde[1] ». Cette phrase démontre que le bouddhisme engagé, tout en se présentant comme pragmatique, obéit à des motifs idéologiques qui ne tiennent pas compte des réalités matérielles et économiques : la viande, qu'un Américain ou un Français s'abstiendraient de manger, ne se retrouverait pas dans l'assiette d'un affamé du tiers monde, à moins d'une opération magique, contrairement à ce que laisse supposer une telle proposition. En revanche, une baisse de la consommation des ménages pourrait entraîner une crise économique qui se répercuterait négativement dans les pays du tiers monde, ne serait-ce que parce qu'elle entraînerait une baisse sensible de l'aide financière extérieure. Nous ne prétendons pas que ce scénario se réaliserait effectivement en cas de baisse importante de la consommation, mais seulement que ce type de problèmes concrets, qui pourraient résulter des directives qui ressortent des textes publiés par Thich Nhat Hanh, n'est jamais pris en compte. Il ne se réfère qu'à une construction abstraite, et parfois simpliste, des relations entre les économies industrielles et les économies en voie de développement.

Le gaspillage de la société de consommation moderne témoignerait d'une incapacité des systèmes politiques libéraux à construire une « société de pleine conscience ». Il y a ici recoupement – presque équivalence – entre

1. *Ibid.*, p. 101.

le régime alimentaire, le régime social et le régime politique[1]. La remise en cause du modèle de société libérale industrielle, source d'abondance mais aussi de gaspillages sur le plan matériel et de névroses sur le plan spirituel, est rattachée à une critique plus générale de l'urbanité au profit de l'austérité des campagnes. Le « village », source « d'authenticité », est opposé à la « ville », source de « corruption ».

Ainsi, à propos d'un film américain qui met en scène une femme appartenant à la bourgeoisie américaine sombrant dans une neurasthénie suicidaire, Thich Nhat Hanh affirme qu'elle « guérirait de sa maladie si elle acceptait d'abandonner pour un temps son confort matériel pour vivre dans une société plus simple, peut-être dans un village d'Amérique du Sud ou dans un village semblable à celui où je me trouve en ce moment, ou en tout autre lieu où il lui faudrait laver son linge à la rivière[2] ». Nous sommes là au point de jonction entre le *solidarisme-universaliste* et le *nationalisme-moraliste*. Dans sa version extrême de *vitalisme radical*, la vision *solidariste-universaliste* en arrive à assimiler la préservation de la nature au sens physique à la préservation de la nature au sens d'une organisation sociale qui ne peut être qu'un système traditionnel. Le pas de la promotion de la nature au sens environnemental à celle d'une société « naturellement » traditionnelle n'est jamais franchi dans les versions *humanistes modérées* du *solidarisme-universaliste*, telle qu'on les trouvent dans les discours du Dalaï-Lama ou du Président de la Soka Gakkai, Daisaku Ikéda.

La proposition de guérison des névroses urbaines par des « cures de village » s'inscrit dans la même rubrique que sa critique à l'encontre des gauchistes et libertaires des populations urbaines occidentales, qui sont pourtant les principaux artisans du succès occidental du bouddhisme engagé : « Les gens rejoignent des comités politiques, des groupes de femmes ou d'hommes, des organisations charitables, des associations d'étudiants et même des groupes d'opposants au nucléaire, tout cela pour échapper au vide qu'ils sentent piégé dans la dure carapace d'eux-mêmes. [...] Leurs rencontres sociales sont vides et ne sont qu'une extériorisation monumentale de cette carapace[3] ».

b) Construction d'une morale abstraite imposée, au service d'une utopie « indiscutable », en contradiction avec les prétentions adogmatiques de l'ordre de l'Interêtre

Malgré un refus apparent d'imposer une distinction morale stricte entre bien et mal, un refus de toute idéologie, il nous apparaît que les textes de Thich Nhat Hanh, lorsqu'on les examine de près, ne sont pas dépourvus de

1. Cette recherche d'une consommation alimentaire et intellectuelle « adéquate », liée à un régime sociopolitique adéquat, est omniprésente dans les discours de Thich Nhat Hanh (« Diet for a Mindful Society », in *Engaged Buddhist Reader, op. cit.*, p. 223-234).
2. Thich Nhat Hanh, *Feuilles odorantes de palmier,* Paris, La Table Ronde, 2000, p. 174.
3. *Ibid.*, p. 173.

dogmatisme. L'entraînement à une consommation adéquate assimile, par un jeu d'extension, les productions culturelles – et en général toute interaction culturelle, tout acte de communication (littérature, cinéma, information journalistique, télévision, et même conversation) – à des nourritures intellectuelles qui requièrent un régime régulé en vue d'obtenir et de maintenir la santé de l'esprit. Il y aurait, dès lors, des nourritures intellectuelles perverses, toxiques, qu'il faut proscrire à tout prix : « Nous pouvons avoir une discipline pour notre corps, mais aussi pour notre conscience, c'est-à-dire notre santé mentale. Nous devons nous abstenir d'ingérer le genre de « nourriture » intellectuelle qui apporte des toxines à notre conscience. Certains programmes de télévision, par exemple, nous aident à mener une vie plus saine, et nous devons consacrer du temps à regarder ces programmes éducatifs. Mais d'autres programmes nous apportent des toxines et nous devons nous abstenir de les regarder[1] ».

Cette défiance à l'égard de la culture n'est pas récente dans le discours de Thich Nhat Hanh, puisque déjà en 1964, il notait dans son journal son dégoût pour la littérature de l'absurde : « Il est facile d'en « avoir marre », d'être sans espoir, de sentir que rien n'a plus de signification et qu'il n'y a pas d'évasion possible. Le concept « sans signification » est lui-même sans signification[2] ». La suite de la phrase est une allusion évidente à l'existentialisme : « Les auteurs du désespoir projettent une autre couche de peinture noire sur la triste scène de l'existence. Et même s'ils prétendent être la voix de la liberté, leurs écrits contribuent à créer une littérature d'insouciance et d'irresponsabilité[3] ». Cette « littérature du désespoir » irrite les frustrations populaires, d'après Thich Nhat Hanh ; elle est socialement destructrice, alors que « nous avons besoin d'une littérature qui nous guide[4] ».

Cette façon de penser s'apparente à la tentative platonicienne de fonder une République parfaite, qui suppose une légitimation de la censure littéraire au nom d'un idéal intelligible du Bien qui exclut les expressions dégradées du monde sensible. Platon proposait ainsi, dans le Livre II de *La République*, de réécrire ou d'éliminer les parties « immorales », par exemple de l'œuvre d'Homère et de prescrire aux poètes en général des directives d'écriture précises afin que leurs œuvres soient profitables à l'ordre social idéal préconisé[5]. N'est-ce pas cette aspiration à une société

1. Thich Nhat Hanh, *Changer l'avenir*, *op. cit.*, p. 91.
2. Thich Nhat Hanh, *Feuilles odorantes de palmier*, *op. cit.*, p. 175.
3. *Ibid.*
4. *Ibid.*
5. Platon propose d'éliminer les histoires violentes, les récits cruels des mythes classiques transcrits par Hésiode ou Homère. Il propose même de masquer la réalité lorsqu'elle dévoile le mal, de même que Thich Nhat Hanh propose d'éliminer les feuilletons télévisés violents, même s'ils expriment une certaine réalité sociale. Platon voudrait faire interdire une partie de la cosmogonie d'Hésiode dans ses phases les plus cruelles, même si les événements retracés sont réels : « Quand même la conduite de Kronos et la manière dont il fut traité par son fils seraient vraies, je crois qu'il ne faudrait pas les raconter si légèrement à des êtres dépourvus de raison et à des enfants, mais qu'il vaudrait mieux les ensevelir sous le silence » (*La République*, II, 378-a) ; et plus loin, Platon ajoute

idéale qui pousse Thich Nhat Hanh à demander aux chaînes de télévisions occidentales « de diffuser des programmes plus sains[1] », à suggérer « aux fabricants de proposer des téléviseurs ne pouvant recevoir que des programmes sains et éducatifs[2] », et à en appeler au lecteur bouddhiste occidental afin qu'il écrive « aux fabricants de téléviseurs et de radios pour exprimer vos idées à ce sujet[3] », à lui demander de « boycotter les magazines qui déversent des toxines dans notre société[4] », et à tenter de convaincre ceux qui s'adonnent à cette culture dégénérée, à « faire un effort pour avertir les gens du danger de lire et de consommer ce genre de produits. Il en va de même pour les livres et les conversations[5] ».

c) La censure comme thérapeutique sociale au service de la cité idéale

L'idée du bouddhisme comme une médecine de l'âme justifie la place du maître bouddhiste en tant que thérapeute de la civilisation sensé guérir le monde de la crise politique et sociale qu'il traverse. Après trente ans de vie en Occident[6], Thich Nhat Hanh fait un bilan alarmant des sociétés démocratiques libérales : « Il y a un profond malaise dans la société. Si l'on met un jeune dans cette société sans essayer de le protéger, il reçoit de la violence, de la haine, de la peur et de l'insécurité chaque jour et finit par tomber malade. Nos conversations, nos programmes de télévisions, nos publicités, nos journaux et nos magazines arrosent les graines de la souffrance chez les jeunes et les moins jeunes[7] ». C'est pourquoi le peuple a « besoin de lignes directrices, d'une médecine préventive[8] » ; celle-ci est proposée par le bouddhisme engagé, dont les principes ressemblent singulièrement, encore une fois, à des formules idéalistes issues de l'œuvre de Platon : « Nous devons trouver quelque chose qui soit beau, bon et vrai dans lequel nous puissions prendre refuge[9] ». C'est en effet au nom de ce « beau », de ce « bon » et de ce « vrai » que « nous devons mettre fin au genre de consommation qui empoisonne notre conscience collective[10] ». Le terme de « conscience collective » revient très fréquemment dans les ouvrages du Thich Nhat Hanh. La « conscience collective » occidentale est malade et doit être soignée par le bouddhisme. D'un côté, il affirme que les entraînements à la pleine conscience sont avant tout personnels, et d'un

---

par la bouche de Socrate qu'il convient « de connaître les modèles que doivent suivre les poètes dans leurs histoires, et de défendre qu'on s'en écarte » (*ibid.*, II, 379-a).

1. Thich Nhat Hanh, *op. cit.*, p. 94.
2. *Ibid.*
3. *Ibid.*
4. *Ibid.*, p. 95.
5. *Ibid.*
6. Nous sommes en 1993, date de la première publication en anglais de l'ouvrage *Changer l'avenir.* Le titre anglais est particulièrement expressif : *For a Future to be possible.* Ce livre se présente comme un ensemble de propositions pour permettre à l'humanité de survivre. *A contrario*, si elle n'adopte pas ces principes, nous pouvons supposer que notre société ne pourra que disparaître : elle n'aura pas de futur.
7. Thich Nhat Hanh, *op. cit.*, p. 13.
8. *Ibid.*, p. 14.
9. *Ibid.*
10. *Ibid.*, p. 100.

autre côté il affirme que la guérison ne peut venir que par une transformation politique globale, puisque « l'Éveil doit être collectif si nous voulons obtenir des résultats[1] ». D'un côté encore, il affirme que cette pratique ne peut être imposée par une contrainte extérieure, étatique, légale, policière : « Ce genre de vision profonde n'est pas quelque chose qui nous est imposé par une autorité extérieure[2] ». D'un autre côté, il affirme qu'il faudrait éduquer les masses à bien consommer, ce qui revient à dire qu'il faudrait leur apprendre ce qui est « bon », « beau » et « vrai ». Cet objectif ne pourrait être atteint sans l'intervention d'une « autorité extérieure », ce qu'il ne nie d'ailleurs pas : « La pratique de la consommation réfléchie devrait devenir une politique nationale. Cela devrait être considéré comme une véritable éducation pour la paix[3] ». Comme à la Soka Gakkai, l'éducation semble être une des priorités de « l'Éveil collectif » préconisé par Thich Nhat Hanh, notion équivalente, dans le discours de Daisaku Ikeda, à celle de « révolution humaine ».

À plusieurs reprises, le fondateur de l'Ordre de l'Interêtre insiste sur le fait que la conscience collective est prioritaire sur la conscience individuelle[4], ce qui est en contradiction avec le premier principe de la « politique d'illumination » énoncé par Thurman, tout comme avec les attentes intimistes d'une frange importante des bouddhistes occidentaux. Nous avons par exemple assisté à un Congrès International Bouddhiste, les 1er et 2 mai 1999[5], pendant lequel les thèmes traités relevaient presque exclusivement de la libération personnelle et non sociale. Le seul intervenant qui évoqua cet aspect, Dagpo Rinpotché, ne fut pas suivi par le public qui le questionna sur le problème de la réincarnation. Il faut cependant souligner que le cas de la France est particulier en raison du retard de politisation du bouddhisme, que nous avons d'ailleurs tenté d'expliquer dans le présent travail[6], et que de surcroît le colloque se déroulait à Grasse près de Nice, un bastion de l'AZI représentée par son clerc le plus médiatique, Roland Rech, porteur d'un bouddhisme intimiste analysable comme une partie de la nébuleuse mystique-ésotérique[7].

Thich Nhat Hanh attribue la violence internationale et la violence civile – par exemple le meurtre d'un policier dans la banlieue pauvre de Los Angeles, ainsi que le meurtre d'un jeune noir par un policier un semaine plus tard – à la « manifestation de notre conscience collective[8] ».

1. *Ibid.*
2. *Ibid.*, p. 15.
3. *Ibid.*, p. 106.
4. « Seules la compréhension et la compassion à un niveau collectif peuvent nous libérer » (*ibid.*, p. 107).
5. Ce Congrès International Bouddhiste s'est déroulé les 1er et 2 mai au Théâtre de Grasse, avec le parrainage de la Commune et du magazine *Samsara*.
6. Cf., notre paragraphe intitulé : « Le retard de politisation du bouddhisme en France ».
7. L'entretien, que nous avons pu avoir avec lui à ce moment révélait un refus total d'implication sociale au profit du seul « développement personnel », ce qui se rapproche des thématiques narcissiques-mystiques dont nous avons déjà parlé.
8. Thich Nhat Hanh, *op. cit.*, p. 99.

Paradoxalement, il critique les idéologies, le dogmatisme, tout en produisant une forme de dogmatisme ; il réfute toute contrainte extérieure tout en prônant, en termes à peines voilés, une politique de censure fondée sur une conception particulière de la « vérité ». En effet, à côté de cette volonté de régulation quasi confucéenne – l'ordre social et familial prime sur l'individu –, il se fait le champion d'un libertarisme prônant la désobéissance civile, et le rejet des conventions ; c'est ce qui transparaît à la lecture du journal qu'il écrivit entre 1962 et 1966 : « C'est la société qui nous dicte ce que nous devons manger, comment nous devons nous accueillir les uns les autres, marcher, nous asseoir ou nous habiller. [...] nous avons voulu nous affranchir de ces règles et de ces conventions. Nous nous sommes mis à crier pour secouer ces contraintes et nous prouver que nous étions libres[1] ». Le journal continue par une critique de la contrainte intériorisée que représentent les formules de politesse.

d) Continuité et distinction entre le « bouddhisme engagé » de Thich Nhat Hanh et l'activisme « non violent » du Dalaï-Lama

Il semble que Thich Nhat Hanh ne réussisse pas à dépasser la contradiction entre la démocratie radicale qu'il appelle de ses vœux et les valeurs confucéennes d'ordre familial et social. Le bouddhisme engagé, modernisation et occidentalisation du bouddhisme traditionnel, développe une rhétorique qui prétend s'inscrire à travers ses paradoxes, peut-être grâce à ses incohérences mêmes, dans la logique supérieure du non-dualisme. Un élément est cependant clair, qui distingue très nettement le bouddhisme traditionnel de ce bouddhisme moderniste et occidentalisé : la méditation ne peut suffire, ni la piété, à faire un « bon » bouddhiste engagé : « Le Bouddha doit être dans la société. Il ne peut plus rester dans le temple, parce que les gens souffrent trop[2] ». La philosophie du bouddhisme engagé peut être ainsi résumée : les mérites ne se gagnent plus par les offrandes mais par l'activisme social. Aujourd'hui, la société est en crise, la souffrance est dans la rue, c'est donc dans la rue que doit agir le moine.

Tout comme le Dalaï-Lama, Thich Nhat Hanh critique le matérialisme qui aliène la conscience des citoyens vivant dans des « sociétés d'abondance[3] ». Cette critique du capitalisme libéral se double d'une critique de l'exportation des modèles politiques et sociaux occidentaux aux pays du Tiers-monde en général et au Viêt-nam en particulier, tout en affirmant la valeur positive de la démocratie. Le concept même de démocratie est détaché de l'histoire occidentale, comme s'il s'agissait d'une vérité politique intemporelle, dont le bouddhisme porte aujourd'hui le

1. Thich Nhat Hanh, *Feuilles odorantes de palmier,* Paris, La Table Ronde, 2000, p. 37.
2. Thich Nhat Hanh, *Changer l'avenir, op. cit.*, p. 81.
3. Ce thème est développé longuement dans le journal que tint Thich Nhat Hanh de 1962 à 1963, dans lequel il compare les réalités sociales du Viet-nâm et des USA (*Feuilles odorantes de palmier, op. cit*).

flambeau[1]. L'idée d'une exportation du modèle démocratique au Tiers-Monde ne choque pas le chef tibétain en exil, ni le fait que ce modèle ait pu être historiquement produit par la civilisation occidentale.

Il n'hésita pas à affirmer, lors d'une conférence de presse, que « La communauté internationale doit assumer la responsabilité d'apporter la démocratie en Chine. Quand la Chine sera un État de Droit, ce sera une chose positive pour le monde[2] ». Bien sûr ce type de déclaration ne peut être détaché d'un contexte qui implique une stratégie tendant à délégitimer l'État chinois, en laissant entendre qu'il n'est pas un État de Droit tout en conférant aux État occidentaux la mission de changer une telle situation. À l'inverse, Thich Nhat Hanh remettra en cause jusqu'au principe même d'une aide économique occidentale : « L'aide américaine l'empêche de s'effondrer complètement mais, ce faisant, elle rend le Viêt-nam toujours plus dépendant[3] ». Cette critique se rattache aux principes économiques énoncés par Sulak, qui prônent l'autosuffisance régionale[4] : « Si nous voulons que l'industrie vietnamienne aille au-delà de ses premiers balbutiements, nous devons utiliser nos propres matières premières et consommer les produits de nos propres industries. C'est le seul moyen pour nous de ne plus dépenser notre capital pour acheter des biens étrangers, un capital qui serait mieux utilisé à donner son essor à l'industrie vietnamienne[5] ». Malgré un *individuo-globalisme* dominant, il y a dans son discours une pointe de nationalisme, la volonté de développer la « nation » vietnamienne qui doit avoir « la capacité de se gouverner soi-même[6] ». La volonté de favoriser l'agriculture entre aussi dans la même logique déjà énoncée par Sulak de mettre la production au service des besoins régionaux et non au service de l'exportation[7]. Enfin, la priorité rurale au détriment du développement urbain est encore une caractéristique partagée avec la vision sulakienne qui s'exprime dans le cadre de l'ACFOD. Ainsi l'Église Bouddhique Unifiée, dirigée par Thich Nhat Hanh, a opposé aux « hameaux stratégiques », crées par le gouvernement Sud-vietnamien soutenu par les Américains, ses propres « villages expérimentaux ». D'après ce dernier, les hameaux stratégiques, produits d'une culture urbaine transplantée dans les campagnes, prétextes d'une augmentation supposée du niveau de vie des paysans, étaient en fait créés dans un but de pure propagande, alors que les

1. Il accepte cependant parfaitement que d'autres religions soit porteuses de ce même flambeau, en particulier le christianisme, par exemple avec la théologie de la libération ou à travers l'activisme des leaders chrétiens dans le combat pour l'égalité des droits civils aux USA.
2. *La Lettre du Tibet*, n° 55, juin 2000.
3. Thich Nhat Hanh, *Feuilles odorantes de palmier, op. cit.*, p. 151.
4. Nous renvoyons le lecteur au principe n° 3 (autosuffisance nationale) concernant les aspirations politiques, sociales et économiques énoncées lors du Forum Culturel Asiatique sur le Développement en 1983 (ACFOD : *Asian Cultural Forum on Development*). Ce principe est commenté dans ce travail, dans le cadre du paragraphe que nous avons consacré aux idées de Sulak Sivaraksa.
5. Thich Nhat Hanh, *op. cit.*, p. 150-151.
6. *Ibid.*
7. Principe n° 4 de l'ACFOD. : La production doit être orientée vers les besoins de base et non vers l'exportation.

villages expérimentaux étaient fondés sur le développement rural du point de vue même des paysans[1], en tenant compte de leur culture rurale[2] parce que « les gens des petits hameaux à travers toutes les campagnes du Viêt-nam sont la plus grande des ressources inexploitées du pays[3] ».

7° Les deux principes d'action qui régissent le bouddhisme engagé

Sallie King discerne deux principes d'action tirés de la pensée de Thich Nhat Hanh qui peuvent, d'après elle, être généralisés à l'ensemble du Mouvement de Lutte Bouddhiste qui s'est développé en Asie au XXe siècle[4] ; l'analyse de Sallie King nous semble cependant complaisante.

a) Le pacifisme radical

Agir par tous les moyens pour stopper toutes les tueries et apaiser la souffrance. Pendant la guerre du Viêt-nam, cette injonction s'est manifestée dans la demande de cessez-le-feu et dans l'affirmation que la paix immédiate était plus importante que la survivance même du bouddhisme ou que la survivance de la nation vietnamienne. Ce principe découle des Quatre Nobles Vérités qui sont au cœur du bouddhisme ancien, qui prescrivent la dissolution prioritaire de la souffrance, dont le Grand Véhicule a donné une interprétation large, que le bouddhisme engagé a encore élargie à la nécessité d'agir par des mouvements de pression contre les gouvernements belliqueux. S. King range le refus d'accréditer absolument une doctrine dans cette catégorie. Le fait d'être lié à une idéologie exclusive supposerait que l'on peut sacrifier des vies pour arriver à réaliser sa finalité. Pourtant, nous ne pouvons accepter cette analyse : en effet, Thich Nhat Hanh n'a pas condamné les suicides rituels des bonzes, il a même cherché à expliquer leur geste dans la perspective de l'engagement bouddhiste. Ainsi, il déclara, à propos de deux moines qui s'immolèrent par le feu en place publique, Quang Duc et Nhat Chi Mai, que leur geste était lucide mais qu'« ils ne pouvaient supporter la souffrance des autres. Ils voulaient faire quelque chose ou être quelque chose pour les autres[5] ». Cette action d'intimidation est pourtant difficilement compréhensible en termes bouddhistes eu égard au principe d'*ahimsa*, non-violence, qui prescrit la non-interruption du devenir des êtres, y compris de son propre devenir. En outre, le Bouddha condamna explicitement le suicide, le bouddhisme

1. Ce ruralisme est sensé enseigner la démocratie, et presque l'autogestion aux villageois : « Il faut d'abord déterminer les besoins dans les domaines de la santé, de l'économie, de l'éducation et du social. Il faut ensuite éveiller l'intérêt des villageois et gagner leur soutien en mettant sur pied un projet et en démontrant sa valeur » (Thich Nhat Hanh, *Feuilles odorantes de palmier, op. cit.*, p. 186).
2. « Nous devons considérer les nouvelles technologies comme un apport aux ressources qui se trouvent déjà là plutôt que comme des moyens de changer les façons de faire traditionnelles » (*ibid.*, p. 187).
3. *Ibid.*, p. 155.
4. S. King, « Thich Nhat Hanh and the Unified Buddhist Church of Vietnam : Nondualism in Action », in Queen, King, *Engaged Buddhism. Buddhist Liberation Movements in Asia, op. cit.*, p. 342.
5. D. Berrigan, Thich Nhat Hanh, *The Raft is not the Shore. Conversations toward a Buddhist-Christian Awareness*, Boston, Beacon Press, 1975, p. 60.

traditionnel étant incompatible avec la notion de martyr[1]. La justification bouddhiste d'un tel geste est donc une nouveauté moderne.

b) Le non-dualisme systématique

Le second principe repéré par S. King est celui de la non-séparation des parties impliquées dans les conflits, ce qui entraîne le refus de prendre parti pour un camp ou pour un autre. Il s'agit de ne pas faire de distinction entre l'ami et l'ennemi, le bon et le méchant, mais de « s'entraîner » à percevoir les deux opposés comme des victimes de leur aveuglement. Cette victimisation de la partie normalement représentée comme ennemi permet de juger plus globalement la situation et d'agir en conséquence. Dans le cadre d'une société dominée par un dictateur, l'activiste bouddhiste doit faire l'effort de s'identifier non seulement à l'oppressé, mais aussi à l'oppresseur.

Cet effort d'identification ne signifie pas que les bouddhistes engagés n'ont pas d'opinion, mais seulement qu'ils n'ont pas d'opinion absolue. Nous ne pouvons pas accepter encore ici la description enthousiaste de King, puisque ce prétendu non-dualisme nous semble faire l'objet d'une part d'une construction dogmatique et d'autre part légitimer un activisme tranché, contre une idée, contre une institution, donc dualiste. Au-delà de ce que l'on pourrait appeler un non-dualisme méthodologique, Thich Nhat Hanh insiste sur son opposition prioritaire à ce qu'il appelle la violence institutionnelle, qui caractérise l'oppression invisible du système politique lui-même : « [...] La forme de violence la plus visible est la violence révolutionnaire et insurrectionnelle. Dès lors, si vous êtes un partisan de la non-violence, vous êtes automatiquement contre la révolution et l'insurrection. Plutôt angoissant ! Mais c'est faux ! car nous ne sommes pas contre la révolution et l'insurrection. Nous sommes contre l'autre côté, le côté des institutions, le côté des oppresseurs. La violence du système est beaucoup plus destructrice, beaucoup plus néfaste, bien qu'elle soit bien cachée et donc pas aussi visible. Nous l'appelons violence institutionnelle. En nous reconnaissant nous-même comme non-violent, nous sommes contre toute violence, mais nous sommes avant tout contre la violence institutionnelle[2] ». Cette phrase montre bien que la pensée de Thich Nhat Hanh n'est pas une philosophie politique institutionnelle qui proposerait la mise en place d'un type de régime politique, mais une philosophie de l'activisme politique.

Le système – compris non au sens d'application politique de principes idéologiques mais de contexte général d'une situation d'oppression – est toujours plus blâmable que les hommes eux-mêmes, y compris les

1. « L'enseignement du Bouddha ne permet pas de créer la notion de "martyr", car celle-ci aurait pu engendrer une volonté ardente d'aller combattre au nom de la religion, ou de mourir au nom de la religion dans l'espoir de devenir martyr » (Môhan Wijayaratna, *Le Bouddha et ses disciples,* Paris, Cerf, 1990, p. 25).
2. Thich Nhat Hanh cité dans *The Buddhits in Vietnam : An Alternative View of the War* (B. Wirmark, Bruxelles, WRI, 1974, p. 19).

hommes de pouvoir. Un président, un chef de la police, n'est pas à blâmer personnellement car les faits sont interconnectés dans un réseau qui peut inclure les enjeux stratégiques officiels et officieux, l'économie globale, la guerre froide, etc. C'est d'ailleurs en raison de cette complexité, que prendre partie violemment dans un camp ne ferait qu'ajouter des éléments négatifs au contexte d'ensemble, sans pour autant être capable de contrôler les conséquences indirectes de nos actes. À l'inverse, la pression non violente autoriserait un meilleur contrôle dans cette situation de complexité. Ce type de raisonnement permet aux tenants du bouddhisme engagé de ranger le non-dualisme non comme principe moral et religieux, mais comme principe d'action rationnel.

Les principes énoncés par Thich Nhat Hanh ont beaucoup de points communs avec la pensée politique de Buddhadasa, celle de Sulak et celle du Dalaï-Lama, ce qui permet de trouver une certaine unité idéologique du bouddhisme engagé à travers des thématiques communes : la valorisation de la démocratie parallèle à une critique du libéralisme économique ; la construction de modèles utopiques fondés sur les idées de démocratie participative et d'économie d'équilibre ; l'exploitation des causes humanitaires d'une part comme formes de prosélytisme à l'intérieur des sociétés occidentales et d'autre part comme moyens de pression politique en Asie ; la valorisation de l'environnement qui justifie une gestion globale, mondiale des problèmes, ainsi qu'un rapport non violent non seulement à l'environnement naturel mais aussi social, dont découle un engagement pacifiste ; la priorité de l'éducation généralisée et égalitaire ; la priorité des campagnes sur les villes ; la mise en exergue de la fonction révolutionnaire des femmes, ce qui n'est pas conforme au bouddhisme originel ; la mise en exergue de la fonction révolutionnaire des laïques, alors que traditionnellement les moines sont les acteurs centraux du bouddhisme.

Conclusion : Les leaders bouddhistes engagés comme champions de la démocratie « authentique » et juges de l'Occident matérialiste

Aujourd'hui, le Dalaï-Lama s'impose en autorité morale concurrentielle de celle du Pape en Amérique du Nord et en Europe. Ce dernier renforce ses positions en Afrique – en concurrence toutefois avec l'islam – et en Amérique du Sud. Le cas des USA est particulier, puisqu'il s'agit du seul État occidental industrialisé dans lequel l'Église catholique progresse, *via* surtout l'immigration mexicaine. Mais l'État américain est aussi le pays occidental industriel dans lequel progresse le plus le bouddhisme, particulièrement dans ses versions les plus occidentalisées et les plus politisées. La première université bouddhiste du monde occidental, le *Naropa Institute*, a été implantée dans le Colorado en 1974, ainsi que nous l'avons vu. Depuis, ses activités n'ont cessé de se développer dans le sens d'une « sécularisation » des domaines étudiés. Ce concept de bouddhisme sécularisé n'est pas une catégorie de recherche, mais une catégorie inaugurée par les bouddhistes eux-mêmes[1] ; la Soka Gakkai ira plus loin en inaugurant le concept de bouddhisme laïque.

Il existe aujourd'hui, au sein de l'université bouddhique (*Naropa institute),* une option bouddhisme engagé (*engaged buddhism).* Cette tendance s'est même développée dans des universités non officiellement rattachées au bouddhisme, qui proposent des *masters* et des diplômes de *bachelors of art* (équivalents de la licence), dans les domaines balisés par le bouddhisme engagé, tels que le *master* intitulé « Environnement et Communauté » (*Environment and Communauty),* qui se propose de former « des praticiens et des éducateurs à jouer un rôle de premier plan dans la gestion des problèmes et des défis environnementaux [au sens physique et sociétal] qui touchent nos communautés ainsi que nos institutions économiques et sociales[2] ». On remarquera la dimension prioritaire de la gestion communautaire par rapport à la dimension plus largement sociale. Mais cette priorité ne semble pas se rattacher au bouddhisme moderniste en général mais plutôt à son insertion américaine, société dans laquelle les communautés ethniques et religieuses sont des unités de base du tissu sociétal, ce qui n'est pas le cas de la France. D'ailleurs, ce discours communautariste n'apparaît pas chez les bouddhistes français, y compris dans ses récentes versions socialement engagées.

La politisation explicite sur la place publique du discours bouddhiste occidentalisé émerge aux USA dans les années cinquante et se développe à travers le discours du Vénérable Thich Nhat Hanh, proche de Martin Luther King, contre la guerre du Viêt-nam. Le Dalaï-Lama prendra le relais de ce pacifisme rattaché à une cause dramatique extérieure à partir des années quatre-vingt. Il va tirer profit du fond théorique élaboré par les bouddhistes engagés tout en s'imposant comme le *Cakravartin,* souverain universel dharmique, porteur de toutes les valeurs progressistes bouddhistes, menant une politique de l'Éveil à l'échelle planétaire.

En France, jusqu'à la fin des années quatre-vingt-dix, la cause tibétaine était très distincte de la pensée bouddhiste. Malgré les efforts d'amalgame des organisations de défense des Tibétains en exil, tentant de produire une synergie entre les bouddhistes occidentaux et la cause tibétaine, le problème politique ne deviendra que très récemment un thème bouddhiste dans notre pays. Cette problématisation n'atteint qu'aujourd'hui son apogée avec le livre récent du Dalaï-Lama traduit en français[3], ainsi que par le développement des thématiques politiques dans des magazines

1. Cf. la cassette vidéo du Dalaï-Lama intitulée *Secular meditation,* MPI Home Video, 1997. Cet enseignement prétend dispenser une sagesse et des principes techniques utiles à l'homme moderne en dehors de toute « persuasion religieuse ».
2. Extrait de la publicité la *Mc Gregor School of Antioch University,* qui est une respectable université de l'Ohio, parue dans *Tricycle, The Buddhist Review* (automne 1997, vol. VII, n° 1, p. 104).
3. Dalaï-Lama, *Sagesse ancienne, monde moderne. Une éthique pour le nouveau millénaire,* Paris, Fayard, 1999.

bouddhistes jusque-là extrêmement discrets sinon complètement muets sur ces aspects[1].

Aux USA, ce discours avait déjà fait son apparition depuis plus d'une dizaine d'années, à travers des ouvrages, mais aussi des cassettes vidéo largement distribuées dans le grand public, traitant de la conception bouddhique des Droits de l'Homme[2]. L'Amérique du Nord[3] reste le pays phare en matière de « bouddhisme engagé ». Voici à cet égard les thèmes de conférences, de discussions et d'ateliers principaux de la seconde conférence annuelle sur la pratique bouddhiste intitulée « Le bouddhisme en Amérique (*Buddhism in America*) : Féminisme et bouddhisme, action sociale / bouddhisme engagé, le bouddhisme en psychologie et en médecine[4] ».

Le Dalaï-Lama a tendance à s'imposer en autorité représentative des bouddhismes occidentalisés, aussi bien occidentaux qu'asiatiques[5]. On l'interroge pour connaître de l'opportunité éthique à poursuivre telle ou telle recherche scientifique. Le « on » ne renvoie pas seulement aux journalistes mais aux scientifiques eux-mêmes, qui interrogent le chef tibétain sur le sens de leurs propres découvertes et sur les directions à prendre dans l'avenir. L'ouvrage collectif intitulé *Passerelles, Entretiens avec le Dalaï-lama sur les sciences de l'esprit*, est caractéristique de cette attitude intellectuelle. Les scientifiques font acte d'autocritique, presque de contrition, en tant que scientifiques, et en appellent aux lumières du grand Lama pour les guider sur les chemins d'une « saine recherche ». L'Autorité bouddhiste expliquera par exemple sa conception de la perception, et Eleonor Rosch, une des participantes à ce dialogue scientifico-spirituel, professeur et chercheur en science cognitive à l'université de Berkeley, répondra que ce que vient d'expliquer le Dalaï-Lama « c'est précisément ce qui manque à la psychologie occidentale[6] ».

Le bouddhisme devient une instance critique de la modernité, sur le plan scientifique comme sur le plan politique. L'allocution de Claude Huriet,

1. La revue *Samsara*, qui a le plus gros tirage parmi les magazines bouddhistes, a tendance à choisir des thèmes de plus en plus politiques. Le numéro de novembre était d'ailleurs exclusivement consacré à la « cause tibétaine » : la politique « colonialiste chinoise », les propositions constitutionnelles du Dalaï-Lama, son gouvernement en exil, la transgression des droits de l'homme, etc. (« Le Tibet : 50 ans d'histoire, entre douleur et colère », *Samsara*, hors-série, novembre 1999).
2. Cf. la cassette vidéo du Dalaï-Lama intitulée *Human Rights and Moral Practice*, New York (P.O. Box 422, NY 10012), Mystic Fire Video.
3. Il est difficile de distinguer entre les USA et le Canada ; les réseaux bouddhistes semblent ignorer les frontières politiques entre ces deux pays, ceci étant sans doute facilité par la quasi-unité anglophone.
4. Extrait traduit par nos soins de la brochure de la *Second Annual Conference on Buddhist Practice* dont on peut se procurer un exemplaire par courrier électronique ou postal (adresse postale : 824 E.7th Ave., Salt Lake City, UT, 84103, USA ; adresse électronique : BuddhaCom@aol.com).
5. Le bouddhisme s'occidentalise en Asie aussi. La Thaïlande est un des points névralgiques asiatiques du bouddhisme occidentalisé. Le Dalaï-Lama est membre d'honneur de l'*International Network of Engaged Buddhists*, implanté à Bangkok.
6. Hayward, Varela, *Passerelles. Entretiens avec le Dalaï-lama sur les sciences de l'esprit*, Paris, Albin Michel, 1995, p. 148.

sénateur de Meurthe-et-Moselle, le 30 octobre 1996, lors de la réception du Dalaï-Lama à l'Assemblée Nationale, est révélatrice de cette position d'autorité morale occidentale. La « cause tibétaine » deviendrait un enjeu politico-spirituel pour l'Occident. Le sénateur français déclare son admiration politique, tout comme la chercheuse américaine déclarait son admiration scientifique. L'homme politique français critique lui-même le matérialisme « mondial », et confère implicitement au Dalaï-Lama le statut de souverain universel, gardien d'une société mondiale pacifique, qui donne une leçon de sagesse politique : « [...] dans un monde que l'on dit trop souvent marqué par la puissance des forces matérielles, le fort opprimant le faible, nous constatons depuis des années à travers le courage du peuple tibétain, sa patience quasi surhumaine, votre dignité et votre persévérance, que face à un géant dont la puissance économique s'accroît, face au peuple qui dépasse le milliard, le petit peuple tibétain, de quelques millions d'habitants, parce qu'il est imprégné de richesse spirituelle [...]. C'est un combat dont on n'a pas d'autres exemples dans le monde actuel, où l'on voit la force de l'esprit faire obstacle, pendant des années à la seule puissance matérielle. Cette leçon que vous nous donnez doit être méditée [...][1] ».

L'esprit « omniscient » du nouveau souverain universel moderne est salué dans sa capacité à comprendre les affaires du monde, à saisir la totalité du réel politique et social, à l'Est comme à l'Ouest ; c'est ainsi que le sénateur français le remercie pour son « sens politique à base de compréhension des problèmes et des difficultés de l'autre, qu'il s'agisse du gouvernement chinois ou qu'il s'agisse, permettez-moi de le dire, du gouvernement français[2] ». À cette allégeance offerte par un représentant officiel de la mauvaise conscience politique occidentale, en l'occurrence française, le Dalaï-Lama répond aussitôt par sa propre admiration pour la Révolution française et l'idée de démocratie qui en découle, dont il se fait aujourd'hui le héraut et le héros[3].

En Asie, il s'impose en maître bouddhiste incontesté de l'action non violente contre l'oppression des régimes politiques violents. Aung San Suu Kyi, prix Nobel de la paix, le prend comme modèle dans sa lutte contre le régime autoritaire birman. Pourtant, le bouddhisme birman appartient au *Theravâda* (École des Anciens ou Petit Véhicule) alors que le Dalaï-Lama appartient à la branche la plus éloignée culturellement et doctrinalement de cette école (le Grand Véhicule / Véhicule de la Foudre : *Mahâyâna / Vajrayana*). Ceci manifeste encore une fois l'unification du bouddhisme sous le processus de son occidentalisation[4].

1. *Rencontre parlementaire avec le Dalaï-Lama*, Groupe d'Étude parlementaire sur les problèmes du Tibet de l'Assemblée Nationale, Paris, 30 octobre 1996, p. 3.
2. *Ibid.*
3. *Ibid.*, p. 4.
4. Christian Delorme, « Aung San Suu Kyi, la dame de Rangoon : Rencontre avec U Aung Ko », *Alternatives Non Violentes*, n° 111, été 1999, p. 42. On consultera aussi le dialogue entre la dame de Rangoon et Alan Cléments (Aung San Suu Kyi, *La voix du défi*, Paris, Stock, 1996).

Nous avons dans cette partie démontré l'existence, l'étendue et la puissance de réseaux bouddhistes politisés en Occident, soutiens institutionnels d'une idéologie spécifique – que nous avons appelée *individuo-globaliste* – élaborée à partir d'une reconstruction moderniste des concepts du bouddhisme traditionnel et diffusée par des leaders charismatiques qui disposent d'une tribune mondiale, et plus particulièrement occidentale. Il nous faut, dès lors, examiner la portée de cette idéologie sur la culture politique occidentale. Plus exactement : ces concepts, d'une part, sont-ils intériorisés dans la population occidentale elle-même – d'abord dans celle qui adhère formellement aux réseaux-soutiens de cette idéologie, et ensuite dans celle qui s'en déclare proche – et d'autre part, dans quelle mesure une telle intériorisation engendre-t-elle des comportements sociaux et politiques spécifiques au sein des sociétés occidentales, et plus particulièrement au sein de la société française pour prendre une situation d'espèce plus aisément abordable pour nous ?

QUATRIEME PARTIE

ÉMERGENCE D'UNE CULTURE POLITIQUE BOUDDHISTE EN OCCIDENT

I. CULTURES POLITIQUES BOUDDHISTES ET SOCIALISATION

Nous voulons tenter de mettre en évidence les systèmes de valeurs produits et diffusés par les groupes, les clercs et les intellectuels bouddhistes occidentaux, dans leur rapport à des stratégies personnelles et groupales. Dans une première approche thématique, nous nous sommes rendu compte d'une certaine unité idéologique des thématiques bouddhistes occidentalisées telles qu'elles sont diffusées en Occident en général et en France en particulier. Il s'agira, dès lors, d'isoler et d'expliquer des comportements politiques relativement à l'intériorisation dans les groupes bouddhistes d'une idéologie spécifique.

Si nous nous attachons au rapport entre l'idéologie diffusée et le comportement politique, c'est bien évidemment parce que nous ne sommes pas en face d'une religion majoritaire, ni même implantée depuis plusieurs générations sur notre territoire ; par conséquent, nous ne pouvons décrire cette unité éventuelle des comportements politiques bouddhistes en déduction d'une socialisation institutionnelle au sens de Weber, c'est-à-dire comme une intériorisation de normes et de valeurs socialement et traditionnellement légitimes ou même simplement communautairement et traditionnellement légitimes. La notion d'intériorisation de valeurs socialement légitimes suppose non seulement un effet de conformation générationnelle mais de surcroît un effet de conformation à la majorité. La notion d'intériorisation de valeurs communautairement légitimes supposerait au moins l'existence de groupes religieux, même socialement minoritaires, implantés depuis plusieurs générations, comme c'est le cas pour le judaïsme ou le protestantisme par exemple. Le cas du bouddhisme, au moins actuellement, ne peut répondre à ces critères, et si unité de comportement politique il y a, elle ne peut être déduite de cette façon, mais de préférence en relation à ce que Weber appelle une « socialisation associative », dont la principale caractéristique est d'être fondée sur l'accord volontaire. Par conséquent, le rapport spécifique entre le comportement politique et l'appartenance au groupe, au-delà du geste de « conversion » en lui-même qui peut manifester par son « originalité même », nous ne le nions pas, une protestation à l'encontre d'un ordre majoritaire ou générationnel, devra être rapporté au sens des thématiques produites et véhiculées par ces groupes.

A/ Cultures politiques, profils socioculturels et bouddhisme

1° Culture consensuelle et cultures concurrentielles

Le concept de culture politique renvoie à l'ordre politique implicite. Au sens restreint, la politique se rapporte aux partis politiques, aux dirigeants, aux acteurs de la vie gouvernementale et parlementaire, aux stratégies de conquête et de maintien aux pouvoirs exécutif et législatif, à l'organisation des contre-pouvoirs, à l'état des opinions politiques, aux mécanismes formels de régulation entre les différents pouvoirs constitués. Cette façon de voir interdit d'envisager un groupe non partisan, non syndical en tant qu'objet de la science politique. Il est cependant indéniable qu'« [...] il existe un objet de l'ordre politique qui substitue ou ajoute la contrainte intériorisée à la contrainte extérieure[1] ». Celui-ci n'est pas repérable dans la forme extérieure de l'ordre politique mais comme l'ensemble des codes symboliques qui déterminent les significations de toute action possible aussi bien individuelle que collective.

Il est difficilement acceptable d'envisager une stricte distinction entre les champs politique et culturel, considérant que le premier relève du problématique et le second du non problématique. Ce serait avoir une définition de la culture naïvement consensuelle et une définition du politique tout aussi naïvement conflictuelle. Dans la réalité, la culture n'est jamais uniforme mais variable, multiple. Il y a des cultures géographiquement déterminées : régionales (bretonnes, basques, corses, etc.), provinciales (opposition Paris / Province, particulièrement prégnante dans le cas de la France), nationales (langue, art culinaire, etc.), citadines (culture des beaux quartiers, des campagnes, des « cités » etc.) ; des cultures thématiquement déterminées : la culture rock, la culture artistique ; des cultures socialement déterminées : cultures ouvrière, bourgeoise, aristocrate, de cadres supérieurs, de petits commerçants, etc. ; des cultures cultuellement déterminées : juive, catholique, protestante, etc. ; des cultures ethniquement déterminées : celles des « beurs », des « blacks », des « polaks », etc.

La situation se complique sachant que ces cultures ne sont pas envisageables isolément, mais se recoupent en systèmes de valeurs fluctuants qui traversent l'ensemble de la société, y compris l'ordre politique. Ce sont des réalités que non seulement le pouvoir politique ne

1. Y. Schmeil, « Les cultures politiques », in Grawitz, Leca, *Traité de science politique,* Paris, PUF, 1985, T. 3, p. 237.

peut ignorer, mais qui orientent son action. Même dans le cas de cultures en apparence entièrement dépolitisées, il n'y a jamais sur le fond une entière dépolitisation. De la négociation permanente des valeurs qui constituent la culture globale découle la légitimité du gouvernement lui-même[1]. Une croyance, par exemple, totalement dépourvue de caractère politique évident, peut être politiquement très pertinente : « [...] la conviction qu'un contrôle sur la nature physique ou sur les relations sociales est impossible, que chacun est impuissant à transformer, doit avoir un impact sur la foi dans les politiques publiques[2] ».

Le paradoxe d'une culture prétendument consensuelle recouvrant en fait des oppositions, des luttes, des rapports de domination culturelle, a été résolu par Lucian Pye[3] par la distinction entre des valeurs contradictoires (universalisme contre particularisme, liberté contre ordre, égalité contre hiérarchie, etc.) qui s'amalgament en des séries de propositions, qui sont autant de réponses aux questionnements politiques.

Deux niveaux se superposent ainsi, celui de la culture globale (consensualité de valeurs centrales de cohésions indiscutables et par conséquent hors du champ d'action politique), et celui des sous-cultures (opposition de valeurs, situation de lutte, par conséquent partie intégrante des jeux et des enjeux directement politiques). Mais il semble encore que cette analyse ne soit qu'un mode de travail, et qu'il n'y ait pas de discontinuité entre culture globale et sous-culture, entre culture et politique, si tant est que le politique recouvre une acception plus visiblement conflictuelle et dynamique : ce dernier concerne une négociation à court terme pour l'obtention de positions de pouvoir marquées du sceau formel de l'institution, alors que le culturel recouvre une acception plus « invisiblement » conflictuelle et dynamique car il concerne une négociation plus diffuse et non encore formalisée, qui dégage à sa surface, à moyen ou long terme, la structure implicite temporairement stabilisée sur laquelle peuvent s'appuyer les jeux politiques conjoncturels explicites.

Dans ce sens, le politique tout comme le culturel peuvent s'analyser, tour à tour, en termes de conflictualité ou de consensualité suivant l'angle d'observation. Dans une perspective dynamique, le politique se rapporte à des conflits d'intérêt ; dans une perspective statique, il se rapporte à un consensus d'intérêt. De même, dans une perspective dynamique, le culturel

1. Cette position est défendue par Lipovetsky, qui voit dans la dépolitisation apparente de nos contemporains un des caractères essentiels de la démocratie, qui a une valeur éminemment politique : « Le procès de personnalisation travaille à légitimer la démocratie en tant qu'il est partout un opérateur de valorisation de la liberté et du pluriel. Quelle que soit sa dépolitisation, l'*homo psychologicus* n'est pas indifférent à la démocratie, il demeure en ses aspirations profondes *homo democraticus*, il en est le meilleur garant » (G. Lipovetsky, *op. cit.*, p. 187). Or, l'idéal type du bouddhiste occidentalisé revêt nombre de caractères de cet *homo psychologicus* : souci de soi, agnosticisme, scepticisme, recherche de l'original, du non standardisé, attention particulière à la « vie intérieure ».
2. Y. Schmeil, *op. cit.*, p. 252.
3. L.W. Pye, « Culture and Political Science : Problems in the Evaluation of the Concept of Political Culture », in *Social Science Quaterly*, 53-2, septembre 1972.

se rapporte à des conflits d'identité ; dans une perspective statique, il se rapporte à un consensus identitaire. L'illusion d'un niveau politique essentiellement conflictuel, distinct d'un niveau culturel essentiellement consensuel, vient de l'habitude de considérer le politique d'un point de vue exclusivement dynamique et le culturel d'un point de vue exclusivement statique. Tout simplement parce que la lutte à court terme pour des positions de pouvoir, institutionnelles et motivées par les intérêts individuels et collectifs, est plus facilement appréhensible dynamiquement, du fait du caractère changeant, éphémère, de ses positions, du tourbillon visible des stratégies mises en place pour accéder au pouvoir. Mais il y a tout aussi bien, le temps d'une législature, un consensus parlementaire imposé, une inertie du pouvoir institutionnel qui passe cependant inaperçue du fait du rapprochement des échéances électorales : la prochaine campagne commence le lendemain de l'élection. À l'inverse, les cultures sont appréhensibles plus facilement, du fait de la lenteur et de la lourdeur des négociations identitaires[1] sous l'angle statique, comme si elles représentaient un tout homogène, ce qui n'est en rien le cas. Ce qui apparaît en termes d'intérêts superstructurels, de classe, de groupe de pressions organisé, de parti, de personnalité, n'est que la cristallisation d'une multitude de luttes identitaires infrastructurelles d'autant plus complexes qu'elles sont profondes, mettant en jeu les histoires personnelles, communautaires et collectives.

Le Français de souche qui décide de devenir bouddhiste, de suivre les enseignements d'un lama tibétain, de méditer dans un dojo zen, d'apprendre par cœur le *Sutra* du Lotus, se situe dans une histoire à plusieurs volets, son enfance personnelle, l'histoire de son quartier, son histoire religieuse, régionale, nationale, etc. Il décide, à un moment donné qui n'est pas aléatoire, de faire bifurquer ses histoires emboîtées, de remettre en cause les pièces de ce puzzle qui compose pourtant sa personnalité.

2° Bouddhisme et identité

De nombreux indices donnent à penser que le phénomène de l'occidentalisation du bouddhisme en Occident relève d'une problématique identitaire qui a déjà mûri depuis au moins un demi-siècle. Le bouddhisme permet en effet de révéler, par le contraste-même qu'il représente par rapport aux cultures traditionnellement occidentales, une crise d'identité qui ne semble pas, dans ses caractéristiques principales, avoir eu de précédent. En général, les problèmes d'identité se rapportent aux populations marginales touchées par exemple par le racisme ou d'autres formes d'exclusion, à savoir à des populations transplantées, ou tout au moins mal

1. Même si, parfois, en situation de crise, les conflits identitaires (négociation culturelle) rattrapent en quelque sorte les conflits d'intérêt (négociation politique), au point d'interagir directement et violemment sur le court terme politique.

intégrées à la société globale. En l'occurrence, ce n'est pas le cas car la grande majorité des bouddhistes appartient à des milieux aisés, urbains et éduqués.

S'il y a transplantation, elle est volontaire et pour ainsi dire sédentaire ; les bouddhistes occidentaux peuvent ainsi être qualifiés d'émigrés de l'intérieur, relevant des analyses de Enzo Pace, qui a étudié les mouvements religieux néo-orientaux récemment implantés en Occident en parallèle des groupes islamistes. Dans ce cas, émigrer ne signifie pas seulement « sortir de son propre pays » mais « abandonner des références sûres acquises dans son propre monde vécu[1] ». Ce qui se traduit par des « attitudes critiques par rapport au « monde » environnant[2] ». Il s'agit toujours de construire et de défendre sa propre identité collective en la marquant de symboles religieux forts.

Dans le fait de se rapprocher du bouddhisme, c'est le choix de « désorienter » son identité de base qui pose, pour un citoyen français par exemple, un problème sociologique. Le fait de choisir de se différencier, alors que l'on est bien assimilé, implique que cette option ne relève pas d'une réaction contre une oppression explicite ou implicite, contre l'exclusion dont une élite au pouvoir, une majorité silencieuse ou exprimée, serait responsable. Dans le cas de la présence musulmane en France, le problème est assimilable à une confrontation identitaire : une minorité exogène récemment implantée face à une majorité endogène. Il s'agit, pour la minorité, de s'intégrer tout en se faisant reconnaître dans sa spécificité, ce qui implique des luttes socioculturelles et politiques en vue de l'obtention de privilèges institutionnels et d'une représentativité sociale. Cette minorité pose un problème à la société globale : elle peut être perçue comme une menace latente, mais ne témoigne pas pour autant d'une remise en cause de l'identité de la société globale. Il s'agit seulement, pour la minorité, de faire reconnaître sa propre identité[3].

Pénétrer volontairement un monde symbolique fondamentalement distinct de celui qui a jusque-là structuré notre vie, tout en restant dans la société dont il est issu, suppose en revanche, ou que nos anciennes balises ne jouent plus leur fonction régulatrice, ou que cet ancien monde symbolique soit remis en question par notre refus de nous *identifier* à lui. En toute hypothèse, il y a là une attaque directe de l'ordre symbolique officiel. Cette transplantation symbolique correspond dès lors à une crise culturelle beaucoup plus profonde, sur le plan même de la légitimité de l'ordre politique, qu'un changement de majorité à une élection présidentielle ou qu'une alliance finement calculée au centre ou sur les bords de l'échiquier politique.

---

1. E. Pace, « Sectes religieuses et sectes politiques », in Champion, Cohen, *Sectes et démocratie,* Paris, Seuil, 1999, p. 244.
2. *Ibid.*, p. 245.
3. Bien entendu, cette simple recherche de reconnaissance peut recouvrir une remise en cause des valeurs centrales de la société d'accueil, mais qui n'est pas d'emblée analysable comme telle.

C'est à ce stade de l'analyse que notre attention doit se porter sur les profils sociologiques typiques des bouddhistes occidentalisés, pour constater que, sans être marginales au sens d'exclues du système de reproduction sociale, bien au contraire, certaines catégories spécifiques de la population sont surreprésentées. Or, la seule surreprésentation, qui ne soit ni inversée ou au moins tempérée d'une école bouddhiste à l'autre (par exemple la surreprésentation globale des femmes est surtout le fait du bouddhisme tibétain, alors que les pratiquants zen sont surtout des hommes), ni une caractéristique générale des nouveaux groupes (les citadins sont surreprésentés), tient dans la sensibilité politique.

B/ Problème du rapport entre les profils socioculturels des individus et la politisation des groupes bouddhistes

1° Catégories de population et bouddhisme

Les femmes forment la première des catégories de la population surreprésentée, dans une proportion de 45 % d'hommes contre 55 % de femmes selon l'enquête de Frédéric Lenoir[1]. Mais cette surreprésentation n'est pas répartie de façon homogène, puisqu'elle est, d'après Lenoir, l'exclusivité du bouddhisme tibétain (60 % de femmes) qui représenterait les deux tiers des bouddhistes français, alors que le zen accueillerait une plus forte proportion d'hommes que de femmes.

Il faut remarquer que ces statistiques sont exclusivement basées sur l'envoi de questionnaires à des centres bouddhistes tibétains et zen. À la question « Aujourd'hui de quelle tradition vous sentez-vous le plus proche ? », 59,8 % des personnes interrogées répondront le bouddhisme tibétain et 30,6 % répondront le zen, alors que seulement 0,4 % d'entre elles se déclareront proches du *Theravâda*. Ce qui correspond globalement à la proportion des centres sollicités pour répondre au questionnaire : quatre centres tibétains (*Kagyü Ling, Karma Migyur Ling, Dhagpo Kagyü Ling* et *Rigpa*) et deux associations zen (AZI et Centre de la Falaise verte). Certes, l'AZI n'est pas à proprement parler un centre mais une association qui regroupe un grand nombre de lieux de pratique ayant son siège à Paris (Dojo : *Parizan Bukkoku Zenji*) et disposant d'un centre de retraite important (le Temple de la Gendronnière : *Zendonienji*), mais c'est aussi le cas des centres tibétains sollicités.

Il est difficile de prendre au pied de la lettre ces statistiques dans la mesure où elles font l'impasse sur une grande partie des bouddhismes représentés en France en terme de nombre de pratiquants. Tout d'abord, les associations zen sollicitées ne sont pas aujourd'hui majoritaires en France à

1. F. Lenoir, *op. cit.*, p. 115.

l'intérieur même de cette école bouddhiste. L'AZI a en effet perdu, à la faveur d'une évolution qui date d'une dizaine d'années, sa situation de quasi-monopole du zen en France, en raison tout d'abord de scissions multiples à la périphérie (c'est-à-dire dans les groupes provinciaux) et de l'émergence ensuite de centres de retraite indépendants dont le rayonnement repose sur une personnalité ayant été directement formée en Asie. Les deux phénomènes se combinent, puisque ce sont ces centres de retraite indépendants qui attirent des pratiquants membres de l'AZI, le temps d'une *sesshin* (retraite zen), et qui forment par la suite un nouveau groupe citadin après scission avec l'AZI. Par exemple Luce Bachoux, devenue la moniale Jôshin Bashou Sensei, qui s'est installée à Saint-Agrève entre Valence et Lyon après avoir été disciple du japonais Daigyô Moriyama Roshi et avoir reçu la flamme de la transmission (le *shiho*), dirige maintenant des retraites régulières qui attirent d'anciens membres de l'AZI. Le groupe zen de l'AZI d'Aix-en-Provence, par exemple, s'est disloqué puis scindé entre les fidèles et les sécessionnistes qui ont formé leur propre dojo pour suivre l'enseignement de Jôshin Bashou, se rendant régulièrement dans ses retraites.

Ainsi, de multiples groupes indépendants se sont récemment créés en concurrence de l'AZI. Le Centre de la Falaise verte[1] de l'école *Rinzaï* n'est qu'un de ces groupes parmi d'autres, alors qu'il était encore il y a vingt ans l'un des seuls non intégrés à l'AZI. Il faut aussi souligner que l'Ordre de l'Interêtre, sur lequel nous reviendrons, qui est un des groupes précurseurs du bouddhisme politiquement engagé, et qui a son siège en France, se développe de plus en plus dans notre pays alors qu'il avait été très discret jusqu'à la fin des années quatre-vingt-dix. De nombreuses associations rattachées à lui se sont récemment constituées. Or, parmi ces groupes indépendants, nombre d'entre eux regroupent une plus forte proportion de femmes que d'hommes, ce qui nous amène à penser que ce n'est pas le zen en général qui regroupe plus d'hommes que de femmes mais le zen de l'AZI[2], peut-être en raison d'un rattachement revendiqué à la tradition martiale japonaise qui donne une place essentielle à l'expression d'une certaine « virilité[3] ».

En ce qui concerne la mouvance tibétaine, il est vrai que les femmes y sont en général en surnombre. Mais les groupes *shambhala* issus de l'enseignement de Chögyam Trungpa, un important *tülkou* tibétain[4], qui ne sont pas pris en compte dans ces statistiques, accueillent une proportion

1. Anciennement Centre du Taillé.
2. Ce qui permet de tempérer les résultats tranchés de l'enquête de F. Lenoir.
3. L'initiateur de l'AZI, Taïsen Deshimaru a souvent rappelé cette filiation (T. Deshimaru, *Zen et arts martiaux*, Paris, Albin Michel, 1983).
4. Ce terme revêt une signification originaire et une signification populaire. Originairement, il désigne le corps d'émanation d'un Bouddha, et dans l'esprit populaire il désigne des êtres exceptionnels qui se réincarnent et sont reconnus par leurs contemporains. Cette croyance donna lieu à l'élaboration d'un système institutionnalisé de reconnaissance de grands lamas à partir du haut Moyen Âge tibétain (XIIe siècle), qui permit de désigner par ailleurs les dignitaires religieux et politiques du pays.

d'hommes et de femmes quasi égalitaire. Nous devons donc conclure de ces quelques remarques que certains groupes – la majorité d'entre eux – reçoivent plus de femmes que d'hommes, sans toutefois que cette prédominance constitue une caractéristique générale du bouddhisme occidentalisé.

En ce qui concerne l'âge des pratiquants, nous avons constaté, à l'instar de Frédéric Lenoir, un âge moyen proche de 40 ans[1]. Cependant, cet élément n'est pas déterminant compte tenu de la nouveauté du phénomène bouddhiste : la découverte du bouddhisme ne remonte pas à plus de 20 ans pour la quasi-totalité des sympathisants, entre 1 et 8 ans pour la grande majorité d'entre eux (soit 61 %) d'après nos enquêtes. L'appartenance religieuse n'a pas eu le temps de se reproduire par le truchement familial. Si nous nous référons au cas américain, pour lequel le phénomène a au moins une décennie d'avance, nous constatons qu'il y a de plus en plus de jeunes bouddhistes qui n'ont pas eu à se convertir mais qui suivent une tradition familiale fraîchement établie. Même si ce bouddhisme de la deuxième génération est encore extrêmement minoritaire en Europe, il semble néanmoins que nous suivions sur ce point l'évolution américaine. Nous avons pu, à cet égard, interroger trois jeunes lama, britanniques, âgés de 27, 29 et 31 ans, résidents permanents du monastère de *Samye Ling* en Écosse, qui avaient suivi un « cursus » bouddhiste dans la droite ligne de leurs parents eux-mêmes bouddhistes convertis dans les années soixante-dix. La question de la surreprésentation de la classe d'âge de 40 ans ne nous paraît pas, par conséquent, un élément structurel mais seulement conjoncturel dans le bouddhisme occidental.

Les différentes écoles bouddhistes accueillent essentiellement des populations de citadins[2], vivant seuls soit parce qu'ils sont célibataires, soit parce qu'ils sont divorcés ou veufs. Lorsqu'ils ne sont pas seuls, ils vivent en concubinage. Lenoir donne à cela une explication qui tient à l'appartenance à une population bourgeoise urbaine ayant un niveau d'études élevé qui répondrait globalement à ces caractéristiques sociologiques. Nous ne pouvons adopter entièrement ce type d'explication, car nous avons pu remarquer au cours de nos enquêtes que la Soka Gakkai regroupe une population beaucoup moins bourgeoise, ne bénéficiant pas dans une proportion aussi élevée d'un haut niveau d'éducation[3], et répond

1. Lenoir donne 42,7 ans, nous trouvons pour notre part un âge moyen, plutôt inférieur, de 40,2 ans.
2. Nous trouvons une proportion de citadins plus importante que celle qui est annoncée dans l'enquête de Lenoir. Il annonce 72 % de population urbaine contre 28 % rurale, ce qui correspond à peu près à la moyenne nationale. Nous trouvons, pour notre part, plus de 81 % de citadins pour 19 % de ruraux, ce qui est bien supérieur à la moyenne nationale. Tout dépend, évidemment de ce que nous classifions comme « population rurale » et « population urbaine ». Le moine qui vit dans un monastère depuis quelques mois doit-il être considéré comme « urbain » ou « rural » ? Nous avons préféré le qualifier de « citadin », dans la mesure où son rattachement à la vie rurale ne tient qu'au bouddhisme, ses principales attaches restant citadines.
3. Du moins cette caractéristique du niveau d'étude élevé ne se retrouve pas à la Soka de manière aussi homogène que dans le bouddhisme tibétain et le Zen ; on trouve des professeurs d'université à côté de populations en grandes difficultés (chômeurs, RMistes, etc.), ce qui n'est pas le cas dans les autres bouddhismes.

néanmoins aux autres caractéristiques générales des autres écoles bouddhistes.

La prédominance citadine semble pouvoir être expliquée par la nouveauté du phénomène bouddhiste en Occident ; les nouveaux mouvements sociaux, culturels, cultuels, syndicaux ou autres, démarrent presque toujours dans les villes et se propagent progressivement à la périphérie[1]. En revanche, la prédominance du célibat et du concubinage nous semble une caractéristique des clientèles bouddhistes, au-delà même de l'appartenance à la catégorie de bourgeois urbain bien éduqué qui comporte cette même prédominance. En effet, si l'on corrèle la Soka Gakkai, composée de populations moins « favorisées », cette caractéristique subsiste. Cependant, dans toutes les organisations, y compris la Soka Gakkai, les professions manuelles, agriculteurs, artisans, sont sous-représentées, de même que les professions juridiques, alors que les professions de santé, de services sociaux, d'éducation, médicales et paramédicales, ainsi que les stars du Show-biz sont surreprésentées.

2° Les deux phases du problème identitaire : refus d'identification à la culture consensuelle et recherche d'identification alternative

La première organisation bouddhiste française en nombre d'adhérents est la SGF (Soka Gakkai Française), avec 11 000 pratiquants[2]. Cette dernière n'est pas abordée par l'étude de Lenoir en raison de sa « spécificité[3] ». Il ne nous semble pas, pour notre part, que cette « spécificité » soit un obstacle à une étude globale du phénomène bouddhiste ; elle permet de dégager des différences sociologiquement productives. En effet, cette organisation est la seule dont l'activité groupale repose essentiellement sur une dynamique psychothérapeutique.

La psychothérapie de groupe ne vise pas à une régression psychique dans l'inconscient du sujet, mais à permettre au sujet de se réapproprier une image positive de lui-même. Les individus qui fréquentent ces groupes sont en général mal socialisés[4], c'est-à-dire qu'ils ont des difficultés à trouver leur place dans leur famille, dans leur travail, dans la société globale ; ils souffrent d'un problème d'identité : difficulté à prendre conscience d'une situation particulière dans l'espace social que l'on sait être le sien propre. La psychothérapie de groupe remplit la fonction qui aurait dû l'être par les instances de socialisation traditionnelles : l'école, la famille, le travail, la religion traditionnelle. Il s'agit, par le biais de l'interaction

1. Il y a des exceptions à cette loi sociologique, mais qui dépendent souvent de conditions complexes, ou parfois d'une volonté stratégique : nous avons un exemple avec la révolution maoïste d'un mouvement social qui est soi-disant dirigé par le monde paysan. En fait, les dirigeants de ce mouvement paysan sont malgré tout des citadins.
2. Donnée extraite du rapport annuel de 1999-2000 de l'organisation.
3. F. Lenoir, *op. cit.*, p. 18-23.
4. La psychanalyse n'a pas pour objectif essentiel de résoudre le rapport que l'individu entretient avec sa représentation de lui-même alors que la psychothérapie de groupe n'agit qu'à ce niveau.

communicationnelle avec un groupe, de construire une identité individuelle par le jeu de l'intérêt que portent les participants à leurs récits mutuels. Ces types d'interactions sont sensés rendre « confiance » au sujet, lui donner « conscience de sa force », de sa spécificité, de son « talent », en un mot lui conférer une identité. Le chômage est par exemple un facteur majeur du morcellement de l'identité et peut provoquer des troubles qui appellent une psychothérapie groupale.

Or, les *zadankaï*, unités de base de l'organisation Soka, sont des petits groupes qui se réunissent à un rythme hebdomadaire. Leur déroulement est comparable à celui d'une psychothérapie de groupe : construction d'une représentation positive des participants par la valorisation des expériences et opinions personnelles. Chacun se construit ainsi une place dans la communauté, en un mot se communalise. Dans le bouddhisme tibétain ou le zen, il n'y a pas essentiellement recherche d'interactions groupales, mais plutôt recherche d'une sortie des rouages d'un « environnement social oppressant ». L'idéal-type du bouddhiste tibétain ou zen n'est pas en difficulté financière, il est bien intégré dans la société.

Ceci explique que l'on ne trouve pas, par exemple, de Français d'origine maghrébine, d'immigrés en difficulté, et extrêmement peu de citoyens en situation de précarité dans les bouddhismes tibétain et zen, alors que la Soka Gakkai accueille dans ses groupes ces catégories de la population. En outre, la pratique dévotionnelle dans la Soka[1] est supposée apporter des bienfaits matériels, un bonheur dont les qualités matérielles, professionnelles, financières sont affirmées, ce qui n'est pas le cas dans les groupes bouddhistes tibétain et zen qui proposent un bonheur plus indéterminé. Il y a cependant un point commun entre tous les groupes bouddhistes quels qu'ils soient, qui les différencient des groupes *New Age*, c'est la rationalisation des problèmes qui se posent aux individus comme à la société dans son ensemble, la valorisation de la causalité : toute situation, individuelle, sociale, politique, résulte d'un ensemble de causes sur lesquelles l'on peut agir.

Nous voyons que refuser d'étudier la Soka Gakkai, serait revenu à ignorer une composante fondamentale du bouddhisme en France et, en outre, serait revenu à ignorer certaines caractéristiques sociales des autres bouddhismes mis en évidence par un jeu de contrastes. Les écoles tibétaines et zen représentent majoritairement un bouddhisme d'individus bien socialisés – sursocialisés pourrions-nous dire – de leurs propres aveux, qui refusent leur identité actuelle. Ils refusent de s'identifier à leur origine sociale, nationale, cultuelle et culturelle, pour se replacer sur un autre plan.

Le témoignage de Marie-Claude, 35 ans, qui exerce une profession paramédicale à Nice, et qui a pris refuge il y a deux ans lors de la venue en France d'un lama tibétain célèbre, est typique de ce refus d'identification : « Je ne me sens pas catholique même si mes parents vont encore à l'Église,

1. Cf. notre partie sur « L'ascétisme intramondain de la Soka Gakkai ».

ça ne me gène pas pour autant qu'ils y aillent. C'est sûr, je fais partie d'un milieu privilégié, mais je ne peux pas dire que je me sens bourgeoise, je veux dire bourgeoise à travers les habitudes vestimentaires, les goûts, etc. Je suis vivante, dans le monde, solidaire de tous les êtres ». Lorsque nous lui demandons si cette « solidarité » est plus forte avec ses concitoyens, les gens qui habitent sa région, les Européens, etc., elle ne nous laissera pas finir et ajoutera aussitôt : « Je ne supporte pas cette façon de s'attacher à une nation, à une race, à une couleur, à un continent ; ce ne sont là que des illusions, et c'est par-là qu'arrivent les conflits, les souffrances pour tout le monde [...] ». Marie-Claude est divorcée depuis cinq ans et correspond parfaitement au type sociologique majoritaire du bouddhiste français : femme d'âge situé entre 30 et 40 ans, urbaine, bien intégrée socialement, divorcée et exerçant une profession paramédicale. Interrogée sur sa vie affective, elle s'en prendra à cette société dans laquelle « [...] plus personne n'est authentique » et « [...] tout le monde se fout de tout le monde avec le sourire », et avouera être « en recherche » de relations humaines « stables », « sincères », etc., à travers le bouddhisme. Ce témoignage, avec des variations de profils, est représentatif d'une contradiction caractéristique de ce que l'on peut appeler le bouddhisme des sursocialisés : refus d'identification à sa tradition nationale, religieuse, ethno-culturelle, à une culture géographiquement ou administrativement déterminée, et en même temps recherche d'identification par la reconstruction d'une cosmogonie individuelle, communautaire, sociale et politique. Ne pas être bourgeois mais un être vivant, ne pas être français pour être un citoyen du monde, ne pas être catholique pour choisir sa croyance, ne pas être moralisateur et refuser d'être moralisé pour choisir sa morale. La quête positive d'identité se fonde en première instance sur une série de refus cumulés.

Ce schéma fonctionne dans la grande majorité des cas de pratiquants du bouddhisme tibétain et zen, mais fonctionne beaucoup moins parmi les membres de la Soka Gakkai. Dans cette dernière organisation, la quête positive d'identité des pratiquants est première, plus pressente, alors que la phase de refus d'identification, sans pour autant disparaître, arrive dans un deuxième temps, une fois que les groupes de communalisation que sont les *zadankaï* ont reconstruit l'identité du sujet. En effet, les individus qui se tournent vers cette organisation, sont souvent socialement en difficulté[1] et presque toujours affectivement en difficulté ; ils ne cherchent pas en priorité à remettre en cause leur « milieu » mais plutôt à reconstruire dans l'urgence un « milieu », ce que permettent effectivement et immédiatement les *zadankaï*. L'individu trouvera une place parmi les membres, un

1. Nous avons déjà souligné, par exemple, que l'organisation est la seule à comprendre des personnes d'origine maghrébine. Le Maghrébin qui entre à la Soka Gakkai cherche à construire une identité, à se donner une place dans la société française, sans pour autant se « soumettre » à la culture globale « traditionnelle » française. Par cette alternative, il tente de dépasser la contradiction, qui peut se traduire par un conflit intérieur, entre sa culture arabo-musulmane d'origine et sa culture française d'adoption.

encouragement psychique et parfois matériel à « réussir » socialement et affectivement. En revanche, une fois ce réinvestissement identitaire opéré, l'individu sera disponible afin d'intégrer et d'accréditer les thèmes de l'organisation qui sont comparables à ceux des autres écoles bouddhistes : conscience planétaire, mondialisme politique, compassion universelle, égalité entre les êtres, liberté intérieure, etc.

3° Le cas particulier du phénomène « Jubu » révélateur du passage de la problématique identitaire à la problématique politique

Dans tous les cas, le problème identitaire est au cœur du processus d'occidentalisation du bouddhisme, non seulement en ce qui concerne l'identité collective (nationale, ou même plus globale : identité occidentale) mais aussi, comme nous venons de le voir, en ce qui concerne l'identité du sujet. Les formes mêmes du refus identitaire et de la recherche d'une identité alternative revêtent à elles seules une indéniable connotation politique. Mais ces formes ne sont pas vides, car l'homogénéité de la sensibilité politique dominante des bouddhistes occidentaux atteste de leur valeur contre-culturelle.

Avant d'en venir plus franchement à ce débat, nous ajouterons un dernier élément, qui servira de transition vers le prochain point. Le pays au monde où il y a le plus grand nombre de cites Internet bouddhistes n'est pas les USA comme l'on pourrait s'y attendre, mais Israël, le seul pays au monde dans lequel l'identité nationale emporte une identité religieuse unique. Se revendiquer comme bouddhiste lorsque l'on est Israélien, c'est réfuter la mention de « Juif » obligatoirement apposée sur sa carte d'identité[1], c'est donc refuser de s'identifier « forcément » en tant que citoyen d'un État-Nation à une qualification religieuse.

D'une manière générale, les Juifs de la diaspora sont beaucoup plus sensibles au bouddhisme que la moyenne des populations locales. Aux USA par exemple, le nombre de juifs-bouddhistes est plusieurs fois supérieur à la proportion de bouddhistes dans la population américaine. Cette double appartenance ne repose pas sur une difficulté d'intégration à la société globale, elle n'est d'ailleurs pas déterminante à la Soka contrairement aux groupes zen et plus récemment dans les groupes *Theravâda*[2], qui sont les groupes les plus « rationnels » et les plus « permissifs », développant une culture de la liberté individuelle parallèle à une culture de la solidarité transnationale qui est à la base du bouddhisme engagé. Ce phénomène de co-appartenance juive et bouddhiste est devenu aux USA une réalité sociologique prégnante qui a donné lieu à l'appellation

1. Cette analyse a été développée par M. Reisel, chercheuse israélienne, lors du colloque de décembre 1999 qui s'est tenu à l'EHESS, et a été publiée dans *Les Cahiers du CEIFR* (*Centre d'Étude Interdisciplinaire des Faits Religieux*).
2. Le bouddhisme *Theravâda* se développe de façon croissante en Occident, avec un temps d'avance aux USA sur l'Europe continentale (le Royaume-Uni est plus en phase avec l'évolution américaine).

de *Jubu*[1], et n'a encore donné l'occasion d'aucun débat en France, si ce n'est dans un numéro récent de *Tribune Juive*[2], même si les témoignages de juifs-bouddhistes conscients de la réalité du phénomène ne manquent pas[3].

Beaucoup de personnalités charismatiques du bouddhisme engagé, lorsqu'elles sont occidentales, sont aussi juives d'origine : par exemple, l'une des plus célèbres, le très « juif new-yorkais » Bernie Glassman[4], qui entre dans le modèle du bourgeois sursocialisé, docteur en mathématiques, ordonné moine zen en 1970, et qui s'occupe aujourd'hui « d'activisme social » en parcourant les rues pour aider les SDF. Fondateur de l'association *Le mandala*, qui s'occupe de la réintégration d'anciens prisonniers, drogués et autres marginaux en difficultés, il réussira à financer par des dons et des subventions publiques un ensemble d'institutions : un hôpital pour les malades du sida, une résidence pour les exclus, une crèche pour les enfants issus de familles défavorisées. Mais son action ne s'arrête pas là : il organise une retraite de méditation à Auschwitz chaque année depuis quatre ans. Il vient de passer à une phase politiquement plus active en créant le *Peacemaker Order* sensé coordonner ces manifestations, et ajouter des interventions de plus en plus directes dans des lieux hautement symboliques, de Jérusalem aux réserves indiennes qui portent la mémoire des « souffrances » d'un « peuple oppressé ». Il ne s'agit pas de bouddhéiser le monde mais de prendre appui sur le bouddhisme pour promouvoir l'action sociale et la paix. Il s'agit de réunir des associations de toutes confessions et de toutes nations. La retraite d'Auschwitz se déroule dans cette perspective internationale et interconfessionnelle : il existe des relais en Allemagne comme en France pour rassembler les bouddhistes intéressés. Le programme comprend des séances de méditation mais aussi de récitations de prières juives (le *kaddish* : prière des morts), et se clôture par un repas de *Shabbat*[5].

On pourrait citer d'autres exemples comme celui de Ayya Khema, née à Berlin en 1923 de parents juifs. En 1938 elle se voit contrainte de partir d'Allemagne pour fuir le nazisme. Elle ne reviendra pas habiter son pays de naissance avant 1989, et devenue entre temps nonne bouddhiste elle aura fondé un monastère en Australie et au Sri Lanka pour les moniales. Nous avons encore un exemple de transplantation culturelle entre l'Occident et

1. R. Kamenetz, *Le juif dans le lotus. Des rabbins chez les lamas*, Paris, Calmann-Lévy, 1997.
2. « De Moïse à Bouddha », in *Tribune Juive*, n° 1472, 16 décembre 1999.
3. On pourra consulter, par exemple, le numéro récent de l'*Actualité des Religions*, qui retranscrit le témoignage d'une lectrice, lequel est caractéristique d'innombrables cas que nous avons pu nous-même rencontrer dans le cadre de nos enquêtes : « Je suis bouddhiste d'origine juive. J'ai souvent remarqué, en circulant dans les centres bouddhistes, que j'étais loin d'être la seule dans ce cas » (Témoignage de Laure (Marmande), in *Actualité des Religions*, n° 15, avril 2000, p. 29).
4. On pourra lire un des seuls articles parus en langue française dans la grande presse sur ce personnage clé du bouddhisme américain engagé : U. Gauthier, « Le moine et les SDF » (in *Le Nouvel Observateur*, n° 1814, 12-18 août 1999).
5. Informations tirées du programme de la *Retraite dans le camp d'Auschwitz/Birkenau du 9 au 14 novembre 1998* (Lettre envoyée aux membres français du *Zen Peacemaker Order*, le 1er août 1998).

l'Asie. Le bouddhisme sri-lankais continue à se transformer par l'incursion de clercs bouddhistes d'origine occidentale. Dans ce cas, monter un monastère pour femmes est une vraie opération *humanitariste-féministe* dans la mesure où les femmes sont dépréciées dans le *Theravâda* traditionnel, la religion officielle au Sri Lanka, alors que le bouddhisme moderniste engagé se déclare généralement « féministe ».

Le traumatisme de la « solution finale » fut sans doute déterminant dans cette décision de conversion, et se ressent encore dans les discours de A. Khema sur « la solidarité universelle[1] ». D'autres juifs agnostiques tel qu'Edgar Morin se disent bouddhistes par refus de la souffrance individuelle et de la cruauté collective, donnant régulièrement des conférences dans des centres bouddhistes[2] et entretenant des relations d'amitié avec des clercs bouddhistes, par exemple avec lama Denys, chef spirituel de l'Institut *Karma Ling*, centre dans lequel il dit se sentir prêt à faire une retraite[3].

Le bouddhisme s'institue ainsi en champion de la tolérance religieuse, de l'interconfessionalité, de l'effacement des frontières entre l'Orient et l'Occident, entre les races et les cultures, de l'ouverture aux « valeurs positives de la modernité », et finalement en promoteur transnational des « droits universels de l'homme ».

4° Rupture et complémentarité entre un bouddhisme de couches socialement défavorisées et un bouddhisme de couches socialement favorisées[4]

Nous avons montré que la constitution d'une contre-culture bouddhique en France était liée à une phase de refus d'identification aux institutions de la société globale et à une phase de recherche d'identification alternative. L'ordre de ces phases varie en fonction du profil sociologique de chaque converti qui détermine son choix de se rapprocher d'un bouddhisme prioritairement communalisateur, pour les personnes en situation précaire ou subissant des exclusions sociales, ou non prioritairement communalisateur pour les personnes répondant au profil bourgeois urbain éduqué. Nos résultats de recherches sont à cet égard plus proches de ceux d'Obadia que de ceux de Lenoir, car le premier remarque au sein du bouddhisme tibétain une proportion non négligeable de personnes sans

1. Prospectus de présentation de la Conférence de A. Khema au Congrès de l'Union Bouddhiste Européenne qui s'est tenu à Berlin du 24 au 25 septembre 1992.
2. E. Morin est intervenu plusieurs fois à l'Institut *Karma Ling* ainsi qu'à l'Université Bouddhique Européenne (UBE).
3. Morin faisait cette déclaration lors d'une entrevue récente : « [...] je serai prêt, par exemple, à aller faire une retraite à *Karma Ling*, un monastère tibétain de l'est de la France, pour me retrouver. » (D. Cuypers, « Edgar Morin, le rationaliste mystique », in *Actualité des Religions, op. cit.*, p. 26). Rappelons pour éviter la confusion que *Karma Ling* n'est pas un monastère – il n'y a pas de communauté monacale organisée – mais un centre de pratique et de retraite.
4. Cf. en fin de paragraphe notre tableau récapitulatif relatif à la « Typologie psychosociale des principaux groupes bouddhistes implantés en Occident ».

emploi ou tout au moins en situation précaire (17 %)[1], ce qui est en contradiction avec les résultats globaux de l'enquête de Lenoir, et ce qui laisse supposer que la Soka Gakkai, si elle est la seule à accueillir des immigrés et des beurs dans ses rangs, n'est pas la seule organisation à avoir une fonction de réappropriation identitaire pour des populations en difficulté socio-économique. Nous avons fait une constatation similaire à celle d'Obadia, à quelque chose près (13 % de personnes en situation précaire dans les groupes zen et tibétain que nous avons étudiés). Il est à souligner que les remarques d'Obadia ne concernent pas le zen – son enquête ne concerne que l'école tibétaine, or nos propres résultats démontrent que parmi les 13 % des personnes en situation précaire, 61 % dépendaient d'une école tibétaine.

TYPOLOGIE PSYCHOSOCIALE DES PRINCIPAUX GROUPES BOUDDHISTES IMPLANTÉS EN OCCIDENT

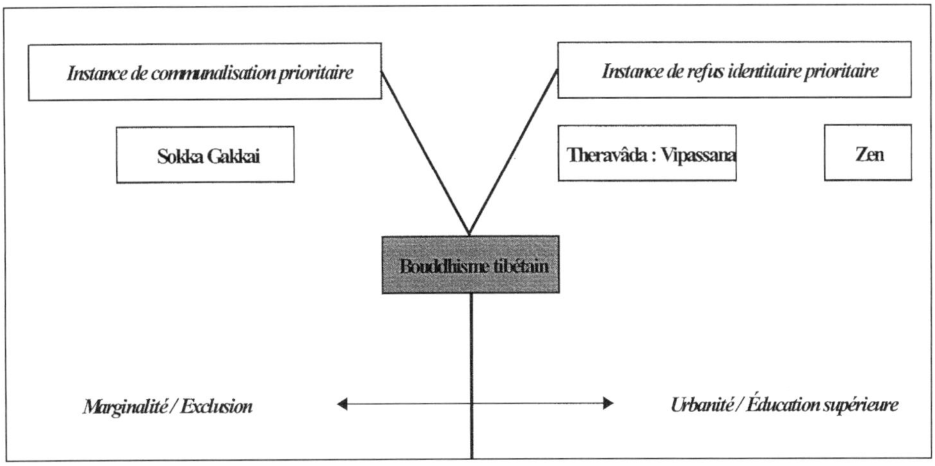

Le zen est la négation, du moins à la base, d'une instance de communalisation susceptible de permettre une rapide et efficace réappropriation identitaire. Les séances de méditations sont entièrement silencieuses, et ne laissent en général la place à aucune interaction communicationnelle, particulièrement dans le zen *Sôtô* encore majoritaire en France, dans lequel les pratiquants restent le visage face au mur sans même pouvoir distinguer leurs condisciples. Cette ambiance est peu propice à l'établissement de relations d'amitié et à la construction de représentations positives de soi-même car, dès le départ, chacun est laissé à soi.

1. L. Obadia, *op. cit.*, p. 190.

En revanche, le bouddhisme tibétain comporte, à côté de la dimension méditative, une dimension communalisatrice évidente dès l'abord ; le rapport au lama peut s'établir facilement et les séances ne se réduisent pas à « faire *zazen* », mais comportent des discussions, des échanges supervisés par un guide spirituel sur des thèmes divers, que les adeptes de l'école tibétaine nomment des « enseignements ». Le bouddhisme tibétain se présente ainsi comme un espace intermédiaire – entre le zen qui correspond dans notre schématisation au refus prioritaire d'identification aux institutions, et la Soka qui représente la quête prioritaire d'identification alternative – dans lequel les priorités peuvent varier. C'est sans doute ce qui explique la plus grande diversité des profils sociologiques des bouddhistes tibétains occidentaux.

Frédéric Lenoir ne voit dans la surreprésentation de célibataires, de divorcés, et autres personnes seules, qu'un reflet de la « [...] catégorie sociale à laquelle ils appartiennent en grande majorité : des bourgeois urbains au niveau d'études élevé[1] ». Il nous donne l'image d'un bouddhisme d'individus sursocialisés, de bourgeois urbains décadents attirés par une pensée et des rites exotiques. Au contraire de cette vue, Lionel Obadia constate pour les groupes bouddhistes tibétains « [...] que 45 % des adeptes de la population d'enquête présentaient des traits « anomiques » : problèmes familiaux importants (divorce, séparation, abandon du foyer familial), problèmes économiques, auxquels il faut ajouter des problèmes d'alcoolisme ou de toxicomanie[2] ». Il bat en brèche l'image d'un bouddhisme occidental « bien sage », passablement embourgeoisé, qui serait une forme de loisir moderne sophistiqué pour une élite désabusée et stressée en quête de rituels et de spiritualité dépaysants et déstressants. Il aura été le premier sociologue français à oser souligner que la toxicomanie est « [...] un des rares traits caractéristiques des premières communautés bouddhistes qui ait persisté jusqu'à aujourd'hui[3] ». Nous pouvons d'ailleurs confirmer cette remarque, et même en élargir la portée des bouddhismes de la mouvance tibétaine aux bouddhismes occidentaux en général.

La surreprésentation de personnes vivant seules n'est donc pas exclusivement rattachable aux catégories sociales urbaines suréduquées qui s'intéressent au bouddhisme, mais révèle une crise plus profonde qui concerne l'identité même du sujet, sa place dans le monde (niveau ontologique) et dans la société (niveau social).

Comme nous, Obadia distingue un bouddhisme de couches défavorisées et un bouddhisme des couches favorisées[4]. Nous n'avons cependant pas la même analyse quant à leurs caractéristiques respectives. Pour lui, les couches défavorisées ont tendance à « [...] réinterpréter leur adhésion au

1. F. Lenoir, *op. cit.*, p. 120.
2. L. Obadia, *op. cit.*, p. 190.
3. *Ibid.*, p. 190.
4. F. Lenoir ne repère qu'un bouddhisme « bourgeois » dans la société française.

bouddhisme en termes d'alternative à la « crise » et de réforme psychologique et/ou sociale[1] » alors que, d'après nos enquêtes, il ne s'agit pas pour le nouveau pratiquant de « réforme », qu'elle soit psychologique ou sociale, mais de réappropriation de soi, de reconstitution d'une identité mise en péril, ou même déjà morcelée, par une situation de précarité sociale et/ou affective. L'idée d'une « réforme » ne vient que dans un deuxième temps, avec ce que nous avons appelé le refus d'identification aux institutions. En revanche, pour Obadia, les adeptes des couches favorisées seraient essentiellement en quête d'autoréalisation personnelle, alors que nos propres enquêtes révèlent effectivement une recherche de développement personnel mais mêlée à un refus de l'identification aux institutions.

Le fait que ce chercheur ait porté son étude exclusivement sur les groupes bouddhistes tibétains doit entrer en ligne de compte dans cette différence de jugement. En effet, dans les deux autres tendances les plus représentatives du bouddhisme en France, non étudiées par lui, on trouve le zen qui représente les groupes les plus enclins au refus d'identification institutionnelle et la Soka Gakkai qui représente les groupes les plus enclins à une identification alternative immédiate. À côté de ces deux extrêmes, le bouddhisme tibétain fait figure de voie médiane dans laquelle les caractéristiques des deux types se rencontrent sans pouvoir être clairement isolées. Il est encore moins étonnant que ces points n'aient pas été mis en évidence par l'enquête de Lenoir puisque, tout d'abord, il n'a pas traité la Soka Gakkai, et puisque ensuite il n'a pas tenu compte de l'émergence de la nouvelle tendance à l'intérieur du zen qui se distingue de l'intimisme de l'AZI par une démarche plus socialement engagée[2], dont la critique de « l'impersonnalité » des institutions est un des thèmes idéologiques majeurs.

Nous avons dit plus haut que la sensibilité politique était le critère le plus homogène du profil sociologique des bouddhistes occidentaux en général et français en particulier, et nous avions souligné dans nos prolégomènes qu'une de nos hypothèses fondamentales revient à soutenir que la cohérence d'ensemble des thématiques politiques est le dénominateur commun par lequel l'occidentalisation du bouddhisme est rendue possible. Il nous faut ici faire le lien entre cette homogénéité de sensibilité politique des pratiquants et sympathisants et cette cohérence d'ensemble des thématiques politiques élaborées et diffusées par les clercs et leurs relais occidentaux.

1. L. Obadia, *op. cit.*, p. 191.
2. Nous pensons évidemment à l'Ordre de l'Interêtre inauguré et dirigé par le moine zen vietnamien Thich Nhat Hanh ou au *Zen Peacemaker Order* dont nous avons parlé au précédent paragraphe.

C/ De la culture politisée à l'idéologie politique

1° La culture politique catholique et la culture politique bouddhiste en France : essai de comparaison

Guy Michelat et Michel Simon ont souligné qu'il existait, au moins à l'époque où ils effectuèrent leur enquête[1], d'une part « [...] une étroite correspondance entre le niveau d'appartenance au catholicisme et l'adhésion au système symbolique qui le caractérise, et d'autre part la probabilité du vote de droite et des attitudes et opinions correspondantes[2]. » Il suffit, dans une première approche, de remplacer le mot « catholicisme » par celui de « bouddhisme », et celui de « droite » par celui de « gauche », pour se faire une idée de la relation entre le degré d'intégration à un groupe bouddhiste et l'adhésion à un certain nombre de représentations politiques qui sont celles de la gauche.

Dans le cas du bouddhisme, il n'est cependant pas possible d'inverser purement et simplement la relation : la diminution du niveau d'intégration d'un système de représentation bouddhiste n'entraîne pas corrélativement une probabilité croissante d'adhésion à des systèmes de représentations et d'attitudes qui coïncident avec le vote à droite. La relation entre le catholicisme et la droite n'est pas explicable par la structure doxémique de son système religieux particulier, mais plutôt par le fait que ce système soit accrédité par la grosse majorité des individus dans la société française, et qu'il soit par là l'expression du respect et de la conservation des valeurs traditionnelles. Les aspirations « progressistes », auxquelles les thématiques de gauche se rattachent, emportent au contraire un bouleversement de ces valeurs : « Que le catholicisme puisse symboliser la « normalité » morale, sociale et politique peut être interprété non comme une propriété d'essence de la religion ou du christianisme en général, mais comme l'effet (ou la rançon) d'une association historique au pouvoir social et politique[3] ». Se détacher du catholicisme c'est – ou du moins c'était – se révolter contre le noyau des valeurs traditionnelles et s'opposer au conservatisme moral et politique. Le bouddhisme est au contraire un système symbolique minoritaire dans notre société. L'étroite corrélation entre l'adhésion au bouddhisme et une sensibilité politique particulière ne peut être expliquée par un simple refus de la normalité morale, sociale et politique, puisqu'en effet il serait possible de se tourner vers une multitude d'autres mouvements et parmi eux des mouvements néo-traditionalistes, comme les organisations intégristes catholiques par exemple ; ce qui pourrait être aussi analysé comme un refus de la « normalité », c'est-à-dire des valeurs qui ont actuellement cours dans la société. Cette attitude, qualifiée d'« intransigeantiste » par Jean-Marie Donegani, pour n'être plus

1. Dans le milieu des années soixante-dix.
2. G. Michelat, M. Simon, *op. cit.*, p. 461.
3. *Ibid.*, p. 466.

au cœur de la pensée catholique[1], n'en est pas moins le signe d'une forte probabilité d'une sensibilité politique de droite. Que l'adhésion à un système bouddhiste, en tant que pratiquant régulier, épisodique ou que simple sympathisant, emporte de fortes chances d'adhésion à gauche de l'échiquier politique, ne peut être expliquée par la simple opposition entre système symbolique normal et système symbolique marginal, bien qu'en l'occurrence la marginalité soit un élément surabondant, puisque le bouddhisme n'est pas simplement différent mais est surtout extérieur, littéralement importé.

Cette exogénéité radicale peut sans doute être regardée comme politiquement pertinente sans être toutefois déterminante. Pertinente parce que son système de valeurs qui résulte d'une histoire considérée comme parfaitement étrangère à notre « civilisation », est pour ainsi dire la négation de l'histoire officielle de notre société, la remise en cause des valeurs résultant d'une longue maturation historique occidentale. Le mouvement protestant, pour exprimer une critique foncière du catholicisme, et spécialement de son rapport à la politique des nations et au commerce des âmes, ne s'en rattache pas moins à la tradition chrétienne. Le protestantisme est une réévaluation des valeurs occidentales mais non pas leur dévaluation.

2° Culture politique et cohérence idéologique

Cependant, cette exogénéité n'est pas déterminante dans la mesure où l'appartenance de la majorité des bouddhistes occidentaux n'est pas absolument analysable, lorsque l'on se plonge dans les discours des clercs eux-mêmes, comme une dévaluation unilatérale des valeurs occidentales : pour une part, il y a dévaluation et pour une autre part, réévaluation. Il y a dévaluation de la modernité occidentale en tant que productrice des plus « funestes » oppositions intellectuelles, sociales et politiques, sources de souffrances sur le plan personnel et de conflits sur le plan politique. L'industrie de l'armement, qui rend possible matériellement les conflits, ne se serait développée en Occident jusqu'à son point ultime, qui est la conception et la fabrication de l'arme nucléaire, qu'en raison de l'évolution « spirituelle » des pays industrialisés qui le composent. Aujourd'hui, le désarmement global semble impossible pour des raisons tout aussi spirituelles. L'objectif du Dalaï-Lama sur ce point est très clair : « [...] notre objectif de démantèlement militaire global serait de supprimer progressivement l'industrie de l'armement[2] ». Pour cela, d'après lui, il faut

1. Donegani, en distinguant l'intransigeantisme de l'intégralisme qui étaient jusque-là considérés comme des termes équivalents, par exemple par Poulat, met en évidence la stratégie vaticane d'adaptation à la modernité, l'*aggiornamento* (J.M. Donegani, *op. cit.*, p. 360), qui continue sur une voie intégraliste (le christianisme doit être intégralement vécu : vie quotidienne, vie sociale, vie politique, vie morale, etc.) tout en se séparant de la voie intransigeantiste (le christianisme est une tradition intemporelle qui ne peut souffrir aucune adaptation conjoncturelle).
2. Dalaï-Lama, *Sagesse ancienne, monde moderne,* Paris, Fayard, 1999, p. 245.

remonter encore en amont et supprimer les conditions mentales de production de cette industrie « mortifère ». Ces conditions mentales résultent d'une perception partielle de la réalité. Le fait, par exemple, de distinguer absolument le sujet de l'objet au plan philosophique, entraînerait un processus mental fondé sur des exclusions entre l'ami / l'ennemi, le civilisé / le sauvage, le coupable / le non coupable, qui finissent par être les conditions de possibilité de conflits.

D'après le chef tibétain, les politiciens imaginent toujours une multitude de prétextes pour continuer à produire des armes, et ce n'est donc que lorsque cette production cesse concrètement que l'on peut se rendre compte que l'on n'en avait pas besoin : « Au Costa Rica, qui a désarmé dès 1949, le niveau de vie, la santé et l'éducation se sont améliorés de façon éclatante[1] ». Fournir des armes sous prétexte de maintenir la paix serait aussi un leurre : la *real politik* ne serait pas authentiquement réaliste, car elle ne tiendrait pas compte de l'impermanence du monde et des situations. Ainsi, « durant les années 1970, les puissances occidentales ont armé le *shah* pour faire contrepoids à la menace que représentait la Russie. Ensuite, quand le climat politique a changé, l'Iran lui-même a été perçu comme une menace pour les intérêts de l'Occident. Et les alliés ont entrepris d'armer l'Iraq contre l'Iran. Puis, l'époque ayant une fois de plus changé, ces armées ont été employées contre un autre allié de l'Occident dans le golfe, le Koweït. Grâce à quoi les pays fabricants se sont retrouvés en guerre contre leur propre client[2] ».

La religion sera elle-même accusée d'avoir été et d'être encore « l'une des causes principales de conflits[3] ». L'Occident chrétien sera aussi tacitement attaqué pour avoir fomenté les guerres de religion, les inquisitions, pour avoir été la source des souffrances des peuples et des individus. Le Dalaï-Lama complète alors son propos en donnant raison aux réticences modernes à l'égard de la puissance religieuse : « Il n'y a donc pas à s'étonner que la place de la religion dans la société soit fréquemment remise en question[4] ». Il se positionne ainsi en critique de l'Occident, mais en chantre de la modernité. Tous les ouvrages du clerc tibétain se structurent de cette façon : critique de l'Occident, dans ses aspects aliénants (les guerres de religion sur le plan historique, la froide puissance de l'argent et de la technologie pour l'époque contemporaine, etc.) mais aussitôt défense d'autres valeurs occidentales (la sécularisation, la démocratie, la liberté civile, etc.). On retrouve d'ailleurs dans d'autres discours, qui n'ont rien à voir, *a priori*, avec des problématiques politiques, cette même distinction subtilement entremêlée, par exemple dans les textes qui mettent en parallèle la science moderne occidentale et la sagesse millénaire

1. *Ibid.*, p. 247.
2. *Ibid.*, p. 247.
3. *Ibid.*, p. 257.
4. *Ibid.*, p. 257.

bouddhiste[1]. Le bouddhisme se place indirectement en position de leader d'une modernité purifiée de ses éléments négatifs.

Ce rapport ambigu à la modernité politique occidentale est une transposition de ce « désir du neutre » décrit par Pierre le Quéau, qui se caractérise par un refus des oppositions tranchées du type sujet contre objet, raison contre folie, tradition contre progrès. Ce sociologue tente de faire remonter ce contre-courant à l'avènement de la modernité à travers le romantisme visionnaire opposé à la Renaissance, puis à travers les poètes maudits du XIXe opposés à la société bourgeoise, et enfin à travers les tenants actuels d'« un nouvel esprit scientifique[2] ». Il replace l'esprit bouddhique contemporain dans la logique de ce romantisme globalement à contre-courant largement décrit par Sayre et Löwy[3], qui se caractérise par « [...] la critique du désenchantement du monde moderne, en premier lieu, la remise en cause de la quantification et de la mécanisation du monde, en second lieu, l'abstraction rationaliste, en troisième lieu, et la dissolution des liens sociaux, enfin[4] ». Le bouddhisme s'insère ainsi dans une tendance occidentale préexistante. À l'appui de cette analyse, il n'y a qu'à citer le culte que la Soka Gakkai voue à Victor Hugo, représenté comme précurseur de la libération politique et sociale des masses.

3° Bouddhisme et imaginaire politique « postmoderne »

Ce romantisme bouddhique s'accorde ainsi avec une certaine histoire moderne, celle justement qui serait en lutte constante contre certaines tendances mortifères de la modernité. Ce dépassement de la modernité, qui compose une « autre » modernité, peut bien évidemment se confondre avec une postmodernité annoncée mais encore flottante, mal définie, dont nous pouvons donner une définition transitoire. George Balandier, lorsqu'il définit la modernité par « le mouvement plus l'incertitude », comme une sorte de dynamique du chaos[5], semble déjà rencontrer cette autre modernité, celle qui ronge les certitudes rationnelles tout en questionnant « les » traditions[6].

Plus concrètement sans doute, un conseiller publicitaire tel que Pascal Weil tente de cerner l'imaginaire postmoderne, choisissant des thématiques fondamentales. Par exemple, sur le rapport entre l'homme et la nature, qui est en outre un lieu thématique stratégique des discours bouddhiques occidentalisés, il distingue trois imaginaires : celui des sociétés dites primitives qui se caractérise par un « imaginaire de fusion » et peut être explicité par la proposition suivante : « L'homme entretient un rapport

1. R. Linssen, « Le Bouddhisme et la Science Moderne », in *France-Asie*, V, 46-47, janvier 1950.
2. G. Durand, *La foi du Cordonnier*, Paris, Denoël, 1984.
3. Löwy, Sayre, *Révolte et mélancolie*, Paris, Payot, 1992.
4. P. Le Quéau, *La tentation bouddhiste*, Paris, Desclée de Brouwer, 1998, p. 236-237.
5. G. Balandier, *Le désordre. Éloge du mouvement*, Paris, Fayard, 1988, p. 9.
6. Le pluriel est fondamental, signifiant cette quête du multiple, ce rejet de notre tradition particulière, qui peut se traduire dans le champ religieux par la « religion à la carte », mais qui se rapporte en tout cas à cette tolérance, cette ouverture vers le « pluriel » qui flirte avec l'indécision.

fusionnel avec la Mère Nature, bienfaitrice, protectrice, inquiétante » ; celui du « progrès » occidental qui se caractérise par un « imaginaire d'opposition » et peut être explicité avec la proposition suivante : « Depuis la Renaissance, l'homme veut domestiquer, maîtriser, changer la nature. Il la domine, la viole et l'exploite. » ; enfin celui de l'écologie des années quatre-vingt-dix qui se caractérise par un « imaginaire d'alliance » et peut être explicité par la proposition suivante : « L'homme se considère comme un écosystème dans un éco-environnement. Le capital terre est limité et il en a la responsabilité[1] ».

Les deux premières propositions servent de faire-valoir à la dernière, la réalisation du « désir du neutre », que les bouddhistes traduisent par l'interprétation de leur concept traditionnel de « voie du milieu ». Celle-ci devient la « voie fusionnelle », « ni ceci, ni cela », le chemin de la réconciliation entre capitalisme et socialisme, entre droite et gauche, entre Orient et Occident, entre science et tradition, usant des réseaux intellectuels et des langages rationnels pour produire et diffuser cette idéologie[2]. La notion d'écosystème renvoie, elle, à la notion d'interdépendance, qui nous ramène au thème central de l'« imaginaire d'alliance », de « responsabilité », et que l'on retrouve comme leitmotiv dans tous les discours bouddhistes, zen, tibétain, *Theravâda* et Soka Gakkai, avec la même persistance. C'est ce qui sous-tend, par exemple, les propositions de démilitarisation que nous avons citées plus haut, mais c'est aussi ce qui sous-tend les discours en apparence les plus apolitiques. Si nous prenons les deux plus récentes conférences données par lama Tsering, disciple du célèbre Kalou Rinpotché qui fut l'introducteur du bouddhisme tibétain en France, l'une s'intitule « *Karma* et responsabilité[3] » et l'autre « Découvrir ses ressources[4] ». Ces intitulés ne sont pas anodins car ils font partie d'une évolution du bouddhisme occidentalisé, en particulier en France, vers des thématiques de moins en moins intimistes et de plus en plus émancipatrices au plan personnel comme social, renvoyant dans les discours formalisés des clercs à des propositions explicitement politiques telles que celles du Dalaï-Lama, du président Ikeda, ou de Thich Nhat Hanh.

La fusion avec la « nature » est l'occasion de dépasser les frontières nationales, vers un contrat global entre l'homme et la planète[5] qui légitime l'autorité de figures spirituelles telles que le Dalaï-Lama demandant le

1. Pour les trois dernières citations : P. Weil, *À quoi rêvent les années 90. Les nouveaux imaginaires. Consommation et communication* (Paris, Seuil, 1993, p. 46).
2. L'exemple typique des réseaux universitaires et scientifiques occidentaux participant à l'élaboration de cette idéologie bouddhiste est le Colloque Esprit-Science, qui s'est tenu à Harvard, présidé par le Dalaï-Lama (Dalaï-Lama, *Esprit Science, Dialogue Orient-Occident (Colloque Esprit Science, Harvard)*, Vernègues, Éditions Claire Lumière, 1993).
3. Méditation et enseignement qui se sont tenus sur ce thème le dimanche 16 avril au Centre Bouddhique d'Étude et de Méditation d'Éguilles dans les Bouches-du-Rhône.
4. Méditation et enseignement qui se sont tenus sur ce thème le mardi 18 avril au Centre Bouddhique d'Étude et de Méditation d'Éguilles dans les Bouches-du-Rhône.
5. Thich Nhat Hanh, « Protecting the Environment », in *The Mindfullness Bell*, n° 7, été-automne 1992.

« démantèlement militaire du monde[1] », telles que le président Ikeda agissant à travers son ONG, la Soka Gakkai Internationale pour promouvoir « la paix mondiale[2] », et telles que Thich Nhat Hanh qui se permet de rédiger un « traité de paix[3] » à l'usage des êtres humains et des citoyens du monde.

Nous ne pouvons éviter de souligner l'homologie entre la teneur de ces discours, à la fois pacifistes et libertaires, et la dynamique politique contemporaine décrite par Balandier, qui « [...] invite à retrouver la force de la tradition émancipatrice afin de l'utiliser à la construction d'une société autogouvernée, où l'autonomie individuelle et l'autonomie collective se soutiennent et s'entretiennent l'une l'autre, où l'institution du social se trouve renouvelée et où les significations imaginaires sont suffisamment vives pour pouvoir former, inspirer, et animer les individus[4] ». Homologie qu'il constate d'ailleurs lui-même, sans pour autant être spécialiste du bouddhisme occidentalisé ni même des NMR[5] : l'aspiration utopique à l'autogestion, dimension libertaire du jeu social, qui compense l'entropie de l'univers bureaucratique, est « [...] d'une certaine façon, un syncrétisme, de structure homologue à celle des nouveaux syncrétismes religieux, et qui peut être porteur, comme ceux-ci de la même force attractive[6] ». Il donne ainsi à penser que l'aspiration à l'autonomie spirituelle peut se transposer en aspiration politique à l'autogestion. Ce qui est confirmé concrètement par les expérience bouddhistes communautaires originales qui se multiplient depuis une dizaine d'années aux USA, et qui commencent aujourd'hui à toucher notre pays.

Nous citerons le cas de la communauté bouddhiste Nyima Dzong[7] qui apparaît comme une version bouddhiste des expériences phalanstériennes : recherche d'un équilibre entre les exigences de la vie en commun et l'ouverture à la vie sociale extérieure, recherche de l'autosuffisance matérielle, partage équitable des ressources, mise en place d'un environnement communautaire en « harmonie » avec l'environnement naturel, mise en place d'un système de production et d'échange de biens et services alternatifs (magasins de produits diététiques, société de matériels pour la production d'énergie solaire, restaurants végétariens, services sanitaires autonomes, etc.), insertion des enfants dans cet environnement « dharmique », participation égalitaire de chacun aux prises de décisions, pratique du végétarisme. Une population constituée d'adultes et d'enfants,

---

1. Dalaï-Lama, *op. cit.*, p. 237.
2. Daisaku Ikeda, *Pour une spiritualité créatrice de paix,* Paris, Éditions du Rocher, 1990.
3. Thich Nhat Hanh, « The Peace Treaty », in *The Mindfulness Bell,* n° 7, été-automne, 1992.
4. G. Balandier, *op. cit.*, p. 232.
5. Nouveaux Mouvements Religieux : expression qui englobe les groupes religieux apparus après la Seconde Guerre mondiale.
6. G. Balandier, *op. cit.*, p. 232.
7. Communauté de la lignée *Nyigmapa* (la plus ancienne du bouddhisme tibétain) implantée à Castellane en Haute-Provence, face aux Gorges du Verdon, dans une ancienne forteresse templière. Ces groupes prennent aussi l'appellation de *Ogyen Kunzang Chöling* du nom de leur fondateur le lama Kunzang Dorje.

qui s'élève à une cinquantaine de personnes, vit dans cette microsociété autogérée. Fondée en 1974, le principe a depuis essaimé au point de former un réseau de cinq centres répartis non seulement sur l'Hexagone mais en Belgique, au Portugal, et en Polynésie française. Ce réseau forme une sorte de communauté élargie qui renvoie à l'autre dimension du bouddhisme occidentalisé – à côté de la formation de microsociétés dharmiques modèles qui supposent le projet politique d'une société globale « meilleure » –, c'est-à-dire la volonté de dépassement des frontières nationales. La constitution du réseau en dehors de toute préoccupation de proximité géo-nationale en témoigne, ainsi que le fait que les langues utilisées au centre français seront non seulement le français mais aussi l'anglais, le portugais et le tibétain[1].

Ce type d'initiative confirme l'hypothèse que l'occidentalisation du bouddhisme va de pair avec un romantisme politique comparable, avec bien sûr de grandes différences, à certains mouvements socialistes utopiques du XIXe siècle européen. Nous pensons bien évidemment au proudhomisme, au fourriérisme mais aussi au saint-simonisme avec la mise en valeur de la rationalité, bien que le communautarisme bouddhique se distingue très nettement des utopies positivistes et scientistes, puisqu'il récuse au contraire la froideur scientifique et l'incapacité de la pure rationalité à fonder les rapports sociaux, et valorise l'humanité, la solidarité spontanée et non programmée. Nous voyons que la rationalité accentuée dans le bouddhisme n'est pas extérieure comme dans le saint-simonisme par exemple, mais intérieure, c'est la causalité spirituelle qui est première, au fondement de toute causalité matérielle[2].

Il ne peut donc y avoir programmation, organisation, communautarisation matérielle sans travail psychique permettant un quasi-consensus spirituel. Le bouddhisme utopique ne croit pas dans l'industrialisation mais dans l'humanisation, dans une humanisation non anthropocentrique, pour ainsi dire « naturalisante[3] », qui se propose de replacer l'homme en tant qu'être « universellement » responsable dans le contexte de son environnement culturel, animal, végétal, etc.[4]

L'humanisme, dans cette optique, s'humanitarise : l'action humanitaire se présente comme la preuve tangible de l'humanisme, et vise

---

1. Les informations spécifiques concernant ces centres sont tirées du *Guide des Centres Bouddhistes* (P. Ronce, Paris, Noesis, 1998).
2. Cet idéalisme (primat de la causalité spirituelle sur la causalité matérielle) est particulièrement fort dans le bouddhisme tibétain dont la communauté que nous venons d'étudier est issue.
3. Remarquons que cet humanisme naturalisant est en phase avec l'imaginaire d'alliance décrit par Pascale Weil comme paradigme de notre époque (*À quoi rêvent les années 90. Les nouveaux imaginaires, op. cit.*, p. 46).
4. La correspondance entre cette idéologie et les modèles utopiques scientifico-spirituels tels que celui qui transparaît dans le *Macroscope* de Joël De Rosnay avec le projet « d'économie d'équilibre », ou même avec l'écologisme politique que suppose la fameuse « hypothèse Gaïa » décrite par le biologiste James Lovelock (*La Terre est un être vivant : l'hypothèse Gaïa,* Paris, Rocher, 1986), est frappante. Nous avons chaque fois une mise en valeur de la rationalité, mais d'une rationalité antiprédatrice, en quelque sorte spirituellement domptée, exactement ce que l'on retrouve dans les modèles de société produits et diffusés par le bouddhisme occidentalisé.

l'environnement au sens large, non le bien être exclusif de l'humanité. Cette perspective globalisante est, bien entendu, au service de la stratégie cosmopolitique du bouddhisme occidentalisé. Soulignons que cette recherche de rationalisation alternative, par rapport à la rationalité « prédatrice » et « anthropocentrique », est corrélative d'une tentative de constitution d'une religion alternative des formes religieuses monothéistes implicitement considérées comme elles-mêmes prédatrices et anthropocentriques. La religion « doit » être rationnelle, tout comme la rationalité « doit » être spirituelle : c'est à partir de cette imbrication du religieux dans le rationnel et inversement, que les bouddhistes prétendent résoudre la plupart des problèmes éthiques contemporains, en particulier les problèmes de bioéthique. Une partie de la communauté scientifique est d'ailleurs franchement séduite par ces jeux dialectiques. Cette rationalisation du religieux se ressent très bien, par exemple, dans l'emploi systématique du terme « responsabilité » par les clercs bouddhistes là où un clerc catholique par exemple aurait plutôt dû[1] employer le terme « culpabilité ».

D/ Apolitisme ou rejet de l'échiquier politique classique

1° Vers une « Nouvelle gauche » ?

Nous avons constaté lors de nos enquêtes une réticence à parler de politique, du moins à nommer comme politique des propos qui en avaient toute la teneur, avec une insistance particulière dans le refus de se situer dans la dichotomie « illusoire » entre droite et gauche, au nom de l'interdépendance des phénomènes, de la relativité de toute doctrine. Le bouddhiste typique, par sa stratégie du « ni ceci, ni cela » tente de désamorcer l'apposition sur son front des étiquettes politiques classiques, stratégie qui correspond aussi à la définition d'une ligne politique qui se veut originale, « dépassant » les clivages « désuets » qui dominent la politique des nations, sans pour autant exclure l'utopie d'une société libérée, entièrement transparente, démocratique et pacifique.

Nous reprendrons, à l'appui de nos remarques, les propos de Le Quéau sur le romantisme à contre-courant de la modernité dont semble profiter le bouddhisme pour s'occidentaliser : « Si on retient un instant cet axe politique pour évoquer les groupes bouddhistes parisiens, force est de reconnaître qu'ils sont, typiquement, « résignés » dans la mesure où en effet ils supposent une acceptation de l'état des choses, mais en même temps « conservateurs » en ce sens qu'ils prônent le maintien ou le retour à certaines valeurs traditionnelles [...]. Toute dimension utopique n'est pas

1. Nous écrivons « aurait dû » parce que l'idéologie de la responsabilité se substitue aussi aujourd'hui, dans l'Église catholique, à l'idéologie de la culpabilité.

non plus intrinsèquement exclue de leur propos car c'est bien un certain idéalisme que sous-tend le rêve de « la paix dans le monde », et un communautarisme aux allures gauchistes, voire anarchistes [...][1] », et il en vient ainsi à des conclusions sur ce point proches des nôtres, lorsqu'il soutient que « c'est contre la modernité qui impose un choix exclusif entre la droite et la gauche que s'inscrivent précisément les romantiques communautés bouddhistes[2] ».

Ce bouddhiste occidental, gauchiste sans être « à gauche », apolitique en apparence mais développant un discours utopique à base de responsabilité universelle, d'antimodernité techno-inhumaine et de pro-modernité émancipatrice, se retrouve dans le profil écologiste. 39 % des sympathisants que nous avons interrogés sur leur appartenance politique se sont eux-mêmes qualifiés d'écologistes, alors que 48 % d'entre eux, sans accepter d'être désignés ainsi, émettaient des opinions objectivement écologistes.

Il suffit de revenir à certaines de nos remarques précédentes pour comprendre, et même anticiper, ce décalage : les 9 %, objectivement écologistes, qui refusent d'être désignés ainsi, estiment que « l'écologie » est encore trop proche des clivages classiques droite-gauche pour répondre à leurs aspirations utopiques fondamentales[3]. De même ne pouvons-nous simplement enregistrer – et prendre au sérieux ainsi que le fait Frédéric Lenoir avec ses propres statistiques qui font apparaître un pourcentage encore plus élevé de bouddhistes apolitiques (26 %) – le chiffre de 21 % de personnes interrogées qui se sont déclarées absolument apolitiques, dont font partie les 9 % d'écologistes objectifs inavoués. Nous ne pouvons faire confiance aux acteurs sociaux pour qualifier eux-mêmes la réalité de leurs actions et de leurs opinions, et nous suivrons à cet effet Peter Reichel[4] qui rapporte la culture politique non à un simple jeu d'attitudes institutionnelles (le rapport entre les individus et les institutions partisanes) mais à un objet complexe repérable à travers des fins et des valeurs conflictuelles, telles que le conservatisme – progressisme, économie de croissance –, l'économie d'équilibre, le conformisme / non-conformisme, etc. Celui-ci n'hésite pas d'ailleurs à souligner que la dépolitisation apparente résultant d'un effritement de la confiance dans les institutions en général et dans les partis politiques en particulier, et générant un glissement du politique vers l'écologique comme s'ils représentaient deux dimensions distinctes, est un problème qui relève pleinement de la culture politique.

Nous ajouterons, pour notre part, que cette sortie apparente du politique n'est pas seulement politiquement pertinente en négatif, mais aussi en

1. P. Le Quéau, *op. cit.*, p. 237.
2. *Ibid.*, p. 238.
3. Ce choix entre une écologie politiquement alternative, qui se situerait au-delà des distinctions entre droite et gauche, et une écologie complémentaire de la gauche, est d'ailleurs au centre des débats qui ont entraîné diverses scissions du mouvement. Depuis la participation des Verts aux gouvernements de gauche « plurielle », cette tension s'est d'ailleurs considérablement exacerbée.
4. P. Reichel, « Politische Kultur zwischen Polemik und Ideologiekritik », in *Politische Viertel-jahresschrift*, 1981, 22.

positif puisque, pour se refuser à définir des valeurs et des fins dans leur représentation du politique, les discours bouddhistes n'en sont pas moins éminemment et directement politisés, même si ce n'est plus sur l'échiquier étatico-national. L'orientation gauche-droite n'a plus de sens pour eux, parce qu'elle n'a pas cours en dehors de cet échiquier. Nombre de bouddhistes refusent de se situer sur le plan d'une telle alternative, non parce qu'ils sont fondamentalement dépolitisés, mais tout simplement parce qu'elle n'a plus cours dans leur imaginaire politique.

L'indifférence relative des positions droite-gauche ne relève pas d'un détachement politique mais d'un réinvestissement de la dimension politique à l'échelle terrestre, la citoyenneté relevant au sens fort d'un contrat entre l'individu et le monde[1]. Frédéric Lenoir tente de construire des idéaux-types des pratiquants bouddhistes relatifs à leur sensibilité politique. Il les construit à partir de statistiques générales concernant la proximité partisane, qui donnent, parmi les bouddhistes français interrogés dans le cadre de son enquête, 31,7 % d'écologistes, 24 % de proches de la gauche, alors que la droite et le centre réunis ne totalisent que 11,4 %. Mais surtout 25, 7 % affirment n'appartenir à aucun courant politique. Un autre élément remarquable tient dans la disparition complète des extrêmes, que ce soit à droite (0,7 %) ou même à gauche (1,4 %). L'enquête ne révèle pas, cependant, si le Parti Communiste est compris dans la catégorie « extrême gauche ».

Il nous faut relativiser cette étude, en premier lieu parce que le nombre des centres auxquels ont été envoyés les questionnaires est non seulement très limité quantitativement mais de surcroît ciblé qualitativement. Nous n'avons pas mené, pour notre part, une enquête sociologique à base de sondages systématiques et détaillés sur la population que nous avons étudiée, mais les simples réponses à certaines questions, que nous avons quantifiées, bien que correspondant globalement aux résultats de l'enquête menée par Lenoir, s'en détachent sur nombre de points. Tout d'abord, nous n'avons pas trouvé un pourcentage aussi important de réponses « apolitiques » à la question « De quelle tendance politique vous sentez-vous proche ? ». Cela est sans doute dû tout d'abord à la structure de notre question, qui suppose *a priori* un intérêt pour une tendance politique, même si le sondé n'appartient à proprement parler à aucune d'entre elles. Mais cela est surtout dû, en second lieu, à la prise en compte de populations bouddhistes occidentales non étudiées par Lenoir : en particulier le courant Soka Gakkai, qui représente, nous le rappelons, la principale école en nombre de pratiquants, même si elle n'appartient pas à l'Union des Bouddhistes de France, mais aussi le courant zen de l'Ordre de l'Interêtre, qui est une des sources du bouddhisme engagé, et enfin les groupes autonomes disséminés dont dépend aujourd'hui la grande majorité des pratiquants.

1. Ce que nous appelons l'*individuo-globalisme*.

Cette dissémination associative, en dehors des grands centres, n'est pas aléatoire mais répond à une recomposition récente des orientations bouddhistes, en dehors de l'emprise de l'UBF très marquée par le bouddhisme intimiste sociologiquement proche des courants *New Age* dominant dans les années quatre-vingt qui sont aujourd'hui en perte de vitesse. Enfin, nous nous devons de souligner que la culture politique bouddhique ne se limite pas à la sensibilité politique des pratiquants et des Nouveaux Proches du Bouddhisme. La masse beaucoup plus imposante de Français qui se disent sympathisants du bouddhisme, sans pour autant assister régulièrement à des enseignements ni appartenir formellement à une association bouddhiste, participe à l'élaboration et au développement de cette culture politique

Tandis que 29 % des personnes que nous avons interrogées avec la question énoncée plus haut se sont déclarées de gauche, 30 % se sont affirmées écologistes, et 14 % de droite. Nous n'avons trouvé, en définitive, que 21 % de personnes se déclarant farouchement apolitiques. Le décalage avec les chiffres de Lenoir est explicable par une plus grande politisation globale au sein de la Soka Gakkai, qui se caractérise en particulier par une proportion de membres proches de la gauche qui dépasse légèrement les membres qui se déclarent écologistes, et bien sûr une moindre proportion de personnes se déclarant franchement apolitiques.

Par ailleurs, nous avons pu remarquer que certains petits groupes détachés des grands courants pouvaient avoir une proportion de membres se déclarant de droite bien supérieure à la moyenne générale. Quant à l'Ordre de l'Interêtre, la proportion de personnes se déclarant apolitiques est inférieure à la moyenne générale, tandis que la répartition entre gauche et écologie est à peu près équivalente à cette moyenne. Nous devons remarquer que l'apolitisme apparent, ainsi que l'appartenance écologiste qui correspond le plus souvent, ainsi que Lenoir le souligne lui-même[1], à un parcours spirituel marqué par le *New Age*, ne sont pas des appartenances aussi communes dans la Soka Gakkai, qui est le seul groupe accueillant une proportion importante de personnes en difficulté et fonctionnant avant tout comme une structure de communalisation, ainsi que nous l'avons déjà souligné. La tendance générale apolitique et écologiste est donc en partie liée au bouddhisme bourgeois de citoyens français socialement bien intégrés, qui est loin d'être parfaitement représentatif en France.

Les thématiques du bouddhisme politisé sont, en outre, connexes des thématiques de l'écologie politique, qui est d'après Alain Lipietz[2], la principale force de transformation de la vieille gauche européenne et en particulier française : la remise en cause du productivisme, de la technocratie, de l'étatisme ; la recherche d'une harmonie civile intégrée à

1. Il limite cependant ce parcours *New Age* à la sensibilité écologiste, alors que nous l'élargissons, pour notre part, à l'apolitisme.
2. A. Liepietz, *Qu'est-ce que l'écologie Politique ? La Grande transformation du XXIe siècle*, Paris, La Découverte/ Syros, 1999.

une harmonie globale naturelle ; l'attirance pour les sciences du vivant dont les découvertes récentes paraissent justifier une nouvelle manière de concevoir et d'organiser la société. Les trois piliers de la vieille gauche française sont ainsi réinterprétés à l'aune d'une rhétorique de l'« auto-organisation » : « La *liberté* devient *autonomie*, capacité de maîtriser sa propre trajectoire à l'échelle de l'individu ou d'un groupe autoconstitué ; l'*égalité* devient *solidarité*, rapport conscient et réflexif de chacun à tous les autres ; la *fraternité* devient *responsabilité* de chacun envers tout et devant tous, prise de conscience des conséquences pas toujours maîtrisées de ses propres actes, à l'autre bout du monde et pour les générations futures[1] ».

Il faut souligner en premier lieu que la rhétorique de l'auto-organisation est omniprésente dans les discours bouddhistes occidentaux, particulièrement chez des intellectuels bouddhistes et écologistes politiquement engagés tel que Joanna Macy[2]. D'autres auteurs affirment la nature fondamentalement écologiste du bouddhisme originel, ce qui entre dans la logique de la reconstruction d'un bouddhisme ancien qui aurait été plus moderne que la modernité[3].

En deuxième lieu, même les discours bouddhistes engagés, qui ne mettent pas en exergue la conscience écologique, répondent à ce triptyque : autonomie, solidarité, responsabilité. Le concept de responsabilité nourrit l'idéologie humanitariste, l'idée d'une responsabilité occidentale dans les problèmes politiques internationaux en général et asiatiques en particulier[4]. Le concept de solidarité est aussi central dans les discours bouddhistes engagés, parfois même de façon radicale, comme dans certains écrits de Thich Nhat Hanh dans lesquels le manque de solidarité sociale est assimilé à une forme de vol : « L'exploitation, l'injustice sociale et le vol prennent de nombreuses formes. L'oppression est une forme de vol qui cause beaucoup de souffrance, aussi bien en Occident que dans le Tiers-monde[5] ». Enfin, l'autonomie est au cœur de la rhétorique critique du libéralisme – qui laisserait libre cours à la violence capitalistique – au profit d'une insertion avec le milieu social, d'une harmonisation globale avec l'environnement social et naturel, bref d'une liberté interdépendante dans la rhétorique bouddhiste qui n'est autre que l'autonomie préconisée par l'écologie politique. On retrouve ce discours dans tous les types de bouddhismes engagés, de la Soka Gakkai à l'Ordre de l'Interêtre, en passant par les écoles

---

1. *Ibid.*, p. 40.
2. « L'identité écologique, comme toute notion d'identité, est une construction métaphorique et dynamique. Elle suppose le choix ; les choix peuvent être effectués à différents moments, en rapport avec différentes dimensions ou aspects de l'existence systématiquement interreliée – que ce soient les baleines pourchassées, les humains SDF ou la planète elle-même. En faisant un choix positif, notre identité étendue met en jeu de plus larges ressources – courage, endurance, ingénuité – comme une cellule nerveuse dans un réseau neuronal qui s'ouvre à l'influx d'autres neurones » (J. Macy, « The greening of the self », in *Engaged Buddhists Reader*, *op. cit.*, p. 179).
3. C. Kabilsingh, « Early Buddhist Views on Nature », *ibid.*, p. 140-145.
4. Le Dalaï-Lama en appelle sans cesse à une responsabilité universelle.
5. Thich Nhat Hanh, *Changer l'avenir*, *op. cit.*, p. 31.

tibétaines, ainsi que chez les intellectuels occidentaux qui s'expriment au nom de principes bouddhistes tels que l'Américain Robert Aitken[1].

2° Variations idéal-typiques relatives à la sensibilité politique

Cet aspect globalement monolithique d'un bouddhisme gauche-écologiste est cependant tempéré par des différences de trajectoire et de profils sociologiques. Lenoir distingue quatre types de pratiquants du bouddhisme en fonction des clivages politiques : nous pourrions résumer sa position en disant qu'il y a trois types fondamentaux (gauchiste, écologiste et apolitique) et un type résiduel (droite-centre)[2]. Il nous faut tout d'abord remarquer que cette typologie ne concerne que les pratiquants réguliers, catégorie très restrictive qui ne saurait constituer l'élément déterminant du bouddhisme occidentalisé, à l'exclusion des cohortes de proches et de simples sympathisants qui sont d'autant plus sensibles aux valeurs du bouddhisme qu'il n'est pas pour eux une pratique quotidienne, mais une source d'inspiration intellectuelle.

Il faut tenir compte de la coupure moderne entre croyance et appartenance. Il y a appartenance sans croyance, lorsqu'il y a revendication d'une identité religieuse (catholique, juive, protestante, musulmane), avec son environnement culturel, sans pour autant accréditer les « vérités » qui sont véhiculées en son sein. Il y a, en revanche, croyance sans appartenance, lorsqu'il y a accréditation d'un système de valeurs et des « vérités » qui en découlent, sans pour autant adhérer à une institution quelconque, ni se ranger dans une tradition particulière et exclusive. Or, le bouddhisme se re-présente en Occident comme la religion qui, par excellence, n'appelle pas une appartenance : aucune assiduité particulière, aucune présence obligatoire, aucun rituel incontournable, etc. Elle autorise et favorise ainsi cette dichotomie – nous pourrions presque dire cette schizophrénie moderne – qui consiste par exemple à se dire culturellement (et cultuellement) catholique tout en se déclarant sympathisant bouddhiste. D'où le pullulement de centres zen chrétiens à vocation œcuménique qui participent à cette dichotomie entre croyance et appartenance, tout en s'en défendant en réduisant le bouddhisme à une pratique d'apaisement motivé par un « état d'esprit » neutre, ce qui est bien loin de la réalité du bouddhisme traditionnel.

Nous sommes au cœur de l'un des vecteurs de l'occidentalisation du bouddhisme : l'affirmation d'une soi-disant neutralité bouddhique en termes de croyance. Mais l'adogmatisme bouddhique lui-même est déjà une prise de position qui suppose un système de croyance sur la réalité ultime de l'univers. Les clients des centres chrétiens à vocation œcuménique pratiquant le bouddhisme, tel que ceux qui fréquentent La

1. R. Aitken, « Precepts and Responsible Practice », in *Engaged Buddhist Reader, op. cit.*, p. 234-238.
2. La responsabilité de cette distinction entre types fondamentaux et résiduels nous appartient, bien qu'elle soit facilement déductible de l'étude de Lenoir.

Maison de Tobie à Choisy-le-Roi[1], le centre Assise à Saint Gervais[2], ou le Couvent des dominicains de Strasbourg[3], sont effectivement des chrétiens qui ont du mal à se raccrocher à leur tradition tout en se refusant à « quitter » une religion qui, avec ses cantiques, ses prières, son système symbolique, a « bercé » leur enfance. La même remarque peut être formulée pour les juifs, dans la continuité de nos analyses précédentes sur le phénomène *Jubu*, qui se revendiquent identitairement comme juifs tout en se déclarant « inspirés » par le bouddhisme. Le bouddhisme, dans sa structure en apparence adogmatique, se prête particulièrement bien à ces jeux de décompositions-recompositions qui suivent l'éclatement moderne de la traditionnelle unité entre la croyance et l'appartenance. C'est d'ailleurs cette distance entre croyance et appartenance qui permet le développement très important de populations bouddhistes non pratiquantes.

Or, les typologies de ces catégories[4], beaucoup plus représentatives du mouvement bouddhiste en termes d'impact politique, sont beaucoup plus délicates à constituer dans la mesure de l'extrême diversité des profils sociologiques à envisager. La tendance explicitement apolitique est par exemple beaucoup moins marquée d'après nos enquêtes dans la population des proches et sympathisants (entre 15 et 17 %) que dans celle des pratiquants (26 % pour Lenoir et 21 % pour nous). Ce qui tendrait à signifier que l'adhésion au bouddhisme manifeste une tendance à la distanciation vis-à-vis des traditions et institutions religieuses et politiques occidentales qui traverse l'ensemble de l'opinion, et se concentre à mesure que l'on se rapproche d'une sphère d'influence bouddhiste. Mais il faut souligner que le bouddhisme n'est pas l'unique révélateur de ce phénomène. Le renouveau du mouvement associatif, vecteur plus général de l'atomisation des valeurs centrales de cohésion, s'inscrit dans une logique comparable.

Les profils sociologiques dressés par Lenoir afin d'affiner ses types ne rejoignent pas, sur plusieurs points, nos propres résultats. Le type bouddhiste de droite, que nous avons plus haut qualifié de type résiduel, serait un citoyen « [...] déçu par la rigidité morale et dogmatique de l'Église[5] », et constituerait le réservoir de la catégorie des chrétiens méditants. Nous avons constaté, au contraire, que les chrétiens méditants que nous avons enquêtés dans différents centres chrétiens-bouddhistes[6],

1. Centre dirigé par le Père Benoît-Michel Billot.
2. Centre dirigé par le Père Jacques Breton.
3. L'enseignement bouddhique est dirigé par le Père Bernard Durel.
4. Ces catégories de la population sont celles que nous appelons les Nouveaux Proches du Bouddhisme (NPB), et que Lenoir a cru bon de distinguer en Proches ou simplement Sympathisants bouddhistes. Il s'agit, en tout état de cause, d'une population qui n'est pas impliquée dans une pratique systématique et régulière, et qui est donc difficilement repérable sauf à travers le succès populaire des conférences, livres et autres manifestations tenues par des clercs et intellectuels bouddhistes. Il est alors aisé d'analyser les thèmes majeurs diffusés, et de décrire des sensibilités idéologiques globales.
5. F. Lenoir, *op. cit.*, p. 126.
6. Essentiellement les trois centres que nous avons déjà énumérés plus haut, auxquels il faut ajouter l'Association du Mont Thabor (le Forum), sous l'égide du Père Bernard Rérolle. Toutefois, ce

sont en majorité proches de la gauche. Ce qui est tout à fait cohérent au regard des analyses de Donegani sur la dissociation entre *intégralisme* et *intransigeantisme*, qui montrent que le « refus de transiger avec les données culturelles extérieures au modèle catholique originel[1] » n'est plus la ligne idéologique fondamentale de l'Église catholique.

Cette dernière ligne était l'élément idéologique déterminant expliquant le glissement du catholicisme au conservatisme qui induit une forte probabilité de votes à droite. La ligne actuelle qui reste cependant intégraliste, puisqu'elle a toujours « le souci d'englober la totalité des actes et des pensées dans la référence religieuse[2] », n'en est pas pour autant conservatrice. La ligne intransigeantiste devient résiduelle et recouvre la tendance dite « intégriste », avec une forte propension de votes à droite. En revanche, la ligne intégraliste associée au pôle transigeantiste (acceptation des changements culturels et sociaux) définit un champ d'ouverture à la nouveauté, mêlée à une volonté d'agir sur tous les plans, sociaux, culturels, en se réglant sur la dimension religieuse.

Ce dernier groupe est essentiellement constitué de chrétiens de gauche, « attachés à la dimension sociale du catholicisme, à cet intégralisme qui exige que le religieux inspire la pensée, l'action, la décision dans tous les domaines de l'existence[3] ». Or, ce sont ces franges intégralistes-transigeantistes, que nous avons retrouvées en majorité dans les centres chrétiens où se pratique la méditation bouddhiste, et nullement des quasi-bouddhistes de droite. Ces *christo-bouddhistes* recherchent une éthique religieuse englobant à la fois, et intégralement, le développement spirituel et les perspectives sociopolitiques, tout en étant en phase, autrement dit tout en transigeant, avec la modernité sociale, le progrès des libertés civiles et morales et l'évolution générale des mœurs.

Nous trouvons, en revanche, un type du bouddhiste engagé à gauche proche de celui qui est décrit par Lenoir comme un pratiquant citadin de plus de 50 ans, qui ne garde plus de lien avec sa religion d'origine, entrant dans la catégorie des intellectuels agnostiques. Ce type est d'ailleurs critique de ce qui peut sembler dogmatique dans le bouddhisme même, par exemple la croyance dans la réincarnation, au nom du « scepticisme » du Bouddha. Il est réticent à l'égard des appartenances communautaires, institutionnelles et idéologiques.

Nous ajouterons que le détachement de sa religion d'origine n'est pas systématique, contrairement à ce que laisse penser l'étude de Lenoir, et qu'il y a même chez lui une recherche de la dimension sacrée. On rencontre d'ailleurs, chez certains d'entre eux issus d'un milieu familial chrétien, un

---

phénomène de mixité religieuse n'est pas réductible aux centres chrétiens offrant une pratique de la méditation, mais concerne aussi les personnes qui s'affirment chrétiennes tout en fréquentant des centres bouddhistes.

1. J.M. Donegani, *op. cit.*, p. 406.
2. *Ibid.*
3. *Ibid.*, p. 428.

regain d'intérêt pour leur religiosité originaire, mais sur l'aspect mystique et à la fois libertaire de la démarche spirituelle au détriment de l'aspect institutionnel. Nombre des interrogés valorisent par exemple l'aspect libertaire de la personnalité de Jésus. Cette tendance est encouragée par les discours bouddhistes eux-mêmes qui se plaisent à découvrir les mérites universels des différentes religions du monde. Ce retour à la religion originelle, purifiée de ses scories socio-institutionnelles, se retrouve aussi dans les milieux juifs. Il semble que l'on ne puisse appréhender ce phénomène sans le rattacher à l'échec, suivi de la remise en question dans les années quatre-vingt, des idéologies révolutionnaires égalitaristes.

Le témoignage de Jean-François, médecin généraliste, 58 ans, habitant la région lyonnaise et se rendant régulièrement dans plusieurs centres bouddhistes tibétains implantés en Rhône-Alpes, est caractéristique du parcours du bouddhiste français de gauche. Trotskiste durant ses études de médecine, puis devenu franc-maçon à la suite d'une rencontre avec un camarade de barricade, le bouddhisme « s'est imposé » à lui comme un espace de « liberté sans utopie » : « Nous voulions changer la société, le monde, l'univers, mais avant de courir il faut apprendre à marcher. Après les courses folles et la chute de mes illusions, le bouddhisme m'aide à apprendre à marcher ; ça ne veut pas dire que j'ai perdu l'esprit révolutionnaire, mais j'ai compris que la révolution part de soi-même, qu'elle doit se développer à l'intérieur pour pouvoir être efficace à l'extérieur. C'est ce qui me plaît dans l'enseignement du Dalaï-Lama, la révolution spirituelle est nécessaire à la révolution matérielle. Nous avions négligé cette vérité première ».

Comme chez beaucoup de ceux qui correspondent à ce type de gauche, J.-F. est passé par la franc-maçonnerie qui a servi d'intermédiaire, de voie de passage de l'engagement politique à l'engagement spirituel[1] : au début il y recherchait une « fraternité humaniste » dans la continuité du trotskisme, puis sa démarche devint plus spiritualiste, une « quête de sagesse ». Paradoxalement, ce qu'il reproche aujourd'hui à la franc-maçonnerie, est exactement ce qui a motivé son adhésion il y a 23 ans : l'engagement politicien. Ce qui ne signifie pas qu'il renie l'engagement politique, mais seulement ce qu'il nomme « la vie politicienne ». La nuance est de taille. L'adjectif « politicien » renvoie péjorativement, dans sa représentation, aux clivages partisans, alors que « politique » renvoie encore à une cause « sincèrement » défendue.

Cette distinction entre le politique et le politicien chez le bouddhiste politiquement très marqué, nous a permis de comprendre que chez d'autres types bouddhistes moins bien « éduqués » politiquement, la distinction sera formellement absente ; cependant, le refus en apparence plus global de « la politique » que nous constatons par exemple chez le type bouddhiste-écologiste est comparable à la remise en cause, chez l'agnostique ancien

1. Ce parcours du gauchisme – franc-maçonnerie – bouddhisme a été mis en évidence dans *Être bouddhiste en France aujourd'hui* (*op. cit.*).

trotskiste, de ce qu'il qualifie de « politicien ». Le type bouddhiste-écologiste n'englobera pas l'intervention humanitaire, la critique de l'armement nucléaire, ou les déséquilibres Nord-Sud, dans la « politique », au contraire de l'agnostique-intellectuel ancien trotskiste[1] pour qui une démarche « vraiment » politique ne peut qu'envisager ces problèmes en priorité. Tous deux rejettent et valorisent en fait la même chose à des degrés différents et à travers une terminologie différente.

La politique telle qu'elle est vécue et organisée à l'échelle nationale et internationale est franchement combattue par l'agnostique ancien trotskiste ; elle est en revanche méprisée, ou du moins volontairement ignorée, par l'écologiste-bouddhiste, mais dans les deux cas au profit de la politique – qu'elle soit nommée ou non comme telle – en tant que visée transnationale. Ces différences linguistiques relèvent de l'éducation politique plus ou moins ancienne et plus ou moins intériorisée qui induit une réactivité plus ou moins grande contre l'État-Nation. L'ancien trotskiste éprouve le besoin de régler des comptes avec ses espoirs déçus et les idéologies, les institutions, les mythes qui sont « responsables » de sa déception. Cette hypothèse est d'ailleurs confirmée par les choix de groupes opérés par ces gauchistes-bouddhistes en fonction des causes anticollectivistes et antinationalistes qui leur sont connexes, dont la « cause tibétaine » est le type le plus abouti.

Les jeunes générations seraient plus dépolitisées d'après Lenoir, alors que dans la continuité de notre analyse, leurs valeurs politiques participent de la même logique que leurs aînés. Seulement, les moins de 35 ans n'ont pas de comptes à régler avec leurs « vieux démons », leurs illusions d'antan, et n'ont pas, par conséquent, à rejeter le « politicien », les partis nationaux, les catégories classiques du politique, mais les ignorent tout simplement. Ce domaine d'activité politicienne ne provoque pas une « déception » puisqu'elle n'a jamais fait l'objet d'un quelconque espoir. Et puisque le mot « politique » se rapporte dans l'usage commun à ce domaine, c'est que la politique en général ne mérite aucune attention. Nous voyons bien que nous n'avons pas ici un éloignement de la politique, mais un réinvestissement au sens fort, une recomposition si radicale qu'elle rejette jusqu'au terme même de « politique », parce qu'il est trop attaché à des institutions, des hommes et des usages « sans intérêt ».

3° Dépolitisation générationnelle en apparence, mais réinvestissement politique générationnel en réalité

Nous avons trouvé, en outre, un développement du profil explicitement politisé, y compris chez les jeunes de moins de 35 ans, dans les groupes bouddhistes les plus engagés politiquement, autrement dit en France, dans

1. L'exemple de cet ancien trotskiste que nous avons rencontré dans le témoignage cité est généralisable aux bouddhistes anciens gauchistes, anciens soixante-huitards politisés, qu'ils aient appartenu à des mouvements trotskistes, maoïstes, libertaires ou autres.

le bouddhisme tibétain *guelug-pa* (l'école du Dalaï-Lama)[1], dans l'Ordre de l'Interêtre (école zen de Thich Nhat Hanh), et enfin à la Soka Gakkai[2]. Dans les autres écoles zen (orientation Deshimaru) et tibétaines diverses, les profils politiques de gauche se partagent plus équitablement entre un apolitisme déclaré et un écologisme d'orientation *New Age*. C'est que ces trois mouvances les plus engagées politiquement tirent la légitimité de leur engagement de l'échec des idéologies occidentales elles-mêmes. Ceci est particulièrement probant en ce qui concerne le bouddhisme tibétain et le zen vietnamien, qui se sont occidentalisés à l'aune de causes politiques de libération de l'oppresseur chinois pour le premier, et de libération de l'oppresseur colonial français, puis du gouvernement placé et soutenu par les Américains au Sud-Viêt-nam, et enfin de l'oppression communiste. Thich Nhat Hanh s'est exprimé en pleine guerre du Viêt-nam devant la Chambre des Communes britannique, les parlements canadiens et suédois, a rencontré l'archevêque de Canterbury, des cardinaux français et hollandais, ainsi que la reine de Hollande et le pape Paul VI[3] en personne ; tout cela pour demander l'arrêt de la guerre. Il a directement interpellé le gouvernement américain à Washington, le premier juin 1966 dans une déclaration intitulée « Proposition en cinq points pour sortir de la guerre ». À la suite de ses voyages occidentaux, le moine développera ses idées politiques dans un ouvrage qui deviendra un grand succès de vente et reste encore un des textes centraux du bouddhisme engagé[4]. Le combat sera concrètement mené par l'UCB (l'Église Bouddhiste Unifiée du Viêt-nam), dont Nhat Hanh est un des principaux leaders charismatiques[5]. Cette lutte contre des oppressions qui, *a priori*, s'opposent idéologiquement, sert d'acte fondateur à la politique originale « ni capitaliste, ni collectiviste » revendiquée aujourd'hui par le bouddhisme engagé dont le zen vietnamien est une des composantes fondamentales. Nombre d'intellectuels américains rencontreront le bouddhisme à travers la revendication bouddhiste de retrait militaire américain du Viêt-nam.

Le cas de Robert Aitken est caractéristique. Né en 1917, il sera interné au Japon pendant la Seconde Guerre mondiale, ce qui lui permet de s'initier au zen. Après la guerre, il continuera son apprentissage et deviendra enseignant de l'école de « La société des trois trésors » (*Sambô Kyôdan*). De retour aux USA, il fonda la Communauté du Diamant (*Diamond Sangha*)

---

1. École tibétaine qui est absente de l'étude de Lenoir.
2. Ces trois écoles bouddhistes, celle du Dalaï-Lama pour le bouddhisme tibétain, celle de Thich Nhat Hanh pour le Zen, et la Soka Gakkai sont toutes les trois absentes de l'étude de Lenoir.
3. La rencontre entre Thich Nhat Hanh et Paul VI au Vatican a permis, ou du moins précipité, l'envoi d'une délégation pontificale à Saigon chargée d'engager les catholiques vietnamiens, en général favorables aux Américains, à s'impliquer dans la recherche de la paix, c'est-à-dire dans la campagne bouddhiste pour le retrait américain.
4. Thich Nhat Hanh, *Vietnam : Lotus in a Sea of fire*, New York, Hill and Wang, 1967.
5. S.B. King, « Thich Nhat Hanh and the Unified Buddhist Church : Non dualism in Action », in Queen, King, *Engaged Buddhism. Buddhist Liberation Movements in Asia,* New York, State University of New York Press, 1996.

dont le centre principal se situe à Hawaï[1], même si cette nouvelle école a aujourd'hui essaimé dans l'Arizona[2], au Texas[3], mais surtout en Californie[4]. Bien qu'il ait reçu l'autorisation d'enseigner par le maître Yamada du *Sâmbo Kyôdan*, ses relations avec cette organisation japonaise traditionnelle vont se détériorer jusqu'à la séparation institutionnelle qui aura lieu en 1995. Il faut dire que sa vision d'un bouddhisme politisé ne trouvait pas de résonance positive auprès de ses maîtres japonais. Sa conception du zen libertaire, pacifiste, écologiste, antinationaliste le conduisit à un activisme antinucléaire dans les années 50, auquel succéda un activisme demandant l'arrêt de la guerre du Viêt-nam dans les années soixante. Ses conceptions étaient proches de celles des *beat poets* bouddhistes politisés, tels que Gary Snyder, qui rêvaient tout haut l'avènement d'une société mondiale sans nation[5]. Il adopta les vues de ce dernier qui étaient critiques du bouddhisme asiatique, en particulier de la tradition japonaise de soumission à la nation et d'acceptation des inégalités sociales. Il participa à diffuser l'opinion que le bouddhisme asiatique n'a pas réussi à actualiser le potentiel socialement et politiquement libérateur qui lui est intrinsèque, alors que l'Occident a « mieux réussi » sur ce point tout en négligeant « l'Éveil personnel[6] ». C'est dans cette optique d'actualisation du potentiel libérateur bouddhique que Robert Aitken créa en 1978 le BPF (*Buddhist Peace Fellowship* : le Réseau bouddhiste pour la Paix).

Au même titre que nombre d'intellectuels américains avec la guerre du Viêt-nam, nombre d'intellectuels français ont rencontré le bouddhisme à travers la revendication bouddhiste de l'indépendance du Tibet[7]. Dans tous les cas, les adhérents occidentaux à ces causes se sentent en retrait des débats classiques de la vie politique de leur nation respective – démocrates contre conservateurs pour les Américains, gauche contre droite pour les Français – ; leur adhésion est même une façon d'exprimer cette distance critique, qui ne peut en aucun cas relever d'une dépolitisation mais au contraire d'une politisation plus radicale. Les jeunes générations de bouddhistes occidentaux ne sont pas en rupture avec cette mise à distance des débats nationaux au profit de problématiques plus globales, c'est-à-dire

1. Il s'agit du *Palolo Zen Center* d'Honolulu.
2. Le groupe *Zen Desert Sangha* à Tucson.
3. Le groupe *Empty Sky* à Amarillo.
4. Les groupes *California Diamond Sangha* à Oakland, *The Harbor Sangha* à San Francisco et *Ring of Bone Zendo* à San Juan.
5. G. Snyder, « Buddhism and the Possibilities of a Planetary Culture », in *Engaged Buddhists Reader*, Berkeley, Parallax Press, 1998, p. 123-127.
6. Nous avons d'ailleurs explicité ailleurs cette représentation (R. Liogier, « La non-violence bouddhiste : de la simple hygiène de vie au projet de société », in *Alternatives Non Violentes*, *op. cit.*
7. Bien entendu l'investissement affectif est plus fort dans le cas des États-Unis, puisque la France n'est pas engagée directement au Tibet. Il faut cependant rappeler que la France est le pays occidental dans lequel sont implantés le plus grand nombre de centres tibétains (pratiquement la moitié des centres européens sont situés en France. Sur 241 centres européens que nous avons répertoriés, il y en a 102 en France, et il n'y a dans l'ensemble des USA que 93 centres). Cette surreprésentation explique l'impact de la cause tibétaine comme vecteur de politisation du bouddhisme en France.

transnationales, si ce n'est que le point d'encrage ne sera plus lié directement à une lutte organisée contre une oppression spécifique mais à un engagement plus général dont le domaine humanitaire constitue à la fois l'idéologie et le mode d'action privilégié[1].

La tripartition de la politisation en fonction des classes d'âge énoncée par Lenoir[2] ne semble pas dès lors résister à une analyse approfondie, du moins représente-t-elle un phénomène de surface et transitoire. L'apolitisme explicite n'est pas la caractéristique d'une classe d'âge, puisque à l'inverse un certain apolitisme constaté, y compris par Lenoir, traverse les milieux bouddhistes-écologistes proches d'un *New Age* en perte de vitesse qui touche en majorité des personnes de plus de 40 ans.

Il n'y a pas un intérêt plus vif pour les clivages politiques traditionnels en fonction de l'avancement en âge, mais plutôt une réaction plus épidermique chez les individus déçus par les idéologies gauchistes, et qui sont par conséquent assez âgés pour avoir vécu les périodes d'enthousiasme à leur égard. Ils rejettent les clivages politiques classiques, au même titre que les plus jeunes générations, mais en s'impliquant plus explicitement dans la mesure de l'emprise émotionnelle du souvenir de leurs luttes passées. En revanche, les plus jeunes paraissent ne plus « être sujets » à ces clivages, tout simplement parce qu'ils ne sont pas passés par cette phase passionnelle en raison de leur âge. De cette constatation on ne peut en rien conclure à une baisse générationnelle de l'engagement politique, mais à une recomposition.

Si nous élargissons la problématique à l'ensemble de la société, au-delà des groupes bouddhistes, nous devrons d'ailleurs faire face à des paradoxes de même nature, qui sont analysables de la même façon : un rejet générationnel apparent de la politique, qui est en réalité un rejet des clivages politiques classiques auxquels répond une puissant réinvestissement de l'intérêt politique à une autre échelle et selon de nouveaux clivages. Le mouvement d'antimondialisation – qui devrait plutôt être qualifié de mouvement antimondialisation financière ou fonctionnaliste pour reprendre le vocable de Bertrand Badie[3], puisqu'il s'appuie sur une

1. Les associations d'aide à l'enfance tibétaine, les actions pour subventionner la reconstruction d'un monastère, les actions pour libérer des moines et moniales emprisonnés, les parrainages divers, ont un succès grandissant dans les populations occidentales, et deviennent par là des portes d'entrée de plus en plus répandues vers la pratique du bouddhisme. Se constitue ainsi un véritable tissu associatif complexe qui mêle inextricablement les actions humanitaires à l'enseignement du bouddhisme tibétain, tel que celui qui est initié par Gyétrul Jigmé Rinpotché dans l'objectif avoué de créer un réseau international, qui est aujourd'hui implanté en Suisse, au Japon, au Luxembourg, et depuis 1998 en France. Le réseau tente en particulier d'agir en faveur de la communauté tibétaine en exil en Inde.
2. « [...] les plus sujets aux clivages classiques de la vie politique française (droite-gauche) sont les plus âgés. Les 35-50 ans sont plutôt écologistes, et les moins de 35 ans ne manifestent guère d'intérêt pour la politique, ce qui témoigne d'un phénomène générationnel de rejet de plus en plus massif de l'engagement politique et de brouillage des identités politiques traditionnelles. » (F. Lenoir, *op. cit.*, p. 127).
3. B. Badie, *La fin des territoires. Essai sur le désordre international et sur l'utilité sociale du respect*, Paris, Fayard, 1995.

solidarité mondiale pour s'exprimer – entre tout à fait dans cette catégorie. La fête du travail du 1er mai, traditionnellement consacrée à des démonstrations symboliques syndicales, expressions de la « lutte des classes » et de la grande dichotomie entre le progressisme social et le conservatisme bourgeois, n'a pas eu en l'an 2000, le succès escompté, du moins chez les jeunes générations. Succès qui a en revanche été obtenu le même jour par les manifestations contre la finance internationale à Wall Street ou dans la City de Londres, rassemblant une majorité de manifestants de moins de 30 ans. Ce n'est pas contre la mondialisation que se battent ces groupes, contrairement à l'énoncé de leur slogan, puisqu'ils se complaisent à un cosmopolitisme exacerbé dans leur rang même, mais au contraire pour une mondialisation régulée et socialisée.

Ainsi, le clivage réel n'est pas à l'évidence droite-gauche, ni non plus pro-mondialisation et antimondialisation comme l'on pourrait le croire en apparence, mais plutôt mondialisation solidariste (idéologie que les politologues appellent plutôt le *solidarisme-universaliste*) contre mondialisation financière (fonctionnaliste). Il n'y a rien d'étonnant à ce que la figure de José Bové soit devenue emblématique : militant pacifiste reconverti en paysan « bio » et berger du Larzac installé sur le périmètre d'extension d'un camp militaire. Il fonde la Confédération Paysanne en 1987, qui va devenir le socle institutionnel de ses revendications et actions. On retrouve le thème très postmoderne de retour à la nature conforme à « l'imaginaire d'alliance » dont nous avons déjà parlé dans sa congruence avec le processus d'occidentalisation du bouddhisme.

Il n'y a pas dépolitisation mais bien une tentative de redéfinir la politique. Les déclarations de Bové, lors de la conférence de Davos, laissent très clairement penser que c'est « Le mélange entre intérêts politiques et financiers qui est détestable[1] » et non l'existence même du politique. L'« imaginaire d'alliance » se manifeste à tous les niveaux y compris dans les rapports entre producteurs et consommateurs, c'est ce qui permet à Bové d'en appeler à une « alliance des paysans et des consommateurs[2] ». Ce combat, qui se présente en apparence comme celui de l'antimondialisation, en appelle en fait à une mondialisation régulée, à un *individuo-globalisme* tentant d'allier *small is beautiful*, régionalisme, individualisme, avec une solidarité terrestre globale. Les représentants de ce mouvement paysan s'expriment d'ailleurs toujours au nom de « valeurs universelles » et non pas nationales ni même régionales. Il y a défense des cultures régionales et nationales, certes, mais au nom justement d'une harmonie globale universelle.

Nous assistons sous l'angle « agri-culturel » à l'activation de la même idéologie que celle qui est diffusée par le bouddhisme occidentalisé à travers les réseaux bouddhistes-humanitaristes. La Soka Gakkai par exemple s'implique pour une mondialisation alternative par le biais de son

1. *Libération*, le 29 janvier 2000.
2. *Le Monde*, le 9 septembre 1999.

ONG, tout comme le Dalaï-Lama avec sa proposition de faire du Tibet une zone pacifique qui soit à la fois un sanctuaire écologique de l'humanité et un modèle social de démocratie[1]. Il y a toujours défense du particulier (cultures individuelles, régionales, nationales, etc.) au nom d'une finalité mondialisée. Le mouvement de Bové ne se cache pas d'être international. Dans un dialogue provoqué entre lui et Mike Moore, directeur général de l'Organisation Mondiale du Commerce (OMC), il déclarait que « L'objectif du mouvement international auquel nous participons n'a pas pour objectif d'exiger la suppression de l'OMC. Ce que nous demandons c'est un véritable contrôle citoyen de l'OMC. Le marché existe, il n'est pas question de le nier. Mais face au marché, il faut des règles. Ces règles doivent respecter les principes reconnus et acceptés au niveau international. La Déclaration universelle des Droits de l'Homme, les pactes de 1966 sur les droits économiques, sociaux et culturels des peuples doivent pouvoir servir de base aux règles de l'OMC[2] ». Comme dans les discours des leaders bouddhistes engagés, les Droits de l'Homme sont mobilisés au détriment des Droits des États-Nations.

Cette idéologie s'infiltre dans la vie politique nationale au point de troubler les débats programmatiques classiques. Par exemple, le débat sur le vote – plus généralement sur la puissance civique – des étrangers, est encore dans cette nouvelle logique politique transnationale – pour ainsi dire dans cette logique de dénationalisation des problèmes politiques – qui mobilise les jeunes générations plus que les conflits syndicaux, le débat sur les 35 heures, ou les programmes respectifs des partis en lice pour les prochaines élections.

Nous nous sommes permis ce détour, afin de faire remarquer que le processus d'occidentalisation du bouddhisme manifeste caricaturalement, par un effet multiplicateur, un processus de recomposition des valeurs politiques qui traverse l'ensemble des sociétés occidentales. Le bouddhisme occidentalisé peut en effet être considéré comme un des plus puissants diffuseurs de cette orientation *solidariste universaliste* qui est fondamentale dans la recomposition actuelle des clivages et des usages politiques. Les jeunes générations de bouddhistes ne se détournent pas des problèmes politiques, mais au contraire y retournent – peut-être plus que leurs aînés, en tout cas plus que ceux qui sont restés proches de la mouvance *New Age* intimiste – par le truchement de l'*individuo-globalisme* spirituel qui s'appuie politiquement sur l'orientation idéologie *solidariste-universaliste*.

Une certaine unité se manifeste à ce stade entre les générations des moins et des plus de 30 ans, avec de simples variations superficielles. En outre, les distinctions apparentes, quant aux options politiques, entre un christo-bouddhisme, un éco-bouddhisme et un bouddhisme athée se

1. Dalaï-Lama, *Communauté Globale et Nécessité de la Responsabilité Universelle*, Genève, Éditions Olizane, 1992, p. 26-28.
2. « Le choc de la mondialisation », in *Libération*, le 5 novembre 1999.

dissolvent aussi lorsque l'on approfondit quelque peu l'analyse. Ces trois catégories possèdent un commun dénominateur : la critique de toutes les idéologies qu'elles soient traditionalistes, telles que le judaïsme, l'islam et le christianisme, intransigeants, ou qu'elles soient modernistes telles que le communisme, le nationalisme et le capitalisme intransigeants, dans leurs aspects « inhumains » sur le plan social, ce qui satisfait les anciens gauchistes, et dans leurs aspects « prédateurs » sur le plan naturel, ce qui satisfait les écologistes.

4° L'humanitarisme se substitue à l'humanisme

Par extension, les dichotomies classiques entre droite et gauche, conçues comme deux polarités abstraites, sont récusées dans leur prétention à fournir des solutions concrètes aux problèmes politiques qui se posent aux « citoyens du monde ». Les idéologues bouddhistes, que sont des clercs tels que Thich Nhat Hanh ou le XIVe Dalaï-Lama, prétendent réussir le prodige de construire une modernité expurgée de tout germe de totalitarisme rationnel mêlée à une spiritualité expurgée de tout germe d'autoritarisme religieux. Cette prétention est exhibée par une geste humanitaire intense, qui passe par exemple par la lutte contre un colonialisme « rouge » chinois renforcé par la « collaboration » cynique des gouvernements des pays riches occidentaux. La cause spécifique, vietnamienne ou tibétaine, s'élargit ensuite à une « lutte du milieu[1] » contre le collectivisme et tout à la fois le capitalisme, vers une troisième voie plus globale mais qui s'éprouve « chaque jour » par l'œuvre humanitaire.

L'adhésion à des causes humanitaires bouddhistes joue comme une compensation du dégoût des idéologies chez les anciens gauchistes, d'une part parce qu'elles se présentent comme une mise en œuvre concrète d'un projet politique pour ceux qui ne peuvent ou ne veulent plus faire confiance à la seule cohérence des idées, et d'autre part parce que ces actions sont *de facto* dirigées contre des systèmes totalitaires (régimes communistes d'Asie du Sud-Est, chinois, etc.) tout en forçant la main des régimes libéraux capitalistes. Prenons le cas typique de l'emprisonnement de la jeune none Ngawang Sangdrol qui mobilise les associations humanitaires bouddhico-tibétaines, et donne l'occasion d'une campagne de sensibilisation nationale, qui s'est sérieusement intensifiée depuis le 25 avril 2000, date à laquelle le texte d'un appel pour la libération de la none a été rendu public dans une conférence de presse qui s'est tenue à l'Assemblée Nationale en présence de nombreux députés, de hautes personnalités de l'administration de la Justice, d'écrivains et de journalistes des plus grands quotidiens. Le texte lui-même rappelle le motif « injuste » de l'emprisonnement « pour le seul fait d'avoir pacifiquement manifesté le souhait de voir son pays, le Tibet,

1. L'idée bouddhiste de « milieu », qui vient du concept de « voie du milieu », et qui renvoie à la révocation des oppositions dogmatiques vers une compréhension plus profonde et non dualiste, est très largement exploitée politiquement dans le bouddhisme occidentalisé.

redevenir indépendant ». L'accusation de non-respect des droits de l'homme, du droit d'expression religieuse, le « combat des femmes pour la justice et la liberté », servent à marquer la position illégale de la Chine au regard du droit international et sa situation de pays colonisateur. Tous les éléments de la culture humanitaire sont convoqués pour évoquer la situation de la none et sensibiliser l'opinion et les autorités occidentales.

Nous assistons à une radicalisation idéologique qui tend à ne plus considérer la présence chinoise au Tibet comme une simple occupation territoriale mais comme une véritable entreprise de colonisation[1] donnant lieu à une stratégie « génocidère ». Cette affirmation des causes politico-bouddhiques, dont la cause tibétaine, est parallèle à une politisation du bouddhisme occidentalisé en général. De même que le processus d'occidentalisation n'est pas contrôlé par les clercs asiatiques, il en est de même de cette radicalisation des causes politico-bouddhiques. C'est ainsi que nombre d'intellectuels occidentaux poussent les Tibétains à radicaliser la lutte antichinoise non plus sur le simple terrain d'une lutte contre l'occupant, mais sur celui de la lutte contre le colonisateur, faisant ainsi entrer la cause tibétaine dans des catégories porteuses : « [...] le choix des Tibétains, pour différentes raisons historiques, ne s'est pas porté sur la « lutte anticolonialiste » en ce qui les concerne, à un moment où un courant porteur existait en ce domaine. Il n'est pas trop tard pour le faire[2]. » Il s'agit de se référer aux anciens démons fascistes et nazis, de renvoyer la mauvaise conscience historique occidentale à une situation actuelle, mais aussi de renvoyer au risque de balkanisation de la zone tibéto-chinoise.

Le texte de l'appel pour Ngawang Sandrol a été signé le 30 avril par plus de 300 personnalités de tous bords, particulièrement parmi les responsables politiques qui représentent à eux seuls près du tiers des signataires, dont la plupart sont des parlementaires. Ainsi, on trouvera les noms de la très médiatique RPR et défenderesse du PACS Roseline Bachelot, d'un vieux cadre socialiste tel que J.L. Bianco, d'un écologiste-gauchiste tel que Noël Mamère. Cette multiplicité d'appartenances politiques réunies par la même cause dresse un tableau d'une recomposition politique à l'échelle même des milieux des professionnels de la politique[3]. C'est que l'évolution générale de la culture politique, que nous avons décrite plus haut sous le prisme, il est vrai quelque peu déformant,

1. On consultera à cet égard l'éditorial extrêmement suggestif de J.P. Ribes (*La lettre du Tibet*, Comité de Soutien au Peuple Tibétain, n° 54, mai 2000).
2. J.P. Ribes, *op. cit.*
3. En dehors des personnalités classées dans la catégorie spécifique des responsables politiques qui représente plus du tiers des signataires, les autres signataires sont répartis en 5 catégories. Nous pouvons remarquer que ces personnalités non spécifiquement politiques sont le plus souvent des personnalités critiques de la politique classique dans la continuité de la recomposition globale que nous avons décrite : écrivains, philosophes (avec des personnalités telles que J. Attali, E. Badinter, A. Glucksmann, P. Bruckner), spectacle, cinéma, théâtre, musique (avec des personnalités telles que M. Béjart, R. Devos, A. Mnouchkine, G. Mustaki, I Muvrini, Arthur H., etc.), graphiques, plasticiens (avec des personnalités telles que Moebius, T. Lamouche, etc.), sociétés civiles, universitaires, avocats, journalistes (avec des personnalités telles que Monseigneur Gaillot, N. Hulot, D. Mitterrand, E. Pisier, J. Amadou, etc.).

du bouddhisme occidentalisé, touche les professionnels du pouvoir. Les trois politiciens que nous avons évoqués appartiennent à des tendances formellement différentes sur le plan de l'échiquier étatico-national et de la distinction droite-gauche, tout en occupant sur le fond des positions moins tranchées, plus floues au regard des débats programmatiques classiques. Pour le membre des Verts cette ambiguïté est évidente, mais même pour le député RPR signataire, il s'agit très précisément de celui-là même qui a été aux avant-postes de la défense du PACS et s'inscrivait en cela dans une ligne paradoxale à l'intérieur de son parti. L'analyse des profils des politiciens signataires de l'appel pour la libération de la moniale bouddhiste tibétaine révèle donc singulièrement une continuité avec les profils politiques des bouddhistes français : tendance générale gauche, avec option écologiste ou droite « paradoxale », du moins progressiste, et en tout état de cause, légèrement décalée par rapport aux débats programmatiques nationaux classiques.

Les causes humanitaires bouddhistes satisfont à double titre les exigences morales des anciens intellectuels de gauche : rompre avec leurs anciennes croyances concernant les régimes collectivistes tout en perpétuant la lutte sur le front du capitalisme « inhumain ». Mais elles satisfont aussi leur demande de spiritualité, qui n'est pas structurellement très différente de celle des catholiques en crise qui réussissent plus à rendre leur imaginaire religieux compatible avec leur mode de vie moderne. Les christo-bouddhistes adhèrent ainsi à une « tradition » qui n'exclut pas la « profonde » vérité du christianisme tout en réfutant ses aspects « réactionnaires » superficiels qui les répugnent. Le christo-bouddhiste typique (ou du moins majoritaire) prétend ne pouvoir accepter l'intransigeance de sa tradition au même titre que le type du bouddhiste agnostique-gauchiste ne peut plus accepter l'intransigeance des idéologies dont il a nourri sa jeunesse. Ces idéologies collectivistes ont, d'après lui[1], montré leurs limites à l'épreuve de l'histoire récente, au même titre que l'Église, pour le christo-bouddhiste, a montré ses limites à l'épreuve de l'histoire plus lointaine. Les clercs chrétiens, particulièrement ceux du catholicisme, cultivent eux-mêmes une mauvaise conscience sur l'histoire de leur propre tradition, qui en retour est exploitée – volontairement ou involontairement, peu importe – par les clercs bouddhistes.

Le bouddhisme devient l'emblème d'un projet politique à la fois transidéologique et transnational issu d'une spiritualité transreligieuse et transtraditionnelle, au moment même où les idéologies, les nations, les

1. Il est aisé de construire un idéal-type du bouddhiste agnostique-gauchiste puisqu'il y a véritablement une unité d'opinions et d'attitudes que nous avons rencontrée sur plusieurs centaines de personnes interrogées lors d'enseignement ou de conférences bouddhistes, ou que nous avons fréquentées pendant plusieurs années dans le cadre de groupes de « pratique ». Il est en revanche plus délicat de construire un idéal-type du christo-bouddhiste, d'abord parce que le phénomène est globalement plus récent, et ensuite parce que nous avons constaté que les profils sont multiples et complexes (il y a des christo-bouddhistes écologistes, des christo-bouddhistes tendance *New Age*, ou tendance gauchistes engagés, etc.).

religions, les traditions qui naguère dominèrent d'importantes parties du monde reconnaissent, ou même confessent, leurs errements passés à travers la bouche et sous la plume de leurs représentants les plus éminents[1].

E/ Unité de la culture politique du bouddhisme occidentalisé en Asie et du bouddhisme progressiste en Occident

1° Individualisme et nihilisme bouddhique

Le préjugé tenace d'un bouddhisme absolument individualiste, religion du néant[2] sur le plan doctrinal et de l'expérience méditative personnelle exclusive sur le plan de la pratique, contamina en Occident les esprits les plus avisés et les plus critiques. Une partie de notre travail a consisté à briser ce préjugé aussi puissant qu'erroné. En outre, dans le cas où il se serait avéré exact que le bouddhisme fût « absolument » individualiste et nihiliste[3], la non-pertinence politique de telles qualifications n'en serait pas démontrée pour autant. Individualisme et nihilisme, en nombre de leurs variables aspects, ne manquent pas de cohérence politique et conditionnent des stratégies *réactionnaires* ou *révolutionnaires*, l'une ou l'autre option étant déterminée en fonction de l'acception recouverte sous les vocables mêmes d'individualisme et de nihilisme. Les nihilistes russes, par exemple, n'étaient pas apolitiques, mais remettaient en cause au contraire le système féodal au nom de leur rationalisme. Les nihilistes étaient des activistes politiques qui ont, dans une certaine mesure, préparé durant le XIXe siècle la révolution collectiviste qui éclatera au début du XXe. De même, une certaine acception de l'individualisme renvoie économiquement à un comportement optimisateur rejetant l'État-providence, et politiquement à une société qui valorise au maximum les priorités individuelles au détriment des objectifs sociaux.

Il faut d'emblée souligner que ces acceptions ne sont pas applicables au bouddhisme en général, et *a fortiori* au bouddhisme occidentalisé. Le bouddhisme sera d'ailleurs qualifié à maintes reprises, par ses autorités les plus représentatives, de « communisme intérieur » ou de « socialisme

---

1. Jean-Paul II n'a-t-il pas demandé pardon à Dieu et aux hommes des violences dont se sont rendus coupables – selon ses propres mots – l'Église en général et les catholiques en particulier pendant 2 000 ans. On ne compte plus, d'autre part, les intellectuels naguère farouchement marxistes qui reviennent régulièrement sur leurs positions d'antan, reconnaissant publiquement leurs « erreurs ».
2. Roger-Pol Droit a décrit cette assimilation fantasmatique par les intellectuels européens du bouddhisme à un nihilisme, qui remonte au XIXe siècle (R.-P. Droit, *Le culte du néant. Les philosophes et le Bouddha.* Paris, Seuil, 1997).
3. Bien qu'il soit extrêmement problématique, pour ne pas dire impossible, d'affirmer qu'une idéologie, fût-elle religieuse, soit « absolument » ceci ou cela, qui plus est individualiste ou nihiliste, d'autant que ces dernières qualifications recouvrent un ensemble de significations parfois contradictoires entre elles.

bouddhique ». On retrouve la première expression dans la bouche du Dalaï-Lama et la seconde dans les textes de Buddhadasa Bhikkhu, un des principaux inspirateurs du bouddhisme engagé (*engaged buddhism*)[1], ainsi que nous avons pu précédemment le constater. Le XIVe Dalaï-Lama n'engagera que progressivement la lutte contre le régime chinois. Familiarisé avec la pensée politique moderne, le marxisme lui paraissait – lui paraît d'ailleurs toujours, suivant ses propres déclarations – compatible avec la vision bouddhiste du monde social. Il rencontrera d'ailleurs Mao Tsé Toung afin de discuter de leur vision communiste commune. Ce n'est que par la suite que la politique concrète chinoise d'expansion devint inacceptable pour le dirigeant tibétain. En Chine communiste même, un regain bouddhique, y compris à travers la recrudescence des vocations monacales depuis ces vingt dernières années, a inquiété les autorités chinoises[2] avant que cette résurgence spirituelle ne soit réappropriée par l'idéologie d'État.

Il s'est agi de replacer les concepts bouddhistes traditionnels dans une optique moderniste, dans le cas chinois de les purifier des scories aristocratiques, interprétées comme fondamentalement antibouddhistes, qui avaient pu au cours des siècles s'agréger à lui. C'est ainsi que seront distingués un bouddhisme décadent qui prône la compassion, la non-violence universelle sans tenir compte de l'intérêt des masses quitte à sacrifier leur intérêt vital, et le bouddhisme rénové qui comprend ces deux notions dans l'objectif d'ériger et de maintenir une « société fraternelle », quitte à tolérer une certaine violence immédiate : « La compassion prônée par le bouddhisme est destinée au grand nombre ; anéantir, dans l'intérêt et pour le bonheur de tous, le mal infligé aux masses par un petit nombre, voilà le sens véritable de la compassion et de la miséricorde du Bouddha[3] ». Cela devient donc du devoir de tout bon bouddhiste de « soutenir activement la guerre de résistance contre l'agression américaine[4]... » Il faut souligner que cette réappropriation n'est pas entièrement arbitraire, même si elle répond à un intérêt politique directement imputable à la situation du régime chinois face à la montée du bouddhisme. La même réappropriation n'a pu être opérée en ce qui concerne l'islam par exemple, bien que le nombre de musulmans ne cesse de croître sur le territoire chinois dans des régions bien localisées. C'est que le bouddhisme se prête particulièrement à une interprétation socialiste. Même si le concept d'*Umma*, communauté des croyants, peut être interprété dans un sens égalitariste et universaliste, ce potentiel interprétatif ne semble pas s'être actualisé dans l'islam chinois.

1. S. Sivaraksa, *op. cit.*
2. W. Powell, « More laughter at Tiger Cree : Impression of Buddhism in Modern China », in *Journal of Chinese Religions*, Boulder, n° 12, automne 1984.
3. Luo Zhufeng (dir.), *Zhongguo sheshui zhuyi shiqi de zongjiao wenti* (Questions religieuses à l'époque du socialisme chinois), Shanghai, Académie des sciences sociales, 1987, extraits traduits du chinois dans L. Vandermeersch, *Bouddhisme et politique en Asie Orientale*, n° 603, mars 1989, p. 31.
4. *Op. cit.*, p. 31.

L'idée bouddhiste centrale de *sangha* équivaut à une communauté d'égalité statutaire alliée à l'idée de compassion universelle, qui est une première humaine, et qui fut révolutionnaire dans le contexte originel hiérarchiste et inégalitaire du brahmanisme. Les dirigeants des régimes collectivistes asiatiques ont très vite su exploiter cet aspect égalitariste révolutionnaire, comme si l'État socialiste était une version moderne et élargie de la *sangha* originelle. La réalisation d'une société sans classe, dénuée d'antagonismes, serait la finalité sociale du bouddhisme. C'est ainsi que le gouvernement birman restructurera lui aussi, à partir des années soixante, la *sangha* sur le modèle de l'État socialiste[1]. De même, le gouvernement laotien, après avoir vainement tenté d'éradiquer le bouddhisme, finit par se résoudre à sa rénovation communiste[2]. Mais ce processus de reconstruction moderne du bouddhisme, qui passe par l'occidentalisation intellectuelle (marxisme), n'est pas uniquement un mode de légitimation des régimes collectivistes asiatiques. En sens inverse, des communautés bouddhistes se sont organisées en rébellions contre le collectivisme totalitaire, toujours au nom de l'égalitarisme compassionnel du Bouddha, mais cette fois dans une interprétation démocratique appelant à la transparence du pouvoir et au respect des droits de l'homme. On peut lire certaines déclarations de dignitaires bouddhistes célèbres affirmant que la Déclaration universelle des Droits de l'Homme n'est que la reprise des principes non violents – au sens de non-violation de la dignité et de la liberté humaines – du « Seigneur Bouddha[3] ». Interprétation qui a pu conduire à un activisme bouddhique antigouvernemental en Birmanie par exemple, avec de véritables cohortes de bouddhistes militants faisant face à l'armée[4].

2° Occidentalisation, bouddhisme engagé, asiatisme

Apparaissent deux variations d'un processus d'occidentalisation bouddhiste sur le continent asiatique, qui toutes deux se réfèrent au marxisme, la première dans la perspective de la rénovation doctrinale et organique imposée par des régimes politiques socialistes, la deuxième dans la perspective humaniste et démocratique de lutte contre le collectivisme contraignant. Ces deux modalités sont en tout cas en rupture avec la tradition bouddhique.

Même si elles se présentent parfois comme actualisant le potentiel social contenu dans le *dharma* (la loi bouddhique), ladite actualisation n'a été possible que par une lecture occidentalisée des textes bouddhistes, à

1. G. Lubeigt, « La réorganisation du clergé bouddhique de Birmanie », Actes du colloque « Bouddhismes et sociétés asiatiques », Paris, 8-10 décembre 1987.
2. M. Hiebert, « The people's Buddhism in people's republic », in *Far Eastern Economic Review*, Hong Kong, mars 1988.
3. Vénérable Sumano Bikkhu, *Buddhist Thought and Meditation in the Nuclear Age*, Wat Chulapratha Rangsrit, Pak-Kret, Nantaburi, 1987.
4. B. Lintner, « An army of monks », in *Far Eastern Economic Review*, Hong Kong, septembre 1988.

travers les marxismes ou au moins les principes humanistes de la modernité occidentale. La tendance humaniste et démocratique minimise aujourd'hui son origine marxiste, afin de distinguer son « socialisme dharmique » du collectivisme d'État au pouvoir dans de nombreux pays asiatiques, mais aussi pour se présenter en troisième voie – ni absolument capitaliste, ni absolument communiste – vers une société mondiale « dharmique ». Les théoriciens de cette troisième voie sont critiques des régimes collectivistes asiatiques, mais aussi du capitalisme « destructeur » qui a montré dans la récente crise financière asiatique combien il pouvait être « néfaste » pour le développement économique lui-même.

Ce bouddhisme engagé, organiquement – au moins à la base – moins bien structuré que les bouddhismes officiels rénovés, est idéologiquement plus efficace dans le contexte asiatique, mais aussi plus apte à l'exportation en Occident. Le Dalaï-Lama ainsi que le Vénérable Thich Nhat Hanh, qui sont devenus les deux personnalités bouddhistes les plus charismatiques en Occident, sont d'ailleurs tous deux membres d'honneur de l'INEB, *International Network of Engaged Buddhists* (Réseau International des Bouddhistes Engagés), qui est le noyau asiatique, implanté en Thaïlande, de ce bouddhisme modernisé et engagé.

Nous devons, en sus, faire remarquer que le bouddhisme engagé s'inscrit dans un processus d'occidentalisation, au sens où il représente une force opposée à l'asiatisme : idéologie qui s'est surtout développée dans les années quatre-vingt tendant à affirmer une altérité radicale de l'Orient par rapport à l'Occident. Cet identitarisme se réfère à des « valeurs asiatiques » qui seraient fondamentalement non occidentalisables : extrême cohésion familiale, soumission à l'ordre cosmique et politique, communautarisme. L'Occident se caractériserait à l'opposé par le règne de l'individualisme, l'éclatement des structures familiales et communautaires, l'anarchie morale et sociale. Ce culturalisme fut élaboré en Asie du Sud-Est, soutenu par des ténors politiques tels que Mohamad Mahatir, Premier ministre malais, Lee Kwan Yew, aujourd'hui *Senior Minister* de Singapour et ancien Premier ministre, et Kishore Mahbubani, ancien vice-ministre des Affaires étrangères de Singapour. Les populations touchées par la crise économique asiatique, qui commence dans les années quatre-vingt, sont réceptives à ces messages de remise en cause du modèle occidental purement capitaliste. La crise économique a mis en péril des régimes, le plus souvent autoritaires, qui pouvaient jusque-là s'appuyer sur une prospérité relative (en tout cas sur des classes capitalistes dominantes bénéficiaires de la prospérité) pour légitimer des dictatures plus ou moins arbitraires. Les dirigeants, ainsi que quelques intellectuels organiques, participèrent à l'élaboration de ce culturalisme sensé justifier les difficultés financières asiatiques par la perméabilité à l'Occident et à ses valeurs incompatibles avec la culture asiatique. Cette pénétration, considérée comme un viol pur et simple, porterait atteinte à un équilibre ancestral. En conséquence de quoi, les asiatistes en appellent à un retour à la culture de la hiérarchisation cosmico-politique, opposée à la « mondialisation à l'anglo-saxonne » et, dans la foulée, à la démocratie source de désagrégation des autorités traditionnelles familiales, communautaires et nationales.

Le bouddhisme engagé[1] s'oppose bien évidemment à cette perception *asia-centrique*, puisqu'il prétend déclamer des vérités universalistes d'une part, faisant remonter l'idée de démocratie et de socialisme à la tradition bouddhiste, et puisque d'autre part il se nourrit *de facto* de concepts occidentaux pour interpréter sa propre tradition asiatique dans ce sens.

Le bouddhisme engagé se fonde néanmoins lui aussi sur la remise en cause de l'individualisme capitalistique « outrancier », non pas parce qu'il serait contraire à une culture primordiale fondatrice de l'identité asiatique, mais simplement pour son « inhumanité », sa propension à exclure les plus faibles, et par conséquent à augmenter la souffrance. La crise financière asiatique a donc aussi conforté ce bouddhisme engagé dans ses positions, non pas antioccidentales, mais de producteur d'une culture universellement alternative[2] tout en valorisant indirectement l'identité asiatique. Il représente l'un des principaux remparts face à un asiatisme nationaliste qui se répand aujourd'hui jusqu'au Japon[3] et qui s'accentue de façon préoccupante dans des pays du Sud-Est asiatique tels que la Malaisie, où il se métamorphose peu à peu en phobie anticapitaliste, antioccidentale, confinant à un racisme antieuropéen, antiaméricain, mais aussi – ce qui est plus surprenant – antisémite[4]. Ainsi, le bouddhisme engagé représente à la fois un rempart contre le nationalisme asiatique, et la forme bouddhiste la plus efficacement exportable du fait de son aspiration universaliste et de ses conceptions occidentalisées.

C'est en effet ce bouddhisme qui se développe aujourd'hui en Occident, moins en France cependant – pays dans lequel le bouddhisme intimiste a longtemps été dominant[5] – que dans les nations anglo-saxonnes telles que les États-Unis. Mais même en France, où l'hypertrophie du bouddhisme intimiste – fondée sur la méditation personnelle plus que sur l'action sociale – a pu faire passer la pénétration du bouddhisme pour un phénomène périphérique de l'individualisme dominant, un individualisme de rechange, une « expression éphémère du narcissisme éclaté » pour

1. Nous écrivons bien « bouddhisme engagé » car certaines écoles bouddhistes collaborent plus où moins tacitement à l'asiatisme, particulièrement lorsqu'elles participent à l'assise d'un régime autoritaire et bénéficient en contrepartie de ses faveurs.
2. Une culture qui est adaptée à la fois à la crise occidentale et à la crise orientale, et qui propose une vision du monde et de la société qui serpente entre le communisme et l'individualisme.
3. P.S. Golub, « Remise en cause du "modèle" occidental », in *Le Monde diplomatique,* avril 1999.
4. « Depuis le déclenchement et l'aggravation de la crise financière, le discours antioccidental de M. Mahathir s'est étendu au domaine économique, avec des attaques non dépourvues de relents antisémites contre M. George Soros, les marchés financiers et les spéculateurs en général » (D. Camroux, « Le nationalisme égaré de la Malaisie », in *Le Monde diplomatique,* février 1999). L'assise islamique du régime explique sans doute en partie cet antisémitisme. Remarquons, au passage, que l'islam n'est pas considéré par ces asiatistes musulmans comme faisant partie de cette culture occidentale « diabolique ».
5. Nous traiterons ce point dans notre paragraphe intitulé « Les trois phases de politisation dans le processus d'occidentalisation du bouddhisme en France ».

reprendre l'expression de Lipovetsky, ce bouddhisme engagé a tendance depuis une dizaine d'années à progresser et à suivre sur ce point la voie anglo-saxonne socialement engagée. Nous avons d'ailleurs tenté d'analyser ce que l'on peut qualifier de « retard de politisation » du bouddhisme en France par rapport à la plupart des autres nations occidentales.

Il est, en tout cas, incongru de qualifier le bouddhisme d'individualisme forcené ou de socialisme fondamental. Les significations recouvertes par les mots employés ne sont pas claires, car elles ne tiennent pas compte du fait que le bouddhisme se reconstruit occidentalement afin de se présenter comme une alternative à la fois à l'individualisme consumériste et au socialisme despotique.

Il n'est pas admissible « doctrinalement » de prétendre que le bouddhisme est une religion[1] essentiellement individualiste ou socialiste. La multiplicité des courants, leurs divergences quant à la place à donner à l'individu, ne permettent pas d'emblée de qualifier le bouddhisme. Le courant du *Mahâyâna*, ou Grand Véhicule, donne une place prépondérante à la compassion, au partage des mérites avec autrui. Ce bouddhisme ne privilégie pas l'*arhat* solitaire ou même communautaire, le *bikkhu,* autrement dit l'ermite ou le moine en quête du *nirvana*, mais le *bodhisattva,* personnage « plein de bonté » qui retarde son entrée dans le *nirvana* pour faire partager ses mérites au reste des mortels. Le *bodhisattva* est donc ici un être social par excellence.

En contexte *Theravâda*, l'École des Anciens, même si l'Éveil individuel est recherché en priorité, la notion d'individu reste ambiguë. Preuve en est l'importante de la doctrine de l'impermanence et de celle de l'*anatta*, non-âme : il n'y a rien de stable, rien de durable, il faut réaliser la vacuité des êtres, et donc aussi celle de l'individu[2]. L'individu, même privilégié dans certaines écoles, est relatif ; il est une relation, une réalité transitoire. Le bouddhisme ne peut donc être qualifié d'essentiellement individualiste.

Si le bouddhisme se rapporte à l'individu comme à une réalité plus essentielle que la société, que l'État, que la nation, ce n'est certes pas pour se constituer absolument en individualisme, mais parce que l'individu est une réalité moins abstraite, et donc plus palpable, plus charnelle. Ceci résulte d'une profonde défiance à l'égard des principes, et par conséquent aussi à l'égard de tout *individu* érigé en principe. Il serait donc plus pertinent de qualifier le bouddhisme de religion du soupçon que de religion individualiste. Devons-nous dès lors conclure que le bouddhisme soit une religion apolitique en raison de ce privilège relatif accordé à l'individu au détriment de la chose publique ?

---

1. Sur l'opportunité de qualifier le bouddhisme de « religion », nous renvoyons le lecteur au troisième point de cette partie : « Bouddhisme et concept de religion ».
2. Même si ce concept de vacuité reste ambigu dans le cadre du bouddhisme ancien qui reste sur une position négativiste, apophatique si l'on veut, que retranscrit assez bien le terme *pâli* « *anatta* » (non-âme), alors que le terme sanscrit signifiant vacuité (*sunata)* ne deviendra courant que dans le cadre du Grand Véhicule (*Mahâyâna*).

II. SUR LE RAPPORT APPAREMMENT PARADOXAL DU BOUDDHISME À LA MODERNITÉ

A/ Bouddhisme, individualisme et désintéressement pour la chose publique

La société occidentale produisit un phénomène que quelques observateurs conceptualisèrent sous l'expression « désintéressement pour la chose publique » qui semble pouvoir se corréler avec une « désaffection » de la pratique religieuse, du moins dans sa version piétiste et moralisatrice traditionnelle[1]. Ces deux phénomènes peuvent par hypothèse s'entendre sous la catégorie *individualisme* : cette excroissance des représentations de l'individu, au détriment des représentations collectives, élément nodal de la sociologie de nos sociétés complexes. Il ne viendrait à aucun chercheur l'idée de nier l'importance politique capitale de cet individualisme, quels que soient l'angle sous lequel on le considère, les attributs, vertus ou vices qui lui sont reconnus.

Cet individualisme est d'ailleurs ce qui distingue, selon Louis Dumont poursuivant les réflexions de Marcel Mauss[2], l'idéologie moderne d'une idéologie traditionnelle, quelle qu'elle soit : l'être social se métamorphose en être moral ; cependant que Serge Moscovici semble s'inquiéter de la quasi-disparition de la société sous la poussée des valeurs capitalistiques et

1. Ce problème de la désaffection de la pratique religieuse est très complexe. Il ne peut d'emblée être qualifié de déclin, dans la mesure où, dans certains cas, il s'agirait plutôt d'un regain. Par exemple, il y a effectivement déclin quant à la fréquentation régulière des cérémonies religieuses hebdomadaires dans le catholicisme, mais il y a aussi parallèlement regain des vocations monacales dans certains ordres religieux catholiques. Il serait donc plus juste, dans une première approche, de parler de « mutation » du religieux. Danièle Hervieu-Léger rejette la possibilité d'affirmer une causalité directe et linéaire entre le développement de la « modernité » et un déclin du sentiment religieux. Ce que l'on nomme « modernité » recouvre en effet un ensemble de réalités si complexes qu'elles en sont parfois contradictoires.
2. L. Dumont, *Essai sur l'individualisme : Une perspective anthropologique sur l'idéologie moderne*, Paris, Seuil, 1983.

individualistes, complétant et commentant à cet égard les recherches de Simmel[1]. Qu'il soit analysé comme une sorte de *narcissisme éclaté* à la manière de Lipovetsky[2], ou comme un *nouvel ordre intérieur* selon l'expression choisie par un groupe de chercheurs de l'université de Vincennes[3], l'individualisme renvoie toujours à deux lignes de force idéologique à la fois concurrentes, contradictoires ou parfois complémentaires : d'une part la montée d'une idéologie antiégalitaire qui en appelle à une restauration de l'expertise et de la richesse individuelle comme fondement d'une hiérarchisation par le « mérite », – cette première restructuration occupe les positions laissées vacantes par le reflux des idéologies dites progressistes – ; d'autre part, l'enracinement d'une idéologie du développement personnel, de la prise de conscience individuelle, de la réalisation de soi-même, bref ce que les chercheurs de Vincennes appellent une « idéologie de l'intimité ». Le cynisme économique et la libération de l'être sont des logiques qui déclament toutes deux le développement, la réalisation individuelle, mais sous des modalités matérielles ou spirituelles distinctes.

Les choses se compliquent en tenant compte du fait que la dynamique spiritualiste puise une bonne part de son énergie dans la décomposition spirituelle qui résulte de la dynamique matérialiste dominante. Or, les seules institutions, qui sont susceptibles d'offrir un cadre cohérent à cette ligne de force secondaire irréductible à la pression matérialiste dominante, sont les organisations religieuses ou quasi religieuses. Celles-ci émergent en fonction de cette demande, s'adaptent à elle, s'effritent ou même disparaissent en raison de leur incapacité à constituer un individualisme de compensation. Ainsi, ce que l'on nomme le « renouveau religieux » se traduit par la mise en place de structures et de stratégies religieuses qui privilégient l'individu, ses sentiments, ce que Danièle Hervieu-Léger et Françoise Champion[4] qualifient d'« expérience émotionnelle ».

D'après ces dernières, ce « renouveau émotionnel » est révélateur d'une protestation sociale sous-jacente, mais non actualisée. Ce qui expliquerait que ce sont ou les classes moyennes intellectuelles techniciennes ou les éléments brutalement désocialisés par la crise économique (chômeurs de longue durée, retraités sans ou avec peu de ressources) qui fournissent la clientèle privilégiée de ces nouvelles pratiques religieuses, et qui souscrivent, selon l'expression de Danièle Hervieu-Léger, à ces « nouveaux modes du croire ». Ces clients religieux remettent ainsi en cause la différenciation institutionnelle par leur demande d'accomplissement intérieur et de communication interpersonnelle : « [...] l'expérience émotionnelle vécue en groupe constitue à la fois le lieu où peut se réfugier

1. S. Moscovici, *La machine à faire des dieux,* Paris, Fayard, 1988, dans son chap. IX « La société disparue ».
2. G. Lipovetsky, *L'ère du vide,* Paris, Gallimard, 1983.
3. A. Moreau, *Le Nouvel Ordre intérieur,* Université de Vincennes, Paris, 1980.
4. F. Champion, D. Hervieu-Léger, *De l'émotion en religion,* Paris, Centurion, 1990.

cette protestation religieuse contre le non-sens, à laquelle la société moderne ne fait plus droit, et le lieu où l'énergétique sociale contenue dans cette protestation, instantanéisée dans l'extase ou euphémisée dans l'euphorie collective, se trouve être de fait désamorcée[1] ». Remarquons que cette ligne de force idéologique ne se limite pas à des mouvements religieux « exotiques », mais traverse en profondeur les trois monothéismes, particulièrement le catholicisme et le judaïsme[2]. Ce type d'expérience émotionnelle se pose donc bien en négatif, comme nous l'avons vu plus haut, du langage cynique de l'efficacité économique.

Il y a protestation sociale certes, mais non assumée, non conduite à son terme actif qui consisterait à tenter de changer les choses par une action syndicale par exemple. Ces groupes émotionnels fonctionnent comme des instances de retour à l'ordre, des réseaux idéologiques d'évacuation passionnelle ; ce que George Mendel appelle la « réduction du politique au psychique[3] ». Cette réduction opère lorsque le refus de l'idéologie et des institutions dominantes ne peut se résoudre dans une action efficace, c'est-à-dire lorsque les conflits de classe ne peuvent s'actualiser publiquement parce qu'ils sont ou étouffés de force ou occultés d'office. Les conflits sociaux régressent et finissent par se résorber en activité psychique, d'où découle une attitude intimiste, voire passivement provocatrice du type : « bof », « la politique, on s'en fout », « l'État, on s'en fout », « les syndicats ne servent à rien[4]. L'individualisme émotionnel est donc une stratégie de rechange psychique, face à l'incapacité d'assumer une action politiquement efficace dans le contexte de l'individualisme matérialiste dominant.

Cette catharsis religieuse consisterait à dissoudre la dynamique protestataire, à la déconcentrer émotionnellement, particulièrement dans les mouvements du type *New Age*, que Françoise Champion nomme *nébuleuse mystique-ésotérique*, qui privilégient absolument le règne de l'expression émotionnelle au détriment du contrôle rationnel. Cet émotionalisme, caractérisant au premier chef la vague mystique-ésotérique, qui est au cœur d'une religiosité postmoderne en formation, est lui aussi au cœur de la transfiguration du politique ainsi que le souligne Michel Maffesoli[5]. Cette tendance actuelle à « spiritualiser un monde trop matériel » n'est pas politiquement neutre, et même si elle affirme parfois

---

1. Champion, Hervieu-Léger, *op. cit.*, p. 247.
2. M. Cohen repère le « passage d'une problématique du citoyen à une problématique de la personnalité », in *De l'émotion en religion, op. cit.*, « Le renouveau catholique et juif en France », p. 165.
3. G. Mendel, « De la régression du politique au psychique », *Sociopsychanalyse I*, Paris, Payot, 1972.
4. Un lien puissant peut unir l'individualisme de la culture d'entreprise, du néolibéralisme enthousiaste, et l'individualisme *New Age* : les yuppies et les hippies rêvent de la même grandeur individuelle, de la même puissance égotique. La spiritualité se consomme comme un breuvage magique capable de donner force, beauté, sagesse, et pourquoi pas immortalité comme un investissement génial peut rapporter des millions de dollars en une seule nuit. Le petit opuscule de Pascale Weil, *À quoi rêvent les années 90 : Les nouveaux imaginaires, Consommation et communication* (Paris, Seuil, 1993), illustre de nombreux aspects de cette douce duplicité.
5. M. Maffesoli, *La transfiguration du politique. La tribalisation du monde,* Paris, Grasset, 1992 (particulièrement le chapitre intitulé : « La nécessaire superfluité »).

une neutralité de façade, il n'en demeure pas moins que les choix politiques opérés par ces acteurs sociaux – y compris lorsqu'il s'agit d'attitudes négatives, qui se caractérisent par exemple par un abstentionnisme systématique –, sont en partie conditionnés par leur culture *New Age*.

Le bouddhisme ne saurait être assimilé à un courant de la vague mystique-ésotérique. Il ne saurait pas non plus se comprendre, du moins d'emblée, dans le cadre de ce mouvement de « spiritualisation » décrit par Michel Maffesoli, encré dans un polythéisme *gadgétisé* et tendu vers un hédonisme païen.

B/ Entre « gadgétisation du croire » et « nouvelle écologie des relations sociales » : vers un sens civique alternatif ?

Le bouddhisme occidentalisé semble comporter cependant nombre de points communs avec cette forme de spiritualisation moderne. Un des plus petits communs dénominateurs de cette spiritualisation serait la futilité, l'inutilité, ou plus précisément ce que le sociologue Michel Maffesoli appelle la « superfluité » : la recherche de pratiques sociales débridées et objectivement inutiles, véritable stratégie antiutilitaire face à la logique économique dominante. Il s'agit surtout d'un dégagement du rythme social imposé de l'extérieur, de la temporalité normativisée, qui conduit à supprimer, au moins abstraitement, l'injonction du devoir politique. Cette spiritualisation fonctionnerait comme un rituel d'exorcisme contre l'injonction politique.

Cette analyse va évidemment beaucoup plus loin que celle de Mendel. Il n'y a plus seulement une réduction marginale du politique au psychique, mais une ritualisation outillée par des symbolisations en reconstitution permanente, échappant ainsi au repérage de l'appareil politique tout en le mettant idéologiquement en péril. Car se développe une idéologie alternative quasi insaisissable : elle ne conditionne aucun terrorisme, aucun face-à-face direct avec l'ordre public. Elle se répand comme un virus dont on ne peut repérer le noyau constant contre lequel il serait possible de lutter. Ce qui apparaît au premier abord en un amas de phénomènes disparates, disjoints, sans cohérence, diffuse une idéologie alternative du libéralisme économique dominant et de la politique des nations. Dans le bouddhisme tibétain, le zen, ainsi qu'à la Soka Gakkai, le terme même de nation est péjoratif ; dans cette dernière organisation, le « nationalisme » est même souvent qualifié de « poison de la civilisation[1] ».

---

1. Cette qualification apparaît particulièrement claire dans un dialogue entre plusieurs dirigeants de la Soka Gakkai paru dans les colonnes de la revue française de l'organisation. Il s'agissait de discuter sur la pertinence du *Sutra* du Lotus. Très vite, la discussion va devenir explicitement politique, avec une attaque du nationalisme en général, et du nationalisme japonais en particulier ; preuve que le fameux « nationalisme pro-japonais » de la « secte » tant dénoncé par les médias français est plus

Nous touchons peut-être là à une des « conséquences qualitatives » de cette nouvelle « écologie des relations sociales » qui restent à explorer selon Maffesoli, qui n'hésite pas à voir dans ce « temps alternatif, le fondement même d'une nouvelle éthique, en gestation, dont l'élément central est un rapport à autrui dégagé de toutes les contraintes comptables et fonctionnelles[1] ». « ...dégagé de toutes les contraintes comptables et fonctionnelles » ne signifie pourtant pas forcément « inutile », « futile ». Le bouddhisme occidentalisé – à travers le processus même de son occidentalisation – configure effectivement une éthique concurrentielle de l'économisme ambiant, sans qu'elle s'appuie néanmoins sur le culte phosphorescent de l'inutile.

Le bouddhiste occidental idéal-typique se veut « pragmatique, rationnel et responsable ». L'économiste Serge-Christophe Kolm a d'ailleurs montré que l'homme bouddhiste cohérent devait être un *homo economicus* optimisateur au sens moderne. La recherche prioritaire d'une « augmentation » de la satisfaction (*sukkha*) corrélativement à la « diminution » de la souffrance (*dukkha*), est porteuse d'un hédonisme optimisateur[2]. Ce n'est pas un hédonisme débridé, chaotique, mais bien plutôt un eudémonisme utilitariste, une ligne de conduite cohérente et continue. Ainsi, le bouddhisme occidentalisé emprunte certains critères de la gadgétisation spirituelle, *New Age* par exemple, répondant à une demande de même structure, mais en en faisant bifurquer l'orientation de base : l'émotionnel est valorisé à la base, tout en étant relativisé par rapport à la raison (en particulier par la recherche d'une causalité moins finale qu'efficiente dans la logique thérapeutique) ; le bouddhisme est antifonctionnaliste mais utilitariste ; il révoque l'obsession comptable, tout en développant une rationalité optimisatrice. Économiquement maximisateur, mais politiquement égalitariste.

L'individualisme bouddhique, au moins tel qu'il se manifeste dans le procès de son occidentalisation, apparaît ainsi, surmontant ou en tout cas jouant avec ce que Jean Leca appelle un « dilemme logiquement indépassable » : d'un côté l'individu privé, diffuseur d'un individualisme optimisateur et autodestructeur dans la mesure où il produit sans cesse de l'inégalité de classe avec les conflits qui en résultent, et d'un autre côté l'individu qui participe à la collectivité, exige et défend l'égalité de droit pour tous et pour chacun : « L'individu de la « théorie économique de la

---

un fantasme franco-français qu'une réalité idéologique. Le cas de l'Allemagne en phase de nazification est comparé au cas actuel du Japon : « La tendance nationaliste, qui n'a pas honte de sacrifier le peuple pour l'État, se renforce et c'est dangereux. Il faut lutter contre cela » (*Troisième Civilisation,* avril 1999, p. 12).

1. M. Maffesoli, *op. cit.*, p. 143.
2. « [...] avoir pour seul but d'accroître la *sukkha,* équivalent à diminuer la *dukkha*, est un hédonisme, ou plutôt un eudémonisme (si l'on prend le "plaisir" de l'hédonisme en un sens restreint [...]), et même un certain "utilitarisme" (au sens de Bentham plus que John Stuart Mill qui y surajoute les considérations morales par les individus, et surtout complété par une théorie psychologique raffinée de la satisfaction) », S-C. Kolm, « Bouddhisme et "hommes économiques"», in *Dalhousie French Studies*, Special Issue, vol. 46, printemps 1999.

politique » (*economics of politics*) et celui de la « théorie politique de l'économique » (*political economy)* font partie d'une même société mais non d'un même « système » et c'est pourquoi le citoyen n'est pas que l'abstraction nécessaire, faussement générique, de l'individu-bourgeois[1] ».

Or, c'est bien cet archétype de l'individu-bourgeois opposé à l'individu-citoyen (libéralisme économique versus libéralisme politique) qui est une des clés de la compréhension de l'idéologie occidentalisée du bouddhisme. Le marché des biens et services matériels n'est pas remis en cause mais relativisé par rapport à une vision plus « fondamentale » du bien-être universel. L'économique est instrumentalisé dans sa nécessité même. De même, l'égalité statutaire, qui induit la liberté de se déterminer dans l'espace public, est vivement défendue, sans que l'espace public ne soit arrêté à une frontière quelle qu'elle soit, régionale, nationale, continentale ou même terrestre.

Il y a là « dépolitisation » si on donne une définition de la cité comme étant limitée à des frontières. Si on affirme que l'élément déterminant du politique est la définition d'un territoire spécifique, il y a effectivement un « désintéressement de la politique » chez les clients occidentaux du bouddhisme. En revanche, si on donne une définition par principe inclusive de la cité – collectivité des citoyens partageant des droits et des devoirs et visant une fin commune – alors il n'y a pas dépolitisation, mais au contraire « repolitisation » à une autre échelle. La culture bouddhique inclut dès lors une culture politique à base de responsabilité et de participation civique universelle[2]. On peut même se demander si cette tension ainsi surmontée n'est pas déjà contenue dans le discours des Lumières, si la nation n'est pas, en raison de son accroche forcément exclusive, contradictoire du projet universaliste du XVIIIe siècle[3]. Cette relativisation de la « nation » comme réalité politique ressort très nettement, par exemple, dans l'œuvre d'un père

1. J. Leca, « Individualisme et citoyenneté », in Birnbaum, Leca, *Sur l'individualisme*, Paris, PFNSP, 1986, p. 207.
2. Le titre d'un des ouvrages les plus politisés du Dalaï-Lama est à cet égard emblématique : *Communauté Globale et Nécessité de Responsabilité Universelle* (*op. cit.*).
3. Le jacobinisme, mais aussi le romantisme ethnico-national d'un Fichte, est-il authentiquement moderne, ou représente-t-il le début d'une résistance à la modernisation qui fourbissait son attirail idéologique tout en prenant l'apparence du discours moderniste ? Cette question, qui n'est pas superfétatoire, est à l'origine de la profonde ambiguïté contenue dans les acceptions multiples que peut prendre le concept de nation : tantôt acception primordialiste, ethnique, tantôt civique, universaliste. Isaïah Berlin a bien mis en évidence le jeu « tordu » de ces ambiguïtés (I. Berlin, *Le bois tordu de l'humanité. Romantisme, nationalisme et totalitarisme,* Paris, Albin Michel, 1992), auxquelles participèrent grandement les idées hégélio-marxistes dans la constitution des idéologies confiscatoires de l'autonomie individuelle au profit du sens de l'histoire, de la logique des États et des nations. Berlin ne renie pourtant pas la modernité en bloc, puisqu'il ranime une filiation qu'il fait démarrer à Kant pour se perpétuer chez Stuart Mill par exemple (I. Berlin, *Éloge de la liberté,* Paris, Calmann-Lévy, 1969). L'objectivisme au détriment de la subjectivité, en particulier l'objectivisme nationaliste au détriment de l'individualité, peut dés lors être interprété, ainsi que nous l'avons nous-même montré ailleurs, non comme une conséquence naturelle de la modernité, mais comme un dévoiement de ses principes, une réaction contre son déploiement (R. Liogier, « La modernité trahie », in *Revue des Deux Mondes,* juin 1999).

fondateur de la modernité tel que Kant[1]. Entendons bien que notre travail ne consiste pas à soutenir l'idéologie occidentalisée du bouddhisme, mais à faire l'effort méthodologique de prendre au sérieux ses propositions sans les soumettre, dans un premier temps, à une analyse critique, mais justement afin que l'analyse critique que nous entendons mener soit fondée au plus près de la logique interne des idées bouddhistes. Or, la compatibilité, sinon la continuité, d'une certaine idéologie moderne avec les thématiques du bouddhisme occidentalisé ne manque pas de pertinence politique, d'autant plus que cette filiation est explicitement affirmée dans le discours de la Soka Gakkai, et plus implicitement contenue dans celui du bouddhisme tibétain.

Dans un ouvrage récent[2], qui est un recueil de ses derniers discours institutionnels (tenus exclusivement devant des universités et académies prestigieuses, telles que l'université d'Harvard ou l'Institut de France : cette stratégie politico-culturelle sera analysée dans notre partie spécifiquement consacrée à cette organisation), le président de la Soka Gakkai se réfère indifféremment à Rousseau, à Montaigne, à Tocqueville. Lorsqu'il est en Chine, il se réfère à des figures fondatrices de l'identité chinoise certes, mais en relativisant leur signification par rapport à la pensée moderne occidentale. En Amérique, il cite Emerson ou même des penseurs politiques contemporains comme Royce. En Allemagne Jaspers. Il se réfère aussi à des événements politiques tels que la révolution kémaliste qu'il donne comme modèle, et d'une manière plus générale aspire à l'émergence d'une « nouvelle conscience mondiale », produit d'un consensus progressiste universel dont la Soka Gakkai serait le noyau rassembleur[3].

De façon moins explicite, le Dalaï-Lama diffuse aussi cette idéologie d'une conscience planétaire qu'il nommera plutôt « responsabilité universelle[4] », qui en appelle à la mondialisation du pouvoir et à un consensus politique moderne autour de valeurs fondamentales issues des traditions les plus diverses. Ainsi, le Dalaï-Lama reproche-t-il une trop grande imperméabilité aux nations occidentales, qui est critiquée car incompatible avec leur projet officiellement universaliste, par exemple

1. Particulièrement dans ce texte court mais dense, *Idée d'une histoire universelle au point de vue cosmopolitique,* dans lequel Kant minimise l'importance de l'État-Nation, au point de prévoir la nécessaire remise en cause de sa souveraineté au profit de ce que nous appellerions aujourd'hui le *solidarisme-universaliste* : appel à la concertation commune vers une communauté civile transnationale dans laquelle « chaque État, même le plus petit, pourrait attendre sa sécurité et ses droits, non de sa propre force ou de sa propre appréciation du droit, mais uniquement de cette grande Société des Nations (*Foedus Amphictyonum),* c'est-à-dire d'une force unie et de la décision légale de la volonté unifiée » (Emmanuel Kant, *Idée d'une histoire universelle au point de vue cosmopolitique,* Paris, Gallimard, 1985, in *Œuvres complètes,* p. 197).
2. D. Ikeda, *Un nouvel humanisme,* Paris, Rocher, 1997.
3. La plupart des conférences retranscrites dans l'ouvrage d'Ikeda, *Un nouvel Humanisme,* illustrent mes remarques, par exemple « La révolution kémaliste : un modèle » prononcée à Ankara en 1992, « Mondialisme et nationalisme », prononcée à Buenos Aires en 1990, « L'ère du pouvoir *soft* » à Boston en 1991, « Gandhi et le monde moderne », en Inde en 1992, « Une nouvelle route pour les échanges culturels entre Orient et Occident », à Moscou en 1975 (Paris, Édition du Rocher, 1997).
4. Dalaï-Lama, *Communauté Globale et Nécessité de la Responsabilité Universelle, op. cit.*

contenu dans le concept de « droits de l'homme » : « Vous vivez dans des pays démocratiques et considérez l'exercice de cette démocratie à l'intérieur de votre pays comme essentielle et précieuse, ce qu'elle est ! Mais, bien que vous y attachiez une si grande importance en ce qui concerne vos affaires intérieures, il est rare que vous fassiez de même dans vos relations internationales[1] ! » Le débat sur la démocratie se déplace de la société interne, où il aurait été jusque-là trop confiné, à la société mondiale. Par conséquent, la scène fondamentale sur laquelle se déploient les enjeux politiques considérés comme tels par les clercs bouddhistes n'est plus nationale mais internationale. Ajoutons que cette internationalité politique n'est représentée que comme une étape transitoire vers la mondialité politique.

Aussi bien le président Ikeda que le Dalaï-Lama interprètent la tradition universaliste occidentale à l'aune d'un bouddhisme revisité. Ils s'adressent ainsi aux Occidentaux du haut de leur légitimité de « sages » bouddhistes, mais dans un langage et une culture occidentalisés. Nous verrons, dans la suite de nos analyses, que les modalités de cette réappropriation sont cependant diversifiées d'un bouddhisme à l'autre.

C/ De la passivité *New Age* à l'activisme bouddhique[2]

La rationalité – y compris la rationalité politique – n'est pas dépréciée par les bouddhistes, ni la logique émotionnelle d'ailleurs, mais elles s'expriment en se contrôlant l'une l'autre selon des modalités spécifiques. Retenons au moins que l'idéologie qui se configure alors, pour manifester une protestation sociale, ne la déconcentre pas pour autant aux fins de la dissoudre émotionnellement, mais concentre les forces individuelles au lieu de les disperser. La notion de « paix intérieure » n'est plus alors perçue comme une fin en soi, mais comme plate-forme pour une action sociale, dont l'action civique est une sous-catégorie plus cohérente[3]. L'action civique n'est pas la fin ultime, mais s'imbrique dans un système de priorités emboîtées : priorité écologique au sens large (gestion pacifique des équilibres globaux afin d'éviter tout traumatisme générateur de souffrance à toutes les échelles), ce que nous appelons un *impératif organique fondamental* ; l'action sociale s'inscrit dans cette stratégie de « pacification » organique, comme un sous-ensemble ; et ainsi de suite jusqu'à l'activité civique, considérée comme un terme plus abstrait, un

---

1. Dalaï-Lama, *Au-delà des dogmes*, Paris, Albin Michel, 1994, p. 15.
2. Cf. notre schéma de « l'interaction entre l'individualisme spirituel et l'individualisme économiques » ci-après.
3. Dans son article « Individualisme, protestation holiste et hétéronomie dans les mouvances mystiques et ésotériques contemporaines » (in *Social Compass,* vol. 38, n° 1, mars 1991), Françoise Champion considère que l'individualisme mystique ne conduit pas forcément à une attitude narcissique passive mais peut développer une sorte de « liberté en action ». Il semble que le bouddhisme représente selon ses modalités spécifiques cette voie de la « liberté en action ».

horizon plus lointain, donc moins urgent. Il ne s'agit pourtant pas d'un holisme hiérarchique tel que le définit Louis Dumont, qui serait à opposer à l'individualisme moderne. Bien au contraire. La « vision globale » prioritaire ne court-circuite pas l'intérêt individuel, mais lui est subordonnée en vertu de l'impératif organique, l'injonction d'éviter toute souffrance, qui inclut le fait de ne jamais imposer rien de l'extérieur à un individu.

L'INTERACTION ENTRE L'INDIVIDUALISME SPIRITUEL ET L'INDIVIDUALISME ÉCONOMIQUE

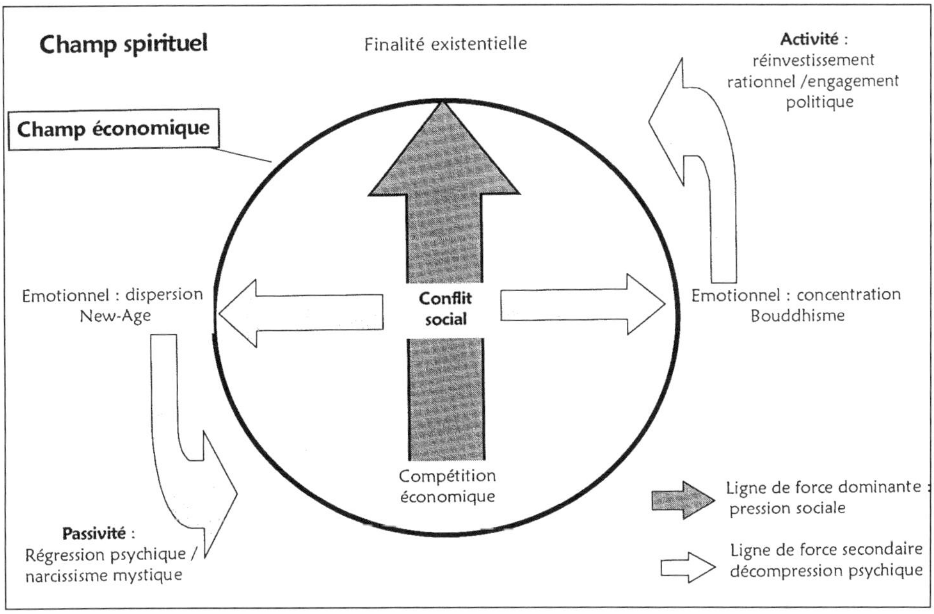

La dynamique holistique est ici subordonnée à la préservation des libertés les plus différenciées, mais renvoie aussi, d'un autre côté, à la responsabilité de chacune de ces libertés, non plus au simple plan d'une morale abstraite, mais selon le critère organique non limité spatialement, non territorialisé et donc par principe transnational, de l'intérêt hédonique global. La dynamique holiste du bouddhisme occidentalisé, aux antipodes de l'holisme de caste décrit par Dumont, rejoint ici l'universalisme des Lumières, lié à une conception citoyenne non territorialisée, non ethniquement spécifiée telle qu'avait pu la rêver Kant. Cet holisme n'est pas en effet nationaliste, tribal, érigeant symboliquement l'appropriation du cosmos par une tribu, un peuple, une race, une nation, disons exclusif, mais cosmopolitique, tendu vers un englobement toujours plus large de toutes les réalités dans un statut universel : c'est un holisme inclusif.

Notre analyse des formes variées et reliées que prend l'individualisme contemporain s'est ainsi affinée à l'aune du bouddhisme occidentalisé : d'une part une ligne de force matérialiste dominante et active, et d'autre part une ligne de force secondaire et protestataire qui peut ou se désamorcer par un procès de déconcentration émotionnelle, et il y a alors réduction du politique actif au psychique passif, ou se concentrer en stratégie de « liberté en action ». Cette dernière dynamique se distingue à la fois de la passivité émotionnelle *New Age* et de l'action violente révolutionnaire. Elle se pose en voie médiane entre le rationnel et l'émotionnel pour un régime d'action continuel et progressif, et non pas pour une intervention spontanée et révolutionnaire. Il s'agissait de démontrer que l'individualisme contemporain, *a fortiori* dans ses acceptions bouddhistes, n'était pas réfractaire à une problématisation politique.

Néanmoins, l'originalité de la perspective bouddhiste par rapport à la vague mystique-ésotérique ne saurait remettre en question la base commune de leur individualisme : une critique radicale des formes institutionnelles actuelles, en particulier et surtout publiques. Le bouddhisme et la vague mystique-ésotérique participent aussi à la construction logique d'un continuum spirituo-thérapeutique par la médiation de concepts tels que : vibrations, énergie, fluide vital. La représentation du salut devient une métaphore médicale. Dès lors, les gourous du *New Age* ainsi que les maîtres bouddhistes manipuleront les termes de *bien-être*, de *santé spirituelle*, d'*équilibre entre le corps et l'esprit*, de *guérison mystique*[1], etc. Les désordres politiques et sociaux seront eux-mêmes traduits en problèmes médicaux : se guérir soi-même par la méditation pour pouvoir guérir le monde, pour promouvoir la paix globale[2].

La réduction psychique du politique s'opère plus facilement sous l'étiquetage thérapeutique. Rappelons que les clients de cette psychologisation sont entre autres des éléments brutalement désocialisés, qui ont donc intérêt à la guérison de leur traumatisme. Pour R. Barbier, la condition de possibilité d'une réduction psychique est l'existence d'un conflit social non assumé qui sera ainsi désamorcé[3]. Ce qui explique que ceux qui demandent tacitement ou explicitement cette « guérison » seraient toujours des éléments blessés, traumatisés, aliénés par la pression sociale dominante, qu'ils soient sous-socialisés (économiquement frustrés), ou sursocialisés (psychiquement « dégoûtés » et « stressés »).

1. Cf. pour plus de détails sur ce sujet, l'ouvrage collectif dirigé par François Bouchayer, *Autres médecines, autres mœurs : Nouvelles pratiques de la santé* (Paris, Édition Autrement, 1993, « Série Mutations », n° 85).
2. Les gourous de la Méditation Transcendantale affirment à leurs adeptes que la méditation pratiquée pendant quinze minutes deux fois par jour, par au moins 1 % de la population mondiale suffirait à pacifier la société humaine et donc à résoudre la plupart des conflits politiques.
3. R. Barbier, in *Informations sociales*, Paris, CNAF, 5/1977, « L'émotionalisme dans les nouvelles techniques de groupes ».

Ces deux types de clientèles, qui semblent s'opposer, sont majoritaires parmi les pratiquants occidentaux, avec des variations de proportion en fonction des groupes : la Soka Gakkai représente le groupe dans lequel les proportions sont les plus équilibrées et dans lequel la distance d'intégration est la plus marquée (on trouve des Maghrébins mal intégrés et des professeurs d'université qui ne supportent pas leur « intégration ») ; dans le bouddhisme tibétain il y a plus de classes moyennes et peu d'immigrés[1] ; enfin le zen est un bouddhisme de classes moyennes et supérieures, avec extrêmement peu d'exclus. Lionel Obadia a constaté dans une récente étude sur le bouddhisme tibétain en France[2], que l'anomie comme cause de conversion, bien que toujours pertinente, ne pouvait être généralisée au moins dans l'acception purement durkheimienne.

Les trajectoires qui aboutissent à la conversion au bouddhisme correspondent presque toujours à une réappropriation de ressources symboliques exogènes comme moyen de surmonter une rupture liée à une crise d'insertion dans le milieu social, dans la société globale, ou simplement à un événement traumatique ponctuel. Nos enquêtes montrent que la rupture de sous-socialisation (exclusion pour cause de pauvreté, de racisme, etc.) se retrouve dans la conversion *New Age* et dans une moindre mesure dans la conversion à la Soka Gakkai ; en revanche elle est secondaire dans la conversion au bouddhisme zen et tibétain, où le vecteur principal semble être la sursocialisation. En effet, les professions intellectuelles (journalistes, universitaires, écrivains), les artistes, les professions médicales et paramédicales, qui ne correspondent pas *a priori* à des situations d'exclusions, sont surreprésentées dans les bouddhismes zen et tibétain.

Il faut en déduire que la conversion au bouddhisme ne résulte pas, dans la majorité des cas, d'un processus de compensation psycho-religieuse de l'échec socio-économique comme pour le *New Age*. La rupture se situe donc sur un autre plan, qui ne peut se rapporter d'emblée à la régression psychique d'un conflit social non assumé politiquement. Ce plan de rupture existentielle ne place par conséquent pas l'adepte en situation de catharsis politique (décompression psychique d'une frustration sociale qui ne peut alors s'exprimer par une action politique concrète : détournement de la puissance d'action) mais, ne résultant pas d'une impuissance sociale originaire non assumée, ne préjuge en rien d'une socialisation politique nouvelle résultant de l'intériorisation de nouvelles valeurs.

En tout cas, ces éléments traumatisés, objectivement pour les sous-intégrés et subjectivement pour les surintégrés, répondent d'autant mieux à l'offre des sociétés religieuses qui présentent leur méthode de salvation en

1. Dans d'autres pays occidentaux, il y a au contraire une action concertée en faveur de l'exclusion. Au Royaume-Uni, par exemple, le monastère bouddhiste tibétain de *Samyé Ling* accueille des exclus dans l'objectif avoué de les resocialiser. Mais cette démarche correspond à l'orientation à la base plus sociale du bouddhisme britannique par rapport au bouddhisme français.
2. L. Obadia, *Bouddhisme et Occident. La diffusion du bouddhisme tibétain en France*, Paris, L'Harmattan, 1999, p. 197-199.

termes de médication soulageante ou de guérison béatifiante. Le bouddhisme se situe aux avant-postes de cette stratégie thérapeutique puisque sa structure doxémique n'est pas fondée sur une divinité supérieure comme dans le monothéisme ou sur une source d'énergie suprême comme dans le *New Age,* mais sur l'image tutélaire du Bouddha-médecin déclamateur du diagnostic le plus « fondamental » et prescripteur du « meilleur » remède possible. Néanmoins, le processus de guérison n'est pas conçu comme repli sur soi, comme retour à une amitié exclusive avec soi-même, mais comme un rapport adéquat entre l'environnement intérieur et extérieur ; et donc nullement comme retrait du monde, mais au contraire comme insertion harmonieuse dans le monde physique, psychique et social. Il n'en reste pas moins que la tonalité thérapeutique s'accorde en général, ou même constitue dans le cas du bouddhisme, le fond sonore irréductible à la mélodie individualiste et protestataire.

Dès lors, le succès du bouddhisme en Occident est, par hypothèse, compréhensible sur le terrain du concept de « désintéressement » pour la chose publique. Comprendre les significations de ce « succès » permettra d'éclaircir ce problème, et peut aussi le replacer dans une autre perspective : non pas désintéressement « essentiel » pour la chose publique, mais redéfinition de la chose publique. Cette question se corrèle avec le « désintéressement » pour la chose religieuse sous la pression de la sécularisation parallèle à une perte d'influence des églises traditionnelles[1]. Ne s'agirait-t-il pas plutôt de redéfinition du religieux, de son champ, de son rapport au politique[2], à la morale, à l'individu. Dans ce cas, il n'y aurait ni désintéressement, ni retour au religieux, mais refonte, non pas destruction pure et simple, mais déconstruction : destruction constructive. Ce qui n'empêcherait pas, mais au contraire permettrait, la constitution d'instances critiques du religieux traditionnel occidental, dans sa version moralisatrice, comme du politique occidental, dans sa version étatico-nationale.

Le bouddhisme est-il lié à ce processus de refonte ? Sans prétendre donner une réponse définitive, il est certain que les thèmes centraux de sa « culture » : méditation, retour au corps, remise en question des abstractions, sont devenus des thèmes centraux du retour au religieux dans son ensemble, dans le christianisme, mais aussi dans l'islam[3] aussi étrange

---

1. L'Institut *Karma Ling* dispose de chiffres concernant la fréquentation du centre qui font apparaître qu'à peu près 80 % des visiteurs sont catholiques ou d'origine catholique.
2. L'affaiblissement global de l'intégration religieuse est à mettre en parallèle avec la difficulté croissante à corréler les appartenances religieuses explicites avec des choix politiques. Il y aurait émergence d'un acteur politique plus autonome, dont les choix ne seraient plus aussi dépendants de sa situation confessionnelle ou même socio-économique. C'est du moins l'analyse que fait Pierre Merle dans son article « L'*homo politicus* est-il un *homo oeconomicus ?* L'analyse économique du choix politique : approche critique » (in *Revue Française de Science Politique*, vol. 40, n° 1, février 1990, p. 64-80). Mais le bouddhisme occidentalisé fait surgir la question d'une socialisation politique dans le cadre d'une religiosité concurrente des formes traditionnelles de religiosités occidentales.
3. Dans une interview publiée dans le *Figaro* le samedi 15 avril 1995, le chef musulman soudanais Assan el-Tourabi employait un langage occidental pour critiquer la modernité occidentale. Celui-ci se prétend partisan d'une démocratie radicale et non pas formelle comme en Occident ; le Djihad n'est plus interprété dans sa bouche comme guerre violente mais comme discipline du dialogue,

et paradoxal que cela puisse paraître. Le bouddhisme en Occident est un lieu stratégique de la compréhension des bouleversements structurels de la société contemporaine. Et ne préjugeons pas en outre de la capacité des groupes bouddhistes à reformuler des éléments de protestations, à les réorienter par rapport à de nouvelles stratégies, et même à agréger de nouveaux objectifs. Cette prétention à un dépassement de l'État-Nation va de pair avec celui des catégories qui structurent la lutte politique classique, la distinction « sacrée » entre droite et gauche. La Soka Gakkai se représente comme une alternative au capitalisme et au socialisme, mouvement « précurseur » d'une troisième voie, manipulant la notion bouddhiste traditionnelle de voie du milieu afin de formuler son concept central de « Troisième civilisation », qui est d'ailleurs le nom de la revue de la Soka Gakkai Française. Le bouddhisme tibétain, à travers le discours du Dalaï-Lama en particulier, diffuse cette sorte d'idéologie alternative, censée critiquer à la fois la « froideur » du consumérisme et celle du collectivisme. Cette troisième voie n'est jamais envisagée dans un cadre national, mais toujours dans un cadre mondial, global, terrestre, d'où l'insistance sur les thèmes écologiques, seuls capables de fournir une légitimité « indiscutable » à une mondialisation politique.

D/ Les trois phases de politisation dans le processus d'occidentalisation du bouddhisme en France

1° Le retard de politisation du bouddhisme en France

Concrètement cependant, et malgré sa prétention au dépassement du politique national, nous avons constaté, y compris à l'origine de l'implantation française, l'émergence d'une problématisation politique nationale[1]. Même si dans un premier temps, des années soixante jusqu'au début des années quatre-vingt, ce discours se présentera comme apolitique, détaché des débats menés dans l'espace public, il n'en reste pas moins que le refus de s'impliquer dans la société de consommation de masse, tout en récusant une certaine morale chrétienne bourgeoise, délimitait déjà l'ébauche d'une problématisation politique. Dans le cadre des enquêtes que nous menons depuis 1986, nous avons pu constater que les bouddhistes occidentaux – essentiellement d'appartenance zen, tibétaine et Soka

guerre de l'ouverture ; il précise aussi que la volonté d'Allah est de promouvoir le bonheur de tous les peuples, y compris les chrétiens et les juifs, et même des animaux ; il critique le ritualisme vide au profit d'un retour à la pratique spirituelle quotidienne. Autant d'éléments thématiques en phase avec la grammaire idéologique occidentale *individuo-globaliste*.

1. Ne serait-ce que dans la constitution d'une contre-culture libertaire, au départ – dans les années soixante-soixante-dix – distincte de la gauche libertaire radicale en ce qu'elle supposait une certaine nostalgie spiritualiste amalgamée à un *habitus* libertaire, qui se rapproche plus de la tendance écologiste liée à l'idée d'harmonie entre l'homme et la nature.

Gakkai – refusent d'employer le terme de « politique[1] » lorsqu'ils s'expriment pourtant à l'évidence sur des thèmes relevant de cette matière : équité dans la régulation de la répartition des richesses, non-discrimination raciale et culturelle, aide au Tiers-monde, totalitarisme, etc. En approfondissant ce paradoxe, nous avons constaté que le mot « politique » leur apparaissait comme ne relevant que de la réalité nationale caractérisée par des débats programmatiques distinctifs de deux classes politiques, celle de gauche et celle de droite. Or, de même qu'à l'échelle planétaire le bouddhisme se représente comme proposant un dépassement de la distinction entre capitalisme libéral et socialisme d'État, sur le plan national il se représente comme une alternative à la partition – considérée comme désuète et inutile – entre droite et gauche.

C'est moins sur l'objectif de changement social que sur les modalités concrètes de sa mise en œuvre que les deux tendances se distinguent, c'est-à-dire quant au concept de révolution. Le libertarisme spiritualiste et écologiste bouddhique ne trouvait pas l'occasion de s'exprimer politiquement, se distinguant par sa passivité d'une gauche libertaire antireligieuse propre à soutenir des actions révolutionnaires radicales. Ce qui, dans une première approche – qui fut celle des analyses menées superficiellement dans les années soixante-dix / quatre-vingt – fit interpréter le phénomène de l'occidentalisation du bouddhisme comme une mode périphérique dénuée d'implication politique. Les adeptes occidentaux ne feraient que répondre à des pulsions narcissiques, à une recherche anarchique de sens spirituel, perdus dans une société globale trop impersonnelle. Le bouddhisme était donc perçu comme un phénomène éphémère en soi, et de surcroît politiquement passif. Pourtant, à cette même époque s'élaboraient déjà les prémices d'une politisation qui ira en s'accroissant.

À partir des années quatre-vingt, les clients de la gauche libertaire ainsi que les anciens maoïstes – qui avaient misé à la fin des années soixante-dix sur un collectivisme non autoritaire, autrement dit non soviétique, représenté par la voie chinoise – s'engagent, après leur dernier espoir collectiviste déçu, dans la lutte contre le totalitarisme rouge, en particulier contre les régimes birman, laotien, mais surtout vietnamien et contre l'annexion du Tibet par la Chine. Des associations diverses se constitueront sur l'initiative d'anciens communistes déçus par les régimes d'inspiration marxiste, par exemple le Comité de Soutien au Peuple Tibétain (CSPT),

1. Dans le cadre d'entrevues informelles, qui ont cependant donné lieu à une prise en compte systématique, nous avons noté qu'à la question : « vous intéressez-vous à la politique ? », en 1986, sur 150 personnes interrogées fréquentant des dojos zen, 108 prétendaient ne pas s'y intéresser, 112 chez les personnes fréquentant les centres tibétains, 96 chez les personnes fréquentant des réunions de la Soka Gakkai. Pourtant, lorsque l'on demande aux mêmes personnes non seulement si elles se sentent préoccupées, mais de surcroît si elles ont des idées sur la régulation de la répartition des richesses par exemple, alors les proportions changent du tout au tout : 90 Zen, 84 bouddhistes de l'école tibétaine, ainsi que 116 Soka déclareront avoir des idées précises sur la question. Or, ces personnes refusent toujours, dans leur grande majorité, de considérer cette question comme une question « politique ».

implanté à Maule dans la région parisienne, qui sera créé par un ancien maoïste célèbre. Dès le départ, il y aura confusion entre la cause politique et la démarche spirituelle, particulièrement en ce qui concerne le bouddhisme et la cause tibétaine : double appartenance des militants et des pratiquants. Ces associations mélangent des effectifs occidentaux et des effectifs asiatiques, dans l'objectif de lutter contre le totalitarisme, à l'instar du Comité Vietnam pour la défense des Droits de l'Homme implanté à Gennevilliers.

Ces organisations de défense des droits de l'homme centrées sur des objectifs politiques concrets, le retrait chinois du Tibet, la démocratisation au Viêt-nam ou au Laos, s'appuient sur un bouddhisme lu à travers les notions occidentales de démocratie et de droits de l'homme. C'est à travers cette médiation que les anciens activistes marxistes et maoïstes déçus par les régimes communistes, reconvertis dans des causes politico-humanitaires, vont découvrir et se familiariser avec le bouddhisme. Dans les années quatre-vingt, leur influence sera minoritaire au sein des bouddhistes français dans l'ensemble plus intimistes que les Anglo-saxons, pratiquant un bouddhisme individualiste du développement personnel encore difficilement distinguable de la nébuleuse mystique-ésotérique. De surcroît, ces activistes étaient encore minoritairement convertis à la spiritualité bouddhiste. Bien que réceptifs à l'idéal de tolérance compassionnelle impliquant à la fois le multiculturalisme comme expression du droit à la différence et l'égalité universelle des êtres, ces activistes se refusaient, à de rares exceptions près, à pratiquer le bouddhisme ou même à suivre des enseignements spirituels dans la continuité de leur engagement politique, sauf à assister à des rituels exotiques comme pour soutenir moralement la diversité anthropologique de l'humanité.

Se configure à cette période un bouddhisme occidental majoritaire, individualiste, apolitique et pratiquant, face à un bouddhisme minoritaire, intellectualiste, politiquement engagé mais non-pratiquant. La distinction entre les deux est particulièrement remarquable au sein du mouvement zen. D'un côté l'organisation *Sôtô* de Taïsen Deshimaru fondateur de l'AZI (Association Zen Internationale), qui est apolitique, intimiste et majoritaire dans le zen français. D'un autre côté, l'ordre zen engagé de l'Interêtre (*Tiep Hien*) fondé par le Vénérable Thich Nhat Hanh en 1966 en pleine guerre du Viêt-nam, qui viendra s'implanter en France au Village des Pruniers, près de Bordeaux. Cette dernière organisation n'a eu quasiment aucune influence sur le bouddhisme français jusqu'au début des années quatre-vingt-dix, alors que c'est l'école zen la plus répandue aux USA, bien qu'ayant son siège en France. Il s'agit d'un centre international implanté géographiquement en France, tout en étant sociologiquement en dehors du bouddhisme français jusqu'aux années quatre-vingt-dix : les retraites étaient d'ailleurs toutes anglophones ainsi que les revues de l'organisation. L'Interêtre est à la fois une association qui est politiquement engagée contre le totalitarisme, le colonialisme – dont le leader fut extrêmement actif aux côtés de Thomas Merton et Martin Luther King aux USA contre la guerre du Viêt-nam – et qui en sus soutient des actions de « rénovation sociale » dans la cité. Faire partie de cette association ne suppose pas simplement la pratique de la méditation, alors que faire partie de l'AZI suppose la pratique individuelle de *zazen*[1] et seulement cela.

À la fin des années quatre-vingt, la jonction s'opère entre les activistes et les intimistes. Cette jonction se caractérise par l'adoption de la pratique de la méditation par les intellectuels gauchistes engagés dans les causes asiatiques anticommunistes, et corrélativement par l'infiltration des thèses de l'humanitarisme bouddhique dans les milieux bouddhistes traditionnellement intimistes et apolitiques. On observe d'ailleurs une stagnation des ventes d'ouvrages intimistes du type de ceux réalisés à partir des enseignements de Taïsen Deshimaru ou d'Arnaud Desjardins, au profit des ouvrages de Thich Nhat Hanh et du Dalaï-Lama.

Dans les années soixante-dix et jusqu'aux années quatre-vingt, ces deux dernières personnalités n'étaient pas les figures de proue du bouddhisme français, ce qu'elles sont devenues aujourd'hui. Les ouvrages intimistes se maintiennent tout en laissant la place à l'émergence de livres sur le bouddhisme dans son rapport au pluralisme religieux, particulièrement sur le dialogue chrétien-bouddhiste[2], puis sur l'éthique bouddhiste, pour aboutir à des textes à teneur ostensiblement politique comme le récent livre du Dalaï-Lama[3] déjà inscrit sur la liste des grands succès de vente. Ce type de discours était déjà présent, mais n'était pas diffusé dans la grande presse et l'édition à gros tirage, restant accessible dans le cadre restreint des organisations de défense de la « cause tibétaine ». De son côté, Thich Nhat Hanh devient la première figure charismatique du zen français (depuis la fin des années soixante-dix il était déjà la première figure du zen américain et peut-être du bouddhisme américain dans son ensemble). Cette dernière phase actuelle de politisation n'a pu se réaliser qu'en interaction avec une frange de la gauche libertaire et de la gauche maoïste déçue de ses convictions d'antan. Soulignons que les pays anglo-saxons[4] en particulier

1. *Zazen* est la technique de méditation pratiquée dans le Zen.
2. Au début des années quatre-vingt, le débat interreligieux restait une affaire interne, ou tout au moins interconfessionnelle, qui ne touchait pas le grand public. Il s'agissait par exemple de sessions de réflexion organisées dans le cadre d'institutions catholiques (cf. *Influence des religions d'Orient en Europe. Information et discernement,* Session de l'Abbaye de La Pierre-Qui-Vire du 24 avril 1982, AIM, Vanves) ou bouddhistes (« Méditation chrétienne et méditation bouddhiste », Actes du Colloque, Pentecôte 1983, Institut *Karma Ling,* Édition Prajna ; « Rencontre Bouddhistes-Chrétiens : Parole et silence », Actes du Colloque, Pentecôte 1984, Insitut *Karma Ling,* Édition Prajna). Dans les années quatre-vingt-dix, le dialogue interreligieux, particulièrement chrétien-bouddhiste, passe sur la place publique (Dalaï-Lama, *Le Dalaï-Lama parle de Jésus,* Bruxelles, Brepols, 1996 ; Thich Nhat Hanh, *Bouddha Vivant, Christ Vivant,* Paris, Lattès, 1996), s'élargissant même aux autres monothéismes (*Le Juif dans le Lotus,* Paris, Calmann-Lévy, 1997) ; *Tribune Juive* vient d'ailleurs, pour la première fois de son histoire, de publier un dossier sur « Judaïsme et bouddhisme ».
3. Dalaï-Lama, *Sagesse ancienne, monde moderne,* Paris, Fayard, 1999.
4. Nous employons l'expression « pays anglo-saxons » qui est en général trop englobante, mais qui, dans le cas de l'occidentalisation du bouddhisme, est adéquate dans la mesure des liens étroits entretenus par les associations bouddhistes britanniques, américaines, australiennes, etc. Les

n'ont pas connu ces trois phases, puisque dès les années soixante la figure charismatique de Thich Nhat Hanh donnait le ton de ce qui allait devenir le « bouddhisme engagé ». De même, en ce qui concerne le bouddhisme tibétain, le ton écologiste et engagé dans la cité sera donné dès les années soixante-dix par sa frange la plus moderniste dirigée par Trungpa Rinpotché[1], fondateur des groupes *Shambhala*, bouddhisme officiellement « sécularisé » qui n'aura que peu de retentissement en France, avant la fin des années quatre-vingt[2].

D'autre part, la Soka Gakkai est l'organisation bouddhiste qui définit le mieux ses priorités sociopolitiques, au point qu'elle ne dispose pas de la marge de manœuvre du bouddhisme tibétain par exemple permettant de se confiner à la méditation individuelle ou à la récitation de mantras[3]. C'est d'ailleurs le seul des bouddhismes occidentalisés qui ne recommande pas la méditation. L'origine de la constitution même de cette organisation est liée à la mise en œuvre d'un projet de révolution éducatif d'abord et plus globalement social ensuite. Or, dès les années soixante-dix, la Soka Gakkai est déjà massivement implantée aux USA (autour de 250 000 pratiquants en 1975) alors qu'elle compte tout au plus une dizaine de milliers de membres pour l'ensemble de l'Europe. L'énorme communauté japonaise aux États-Unis a servi de relais efficace au prosélytisme de l'organisation, relais qui n'existait pas en Europe. Mais ces éléments n'expliquent pas le retard particulier de la France dans l'émergence d'un bouddhisme engagé. En effet, même en ce qui concerne la Soka Gakkai, son organisation française, la *Nichiren Shoshu* Française, est crée en 1966, alors que la plupart des autres pays européens devront attendre plus d'une dizaine d'années avant la création d'une branche nationale. Il y a aujourd'hui plus d'adeptes au Royaume-Uni qu'en France, alors que l'implantation française est plus ancienne de plus de dix ans et que le centre européen du mouvement a été installé en France.

Cette spécificité française est cependant, comme nous l'avons déjà souligné, en train de disparaître. La Soka Gakkai a connu une très forte progression depuis 10 ans (pratiquement du simple au double : 6 000 membres en 1989 à 11 000 membres en 1999). Le bouddhisme tibétain, qui était en 1990 majoritairement *Kagyü-pa*, dans la mouvance de *Karma Ling*, mettant l'accent sur le développement personnel par les techniques psycho-corporelles, et qui développait des thèmes intimistes proches de ceux du Nouvel Âge, s'étiole au profit de la ligne *Guelug-pa*, bonnets jaunes, qui est

organes de presses bouddhistes sont souvent les mêmes dans ces différents pays. La plus importante revue bouddhiste occidentale, *Tricycle*, est uniformément diffusée au Royaume-Uni et aux USA, et très largement diffusée en Australie, en Nouvelle-Zélande, en Irlande et au Canada.

1. On consultera le chapitre « Créer une société éveillée » du livre de référence des groupes *Shambhala* (C. Trungpa, *Shambhala, la voie sacrée du guerrier,* Paris, Seuil, 1990, p. 29-36).
2. J. Brown, « An Emerging Spirituality in Contemporary France : Shambhala / Buddhism », in Brown, Liogier, *Bouddhisme et critique de la modernité,* DFS, vol. 46, printemps 1999.
3. Même si la récitation du *mantra* de l'école est la pratique la plus évidemment repérable dans le cadre de la *Nichiren Shoshu,* elle est subsidiaire par rapport aux objectifs de transformation « humaniste » de la civilisation.

l'école du Dalaï-Lama et qui insiste sur l'aspect intellectuel et politique de l'engagement cultuel. De même le zen deshimarien, centré sur la pratique exclusive de *zazen*, perd du terrain au profit du zen chrétien, des groupes disséminés et autonomes qui pullulent en dehors de toute structure, y compris en dehors de l'AZI, et surtout du développement d'un zen engagé français dont Thich Nhat Hanh est la figure phare et emblématique.

2° Commentaire du sondage sur l'évolution de la politisation des groupes bouddhistes en France entre 1990 et 2000[1]

Nous avons effectué deux sondages basés sur le même échantillon (100 pratiquants interrogés pour chacune des deux périodes et répartis également sur les quatre principales « obédiences » représentées en France[2]), en employant le même protocole mais à 10 ans d'intervalle, afin de tenter un repérage de tendance, ce qui nous a permis de confirmer, dans la population des pratiquants une évolution que nous avions déjà perçue à travers les discours publics des clercs. La question proposée aux sondés était volontairement très simple : « Quel est le sens prioritaire que vous donnez à votre démarche bouddhiste ? ». Nous avions, à l'origine de ce projet de sondage, employé l'expression « votre appartenance bouddhiste » au lieu de « votre démarche bouddhiste », mais nous nous sommes souvenu que nombre de bouddhistes objectifs récusent le fait « d'appartenir » au bouddhisme au nom de l'adogmatisme du Bouddha lui-même. Le mot « démarche » permettait ainsi d'échapper à un écueil qui aurait perturbé le déroulement de notre travail. Le sondage s'adressait en priorité aux Français de souche convertis au bouddhisme et non aux immigrés asiatiques[3]. Nous avons ainsi interrogé cent personnes en 1990 et cent personnes en l'an 2000, également réparties entre les quatre catégories suivantes : zen, Soka Gakkai, bouddhisme tibétain, *Theravâda* (particulièrement les groupes *vipassana*[4]). Les réponses prises en compte étaient réparties en cinq possibilités : 1) la réalisation intérieure, 2) l'éthique, 3) la compassion, 4) l'engagement pour une société plus juste, 5) Autre.

Bien entendu, l'étude ne portait que sur un nombre limité de personnes et ne saurait par conséquent fournir une vue certaine et approfondie de la situation, mais les écarts importants observés entre 1990 et 2000 sont suffisamment grands pour être significatifs. En 1990, 14 % des personnes

---

1. Nous renvoyons le lecteur pour plus de précisions à la p. 623 des annexes.
2. Nous n'avons pas effectué de tri en fonction des profils sociologiques. La prise en compte des personnes s'est effectuée de façon totalement aléatoire, les résultats obtenus ne peuvent pas par conséquent fournir un panorama définitif et détaillé des problèmes évoqués, mais seulement permettre de relever des indices de tendances exploitables dans la suite de la recherche.
3. L'ensemble des Asiatiques bouddhistes en France représentait à peu près la moitié des pratiquants de France en 1990. Pourtant le *Theravâda*, qui est la seule école à l'intérieur de laquelle sont fortement présentes les populations asiatiques, ne représente qu'une des quatre catégories dont le sondage tient compte. Les trois autres écoles sont essentiellement constituées de Français de souche.
4. *À* l'intérieur du *Theravâda*, les groupes *Vipassana* sont ceux qui attirent le plus d'Occidentaux.

interrogées, membres de la Soka Gakkai, ont placé l'*engagement pour une société plus juste* comme étant le sens fondamental qu'elles entendaient donner à leur démarche bouddhiste ; en 2000 le chiffre est passé à 23,5 %. Mais l'évolution la plus spectaculaire se retrouve dans le zen et le bouddhisme tibétain. 5 % des réponses de pratiquants zen interrogés en 1990 choisissaient de répondre par l'option n° 4 (l'engagement pour une société plus juste). Ce chiffre passe à 28 % en l'an 2000.

ÉVOLUTION DES PRIORITÉS DES MEMBRES DES GROUPES ZEN
ENTRE 1990 ET 2000

	Zen en 1990	Zen en 2000
Réalisation intérieure	42 %	31 %
Éthique	27 %	22,5 %
Compassion	18 %	16,5 %
Engagement pour une société plus juste	5 %	28 %
Autre	8 %	2 %

Pour les bouddhistes tibétains, le chiffre passe de 3 % en 1990 à 18 % en l'an 2000. Dans les deux cas, la proportion de réponses sur l'*engagement pour une société plus juste* est près de 6 fois supérieure en l'an 2000 par rapport à 1990. Ceci est rattachable pour le zen à la prolifération des centres indépendants ainsi qu'à la montée en puissance de l'Ordre de l'Interêtre, du moins en terme d'influence idéologique si ce n'est en terme de nombre de pratiquants français, au détriment du zen deshimarien. Pour le bouddhisme tibétain, cette évolution est rattachable à la montée en puissance du Dalaï-Lama, et de surcroît à un infléchissement de son discours vers une politisation plus marquée, y compris dans le cadre d'enseignements spirituels qui sont parfois illustrés d'allusions à la cause tibétaine ce qui n'aurait pu se produire dans les années quatre-vingt. La Soka Gakkai, dont les membres étaient indéniablement les plus politisés en 1990 au regard des membres des autres organisations, se retrouve en deuxième position en l'an 2000 derrière le zen.

ÉVOLUTION DES PRIORITÉS DES MEMBRES DE LA SOKA GAKKAI
ENTRE 1990 ET 2000

	Soka Gakkai en 1990	Soka Gakkai en 2000
Réalisation intérieure	30,5 %	25 %
Éthique	26,5 %	28 %
Compassion	17 %	19 %
Engagement pour une société plus juste	14 %	23,5 %
Autre	12 %	4,5 %

Notre sondage ne peut donner une vision définitive de la situation mais seulement mettre en évidence des tendances globales ; s'agissant du zen, il semble que nous ayons quelque peu surévalué la tendance à la politisation du fait même du ciblage de notre questionnaire (plutôt groupe indépendant ou proche de l'Ordre de l'Interêtre, mais même dans les groupes deshimariens de l'AZI on observe une tendance à la politisation des membres).

On ne peut nier cependant que la Soka Gakkai ne suit pas le mouvement général dans la même proportion. Il y a à cela plusieurs raisons ; la première coule de source et tient dans le fait que cette organisation était déjà très politisée : les phénomènes sociaux émergeants se développent très fortement à leur début puis se stabilisent à un certain niveau. Or, la Soka était déjà proche de ce seuil. La deuxième raison tient au fait que ce mouvement, ainsi que l'a souligné Louis Hourmant, laisse une large place à l'émotionnel, à la psychothérapie groupale, ce que nous avons appelé le pôle communalisateur, ce qui laisse supposer une recherche d'épanouissement personnel, et de façon plus basique une reconstruction identitaire qui confère peu de place à des préoccupations politiques générales. Cette hypothèse est confirmée par le taux de réponses optant pour la *réalisation intérieure* qui est à peu près stable à la Soka Gakkai entre 1990 et 2000 (de 30,5 % à 25 %) et pour le bouddhisme tibétain (de 38 % à 32,5 %), ce qui n'est pas le cas pour le zen (de 42 % à 31 %). Nous savons, depuis que nous avons étudié les profils socioculturels spécifiques des clients de la Soka Gakkai, que le sens de l'expression la *réalisation intérieure* ne recouvre pas seulement l'atteinte d'une sagesse et d'un bonheur transcendants, comme pour les pratiquants zen, mais aussi la réussite matérielle et sociale, et plus généralement la reconstruction d'une identité effritée. Nous ne serions pas exhaustif si nous ne parlions pas des pratiquants du bouddhisme *Theravâda*, que nous avons comptabilisés dans la colonne « bouddhismes divers ». C'est le seul groupe dont l'évolution semble contredire nos hypothèses, puisqu'il y aurait, au vu des chiffres, une très légère baisse de politisation entre 1990 et 2000 : 11 % de réponses pour l'*engagement pour une société plus juste*, ce qui était le deuxième meilleur taux il y a dix ans, juste après la Soka Gakkai, pour passer aujourd'hui à 9 %, ce qui est le taux le plus bas.

Il ne faut pas conclure trop vite à une spécificité du *Theravâda*, notamment parce que la politisation s'expliquait par une forte connotation anticommuniste des Asiatiques essentiellement touchés par ce bouddhisme dans les années quatre-vingt. Or, aujourd'hui, les jeunes générations d'Asiatiques désertent les pagodes, alors même qu'elles se repeuplent quelque peu de Français de souche dans certaines circonstances. On en arrive à une situation dans laquelle le *Theravâda* perd du terrain en terme de nombre global de pratiquants tout en gagnant du terrain dans son influence occidentale proprement dite, y compris en France, mais au prix d'une sélection des croyances et des pratiques adaptées à cette demande occidentale. Ainsi, le *Theravâda* s'est développé à travers les groupes de méditation *vipassana*[1] fréquentés par des Occidentaux, sans pour autant se développer globalement. Il faut souligner que les clients qui se tournent alors vers ce type de méditation radicale ne le font pas en raison d'une sensibilité particulière liée à la situation politique des pays asiatiques de tradition *Theravâda*, mais pour des fins spirituelles personnelles, au moins à la base, ce qui est d'ailleurs conforme à la tradition *Theravâda* originelle qui favorise le moine solitaire par rapport au *bodhisattva* compassionnel.

Cette explication se confirme lorsque l'on observe les chiffres de plus près. En effet, en 1990, l'éthique primait avec 36,5 % de réponses dans ce sens, ce qui est conforme à l'idée de transmission de règles de comportement traditionnelles, contre seulement 18,5 % de réponses faisant primer la *réalisation intérieure*. En l'an 2000, la *réalisation intérieure* prime pour 37 % des personnes interrogées.

Mais il y a en France un retard dans le développement même du *Theravâda* par rapport aux autres pays occidentaux, le Royaume-Uni et l'Allemagne notamment, qui est sans doute en cause dans le retard de politisation des Français qui le pratiquent. Ceux-ci n'ont découvert ce type de bouddhisme que récemment, du moins en nombre important (plusieurs centaines de personnes). Ces groupes sont dans une phase de mutation extrêmement rapide qui interdit de fonder durablement une analyse sur leur situation actuelle. D'autant plus qu'au Royaume-Uni par exemple, les groupes *Theravâda* sont parmi les plus actifs politiquement[2].

Cette légère distorsion n'invalide en rien, en outre, la tendance générale à la politisation du bouddhisme français : si l'on fait la moyenne des réponses donnant la primeur à la transformation sociale pour tous les groupes confondus, on obtient une proportion de 8,25 % en 1990 contre environ 20 % en l'an 2000. Enfin, nous ferons une dernière remarque sur ce sondage, qui n'est pas dénuée de pertinence pour notre propos : les autres catégories de réponses (particulièrement la *réalisation intérieure* et l'*éthique*) n'ont pas subi une grosse érosion. En revanche, c'est la catégorie de réponses classées dans « Autre », qui regroupent le refus de répondre, l'aveu de ne pas arriver à choisir une priorité, ou même de ne pas vraiment savoir quel sens donner à son adhésion, qui subit la plus évidente érosion (dans le zen par exemple cette proportion de réponses « Autre » passe de 8 % en 1990 à 2 % en l'an 2000).

---

1. Il s'agit de la méthode de méditation utilisée dans cette tradition en dehors des aspects piétiste, cérémoniel et rituellique. Il semble, bien qu'il soit encore trop tôt pour l'affirmer, que l'occidentalisation du *Theravâda* engendre une surévaluation de la méditation *Vipassana* au détriment des autres éléments cultuels asiatiques : ce qui suit la même logique que celle des autres groupes.
2. Dès 1954 s'implanta à Londres un lieu de pratique *Theravâda* de tradition cinghalaise, et dès 1966 de tradition thaïlandaise, centre ouvert aux pratiquants britanniques. Au Royaume-Uni, les aspects éthiques, le travail psychique, n'ont pas été, dès le début de l'implantation populaire, dissociés de la dimension sociale du bouddhisme, contrairement à ce qu'il s'est passé en France.

MISE EN PARALLÈLE DE L'ÉVOLUTION DE LA POLITISATION ET DE L'ÉVOLUTION DE LA CATÉGORIE DE RÉPONSE « AUTRE » POUR LE ZEN ENTRE 1990 ET 2000

	Engagement pour une société plus juste	Autre
1990	5 %	8 %
2000	28 %	2 %

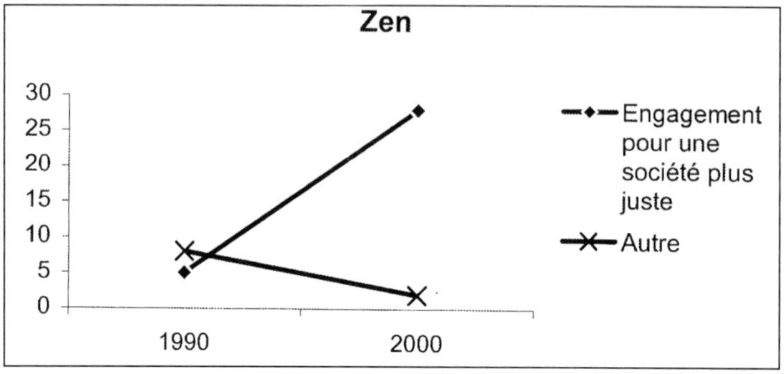

Cette dernière remarque nous permet de conclure sur ce chapitre que les Français sont plus assurés que par le passé dans les motivations qui les conduisent à adhérer à des groupes bouddhistes, et que cette assurance croissante va de pair avec une politisation croissante de leur démarche, même si cette politisation est fortement en retard par rapport à celle qui a cours dans la plupart des autres pays européens – en excluant les pays de l'ancienne « Europe de l'Est[1] » pour qui la popularisation du bouddhisme n'en est encore qu'à ses balbutiements – et *a fortiori* par rapport à celle qui a cours en Amérique du Nord.

TABLEAU SYNTHÉTIQUE 1990-2000, TOUTES CATÉGORIES CONFONDUES

	Réalisation intérieure	Éthique	Compassion	Engagement pour une société plus juste	Autre
1990	32,25 %	27,75 %	21 %	8,25 %	10,75 %
2000	31,375 %	25,875 %	18,7 %	19,625 %	4,375 %

1. Il faut cependant souligner que l'on assiste à une explosion du bouddhisme dans certains pays de l'Europe de l'Est, tout particulièrement en Russie. Il existait, avant l'avènement du régime communiste, une tradition bouddhiste tibétaine *guelug-pa*, très bien implantée en Sibérie sous l'influence mongole, qui s'était diffusée en Russie même à partir du XVIIIe siècle. Le gouvernement tibétain en exil soutient aujourd'hui vivement cette renaissance du bouddhisme dans les États de l'ex-Union soviétique, et particulièrement en Russie. Depuis la fin des années quatre-vingt, avec ce soutien des autorités du bouddhisme tibétain, ces bouddhismes sibérien, kalmouk, touvien, mais surtout bouriate, se sont considérablement développés.

3° Hypothèses explicatives conjoncturelles et structurelles

Ce retard de politisation spécifique à la France nous paraît pouvoir se rapporter à deux catégories d'explication. L'une est conjoncturelle, dédoublée en une explication immédiate superficielle et une explication plus originelle et plus profonde. L'autre catégorie d'explication est structurelle.

Nous pouvons, en effet, tenter de rapporter ce retard de politisation à la faiblesse de la gauche libertaire-écologiste se heurtant en France à des conditions conjoncturelles défavorables : l'alliance socialo-communiste, qui finira par conquérir le pouvoir en 1981, aurait résorbé en elle les aspirations libertaire-écologistes, ce qui expliquerait la faiblesse, par exemple, du parti écologiste français par rapport à ceux de l'Allemagne, du Danemark, de la Belgique, des Pays-Bas[1]. Or, le bouddhisme engagé possède le même noyau quant à la nature de sa clientèle et de son idéologie que celui du libertarisme-écologiste tel que le décrit Herbert Kitschelt, politologue américain spécialiste de l'Europe, à travers ces « [...] jeunes professionnels diplômés qui travaillent dans le secteur des services personnels, se situent fermement à gauche, expriment des valeurs post-matérialistes, accordent peu de soutien à la religion, et sont prêts à soutenir les mouvements actuels pacifistes, écologistes et antinucléaires[2] ».

Le secteur des « services personnels » est effectivement celui dans lequel le bouddhisme français recrute le plus abondamment. Nos recherches montrent que les artistes, universitaires, médecins, journalistes sont les professions les plus représentées parmi les bouddhistes occidentaux et français en particulier[3]. Ce qui concorde à cet égard avec celles de Frédéric Lenoir qui constate, comme nous, une surreprésentation des professions médicales et paramédicales ainsi que des individus ayant accompli des études universitaires à un niveau égal ou supérieur à bac + 4[4]. Cette description correspond donc encore plus adéquatement au profil du libertaire que nous recherchons, particulièrement si nous ajoutons que, selon les études de Lionel Obadia[5] – accréditant certaines hypothèses américaines sur la crise de la jeunesse dans les années soixante –, le phénomène de la conversion bouddhiste des Français se rapporte à une « crise d'identité ». Il fait usage, ainsi que nous l'avons déjà souligné, du concept durkheimien d'« anomie » : conversion résultant de la nécessité de trouver une nouvelle régulation existentielle qui n'est plus fournie par la société globale ou par le milieu social. Il remarque, cependant, rejoignant nos propres recherches, que l'anomie n'est pas toujours structurelle (le

1. H. Kitschelt, « La gauche libertaire et les écologistes français », in *Revue Française de Science Politique*, Presse de la FNSP, vol. 40, n° 3, juin 1990.
2. *Op. cit.*, p. 365.
3. *Être bouddhiste en France aujourd'hui, op. cit.*
4. Cité par Alain Renon, « La tentation bouddhiste », in *Le Monde diplomatique*, décembre 1997.
5. L. Obadia, *Bouddhisme et Occident. La diffusion du bouddhisme tibétain en France*, Paris, L'Harmattan, 1999, p. 197.

milieu social ou la société globale) mais conjoncturelle (rupture personnelle résultant d'un choc émotionnel, par exemple un divorce).

L'idée de « post-matérialisme » – il est presque inutile de le répéter – est aussi un des leitmotivs des discours bouddhistes occidentalisés, et bien sûr les idées « pacifistes, écologistes et antinucléaires » constituent les éléments centraux de leurs logiques politiques. Nous ne prétendons pas, bien évidemment, que la tradition bouddhiste soit essentiellement écologiste et antinucléaire, et nous ne nions pas que ce néo-bouddhisme tronque une bonne partie des bouddhismes traditionnels. Mais nous ne recherchons pas à distinguer une forme authentique d'une forme falsifiée – ce qui nous semble en toute hypothèse relever d'un débat dogmatique sociologiquement stérile –, mais à comprendre les mécanismes de son occidentalisation, à travers par exemple des utopies libertaristes, qu'elles soient ou non en contradiction avec tel ou tel élément doctrinal, historique ou autre ; sachant que toute tradition est déjà par elle-même une reconstruction.

Reste l'aspect antireligieux qui semble distinguer l'idéal type du libertaire-écologiste de celui du bouddhiste occidentalisé. En fait, les organisations bouddhistes occidentalisées prétendent être sécularisées, dégagées de toute unité confessionnelle – ce qui apparaît au premier abord paradoxal –, dans la logique de leur stratégie de modernisation : ne laisser apparaître aucune contrainte de croyance, présenter la pratique et l'éthique des seuls points de vue de leur utilité psychique et sociale, apparaître en conséquence comme fondamentalement pluraliste, démocratique et scientifique dans la démarche spirituelle elle-même. Le bouddhisme occidentalisé se présente comme une religion areligieuse – lorsque le religieux se définit comme une contrainte dogmatique imposée de l'extérieur – et par conséquent comme la religion la mieux adaptée à la modernité. Un intellectuel organique tel qu'André Comte-Sponville – membre de l'intelligentsia médiatique parisienne productrice des modes intellectuelles françaises – pourra ainsi se dire « bouddhiste athée » lorsque d'autres se diront « bouddhistes non religieux ». Le caractère éventuellement incohérent et erroné de ces appréciations n'entre pas ici en ligne de compte ; seul importe le plan de la représentation[1], même si le discours moderniste relève parfois d'une méthode d'adaptation à l'environnement social sécularisé, alors que le contenu des enseignements reste religieux[2]. Le type du bouddhiste engagé est donc très proche de celui

1. Nous ne nions pas, ainsi que le souligne très justement Bernard Faure, que « La cosmologie et la mythologie bouddhiques ne sont pas des ornements superficiels et désormais superflus – comme le voudraient les réformateurs modernistes, partisans d'un bouddhisme "protestant" qui répondrait mieux aux besoins de la modernisation » (*Bouddhismes, philosophies et religions*, Paris, Flammarion, 1998, p. 34), mais ce qui nous intéresse au premier chef dans notre étude est le phénomène même de cette réappropriation, même si elle est parfois rendue responsable, par quelques clercs asiatiques, de produire une dissolution des racines asiatiques dans un néo-bouddhisme occidental.
2. C'est la constatation que fait Lionel Obadia dans un chapitre au titre évocateur, « La propagande religieuse des Tibétains » (*op. cit.*, p. 143-165).

du libertaire écologiste, et sa faible implantation dans notre pays, au moins à l'origine, peut être rattachée en partie aux mêmes causes que celles qui ont déterminé la faiblesse du libertarisme français.

Notre deuxième argument explicatif du retard de politisation en contexte français suit de très près le premier, et nécessite de mettre en parallèle la situation française avec la situation anglo-saxonne, particulièrement américaine. Aux USA, la *beat generation* libertaire a été influencée par le bouddhisme dès les années cinquante – plus de dix ans avant l'apparition de Thich Nhat Hanh sur la scène médiatique lors de la guerre du Viêt-nam – parce que nombre de leaders de la *beat generation* voyaient dans le bouddhisme – à tort ou à raison – l'illustration spirituelle de leur critique politique et sociale radicale[1]. La baie de San Francisco était le cœur géographique de ce « bouddhisme anarchiste » qui nourrira la poésie politisée des *beat poets*, lesquels étaient « un défi permanent à l'optimisme officiel d'une Amérique opulente, leurs voix furent à l'origine d'un immense mouvement social [...][2] ». En France, en revanche, la politisation du mouvement hippie n'interagira pas avec le bouddhisme. Les deux phénomènes (libertarisme et bouddhisme occidentalisé), bien que rattachables à des causes sociales assez similaires, resteront à l'origine sociologiquement distincts.

Mais ces interprétations conjoncturelles ne donnent pas une explication satisfaisante de ce retard de politisation. D'autres nations européennes, sans même bénéficier de la présence sur leur territoire d'une des figures les plus représentatives de l'activisme bouddhiste, par exemple l'Angleterre, ont laissé se développer un bouddhisme beaucoup plus politisé, engagé dans la cité.

Dès lors, il faut sans doute tenir compte du cas particulier de la laïcité à la française qui, aussi bien institutionnellement que psycho-socialement, oppose une résistance aux prétentions socioculturelles des organisations religieuses (éducation, à travers des institutions privées, réseaux d'entraides sociales, interventions médico-sociales). La longue tradition catholique ne suffit pas à expliquer cette suspicion généralisée à l'encontre des cultes minoritaires. En effet, en Espagne, ou même en Italie, pays catholique s'il en est, cette suspicion est beaucoup moins affirmée. On ne peut donc distinguer radicalement les pays de tradition protestante, dont les régimes politiques devront s'adapter à une situation de concurrence sectaire, et ceux de tradition catholique caractérisés par une situation cultuellement monopolistique. Cette distinction ne saurait expliquer à elle seule la spécificité institutionnelle ainsi que psychosociale, du rapport aux cultes. Il faut sans nul doute remonter à l'histoire des relations tendues entre le christianisme catholique romain et l'État français.

1. C. Tonkinson, *Big Sky Mind : Buddhism and the Beat Generation*, New York, Tricycle Books, 1997.
2. H. Allet, « L'alternative bouddhiste de Gary Snyder », in Brown, Liogier, *Bouddhisme et critique de la modernité*, DFS, vol. 46, printemps 1999, p. 180.

L'unité du pays s'est construite, par la force, au détriment de la puissance catholique romaine. Cette situation de conflit latent, devenue en certaines périodes une situation de dépendance des institutions catholiques vis-à-vis de l'État, fut particulièrement forte pendant le règne de Philippe le Bel, alors que la papauté se trouvait en Avignon, livrée à la politique unificatrice systématique du « roi de fer ». Ce conflit pour la constitution progressive d'une monarchie française absolue a abouti à la gallicanisation du catholicisme, c'est-à-dire à une quasi-scission institutionnelle avec l'Église romaine, tout en restant formellement une partie de l'Église catholique : concrètement cela s'est traduit par le contrôle étatique sur les nominations aux fonctions ecclésiastiques, sur la rémunération des clercs, etc. Les deux obstacles à la monarchie absolue étaient en effet d'une part les puissances féodales venant de l'intérieur, et d'autre part la puissance catholique romaine venant de l'extérieur. Ces deux menaces contre l'hégémonie royale furent donc laminées dans un long processus qui a marqué profondément les institutions et les mentalités françaises.

L'État républicain, centralisé et jacobin, qui évolue vers un laïcisme intransigeant, n'est pas structurellement révolutionnaire, car il s'insère dans la continuité d'un monopole étatique exercé dans tous les domaines de la vie sociale, culturelle ou cultuelle. Bien que restant un terme fondamental des rapports conflictuels avec la République, l'Église catholique, implantée depuis des siècles, a su renégocier une position honorable institutionnellement, compte tenu de son poids culturel quasiment insoluble dans la laïcité. En revanche, les nouvelles religiosités, qui pullulent dans notre société, sont particulièrement mal acceptées par une République qui n'est pas préparée juridiquement, et nous pourrions dire émotionnellement, à une telle explosion cultuelle. Cette conception monopolistique républicaine, si spécifique à la France, rend d'autant plus délicate la gestion de groupes religieux qui, non contents de former des unités de pratiques cultuelles, émettent des prétentions socioculturelles (en critiquant les systèmes éducatifs en place par exemple, ou en subventionnant des écoles, etc.) et politiques (prenant parti sur des thèmes politisés comme l'exclusion, etc.). La tradition gallicane, devenue tradition laïque centralisée et hégémonique, explique donc sans doute aussi le retard de politisation propre au bouddhisme français.

Dans les pays de tradition protestante, cette conception monopolistique n'existe pas, et les prétentions socioculturelles des organisations religieuses, fussent-elles nouvellement débarquées sur le marché des biens du salut, ne font que s'insérer dans une société où règne déjà une concurrence sectaire dans ce domaine. Par voie de conséquence, les prétentions idéologiques à aspirer religieusement à une « société meilleure » ne sont pas suspectées, *a priori*, de remettre en cause les prérogatives de l'État, mais participent au jeu normal du débat démocratique qui implique la collaboration de tous les groupes intermédiaires, syndicaux, religieux, culturels, associations de quartier.

Cette explication tenant à la spécificité de la laïcité à la française est d'ailleurs évoquée par Louis Hourmant concernant l'exclusion spécifiquement française de la Soka Gakkai dans la catégorie de « secte dangereuse[1] ».

La Soka Gakkai, organisation aux aspirations socioculturelles confinant au projet politique absolument irréductible, semble heurter les prérogatives générales de l'État républicain. En France, le jeu démocratique est beaucoup plus centralisé et ne laisse que peu de place à l'expression de ces modes de socialisation intermédiaire (qui sont aussi des modes de socialisation politique), qui apparaissent comme opposés à la voie républicaine, alors que dans les pays scandinaves, par exemple, ces socialisations intermédiaires apparaissent comme non seulement normales, mais de plus nécessaires au fonctionnement même de la démocratie[2].

Les hérésies telles que l'hérésie cathare furent combattues avec virulence par l'Église et par l'État. Le protestantisme ne put être accepté dans notre pays qu'après moult remous. Beaucoup plus récemment, l'islam n'a pas réussi sans difficulté à s'intégrer socialement et à se faire reconnaître juridiquement. De multiples problèmes subsistent d'ailleurs. Contrairement à ces difficultés rencontrées par la plupart des nouveaux cultes à intégrer sans heurts le champ religieux officiel français, le bouddhisme a réussi à se faire accepter assez vite à la fois de fait et de droit. Il est en effet devenu légalement un culte reconnu, ayant obtenu le statut de congrégation. René Rémond constate que « la pénétration récente en Europe des religions venues d'Asie pose moins de questions aux gouvernements et aux opinions publiques ; et pas seulement sans doute parce que leurs adeptes sont moins nombreux. Elles ont obtenu plus vite que l'islam la reconnaissance de leurs communautés religieuses[3] ». Il attribue cette différence de traitement et de représentation à une certaine « incompatibilité » entre le concept de laïcité, tel qu'il s'est édifié en France, et l'islam. Il y aurait une contradiction entre la qualité de musulman et celle de citoyen, dans la pleine acception républicaine et laïque. Faut-il conclure que la qualité de bouddhiste est, en revanche, pleinement compatible avec la qualité de citoyen, et que le bouddhisme est une religion compatible avec le concept français de laïcité ? On retrouve, effectivement, un respect pour le bouddhisme chez Jules Ferry lui-même. Mais cette compatibilité, d'ailleurs largement exploitée comme une complémentarité par le discours bouddhiste occidentalisé[4], ne suffit pas à expliquer cette attitude « ouverte » des pouvoirs publics ainsi que cette tolérance-attirance du grand public[1].

1. L. Hourmant, « La Soka Gakkai : un bouddhisme "paria" en France ? », in Champion, Cohen, *Sectes et démocratie*, Paris, Seuil, 1999, p. 192.
2. Ce point sera plus amplement développé ultérieurement.
3. R. Rémond, *Religion et Société en Europe*, Paris, Seuil, 1999, p. 286.
4. Nombre de dossiers de la revue organique *Dharma* furent consacrés à la modernité du bouddhisme au sens le plus large, et parfois le plus flou, comprenant le respect des autres religions confinant à une sorte de relativisme cultuel qui ressemble fort à une neutralité laïque. Les récentes

Plus qu'une vague compatibilité, ou même une complémentarité du point de vue bouddhiste, le bouddhisme, dans ses versions intimistes, méditatives et individualistes, n'entre pas en concurrence avec la prétention laïque à contrôler le champ socioculturel, mais ne fait que répondre à des demandes personnelles de sens, résorbant, sans menacer l'hégémonie laïciste, l'anomie spirituelle contemporaine. Dans ce sens, il opère comme catalyseur et non comme facteur menaçant.

Les types de bouddhismes indissociablement porteurs d'un projet et de structures socioculturels, allant jusqu'à des implications politiques, ne seront pas acceptés, ni sociologiquement ni juridiquement, à l'inverse des autres formes. C'est le cas de la Soka Gakkai. Mais, à l'intérieur même des tendances généralement bien acceptées, on trouve des disparités dans le degré d'acceptation. Par exemple le zen, dans sa version intimiste *Sôtô*[2] représentée par Taïsen Deshimaru, se développera fortement, alors que la version politisée, représentée par Thich Nhat Hanh, qui habite pourtant notre pays, ne « trouvera » que très poussivement et récemment un public français[3]. L'UBF[4], vitrine médiatique et institutionnelle du bouddhisme français, est d'ailleurs contrôlée par les groupes bouddhistes tibétains et zen intimistes, avec en premier lieu l'Institut *Karma Ling*[5], et en second lieu les groupes zen deshimariens, avec l'AZI[6].

Pourtant le bouddhisme tibétain, de plus en plus politisé, n'est pas pour autant regardé avec l'œil de la suspicion par les pouvoirs publics. Ceci s'explique parce que cette politisation ne se rapporte pas au champ français, elle n'est pas interne mais internationale. Lorsqu'il y a politisation, elle n'est « acceptable » que si elle ne met pas en péril, en les concurrençant, les prérogatives socioculturelles que l'État français se confère à lui-même. La politisation semble même devenir « louable » lorsqu'elle confirme la vocation républicaine universaliste, c'est-à-dire lorsqu'elle s'exerce sur des problèmes qui sortent des frontières françaises.

C'est le cas de la politisation du bouddhisme tibétain, très bien acceptée, et parfois même encouragée[7], tant elle renforce la vocation française

organisations de colloques, conférences, rencontres avec les autres cultes, présidées par le Dalaï-Lama, se sont déroulées dans cet esprit.

1. Le bouddhisme est malgré tout passé par une phase de marginalisation, des années soixante aux années quatre-vingt, regardé comme un culte dégénéré par le grand public, avant d'acquérir, au début des années quatre-vingt, un écho médiatique de plus en plus positif.
2. Même si le Zen *Sôto* est politisé au Japon, son pays d'origine, contrairement à la représentation qu'en ont les adeptes, le public et les autorités français.
3. La première retraite francophone, dans le centre français, qui en organise tous les ans depuis plus de dix ans, a eu lieu en 1999.
4. Union des Bouddhistes de France.
5. Ces dernières années cependant, l'Institut *Karma Ling* a perdu de sa prédominance au sein de l'UBF au profit de la Fédération des Bouddhismes Tibétains (FBT).
6. Association Zen Internationale.
7. Cf. *Appel des parlementaires français pour le Tibet*, du 30 octobre 1996 : 342 parlementaires signataires dont 215 députés et 127 sénateurs. La très forte majorité des signataires étaient des parlementaires de droite (pour les députés : 96 UDF, 94 RPR, 18 PS, 6 Groupe République et Liberté, 1 non inscrit ; pour les sénateurs : 36 RPR, 35 Centristes, 25 PS, 19 Républicains et Indépendants, 8 Rassemblement Démocratique Social Européen, 1 communiste, 3 non inscrits).

autoproclamée à diffuser et à faire respecter universellement – c'est-à-dire chez l'Autre – les « droits de l'homme ». Cet « encouragement » se traduit par un soutien des groupes de pression, des médias, par la reconnaissance de la qualité de congrégation, par des déclarations et appels parlementaires sur les droits de l'homme, et plus généralement par une atmosphère sociale de complaisance, mais ne se traduit pas néanmoins par de franches positions gouvernementales. C'est que la politique républicaine contredit les priorités de la *real politik*, qui exigent de ménager la Chine, pays le plus peuplé du monde, terrain potentiel d'investissements français, déjà grande puissance militaire et peut-être un jour grande puissance économique[1]. À côté de cela, le Tibet, si peu peuplé, enclavé entre les deux nations dominantes de la région, l'Inde et la Chine, ne pèse qu'en vertu de principes « humanistes », et à ce titre ne provoque que des déclarations de principes, sauf à tenir compte des populations occidentales séduites par les discours subtilement politico-spirituels du leader tibétain en exil, qui sont, en outre, des citoyens-électeurs français.

4° Remise en cause de l'hypothèse de la forclusion du politique

Non seulement l'idée préconçue qui faisait passer le bouddhisme comme intrinsèquement individualiste doit être revue, mais de surcroît l'individualisme, ou en tout cas le privilège relatif accordé à l'individu, pose un problème éminemment politique, et peut-être même le problème politique le plus délicat à surmonter, puisque c'est l'existence actuelle du politique dans ses manifestations institutionnelles qui est remise en cause. Ce sont les mécanismes de la participation démocratique qui sont en crise et ne permettent plus dans leur cadre de traduire les aspirations politiques individuelles.

Ce que les instances officielles nomment en général la « dépolitisation » n'est pas essentiellement une dépolitisation, c'est-à-dire un désintérêt radical pour un *telos* social et les moyens permettant de l'atteindre, mais une remise en cause des formes institutionnelles actuelles qui prétendent diriger l'action humaine dans ce sens. En un mot, il s'agit plutôt d'une remise en question de l'État-Nation, et des attributs dérivés de sa structure idéelle tels que la loi générale, impersonnelle et abstraite. Jules Chancel rappelle d'ailleurs très justement que Jean Beaudrillard ne voyait pas dans les vagues de « désintéressement politique », un éloignement, une distance boudeuse pour la chose politique, mais plutôt une entreprise de dépassement, un « défi direct au politique » : « Les masses dépolitisées ne seraient pas en deçà, mais au-delà du politique [...] Les masses exécuteraient dans leur pratique « naïve » la sentence d'annulation du

1. La Chine populaire est d'ailleurs sur le point d'entrer dans l'Organisation Mondiale du Commerce avec le soutien de la France.

politique ; elles seraient spontanément transpolitiques, comme elles sont translinguistiques dans leur langage[1] ».

Il ne s'agit donc pas, par hypothèse, d'une forclusion du politique en lui-même, mais plutôt d'une tentative de dépassement du politique actuel. L'étude rigoureuse de ces « vagues de désintéressement » ne s'arrête pas à une description naïve, mais cherche plutôt à décoder, au-delà de l'aspect négatif du « désintérêt » pur et simple pour le régime actuel, quels sont les éléments constitutifs d'une aspiration politique positive. L'étude du bouddhisme, en tant que discours cohérent représentatif de ces « vagues de désintéressement » le plus solide, autrement dit le plus stable dans l'espace et dans le temps occidentaux, induit d'office une redéfinition du politique compatible avec ces deux aspects, l'un négatif et l'autre positif.

E/ Sous-culture, contre-culture, culture alternative

Les sous-cultures sont en général dépendantes de critères du savoir (culture d'intelligentsia et culture de masse), de pouvoir (culture d'élite et culture de masse), de position géographique (distinction centre-périphérie particulièrement prégnante en France : les cultures régionales distinctes de la culture nationale, les cultures provinciales distinctes de la culture parisienne).

Il y a un lieu symbolique de référence, une sorte de centre idéal, la culture d'élite, la culture parisienne, la culture nationale, à partir duquel les sous-cultures se définissent par des jeux de distances. Mais ces distances, pour marquer un lien de subordination, un rapport dominant-dominé, qui peut aller du simple point de vue linguistique (langue dominante, autrement dit officielle, et langues dominées, autrement dit officieuses) jusqu'au rapport de classe (classe dominante, classe dominée), n'en sont pas pour autant en général en opposition avec la culture globale. Ce rapport de subordination défini ici simplement peut se comprendre de façon plus complexe, lorsque l'on ne part pas de la dichotomie dominant-dominé ou centre-périphérie, mais lorsque l'on y arrive en partant des différents champs culturels (la science, l'université, la religion, la politique, l'art) et que l'on tente de décrire les positions respectives des individus dans leur champ. Le concept de positions reprend l'idée de distance sans toutefois définir un point de référence simple (plus ou moins grand éloignement d'un idéal culturel) mais en révélant des stratégies, des goûts, des opinions, des attitudes, distinctes et distinguantes[2] les unes relativement aux autres. Les champs sont représentables comme des champs de forces qui constituent à la fois des champs de conditionnement, d'intériorisation de règles du jeu, et

1. J. Beaudrillard cité par Jules Chancel dans son article « En deçà, au-delà du politique... » in *Les révolutions minuscules,* Paris, Autrement, 1993, p. 18.
2. P. Bourdieu, *La distinction. Critique sociale du jugement*, Paris, Minuit, 1979.

des champs d'actions stratégiques pour l'obtention de capital matériel et symbolique.

Les sous-cultures, particulièrement lorsqu'elles sont analysées en termes de champs, ne permettent pas de repérer des univers politiques spécifiques et unifiés. Elles ne rendent pas compte, par conséquent, d'une conscience politique de groupes, quelle que soit son intensité, mais du rapport d'un individu à son champ spécifique. Elles ne permettent pas, par conséquent, de décrire une quelconque culture politique bouddhiste. Le concept de sous-culture renvoie à une situation de subordination qui n'induit pas un antagonisme entre des valeurs opposées, ni une lutte pour la conquête du pouvoir institutionnel. La dimension du pouvoir n'est pas absente du concept de champ, mais il s'agit en général du pouvoir impliqué par une situation individuelle dans un environnement spécifique, un milieu professionnel par exemple, tel que celui des journalistes ou des universitaires, et non du rapport de ce champ lui-même, en particulier de ses valeurs avec les valeurs dominantes[1].

Le concept de contre-culture, en revanche, ne réfère pas seulement à un rapport dominant-dominé, à une subordination effective d'une culture particulière vis-à-vis d'une culture globale, mais à une opposition marquée et revendiquée à celle-ci. En cela la contre-culture est plus facilement isolable, ne serait-ce que parce que ses éléments constitutifs se définissent par l'inversion des valeurs du système social dominant. Il en est ainsi du mouvement hippie – qui est intimement lié dans sa tendance néo-orientaliste à l'occidentalisation du bouddhisme – qui tente de mettre en place des communautés dans lesquelles règnent des valeurs opposées à celle du système social dominant : acceptation et même encouragement de la permissivité sexuelle dans une société fondée sur le modèle familial mononucléaire, dévalorisation des thèmes de l'héritage et de la propriété en général dans une société bourgeoise, etc.

Il est clair que nous avons quitté le domaine de la simple sous-culture dans laquelle les conduites sont héritées ou du moins apprises, intériorisées, pour un domaine où les valeurs sont choisies, revendiquées, consciemment construites contre – parfois même symétriquement – un modèle dominant. Mais même si elles critiquent des valeurs dominantes et promeuvent des valeurs nouvelles[2], les contre-cultures ne sont ni

1. Il n'entre pas dans la vocation première de l'analyse sociologique par champ de repérer des antagonismes culturels révélateurs de cultures politiques particulières, du moins dans la démarche de Pierre Bourdieu, puisque même lorsque celui-ci analyse un champ *a priori* opposé aux valeurs utilitaristes et individualistes dominantes, tel que le champ artistique qui revendique, à travers les discours des individus qui le composent, une gratuité de la création opposée à la rémunération du travail qui régit les rapports sociaux normaux, et bien même dans ce cas, Bourdieu se plaira à montrer comment l'individu joue de cette revendication pour acquérir un capital symbolique qui est toujours négociable en capital matériel. Ceci a été particulièrement bien démontré en ce qui concerne le milieu littéraire, avec la stratégie de l'auteur qui ne vend pas de livres, mais dont le capital symbolique littéraire croît à la mesure de ses échecs en terme de ventes. (P. Bourdieu, *Les Règles de l'art. Genèse et structure du champ littéraire,* Paris, Seuil, 1992).
2. M. Clarke, « On the concept of sub-culture », in *British Journal of Sociology*, décembre 1974.

suffisamment cohérentes théoriquement ni suffisamment prosélytes pratiquement pour construire des idéologies ; tout au plus s'apparententelles à des familles politiques quant à leurs conséquences en termes de communautés de sensibilité politique. Le bouddhisme revêt nombre d'aspects de la contre-culture. En particulier du point de vue d'une certaine unité de sensibilité politique qui le fait ressembler à une famille politique[1] – en l'occurrence sur un spectre allant de la gauche modérée jusqu'à la gauche libertaire en passant par une omniprésence de la sensibilité écologiste –, de la tendance à produire et à diffuser des valeurs parfois opposées à celles de la société dominante. Certains sociologues[2] semblent faire remonter le succès du bouddhisme en Occident à la vague de la contre-culture des années soixante particulièrement puissante aux USA, qui a permis l'émergence de personnalités hautes en couleurs telles que l'écrivain Jack Kerouak[3] qui fut intellectuellement influencé par Suzuki. Kerouak se plaît à se servir du bouddhisme pour en appeler à une révolution des valeurs sociales de l'Amérique et chante la liberté des vagabonds, des cinglés, des inutiles[4], sur un ton poétique extrêmement critique.

Ces rebus de la société deviennent, par une inversion totale, les héros précurseurs d'un nouveau monde investi par la loi bouddhiste. Ces *dharma bums*, vagabonds du *dharma*, ratés sous l'angle capitaliste, sont en fait l'élite de cette nouvelle société. Toute une jeunesse américaine révoltée viendra puiser les thèmes antimilitaristes, anticapitalistes dans les textes de Kérouac. C'est l'embryon d'une nouvelle gauche, non essentiellement marxiste, qui renverse même les fondements des thématiques de gauche directement ou indirectement issues de l'idée de conscience de classe, ou au moins centrées sur la valeur du travail. La droite bourgeoise conservatrice valorise l'industrie en tant que propriété, héritage et source de gain capitalistique, alors que la gauche progressiste valorise l'industrie en tant que source de travail, d'emploi, de salaire. Cette contre-culture ne valorise pas la classe ouvrière, le travail, les valeurs de la production, mais l'oisiveté avec au premier rang la classe héroïque du clochard volontaire. Nous percevons déjà l'ébauche d'une idéologie, certes encore vague, mal définie, mais sous-jacente à l'ensemble de ses productions littéraires, et qui se structurera à travers la rigueur logique du bouddhisme. Kérouac est en quelque sorte un intermédiaire entre la contre-culture beatnik, diffuse, indéfinie, et le bouddhisme engagé, précis dans ses revendications, ses

1. Certains groupes bouddhistes, même s'ils prétendent éviter de discuter politique dans leurs réunions, entretiennent en fait des actions humanitaires, diffusent des idées qui soutiennent une certaine sensibilité. Les regroupements bouddhistes sont loin d'être aléatoires mais rassemblent des individus qui ont des affinités d'opinion politique et constituent ainsi des sortes de « familles politiques » au sens de la science politique (Deutsch, Lindon, Weill, *Les familles politiques aujourd'hui en France*, Paris, Minuit, 1966).
2. Tels que F. Lenoir (*La rencontre du bouddhisme et de l'Occident*, Paris, Fayard, 1999, p. 261-273).
3. L'influence du bouddhisme dans son œuvre, particulièrement sous l'influence de son ami le poète bouddhiste américain Allen Ginsberg, est très présente.
4. J. Kerouac, *The Dharma Bums*, New York, Viking Press, 1959.

méthodes et ses objectifs, prenant position sur les problèmes de société les plus controversés[1].

Mais la culture bouddhique se distingue des modèles classiques de contre-cultures qui sont exclusifs : la culture jeune, avec son langage « contre » (le *verlan*), avec ses habitudes vestimentaires « contre », ses lieux de rencontre « décalés », se refuse à inclure les autres, autrement dit les moins jeunes, pas assez jeunes, bref les « trop vieux ». Cette contre-culture de « jeunes » se définit « contre », sans pour autant projeter le remplacement global du modèle existant ; elle ne s'en donne pas les moyens, ni sur le plan idéologique ni sur le plan pratique. Il en est de même pour la contre-culture des *African-american* (Noirs Américains), qui n'envisage pas de changer de système mais qui tente seulement de se singulariser, par rapport au modèle dominant, par l'intériorisation de contre-codes linguistique, vestimentaire etc. L'étude du bouddhisme occidentalisé émergeant dans les années soixante nous a permis de distinguer nettement ces contre-cultures exclusives d'une contre-culture inclusive à laquelle donne lieu le bouddhisme engagé : il y a certes contre-culture dans la mesure où sont élaborés des contre-codes qui ne sont pas néanmoins destinés à exclure mais à transformer la société dans son ensemble. L'objectif est, sans équivoque, de fonder un modèle global de civilisation[2].

Cette contre-culture inclusive n'est pas, en outre, l'apanage du bouddhisme mais traverse la plupart des mouvements utopiques des années soixante, tels que le mouvement hippie dont nous avons déjà parlé. Seulement, cette tension inclusive reste latente dans ces mouvements utopiques car elle ne dispose pas d'une unité organisationnelle et doctrinale, c'est-à-dire d'une idéologie cohérente ainsi que de réseaux structurés susceptibles de la diffuser. En revanche, le bouddhisme engagé dispose d'organisations solides et ramifiées[3], ainsi que d'une idéologie cohérente diffusée par des personnalités charismatiques[4]. Nous hésitons encore cependant à qualifier le bouddhisme occidentalisé de contre-culture. Lorsqu'il était encore imbriqué à la mouvance néo-orientaliste hippie des années soixante, sans avoir acquis sa pleine spécificité, il se présentait en effet comme une culture « contre », un double symétriquement inversé du système de valeurs global. Mais, en se distinguant, à partir de la fin des

1. Buddhist Churches of America Social Issues Committe, Ryo Imamurra, « A Shin buddhist Stance on Abortion », in *Buddhist Peace Fellowship Newsletter*, juillet 1984, n° 63.
2. G. Snyder, « Buddhism and the Possibilities of Planetary Culture », in Eppsteiner, Maloney, *The Path of Compassion : contemporary writings on engaged Buddhism,* Berkeley, White Pine Press, 1985.
3. Nous ne nommerons qu'une de ces associations, ou plutôt fédération d'associations, qui est une de celles qui sont le mieux structurées en Occident : le *Buddhist Peace Fellowship*, qui organise des manifestations, conférences, dispose d'un organe de presse, d'un site internet, etc., ainsi que nous l'avons vu.
4. Le Dalaï-Lama ainsi que Thich Nhat Hanh sont bien sûr les plus populaires, y compris dans des milieux non bouddhistes, mais une multitude de figures charismatiques occidentales comme Robert Thurman, qui est moine et universitaire, ou Richard Gere qui est acteur, ou asiatiques comme Sulak Sivaraksa, toutes reconnues par les bouddhistes occidentaux, servent de relais à la diffusion des thèmes idéologiques.

années soixante-dix aux USA et plus tard dans le courant des années quatre-vingt en Europe, le bouddhisme occidentalisé élabore un système de pensée politique et d'action sociale singulier, qui ne se manifeste plus par une simple opposition à la société globale dominante.

Il ne s'agit plus d'opposer point par point mais d'isoler ce qui est « positif » dans la civilisation moderne occidentale[1], de ce qui est négatif. Thich Nhat Hanh a plutôt défini des principes bouddhistes d'action dans le monde, engageant ses coreligionnaires à changer la société[2], ce qui lui confère la place de précurseur du bouddhisme engagé moderne occidental, sans cependant qu'il ait développé une pensée politique et sociale critique systématique. Daisaku Ikeda, sans s'intéresser à l'élaboration de principes d'action, tout en accréditant l'idée générale que les bouddhistes se doivent de changer la société, a en revanche développé une idéologie critique des civilisations occidentales modernes, autrement dit du collectivisme et du capitalisme, qui, dans leur expression extrême, conduisent à la destruction de l'humanité. Ce qu'il manquerait à ces deux systèmes, qui tous deux sont matérialistes, c'est la dimension spirituelle. Le bouddhisme par sa modération, sa « voie du milieu », permet d'extraire l'aspect positif du collectivisme comme du capitalisme, et ouvre ainsi la voie d'une « Troisième civilisation », ainsi que nous l'avons déjà souligné.

Le discours Soka Gakkai reconnaîtra la valeur progressiste et positive de l'héritage européen, par exemple sur le plan des droits de l'homme : « Notre notion contemporaine des Droits de l'Homme [...] est indiscutablement redevable aux idées développées dans la Déclaration des Droits de l'Homme et du Citoyen. Ce document fut écrit voici plus deux siècles en France, dans le but de protéger la dignité des individus des agressions d'une autorité étatique puissante. La Déclaration elle-même s'appuyait sur une conception de l'individualisme liée à son époque. Je dois admettre que le Japon a un grand retard sur l'Occident en matière de reconnaissance des Droits de l'Homme[3] ». L'aspect positif de la civilisation occidentale est souligné, y compris dans son avance sur le monde asiatique, ce qui, au passage, permet non seulement d'apparaître comme moderne mais aussi de remettre en cause une certaine histoire politique asiatique en général et japonaise en particulier.

Mais aussitôt après, les aspects négatifs de la civilisation occidentale vont être passés en revue et dénoncés comme destructeurs : « Cela dit, l'ultra-individualisme ou l'individualisme radical des Occidentaux me semble présenter un défaut majeur : il oppose un être humain nu et vulnérable à l'État. De plus, les droits de chaque personne sont revendiqués à tel point qu'ils déstabilisent et menacent le contexte social organique dans

1. Nous avons défini, aux premières pages de notre travail, les termes « moderne » et « Occident », nous renvoyons donc le lecteur à ces définitions.
2. Thich Nhat Hanh, « Action and compassion in the World », in *Buddhist Peace Fellowship Newsletter,* 7(3), 1985.
3. D. Ikeda, « Une nouvelle conscience mondiale », in *Un nouvel humanisme,* Paris, Éditions du Rocher, 1997, p. 133.

lequel s'accomplissent les activités humaines. Comme la Révolution Française l'a illustré, mettre trop l'accent sur la confrontation entre l'État et l'individu conduit à éliminer, peu à peu, les petites et moyennes communautés qui existent entre ces deux pôles[1] ». Nous avons ici une parfaite illustration de la structure du discours d'Ikeda : valorisation de la modernité dans un premier temps, en l'occurrence de l'aspect « droit de l'hommiste », de l'individualisme, puis aussitôt dénonciation de la perversité de cet individualisme, qui menace la cohésion sociale. Cette structure se retrouve avec une multitude non arrêtée de thèmes : le capitalisme, le progrès technologique, la démocratie, mais aussi avec le socialisme, l'égalité sociale, etc.

Même si le discours le plus systématique en la matière a été construit par la Soka Gakkai, c'est aussi grossièrement celui que tient le Dalaï-Lama avec cependant un accent plus net mis sur la non-violence comme mode d'action. Le Dalaï-Lama occupe à cet égard une position intermédiaire, entre Ikeda et Thich Nhat Hanh, car comme ce dernier il propose des modes d'action dans le monde, mais il tente aussi, particulièrement depuis une dizaine d'années, de codifier ses positions idéologiques, certainement en raison de la dramatisation de la « cause tibétaine » qui nécessite une plus grande efficacité dans la résistance à la politique chinoise[2].

Le relais occidental devient le passage obligé de l'action du Dalaï-Lama dans la défense de ses intérêts politiques en Asie. Le bouddhisme occidentalisé se sert de causes asiatiques comme relais idéologique, la plus caractéristique étant celle du Viêt-nam qui revêt l'avantage de concerner les pays occidentaux, particulièrement la France et les USA dans la mesure de leurs implications récentes. Il n'est pas un numéro d'*Ici ct Maintenant*, la toute jeune revue trimestrielle destinée à la *sangha* française de l'Ordre de l'Interêtre, qui paraisse sans un article sur la situation politique au Viêt-nam et la force « pacificatrice » du bouddhisme dans ces conditions. Le plus souvent d'ailleurs, il y a retour en arrière sur les épisodes de « colonisations de tous bord » que ce soit au nom du capitalisme ou du marxisme. Mais il est vrai que l'emprise américaine est le plus souvent mise en cause dans ces colonnes, avec cependant un souci de bilatéralité des responsabilités : « Dans chaque camp [il y eut] les horreurs et les souffrances absurdes de la guerre. Les GI's américains et les vietcongs sont responsables de nombreuses bavures[3] ». Contrairement au Dalaï-Lama qui a une conception très stricte de l'action politique non violente, cet organe de presse de l'Interêtre, destiné à des pratiquants occidentaux, n'hésite pas à évoquer les martyrs bouddhistes qui se sont suicidés en place publique pour libérer le pays des emprises extérieures. Ainsi trouvera-t-on la photo, en pleine page,

1. *Ibid.*, p. 133.
2. R.D. Schwartz, « Renewal and Resistance : Tibetan Buddhism in the Modern Era », in Harris, *Buddhism and Politics in Twentieth-Century Asia*, Londres, Pinter, 1999.
3. « *À* la rencontre des racines du Village des Pruniers », in *Ici et maintenant*, n° 2 et 3, octobre 1998-mars 1999, p. 34.

d'un moine au beau milieu d'une rue de Saigon, qui est la proie des flammes, avec le commentaire suivant : « Silencieux et impassible, ce jeune bonze s'immole par le feu au centre de Saigon. Il est le cinquième et pas le dernier à choisir cette mort spectaculaire pour protester contre la répression brutale par le président Diem des manifestations bouddhistes[1] ». Rappelons que le président Diem était la « chose » des Américains, qu'à travers lui c'était « l'impérialisme américain » qui était visé par les activistes bouddhistes.

La guerre servira de prétexte à l'élaboration du bouddhisme engagé, y compris à l'usage des Occidentaux, en mettant indirectement en jeu les responsabilités occidentales – avec un discours parfois culpabilisateur – dans le drame vietnamien. Le titre d'un paragraphe de l'article dont nous venons de citer quelques passages suggestifs exprime ouvertement cet état de fait : « Sans la guerre du Viêt-nam, Thich Nhat Hanh et le Village des Pruniers n'existeraient pas[2] ! » On ne peut pas être plus clair. Le Dalaï-Lama, lui aussi, spécialement depuis une dizaine d'années, confère à la cause tibétaine une dimension spirituelle, sans cependant engager, même indirectement, la responsabilité occidentale. Il est vrai que, mises à part quelques tensions avec les autorités britanniques, les Tibétains n'ont pas eu spécialement à se plaindre du colonialisme occidental. Le Dalaï-Lama préfèrera rassembler les « bonnes consciences » plutôt que cultiver la « mauvaise conscience », autour du thème de la responsabilité universelle, qui bien évidemment englobe la responsabilité occidentale. La Soka Gakkai est le seul des mouvements bouddhistes implantés qui ne dispose d'aucune cause politique asiatique[3] qui lui permette de conférer une dimension humanitariste à la pratique du bouddhisme. Cette dernière organisation développera en contrepartie d'importantes institutions d'aide humanitaire dont l'une d'entre elles est d'ailleurs officiellement reconnue par l'ONU. L'action humanitaire est une façon d'avoir une action politique tout en réfutant les oppositions entre les nations, les clans et les partis nationaux, au nom de l'interdépendance universelle.

Il ne nous appartient pas ici de juger de l'opportunité de telles stratégies, mais seulement de remarquer qu'elles participent activement à la construction de la culture politique des Occidentaux sympathisants et pratiquants bouddhistes. Car, en effet, l'acharnement que montrent la plupart des bouddhistes occidentaux à réfuter une appartenance dans un cadre droite-gauche, d'après eux trop étroit, participe de cette logique idéologique qui consiste à présenter et à se représenter le bouddhisme comme une alternative remettant en cause certains aspects de la modernité, tout en en valorisant d'autres aspects, et fournissant une « voie du milieu » qui dépasse l'antagonisme droite-gauche. Même si en pratique la sensibilité

1. *Ibid.*, p.40.
2. *Ibid.*, p.34.
3. Même le *Theravâda* est souvent attaché à une cause politique, telle que la lutte contre le régime communiste pour le *Theravâda* laotien implanté en France.

dominante restera à gauche, ainsi que nous l'avons montré, il n'empêche que subsistera la prétention à « transcender » la stricte position à gauche sur l'échiquier politique classique.

C'est la raison pour laquelle nous ne saurions nous arrêter à qualifier la culture politique bouddhiste de contre-culture, même si nous avons pu être plus précis en forgeant la notion de contre-culture inclusive afin de la distinguer par exemple de la culture « jeune », qui est exclusive par nature. Il nous faut donc, pour être encore plus proche de la réalité, de préférence parler de culture alternative qui ne correspond plus à cette contre-culture néo-orientale à laquelle le bouddhisme était attaché au tout début de son développement social en Occident. Les valeurs proposées ne sont pas symétriquement opposées à celles de la modernité, mais opposées sous certains aspects, et en revanche présentées comme modernes sous d'autres aspects. Il s'agit de présenter une alternative aux modèles sociaux et politiques qui semblent s'opposer diamétralement tels que le marxisme et le libéralisme, la droite et la gauche, l'égalitarisme et le libéralisme, la tradition et la modernité, etc. Cette solution alternative bouddhiste ne propose rien moins que de changer le monde ; elle est à cet égard inclusive. Nous pouvons ainsi repérer l'émergence dans les pays occidentaux, et en particulier en France – même si c'est avec un certain retard que nous avons déjà tenté d'expliquer –, d'une culture politique bouddhiste alternative et inclusive.

F/ Culture bouddhiste occidentalisée et anticipation du changement politique

Le plan le plus visible du politique, ainsi que nous l'avons déjà souligné, se manifeste par les rapports de force électoraux, la mise en œuvre ou même la simple recherche explicite de pouvoir à travers l'appareil institutionnel de l'État, de la part d'individus s'appuyant sur des partis ou du moins sur des courants politiques. Mais cette existence évidente, orageuse dans le déroulement de ses conflits quotidiens, ses coups de théâtre souvent largement médiatisés, laisse de côté la structure sous-jacente de la légitimité de tout pouvoir, la source souterraine qui confère à l'institution sa force et sa solidité : l'imaginaire. Cette distinction a donné lieu – après les recherches classiques de Weber sur les rapports entre l'*ethos* religieux, le comportement économique et les processus de légitimation, et celles de Foucault sur ce qu'il appelle le « micropouvoir » – à de nombreuses études politiques, qui ont montré la force primordiale des consensus imaginaires qui se forment, se brisent, se stabilisent en dehors d'un contrôle purement institutionnel[1], mais qui sont l'arrière-fond nécessaire, la structure à

1. Nous pensons évidemment aux travaux de Castoriadis qui est peut-être l'auteur qui accorde le plus d'importance à l'imaginaire comme force à la fois révolutionnaire et conservatrice des institutions (C. Castoriadis, *L'institution imaginaire de la société*, Paris, Seuil, 1975), qui s'est, de son propre

l'intérieur de laquelle jouent les forces conjoncturelles clairement labellisées politiquement. Selon certains politologues, ce processus inconscient est primordial dans la construction même de l'État[1].

La prise en compte de ce que d'autres auteurs appellent « la politique par le bas[2] », ne signifie en rien la dévalorisation de la réalité institutionnelle des États, des concepts de nation, de république, de démocratie, de système politique en général, ni la réduction à quantité négligeable des idéologies cohérentes au profit de forces multiples, anarchiques et irrationnelles. Il ne s'agit pas de présenter les cultures[3] comme des substances, des blocs de civilisations solides et par conséquent voués à un inéluctable affrontement, car dans ce cas nous retournerions justement dans le type d'analyse que nous avions voulu éviter, c'est-à-dire dans des descriptions par le haut, que cela soit par le haut d'une soi-disant essence étatique ou d'une soi-disant essence culturelle. L'étude de l'occidentalisation du bouddhisme, processus qui met par excellence en jeu de multiples interactions culturelles en apparence « essentiellement » antagonistes, nous a convaincu de la non-pertinence de la thèse du « choc des civilisations[4] ». Nous ne pouvons plus, en effet, accepter, après cette sorte de détour anthropologique qu'ont constitué ces années à observer les transformations, les transplantations de cultures « authentiques » bouddhistes en cultures bouddhistes qui se représentent comme « encore plus authentiques », que les identités soient des substances insécables, des atomes culturels.

Les identités sont des constructions imaginaires qui résultent de processus historiques complexes, qui finissent par délimiter des groupes plus ou moins bien unifiés linguistiquement, cultuellement, ethniquement, territorialement que l'on appelle habituellement des cultures. Dans ce sens, le concept de nation ou celui d'État ne s'oppose pas à celui de culture. La nation est une culture, un groupe imaginairement structuré et plus ou moins bien unifié matériellement, qui est à ce titre historiquement construit et qui peut tout aussi bien historiquement s'ébranler ou même s'effondrer.

La science politique qui étudie les rapports de forces partisans, les comportements électoraux, les stratégies tendant à l'obtention du contrôle et de la gestion des institutions politiques, concerne le présent de la vie

---

aveu, inspiré d'autres études – en particulier celles de Johann Arnason (« The Imaginary Constitution of Modernity », in *Revue européenne des sciences sociales,* n° 20, Genève, 1989).

1. J. Berman, J. Lonsdale, *Unhappy Valley,* Porthmouth, Currey, 1992.
2. J.F. Bayart, A. Mbembe, C. Toulabor, *La Politique par le bas. Contribution à une problématique de la démocratie*, Paris, Karthala, 1992.
3. Nous n'entendons pas le mot « culture » dans l'acception restreinte choisie par Hannah Harendt, c'est-à-dire comme l'ensemble des objets, des événements et des activités proprement culturels (H. Harendt, *La crise de la culture*, Paris, Gallimard, 1972, p. 253-288). Dans ce sens, l'art est le cœur de la culture. Il s'agit de cette « culture » qui est le domaine d'intervention du « ministère de la culture ». Notre définition – qui bien évidemment peut recouvrir cette culture-là aussi, dans la mesure où, par exemple, le fait de vivre en « bourgeois cultivé » participe de la construction identitaire – ne saurait rendre compte des phénomènes politiques que nous étudions.
4. Le plus célèbre défenseur et théoricien de cette thèse culturaliste est sans nul doute le politologue Samuel Huntington (« The Clash of Civilizations ? », in *Foreign Affairs,* été 1993).

politique, pour ainsi dire la vie politique en acte. L'étude de la culture politique ne concerne pas ce plan temporel. La science politique cherche, dans ce dernier cas, à découvrir des tendances lourdes, non encore clairement actualisées dans la vie partisane, électorale et institutionnelle. La démarche est prospective et relève de ce que l'on pourrait appeler la vie politique en puissance, situation émergente, distincte de la vie politique en acte, immédiate[1].

Nous avons dit plus haut que les identités sont imaginaires, dans le sens où elles sont construites par l'imagination. Les cultures sont à ce titre des groupements identitaires qui supposent une certaine unité de croire et d'agir. Or, le fonctionnement effectif de toute institution, *a fortiori* politique, repose aussi sur une certaine unité d'agir et de croire qui est la source de sa légitimité. C'est en cela que l'étude de la culture politique bouddhiste – qui se représente comme une alternative au dilemme modernité ou tradition, progressisme ou conservatisme – renvoie à une situation d'agir et de croire émergeante qui permet d'émettre des hypothèses prospectives sur les valeurs et les systèmes de valeurs politiquement légitimes[2]. Ce sont ces hypothèses-tests de culture politique, au sens de Lucian Pye[3], que nous avons tenté d'émettre lorsque nous avons parlé du système de valeurs *individuo-globalistes* que suppose le bouddhisme occidental à travers le discours de ses clercs les plus représentatifs en relation avec les sensibilités politiques des bouddhistes occidentaux eux-mêmes. Ce système de valeurs bouddhiste s'inscrit dans une grammaire utopique occidentale actuelle plus générale – avec des modèles de fiction politique tels que celui de l'éco-société présenté par Joël de Rosnay, et des éthiques du « milieu » entre hédonisme pratique et responsabilité universelle, telles que celle qui s'entend dans le discours d'André Comte-Sponville[4] –, utilisant les éléments de cette grammaire tout en participant à son élaboration.

---

1. Cette distinction que nous posons entre politique en acte et politique en puissance correspond à peu près à celle que met en place Yves Schmeil entre le macro-social (temps long, identité : système culturel) et le micro-social (temps court, intérêt : situation d'interaction), avec entre les deux, le système des attitudes (valeurs, représentations) impliqué par le système culturel, et le système de conduites (opinions, comportements) lui-même impliqué par le système d'attitudes. Cette description est très clairement synthétisée par un schéma en entonnoir qui met en évidence les différentes dimensions temporelles qui sont en jeu dans les phénomènes politiques (Y. Schmeil, « Les cultures politiques », in *Traité de Science Politique. L'action politique*, T. 3), Paris, PUF, 1985, p. 245).
2. Y. Schmeil va encore plus loin en affirmant que l'étude de la culture politique a pour vocation « [...] d'anticiper, sinon de prédire des changements politiques. Pousser le raisonnement intellectuel jusqu'à la fiction, jusqu'au scénario des interactions entre systèmes d'identités culturelles et conflits d'intérêts politiques, tel pourrait être son apport à la science politique ».
3. Ces hypothèses ne répondent pas au calcul prospectif probabiliste d'un changement politique éventuel mais à une mise en situation utopique à partir des logiques politiques et sociales sous-tendues par une culture politique, afin d'en réaliser la plausibilité (L.W. Pye, « Culture and Political Science : Problems in the Evaluation of the Concept of Political Culture », in *Social Science Quaterly*, septembre 1972).
4. Sur la « quête » d'une éthique alternative par le détour asiatique, on consultera *De l'autre côté du désespoir* (Paris, Accarias-l'Originel, 1998). L'éloge du « désespoir » comme détachement conduirait à un bonheur à l'usage de l'homme moderne emprisonné dans l'utilitarisme, la consommation, et la

Il est d'autant plus pertinent de traiter de culture politique à un moment où l'imaginaire instituant officiel de nos sociétés – le monothéisme des valeurs de l'État rationnel légal aussi bien que celui des religions traditionnelles occidentales[1] – semble s'ébranler aux dires des sociologues comme des politologues. Danièle Hervieu-Léger parle de double dérégulation à la fois institutionnelle sur un plan général et religieuse en particulier[2]. Il semble aussi que les thématiques qui caractérisent le « virage à gauche » des classes moyennes françaises, qui ont permis l'élection de François Mitterrand en 1981, ne correspondent plus à un succès de la gauche classique[3] avec l'attirail idéologique de la lutte des classes et de l'anticapitalisme militant. Le monothéisme des valeurs idéologiques hégélio-marxistes semble s'effriter lui aussi. Se profile alors à nouveau la « quête » d'une troisième voie, celle d'une gauche compatible avec le libéralisme culturel. L'individualisme hédoniste et la responsabilité universelle sont deux pôles idéologiques qui nourrissent une culture politique occidentale apparemment paradoxale : écologiste sans être pour autant antitechnologique, antiautoritaire sans être forcément libertaire, pacifiste sans être forcément antimilitariste, mais qui s'insurge contre la violence des économies « inhumaines », qui critique le libéralisme économique en faveur du libéralisme culturel. Cette culture politique apparemment paradoxale recoupe en grande partie les aspirations politiques et sociales des classes moyennes. Or, les groupes bouddhistes recrutent de moins en moins dans les milieux qualifiés de marginaux et de plus en plus dans les classes moyennes ayant suivi un cursus universitaire, ainsi que nous l'avons vu.

Certains sociologues n'ont cependant pas grand espoir dans une troisième voie idéologique, qui soit ni moderniste ni néo-traditionaliste mais les deux à la fois, et s'inquiètent plutôt, à l'instar d'Alain Touraine, d'un processus généralisé de « démodernisation[4] ». Il y aurait une opposition entre « le monde de l'instrumentalité » et « le monde des identités », qui configure non seulement une rupture sociale mais une rupture dans le psychisme du Sujet lui-même. Cette rupture laisse un espace d'incertitude dans lequel s'expriment des choix éphémères, presque convulsifs, qui peuvent passer par le néo-fascisme, le fondamentalisme,

---

frustration qui en résulte. L'auteur prétend ainsi découvrir dans l'enseignement d'un « maître indien » les clés du bonheur moderne.

1. Selon un sondage SOFRES effectué pour le *Figaro* en 1991 (« Dieu et vous », in *Le Figaro,* samedi 21 septembre 1991, n° 14721), seulement 27 % des Français se déclarent croyants convaincus. Le plus grand nombre d'incroyants se trouve chez les 18-24 ans, ce qui laisse supposer un développement de cette tendance. Mais, dans le même temps, trois catholiques sur quatre ne se trouvent pas assez pratiquants. C'est dire que la société est traversée par un sentiment d'inquiétude, un rejet des valeurs « traditionnelles » qui cohabite avec un regret de manquer de « religion ».
2. D. Hervieu-Léger, « "Renouveaux" religieux et nationalistes : la double dérégulation », in Birnbaum, *Sociologie des nationalismes,* Paris, PUF, 1997, p.163.
3. Lavau, Grunberg, Mayer, *L'Univers politique des classes moyennes,* Paris, FNSP, 1983.
4. « La démodernisation est définie par la dissociation de l'économie et des cultures, et par la dégradation de l'une et des autres qui en est la conséquence directe » (A. Touraine, *Pourrons-nous vivre ensemble ? Égaux et différents,* Paris, Fayard, 1997, p. 67).

l'adhésion à une « secte[1] », ou toute autre forme de contre-culture autoritaire.

La culture, après l'économie, serait devenue, à l'ère de la démodernisation, une affaire politique[2]. Cette analyse se rapproche de l'hypothèse du « choc des civilisations » : la « fragmentation de l'expérience vécue » dans un monde hyper-économique engendre en réaction des utopies rétrospectives qui imaginent « un retour à un ordre global fondé sur des croyances religieuses ou des institutions politiques », qui pour être impossible dans les faits se traduit en réalité par « la fusion d'une idéologie communautaire et d'un projet modernisateur dans les mains d'un pouvoir autoritaire qu'un contresens fréquent désigne comme fondamentaliste, alors qu'il cherche non à revenir aux origines mais à mobiliser le mythe des origines pour imposer une conception nationaliste et culturaliste de la modernisation[3] ». L'expérience culturelle vécue se convertit en idéologie autoritaire, puisque le retour à l'ordre dont elle se réclame n'est pas possible. Nous pouvons bien sûr penser aux mouvements culturalistes et autoritaires islamiques. Il ne faudrait pas réduire à l'islam cette tendance, et il nous semble en outre excessif de la généraliser ainsi que le fait Touraine. Nous ne saurions nier, cependant, qu'il existe une « double dégradation », d'une part celle d'un marché internationalisé, d'une efficacité technologique et économique de plus en plus globalisée et détachée des rapports sociaux et de production, et d'autre part celle de revendications identitaires qui peuvent aboutir à des idéologies culturalistes autoritaires. Pour Touraine, les deux pôles de la dégradation s'imposent.

Il nous semble pourtant que le culturalisme autoritaire n'est qu'une réaction possible et nullement nécessaire au mouvement de globalisation fonctionnaliste. Suite à nos observations sur la contre-culture néo-orientale des années cinquante qui a progressivement évolué en culture alternative bouddhiste dans les années quatre-vingt, nous ne pouvons accepter l'idée que le culturalisme autoritaire soit un pôle fondamental. Nous préférons limiter sa portée à une réaction possible. Nombre de contre-cultures sont d'autres réactions possibles, franches et parfois violentes, à la globalisation fonctionnaliste. Elles participent, au même titre que les néo-traditionalismes – sans cependant construire d'utopies rétrospectives ou prospectives, sans visée d'un changement social –, à la distanciation croissante entre ce que l'on peut appeler le pôle utilitaire et le pôle identitaire. Distanciation qui est non seulement sociale mais aussi individuelle, car elle se manifeste dans la psyché même du Sujet par une sorte de schizophrénie.

Il semble, en outre, que Touraine ne tienne pas compte des travaux sociologiques qui repèrent – du moins en France[4], mais la remarque serait

---

1. Alain Touraine emploie le mot « secte » pour caractériser les Nouveaux Mouvements Religieux qui fonctionnent comme des communautés totalitaires. Il nous semble que le choix de ce terme n'est pas très « heureux » car il porte à de nombreuses confusions.
2. *Op. cit.*, p. 65.
3. *Op. cit.*, p. 64.
4. Lavau, Grunberg, Mayer, *op. cit.*

valable pour la plupart des pays occidentaux industrialisés avec à leur tête les États-Unis[1] – un développement fulgurant du mouvement associatif, pacifiste, féministe, écologiste, etc., sous-tendu par une aspiration générale des classes moyennes à faire la synthèse entre modernisme progressiste et traditionalisme conservateur, entre libéralisme économique et solidarité sociale, qui s'est traduite par exemple en Grande-Bretagne par la définition d'un travaillisme économiquement libéral. Cette tendance ne marque pas une distanciation entre l'économique et le culturel, l'instrumentalité et l'identité, mais au contraire la conciliation de ces deux termes, et témoigne ainsi d'une volonté de dépasser cette schizophrénie de la démodernisation. La construction d'une culture alternative bouddhiste, avec son cortège de valeurs à la fois modernistes et traditionalistes, s'inscrit évidemment dans cette perspective.

L'État-Nation, effectivement écartelé par la démodernisation (entre la force centrifuge globalisante de l'économie de marché et la force centripète de la réaction identitaire), ne peut plus défendre les valeurs universalistes dont il prétendait être la clé de voûte institutionnelle, ce qui ne signe pas la défaite absolue de ces valeurs puisque le relais semble être pris par ce mouvement de fond qui se traduit par de multiples phénomènes sociaux qui s'interpénètrent : configuration d'une classe moyenne proche de la gauche sans récuser le système capitaliste, d'une rationalité spirituellement contrôlée, d'une religiosité qui se veut à la fois traditionnelle et moderne. Il semble que la culture alternative bouddhiste, en fournissant un fond spirituel cohérent à l'individualisme non instrumentaliste qui s'accommode d'un système capitaliste « socialisé », manifeste une tentative, consciente ou inconsciente, de dépasser la double dégradation qui caractérise la « démodernisation ».

Robert Bellah analysait l'influence néo-orientale sur la jeunesse américaine comme une révolte contre un individualisme utilitariste dominant et incapable d'élaborer un système de signification finalisé[2]. La contre-culture orientale, avant que le bouddhisme en constitue le noyau fédérateur, était déjà une tentative d'élaborer un système opposé aux valeurs de la réussite sociale, à la vision de la sécurité et de la respectabilité dont les églises protestantes américaines se font le relais. Ce qui explique que cette révolte sociopolitique soit passée par la construction d'une religiosité « contre », sensée justifier un « autre » système de valeurs. Par la suite, cette contre-culture néo-orientale, contre la voie dominante, deviendra une culture alternative bouddhiste, non plus « contre » mais « pour » une voie « du milieu » – ainsi que nous l'avons montré – qui est

1. Robet Bellah a analysé les recompositions religieuses en relation avec la « modernité » (R.N. Bellah, *Beyond Belief, Essays on Religion in a Post-Traditionalist World,* Berkeley, University of California Press, 1991).
2. R. Bellah, « New Religious Consciousness and the Crisis of Modernity », in Glock, Bellah, *The New Religious Consciousness,* Berkeley, California University Press, 1976.

dans la continuité des thématiques de ce que nous avons désigné sous l'appellation de « nouvelle gauche ».

D'une manière générale, les mouvements politiques classiques ne réussissent plus à réunir autour d'eux un engagement franc, en particulier des classes moyennes, et ne réussissent plus à créer des dynamique militantes profondes et efficaces. Le Parti Communiste perd d'année en année son emprise sur les milieux ouvriers ; le « socialisme » se contente de gérer le capitalisme ; la droite se fixe comme objectif de combler la « fracture sociale ». À l'évidence, les cartes politiques se brouillent, les programmes sont de plus en plus confus et ne se rattachent plus clairement à un fond idéologique cohérent. Sur le plan religieux, les cartes sont, elles aussi, brouillées. Prenons l'exemple de la croyance en Dieu : dans un sondage réalisé par l'Institut CSA en 1994, six Français sur dix croyaient en l'existence de Dieu[1] ; fin 1999, dans un sondage réalisé par BVA, deux Français sur trois déclaraient que l'on peut très bien avoir une vie spirituelle sans croire en Dieu[2]. Dans ce dernier cas, les plus convaincus sont les proches du bouddhisme (85 %) ainsi que les membres de professions libérales et les cadres supérieurs (84 %), ce qui confirme la corrélation entre la percée du bouddhisme et l'émergence d'un système de valeurs alternatif dans les classes moyennes éduquées qui étaient, jusque dans les années quatre-vingt, majoritairement conservatrices sur le plan religieux comme politique.

Il n'y a pas baisse générale du sentiment religieux, mais plutôt une dérégulation suivie d'une recomposition de ce sentiment. Nous assistons au même phénomène sur le plan politique : un désintérêt croissant apparent chez les jeunes entre 15 et 35 ans pour la vie politique, qui n'est en fait qu'un désinvestissement de l'intérêt pour la politique en acte, compensé par un réinvestissement pour la politique en puissance, qui est aujourd'hui fortement imprégné d'intérêts écologiques, mondiaux, pacifistes, « droits de l'hommiste », etc. Or, la recomposition du sentiment religieux, à laquelle le bouddhisme participe, se fait selon des thématiques connexes de celles qui président à ce réinvestissement de l'intérêt politique, ce qui peut aussi expliquer le fait que le bouddhisme devienne une religion de classes moyennes au moment où ces mêmes classes moyennes s'emparent de ces mêmes thématiques politiques constitutives du système de valeurs de la « nouvelle gauche ».

Nous comprenons mieux les paradoxes entre la baisse globale de la pratique religieuse parallèle à un regain d'intérêt pour la spiritualité, le développement de groupes chrétiens bouddhistes, et la construction d'identités transversales dont témoigne par exemple le phénomène des juifs bouddhistes (les *jubu*). Il y a baisse de la croyance en Dieu, mais affirmation pour un Français sur trois que la spiritualité est indispensable pour réussir sa vie ; en sus plus de 52 % des Français affirment méditer, se

1. « Les croyances des Français », in *La Vie*, 18-24 août 1994, n° 2555.
2. « La spiritualité prend le relais des religions », in *Psychologies*, décembre 1999, n° 181.

recueillir, et à peu près la même proportion d'entre eux identifie la spiritualité aux valeurs morales, et enfin 11 % d'entre eux se sentent proches du bouddhisme. De surcroît, 63 % des Français qui se sentent proches du catholicisme se sentent également proches du bouddhisme.

Ces paradoxes sont révélateurs d'une profonde crise de légitimité qui touche les instances politiques et religieuses classiques des sociétés occidentales, et de la société française en particulier. D'après Yves Schmeil, « [...] le changement politique est facilité ou rendu possible par les inefficacités relatives des processus de socialisation et d'acculturation selon les groupes ; par la déperdition et le brouillage des mémoires collectives ou individuelles ; par la prédominance des logiques de situation sur les héritages culturels [...][1] ». Il y a bien effectivement « brouillage des mémoires collectives et individuelles » et « prédominance des logiques de situation sur les héritages culturels » lorsqu'un juif se déclare *jubu*, lorsqu'un prêtre catholique tient des messes zen, lorsqu'un ancien maoïste s'engage contre la Chine à la suite de sa conversion au bouddhisme tibétain. L'occidentalisation du bouddhisme n'est rendue possible à grande échelle qu'en raison des « inefficacités relatives des processus de socialisation et d'acculturation » classiques des sociétés occidentales. Nous avons d'ailleurs montré que l'adhésion aux groupes bouddhistes correspond soit prioritairement à un rejet identitaire puis secondairement à une recommunalisation (reconstruction identitaire) à l'intérieur du groupe : ce qui est le cas de tous les groupes bouddhistes occidentalisés à des degrés divers, à l'exception de la Soka Gakkai ; soit, à l'inverse, cette adhésion correspond prioritairement à une reconstruction identitaire à l'intérieur du groupe, puis secondairement à un rejet identitaire, ce qui est essentiellement le cas de la Soka Gakkai. Dans les deux cas, quel que soit l'ordre des phases, il y a une stratégie, consciente ou inconsciente, de mise en cause et de dépassement des significations religieuses et politiques classiques occidentales avec les institutions qui leurs sont attachées. Il convient donc de prendre au sérieux l'alternative imaginaire et institutionnelle qui est proposée par ces groupes en tant qu'elle révèle en négatif les inefficacités, déperditions, et autres brouillages de nos imaginaires et de nos institutions. C'est pourquoi nous devons analyser plus en détail cette culture alternative inclusive, sa constitution historique, ses modes d'action, ses revendications, plus généralement son système de valeurs, afin de mieux saisir la réalité de son insertion dans l'espace imaginaire et institutionnel occidental.

Nous distinguerons, dans le cadre de cette investigation, la Soka Gakkai des autres groupes bouddhistes, non pas essentiellement parce qu'elle est aujourd'hui publiquement « épinglée » comme secte[2], appellation

1. Y. Schmeil, *Les cultures politiques*, *op. cit.*, p. 300.
2. On pouvait trouver par exemple ce titre « Soka Gakkai : attention danger ! », dans le supplément week-end de *La Provence* du dimanche 4 juin 2000. L'article est truffé d'erreurs, d'amplifications de

infamante s'il en est, mais en raison des remarques que nous avons faites précédemment sur son caractère prioritairement communalisateur qui la distingue de la plupart des autres groupes bouddhistes occidentaux[1]. Cette spécificité n'est pas la seule : contrairement au bouddhisme tibétain avec le problème de la « colonisation » chinoise, au zen de l'Ordre de l'Interêtre avec la guerre du Viêt-nam et aujourd'hui le régime dictatorial communiste, et au *Theravâda* avec les dictatures du Sud-Est asiatique, la Soka Gakkai ne peut jouer sur une cause humanitaire particulière comme relais idéologique vers l'Occident. Son pays d'origine, le Japon, est en effet classé parmi les démocraties libérales industrialisées. Pourtant, cette organisation bouddhiste est celle qui est la plus explicitement politisée en Occident.

Nous avons déjà envisagé ces écoles à travers le processus d'occidentalisation tel qu'il s'est déroulé en Asie. Dans ce cas, nous envisagions le bouddhisme dans son rapport aux États asiatiques et à la politique internationale. Nous avons aussi envisagé ces écoles dans le cadre de l'idéologie générale moderniste bouddhiste et de celle de ses principaux leaders charismatiques disposant d'une tribune mondiale et, par conséquent, occidentale. Nous avons aussi envisagé ces écoles du point de vue de leur implantation organisationnelle et matérielle en Occident, ce qui nous a permis de constater qu'il y avait une continuité historique et institutionnelle entre le processus d'occidentalisation en Asie et l'implantation bouddhiste en Occident. Nous avons enfin, dans la présente partie consacrée à la culture politique bouddhiste telle qu'elle se développe en Occident, pu nous rendre compte à la fois de l'intériorisation croissante des thématiques bouddhistes et de l'impact politique occidental considérable de l'idéologie que nous avons qualifié d'*individuo-globalisme*.

Nous allons maintenant isoler les deux principaux courants bouddhistes porteurs de cet *individuo-globalisme*, à savoir d'un côté la Soka Gakkai et de l'autre ce que nous appellerons le Bouddhisme Engagé Transversal (BET) qui est dominé par le bouddhisme tibétain et subsidiairement par le zen de l'Ordre de l'Interêtre[2]. Il s'agira, dès lors, d'analyser leur insertion actuelle dans l'environnement politique, social et intellectuel occidental. Dans notre panorama institutionnel, matériel et idéologique du bouddhisme *solidariste-universaliste* en Occident, nous avons constaté que la Soka Gakkai et le bouddhisme tibétain étaient les deux mouvements à disposer du plus large réseau institutionnel planétaire et des objectifs politiques positifs – et non seulement critiques et protestataires comme pour la plupart des autres orientations du bouddhisme engagé. Ces deux mouvements, qui sont d'ailleurs les plus représentés en Occident, à la fois

la « rumeur sociale » pour employer l'expression d'Edgar Morin, et d'invectives virulentes faisant référence aux « malversations » et à la puissance financière néfaste de la « secte ».

1. Cf. notre tableau sur la « Typologie des principaux groupes bouddhistes implantés en Occident », en fin de notre paragraphe intitulé « Rupture et complémentarité entre un bouddhisme de couches socialement défavorisées et un bouddhisme de couches socialement favorisées ».
2. Il s'agit là de ses deux principales composantes en termes d'impact idéologique et de puissance institutionnelle.

institutionnellement et idéologiquement, sont au cœur d'une dynamique dont profite l'ensemble du bouddhisme engagé, particulièrement en ce qui concerne le bouddhisme tibétain avec la personnalité charismatique du Dalaï-Lama.

CINQUIEME PARTIE

LA CONSTRUCTION BOUDDHISTE D'UNE CITOYENNETÉ PLANÉTAIRE

Aussi bien la Soka Gakkai que le bouddhisme tibétain s'inscrivent dans la mouvance conséquentielle et symptomatique de la crise qui a touché, dans les années soixante, la société dans « son organisation et ses significations », telle que la définit Danièle Hervieu-Léger : « Cette crise sociale s'est développée de façon privilégiée à travers la dissidence d'une partie de la jeunesse : d'abord par l'intermédiaire de différentes contestations culturelles et politiques avant de se traduire aussi dans l'émergence des NMR[1] ». Ces deux mouvements bouddhistes sont issus de cette contestation. Alors que les sectes post-soixantuitardes[2] proposaient d'emblée une contestation utopique du modèle sociétal, sans aucune stratégie sociale concrète, les bouddhismes critiquent « relativement » le modèle dominant en proposant une action sociale interne, qui débouche sur une remise en cause d'autant plus radicale du « système » politique et social ; ce processus caractérise, dans ses modalités, ce que les représentants de la Soka Gakkai nomment la « Révolution Humaine », l'encouragement à devenir des « hommes de dimension internationale », ou ce que les clercs du bouddhisme tibétain nomment le « communisme intérieur ». Il n'y a pas décompression de l'activité sociale au profit d'une marginalisation passive[3]. Le bouddhisme encourage l'action dans la société telle qu'elle est avec ses imperfections, ses injustices, son régime institutionnel. Il répond à la même demande contestataire que les NMR *New Age*, mais il représente une voie alternative à ce mouvement qui a réussi à se normaliser institutionnellement et culturellement. Il n'en reste pas moins que les membres de la Soka Gakkai, aussi bien que les pratiquants du bouddhisme tibétain, vivent une sorte « d'expérience de l'émigration » pour reprendre l'expression d'Enzo Pace, c'est-à-dire qu'ils participent « [...] à la conscience collective de vivre une réalité culturelle ressentie comme étrangère (ou parce qu'on en est sorti, en se convertissant à un modèle religieux qui n'est pas dominant par rapport au contexte social « de naissance », ou parce qu'on appartient pour des raisons culturelles à un autre contexte socio-religieux, on vit « ailleurs »)[4] ».

Une reconnaissance aussi rapide et aussi paisible est sans précédente, à la fois institutionnellement et psychosocialement. Les cas du protestantisme, du judaïsme et dernièrement de l'islam auront posé des difficultés institutionnelles et psychosociales beaucoup plus aiguës. Difficultés qui subsistent d'ailleurs, particulièrement en ce qui concerne

---

1. D. Hervieu-Léger, « Sectes d'hier, sectes d'aujourd'hui », in Champion, Cohen, *Sectes et démocratie,* Paris, Seuil, 1999, p. 64.
2. F. Champion, « D'une alliance entre religion et utopie post-68 », in *Social Compass,* 1989, n° 1, vol. 36.
3. Cf. notre « Schéma de l'interaction entre l'individualisme spirituel et l'individualisme économique ».
4. E. Pace, « Sectes religieuses et sectes politiques », in Champion, Cohen, *Sectes et démocratie, op. cit.*, p. 244.

l'intégration de l'islam[1] dans l'espace religieux français et européen[2]. Dans le cas du bouddhisme, il existe au contraire une dynamique de reconnaissance psychosociale qui se traduit par une régularisation institutionnelle rapide et sans heurt.

À l'inverse du bouddhisme tibétain et du zen, la Soka Gakkai, représentant pourtant une portion conséquente de bouddhistes français, est mal intégrée aussi bien institutionnellement que psychosocialement. Aux antipodes du bouddhisme tibétain paisiblement normalisé, elle est épinglée comme secte dangereuse par les rapports parlementaires successifs. Les médias, d'une complaisance bon enfant avec le bouddhisme tibétain[3], jettent l'anathème sur la secte Soka, manipulatrice d'âmes et de portefeuilles trop naïfs. Le jeu de miroir entre la Soka Gakkai et le Bouddhisme Engagé Transversal avec à sa tête le Dalaï-Lama nous permet de tenter le décryptage, au delà des oppositions motivées par des stratégies complexes de mobilisations spécifiques des ressources matérielles et symboliques, d'un discours pétri de contradictions et de distinctions, mais néanmoins susceptible de conférer une cohérence d'ensemble aux réseaux institutionnels et aux thématiques sociales des bouddhismes occidentalisés *solidaristes-universalistes.*

La Soka Gakkai et le bouddhisme tibétain ambitionnent la constitution d'une citoyenneté planétaire qui se justifie par le haut, par la globalisation des problèmes qui se posent à l'« humanité », et par le bas par la fondation de « nouvelles valeurs spirituelles » dans un monde moderne « trop » matérialiste. La « cause tibétaine » est transformée en cause universelle, pierre d'achoppement de cette citoyenneté transnationale. En revanche, la Soka Gakkai ne dispose pas d'une « cause » humanitaire spécifique et doit donc construire sa « Révolution humaine » selon d'autres modalités, que nous allons maintenant examiner.

1. Nous sommes récemment intervenu dans un colloque consacré aux régulations publiques de l'islam en Europe (Strasbourg, CNRS/SDRE, 2001) où nous avons exposé les premiers résultats de notre étude comparative sur l'intégration institutionnelle et sociale du bouddhisme et de l'islam en Europe.
2. C'est ce qui semble ressortir des études de Gilles Kepel (*Les banlieues de l'Islam. Naissance d'une religion en France,* Paris, Seuil, 1987), de Bruno Étienne (*La France et l'islam,* Paris, Hachette, 1989), de Felice Dassetto (*La construction de l'islam européen. Approche socio-anthropologique,* Paris, L'Harmattan, 1996), et de celles qu'a dirigées Franck Frégosi qui ont mis en évidence les difficultés inhérentes à la formation d'un encadrement musulman (*La formation des cadres religieux musulmans en France. Approches socio-juridiques,* Paris, L'Harmattan, 1998).
3. Cf. par exemple *Le Nouvel Observateur* (n° 1814, 12-18 août 1999) dans le dossier consacré à « La leçon de vie des sagesses orientales ». Ce numéro très récent met d'ailleurs en exergue l'aspect social et politique du bouddhisme actuel en Occident. Il y a une dizaine d'années, cet aspect était encore occulté au profit de la focalisation individualiste sur l'hygiène physico-psychique.

LE BOUDDHISME MONDIALISÉ

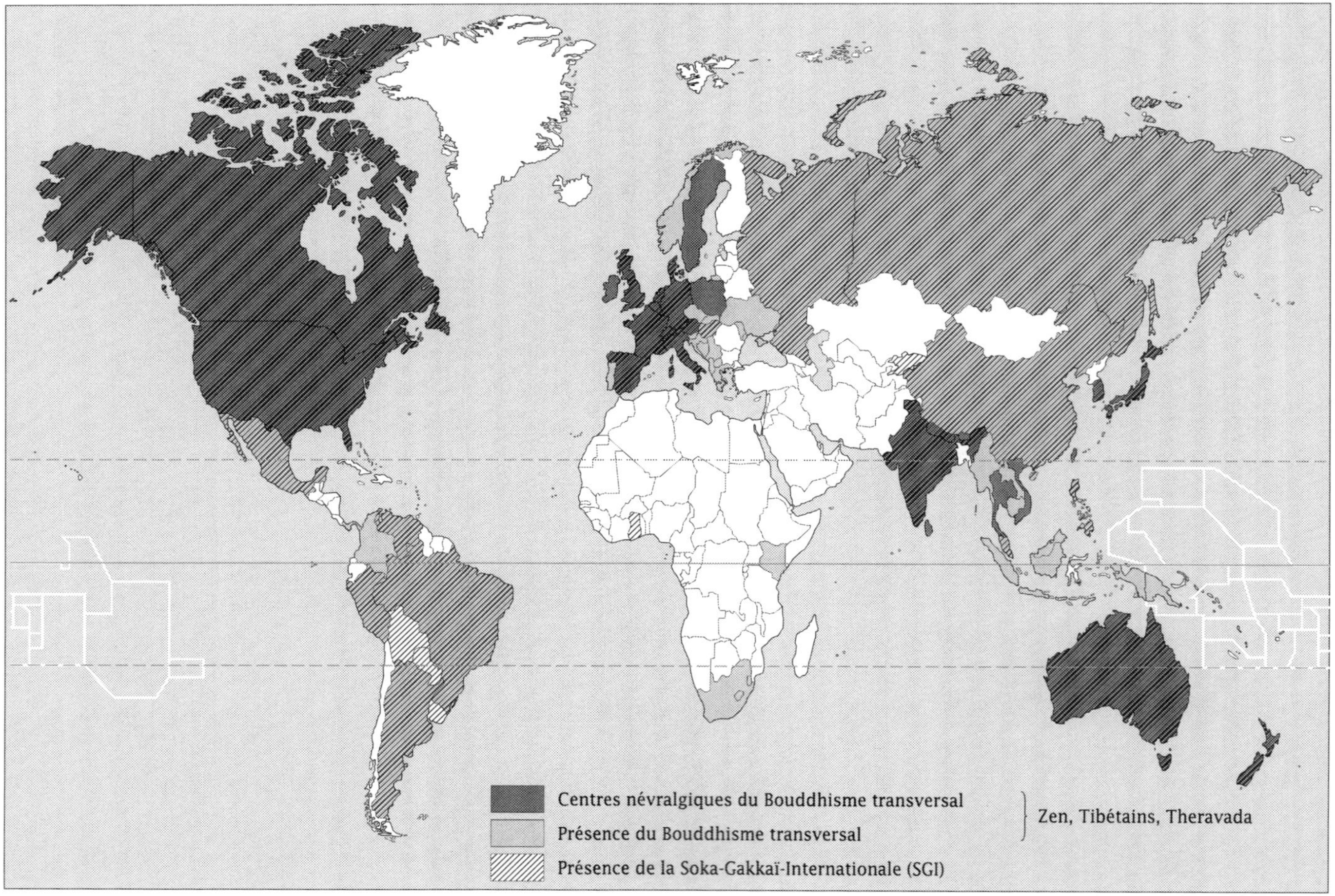

I. LA SOKA GAKKAI : GENÈSE, STRATÉGIE ET MODALITÉS DE LA « RÉVOLUTION HUMAINE »

A/ Nichérisme, Nichiren Shoshu, Soka Gakkai, Soka Gakkai Internationale et *Komeito* : entre symbolique traditionaliste-millénariste, et projet moderniste-socialiste

1° L'invention du nichérisme : le bouddhisme des « derniers jours de la Loi »

Le moine Nichiren, fondateur du nichérisme, n'est pas un théologien mais un homme d'action dont la vie fut ponctuée par des querelles avec les pouvoirs civil et religieux. Issu d'une classe sociale de petits pécheurs campagnards, il représente déjà, par sa seule biographie, le parcours d'un roturier pauvre – en capital symbolique et matériel –, révolté contre la société féodale de son temps. Ses invectives adressées au gouvernement sur la décadence des mœurs lui valent d'être lui-même persécuté, puis exilé à plusieurs reprises. Ses attaques contre les autres sectes religieuses, en particulier bouddhistes, mettent en accusation leur dégénérescence, leur attribuant les désastres sociaux, sanitaires et écologiques qui minaient le Japon au XIIIe siècle. Il incrimine plus particulièrement le zen – ou plutôt le *Chan* chinois – qui serait, d'après lui, responsable de l'affaiblissement de la Chine face à l'envahisseur mongol. Il prévoit même la victoire de ce dernier sur le Japon, si l'on ne combat pas la pernicieuse influence du zen dans ce pays. La *Risshô ankokuro* (« pour un pays sûr et honnête ») est sa première demande formelle adressée en 1260 au gouvernement d'interdire toutes les sectes religieuses à part la sienne, afin de mettre en place et d'affermir « l'orthodoxie véritable » qui permettra de sauver la nation des périls qui menacent son intégrité.

Nichiren formule sa proposition à un moment crucial où règne un désarroi généralisé à la suite de famines, tremblement de terre, épidémies et d'un affaiblissement géopolitique du Japon en Asie. Les autres sectes sont majoritaires et plus proches du pouvoir ; c'est ainsi qu'un an plus tard, à la suite de ses premières adjurations, il sera exilé sur une île. Condamné puis gracié à plusieurs reprises, Nichiren ne cessera de s'adresser au gouvernement afin d'obtenir l'élimination des autres sectes, ou encore de mettre en garde le peuple contre la « dégénérescence » de la civilisation japonaise. Il finit par se retirer dans la montagne, suivant en cela une tradition asiatique qui remonte à la Chine taoïste puis bouddhiste, non sans avoir échappé de justesse à la peine de mort à laquelle il fut condamné en 1272, avoir été exilé deux fois sur une île, et avoir été contraint, à de multiples reprises, de cesser ses activités politiques. Nichiren se présente à la fois comme le fondateur de la « seule » secte capable de redonner des « valeurs », de « régénérer » la civilisation japonaise, et comme le seul homme capable d'interpréter les *sutras* fondamentaux de la secte. « L'époque des derniers jours de la Loi[1] », qui est celle du Japon médiéval à l'en croire, ne peut être régénérée que par un traitement spécial et radical qui nécessite l'élimination de toutes les sectes, y compris et peut-être surtout bouddhistes, mise à part la sienne qui est adaptée à cette période[2].

2° La Nichiren Shoshu : la construction d'une orthodoxie politico-religieuse

Un des disciples de Nichiren, le moine Nikko, devient le deuxième patriarche, selon la généalogie de la *Nichiren Shoshu* (« vraie secte Nichiren »). C'est en réalité une des multiples branches du nichérisme, sans doute la plus radicale, en ce qu'elle accorde une plus grande importance à Nichiren lui-même qu'au Bouddha historique Shakyamuni. Le moine Nikko construisit son temple personnel aux pieds du mont Fuji, sur un lieu qui est toujours le siège mondial de cette organisation monacale. La nouveauté de la *Nichiren Shoshu* est de proclamer l'indissociabilité du pouvoir politique et de la religion bouddhiste. Le bouddhisme avait jusque-là participé au pouvoir mais surtout en tant que groupe de pression, jouant d'influences sans prétendre officiellement à une teneur politique du message religieux. Ce n'est plus le cas avec la *Nichiren Shoshu*, qui engage à l'action politique, avec des visées, à l'époque, nationales. C'est en référence à cette tradition nichériste que la Soka Gakkai sera de nos jours accusée de nationalisme. Mais nous devons souligner que la catégorie idéologique de « nationalisme » est anachronique pour qualifier la pensée politico-

1. La loi est entendue au sens de *Dharma*, loi cyclique universelle du bouddhisme.
2. Le ton des écrits de Nichiren est parfois d'un millénarisme menaçant : « [...] puisque le Japon n'a plus de souverain digne d'être protégé, Bonten et Taishaku, les divinités du soleil et de la lune, et les Quatre Rois du ciel ont [répondu à cette offense et] ordonné à un pays étranger d'envahir le Japon. Ils ont aussi envoyé un pratiquant du *Sutra* du Lotus. Mais les autorités n'ont pas tenu compte de ses remontrances. Au contraire en s'alliant à des mauvais moines, elles ont détruit la loi profane aussi bien que la loi bouddhique et sont devenues les ennemis farouches du *Sutra* du Lotus. Et comme cette opposition à la Loi se perpétue depuis longtemps, le pays est au bord de la ruine. Les épidémies actuelles sont le présage de la guerre. Quel malheur, quel grand malheur ! » (D. Nichiren, « Lettre à Misawa », in *Gosho Zenshu*, p. 1487, L & T, vol. 3, p. 285).

religieuse du moine Nikko et même de Nichiren. De même que la catégorie droite (et extrême-droite) opposée à gauche (et extrême-gauche) n'a aucune pertinence à cette époque, non seulement parce que cette dichotomie, originellement occidentale et française, n'était pas encore apparue factuellement, mais aussi, parce que le nationalisme n'était pas un mouvement de pensée parmi d'autres, distinct d'autres orientations, mais était la base indiscutée de toute pensée politique. En conséquence, il ne s'agissait pas d'un nationalisme structuré et distinct d'autres orientations possibles, mais d'un nationalisme basique, prosaïque et unanimement partagé. Il ne convient donc pas de juger *a priori* l'émanation contemporaine de la *Nichiren Shoshu* à l'aune de ce nationalisme médiéval – le nationalisme[1] étant une constante médiévale nipponne –, mais plutôt à l'aune de ce qui la distingue de l'idéologie prosaïque de l'époque, par exemple le rapport conflictuel spécifique avec le pouvoir d'État, avec les autres sectes bouddhistes et non bouddhistes, avec la doctrine de l'orthodoxie bouddhique, ou encore avec la doctrine de la mission politique du religieux en période dite de « décadence » (*mappo*). Sur le fondement de ces derniers traits, on peut effectivement trouver un parallélisme structural, et non pas superficiel, entre la secte médiévale et la secte moderne. Du moins, ce sont ces éléments qui structurent encore l'idéologie moderne nichériste, en dehors d'un nationalisme pro-japonais fascisant tel qu'il a pu être décrit par les médias occidentaux, particulièrement français, dans le cadre d'un enchaînement fantasmatique, ainsi que nous le montrerons plus loin.

3° De la Soka Kyoiku Gakkai à la Soka Gakkai : du projet de réforme éducatif au projet de révolution humaniste

Le nichérisme de la Soka Gakkai est resté, jusqu'à la Seconde Guerre mondiale, un bouddhisme très minoritaire, peu connu et peu accessible au grand public. Cette guerre, en tant que désastre matériel et psychique pour le Japon, a fourni l'occasion du succès de l'idéologie nichériste fondée sur la culpabilisation des masses et des élites : les mœurs « dépravées », l'éducation « déficiente dans son contenu et ses méthodes », la « dégénérescence » de la culture comme cause de l'effondrement politique. Tsunesaburo Makigushi, fondateur de ce nichérisme laïque qui va devenir dominant après la Seconde Guerre mondiale, figure en deuxième Nichiren Daïchonin, ou plutôt en Nichiren moderne. Né dans un village de pêcheurs – la référence à la paternité de Nichiren s'impose –, il est pauvre mais gravit par l'éducation normale puis supérieure les échelons sociaux ; pour Nichiren il s'agissait de l'enseignement religieux : la prétention moderniste laïque de la Soka Gakkai exige ce passage du religieux au laïque. La condition religieuse est d'ailleurs quasiment l'unique moyen d'ascension sociale à l'époque médiévale, l'équivalent moderne étant l'enseignement

1. Bien sûr nous n'entendons pas « nationalisme » dans l'acception moderne.

universitaire. Les mérites de Makigushi, « devenu professeur à l'âge de 22 ans », sont régulièrement ressassés dans les colonnes des organes de presse de l'organisation. Sa vie de roturier témoigne de la désuétude des hiérarchies féodales du Japon tel qu'il est à la veille du second conflit mondial, et tel qu'il reste en partie ainsi que l'organisation cherche encore à en persuader le public. Cette critique du hiérarchisme féodal nippon est probablement un des facteurs déclenchant des attaques du gouvernement japonais à l'encontre du mouvement ; le deuxième facteur déterminant étant le court-circuitage de la diplomatie japonaise, spécialement en Asie et encore plus spécialement en Chine, opéré par l'action internationale du dernier président de l'organisation qui se fait inviter par des chefs d'État étrangers comme s'il était un diplomate nippon, tout en critiquant la politique étrangère japonaise dans le cadre officiel même de « ces rencontres au sommet ». Mais, à l'origine de sa création, cette organisation laïque affiliée à la *Nichiren Shoshu* justifie son existence par une action éducative. Il s'agit de créer et d'intérioriser des valeurs à la fois nouvelles, adaptées aux nouvelles conditions sociopolitiques liées à la sécularisation de la société sous l'influence occidentale depuis l'ère Meiji, à la démocratisation et à la constitutionnalisation des institutions politiques depuis la Seconde Guerre mondiale. Il s'agit de tirer la leçon – au sens d'une reformulation pédagogique – de la guerre perdue par le Japon, défaite militaire qui est la métaphore d'une défaite plus profonde du féodalisme. C'est la raison pour laquelle l'organisation n'a pas à l'origine une ambition internationale, mais se confère une mission de rééducation nationale qui se retrouve d'ailleurs dans l'intitulé de *Soka Kyoiku Gakkai* (Association pour une Éducation par la Création de Valeurs) avant de devenir plus tard simplement la Soka Gakkai (Société pour la création de valeurs). Le thème de la régénérescence des valeurs nationales permet en effet, dans un premier temps, d'assimiler le mouvement à une organisation nationaliste, au sens qui est aujourd'hui connoté à l'extrême-droite fascisante. Ce n'est pas l'accent moderniste Soka qui saurait démentir cette assimilation, puisque les mouvements nationaux-socialistes européens n'étaient pas, eux non plus, contre la modernité, mais entendaient orienter la modernité selon les plans d'une société totalitaire. Le nationalisme totalitaire est exclusif ; il se développe et s'impose par des procédures d'exclusion culturelle, raciale, sociale, linguistique, etc., alors que ce qui constitue le nationalisme originel de la Soka est inclusif, se fonde sur l'adaptation aux différentes cultures, races, langues. La preuve récurrente de cet inclusivisme tient dans la dissolution de son nationalisme conjoncturel incompatible avec sa volonté d'adaptation universelle, dans un mondialisme moderniste qui, s'imposant progressivement, conduira en 1975 à la création de la Soka Gakkai Internationale (SGI).

Avant la Seconde Guerre mondiale, le mouvement n'est qu'une petite association d'une centaine de membres tout au plus. Le conflit va servir le développement du mouvement à plusieurs titres. D'abord, parce que de simple association pourvue d'un projet éducatif « alternatif », elle va étendre son projet à l'application du nichérisme pour réformer l'ensemble de la société. C'est à cette époque, la fin des années trente, que le mouvement commence à prendre des positions ouvertement politiques avec une tendance pacifiste – et même antimilitariste – marquée (ce qui est une tendance très minoritaire à l'époque), critiquant le « caractère belliqueux » de l'esprit nippon et de ses représentants au pouvoir. Ensuite, cette attitude va provoquer une réaction violente des pouvoirs publics, qui déclareront l'organisation dangereuse pour la sécurité de l'État et interdiront l'expression publique de ses positions politiques antimilitaristes préjudiciables à l'intérêt du pays en période de guerre. Devant l'obstination des meneurs face aux injonctions répétées du pouvoir, les dirigeants du mouvement seront finalement emprisonnés en juillet 1943. Makigushi mourra d'ailleurs en prison. Sa biographie sera mise en parallèle avec celle de Nichiren, particulièrement son antagonisme avec le pouvoir. Se constituera une hagiographie du révolutionnaire bouddhiste idéal dont Makigushi est le saint-héros qui se sacrifia pour le bonheur du Japon à un premier niveau, puis pour le bonheur de l'humanité à un second niveau qui apparaîtra après l'évolution mondialiste de la ligne idéologique. Le ton de cette description des événements évoque la valorisation de l'antagonisme entre le « mouvement régénérateur » et le « pouvoir corrompu » : « En juillet 1943, à l'âge de 72 ans, parce qu'il refuse de renoncer à ses convictions, Tsunesuburo Makigushi est emprisonné avec une vingtaine de ses disciples, dont Josei Toda. Le 18 novembre 1944 il meurt en martyr dans une prison de Tokyo[1] » ; autrement dit, la responsabilité de cet assassinat politique incombe au gouvernement japonais. Il est facile de comprendre entre les lignes que la tentative gouvernementale d'éliminer l'idéal pacifique du mouvement s'est traduite par l'élimination physique de son chef, qui devient alors un héros martyr. Cette héroïsation sert encore l'argumentaire de la Soka Gakkai, non seulement au Japon, mais aussi en Occident, et en France en particulier lorsqu'il s'agit de combattre la qualification de secte. Nous trouvons, dans un droit de réponse accordé par *Le Provençal* au sujet d'un article paru le 6 octobre 1995 intitulé « Le voyage au bout de l'enfer d'une secte » qui mettait en cause le mouvement, la référence à la martyrisation de Makigushi, héros combattant contre l'oppression shintoiste-militariste : « [...] nous souhaiterions rappeler aux lecteurs de ce journal que le premier président de notre mouvement, M. Makigushi, est mort en prison le 18 novembre 1944 pour s'être opposé au régime militaire et impérialiste de l'époque, pour avoir refusé la soumission à une religion d'État fanatique et défendu son idéal de dignité de la vie et de respect de l'homme. Depuis cette date, notre objectif n'a pas changé et c'est sur ces mêmes bases que le mouvement de la Soka Gakkai poursuit aujourd'hui ses activités au Japon et en France[2] ». La « religion d'État

1. Prospectus de présentation de la *Nichiren Shoshu Française* (septembre 1984, p.16).
2. « Droit de réponse », in *Le Provençal*, 18 janvier 1995.

fanatique » est le shintoïsme associé au culte de l'empereur. Mais plus implicitement, la Soka Gakkai cherche à ranimer le souvenir de la Seconde Guerre mondiale, en soulignant qu'elle fut une victime de l'intérieur des forces de l'Axe contre lesquelles elle fit preuve d'une résistance héroïque, et cherche ainsi à mettre en parallèle sa propre expérience historique de résistance face au totalitarisme japonais en rapport avec l'Allemagne nazie (impérialiste, militariste, fanatique) occupant la France. L'insinuation implique que si la Soka Gakkai avait été présente à ce moment historique en France, elle aurait fait partie de la résistance. En conséquence, les forces qui aujourd'hui cherchent à la disqualifier, ou qui la persécutent, sont comparables à des forces nazies. C'est du moins l'insinuation qui est faite ici, en rappelant que l'organisation poursuit encore en France ces mêmes objectifs pour lesquels elle fut persécutée par les « fanatiques », c'est-à-dire la protection de la « dignité de la vie » et la défense du « respect de l'homme ».

La prison est le symbole de la lutte pacifique contre le pouvoir, dont la mort de Makigushi reste le point ultime, le sacrifice par excellence. C'est encore à l'épreuve de la cellule que son successeur Toda sera représenté comme ayant acquis sa « véritable » vocation et son idéal politico-religieux nichériste : « C'est en prison, seul dans sa cellule, que Josei Toda sonde la profondeur de la philosophie bouddhique[1] ». La prison représente aussi la résistance spirituelle face à l'oppression politique : « Le 3 juillet 1945, Josei Toda est relâché sans avoir renié sa foi », ou encore « C'est dans un Japon dévasté et totalement dérouté que Josei Toda entreprend, sitôt sa sortie de prison, la propagation du bouddhisme ; car il n'ignore plus que c'est dans le cœur même de chaque homme que naît la guerre...ou l'illumination absolue[2] ». L'épreuve de l'incarcération joue le rôle d'une illumination, et en même temps d'une expérience légitimatrice de l'autorité du président du mouvement. Le président Toda transformera l'appellation *Soka Kyoiku Gakkai* (Association pour une Éducation par la Création de Valeurs) trop restrictive en Soka Gakkai (Association pour la Création de Valeurs) « craignant qu'on ne limite la portée du bouddhisme au seul domaine éducatif [...][3] ». Cette modification corrobore la réalité de son action. Sous sa présidence, en effet, l'organisation amorce son virage politique, prenant des positions directes et officielles. Après les désastres d'Hiroshima et de Nagasaki qui déboucheront sur l'humiliante capitulation du Japon, Toda accuse bien entendu, dans la grande tradition nichériste, la dégénérescence des mœurs ; il suit aussi la tendance plus récente à critiquer le manque d'adaptation à la modernité, la sclérose féodale nippone.

La guerre sera la chance de l'organisation. Son idéologie avait, avant le conflit, une image antipatriotique pour la masse japonaise fidèle à l'idéologie impériale, attachée dans sa grande majorité au culte de

1. *Ibid.*, p. 16.
2. *Ibid.*, p. 17.
3. *Ibid.*, p. 17.

l'empereur. Après la défaite nippone, les critiques à l'encontre du féodalisme acquièrent une justification, tout en « sauvant » l'identité japonaise. La Soka Gakkai, avec sa tradition nichériste d'opposition au pouvoir en place, et ainsi au pouvoir impérial, tout en étant foncièrement japonaise, démontre que le Japon n'était pas qu'une puissance militaire, et que même sur ce plan son échec n'était pas l'échec global et essentiel du Japon, mais l'échec d'un système qui ne représente pas « toute » la civilisation nippone, même s'il s'est jusque-là imposé hégémoniquement. Par ailleurs, l'idéologie Soka valorise la modernité démocratique comme n'étant pas le produit exclusif de l'Occident. La tradition nichériste est présentée comme un enseignement rationnel complémentaire et critique des imperfections de la modernité occidentale, qui tiennent essentiellement dans le matérialisme capitaliste excessif ou dans le socialisme matérialiste excessif, ce qui, dans « l'esprit » Soka, est équivalent. Voilà pourquoi la Soka Gakkai ne se contente pas d'enregistrer le succès d'une certaine modernité occidentale, valorisant son aspect progressiste, mais en appelle à une « Troisième civilisation » qui concilierait capitalisme et socialisme, un « socialisme libéral » ou un « capitalisme spirituel ». La défaite du Japon peut ainsi ne plus être perçue comme la dissolution de l'identité japonaise mais l'occasion de l'émergence de sa « véritable » identité « humaniste » jusque-là étouffée. Il est possible d'accepter la démocratisation et la modernisation imposées de l'extérieur, en l'occurrence par les USA, tout en critiquant cette extériorité sur le terrain même d'un idéal démocratique et moderniste, par référence à une source japonaise. L'utilisation de l'arme atomique est présentée comme une défaite spirituelle de l'Occident, l'aspect mortifère et régressif de sa modernité. Toda se prononcera dès le début de son mandat pour l'abolition des bombes atomiques et à hydrogène. La nouvelle orientation pacifiste contient déjà une tension mondialiste, avec l'idée sous-tendue que les grandes nations de l'avenir ne seront pas des puissances militaires. Idée qui sera développée dans le cadre de la SGI sous la présidence d'Ikeda, avec le concept de « pouvoir soft[1] ».

4° Du *Komeito* à la SGI (Soka Gakkai Internationale) : de la stratégie de prise du pouvoir national à la stratégie de dénationalisation du pouvoir

a) De la ligue au parti

Le futur président mondial Daisaku Ikeda rencontra Josei Toda pendant ses études universitaires. Ce détail a son importance : l'éducation, l'école, l'université sont toujours les éléments moteurs qui ont motivé le projet originel du mouvement. Passons sur l'hagiographie qui fait de la rencontre des deux hommes un moment d'émotion sacrée (Ikeda demande « quel est le sens de la vie » et aussitôt « Leurs regards s'accrochent... », etc.[2]).

1. Nous renvoyons le lecteur à notre paragraphe sur le « pouvoir soft ».
2. Cet épisode est raconté par Ikeda lui-même dans son ouvrage *La Révolution humaine,* Paris, Éditions du Rocher, 1987, p. 82.

L'action d'Ikeda auprès de Toda sera grandement appréciée : l'homme est un rassembleur, particulièrement de la jeunesse, et il dispose des talents de l'organisateur. Ce qui revient à lui attribuer la palme dans l'activité centrale de *Kosen Rufu* : transmission de la loi bouddhiste au plus grand nombre, autrement dit du prosélytisme. C'est ainsi que, seulement treize ans après son adhésion, il se retrouve, à la mort de Toda, président de l'organisation.

À partir des années soixante, la Soka Gakkai devient une des plus importantes organisations religieuses du pays, touchant une dizaine de millions d'individus répartis dans 4 à 5 millions de familles. En constituant le *Komei Seiji Remmei* (la ligue des politiciens honnêtes) en 1960, la Soka Gakkai montra d'abord sa volonté d'apparaître comme un lobby qui compte agir dans le champ politique japonais. Il faut préciser que la Soka Gakkai avait déjà réussi, aux élections de 1955 et 1959, à s'introduire à la Diète à travers des élus proches de ses idéaux, y compris des membres pratiquants[1].

Ikeda élargit encore le champ d'attribution de l'organisation, dans la logique nichériste d'unification des plans politiques et religieux, tout en acceptant les principes modernes de laïcité et de démocratie, et même en les complétant : ajoutant, par exemple, la proposition selon laquelle un gouvernement ne peut être authentiquement démocratique – ou démocratiquement moderne – s'il s'impose par la force aux autres nations. Le mode d'élection au suffrage universel n'est donc pas, dans l'acception ainsi énoncée, une garantie suffisante de démocratisme. Mais, dans la fin des années cinquante et le début des années soixante, même si ce premier pas vers une activité politique cohérente dépasse les simples prises de position erratiques contre la remilitarisation du Japon par exemple, cela reste un ensemble de projections politiques qui ne se concrétisent pas encore au-delà d'un lobbying politico-religieux tel qu'il en a existé et tel qu'il en existe encore dans le pays[2]. L'idéologie qui va permettre de dépasser ce premier pas se configure progressivement par, d'un côté, un référencement accru à Nichiren Daïchonin et à sa doctrine de l'unité de l'État et du religieux dans la période de crise morale qui est supposée être celle du XXe siècle – ce qui exige un élargissement de l'action culturelle à l'action politique –, et d'un autre côté par la nécessité de modernisation, d'adaptation à l'environnement spirituel et matériel nouveau qui résulte de l'occidentalisation du Japon. Se construira ainsi un appareil critique à la fois de la tendance régressive féodale japonaise responsable de la défaite, et de la tendance régressive, autrement dit de l'aspect « inhumain », matérialiste, totalitaire, de la modernité occidentale. À la suite de cette évolution, le

1. Cette évolution vers la création d'un parti politique est brièvement et clairement schématisée dans l'article « De la Soka Gakkai au Komeito » (« Bouddhisme et politique en Asie Orientale », in *Problèmes politiques et sociaux »,* n° 603, mars 1989, p. 51-52).
2. Le *Reiyukai* est lié par exemple à certaines franges du parti libéral-démocrate, ou encore au Zen, qui en Occident, spécialement en France, est moderniste, apolitique et permissif, alors que certaines de ses composantes sont traditionalistes et nationalistes au Japon, diffusant une idéologie du « réarmement moral » dans un Japon « pollué » par la « modernité ».

Komei Seiji Remmei (ligue des politiciens honnêtes) va être refondu, en novembre 1964, en parti politique à part entière, le *Komeito* (parti pour l'honnêteté, ou la probité, ou encore, reprenant la traduction anglaise très proche de l'esprit des fondateurs, *Clean Government Party,* parti pour un gouvernement propre, non corrompu). La corruption de l'élite gouvernementale serait le reflet de la dégradation de la culture. Il convient de rétablir la transparence, gage de la démocratie. C'est à partir de ce mot d'ordre que la création du *Komeito* sera accompagnée d'une remise à l'honneur explicite de la première lettre de Nichiren Daishonin aux autorités japonaises – le *Rissho ankokuron*, ce qui peut à peu près se traduire par « pour la sécurité et la probité de la nation » – tout en la modernisant afin de l'adapter aux circonstances nouvelles. Quatre principes fondamentaux extraits de cette lettre sacrée, serviront de programme de base du parti :

1) L'unité entre le pouvoir politique et le bouddhisme. Mais le bouddhisme Soka se veut universaliste, en vertu de l'égalité fondamentale des êtres quelles que soient leur condition sociale, leur race, leur culture, et quelle que soit aussi, aussi paradoxal que cela puisse paraître, leur appartenance religieuse. Ce qui revient à dire que le bouddhisme appliqué au régime des cultes se traduit par une administration laïque, une sorte de pacte social adogmatique. Ce qui revient à dire aussi, sur le plan de la politique extérieure, qu'aucun conflit international violent n'est justifié et justifiable, même par un intérêt national supérieur, l'idéal étant d'atteindre une « paix mondiale permanente ».
2) Un gouvernement se doit d'apporter la prospérité à l'ensemble de la population. Pour cela, les biens matériels ne doivent pas être confisqués par une élite, nobiliaire ou bourgeoise, au détriment des masses. Il faut prévenir la « pernicieuse » transition qui ferait passer du féodalisme traditionnel au féodalisme capitaliste, lesquels sont, au-delà des apparences, équivalents. Mais il ne faut pas non plus ériger une administration socialiste qui s'impose par la contrainte sans tenir compte de la « dimension humaine » concrète. L'objectif du parti est de favoriser l'érection d'un « socialisme humaniste ».
3) Le parti lui-même doit manifester cette « Révolution Humaniste », non seulement par ses idéaux, mais aussi par sa différence fondamentale avec le milieu politique classique, par sa « transparence » et sa « probité » sans faille, dans sa structure, son fonctionnement, et par sa composition. Ce doit être un parti de masse, non seulement parce qu'il est populaire[1], mais aussi parce que les « hommes ordinaires » doivent pouvoir accéder à des fonctions de direction. En tant qu'« homme ordinaire », chacun peut espérer devenir un « homme remarquable ». L'ascension hiérarchique doit être en permanence assurée au sein du parti, qui doit figurer comme une micro-réalisation du projet de « démocratie bouddhique ».
4) L'organisation partisane elle-même, en se posant en trouble-fête dans un « régime de parti corrompu », signifie concrètement la remise en cause du système. S'appuyant sur sa propre transparence, le parti peut alors fournir une mise en cause discursive de la vie politique japonaise : déniant au régime une nature « authentiquement » parlementariste, ou même démo-

1. Il nous semble que, malgré cette prétention officielle, le *Komeito* reste, comme la plupart des partis japonais, un parti de cadres.

cratique. Ainsi, contrairement au discours réactionnaire d'une certaine tendance du zen *Sôtô* par exemple, qui en appelle à un « réarmement moral » antimoderne, rejetant l'éducation et la culture dites humanistes au profit d'un retour à un Japon ancestral idyllique opposé à l'influence occidentale source de tous les maux et de toutes les dépravations, le *Komeito* ne rejette ni l'occidentalisation ni la culture nippone, mais une certaine culture nippone et une certaine culture occidentale, toutes deux destructrices à leur manière. Le *Komeito*, non seulement ne rend pas l'influence occidentale responsable d'un quelconque échec matériel et moral, mais représente l'humanisme moderne comme un idéal dévoyé en Occident même, un projet trahi par les développements « inhumains » à la fois du socialisme et du capitalisme, au point de ne laisser qu'une apparence, une forme politique sans fond. Le parti se propose de donner un fond concret aux principes politiques occidentaux, qui furent jusque-là détournés en communisme totalitaire ou en capitalisme de masse. Il s'agit d'ériger un régime « authentiquement » démocratique et parlementaire, d'être plus démocrate que les nations qui prétendent imposer la démocratie au Japon, et par là de renforcer la « foi » en une identité japonaise alternative du féodalisme, source elle-aussi – même si elle fut jusque-là étouffée par l'« idéologie samouraï » –, de la modernité dans ce qu'elle recouvre de plus positif.

Le *Komeito* est, à son origine, la subdivision partisane de la puissante Soka Gakkai, le simple instrument de son intégration politique. Daisaku Ikeda, président de la Soka Gakkai, était en même temps un des membres fondateurs du parti, et un membre éminent de son équipe dirigeante. Le programme du parti résulte de la maturation idéologique opérée au sein de la Soka Gakkai. Au début, le *Komeito* est très proche du parti communiste japonais, et même plus radical en ce qui concerne les positions antimilitaristes et antinucléaires, suivant en cela la ligne idéologique Soka. Progressivement, pour des raisons d'élargissement de son électorat, le parti va créer sa propre voie adaptée à sa clientèle politique de cadres moyens, d'intellectuels et d'employés : un socialisme plus édulcoré, humanitariste, qui permettra des alliances de centre-gauche. Cette stratégie se heurte, dès la fin des années soixante, aux réticences de la classe politique classique face à l'amalgame politico-religieux – unique dans le champ politique nippon – qui caractérise la nébuleuse organisationnelle Soka-*Komeito*[1]. Afin de sortir de cette situation de blocage qui freine son expansion et lui ferme les allées du pouvoir gouvernemental, le *Komeito* et la Soka Gakkai décident, d'un commun accord, d'amorcer une séparation qui se traduit par l'autonomisation du pouvoir décisionnel du parti dans l'élaboration de ses programmes, par l'autonomisation budgétaire, et enfin par la distinction des personnels dirigeants des deux organisations. Le président Ikeda, par exemple, n'est plus aujourd'hui membre du bureau exécutif du *Komeito*. Mais l'amalgame était trop encré dans les mentalités pour disparaître après cette simple mesure formelle. Les dirigeants multiplièrent les actions

1. Sur l'étude de la nébuleuse originelle Soka Gakkai – *Komeito*, on pourra consulter Shigeyoshi Murakami, *Japanese Religion in the Modern Century*, Tokyo, University of Tokyo Press, 1980.

tendant à tenter de changer les mentalités et à prouver l'indépendance du parti, sans y réussir.

Devant les résistances persistantes des représentations véhiculées dans les milieux partisans et médiatiques, le *Komeito* se voit dans l'obligation d'aller plus loin que la simple séparation organique, et va opérer un revirement idéologique, remettant officiellement en cause la proposition nodale qui est à l'origine même de la création du parti : l'unité entre l'aspiration religieuse et le projet politique. Cette dernière proposition, qui est contenue dans la déclaration de naissance du parti, remontant au fond de la pensée nichériste, est révoquée officiellement le 26 juillet 1988 dans un article intitulé « La séparation de la politique et de la religion ». Ce texte retranscrit un débat entre le sénateur Norimi Wada, le chef du groupe parlementaire du *Komeito*, Ichikawa, et enfin le plus haut dirigeant du parti, le président Yano. La discussion est une réaction de survie au moment où s'élève une polémique qui accuse plus virulemment que jamais le parti d'être le vassal d'une organisation religieuse. Les critiques ont défrayé la chronique après le limogeage du *Komeito* dont a fait les frais le député Toshio Ohashi, qui osa émettre des réserves à l'encontre de l'action du président de la Soka Gakkai. Même si l'exclusion du parlementaire sera justifiée d'une toute autre manière par les représentants du parti, il n'en résulta pas moins une campagne antikomeito au sein du monde politique japonais. La seule façon de clarifier définitivement les choses et de sortir de cette impasse fut de faire un pas décisif dans la distinction idéologique entre la pensée nichériste et l'orientation du *Komeito*.

L'article de 1988[1] marque un changement d'orientation décisif, tout en réaffirmant une fraternité certaine avec le Soka Gakkai. Le président Yano rappelle que le *Komeito* et la Soka Gakkai sont des organisations institutionnellement et financièrement séparées depuis 1968. Il assure que cette mesure administrative est la démonstration concrète que le *Komeito* entend respecter la clause constitutionnelle qui se rapporte à la séparation du politique et du religieux, tout en protégeant le libre exercice religieux, non seulement en tant qu'organisation, mais en tant que gouvernant s'il lui arrive d'accéder au pouvoir suprême. Enfin, le président du parti reconnaît et accepte comme compatible avec ces principes laïques, le soutien électoral de la Soka Gakkai, en précisant que cela n'entame en rien l'autonomie programmatique et fonctionnelle du *Komeito*, puisque celui-ci est ouvert au peuple japonais dans son ensemble, sans aucune distinction confessionnelle. Le président Yano se défend par une attaque destinée à ceux qui critiquent le soutien électoral d'une organisation confessionnelle, en rappelant implicitement que si le principe de la séparation est effectivement constitutionnellement affirmé, en revanche le lobbying religieux est une pratique courante dans la vie politique japonaise. En

1. « Komeito. Sur le problème de la séparation entre le religieux et le politique dans l'organe de presse du Komeito », in *Asashi Shimbun*, Tokyo, juillet 1988. L'organe de presse du *Komeito* se nomme le *Komei Shimbun*.

conséquence, ou cette pratique est contraire à la Constitution[1], et c'est l'ensemble du rapport entre les règles et les pratiques politiques qu'il faut revoir, ou bien cette pratique n'est pas contraire à la Constitution. C'est ce dernier axe qui est choisi par la *Komeito*. La tentative de maintenir une influence même éthérée de la Soka Gakkai se fait donc au prix d'un recul idéologique et de l'abandon de la continuité originelle entre la *Nichiren Shoshu* (tradition monacale), la Soka Gakkai (action culturelle et sociale) et le *Komeito* (stratégie d'accession au pouvoir).

D'un certain côté, il semble que le pilier sociopolitique au sens de Rokkan[2], au centre duquel se trouvait la Soka Gakkai, soit mis en péril. La religion chrétienne dans ses différentes versions – catholicisme, protestantisme et orthodoxie principalement – s'est constituée en pilier dans la plupart des pays d'Europe. Dans certains cas, le pilier soutient un monopole politico-religieux – ce fut le cas de l'Église catholique en France –, dans d'autres cas, il peut y avoir concurrence sectaire dans l'espace national, c'est encore le cas de certains pays de tradition protestante. Mais, dans tous les cas, la constitution d'un pilier suppose deux éléments, l'un social à travers des associations caritatives, des établissements d'enseignement, des syndicats, des hospices et des hôpitaux, l'autre politique, à travers un parti qui lutte pour la conquête du pouvoir. Le premier élément est constitué de réseaux de socialisation : intériorisation de valeurs religieuses dans le cadre de services sociaux, d'éducation ou de retraite par exemple, chez des citoyens qui sont où seront en âge de voter. Ainsi, le parti s'appuie sur cette infrastructure sociale afin de maintenir et de conquérir son électorat. Contrairement aux piliers construits en Occident par le christianisme, une première originalité apparaît, car il s'agit d'une organisation laïque – dans le christianisme, ce type d'organisation laïque n'est que la courroie de transmission idéologique et matérielle légitimée par un statut d'association caritative – qui est le ciment du pilier, et non l'organisation proprement religieuse. Il est vrai que les partis politiques modernes originellement liés à une mouvance religieuse, tels que les partis démocrates chrétiens, disposent d'une autonomie quasi totale vis-à-vis des institutions religieuses. La relation ne préexiste que dans la stratégie de captation d'un électorat plus sensible qu'un autre à certains thèmes, du type de celui de l'avortement. Mais la Soka Gakkai a ceci d'original qu'elle est une organisation laïque qui ne se contente pas de mettre en place des infrastructures de socialisation, mais produit aussi elle-même les valeurs centrales de cohésion auxquelles doivent se plier à la fois l'organisation religieuse et le parti politique. C'est d'ailleurs cette situation de dépendance qui a abouti à la scission entre la *Nichiren Shoshu*, organisation proprement

1. Les critiques à l'encontre de la relation entre la Soka Gakkai et le *Komeito* sont fondées sur l'interprétation de l'article 20 de la Constitution japonaise de 1945 qui se rapporte à la séparation entre le religieux et le politique.
2. S. Rokkan, « Towards a Generalized Concept of "Verzuiling" (pillarisation) : A preliminary note », in *Political Studies,* 1977, 25.

confessionnelle, et la Soka Gakkai[1]. De fait, la Soka Gakkai s'est complètement détachée de son origine traditionnelle religieuse, au point de prétendre produire elle-même directement et légitimement les biens du salut nichériste, c'est-à-dire en particulier le *Dai-Gohonzon*[2]. Le bouddhisme, en tant que pratique dévotionnelle, ne reste, au sein de cette association laïque, que le mode privilégié de communalisation : structuration d'une expérience commune à partir de rites spécifiques, de prières spécifiques, d'objets dévotionnels spécifiques. En dehors de cette fonction de communalisation, la Soka Gakkai s'est complètement laïcisée, y compris dans les thèmes centraux de son idéologie.

S'il y a rupture avec le nichérisme traditionnel, il ne semble donc pas y avoir rupture, lors de la séparation d'avec le *Komeito*, avec l'évolution de la Soka Gakkai vers la laïcisation et la politisation. L'organisation suit à l'évidence une stratégie de dévisibilisation de ses attributs religieux. La séparation fonctionnelle d'avec le *Komeito* ne semble pas être une rupture réelle, mais une mesure sensée dévisibiliser le caractère religieux du *Komeito* lui-même. Les choses peuvent se présenter ainsi : la Soka Gakkai a échoué à convaincre les milieux politiques de son caractère non religieux, elle en vient donc à se séparer organiquement de sa branche politique, afin de se disculper, à un premier niveau, des accusations qui la font passer pour le marionnettiste du parti, mais à un niveau plus profond, elle tente encore de convaincre de sa propre modernité en appliquant pour elle-même la séparation du religieux (ou ce qui peut y être assimilé) et du politique. En tout état de cause, cette orientation a permis au *Komeito* d'être accepté comme une force politique à part entière dans l'espace nippon. Le parti a réussi une percée électoralc qui l'a maintenu à la Diète comme troisième force politique (58 députés en 1983). Depuis, son influence a eu tendance à légèrement baisser, tout en restant la quatrième force politique du pays (aux alentours de 10 % des voix aux élections législatives). En 1994, il tenta de parvenir au pouvoir par une alliance centriste avec des dissidents du PLD (social démocrate), tels que le *Minshato*, et constitua une force, le *Shinshinto*, susceptible de vaincre le parti libéral démocratique au pouvoir depuis plus d'un quart de siècle. Le thème de la campagne, plus que sur les idéaux classiques du *Komeito* comme la démilitarisation, se fixa surtout sur la corruption des dirigeants du parti libéral démocratique, thème partagé par les autres éléments constitutifs du *Shinshinto*. La Soka Gakkai, de son côté, a soutenu la coalition du *Shinshinto* sur le plan national, alors qu'elle a continué à soutenir exclusivement le *Komeito* localement puisqu'il n'y a pas eu de coalition à ce niveau.

Cette coalition ne réussit pourtant à porter le *Komeito* que pendant quelques mois au pouvoir, période durant laquelle les plus vives critiques

1. Cf. p. 265 la chronologie des conflits entre la *Nichiren Shoshu* et la Soka Gakkai.
2. Voir, à l'intérieur du chapitre « La pratique dévotionnelle : charisme et ascétisme », le paragraphe « Le système dévotionnel triangulaire : le fondateur (Nichiren) – le parchemin (*Gohonzon*) – le mantra (*Nam-Myoho-Renge-Kyo*) ».

furent proférées à son encontre. Un leader du PLD n'hésita pas à comparer le *Komeito* à la secte *Aum Shinrikyo* qui s'est fait connaître pour ses actions terroristes[1]. Suivit une campagne contre la Soka Gakkai censée toucher le *Komeito*. Ce dernier réagit en 1998, en se transformant en Nouveau *Komeito*, s'assumant entièrement en tant que parti totalement indépendant de la Soka Gakkai. Cette action porta ses fruits puisque le *Komeito* participe aujourd'hui au gouvernement, allié du PLD, les ennemis jurés d'hier[2]. Néanmoins, on peut dire que cette stratégie, de retrait idéologique du nichérisme traditionnel et de distinction fonctionnelle de la Soka Gakkai, a servi à une consolidation du pilier sociopolitique plutôt qu'a son anéantissement, dans la mesure où les idées Soka continuent à être soutenues par le *Komeito*, et inversement ce dernier reçoit toujours le soutien de l'organisation laïque. La coalition a permis une dévisibilisation du caractère religieux, ce qui est en adéquation avec l'orientation globale Soka.

Mais il est vrai, cependant, que la Soka s'est progressivement désintéressée de la politique intérieure japonaise pour se tourner vers l'internationalisation. L'association n'abandonne pas pour autant son action dans le champ éducatif et culturel, mais l'intensifie au contraire, par la création d'écoles primaires, secondaires (création de deux lycées en 1968), et même en 1972 de l'université Soka, et par la création en 1963 des Concerts *Min'On* qui regroupent aujourd'hui aux alentours de 2 millions de participants, et qui peuvent ainsi être considérés comme la plus importante structure japonaise de ce type. Ces initiatives, éducatives et culturelles, doivent se comprendre elles-mêmes dans le cadre de l'intensification de la stratégie de mondialisation. La modernisation, et par là la laïcisation – y compris des objectifs politiques – apparaît dès lors comme une étape d'adaptation avant la phase d'exportation, qui commence précisément dans les années soixante avec ce type d'initiatives éducatives et culturelles. L'Association *Min'on* développa des relations d'échanges avec des troupes étrangères, en France avec les Jeunesses musicales de France, et ira jusqu'à inviter la Scala de Milan en septembre 1983, comprenant le voyage de 500 personnes, et l'organisation à Tokyo, Yokohama et Osaka, de 8 concerts et 18 opéras. Bien avant cela, l'Université Soka a contracté, avec des universités étrangères, des contrats d'échanges étudiants. Cette orientation sera véritablement concertée à partir de la création de la Soka Gakkai Internationale, qui deviendra la nouvelle organisation centrale coordinatrice du pilier Soka.

---

1. On se souvient de l'attentat à l'empoisonnement au gaz sarin qui avait défrayé la chronique.
2. Cette alliance a été aussi rendue possible grâce à l'action médiatrice du président du Nouveau *Komeito*, Tanenori Kanzaki.

RAPPORT INTERNE DE LA SOKA GAKKAI : ACTIVITÉ MONDIALE EN 1999 DE L'ORGANISATION PAR CATÉGORIES

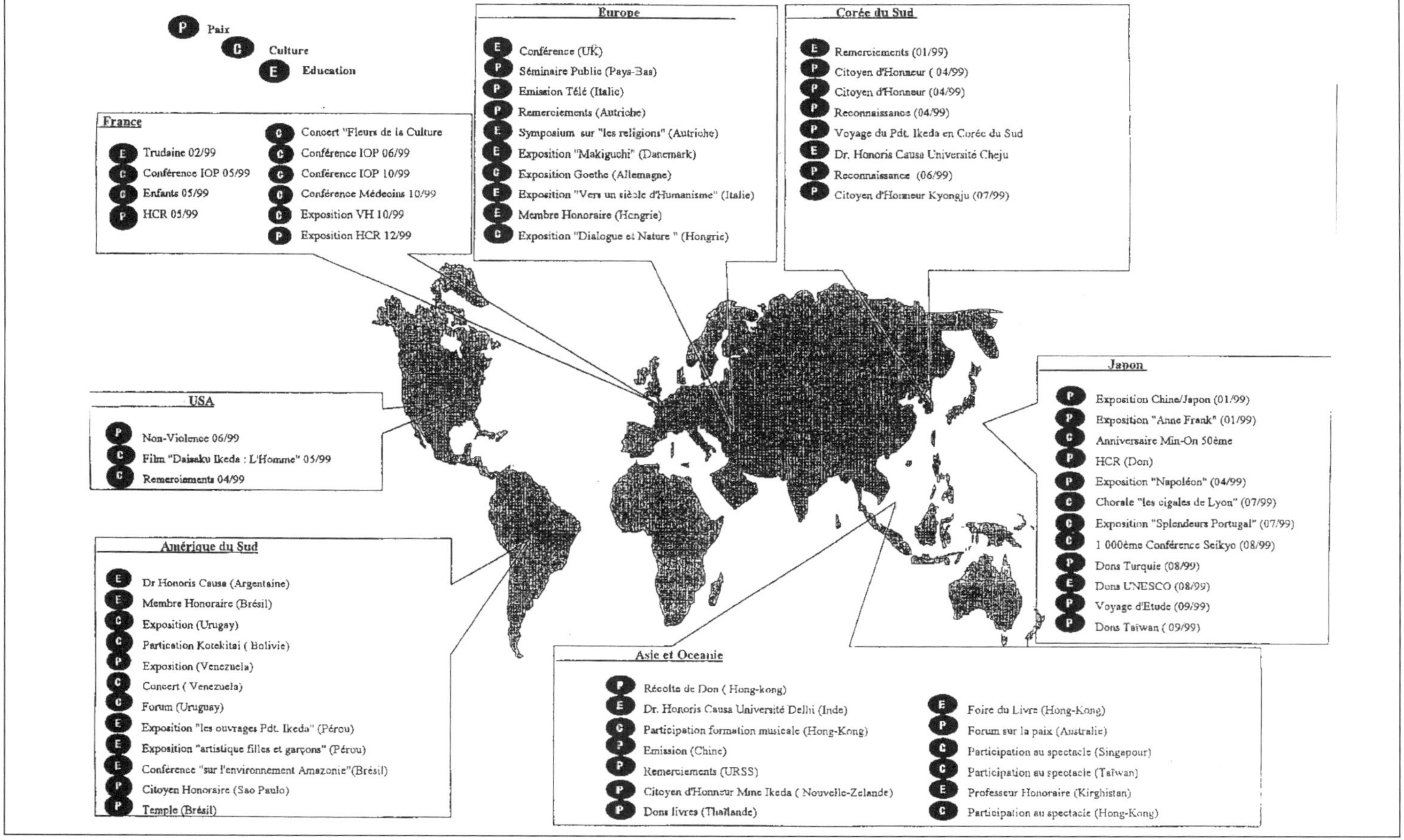

b) Genèse et structure du pilier Soka mondialisé

Cette mondialisation se caractérise par deux éléments fondamentaux. D'une part, par une stratégie prosélyte d'insertion multinationale et d'autre part par une stratégie d'influence transnationale. Ces deux stratégies s'appuient sur l'interprétation universaliste des paroles de Nichiren[1]. L'une consiste à créer des branches de la Soka Gakkai à l'extérieur du Japon, à toucher directement les populations nationales, l'autre consiste à influencer par le haut la politique internationale en se comportant comme une organisation-État dont le représentant rend des visites officielles. C'est ainsi que « le temps de Daisaku Ikeda est très différent de celui de ses prédécesseurs. Sa mission le sera aussi. Dès 1960, il commence à voyager[2] ». Plus que par le passé, le président va devenir l'élément clé de cette nouvelle « mission ». Il va créer des branches de la Soka Gakkai dans les pays occidentaux. Un des traits fondamentaux de ce développement qui part d'un pays d'Asie, le Japon, est de chercher à se développer en priorité en Occident, et spécialement aux USA[3], avant de toucher des populations asiatiques plus proches géographiquement. Cette priorité se rattache à l'origine de la création de la Soka Gakkai, en phase avec la défaite japonaise face à l'Amérique, et qui se développera ensuite sur le thème d'une moder-nisation à la japonaise concurrentielle du modèle américain. Il s'agit de démontrer que cette modernité originale est complémentaire de la moder-nité occidentale au sein même de son plus puissant bastion, les États-Unis.

Discours prononcé sur la révolution kémaliste
à l'université d'Ankara (juin 1992).

Les populations touchées par les organisations régionales, en Amérique et en Europe, mais aussi dans certains pays d'Afrique réceptifs, servent de

1. « "Pour toute l'humanité" a dit Nichiren Daishonin » (Prospectus de présentation de la *Nichiren Shoshu Française*, Paris, septembre 1984, p. 17).
2. *Op. cit.*, p. 17
3. J. Hurst, *op. cit.*

relais de communalisation, qui appuient de l'intérieur les démarches internationales de l'organisation. La Soka Gakkai tente de construire à l'échelle mondiale ce qu'elle a construit à l'échelle du Japon, c'est-à-dire un pilier : un réseau de communalisation multinational pour les individus en « quête de valeurs » par le biais de la tradition bouddhiste réaménagée et modernisée à cet effet, un système d'action international par le biais d'échanges universitaires, d'actions humanitaires et culturelles, et enfin la création et la solidification d'un pouvoir transnational par une stratégie diplomatique et une organisation proche du pouvoir transnational le plus représentatif, à savoir l'ONU. Au Japon, le réseau de communalisation se constituait par un jeu de collaboration entre la *Nichiren Shoshu* et la Soka Gakkai, le système d'action socioculturelle était assumé uniquement par la Soka Gakkai, et la stratégie de prise du pouvoir par le *Komeito*. Aujourd'hui cette structure se retrouve, mais à l'échelle planétaire.

Dès 1960 sera créée la *Nichirenshoshu Sokagakkai Academy* (NSA) implantée sur le sol américain. La communauté japonaise installée aux USA a permis cette rapide implantation[1], mais très vite l'intense action prosélyte a porté ses fruits, si bien qu'aujourd'hui plus de 96 % de ses membres, qui dépassent les 300 000, ne sont pas issus de la communauté asiatique. La percée sera, elle aussi, fulgurante en Amérique du Sud, la plus forte avec les USA, puisque le nombre de membres se montait déjà en 1980 à plus de 150 000. À côté de cela, l'Europe, l'Afrique et l'Asie figuraient en queue de la liste. Ce qui n'est plus le cas aujourd'hui, particulièrement au Royaume-Uni[2]. Ces associations bouddhistes étaient gérées par la Soka Gakkai, mais rattachées religieusement à la *Nichiren Shoshu* (d'ailleurs l'association française s'appelait NSF, *Nichiren Shoshu* Française avant la scission), et assuraient la communalisation des membres à travers la pratique bouddhiste. Le système d'action socioculturel international était assuré par différentes associations *Min'On* pour la danse, les spectacles, expositions, opéra, théâtre, etc. : par exemple, aux USA, par la création en 1965 d'une Association *Min'On of America* et par la politique de collaboration avec les universités étrangères de l'Université Soka créée en 1971. La création et la solidification d'un pouvoir transnational par une stratégie diplomatique se retrouve dans les premiers voyages du président Ikeda hors du Japon, qui rencontrera personnellement Chou En-lai et son vice Premier ministre Li Hsien-nien en 1974 ; il rencontrera par la suite Andrei Kossyguine, Premier ministre de l'Union Soviétique, court-circuitant ainsi la politique étrangère japonaise, se présentant comme une sorte d'ambassadeur de son pays, alors que les autorités japonaises étaient en froid diplomatique avec ces pays socialistes. Ikeda ne se contente pas de visiter les dirigeants des pays socialistes, il se rend aussi aux États-Unis où il s'entretient avec Kissinger,

1. D. Snow, *Shakubuku. A Study of Nichiren Shoshu Buddhist Movement in America, 1960-1975*, New York, Garland, 1993.
2. R. Causton, *Nichiren Shoshu Buddhism : An introduction*, Londres, Rider, 1988. Sur la pénétration de la Soka Gakkai dans la société britannique on consultera surtout B. Wilson, K. Dobbelaere, *A Time to Chant. The Soka Gakkai Buddhists in Britain*, Oxford, Clarendon Press, 1994.

au Panama où il rencontre le président Lakas dans un contexte quasi officiel, chaque fois retranscrit dans les revues de l'organisation. Il rencontre officiellement en France Claude Pierre Brossolette, qui était secrétaire général de la présidence de la République, et Gilles Martinet, qui était membre du comité directeur du PS[1]. Parallèlement, Ikeda rencontre des personnalités culturelles : en France, André Malraux et René Huygue de l'Académie Française, et au Royaume-Uni l'historien Arnold J. Toynbee, qui acceptera de participer à un dialogue de plusieurs jours avec le président Ikeda qui fera par la suite l'objet d'un livre majeur de l'organisation.

Invité par Gandhi Smriti et Darshan Samiti, discours prononcé sur le monde moderne (musée national de l'Inde, février 1992).

Dès le départ, cette stratégie diplomatique internationale se double d'une tentative de construire un pouvoir transnational organisé, en rencontrant des représentants d'organisations internationales comme Kurt Waldheim lorsqu'il était secrétaire général de l'ONU, en finançant des entreprises originales, des programmes d'aide au Tiers-monde, mais surtout en instituant une organisation proprement transnationale. En janvier 1975, cet objectif se concrétisera par la fondation de la Soka Gakkai Internationale qui tiendra sa première conférence pour la paix mondiale dans l'Ile de Guam ; en 1980, les assises de la SGI se tiendront à Los Angeles, puis en 1981 à Hawaï, et enfin au Japon en 1982. Les premières assemblées se sont déroulées hors du Japon, et de surcroît aux USA[2]. Cette politique de mondialisation et de construction d'une organisation transnationale culminera en 1983, lorsque la SGI obtient la dénomination d'ONG à statut consultatif, par décision du comité des NGO, alors qu'Ikeda reçoit la médaille de la paix des mains mêmes de Javier Perez de Cuellar. La SGI

1. Cette stratégie diplomatique sera détaillée dans le chapitre sur « La diplomatie Soka : le cas central des relations avec la Chine «.
2. D. Snow, *op. cit.*

devient l'organe central du pilier Soka, et remplace à l'échelle mondiale ce qu'était la Soka Gakkai au Japon.

Il y a une stratégie de dénationalisation du pouvoir, parallèle à la tentative d'appropriation mondiale de ce pouvoir ainsi dénationalisé. Voilà pourquoi nous n'appelons pas la SGI une organisation internationale mais plutôt transnationale, avec pour objectif de devenir un lieu de pouvoir supranational. Dans un discours de 1975, prononcé à la première conférence mondiale pour la paix tenue par l'organisation, Daisaku Ikeda dévoilait d'ailleurs son jeu en arguant que « la dissémination d'une religion mondiale pourrait devenir la base spirituelle sur laquelle pourrait être créé un État idéal[1] ».

Parler d'occidentalisation de la Soka Gakkai est un pléonasme, car l'organisation elle-même, ainsi que nous venons de le montrer, est le produit direct de l'occidentalisation d'un mouvement religieux, la *Nichiren Shoshu*, qui est une forme de nichérisme, nichérisme qui est lui-même une forme piétiste du Grand Véhicule Bouddhiste (*Mahâyâna*). La Soka Gakkai est donc en elle-même une des formes que peut prendre le bouddhisme lorsqu'il est occidentalisé. Elle se réfère à une tradition, mais toujours dans le contexte d'un antagonisme fondamental avec le gouvernement et les autres formes religieuses bouddhistes ou non bouddhistes. Nichiren, persécuté pour son activisme politico-religieux concurrentiel des sectes proches du pouvoir, en particulier le zen, reste la figure exemplaire originaire du mouvement. Pendant la Seconde Guerre mondiale, l'État japonais valorisera le shintoïsme comme religion nationale afin de provoquer une force mystique rassembleuse des masses vers un ultime effort de guerre. Des amulettes *shinto* étaient distribuées au peuple, et les chefs des multiples sectes devaient s'en procurer sous peine d'apparaître comme traîtres à la nation. Plusieurs milliers de chefs et responsables religieux qui résistèrent à cette mesure furent arrêtés, entre autres en novembre 1944 Makigushi et son disciple Toda, ce qui apparaîtra comme une transposition des persécutions qu'eut à subir Nichiren. De surcroît, Makigushi mourra en prison, ce qui lui conférera le statut de martyr opposé à la guerre. En 1945, l'État Shinto fut aboli par les forces d'occupation américaines. En 1950, la guerre de Corée éclate et le général Mac Arthur menace d'utiliser l'arme nucléaire contre la Chine communiste. Une partie de la population japonaise croit venu le moment de la Troisième Guerre mondiale. De même que les désastres d'Hiroshima et de Nagasaki furent attribués au refus japonais de suivre la « vraie voie » autrement dit celle du bouddhisme orthodoxe, le nichérisme de la *Nichiren Shoshu* représenté par la Soka, l'organisation développera un discours selon lequel le Japon doit absolument embrasser la « Vraie Loi », au risque de se trouver à nouveau

1. Extrait du discours prononcé le 26 janvier 1975 à la *Soka Gakkai's World Conference* de l'île de Guam par son président Daisaku Ikeda. Ce dernier affirme avoir été soutenu par l'historien britannique Arnold Toynbee dans ce sens, avec qui il a d'ailleurs dialogué, avant son décès survenu en 1975, dialogue qui fit l'objet d'une publication phare de l'organisation.

au centre d'un conflit sans doute encore plus massivement dévastateur. Ce qui veut dire que la « punition » atomique pourrait à nouveau s'abattre sur le pays. Le conflit coréen a servi le développement économique, l'industrialisation et par conséquent la concentration urbaine nippones, ce qui s'est traduit par une désagrégation de millions de familles privées de leurs attaches traditionnelles campagnardes. Une forte proportion de ces populations récemment urbanisées, et familialement décomposées, s'est retrouvée dans la « famille Soka ».

L'existence même de la Soka Gakkai fut entièrement conditionnée par le processus d'occidentalisation. Son projet mondial – dont les implantations de branches régionales, entre autres en France, ne sont que les relais – ne peut se comprendre en dehors de cette réalité basique. Par ailleurs, le religieux reste un mode de communalisation, devenu subsidiaire, ce qui explique en partie cette dévisibilisation des caractères confessionnels au profit d'un affichage laïque – particulièrement depuis la scission avec la *Nichiren Shoshu*, branche purement religieuse – alors que le projet socio-éducatif moderniste s'est élargi à un projet proprement politique avec la création du *Komeito*, plate-forme partisane, qui, de par son programme pacifiste et universaliste, portait déjà en germe l'objectif mondialiste qui allait devenir prioritaire à partir de la fin des années soixante. À partir de ce moment, les structures socioculturelles déjà existantes joueront le jeu de cette mondialisation, le parti se détachera organiquement du mouvement Soka, tout en restant soutenu par lui, tandis que des branches régionales seront implantées sur tous les continents (en priorité l'Amérique du Nord et ensuite l'Europe occidentale), et le président Ikeda se comportera en chef d'État non national dans ses multiples voyages officiels, ou plutôt comme le chef d'un État non national, non attaché à un territoire particulier, mais symbolisant une modernité politique supra-nationale. Cet effort pour apparaître comme une entité internationale, transnationale, voire supra nationale, fut couronné par l'obtention par la SGI du statut d'ONG avec voie consultative.

B/ La stratégie générale de dénationalisation du pouvoir

1° La diplomatie Soka : le cas central des relations avec la Chine

Dans un discours prononcé en Chine en 1984, le président de la Soka Gakkai louera la conception de l'Histoire de Mao, qui « donne la place centrale au peuple et à ses intérêts. C'est une rupture nette avec le confucianisme qui considérait comme primordial le rôle du souverain et qui offrait en modèle des monarques légendaires de l'Antiquité tels que Yao,

Shun et autres souverains-sages mythiques[1] ». Il reprend à son compte les invectives des écrivains communistes tels que Lu Xun appelant une libération des traditions politiques sclérosantes de la Chine millénaire. Dans un deuxième temps et dans le même discours, Daisaku Ikeda reprend une citation de Nietzsche concernant sa conception de l'Histoire, pour la traduire dans l'idéologie Soka selon laquelle ce sont les « personnes ordinaires » qui changent le monde. Dans la dernière partie de l'article, la tradition chinoise sera mise à l'honneur dans son aspect universel et progressiste, même s'il est antérieur à la « Révolution culturelle ». Nous avons trois phases : d'abord une déclaration d'allégeance au régime en place, ensuite la valorisation d'une modernité politique non limitée au système chinois, et enfin la valorisation d'une tendance progressiste préexistante à la modernité en général et au régime communiste chinois en particulier, à l'intérieur même de l'histoire de la Chine millénaire.

Le confucianisme est représenté comme l'élément régressif chinois, c'est-à-dire l'obstruction fondamentale au progrès de la société et de la liberté politique en raison de la soumission systématique aux hiérarchies cosmiques et sociales qu'il implique. En 1992, alors que la Chine communiste a connu déjà plusieurs crises qui ont conduit à un début d'assouplissement du régime de la propriété publique des moyens de production, la position de la Soka Gakkai varie très légèrement, sans doute moins dans le fond que dans la forme. Dans une nouvelle conférence, Ikeda distingue les effets négatifs du confucianisme qui ne fait que sanctionner « le statu quo d'une hiérarchie sociale qui fige et rigidifie la société. Il est tout naturel que le « Mouvement du 4 Mai » se soit attaqué avec véhémence à une idéologie aussi féodale », et ses effets positifs qui, en privilégiant l'intérêt du groupe sur l'individu, font de « l'héritage confucéen [...] un antidote à l'individualisme excessif de la civilisation occidentale[2] ». Ce discours se termine par le panégyrique de Zhou Enlaï, particulièrement de son action en tant que ministre des Affaires Étrangères, dans la mesure où il a favorisé une « éthique de la symbiose », autrement dit l'ouverture de la Chine aux autres cultures dans la ligne progressiste de l'universalisme Soka, vers la dénationalisation de l'humanité : « Cet homme infatigable semblait avoir un sens des responsabilités qui, au-delà de la Chine, s'étendait au monde entier », ce qui permet d'affirmer que « tout en étant un Chinois modèle, il était très cosmopolite[3] ». Zhou Enlaï sera ainsi qualifié « d'homme remarquable ». C'est une des multiples occurrences dans laquelle on peut repérer cette ambiguïté entre la valorisation de « l'homme ordinaire » et celle de « l'homme remarquable ». Théoriquement ce sont les « hommes ordinaires » qui font l'histoire ; cependant l'organisation accorde un intérêt concret quasi exclusif aux « hommes remarquables », aux grands

1. D. Ikeda, « Forger l'histoire. Discours prononcé à l'université de Fudan, à Shanghai, le 9 juin 1984 », in *Un nouvel humanisme*, Paris, Éditions du Rocher, 1997, p. 141.
2. D. Ikeda, « Une éthique de la symbiose. Discours prononcé à l'Académie des sciences sociales chinoises à Beijing, le 14 octobre 1992 », in *Un nouvel humanisme, op. cit*, p. 183.
3. *Ibid.*, p. 192.

écrivains tels que Rousseau, aux grands historiens tels que Toynbee[1], mais surtout aux hommes politiques. Le point commun de tous ces « hommes remarquables » est leur « internationalité ». S'ils ont des fonctions nationales, leur action d'ouverture internationale sera saluée, mais « l'homme remarquable » par excellence est celui qui est d'emblée un « homme de dimension internationale » tel qu'Henri Kisinger, que le président Ikeda rencontra personnellement, et qu'il salua pour son « travail international » même s'il œuvre pour le compte d'une nation particulière, en l'occurrence les USA, et même si ses positions ne rejoignent pas toujours celles de l'organisation[2] : « Le Dr Henry Kissinger, que j'ai rencontré à plusieurs reprises, affirme que les grandes puissances économiques ont toujours été, simultanément, de grandes puissances militaires, et qu'aucun exemple dans l'histoire ne dément cette vérité. Pour ma part, je considère que, sans se soucier outre mesure du passé, le Japon doit suivre une autre voie que celle de la militarisation, s'il veut continuer à jouir de la paix et de la prospérité. Et si personne n'a encore foulé ce chemin, le Japon doit avoir le courage et la fierté de le frayer le premier ». On remarquera qu'il ne s'agit pas d'un désaccord fondamental – bien au contraire –, puisque « l'encouragement » d'Ikeda pour une expérience japonaise sans précédente de prospérité économique militairement impuissante, est dans la droite ligne de la politique américaine à l'égard du Japon. Ce qui est sans doute un élément majeur pour expliquer le ménagement des USA à l'égard de l'organisation, eu égard à son action interne de maintien des idées de démilitarisation sur l'échiquier politique japonais *via* l'influence du *Komeito*, et eu égard à son action diplomatique tampon entre le monde capitaliste et le monde socialiste dans la zone asiatique. Mais l'homme remarquable par excellence sera plutôt un politicien directement international tel que les diplomates autrichien et péruvien, Kurt Waldheim[3] et Javier Pérez de Cuellar, qu'Ikeda rencontra lorsqu'ils étaient secrétaires généraux des Nations-Unies. L'ONU est le symbole de la structure politique souhaitable pour construire l'humanité du Troisième millénaire, ou « Troisième civilisation », ce qui explique son importance cruciale dans le discours de la Soka Gakkai.

Le discours tenu en Chine en 1992 a la même structure que celui tenu en 1984, mais avec un élargissement de la catégorie « Chine » à la catégorie plus vaste et plus cosmopolite d'« Asie ». Dans un premier temps, la réussite du « développement de l'Asie orientale » est présentée avec satisfaction (dans le discours de 1984, Ikeda ne parlait que de la Chine et des Chinois en termes positifs), puis dans un deuxième temps l'universalisme

1. Le président Ikeda a d'ailleurs écrit un livre avec Toynbee (*The Toynbee-Ikeda Dialogue. Man Himself Must Choose,* Londres, 1982).
2. « Réflexion sur les buts de l'éducation : projet présenté lors d'une réunion commémorative des éducateurs de la Soka Gakkai, le 25 août 1984 », in *Pour une spiritualité créatrice de paix*, Paris, Éditions du Rocher, 1990, p. 322.
3. Il s'agit bien entendu du Kurt Waldheim de la fin de la fin des années soixante-dix, bien avant sa mise en cause de ses liens passés avec le régime nazi.

occidental est valorisé, plus directement que dans le discours de 1984, dans lequel il s'agissait simplement de citer quelques figures occidentales universalistes ; là, c'est l'Occident qui est posé comme juge de l'aspect négatif, antidémocratique, du développement asiatique. L'attaque sera plus frontale, « l'éthique de la symbiose » comportant une tendance régressive et destructrice, qui peut déboucher sur un collectivisme inhumain comme en Chine ou un capitalisme inhumain comme au Japon. De cette façon, Ikeda renvoie dos à dos collectivisme et capitalisme asiatique comme les produits négatifs et exacerbés de la même « éthique de la symbiose » caractéristique des traditions extrême-orientales, qui s'est traduite par une « négligence des Droits de l'Homme ». Ce serait implicitement au prix d'un détour par la critique occidentale, que cette éthique symbiotique pourrait se révéler positive en combattant l'individualisme exacerbé au détriment du groupe, ce qui est l'aspect négatif de l'éthique occidentale moderne : « Les observateurs occidentaux adressent souvent cette critique aux Japonais et elle est justifiée. Le principe de la primauté absolue de « l'entreprise » repose sur un mode de pensée étroit et féodal qui ressemble superficiellement à l'éthique de la symbiose ». En apparence, c'est le Japon qui est attaqué comme si le locuteur mettait lui-même en cause sa propre terre d'origine, mais en fait, « l'éthique de la symbiose » vient très nettement dans le discours d'être rattaché à la culture chinoise en particulier et asiatique en général, ce qui permet, par le jeu apparent d'une auto-critique, de renvoyer à une critique de l'aspect inhumainement collectiviste que peut prendre l'éthique asiatique dans le contexte chinois. Dans un troisième temps, la culture chinoise est à nouveau valorisée et pour ainsi dire encouragée à extraire et à développer son aspect le plus progressiste (démocratisme cosmopolitique), avec en dernière instance la figure emblématique de Zhou Enlaï.

La différence des deux discours, celui de 1984 et celui de 1992, à une dizaine d'années d'intervalle, marque un changement de ton tout en gardant la même structure. Ce changement regarde l'évolution politique chinoise vers l'ouverture, dont les manifestations puis le massacre d'avril 1990 marquent à la fois l'apogée et le coup d'arrêt partiel[1]. Ikeda est à la fois plus réticent vis-à-vis du collectivisme autoritaire et vis-à-vis de l'influence potentiellement pernicieuse de l'individualisme occidental.

2° Le concept de « pouvoir Soft » et le « village mondial »

Le concept de « pouvoir soft » est au cœur de la bifurcation idéologique opérée par l'organisation à la fin des années quatre-vingt, vers une accentuation de la stratégie de dénationalisation du pouvoir. L'antagonisme

1. Les étudiants manifestaient en faveur de Hu Yaobang, qui fut secrétaire général du parti communiste, vétéran de la « Longue marche » mais surtout partisan des réformes libérales, et qui avait été remercié en 1987. Ce qui, déjà à l'époque, avait provoqué de vives protestations dans les milieux étudiants. À la suite de son décès en 1992, les étudiants manifestèrent donc sur la place Tienanmen pour demander sa réhabilitation à titre posthume.

entre les blocs pendant la Guerre Froide était constitutif d'une ère de « pouvoir dur, celui de la puissance militaire, de l'autorité politique et de l'argent[1] ». L'effondrement du bloc soviétique a rompu cet équilibre dur et permis ainsi le déploiement d'un « pouvoir soft » qui laisse « graduellement place au savoir, à l'information, à la culture, aux idées et aux systèmes – les armes du pouvoir soft[2] ». Même lorsque il y a aujourd'hui recours à la force, celle-ci se dilue à la fois par le haut dans des institutions internationales qui ont une fonction régulatrice, et par le bas par la pression des opinions publiques des différentes nations, qui constituent aujourd'hui une « opinion publique mondiale ». Ikeda donne comme exemple typique de cette dilution du dur dans le *soft*, la Guerre du Golfe de 1991 pendant laquelle les forces coalisées ont dû s'accommoder de l'ONU par le haut et par le bas d'un système de communication globalisé qui informait les « citoyens du monde », et provoquait en retour des effets d'opinion qui diluaient le pouvoir dur. Dans un premier temps, le président de la SGI décrit une tendance ; dans un second temps, il affirme que cette tendance est un progrès de la civilisation qu'il faut encourager, que tous les bouddhistes doivent encourager.

Après avoir souligné l'aspect positif de la tendance opposée aux « méthodes coercitives et répressives » au profit d'une diversification de l'information et des capacités d'action individuelle, Ikeda met le « monde » (en l'occurrence le public américain qui l'écoute à l'université de Harvard) en garde contre une dégénérescence du pouvoir *soft* en un système sophistiqué de manipulation entre les mains de grands communicateurs, de technologues politiques qui feraient régner un « fascisme souriant ». Suit une apologie de la culture occidentale progressiste capable de fournir les balises du pouvoir *soft* sans laquelle il y aurait « marketing politique » pour reprendre l'expression d'Habermas. Pascal, Tocqueville, Emerson, Thoreau, Whitman sont alors convoqués à l'appui de cette sagesse nécessaire à l'équilibre du « pouvoir soft ». Nous voilà à nouveau face à l'ambiguïté du discours Soka sur la modernité : d'une part une apologie de la technologie de la communication et d'autre part la mise en exergue de ses effets pervers. Ikeda fustige le faux universalisme de « la science moderne, [qui] trouve un écho dans l'anthropocentrisme et l'ethnocentrisme qui imprègnent la civilisation moderne. [...] Le colonialisme est un autre effet de ce mode de pensée[3] ». L'universalisme de « la boite fermée », celui du colonialisme barbare, s'oppose à l'universalisme de « la boite ouverte », qui, grâce au développement du pouvoir *soft*, pourrait « nous permettre d'accéder à la citoyenneté du monde[4] ».

1. D. Ikeda, « L'ère du pouvoir "soft" : Discours prononcé à l'université de Harvard à Cambridge, le 26 septembre 1991 », in *Un nouvel humanisme, op. cit.*, p. 255.
2. *Ibid.*
3. D. Ikeda, « Un jardin où fleurit l'imagination : Discours prononcé à l'Académie des Lettres du Brésil à Rio de Janeiro, le 12 février 1993 », in *Un nouvel humanisme, op. cit.*, p. 240.
4. *Ibid.*, p. 266.

« L'ère du pouvoir "soft" »,
discours prononcé à l'université de Harvard (1991).

La structure des discours est d'une stupéfiante homologie structurale quel que soit le public auquel le président de la SGI s'adresse : d'abord constatation d'une tendance moderne positive, puis mise en exergue des aspects négatifs, et enfin déploiement de la voie de la « troisième civilisation » comme seule alternative. Mais cette voie alternative sera exprimée dans la culture du pays d'accueil de la conférence ; en Argentine seront convoquées, par exemple, des figures de la « littérature » nationale telles que Martin Fierro, en France Jean-Jacques Rousseau, Victor Hugo, Marie Curie, aux USA Henri David Thoreau, etc. Seront aussi décrits les apports progressistes du pays à la culture mondiale : « L'Argentine offre un exemple de mariage réussi entre la notion d'autonomie individuelle et celle de citoyenneté du monde[1] », car il s'agit d'un « peuple cosmopolite » ; en France, Ikeda admirera la Patrie des Droits de l'homme. Mais cette culture humaniste en France, cosmopolite en Argentine, ne suffit pas à provoquer la Révolution Humaine, qui vise à atteindre « l'universalité [...] en brisant la structure horizontale de l'État-Nation[2] ». Le mouvement d'effacement des frontières est de toute façon inéluctable : « [...] l'interdépendance mondiale, à la fois politique et économique, ne cesse de s'accroître ; il n'est plus possible, pour quelque État ou régime que ce soit, de se confiner dans une politique isolationniste[3] ». Mais le « soleil de l'unité mondiale », avec la perspective du « village mondial », pourrait être mis en péril par les « nuages noirs » des conflits ethniques.

1. D. Ikeda, « Mondialisme et nationalisme : Discours prononcé à l'université de Buenos Aires, le 1er mars 1990 », in *Un nouvel humanisme, op. cit.*, p. 252.
2. *Ibid.*, p. 253.
3. *Ibid.*, p. 250-251.

Rencontre avec Rosa Parks, une des initiatrices du mouvement pour les droits civils américains (Los Angeles, janvier 1993).

Nous avons, en clair, une critique de la science ethnocentrique ou rationalisatrice inhumaine qui engendre un faux universalisme (la boîte fermée) entraînant au pire le nazisme et au mieux le « fascisme souriant » de la société de masse, et de l'autre l'authentique universalisme, qui ne peut se développer sans une « sagesse », un guidage spirituel. Entrent alors en jeu deux séries d'arguments afin de légitimer l'indispensable fonction de la Soka Gakkai. La première série convoque des notions proprement bouddhistes, telles que celle de « production conditionnée » ou d'interdépendance des phénomènes. Remarquons au passage que ce concept est aussi convoqué par Thich Nhat Hanh (l'appellation même d'Ordre de l'Interêtre se réfère à lui) et par le Dalaï-Lama pour lequel il devient le concept de « responsabilité universelle ». La deuxième série d'arguments consiste à montrer que seule la Soka Gakkai peut « revitaliser les sources intérieures de l'énergie humaine dans un monde de plus en plus marqué par un appauvrissement croissant de la spiritualité[1] ». La double stratégie est dès lors évidente : communalisation des populations locales par la prati-que spirituelle nichériste et institutionnalisation par le haut d'un pouvoir globalisé. Bien qu'aucun dirigeant ne l'ait directement évoqué, du moins publiquement, la Soka Gakkai entend jouer un rôle dans cette organisation politique nouvelle et planétaire[2] dont elle suppose l'avènement. Cette volonté de promouvoir l'ONU, est parallèle à une critique du Conseil de Sécurité, qui serait la négation de l'« esprit de l'ONU » puisqu'il transpose les conflits et les intérêts nationaux et non ceux des « citoyens du monde ».

1. D. Ikeda, « L'ère du pouvoir "soft" : Discours prononcé à l'université de Harvard à Cambridge, le 26 septembre 1991 », *op. cit.*, p. 263.
2. Un éditorial du directeur général de la SGI, Eiji Wada, est à cet égard très parlant (« Avançons avec espoir dans l'esprit de tolérance d'un citoyen du monde », in *Troisième Civilisation*, n° 413, janvier 1996) : l'heure de la SGI, association qui transcende les frontières culturelles et nationales, est d'après ce dernier sur le point de sonner, puisque la globalisation s'accélère de manière irréversible et que la SGI a dès son origine opté pour cette perspective planétaire.

Il semble que les dirigeants de la Soka Gakkai soient persuadés de la dissolution à terme des États-Nations et de la forme de pouvoir qui lui est attachée. L'organisation se présente ainsi en précurseur de la nouvelle forme de pouvoir qui est en gestation. Nous pourrions résumer ainsi cette distinction entre ces deux formes de pouvoir : tout comme le « pouvoir hard » dispose de leviers spécifiques pour s'exercer, la contrainte militaire, policière, fiscale, etc., de même le « pouvoir soft » dispose de ses leviers propres qui sont la contestation et l'action pacifiste, écologiste, humanitariste à travers des réseaux culturels et sociaux mondialisés. Ces leviers doivent servir – c'est en tout cas la prétention de la Soka Gakkai de s'y employer – à « redéfinir et réorienter le nationalisme dans la perspective d'un monde planétaire, d'un village global[1] ».

3° La charte de la Soka Gakkai Internationale : utopie constitutionnelle d'un « État soft » sans territoire

La structure des discours *individuo-globalistes* de l'organisation se concentre dans la Charte qui fut rédigée et publiée en 1996[2]. Le préambule se compose essentiellement de trois parties : la première met en lumière les contradictions de notre époque : discrimination et égalité, pauvreté et abondance, mondialisation et conflits régionaux ethniques. Ces « juxtapositions » modernes ont engendré des « problèmes » qui ne peuvent plus être résolus à l'échelle nationale mais seulement à l'échelle de l'humanité. Les trois axes problématiques sont, comme chez le Dalaï-Lama, l'environnement, le fossé économique entre les nations riches et les nations en voie de développement – ces thématiques seraient plus proches de celles de Sulak –, et enfin les Droits de l'Homme qui justifient le « devoir » d'ingérence dans les affaires nationales. Les autres thématiques, par exemple le pacifisme antinucléaire ou la démocratie, sont des sous-catégorie, qui traversent plusieurs catégories. Prenons l'exemple de la démocratie : ce concept ne sera jamais conçu à l'échelle nationale. La démocratie ne sera pas l'apanage d'un régime démocratique particulier à un État, mais une des conséquences du respect des Droits de l'Homme dans cet État. Par conséquent, la démocratie comprise dans cette acception dépasse la compétence politique même de cet État, puisque la responsabilité de sa mise en place et de son maintien revient à la « communauté globale ». D'un autre côté, ce que nous pouvons appeler la sous-catégorie démocratie sera aussi comprise dans la catégorie déséquilibre Nord-Sud, aliénation économique des pays en voie de développement par les pays industrialisés. Une société mondiale démocratique ne peut « accepter » cette discrimination économique qui touche une partie de l'humanité. Nous pouvons alors parler de démocratie sociale globale, et non plus de régime démocratique national.

---

1. D. Ikeda, « Mondialisme et nationalisme : Discours prononcé à l'université de Buenos Aires, le 1er mars 1990 », *op. cit.*, p. 251.
2. Cf. p. 496 : « Charte de la Soka Gakkai Internationale ».

Charte de la Soka Gakkai Internationale

PRÉAMBULE

Nous, organisations constitutives, et membres de la Soka Gakkai Internationale (SGI) adhérons au but fondamental et à la mission qui consistent à contribuer à la paix, la culture et l'éducation en se fondant sur la philosophie et les idéaux du bouddhisme de Nichiren Daishonin.

Nous sommes conscients qu'à aucun autre moment de l'histoire l'humanité n'a expérimenté une si puissante juxtaposition de la guerre et de la paix, de la discrimination et de l'égalité, de la pauvreté et de l'abondance qu'au vingtième siècle ; que le développement des technologies militaires toujours plus sophistiquées, comme le montre l'exemple des armes nucléaires, a créé une situation ou la survie même de l'espèce humaine se trouve en jeu ; que la réalité de discriminations ethniques et religieuses violentes entraîne un cycle infini de conflits ; que l'égoïsme de l'humanité et l'intempérance ont engendré des problèmes de dimension mondiale, notamment la dégradation de l'environnement naturel et l'élargissement du fossé économique entre nations développées et en voie de développement, avec de graves répercussions pour l'avenir collectif de l'humanité.

Nous croyons que le bouddhisme de Nichiren Daishonin, philosophie humaniste fondée sur un respect illimité du caractère sacré de la vie et sur une compassion capable de tout englober, permet aux êtres humains de cultiver et de faire jaillir la sagesse qui leur est inhérente et, en nourrissant la créativité de l'esprit humain, permettre de surmonter les difficultés et les crises à laquelle l'humanité est confrontée afin de réaliser une société de coexistence prospère et pacifique.

Nous, organisations constitutives et membres de la SGI, résolus à lever haut la bannière de la citoyenneté mondiale, de l'esprit de tolérance et du respect des droits de l'Homme en nous fondant sur l'esprit humaniste du bouddhisme et déterminés à surmonter les problèmes auxquels l'humanité est confrontée, à un niveau mondial, par le dialogue et des efforts concrets fondés sur un engagement constant pour la non-violence, adoptons cette charte qui affirme les buts et principes suivants :

BUTS ET PRINCIPES

1. La SGI doit contribuer à la paix, la culture et l'éducation pour le bonheur et le bien-être de toute l'humanité en se fondant sur le respect bouddhique du caractère sacré de la vie,
2. La SGI, fondée sur l'idéal de citoyen du monde, doit veiller au respect des droits humains fondamentaux et ne pas créer de discrimination entre les êtres humains, quelle que soit leur origine.
3. La SGI doit respecter et protéger la liberté de religion et la liberté d'expression en matière religieuse.
4. La SGI doit œuvrer à la compréhension du bouddhisme de Nichiren Daishonin par des échanges profonds, contribuant ainsi au bonheur de chacun.
5. La SGI doit, par le biais des organisations qui la constituent, encourager ses membres à contribuer à la prospérité de leurs sociétés respectives en tant que bons citoyens.
6. La SGI doit respecter l'indépendance et l'autonomie des organisations qui la constituent, en s'accordant avec les conditions qui prévalent dans chaque pays.
7. En se fondant sur l'esprit bouddhiste de tolérance, la SGI doit respecter les autres religions, s'engager dans le dialogue et œuvrer avec elles à la résolution des problèmes fondamentaux auxquels l'humanité est confrontée.
8. La SGI doit respecter la diversité des cultures et promouvoir les échanges culturels, afin de contribuer à la création d'une société internationale de compréhension mutuelle et d'harmonie.
9. La SGI doit promouvoir la protection de la nature et de l'environnement en se fondant sur l'idéal bouddhique de symbiose.
10. La SGI doit contribuer à la promotion de l'éducation, dans la recherche de la vérité aussi bien que dans le développement des connaissances, pour permettre à tous les êtres humains de cultiver leurs caractères et de goûter des vies épanouies et heureuses.

À ce stade intervient l'éthique politique bouddhiste qui fournit les principes « spirituels » qui permettront l'établissement de cette démocratie sociale globale, attachée au respect planétaire des Droits de l'Homme et à une gestion financière transnationale concertée. Les « crises » actuelles que traverse l'humanité peuvent être résumées en trois plans : « discriminations ethniques et religieuses », discriminations économiques internes et internationales, « dégradation de l'environnement naturel ». Ces trois plans de crises, qui ont de « graves répercussions pour l'avenir collectif de l'humanité », résultent de « l'égoïsme » des individus en particulier et de « l'intempérance » de l'humanité en général, autant de maux traités par le bouddhisme de Nichiren, dans la mesure où ce dernier a été spécialement élaboré pour les temps de crise en général, et pour l'époque de *mappo* (crise radicale : maladie de la civilisation) en particulier dans laquelle nous vivons.

Les dix « buts et principes » énoncés par la Charte et destinés à « lever haut la bannière de la citoyenneté mondiale » sont les suivants : la SGI affirme sa vocation à assurer « la paix, la culture et l'éducation » de l'humanité (premier principe). Ces trois rubriques figurent dans tous les prospectus, dans tous les exemplaires de magazines organiques de la Soka Gakkai. Les voyages et activités du président Ikeda ainsi que ceux des dignitaires du groupe sont tous classifiés en fonction de ces trois rubriques. Telle rencontre avec un chef d'État sera qualifiée d'activité pour la paix mondiale, telle rencontre avec un académicien français, un universitaire de renom, ou la tenue d'une exposition, sera qualifiée d'activité pour la culture, enfin tel échange universitaire parrainé par l'université Soka et une institution éducative étrangère, ou l'implantation de bibliothèque dans les pays du Tiers-monde seront qualifiés d'activité pour l'éducation. Les trois rubriques sont en fait les trois ministères généraux que s'octroie la Soka Gakkai dans sa prétention à administrer les affaires du « monde ». Le principe de non discrimination entre les « citoyens du monde » (deuxième principe), entre dans notre sous-catégorie démocratie sociale globale et dans la catégorie Droits de l'Homme. La liberté d'expression et la liberté de culte doivent être « respectées et protégées » par la SGI (troisième principe). Cette prétention est une actualisation du mythe laïciste d'Açoka, le *Cakravartin*, souverain de la République universelle démocratique et laïque[1]. Au nom du bouddhisme, Açoka se fait le défenseur de tous les cultes comme faisant partie du *dharma,* la Loi bouddhique universelle. Ce principe, convoqué par la Soka Gakkai, est en phase avec la tendance moderne du dialogue interreligieux. Le principe, qui est en outre énoncé juste après la déclaration d'intention sur la tolérance religieuse, établit Nichiren Daishonin en instructeur universel pour le bonheur du monde (quatrième principe). Le contraste entre d'un côté l'apologie de la diversité religieuse et d'un autre côté la vocation universelle du message nichériste

1. Cf. notre partie « Le mythe politique de la République dharmique démocratique et universelle », p. 328.

confère à la Soka Gakkai et à ses dirigeants les statuts de promoteurs contemporains de la République laïque et démocratique mondiale. « La SGI doit, par le biais des organisations qui la constituent, encourager ses membres à contribuer à la prospérité de leurs sociétés respectives en tant que citoyens du monde ». Ce principe (cinquième principe) est assez flou : la Soka Gakkai doit agir par l'intermédiaire des organisations qui la constituent et non directement par ses membres. La solution de cette ambiguïté réside dans le fait qu'il y a extrêmement peu de membres effectifs de la Soka Gakkai, tout au plus une vingtaine de personnes pour la France, alors que les « pratiquants », 11 000 pour la France, sont membres d'associations connexes[1]. En dehors de cette ambiguïté formelle, ce cinquième principe de contribution à la « prospérité des sociétés » nationales n'engage en rien un soutien aux politiques nationales, même s'il est rajouté que les pratiquants de la Soka Gakkai doivent se comporter en « bons citoyens ». La priorité est toujours la démocratie sociale globale. Le sixième principe est dans la continuité directe du précédent et affirme le respect des conditions de chaque pays, ainsi que la décentralisation institutionnelle de la Soka Gakkai elle-même. Encore une fois, le « respect des conditions qui prévalent dans chaque pays » ne doit pas se comprendre comme un soutien à l'État-Nation. Les conditions nationales spécifiques sont considérées comme les éléments décentralisés d'un politique mondiale concertée. Le septième principe ne fait que confirmer le troisième sur la laïcité bouddhique, avec de surcroît l'affirmation que la « résolution des problèmes fondamentaux auxquels l'humanité est confrontée » peuvent être résolus par la religion ; ce qui est en phase avec l'idée d'une laïcité positive, multireligieuse et non pas antireligieuse, puisqu'elle rétablit l'unité entre le religieux et le politique. La SGI doit « contribuer à la création d'une société internationale de compréhension mutuelle et d'harmonie » (huitième principe). Autrement dit, elle a pour fonction de construire la « troisième civilisation », la société du futur qui ne connaîtra aucune frontière nationale. La protection de la nature constitue enfin une autre mission prioritaire de l'organisation (neuvième principe) qui est une application de « l'idéal de symbiose ». Enfin, le dernier principe (le dixième) réaffirme la vocation originelle de la Soka Gakkai à promouvoir l'éducation pour tous, cœur de « l'esprit démocratique », qui n'est plus dès lors limité à un activisme interne à la société japonaise mais qui devient une entreprise de démocratisation mondiale.

1. Telles que l'APCE (Association pour la Paix, la Culture et l'Éducation), qui est une association Loi 1901 qui édite *Troisième Civilisation*, l'organe de presse de la Soka Gakkai.

Rencontre avec le secrétaire général des Nations unies Boutros-Ghali (Tokyo, décembre 1993).

Remarquons que chacun des dix articles de la Charte commence par « La SGI doit », suivi des verbes « contribuer », « promouvoir », « fonder », « œuvrer », ce qui donne à penser que ces principes sont aussi des objectifs, des « buts » ainsi que les nomme la Charte, qui constituent une sorte de programme de travail mondial. Ce programme de travail se concrétise par une rationalisation de l'action sur les différents points de la planète : programmes humanitaires dans le Tiers-monde, travail de l'ONG (SGI) dans le cadre de l'ONU. Dans les pays industriels occidentaux, le programme consiste surtout à promouvoir l'image du mouvement auprès du public, à établir des relations avec les autorités politiques locales, nationales et régionales ainsi qu'avec les autorités culturelles, en organisant des expositions, des manifestations diverses. Le centre européen de Trets est le point névralgique de cette stratégie d'intégration aux échelles locale, nationale et régionale (en l'occurrence européenne).

C/ Un exemple d'application de la stratégie de dénationalisation du pouvoir à travers la politique progressiste-transnationale du siège européen de la SGI, à Trets dans les Bouches-du-Rhône

Depuis l'inauguration en 1975 de son premier bâtiment jusqu'au début des années quatre-vingt, le centre a développé une stratégie d'ouverture vers les pouvoirs publics et les populations locales qui s'est révélée fructueuse ; organisant de multiples manifestations culturelles (expositions, conférences, et fêtes diverses), auxquelles le maire et les membres du conseil municipal se rendirent régulièrement. Les représentants ont rencontré la plupart des notables des Bouches-du-Rhône : doyens de facultés, présidents d'universités, préfets, personnalités des arts et des lettres. À partir du début des années quatre-vingt, l'image du centre se dégrada, particulièrement aux yeux des responsables politiques et des nouvelles populations récemment installées à Trets. En effet, le Rapport Vivien de février 1983[1], qui classe la Soka Gakkai Française (ou plutôt à l'époque la *Nichiren Shoshu* Française) parmi les sectes dangereuses, ainsi que des facteurs corrélatifs externes à la région, tels que le battage médiatique national antisecte, ont profondément bouleversé le rapport des populations et des institutions locales avec le centre. Cependant, malgré la vindicte médiatique et politique nationale, le centre obtiendra le statut d'association cultuelle agréée par le ministère de l'Intérieur. Ses relations avec les pouvoirs publics locaux, les milieux associatifs et cultuels, et les différentes populations de Trets (uniquement résidents, ou travaillant aussi sur place) restent ambiguës, et apparemment paradoxales, en raison des interactions complexes entre l'image nationale de la Soka Gakkai et l'action locale concrète de son centre européen.

Le centre de Trets dans les Bouches-du-Rhône est l'émanation européenne directe de la SGI (Soka Gakkai Internationale), et non de la SGF (Soka Gakkai Française). Celui-ci n'est pas le siège administratif, espèce d'organe directeur de l'organisation européenne, ni même de l'organisation française, mais une structure censée promouvoir des objectifs culturels à une échelle supranationale. On ne peut pas isoler ce centre d'une multitude de contextes non régionaux à la fois internes et externes. À l'intérieur de l'organisation, le centre est en effet un maillon indissociable de diverses structures nationales, continentales et internationales. À l'extérieur de l'organisation, il est l'expression culturelle d'une association reconnue par l'ONU en tant qu'ONG, mais cependant classée parmi les sectes dangereuses en France par les deux derniers rapports parlementaires de 1985 et 1996. À cela s'ajoutent les relations conflictuelles avec les autres associations bouddhistes, ou tout au moins le refus d'intégration et de reconnaissance – en particulier par l'Union des Bouddhistes de France –, qui se répercutent régionalement dans le fait apparemment paradoxal que le centre de Trets entretient de meilleurs rapports avec les associations laïques qu'avec les autres associations bouddhistes. Il ne sera donc pas inutile d'analyser la place de la Soka Gakkai à l'intérieur du bouddhisme afin de comprendre son exclusion actuelle de « la gestion des biens du salut » bouddhistes dont l'UBF s'est progressivement approprié le monopole dans le champ français. Mais nous situerons surtout le centre de Trets dans la perspective de l'idéologie mondialiste qui sous-tend son existence et son action. Il sera dès lors plus aisé d'analyser le succès de son implantation dans l'espace socioculturel communal, départemental et régional, suivi, à partir des années quatre-vingt, d'une dégradation de son image dans le contexte d'une campagne médiatique nationale.

---

1. Même si, malgré le rapport Vivien, les relations continuèrent à être amicales avec la commune jusqu'aux élections municipales de 1989.

1° Nichérisme, bouddhisme, espaces français et européen

Les membres de la Soka Gakkai considèrent que la voie héroïque tracée par Nichiren, centrée sur le retour à des mœurs humanistes et pacifistes, sur le rétablissement d'un comportement non corrompu en politique, est spécialement adaptée à notre époque de décadence, qui est comparable à celle du Japon médiéval. La Soka Gakkai se représente ainsi comme porteuse du bouddhisme orthodoxe, au sens où la décadence actuelle requiert un traitement d'urgence pour rétablir la voie du Bouddha, que seul le nichérisme peut appliquer. C'est, entre autres, cette prétention à l'orthodoxie que réfutent les autres écoles bouddhistes implantées en Occident. Il faut souligner, en outre, que la position de l'organisation s'est assouplie sur ce point depuis quatre ou cinq ans. Des points de rencontres sont en effet recherchés avec les autres bouddhismes, particulièrement avec les groupes tibétains et zen. Ainsi, l'action du Dalaï-Lama n'est plus passée sous silence, et la cause tibétaine est même parfois évoquée dans le cadre de réunions officielles. Bien que de nombreux lamas français et bonzes zen ne se déclarent pas farouchement hostiles à la Soka Gakkai, les représentants de l'Union des Bouddhistes de France (UBF) persistent à refuser tout dialogue avec une organisation signalée comme « sectaire ». Soulignons que c'est l'Association des Bouddhistes de France (ABF), fondée par un ancien membre de la *Nichiren Shoshu* en conflit avec son organisation d'origine, qui fut la principale source d'information du Rapport Vivien[1].

Les organisations bouddhistes, particulièrement l'UBF[2], sont encore aujourd'hui les sources d'informations qui justifient aux yeux des pouvoirs publics le classement de la Soka Gakkai dans la catégorie « sectes dangereuses[3] ». L'UBF reproche à la Soka Gakkai d'être classée parmi les sectes dangereuses, alors même qu'elle participa à fournir les éléments d'accusation qui ont déterminé cette même qualification. On peut émettre l'hypothèse que l'UBF tente ainsi de réduire la légitimité d'une organisation concurrente. Comportement pleinement justifié par sa position monopolistique dans un champ religieux bouddhiste français qui s'est considérablement élargi pendant cette dernière décennie[4]. La marginalisation de la Soka Gakkai dans le champ bouddhiste a ainsi pour conséquence directe d'assurer le pouvoir unilatéral de l'UBF sur la

1. A. Vivien, *Les sectes en France, Expressions de la liberté morale ou facteurs de manipulations ? (Rapport au Premier ministre),* Paris, La Documentation Française, 1986. Voici la première phrase du rapport Vivien concernant l'organisation nichériste : « Cette secte pseudo-bouddhique a la particularité d'être désavouée constamment par l'Association des Bouddhistes de France qui ne mâche pas ses mots » (A. Vivien, *op. cit*, p. 71).
2. Il ne faut pas confondre l'Association des Bouddhistes de France (ABF), qui est une organisation dissidente nichériste, et l'Union des Bouddhistes de France (UBF) qui est un regroupement des différents groupes bouddhistes français à l'exclusion des nichéristes.
3. J. Guyard, *Rapport fait au nom de la commission d'enquête sur les sectes*, Paris, Assemblée Nationale, 1995.
4. Nous utilisons à dessein le concept de « champ » pour souligner la présence d'enjeux de pouvoir liés au succès croissant du bouddhisme chez les Occidentaux.

désignation d'aumôniers des prisons par exemple, et surtout, plus récemment, sur le contrôle du temps télévisuel accordé aux bouddhistes sur France 2. Toute étude sérieuse sur le bouddhisme en France, sur la Soka Gakkai en particulier, ne peut ignorer ces nouveaux paramètres qui complexifient les rapports concurrentiels des bouddhismes dans le champ religieux français.

Le centre de Trets est la structure nodale de la stratégie d'ouverture de la Soka Gakkai vers les cultures européennes. Ses représentants critiquent les « aliénations » modernes, mais valorisent pourtant des points de rencontre, des passerelles historiques, artistiques et institutionnelles avec l'Occident moderne. Il ne s'agit pas, en effet, d'une remise en cause totale de la modernité, mais seulement de ses aspects qualifiés de négatifs, corrupteurs. La Soka Gakkai valorise l'histoire de France en extrayant les éléments antibouddhistes, ou corrupteurs (racisme, colonialisme, centralisme, exclusivisme, grands conflits) et les éléments bouddhistes, ou progressistes (humanisme, poésie, romantisme politique et littéraire, égalité civile, liberté politique, universalisme). Le totalitarisme moderne est assimilé au développement de l'aspect corrupteur, alors que la République, y compris dans son aspect laïque, est rapportée à la tendance progressiste. La culture française est ainsi encensée à travers, par exemple, la figure héroïque de Victor Hugo. D'où la fondation d'une Maison Victor Hugo en 1991 qui a été, à l'époque, saluée par le Président du Sénat Alain Poher, et dont le comité d'honneur comprend des célébrités telles que Jack Lang et plusieurs académiciens. Cette importance de la culture progressiste française – philosophie des Lumières, théorie du contrat social, Révolution Française, idée d'une terre de mixité parallèle au cosmopolitisme nichériste – a déterminé le choix de ce pays comme carrefour européen du mouvement (Le président de la Soka Gakkai pour la France est d'ailleurs aussi président pour l'Europe). C'est ainsi que fut créé à Paris en 1973 l'Institut Européen de la Soka Gakkai Internationale (SGI).

Le projet d'un grand centre culturel germa à cette période. Les environs de Marseille furent choisis (dans un rayon de 50 kilomètres autour de la ville suivant les dires des représentants du mouvement), pour deux raisons principales, d'abord parce que cette agglomération symbolise un carrefour actuel multiculturel et multiracial, ensuite parce que la Provence est un haut lieu historique des civilisations helléniques, romaines et arabes. La Soka Gakkai s'installe donc à Trets dans une France symbole de progressisme, et aux alentours d'une ville, la plus ancienne du pays, qui symbolise les multiples courants de l'antiquité méditerranéenne. Le centre est ainsi conçu comme la passerelle culturelle, sociale et politique entre le bouddhisme, l'Europe et l'Humanité[1].

1. De surcroît, la cité phocéenne est très fameuse au Japon à cause du roman d'Alexandre Dumas : *Le Comte de Monte-Cristo.*

2° Une intégration réussie dans l'espace local de 1975 à 1985

C'est dans ce contexte, caractérisé par une volonté d'ouverture, que le premier bâtiment du centre européen de Trets a été inauguré en 1975. La commune accueillera très favorablement ce projet culturel et cultuel. Le docteur Yamazaki, président du mouvement pour la France, prendra contact directement avec le maire de l'époque, le docteur Jean Ferraud. Les articles qui paraîtront dans la presse locale pour signaler l'inauguration seront tous positifs[1]. L'intérêt financier n'est sans doute pas étranger à un tel enthousiasme. En effet, la commune va bénéficier d'un essor économique sensible directement et indirectement imputable à la présence du centre. De nombreux artisans, plombiers, restaurateurs, traiteurs participeront à ses activités. La SERS (Société Européenne de Restauration et de Services), société commerciale chargée de gérer la boutique et le restaurant du centre, embauchera des habitants locaux. Les cours d'été, les séminaires réguliers tout au long de l'année, les expositions, conférences, festivals et cérémonies diverses qui attirent des milliers de participants venus de toute l'Europe, ont permis le développement fulgurant de la compagnie locale d'autocars. Les locaux du centre furent prêtés à plusieurs reprises pour des manifestations non bouddhistes. Plusieurs membres de l'organisation disposent d'un caveau au cimetière de Trets, dont le président japonais de la branche française. En 1979, un incendie extrêmement violent a gravement touché la commune, y compris une partie des terres appartenant au centre. Une association de propriétaires forestiers fut crée à cette occasion afin de débroussailler et d'entretenir les terres. La Soka Gakkai participe depuis vingt ans activement à cette association qui travaille en coopération étroite avec l'administration et les habitants de la commune.

Il y a une volonté évidente d'utiliser les infrastructures locales, de s'intégrer dans le paysage culturel et civique, de désactiver le sentiment d'exotisme lié au caractère japonais du mouvement. Le maire, ainsi que les membres du conseil municipal, se rendront d'ailleurs en 1984 au Japon sur l'invitation des dirigeants mondiaux. Les 25 hectares de terrains achetés autour des bâtiments seront volontairement laissés non clos, afin de promouvoir une sorte d'espace public, lieu de passage pour les promeneurs du dimanche, les motards, les cavaliers et les campeurs. L'organisation fera de nombreux dons à la commune, particulièrement des livres offerts à la bibliothèque municipale. Cette stratégie d'intégration ne réussira cependant pas à convertir les habitants de la commune, mais permettra, en revanche, de créer un climat d'entente. C'est ainsi que le président mondial et le président européen de la Soka Gakkai se verront décerner le titre de citoyen d'honneur de la ville de Trets.

Les personnalités et les notables locaux seront systématiquement invités à des manifestations culturelles, expositions, conférences tenues à Trets, et

1. Cf. par exemple l'article « Un centre européen bouddhiste va être inauguré à Trets », in *Le Méridional-La France*, 7 septembre 1975.

accepteront le plus souvent de s'y rendre. Fernand Boulan, doyen de la Faculté de Droit d'Aix-en-Provence, ou Georges Duby, professeur à l'université de Provence se rendront ainsi sur les lieux de ces manifestations. Il faut dire que dès l'inauguration des premiers bâtiments, les dirigeants nichéristes se sont mis en contact et ont été reçus par un grand nombre d'hommes politiques et de hauts fonctionnaires locaux. Ils furent reçus par exemple dès 1975 par le sénateur-maire d'Aix-en-Provence en son hôtel de ville, mais aussi par le recteur de l'Académie et par le préfet. Des salles dépendant des cités universitaires d'Aix-en-Provence ainsi que des amphithéâtres de l'université de Provence furent utilisés pour des conférences sans aucune obstruction de l'administration académique. Les permis successifs nécessaires aux diverses constructions entreprises entre 1974 et 1987 ont tous été obtenus sans difficulté notable de la part des pouvoirs publics.

3° Une perspective progressiste transnationale : l'humanisme bouddhiste individuo-globaliste

La Soka Gakkai Française comprend une majorité de membres se déclarant ouvertement à gauche[1], ce qui ne manque pas de cohérence par rapport à l'idéologie progressiste, pacifiste et humaniste de l'organisation, mais qui dénote des relations privilégiées qu'entretinrent ses dirigeants avec les élus et les notables marqués à droite de la commune de Trets. Ce paradoxe est résolu si nous ajoutons l'autre élément de l'idéologie Soka, l'*individuo-globalisme* : le fait de considérer les États comme des structures périphériques, de simples divisions régionales qui ne font qu'entraver une véritable politique « humaine » planétaire. De droite ou de gauche, les dirigeants et notables locaux ne représentent que les maillons d'un système, somme toute archaïque, eu égard à la nécessaire planétarisation des « véritables » enjeux politiques[2].

Ainsi, l'organisation concentre-t-elle ses plus grands efforts financiers et diplomatiques à pénétrer les institutions internationales[3], à favoriser la prise en compte mondiale des problèmes économiques, politiques et sociaux. Le national n'est pour elle qu'un niveau local parmi d'autres. Le président Ikeda rendra visite aux dirigeants communistes chinois, tout en invitant au Japon le maire et les conseillers municipaux UDF d'une bourgade provençale, dans la même logique mondialisatrice. Il n'y a donc pas de

1. Ceci est vrai à titre individuel, bien qu'officiellement aucune préférence spécifiquement à gauche ne soit affichée. En revanche, le mouvement se déclare clairement antifascisant.
2. Les dirigeants répugnent à utiliser le mot « politique » fortement connoté droite-gauche, mais préfèrent l'expression « enjeux sociaux et culturels ». C'est pourtant bien un projet global de « vivre ensemble », un modèle de société qui est proposé, donc un discours politique qui est ainsi diffusé.
3. Nous n'entendons pas « pénétration » au sens péjoratif de complot, de pénétration insidieuse, mais au sens neutre de tentative de participer à la vie mondiale à travers les institutions internationales, dans la continuité des objectifs de dénucléarisation, de démilitarisation, environnementaux, éducatifs, etc., chers à l'organisation en vertu de la « concrétisation du vœu de Bouddha dans la société ».

stratégie locale en tant que telle, sauf à la rattacher au plan plus large de *l'individuo-globalisme* : délocaliser intellectuellement les populations, les dirigeants et les notables locaux par des manifestations culturelles, des voyages, des expositions, dans un esprit cosmopolitique. Ceci constitue la face externe du projet, c'est-à-dire les objectifs qui nécessitent l'interaction avec des non-pratiquants influents. La face interne est le projet d'« épanouissement » individuel dont la pratique cultuelle quotidienne représente le moyen. Les deux faces ne sont pas absolument dissociables : l'objectif mondial permettra, une fois accompli, un meilleur « épanouissement » des individus ; et l'épanouissement actuel des individus qui pratiquent le bouddhisme dans la Soka Gakkai, modèle avant-coureur de la société mondiale idéale, facilitera l'avènement d'un ordre planétaire humain harmonieux.

Ce qui explique que l'action d'ouverture s'opère en direction des milieux laïques et non religieux : la stratégie publique mondialiste repose sur la sensibilisation de personnalités, des responsables de clubs, d'associations, en tant que relais locaux de la finalité planétaire ; alors que la stratégie cultuelle ne répond pas, dans un premier temps, à la même visée globale, mais poursuit en priorité « l'épanouissement » du plus grand nombre d'individus par la pratique du bouddhisme de Nichiren, et suppose donc non pas le dialogue interreligieux mais le prosélytisme. Les membres de la Soka Gakkai sont, en tant que membres, à la fois des pratiquants religieux, mais aussi, et peut-être surtout, des « citoyens de dimension internationale », des laïques qui s'adressent exclusivement à des laïques. Seront ainsi reçus à Trets, le Rotary Club, le Lion's club, ou les représentants du Foyer de Formation de Jeunes filles de Puyloubier. Force est de constater que le dialogue interreligieux n'est pas à l'ordre des priorités. Les représentants nichéristes prétendent avoir opérer des tentatives vers l'évêché, mais sans réponse. Il n'empêche que le dialogue interreligieux n'entre pas dans les thèmes des manifestations, il s'agit plutôt d'intégrer, de comparer, de souligner la compatibilité entre l'idéal bouddhiste et une certaine culture européenne laïque, démocratique et pacifiste.

L'aspect religieux de la culture occidentale, autrement dit l'influence des trois monothéismes, est rapporté à la tendance négative, corruptrice, antibouddhiste de l'histoire de l'Europe. C'est ainsi que des rencontres interconfessionnelles ne sont pas envisagées. À l'inverse, les associations du bouddhisme tibétain multiplient les conférences sur le dialogue interreligieux, particulièrement avec les chrétiens, mais aussi avec les juifs et les musulmans. Il n'y a pas de membre pratiquant de la Soka Gakkai qui soit prêtre, ou simplement fervent catholique, ce qui n'est pas le cas dans les autres bouddhismes qui accueillent parmi leurs pratiquants de nombreux catholiques, y compris des prêtres qui vont jusqu'à concilier l'organisation de cérémonies zen avec le rituel catholique de la messe. Le centre de Trets est ouvert soit à des manifestations religieuses réservées aux pratiquants bouddhistes de la Soka Gakkai, soit à des manifestations entièrement laïques accueillant des personnalités locales, nationales, et internationales reconnues pour leur stature « humaniste », mais nullement aux rencontres avec des bouddhistes non Soka Gakkai, et *a fortiori* avec des représentants d'autres cultes. L'Abbé Bertrand, curé de Trets, s'est ainsi rendu au centre non pas en tant que catholique mais en tant que notable de la ville.

Cette stratégie d'ouverture locale est parallèle à une action internationale dont Trets, en tant que centre culturel européen, bénéficie. De multiples personnalités nationales, européennes et internationales se rendirent dans ces lieux. Dès 1977, le président fondateur du Club de Rome, Aurelio Peccei, vint y donner une conférence. L'apogée de cette internationalisation eut lieu lors de la cérémonie d'inauguration de la Maison de l'Europe en 1984, à laquelle furent présentes des personnalités membres de l'Académie Française comme René Huyghe qui prononça une allocution, George Duby, ainsi que Cornel Metternich, Directeur du centre d'information des Nations-Unies à Paris, qui remettra à cette occasion le drapeau de l'ONU. L'accent est toujours mis sur l'aspect laïque des activités extérieures.

L'organisation développe une idéologie cosmopolite que l'on peut qualifier *d'humanisme bouddhiste individuo-globaliste*[1]. Les États ne sont représentés positivement que comme les moyens partiels et partiaux d'une politique mondiale. Tout programme politique enfermé derrière ses frontières, par exemple nationaliste, est représenté comme décadent, corrupteur. Toute politique à visée essentiellement nationale est une obstruction à la réalisation de desseins plus vitaux et plus globaux. C'est la raison pour laquelle l'organisation cherche à s'immiscer dans une voie politique mondiale qui transcende les intérêts nationaux perçus comme trop étroits. Il s'agit de fournir un projet politique à l'échelle planétaire, mais avant tout de rechercher des points de convergences, des thèmes universels présents dans les différentes cultures locales. Elle extrait ainsi des éléments culturels afin de traduire localement sa conception du progrès politique et social. L'espace national n'est que le lieu d'extraction des lettres qui permettent la translittération de son idéologie universaliste. Les espaces communaux, régionaux, départementaux, ne sont, eux aussi, que des relais culturels d'une « Révolution Humaine » au sens large, individuelle et mondiale. Ce qui explique aussi la neutralité politique locale qui contraste avec les prises de position progressistes en matière de politique internationale. Favorable à la décentralisation, à la régionalisation, et même à l'individualisation culturelle, l'organisation n'en est pas moins partisane

1. Cette idéologie est développée par le président mondial dans la plupart de ses discours. L'ouvrage *Pour une spiritualité créatrice de paix* (D. Ikeda, Paris, Éditions du Rocher, 1990) est à cet égard très explicite. Il suffit pour s'en convaincre de lire les titres des chapitres ; en voici quelques-uns particulièrement parlants : « 2) Une nouvelle culture humaine du peuple, par le peuple, et pour le peuple », « 6) Devenez des hommes de dimension internationale », « 10) Pour une fusion harmonieuse des cultures orientale et occidentale », « 15) Nouvelles propositions pour la paix et le désarmement », « 16) Au carrefour des civilisations », « 17) Un monde sans guerre ».

d'une globalisation des finalités politiques soutenue par une universalisation de la spiritualité. Il y aura donc valorisation des folklores locaux, et en outre développement parallèle d'une culture humaniste et transnationale : valorisation de l'individu d'un côté, et de l'humanité dans son ensemble de l'autre, au détriment de toutes les institutions médiates, les intermédiaires politiques tels que les États.

Ce rapport philosophique et politique *individu-monde* est, sur ce point spécifique, comparable à celui des autres bouddhismes occidentalisés. Il s'en distingue cependant par ses accents humanistes : l'harmonie Soka est plutôt *interhumaine*, alors que l'harmonie du zen ou du bouddhiste tibétain est *internaturelle*. Cela signifie que la Soka Gakkai s'exprime en terme de contrat social, privilégiant l'environnement essentiellement humain, alors que les autres bouddhismes s'expriment en termes de contrat naturel, de responsabilité écologique censée justifier une individualisation de la souveraineté et une globalisation du pouvoir afin de permettre l'établissement d'un contrat naturel qui transcende non seulement les intérêts spécifiques des États-Nations, mais aussi ceux de l'Homme en tant qu'entité fondamentale de l'univers. Voilà un des éléments idéologiques cruciaux qui permet de mieux comprendre l'importance capitale que la Soka Gakkai attache à entretenir des rapports avec les pouvoirs publics et avec les instances de diffusion culturelle : la société – ses institutions, les hommes qui la dirigent financièrement, politiquement et intellectuellement – reste le point focal, même s'il convient d'élargir la perspective nationale à l'horizon terrestre. Il est, de fait et avant tout, prioritaire de se faire connaître, de se faire entendre à tous les échelons locaux pour rendre la « Révolution Humaine » possible à l'échelle de la planète. Le centre de Trets est au cœur de cette stratégie de communication.

C'est grâce à des conférences et colloques très bien préparés, que la vie du centre sera relayée par la presse locale de toutes tendances[1]. Tous les articles que nous avons pu retrouver sur le centre de Trets entre 1975 et 1985 ne comportent aucune allusion à la qualification de secte dangereuse, ni même simplement de secte. Les journalistes chantent allègrement les vertus humanistes de l'organisation. Il est probable que le pouvoir financier de la Soka Gakkai, les multiples dons pécuniaires consentis aux organisations internationales et régionales – dans la logique de son programme social et politique universaliste – ne sont pas étrangers à la

1. *Le Provençal* (« Un centre européen bouddhiste va être inauguré à Trets », 7 septembre 1975), *Terre de Provence* (« Les bouddhistes veulent faire la révolution humaine », 5 août 1977), Le *Méridional-La France* (« Un centre européen bouddhiste va être inauguré à Trets », 7 septembre 1975 ; « Fête de l'amitié internationale au domaine de Longarel », 14 septembre 1975 ; « Trets : Grande soirée artistique pour la fête de l'Amitié », 26 juillet 1978 ; « Trets : Grande fête de l'amitié », 27 juillet 1978 ; « Premier anniversaire du Centre Européen de la Nichiren Shoshu : conférence de René Huygue à la fac de lettres », 29 août 1976), *Le Méridional* (« Le 3e congrès annuel de la philosophie bouddhique a réuni 1 300 participants », 1er août 1977), FR3 (diffusion régionale le 20 septembre 1975 et nationale le 23 septembre 1975), et Radio Monté-Carlo, ont abondamment encensé le centre de Trets et ses multiples activités culturelles et sociales dans leurs colonnes et sur leurs ondes.

perception favorable chez les notables, les élus, et les hauts fonctionnaires, de même que les importantes festivités ouvertes à tous ne sont pas étrangères à la perception favorable dans la population locale. Mais c'est cette même « puissance financière » qui va, à partir de 1985, devenir suspecte aux yeux des représentants des pouvoirs publics et des notabilités locales[1].

4° La dégradation de l'image du centre suite à l'interférence française national-régional à partir de 1985

Trois événements vont se succéder à l'échelle nationale et locale générant une crise de l'image de la Soka Gakkai et particulièrement de son centre européen des Bouches-du-Rhône. Ces événements qui se suivent en cascade ne sont pas dissociables les uns par rapport aux autres. Il s'agit d'une part de la publication du Rapport parlementaire Vivien qui classe la *Nichiren Shoshu* Française[2] parmi les sectes dangereuses, d'autre part de l'élection du nouveau maire de Trets, avec un changement de majorité au conseil municipal, qui prendra immédiatement ses distances à l'égard de cette secte « dangereuse » installée sur le territoire de sa commune : on peut lire ainsi des déclarations particulièrement dures dans les premiers comptes rendus des réunions du conseil municipal, dès 1989, à l'égard de la Soka Gakkai, ainsi que dans la presse, par exemple dans une interview accordée par le maire en 1991 au *Provençal*[3].

Il faut cependant nuancer le rapport de cause à effet entre l'attitude personnelle du nouveau maire, Loïc Fauchon, et la publication du rapport Vivien. En effet, le candidat Fauchon avait promis à ses concitoyens, dans le cadre de sa campagne électorale, la réalisation d'un Centre de Secours et de Sécurité Civile, sur un terrain qui sera entre temps acheté par la Soka Gakkai. Tandis que les représentants de cette dernière affirmèrent avoir tout tenté pour « s'arranger » avec le maire à propos de cette affaire, de son côté Loïc Fauchon se montra réticent sur les intentions réelles de ces « habitants » étranges et sectaires. Mais, dans son ensemble, la presse locale, bien que plus mitigée qu'avant la parution du Rapport Vivien, moins enthousiaste à propos de l'humanisme Soka, resta assez positive dans les comptes rendus d'événements se déroulant au centre[4].

L'événement déterminant dans la détérioration de son image est l'affaire dite du Château d'Arny (près de Paris) de 1988. Tout commence par un article tapageur du 10 février 1988 paru dans l'hebdomadaire de l'Essonne *Le Républicain* sous le titre « Une secte japonaise rachète le château d'Arny ». En effet, la Soka Gakkai, portant encore à l'époque l'appellation *Nichiren Shoshu*, projetait d'installer un centre dans ce château de

---

1. La commune elle-même ne sera hostile au centre qu'à partir des élections de 1989.
2. Ancienne structure depuis dissoute et transformée en Soka Gakkai Française.
3. « Soka Gakkai : un institut européen à Trets », in *Le Méridional*, 14 mars 1996.
4. « La Soka Gakkai ouvre une maison Victor-Hugo », in *Le Provençal*, 16 juin 1991.

l'Essonne. Or, le fait que celui-ci se situe à un kilomètre et demie d'un centre de production d'énergie nucléaire, que la société commanditée par la Soka Gakkai pour négocier le terrain ait été le service immobilier du groupe japonais Mitsubishi, ajouté à la récente qualification de secte dangereuse par le Rapport Vivien et par le CCMM (Centre Contre les Manipulations Mentales), a alerté l'attention de la DST. À cela s'ajoute un incident survenu le 21 janvier : un visiteur japonais, ingénieur en physique nucléaire, a été surpris en train de photographier des installations sensibles. Il n'en fallut pas plus pour relier ce fait à l'installation de la « secte » si près du site nucléaire. Après le *Républicain*, l'information sera reprise par l'AFP, puis par une série de journaux régionaux et nationaux (*France Soir, Libération, Le Quotidien de Paris, Ouest France, Le parisien Libéré de l'Essonne*, et aussi, cela à son importance, pour le centre de Trets, par *Le Provençal*)[1]. TFI, FR3, La 5 reprirent le flambeau le lendemain. Bien que l'AFP soit revenue le 12 sur les extrapolations les plus graves et les plus fantaisistes, « la mèche avait pris ». La Soka Gakkai sortait de l'anonymat. Pour la première fois une majorité de Français entendait parler de cette « secte ». À la suite de cette affaire, différentes polémiques furent nourries par les médias sur le financement trouble de l'organisation[2], sur les pratiques « étranges » des membres de la secte, sur les liens privilégiés avec le pouvoir[3], en particulier avec Madame Mitterrand[4]. Le maire de la commune sur laquelle se trouve le château refusa donc de laisser faire le vente.

Après cette affaire, l'image de la Soka en France sera écornée, ce qui se répercutera directement et durablement au plan local sur la vie du centre de Trets. D'abord au plan purement matériel, la Direction Départementale de l'Équipement et la mairie de Trets « firent des difficultés » pour accorder le permis de construire du dernier bâtiment prévu pour l'achèvement du centre. De multiples rumeurs circulaient sur le fait que le premier permis de construire aurait été obtenu après la corruption de l'ancien maire. À partir de cette époque la presse locale se montrera extrêmement virulente, et cette tendance s'accentuera sans cesse. Au début des années quatre-vingt-dix, les articles, négatifs dans l'ensemble, ne faisaient encore que reprendre les termes des rapports parlementaires, se contentant le plus souvent de souligner que le mouvement avait été mis en cause en tant que secte dangereuse (exemple du *Provençal* du 16 juin 1991, l'article : « La Soka Gakkai ouvre une maison Victor Hugo »). À la fin des années quatre-vingt-dix, le ton devient plus accusateur et apparaissent les expressions de « manipulation mentale », de « corruption généralisée », de « malversations

1. « Une secte japonaise rachète le château d'Arny », in *Le Républicain*, 10 février 1988 ; « Daisaku Ikeda : Hugo et l'atome », in *Le Quotidien de Paris,* 19 juin 1991 ; « Banzaï sur nos secrets défense », in *Le Parisien Libéré,* 18 juin 1991.
2. J. Cotta, P. Martin, « Les sectes japonaises : trust, industrie, mafia », in *Dans le secret des sectes,* Paris, Flammarion, 1992.
3. « Une multinationale bouddhiste excommuniée par ses propres moines », in *L'Événement du Jeudi,* n° 407, du 20 au 26 août 1992.
4. « Cette étrange secte qui soutient Madame Mitterrand », in *Minute,* 12-18 août 1992.

financières à grande échelle » dont Trets serait une sorte de quartier général. Loïc Fauchon, maire de Trets, interrogé par *Le Méridional* sur la gravité de la situation, déclara dans ses colonnes le 14 mars 1996 : « Une fois élu, je les ai rencontrés et leur ai demandé deux choses : de ne pas venir dans le village et de ne pas s'étendre... ». Dans ce même numéro est interrogé l'archevêque d'Aix-en-Provence et d'Arles, Monseigneur Louis-Marie Billé, pour qu'il donne son point de vue d'autorité morale catholique sur ce « grave problème[1] ».

Ainsi, sans raisons au regard des enquêtes sociologiques menées sur la Soka Gakkai, le centre de Trets a été exclu, pratiquement du jour au lendemain, de la vie culturelle et sociale locale, alors que toutes les études sur la Soka Gakkai, sur ses pratiques concrètes et son idéologie – nous pensons aux différents travaux de Bryan Wilson, de Karel Dobbelaere pour le cas anglais[2], mais aussi à ceux de Louis Hourmant sur la pratique concrète en France[3], ainsi qu'à notre propre enquête[4] –, n'ont rien fait apparaître de dangereux pour l'ordre public, pour la sécurité et la santé physique et mentale des personnes.

Après la campagne médiatique contre la Soka Gakkai, les différentes administrations, académies, préfectures, universités ont changé radicalement de politique, refusant de prêter ou de louer des salles de conférences, refusant de participer aux manifestations organisées au centre de Trets. En 1991, Daisaku Ikeda, président mondial de l'organisation, sera cependant reçu par le président de la République, François Mitterrand. Il sera alors poursuivi par les journalistes pendant toute la durée de son séjour. À cette occasion sera ressorti le spectre de l'espionnage industriel et atomique, des malversations financières, en y ajoutant des liens occultes supposés entre Madame Mitterrand et la secte ; ces accusations ne reposant sur aucun fondement démontré, ainsi qu'en témoignent les jugements rendus par les tribunaux français à cette occasion, défavorables aux organes de presse qui les ont invoqués. Toujours pendant le séjour d'Ikeda, la presse locale de la région PACA s'est déchaînée contre le centre : ainsi, la ville de Trets et les installations nucléaires de Cadarache furent considérées comme des voisinages immédiats (« à un jet de pierre »), alors qu'une cinquantaine de kilomètres les séparent.

La politique nationale et européenne à l'égard de la Soka Gakkai est cependant ambiguë, pour ne pas dire paradoxale. En effet, c'est dans cette période de suspicion des pouvoirs publics et des médias, qu'Ikeda sera fait

1. « Mgr Billé : Inquiétude n'est pas panique », in *Le Méridional,* 14 mars 1996.
2. B. Wilson, K. Dobbelaere, *A Time to Chant : The Soka Gakkai Buddhists in Britain,* Oxford, Clarendon Press, 1994.
3. Même s'il émet de nombreuses critiques sur le fonctionnement interne de l'organisation, par exemple sur la pression tacite qui s'exerce entre les membres pour payer leur cotisation, Louis Hourmant ne stigmatise pas la Soka Gakkai comme une secte dangereuse pour l'ordre public (Louis Hourmant, in *De l'émotion en religion,* Paris, Le Centurion, 1990).
4. B. Étienne, R. Liogier, *Être Bouddhiste en France aujourd'hui,* particulièrement la partie intitulée « Les bouddhistes et le monde », *op. cit.*

de la main de Jack Lang Officier du mérite des Arts et des Lettres. C'est également au début des années quatre-vingt-dix que l'Institut Européen de la SGI, c'est-à-dire le centre de Trets, demandera aux pouvoirs publics l'autorisation de se constituer en association cultuelle agréée par le ministère de l'Intérieur. La demande est acceptée et enregistrée sous l'appellation d'Association Soka du bouddhisme Nichiren des Bouches-du-Rhône agréée par le préfet. En 1996, le délégué des organisations humanitaires de l'Union Européenne, Monsieur Basch, remettra le drapeau de l'Europe aux représentants du centre. En 1996, le chancelier de l'Institut de France, Marcel Landowski, donnera une conférence à Trets.

Le centre, bien que de plus en plus isolé de la ville de Trets, continue à entretenir de cordiales relations avec les commerçants et artisans de la commune, les liens étant maintenus par des rapports commerciaux avec les fournisseurs de produits divers et par des contrats d'entretien (plomberie, électricité, etc.)[1]. Mais les relations culturelles et festives ont cessé. Il semble y avoir aujourd'hui cependant un léger infléchissement du rejet communal : élu en septembre 1997, le nouveau maire Roger Tassy n'a pas hésité à recevoir pendant l'été 1998 des représentants du centre en tant que citoyens de Trets à part entière[2]. Nous avons pu constater que l'image du centre chez les habitants qui travaillent dans la commune est restée positive, alors que chez les habitants qui n'y ont qu'une résidence secondaire, la représentation du centre est en général négative. Ces derniers sont les plus récemment arrivés, et n'ont pas connu l'époque antérieure à 1985. Les informations dont ils disposent proviennent exclusivement des médias nationaux.

La structure sociologique de Trets a en effet été profondément bouleversée ces dix dernières années, avec l'arrivée en force de cadres moyens et supérieurs, travaillant à Marseille et à Aix-en-Provence, mais vivant à Trets. Cette catégorie « citadine » de la population est en général hostile à la Soka Gakkai, alors que l'opinion des habitants travaillant sur place reste plus mitigée. L'éloignement de la réalité des activités concrètes du centre est donc un des facteurs prépondérants d'une représentation négative. Ce qui donne à penser que les « études » gouvernementales, les « enquêtes » de la DST concernant la Soka Gakkai et son centre de Trets, sont à manier avec précaution, dans la mesure où les modalités de collecte de l'information peuvent, par hypothèse, relever de ce qu'Edgar Morin a conceptualisé sous le terme de « rumeur sociale ».

Nous venons de voir que l'organisation construisait sa légitimité par le haut, par la promotion de causes humanitaristes et pacifistes, d'où l'insistance de l'organisation sur les Droit de l'Homme et sur la promotion

1. Les journées portes ouvertes, qui se déroulent une ou deux fois par an, continuent à attirer des habitants de la commune.
2. Ce même maire ne prend pas position sur les raisons de la qualification de « secte », tout en regrettant qu'elle touche une organisation implantée sur sa commune. Cette neutralité se distingue nettement du rejet pratiqué par l'ancien maire, mais aussi de l'entente active pratiquée par son plus lointain prédécesseur.

de la « Paix mondiale », par la promotion « culturelle », et par une visibilité diplomatique spécialement assurée par le ministère itinérant de Daisaku Ikeda. Par le bas, l'État Soka mondial doit rassembler son peuple, doit le communaliser. Nous avons vu dans les précédents chapitres que cette communalisation était assurée par les structures des *zadankaï*, mais nous n'avions pas analysé la nature et les modalités pratiques d'intériorisation de représentation commune compatibles avec (et complémentaires de) la stratégie par le haut. Ce rassemblement de « citoyens du monde », « d'hommes de dimension internationale », s'effectue par la pratique religieuse, qui conditionne un rapport au monde particulier. C'est cet ascétisme nichériste intramondain que nous allons rapidement examiner maintenant. La puissance d'action par le haut de l'organisation dépend de la construction d'un *ethos* bouddhiste intériorisé par les « individus modernes » qui constituent autant de citoyens de la République Soka prêts à se battre pour « construire un monde idéal[1] », « un monde sans guerre[2] ».

D/ L'ascétisme intramondain de la Soka Gakkai : légitimation par le bas de la politique mondiale

1° Construction d'un habitus religieux

Le terme d'« habitus » semble le plus adapté à l'analyse de la Soka Gakkai. Tel que le conceptualise Pierre Bourdieu, il recouvre l'intériorisation de représentations et l'incorporation de règles de comportement, qui n'excluent pas pour autant les stratégies individuelles, la rationalité personnelle de l'acteur social. Officiellement, cette organisation ne contraint pas l'individu, et celui-ci dispose d'une importante marge de manœuvre : aucune prescription ne lui est absolument imposée, pourtant la Soka Gakkai est l'organisation bouddhiste occidentalisée la mieux encadrée institutionnellement et psychologiquement. Un jeu complexe se noue entre autonomie formelle et contraintes intériorisées. Comme le souligne le sociologue Louis Hourmant, la principale particularité de ce bouddhisme, par rapport aux autres types présents en France, tient dans le « compromis tout à fait spécifique entre liberté personnelle dans la gestion du rapport au salut et encadrement important par une organisation. Il autorise une pleine affirmation des valeurs personnelles tout en offrant une prise en charge psychologique par un petit groupe de référence auquel on peut confier ses

1. D. Ikeda, « Construire un monde idéal : discours prononcé à l'occasion d'un séminaire des représentants, des responsables, au centre d'études de Nagano, préfecture de Nagano, le 8 août 1984 », in *Pour une spiritualité créatrice de paix,* Éditions du Rocher, Paris, 1990, p. 299-329.
2. D. Ikeda, « Un monde sans guerre : propositions présentées à l'occasion du neuvième anniversaire de la Soka Gakkai Internationale, le 26 janvier 1984 », in *Pour une spiritualité créatrice de paix, op. cit.*, p. 237-246.

problèmes et ses peurs et dédramatiser[1] ». La double perspective de *l'habitus*, conditionnement du groupe et stratégie individuelle, permet par un mouvement de va-et-vient de l'individuel au communautaire d'interpréter les « systèmes de disposition » relativement à une idéologie cohérente. Pour ce faire, une combinaison doit exister entre les pratiques du groupe (dévotions, prosélytisme,), les comportements individuels face à ces pratiques (les moments stratégiques de l'entrée dans la communauté, l'administration du temps et de l'espace par la symbolisation et la ritualisation) et les représentations qui les justifient (la cosmogonie reconstruite en idéologie). De cette analyse des pratiques et des représentations qui les conditionnent dépendent les processus d'identification de la Soka Gakkai, l'affirmation de son unité socioculturelle à l'intérieur des sociétés française et occidentale. L'unité ainsi projetée par le groupe sur lui-même et sur la collectivité dans laquelle il est intégré, intériorisée par ses membres à travers des croyances et des pratiques (orthodoxie-orthopraxie), extériorisée par les tentatives de se classer dans l'espace socioculturel, marque sa position dans la lutte pour le double objectif de sa différenciation et de son assimilation (plutôt reconnaissance) par rapport aux autres groupes et par rapport à la société globale. La Soka Gakkai représente presque l'idéal-type d'un groupe en quête de reconnaissance identitaire, qui cherche à se distinguer, par l'intériorisation d'un mythe de l'orthodoxie, et à se normaliser par une action intense dans l'espace public, par exemple en étant fortement demandeur d'enquêtes sociologiques[2], en entretenant des relations avec les institutions les plus représentatives du pays d'accueil. La Soka Gakkai tenta par exemple de participer officiellement aux cérémonies du bicentenaire de la Révolution Française. Il lui arrive de re-célébrer elle-même les événements fondateurs de l'identité nationale du pays dans lequel elle est implantée : ainsi commémora-t-elle à sa manière la Déclaration d'indépendance des colonies américaines en 1976[3].

2° Le système dévotionnel triangulaire : le fondateur (Nichiren) – le parchemin (*Gohonzon*) – le mantra (*Nam-Myoho-Renge-Kyo*)

Les mérites et les pouvoirs du fondateur se transmettent aux adeptes qui révèrent le parchemin sur lequel il inscrivit une formule *Nam-Myoho Renge-Kyo*. Le *Gohonzon* est un objet magique qui enferme des pouvoirs extraordinaires. Même si cet aspect extraordinaire est limité théoriquement par le discours de l'autonomie individuelle qui le désigne comme un simple

1. L. Hourmant, « La Soka Gakkai : un bouddhisme "paria" en France ? », in Champion, Cohen, *Sectes et démocratie*, Paris, Seuil, 1999, p. 195. Le « petit groupe » de dédramatisation auquel fait référence l'auteur est la *zadankaï*, la plus petite unité institutionnelle de la Soka Gakkai, qui fonctionne en effet, sous bien des aspects, comme la psychanalyse de groupe.
2. Financement, entre autres, de la SISR (Société Internationale de Sociologie de la Religion).
3. J. Hurst, *Nichiren Shoshu Buddhism and the Soka Gakkai in America. The Ethos of a New Religious Movement*, New York, Garland, 1992.

réflecteur de la puissance personnelle, un miroir de la vérité intérieure de chacun, il n'empêche que ce n'est pas « n'importe quel » objet qui peut servir de miroir, mais bien singulièrement le *Gohonzon*. Il s'agit donc d'un objet charismatique au sens wébérien[1]. Weber distingue en quelque sorte le charisme par nature et le charisme par destination. Dans notre cas, il s'agit nettement du deuxième type : l'objet rituel obtient sa puissance charismatique de par le contact entre Nichiren, le saint fondateur, et le parchemin. Ce dernier transmet ainsi à l'objet son énergie surnaturelle. À son tour, Nichiren lui-même possède cette énergie en vertu de son propre parcours qui lui a permis d'atteindre l'Éveil. Il n'est pas par nature charismatique, mais obtient cette propriété mystique.

Le mantra, en dehors de sa transcription, de son contact avec Nichiren, revêt lui aussi une nature charismatique, mais cette fois par nature. La formule magico-rituelle[2], *Nam Myoho Renge Kyo*, est en elle-même porteuse d'un pouvoir transcendant, parce qu'elle concentre, non seulement dans son contenu sémantique, mais dans sa forme verbale elle-même, la sagesse du Bouddha. Nous avons une structure charismatique triangulaire : Nichiren le fondateur qui transcrit le mantra sur un parchemin, le parchemin sur le quel le mantra est transcrit, et enfin le mantra lui-même. Ces trois niveaux interreliés entretiennent une profonde ambiguïté entre grâce et réalisation personnelle.

3° La spécificité de l'ascétisme Soka

Selon Weber la médiation charismatique est à l'origine des doctrines religieuses de la grâce. La vérité se révèle à travers des objets : ce qui peut plus largement se transposer en une « plus rigide justification par les œuvres » telle qu'elle est observable dans le calvinisme. Cependant, la complexité triangulaire du charisme Soka ne permet pas de qualifier la Soka Gakkai de religion de la grâce. Il y a un ascétisme très nettement déterminé : la réussite économique est assimilée à une réussite spirituelle, et inversement un échec économique sera assimilé à un échec spirituel. Cependant, l'accomplissement économique ne traduira pas l'expression de la volonté divine, le doigt du créateur incarné dans la richesse du fidèle afin de le reconnaître comme sien, mais la preuve que les principes bouddhistes ont été assimilés et pratiqués selon l'exemple donné par Nichiren, et par tous les bouddhas ; Nichiren fournissant l'exemple le plus adéquat à suivre dans la mesure du contexte décadent dans lequel il eut à agir, qui est

1. « Le charisme peut être de deux sortes. Ou bien c'est un don adhérant purement et simplement à un objet ou à une personne qui le possède par nature, et il ne peut être acquis d'aucune manière : dans ce cas seulement il mérite ce nom dans toute la force du terme. Ou bien il peut être produit artificiellement dans un objet ou une personne par quelque moyen extraordinaire » (Max Weber, *Économie et société. L'organisation et les puissances de la société dans leur rapport à l'économie*, Paris, Pocket, 1995, p. 146-145).
2. Non pas magique au sens de religiosité non orthodoxe, concurrentielle du modèle dominant, mais magique au sens de « pouvoirs extraordinaires qui ont été désignés par des noms particuliers tels que *mana, orenda* et l'iranien *maga* (d'où magie) » (*op. cit.*, p. 146).

comparable à celui de l'époque dans laquelle nous vivons[1]. Pourtant, et c'est là le paradoxe le plus difficilement surmontable, Nichiren lui-même ne fut pas avantagé socialement et économiquement, puisqu'il fut persécuté et emprisonné.

D'un certain point de vue, l'exemplarité de Nichiren est supposée résoudre tous les problèmes psychiques et matériels, et d'un autre, Nichiren lui-même n'a pas réussi à résoudre son antagonisme avec la société. C'est qu'il faut se replacer à l'intérieur de la logique Soka pour surmonter ce paradoxe. S'il s'agit au niveau individuel de réussir spirituellement et économiquement, la simple application quotidienne des principes bouddhistes doublée de la dévotion au *Gohonzon* est suffisante. Mais lorsque l'on se place au plan politique, au regard de l'intention que chacun doit cultiver en surplus de l'aspiration à son propre salut, alors on se heurte à l'institution en place, à sa violence arbitraire, à une société décadente. Ces deux niveaux supposent que la réussite matérielle ne peut pas être le signe définitif de la réussite spirituelle, même si un bouddhiste dont l'objectif partiel serait de s'enrichir économiquement ne peut que réussir dans cette entreprise.

On peut lire dans un prospectus de l'organisation française : « Alors vivre le bouddhisme c'est quoi ? C'est invariablement, transformer toutes choses de la vie en une accumulation de « plus ». C'est créer un maximum de valeurs dans le vaste champ de ses relations humaines, qu'elles soient d'ordre familial, professionnel, social... Vivre le bouddhisme, c'est encore savoir ce que l'on veut, et se donner les moyens de l'obtenir ». Le message est clair ainsi qu'en témoigne l'emploi répété de termes impliquant la maximisation : « accumulation », « plus », « maximum ». L'accent est mis aussi sur la transformation, la création, la valorisation, dans une acception matérielle (« professionnel », « ce que l'on veut » : expression qui peut, au premier abord, se référer à des souhaits matériels, financiers, etc.), sociale, et enfin plus globalement, humaine. L'objectif final étant la transformation de la civilisation par la création de valeurs nouvelles qui complètent tout ce que la modernité a de progressiste, car ce qui caractérise le bouddhisme, c'est qu'il constitue « l'arme absolue » pour réussir, mais qu'en lui réside aussi une « modernité, totalement révolutionnaire ». Ce qui ramène au concept central de l'organisation de « Révolution humaine », qui doit commencer par une réforme individuelle, familiale, professionnelle, etc., jusqu'à la civilisation entière : « La révolution complète de la vie d'un seul homme peut transformer la destinée d'un pays et aller jusqu'à changer la face du monde [...][2] ».

Ces déclarations sur la nature « utilitaire » du bouddhisme sont richement illustrées par des photos d'individus au travail : un commandant de bord avec un avion d'Air France en fond, un entrepreneur casqué dossier

1. Nous reviendrons sur cette représentation de la décadence dans l'idéologie de la Soka Gakkai.
2. Toutes les citations de ce paragraphe sont issues du document-prospectus de présentation de la *Nichiren Shoshu Française* (NSF, septembre 1984, p. 12).

sous le bras avec en fond un chantier, un dentiste en train d'opérer, un berger moderne regardant fièrement ses bêtes, une équipe de restaurateurs devant leur restaurant, un technicien en train de souder une canalisation, deux étudiantes penchées sur leur copie, et quelques autres individus ayant « réussi » dans leur profession.

En outre, aucun Créateur ne reconnaît les siens ; par conséquent l'ascèse sociale n'est pas un mode d'exclusion, comme dans le calvinisme, mais un mode d'inclusion, tous les hommes étant « potentiellement éveillés ». L'objet charismatique symbolise ce lien universel dont la fonction n'est pas de s'attacher à une catégorie d'être particulière, mais de diffuser ses bienfaits à ceux qui se rassemblent autour de lui. Cet aspect charismatique est beaucoup moins présent dans le bouddhisme tibétain occidentalisé, même si certains rites magiques subsistent particulièrement dans les traditions appelées « bonnets rouges[1] » par les Occidentaux qui ont intégré le chamanisme antérieur à l'arrivée du bouddhisme dans l'Himalaya[2]. L'absence de magie rituelle et d'objet charismatique dans le zen n'empêche pas en principe un certain ascétisme, un certain comportement économique optimisateur lié à l'intériorisation d'un *habitus* bouddhiste. De surcroît, au sein même du zen, qui est l'école la plus contemplative, émergea la notion de « bouddhisme engagé » : stratégie d'intervention sociale en faveur des défavorisés matériellement et culturellement, et idéologie révolutionnaire qui a pour but avoué la transformation en profondeur de la civilisation, la mise en place d'une société éveillée telle qu'elle fut rêvée par le roi Açoka ou par le sage Nagarjuna.

Les distinctions wébériennes entre idéal ascétique et idéal contemplatif[3] doivent donc être révisées, de même que le classement du bouddhisme dans la catégorie « contemplatif extramondain[4] ». Pour ce qui est de la Soka Gakkai, nous avons affaire à une idéologie qui met l'accent sur

1. Les « bonnets rouges » recouvrent toutes les écoles tibétaines à l'exception des *Guelug-pa* qui revêtent un « bonnet jaune », et qui sont les tenants d'une école réformée qui naquit de la dernière phase de réforme religieuse visant à épurer le bouddhisme tibétain de l'influence des pratiques et croyances magiques locales. Les *guelug-pa* constituèrent aussi, avec le soutien mongol, l'élite gouvernementale du Tibet avec à leur tête le Dalaï-Lama.
2. La prédominance des « bonnets jaunes », beaucoup plus rationalistes, accentue la minimisation des aspects magiques.
3. Selon Weber, l'ascète « affirme sa propre activité rationnelle dans les institutions mondaines comme étant un devoir et un moyen de confirmer sa grâce », alors que le mystique contemplatif, même lorsqu'il vit dans le monde « considère l'action, et particulièrement l'action dans le monde, comme étant en soi tentation pure, en face de laquelle il doit maintenir son état de grâce » (Weber, *op. cit.*, p. 315-316).
4. Même si Max Weber fait la différence entre le bouddhisme primitif qu'il qualifie d'extramondain, et les orientations tibétaine, chinoise, japonaise, il semble que le bouddhisme primitif lui-même n'ait pas été extramondain, puisque le Bouddha voulait se distinguer des *samana* hindouistes méditant hors du monde. En outre, la décision du Bouddha historique de communiquer au monde sa découverte vaut décision d'agir dans le monde. Le Bouddha insiste effectivement sur l'autonomie de l'individu dans le processus du salut, mais aussi sur l'irréalité absolue de l'individu, son interdépendance, et n'accrédite donc pas « une éthique extrême du refus du monde » qui serait « à l'opposé de ces éthiques religieuses aux effets spécifiquement économiques et intramondains » (Weber, *op. cit.*, p. 401).

l'interdépendance traduite en terme de lien mystique symbolisé par le *Gohonzon*, mais sous le prétexte de développer l'individu.

L'interdépendance et l'individu sont les deux éléments, apparemment parfaitement incompatibles, de toutes les idéologies bouddhistes possibles. L'ordre d'énonciation et la définition de ces éléments seuls varient en fonction des différentes écoles. Dans le zen, l'individu est d'abord énoncé pour être ensuite fondu dans l'interdépendance vacuitaire. Dans la Soka Gakkai c'est d'abord la fraternité universelle, interdépendance fondamentale, qui est énoncée pour servir ensuite le bonheur de l'individu. Mais la phrase signifiante ne s'arrête pas là. Dans un troisième temps, ce « développement personnel » doit se convertir en progrès universel, en transformation de la civilisation. À tous les niveaux, le *Gohonzon* est le transformateur, le pont qui à la fois relie l'adepte à l'univers, à l'universalité du monde, et lui permet aussi de développer son identité spécifique, de réintégrer ensuite cette identité dans l'aspiration plus large à changer la société, et ainsi de suite, *ad infinitum*.

Le *Gohonzon* n'est pas seulement le média spatial qui relie les pratiquants, mais un média temporel qui relie le passé au présent, des origines de la Soka Gakkai jusqu'à nos jours. Le nouvel adepte reçoit d'un seul coup cette tradition, et du même coup se lie avec les autres membres de l'organisation à travers le monde. La Soka Gakkai se représente comme un tissu de conscience qui s'étend dans le temps et dans l'espace jusqu'à l'illumination complète de l'humanité. Chaque nouveau venu hérite de cette « flamme », et devra la transmettre lui-même pour illuminer le monde : faire *Kosen-rufu*, transmettre la Loi. En ce sens, la Soka Gakkai est prosélyte contrairement à la plupart des autres écoles bouddhistes. La tradition n'est pas une simple lignée de maîtres lamas, à l'instar de la voie tibétaine, qui garantit l'authenticité de l'enseignement, mais un « flambeau » qui doit « illuminer » le monde.

Cette tradition n'est cependant pas donnée mais plutôt, si l'on peut dire, prêtée au pratiquant. L'organisation garde le monopole de la gestion des biens du salut et ne fait qu'allouer au pratiquant un droit de participation qui peut toujours lui-être retiré. Cette monopolisation constante de la constitution et du fonctionnement d'une orthodoxie religieuse revêt dans la Soka Gakkai un caractère particulièrement radical. D'une part, le monopole est détenu personnellement par le président mondial, ce qui signifie qu'aucun membre de l'organisation ne peut en faire usage : l'organisation se donne à son président ; d'autre part, chaque membre est personnellement responsable du *Gohonzon* qui a été reçu par lui comme une autorisation formelle à la pratique. Les pratiquants sont ainsi livrés à la perpétuelle angoisse de se voir retirer cet objet spécifique, média nécessaire de toute pratique bouddhiste possible dans la représentation Soka.

E/ Idéologie explicite et stratégie concrète

1° Démocratie sociale globale mais centralisation non démocratique interne de l'organisation

Le *Gohonzon* symbolise ce monopole. Il exprime le pouvoir, au sens magique et politique, qui est détenu par l'organisation, dont Daisaku Ikeda, le président mondial, est le seul représentant légitime. Louis Hourmant attribue cette prédominance du président mondial au contexte culturel japonais, ce qui lui permet de se montrer très prudent quant à la qualification de culte de la personnalité. Le fait que l'image d'un dirigeant soit omniprésente dans une entreprise ou dans toute sorte d'organisation japonaises, n'est pas le signe d'un culte de la personnalité mais une façon de faire qui veut « que le dirigeant assume seul la responsabilité d'un travail ou de décisions qui sont collectives dans la réalité[1] ». Cette analyse, même si elle comporte une part de réalité, ne nous semble pas complètement satisfaisante. En effet, le président mondial ne se contente pas d'être une figure charismatique qui prend toute responsabilité pour les actes de l'organisation, il n'est pas seulement un chef d'entreprise nippon héroïsé par ses salariés, son existence n'étant pas non plus un simple sacerdoce. Il est aussi le seul augure du *Gohonzon*. S'il est seul légitime à dire la « vérité » Soka, c'est parce qu'il est seul à avoir le pouvoir de lire le sens actuel et toujours renouvelé du *Gohonzon*. Toute expression qui n'émane pas de lui doit ou être accordée à sa propre parole, ou être une louange de sa propre parole, ou, s'il s'agit d'une personnalité extérieure, être au moins reconnue par sa propre parole qui, en lui apposant ce sceau verbal, confère une légitimité *a posteriori* à une déclaration ou simplement à une idée.

Dans le bouddhisme tibétain, le pratiquant devient le disciple d'un maître de méditation que l'on nomme lama. Ce dernier est un guide, un spécialiste spirituel qui dispose du pouvoir d'initier personnellement son disciple en vertu de son expérience propre. Bien entendu, il agit conformément à une lignée traditionnelle qui remonte jusqu'au Bouddha, mais cette généalogie marque plus l'exemplarité que l'autorité personnelle du Bouddha, ou du chef religieux actuel gardien de l'orthodoxie et de l'orthopraxie. De même, dans le zen, un instructeur agit en vertu de l'autorité du *Roshi*, mais il pourra lui-même à son tour devenir un *Roshi* : il y a d'ailleurs un nombre considérable d'Occidentaux qui le sont devenus. La lignée est fondamentale, parce qu'elle se réfère à un type particulier d'expérience, mais elle se dissout dans la maîtrise de celui qui a lui-même fait cette expérience. Dans le zen et dans le lamaïsme, le maître agit au nom du Bouddha, mais par délégation de compétence ou de pouvoir, alors que dans la Soka Gakkai le responsable d'un secteur ou l'animateur d'une *zadankaï* (la plus petite unité de l'organisation) devra se contenter d'une

1. L. Hourmant, « La Soka Gakkai : un bouddhisme "paria" en France ? », *op. cit.*, p. 188 (note 11).

simple délégation de signature du président mondial. Il n'y a qu'un unique *sensei* (maître) vivant dans la Soka Gakkai, c'est Daisaku Ikeda. Tous les participants, même ceux qui ne l'ont jamais rencontré en chair et en os, sont personnellement initiés par le président. Cette gestion quelque peu autocratique du salut dans la Soka Gakkai ne peut pas être globalement et uniquement comprise par son origine nippone[1]. Rappelons que le zen, d'origine japonaise, est particulièrement décentralisé à cet égard.

Il y a à la fois une ligne idéologique très nettement démocratique, dans le cadre d'une stratégie mondialiste de dénationalisation du pouvoir, et en même temps un fonctionnement interne qui n'est pas essentiellement démocratique, ni même simplement transparent. L'explication donnée par les dirigeants est le caractère cultuel de l'association qui suppose, dans l'acception orientale, une transmission de maître à disciple. Le maître détient sa légitimité de l'enseignement qu'il a lui-même reçu et assimilé et non d'une élection majoritaire. Cependant, d'une part la transmission de maître à disciple n'empêche pas la multiplicité des maîtres capables de transmettre la totalité du message, tel que c'est le cas dans d'autres formes de bouddhismes. D'autre part, la Soka Gakkai se présente comme une association laïque et humaniste pour le développement de la culture et de l'éducation en général en dehors d'un référent cultuel unique. Elle agit d'ailleurs très concrètement dans ce sens par le biais de subventions et dons divers, par exemple, en ce qui concerne la France, par des dons à la Bibliothèque Nationale et à divers organismes culturels régionaux, mais aussi par des échanges universitaires entre la Sorbonne[2] et l'Université Soka[3]. Il y a donc une distinction à opérer entre le projet de société essentiellement démocratique proposé par la Soka Gakkai à l'humanité en tant qu'organisation laïque, et le fonctionnement interne non démocratique de la Soka Gakkai en tant qu'organisation religieuse.

On retrouve d'ailleurs encore cette ambiguïté dans le cas de l'Université Soka : les objectifs et les contenus de l'enseignement y sont annoncés comme laïques, de même que le mode d'admission est annoncé comme ne tenant aucun compte des appartenances religieuses. Pourtant, les méthodes éducatives se réfèrent explicitement à l'enseignement du moine fondateur Nichiren et aux principes spirituels prônés par celui-ci.

Tout ce passe comme si l'organisation se visibilisait laïquement tout en fonctionnant cultuellement. Cette constatation est surprenante, parce qu'elle contredit l'une des propositions fondamentales de la sociologie

1. Ce qui ne signifie pas que nous trouvions justifiée la qualification de secte dangereuse de la Soka Gakkai. Cette forme d'organisation est parfaitement compatible *a priori* avec l'ordre public. Les adeptes ont parfaitement le droit de croire que le président Ikeda est le seul interprète légitime de la Soka Gakkai ; cette dernière organisation serait seule porteuse du message bouddhiste orthodoxe.
2. Dans les années soixante-dix, cette stratégie socioculturelle fut particulièrement intense en France. Le président Ikeda rencontra d'ailleurs en 1972 officiellement M. Dupront, président de la Sorbonne.
3. Université créée en 1972 par Daisaku Ikeda, au début de sa présidence à la tête de la Soka Gakkai. C'est une énorme structure qui coordonne la politique éducative du mouvement au Japon et à travers le monde.

religieuse : l'organisation cultuelle *idéal-typique* visibilise en effet au maximum son caractère religieux et minimise l'aspect laïque, en particulier économique[1], ce qui n'est pas le cas de la Soka Gakkai.

2° La dialectique du singulier et du global

Les problèmes sociaux et politiques « méritent » discussion. La faim dans le monde, la culture, la vie professionnelle, le syndicalisme, la résolution pacifique des conflits, les déséquilibres Nord-Sud. D'une manière générale, les thèmes idéologiques se regroupent en deux pôles posés comme complémentaires (l'individuel et le mondial) qui dominent le discours : d'une part les problèmes internationaux, disons globaux, et d'autre part les problèmes d'ordre personnel touchant principalement l'équilibre familial et la réussite professionnelle. Le discours de la revue interne *Troisième Civilisation* est plutôt axé sur l'ascétisme personnel, la réussite individuelle, alors que les livres du président de la Soka qui retracent ses discours à travers le monde recouvrent essentiellement les thèmes politiques globaux. Les prospectus de l'organisation, qui sont censés donner une image synoptique de l'organisation, font la synthèse entre ces deux ordres thématiques, l'aspect personnel ascétique et global politique. Ces deux niveaux sont reliés par des concepts-clés. Le mot « bonheur » individuellement est homothétique de « paix internationale » sur le plan politique. De même, le désarmement international renvoie au désarmement intérieur, à la pacification dans les relations de couple par exemple. Enfin, le terme central qui permet de passer du personnel au global, et inversement, est le mot, ou plutôt la racine, « homme » : révolution humaine, homme de dimension internationale, homme remarquable, homme ordinaire. Ce qui donne les associations telles que bonheur personnel (singulier) et humain (global), révolution intérieure (singulier) et révolution humaine (global), homme ordinaire ou remarquable (singulier) et homme de dimension internationale (global).

L'État-Nation est toujours passé sous silence, l'élément oublié entre l'individu et le monde, y compris dans les discours les plus explicitement politisés : on trouve une optique spécifiquement antinationaliste (« Mondialisme et nationalisme » : discours prononcé à l'université de Buenos Aires en 1990), cosmopolitique, pour une déterritorialisation de la culture et du pouvoir politique (« Un horizon sans limite » : discours prononcé à l'université de Shenzeng ; « Une éthique de la symbiose » : discours prononcé à l'Académie des Sciences Sociales Chinoises en 1992 ; « Une nouvelle conscience mondiale » : discours prononcé à l'université de Macao en 1991 ; « Au carrefour de plusieurs civilisations » : discours prononcé à l'université de Bucarest en 1983 ; « Une nouvelle route pour les échanges culturels entre l'Orient et l'Occident » : discours prononcé à

1. P. Bourdieu, « Le rire des Évêques », in *Raisons pratiques. Sur la théorie de l'action*, *op. cit.*, p. 202-213.

l'université de Moscou en 1975), pro-désarmement, particulièrement nucléaire (« Projet en dix points pour le désarmement nucléaire », « Propositions pour le désarmement et l'abolition des armes nucléaires », « Un monde sans guerre »), pour la paix en général (« Dialogue pour une paix durable », « Nouvelles vagues de paix à l'approche du XXIe siècle » ; « La paix, mission de la jeunesse » ; « La clé de la paix mondiale »), et enfin pour la démocratie et la démocratisation globale (« Une nouvelle culture humaine du peuple, par le peuple, et pour le peuple »)[1].

Ces différents thèmes, que ce soit le désarmement ou le pluralisme culturel, sont toujours appréhendés du point de vue d'une transformation de la civilisation à l'échelle terrestre. La démocratie sera resituée dans les différents contextes de son apparition, par le biais des différents mouvements révolutionnaires qui ont secoué les régimes représentés comme antérieurement despotiques. Cet esprit révolutionnaire sera alors rattaché à l'esprit du bouddhisme authentique, à la fois précurseur du progrès politique vers la démocratisation, dans la continuité de tout ce que la modernité démocratique contient de valeurs « positives », mais toujours dans l'optique d'une création de nouvelles valeurs que seule la Soka Gakkai peut assumer tout en reprenant à son compte la philosophie des grandes âmes révolutionnaires de toutes les époques et de toutes les nations : de Mao Tsé Toung à Gandhi en passant par Victor Hugo, Rousseau, Olivier Cromwell ou Martin Luther King.

La double stratégie de communalisation spirituelle par le bas et d'intervention politique par le haut pour la promotion d'une « Troisième Civilisation » n'est pas dénuée d'efficacité, malgré de multiples difficultés rencontrées, par exemple avec l'opinion et les pouvoirs publics français. Le bouddhisme tibétain éprouve moins de difficulté à s'intégrer dans l'espace public occidental, sans doute en partie en raison de la « cause tibétaine » qui a acquis le statut de cause humanitaire mondiale, particulièrement depuis que le Dalaï-Lama a été gratifié du Prix Nobel de la Paix en 1989.

1. Ces derniers articles sont tirés du même ouvrage (D. Ikeda, *Un nouvel humanisme, op. cit.*).

II. PEUPLE IDÉAL ET TERRITOIRE UTOPIQUE DE LA « RÉPUBLIQUE BOUDDHISTE UNIVERSELLE »

A/ L'environnement, territoire utopique du Bouddhisme Engagé Transversal

1° Habitus et idéologie

Nous avons fait une distinction à l'intérieur de l'orientation bouddhiste occidentalisée *solidariste-universaliste,* productrice et diffuseur de l'idéologie *individuo-globaliste,* entre la Soka Gakkai et les autres mouvements que nous avons regroupés sous l'appellation de Bouddhisme Engagé Transversal (BET). La Soka Gakkai tente de convertir les « citoyens du monde » et de les intégrer à son mouvement. Elle ne permet pas à une diversité d'institutions, de pratiques, d'écoles de subsister en son sein, mais requiert l'intégration à son organisation. En revanche, le BET se constitue d'une multitude d'organisations bouddhistes engagées dans l'activisme politique et social, appartenant à différentes branches bouddhistes, que ce soit le zen, le bouddhisme tibétain, ou même le *Theravâda vipassana,* qui se regroupent soit dans le cadre d'institutions propres à leur école telle que l'Ordre de l'Interêtre propre au zen, soit dans des associations transversales telles que le *Buddhist Peace Fellowship* (BPF) ou l'*International Network of Engaged Buddhists* (INEB). Nous avons constaté que cette nébuleuse était dominée par le bouddhisme tibétain avec à sa tête la figure charismatique du Dalaï-Lama.

Nous n'envisagerons pas les réseaux institutionnels des centres bouddhistes qui se ramifient comme l'administration d'un territoire abstrait, alocal, constitué de « citoyens du monde ». Nous avons déjà dressé un panorama idéologique général de l'*individuo-globalisme* – ainsi, nous ne reviendrons pas sur celui-ci, et le supposerons acquis[1].

1. Cf. notre partie « L'idéologie *individuo-globaliste* » p. 297.

Le BET, avec à sa tête le bouddhisme tibétain, dans ses différentes versions développe une idéologie dont la teneur politique, jusque-là euphémisée, du moins en France (contenue dans un vocable naturaliste-spiritualiste), se reconnaît aujourd'hui comme explicitement politique, employant des termes sans ambiguïté tels que ceux de « démocratie », de « socialisme », de « matérialisme », de « capitalisme », même si la base grammaticale de ce langage reste naturaliste à travers le concept central d'« environnement ».

Autant la notion *d'habitus* nous semblait pertinent pour traiter de la Soka Gakkai, autant la notion d'idéologie nous paraît plus apte à rendre compte de cette nébuleuse de traditions et d'institutions que constitue le BET. En effet, le rapport entre les contraintes intériorisées et l'autonomie individuelle y est beaucoup plus indéfini. La relation entre la structure organisationnelle et l'idéologie politique est beaucoup plus délicate à repérer ; en revanche, la constitution d'une unité idéologique elle-même encadrée dans des perspectives politiques est assez nette. Bien entendu, il existe des systèmes de dispositions communes, mais qui sont plus diversifiées que dans la Soka Gakkai, sans doute en raison de la plus grande dissémination institutionnelle, de l'atomisation des écoles et des pratiques.

Suivant les premier et troisième principes énoncés par Descartes dans son *Discours de la Méthode*[1], qui consistent à partir de ce qui est le plus évident, puis à s'avancer du plus simple vers le composé, nous partirons de l'idéologie, le phénomène repérable le plus évident et le plus simple du Bouddhisme Engagé Transversal. Nous n'avons d'ailleurs pas pris position dans notre travail, quant à la validité universelle de la démarche par *habitus*, plutôt infrastructurelle (du matériel vers le symbolique), ou de la démarche par l'idéologie, plutôt superstructurelle (du symbolique vers le matériel), mais nous avons opté pour la démarche phénoménologique, plus globale méthodologiquement, qui implique en première instance de suivre les deux principes cartésiens consistant à appréhender la réalité par sa manifestation la plus évidente et la plus simple[2]. Or, l'élément fédérateur le plus évident et le plus simple du phénomène politique « Bouddhisme Engagé Transversal », qui lui confère une cohérence et une unité, est l'idéologie diffusée par sa source principale, bien que non exclusive, représentée par le Dalaï-Lama. À l'intérieur de ce discours, le concept *a priori* le plus évident et le plus simple est celui d'environnement, qui se présente comme une idée-germe subdivisée ensuite en ramifications composées.

Le concept revêt une double signification d'environnement intérieur (le rapport subjectif, intentionnel, lié à notre état psychique : colère, aveuglement, jalousie) et d'environnement extérieur (le rapport objectif : pollution de la nature, de la société, détérioration de l'environnement physique, moral et politique). Ces deux ordres de significations

1. Descartes, *Œuvres philosophiques I*, Paris, Bordas, 1988.
2. E. Husserl, *Méditations cartésiennes*, Paris, Vrin, 1976.

entretiennent entre eux des relations complexes. Un chose est assurée dans le discours : ces deux « environnements » sont toujours en interaction dans un rapport dont bénéficie l'élément subjectif. L'environnement intérieur sera représenté comme cause de trouble extérieur. C'est un des éléments centraux qui légitime la stratégie non violente du Dalaï-Lama à l'égard de la Chine : travailler psychiquement à l'apaisement, dans les relations diplomatiques par exemple, ne peut que réduire la violence objective et finit par changer les conditions politiques les plus objectivement intolérables[1].

Nous devons garder présent à l'esprit l'inscription occidentale de l'idéologie bouddhiste, ce travail d'adaptation interne (la tradition bouddhiste recomposée) à la réalité externe (la culture occidentale). Le discours, pour n'en être pas moins bouddhiste, se définit sans cesse, comme par souci à la fois d'être compris et légitimé, dans une perspective occidentale. Ce procédé, que nous avons déjà rencontré dans la Soka Gakkai, plus particulièrement à propos du retraitement bouddhiste des éléments et événements fondateurs de l'identité nationale française[2], se traduit d'avantage dans le bouddhisme tibétain par une recherche de compatibilité intellectuelle globale. Il s'agira moins d'un processus d'appropriation explicite, ou de mise en convergence de la mémoire nationale avec le bouddhisme, que d'une mise en perspective moderne de la tradition bouddhique, la modernité étant ici représentée par la rationalité, incarnée dans sa forme la plus pure par la science (symbole par excellence de la modernité occidentale). Le discours bouddhiste tibétain se met lui-même à l'épreuve de la rationalité occidentale comme pour s'accréditer à ses propres yeux et aux yeux de l'Occident[3]. Cette intégration discursive ne doit pas être négligée dans l'appréhension thématique : lorsque le Dalaï-Lama parle de bioéthique, il se réfère à la science occidentale ; lorsqu'il parle d'écologie, il fait de même ; lorsqu'il parle de projet de société, il se réfère par exemple au marxisme. Ainsi, replacerons-nous les propositions de ce discours dans un schème intellectuel occidental.

1. Cf. notre schéma sur « La non-violence bouddhiste comme stratégie politique bouddhiste ».
2. Tentative de participation à la célébration du bicentenaire de la Révolution française, ou fondation de la maison Victor-Hugo.
3. Il est à souligner qu'un grand nombre de scientifiques, professeurs d'universités prestigieuses jouent le jeu de cette discursivité idéologique en fournissant des questions, des réflexions « scientifiques ». On ne compte plus les livres-dialogues, qui sont des best-sellers, entre le Dalaï-Lama et tel ou tel astrophysicien, spécialiste de mécanique quantique, ou neurophysiologue. Ces trois sciences sont particulièrement à l'honneur dans le bouddhisme, *via* sans doute leur caractère « à la pointe de la connaissance », leur aspect quasi poétique, et enfin le panorama complet qu'elles offrent d'un point de vue bouddhiste, d'une description du monde extérieur de la matière jusqu'au monde intérieur du mental.

2° La légitimation thérapeutique

a) Les deux plans du diagnostic : dimensions extensive et intensive

« La nature, la mère planète, allume son petit voyant rouge et dit : soyez prudent, comprenez qu'il y a des limites[1] ». Le Dalaï-Lama s'exprime sur le ton de l'avertissement et insiste sur l'apport de l'exil dans sa prise de conscience personnelle de la crise de l'environnement[2]. Il entend par là signifier que le détour par l'Occident lui a été profitable, ne serait-ce que pour relativiser ses perspectives, tout en valorisant le Tibet, terre pure, sorte d'Eden naturel, qui contraste avec un monde pollué : « Mon intérêt pour les questions d'environnement n'est pas le fruit d'une étude que j'aurais conduite peu à peu ; c'est quelque chose qui m'est venu à l'esprit de façon surprenante. Vous savez au Tibet, où que nous allions, l'eau est potable. En Inde et en Occident, les gens font une distinction entre l'eau qui peut être bue ou non[3] ».

Le caractère limité de la planète, dont l'humanité fait actuellement l'expérience, est au fondement de la crise de l'environnement. Cette prise de conscience « internationale » s'est cristallisée lors de la conférence de Rio en 1992 sous le haut patronage des Nations-Unies[4]. Un ensemble de résolutions ont été adoptées dans le but de protéger la « nature » et de répondre dans l'urgence à certains problèmes prioritaires : protection de la couche d'ozone par l'élaboration d'une charte des climats et d'une charte de la terre... Le Dalaï-Lama profite de cette juridicisation pour introduire son concept de responsabilité universelle : « le principal perturbateur, la cause majeure du déséquilibre, c'est nous-mêmes, l'être humain. C'est pourquoi nous en portons la responsabilité. Nous devons trouver une manière de réfréner nos habitudes destructives[5] ».

La crise de l'environnement serait la conséquence d'une économie de croissance orientée vers une exploitation « outrancière et inégalitaire » des ressources de la planète. L'environnement est devenu une préoccupation majeure des populations occidentales, en particulier des Français[6], qui motive des politiques publiques. Le thème de la protection de l'environnement fait même l'objet de campagnes électorales des candidats « à la vie de la cité[7] ». Le Dalaï-Lama, en soulignant l'impossibilité pour un État de gérer seul ce type de problèmes, qui sont par essence transfrontaliers, incite à dévaloriser la logique stato-nationale. Sur le plan

1. Dalaï-Lama, « De l'esprit et de la nature », in *Dharma*, janvier-mai 1994, p. 27.
2. La polyandrie fraternelle se présente dans la société tibétaine comme un moyen de contrôle des naissances : les Tibétains n'ont jamais connu de problèmes de surpopulation.
3. Dalaï-Lama, *Au delà des dogmes,* Albin Michel, Paris, 1994, p. 46.
4. Une délégation tibétaine dirigée par le Dalaï-Lama était présente à cette conférence internationale.
5. Dalaï-Lama, « L'Esprit et la nature », in *Dharma,* janvier-mai 1994, p. 28.
6. Dans un sondage réalisé pour le *Nouvel Observateur*, les problèmes d'environnement apparaissent en troisième position dans le classement des préoccupations des Français, in *Le Nouvel Observateur*, octobre 1994, p. 24.
7. Cf. le programme d'un candidat aux élections présidentielles : J. Chirac, *La nouvelle France*, Nils éditions, Paris, 1995.

international, sous la pression des organisations non gouvernementales spécialisées dans la protection de l'environnement (PNUD, La Croix Verte, etc.) et des associations (*Green Peace* et Fondation Cousteau), une réglementation se met en place peu à peu[1].

Les bouddhistes, par l'intermédiaire d'ONG[2] et de leurs revues organiques, se saisissent de cette « préoccupation » populaire, en dramatisant la situation dans l'intérêt d'une dénationalisation du pouvoir : « tous les remèdes tentés pour arrêter la course en avant de la destruction de la planète se sont avérés, jusqu'à présent, inadéquats et indécis[3] ». D'un côté le Dalaï-Lama encourage ces initiatives (« Ces conférences sont utiles, [mais] il serait irréaliste d'espérer que quelques conférenciers réalisent une solution efficace. Ce serait trop attendre[4] »). D'un autre côté, il serait aussi utopique de croire qu'une organisation, une institution, y compris un État, puissent résoudre de manière efficace la crise de l'environnement. Le *solidarisme-universaliste* est habituellement taxé d'utopie, mais le Dalaï-Lama renverse l'accusation, révoquant en doute la capacité de l'État à résoudre les problèmes concrets qui se posent à l'humanité. Tout se passe comme si le clerc tibétain transformait la crise de l'environnement en crise de la légitimité de l'État. À cela se greffe la remise en cause de toute autorité extérieure comme aliénante, dont l'État serait le type le plus répandu.

Des autorités charismatiques telles que Thich Nhat Hanh, tantôt blâment l'individualisme au profit de la dimension sociale, tantôt réprouvent la contrainte extérieure de la société et de ses représentants politiques : « Les politiciens considèrent qu'une réorganisation de la société est nécessaire pour le salut des hommes et de la nature et donc pressent chacun de s'engager dans une lutte pour changer les systèmes politiques. Or, il existe d'autres moyens d'action : celui de changer l'individu car c'est lui qui montre le changement[5] ». Pourtant, les bouddhistes préconisent, eux aussi, des réformes structurelles, mais en les enrobant dans une idéologie du développement individuel, de la responsabilité personnelle. Une réalité extensive, l'environnement, est ramenée à une solution intensive. Quoi de plus extérieur en effet que les problèmes d'environnement, problèmes globaux qui ne peuvent *a priori* être jugulés par l'individu mais dont la gestion devrait s'effectuer collectivement au plan le plus large ? Chaque fois

1. Il existe en France un Code de l'environnement et un droit international de l'environnement. Cf. les différentes lois sur l'eau, sur l'air en France, sur la responsabilité des états pollueurs dans le traité de Maastricht, etc. : cette énumération sommaire met en exergue ou souligne la volonté du politique d'assurer une protection par le droit, donc par l'élaboration de loi contraignante d'ordre général pour protéger l'environnement
2. Cf. notre panorama institutionnel du bouddhisme *solidariste-universaliste* en Occident.
3. Constat réalisé lors de la rencontre du forum mondial des dirigeants spirituels et gouvernementaux à Kyoto au Japon : « La survie de notre planète » (in *Dharma,* automne 1993, numéro spécial, p. 104-105).
4. Dalaï-Lama, « L'Esprit et la nature », in *Dharma,* janvier-mai 1994, p. 34. Notons que cette réflexion se trouve dans le paragraphe intitulé « Des mesures pratiques ».
5. Thich Nhat Hanh, « L'Individu, la société et la nature », in *Dharma,* janvier-mai 1993, p. 39.

qu'un problème est diagnostiqué, social, politique, écologique, le Dalaï-Lama préconise à la fois une transformation globale, justifiée par l'interdépendance des phénomènes, et à l'autre extrême une transformation individuelle à base de responsabilisation individuelle, prenant appui sur les paroles du Bouddha lui-même : « vous êtes vous même votre propre maître, c'est de vous que tout dépend[1] ».

b) Soigner la civilisation

La destruction de l'environnement n'est pas un phénomène aléatoire, mais résulte de l'aveuglement des hommes face à leurs propres intérêts. Le caractère pathologique de l'aveuglement confère au bouddhisme une position privilégiée dans la résolution de la crise, avec l'image traditionnelle du Bouddha-médecin : « Les hommes sont malades[2] ». La nature de cette maladie est mentale : « tout ce que nous voyons de nos jours, surpopulation, pollution, violence et crimes sont dus à des perturbations mentales[3] ».

La crise de l'environnement apparaît donc comme le symptôme d'une maladie mentale ; le champ sémantique traduit cette omniprésence de la maladie, de la contamination et de la nécessité d'un traitement approprié, qui confèrent au bouddhisme une légitimité universelle : « [...] où devons-nous commencer le traitement, le remède, la médecine préventive, arrêter la contagion, commencer la guérison[4] ? » Dans le même esprit, la troisième stance du poème *The sheltering tree of interdependance* écrit par le Dalaï-Lama attribue la crise de l'environnement au symptôme d'une maladie mentale : « [...] notre égoïsme inflexible contamine, trouble ». Il ne prétendra jamais émettre des injonctions morales mais seulement fournir des diagnostics et proposer des thérapeutiques, en qualité de médecin : « [...] en tant que professeur, à titre de docteur, je peux vous prescrire le remède efficace[5] ». Thich Nhat Hanh compare son engagement spirituel et social à la démarche d'un psychiatre : « [...] en tant que moine bouddhiste, j'ai moi-même, comme les psychiatres, tendance à regarder le problème du point de vue de la santé mentale[6] ». Les déséquilibres naturels sont en somme le reflet des déséquilibres mentaux dont souffre l'individu. Nous avons appelé ce point idéologique, *la rhétorique du miroir :* l'environnement extérieur reflète l'univers psychologique individuel, selon les trois volets suivants :

1) Le monde est un « faisceau d'interdépendance » car les individus sont irréductiblement inclus dans le Tout. De fait, l'homme est responsable de la destruction de l'environnement : « Le concept d'environnement couvre

1. Dalaï-Lama, *Cent éléphants sur un brin d'herbe, op. cit.*, p. 47.
2. Thich Nhat Hanh, « L'Individu, la société et la nature », in *Dharma*, janvier-mai 1994, p. 39.
3. Dr Rewata Dhamma, « Notre responsabilité dans l'environnement », in *Dharma*, janvier-mai 1994, p. 19.
4. « L'individu, la nature et la société », in *Dharma, op. cit.*, p. 39-40.
5. Dalaï-Lama, *Cent éléphants sur un brin d'herbe, op. cit.*, p. 47.
6. Thich Nhat Hanh, « L'individu, la société et la nature », *op. cit.*, p. 39.

exactement tout ce qui est associé avec l'organisme et inclut les autres organismes et la part non vivante du monde dans lequel la vie se produit[1] ».

2) La perception, la représentation du monde sont le fruit de notre *karma*, de nos actes passés qui conditionnent notre esprit.
3) Pour retrouver l'équilibre et l'harmonie avec son environnement économique, social, et naturel, l'individu doit retrouver une paix intérieure et « la vraie nature » de son esprit, qui est en l'état troublée par les « passions négatives ».

L'interdépendance, notion clé, permet de faire régresser la causalité des désordres politiques et sociaux d'un côté au plan d'un déséquilibre écologique terrestre, global, et d'un autre côté au plan d'un déséquilibre interne du Sujet. L'environnement social, naturel, économique exprime les déséquilibres mentaux de l'individu. Inversement, la civilisation dégénérescente, violente, contamine l'intégrité « bouddhique » de l'individu, au point que l'on ne sache plus qui est responsable de l'individu ou de la collectivité. Le va-et-vient entre le collectif et l'individuel n'est pas très cohérent, ainsi que nous l'a d'ailleurs révélé notre analyse de contenu : « Lorsque nous parlons de crise de l'environnement, nous ne pensons pas seulement à la pollution et à d'autres changements dans l'environnement naturel mais aux changements de la société dans son ensemble[2] ». Tantôt le Dalaï-Lama en appelle à une réforme intérieure (stratégie par le bas), usant à loisir de la rhétorique du miroir dont découle la nécessité de pratiquer le bouddhisme pour se soigner intérieurement et participer ainsi, à son échelle, à la guérison de la civilisation, tantôt il en appelle à une réforme structurelle (stratégie par le haut) de la civilisation industrielle : « Notre économie moderne est la cause principale de nos problèmes. Avec toutes nos usines et industries, nous avons un impact néfaste sur l'équilibre de la nature[3] ».

3° La responsabilisation individuelle et collective par « l'environnement »

a) La responsabilité scientifique

L'environnement suppose une « responsabilité universelle », un dépassement des frontières nationales, mais aussi la « responsabilité individuelle ». C'est la raison pour laquelle il est le lieu privilégié d'élaboration de l'idéologie *individuo-globaliste*, qui permet de fonder une citoyenneté mondiale : « La perspective bouddhique de l'environnement est une relation individuelle avec le monde naturel. Il nous faut voir comment vivent les choses et comment sont-elles reliées entre elles[4] ». Les thématiques du BET s'apparentent à celles de l'écologie politique radicale

1. Dr Rewata Dhamma, « Notre responsabilité », in *Dharma*, mai 1993, p. 20.
2. *Op. cit.*, in *Dharma*, p. 20.
3. *Op. cit.*, in *Dharma*, p. 28-29.
4. Dr Rewata Dhamma, « Notre responsabilité dans l'environnement », *op. cit.* ; et « The buddhist society », in *Middleway*, p. 58.

qui récuse toutes les formes de domination, de l'homme sur la femme, du moderne sur le « primitif » et enfin de l'humain sur l'animal. Ceci engage à une critique du progrès scientifique « meurtrier », tel que nous avons pu le rencontrer dans nos analyses des conceptions de Thich Nhat Hanh, qui se développent aujourd'hui dans les milieux écologistes, mais aussi chez certains intellectuels chrétiens qui n'hésitent pas à dénoncer l'« anthropocentrique de la nature[1] », en même temps qu'ils déclarent leur admiration pour le bouddhisme.

La « science » est tantôt appelée à confirmer des hypothèses « bouddhistes », tantôt reléguée au rang d'abomination moderne. Les découvertes scientifiques ont à la fois contribué à « élargir » la vision du monde et à constater que l'homme n'est pas « le centre de la terre ». Grâce à ce que la science lui a appris sur les mécanismes de sa propre évolution, le Sujet peut se mettre à la place de la nature, s'interroger sur la logique du vivant et se regarder ainsi dans le miroir de l'objectivité. La biologie moléculaire, par son approche systémique du monde, macroscopique[2], apporte la preuve satisfaisante du lien unissant toute vie sur notre planète ; elle « confirme » en cela la vérité bouddhique de l'interdépendance : « Il y a un lien direct, estime le Dalaï-Lama, entre la compréhension juste de l'environnement et le principe bouddhique d'interdépendance[3] ».

La science est responsable de la capacité de destruction de la planète ; elle est aussi par conséquent responsable de l'information des citoyens sur les risques mis en jeu par les découvertes : « Une grande responsabilité repose sur les scientifiques, particulièrement ceux qui ont étudié ce domaine. Par leurs recherches avec des données expérimentales, ils pourraient mettre à jour les véritables conséquences à long terme de certaines pratiques négatives et de mesures positives. Les scientifiques et les experts de l'environnement devraient préparer une étude complète très spécifique et détaillée des périls et des bénéfices auxquels notre société sera confrontée à longue échéance[4] ». Une politique de régulation efficace dans le domaine de l'environnement ne pourra que se traduire par une concertation transnationale. Il y a implicitement une dévalorisation de l'État-Nation et des représentants des forces économiques capitalistes dans leur capacité à gérer ces problèmes. Ce type d'idée est en accord avec par exemple la proposition de Luc Ferry de créer une Haute Autorité de

1. E. Drewerman, *Le progrès meurtrier,* Stock, Paris, 1993, p. 63 : terme emprunté à Spinoza in *Éthique, III*, prop. 2 (scolie).
2. « Cette nouvelle vision du monde n'est pas l'effet d'une seule cause mais résulte de la convergence et de l'interdépendance d'un grand nombre de facteurs : les réseaux de communication, les grandes organisations internationales, la mondialisation de l'économie, les grandes manifestations sportives, la découverte soudaine du caractère limité de la planète, la mobilité des hommes et des idées et ces multiples miroirs, en nous renvoyant des facettes de notre propre image nous forcent à prendre globalement conscience de notre diversité mais aussi de nos limites. Tous ces facteurs contribuent à renforcer le sentiment de participation aux fonctions vitales d'un organisme qui nous englobe et que l'on ne voit pas mais dont on sent pulser la vie » (J. De Rosnay, *Le macroscope : vers une vision globale,* Paris, Seuil, 1977, p. 96).
3. Dalaï-Lama, « L'Esprit et la nature », in *Dharma*, janvier-mai 1994, p. 25.
4. *Au-delà des Dogmes, op. cit.*, p. 29.

l'écologie : une autorité administrative indépendante composée de citoyens de base et de scientifiques sérieux, indépendante des partis politiques, du monde de l'industrie et rassemblant les compétences reconnues dans tous les domaines où l'écologie intervient, ainsi que des citoyens chargés de débattre avec ces scientifiques[1].

La nature est organique et vivante : elle a un *karma*. Les hommes ont donc une responsabilité à son égard. Elle n'est pas leur propriété. Elle doit être protégée et respectée non pas comme « une provision » de consommation pour l'humanité mais pour ce qu'elle est : cette prise en compte de la nature pour ce qu'elle est, et non en tant qu'objet de consommation, nous semble contrevenir au principe de l'interdépendance réaffirmé par ailleurs dans les discours bouddhistes. Les bouddhistes tibétains se distinguent des pratiquants de la Soka Gakkai en ce que pour les émules nichéristes, la « nature » doit être protégée mais dans le but d'assurer une vie harmonieuse aux individus humains : la nature ne doit pas être respectée pour elle-même, mais pour ce qu'elle va procurer à l'individu. C'est toujours l'humain qui est la préoccupation centrale dans la Soka Gakkai[2]. Nous avons déjà souligné qu'il existe dans le bouddhisme engagé moderniste *solidariste-universaliste* trois niveaux d'écologisme :

1) l'écologisme humaniste que nous venons d'évoquer ;
2) l'écologisme vitaliste qui correspond à celui du Dalaï-Lama, dans lequel l'intérêt du vivant dans son ensemble prime au-delà des distinctions entre l'homme et l'animal ;
3) l'écologisme profond qui correspond à celui de Thich Nhat Hanh et de l'Ordre de l'Interêtre dans lequel la matière inerte elle-même « possède la nature de Bouddha ».

L'élaboration d'une charte de la terre, d'un pacte de droits des générations futures est empreinte de ces conceptions bouddhiques de l'environnement naturel. Le terme de « famille humaine » est souvent utilisé[3] dans les textes du bouddhisme tibétain, se référant à l'idée des chaînons génétiques, et mettant l'accent sur l'interdépendance non seulement spatiale mais temporelle, générationnelle.

1. *Le nouvel ordre écologique*, *op. cit.*, p. 62.
2. « L'environnement », in *Troisième Civilisation*, n° 485, janvier 1996.
3. Cf. les textes du Vénérable Thich Nhat Hanh, in *Dharma*, janvier-mai 1994, p. 36-41 ; le Dalaï-Lama commence souvent ses allocutions par l'expression « frères et sœurs dans le Dharma », cf. *Au-delà des Dogmes*, Albin Michel, Paris, 1995, p. 66.

UNE RENCONTRE A PROPOS D'ENVIRONNEMENT

Avant de quitter la France, le Dalaï-Lama a lancé, le 16 novembre dernier, un appel pour que l'ensemble de la vallée de Lhassa ainsi que de nombreux autres sites naturels et monuments historiques soient placés sous la protection d'une convention internationale, accompagnée d'une expertise en matière d'aménagement urbain et de protection de l'environnement. Une telle mesure avait été préconisée par les seize experts internationaux réunis début octobre à l'Assemblée nationale, à l'occasion de la Conférence organisée par Eco-Tibet-France, intitulée : Tibet, le troisième pôle.

Monseigneur Feidt, Monsieur L'Aga Khan, Monsieur Francis Beck, préfet de la Savoie, Sa Sainteté le Dalaï-Lama, Monsieur Michel Barnier.

La Savoie avait élu "Technolac", comme centre d'intérêt de la matinée. Comme l'explique son document de présentation, au-delà des aspects liés à la haute technologie, ce technopôle, construit en 1984 sur le terrain d'une ancienne base militaire, se veut pour caractéristique la prise en compte de l'homme dans toutes ses dimensions. En septembre dernier, deux mille chercheurs et industriels du monde entier s'y sont regroupés pour faire le point sur la discipline particulièrement novatrice que l'on appelle "l'Intelligence artificielle". Les principales activités de ce parc technologique se déploient dans l'électronique, l'informatique, les automatismes et la robotique, et privilégient le génie de l'environnement et les matériaux composites.

Tout d'abord à Géospace, en début de matinée, des images satellites et des cartes numérisées de la Corse, puis des Alpes françaises et enfin du Tibet furent projetées aux invités ; Sa Sainteté manifesta un vif intérêt et prit le temps de poser des questions.

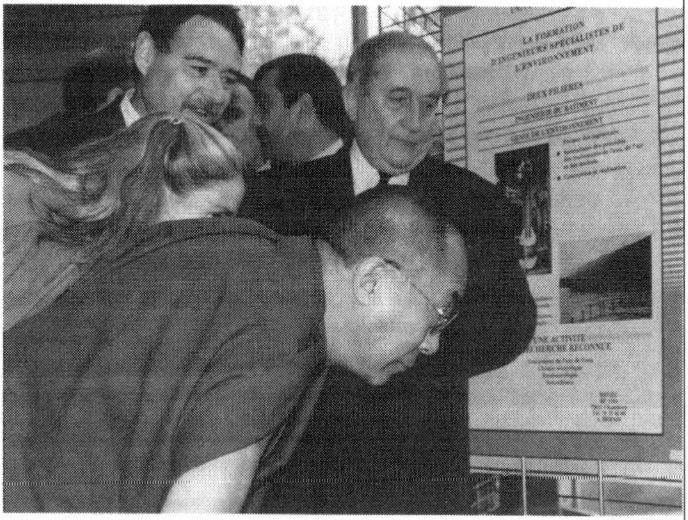

Puis, dans l'amphithéâtre de l'Université de Savoie, où s'étaient réunis les élus régionaux, les responsables de grandes entreprises, les scientifiques de l'université, et quelques étudiants, Michel Barnier (Président du Conseil Général de la Savoie et ministre de l'Environnement) situa le débat qui allait suivre, rapprochant la Savoie du Tibet par leurs paysages et leur penchant pour la contemplation, ne craignant pas de mettre en rapport direct le développement technologique et la protection de l'environnement, et montrant une grande admiration envers la sincérité et l'intelligence de Sa Sainteté le Dalaï-Lama : *"Point de travers philistin, non plus, dans vos approches intellectuelles. Aucune doctrine nouvelle, aucune technique d'avant-garde dont vous ne soyez curieux."* Jean Burgos (président de l'Université) souhaita la bienvenue à Sa Sainteté, et le Professeur Louis Rey (universitaire de Genève) termina son allocution en prononçant le mantra Aum mani pémé houng... passant ainsi la parole à Sa Sainteté qui commença donc par expliquer que cette prière était destinée à dissiper les souffrances de tous les êtres : chaque syllabe du mantra correspond à un des six domaines d'existences.

Pour parler de l'environnement, le Dalaï-Lama expliqua avoir été très simplement interpelé par les problèmes de pollution lorsque, durant ses voyages, il eut à se renseigner sur la qualité de l'eau, ce qui n'était nullement nécessaire au Tibet où toutes les eaux étaient pures. Il eut tôt fait de relier ce problème de pollution avec le développement technologique, et de constater que ce type de dégâts sur l'environnement n'apparaissent pas immédiatement mais de façon progressive, à la différence des calamités produites par les guerres ; prévoir les conséquences de nos actes est très délicat. La question de l'environnement est devenue celle de la survie.

Une deuxième question essentielle à laquelle fait face notre planète est l'extension démographique... L'humour de la réponse encourageant la vie monastique –

"Bien sûr, du point de vue du bouddhisme, toute vie est extrêmement précieuse, et il est bon et essentiel de préserver la vie. Néanmoins, dans le cadre des situations présentes, ces vies précieuses deviennent trop nombreuses. Et la question du prix des vies individuelles s'efface peu à peu devant la survie de l'humanité, l'humanité tout entière compte plus que des vies individuelles. Il semble que la conclusion logique à cela soit de prendre des mesures afin de contrôler cette extension démographique. De mon côté, j'essaye de contribuer, d'apporter ma coopération. La meilleure façon, la plus convenable, pour un contrôle des naissances non violent, c'est qu'il y ait plus de moines, et plus de moniales!"

– montra aussi l'importance de la question.

Quant aux choix d'accroissement artificiel des productions agricoles, c'est à l'intelligence de l'homme qu'il est fait appel, sachant qu'il est juste de respecter les différences, chaque pays ayant un climat spécifique et chaque peuple des habitudes qui lui sont propres. Chacun peut faire preuve d'intelligence dans ses choix, mais plus important encore est l'altruisme qui motive la recherche de solutions : la poursuite de profits personnels, particulièrement de la part d'hommes politiques et influents ainsi que des décideurs, a des répercutions immenses sur la population.

Un ermite qui se consacre entièrement à la vie contemplative, dans la solitude, ce qu'il pense, ce qu'il fait, ce qu'il est, n'a pas de répercution immédiate à grande échelle sur la population. En revanche, un homme politique, s'il advient qu'il perde son intégrité intérieure, cela donnera lieu à la corruption, à des scandales, toutes choses qui auront de grands effets nuisibles sur un très grand nombre d'êtres ; et il est donc plus important que les hommes politiques aient des notions spirituelles."

Là encore, l'humour était à l'honneur.

Tout est possible, sur la base d'une prise de conscience ; l'éducation des jeunes est bien sûr prioritaire, et l'exactitude des données émanant d'un institut de recherches sur l'environnement peut offrir un appui sûr pour l'information et l'éducation de chacun.

Comme à chaque étape de cette visite, des questions politiques furent soulevées dans la salle. La Savoie ayant récemment été le terrain des Jeux Olympiques, le refus qui a été opposé

à la Chine de les recevoir prochainement fut expliqué en ces lieux.

"Il y a deux façons de voir les choses. Ou l'on considère qu'entretenir une amitié avec la Chine peut faire avancer la démocratie, ou l'on voit les choses autrement. Il y a trois catégories de chinois : la première, celle des dirigeants, ceux qui veulent le pouvoir, quitte à tirer. La deuxième est celle des étudiants, de la culture, de ceux qui sont prêts à mourir pour la liberté. La troisième, c'est le peuple des chinois ; ils sont contents lorsqu'ils ont une bicyclette et de quoi manger. Les chinois représentent une grande partie de la population mondiale. C'est la deuxième catégorie qui amènera la démocratie. Si elle perd courage, ce sera un désastre pour tout le monde. Si le comité international olympique a pris une décision contre la Chine, c'est une aide morale aux étudiants chinois, pour qu'ils continuent leur action. La première catégorie voulait les Jeux Olympiques pour des raisons politiques."

D'autres questions ont pu être abordées, et l'ensemble de l'assistance fut totalement enchantée ; aux dires de tous, le programme fut mené à un rythme enlevé, et beaucoup de savoyards souhaitent un prochain séjour, plus long, permettant un contact plus approfondi.

En conclusion, Michel Barnier offrit à Sa Sainteté ce qu'il appela la "petite flamme de vie et d'humanité", sous la forme du flambeau des Jeux Olympiques..., que Sa Sainteté considéra tout d'abord avec une certaine perplexité.

Anne Lapied et Claire Sicard
(Photographies : Jean-Paul Bergdoll)

b) Désarmement intérieur et démocratie globale

La racine des désordres et déséquilibres extérieurs, géophysiques et institutionnels, résident dans le mental : « Notre égoïsme inflexible, enraciné en nos esprits depuis des temps sans commencement, contamine, trouble et pollue l'environnement créé par le *karma* commun à tous les êtres[1] ». Reprenons les mots clés de cette phrase :

- « notre » : responsabilité commune ;
- « égoïsme » : l'ego, cause de la destruction de l'environnement.

Dans un monde « sans commencement » : pour les bouddhistes tibétains, la perception du monde est conditionnée par nos actes passés, à savoir par le *karma*. La violence s'exprime par un déferlement des désirs, eux-mêmes conditionnés par des actions-réactions successives, dont la guerre est l'expression la plus poussée : « Je vous remercie d'avoir souligné les horreurs ineffables de la guerre et d'avoir pris comme exemple cette ville de Sarajevo où une grande quantité d'innocents ont péri ou souffrent encore. Ces drames nous montrent à quel point il est difficile d'apaiser les passions dont le déchaînement semble n'avoir aucune raison profonde et de trouver une solution lorsque les émotions sont devenues incontrôlables[2] ». Le Dalaï-Lama s'impose en conscience morale juge des événements politiques au nom de la sagesse « rationnelle » et « pacifique » bouddhiste.

Pour juguler cette violence, les bouddhistes tibétains proposent une nouvelle gestion des désirs, « un contrôle des émotions » (stratégie par le bas) : « Si on demandait à tous ceux qui s'engagent dans une guerre la raison de leur acte de violence, ils n'auraient pas vraiment de réponse. L'homme se trouve impliqué dans des situations où il n'a plus aucun contrôle et où il ne lui reste plus de place pour un raisonnement[3] ». La forme instinctive du désir conduit à la démesure tandis que sa forme rationnelle exprime la tempérance qui est comme l'écrivait Platon « une vertu fondamentale de l'individu[4] ». Les représentants du BET, sous couvert d'empirisme et de pragmatisme, développent un idéalisme politique et moral. Notons que les bouddhistes tibétains cherchent à promouvoir le contrôle des émotions, se distinguant des discours de la nébuleuse « mystique-ésotérique[5] » qui met l'accent sur l'hypertrophie des sensations, comme dans le *New Age* ou dans les mouvements charismatiques.

Les bouddhistes tibétains remettent en cause la nécessité d'une autorité extérieure nécessaire à la régulation de la violence, en raison de leur nouvelle « économie de l'esprit » ou du « communisme intérieur ». René

1. Stance 3 du poème *The sheltering tree of interdependence* (Dalaï-Lama, New York, 1993).
2. Dalaï-Lama, *Au delà des dogmes, op. cit.*, p. 167.
3. *Au delà des dogmes, op. cit.*, p. 139.
4. Platon, *Phèdre*, Paris, Les Belles Lettres, 1978, p. 237.
5. F. Champion, « Individualisme, protestation holiste et hétéronomie dans les mouvances mystiques et ésotériques contemporaines », in *Social Compass*, 1991, vol. 38, n° 1.

Girard[1] repère l'origine de la violence dans le processus mimétique : désirer le désir de l'autre. Dans une cour d'école maternelle, l'enfant n'aurait pas désiré posséder un pistolet à eau s'il n'avait pas un voisin qui en possédait un[2] : il ne désire pas le pistolet en lui-même mais la possession du désir de l'autre. Il est donc nécessaire qu'un tiers intervienne pour gérer ce conflit : un camarade plus fort que les autres ou plus malin ou, comme dans nos sociétés modernes, une autorité spécialisée et autonome, l'État qui, détient le monopole de la violence légitime. La violence semble inéluctable dans la relation interindividuelle (*via* le désir mimétique) et en même temps rend impossible la vie humaine par l'insécurité qui en découle. La nécessité du pouvoir politique vient de l'incapacité d'autocontrôle des désirs.

Le modèle utopique bouddhiste, rejetant l'existence d'une autorité extérieure, source d'aliénation, préconise par un « désarmement intérieur », une économie de l'esprit qui affirme permettre une sorte d'autogestion. Cette manière de penser est omniprésente dans le WBO et FWBO (*Western Buddhist Order* et *Friends of the World Buddhist Order*), avec la fondation de communautés libertaires et communistes. Mais il n'est pas non plus absent du discours du Dalaï-Lama : « Je crois que la paix intérieure, le désarmement intérieur est quelque chose d'essentiel qu'il ne faut absolument pas négliger. Il sera difficile d'arriver à une paix mondiale durable et sensée si nous ne faisons pas la paix dans notre esprit même : faire la paix en nous-même afin que l'on puisse faire la paix à l'extérieur. Bien sûr, si l'esprit des gens est animé par l'agressivité, la malveillance et l'envie, toute cette agressivité latente ne manquera pas de s'exprimer dès que les circonstances extérieures se manifesteront[3] ». Le bouddhisme se propose en médecine, solution intensive, individuelle, pour résoudre les déséquilibres mondiaux, tout en assurant la promotion d'un modèle de démocratie globale.

B/ La réappropriation bouddhiste de la rationalité politique et sociale occidentale moderne

1° Construction bouddhiste d'une orthorationalité

a) La dialectique légitimatrice

Un rapport nouveau s'établit entre l'homme et la nature, un nouveau contrat « naturel[4] » accorde des droits et des devoirs aux individus et à la « nature ». Le Dalaï-Lama tout comme Thich Nhat Hanh se fondent sur une

1. Cf. *La route antique des hommes pervers*, Paris, Grasset, 1985.
2. J.M. Domenach évoque la « cause mimétique » qui caractérise notre société. La *mimesis*, fait-il remarquer, est le moteur essentiel de l'action (*Approches de la modernité*, Paris, École polytechnique, 1986, p. 87).
3. *Op. cit.*, *Au delà des dogmes*, p. 168.
4. M. Serres, *Le contrat naturel*, Paris, Flammarion, 1983.

interprétation moderniste de la théorie bouddhique de la « production conditionnée » selon laquelle tout est conditionné par tout, de l'infiniment petit à l'infiniment grand, et inversement. Il n'existerait pas de système clos : sur le plan politique, aucun État ne peut prétendre se fermer sur lui-même au risque de mettre l'harmonie du système plus large, dont il fait partie, en péril. Le nationalisme est donc en principe condamné, et le « devoir d'ingérence » en matière internationale est considéré comme un minimum, jusque-là restrictivement en continuité avec le concept de « Droit de l'Homme », mais qui devrait être élargi à un contrôle de la nocivité des activités susceptibles de mettre en péril l'équilibre global de la planète.

Cette idéologie pousse à l'extrême les conséquences de l'hypothèse Gaïa développée par le scientifique de sensibilité écologiste James Lovelock[1], mais aussi celle de l'effet papillon (*Butterfly effect*[2]). Le Dalaï-Lama participe, consciemment ou inconsciemment peu importe, à la dialectique légitimatrice des vérités bouddhiques *via* l'accord entre le bouddhisme et la science. Ce qui tendrait à prétendre que le bouddhisme contient déjà en lui-même, non seulement le progrès scientifique, mais de surcroît les théories les plus récentes. Le plus étrange est que le Dalaï-Lama se montre beaucoup plus circonspect que ses interlocuteurs officiellement non religieux qui sont en général des scientifiques de renoms, dans l'accréditation de cette redécouverte du bouddhisme par la science : « Je pressens à un niveau très profond quelques convergences entre la vue quantique de la réalité et la compréhension bouddhique de l'interdépendance, mais je n'ai pas encore une compréhension très claire de cette vue quantique. Bien que je fasse de mon mieux, elle me pose toujours des problèmes [...] Aussi je ne me sens pas assez sûr de moi dans ce domaine pour dresser des parallèles. Toutefois, d'après votre description, il me semble qu'il y a des affinités entre la vue quantique de la réalité et un concept spécifique à l'une des écoles bouddhiques [...][3] ». Il se refuse à « dresser des parallèles », mais ses interlocuteurs en revanche, au nom de leur légitimité scientifique, en recherchent comme pour accréditer leur propre croyance bouddhiste.

C'est ainsi que, dans le même dialogue, Benoy Chakraverty, directeur de recherche au LEPES – qui est une unité du CNRS –, et physicien spécialiste de la supraconductivité, ne s'accorde pas avec la circonspection du chef bouddhiste, et entend au nom de sa parole scientifique prouver la modernité du bouddhisme : « Je vais vous montrer comment c'est difficile

1. J. Lovelock, *La Terre est un être vivant : l'hypothèse Gaïa,* Paris, Rocher, 1986 ; et, plus récemment, une mise au point qui tient compte de certaines critiques à l'encontre de l'hypothèse : *Gaïa's Defense*, Norton, 1988.
2. Il s'agit du principe selon lequel le moindre mouvement microscopique a des effets macroscopiques incommensurables. Cette idée se rattache à une théorie d'interaction universelle, selon laquelle aucun système n'est isolé du reste de l'univers (F. Dyson, *Infinite in all directions,* Londres, Penguin, 1988, p. 14).
3. Dialogue sur le « Phénomène physique et [la] conscience des phénomènes » (Institut des sciences nucléaires de Grenoble, 29 octobre 1993), in Dalaï-Lama, *Au-delà des dogmes, op. cit.*, p. 234.

de distinguer entre la mécanique quantique et une compréhension bouddhiste [...][1] ». Nous assistons ensuite à un rituel intellectuel maintes fois répété dans le contexte de l'occidentalisation du bouddhisme : la reprise des paroles du Bouddha (en l'occurrence un texte *pâli* dans lequel le Bouddha refuse d'affirmer qu'un individu se réincarne tout en refusant d'affirmer le contraire), puis la reprise d'un concept scientifique contemporain (en l'occurrence le Principe d'Incertitude à travers un texte du physicien Oppenheimer spécifiant qu'un électron n'est ni en mouvement ni immobile). Il s'agira de prouver que la physique quantique est « bouddhiste », ou qu'elle ne fait que redécouvrir une vérité à laquelle le Bouddha avait déjà accès ; et puisque l'accession à cette vérité fut plus précoce, il est aisé d'en déduire que l'épistémologie bouddhiste doit être plus puissante que celle même de notre science moderne.

En outre, si nous trouvons aujourd'hui dans la science des vérités bouddhistes, cela implique que la science contemporaine est en retard sur une religion deux fois millénaire. La science ne fait que combler quelque peu son retard sur le bouddhisme, sans toutefois jamais le rattraper. Le bouddhisme apparaît comme une source de vérités accomplies, une source qui comprend une finalité claire : l'extinction de la souffrance. Alors que la science moderne progresse mais n'atteint jamais sa finalité. C'est pourquoi elle peut faire fausse route, se tromper de carrefour, en venir à détruire l'humanité. Il lui manque une perspective sur elle-même, que lui fournit le bouddhisme en tant que rationalité finalisée. Celui-ci devient l'instance critique privilégiée de la science moderne, le tribunal éthique dont les représentants s'autorisent à juger de la plus ou moins grande opportunité à prendre telle ou telle orientation. Le bouddhisme s'impose comme qu'orthodoxie, non seulement en tant que religion, mais en tant que science, ce qui nous fait préférer le terme d'orthorationalité. Ainsi, le processus d'occidentalisation du bouddhisme induit la constitution de ce que nous avons appelé une orthorationalité.

Il faut rappeler ici que le bouddhisme occidentalisé dévisibilise ses propres caractères religieux, s'adaptant ainsi à la remise en cause moderne du religieux monothéiste moralisateur, et se représentant en continuité, si ce n'est en résultat, de la sécularisation de la société, valorisant ses propres aspects rationnels, empiriques, pluralistes comme étant les nouveaux attributs de la religiosité du futur dont il est censé être la substantifique mœlle. C'est ce qui explique l'originalité de la constitution d'une orthorationalité bouddhiste par rapport au repérage classique de la constitution d'une orthodoxie religieuse. Classiquement, tel que le souligne Deconchy[2], il y a effectivement, comme ici, un phénomène d'appropriation. Mais il se fait vers une dé-sécularisation du réel : donner un sens religieux aux phénomènes qui sera partagé par les membres du groupe orthodoxe.

1. *Op. cit.*, p. 243.
2. J.P. Deconchy, *Orthodoxie religieuse et sciences humaines*, La Hague, Mouton Publishers, 1980.

Pierre Bourdieu[1] a bien montré qu'une des modalités concrètes de ce phénomène se traduisait par le sur-étiquetage cultuel concernant des activités qui relèvent à l'évidence d'une autre catégorie : un voyage touristique sera qualifié de pèlerinage. Dans le bouddhisme, on pourrait croire, à première vue, que le processus est tout bonnement inversé, qu'il y a une négation du religieux par l'instance religieuse elle-même, ce qui serait un paradoxe sociologique insurmontable.

En fait, il n'y a négation du religieux qu'en apparence. Le processus de formation d'une orthodoxie passe seulement ici par la constitution préalable d'une orthorationalité. Dans une première étape, le bouddhisme apparaît comme une rationalité sécularisée, presque une non-religion, ce qui lui donne une marge de manœuvre extrêmement large dans la société moderne sécularisée, puis dans une deuxième étape le bouddhisme se présente non plus comme une simple rationalité mais comme une méta-rationalité, finalisée, qui ne se « cherche » plus, mais qui s'étant trouvée, à la différence de notre science expérimentale, peut montrer la voie rationnelle droite au monde moderne et dire la science juste[2]. Il fonctionne alors comme orthorationalité : jugement sur la bioéthique, sur le nucléaire, sur les « travers matérialistes » de la science moderne en général, jusqu'à la proposition d'une société plus juste (orthorationalité politique).

Il faut bien comprendre que cette orthorationalité, une fois constituée, se réduit à nouveau à une orthodoxie religieuse classique. Mais le détour rationnel a permis une extension plus large de son champ dans la société moderne : le bouddhisme peut se présenter alors à la fois comme une continuité naturelle de la modernité, comme son juge rationnel et donc légitime, mais aussi comme la réponse la plus plausible à la crise spirituelle moderne. Le bouddhisme en s'occidentalisant s'impose en juge rationnel de la rationalité moderne tout en se posant en successeur spirituel, redresseur de tort des aliénations rationnelles du totalitarisme jusqu'au dérèglement de la consommation de masse, en passant par les « absurdités » biologiques, technologiques, nationalistes ou militaires. Bref, le bouddhisme se décline implicitement comme postmodernité idéale.

Nous décrivons le processus d'occidentalisation sans prétendre qu'il fasse l'objet d'une stratégie concertée de la part des autorités bouddhistes en contact avec l'Occident. Nous constatons seulement que ce processus a lieu. Il semble même qu'il ait lieu d'avantage sous la pression occidentale, en tout cas en ce qui concerne le bouddhisme tibétain, qu'à l'initiative de dignitaires asiatiques eux-mêmes. Il semble même que ce nouveau bouddhisme se construise en partie en dehors d'eux. Cependant, ce champ ouvert par le jeu dialectique, entre des représentants légitimes de la rationalité occidentale moderne et les clercs bouddhistes, est abondamment exploité par ces mêmes clercs dans leur propre intérêt, par exemple en ce

1. P. Bourdieu, *Raisons pratiques. Sur la théorie de l'action*, Paris, Seuil, 1994, p. 210.
2. Il est d'ailleurs fréquent de trouver l'expression « science de l'esprit » pour désigner le bouddhisme dans les revues du bouddhisme occidentalisé telles que *Dharma*, *Sangha* ou *Tendrel*.

qui concerne le Dalaï-Lama dans l'intérêt de se présenter comme une autorité morale universelle, un conseiller politique mondial et un guide spirituel. Cette triple fonction est aujourd'hui assumée par le leader tibétain. Il suffit pour s'en convaincre de lire un de ses ouvrages récents, dont la structure se divise en rubriques explicites à cet égard. Sur trois parties, la première traite du « fondement de l'éthique » (réaffirmation de l'orthorationalité bouddhiste), la seconde de « l'éthique et l'individu » (réaffirmation de la vocation bouddhiste à transformer l'individu en conformité avec les exigences de la modernité), la troisième de « l'éthique et la société » (réaffirmation de l'orthorationalité politique bouddhiste).

b) Construction d'un champ de pouvoir socio-cognitif

Cette dialectique légitimatrice qui va de la doxa bouddhique à la confirmation moderne, scientifique ou littéraire, est caractéristique de ce bouddhisme occidentalisé qui se veut alternatif du religieux traditionnel moraliste, considéré comme superstitieux et irrationnel, même si cette dernière critique reste toujours implicite, dans la mesure où l'interdépendance non violente exige de ne jamais attaquer de front aucun système, qu'il soit ou non fallacieux. Les livres bouddhistes, ainsi que les dossiers des revues bouddhistes, qui s'appuient sur des tendances scientifiques actuelles, ne se comptent plus et confirment l'hypothèse de la constitution d'une orthodoxie bouddhiste occidentale par l'appropriation de certains acquis scientifiques (en sciences humaines et en sciences dites exactes) susceptibles d'immuniser les discours bouddhistes contre des critiques rationnelles. Cette validation des « vérités » bouddhistes à l'aune du processus même d'occidentalisation est donc constitutive d'un champ de pouvoir socio-cognitif, au sens du sociologue Jean-Pierre Deconchy[1].

Rencontre avec le docteur Linus Pauling, prix Nobel de la Paix et prix Nobel de Chimie, à propos du rôle de l'ONU pour le « monde futur » (Los Angeles, février 1987).

1. J.P. Deconchy, *Orthodoxie religieuse et sciences humaines, op. cit.*

À la Soka Gakkai, cette construction s'opère par une réappropriation de la culture politique et artistique, une re-ritualisation des événements (pour la France : 14 juillet, Libération, etc.) et une revalorisation de personnalités des arts, des lettres et des sciences (pour la France : Pascal, Hugo, Rousseau, Pierre et Marie Curie, etc.). Pour les bouddhismes tibétain et zen, cette réappropriation est plus implicite, et se rapporte à la rationalité scientifique et démocratique elle-même, non seulement comme compatible avec le bouddhisme, mais pour ainsi dire déjà « présente » intégralement dans le bouddhisme, offrant donc une alternative indiscutable à la fois à la rationalité « matérialiste inhumaine » et à la « superstition » religieuse irrationnelle.

2° Les axes généraux de la réappropriation de la rationalité politique moderne

a) Le communisme bouddhiste

Le vocabulaire du Dalaï-Lama est empreint de notions marxistes : classes sociales, oppression, aliénation, peuple, etc. : « Posséder de trop grandes parts de ressources naturelles et du monde prive nos semblables de chances de survie. Participer à des systèmes sociaux opprimants et injustes approfondit l'abîme entre les riches et les pauvres et aggrave la situation d'injustice sociale[1] ». Il s'en prend souvent dans ses discours à la propriété privée qui conforte l'égoïsme individuel, source de déséquilibres globaux « dévastateurs » : « Notre possessivité est une faute coûteuse pour la terre. Il est donc nécessaire de s'attaquer aux droits et devoirs des propriétaires privés[2] ».

À la question : « Votre Sainteté, vous déclarez souvent vouloir parvenir à une synthèse entre le bouddhisme et le marxisme. Qu'est-ce qui rend à vos yeux le marxisme si attractif ? » posée par le professeur d'histoire contemporaine à l'université de Bordeaux, Erika Moekerker, lors de la visite du Dalaï-Lama à Bordeaux en 1993[3], ce dernier a répondu : « En ce qui concerne l'échec des régimes marxistes, tout d'abord je ne considère pas que l'ex-URSS ni la Chine, ni même le Viêt-nam avaient de vrais régimes marxistes car ils se sont beaucoup plus préoccupés de leurs intérêts nationaux étroits que de l'internationale ouvrière d'où les conflits qu'il y a eu par exemple entre la Chine et le Viêt-nam. Si ces trois régimes avaient été basés sur des principes marxistes, ces conflits n'auraient jamais eu lieu. Je pense que le défaut majeur des régimes marxistes est qu'ils ont trop mis l'accent sur le besoin de détruire la classe dirigeante, et sur la lutte des classes ce qui les amène à développer la haine et à négliger la compassion. L'inconvénient principal de ce régime est l'insistance portée sur la haine au détriment de la compassion [...]. L'échec du régime en ex-URSS pour moi n'a pas été celui du marxisme mais l'échec du totalitarisme. Pour cela je me

1. *Op. cit.*, in *Dharma*, p. 14.
2. « Vers une responsabilité écologique », *op. cit*, p. 86.
3. Dalaï-Lama, *Au delà des dogmes*, *op. cit.*, p. 121.

considère encore moitié marxiste, moitié bouddhiste[1] ». Le Dalaï-Lama se situe dans la lignée des premiers intellectuels asiatiques, qui, au XIXe siècle reconstruisirent le bouddhisme à l'aune d'une grille de lecture marxiste. La rhétorique bouddhiste, qui développe l'expression de communisme intérieur, non contraignant, joue encore une fois sur la non-opposition entre l'individuel et le collectif. Le communisme n'est pas révoqué d'emblée, mais seulement le système totalitaire. Par exemple cette rhétorique sera appliquée à la Chine Populaire, formellement une démocratie populaire, mais qui sera qualifiée de dictature réelle.

Le Dalaï-Lama se récuse en tant que monarque de droit divin, et affirme ne garder son statut qu'en raison des circonstances spéciales qui l'ont amené à assumer la représentation de son pays en exil. Parallèlement à sa volonté de démocratisation, dont nous examinerons plus loin les modalités, il affirme que « C'est au peuple tibétain de choisir son destin [...] je l'ai dit très clairement que la décision finale revenait au peuple tibétain lui-même [...] je ne suis qu'un simple moine et si je devais suivre mes aspirations j'irais, à la manière d'un cerf blessé, cherché refuge dans la solitude des montagnes. Mais il se trouve que j'ai reçu le nom de Dalaï-Lama ainsi que la fonction qui s'y rattache et que le peuple tibétain a placé en moi de grands espoirs[2] ». Cette destitution prospective et romantique, associée à l'image du héros qui supporte le poids de sa charge, fait du Dalaï-Lama « l'homme providentiel » du peuple tibétain, et par extension de l'humanité, l'archétype du souverain universel, le *Cakravartin* sage et désintéressé.

Le communisme, comme chez Buddhadasa Bikkhu, est dans la continuité naturelle de l'interdépendance des phénomènes : « [...] ignorer l'interdépendance ne nuit pas seulement à l'environnement naturel mais également à la société. Chacun de nous doit apprendre à travailler non pas uniquement pour lui ou pour elle, sa famille ou son pays, mais au bénéfice de toute l'humanité[3] ». Le Dalaï-Lama commence souvent ses allocutions par « frères et sœurs dans le *Dharma* » ou emploie les termes de « famille humaine », qui résonnent comme un appel à la grande famille des citoyens du monde, avec une tonalité proche de la grande famille des camarades dans l'avènement du communisme universel. Aucune distinction ne peut se fonder sur la classe sociale. Les êtres sont égaux dans le *dharma*. Cette idée d'égalité est étendue à l'égalité sexuelle, entre hommes et femmes, en contradiction avec la réalité traditionnelle y compris au Tibet.

b) Le relativisme révolutionnaire

Le champ sémantique des textes des bouddhistes tibétains traduit ce relativisme. Lama Deny, qui dirige l'Institut *Karma Ling*, emploie le terme « relatif » près de 120 fois dans un de ses ouvrages[4]. La structure des

1. *Op. cit.*, p. 121.
2. *Op. cit.*, p. 105.
3. *Op. cit.*, p. 104.
4. *Op. cit.*, p. 56.

allocutions du Dalaï-Lama souligne ce relativisme, par des positions qui ne sont jamais tranchées ; de même Thich Nhat Hanh qui pratique, ainsi que nous l'avons vu, le non-dualisme systématique. Lorsque le Dalaï-Lama est interrogé, notamment sur des questions de société (que pensez-vous de l'avortement, de l'homosexualité, de l'alcoolisme, de la drogue, du sida ?), ses réponses sont imprégnées de relativisme moral :

Exemples :

- À une question sur l'avortement, il répondra que « [...] l'acte de tuer n'est pas acceptable mais nous pensons que dans certains cas l'avortement peut être nécessaire ».
- À une question sur l'homosexualité, il sera plus tranché et répondra que « [...] du point de vue du pratiquant bouddhiste, l'homosexualité est une attitude incorrecte[1] ». Positions en opposition avec l'image de permissivité cultivée par les médias qui construisent un Dalaï-Lama à la guise de leurs propres aspirations.

Le concept de révolution est lui aussi relativisé au profit d'une réforme par la non-violence, sans pour autant abandonner le fond de la critique marxiste de la société bourgeoise : « L'évolution des valeurs, l'autorité morale et l'exemple d'un mode de vie tel que celui du Mahatma Gandhi, pourraient se combiner pour motiver des changements économiques propices à la justice sociale et à la survie écologique[2] ». Sur le plan international, ce sont les pays du Nord (dits pays riches) qui imposent leur loi aux pays du Sud ; l'idéologie bouddhiste, aussi bien celle qui est diffusée par le Dalaï-Lama que celle de la Soka Gakkai, de Sulak ou de Thich Nhat Hanh, dénonce unanimement l'emprise des États les plus puissants sur les organismes internationaux, dans la ligne des conceptions tiers-mondistes[3]. Le marxisme, relativisé à l'échelle sociale, est réhabilité à l'échelle mondiale. On retrouve encore dans le projet de Constitution du Tibet Libre cette ambiguïté entre libéralisme et collectivisme, qui est résolue formellement par la rhétorique environnementaliste de l'interdépendance universelle et du communisme intérieur à l'usage du Tibet, aux fins d'être progressivement transmis à l'ensemble de l'humanité : « Le gouvernement du Tibet m'a chargé d'assurer l'égalité économique, la justice sociale et la protection de l'environnement[4] ».

c) Écologie politique et démocratie globale

L'éthique écologique aboutit à une redéfinition de la démocratie comme écologie politique, ce qui entre dans la logique de la culture politique

1. *Op. cit.*, p. 54-57.
2. « Vers une responsabilité écologique », in *Dharma*, janvier-mai 1995, p. 87.
3. De nombreux chefs d'État du Tiers-monde ont tenté de dénoncer l'omnipotence des pays riches dans les décisions à caractère international, notamment en matière économique ou militaire : par exemple, seules les cinq grandes puissances siègent au Conseil de sécurité de l'ONU, ou du moins sont seules à avoir le droit de veto ; toutes les instances internationales (Banque Mondiale, FMI, Unesco, ONU) sont dominées par les pays dits « riches et développés ».
4. Dalaï-Lama, « La survie de la planète », in *Dharma*, hiver 1994, p. 88.

alternative qui se développe dans les pays occidentaux tels que les États-Unis ou la France. Ce que nous avons appelé la « nouvelle gauche » entre dans cette catégorie, et s'inscrit dans la logique critique de l'École de Frankfort, relayée et développée aujourd'hui par Habermas[1]. De l'écologisme environnementaliste à l'écologisme politique qui revendique la « sincérité » des rapports sociaux et politiques au détriment du marketing économique et politique, ces revendications formalisées par la philosophie critique contemporaine résonnent singulièrement dans les discours du Dalaï-Lama, avec cependant l'ajout du religieux, du spirituel comme garantie de la « sincérité », au détriment du « consensus communicationnel » : « L'éthique est aussi cruciale pour un politicien qu'elle l'est pour le pratiquant d'une religion[2] ».

Le Dalaï-Lama rappelle sans cesse « [...] que c'est au peuple tibétain de choisir son destin[3] » et exprime son attachement à la démocratie. Le Tibet sera une démocratie : : « [...] en ce qui concerne l'avenir du Tibet, il a été déjà décidé que ce serait une démocratie[4] ». La proposition n° 3 du plan de paix proposé par le Dalaï-Lama revendique : « [...] le respect des droits de l'homme et des libertés démocratiques fondamentales du peuple tibétain[5] ». Les Droits de l'Homme sont sans cesse invoqués comme étant conformes au « bouddhisme traditionnel ». L'idée de désarmement unilatéral, de pacifisme radical, découle de l'idée de Droits de l'homme associée à la notion indienne d'*ahimsa* (non-violence).

La démocratie n'est plus perçue comme un système spécifique de gouvernement mais comme un esprit qui suppose une politique socialiste, écologique et pacifique. La *sangha*, communauté monacale, est présentée comme une manifestation antique de démocratie, ce qui permet de soutenir « [...] qu'il n'y a pas de contradictions entre démocratie et bouddhisme. Je dirai même que le bouddhisme mahâyâniste est la religion de la démocratie. Voici un exemple[6] : nous considérons qu'une communauté monastique existe quand un groupe de quatre moines est formé. Quand il y a une décision importante à prendre, c'est le groupe de moines qui ensemble doit trancher la question et non pas seulement l'abbé qui est à sa tête[7] ».

La démocratie doit être fondée par le bas et non par le haut de l'institution, ce qui n'empêche pas le clerc d'appeler de ses vœux un ordre mondial régulateur. La notion de « peuple » permet d'évoquer la dimension collective sans pour autant tenir compte de l'État, ainsi le point cinq du plan de paix proposé par le Dalaï-Lama stipule : « L'ouverture de négociations

1. J. Habermas, *Théorie de l'agir communicationnel*, t. II, *Critique de la raison fonctionnaliste*, Paris, Fayard, 1988.
2. *Au delà des dogmes*, *op. cit.*, p. 76.
3. *Op. cit.*, p. 133.
4. *Op. cit.*, p. 23.
5. *Op. cit.*, in *Dharma*, hiver 1989-1990, p. 83.
6. Notons que le Dalaï-Lama s'efforce toujours d'être très concret et pratique.
7. *Au delà des Dogmes*, *op. cit.*, p. 23.

véritables sur le statut du Tibet et sur les relations entre le peuple chinois et le peuple tibétain[1] ». Avec le concept de démocratie, c'est le concept de Droits de l'Homme qui fait l'objet de la plus franche réappropriation, confortée par des « universitaires-bouddhistes » qui s'adonnent à un travail d'herméneutique politique tendant à reconstruire un bouddhisme moderniste humaniste et égalitariste, tandis que d'autres chercheurs soulignent les contradictions logiques et historiques auxquelles se heurte ce bouddhisme moderniste, soulignant que « Le concept de « droits » paraît présupposer l'individualisme et l'autoaffirmation, autant de valeurs incompatibles avec le bouddhisme traditionnel. Néanmoins, les Bouddhistes Engagés contemporains utilisent couramment un langage pétri de « droits de l'homme[2] » ; c'est le cas par exemple de Lama Deny Teundroup pour qui « Finalement ce qu'enseigne le *dharma* (une voie rationnelle, expérimentale, contemplative parfaitement adaptée à l'intensité de la vie et l'action contemporaine) est éminemment moderne et en parfait accord avec les conceptions scientifiques d'aujourd'hui[3] ».

Nous pourrions penser que la dimension prioritaire des discours du Dalaï-Lama est le social, le collectif, le global, en lisant certain textes, mais d'en d'autres au contraire c'est l'individu qui est à l'honneur (« véritable origine et germe du développement de toute société[4] »). Nous devons garder à l'esprit la double stratégie par le haut et par le bas, qui est au cœur de l'idéologie *individuo-globaliste*.

1. *Dharma, op. cit.*, p. 83. Remarquons également que la notion de peuple n'implique aucune distinction quant au sexe. Les femmes et les hommes y sont à égalité. Le rôle des femmes est représenté par le Dalaï-Lama comme primordial dans la société tibétaine, même si cette « importance » féminine est en partie une reconstruction moderne : il y a des femmes prêtres et des divinités féminines. La sœur du Dalaï-Lama a été élue par l'assemblée parlementaire du peuple tibétain « mère du Tibet », distinction qui est la plus honorable. C'est aussi une femme qui enseigne le tibétain et les textes anciens à l'Institut des langues orientales de Paris. Notons que l'ONU a reconnu que le rôle des femmes dans le développement constitue une question fondamentale pour le progrès de toute société : « La discrimination entraîne une utilisation non rentable des talents des femmes et un gaspillage des ressources humaines précieuses dont on aurait besoin pour promouvoir le développement et renforcer la paix », in *Rapport de la Conférence Mondiale de l'ONU chargée d'examiner les résultats pour l'égalité des femmes*, New York, ONU, 1986.
2. S.B. King, « Human Rights in Contemporary Engaged Buddhism », in Jackson, Makransky, *Buddhist Theology. Critical Reflexions by Contemporary Buddhist Scholars*, New York, Curzon, 1998, p. 293.
3. *Dialogue avec un Lama occidental, op. cit.*, p. 179.
4. *Dharma, op. cit.*, hiver 1989-1990, p. 88.

Vers une responsabilité écologique
(Conférence internationale à New Delhi, octobre 1993)

Notre égoïsme inflexible, enraciné en nos esprits depuis des temps sans commencement, contamine, trouble et pollue l'environnement créé par le karma *commun à tous les êtres.*

Stance 3 du poème *The Sheltering Tree of Interdependence* par le Dalaï-Lama

Les trois journées de la conférence internationale sur le thème : *La responsabilité écologique, un dialogue avec le bouddhisme*, se sont terminées le 4 octobre par une exhortation pressante à une plus grande responsabilisation de l'homme devant les menaces pesant sur l'environnement planétaire. Cet appel a été lancé aux personnes de toutes les religions, aux groupes gouvernementaux et non gouvernementaux par les deux cents participants venus de vingt-deux pays qui avaient accepté l'invitation de la Tibet House. Les personnes religieuses furent appelées à pratiquer ce qu'elles prêchent, et les gouvernements à réaliser les projets sur lesquels ils sont tombés d'accord à Rio, l'an dernier lors de la Conférence des Nations Unies sur l'environnement et le développement. Des suggestions furent faites concernant la motivation de nos comportements, les méthodes d'éducation et les moyens pratiques pour préserver la nature. La conférence avait été retardée depuis le mois de mars, à cause de troubles locaux. De grandes absences furent remarquées : Gary Snyder. Helena Norberg-Hodge, Robert Thurman, Joan Halifax, John Seed, Vandana Shiva...

Après avoir consacré, dans la belle forêt naturelle de Buddha Jayanti Park, une magnifique statue du Bouddha prenant la terre à témoin de son éveil, don du peuple du Tibet au peuple de l'Inde en remerciement pour son hospitalité depuis de nombreuses années, Sa Sainteté le Dalaï-Lama présenta brièvement la conférence. Mahatma Gandhi, dont l'anniversaire coïncidait avec cet événement, fut pris par Sa Sainteté comme exemple de la mise en pratique de l'enseignement du Bouddha, en termes de compassion, de non-violence et de simplicité dans le mode de vie.

Le Professeur Ramachandra Gandhi fustigea l'égoïsme et le côté destructeur de l'humanité, et le Professeur Jose Lutzenberger, ancien secrétaire national de l'environnement du Brésil, blâma l'industrialisation et le mode de vie moderne, la destruction de nos forêts et la déviation de nos systèmes éducatifs qui encouragent la technologie aux dépens de la protection et de la véritable connaissance de la nature. La science moderne a été arrogante et sans pitié, manquant de respect envers la faune et la flore.

Le hiérarque suprême de la tradition Shakya du bouddhisme tibétain, Shakya Trizin, insista sur le fait que l'éducation devait récuser le désir, la haine et l'ignorance, et faire entendre que seule la compassion pouvait motiver le soutien au développement.

Son Éminence Neville Kanakaratna, officier ministériel supérieur de Ceylan, dit qu'il ne suffisait pas de prendre les choses en mains collectivement, mais qu'il s'agissait de développer une juste compréhension, une vie simple, le rejet de la consommation et un véritable sentiment de responsabilité sur la nature.

Le Professeur Aramaki de Kyoto souligna que notre possessivité était une faute coûteuse pour la terre.

Tout cela amena une discussion sur la nécessité de s'attaquer à des problèmes tels que les droits et les devoirs des propriétaires privés. Quelqu'un proposa que, lorsque nous pourrons réellement voir les implications des informations actuellement disponibles, notre réponse en tant que bouddhistes et écologistes soit la formation d'une barrière humaine aux portes des compagnies d'industries chimiques qui empoisonnent littéralement la terre : une résistance passive non violente. Christopher Titmuss, enseignant *vipasyana* exhorta les bouddhistes à ne pas se cacher derrière leurs rituels, et à résister activement, dans leurs communautés respectives, à l'injustice écologique autant qu'à l'injustice sociale qui en est souvent la racine. Julia Martin évoqua le développement du bouddhisme en Afrique du Sud. Un exemple de l'activité bouddhique fut apprécié par tous : « l'ordination » de trois arbres par le moine Pra Prachak, dans le but de sauver ce qu'il reste de la forêt thaïlandaise.

Plusieurs orateurs firent part de leur souhait de voir les bouddhistes plus actifs, plus coopérants avec les populations, pour préserver le mode de vie de celles-ci. Au cours d'une discussion générale, le Vénérable Ariyasena de Ceylan, Dr. Mrs. Kabilsingh de Thaïlande, Sri Sunderlal Bahuguna, fondateur du Mouvement Chikpo dans les Himalayas, et le Professeur Ramachandra Guha de Delhi formulèrent les questions de l'activisme écologique. Une intelligence et une éthique du comportement, comprenant la nécessité de sauvegarder l'environnement, purent s'exprimer dans la conception de programmes éducatifs, dans la protection vigoureuse et courageuse de forêts menacées, de populations rurales disloquées et d'habitants de taudis citadins en ruines. Les gouvernements devraient investir dans la sauvegarde plutôt que dans les armes destructrices ; un développement approprié pourrait montrer comment protéger la diversité biologique, pratiquer l'économie, rechercher de nouvelles sources d'énergie et des façons de les utiliser, et pourvoir aux besoins des futures générations, par exemple en reboisant et en refusant de construire des barrages dans des régions à hauts risques sismiques. L'évolution des valeurs, l'autorité morale et l'exemple d'un mode de vie tels que celui de Mahatma Gandhi, pourraient se combiner pour motiver des changements économiques propices à la justice sociale et à la survie écologique.

Le Professeur Stanislav Menshikov, éminent économiste russe, présenta l'économie de la compassion comme voie moyenne entre les extrêmes du socialisme et du capitalisme.

Le Professeur Lambert Schmithausen d'Allemagne clôtura la conférence en faisant remarquer que le bouddhisme pouvait aider l'humanité à se tourner vers une éthique fondée sur la valeur définitive de la nature.

(Ce texte est issu de deux documents qui nous sont parvenus de la Tibet House, de New Delhi. Compilation et traduction française par Kunsang Pamo.)

C/ La « communauté globale » comme peuple idéal de la République universelle bouddhique

1° Le Tibet déterritorialisé par la « cause » tibétaine

a) La « famille humaine » cosmopolite

Nous avons déjà évoqué à plusieurs reprises, en particulier lorsque nous avons analysé le tissu institutionnel des bouddhismes en Occident, la déterritorialisation de l'État tibétain. Entendons par là que le Dalaï-Lama a réussi à délocaliser l'État tibétain par le biais du concept d'« environnement ». L'« environnement » est le patrimoine commun de l'humanité, le sol universel sur lequel habitent les « citoyens du monde ». En critiquant la politique industrielle destructrice de (et prédatrice pour) l'environnement mise en place par le gouvernement chinois au Tibet, le Dalaï-Lama transforme la « cause tibétaine » en cause universelle. Nous avons déjà vu comment les monastères et centres implantés dans le monde occidental, en Amérique du Nord et en Europe en particulier, se transformaient en préfectures de cet État délocalisé, dont les citoyens ne sont autres que les adeptes du bouddhisme tibétain dans le monde entier, qui perpétuent la culture de ce pays, en apprenant sa langue, son art, son histoire. L'exemple de Mathieu Ricard est révélateur de cette citoyenneté sans territoire adoptée par un Occidental qui devient à proprement parler Tibétain. Nous pourrions presque dire, dans cette optique, que « nous sommes tous potentiellement tibétains ». En vertu du principe de l'interdépendance des phénomènes accentué par l'évolution des technologies de la communication, nous ne pouvons nous séparer du reste de la planète, de la « famille humaine[1] ». Nous sommes tous « responsables » des désastres écologiques tibétains. En sens inverse, le Tibet, en tant que patrimoine spirituel et écologique de l'humanité, nous appartient à tous. Nous sommes donc effectivement, de droit, des citoyens de ce Tibet fictif, et pouvons prendre notre carte d'identité universelle en soutenant la « cause tibétaine » et en fréquentant les préfectures de notre patrie globale que sont les centres de pratique du bouddhisme tibétain.

Le Dalaï-Lama se réapproprie les principes humanistes (démocratie, droits de l'homme, liberté civile, égalité sociale) modernes occidentaux. La démocratie devient par exemple une application politique du bouddhisme : « Il défend l'aspiration humaine fondamentale à la liberté et prône la démocratie, imparfaite, comme tous les systèmes de gouvernement, mais, de tous, le plus proche de la nature essentielle de l'humanité[2] ». Il s'impose en Açoka contemporain, unificateur des bouddhistes « de tous les pays », spécialement des pays occidentaux, promoteur du dialogue interreligieux cosmopolite et propagateur du *dharma*. Il entend, tel Açoka, conquérir la monde par le *dharma* et non par les armes. L'« occupation » du Tibet est représentée comme l'occupation de l'humanité dans son ensemble car « La préservation de la culture tibétaine n'est pas seulement l'affaire des Tibétains [...] elle appartient à l'humanité toute entière. Si elle devait être anéantie, cette perte n'affecterait pas seulement l'Asie centrale mais le patrimoine culturel de toute la communauté humaine[3] ». La « cause tibétaine » confère au Dalaï-Lama la vocation de défenseur bouddhiste des droits de l'homme sur l'ensemble de la planète, qui est devenue le territoire déloqualisé sur lequel s'affirme son autorité. Ainsi demandera-t-il à plusieurs reprises la libération d'Aung San Suu Kyi, ce qui sera l'occasion de rappeler à « la communauté globale » la « [...] responsabilité qui lui incombe pour faire respecter les droits de l'homme et adopter la démocratie en Birmanie[4] ».

b) La légitimité du Dalaï-Lama : chef du Tibet fictif universel

Le Dalaï-Lama ne se perçoit plus d'ailleurs comme le chef politique du Tibet réel, y compris au cas où son action aboutirait à la récupération de « son » territoire, car il s'est engagé à quitter le pouvoir pour le laisser à des

1. Cette interdépendance universelle, dont les effets sont accentués par l'évolution technologique, est au cœur de la conférence « La compassion en politique » qui a fait l'objet de notre analyse de contenu. Nous renvoyons le lecteur à ce texte lui-même (p. 299) ainsi qu'à l'analyse (p. 619).
2. L. Vidal, « Le Dalaï-Lama : le seul chef d'État qui médite cinq heures par jour », in *Actualités tibétaines,* vol. IV, n° 3, automne 1993, p. 40.
3. Dalaï-Lama, « Paroles », in *Actualités tibétaines, op. cit.,* p. 35.
4. « Le Dalaï-Lama redemande la libération d'Aung San Suu Kyi », in *Actualités tibétaines, op. cit.,* p. 43.

représentants démocratiquement élus. Il ne garderait que le statut d'une haute autorité qui aurait pour mission de conseiller et de faire entendre l'esprit du *dharma* en politique. Il nous faut remarquer ici que ce retrait annoncé des affaires nationales d'un éventuel Tibet re-territorialisé conforte notre analyse de la stratégie actuelle du Dalaï-Lama : le Tibet physique et politique est au fondement de la construction idéologique d'un Tibet moral universel dont il est le guide et le garant. La Constitution, qui fut d'ailleurs élaborée par le gouvernement tibétain en exil afin de préparer son retour éventuel au pouvoir, témoigne de cet esprit. Buddhadasa Bikkhu critique le matérialisme consumériste et le collectivisme despotique, et propose un « socialisme dharmique » ; Daisaku Ikeda critique l'aliénation financière internationale et l'autoritarisme communiste, et propose la fondation d'une « Troisième Civilisation ». Les critiques du Dalaï-Lama ont à peu de chose près la même teneur (remise en cause du matérialisme, promotion du pacifisme et de la responsabilité universelle), à ceci près que la « cause tibétaine » cristallise l'attention humanitariste occidentale, et qu'elle appuie ses idées sur la perspective de la fondation d'un modèle de République démocratique et sociale qui actualise l'ensemble de la philosophie politique moderniste progressiste bouddhiste : « Le Tibet aura un système économique unique qui, sans tomber dans l'impasse des extrêmes capitalistes ou socialistes, sera en accord avec les besoins du pays[1] ». Le chapitre de la Constitution concernant « la nature de l'État » montre que le Tibet restera un modèle, non seulement en tant qu'exemple de démocratie avancée, mais aussi en tant que cet État se donnera pour mission de promouvoir le bien-être de ses citoyens bien entendu, mais aussi celui de l'ensemble de l'humanité. Cette vocation reste un des attributs du Tibet délocalisé universel : « Le Tibet promouvra le bienfait et le bien-être non seulement de ses propres citoyens, mais également des pays voisins et du monde entier. Fondé sur des principes non violents, ce sera un État libre, fédéral, démocratique et social, qui œuvrera pour le bien-être de ses citoyens et s'appuiera sur les principes du *Dharma*[2] ».

Il est clair que si le Dalaï-Lama revendiquait le gouvernement comme n'importe quel chef indépendantiste il n'aurait pas l'emprise qu'il a aujourd'hui sur le public occidental. Il nous paraît évident qu'il ne pouvait en même temps revendiquer l'autorité politique sur le Tibet territorialisé et rester le chef du Tibet délocalisé, à la tête du réseau de préfectures-monastères de sa République universelle. En se destituant de cette fonction potentielle nationale tibétaine, il choisit implicitement, à notre avis, de se maintenir au pouvoir de la République universelle qu'il a patiemment bâtie par le biais de réseaux institutionnels ramifiés sur l'ensemble de la planète et d'une idéologie de la responsabilité spirituelle, écologique et politique produite et diffusée avec leurs soutiens locaux.

1. Dalaï-Lama, « Le Tibet du 3e millénaire : Essai sur le Tibet futur – les principes clés de sa politique – les principes de base de sa constitution », in *Samsâra*, hors-série, novembre 1999, p. 76.
2. *Ibid.*, p. 75.

Les « principes de base de la Constitution démocratique du Tibet libre » sont comme la modélisation à l'échelle tibétaine de la Constitution de la République universelle bouddhiste dont le Dalaï-Lama est le protecteur et le guide, qui peut se déduire de ses écrits, en particulier du livret intitulé *Communauté Globale et Nécessité de la Responsabilité Universelle*[1]. La Constitution du Tibet libre ne se contente pas d'instituer un régime politique mais définit aussi des priorités socio-économiques, écologiques et diplomatiques qui sont normalement du ressort de la politique conjoncturelle. On peut répartir ces principes constitutionnels en deux rubriques. La première regroupe les principes constitutionnels modernes habituels des démocraties libérales transposés à l'État tibétain : Chambre haute et Chambre basse, l'étendue des pouvoirs législatif, exécutif et judiciaire, la séparation de ses trois pouvoirs, les régimes d'élection des membres des assemblées, la nomination du chef du gouvernement et des ministres, l'éligibilité et le droit de vote et enfin la répartition des compétences entre le pouvoir central et les autorités décentralisées. Nous trouvons aussi une énumération des droits civils : liberté d'expression, de culte, égalité devant la loi, égal accès aux emplois publics. La deuxième rubrique regroupe les principes spéciaux qui feront du Tibet Libre un « modèle » pour l'humanité. Cette modélisation se présente comme une critique implicite – après la reconnaissance de certains principes de base comme celui de la séparation des pouvoirs – de la politique occidentale et plus généralement de l'usage que les pays riches industrialisés font du leadership dont ils disposent sur le monde actuel[2]. Il y a remise en cause du capitalisme mondial, de la société de production-consommation, d'une économie fondée sur la spéculation financière, de la technologie dans ses aspects « aliénateurs », des rapports de forces militaires. Nous avons pu remarquer que cette critique se répartissait en deux phases. D'abord en mettant en place une conception « unique » des relations internationales inspirée par le *dharma* et ensuite en assurant constitutionnellement la promotion d'un système économique, social et culturel dharmique. Ces deux phases (relations internationales et système économique, social et culturel) sont normalement, du moins dans les régimes démocratiques libéraux, du ressort de la politique conjoncturelle et nullement constitutionnelle.

---

1. Dalaï-Lama, *Communauté Globale et Nécessité de la Responsabilité Universelle*, Genève, Olizane, 1992.
2. Cette modélisation critique est une remise en cause de la *westernisation* productrice du NOM (Nouvel Ordre Mondial) et du NOMM (Nouvel Ordre Médiatique Mondial), pour reprendre l'expression de Bruno Étienne (*Une grenade entrouverte,* La Tour d'Aigues, Aube, 1999, p. 151-182) : remise en cause de l'imposition économique, financière, politique et culturelle occidentale sur le reste de la planète.

DES ÉCHOS DE DIVERSES RENCONTRES

"ÉTHIQUE ET BUSINESS"

Une rencontre pour chefs d'entreprises s'est déroulée à Paris le 26 octobre, à l'initiative de M. Fabien Ouaki, directeur général du groupe Tati et bienfaiteur du centre Kagyu-Ling.

Dans un milieu, tel que celui des affaires, qui commence une réflexion sur le rôle de l'éthique, l'intervention de Sa Sainteté a été, encore une fois, centrée sur l'importance du sentiment de responsabilité universelle auquel aucune entreprise, pays ou société ne devrait se soustraire. A une époque où le développement de certains pays et classes sociales connaît son apogée, le prix fort payé est en termes d'exclusion et d'absence de solidarité. Dans ce contexte la préférence de Sa Sainteté irait plutôt à une économie qui serait l'expression d'une philosophie sociale, très proche du point de vue bouddhiste qui considère la nature de tout être comme fondamentalement saine.

(L. Tènzin et P. Martin)

L'ACADÉMIE FRANÇAISE

Le 26 octobre à 17 heures, Sa Sainteté était reçue par un petit groupe d'académiciens quai Conti, sans auditoire. Parmi les hôtes : Maurice Druon, secrétaire perpétuel, Louis Leprince Ringuet, Hélène Carrère d'Encausse, Pierre Jean Rémy, Jacques de Bourbon-Busset. A son arrivée, Sa Sainteté n'a pas retenu un rire communicatif, dû aux costumes officiels des "immortels" et à sa robe de moine bouddhiste si particulière dans ces lieux. Les Académiciens ont ensuite posé de nombreuses questions sur le bouddhisme, la renaissance, le Tibet... mais l'Académie est une vieille dame de trois cent cinquante ans, avec qui la pudeur reste de rigueur : sa tradition veut que la teneur de ses réunions ne soit aucunement dévoilée.

LONDRES

Le 1er novembre, le Dalaï-Lama a fait un saut de puce à Londres pour inaugurer sa statue de cire au musée de madame Tussaud. Cette statue est placée dans le musée à côté de tous les grands gouvernants actuels du monde. Décidément, nous souhaitons immortaliser notre Dalaï-Lama !

Reçu par Jack Lang à Blois

BLOIS

Sa Sainteté a passé la journée du 3 novembre à Blois, répondant à l'invitation de Jack Lang, ancien ministre et président du Conseil général. Une ribambelle d'enfants accueillit Sa Sainteté dans la cour du Chateau. Jack Lang rappela dans son discours de bienvenue l'histoire et le combat du peuple tibétain et de son chef. Sa Sainteté remercia encore la population française pour la chaleur de son accueil, et pour ses sourires. Une conférence de presse précéda le déjeûner au Conseil général. Jack Lang, assuré du soutien tacite du président de la république, déclara : "La sagesse et l'intelligence morale et politique du Dalaï-Lama au sens noble du terme justifierait que l'ensemble des états membres des Nations Unies soutiennent sans réserve une vraie autonomie du Tibet. Il est temps que les nations dites civilisées fassent cause commune. Le Dalaï-Lama nous montre le chemin pour une solution équitable et pacifique : arrêtons-là les prudences".

Dans l'après-midi, Sa Sainteté donna une conférence publique sur la paix de l'esprit. Elle a exprimé que la pensée juste nécessitait une discipline de l'esprit, et qu'il fallait cultiver les valeurs positives avec sincérité. Elle a précisé que la démarche était longue, et que nous, Occidentaux, devions apprendre à être moins impatients sur le chemin de la paix et de l'harmonie.

Cette étape à Blois n'était pas programmée de longue date, mais malgré son emploi du temps chargé, Sa Sainteté tenait à honorer l'invitation du Maire de Blois, qu'il avait déjà rencontré plusieurs fois lors de ses précédents voyages en France. *(E. Saint Martin)*

IL N'EST PAS ENCORE TROP TARD

Si l'on peut sans exagérer parler d'enthousiasme pour qualifier l'accueil réservé par les français, média compris, au périple du Dalaï-Lama dans notre pays – du 24 octobre au 15 novembre – la frilosité des politiques, lourdement influencés par les gesticulations de Pékin, n'en fut que plus gênante. Certes cinq ministres du gouvernement Balladur se sont entretenus avec le Dalaï-Lama, mais quatre d'entre eux l'ont fait "en tant qu'élus locaux" (MM. Carignon, Barnier, Douste-Blazy, Juppé), ce qui ne veut pas dire pour autant que leur accueil manquât de chaleur. Seule Lucette Michaux-Chevry avait eu l'autorisation de rencontrer le leader tibétain "pour aborder l'aide humanitaire aux réfugiés".

Cette retenue devait trouver son expression la plus forte à l'Élysée, avec une "audience privée au Prix Nobel de la Paix" à l'abri des media et concédée in extremis, à une heure du départ du leader tibétain. L'amertume qui peut naître de ces mesquineries ne doit pas gâcher l'appréciation positive qui s'impose. On est loin de l'ostracisme tranquille qui prévalait il y a quatre ans encore.

Les petits pas sont malgré tout des pas en avant. Avec quelques beaux gestes, comme celui de Philippe Seguin accueillant le Dalaï-Lama avec les honneurs, sur le perron de l'Hôtel de Lassay, Jacques Chaban-Delmas faisant preuve, dans sa ville de Bordeaux, d'une belle détermination dans son soutien au Tibet, tout comme Jack Lang à Blois et Dominique Baudis à Toulouse. Enfin, des amitiés anciennes publiquement réaffirmées – quoique sur un mode différent – par Bernard Kouchner d'un côté et Jacques Chirac de l'autre. Et l'émotion de Jean-François Deniau accueillant le Dalaï-Lama à la Mutualité. Il est clair que si ces différentes manifestations d'amitié et d'estime sont encourageantes, elles ne suffisent pas à assurer un avenir radieux au peuple tibétain ni même à alléger le fardeau de ses épreuves qui ne cesse de croître.

Le rôle de tous ceux que préoccupe le sort du peuple tibétain, de sa culture, des valeurs qu'il représente est donc désormais de transformer en mesures concrètes – c'est-à-dire en actions politiques claires – l'important courant de sympathie qui s'est créé au fil des ans. Aux parlementaires (plus de trois cents) qui ont réclamé la création du groupe d'étude et, sous la houlette de Louis de Broissia, ont fini par l'obtenir, de jouer leur rôle. Aux leaders d'opinion (réunis dans le Comité des cent) à susciter l'écoute. A tous de ne pas retomber dans l'indifférence, le moment d'émotion ou de curiosité passé.

Ci-dessus : à l'Assemblée Nationale avec Philippe Seguin et quelques députés du groupe d'études France-Tibet.
Ci-dessous : A Bordeaux, avec M. Chaban Delmas.

Ci-dessous : A Toulouse, avec Dominique Baudis.

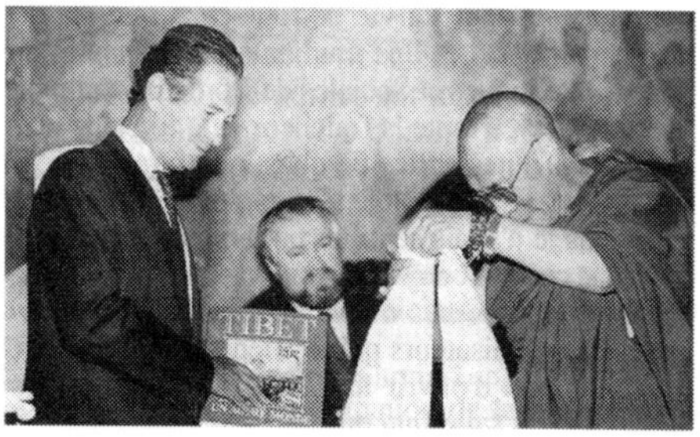

JEAN-PAUL RIBES

(photographies par Raphaëlle Demandre)

c) La diplomatie holistique

Tout d'abord, la « nature fondamentale de l'État », comme nous venons de le souligner, sera d'assurer le bien-être, non seulement de sa population particulière mais de celle du « monde entier », d'abord en constituant une « zone de paix », et ensuite en assurant « une parfaite préservation de l'environnement[1] ». Ce qui suppose, que de l'équilibre écologique du Tibet dépend l'équilibre écologique de la planète, comme si un citoyen français ou américain quelconque ne pouvait respirer un air pur et sain que grâce à la préservation de l'environnement himalayen. Le gouvernement tibétain aura l'obligation, inscrite dans la Constitution, de respecter la déclaration onusienne des Droits de l'Homme. L'usage des armes sera proscrit par la Constitution, ce qui implique que le Tibet ne disposera pas de forces armées et n'acceptera aucune base militaire sur son territoire. La faune et la flore feront l'objet de mesures de protection spécifiques garanties par la Constitution, afin que le pays devienne un « pôle mondial de préservation de l'environnement ».

Ces deux plans de la diplomatie « non violente » – dénués de tout moyen militaire capable d'assurer la sécurité de l'État, de tout arrière-plan belliqueux, même dissuasif –, en vue de donner au « monde » une dynamique « pacifique », et de la promotion de l'environnement en vue de donner au « monde » une dynamique écologique, relèvent de ce que nous pouvons appeler une diplomatie holistique, dans laquelle l'État tibétain n'existe que relativement à la totalité interdépendante du cosmos naturel et social. Nous avons là, la négation flagrante de la définition classique de la politique comme étant essentiellement vouée à la concorde interne et à la sécurité extérieure. L'opposition entre affaires internes et affaires externes est niée au profit de ce que les représentants de la Soka Gakkai appellent l'idéal bouddhique de symbiose. Cet idéal de symbiose, qui est confiné dans une définition écologique et culturelle par la Soka Gakkai, est convoqué dans le bouddhisme tibétain pour la construction d'un État relatif ; entendons d'un État qui ne se conçoit pas comme distinct, mais comme constitutionnellement relatif à son environnement politique et naturel.

d) L'éco-société constitutionalisée

La promotion d'un système économique, social et culturel dharmique exemplaire est très clairement présentée comme un contre-système capitaliste, sans pour autant instituer le collectivisme. Même si « tous les Tibétains auront le droit [...] à la propriété [...], le droit d'acheter, de vendre, de posséder des terres et des biens [...][2] », il n'en reste pas moins que « l'intégralité du territoire national tibétain sera distribuée et exploitée pour le bien du peuple, et pour les besoins de logement des Tibétains » et que le

1. Dalaï-Lama, *op. cit.*, p. 76.
2. *Ibid.*

gouvernement « [...] limitera la concentration de richesse[1] ». La Constitution prévoit un système d'enseignement public et un système de santé publique avec égal accès pour les citoyens quels que soient leurs moyens financiers. Ce « système économique unique » semble jongler entre la justice distributive, dont découle une répartition des richesses par un tiers, en l'occurrence l'État – ce que l'on appelle en terme de politique économique le dirigisme –, et la justice commutative, dont découle une répartition des richesses par la volonté des parties privées elles-mêmes dans la mesure où elles s'obligent contractuellement à cet effet.

Prenons l'exemple de la propriété foncière : d'un côté les citoyens auront le droit de posséder des terres, d'un autre côté une partie importante des terres sera contrôlée par le gouvernement. Cette voie médiane recherchée entre collectivisme et capitalisme aboutit à un régime utopique sur le modèle de l'éco-société de Joël de Rosney, dont nous nous sommes servi comme point de référence idéologique des utopies politiques bouddhistes. Ce que nous avons appelé la diplomatie holistique ainsi que l'éco-société envisagées dans cette Constitution provisoire du Tibet Libre, renvoie aussi à la recherche d'une prospérité non discriminatoire. En effet, la prospérité capitalistique des économies industrielle et financière contemporaines est perçue comme source d'aliénation pour une partie du monde, le Tiers-monde, alors même que, sur le plan interne, cette richesse matérielle serait proportionnelle à un appauvrissement spirituel et à une dégradation des relations sociales « authentiques[2] ».

Le Tibet, par son régime politique, social et culturel, deviendrait une sorte d'État-capital du nouveau monde *solidariste-universaliste* : « De nos jours, certaines parties du monde connaissent certains progrès d'un point de vue matériel, mais en revanche les valeurs humaines et les libertés ont connu une détérioration telle que les hommes sont littéralement devenus esclaves des machines. Dans d'autres pays, au contraire, la population est privée des ressources les plus essentielles à sa survie et souffre de la misère. Le Tibet se gardera de ces deux extrêmes et son système économique pourvoira au besoin de son peuple[3] ». Soulignons que ce régime, pour l'instant utopique, est fondé sur une reconstruction historique qui tend à faire passer le peuple tibétain pour un peuple essentiellement non violent qui aurait toujours naturellement appliqué ces principes écologiques et pacifiques, ce qui est en contradiction flagrante avec l'histoire réelle : les Tibétains, peuple d'éleveurs nomades par excellence, furent aussi un peuple guerrier et conquérant, craint dans l'ensemble du Nord de l'Asie[4]. Cette histoire reconstruite sert à justifier la place

1. *Ibid.*
2. Nous voilà à nouveau confronté à cette apologie de « l'authenticité », du naturel, du non pollué.
3. Dalaï-Lama, *op. cit.*, p. 77.
4. J. Bacot, *Introduction à l'histoire du Tibet*, Paris, Geuthner, 1962.

primordiale du Tibet dans la construction d'une « authentique » société mondiale dont l'ONU n'est encore qu'une ébauche[1].

Si l'on suit le raisonnement que développa le Dalaï-Lama lors de plusieurs conférences internationales, c'est implicitement par la « libération » du Tibet, dont découlera une dynamique produite par cette « organisation unique » proposée par le gouvernement aujourd'hui en exil, que l'ONU pourra réaliser une société mondiale cohérente, unitaire, pacifique[2] et décentralisée : « La démilitarisation libérera de grandes ressources humaines qui pourront être consacrées à la protection de l'environnement, au soulagement de la misère et à un profond développement humain. C'est mon espoir, que les Nations-Unies pourront bientôt aider à faire de cela une réalité. J'ai toujours envisagé le futur de mon pays, le Tibet, comme construit sur cette base. Le Tibet serait un sanctuaire neutre, démilitarisé, où les armes seraient interdites et où les hommes vivraient en harmonie avec la nature. Ceci n'est pas juste un rêve, mais précisément la manière dont les Tibétains essayèrent de vivre pendant plus de mille ans avant l'invasion tragique de notre pays[3] ». Cette utopie prospective, qui s'appuie sur une utopie rétrospective avec l'image d'un Tibet ancestral idéal, permet d'élargir le champ de la lutte indépendantiste tibétaine à une lutte libératrice universelle.

2° De la cause tibétaine à la cause bouddhiste mondiale

a) Principes et cohérence du « nouvel ordre mondial[4] »

Le texte de cette Constitution nationale s'apparente structurellement, par les thèmes qui lui sont cruciaux, aux discours politiques et sociaux du Dalaï-Lama destinés à la refonte de l'humanité dans son ensemble, qui peuvent se synthétiser en huit points. Le Dalaï-Lama fait le « constat » de la globalisation économique, financière et technologique, en même temps que celui de la globalisation des problèmes qui se posent à l'humanité (épuisement des ressources naturelles, surpopulation[5], crise de l'environnement). Partant de ce « constat » d'une « communauté globale » d'intérêt (premier point), il affirme l'unicité actuelle de l'humanité qui s'apparente à une « famille humaine » (deuxième point). Cette idée de

1. Sur ce point les critiques à peine voilées du Dalaï-Lama concernant le fonctionnement de l'ONU, trop inféodée aux puissances nationales, sont comparables à celles qui sont formulées par Daisaku Ikeda.
2. « Pacifique » revêt ici le sens de « désarmé », puisque l'on peut être pacifique tout en étant armé. La proposition bouddhiste consiste à libérer de l'énergie économique et sociale, par un désarmement total sur l'ensemble de la planète.
3. Dalaï-Lama, « Environnement et responsabilité universelle », extraits de l'intervention du Dalaï-Lama lors de la conférence organisée par les Nations unies sur le thème « Environnement et Développement » à Rio en 1992 (*Dharma*, numéro spécial, avril 1997, p. 47).
4. Qui n'est pas, bien sûr, le NOM critiqué par B. Étienne, mais son image inversée.
5. Nous ne prenons pas position sur le fond concernant la pertinence du discours du clerc tibétain, mais ne faisons que décrypter l'idéologie, sa cohérence interne et ses conséquences politiques. Nous ne ferons pas, par exemple, la critique de l'idée de « surpopulation » planétaire qui relève plus du mythe malthusien que de la réalité démographique.

famille renvoie à l'idée de communauté de destin, de foyer commun, ce qui revient à prétendre que « notre mère la terre » est un navire dans lequel vivent tous les « citoyens du monde[1] » : n'importe quelle avarie se répercute sur la vie de l'ensemble de la communauté des matelots, qu'ils le veuillent ou non ; si le navire coule, l'ensemble de la communauté sombre ; de plus, un tel navire « doit » avoir un orientation cohérente et unitaire. Le Dalaï-Lama constate ensuite que cette unité et cette cohérence ne sont pas réalisées, ce qui met en péril le navire, par manque de coopération et par surcroît de progrès matériel. Le matérialisme « égoïste » est la cause qui sous-tend les déséquilibres économiques et sociaux de la planète. Ce manque de coopération mondiale fait de la terre une ruche désorganisée, vouée à l'anéantissement, pour cause d'individualisme contre-nature : « nous sommes plus pauvres que les abeilles[2] ». Le remède préconisé est l'altruisme (troisième point). Cet état mondial désorganisé n'est pas une fatalité, mais découle d'une non-volonté. L'accusation est dirigée contre l'ordre-désordre mondial actuel, dont les acteurs principaux sont les États-Nations.

En sens inverse, le chef tibétain propose de construire cette volonté en insufflant aux individus et aux peuples la conscience de leur « responsabilité universelle » (quatrième point). Il s'agit très clairement[3] de court-circuiter les souverainetés nationales par une sensibilisation par le bas des populations. Nous revenons dès lors au peuple bouddhiste universel et aux relais préfectoraux que sont les centres bouddhistes tibétains implantés dans le monde entier, des États-Unis à la Chine populaire, en passant par l'Europe occidentale et la Russie. Nous passons de la réalité extensive, internationale, institutionnelle, à la révolution intérieure par la pratique bouddhiste, réalité intensive. Les groupes spirituels occidentaux sont instrumentalisés en vue de la réalisation de ce « nouvel ordre mondial ». Les « poisons » de l'égoïsme, de la colère, de la haine sont responsables chez l'individu du désordre qui se manifeste collectivement. Nous revenons à l'idée de Thich Nhat Hanh d'une éducation des masses, d'une transformation spirituelle. La méthode externe, collective, de cette transformation est la « protestation non violente », et la méthode interne, individuelle, est la pratique de la méditation[4]. Cette rhétorique s'apparente à l'idée d'une économie spirituelle nécessaire à l'établissement d'un communisme « authentique », telle qu'on peut la

1. Cette expression de « citoyens du monde » fait l'unanimité dans les milieux bouddhistes *solidaristes-universalistes*, que ce soit à la Soka Gakkai ou dans le Bouddhisme Engagé Transversal.
2. Dalaï-Lama, *Communauté Globale et Nécessité de la Responsabilité Universelle*, *op. cit.*, p. 7.
3. Même si le Dalaï-Lama ne le dit pas explicitement, dans la logique de la non-violence : ne pas se heurter à des forces existantes, donc à l'État-Nation.
4. « Afin d'obtenir une protection et une préservation de l'environnement plus efficaces, un équilibre intérieur est essentiel pour l'être humain lui-même » (Dalaï-Lama, « Une approche éthique de l'environnement », in *Une politique de la bonté*, Vernègues, 1990, p. 141).

trouver chez Kolm[1]. Ce rapport entre économie globale et économie de l'esprit est au cœur de la double stratégie par la bas et par le haut.

La dissuasion est ensuite critiquée comme facteur de guerre (point 6 : réalité de la guerre), au même titre que l'apologie de la violence dans la culture moderne (cinéma, littérature, etc.) qui serait le facteur micro-psychologique des conflits macro-politiques. Ce qui permet au Dalaï-Lama de réaffirmer la nécessité d'une éducation du peuple, qui semble impliquer des mesures de censure dans la ligne de certaines propositions de Thich Nhat Hanh, que nous avons examinées dans notre panorama de l'idéologie *individuo-globaliste*. Le désarmement intérieur (psychique et culturel) devra s'accompagner d'une procédure de désarmement extérieur global (point 7). Le clerc tibétain développe une utopie de société civile mondiale dont les étapes de la mise en place impliquent pour commencer de « mettre sur pied dans différentes régions du globe une force de police internationale composée à égalité de contingents de chaque nation sous un commandement collectif. À la fin, cette force couvrirait le monde entier[2] ». Le Dalaï-Lama est conscient que ce projet est en l'état actuel irréalisable, particulièrement en raison de l'organisation de la force internationale onusienne entièrement dépendante des États membres, en particulier des États membres du Conseil de Sécurité, institution qui est vivement remise en cause[3] pour l'inégalité qu'elle entérine entre les pays économiquement, démographiquement et territorialement puissants et les autres. Les premiers seraient considérés comme majeurs et les autres comme mineurs, n'ayant pas voix au chapitre.

Il est fait appel au principe de démocratie globale qui suppose une égalité de traitement entre les peuples. Le rôle de l'ONU est cependant sans cesse réaffirmé, seule institution supranationale ayant une force politique, bien que son organisation soit aussi sans cesse critiquée : « Par définition, l'ONU doit se trouver au cœur de tout changement majeur. Néanmoins, il conviendrait peut-être à l'avenir de modifier ses structures. J'ai toujours nourri les plus grands espoirs à son propos [...], le climat a changé depuis sa Charte. Avec ces changements, le temps est venu de démocratiser davantage les Nations-Unies, en particulier leur Conseil de sécurité quelque peu exclusif de cinq membres, qui devrait devenir plus représentatif[4] ». L'objectif du bouddhisme *solidariste-universaliste* en général est de

1. SC. Kolm, *L'homme pluridimensionnel. Bouddhisme, marxisme, psychanalyse pour une économie de l'esprit*, *op. cit.*
2. Dalaï-Lama, *Communauté Globale et Nécessité de la Responsabilité Universelle*, *op. cit.*, p. 22.
3. La remise en cause du Conseil de Sécurité est une constante du bouddhisme engagé progressiste (*solidariste-universaliste*), que ce soit la Soka Gakkai ou le Bouddhisme Engagé Transversal. La justification idéologique de la critique revêt une même nature dans ces deux mouvements. Il semble cependant que certaines raisons plus pragmatiques motivent ces attaques : du côté de la Soka Gakkai, il s'agirait de l'absence du Japon, et du maintien des statuts de perdants et de gagnants issus de la fin de la Seconde Guerre mondiale ; du côté du BET, avec le leadership du bouddhisme tibétain, cette lutte s'inscrirait dans une stratégie plus générale destinée à contrer l'influence de la Chine populaire.
4. Dalaï-Lama, *Communauté Globale et Nécessité de la Responsabilité Universelle*, *op. cit.*, p. 28.

parlementariser l'ONU afin de lui conférer une légitimité supranationale incontestable.

Le leader tibétain dresse un panorama des formes d'intégration régionales afin de prouver qu'un « nouvel ordre mondial » pourrait se concrétiser en utilisant ces expériences régionales. Il confère la première place dans son palmarès des intégrations régionales réussies à la CEE (depuis devenue l'Union Européenne) « [...] qui fait œuvre de pionnier en négociant d'une part de délicats équilibres économiques, militaires et politiques collectifs, et d'autre part, les droits souverains des États membres[1] », et la dernière place à l'ex-Union soviétique et à la Chine populaire qui est accusée d'être « un État multinational artificiellement construit sous l'impulsion d'une idéologie expansionniste, et jusqu'ici administré par la force de façon coloniale[2] ». On retrouve, dans cette seule phrase, les éléments abhorrés par le bouddhisme engagé : « idéologie » opposé à expérience, « artificiellement » opposé à naturel, harmonieux, « force » opposé à non-violence. Dans la phrase concernant la CEE, à l'inverse, on retrouvera les termes positifs, dans l'acception bouddhiste, de « négociation », conséquence du non-dualisme, d'une attitude « non idéologique », d'« équilibres » attachés à l'harmonie globale. En dehors de l'analyse formelle de la phrase, il ressort sur le fond que le Dalaï-Lama valorise avant tout ce qu'il appelle la négociation des souverainetés nationales, qui n'est autre qu'un abandon de celles-ci au profit d'une intégration régionale.

b) La double emprise du roi-philosophe planétaire

Le huitième et dernier point nous ramène indirectement à « la cause tibétaine » avec le concept de « zone de paix », qui est dans la continuité de l'analyse que nous avons faite de la Constitution du Tibet Libre. Le Dalaï-Lama répète que le peuple tibétain est naturellement pacifique, puisqu'il aurait « renoncé à la guerre en tant qu'instrument de sa politique nationale dès les VIe et VIIe siècles[3] ». Le Tibet aurait donc une vocation naturelle, de par la nature « pacifique » de ses habitants, de par sa centralité géostratégique ainsi que de par la « richesse » de sa faune et de sa flore à devenir une « zone de paix », c'est-à-dire « un sanctuaire neutre, démilitarisé, où les armes seront bannies et les gens vivront en harmonie avec la nature[4] ». Le Dalaï-Lama s'appuie sur le Tibet physique pour donner une image de société holistique, d'économie d'équilibre, utopie d'un monde qui ne tomberait ni dans le capitalisme ni dans le collectivisme, ni dans la justice distributive contraignante, ni dans la justice commutative sauvage.

---

1. *Ibid.*, p. 24.
2. *Ibid.*
3. Sur la situation complexe du Tibet par rapport à la Chine et la Mongolie, et la relation politico-spirituelle de religieux-protecteur, auxquelles il est fait allusion ici par le Dalaï-Lama, en en donnant une interprétation idyllique, nous renvoyons le lecteur à notre partie sur l'occidentalisation en Asie concernant plus particulièrement la question tibétaine.
4. Dalaï-Lama, *op. cit.*, p. 26.

Le concept de « zone de paix » n'est pas destiné à avoir une application exclusivement tibétaine, mais à se répandre sur l'ensemble de planète, dans chaque région par des accords de coopération proches de ceux qui ont été à l'origine de la CEE et chapotés par une ONU rénovée, disons parlementarisée et expurgée de son Conseil de Sécurité « inégalitaire ». Les « zones de paix » seraient les terrains privilégiés de la construction du « nouvel ordre mondial », dont le Tibet serait le précurseur à travers son régime politique et social. Si nous rattachons la Constitution du Tibet Libre au projet de « nouvel ordre mondial », nous comprenons mieux le sens de l'abandon par le Dalaï-Lama de son statut théocratique sur le Tibet. À ce dernier statut se substituera celui de *Cakravartin*, souverain universel, à la fois autorité morale et roi-philosophe planétaire. C'est du moins la représentation qui peut être déduite de ce type d'utopie. L'État tibétain géographique ne représente que la base avancée de la « nouvelle société » sans État-Nation, pour laquelle le Dalaï-Lama s'impose implicitement en souverain, ou du moins, en protecteur incontournable.

Ce processus repose bien évidemment sur la force que représentent les millions de sympathisants du bouddhisme. Nous avons constaté que, depuis une dizaine d'années, la différence entre les magazines bouddhistes, consacrés en théorie à la spiritualité, et les magazines consacrés en théorie à la « cause » politique tibétaine, se ressemblent de plus en plus. On trouvera par exemple des conseils sur la pratique de la méditation dans *Actualités tibétaines*, les thématiques politiques et spirituelles seront confondues dans la plupart des articles. À titre d'illustration, un échantillon des idées du Dalaï-Lama sera donné par thèmes et ordre alphabétique, dans lequel seront mêlés les conseils spirituels et les points de l'idéologie politique que nous venons d'analyser. Nous citerons à la suite les thèmes traités[1] sans plus d'explicitation, leur simple énonciation suffisant à illustrer notre propos : Amour ; Amis ; Argent ; Bonheur ; But ; Changer ; Critique ; Colère ; Contrôle ; Développement ; Désarmement ; Droits de l'homme ; Égoïsme ; Ennemi ; Guerre ; Haine ; Humanité ; Inquiétude ; Jour ; *Karma* ; Liberté ; Méditation ; Mort ; Nucléaire ; Objectif ; Perte / préservation ; Paix ; Question ; Raison ; Religion ; Science ; Surpopulation ; Terre ; Variété ; Vérité ; Violence ; Vue ; Zangpo. Si nous prenons maintenant n'importe quelle revue ou magazine bouddhiste français, sans même qu'il se rapporte spécifiquement au bouddhisme tibétain, nous aurons le même schéma inversé : ce sera, cette fois, la politique qui se lira à travers la spiritualité, et non la spiritualité qui se lira à travers la politique[2].

1. « Paroles du Dalaï-Lama », in *Actualités tibétaines, op. cit.*, p. 33-38.
2. Par exemple dans tous les magazines et revues bouddhistes, le Tibet est toujours traité comme un État à part entière indépendant de la Chine. Ce traitement journalistique n'est fait pour aucun autre pays bouddhiste.

3° La politisation normalisée du Bouddhisme Engagé Transversal en France

a) L'implication socioculturelle du bouddhisme incompatible avec la république laïque

Les organisations religieuses qui se proposent d'agir dans l'espace public français par des initiatives sociales, éducatives, culturelles, remettent en cause la « laïcité à la française » en empiétant sur le domaine de l'État républicain. Cette situation concurrentielle, contraire à une tradition française d'abord gallicane, puis laïque, a aujourd'hui des conséquences sur le champ religieux bouddhiste.

Le catholicisme centralisé remplissant la fonction de concentration du capital public[1] – solidarité sociale, culture, éducation – est entré en violente concurrence avec l'État français lorsque ce dernier s'est constitué et représenté comme une institution neutre porteuse d'une mission laïque englobant la société entière. L'Église catholique, unique porteur de la mission socioculturelle, a été remplacée par l'État qui de fait s'est donné une dimension socioculturelle équivalente[2]. C'est cette nouvelle vocation socioculturelle de l'État, conjointement à son combat laïque, qui est au cœur de l'antagonisme entre école publique et école privée (c'est-à-dire essentiellement catholique).

La plupart des pays de traditions protestante, ou même de tradition catholique romaine, ne se sont pas trouvés dans cette situation de concentration de capital public entre les mains d'une organisation religieuse hégémonique ; ils n'ont pas eu par conséquent à remplacer une hégémonie par une autre. Les différentes sectes protestantes restaient dans une situation concurrentielle quant à l'organisation des réseaux de reproductions socioculturelles (écoles notamment), et le restent encore face à un État qui n'a pas eu besoin de s'impliquer positivement dans ce domaine. Dans ces pays, le mot de secte ne revêt en rien une connotation péjorative, mais caractérise plutôt une réalité sociale dans laquelle les sectes occupent un terrain reconnu comme légitime, tissant des solidarités professionnelles, offrant des services hospitaliers et scolaires aux plus défavorisés. Dans ces pays, comme les USA, le bouddhisme tibétain s'est institutionnalisé comme une secte parmi d'autres, qui peut jouer son rôle dans cette situation déjà en elle-même concurrentielle. C'est d'ailleurs en Amérique que le mouvement *Shambhala*, le plus socio-éducatif du bouddhisme tibétain, s'est d'abord implanté, puis s'est développé suivant cette logique d'intégration dans le marché normal des sectes américaines. En France, en revanche, le bouddhisme tibétain n'a réussi à se développer que par un désintérêt pour les affaires publiques en général, ce qui allait de pair, en toute hypothèse, avec la perspective ouvertement affichée lors des

1. Pour reprendre l'expression de Pierre Bourdieu (*Raisons pratiques. Sur la théorie de l'action, op. cit.* p. 210).
2. Nous avons déjà évoqué dans notre partie sur la « Culture politique » cette situation, sans toutefois en développer l'analyse.

premières installations bouddhistes tibétaines dans l'Hexagone. La Soka Gakkai, qui est le seul mouvement bouddhiste occidentalisé qui ne peut nier son implication socioculturelle et sa volonté de participation politique dans la mesure où elles sont au fondement même de sa raison d'être, fut combattue comme secte dangereuse à la fois par les pouvoirs publics et les médias, selon un processus externe[1] dont nous avons montré les étapes dans le chapitre précédent. Cette situation d'exclusion est compréhensible en tenant compte de la position de l'État français comme successeur structural du monopole socioculturel exercé par le catholicisme.

Ce qui paraît moins compréhensible, c'est que le passage d'une situation de neutralité du bouddhisme tibétain, à une situation d'implication dans le débat politique, se soit effectué sans heurt externe de la part des médias et des pouvoirs publics, sinon quelques résistances internes[2]. C'est que – nous touchons-là un problème subtil et crucial du phénomène bouddhiste en France – l'implication politique du bouddhisme tibétain ne résulte pas d'une implication socioculturelle préalable, contrairement au cas de la Soka Gakkai qui tente de diffuser par le bas des valeurs sociales, d'« éduquer » les citoyens, d'orienter le goût, organisant des conférences, des cycles culturels, des expositions artistiques apparemment non religieuses, de tisser des liens d'entraides matérielles, qui heurtent les prérogatives que l'État laïc s'attribue. À partir de cette entreprise de terrain, dans la chair sociale même, la Soka Gakkai émet et développe des projets de sociétés alternatives, des objectifs qui – même s'ils ne sont pas qualifiés comme tels par prudence ou par hypocrisie (ce qui ne change rien au problème) – sont politiques.

b) La politisation du bouddhisme pour « cause » humanitaire encouragée par la république laïque

Le bouddhisme tibétain n'est jamais entré frontalement en concurrence avec la représentation républicaine et laïque de l'État social, de par son individualisme spirituel. Il suffit pour s'en convaincre de consulter le contenu des revues du bouddhisme tibétain français, en particulier la revue *Dharma*. On y parlait, il y a une quinzaine d'années, quasi exclusivement de méditation, d'enseignement mystique, d'initiations, de sagesse personnelle, mais rarement de social, de culture, et encore moins de politique, ce qui contraste avec les revues américaines de la même époque très « préoccupées » d'activisme social et de changement politique. Contrairement au cas américain, la récente politisation du lamaïsme français s'est faite par la haut, hors de l'État français, par le truchement d'une cause « historique ». L'exil tibétain sous la pression chinoise sera

1. Nous entendons par « processus externe » que les causes qui ont conduit à l'exclusion implicite puis explicite de la Soka Gakkai du champ religieux légitime ne sont pas produites par un comportement, par une évolution interne du mouvement, mais par des événements en grande partie indépendants de la vie et des stratégies de l'organisation elle-même.
2. Pratiquants puristes attachés à l'aspect essentiellement « méditatif » et individualiste, qui expriment leurs critiques à l'égard d'un bouddhisme qui se « dévoie » en discours social.

évalué en terme de mépris des Droits de l'Homme, dont la France laïque et républicaine s'institue le défenseur officiel selon sa propre représentation construite sur le mythe fondateur de 1789. Dès lors, le Dalaï-Lama, chef d'État en exil, « ignominieusement » bafoué et humilié dans ses droits les plus élémentaires, est reçu en grandes pompes par des ministres, invité à l'Assemblée Nationale, etc. Entre temps, le bouddhisme tibétain s'est socialisé au mieux dans le pays, au point de s'insérer dans l'espace socioculturel, mais sans heurt, désignant des aumôniers des prisons, bénéficiant d'une normalisation institutionnelle et psychologique. Le Dalaï-Lama se prononce politiquement, parle de socialisme bouddhique, de démocratie, de paix mondiale, de projet de société, d'éducation, d'éthique, de mœurs, de religion, de science et même de laïcité et de culture, et personne n'y trouve à redire, alors que les thèmes évoqués sont les mêmes que ceux de la Soka Gakkai, et que la critique de l'argent ou du culte de la personnalité pourrait là-aussi être appliquée, avec il est vrai une moins grande évidence. Cette tendance s'est d'ailleurs accentuée encore dans son dernier ouvrage publié, ce qui tend à confirmer notre hypothèse d'une politisation croissante du discours du Dalaï-Lama[1]. C'est que la légitimité du discours politique vient d'en haut, d'une cause politique qui revêt un certain caractère d'abstraction – c'est au Tibet et non pas sur la terre française que le scandale éclate – qui ne peut s'opposer à la neutralité de l'État mais qui au contraire renforce la vocation humaniste qu'il s'est donnée, et avec lui, que se donne l'intelligentsia parisienne dans sa course constante à la cause la plus grandiose, la plus dramatique et la plus urgente.

Le bouddhisme tibétain, qui est aujourd'hui politisé en raison d'une légère évolution stratégique dont l'origine est indépendante des conditions spécifiquement françaises[2], n'est pas rejeté dans sa prétention à émettre et à diffuser un discours politique dans l'espace français, mais au contraire encouragé par les élites politiques, culturelles mais aussi économiques[3].

L'apolitisme et l'asocialité originelles des premiers mouvements bouddhistes implantés en France, zen et tibétain, est certainement un élément déterminant de leur succès et de leur facile et rapide intégration au champ religieux officiellement reconnu, au détriment d'un mouvement originellement politisé tel que la Soka Gakkai ; ceci est confirmé par les analyses qui figurent dans notre étude de la culture politique bouddhiste occidentale et dans notre panorama institutionnel, dans lequel la première

1. Dalaï-Lama, *Sagesse ancienne, monde moderne,* Paris, Fayard, 1999. Ouvrage qui porte un titre beaucoup plus évocateur dans la version originale anglaise : *Ethics for the new Millenium.* La presque totalité du livre traite plus ou moins implicitement de problèmes de société, et une bonne moitié du livre traite ouvertement de problèmes politiques et sociaux. Le Dalaï-Lama prend alors position, explicite ses idées politiques, sa conception de la justice sociale, de l'équilibre économique, de l'engagement politique. Cette partie est d'ailleurs intitulée : « Politique, éthique et société ».

2. Le Dalaï-Lama est rattrapé par sa base qui demande des actions plus tranchées, moins « non violentes », et en appelle plus franchement à l'appui occidental. Par ailleurs, les bouddhistes occidentaux sont en demande de projections politiques bouddhiques.

3. On pense par exemple au président des établissements Tati.

vague du zen implantée en France, neutre et apolitique, se différencie du zen implanté dans les pays anglo-saxons (essentiellement Amérique du Nord et Royaume-Uni) socialement et politiquement engagés, qui n'a pas eu à faire face à des problèmes majeurs d'exclusion institutionnelle[1].

À la différence du zen engagé, le bouddhisme tibétain est plus volontiers diffuseur d'utopie politique, sous l'influence par exemple des propositions de démocratie écologique du Dalaï-Lama, qu'acteur dans le champ social, éducatif et culturel. Les bouddhistes de l'école tibétaine n'agissent pas directement en faveur des marginaux en se rendant dans les banlieues comme le font certains moines zen américains, même si sa tendance la plus occidentalisée – les groupes *Shambhala*, assez peu nombreux en France mais qui tendent à ce développer[2] – propose des stratégies d'implication sociale. Il serait intéressant de suivre, dans les dix ans à venir, cette évolution vers la politisation explicite du bouddhisme tibétain et du zen, afin de voir si celle-ci n'entraînera pas à la longue une réaction de l'État républicain, ou si l'intégration continuera sans heurt comme aux États-Unis. On peut craindre des crises de suspicion et de paranoïa telles que celle qui a secoué la France en 1996 après l'affaire de la secte du Temple Solaire. Après cette affaire – qui n'a rien à voir objectivement avec les bouddhismes quels qu'ils soient, y compris la Soka Gakkai – les pouvoirs publics, les radios, les télévisions et les journaux se sont emparés du problème de l'envahissement des sectes sur le territoire national, intolérable gangrène pourrissant le corps de la société[3]. Lors d'une crise plus radicale, on peut se demander si les bouddhismes, tels que le zen et le lamaïsme, aujourd'hui plutôt globalement en phase de politisation et qui comptent tenir un rôle dans l'espace socioculturel occupé par l'État social, ne ferait pas les frais d'une croisade vers la relaïcisation du pays.

1. Même si il y eut un temps une forte exclusion psychosociale, particulièrement dans les lieux d'implantation campagnardes : monastères et centres de retraites.
2. J.W. Brown, « An Emerging Spirituality in Contemporary France : Shambhala / Buddhism », in Brown, Liogier, *Bouddhisme et critique de la modernité en francophonie*, *DHS*, Special Issue, 46, printemps 1999.
3. « Les 172 sectes qui ont envahi la France », in *L'Express international*, n° 2324, 18-24 janvier 1996.

CONCLUSION

Nous avons tenté de démontrer que la pénétration actuelle du bouddhisme en Occident n'est pas, contrairement aux assertions les plus courantes, un phénomène intimiste, dénué de signification sociopolitiques. Notre travail, simple introduction, ne peut être considéré comme achevé. Nous avons voulu du moins donner une vue panoramique sur une multitude de voies scientifiquement exploitables. Si nous avons pu entrouvrir le vaste champ du rapport contemporain entre bouddhisme et société en Occident, champ laissé en grande partie inexploré, nous aurons atteint notre objectif. Aborder l'aspect théorique de la pertinence politique du bouddhisme en général fut une étape nécessaire de notre travail, avant de repérer et de classifier les réseaux institutionnels actuels en fonction de leurs idéologies, afin de mieux saisir les discours et les stratégies des leaders bouddhistes qui disposent d'une tribune en Occident.

Les enquêtes qualitatives menées auprès des pratiquants et sympathisants occidentaux nous ont convaincu que cette diffusion idéologique avait des répercussions sur leur sensibilité politique. Nous nous sommes cependant heurté à des problèmes de définition. En effet, un grand nombre de personnes interrogées affirmaient ne pas « s'intéresser » à la politique. Après un approfondissement de l'analyse, nous nous sommes rendu compte que, parallèlement à ce « désintérêt », se profilait un discours objectivement politique qui se refusait néanmoins comme tel, à base de « conscience planétaire », de « transformation de la civilisation », d'« égalité sociale et économique », d'écologie, de « démocratie globale », de « droit de l'homme », de pacifisme. La solution de ce problème se trouvait dans la définition donnée, ou plutôt dans la représentation attachée au mot « politique ». Ce terme revêt une forte connotation péjorative parmi les bouddhistes occidentaux, qui induit un rejet de la politique telle qu'elle se présente à l'échelle nationale, par exemple en France avec la dichotomie droite-gauche ou aux États-Unis avec la dichotomie démocrate-républicain.

Il n'empêche que lorsque nous avons interrogé les personnes qui refusaient de situer leur adhésion bouddhiste dans une perspective politique, au sujet de leur intention de vote, la presque totalité d'entre elles nous ont déclaré se prononcer à gauche de l'échiquier politique. Nous avons dû conclure qu'il existait une corrélation entre l'adhésion aux mouvances bouddhistes occidentalisées et le vote à gauche, bien que nous n'ayons pas approfondi ce point par des enquêtes quantitatives systématiques. C'est en tout cas cette constatation qui nous a amené à utiliser le terme de « nouvelle gauche » pour désigner ces pratiquants et sympathisants bouddhistes occidentaux, expression qui se rapporte au refus des étiquettes classiques au profit d'une voie « alternative[1] », qui se

1. Le mot « alternatif », qui renvoie à l'expression « culture alternative », est délicat à utiliser en science politique parce qu'il est véhiculé et manipulé par les acteurs sociaux. Malgré le risque de confusion, nous avons maintenu le mot comme outil scientifique tant il nous paraissait s'appliquer à la réalité que nous voulons désigner. Les opinions politiques des leaders bouddhistes *solidaristes-universalistes* se représentent toujours comme des alternatives : ni ceci, ni cela, autrement dit ni

manifeste néanmoins sur l'échiquier politique par une forte probabilité de vote à gauche. Le résultat de cette investigation nous a conduit à émettre la proposition suivante : le rejet nominal de « la politique » exprimée par une majorité de bouddhistes occidentaux ne relève pas d'un désintérêt essentiel pour la chose publique, mais d'une disqualification du sens actuel et prosaïque de « la politique ».

Les intentions de vote gauche-écologiste de la majorité des sympathisants bouddhistes paraissent d'autant moins aléatoires qu'elles se placent dans la continuité de l'idéologie diffusée par les principaux clercs bouddhistes en Occident – avec la prédominance d'une critique de la « société de consommation », du « matérialisme capitaliste[1] », dénonciatrice du militarisme et de la pollution – qui est soutenue par de puissants réseaux institutionnels. Ces réseaux transcendent les frontières nationales et continentales, constituant des continuum organisationnels ramifiés entre Asie et Occident. Un exemple caractéristique de cette ramification est le WBO (*Western Buddhist Order*) implanté au Royaume-Uni, qui dispose d'associations regroupant des Occidentaux dans des communautés « autogérées », qui diffuse une idéologie égalitariste critique du matérialisme occidental, et qui est lié organiquement à un tissu institutionnel indien, comprenant entre autres un parti politique[2].

Nous nous devions dès lors de faire le détour par l'Asie. Départi des préjugés hérités du XIXe siècle européen, qui assimilaient le bouddhisme à un culte nihiliste et asocial, un « mysticisme pur » ainsi que le désignait Max Weber[3], nous avons constaté que le bouddhisme originel lui-même, à travers l'institution d'une *sangha*, communauté monacale, lieu d'égalité statutaire implanté au cœur du monde indien, société la plus hiérarchisée du monde[4], avait été dans l'Antiquité une instance de contestation du système social. La doctrine bouddhiste, subversive à certains égards, fut expulsée à plusieurs reprises de sa terre d'origine. Cette tension égalitariste de la *sangha* associée à la figure emblématique d'Açoka – empereur indien belliqueux pendant la première partie de sa vie, qui se serait métamorphosé en prince laïque, républicain, démocrate, pacifique et fondateur d'un État-providence, à la suite de sa conversion au bouddhisme –, a inspiré une mythologie politique fort fournie[5].

---

communistes ni capitalistes dans le discours des leaders, propositions qui sont remplacées dans le discours des sympathisants français par ni droite ni gauche.

1. Nous renvoyons le lecteur à notre analyse de contenu des textes du Dalaï-Lama et de Thich Nhat Hanh, qui sont révélateurs de cette idéologie à double entrée.
2. Cf. le tableau des « Organisations fondées par Ambedkar et Sangharakshita : l'exemple d'un tissu institutionnel et idéologique bouddhiste transcontinental Orient-Occident », p. 131.
3. M. Weber, *Économie et Société*, Paris, Plon, 1998.
4. L. Dumont, *Homo hierarchicus. Essai sur le système des castes,* Paris, Gallimard, 1966 (on consultera plus spécialement le chapitre « La hiérarchie, théorie des "varna" », p. 91-121).
5. Par exemple aujourd'hui Robert Thurman, intellectuel américain qui dispose d'une importante tribune médiatique, universitaire, tibétologue, qui fut le vulgarisateur d'une interprétation démocratiste du règne d'Açoka avec le concept de « politique de l'illumination » (*Politics of enlightement*), et qui attribue à ce monarque la découverte et l'application de l'« impôt social », de la « décentralisation administrative », la première application historique de la « tolérance

Ces mouvements de contestation antique des hiérarchies nobiliaires sont néanmoins restés implicites, germinaux, et en réalité respectueux des structures existantes. Ce sont pourtant ces éléments de doctrines et ces événements historiques qui seront réinterprétés et mythifiés par les clercs bouddhistes ainsi que par nombre de leurs coreligionnaires laïques. Le bouddhisme auquel nos contemporains ont accès en Occident résulte de cette reconstruction récente.

Peu d'études avaient mis en exergue ce phénomène d'occidentalisation asiatique antérieur à la pénétration bouddhiste actuelle des sociétés occidentales, ce qui a rendu notre tâche particulièrement ardue. Le phénomène social du bouddhisme en Occident est rattaché, par la plupart des sociologues, à une causalité occidentale interne[1]. Nous ne nions pas la pertinence de telles études, mais elles présupposent que le bouddhisme s'est implanté en Occident uniquement en tant que réponse à une demande endogène. Il nous semble que c'est en partie en raison de cette perspective sociologique univoque que la pertinence politique du phénomène a échappé aux observateurs. Le détour asiatique nous a permis, en effet, de mettre en évidence des processus politiques qui ont des répercussions en Occident – passage du plan de l'idéologie construite en Asie au plan de la culture politique intériorisée en Occident – qui ne peuvent que rester invisibles dans le cadre d'une étude qui ne tiendrait pas compte des modalités et des enjeux de la transplantation Orient-Occident.

Ce processus d'occidentalisation a pour moteur une stratégie de résistance à l'Occident induite par des intérêts politiques directs. En effet, le bouddhisme avait perdu de sa vigueur dans l'ensemble de l'Asie au moment où les premiers voyageurs européens s'aventurèrent à cet endroit du globe. Le prosélytisme chrétien et la colonisation vont ranimer la ferveur bouddhiste, non pas celle du culte traditionnel, piétiste, ritualiste qui subsistait encore indistinctement mêlé aux traditions confucianiste, taoïste, hindouiste, chamanique, mais celle d'un bouddhisme « purifié » et rationalisé qui sera le fer de lance de la reconquête d'une identité asiatique menacée par les incursions économiques, militaires et religieuses occidentales. Nous disons bien d'*une identité asiatique en général*, car c'est à partir du bouddhisme qu'un sentiment d'identité commune s'installa dans cette partie du monde pour faire front à l'envahisseur occidental[2]. Cette reconstruction prendra principalement deux orientations critiques du modèle « imposé » par la société occidentale, d'une part celle que nous

---

religieuse » à l'échelle d'un État, ainsi que de toutes sortes d'innovations sociopolitiques « modernes ». Remarquons que Thurman est un lama initié au bouddhisme tibétain et qu'il est proche du Dalaï-Lama.

1. C'est le cas, par exemple, de l'étude de Frédéric Lenoir (*Le Bouddhisme en France, op. cit.*).
2. Avant l'arrivée massive des colons occidentaux, chaque pays avait des cultures et des cultes très distincts. Le bouddhisme permit de construire une identité asiatique continentale, au point que des intellectuels tels que D.T. Suzuki, préoccupés de moderniser le bouddhisme ont pu écrire que « Si l'Orient est un, et que quelque chose le distingue de l'Occident, il faut rechercher cette différence dans la pensée qu'incarne le Bouddhisme » (*Essais sur le bouddhisme Zen,* t. III, *op. cit.*, p. 378).

avons appelée *nationaliste-moraliste*[1] imprégnée de valeurs « asiatistes », prônant le retour au cosmos politico-social ancestral brisé par les « barbares » occidentaux, d'autre part celle que nous avons appelée *solidariste-universaliste*, tout aussi critique du consumérisme et du capitalisme occidental, mais cette fois par une réinterprétation marxiste des concepts bouddhistes. Cette dernière orientation essentiellement marxiste au début du XXe siècle, a aujourd'hui évolué, après la guerre froide, la chute des régimes d'inspiration communiste et la dévalorisation des « idéologies », vers ce qu'elle représente comme une « troisième voie », une « voie du milieu » entre les extrêmes marxiste et capitaliste. Il est utile de rappeler que l'orientation *solidariste-universaliste* est la seule à disposer de réseaux institutionnels transcontinentaux et à élaborer une idéologie universalisable.

Il nous paraît clair à ce stade que cette « troisième voie », avec ses thématiques humanitariste, écologiste et pacifiste, largement diffusées dans les magazines bouddhistes occidentaux, se rapporte à cette « nouvelle gauche » que nous avons repérée en analysant la culture politique alternative inclusive qui caractérise la majorité des bouddhistes occidentaux. L'idéologie telle que nous avons pu l'appréhender, par exemple à travers notre analyse de contenu de discours de leaders bouddhistes, ne reste pas lettre morte, mais est, au moins en partie, intériorisée par les NPB[2].

Ces quelques remarques suffiront, nous l'espérons, à convaincre le lecteur que ce n'est sans doute pas un hasard si les deux principaux leaders du bouddhisme occidentalisé sont pour l'un le fondateur d'un parti politique, qui est aujourd'hui au pouvoir au Japon, et pour l'autre un leader indépendantiste. Le premier, Daisaku Ikeda, président de la Soka Gakkai Internationale, est en effet l'initiateur du *Komeito* (« parti de la probité »), dont les thématiques pacifiste, humanitariste, antinucléaire, s'inscrivent dans la droite ligne de la culture alternative inclusive que nous avons déjà évoquée. Le second, le XIVe Dalaï-Lama, est en effet un leader indépendantiste à la tête du mouvement de lutte pour la « libération » du Tibet. À travers la « cause tibétaine », ce dernier a réussi à créer un Tibet fictif, sans territoire, dont les bouddhistes occidentaux sont les citoyens virtuels. La « cause tibétaine » est devenue la pierre d'achoppement d'un système idéologique avec ses thématiques spécifiques, telles que celle que nous avons dénommée la « démocratie globale », puisqu'il s'agit de replacer le concept de démocratie non plus comme régime politique particulier mais comme expression d'une situation globale à l'échelle de

1. Nous renvoyons le lecteur, pour une vue synoptique des orientations bouddhiques que nous avons repérées et classifiées, à notre tableau « Les orientations bouddhistes contemporaines », p. 109.
2. Nouveaux Proches du Bouddhisme : catégorie recouvrant les bouddhistes occidentaux qui se situent entre le pratiquant régulier et le simple sympathisant. Pour plus de précisions sur les critères spécifiques de cette catégorie, nous renvoyons le lecteur à notre ouvrage *Être bouddhiste en France aujourd'hui* (Étienne, Liogier, *op. cit.*). Ces NPB forment le vecteur privilégié du passage de l'idéologie à la culture politique bouddhiste occidentalisée.

l'humanité. Ainsi, lorsque la Chine Populaire transgresse les Droits de l'Homme, il y a remise en cause de la « démocratie globale ».

Cette rhétorique de la « responsabilité universelle », dans l'établissement et le maintien de la « démocratie globale », fait partie d'un attirail idéologique élaboré à partir de la réappropriation bouddhiste de concepts politiques occidentaux modernes. Cette réappropriation s'effectue grâce à la collaboration d'une partie de l'intelligentsia occidentale à travers des livres-dialogues entre le Dalaï-Lama et des scientifiques de renom[1], des débats publiés avec des hommes politiques occidentaux[2], ou même des personnalités des arts et des lettres. Ces « dialogues » produisent dialectiquement une orthodoxie constituant un champ de pouvoir socio-cognitif au sens de Jean-Pierre Deconchy[3] : l'appropriation sélective de certaines thématiques scientifiques immunisent les discours bouddhistes occidentalisés contre la critique rationnelle.

Le bouddhisme politiquement engagé, qui s'est aujourd'hui développé à travers des institutions transnationales telles que le BPF (*Buddhist Peace Fellowship*) implanté à Berkeley en Californie et l'INEB (*International Network of Engaged Buddhists*) implanté à Bangkok en Thaïlande, a réalisé la jonction entre l'Asie et l'Occident. C'est ainsi que le cofondateur de l'INEB, Sulak Sivaraksa, s'exprime régulièrement dans les colonnes de *Turning Wheel,* la revue organique du BPF. Des personnalités telles que le Dalaï-Lama ou Thich Nhat Hanh sont toutes deux membres de l'INEB et s'expriment elles aussi dans ladite revue. Mais cette puissance ne pourrait s'actualiser par le haut – par la seule pression effectivement exercée sur les organisations internationales, sur les gouvernements des nations occidentales, dans le but, par exemple pour le Dalaï-Lama, d'affaiblir l'image de la Chine Populaire – si elle n'était relayée par un « peuple occidental » constitué de citoyens américains, français, britanniques, canadiens, etc.

Les groupes bouddhistes constitués de citoyens occidentaux sont, dès lors, instrumentalisés par les clercs asiatiques. La stratégie par le haut a pour corollaire nécessaire et complémentaire l'adhésion de citoyens occidentaux à la spiritualité bouddhiste (stratégie par le bas). Cette adhésion n'est possible que parce que le bouddhisme s'est adapté à l'atomisation actuelle du croire. Notre analyse de contenu des deux textes explicitement politiques du Dalaï-Lama et de Thich Nhat Hanh – discours ne se préoccupant en apparence que du plan collectif, de la critique du matérialisme, de l'inégalité sociale, de l'environnement naturel et sociétal – a révélé en fait une prédominance écrasante de la catégorie « individu » qui n'apparaissait pas du tout lors du commentaire classique des textes. Le bouddhisme *solidariste-universaliste* n'acquiert son efficacité politique que par la double stratégie par le haut et par le bas. Par le bas, le bouddhisme

1. Dalaï-Lama, *Esprit Science. Dialogue Orient-Occident, op. cit.*
2. *Rencontre parlementaire avec Sa Sainteté le Dalaï-Lama*, Paris, Assemblée nationale, mercredi 30 octobre 1996.
3. J.P. Deconchy, *Orthodoxie religieuse et sciences humaines,* La Hague, Mouton Publishers, 1980.

joue de l'individualisation du croire caractéristique des sociétés contemporaines et par le haut il développe des aspirations politiques transnationales. C'est pourquoi le *solidarisme-universaliste* bouddhiste produit et diffuse une idéologie que nous avons qualifiée d'*individuo-globaliste*.

L'individualisation du croire, qui est liée à ce que Danièle Hervieu-Léger nomme la double dérégulation institutionnelle – à la fois des identités religieuses et des identités nationales – est « [...] une dimension structurelle d'une modernité qui démultiplie, en même temps qu'elle produit la décomposition des identités communautaires, les besoins d'identification identitaire d'individus confrontés, de façon toujours plus accélérée, à l'"impératif du changement"[1] ». L'individu moderne, livré à lui-même, dont la volonté s'atomise en permanence en velléités, dont les croyances se démultiplient en superstitions gadgétisées, manque de caractère, ainsi que l'affirme Serge Moscovici[2]. L'adhésion au bouddhisme, d'après ce dernier, manifeste ce manque de caractère. L'atomisation du croire et de la volonté, qui induit un manque de caractère, suppose une incapacité à agir politiquement dans l'espace public.

Cette atomisation-individualisation serait à l'origine d'un retrait du politique, d'une décompression psychique consécutive à une pression sociale et économique dominante non assumée. La nébuleuse mystique-ésotérique[3] avec la valorisation narcissique de la dimension émotionnelle serait aux avant-postes de cette dépolitisation. Cette double dérégulation, religieuse et politique, laisserait le champ libre à des recompositions nationalistes et néo-traditionalistes exclusivistes. Il y aurait une oscillation entre la fuite individualiste narcissique hors du politique et la recomposition exclusiviste identitariste. Alain Touraine qualifie ce phénomène de démodernisation, résultant d'une dissociation actuelle entre les dimensions économique et culturelle[4].

L'individualisme bouddhique moderne ne nous semble pas corroborer ces analyses. En effet, nous avons montré qu'il ne se traduisait pas par une réduction psychique de la dimension politique, mais au contraire par un réinvestissement politique positif[5], du moins dans sa version *solidariste-universaliste*. Ce réinvestissement politique est le corollaire de l'idéologie *individuo-globaliste* que nous avons tenté de cerner tout au long de cet ouvrage et qui ne se manifeste pas seulement dans les discours des clercs asiatiques et des intellectuels occidentaux qui l'élaborent et la diffusent,

---

1. D. Hervieu-Léger, « "Renouveaux" religieux et nationalistes : la double dérégulation », in Birnbaum, *Sociologie des nationalismes*, Paris, PUF, 1997, p. 184-185.
2. « [...] l'individu moderne dont la qualité est l'absence de caractère s'oppose à l'individu traditionnel qui se définit par le caractère, comme le bouddhiste s'oppose au chrétien ou au juif » (S. Moscovici, *La machine à faire des dieux*, Paris, Fayard, 1988, p. 393).
3. Expression de Françoise Champion (« Individualisme, protestation holiste et hétéronomie dans les mouvances mystiques et ésotériques contemporaines », in *Social Compass, op. cit.*).
4. A.Touraine, *Pourrons-nous vivre ensemble ? Égaux et différents, op. cit.*, p. 67.
5. Cf. notre schéma « L'interaction entre l'individualisme spirituel et l'individualisme économique », p. 427.

mais qui est aussi en partie intériorisée par les NPB ainsi que le révèlent leurs comportements politiques.

La puissance politique de cette idéologie a sans doute pu passer inaperçue en raison de la définition réductrice de la politique comme relevant exclusivement d'une logique stato-nationale. Or, les concepts du bouddhisme engagé remettent presque tous en cause cette logique au profit des notions telles que celles de « République universelle », de « Révolution Humaine », de « Communauté globale », de « Citoyenneté mondiale ». Il semble que la notion même de dérégulation – *a fortiori* de double dérégulation – soit dépendante des critères préalables qui définissent le *régulier*, en l'occurrence l'État-Nation et les logiques qui lui sont attachées. La suspension méthodologique de ce critère exclusif de *régularité* nous permet d'émettre l'hypothèse que se configurent peut-être de nouvelles *régulations* institutionnelles dont témoigne par exemple l'*individuo-globalisme* du bouddhisme engagé. Nous ne sommes ni dans le cas d'un néo-traditionalisme, d'un tribalisme identitaire, qui oppose sa logique exclusive à celle de l'État, ni dans le cas du retrait narcissique-mystique hors du politique, ni dans le cas de la logique fonctionnaliste transnationale qui caractérise les entreprises économiques multinationales, mais dans le cas d'une recomposition du *croire* inclusive, non économique (au moins sur la plan de sa représentation) et *régulatrice* sur une échelle transnationale.

Les causes humanitaires, telles que le « Tibet occupé » ou le « Viêt-nam en guerre », ont catalysé par le haut cette recomposition transnationale du croire bouddhiste, à travers les discours de leaders tels que Thich Nhat Hanh aux USA ou le Dalaï-Lama aujourd'hui en France, recomposition qui est encadrée par le bas par des modes de communalisation compatibles avec – et même représentés comme complémentaires de – l'individualisme moderne[1]. L'idéologie *individuo-globaliste* et les réseaux institutionnels transnationaux qui la soutiennent, s'inscrivent dans l'émergence d'une société civile mondiale qui ne concernerait plus seulement les « élites » de décideurs (fonctionnaires de l'ONU ou hommes d'affaires, par exemple)[2], mais les « classes moyennes » urbaines, qui sont d'ailleurs les principaux clients des centres bouddhistes occidentaux.

Le jeu triangulaire décrit par Bertrand Badie[3] tient dans la confrontation entre trois types de rationalités : stato-nationale, transnationale et identitétaire. La rationalité stato-nationale héritière du contrat politique universel jacobin lutte et collabore à la fois avec les deux autres rationalités afin de leur résister. La rationalité transnationale est essentiellement

1. Nous renvoyons le lecteur, pour une vision synoptique de ces modes bouddhistes de communalisation différenciés, à notre tableau de la « Typologie psychosociale des principaux groupes bouddhistes implantés en Occident », p. 384.
2. J. Lévy, *Le Monde pour cité*, Paris, Hachette, 1996. Soulignons que les villes sont, d'après Lévy, les points stratégiques de la mondialité.
3. B. Badie, *La fin des territoires. Essai sur le désordre international et sur l'utilité sociale du respect*, Paris, Fayard, 1995 ; et « Le jeu triangulaire », in Brirnbaum, *Sociologie des nationalismes*, Paris, PUF, 1997, p. 451.

fonctionnalistes et inclusive, les acteurs principaux en sont les entreprises multinationales. Enfin la rationalité identitaire est exclusive et ne négocie pas avec les sociétés démocratiques. La rationalité *solidariste-universaliste* n'a pas sa place dans le jeu triangulaire décrit par Badie, elle est tout au plus une illusion qui n'a pas su se matérialiser, puisque les seules institutions qui la représentent restent inféodées aux rationalités stato-nationales : « [...] conformément à cette logique, les interventions onusiennes tendent à devenir de banales interventions d'États coalisés, redonnant aux conflits concernés une dimension ou, en tout cas, une lecture classique[1] ».

Cette critique s'apparente singulièrement à celles que font le Dalaï-Lama et Daisaku Ikeda, les deux principaux leaders du bouddhisme *solidariste-universaliste* mondial, en particulier lorsqu'ils s'en prennent au Conseil de Sécurité. Ces leaders se raccrochent néanmoins à l'ONU, seule structure transnationale porteuse de leurs « aspirations », même si en tant que telle cette organisation « devrait » être réformée. Dans ce sens, la Soka Gakkai Internationale tente de se présenter en ONU parallèle non stato-nationale, ainsi qu'en témoigne l'activité diplomatique déployée par Ikeda, se rendant aux quatre coins de la planète en visite chez des chefs d'État, dans des institutions ayant une vocation transnationale.

Le Dalaï-Lama se comporte lui aussi en guide d'un État virtuel, universel, constitué de « citoyens du monde » membres de la « communauté globale ». Il nous semble que Badie, à l'instar d'Hervieu-Léger pour le problème de la double dérégulation institutionnelle, dessine le jeu triangulaire sensé représenter la scène mondiale en présumant de la *régularité* de la rationalité stato-nationale aux prises avec les autres types de rationalités (communautaire-identitaire-exclusive et transnationale-fonctionaliste-inclusive). Il ne laisse aucune place, même résiduelle, à une tendance religieuse politisée inclusive, transnationale sans pour autant répondre à la logique fonctionnaliste ; ce qui est pourtant le cas du bouddhisme occidentalisé, à travers son idéologie à double entrée *individuo-globaliste*, vers le bas, se profilant suivant les critères de l'individualisation du croire, et vers le haut par la configuration d'utopies mondialistes catalysées par des causes humanitaires et soutenues par des réseaux institutionnels transnationaux.

La Soka Gakkai a fondé un parti politique au Japon. Le bouddhisme tibétain a tissé un réseau d'organisations qui s'apparentent parfois à des groupes de pression politique, particulièrement aux État-Unis. De multiples centres zen épars à travers le monde sont engagés dans des débats politiques et sociaux. De surcroît, cette dissémination associative n'est qu'apparente, ou du moins se résorbe-t-elle dans de nouvelles organisations transversales bouddhiques qui ont des objectifs et diffusent des idéologies politiques, telles que le *Buddhist Peace Fellowship*, même si d'autres associations plus récentes telles que le *Zen Peacemaker Order*

1. B. Badie, *La fin des territoires. Essai sur le désordre international et sur l'utilité sociale du respect*, *op. cit.*, p. 194.

(ZPO)[1], ont pu s'éloigner de l'activisme social. Rien ne dit que ces groupes, plus ou moins axés aujourd'hui sur l'activisme social, mais en tout cas porteurs d'une idéologie déjà élaborée ne sont pas des organisations de transition vers l'émergence de mouvements politiques, du moins de groupes de soutien politique. L'unité de sensibilité politique que nous avons observée chez les Nouveaux Proches du Bouddhisme (NPB) ainsi que la politisation explicite croissante des leaders et de leurs clients, permet en tout cas de formuler prudemment de telles hypothèses qui pourraient au premier abord paraître fantaisistes.

Le bouddhisme mondialisé n'est pas la seule mouvance religieuse constitutive du *solidarisme-universaliste*. Le christianisme, singulièrement l'Église romaine, participe à l'alimentation de cette force[2]. On connaît, depuis Vatican II en particulier, l'effort qui a été fait dans ce sens : missions humanitaires catholiques en Amérique latine et en Afrique par exemple, développement tous azimuts de l'idéologie humaniste, stratégie d'expansion vers le sud et vers l'Asie, dialogue interreligieux, etc. Par ailleurs, le *solidarisme-universaliste* n'est pas la seule force en présence dans un champ religieux en train de se constituer aujourd'hui au-delà des États-Nations. Il est confronté à l'échelle planétaire, d'un côté à la force *libérale-individualiste*, correspondant à des types cultuels confirmant et développant religieusement l'imaginaire capitaliste de la concordance entre prospérité matérielle et mérites spirituels, tel que le pentecôtisme, et à la force *néo-traditionaliste* de l'autre, correspondant à des types religieux réactifs, tel que l'islamisme radical, se développant plutôt à partir du Tiers-monde.

Comme nous l'avons vu, ces dernières forces, plus particulièrement le *néo-traditionalisme* avec ce que nous avons appelé par exemple le *nationalisme-moraliste* en Asie, traversent elles-aussi le bouddhisme mais sans s'y imposer, surtout sans dominer le bouddhisme mondialisé. Il n'est pas certains néanmoins qu'il en soit toujours ainsi, car les équilibres sont instables, et comme dirait le Bouddha, le réel est soumis à la loi insurmontable de l'impermanence. Nous espérons avoir au moins montré, à travers le cas du bouddhisme, que la mondialisation n'est pas un phénomène simple et univoque, et que le choc annoncé des civilisations sera peut-être plus un choc de forces qui se nourrissent et se déploient simultanément dans des civilisations apparemment éloignés et incompatibles. Les oppositions identitaires apparentes ne sont peut-être que des contrastes culturels masquant de plus violentes contradictions, à la fois socio-économiques et idéologiques, d'autant plus puissantes et incontrôlables qu'elles sont déterritorialisées, traversant et dominant les État-Nations, tout comme les civilisations elles-mêmes ou les religions, et bien sûr les hommes qui les composent.

---

1. Cette organisation, bien que nominalement rattachée au Zen, est ouverte à tous les bouddhismes.
2. R. Liogier, « Le christianisme face au schizo-humanisme », in Chélini-Pont, Liogier, *Géopolitique du christianisme,* Paris, Ellipses, 2003, p.187.

Glossaire

Avertissement

Nous n'avons pas classifié les termes choisis en fonction de leur provenance linguistique, en particulier concernant le vocabulaire proprement bouddhiste qui constitue l'essentiel de ce glossaire. Les langues impliquées sont très nombreuses, et surtout, les mêmes concepts ont des traductions différenciées dans les langues vernaculaires qui renvoient à des spécificités culturelles. Nous avons donc choisi, pour contourner la difficulté qu'il y aurait eu à replacer chaque mot dans son contexte, et puisque qu'il n'était pas de notre ressort de construire un lexique complet, de lister les termes les plus couramment employés, en priorité ceux que nous avons nous-mêmes employé dans cette étude, en nous abstrayant des précisions sur leurs origines chinoises, japonaises, tibétaines, thaïs, indiennes, ou autre. Il s'agit pour nous de présenter un lexique propre à fournir une courte définition des mots inhabituels pour un Occidental peu familiarisé avec le sujet. Notre visée est simplement de faciliter la lecture du lecteur non-spécialiste. C'est ainsi, à titre d'exemple, que nous avons choisi la transcription *nirvana* (extinction) tirée du sanskrit, tout simplement parce qu'elle est la plus courante aujourd'hui, même si ce concept est plus spécialement attachée au bouddhisme Ancien dont la langue la plus commune est le pâli et nullement le sanskrit. Pour les lecteurs qui réclameraient plus de rigueur philologique – et nous les y encourageons – il conviendra de consulter certains dictionnaires de grandes valeurs qui sont aujourd'hui sur le marché. Nous conseillons vivement en particulier le *Dictionnaire encyclopédique du bouddhisme* de Philipe Cornu[1], qui nous semble le travail le plus exhaustif et le plus soigné disponible en français dans ce domaine, ainsi que *Le vocabulaire du bouddhisme* de Stéphane Arguillère[2], beaucoup plus succinct quant aux nombres d'items, mais plus approfondi quant à l'analyse philosophique des concepts bouddhistes. Ces deux dictionnaires, aux objectifs différents mais atteints dans les deux cas – objectif encyclopédique pour le premier et analytique pour le second – nous paraissent se compléter.

---

1. Paris, Seuil, 2001.
2. Paris, Ellipses, 2002.

- A -

Abhidharma : une des divisions canoniques qui développe l'aspect doctrinal du bouddhisme ancien. C'est la partie la plus philosophique du bouddhisme originel.

Ahimsa : non-violence.

Ajjiva : intention de sincérité.

Akkadha : capacité de pardon, se garder de toute haine.

Amithâba : (*Amida* en japonais) un des cinq bouddhas patriarches, qui offre un paradis, terre de pur repos, à ceux qui croient en lui.

Anatta : non-ego, non-âme (*pâli*).

Anatmya : non-ego, non-âme (sanskrit).

Arannavasin : moines de forêt.

Arbre de la Bodhi : arbre sous lequel le Bouddha (Shakyamuni) obtint l'éveil à Bodhgaya.

Arhat : personne ayant atteint le but du Petit Véhicule.

Arya : noble. Ensemble des hautes castes dans le système brahmanique.

Atisha : maître indien du XIe siècle qui se rendit au Tibet.

Avalokitésvara : le *bodhisattva* de la compassion (Tchènrézi en tibétain).

Avihimsa : non-interruption dans le devenir, dans le flux karmique ; ce qui implique la non-violence à l'égard de toutes formes vivantes.

Avija : ignorance.

Avirodha : non-refus, mise en accord avec la volonté générale.

- B -

Bardo : d'une façon prosaïque c'est le temps qui sépare la mort d'une nouvelle naissance. D'une façon plus spécifique les *bardo* sont tous les états intermédiaires, dont la mort n'est qu'une modalité parmi d'autres.

Bardo Theudreul : ou *Bardo Thodol*, texte destiné à être lu au moment de la mort, pour faciliter le passage dans l'état intermédiaire.

Bikkhu ou ***Bhikkhu*** : moine mendiant.

Bodhgaya : lieu de l'Inde où le Bouddha atteignit l'Éveil.

Bodhi : Éveil, état de libération.

Bodhichitta : esprit d'éveil pour le bien d'autrui (Grand Véhicule).

Bodhidharma : maître indien fondateur du bouddhisme *Ch'an* en Chine, qui deviendra au Japon le zen.

Bodhisattva : être de compassion, qui fait vœu de sauver les êtres.

Boeun ou ***bon*** : ancienne religion du Tibet.

Bouddha : l'Éveillé, celui qui est libéré de toute souffrance.

Brahmane : membre de la caste hindouiste des prêtres

Budsuwdan : autel dont dispose chaque pratiquant pour y enchâsser son *Gohonzon* personnel dans la Soka Gakkai.

Bukkyosha Haiwa Kyogikai : le Conseil Bouddhiste pour la Paix.

Burakurnin : descendants des personnes traditionnellement désignées pour tuer les animaux au Japon, qui subissent une forte exclusion sociale.

- C -

Cakravartin : souverain ou prince universel bouddhiste, redéfini comme souverain rationnel, non violent et démocrate.

Cattari ariyasaccani : les Quatre Vérités Saintes.

Changpa : une des huit grandes lignées du bouddhisme tibétain.

Chian I ji-ho : la loi sur la Préservation de la Paix qui était en vigueur pendant l'ère Meiji pour lutter contre les sectes « subversives ».

Choe Yoen : contrat politico-spirituel religieux-protecteur qui avait cours dans les relations entre le Dalaï-Lama et les empereurs mongols, puis chinois.

- D -

Dai-Gohonzon : parchemin sur lequel le moine Nichiren Daïshonin inscrivit, le 12 octobre 1272, la loi « véritable » du bouddhisme orthodoxe. Il est enchâssé au sanctuaire du *Taiseki-ji*, temple principal de la *Nichiren Shoshu*

Dakini : sorte d'ange, bien que féminin, qui peut être ou non libéré du cycle des naissances.

Dalaï-lama : chef temporel et spirituel du Tibet, émanation du bodhisattva Chènrézi.

Dan Asok : terre d'Açoka.

Daimoku : acte de récitation du mantra *Nam Myoho Renge Kyo* avec foi dans le pouvoir du parchemin mystique. L'objet de culte contient le sens du message de Nichiren, l'adepte invoque ainsi ce sens mystique et le fait sien. C'est la pratique fondamentale d'un bon bouddhiste *Nichiren*.

Dasarajadhamma : les dix vertus royales.

Déwatchèn : champ de béatitude (tibétain). Asile constitué par le bodhisattva Amithâba.

Dhammacakkappavattana-sutta : la Roue de la Loi.

Dhammajo : fonctionnaires de l'empereur mythique d'Açoka.

Dhammapada : les stances de la loi bouddhique, un des textes fondamentaux du canon *pâli* (bouddhisme ancien).

Dharani : long mantra.

Dharma : à la fois voie spirituelle, enseignement du Bouddha et loi universelle.

Dharmakaya : corps absolu.

Do : voie spirituelle.

Dogen : fondateur du zen *Sôtô* au Japon, après avoir été initié en Chine au *Ch'an*.

Dojo : lieu de pratique de la voie. Lieu où l'on pratique habituellement *zazen*.

Dunkha : souffrance.

– E –

Esho Funi : littéralement, non-séparation entre sujet et objet dans le nichérisme, entre l'être et son environnement. Indépendants phénoménalement, le sujet et l'objet se recoupent fondamentalement.

Éveil : état du Bouddha.

– G –

Gamavasin : moines de ville.

Gampopa : membre de la lignée *Kagyupa* et principal disciple de Milarépa.

Gasho : action de joindre les mains en signe de salut.

Guenmaï : nourriture traditionnelle dans le zen, particulièrement consommée lors des *sesshin*.

Gohonzon personnel : *Gohonzon* remis à chaque membre pour sa pratique personnelle dès lors qu'il est accepté à part entière dans la communauté. Ce sera l'objet de culte devant lequel il récitera le mantra le plus régulièrement possible. Ce *Gohonzon* est une division mystique du *Dai-Gohonzon*. Seule la *Nichiren Shoshu* pouvait fabriquer et conférer des *Gohonzon*. En raison de sa séparation de cette dernière organisation religieuse et monacale, la Soka Gakkai a dû s'arroger ce droit.

Gongyo : dans le bouddhisme *Nichiren*, et donc dans la Soka Gakkai, récitation du mantra *Nam Myoho Renge Kyo* à titre principal et du chapitre 2 et 16 du *Sutra* du Lotus à titre subsidiaire.

Gosho : recueil des textes attribués au moine Nichiren Daishonin. Sorte de bréviaire du pratiquant de la Soka Gakkai.

Guelong : moine ayant reçu l'ordination majeure

Guelug-pa : lignée tibétaine fondée au XVe siècle, appelée bonnets jaunes.

Guéché : docteur en bouddhisme dans la lignée *Guelug-pa*.

Guétsul : moine ayant reçu l'ordination mineure.

– H –

Hakko Ichiu : littéralement, « une seule famille dans les huit directions » : idée politique de la « Grande Asie ».

Haibutsu Kishaku : mouvement pour l'abolition du bouddhisme.

Hannya Shingyo : *sutra* chanté dans les dojos zen. C'est une version du *Maha prajna paramita hridaya sutra*.

Hara : bas-ventre, siège de l'énergie fondamentale.

Hînayâna : Petit Véhicule

Hoa Giai : conversion idéologique.

– J –

Jataka : récit de vie antérieure du Bouddha.

Jing tu : terre pure.

– K –

Kadampa : lignée du bouddhisme tibétain constituée à partir des enseignements d'Atisha.

Kagyupa : lignée du bouddhisme tibétain qui date du XIe siècle, et qui fut fondée par le grand sage tibétain Marpa.

Kalachakra : divinité, dont le tantra est assimilé au plus haut niveau d'accomplissement.

Kapala : crâne utilisé comme récipient dans certaines cérémonies initiatiques.

Karma : loi de l'enchaînement qui relient les causes et les effets.

Karmapa : émanation de Tchènrézi. et chef de la lignée des *Karma Kagyu.*

Karuna : compassion.

Kesa : vêtement du Bouddha, symbole de dénuement, porté par les bonzes zen.

Khonti : capacité à supporter l'adversité ou l'insulte.

Ki : énergie universelle.

Kilesa : pouvoir des passions humaines.

Kin-hin : *zazen* en marchant, méditation en marchant.

Koan : principe de vérité transmis par un maître, formalisé en propositions paradoxales dans l'école *Rinzaï.*

Kolomo : robe noire du bonze zen.

Komeito : littéralement, parti de la probité. Parti politique japonais fondé par la Soka Gakkai en 1964 à partir de la Ligue des politiciens probes (*Komei Seiji Remmei*). Il prône l'unité du bouddhisme et de l'État. Premier parti religieux nippon, il est aussi le troisième parti politique du Japon. Il commença à se détacher de la Soka Gakkai à partir des années soixante-dix, et consomma sa rupture en 1988 après un scandale qui porta au grand jour la vassalité du parti par rapport aux intérêts de l'organisation religieuse.

Kosen Rufu : répandre la bonne nouvelle du bouddhisme orthodoxe révélée par Nichiren Daishonin. Prosélytisme comme principe éthique.

Ksatriya : noblesse guerrière, caste des seigneurs dans le système brahmanique.

Kuon Ganjo : Bouddha originel. Origine totale des mondes. Cause de l'illumination de tous les bouddhas de toutes les époques et de tous les lieux. Vérité ultime de l'infinité du temps et de l'espace.

Kusen : petit sermon oral pendant la deuxième partie de *zazen.*

Kyosaku : bâton utilisé par le maître zen pour détendre et tonifier les épaules. Aussi parfois utilisé pour provoquer un choc d'éveil.

– L –

Lama : maître de méditation et de spiritualité.

Lama-racine : lama qui guide un pratiquant vers la connaissance ultime de l'esprit.

– M –

Maddava : honnêteté et manières affables en toute circonstance.

Madhiamika : voie médiane. École bouddhiste matérialiste.

Mahakala : divinités irritées qui protègent le *dharma*.

Mahamudra : méthode de méditation du vide. Désigne aussi la nature ultime de l'esprit.

Mahavamsa : chronique du Ve siècle qui raconte la bénédiction apportée par le Bouddha à l'île.

Mahatherasamakom : Conseil des Anciens.

Mahâyâna : Grand Véhicule.

Mala : sorte de rosaire utilisé pour la récitation des mantras.

Mandala : représentation picturale de l'univers, d'une divinité, ou d'un principe universel. Cela peut aussi être une représentation des trois à la fois. Structure dessinée.

Mantra : formule sanskrite sacrée qui correspond à l'énergie d'une divinité.

Mantrayana : synonyme de *Vajrayâna*, véhicule de la foudre : la voie ésotérique du bouddhisme tibétain.

Mappo : période de décadence dans laquelle naquit Nichiren Daishonin, le père spirituel de la Soka Gakkai, et qui se poursuit encore aujourd'hui.

Marpa : grand sage tibétain.

Milarépa : grand sage et héros du bouddhisme tibétain, qui fut l'élève de Marpa.

Mingon Sayadaw : Patriarche suprême.

Moha : aveuglement.

Mokugyo : socle de bois sur lequel on frappe pour rythmer la récitation des *sutras*.

Mondo : dialogue entre maître et disciple.

Moudra : geste symbolique.

– N –

Nagarjuna : maître du bouddhisme indien. Un des précurseurs du Mahâyâna.

Naropa : maître indien de Marpa.

Nam Myoho Renge Kyo : mantra principalement invoqué par les pratiquants bouddhistes suiveurs de Nichiren. Cette invocation serait le cœur du *Sutra* du Lotus, qui lui-même représenterait le cœur du bouddhisme. Elle contient la vérité ultime du monde découverte et transcrite par le moine Nichiren à travers le *Gohonzon*. Le *Sutra* du Lotus est en fait le texte le plus fondamental du Mahâyâna / Grand Véhicule.

Nichiren Daishonin : moine fondateur de tous les bouddhismes *Nichiren*, qui vécu au XIIIe siècle au Japon. Il est donc le fondateur de ce que la Soka Gakkai qualifie de bouddhisme orthodoxe. Nichiren eut à découdre avec le gouvernement de l'époque à plusieurs reprises. Il se fit le chantre d'un renouveau moral et religieux à une époque de « décadence ».

Nichiren Shoshu : école bouddhiste qui attribue sa fondation à Nichiren Daishonin. Littéralement : école orthodoxe de Nichiren. Elle considère Nikko Shonin comme le successeur du fondateur, d'où son autre appellation de Groupe *Nikken*. À la différence de la plupart des autres écoles *Nichiren*, elle ne vénère pas le Bouddha Shakyamuni en tant objet de culte et ne considère pas Nichiren Daishonin comme un simple bodhisattva, mais comme l'incarnation de Kuon Ganjo, le bouddha originel, qui vient sauver tous les hommes en ce temps des derniers jours de la loi, époque de décadence. Sa doctrine religieuse est celle de la Soka Gakkai. Mais les deux organisations, l'une religieuse et l'autre laïque, se séparèrent pour d'obscures raisons de corruptions dont il est très difficile de délier les tenants et les aboutissants.

Nichiren Shu : terme générique qui désigne l'ensemble des écoles bouddhistes qui suivent l'enseignement de Nichiren Daishonin.

Nirvana : but ultime de la voie.

Nyingmapa : lignée la plus ancienne du bouddhisme tibétain, qui remonterait à Padmasambhava.

– P –

Padmasambhava : maître indien tantrique qui introduisit le bouddhisme au Tibet.

Pâli : langue utilisée par le Bouddha pour l'enseignement.

Panna : sagesse.

Parinirvana : décès d'un Bouddha.

Paramartha : vérité absolue.

Pariccaga : esprit de sacrifice de son intérêt particulier au profit de l'intérêt général.

Patta ni Kouzza Nakon : Pouvoir de retourner le bol à l'aumône : refuser de recevoir des oboles et donc par là de conférer des mérites.

Paticcasamuppada : Production conditionnée (interdépendance).

Phalang Dhamma : force du *Dhamma*.

Prajâdhipatai-phadetjakôra : démocratie dictatoriale.

Pratya samudpada *:* principe de l'interdépendance des causes.

– Q –

Quoc tu : la pagode nationale.

– R –

Rinpotché : titre honorifique conféré à certains lamas, en raison de leur descendance ou de leur niveau spirituel.

Rinzaï : école zen qui met l'accent sur les *koan*, et la pratique de *zazen* face au centre du dojo.

Rissho ankoku ron : traité fondamental de Nichiren Daishonin qui explique le lien entre les désastres que subit le Japon à son époque et le manque de foi dans le bouddhisme orthodoxe.

Roshi : vieux maître, titre honorifique.

– S –

Saerrî : idéal de la liberté.

Shakya-pa : lignée du bouddhisme tibétain fondée au Xe siècle par Kunga Niying-po.

Samma-ajiva : moyen d'existence juste.

Samma-ditthi : compréhension juste.

Samma-kamanta : action juste.

Samma-samdhi : concentration juste.

Samma-sankoppa : pensée juste.

Samma-sati : attention juste.

Samma-vaca : parole juste.

Samadhi : concentration.

Samatha : établissement de l'attention.

Samsara : jeu de l'existence.

Satyagraha : stratégie non violente.

Samadhi : état d'absorption méditative.

Sampaï : prosternation

Samsara : cycle des existences, caractérisé essentiellement par la souffrance, l'illusion et l'impermanence.

Samu : pratique du travail manuel.

Samuthi : vérité relative.

Sangha : communauté monastique. Par extension moderne : communauté des bouddhistes.

Sesshin : retraite qui permet de pratiquer plus intensivement le zen.

Shakubuku : stratégie de propagation du bouddhisme par la réfutation des croyances d'autrui.

Shakyamuni : « le sage des Shakya », nom du Bouddha après son Éveil.

Shambala : royaume mystérieux et mythique que l'on ne peut atteindre qu'avec le progrès spirituel.

Shantarakshita : maître indien qui diffusa le bouddhisme au Tibet.

Shiho : autorisation officielle de transmettre le zen formalisé par un certificat remis lors d'une cérémonie.

Shoju : stratégie de propagation du bouddhisme en amenant progressivement autrui à la vérité sans réfuter ses croyances (Soka Gakkai).

Siddhârtha : prénom de naissance du futur Bouddha Shakyamuni.

Silva : s'abstenir d'actes immoraux.

Soka Gakkai *:* littéralement, société pour la création de valeurs. Association de laïques créée en 1930 au Japon. Équivalente laïque de la *Nichiren Shoshu*, la Soka Gakkai s'en détacha pour devenir une organisation de laïques gardant un objectif religieux de propagation du bouddhisme orthodoxe, autrement dit du bouddhisme de Nichiren Daishonin. La Soka Gakkai prit un essor considérable après la Deuxième Guerre mondiale jusqu'à atteindre aujourd'hui des effectifs de plus de 16 millions de membres rien qu'au Japon.

Sôtô : école zen qui met plus l'accent sur *zazen* que sur les *koan* formels.

Sutra ou ***soutra*** : texte consignant l'enseignement du Bouddha Shakyamuni.

– T –

Taiseki-ji : temple principal de la Nichiren Shoshu dans lequel est enchâssé le *Daï Gohonzon (*objet de culte inscrit par Nichiren Daishonin lui-même).

Tantra : texte sacré dans lequel est consigné l'enseignement ésotérique du bouddhisme.

Tapa : garder un point de vue juste sur soi-même.

Tara : divinité féminine qui correspond à la Terre-mère.

Thatagata : « ainsité », ou l'état de celui qui est ainsi.

Tatmadaw : l'armée vénérée.

Tchènrézi : bodhisattva le plus populaire du Tibet. Traduction tibétaine d'Avalokitésvara.

Tcheu : rituel tantrique dans lequel on offre symboliquement son corps.

Thammacarik : les voyageurs du *Dhamma*.

Thammathut : les messagers du *Dhamma*.

Thangka : peinture tibétaine sacrée sur tissu.

Theravâda : École des Anciens.

Tiantai : terrasse céleste (secte) qui deviendra le *Tendai* au Japon.

Tiep Hien : l'Ordre de l'Interêtre.

Tripitaka (corbeilles) : distinction en trois groupes des enseignements du Bouddha : *vinaya, sutras, abidharma*.

Tozan : visite au Japon que chaque pratiquant étranger doit faire, au moins une fois. La visite est supervisée par l'organisation est constitue un véritable pèlerinage à l'origine du bouddhisme dit orthodoxe.

Tsongkhapa : réformateur du bouddhisme tibétain et fondateur de la lignée *Guelug-pa*.

Tülkou : incarnation d'un bouddha. Mais aussi au Tibet, réincarnation d'un lama défunt.

Tuzu : sorte chapelet qui a la forme d'un squelette humain et dont les petites perles représentent la multitude des désirs humains.

- U -

Umma : communauté des croyants dans l'islam.

- V -

Vajrayâna : partie ésotérique de l'enseignement bouddhiste.
Varna : caste.
Vinaya : code de la vie monastique, fondé sur les enseignements du Bouddha.
Vipassana : partie du *Theravâda* consacrée à la méditation.

- W -

Wat Pah Nanachat : monastère international de la forêt.

- Y -

Yatha Bhutam : la réalité telle qu'elle est.
Yidam : divinité sur laquelle on peut méditer si on a au préalable reçu l'initiation correspondante.

- Z -

Zadankaï : réunion hebdomadaire des membres de la Soka Gakkai chez l'un d'entre eux en petits groupes d'une quinzaine de personnes. Les *Zadankaï* constituent la base essentielle de l'organisation, le lieu où l'enseignement est diffusé et intégré.
Zafu : coussin sur lequel le pratiquant s'assoit pour faire *zazen.*
Zazen : position rituelle pour pratiquer le zen.
Zen : traduction du mot chinois *Ch'an,* et du mot sanskrit *dhyana,* qui signifie méditation. École bouddhiste qui privilégie la méditation assise par rapport à la dévotion, ou à l'étude intellectuelle.

Bibliographie

I / OUVRAGES BOUDDHISTES

AMBEDKAR (B.), *The Buddha and His Dhamma,* Bombay, Siddharth Publications, 1984.

ARIYARATNE (A.-T.), *Niwano Peace Prize acceptance speech : A People's Agenda for Global Awakening*, Publication du Niwano Peace Prize Foundation, 1992.

ASANGA, *La somme du Grand Véhicule*, trad. E. Lamotte, Université de Louvain-la-Neuve, 1973.

BERRIGAN (D.), THICH NHAT HANH, *The Raft is not the Shore. Conversations toward a Buddhist-Christian Awareness*, Boston, Beacon Press, 1975.

BOKAR RINPOTCHE, *Prendre Refuge*, Aix, Claire Lumière, 1991.

– *La journée du Pratiquant*, Aix, Claire Lumière, 1991.

– *Un autel chez soi*, Aix, Claire Lumière, 1991.

BROSSE (J.), *Zen et Occident*, Paris, Albin Michel, 1992.

BUDDHADASA BIKKHU, *Un Socialisme pouvant être bénéfique pour le Monde,* Bangkok, Sublime Life Mission, 1976.

– *Prachathipadai Baap Sangha-Niyama (Socialisme démocratique)*, Bangkok, Sublime Life Mission, 1976.

– *Collection of Buddha-Dhamma Lectures (Chumnum Pathakatha Chut Buddha-Dhamma)*, Chaiya, Dhammadana Foundation, 1987.

– *Bouddhisme et Socialismes*, Paris, Les Deux Océans, 1987.

CH'EN XING-QIAO FUO-GIAO, *Le Qi Gong bouddhiste et le Falun Gong,* Pékin, Maison d'Édition des Cultures Religieuses, 1998.

DALAÏ-LAMA, *Introduction au bouddhisme tibétain*, Paris, Dervy, 1971.

– *Mon pays, mon peuple*, Genève, Éditions Olizane, 1984.

– *La Paix Mondiale : une Approche humaine*, Bruxelles, Centre d'Inter-Action Culturelle, 1989.

– *Cent éléphants sur un brin d'herbe*, Paris, Seuil, 1990.

– *Océan de sagesse*, Paris, Pocket, 1990.

– *Communauté Globale et Nécessité de la Responsabilité Universelle*, Genève, Olizane, 1992.

– *Une politique de la bonté*, Vernègues, Claire Lumière, 1993.

– *Au-delà des dogmes*, Paris, Albin Michel, 1994.

– *La voie de la liberté*, Paris, Calmann-Lévy, 1995.

– *Sagesse ancienne, monde moderne, une éthique pour le nouveau millénaire*, Paris, Fayard, 1999.

– *Le Dalaï-Lama parle de Jésus*, Bruxelles, Prebols, 1997.

DALAÏ-LAMA, CARRIERE (J.-C.), *La force du bouddhisme,* Paris, Laffont, 1994.

DALAÏ-LAMA, DREWERMANN (E.), *Les voies du cœur*, Paris, Cerf, 1993.

DAVID-NEEL (A.), *Le bouddhisme du Bouddha,* Paris, Plon, 1911.
- *Voyage d'une parisienne à Lhassa*, Paris, Plon, 1927.
- *Le Lama aux cinq sagesses*, Paris, Plon, 1929.
- *Mystiques et magiciens du Tibet*, Paris, Plon, 1929.
- *Magie d'amour et magie noire ou le Tibet inconnu*, Paris, Plon, 1938.
- *Sous une nuée d'orages*, Paris, Plon, 1940.
- *L'Inde où j'ai vécu*, Paris, Plon, 1951.
- *La puissance du néant*, Paris, Plon, 1954.
- *Immortalité et réincarnation*, Paris, Plon, 1961.
- *Le sortilège du mystère*, Paris, Plon, 1972.

DESHIMARU (T.), *Vrai Zen,* Paris, Seghers, 1969.
- *Zen et arts martiaux*, Paris, Albin Michel, 1983.
- *Questions à un maître zen*, Paris, Albin Michel, 1990.

EVOLA (J.), *La doctrine de l'Éveil. Essai sur l'ascèse bouddhique*, Paris, Arché-Milan, 1976.
- *Orient et Occident*, Milan, Archè, 1982.
- *Chevaucher le Tigre*, Paris, Trédaniel, 1982.

GOVINDA (A.), *Bardo-thödol : le livre tibétain des morts*, Paris, Albin Michel, 1991.
- *Bouddhisme vivant à l'intention des Occidentaux*, Éditions Entrelacs, 1992.

HAYWARD (J.-W.), VARELA (F.-J.), *Passerelles. Entretiens avec le Dalaï-Lama sur les sciences de l'esprit*, Paris, Albin Michel, 1995.

HERBERT (J.), *Spiritualité hindoue,* Paris, Albin Michel, 1972.

IKEDA (D.), *La vie à la lumière du Bouddhisme*, Monaco, Rocher, 1985.
- *Le Bouddhisme, le premier millénaire*, Monaco, Rocher, 1985.
- *L'avenir de l'humanité et le rôle de la religion*, Paris, Rocher,
- *La révolution humaine* (t. 1, 2, 3), Paris, Rocher, 1987.
- *Pour une spiritualité créatrice de paix* (t. 1, 2), Paris, Rocher, 1990.
- *Un nouvel Humanisme*, Paris, Rocher, 1997.

KAMENETZ (R.), *Le juif dans le lotus. Des rabbins chez les lamas*, Paris, Calmann-Lévy, 1997.

KEROUAC (J.), *The Dharma Bums*, New York, Viking Press, 1959.

KOLM (S.-C.), *Le bonheur-liberté. Bouddhisme profond et modernité*, Paris, PUF, 1982.
- *L'homme pluridimensionnel – Bouddhisme, marxisme, psychanalyse pour une économie de l'esprit*, Paris, Albin Michel, 1986.

KONG (S.), *La force de l'amour. Une bouddhiste dans le Viêt-nam en guerre*, Paris, La Table Ronde, 1995.
- *Le Dhammapada, « Les Stances du Dhamma »*, Paris, Les Deux Océans, Librairie Orientaliste Paul Geuthner, 1931.

LI HONZHI, *China Falun Gong*, Hongkong, Fa Lun Fo Fa Publishing CY, 1998.

Majjhima nikaya : Les moyens Discours du Bouddha, Paris, Les Deux Océans, 1987.

MERTON (T.), *Journal d'Asie*, Paris, Éditions Critérion, 1990.

MOHAN (W.), *Sermons de Bouddha*, Paris, Cerf, 1988.
- *Le Bouddha et ses disciples*, Paris, Cerf, 1990.

NAGARJUNA, *Le traité de la grande vertu de sagesse*, trad. E. Lamotte, Louvain, Muséon, 1944.

NICHIREN SHOSHU FRANÇAISE, *Introduction au bouddhisme* Nichiren Shoshu française, Sablé-sur-Sarthe, coconnier, 1975.

RAHULA (W.), *L'enseignement du Bouddha d'après les textes les plus anciens*, Paris, Seuil, 1961.

RECH (R.), *La vie de Vivekânanda et l'évangile universel*, Paris, Stock, 1966.

SCHNEIDER (D.), *Street Zen,* Boston, Shambhala Publications, 1994.

SOGYAL RINPOTCHE, *Le livre Tibétain de la Vie et de la Mort*, Paris, La Table Ronde, 1993.

SULAK (S.), *A Buddhist Vision for Renewing Society – Collected Articles by a Concerned Thai Intellectual*, Bangkok, Thai Watana Panich, 1981.

– *A socially Engaged Buddhism*, Bangkok, Thaï Inter-Religious Commission for Development, 1988.

– *Seeds of Peace*, Berkeley, Parallax Press, 1992.

SUMANO BHIKKHU, *Buddhist thought and Meditation in the Nuclear Age*, Wat Chulapratha Rangsrit, Pak-Kret, Nantaburi, 1987.

SUU KYI (A.-S.), *Se libérer de la peur*, Paris, Éditions des Femmes, 1991.

– *La voix du défi*, Paris, Stock, 1996.

SUZUKI (D-T.), *Essais sur le Bouddhisme Zen*, 3 tomes, Paris, Albin Michel, 1972.

TCHEUKY (S.), *Guide du bouddhisme tibétain en France*, Aix, Éditions Claire Lumière, 1990.

– *Petit Lexique du bouddhisme tibétain*, Aix, Éditions Claire Lumière,1991.

– *Guide du Tibet en France*, Aix, Éditions Claire Lumière,1991.

TEUNDROUP (D.), *La retraite de trois ans*, Arvillard, Édition Prajna, 1984.

– *Vajrayana*, Arvillard, Éditions Prajna, 1991.

– *Karma et Renaissance*, Arvillard, Éditions Prajna, 1992.

THICH NHAT HANH, *Vietnam : Lotus in a Sea of fire*, New York, Hill and Wang, 1967.

– *Commentaries on the Tiep Hien Precepts*, Berkeley, Parallax Press, 1987.

– *The Path of Compassion, writings on socially engaged buddhism*, Berkeley, Parallax Press, 1988.

– *La paix, un art, une pratique*, Paris, Éditions centurion, 1991.

– *La sérénité de l'instant, Paix et joie à chaque pas*, Éditions Dangles, 1992.

– *Le Miracle de la Pleine Conscience*, Paris, L'Espace bleu, 1994.

– *Le cœur de la Compréhension*, Village des pruniers, 1995.

– *La Vision profonde*, Albin Michel, 1995.

– *La respiration essentielle*, Albin Michel, 1996.

– *Bouddha vivant, Christ vivant*, Paris, Jean-Claude Lattès, 1996.

– *Sur les traces de Siddhârta*, Jean-Claude Lattès, 1996.

– *Changer l'avenir*, Paris, Albin Michel, 2000.

– *Feuilles odorantes de palmier*, Paris, La Table Ronde, 2000.

TODA, Préface, in *Lecture on the Sutra*, The Seikyo Press, 1968.

TRUNGPA (C.), *Le mythe de la liberté*, Paris, Points Sagesse, 1976

– *Shambhala, la voie sacrée du guerrier*, Paris, Seuil, 1990.

– *Pratique de la voie tibétaine : au-delà du matérialisme spirituel*, Paris, Seuil, 1991.

YAMAMOTO (I.)., *Hagakure*, Paris, Trédaniel, 1999.

YOSHIKAWA (E.), *La pierre et le sabre*, (2 tomes), Balland, 1983.

– *La parfaite lumière*, Paris, Balland, 1983.

II / OUVRAGES SUR LE BOUDDHISME

ALMOND (P-C.), *The British Discovery of Buddhism*, Cambridge University Press, 1988.

ARGUILLERE (S.), *Le vocabulaire du bouddhisme*, Paris, Ellipses, 2002.

BACOT (J.), *Introduction à l'histoire du Tibet*, Paris, Geuthner, 1962.

BANERJEE (N-V.), *Buddhism and Marxism : a Study in Humanism*, New Delhi, Orient Longman, 1978.

BARNES (N-J.), *Buddhist Liberation Movements in Asia*, New York, State University of New York Press, 1996.

BARREAU (A.), *En suivant Bouddha*, Paris, Philippe Lebaud, 1985.

BARTHOLOMEUSZ, *Women under the Bo Tree : Buddhist Nuns in Sri Lanka*, Cambridge, Cambridge University Press, 1994.

BARTHOLOMEUSZ, TESSA, DE SILVA (C-R.), *Buddhist Fundamentalism and Minority Identities in Sri Lanka,* New york, State University of New York Press, 1998.

BECHERT (H.), GOMBRICH (R.), *The World of Buddhism : Buddhist Monks and Nuns in Society and Culture*, Londres, Thames and Hudson, 1984.

BECHERT (H.), *Buddhismus, Staat und Gesellschaft in den Länden des Theravâda Buddismu* (vol. 1), Berlin, Metzner, 1966.

BERVAL (R. de) (dir.), *Présence du bouddhisme*, Paris, Gallimard, 1987.

BHATTACHARYA, *L'atman-brahman dans le bouddhisme ancien*, Paris, École Française de l'Extrême-Orient, Adrien Maisonneuve.

BLOCH (J.), *Les inscriptions d'Ashoka*, Paris, 1951.

BOBILIN (R.), *Revolution from Below, Buddhist and Christian Movements for Justice in Asia*, Lanham, Unversity Press of America, 1988.

BOND (G.), *The Buddhist Revival of Sri Lanka : Religious Tradition, Reinterpretation and Response*, Colombia, University of South Carolina Press, 1988.

BUSSAGLI (M.), *L'Art du Gandhara*, Paris, Librairie Générale Française, 1989.

CAMPBELL (B-F.), *Ancient Wisdom Revived, a History of the Theosophical Movement*, University of California Press, 1980.

CAUSTON (R.), *Nichiren Shoshu Buddhism : An introduction*, Londres, Rider, 1988.

COBB (J-B.), *Bouddhisme-christianisme, au delà du dialogue ?*, Genève, Labor et Fides, 1988.

COLLECTIF, *Tibet, l'envers du décor*, Genève, Éditions Olizane, 1993.

COLLECTIF, *The International Buddhist Directory*, Londres, Wisdom Publications, 1984.

CONZE (E.), *Le bouddhisme dans son essence et son développement*, Paris, Payot, 1957.

– *Further Buddhist Studies – Selected Essays*, Oxford, Cassiere, 1975.

– *A short History of Buddhism*, Londres, Mandala, 1982.

CORNU (P.), *Guide du Bouddhisme tibétain*, Paris, Librairie Générale Française, 1998.

– *Dictionnaire encyclopédique du bouddhisme*, Paris, Seuil, 2001.

CREPON (P.), *Les fleurs de Bouddha*, Paris, Albin Michel, 1991.

DAVID (C.), TONNAC (J-P. de), (dir.), *L'Occident en quête de sens*, Paris, Maisonneuve et Larose, 1996.

DALAÏ-LAMA, GARDNER (H.), GOLEMAN (D.), BENSON (H.), THURMAN (R.), *Esprit Science. Dialogue Orient-Occident*, Vernègues, Claire Lumière, 1993.

DOBBELAERE (K.), WILSON (B.), *A Time to Chant. The Soka Gakkai Buddhists in Britain,* Oxford, Clarendon Press, 1994.

DONNET (P-A.), *Tibet, mort ou vif*, Saint-Amand, Gallimard, 1993.

DROIT (R.-P.), *L'oubli de l'Inde*, Paris, PUF, 1989.

– *Le culte du néant. Les philosophes et le Bouddha*, Paris, Seuil, 1997.

DUMOULIN (H.), *The Cultural, Political and Religious Significance of Buddhism in the Modern World*, London, Collier Macmillan, 1976.

DUVAL (J-F.), *Heidegger et le Zen*, Sisteron, Présence, 1984.

ETIENNE (B), LIOGIER (R.), *Être bouddhiste en France aujourd'hui,* Paris, Hachette, 1997 (rééd. Poche-Pluriel, 2003).

FAURE (B.), *Bouddhismes, philosophies et religions*, Paris, Flammarion, 1998.

FIELDS (R.), *How the Swans came to the lake – A narrative History of Buddhism in America*, Boston et Londres, Shambala, 1986.

FILLIOZAT (J.), *Les philosophes de l'Inde*, Paris, PUF, 1995.

FREDERIC (L.), *Bouddha en son temps*, Paris, Félin, 1994.

FROMM, MARTINO, SUZUKI, *Bouddhisme zen et psychanalyse*, Paris, PUF, 1986.

GABAUDE (L.), *Une herméneutique bouddhique contemporaine de Thaïlande : Buddhadasa Bikkhu*, Paris, Adrien Maisonneuve, École Française d'Extrême-Orient, 1988.

GIRA (D.), *Comprendre le bouddhisme*, Paris, Éditions du centurion, 1989.

GURUGE (A.), *Anagarika Dharmapala : Return to Righteousness*, Colombo, Department of Cultural Affairs, 1999.

HABITO (R.), *Total Liberation. Zen spirituality and the Social Dimension*, Berkeley, Orbis Books, 1992.

HARDACRE (H.), *Shinto and the State, 1868-1968*, Princeton, Princeton University Press, 1991.

HARDY (G-S.), *Monastic Quest and Interreligious dialogue*, New York, P. Lang, 1990.

HARVEY (P.), *Le Bouddhisme : Enseignement, histoire, pratiques*, Paris, Seuil, 1993.

HUGHES (J-J.), *Buddhist Feminism*, Colombo, Atlas Hall Press, 1985.

HURST (J.), *Nichiren Shoshu Buddhism and the Soka Gakkai in America. The Ethos of a New Religious Movement*, New York, Garland, 1992.

ISHII (Y.), *Sangha, State and Society : Thaï Buddhism in History*, Honolulu, University of Hawaii Press, 1986.

JOHNSON, ROBINSON, RICHARD, WILLARD, *The Buddhist Religion. A historical Introduction*, Belmont, Wadsworth Publishing Company, 1982.

JONES (K.), *Buddhism and Social Action*, Kandy, Buddhist Publication Society, 1981.

– *Buddhism and the Bomb*, Preston, Buddhist Peace Fellowship, 1985.

– *The Social Face of Buddhism, An Approach to Political and Social Activism*, Londres, Wisdom Publications, 1989.

JONG (J-W. de), *A Brief History of Buddhist Studies in Europe and America*, Delhi, Sri Satguru, 1986.

KASHIMA, *Buddhism in America : the Social Organization of an Ethnic Religious Institution*, London, greenwood Press, 1977.

KATZ (N.), *Buddhist and Western Psychology*, Boulder, Prajna, 1983.

KEER (D.), *Dr. Ambedkar : Life and Mission*, Bombay, Popular Prakashan, 1971.

LAMOTTE (E.), *Histoire du bouddhisme indien : des origines à l'ère Saka*, Louvain-la-Neuve, Institut Orientaliste Louvain, 1958.

LANG (N.), *Viet Nam Phat Giao Su Luan : Essais sur l'histoire du bouddhisme vietnamien*, Hanoi, Van Hoc, 1991.

LE QUEAU (P.), *La tentation bouddhiste*, Paris, Desclée de Brouwer, 1998.

LENOIR (F.), *La rencontre du bouddhisme et de l'Occident*, Paris, Fayard, 1999.

– *Le bouddhisme en France*, Paris, Fayard, 1999.

LING (T.), *Buddhism, Imperialism and War*, Londres, Allen& Unwin, 1979.

LIOGIER (R.) (dir.), *Droit et Bouddhisme*, Strasbourg, Presses Universitaires de Strasbourg, 2003.

– *Jésus, Bouddha d'Occident*, Paris, Calmann-Lévy, 1999.

LUBAC (H. de), *La rencontre du bouddhisme et de l'Occident*, Paris, Aubier, 1951.

MAGNIN (P.), *Bouddhisme, unité et diversité*, Paris, Cerf, 2003.

MALALAGODA (K.), *Buddhism in Sinhalese Society, 1750-1900 : A Study of Religious Revival and Change*, Berkeley, University of California Press, 1976.

MARTIN (J.), *Introduction au Bouddhisme*, Paris, Cerf, 1989.

MARTIN (D.), *Religious Vision and political Reality*, Canterbury, Université of Religion and Society, 1985.

MASSON (J.), *Le bouddhisme*, Paris, Desclée de Brouwer, 1975.

MIDAL (F.), *La pratique de l'éveil de Tilopa à Trungpa. L'école Kagyü du bouddhisme tibétain*, Paris, Seuil, 1997.

MOUSSU (V.), *L'engagement des femmes dans le bouddhisme et la cause tibétaine*, Aix-en-Provence, IEP, 1997.

MURATA (K.), *Japan's New Buddhism : An Objective Account of Soka Gakkai*, New York/Tokyo, Walker/Weatherhill, 1969.

NYANATILOKA, *La parole du Bouddha. Schéma du Système éthico-philosophique du Bouddha suivant les citations du Canon Pâli réunies et expliquées*, Paris, Librairie d'Amérique et d'Orient, 1990.

OBADIA (L.), *Bouddhisme et Occident. La diffusion du bouddhisme tibétain en France*, Paris, L'Harmattan, 1999.

O'NEIL (K.), *The American Buddhist Directory*, New York, Crises Research, 1985.

PASCALE, RICHARD, TANNER, *Zen and the Art of Management*, New York, Simon & Schuster, 1979.

PEIRIS, *The Western Contribution to Buddhism*, Delhi, MB, 1973.

PERCHERON (M.), *Le Bouddha et le bouddhisme*, maîtres spirituels, 1989.

PIRET (A-G.), *Le bouddhisme tibétain en France, exemple d'un centre, Karma Ling en Savoie*, Aix-en-Provence, IEP, 1997.

PREBISH (C-S.), *American Buddhism*, Belmont, Wadsworth, 1979.

RAJNEESH (O.), *Le sutra du diamant*, Paris, Le voyage intérieur, 1990.

RENONDEAU (G.), *La doctrine de Nichiren*, Paris, PUF, 1953.

REVEL (J-F.), RICARD (M.), *Le Moine et le Philosophe*, Paris, Nil, 1997.

RICHARDSON (H-E.), *Tibet and its History*, Berkeley, Shambala, 1984.

ROMELUERE (E.), *Guide du Zen*, Paris, Librairie Générale Française, 1997.

RONCE (P.), *Guide des Centres Bouddhistes*, P. Ronce, Paris, Noesis, 1998.

SALIN (M.), *Quel bouddhisme pour le Tibet ?*, Paris, Adrien Maisonneuve, 1976.

SARKISYANZ (E.), *Buddhist Backgrounds of the Burmese Revolution*, La Hague, Martinus Nijoff, 1965.

SCHECTER (J.), *The New Face of Buddha : Buddhism and political power in South-East Asia*, Londres, Gollancz, 1967.

SILBURN (L.), *Le bouddhisme* (textes traduits et présentés sous la direction de L. Silburn), Paris, Fayard, 1977.

SNELLGROVE, RICHARDSON, *A Cultural History of Tibet*, Londres, Weindenfel & Nicholson, 1968.

SOMBOON (S.), *Buddhism and Politics in Thaïland : A Study of Socio-Political Change and Political Activism of the Thaï Sangha*, Singapore, Institute of Southeast Asian Studies, 1982.

SNOW (D.), *Shakubuku. A Study of Nichiren Shoshu Buddhist Movement in America, 1960-1975,* New York, Garland, 1993.

SPERLING (E.), ARIS (M.), AUNG SAN SUU KYI, *The 5th Karma-pa and Some Aspects of the Relationship Between Tibet and the Early Ming*, Warminster, Aris and Phillips, 1980.

SPIRE (C.), *La représentation du bouddhisme en France aujourd'hui à partir de l'analyse d'articles de la presse française*, Aix-en-Provence, IEP, 2000.

SPIRO (M-E.), *Buddhism and Society : a Great Tradition and its Burmese Vicissitudes*, Londres, Allen & Unwin, 1970.

SUBHUTI, *Buddhism for today : a Portrait of a New Buffhist Movement*, Salisbury, Wiltshire, Element Books, 1983.

SUKSAMRAN (S.), *Buddhism and Politics in Thailand : a study of socio-political change and political activism in the Thai sangha*, Sungapore, Institute of South East Asian Studies, 1982.

TAMBIAH (S-J.), *World Conqueror and World Renoncer : a Study of Buddhism and Polity in Thailand against a Historical Background*, Cambridge Press, 1976.

– *Buddhism Betrayed : Religion, Politics and Violence in Sri Lanka*, Chicago, University of Chicago Press, 1992.

THELLE (N-R.), *Buddhism and Christianity in Japan. From conflict to Dialogue 1854-1899,* Honolulu, University of Hawaii Press, 1987.

THUAL (F.), *Géopolitique du bouddhisme*, Paris, Éditions des Syrtes, 2002.

TONKINSON (C.), *Big Sky Mind : Buddhism and the Beat Generation*, New York, Tricycle Books, 1997.

UNESCO, *Le bouddhisme dans la culture occidentale de nos jours*, UNESCO, 1988.

VICTORIA (B.), *Zen at war*, New York, Weatherhill, 1997.

– *Zen Master Dôgen Goes to War : Yasutani Hakkuun's Militarist and Anti-semitic Transformation of Dôgen's Life and Thought*, Texte inédit.

WIRMARK (B.), *The Buddhists in Vietnam. An Alternative View of the War*, Brussels, War Resisters'International, 1974.

WULBER (K.), *A Sociable God : toward a new understanding of religion*, Boulder and London, Shambala, 1984.

III / OUVRAGES GÉNÉRAUX

ADORNO (T.), HORKHEIMER (M.), *La dialectique de la raison*, Paris, Gallimard, 1974.

ALTHUSSER (L.), *Pour Marx*, Paris, Maspero, 1966.

ATLAN (H.), *À tort et à raison : Intercritique de la science et du mythe*, Paris, Seuil, 1986.

ARIYARATNE (A-T.), *Collected Works*, vol. 1, Moratuwa, Sarvodaya Research Institute, 1978.

ARON (R.), *L'opium des intellectuels*, Paris, Calmann-Lévy, 1955.

BACHELARD (G.), *Le rationalisme appliqué*, Paris, PUF Quadrige, 1986.

– *Le nouvel esprit scientifique*, PUF Quadrige, 1987.

BADIE (B.), *Culture et Politique*, Paris, Economica, 1993.

– *La fin des territoires. Essai sur le désordre international et sur l'utilité sociale du respect*, Paris, Fayard, 1995.

BADIE, BIRNBAUM, *Sociologie de l'État*, Paris, Grasset, 1979.

BALANDIER (G.), *Anthropologie politique*, Paris, PUF, 1967.

– *Le désordre. Éloge du mouvement*, Paris, Fayard, 1988.

BASHAM (A-L.), SANGHARAKSHITA (B.), *A Cultural History of India*, Oxford, Clarendon Press, 1975.

BAUBEROT (J.), *Religions et laïcité dans l'Europe des Douze*, Paris, Syros, 1994.

– *La morale laïque contre l'ordre moral*, Paris, Seuil, 1997.

BAYART (J-F.), *L'illusion du politique*, Paris, Fayard, 1996

BAYART (J-F.), MBEMBE (A.), TOULABOR (C.), *La Politique par le bas. Contribution à une problématique de la démocratie*, Paris, Kartala, 1992.

BELLAH (R.), « New Religious Consciousness and the Crisis of Modernity », in GLOCK (C.Y.), BELLAH (R.), *The New Religious Consciousness*, Berkeley, California University Press, 1976.

– *The broken Covenant, American civil Religion in time of Trial*, New York, Seabury Press, 1979.

– *Beyond Belief : Essays on Religion in a Post-Traditionnal World*, Berkeley, California University Press, 1991.

BERMAN (J.), LONSDALE (J.), *Unhappy Valley*, Porthmouth, Currey, 1992.

BERGER (P.), *The Heretical Imperative : Contemporary Possibilities of Religious Affirmation*, Garden City, Anchor Press Double Day, 1979.

– *The desecularization of the World. Resurgent Religion and World Politics*, (Edit.), Washington, Ethics and Public Policy Center / William B. Eerdmans Publishing Company.

BERLIN (I.), *Éloge de la liberté*, Paris, Calmann-Lévy, 1969.

– *Le bois tordu de l'humanité. Romantisme, nationalisme et totalitarisme*, Paris, Albin Michel, 1992.

BOUCHAYER (F.) (dir.), *Autres médecines, autres mœurs : Nouvelles pratiques de la santé*, Paris, Éditions Autrement – Série Mutations n° 16, 1993.

BOUDON (R.), *L'idéologie, ou l'origine des idées reçues*, Paris, Fayard, 1986.

BOURDIEU (P.), *La distinction. Critique sociale du jugement*, Paris, Minuit, 1979,

– *Raisons pratiques. Sur la théorie de l'action*, Paris, Seuil, 1994,

– *Choses dites*, Paris, Minuit, 1987.

BOYLE (K.), SHEEN (J.), *Freedom of Religion and Belief : A World Report*, Londres, Routledge, 1997.

BROMBERGER (C.) (Edit.), *Passions ordinaires*, Paris, Bayard, 1998.

CAPRA (F.), *Le Tao de la physique*, Paris, Sand, 1985.

CARRE, DUBOIS, MALINVAUD, *La croissance française*, Paris, Seuil, 1972.

CASTORIADIS (C.), *L'institution imaginaire de la société*, Paris, Seuil, 1975.

– *Le monde morcelé : Les carrefours du labyrinthe III*, Paris, Seuil, 1990.

CHAMPION (F.), HERVIEU-LEGER (D.), (dir.), *De l'émotion en religion. Renouveaux et traditions*, Le Centurion, Paris, 1990.

CHELINI-PONT (B.), LIOGIER (R.), (dir.), *Géopolitique du christianisme*, Paris, Ellipses, 2003.

COLLECTIF, *Dictionnaire des religions*, Paris, PUF, 1993.

COLLECTIF, *L'état des religions dans le monde*, PARIS, Paris, Cerf, 1987.

COMTE-SPONVILLE (A.), *Petit traité des grandes vertus*, Paris, PUF, 1995.

– *De l'autre côté du désespoir*, Paris, Accarias-l'Originel, 1998.

CURLE (A.), *Mystics and Militants : a study of awareness, identity and social action*, Londres, Tavistock, 1976.

DAVIE (G.), *La Religion des Britanniques, de 1945 à nos jours*, Genève, Labor et Fides, 1996.

DAVIS (J.), *Religious organisation and religious experience*, London, Academic Press, 1988.

DE SILVA (K-M.), *Sri Lanka : A Survey*, Honolulu, University of Hawaii Press, 1977.

– *A History of Sri Lanka*, Berkeley, University of California Press, 1981.

DECONCHY (J-P.), *Orthodoxie religieuse et sciences humaines*, La Hague, Mouton Publishers, 1980.

DELEUZE (G.), *L'anti-œdipe*, Paris, Les Éditions de Minuit, 1992.

DELUMEAU (J.), *Le Fait religieux*, Paris, Fayard, 1993.

DENISON (E.), *Why Growth Rates*, Washington, The Brookings Institution, 1967.

DESCARTES (R.), *Œuvres philosophiques* I & III, Paris, Bordas, 1988.

DESPLAND (M.), *La religion en Occident*, Montréal, Fides, 1979.

DOMENACH (J-M.), *Approches de la modernité*, Paris, École polytechnique, 1986.

DREWERMAN (E.), *Le progrès meurtrier*, Stock, Paris, 1993.

DUBUISSON (D.), *L'Occident et la religion. Mythes, science et idéologies*, Paris, Complexe, 1998.

DUMONT (L.), *La civilisation indienne et nous*, Paris, Colin, 1964.

– *Homo hierachicus, le système des castes et ses implications*, Paris, Gallimard, 1966.

– *Essais sur l'individualisme, Une perspective anthropologique sur l'idéologie moderne*, Paris, Seuil, 1983.

– *Homo aequalis (t. 1), genèse et épanouissement de l'idéologie économique*, Paris, Gallimard, 1985.

DURAND (G.), *La foi du Cordonnier*, Paris, Denoël, 1984.

DURKHEIM (E.), *Les formes élémentaires de la vie religieuse*, Paris, PUF, 1960.

– *Les règles de la méthode sociologique*, Paris, Flammarion, 1988.

DYSON (F.), *Infinite in all directions*, Londres, Penguin, 1988.

ELIADE (M.), *La nostalgie des origines*, Paris, Gallimard, 1982.

– *Mythes, rêves et mystères*, Paris, Gallimard, 1981.

– *Le mythe de l'éternel retour*, Paris, Gallimard, 1985.

– *Histoire des croyances et des idées religieuses*, Paris, Payot, 1989.

ETIEMBLE, *L'Europe chinoise – I – De l'Empire romain à Leipniz*, Paris, Gallimard, 1988.

– *L'Europe chinoise – II – De la sinophilie à la sinophobie*, Paris, Gallimard, 1989.

ETIENNE (B.), *Une grenade entrouverte*, La Tour d'Aigues, Aube, 1999.

– *La France face aux sectes*, Paris, Hachette, 2002.

FERRY (L.), *L'Homme Dieu*, Paris, Seuil, 1996.

– *Le nouvel ordre écologique*, Paris, Grasset, 1992.

– *Philosophie Politique*, t. 1, 2, 3, Paris, PUF, 1986.

FERRY (L.), RENAUT (A.), *La pensée 68. Essai sur l'antihumanisme contemporain*, Paris, Gallimard, 1985.

FOUCAULT (M.), *Les mots et les choses*, Paris, Gallimard, 1966.

– *Histoire de la sexualité*, Paris, Gallimard, 1976.

– *Le souci de soi*, Paris, Gallimard, 1984.

– *L'usage des plaisirs*, Paris, Gallimard, 1988.

– *La volonté de savoir*, Paris, Gallimard, 1990.

FREGOSI (F.), WILLAIME (J.P.) (dir.), *Le religieux dans la Commune. Les régulations locales du pluralisme religieux en France*, Genève, Labor et Fides, 2001.

FREUND (J.), *Qu'est-ce que la politique ?*, Paris, Sirey, 1965.

– *L'essence du politique*, Paris, Sirey, 1981.

FROMM (E.), *The Revolution of Hope*, New York, Harper and Row, 1970.

– *To have or to be : new bluepaint for mankind ?*, Londres, Abacus, 1976.

– *The sane society*, Londres, Routledge, 1991.

GANDHI, *Lettres à l'Âshram*, Paris, Albin Michel, 1995.

Tous les hommes sont frères, Paris, Gallimard, 1998.

GAUCHET (M.), *Le désenchantement du monde*, Paris, Gallimard, 1989.

GIRARD (R.), *La route antique des hommes pervers*, Paris, Grasset, 1985.

GIRAULT (R.), *La recherche historique en France depuis 1965*, Paris, Éditions du CNRS, 1980.

GUENON (R.), *La crise du monde moderne*, Paris, Gallimard, 1946.

– *Aperçu sur l'initiation*, Paris, Éditions traditionnelles, 1983.

– *Orient et Occident*, Paris, Trédaniel, 1983.

– *Autorité spirituelle et pouvoir temporel*, Paris, Trédaniel, 1984.

– *La métaphysique orientale*, Paris, Trédaniel, 1984.

HABERMAS (J.), *La technique et la science comme idéologie*, Paris, Gallimard, 1973.

– *Théorie de l'agir communicationnel, (t. II), Critique de la raison fonctionnaliste*, Paris, Fayard, 1988.

HARENDT (H.), *La crise de la culture*, Paris, Gallimard, 1972.

HEGEL, *Principes de la philosophie du droit*, Paris, Gallimard, 1978.

HEIDEGGER (M.), *Chemins qui ne mènent nulle part*, Paris, Gallimard, 1962.

– *Qu'est ce qu'une chose ?*, Paris, Gallimard, 1971.

HERVIEU-LEGER (D.), *Le pèlerin et le converti, la religion en mouvement*, Paris, Flammarion, 1999.

HICK (J.), *An Interpretation of Religion*, London, Macmillan, 1991.

HOBBES (T.), *Léviathan*, Paris, Sirey, 1971.

HUNTINGTON (S.P.), *Le choc des civilisations*, Paris, Odile Jacob, 2000.

HUSSERL (E.), *Méditations cartésiennes*, Paris, Vrin, 1976.

INSEE, *Tableau de l'économie française, 1998-99.*

JACKSON, *The Oriental religions and american Thought*, Westport, Londres, Greenwood Press, 1981.

JAMES (W.), *The Varieties of Religious Experience*, New York, Penguin Books, 1958.

JANSEN (M.), ROZMAN (G.), *Japan in Transition, from Tokugawa to Meiji*, Princeton, Princeton University Press, 1986.

JASPERS (K.), *Les grands philosophes*, Paris, Presses Pocket, 1989.

KANT (E.), *Œuvres philosophiques, Critique de la Raison Pure*, Paris, Gallimard, 1980.

– *Idée d'une histoire universelle au point de vue cosmopolitique*, in *Œuvres complètes* Paris, Gallimard, 1985.

KEMPER (S.), *The Presence of the Past : Chronicles, Politics and Culture in Sinhala life*, Ithaca, Cornell University Press, 1991.

KHUN (T.), *La structure des révolutions scientifiques*, Paris, Flammarion, 1983.

KNOX (R.), *Relation de l'île de Ceylan*, Paris, Maspero, 1983.

KOLM (S-C.), *Sortir de la crise*, Paris, Hachette, 1984.

KOSAMBI (D-D.), MOLAMOUD (C.), *Culture et civilisation de l'Inde ancienne*, Paris, Maspero, 1970.

LAMBALLE (A.), *Le problème tamoul à Sri Lanka*, Paris, L'Harmattan, 1985.

LEVEAU (R.), WITHOL de WENDEN (C.), MOHSEN-FINAN (K.), (Dir.) *De la citoyenneté locale*, Paris, Institut Français des Relations Internationales, 2003.

LEVI-STRAUSS (C.), *Race et Histoire*, Paris, Denoël, 1961.

LIEPIETZ (A.), *Qu'est-ce que l'écologie Politique ? La Grande transformation du XXIe siècle*, Paris, La Découverte/Syros, 1999.

LIPOVETSKY (G.), *L'ère du vide, Essai sur l'individualisme contemporain*, Paris, Gallimard, 1983.

– *L'empire de l'éphémère*, Paris, Gallimard, 1987.

LOVELOCK (J.), *La Terre est un être vivant : l'hypothèse Gaïa*, Paris, Rocher, 1986.

– *Gaïa's Defense*, Londres, Norton, 1988.

LOYRE (A.), *Du monde clos à l'univers infini*, Paris, Gallimard, 1973.

LÖWY, SAYRE, *Révolte et mélancolie*, Paris, Payot, 1992.

LYOTARD (J-F.), *La condition postmoderne*, Paris, Minuit, 1979.

MAFFESOLI (M.), *La transfiguration du politique. La tribalisation du monde*. Paris, Grasset, 1992.

MAITRE ECKHART, *Traités et Sermons*, Paris, Flammarion, 1993.

MANNHEIM (K.), *Idéologie et Utopie*, Paris, Rivière, 1966.

MARX, ENGELS, *L'idéologie allemande*, Paris, Éditions sociales, 1982.

MAUNG (M.), *Totalitarianism in Burma : Prospects for Economix Development*, NY, Paragon, 1992.

MOREAU (A.), *Le Nouvel Ordre intérieur*, Université de Vincennes, Paris, 1980.

MORIN (E.), *Autocritique*, Paris, Point, 1959.

– *Terre-Patrie*, Paris, Seuil, 1993.

MOSCOVICI (S.), *La machine à faire des Dieux*, Paris, Fayard, 1988.

NYANATILOKA, *Quintessence du Bouddhisme*, Paris, Librairie d'Amérique et d'Orient, 1955.

PAPAIOANNOU (K.), *De Marx et du marxisme*, Paris, Gallimard, 1983.

– *Hegel*, Agora, Seghers, 1962.

PARETO (V.), *Traité de sociologie générale*, Genève, Droz, 1968.

PASCAL, *Pensées*, Paris, Garnier-Flammarion, 1976.

PHADNIS (U.), *Religion and Politics in Sri Lanka*, New Delhi, Manohar Press, 1976.

PLATON, *La République*, Paris, GF-Flammarion, 1966.

– *Phèdre*, Paris, les Belles Lettres, 1978.

PLONGERON (B.), *Religion et sociétés en Occident*, Paris, 1979.

POPPER (K.), *La logique des découvertes scientifiques*, Paris, Payot, 1973.

REMOND (R.), *Religion et société en Europe*, Paris, Seuil, 1998.

RICŒUR (P.), *Temps et récits 3*, Paris, Seuil, 1985.

RIVIERE (C.), *Socio-anthropologie des religions*, Paris, Armand Colin, 1997.

ROMUALDI A., *Julius Evola. L'homme et l'œuvre*, Paris, Trédaniel, 1985.

SCHELLER (M.), *Nature et formes de la sympathie*, Paris, Payot, 1928.

SCHÜTZ (A.), *On Phenomenology and Social Relations*, Chicago, Chicago University Press, 1970.

RUSSEL (B.), *Science et religion*, Paris, Gallimard, 1971.

ROSNAY (J. de), *Le Macroscope*, Paris, Seuil, 1975.

SARTRE (J-P.), *L'existentialisme est un humanisme*, Paris, Folio, 1996.

SCHOPENHAUER (A.), *Le monde comme volonté et comme représentation*, Paris, PUF, 1966.

SCHUMACHER (E-F), *Small is beautiful : une société à la mesure de l'Homme*, Paris, Seuil, 1978.

SCHÜTZ (A.), *Éléments de sociologie phénoménologique*, Paris, L'Harmattan, 1998.

SCHWARZ (F.), *La Tradition et les voies de la connaissance, hier et aujourd'hui*, Paris, NADP, 1986.

SERRES (M.), *Le contrat naturel*, Paris, Flammarion, 1990.

– *Le tiers instruit*, Paris, Folio, 1992.

SERVIER (J.), *L'idéologie*, Paris, PUF, 1982.

SIFFIN (J-W.), *The Thai Bureaucracy. Institutional Change Development*, Honolulu, East-West Center Press, 1966.

SINGLY (F. DE), *L'enquête et ses méthodes : le questionnaire*, Paris, Nathan, 1992.

TAGUIEFF (P-A.), *La Force du préjugé. Essai sur le racisme et ses doubles*, Paris, La Découverte, 1988.

TAYLOR (R-H.), *The State in Burma*, Honolulu, University of Hawaii Press, 1987.

THOREAU (H-D), *Walden and Civil Disobedience*, New York, Penguin Books, 1986.

TOURAINE (A.), *Pourrons-nous vivre ensemble ? Égaux et différents*, Paris, Fayard, 1997.

TOURGUENIEV, *Pères et fils*, Paris, Gallimard, 1982.

VERNANT (J-P.), *L'individu, la mort, l'amour*, Paris, Gallimard, 1989.

WEBER (M.), *L'éthique protestante et l'esprit du capitalisme*, Paris, Plon, 1964.

– *Selections in translation*, Cambridge, Cambridge University Press, 1978.

– *Essai sur la théorie de la science*, Paris, Plon, 1987.

– *Essays on sociology*, London, Routledge, 1991.

– *Économie et société*, (t. 1, 2), Paris, Plon, 1995.

WILLAIME (J-P.), *Sociologie des religions*, Paris, PUF, 1995.

WITTGENSTEIN (L.), *Investigations philosophiques*, Paris, Gallimard, 1961.

– *Tractatus Logico Philosophicus*, Paris, Gallimard, 1961.

– *Remarques sur le Rameau d'Or de Frazer*, Genève, L'Âge d'Homme, 1982.

WOODARD (W-P.), *The Allied Occupation of Japan, 1945-1952, and Japanese Religions*, Leiden, Brill, 1972.

WOODHEAD (L.) (Dir.), *Religions in the Modern World. Traditions ans transformations*, London, Routledge, 2002.

IV / MONOGRAPHIES

BACKERT (B. de), *Bouddhismes en Belgique*, Centre de Recherches et d'Informations Sociopolitiques (CRISP), *Courrier Hebdomadaire*, n° 1768-1769, 2002.

BERKER (E.), *New Religious Movements : A Perspective for Understanding Society*, New York, Eldwin Mellen Press, 1982.

BITTON (M.), PANAFIT (L.), *Être juif en France aujourd'hui*, Paris, Hachette, 1997.

BOURDIEU (P.), *Les Règles de l'art. Genèse et structure du champ littéraire*, Paris, Seuil, 1992.

BURGAT (F.), *L'islamisme en face*, Paris, La Découverte, 1996.

CESARI (J.), *Être musulman en France aujourd'hui*, Paris, Hachette, 1997.

CHORON-BAIX, *Ma Lam du Sud du Laos réfugiés en France*, Thèse de Doctorat de 3e cycle, EHESS, 1983.

COLLECTIF, *Des ouvriers et des mots*, Paris, Presse de la FNSP, 1979.

DASSETTO (F.), *La construction de l'Islam européen. Approche socio-anthropologique*, Paris, L'Harmattan, 1996.

DERICQUEBOURG (R.), *Religions de guérison*, Paris, Cerf, 1988.

DEUTSCH, LINDON, WEILL, *Les familles politiques aujourd'hui en France*, Paris, Minuit, 1966.

DONEGANI (J-M.), *La liberté de choisir. Pluralisme religieux et pluralisme politique dans le catholicisme français contemporain*, Paris, Presses de la FNSP, 1993.

DUPRET (B.), *La peur et la séduction : l'autre dans l'imaginaire occidental et arabo-musulman*, Bruxelles, Sabir, 1992.

ETIENNE (B.), *La France et l'Islam* Paris, Hachette, 1989.

FREGOSI (F.), SAHAKIAN-MARCELLIN (S.), *Être catholique en France aujourd'hui*, Paris, Hachette, 1997.

FREGOSI (F.), *La formation des cadres religieux musulmans en France. Approches socio-juridiques*, Paris, L'Harmattan, 1998.

HAMMOND (P.), *Religion and Personal Autonomy ? The Third Disestablishment in America*, South Carolina Press of Columbia University, 1998.

KALTENBACH (A-H), *Être protestant en France aujourd'hui*, Paris, Hachette, 1998.

KEPEL (G.), *Les banlieues de l'Islam. Naissance d'une religion en France*, Paris, Seuil, 1987.

LAVAU, GRUNBERG, MAYER, *L'Univers politique des classes moyennes*, Paris, FNSP, 1983.

LIU (JTS.), *Reform in Sung China. Wang An-Shuh and its New Politics*, Cambridge, Harvard University Press, 1959.

LUO ZHUFENG (dir.), *Zhongguo sheshui zhuyi shiqi de zongjiao wenti* (Questions religieuses à l'époque du socialisme chinois), Shanghai, Académie des sciences sociales, 1987.

MICHELAT (G.), SIMON (M.), *Classe, religion et comportement politique*, Paris, Presses de la FNSP / Éditions sociales, 1977.

MURAKAMI (S.), *Japanese Religion in the Modern Century*, Tokyo, University of Tokyo Press, 1980.

REGINENSI (L.), *La socialisation politique par la catéchèse*, Thèse de doctorat, Aix-en-Provence, IEP, 1998 (en cours de publication aux éditions de l'Harmattan).

ROBERTI (J-C.), *Être orthodoxe en France aujourd'hui*, Paris, Hachette, 1998.

SUTTER (J.), *La vie religieuse des Français à travers les sondages d'opinion, 1944-1976*, Paris, CNRS, 1984.

WEIL P., *A quoi rêvent les années 90. Les nouveaux imaginaires. Consommation et communication*, Paris, Seuil, 1993

V / ARTICLES DE REVUES SCIENTIFIQUES

Alternatives non-violentes :

DELORME (C.), « Aun San Suu Kyi, la dame de Rangoon : Rencontre avec U Aung Ko », *Alternatives non-violentes*, n° 111, été 1999.

LIOGIER (R.), La non-violence bouddhiste : de la simple hygiène spirituelle au projet de société, in *Alternatives non violentes*, n° 111, été 1999.

ROMMELUERE (E.), Le bouddhisme engagé, in *Alternatives non violentes*, n° 111, été 1999.

SULAK (S.), L'attention éthique, in *Alternatives non-violentes*, n° 111, été 1999.

ARNASON (J.), « The Imaginary Constitution of Modernity », in *Revue européenne des sciences sociales*, n° 20, Genève, 1989.

BARBIER (R.), « L'émotionalisme dans les nouvelles techniques de groupes », in *Informations sociales*, Paris, CNAF, 5/1977.

BAREAU (A.), « Le Bouddha et les Rois », in *Bulletin de l'École Française d'Extrême-Orient*, t. 1, 1993.

BARTHOLOMEUSZ, « Sri Lankan Women and the Buddhist Revival », in *Iris*, 12/1, Automne-Hiver, 1991.

BERNIER (B.), « Religion et politique au Japon : le culte de l'empereur », in *Anthropologie et Sociétés*, vol. 6, n° 1, 1982.

BOURDIEU (P.), « Genèse et structure du champ religieux », in *Revue française de sociologie*, 12/3, 1971.

– « La production de la croyance », in *Actes de la recherche en sciences sociales*, 13, 1977.

BROW (J.), « In Pursuit of Hegemony : Representations of Authority and Justice in a Sri Lankan Village », in *American Ethnologist*, vol. 15, n° 2, 1988.

Cahiers Français :

BAUBEROT (J.), « Laïcité et sécularisation dans la crise de la modernité en Europe », in *Cahiers Français*, La Documentation Française, n° 273, octobre-décembre 1995.

CHAMPION (F.), « Nouveaux Mouvements Religieux et nouvelles religiosités mystiques ésotériques », in *Cahiers Français*, n° 273, oct.-déc. 1995.

CAILLAT (C.), FUSSMANN (G.), « Les études bouddhiques et Jaïna », in *Le courrier du CNRS*, n° 34, 1979.

CARLEBACH (J.), « Marx et la critique de la religion », in *Philosophie*, Minuit, n° 31, été 1991.

CASANOVA (J.), « Private and Public Religions », in *Social Research*, vol. 59, n° 1, printemps 1992.

CHAMPION (F.), « Nouveaux Mouvements Religieux et conflits de société », in *XXe siècle. Revue d'Histoire*, n° 19, juillet-septembre 1988.

– « Du mal nommé "retour du religieux" », in *Projet*, n° 200, juillet-août 1986.

– « Les sociologues de la postmodernité religieuse et la nébuleuse mystique-ésotérique », in *Archives de Sciences Sociales des Religions*, n° 67/1 (janvier-mars), 1993.

– « La croyance en l'alliance de la science et de la religion dans les nouveaux courants mystiques et ésotériques », in *Archives de Sciences Sociales des Religions*, n° 87, 1993.

– « Religions, approches de la Nature et écologies », in *Archives de Sciences Sociales des Religions*, n° 90, avril-juin 1995.

– « Approches sociologiques des nouvelles spiritualités mystiques-ésotériques », in *Variations herméneutiques* (Bulletin de l'IRHS : Institut Romand d'Herméneutique et de Systématique, Faculté de théologie de l'université de Neuchâtel), n° 5, septembre 1996.

CHAMPION (F.), COHEN (M.), « Recompositions, décompositions. Le renouveau charismatique et la nébuleuse mystique-ésotérique depuis les années soixante-dix », in *Le Débat*, n° 75, mai-août 1993.

CHORON-BAIX (C.), « Mo Lam du Sud Laos réfugiés en France », in *Péninsule*, vol. 15, n° 8-9, 1984.

– « Mo Lam du Sud Laos réfugiés en France », in *Cahier de Littérature Orale*, n° 17, 1985.

– « Un monastère lao dans la banlieue parisienne », in *Terrain*, n° 7, 1986.

« Chronique monastique », in *Collectanera Cisterciensia*, n° 2.

CLARKE (M.), « On the concept of sub-culture », in *British Journal of Sociology*, décembre 1974.

COLLINS (S.), « Louis Dumont and the Study of Religions », in *Religious Studies Review*, vol. 15, n° 1, 1989.

– « The Lion's Roar on the Wheel-Turning King : A reponse to Andrew Huxley's "The Buddha and The Social Contract" », in *Journal of Indian Philosophy*, n° 24, 1996.

COLLIOT-THELENE (C.), « Max Weber et l'héritage de la conception matérialiste de l'histoire », in *Philosophie*, n° 31, été 1991.

Dalhousie French Studies :

ALLET (H.), « L'alternative bouddhiste de Gary Snyder », in BROWN.

LIOGIER (R.), « Bouddhisme et critique de la modernité », *Dalhousie French Studies*, vol. 46, printemps 1999.

BROWN (J.), « An Emerging Spirituality in Contemporary France : Shambhala / Buddhism », in *Dalhousie French Studies*, vol. 46, printemps 1999.

KOLM (S-C.), « La philosophie bouddhiste et les "hommes économiques" », in *Dalhousie French Studies*, Special Issue, vol. 46, spring 1999.

LIOGIER (R.), « L'idéologie bouddhiste face à la crise des valeurs occidentales », in *Dalhousie French Studies*, vol. 37, hiver 1996.

– « Préface : Continuité et rupture du criticisme bouddhique et de l'idéologie des Lumières », *Dalhousie French Studies*, vol. 46, printemps 1999.

– « La signification politique de la critique bouddhique de la modernité », in *Dalhousie French Studies*, vol. 46, printemps 1999.

DEMIEVILLE (P.), « Le bouddhisme et la guerre », in *Choix d'Études Politiques (1929-1970)*, Leiden, Brill, 1993.

DURKHEIM (E.), « De la définition des phénomènes religieux », in *Année sociologique*, II, 1897-1898.

Études :

GIRA (D.), « Présence bouddhiste en France », in *Études*, t. 370, n° 2, février 1989.

MAGNIN (P.), « Le bouddhisme en France et en Chine populaire », in *Études*, t. 370, n° 2, février 1989.

Futuribles, analyse et prospective :

BRECHON (P.), « L'évolution du religieux », in *Futurible, L'univers des croyances,* janvier 2001, n° 260.

– « Des valeurs politiques entre pérennité et changement », in *Futurible, Les valeurs des Européens,* juillet-août 2002, n° 277.

CHAMPION (F.), « Univers mystique-ésotérique et croyances parallèles », in *Futurible, L'univers des croyances,* janvier 2001, n° 260.

DONNADIEU (G.), « Vers un marché religieux ? », in *Futurible, L'univers des croyances,* janvier 2001, n° 260.

GALLAND (O.), « Les dimensions de la confiance », in *Futurible, Les valeurs des Européens,* juillet-août 2002, n° 277.

LAMBERT (Y.), « Le devenir de la religion en Occident. Réflexion sociologique sur les croyances et les pratiques », in *Futurible, L'univers des croyances,* janvier 2001, n° 260,

– « Religion : l'Europe à un tournant », in *Futurible, Les valeurs des Européens,* juillet-août 2002, n° 277.

MICHELAT (G.), « L'essor des croyances parallèles », in *Futurible, L'univers des croyances,* janvier 2001, n° 260.

WILLAIME (J-P.), « Protestantisme évangélique et pentecôtiste », in *Futurible, L'univers des croyances,* janvier 2001, n° 260.

GABAUDE (L.), « Bouddhisme et monde moderne », in *Cahiers de la pastorale des migrants*, n° 37, 1989.

GABAUDE (L.), « Rejet et accueil de l'Occident d'après les instructions de Buddhadasa Bhikkhu à des moines bouddhistes missionnaires thaïs », in *Bulletin de l'École Française de l'Extrême-Orient*, t. 15, 1978.

GOSKHALE (B.G.), « The Early Buddhist View of the State », in *Journal of the American Oriental Society*, n° 89, 1969.

GOSLING (D-L.), « Thai Buddhism in Transition », in *Religion*, vol. 7, 1977.

GRAUBARD (S-R.), « Religion and Politics », in *Daedalus*, summer 1991.

Hermès :

LIVET (P.), « Médias et limitation de la communication », in *Hermès*, n° 4, Paris, CNRS, 1989.

TOURAINE (A.), « Communication politique et crise de la représentativité », in *Hermès*, n° 4, Paris, CNRS, 1989.

WOLTON (D.), « La communication politique, construction d'un modèle », in *Hermès*, n° 4, Paris, CNRS, 1989.

HIEBERT (M.), « The people's Buddhism in People's Republic », *Far Eastern Economic Review*, Hong Kong, mars 1988.

HOURMANT (L.), « De la secte aux "nouveaux mouvements religieux" : continuité ou rupture », in *Bulletin of the Institute of oriental Philosophy*, vol. 12, 1996.

– « Le Reiyuakai japonais en France : entre religion et mouvement de transformation personnelle », in *Recherches Sociologiques*, n° 3, 1995.

HOURS (B.), « Pouvoirs et territoires bouddhistes », in *Revue Française d'Anthropologie*, vol. 21, n° 3, 1981.

HUNTINGTON (S.), « The Clash of Civilizations ? », in *Foreign Affairs*, été 1993.

INGLEHART (R.), NORRIS (P.), « The True Clash of Civilizations », in *Foreign Policy*, mars-avril 2003.

INGLEHART (R.), « Globalization and Postmodern Values », in *The Washington Quarterly*, 23:1, hiver 2000.

ISHIYAMA (Y.), « Le statut politique du bouddhisme tibétain dans la première moitié du XVIIIe siècle », in *Tohogaku*, n° 77, 1989.

Japanese Journal of Religious Studies **:**

METRAUX (D-A.), « The Dispute between the Soka Gakkai and the Nichiren Shoshu Priesthood. A lay Revolution against a Conservative Clergy », in *Japanese Journal of Religious Studies*, n° 19, 1992.

READER (I.), « Back to the Future : Images of Nostalgia and Renewal in a Japanese Religious Context », in *Japanese Journal of Religious Studies*, vol. 14, n° 4, décembre 1987.

Journal of Asian Studies **:**

GEOFFREY (S.), MILLER (B-D), « On Tibet as a Stateless Society », in *Journal of Asian Studies*, vol. 41, n° 4, 1982.

KEYES (C-F.), « Buddhism and National Integration in Thailand », in *Journal of Asian Studies*, mai 1971.

Journal of Chinese Religions **:**

POWELL (W.), « More laughter at Tiger Cree : impression of Buddhism in modern China », in *Journal of Chinese Religions*, Boulder, n° 12, automne 1984.

SPONBERG (A.), « The study of Buddhism in China : some observations on the Chinese Buddhist Association and its seminary », in *Journal of Chinese Religions*, Boulder, n° 12, automne 1984.

YAN (Y-H.), « The religious situation and the studies of Buddhism and Taoism in China : an incomplete and unbalanced picture », in *Journal of Chinese Religions*, n° 12, automne 1984.

Journal of the Siam Society **:**

« Continuities in Highland and lowland religious of Thailand », in *Journal of the Siam Society*, n° 1, 1989.

DURRENBERGER (E-P.), « Continuities in Highland and Lowland Religions of Thailand », in *Journal of the Siam Society*, vol. 77, n° 1, 1989.

KYAW (A.), « The Sangha Organization in Nineteenth Century Burma and Thailand », in *Journal of the Siam Society*, vol. 72, n° 1-2, 1984.

HALMAN (L.), « Individualism in individualized Society ? Results from the European Values Surveys », in *International Journal of Comparative Sociology*, vol. 37, n° 3-4, décembre 1996.

JUNGHARE (I-Y.), « Dr. Ambedkar : the Hero of the Mahars, ex-Untouchables of India », in *Asian Folklore Studies*, vol. 47, n° 1, 1988.

KEYES (C-F.), « Buddhist Politics and their Revolutionary Origins in Thailand », in *International Political Science Review*, 10, 1, février 1989.

KIRSCH (A-T.), « Text and context : Buddhist Sex Roles », in *American Ethnologist*, vol. 12, n° 2, 1985.

« Karlfried Graf Dürckeim : Textes et témoignages inédits », *Question de*, n° 81, 1990.

« Le religieux dans le politique », in *Le Genre Humain*, Seuil, 1989.

« Le statut politique du bouddhisme tibétain dans la première moitié du XVIIIe siècle », in *Tohoyaku*, n° 77, 1989.

« Le temps de la dispersion et de l'exil : témoignages », in *Spiritus France,* vol. 27, n° 102, 1986.

« Les Études bouddhiques », in *Courrier du CNRS*, n° 34, 1979.

LEVEAU (R.), SCHNAPPERS (D.), *Les temps modernes* (n° spécial), 1984.

LIOGIER (R.), « La pertinence contemporaine du bouddhisme », in *Revue des Deux Mondes,* juin 1996.

– « La modernité trahie », in *Revue des Deux Mondes,* juin 1999,

– « Un nouveau mouvement religieux face à la modernité : la Soka Gakkai », in *Religion, secte et pouvoir, Rives nord-méditerranéennes,* 10, 2002,

– « Le bouddhisme occidentalisé, laboratoire privilégié des processus contemporains de légitimation », in *Le bouddhisme des Français : approche sociologique. Les cahiers du CEIFR,* Paris, EHESS, 2002.

– « La religion déniée. La conversion au Bouddhisme comme mode religieux d'incorporation de la culture montante des sociétés "post-industrielles" », in *Diaspora. Histoire et Sociétés,* novembre 2003.

LINSSEN (R.), « Le Bouddhisme et la science moderne », in *France-Asie*, V, 46-47, janvier 1950.

LINTNER (B.), « An Army of Monks », *Far Eastern Economic Review,* Hong Kong, septembre 1988.

« Ma Loun du Sud », in *Cahier de la Littérature Orale*, n° 17, 1985.

MATTHEWS (B.), « The challenge of modernity in Theravada Buddhism », in *Studies in religion,* vol. 11, n° 4, 1982.

MARR (D-G.), « Church and State in Vietnam », in *Indochina Issues,* n° 74, avril 1987.

MAY (J.), « Buddhist and Christian Responses, to social and technical Revolution », in *Dialogue, Newseries*, vol. 7, n° 1, 1980.

MERLEAU-PONTY (M.), « Le philosophe et la sociologie », in *Cahiers Internationaux de Sociologie,* vol. X, 1951.

NAESS (A,) « The Shallow and the Deep, Long-Range Ecology Movement. A summary », in *Inquiry,* vol. 16, 1973.

– « The Deep Ecological Movement : some philosophical Aspects », in *Philosophical Inquiry,* vol. 8, 1986.

NEPOTE (J.), « Une approche socio-historique du monachisme Theravada II », in *Péninsule : Études Interdisciplinaires sur l'Asie du Sud-Est péninsulaire*, n° 2, 1981.

NISSAN (E.), « Polity and Pilgrimage Centres in Sri Lanka », in *Man*, vol. 23, n° 2, 1988.

OBADIA (L.), « Bouddhisme et diaspora : rôles et effets du bouddhisme dans l'exil tibétain », in *Approches Asie,* n° 15, novembre 1997.

OPHULS (W.), « Political Values for an Age of Scarcity : Buddhist politics », in *American Theosophist*, 69 (5), mai 1981.

PERCHERON (Y.), « Religion, Acculturation and political Socialization », *West European Politics,* n° 15, vol. 15, 1982.

« Pouvoirs et territoires bouddhistes », in *L'Homme, Revue Française d'Anthropologie*, vol. 21, n° 3, 1981.

PYE (L.W.), « Culture and Political Science : Problems in the Evaluation of the Concept of Political Culture », in *Social Science Quaterly*, 53-2, septembre 1972.

RAGUIN (Y.), « Le bouddhisme face aux problèmes du monde moderne », in *Bulletin du Secrétariat pour les non-chrétiens*, n° 20, 1972.

RASMUSSEN (K.), « Tibet : From Resistance to Exile : A Story about Expansion, Power Politics and a Forgotten Refugee Problem », in *Iwgia-Newsletter*, n° 42, 1985.

REICHEL (P.), « Politische Kultur zwischen Polemik und Ideologiekritik », in *Politische Vierteljahresschrift*, 22, 1981.

REISCHAUER (E-K.), « Catechism of the Shin Sect », *Transaction of the Asiatic Society of Japan,* vol. 38, 1912.

« Religion et Pouvoir », *Télemme*, n° 18, avril 2000.

***Revue Française de Science Politique* :**

BONFILS (B.), « Connaissance scientifique et connaissance profane. De la générativité paradigmatique de l'opinion », in *Revue Française de Science Politique*, vol. 40, n° 3, juin 1990.

DONEGANI (J-M.), « Itinéraire politique et cheminement religieux », in *Revue Française de Science Politique*, n° 4-5, vol. 29, 1979.

KITSCHELT (H.), « La gauche libertaire et les écologistes français », *Revue Française de Science Politique*, Presse de la FNSP, vol. 40, n° 3, juin 1990.

MERLE (P.), « L'*homo politicus* est-il un *homo oeconomicus*. L'analyse économique du choix politique : approche critique », in *Revue Française de Science Politique*, vol. 40, n° 1, février 1990.

ROBERT (J-N.), « Les religions du Japon », in *Le Courrier du CNRS*, suppl. n° 48, 1982.

ROKKAN (S.), « Towards a Generalized Concept of « Verzuiling » (Pillarisation) : A preliminary note », in *Political Studies*, 25, 1977.

SARVAPALLI (G.), « Crisis of Secularism in South Asia », in *Pravada*, vol. 2, n° 7, 1993.

SCHALK (P.), « Articles 9 and 18 of the Constitution as Obstacles to Peac »e, in *Lanka*, 5, 1990.

SENEVIRATNE (H-L.), « Kingship and polity in Buddhism and Hinduism », in *Contribution to Indian Sociology*, vol. 21, n° 1, 1987.

SILVERSTEIN (J.), « The Idea of Freedom in Burma and the Political Thought of Daw Aung San Suu Kyi », in *Pacific Affairs*, 69, 2, 1996.

***Social Compass* :**

CHAMPION (F.), « Individualisme, protestation holiste et hétéronomie dans les mouvances mystiques et ésotériques contemporaines », in *Social Compass*, vol. 38, n° 1, 1991.

CHAMPION (F.), « D'une alliance entre la religion et utopie post-68 », in *Social Compass*, vol. 36, n° 1, 1999.

HOURMANT (L.), « Les nouveaux mouvements religieux japonais en France : entre laïcisation et euphémisation du sacré », in *Social Compass*, vol. 2, n° 42 juin 1995.

HOUTART (F.), « Theravada Buddhism and Political Power. Construction and Destructuration of its Ideological Function », in *Social Compass*, vol. 24, n° 2-3, 1977.

STRENSGI (I.), « Levi-Strauss and the Buddhists », in *Comparative Studies in Society and History*, vol. 22, n° 1, 1980.

TAMBIAH (S-J.), « Buddhism and this world worldly activity », in *Modern Asian Studies*, 7(1), 1973.

« The two functions of ethnocentrism in the process of modernity : the tibetan case », in *Practicing Anthropology*, vol. 13, n° 1, 1991.

VANDERMEERSCH (L.) (dir.), « Bouddhisme et politique en Asie orientale », in *Problèmes Politiques et Sociaux*, La documentation française, n° 603, mars 1989.

VI / Articles et textes extraits d'ouvrages

Bouddhistes :

AITKEN (R), « Precepts and Responsible Practice », in *Engaged Buddhist Reader*, Berkeley, Parallax Press, 1998.

– « Buddhism and the Possibilities of a Planetary Culture », in *Engaged Buddhist Reader*, Berkeley, Parallax Press, 1998.

BUDDHADASA (B.), « Le socialisme démocratique », in *Bouddhisme et Socialismes*, Paris, Les Deux Océans, 1987.

– « Le socialisme dhammique autoritaire », in *Bouddhisme et Socialismes*, Paris, Les Deux Océans, 1987.

DALAÏ-LAMA, « Discours du Prix Nobel », in *Une politique de la bonté*, Vernègues, Éditions Claires Lumière, 1993.

– « La compassion en politique », in *Cent éléphants sur un brin d'herbe*, Paris, Seuil, 1990.

– « Une approche éthique de la protection de l'environnement », in *Une politique de la bonté*, Vernègues, Claire Lumière, 1993.

MOHAN (W.), « Sangama-sutta : La guerre et la paix, Pabbatupama-sutta : Les guerres pendant les avalanches », in : MOHAN, *Sermons du Bouddha*, Cerf, 1988.

– « Aputtaka-sutta, Mallika-sutta : la richesse chez l'avare », in : MOHAN (W.), *Sermons du Bouddha*, Cerf, 1988.

SNYDER (G.), « Buddhism and the coming revolution », in *Earth House Hold,* New York, New Directions, 1957.

– « Buddhism and the Possibilities of Planetary Culture », in EPPSTEINER, MALONEY, *The Path of Compassion : Contemporary Writings on Engaged Buddhism*, Berkeley, White Pine Press, 1985.

SUMEDHO (A.), « Ere nucléaire et responsabilité individuelle », in CHAH, SUMEDHO, TIRADHAMMO, *La méditation selon la tradition des moines de la forêt,* Kandersteg, Éditions Dhammapala, 1991.

THICH NHAT HANH, « The Third Way », in HOPE, YOUNG, *The Struggle for Humanity : Agents of Nonviolent Change in a Violent World,* Maryknoll, Orbis Books, 1977.

– « Diet for a Mindful Society », in *Engaged Buddhist Reader,* Berkeley, Parallax Press, 1998.

Sur le bouddhisme :

BADINER (A-H.), « Dharma Gaïa », in *Engaged Buddhists Reader*, Berkeley, Parallax Press, 1998.

BAKER (R.), « Buiding *Sangha* », in *Engaged Buddhists Reader*, Berkeley, Parallax, 1998.

BARNES (N-J.), « Buddhist Women and Nuns'Order in Asia », in QUEEN, KING, *Engaged Buddhism.*

BARREAU (A.), « Le bouddhisme indien », in *Les religions de l'Inde*, III, Paris, Payot, 1966.

CARRITHERS (M.), « Le bouddhisme au Sri Lanka », in BECHERT, GOMBRICH, *Le Monde du bouddhisme,* Paris, Bordas, 1984.

DEMIEVILLE (P.), « Préface », in RAHULA, *L'enseignement du Bouddha d'après les textes les plus anciens*, Paris, Seuil, 1961.

DO (T.), « The Quest for Enlightenment and Cultural Identity : Buddhism in Contemporary Vietnam », in HARRIS, *Buddhism and Politics in twentieth-century Asia,*

FITZGERALD (T.), « Politics and Ambedkar Buddhism in Maharashtra », in HARRIS, *Buddhism and Politics in twentieth-century Asia*, Londres, Pinter, 1999.

FRANCO (G.), « Thaïlande, les larmes du Bouddha », in *Autrement* (hors série), n° 43, 1990.

GABAUDE (L.), « Le bouddhisme en Thaïlande », in BERVAL, *Présence du bouddhisme*, Paris, Gallimard, 1987.

– « Le bouddhisme en Thaïlande et au Laos », in *Le fait religieux dans l'enseignement : le bouddhisme,* La Boulaye, Centre Bouddhique Vajrayana, 1995.

HOURMANT (L.), « La Soka Gakkai : un bouddhisme "paria" en France ? », in CHAMPION, COHEN, *Sectes et démocratie,* Paris, Seuil, 1999.

JAYATILAKE (D-B.), « All Ceylan Buddhist Congress », in *Diamond Jubilee Celebrations (1919-1979),* Colombo, Metro Printers, 1980.

KABILSINGH (C.), « in Early Buddhist Views on Nature », in *Engaged Buddhist Reader,* Berkeley, Parallax Press, 1998.

KAWANAMI (H.), « Japanese Nationalism and the Universal Dharma », in HARRIS, *Buddhism and Politics in twentieth-century Asia,* Londres, Pinter, 1999.

KING (S-B.), « Thich Nhat Hanh and the Unified Buddhist Church : Non dualism in Action », in QUEEN, KING, *Engaged Buddhism. Buddhist Liberation Movements in Asia,* New York, State University of New York Press, 1996.

– « HUMAN Rights in Contemporary Engaged Buddhism », in Jackson, Makransky, *Buddhist Theology. Critical Reflexions by Contemporary Buddhist Scholars*, New York, Curzon, 1998.

LAFONT (P-B.), « Le Bouddhisme vietnamien », in *Encyclopédie de la Pléiade, Histoire des religions*, Paris, Gallimard, 1976.

LIOGIER (R.), « Orientations idéaltypiques bouddhistes en contexte social occidental et évolutions normatives internes », in Liogier R. (dir.) *Droit et Bouddhisme*, Strasbourg, Presses Universitaires de Strasbourg, 2003.

– « La politique de la Soka Gakkai en interaction avec l'environnement national et local », in F. Frégosi, J.P. Willaime (dir.), *Le religieux dans la Commune. Les régulations locales du pluralisme religieux en France,* Genève, Labor et Fides, 2001.

MACY (J.), « The greening of the self », in *Engaged Buddhist Reader*, Berkeley, Parallax Press, 1998.

MAC HALE (S.), « Imagining Human Liberation : Vietnamese Marxists Confront Buddhism », acte de : *The Nordic Institute of Asian Studies Conference on Vietnam,* Copenhague, 19-21 août 1993.

MATTHEWS (B.), « The Legacy of Tradition and Authority : Buddhism and Nation in Myanmar », in HARRIS, *Buddhism and Politics in twentieth-century Asia,* Londres, Pinter, 1999.

QUEEN (C-S.), « Dr. Ambedkar and the Hermeneutics of Buddhist Liberation », in QUEEN, KING, *Engaged Buddhism, Buddhist Liberation Movements in Asia*, New York, State University New York Press, 1996.

SCHWARTZ (R-D.), « Renewal and Resistance : Tibetan Buddhism in the Modern Era », in HARRIS, *Buddhism and Politics in twentieth-century Asia,* Londres, Pinter, 1999.

SPONBERG (A.), « TBMSG : A Dhamma Revolution in Contemporary India », in QUEEN, KING, *Engaged Buddhism, Buddhist Liberation Movements in Asia*, New York, State University New York Press, 1996.

SWEARER (D-K.), « Fundamentalist Movements in Theravada Buddhism », in MARTY, APPLEBY, *Fundamentalism Observed,* Chicago, University of Chicago Press, 1991.

– « Sulak Sivaraksa's Buddhist Vision for Renewing Society », in QUEEN, KING, *Engaged Buddhism. Buddhist Liberation Movements in Asia,* New York, State University of New York, 1996.

THE ANH (N.), « L'engagement politique du bouddhisme au Sud Viêt-nam dans les années soixante », in VANDERMEERSCH, *Bouddhisme et politique en Asie Orientale,* n° 603, mars 1989.

Généraux :

BAUBEROT (J.), « Le cas français ou l'impossible religion civile », in BABES, *Les nouvelles manières de croire*, Paris, Édition de l'Atelier, 1996.

BERGSON (H.), « Les deux sources de la morale et de la religion », in : *Œuvre,* Paris, PUF, 1959.

« Ceylan : Text of the Constitution, in Asian-African Legal Consultative Commitee », *Constitutions of Asian Countries,* Bombay, Tripathi Private, 1968.

CHAMPION (F.), « Orientations psycho-religieuses des courants mystiques et ésotériques contemporains », in D*e l'émotion en religion*, GSR, CNRS, Paris, Cerf, 1990.

– « La nébuleuse mystique-ésotérique : une décomposition du religieux ente humanisme revisité, magique, psychologique », in *Le défi magique. Ésotérisme, occultisme, spiritisme,* Lyon, PUL, 1994.

– « Avant-propos » (avec J. Baubérot et H. Hasquin), in DIERKENS, *Pluralisme religieux et laïcités dans l'Union européenne*, Bruxelles, Éditions de l'université de Bruxelles, 1994.

– « Du côté du New Age », in ABEL, *Le réveil des Anges, messagers des peurs et des consolations*, Paris, Autrement, n° 162, mars 1996.

– « De l'émancipation des sociétés européennes à l'égard de la religion », in LAMBERT, MICHELAT, PIETTE, *Le Religieux des sociologues*, Paris, L'Harmattan, 1997.

CHANCEL (J.), « En deçà, au-delà du politique... », in *Les révolutions minuscules,* Paris, Autrement, 1993.

CHESNAUX (J.), DEMIEVILLE (P.), HERVOUET (Y.), « Chine, L'Empire du Milieu, Littérature », in *Encyclopaedia Universalis*, Corpus, t. 5.

COHEN (M.), « Le renouveau catholique et juif en France », in CHAMPION, HERVIEU-LEGER, *De l'émotion en religion*, Paris, Centurion, 1990.

COTTA (J.), MARTIN (P.), « Les sectes japonaises : trust, industrie, mafia », in *Dans le secret des sectes*, Paris, Flammarion, 1992.

DE SILVA (K-M.), « Religion », in *Sri Lanka : A Survey*, Honolulu, University of Hawaii Press, 1977.

– « Religion and the State », in DE SILVA, *Sri Lanka : Problems of Governance*, Kandy, ICES, 1993.

DE SILVA (C.R.), « Éducation », in DE SILVA, *Sri Lanka : A Survey*, Honolulu, University of Hawaii Press, 1977.

DERRIDA (J.), « Foi et savoir », in DERRIDA, VATTIMO, *La religion*, Paris, Seuil, 1996.

FAVRE (P.), « Histoire de la science politique », in GRAWITZ, LECA, *Traité de science politique*, Paris, PUF, 1985.

HERMET (G.), « L'individu-citoyen dans le christianisme occidental », in BIRNBAUM, LECA, *Sur l'individualisme*, Paris, PFDSP.

HERVIEU-LEGER (D.), « "Renouveaux" religieux et nationalistes : la double dérégulation », in BIRNBAUM, *Sociologie des nationalismes*, Paris, PUF, 1997.

– « Sectes d'hier, sectes d'aujourd'hui », in CHAMPION, COHEN, *Sectes et démocratie*, Paris, Seuil, 1999.

HOURMANT (L.), « Transmettre la culture religieuse à l'école publique », in MESSNER, *La Culture religieuse à l'école*, Paris, Cerf, 1995.

– « Religion et sécularisation : principales tendances », in FORSE, LANGLOIS, *Tendances comparées des sociétés post-industrielles*, Paris, PUF, 1995.

– « Le Reiyuakai japonais en France : entre religion et mouvement de transformation personnelle », in *Régulations religieuses du corps et de la nature*, Actes du colloque du SISR, Québec, 26-30 juin 1995.

LAMBERT (Y.), « Que ce soit la gauche ou la droite, c'est pareil », in BAUDELOT, MAUGER, *Jeunesses populaires. Les générations de la crise*, Paris, L'Harmattan, 1994.

LECA (J.), « Individualisme et citoyenneté », in BIRNBAUM, LECA, *Sur l'individualisme*, Paris, PFNSP, 1986.

MENDEL (M.), « De la régression du politique au psychique », in *Sociopsychanalyse I*, Paris, Payot, 1972.

PACE (E.), « Sectes religieuses et sectes politiques », in CHAMPION, COHEN, *Sectes et démocratie*, Paris, Seuil, 1999.

SCHROETER (G.), « Dialogue, Debate, or Dissent ? The Difficulties of Assessing Max Weber's Relation to Marx », in ANTONIO, GLASSMAN, *A Weber-Marx Dialogue*, Topeka, University of Kansas Press, 1985.

SCHMEIL (Y.), « Les cultures politiques », in GRAWITZ, LECA, *Traité de science politique*, Paris, PUF, t. 3, 1985.

WILSON (A.), « Politics and Political Development since 1948 », in DE SILVA, *Sri Lanka : A Survey*, Honolulu, University of Hawaii Press, 1977.

VII / ARTICLES DE REVUES ET MAGASINES EXPLICITEMENT BOUDDHISTES

Actualités tibétaines :

DALAÏ-LAMA, « Paroles », in *Actualités tibétaines*, vol. IV, n° 3, automne 1993.

« Le Dalaï-Lama redemande la libération d'Aung San Suu Kyi », in *Actualités tibétaines*, vol. IV, n° 3, automne 1993.

VIDAL (L.), « Le Dalaï-Lama : le seul chef d'État qui médite cinq heures par jour », in *Actualités tibétaines*, vol. IV, n° 3, automne 1993.

ARIYARATNE (A-T.), « Sarvodaya, Non-Partisan But Committed », in *Dana*, vol. 14, n° 9-12, septembre-décembre, 1988.

Buddhist Peace Fellowship :

AITKEN (R.), « Peace, Buddhism and perennial knowledge », in *Buddhist Peace Fellowship Newsletter*, n° 6 (3), juillet 1984.

BUDDHIST CHURCHES OF AMERICA SOCIAL ISSUES COMMITTE, « A Shin Buddhist Stance on Abortion », in *Buddhist Peace Fellowship Newsletter*, juillet 1984, n° 63.

JACOBSON (N-P.), « The Religion Analysis and the Spirit of Modern Science », in *The World Fellowship of Buddhists News Bulletin*, vol. 6, n° 5, 1969.

KIRTHISINGHE (B-P.), « Buddhism : A democratic and scientific Way of Life », in *World Fellowship of Buddhists Review*, vol. 7, n° 2 et 3, 1971.

THICH NHAT HANH, « Action and compassion in the world », in *Buddhist Peace Fellowship Newsletter*, 7 (3), 1971.

DALAÏ-LAMA, « Love, Altruism, Vegetarism, Anger and the Responsibilities of Teachers », in *The Middle Way*, n° 6 (2), août 1985.

Dharma :

« Cheminement spirituel dans la vie quotidienne », in *Dharma*, n° 14, juin-septembre 1992.

CHEVASSUT (D.), « Bouddhisme et bioéthique », in *Dharma*, septembre 1991.

« Compassion et sagesse », *Dharma*, n° 2, été 1988.

« Convergence du christianisme et du bouddhisme », in *Dharma*, n° spécial 18, automne 1993.

DALAÏ-LAMA, « L'esprit et la nature », in *Dharma*, n° 16, janvier-mai 1993.

– « De l'esprit et de la nature », in *Dharma*, janvier-mai 1994.

– « Environnement et responsabilité », in *Dharma*, n° spécial, avril 1997.

DHAMMA (R.), « Notre responsabilité dans l'environnement », in *Dharma*, n° 16, janvier-mai 1993.

« Dharma et pensée contemporaine », in *Dharma*, n° 8, printemps-été 1990.

« Le Bodhisattva », in *Dharma*, n° 5, printemps 1989.

« Le prix de la mémoire et des droits de l'homme », in *Dharma* (d'après une publication du Bureau du Tibet, Zürich), n° 7, hiver 1989-1990.

GAMPOPA (D.), « Les conséquences de nos actes », in *Dharma*, n° 16, janvier-mai 1993.

« Hommage à Khyabdje Kalou Rinpotche, 1904-1989 », *Dharma*, n° spécial 6, 1989.

« Karma, responsabilité et liberté », in *Dharma*, n° 22, janvier-mai 1995.

« L'amour et la compassion », in *Dharma*, n° 19, janvier-mai 1994.

« L'environnement extérieur et intérieur », in *Dharma*, n° 16, janvier-mai 1993.

« L'interdépendance », in *Dharma*, n° 17, mai-septembre 1997.

– « La puissance de la non-violence », in *Dharma*, n° 7, hiver 1989-1990.

« La survie de notre planète », in *Dharma*, n° spécial, automne 1993.

– « L'urgence d'une responsabilité universelle », in *Dharma*, numéro spécial, avril 1997.

LORAND (A.), « Franc-Maçonnerie et bouddhisme », in *Dharma*, n° 19, janvier-mai 1994.

« Mahamudra, L'ultime pratique de l'esprit », *Dharma*, n° 7, hiver 1989-1990.

MARTIN (J.), « Les chroniques de l'UBF », in *Dharma*, n° 1, bulletin-programme 1988.

« Mort, renaissance et immortalité », in *Dharma*, bulletin-programme n° 1, mars 1988.

« Prendre refuge », in *Dharma*, n° 13, janvier-mai 1992.

« Sa Sainteté le Dalaï-Lama, prix Nobel de la paix », in *Dharma*, n° 7, hiver 1989-1990.

THICH NHAT HANH, « L'individu, la société et la nature », in *Dharma*, n° 16, janvier-mai 1993.

– « La compassion en action », in *Dharma*, n° 19, janvier-mai 1994.

« Trinité-Trikaya, triades en dialogue », in *Dharma*, n° 28, février-mai 1997.

« Vers une responsabilité écologique », in *Dharma*, n° 19, janvier-mai 1994.

« Visite de sa Sainteté le XIVe Dalaï-Lama », in *Dharma* (Album Souvenir), Savoie, 1997.

GOENKA (S-N.), « Souvenir de Sayagyi », in *Vipassana Newsletter*, juin 1996.

Ici et maintenant :

« À la rencontre des racines du Village des Pruniers », in *Ici et maintenant*, n° 2 et 3, octobre 1998-mars 1999.

« L'assise en pleine conscience, une révolution... douce », in *Ici et Maintenant*, n° 2 et 3, octobre 1998-mars 1999.

« La métamorphose du bouddhisme en Occident », in *Ici et Maintenant*, n° 6, hiver 1999.

JAYATILLEKE (K-N.), « The conditioned Genesis of the Individual », in *Buddhist Quaterly*, 11 (2-3), septembre 1978.

Journal of the International Association of Buddhist Studies :

BASHAM (A.L.) « Asoka and Buddhism : a re-examination », *in Journal of the International Association of Buddhist Studies*, 5 (1), 1982.

GOVIND GOKHALE (B.), « Early Buddhism and the Urban Revolution », *in Journal of the International Association of Buddhist Studies*, 5 (2), 1982.

KOBO (T.), « Contemporary lay Buddhist movements in Japan », *in Journal of the International Association of Buddhist Studies*, 6 (1), 1983.

« Komeito », in *Asashi Shimbun*, juillet 1998.

Kunchab Magazine :

« Bouddhisme et Humanisme », in *Kunchab Magazine*, n° 4, novembre 1999.

CAMPINE (M.), « Le Dalaï-Lama et une approche humaniste de l'émancipation et du bien-être », in *Kunchab Magazine*, n° 4, novembre 1999.

LARDIERE (L.), « Bernard Rérolle : un passionné de bouddhisme », in *Info Yoga*, n° 28, mai-juin-juillet-août 2000.

La Lettre du Tibet :

La Lettre du Tibet, n° 1, novembre 1991 ; n° 28, juin 1995 ; n° 54, mai 2000.

« La compassion en action », in *La Lettre du Tibet*, n° 52, janvier 2000.

« Le choix de la liberté », in *La Lettre du Tibet*, n° 53, février 2000.

« Le courage et l'Union », in *La Lettre du Tibet*, n° 45, juin 1998.

« Lionel Jospin en Chine », in *La Lettre du Tibet*, n° 46, septembre 1998.

« Tibet, 50 ans de souffrance », in *La Lettre du Tibet*, n° 51, septembre 1999.

« Progrès ou régression », in *La Lettre du Tibet*, n° 38, décembre 1996.

« Vertige de la haine », in *la La Lettre du Tibet*, n° 55, juin 2000.

« Le bouddhisme en Occident », in *Sangha*, août-sept. 1990.

Le Bulletin du Comité de Soutien au Peuple Tibétain :

« Les dissidents chinois et le Tibet », in *Le Bulletin du Comité de Soutien au Peuple Tibétain*, n° 15, mars 1998.

« Du Kosovo au Tibet (en passant par la Corse) », in *Le Bulletin du Comité de Soutien au Peuple Tibétain*, n° 16, juin 1999.

Le Bulletin du Comité de Soutien au Peuple Tibétain, n° 17, octobre 1999.

Mandala :

« Le Tibet, après 40 ans d'occupations », in *Mandala*, n° 3, 1991.

ZANGMO (L.), « Peuple en péril », in *Mandala*, n° 2, 1991.

NIKKEN SHONIN, « Le traité qui ouvre les yeux », *Revue d'étude mensuelle bouddhique de la Nichiren Shoshu*, n° 28, juillet 1994.

Samsara :

« Aider les enfants réfugiés tibétains », in *Samsara*, n° 17, 15 mai-15 juillet 2000.

« Aidez six lycéens à réaliser leur voyage humanitaire », in *Samsara*, n° 17, 15 mai-15 juillet 2000.

« Défense des droits de l'homme au Viêt-nam », in *Samsara*, n° 17, 15 mai-15 juillet 2000.

« Envoyez un cadeau pour le 11e anniversaire du Panchen Lama », in *Samsara*, n° 17, 15 mai-15 juillet 2000

« Festival de Films Bouddhistes », in *Samsara*, n° 17, 15 mai-15 juillet 2000.

LANIER (K.), « La répartition géographique du Bouddhisme », in *Samsara*, hors série, mai 2000.

« Le monastère de Chokling a besoin de nous », in *Samsara*, n° 17, 15 mai-15 juillet 2000.

« Le Tibet : 50 ans d'histoire, entre douleur et colère », in *Samsara*, hors série, novembre 1999

DALAÏ-LAMA, « Le Tibet du 3e millénaire : Essai sur le Tibet futur – les principes clés de sa politique – les principes de base de sa constitution », in *Samsara*, hors-série, novembre 1999.

SCHNETZLER (J-P.), « Le bouddhisme, la naissance et la mort », in *Cahiers du bouddhisme*, n° 11, janvier 1982.

Seeds of Peace :

« Non-violence : Practising awareness », in *Seeds of Peace*, 1 (1), avril 2528 (année bouddhiste).

PIBOP (U.), « Buddhist Natural Conservation in Thaïland », in *Seeds of Peace*, 11, 1, janvier-avril 1995.

SULAK (S.), « Acceptance speech for the Right Livelihood Award », in *Seeds of Peace*, 12, janvier-février 1995.

Seeds of Peace, vol. 8, n° 2, août 1992.

Tendrel, Revue trimestrielle d'information du bouddhisme tibétain :

« *Être* lama occidental », in *Tendrel*, revue de présentation du centre Dhagpo Kagyu Ling.

« La vie de Guendune Rinpotché », in *Tendrel*, n° 20, 1989.

« Dhagpo a vingt ans », in *Tendrel*, n° 39, décembre 1995.

« The Karmapas' Monastery in Tibet to be Fully Restored », *Newsletter* (Tsurphu Foundation), vol. 1, n° 1, 1990.

The Mindfullness Bell :

THICH NHAT HANH, « Protecting the environment », in *The Mindfullness Bell*, n° 7, été-automne 1992.

– « The peace treaty », in *The Mindfulness Bell*, n° 7, été-automne, 1992.

– « Right Action : Waking Up to Loving Kindness by Thich Nhat Hanh », in *The Mindfullness Bell*, n° 14, automne 1995.

THURMAN (R-A-F), « Guidelines for Buddhist social activism based on Nagarjuna's *Jewel Garland of Royal Counsels'* », in *Eastern Buddhist*, 16 (1), Spring, 1983.

– « The politics of Enlightenment », in *Lindisfarne Newsletters*, n° 8, 1986.

Troisième Civilisation, journal pour la paix, la culture et l'éducation :

n° 409, septembre 1995 ; n° 410, octobre 1995 ; n° 411, novembre 1995 ; n° 412, décembre 1995 ; n° 413, janvier 1996 ; n° 414, février 1996, n° 415, mars 1996 ; n° 416, avril 1996 ; n° 417, mai 1996 ; n° 418, juin 1996 ; n° 419, juillet 1996 ; n° 420, août 1996 ; n° 421, septembre 1996 ; n° 422, octobre 1996 ; n° 423, novembre 1996 ; n° 424, décembre 1996 ; n° 425, janvier 1997 ; n° 426, février 1997, n° 427, mars 1997 ; n° 428, avril 1997 ; n° 429, mai 1997 ; n° 430, juin 1997 ; n° 431, juillet 1997 ; n° 432, août 1997 ; n° 433, septembre 1997 ; n° 434, octobre 1997 ; n° 435, novembre 1997 ; n° 436, décembre 1997 ; n° 437, janvier 1998 ; n° 438, février 1998, n° 439, mars 1998 ; n° 440, avril 1998 ; n° 441, mai 1998 ; n° 442, juin 1998 ; n° 443, juillet 1998 ; n° 444, août 1998 ; n° 445, septembre 1998 ; n° 446, octobre 1998 ; n° 447, novembre 1998 ; n° 448, décembre 1998 ; n° 449, janvier 1999 ; n° 450, février 1999, n° 451, mars 1999 ; n° 452, avril 1999 ; n° 453, mai 1999 ; n° 454, juin 1999 ; n° 455, juillet 1999 ; n° 456, août 1999 ; n° 457, septembre 1999 ; n° 458, octobre 1999 ; n° 459, novembre 1999 ; n° 460, décembre 1999 ; n° 461, janvier 2000.

« La bienveillance », *Troisième Civilisation*, n° 408, août 1995.

« Charte de la Soka Gakkai Internationale », in *Troisième Civilisation*, n° 413, janvier 1996.

« Eiichi Wada, Avançons avec espoir dans l'esprit de tolérance d'un citoyen du monde », in *Troisième Civilisation*, n° 413, janvier 1996.

IKEDA (D.), « Mon maître », in *Troisième Civilisation*, n° 204, août 1980.

The Buddhist Review, automne 1997, vol. 7, n° 1 et 2.

VIII / ARTICLES DE MAGAZINES

« À la rencontre des bouddhistes », in *Annuaire interreligieux 1990*, n° 17, juillet-août 1989.

Actualité des Religions (L'Actualité religieuse dans le Monde) :

Actualité des Religions, n° 15, avril 2000.

L'Actualité Religieuse dans le Monde, n° 169, septembre 1998.

« Bouddhisme : radioscopie d'une fascination », in *L'Actualité Religieuse dans le Monde*, n° 135 bis, août 1995.

« Clés pour comprendre le bouddhisme et ses relations au christianisme », in *L'Actualité Religieuse dans le Monde*, n° 2, Hors-Série, octobre 1993.

« Clés pour comprendre l'ésotérisme », in *L'Actualité Religieuse dans le Monde*, n° 8, Hors-série, septembre 1996.

CUYPERS (D.), « Edgar Morin, le rationaliste mystique », in *Actualité des Religions*, n° 11, décembre 1999.

« Interview de Dhagpo Rinpotché », in *L'Actualité Religieuse dans le Monde*, n° 135, août 1995.

« Le Bouddha d'Occident », in *Actualité des Religions*, n° 1, janvier 1999.

« Le bouddhisme, religion sans Dieu ? », in *L'Actualité Religieuse dans le Monde*, n° 140, janvier 1997.

« Sciences et Religions en dialogue », in *L'Actualité Religieuse dans le Monde*, n° 6, Hors-série, septembre 1995.

TEUNDROUP (D.), « Vers les traditions Unies », in *L'Actualité Religieuse dans le Monde*, n° 154, avril 1997.

UNDERWOOD (A.), DIAZ GARCIA (J-), « L'Europe des pagodes », in *L'Actualité Religieuse dans le Monde*, n° 69, juillet-août 1989.

WERLY (R.), « Viêt-nam : la révolte des bonzes », in *L'Actualité Religieuse dans le Monde*, n° 2, Hors-série, octobre 1993.

« Approche de la méditation, entretien avec Chogyam Trunga », in *3e millénaire*, n° 9, Printemps 1988.

BORG (C.), « Les oubliés du Toit du Monde », in *Télérama*, n° 2376, 26 juillet 1995.

« Cette étrange secte qui soutient Madame Mitterrand », in *Minute*, 12-18 août 1992.

CONDAMINES (G.), « Aspects du bouddhisme laotien », in *Bulletin des amis du Laos*, 1986.

DAVY (M-M.), « Orient et Occident », in *Albin Michel Spiritualités*, n° 6, février 1991.

« De Moïse à Bouddha », in *Tribune Juive*, n° 1472, 16 décembre 1999.

DE SILVA (K-M.), « The fight for peace », in *India Today*, 31 août 1985.

« Dialogue et annonce », *Mission de l'Église*, n° 96-97, juin-septembre 1992.

DROIT (R-P.), in *Le Magazine Littéraire*, n° 279, juillet 1990.

ELHORGA, WANG (Pères), « La diaspora chinoise en France », in *Accueillir*, n° 150, juin 1988.

FELLER (J.), « Kagyu Ling : le Tibet en France », in *La vie spirituelle*, vol. 142, n° 681, 1988.

GLOVER (E.), « Au carrefour de l'Inde et de la Chine : Bouddha », in *Sciences et Avenir*, n° 584, octobre 1995.

GUETNY (J-P.), « L'Homme spirituel par nature ? », in *Clin d'œil*, n° 12, avril-mai 1999.

« Identité tibétaine : un génocide culturel par le jeu éthique », in *Singulier 13*, 1995.

IFFLY (C.), « Enquête sur Bouddha : pourquoi séduit-il l'Occident ? », in *Le Point*, n° 1107, décembre 1993.

« Karma-Ling : le Tibet en France », in *La Vie spirituelle*, n° 681, 1988.

L'Express :

LENOIR (F.), « France : La vague bouddhiste », in *L'Express*, n° 2364, 24-30 octobre 1996.

« La bataille de deux petits Bouddhas », in *L'Express*, n° 2364

RIBES (J-P.), « Comment peut-on être bouddhiste ? », in *L'Express*, n° 2364, 24-30 octobre 1995.

L'Homme en question :

Dalaï-Lama, OUAKI (F.), « La vie est à nous », in *L'Homme en question*, n° 16.

L'homme en question, n° 6, février 1991.

« La spiritualité prend le relais des religions », in *Psychologies*, n° 181, décembre 1999.

LAMBERT (Y.), « Vers une ère post-chrétienne », in *Futuribles*, n° 200, juillet-août 1995.

LAMBERT (Y.), MICHELAT (G.), « Les jeunes et la religion », in *Adolescence*, n° 24, 1994.

« Le bouddhisme en France », *Hommes et Migrations*, n° 1171, déc.1993.

« Le Bouddhisme en France », in *Il est une Foi : lettre Temps Présent*, n° 14-15, 1989.

« Les sectes sont parmi nous », *L'Événement du Jeudi*, n° 374, 2-8 janvier 1992.

« Les 172 sectes qui ont envahi la France », in *L'Express international*, n° 2324, 18-24 janvier 1996.

Lumière et Vie :

« Bouddhisme en Occident », in *Lumière et Vie*, n° 193, 1989.

« Présence bouddhiste en Occident », in *Lumière et Vie*, n° 193, vol. 38, n° 193, 1989.

TEUNDROUP (Lama Denis), « Bouddhisme, voie d'ouverture et de libération », in *Lumière et Vie*, vol. 38, n° 193, 1989.

TRAN THI NHUNG, « Aspects du Bouddhisme vietnamien en France », in *Lumière et Vie*, vol.38, n° 193, 1989.

Le Figaro Magazine :

RANCE (C.), « Les Français du Dalaï-Lama », in *Le Figaro Magazine*, n° 15300, 29 octobre 1993.

MONTETY (E. de), « Voyage au pays des euro-bouddhistes », in *Le Figaro Magazine*, octobre 1996.

Le Nouvel Observateur :

GAUTHIER (U.), « Le moine et les SDF », in *Le Nouvel Observateur*, n° 1814, 12-18 août 1999.

LIPOVETSKY (G.), « Français, à quoi croyez-vous ? », in *Le Nouvel Observateur*, n° 1464, novembre-décembre 1992.

« Sondage CSA », *Le Nouvel Observateur*, 26 novembre 1992

Le Nouvel Observateur, octobre 1994.

« La philosophie du bouddhisme. De la paix en soi à la paix du monde », *Le Nouvel Observateur*, Hors-série, avril-juin 2003.

Nouvelles clés :

DESJARDINS (A.), « Du renouveau spirituel en Europe », *in Nouvelles Clés*, n° 27, janvier-février 1993.

KALOU RINPOCHE, « La nature de l'esprit », in *Nouvelles Clés*, n° 7, septembre-octobre 1989.

« Nouvel Âge contre Moyen Âge », *Nouvelles Clés*, n° 5, mars-avril 1989.

SOGYAL RINPOCHE, « La survie de la conscience », in *Nouvelles Clés*, n° 20, novembre-décembre 1991.

REICHARDT (G.), « Le Tibet ne doit pas mourir », *in 7 Hebdo, Supplément de Républicain Lorrain*, 26 décembre 1993.

« Thailand : Democracy in Ascendance », in *Time*, n° 22, juin 1992.

Migrations et Pastorale :

BERGER (B-J.), Bouddhistes, exil et traditions, in *Migrations et Pastorale*, n° 198, mars-avril 1988.

Bouddhistes en France, in *Migrations et Pastorale*, n° 215 suppl., juin 1990.

Notre Histoire :

BOITEL (P.), « Bouddha, une voie pour l'Occident ? », in *Notre Histoire*, n° 136, septembre 1996.

« Bouddhistes en France », *Notre Histoire*, n° 136, septembre 1996.

ROUX (J-P.), « Et les Mongols inventent le Dalaï-Lama », in *Historia,* n° 640, avril 2000.

« Sondage Psychologie/BVA », in *Psychologies,* décembre 1999, n° 181.

Sciences Humaines :

LECOMTE (J.), WEINBERG (A.), « L'univers de la religion », in *Sciences Humaines,* n° 34, décembre 1993.

HERVIEU-LEGER (D.), « La sociologie et la nouvelle religiosité », in *Sciences Humaines,* n° 34, décembre 1993.

Témoignage Chrétien :

GIRA (D.), « Une voie de libération », in *Témoignage Chrétien,* quatrième trimestre 1990.

« La France multireligieuse », in *Témoignage Chrétien,* (Hors-série), quatrième trimestre 1990.

NOYE (J-C.), « Le bouddhisme en France, les routes de la voie », in *Témoignage Chrétien,* 4 décembre 1993.

« Quelle spiritualité pour l'Europe de Demain ? », in *Nouvelles Clés,* n° 27, janvier-février 1993.

« Une multinationale bouddhiste excommuniée par ses propres moines », in *L'Événement du Jeudi,* n° 407, 20-26 août 1992.

IX / ARTICLES DE JOURNAUX

« Banzaï sur nos secrets défense », in *Le Parisien Libéré,* 18 juin 1991.

« Daisaku Ikeda : Hugo et l'atome », in *Le Quotidien de Paris,* 19 juin 1991.

« La Soka Gakkai fait des adeptes dans notre région. D'étranges bouddhistes », in *Le Dauphiné Libéré,* 11 octobre 1999.

« Les bouddhistes veulent faire la révolution humaine », in *Terre de Provence,* 5 août 1977.

« Une secte japonaise rachète le château d'Arny », in *Le Républicain,* 10 février 1988.

Le Figaro :

« Enquête sur la révolution religieuse. Les Tempêtes souterraines des Églises reconnues », in *Le Figaro,* 1-2 février 1997.

Le Figaro, samedi 15 Avril 1995.

HAUTER (F.), « L'affront à Pékin du Bouddha vivant », in *Le Figaro,* 9 janvier 2000.

SOFRES, « Dieu et vous », in *Le Figaro,* n° 14721, samedi 21 septembre 1991.

Le Méridional :

« Fête de l'amitié internationale au domaine de Longarel », in *Le Méridional-La France,* 14 septembre 1975.

« Le 3e congrès annuel de la philosophie bouddhique a réuni 1 300 participants », in *Le Méridional,* 1er août 1977).

« Mgr Billé : Inquiétude n'est pas panique », in *Le Méridional,* 14 mars 1996.

« Premier anniversaire du Centre Européen de la Nichiren Shoshu : conférence de René Huygue à la fac de lettres », in *Le Méridional-La France,* 29 août 1976.

« Soka Gakkai : un institut européen à Trets », in *Le Méridional,* 14 mars 1996.

« Trets : Grande fête de l'amitié », in *Le Méridional-La France,* 27 juillet 1978.

« Trets : Grande soirée artistique pour la fête de l'Amitié », in *Le Méridional-La France,* 26 juillet 1978.

« Un centre européen bouddhiste va être inauguré à Trets », in *Le Méridional-La France,* 7 septembre 1975.

« Un Comité de sauvegarde du peuple tibétain », in *Le Méridional,* 3 octobre 1991.

Le Monde :

BAUBEROT (J.) (propos recueillis de), « Les religions face à l'État », in *Le Monde,* 4 janvier 1991.

BOBIN (F.), « Pékin condamne quatre responsables de la secte Fa Lung Gong à de lourdes peines », in *Le Monde,* 28 décembre 1999.

CLERC (J-P.), « La longue persévérance du Dalaï-Lama », in *Le Monde,* 25 octobre 1993.

Le Monde, 9 septembre 1999.

« Un génocide culturel est en train d'avoir lieu au Tibet », in *Le Monde*, 30 octobre 1996.

Le Monde diplomatique :

CAMROUX (D.), « Le nationalisme égaré de la Malaisie », in *Le Monde diplomatique*, février 1999.

CASSEN (B.), « Du bon usage des valeurs asiatiques », in *Le Monde diplomatique*, avril 1995.

GOLUB (P-S.), « Remise en cause du "modèle" occidental », in *Le Monde diplomatique*, avril 1999.

« La tentation bouddhiste », in *Le Monde diplomatique*, décembre 1997.

Le Provençal :

« Droit de réponse », in *Le Provençal*, 18 janvier 1995.

« La Soka Gakkai ouvre une maison Victor Hugo », in *Le Provençal*, 16 juin 991.

La Croix :

GIRA (D.), « Le Dalaï-Lama : "Océan de Sagesse" », in *La Croix*, Hors-série, février 1996.

MALHERBE (M.), « Le bouddhisme, religion ou dogme », in *La Croix l'événement*, 11 mars 1995.

THIERRY (S.), « Esprit de confusion et réincarnation », in *La Croix l'événement*, 11 mars 1995.

Libération :

« Le choc de la mondialisation », in *Libération*, 5 novembre 1999.

Libération, 29 janvier 2000.

« Les croyances des Français », in *La Vie*, n° 2555, 18-24 août 1994.

« Soka Gakkai : attention danger ! », in *La Provence*, dimanche 4 juin 2000.

« Une Stoupa à Lavaur », in *La dépêche du Dimanche*, 1er décembre 1999.

[La secte Falungong, l'une des principales sectes mystiques chinoises, dépêche de l'AFP, 21 juillet 1999 ; dépêche de l'AFP du 6 juin 2000 (N000606)]

X / COLLOQUES, CONFÉRENCES et SÉMINAIRES

Actes de colloques :

« Bouddhisme et Psychologie Moderne », in Actes du Colloque de Karma Ling, Édition Prajna, juillet 1983.

« Méditation chrétienne et Méditation bouddhiste », in Actes du Colloque de Karma Ling, Édition Prajna, Pentecôte 1983.

« Paroles et silence », in Actes du Colloque de Karma Ling, Éditions Prajna, Pentecôte 1984.

« Rencontre Bouddhistes-Chrétiens : Parole et silence », in Actes du Colloque de Karma Ling, Édition Prajna, Pentecôte 1984.

KING (S-B.), « A buddhist Perspective on a Global Ethic and Human Rights », in Acte du colloque « The United nations and the world religions : prospects for a global ethic », Columbia University, 7 octobre 1994.

LUBEIGT (G.), « La réorganisation du clergé bouddhique de Birmanie », in Acte du Colloque « Bouddhismes et sociétés asiatiques », Paris, 8-10 décembre 1997.

« Année Internationale du Tibet », Palais des Congrès d'Aix-en-Provence, 26-27 novembre 1991.

« Congrès de l'Union Bouddhiste Européenne », Berlin, 24-25 septembre 1992.

« Congrès International sur le Bouddhisme », CERFPA, Grasse, 1-2 mai 1999.

« Conscience et Action Écologiques », séminaire de J. Macy, Paris, 5 juin 1999.

Cycle de conférences Orient-Occident, Université Bouddhique Européenne :

« Transmigration bouddhique et science contemporaine », par J-P. Schnetzler, Paris, 6 mars 1997.

« Le bouddhisme au Vietnâm », par Quach Thanh Tâm-Langlet, Paris, 29 avril 2000.

« Le bouddhisme de Birmanie », par Ayya Indavati, 20 mai 2000.

« Comment les Européens ont-ils découvert et interprété le bouddhisme ? », par R-P. Droit, Paris, 15 octobre 1997.

« Karma et responsabilité », par Dagpo Rinpotché, Paris, 4 décembre 1997.

« Les besoins d'Orient et d'Occident », par E. Morin, Paris, 27 mars 1997.

« Dialogue, coopération et respect mutuel entre les diverses communautés religieuses », conférence du Dalaï-Lama, Marseille, 19 septembre 1994.

« Enseignement de Jigmé Rinpotché », Aix en Provence, 18-20 septembre 1998.

« Enseignement de Thich Nhat Hanh », Village des Pruniers, 24 février 1991.

GIVE (B. de), « Deuxième Colloque Bouddhistes-Chrétiens, Karma Ling : 8-11 juin 1984 », in *Collectanea Cisterciensia* vol. 46, n° 3, 1984.

Institut Karma Ling :

« L'Éthique est-elle compatible avec l'efficacité ? », 1er colloque interculturel, Institut Karma Ling, Arvillard, 17-18 juin 1995.

La Pierre-Qui-Vire (Abbaye de -) :

« Influence des religions d'Orient en Europe. Information et discernement », Session de l'Abbaye de La Pierre-Qui-Vire, A.I.M., Vanves, 19-24 avril 1982.

« La responsabilité écologique, un dialogue avec le bouddhisme », Conférence internationale, New Delhi, octobre 1993.

LAMA SHERAB, « Le bouddhisme », conférence à l'université des Sciences Humaines de Strasbourg, 23 novembre 1998.

« Le bouddhisme des Français : approches sociologiques », journée d'Études du CEIFR, EHESS, 2 décembre 1999.

« Le fait religieux dans l'enseignement : le bouddhisme », 4e session du Centre Bouddhique Vajrayana, La Boulaye, 9-15 juillet 1995.

« Le Grand Véhicule », par L.N. Wangmo, Institut Karma Ling, Arvillard, 13-14 avril 2000.

« Les quatre nobles vérités du Bouddha : le sens de la vie sacrée et sociale », conférence du Dalaï-Lama, Institut Karma Ling, La Rochette, 26-30 avril 1997.

« Perdre ou gagner : le bouddhisme et notre vie aujourd'hui », par J. Bachoux, Aix-en-Provence, 21 novembre 1998.

« Rencontre : Partenaires de Paix », colloque organisé par le Comité catholique contre la faim et pour le développement, Paris, 27 octobre 1993.

« Rencontre Inter-Traditions », sous l'égide notamment de l'Organisation des Traditions Unies, Institut Karma Ling, La Rochette, 30 avril 1997.

« Soka Gakkai's World Conference », île de Guam, 26 janvier 1975.

« Sur les traces du Bouddha », Pèlerinage inter-traditions, Bodhgaya, 22 février-7 mars 1998.

« Unité dans la diversité, Bouddhisme en Europe », Congrès de l'Union Bouddhiste Européenne, Berlin, 24-27 septembre 1992.

Vidéo-enseignement du Dalaï-lama, « Secular meditation », MPI Home Video, 1997.

– « Human Rights and Moral Practice », New York (P.O. Box 422, NY 10012), Mystic Fire Video.

XI / ÉTUDES ET RAPPORTS

BRECHON (P.), DENNI (B.), *Attitudes religieuses et politiques des catholiques pratiquants*, Grenoble, Banque de données sociopolitiques, IEP de Grenoble, 1982.

CHORON-BAIX (C.), *Bouddhisme et migration : la reconstitution d'une paroisse bouddhiste lao en banlieue parisienne*, projet d'étude présenté au Ministère de la Culture, Conseil du Patrimoine Ethnologique, janvier 1986.

– *Reconstitution d'une paroisse bouddhiste lao en milieu français*, projet d'Étude présenté au Ministère de la Culture, Conseil du Patrimone Ethnologique, janvier 1984.

GUYARD (J.), *Rapport fait au nom de la commission d'enquête sur les sectes*, Paris, Assemblée Nationale, 1995.

Les sectes, Centre de Documentation, d'Éducation et d'Action contre les Manipulations Mentales, Paris 1984.

Rapport de la Conférence Mondiale de l'ONU chargée d'examiner les résultats pour l'égalité des femmes, New York, ONU, 1986.

Rencontre parlementaire avec le Dalaï-lama, Groupe d'Études parlementaire sur les problèmes du Tibet de l'Assemblée Nationale, Paris, 30 octobre 1996.

VIVIEN (A.), *Les Sectes en France*, rapport présenté au Premier ministre, Paris, *La documentation Française*, 1983.

XII / BROCHURES ET PROSPECTUS DE PRÉSENTATION SUR LE BOUDDHISME

Nichiren Shoshu française :

« Introduction au bouddhisme », Nichiren Shoshu française, Sablé-sur-Sarthe, Coconnier, 1975.

« Profil de la Nichiren Shoshu Française », imprimerie Dapoigny, 1977.

« Prospectus de présentation de la Nichiren Shoshu Française », imprimerie du Paroi, sept. 1984.

« Programme de Dhagpo-Kagyu-Ling », Centre d'Étude et de méditation, septembre 1994-mai 1995.

Prospectus de présentation :

de l'Institut Karma Ling
de l'Union Bouddhiste Européenne
d'Un Zen Occidental
du Centre de la Falaise Verte
du Congrès de l'Union Bouddhiste Européenne, Berlin, 24-25 septembre 1992.
du Programme d'Action Humanitaire de Jigmé Rinpotché, Padma Ling.
du groupe d'étude Shambala.
de La Demeure sans limites.
de l'Association Zen Internationale.
du Centre d'Études Tibétaines, Karma Migyur Ling.
du Groupe d'Études du Dharma
du Centre Bouddhiste Tibétain
du Jardin du Mahamoudra, Centre d'Étude tibétaine du Tricastin
de l'Association Kalou Rinpotché d'Aide à l'Enfance.
du Comité de Sauvegarde du Peuple Tibétain et de sa Culture.
de La Maison du Tibet.
du Centre d'Études Bouddhiques.
de The Buddhist Society
du Second Annual Conference on Buddhist Practice...

XIII / SITES INTERNET

http:/ (*Journal of Buddhist Ethics*)
http://www.home.pi.net/~ges/france.htm (*Shambala Training Europe*)
http:// www.tibet.org
http://eurasie.comfm.fr/tibet
http://www.tibet-info.net
www.parallax.org.
www.plumvillage.org/pressrelease/confiscation of manifesto 2000.htm
www.darzen.com/zenholy.htm
http://multimania.com/bouddhisme/tibet.html
http://www.igc.apc.org/bpf/index.html (*The Buddhist Peace Fellowship*)
http://www.igc.apc.org/bpf/ineb.html (*The International Network of Engaged Buddhists*)
http://www.engagedpage.com (*Engaged Buddhist Dharma Page*)
http://www.peacemakercommunity.org (*Zen Peacemaker Order*)
http ://www.naropa.edu/index.html (*Naropa Institute*)

ANNEXES

I. Analyse de contenu des discours respectifs du Dalaï-Lama et de Thich Nhat Hanh

Méthodologie

Cette étude nécessite, comme toutes analyses de contenu, la création de catégories qui permettront de classer et de quantifier les différents léxèmes. La catégorisation a pour objectif premier de fournir une représentation simplifiée des données brutes. C'est ainsi que les catégories utilisées doivent tenir compte de l'exclusion mutuelle, de l'homogénéité et de la pertinence.

Le passage des données brutes à des données organisées se concrétise par la création des catégories suivantes :

- NATURE
- INDIVIDU
- MODERNITÉ

Elles-mêmes subdivisées en douze sous-catégories :

NATURE	– Écologie (NEC) – Corps (NCO) – Éthique (NET) – Harmonie (NHA)
INDIVIDU	– Responsabilité (IRE) – Souffrance (ISO) – Libération (ILI) – Illusion (IIL)
MODERNITÉ	– Raison (MRA) – Consommation (MCO) – Contrainte (MCT) – Décadence (MDE)

Synthèse de l'analyse et mise en exergue des résultats par des tableaux

	TEXTE 1	TEXTE 2	Total pondéré	Total
IIL	0,0431566	0,00834561	0,0257511	0,01675478
ILI	0,06196054	0,0233677	0,04266412	0,03269045
IRE	0,38347719	0,09690722	0,2401922	0,166133
ISO	0,05240444	0,66863034	0,36051739	0,51977065
MCO	0,02774353	0,02808051	0,02791202	0,02799911
MCT	0,05856967	0,02376043	0,04116505	0,03216919
MDE	0,03390875	0,01836033	0,02613454	0,02211632
MRA	0,08600493	0,02719686	0,0566009	0,04140293
NCO	0,0215783	0,01404026	0,01780928	0,0158612
NEC	0,02466091	0,03367698	0,02916894	0,03149899
NET	0,11097411	0,02621502	0,06859456	0,04669
NHA	0,09556104	0,03141875	0,06348989	0,0469134

	TEXTE 2	Total pondéré	Total
IIL	0,00834561	0,0257511	0,01675478
ILI	0,0233677	0,04266412	0,03269045
IRE	0,09690722	0,2401922	0,166133
ISO	0,66863034	0,36051739	0,51977065
MCO	0,02808051	0,02791202	0,02799911
MCT	0,02376043	0,04116505	0,03216919
MDE	0,01836033	0,02613454	0,02211632
MRA	0,02719686	0,0566009	0,04140293
NCO	0,01404026	0,01780928	0,0158612
NEC	0,03367698	0,02916894	0,03149899
NET	0,02621502	0,06859456	0,04669
NHA	0,03141875	0,06348989	0,0469134

	Total pondéré	Total
IIL	0,0257511	0,01675478
ILI	0,04266412	0,03269045
IRE	0,2401922	0,166133
ISO	0,36051739	0,51977065
MCO	0,02791202	0,02799911
MCT	0,04116505	0,03216919
MDE	0,02613454	0,02211632
MRA	0,0566009	0,04140293
NCO	0,01780928	0,0158612
NEC	0,02916894	0,03149899
NET	0,06859456	0,04669
NHA	0,06348989	0,0469134

CATÉGORIE INDIVIDU

	TEXTE 1	TEXTE 2	Total pondéré	Total
IIL	0,0431566	0,00834561	0,0257511	0,01675478
ILI	0,06196054	0,0233677	0,04266412	0,03269045
IRE	0,38347719	0,09690722	0,2401922	0,166133
ISO	0,05240444	0,66863034	0,36051739	0,51977065
I	0,54099877	0,79725086	0,66912481	0,73534887

CATÉGORIE MODERNITÉ

	TEXTE 1	TEXTE 2	Total pondéré	Total
MCO	0,02774353	0,02808051	0,02791202	0,02799911
MCT	0,05856967	0,02376043	0,04116505	0,03216919
MDE	0,03390875	0,01836033	0,02613454	0,02211632
MRA	0,08600493	0,02719686	0,0566009	0,04140293
M	0,20622688	0,09739813	0,15181251	0,12368754

CATÉGORIE NATURE

	TEXTE 1	TEXTE 2	Total pondéré	Total
NCO	0,0215783	0,01404026	0,01780928	0,0158612
NEC	0,02466091	0,03367698	0,02916894	0,03149899
NET	0,11097411	0,02621502	0,06859456	0,04669
NHA	0,09556104	0,03141875	0,06348989	0,0469134
N	0,25277435	0,10535101	0,17906268	0,14096359

	TEXTE 1	TEXTE 2	Total pondéré	Total
I	0,54099877	0,79725086	0,66915481	0,73534887
M	0,20622688	0,09739813	0,15181251	0,12368754
N	0,25277435	0,10535101	0,17906268	0,14096359

TOTAL PONDÉRÉ POUR LA CATÉGORIE INDIVIDU

	Total pondéré
IIL	0,0257511
ILI	0,04266412
IRE	0,2401922
ISO	0,36051739
I	0,66912481

TOTAL PONDÉRÉ POUR LA CATÉGORIE MODERNITÉ

	Total pondéré
MCO	0,02791202
MCT	0,04116505
MDE	0,02613454
MRA	0,0566009
M	0,15181251

TOTAL PONDÉRÉ POUR LA CATÉGORIE NATURE

	Total pondéré
NCO	0,01780928
NEC	0,02916894
NET	0,06859456
NHA	0,06348989
N	0,17906268

TOTAL PONDÉRÉ POUR L'ENSEMBLE DES CATÉGORIES

	Total pondéré
Individu	0,66912481
Modernité	0,15181251
Nature	0,17906268

II. Sondage sur l'évolution de la politisation des groupes bouddhistes en France

Tableau d'évolution entre 1990 et 2000

Pour établir ce tableau d'évolution, la question suivante a été posée à 200 personnes, soit 100 personnes en 1990 et 100 personnes en 2000, – 25 % appartenant à chaque tendance bouddhiste (Zen, Soka Gakkai, Bouddhisme tibétain et divers) choisi aléatoirement dans au moins 10 centres différents pour chacune des quatre écoles :

« Quel est le sens prioritaire que vous donnez à votre démarche bouddhiste ? »

Les réponses possibles étaient :

- La réalisation intérieure.
- L'éthique.
- La compassion.
- L'engagement pour une société plus juste.
- Autre.

ÉVOLUTION DES PRIORITÉS DES MEMBRES DES GROUPES ZEN
ENTRE 1990 ET 2000

	Zen en 1990	Zen en 2000
Réalisation intérieure	42 %	31 %
Éthique	27 %	22,5 %
Compassion	18 %	16,5 %
Engagement pour une société plus juste	5 %	28 %
Autre	8 %	2 %

ÉVOLUTION DES PRIORITÉS DES MEMBRES DE LA SOKA GAKKAI
ENTRE 1990 ET 2000

	Soka Gakkai en 1990	Soka Gakkai en 2000
Réalisation intérieure	30,5 %	25 %
Éthique	26,5 %	28 %
Compassion	17 %	19 %
Engagement pour une société plus juste	14 %	23,5 %
Autre	12 %	4,5 %

ÉVOLUTION DE LA POLITISATION DU BOUDDHISME TIBÉTAIN ENTRE 1990 ET 2000

	Bouddhisme tibétain en 1990	Bouddhisme tibétain en 2000
Réalisation intérieure	38 %	32,5 %
Éthique	21 %	23 %
Compassion	36 %	25 %
Engagement pour une société plus juste	3 %	18 %
Autre	2 %	1,5 %

ÉVOLUTION DE LA POLITISATION DES MEMBRES DU GROUPE « DIVERS » ENTRE 1990 ET 2000

	Divers en 1990	Divers en 2000
Réalisation intérieure	18,5 %	37 %
Éthique	36,5 %	30 %
Compassion	13 %	14,5 %
Engagement pour une société plus juste	11 %	9 %
Autre	21 %	9,5 %

MISE EN PARALLÈLE DE L'ÉVOLUTION DE LA POLITISATION ET DE L'ÉVOLUTION DE LA CATÉGORIE DE RÉPONSE « AUTRE » POUR LE ZEN ENTRE 1990 ET 2000

	Engagement pour une société plus juste	Autre
1990	5 %	8 %
2000	28 %	2 %

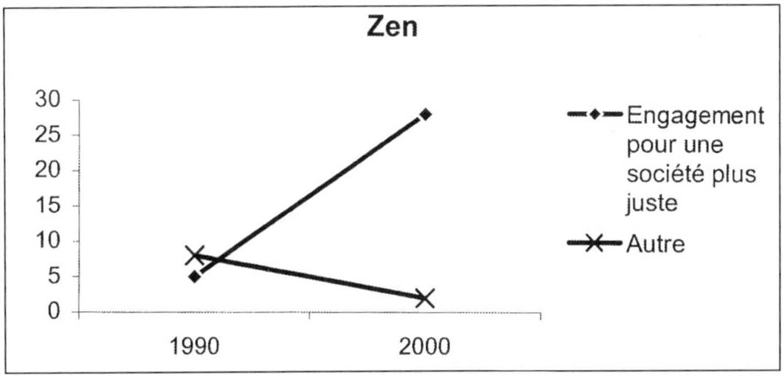

MISE EN PARALLÈLE DE L'ÉVOLUTION DE LA POLITISATION ET DE L'ÉVOLUTION DE LA CATÉGORIE DE RÉPONSE « AUTRE » POUR LA SOKA GAKKAI ENTRE 1990 ET 2000

	Engagement pour une société plus juste	Autre
1990	14 %	12 %
2000	23,5 %	4,5 %

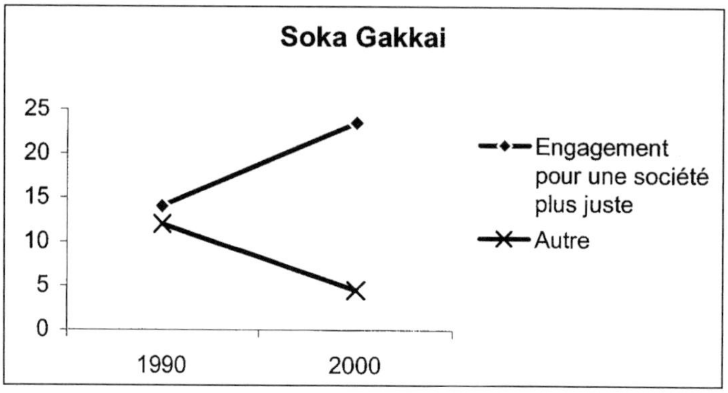

MISE EN PARALLÈLE DE L'ÉVOLUTION DE LA POLITISATION ET DE L'ÉVOLUTION DE LA CATÉGORIE DE RÉPONSE « AUTRE » POUR LE BOUDDHISME TIBÉTAIN ENTRE 1990 ET 2000

	Engagement pour une société plus juste	Autre
1990	3 %	2 %
2000	18 %	1,5 %

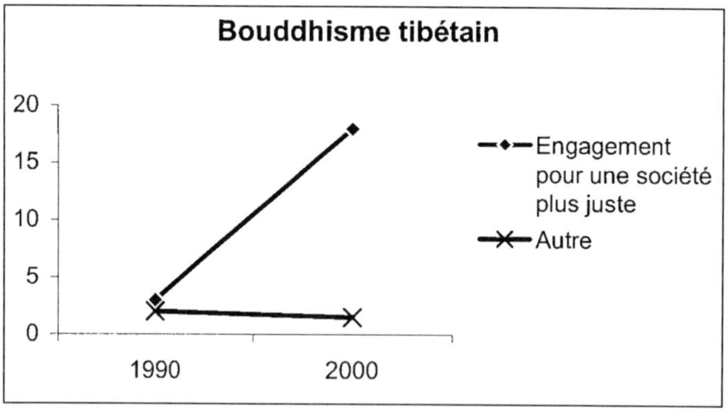

MISE EN PARALLÈLE DE L'ÉVOLUTION DE LA POLITISATION ET DE L'ÉVOLUTION DE LA CATÉGORIE DE RÉPONSE « AUTRE » POUR LA CATÉGORIE « DIVERS » ENTRE 1990 ET 2000

	Engagement pour une société plus juste	Autre
1990	11 %	21 %
2000	9 %	9,5 %

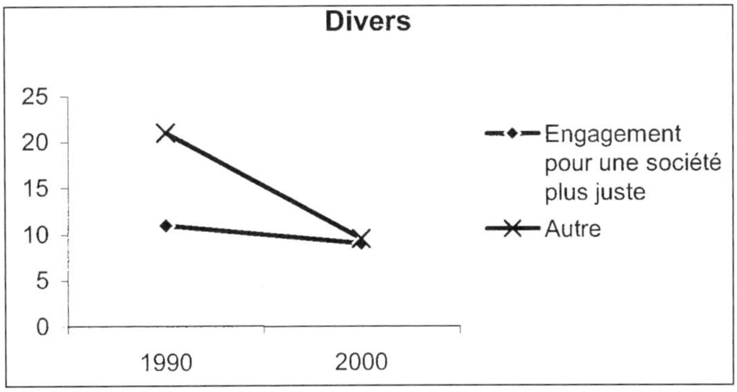

MISE EN PARALLÈLE DE L'ÉVOLUTION DE LA POLITISATION ET DE L'ÉVOLUTION DE LA CATÉGORIE DE RÉPONSE « AUTRE » DE L'ENSEMBLE DES GROUPES ENTRE 1990 ET 2000

	Engagement pour une société plus juste	Autre
1990	8,25 %	10,75 %
2000	19,625 %	4,375 %

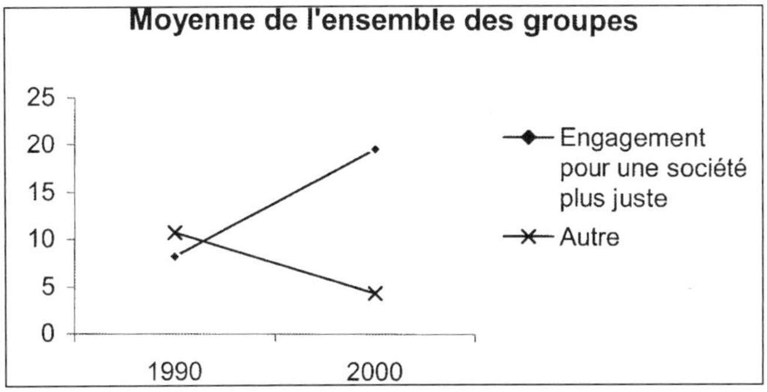

TABLEAU SYNTHÉTIQUE 1990-2000, TOUTES CATÉGORIES CONFONDUES

	Réalisation intérieure	Éthique	Compassion	Engagement pour une société plus juste	Autre
1990	32,25 %	27,75 %	21 %	8,25 %	10,75 %
2000	31,375 %	25,875 %	18,7 %	19,625 %	4,375 %

Table des documents intégrés au texte

Photos présentant M. Ikeda (Soka Gakkai)

Articles et documentations internes

Table des matières

Troisième partie
PANORAMA DU BOUDDHISME *SOLIDARISTE-UNIVERSALISTE* EN OCCIDENT

Quatrième partie
ÉMERGENCE D'UNE CULTURE POLITIQUE BOUDDHISTE EN OCCIDENT

Cinquième partie
LA CONSTRUCTION BOUDDHISTE D'UNE CITOYENNETÉ PLANÉTAIRE